saur

Wolfgang J. Koschnick

Standard-Lexikon für Mediaplanung und Mediaforschung

K · G · Saur
München · London · New York · Paris
1988

CIP-Titelaufnahme der Deutschen Bibliothek

Koschnick, Wolfgang J.:
Standard-Lexikon für Mediaplanung und Mediaforschung /
Wolfgang J. Koschnick. – München ; London ; New York ;
Paris : Saur, 1988
ISBN 3-598-10699-8
NE: HST

(Mitglied der internationalen Butterworth-Gruppe, London)

Printed in the Federal Republic of Germany

Satz: SatzStudio Pfeifer, Germering
Druck: grafik & druck GmbH, München
Binden: Thomas Buchbinderei, Augsburg

ISBN 3-598-10699-8

Vorwort

Mediaplanung und Mediaforschung sind schwierige Materien auch für diejenigen, die regelmäßig mit Erkenntnissen und Hypothesen über die Wirkung von Werbemitteln und Werbeträgern arbeiten müssen. Dieses Buch ist ein erster Versuch, ein komplexes und nur schwer überschaubares Arbeitsfeld transparenter zu machen. Diesem Zweck dienen die auf den 600 Seiten dieses Buches untergebrachten, rund 3000 Stichworteintragungen mit zum Teil ausführlichen Erläuterungen.

Es ist das Verdienst der Arbeitsgemeinschaft Media-Analyse (AG.MA) und vor allem ihres Geschäftsführers Hans-Erdmann Scheler, die Zusammenstellung eines Buches ermöglicht zu haben, das darauf angelegt ist, allen zu nutzen, die mit Mediaplanung und Mediaforschung zu tun haben. Die AG.MA hat sich nicht engstirnig darauf beschränkt, nur den Begriffsapparat der Media-Analyse (MA) zu erläutern. Indem sie ein Buch mit diesem weitgespannten thematischen Anspruch förderte, hat sie ein weiteres Mal unterstrichen, wie berechtigt ihr Streben ist, in Mediaplanung und -forschung gültige Währung und Orientierung zu schaffen.

Bei der Zusammenstellung der Texte zu den Stichwörtern standen dem Autor alle bisherigen Publikationen der AG.MA und einige unveröffentlichte Quellen aus dem Archiv der AG.MA zur Auswertung zur Verfügung. Die Angabe der Quellen hätte den Gebrauchswert dieses Buchs erheblich belastet, und so wurde darauf verzichtet. Am meisten verdankt dieses Lexikon den vielfältigen Beiträgen von Peter Beike, Ernst Braunschweig, Otmar Ernst, Siegfried Geiger, Eva-Maria Hess, Klaus Landgrebe, Dieter Müller-Veeh, Gunda Opfer, Hans-Erdmann Scheler, Friedrich Wendt und Gerd Zacharias. Ihnen allen sei an dieser Stelle herzlich gedankt.

Allensbach am Bodensee
im Januar 1988

Wolfgang J. Koschnick

Zur Vorgeschichte

Dieses Nachschlagewerk für die Mitglieder und Freunde der Arbeitsgemeinschaft Media-Analyse – und natürlich auch für andere Interessierte über diesen Kreis hinaus – ist die dritte umfassende Darstellung zum Verständnis des Wirkens der AG.MA. Die beiden Vorgänger:

Friedrich Wendt: „Vom Leser pro Nummer zur Nutzungswahrscheinlichkeit“
- Teil 1 Die Historie und das Grundmodell der AGLA/AG.MA (November 1979)
- Teil 2 Das topologische Prinzip und die drei Säulen der AG.MA: Feld, Erhebung, Auswertung (Februar 1983)
- Teil 3 Dokumentation: Mitglieder, Satzungen, Gremien, Etats, Publikationen (September 1986)

Klaus Landgrebe: „Textausgabe Erläuterungen“
Zuerst vorgelegt mit der MA 77, dann in immer größerer Ausführlichkeit mit der MA 78 und der MA 80; zur MA 81 im Text unverändert gegenüber ’80, aber ausgestattet mit einem Stichwortverzeichnis.

Friedrich Wendts Werk ist nahezu zeitlos gültig, da in ihm die theoretischen Grundlagen und die historischen Entwicklungen anhand aller verfügbaren Quellen nachgezeichnet sind, neue Dokumente nicht auftauchen werden und höchstens in Nuancen andere Interpretationen denkbar sind.

Klaus Landgrebes Bemühungen zielten auf eine zu jeder MA aktualisierten Beschreibung aller Einzelheiten, die beim Zustandekommen der Ergebnisse einer MA zu berücksichtigen sind. War die Darstellung auch stets auf dem neuesten Stand, so erlaubte sie doch nur sehr umständliche Vergleiche zwischen der letzten und der neuesten Ausgabe: Man mußte Zeile für Zeile parallel lesen. Deshalb gibt es seit 1979 zu jeder MA eine Sonderausgabe der „AG-.MA-Themen", in denen die Verfahrensunterschiede zwischen der vorangegangenen und der nun vorgelegten MA in jeder Einzelheit beschrieben werden; und dazu einen Kommentar, in dem die Veränderungen erläutert werden. Was bisher fehlte, war ein umfassendes Nachschlagewerk. Als erster Schritt zu diesem Lexikon wurden die Landgrebeschen und die den Band von Eva-Maria Hess „Leseschaftsforschung in Deutschland" (Offenburg 1981) erschließenden Stichworte 1984 geordnet und von Doubletten befreit – das Wendtsche Stichwortverzeichnis gab es damals noch nicht, es war erst gut zwei Jahre später zugänglich.

Aus diesem Begriffsvorrat sollte dann ursprünglich ein „Grundwortschatz" von etwa 1200 Lemmata = Lexikon-Artikeln ausgewählt werden. Um sie zu verfassen, waren höchstens 50 Autoren mit jeweils 24 Stichwörtern oder fünf Autoren mit jeweils 240 Stichwörtern vorgesehen. Es kam ganz anders. 1983 erschien das englisch-deutsche „Standard-Wörterbuch für Werbung, Massenmedien und Marketing" von Wolfgang Koschnick. Die den deutschen Entsprechungen der englischen Begriffe beigegebenen Erläuterungen beeindruckten mich so, daß ich unter der Überschrift „Ein Lexikon de luxe" drei Seiten Stichworte Faksimile in den „Vierteljahresheften für Mediaplanung" abdruckte.

Schon ein Jahr später machte Koschnick wieder auf sich aufmerksam mit einem neuen „Standard-Wörterbuch" – nun gleich für die gesamten „Sozialwissenschaften". Und dieser Lexikon-Autor, der sich bereits als hochbegabt zur Darstellung komplizierter Sachverhalte erwiesen hatte – er ist von zu Hause aus Journalist, spricht und schreibt Deutsch wie Englisch und verfügt über ein geradezu enzyklopädisches Wissen –, stand zwischen zwei Aufgaben als Chefredakteur, als Autor zur Verfügung. Das Resultat seiner Arbeit ist das vorliegende Buch.

Gröbenzell
im Januar 1988

Der Lektor:
Dr. Klaus-Peter Landgrebe

Standard-Lexikon
für
Mediaplanung
und
Mediaforschung

A – Z

A

A-Leser
kurz für Abonnementsleser
Ein (→) Leser, der die Publikation (Zeitung oder Zeitschrift), die er liest, im (→) Abonnement bezieht bzw. einem (→) Haushalt angehört, der sie abonniert hat.
→ A + E-Leser; *vgl.* E-Leser, LZ-Leser

A + E-Exemplare *(A + E-Stücke)*
kurz für Abonnements- und Einzelvertriebsexemplare
Terminus technicus des Medienvertriebs für die Gesamtheit der sowohl im Wege des (→) Abonnements wie durch (→) Einzelverkäufe, also vorwiegend Straßen- und Kioskverkäufe, vertriebenen und mithin auch direkt bezahlten Exemplare einer Publikation (Zeitung oder Zeitschrift). Die (→) verkaufte Auflage eines Druckmediums setzt sich aus der Gesamtheit der A + E-Exemplare zusammen, (→) Auflage. Der vertriebstechnische Begriff ist also breiter angelegt als der in der (→) Leserschaftsforschung verwendete Begriff des (→) A + E-Lesers.
Im Interesse einer einheitlichen Terminologie werden allerdings im Rahmen der (→) Media-Analyse (MA) der (→) Arbeitsgemeinschaft Media-Analyse (AG.MA) alle nicht durch (→) Lesezirkel verbreiteten Exemplare einer (→) Zeitschrift als A + E-Stücke bezeichnet, auch wenn die Gesamtauflage so verbreitet wird, daß es keine LZ-Stücke gibt.

A + E-Leser
kurz für Abonnements- und Einzelverkaufsleser
Diejenigen (→) Leser eines (→) Periodikums (einer Zeitung oder Zeitschrift), die dieses entweder als (→) Abonnenten oder als (→) Einzelbezieher (und zwar sowohl durch Kauf wie durch Gratisbezug) nutzen. Der Zusammenfassung der Abonnenten und Einzelbezieher von (→) Zeitschriften zu einer der Gruppe derjenigen Leser, die Bezieher eines (→) Lesezirkels sind (LZ-Leser), gegenüberstehenden Kategorie liegt die Annahme zugrunde, daß die A + E-Leser sowohl den redaktionellen wie den Anzeigenteil gründlicher als die (→) LZ-Leser nutzen.
Ob diese Annahme richtig ist, ist allerdings ungewiß. Dazu schreibt Hans-Erdmann Scheler: „Um diese Frage zu beantworten, liegen kaum veröffentlichte Daten vor. Abgesehen von Erwägungen, die für die gesamte Kampagne eine Rolle spielen, gibt es wenig plausible Hinweise, den LZ-Leser wesentlich schlechter einzustufen als den A + E-Leser. Einen Hinweis allerdings bietet auch die LA, daß der LZ-Leser nicht ganz dem A + E-Leser gleichwertig ist. Die LA weist die Zahl der Lesetage für den LpN aus. Die A + E-Leser der LZ-Zeitschriften kommen dabei auf durchschnittlich 1,8 Lesetage, die LZ-Leser auf durchschnittlich 1,2 Lesetage.
Dies ist ein Unterschied, der sich auch aus der Distribution erklären läßt, denn Leser der öffentlichen Auslage haben in der Regel nur einen Tag Zeit, ein Heft in die Hand zu nehmen. Zudem sind vierzehntäglich erscheinende und monatlich erscheinende Titel auch in privaten Mappen nur eine Woche lang enthalten.
Dieser Unterschied wird bedeutsam, wenn mit Hilfe von Kontaktfaktoren Gewichtungen vorgenommen werden.
Die HÖR ZU-Untersuchung über den Doppelseitenkontakt von 1964 zeigte, daß pro Lesetag kaum Unterschiede in der Zahl der aufgeschlagenen Seiten zwischen LZ- und A + E-Lesern auftreten. Solange nicht exakte Untersuchungen über den Wert des LZ-Lesers vorliegen, bleibt die Frage der Bewertung eine Frage der Welt-Anschauung.
Die Verfahren, die von der LA bei Ermittlung des kumulierten Lesens verwendet werden, ermöglichen es nicht, die kumulierte Leserschaft nach LZ- und A + E-Lesern zu unterteilen. Informationen über die LZ-Leser sind bislang nur aus dem LpN-Bereich erhältlich. Das erschwert auch eine Bewertung der LZ- und A + E-Leser in Kumulationsauszählungen und Mediaselektionsprogrammen. Die Mediaselektionsprogramme arbeiten heute alle mit kumulierten Gesamtleserschaften und Lesefrequenzen. Dem Mediaplaner, der den LZ-Leser geringer oder höher als den A + E-Leser einstuft, bleibt eigentlich nur die Möglichkeit, titelbezogen nach dem Verhältnis der A + E-Leser und LZ-Leser im LpN zu gewichten."
Nach einer im Rahmen der (→) Leser-Analyse (LA) durchgeführten Untersuchung der LZ-

Leser im Jahre 1962 ergab sich, daß sich unter den A + E-Lesern etwas weniger jüngere Leser unter 20 Jahren und etwas weniger ältere Leser über 60 Jahren finden. A + E-Leser wohnen auch mehr in Orten über 500 000 Einwohnern. Größere Unterschiede bestehen nach dieser Untersuchung auch in der geographischen Verteilung. Die vier nördlichen Bundesländer (Schleswig-Holstein, Hamburg, Niedersachsen und Bremen) und bei einzelnen Titeln auch noch Nordrhein-Westfahlen sind wesentlich schwächer besetzt als bei der LZ-Leserschaft.
In der Berufsstruktur haben die A + E-Leser einen geringeren Anteil selbständiger Gewerbetreibender und Arbeiter. Das Einkommen der A + E-Leser ist höher als das der LZ-Leser. Großfamilien und Normalfamilien mit Kindern sind in der A + E-Leserschaft weniger vertreten als in der LZ-Leserschaft.
Die Unterscheidung zwischen A + E-Lesern auf der einen und LZ-Lesern auf der anderen Seite ist ein deutsches Spezifikum; denn außerhalb Deutschlands gibt es keine der des Lesezirkels vergleichbare Einrichtungen. In der im Jahre 1957 von Professor Wolfgang Metzger durchgeführten „Testreihe Aided Recall", (→) gestützte Erinnerung, ergab sich übrigens, daß die Gruppe der A + E-Leser für die (→) Wiedererkennung im (→) Interview weit weniger auf die (→) Gedächtnisstütze des originalen Schriftzugs auf einer (→) Titelkarte angewiesen ist, als die passivere Gruppe der LZ-Leser. In derselben Untersuchung ergab sich bei Vergrößerung der Zahl der gleichzeitig oder unmittelbar nacheinander vorgelegten Titelkarten von 1 auf 53 eine eben merkliche, aber nicht signifikante Verschlechterung der Erinnerungsleistung bei den A + E-Lesern. Metzger leitete daraus die Schlußfolgerung ab, daß bei künftigen Untersuchungen die Zahl von 50 Titelkarten nicht überschritten werden sollte. Dieser Schlußfolgerung ist die (→) Media-Analyse (MA) allerdings nicht gefolgt. Die Zahl der erhobenen Zeitschriften wuchs von Jahr zu Jahr kontinuierlich auf zuletzt 114 in der MA '86.
Nach den Ergebnissen einer im Auftrag der Heinrich Bauer Stiftung, Hamburg, 1966/67 durchgeführten Untersuchung über „Die Affizierbarkeit verschiedener Kategorien von Zeitschriftenlesern durch Anzeigen" besteht eine statistisch zwar nicht gesicherte, aber im Trend bestätigte höhere (→) Leser-Blatt-Bindung sowie eine größere Ansprechbarkeit von A + E-Lesern für Anzeigen.

A-Stück
→ A + E-Exemplare

A-Wert
In der (→) Reichweitenforschung der (→) Außenwerbung ein Maß für die durchschnittliche Zahl der (→) Kontakte oder (→) Kontaktchancen pro Kopf der Bevölkerung (meist im Alter von zwischen 14 und 70 Jahren) pro Anschlagstelle im jeweiligen Gemeindegebiet

$$A = \frac{\text{Kontakte (Kontaktchancen)}}{\text{Personen x Anschlagstellen}}$$

Der in Deutschland verwendete A-Wert ist eine Weiterentwicklung der in der britischen (→) Newport-Studie des Institute of Practitioners in Advertising (IPA) entwickelten IPA-Formel zur Vorhersage der (→) Kontakte mit (→) Anschlagstellen und (→) Reichweiten in Gemeinden unterschiedlicher Größenordnung.
Ausgangspunkt und genereller (→) Parameter der IPA-Formel ist die „Passagewahrscheinlichkeit" A. Sie ist ein Maßfaktor für Kontakte pro Kopf der Bevölkerung und Anschlagstelle im jeweiligen Gemeindegebiet und läßt sich als Quotient aus der Gesamtzahl der Kontakte bzw. Passagen im Belegungszeitraum K und der Einwohnerzahl E des Ortes, multipliziert mit der Zahl der Anschlagstellen S, ausdrücken:

$$A = \frac{K}{E \cdot S}$$

Diese durchschnittliche Passagewahrscheinlichkeit A hängt von der jeweiligen Gemeindegröße ab. Dabei besitzen kleinere Orte höhere A-Werte als größere. Aus empirischen Untersuchungen über die Gesamtzahl der Kontakte bzw. Passagen im Belegungszeitraum K in verschiedenen (→) Gemeindegrößenklassen (bis 300 000 Einwohner) läßt sich eine funktionale Beziehung zwischen der Passagewahrscheinlichkeit A und der Ortsgröße (Einwohnerzahl) E ableiten. Die folgende Abbildung veranschaulicht, daß A mit wachsender Einwohnerzahl abnimmt:

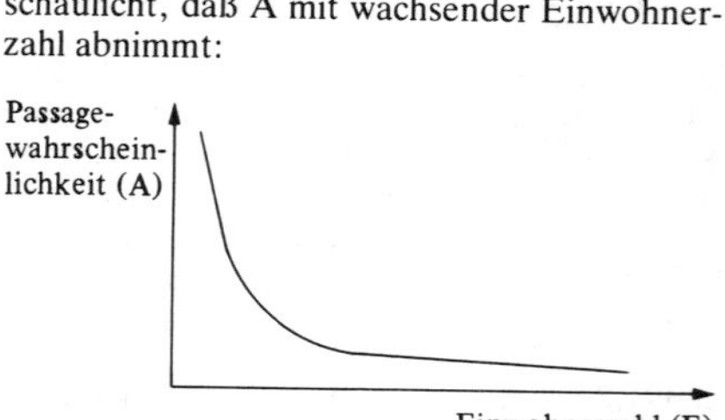

Der A-Wert wurde 1967 von Infratest, München, in einer im Auftrag des damaligen Fachverbands Plakatanschlag (heute: Fachverband

Anschlagwerbung – FAW) begonnenen Untersuchungsreihe zur Bestimmung einer für die Bundesrepublik Deutschland gültigen IPA-Formel in Zusammenarbeit mit Ernst Braunschweig und B. C. Copland entwickelt.
Ebenso wie in England fand man bei der Untersuchung der einzelnen Stellenarten eine funktionelle Beziehung zwischen dieser Wahrscheinlichkeit A und der Einwohnerzahl der untersuchten Gemeinden, wobei der Wert A um so kleiner wurde, desto größer der Ort war und umgekehrt. Das heißt je kleiner die Gemeinde war, desto höher wurde der A-Wert. Durch (→) Regressionsrechnung ergab sich für den mathematischen Zusammenhang zwischen Einwohnerzahl und A-Wert für (→) Allgemeinstellen und (→) Großflächen folgende Beziehung:

$$\log A = -0{,}408 \cdot \log \left(\frac{\text{Einwohnerzahl}}{1000}\right) + 1{,}118$$

Die empirisch gefundenen A-Werte für (→) Ganzstellen führten zu der Formel:

$$\log A = -0{,}465 \cdot \log \left(\frac{\text{Einwohnerzahl}}{1000}\right) + 1{,}466$$

Bei Kenntnis dieser funktionalen Beziehung ist für eine gegebene Zahl von Anschlagstellen und eine gegebene Gemeindegröße die Bestimmung der gewünschten Kontaktwerte ohne weitere Felduntersuchungen möglich. Beträgt die Zahl der Kontakte pro Einwohner

$$k_o = \frac{K}{E} = A \cdot S,$$

die Zahl der Kontakte pro Kontaktperson bzw. Passant

$$k_p = \frac{K}{P},$$

so muß die letztere größer sein als die erste, da die Einwohnerzahl größer ist als die Kontaktpersonenzahl. Die Zahl der Passanten läßt sich durch Auflösen als

$$P = \frac{K}{k_p}$$

und die Zahl der Einwohner als

$$E = \frac{K}{A \cdot S}$$

ausdrücken. Untersuchungen zeigen, daß die Differenz b zwischen der Kontaktzahl pro Kontaktperson und der Kontaktzahl pro Kopf aller Personen der Bevölkerung konstant ist:

$$b = k_p - k_o = \text{const}$$

Daraus erhält man für die Kontaktzahl pro Passant, die (→) Kontaktdichte:

$$k_p = k_o + \bar{b} = A \cdot S + \bar{b}$$

Die Kontaktzahl pro Passant ergibt sich somit durch Multiplikation der Passagewahrscheinlichkeit A mit der Zahl der Anschlagstellen S und Addition des Korrekturfaktors b.
Dabei drückt der additive Beiwert „b" lediglich aus, daß die Zahl der Kontakte pro Kopf der Kontaktpersonen immer etwas höher liegen muß als die Zahl der Kontakte pro Kopf aller Personen. In verschiedenen Erhebungen wurde der b-Wert eingehend untersucht und für Deutschland mit 3,7 errechnet.
Die (→) Reichweite R des Plakatanschlags wird definiert als der Anteil der Personen mit mindestens einem (→) Kontakt innerhalb eines bestimmten Zeitintervalls, bezogen auf alle Personen. Sie ergibt sich aus der Division der Zahl der Passanten durch die Einwohnerzahl als:

$$R = \frac{P}{E} = \frac{K}{k_p} : \frac{K}{A \cdot S} = \frac{A \cdot S}{A \cdot S + \bar{b}}$$

Mithin läßt sich feststellen, daß für die Beurteilung des Plakatanschlags bei normalem Belegungszeitraum von zehn Tagen die Reichweite kein ausreichendes Kriterium darstellt, da dieses Medium im Vergleich zu den anderen (→) Werbeträgern extrem hohe Reichweiten erzielt. Gleich hohe Reichweiten können in den einzelnen Gemeindegrößenklassen eine sehr unterschiedliche Kontaktdichte beinhalten, so daß für die (→) Mediaplanung im wesentlichen das Erreichen von Kontaktzielen von Bedeutung sein wird.
Wegen der beim Plakatanschlag sehr schnell erzielbaren hohen Reichweite ist die Kontaktdichte von größerem Interesse, weil gleiche Reichweiten in verschiedenen Ortsgrößen zu sehr unterschiedlichen Kontaktdichten führen. Für eine vorgegebene Kontaktdichte läßt sich die notwendige Belegungszahl S bestimmen.

Abbestellquote
Im Medienvertrieb der Anteil (Prozentsatz) **1.** derjenigen (→) Abonnenten, die ihr (→) Abonnement innerhalb eines bestimmten Zeitraums kündigen **2.** der potentiellen neuen Ab-

onnenten eines (→) Periodikums (wie z. B. der Bezieher von Probe- oder Ansichtsexemplaren), die am Ende doch nicht abonnieren.

Abdeckung
(→) Haushaltsabdeckung, Reichweite

Abfrage *(Medienabfrage)*
Bei der Organisation des Ablaufs von (→) Befragungen vor allem mit Hilfe von persönlichen (→) Interviews stellt sich ganz allgemein das Problem von (→) Reihenfolgeeffekten, d. h. der Auswirkung des Abfrageverfahrens auf die Erhebungsergebnisse. Es stellt sich in ganz besonderem Maße bei den als (→) Multi-Media-Analysen angelegten großen (→) Markt-Media-Analysen wie der (→) Media-Analyse (MA), der (→) Allensbacher Werbeträgeranalyse (AWA), der (→) Verbraucheranalyse (VA), der (→) Typologie der Wünsche (TdW), der (→) Brigitte-Kommunikations-Analyse oder der (→) Infratest-Multi-Media-Analyse (IMMA), die alle das (→) Nutzungsverhalten gegenüber einer sehr großen Zahl (in der MA '86 allein 114 (→) Publikumszeitschriften) von (→) Werbeträgern erheben und dabei stets in der (→) Filterführung mit dem Problem der Auswirkung von Organisation und Abfolge der (→) kontaktqualifizierenden Fragen auf die (→) Reichweite konfrontiert sind.
Schon die (→) Arbeitsgemeinschaft Leser-Analyse (AG.LA) hat sich in ihrer (→) Leseranalyse (LA) ausgiebig mit dem Komplex der sich aus der großen Zahl der in die (→) Erhebung eingehenden Werbeträger ergebenden Belastung von Befragten und Interviewern aufgrund der Länge und des Umfangs des (→) Fragebogens und der damit verbundenen Frage befaßt, welchen Einfluß die Reihenfolge der einzelnen Medien in der Abfrage auf die Größenordnungen der ermittelten Nutzerschaften hat. Zeitweilig wurden die einzelnen Zeitschriftengruppen nach einem festgelegten System der (→) Rotation unterworfen. Dagegen bestehen allerdings nach den Worten von Friedrich Wendt die folgenden Bedenken: „Jede Rotationsform erzeugt irgendeine Abweichung vom realen Verhalten. Alle Rotationsformen zusammen saldieren sämtliche Fehler, ohne daß wir etwas darüber wissen, wie sich die Ergebnisse auf die inneren Strukturen auswirken. Außerdem merkte man schon damals, daß die Stichprobenpläne leiden müßten, wenn man versucht, die 12 Befragungsformen leidlich gleichmäßig zu verteilen, was weder nationalen noch regionalen Aussagen guttut."
Seit 1970 verwendet die LA und später auch die MA in allen Erhebungen einen Generalfilter, durch den sich die Befragten als (→) Leser, (→) Hörer, (→) Seher, (→) Kinobesucher etc. also als (→) Nutzer qualifizieren. Die weitere Abfrage erfolgt dann in einer Reihenfolge, die bei Publikumszeitschriften vom längsten Zeitraum bis zum kürzesten, also von monatlich über vierzehntäglich zu wöchentlich und täglich erscheinenden Titeln geht. Die Regel, vom längeren zum kürzeren Zeitraum voranzuschreiten gilt auch für die Abfrage nach (→) Mediengattungen, deren Reihenfolge seit der MA 73 im Fragebogen unverändert ist:

Generalfilter für alle Zeitschriften	**1. Durchgang**
monatlich erscheinende Zeitschriften	
14täglich erscheinende Zeitschriften	
wöchentlich erscheinende Zeitschriften und Wochenzeitungen	
monatlich erscheinende Zeitschriften	**2. Durchgang**
14täglich erscheinende Zeitschriften	
wöchentlich erscheinende Zeitschriften und Wochenzeitungen	
Tageszeitungen	
Supplements (erstmals MA 73)	
Fernsehen	
Hörfunk	
Kino	
Lesemappe	

In der LA 70 wurde zuerst Radiohören und dann Fernsehen abgefragt. Das führte aber zu erheblichen Schwierigkeiten; denn es treten häufig Mißverständnisse auf, die von den beim Hörfunk verwendeten einfachen (→) Identifikationshilfen verursacht werden. Jede Rundfunkanstalt der ARD strahlt sowohl im Hörfunk als auch im Fernsehen Programme unter demselben Namen, z. B. unter dem des Bayerischen Rundfunks, aus. Gibt man den Befragten diese Namen auf den „Radio-Karten" in einfacher Druckschrift vor – und eine andere Gestaltung ist nicht möglich – assoziieren viele von ihnen „Fernsehen", obwohl in den Instruktionen vom Radio, vom Hören die Rede ist. Viele denken nämlich zuerst an ihre Sehgewohnheiten und müssen vom Interviewer dann mit einiger Mühe auf den eigentlich interessierenden Untersuchungsgegenstand – das Hörverhalten – hingelenkt werden. Nimmt man zuerst das ohnehin weiter vorn im Bewußtsein rangierende Fernsehen, treten diese Mißverständnisse nicht auf.
Daß Fernsehen und Hörfunk im Fragebogen nach den Pressemedien rangieren, war bereits im Experiment zur Vorbereitung der LA 70 die Konsequenz aus der Erkenntnis, daß die Interviewer mit den Auskunftspersonen in der Abfrage von den größeren zu den kleineren Zeiträumen fortschreiten und sowohl die Pressemedien als auch die Funkmedien im Zusammen-

hang behandeln sollten. Als mit der MA 73 die täglich erscheinenden Zeitungen durch die wöchentlich erscheinenden (→) Supplements vom täglich erscheinenden Fernsehen und Hörfunk getrennt wurden, belebte sich die Diskussion um die Position der Funkmedien im Erhebungsvorgang, die sehr rasch zu der Frage führte, ob Fernsehen und Hörfunk zu Beginn des Fragebogens nicht „günstiger" plaziert seien als vor der Statistik. Um dieses Problem zu klären, wurde von Oktober bis Dezember 1975 parallel zu einer Welle der MA 76 ein Experiment durchgeführt, in dem folgende Versionen gegeneinander getestet wurden:

	Version 1	Version 2	Version 3
1.	Reiseverhalten	Fernsehen	Fernsehen
2.	Zeitschriften	Hörfunk	Hörfunk
3.	Tageszeitungen	Reiseverhalten	Tageszeitungen
4.	Supplements	Zeitschriften	Supplements
5.	Fernsehen	Tageszeitungen	Reiseverhalten
6.	Hörfunk	Supplements	Zeitschriften
7.	Kino, Lesezirkel	Kino, Lesezirkel	Kino, Lesezirkel
8.	Statistik	Statistik	Statistik

Gegenüber Version 1 hatten in Version 2 also lediglich Pressemedien und Funkmedien die Plätze getauscht; in Version 3 wurden zunächst die täglich „erscheinenden" Medien abgehandelt, dann die seltener erscheinenden. Die Ergebnisse:

Fernsehen (9 Programme	Version 1 (Presse vor Funk)	Ø Version 2+3 (Funk vor Presse	Index Version 1 = 100
Zahl der Fälle	1656	3351	
Summe der Reichweiten			
schon gesehen innerhalb	307,2	303,4	99
der letzten 14 Tage	208,3	204,3	98
Summe gestern (7 Zeiten)	200,8	194,6	97

Danach ist festzustellen: Die Position des Fernsehens im Fragebogen hat auf die Ergebnisse für diese Mediengattung offenbar keinen Einfluß. Die Unterschiede zwischen den Versionen sind meist minimal und kaum interpretierbar. Beim Hörfunk zeigt sich dasselbe:

Hörfunk (14 Programme)	Version 1 (Presse vor Funk)	Ø Version 2 + 3 (Funk vor Presse)	Index Version 1 = 100
Zahl der Fälle	1656	3351	
Summe der Reichweiten			
schon gehört	388,3	360,2	93
innerhalb der letzten 14 Tage	167,1	163,0	98
Summe gestern (9 Zeiten)	194,9	191,0	98

Weder für Fernsehen noch für Hörfunk verschafft die Voranstellung im Fragebogen Gewinne – im Gegenteil: vor den Pressemedien abgefragt zu werden, bringt den Funkmedien eher Nachteile – allerdings sind die Unterschiede sehr gering.

Durch dieses groß angelegte Experiment wurde die seit der LA 71 gültige Abfrage-Reihenfolge für die Mediengattungen als richtig bestätigt: Man schreitet im Interview von den Gattungen mit längerem Erscheinungsintervall zu denen mit kürzerem fort.

An zweiter Stelle steht nach dem Generalfilter der sogenannte „große Zeitfilter", bei dem die Leser zum ersten Mal nach dem (→) Zeitpunkt des letzten Lesens gefragt werden. Diesen Filter passieren Leser im 12fachen Erscheinungsintervall (durchschnittlich 10 Titel), denen dann Fragen zur (→) Lesehäufigkeit und zum (→) letzten Lesen mit der Vorgabe kleiner Zeiteinheiten gestellt werden.

Diese Abfolge blieb nicht ohne Kritik: Ein Leser im 12fachen (→) Erscheinungsintervall muß sich im Interview dreimal mit einem Titel befassen, die Fragen selbst wiederholen sich, der Ablauf ist zähflüssig. Damit ist zugleich auch die Gefahr verbunden, daß die Interviewer ausweichen und von sich aus die Durchführung den Vorschriften entgegen „rationalisieren". Ein rationalisierender Effekt – der den Interviewern sehr entgegenkommt – liegt beispielsweise in der sogenannten *horizontalen Abfrage* statt der vorgegebenen *vertikalen Abfrage*.

Bei der *vertikalen* Abfrage muß der Befragte eine vorgegebene Frage – zum Beispiel nach dem letzten Lesen – zunächst für alle genutzten Titel eines Erscheinungsintervalls beantworten, ehe er zur nächsten Ermittlung übergehen kann, beispielsweise zur Lesehäufigkeit.
Bei der *horizontalen Abfrage* dagegen beantwortet der Befragte alle in Betracht kommenden Fragen zunächst für einen Titel, ehe er zum nächsten Titel übergeht.
Die *horizontale Abfrage* wird von Interviewern und Befragten bevorzugt. Sie hat den Vorteil, daß der Leser sich auf einen Titel konzentrieren kann, ehe er zum nächsten übergeht. Auch für den Interviewer vereinfacht sich das Verfahren, weil er nicht gezwungen wird, stets alle Titelkarten von Frage zu Frage neu vorzulegen.
Der Nachteil dieser Technik liegt einmal darin, daß der Befragte von Zeitraum zu Zeitraum „hüpft", wobei ihm möglicherweise die für das Interview wichtigen Zeitvorstellungen verlorengehen; entscheidender ist aber noch, daß die horizontale Abfrage offensichtlich oberflächlicher gehandhabt wird bzw. beim Befragten eher ein Ermüdungseffekt, beim Interviewer eher ein Rationalisierungseffekt eintritt. Bei Kenntnis der Belastung verringert sich die Anzahl der Titel, die den Filter zum (→) Weitesten Leserkreis (WLK) passieren.
In diesem Zusammenhang wurde zum Beispiel in den Experimenten zur Vorbereitung der LA 70 festgestellt, daß „fast alle Indikationswerte für horizontal niedriger lagen als für vertikal".
Nach einer Reihe von Methodenexperimenten über das Abfragemodell ist der Befragungsablauf seit der MA 84 im Zeitschriftenbereich nach dem Modell der horizontalen Abfrage geregelt, d. h. nach dem Generalfilter wird die Medieninformation pro Titel auf einmal eingesammelt, und zwar ohne die Frage nach der (→) Bezugsart und unter Verwendung von (→) Titelkarten im Spielkartenformat.

Das Abfragemodell der MA für Zeitschriften geriet 1986 erneut in eine heftige Diskussion, die ausging von dem veränderten Leseverhalten in der Bundesrepublik. Dazu schrieb Dieter Faehling:

„Die bisherigen Trend-Darstellungen und Analysen der LA-/MA-Ergebnisse deuten darauf hin, daß die Bundesbürger im Laufe der letzten Jahre immer mehr Zeitschriften immer unregelmäßiger nutzen.
Der Grund für diese Entwicklung ist jedoch nicht nur in der absoluten Zunahme des Titelangebotes und der Auflage zu sehen.
Seit 1970 hat sich auch die Angebotsstruktur der Zeitschriften verändert. Neue Vertriebskanäle – vor allem Supermärkte und Verbrauchermärkte –, insbesondere aber veränderte Angebotsformen haben sich auf den Kauf und die Nutzung von Zeitschriften ausgewirkt.
Die Präsentation der Titel im offenen Regal in der Fächerauslage gibt die Möglichkeit, den Inhalt der Zeitschriften bereits vor dem Kauf – im direkten Vergleich zu den Konkurrenztiteln – zu prüfen.
Konsequenz:
Die Zeitschriften werden bewußter gekauft und damit gezielt und selektiv gelesen. Der Anteil unregelmäßiger bzw. seltener Leser nimmt zu.
Hier stellt sich nun die Frage, inwieweit das alte LA/MA-Abfragemodell für Zeitschriften dieser Entwicklung im Leseverhalten gerecht wird.
Mit der jetzigen Filterführung, die zur MA 70 mit einer Titelliste von insgesamt 57 Zeitschriften und Wochenzeitschriften eingeführt wurde, wird das menschliche Erinnerungsvermögen überfordert. Die konkret erfaßbare Erinnerungsleistung ist begrenzt – ein Aspekt, der sich naturgemäß bei den seltener und spontan genutzten Titeln besonders stark auswirkt. Weiterhin führt ein häufiger Titelwechsel innerhalb bestimmter Zeitschriftengattungen nicht nur zu einer seltenen Nutzung einzelner Titel, auch die Verwechslungsgefahr wird größer.
Das noch immer benutzte LA/MA-Abfragemodell mit seiner engen Filterführung erfaßt vor allem die regelmäßigen Leser und bewirkt eine zunehmende Eliminierung der seltenen Leser. Dieses Ergebnis entspricht durchaus der Meinung der AG.LA-Experten der 60er Jahre, daß ‚viele gelegentliche Leser ... für die Bemessung des Insertionswertes gering einzuschätzen sind'.
Es entspricht jedoch nicht mehr dem aktuellen Kommunikationsverhalten der Bundesbürger und kann damit auch nicht mehr als Maßstab für die Bewertung der „Kontaktqualität" mit Zeitschriften verwendet werden.
Zu diesem Ergebnis kommt auch die Springer/GWA-Studie „Maßstäbe für Kontaktqualität" mit der Feststellung, daß die Lesefrequenz nach Lesefrequenzskala, keine allen Titeln in gleicher Weise gerecht werdende Bewertung von Kontaktqualität' ermöglicht."

In den Methoden-Experimenten 1980 bis 1982 zur Zeitschriftenabfrage in der MA standen die folgenden Varianten zur Diskussion:

1. H-Modell:
Das „H" steht für „horizontale" Abfrage, in der auf der Basis des (→) Weitesten Leserkreises (WLK) für die einzelnen Titel sowohl die (→) Lesefrequenz wie das Lesen im letzten (→) Erscheinungsintervall (Leser pro Nummer) mit *einem* Fragedurchgang ermittelt wurden.

2. E-Modell:
Das „E" steht für „Eintragungs-"-Version; hier sollte der Befragte selbst die Fragen zur Lesefrequenz und zum letzten Lesen auf den jeweiligen (→) Titelkarten beantworten und persönlich eintragen. In einer späteren Version sollte der Interviewer das tun.
In diesen Extremmodellen wurden alle Befragungsstufen verändert, um letztlich die Auswirkungen auf den (→) Leser pro Nummer (LpN)

MA-Abfragemodell für Zeitschriften

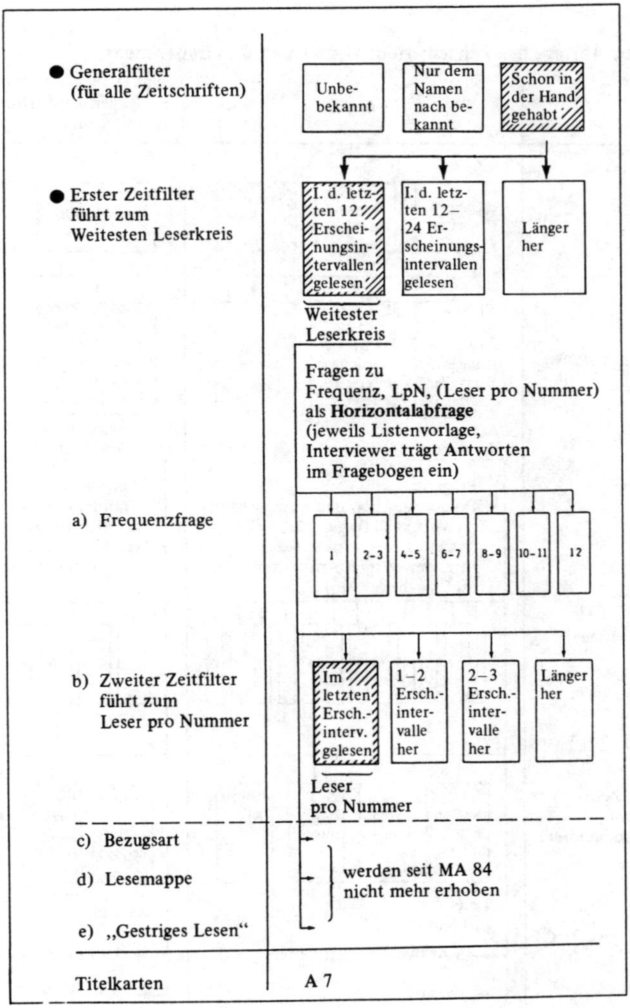

festzustellen, der als Außenkriterium bei der später durchgeführten (→) Segmentation zur Ermittlung des (→) LpA-Wertes die absolute Größe und die Struktur des LpA bestimmt.

3. 3A-Modell:
In dieser Version des Abfragemodells bleiben Generalfilter und erster Zeitfilter unverändert. Nur der zweite Zeitfilter für den LpN bietet eine höhere Trefferquote. Das Ergebnis: ein Reichweitenanstieg, der in der Mitte zwischen dem LpN der MA 81 und dem LpN der Test-Versionen H und E liegt.
Die Darstellung auf den Seiten 10 und 11 gibt einen detaillierten Überblick über den Aufbau der drei Abfragemodelle.

Modelle zur Abfrage der Zeitschriften: MA 81 und drei Experimente

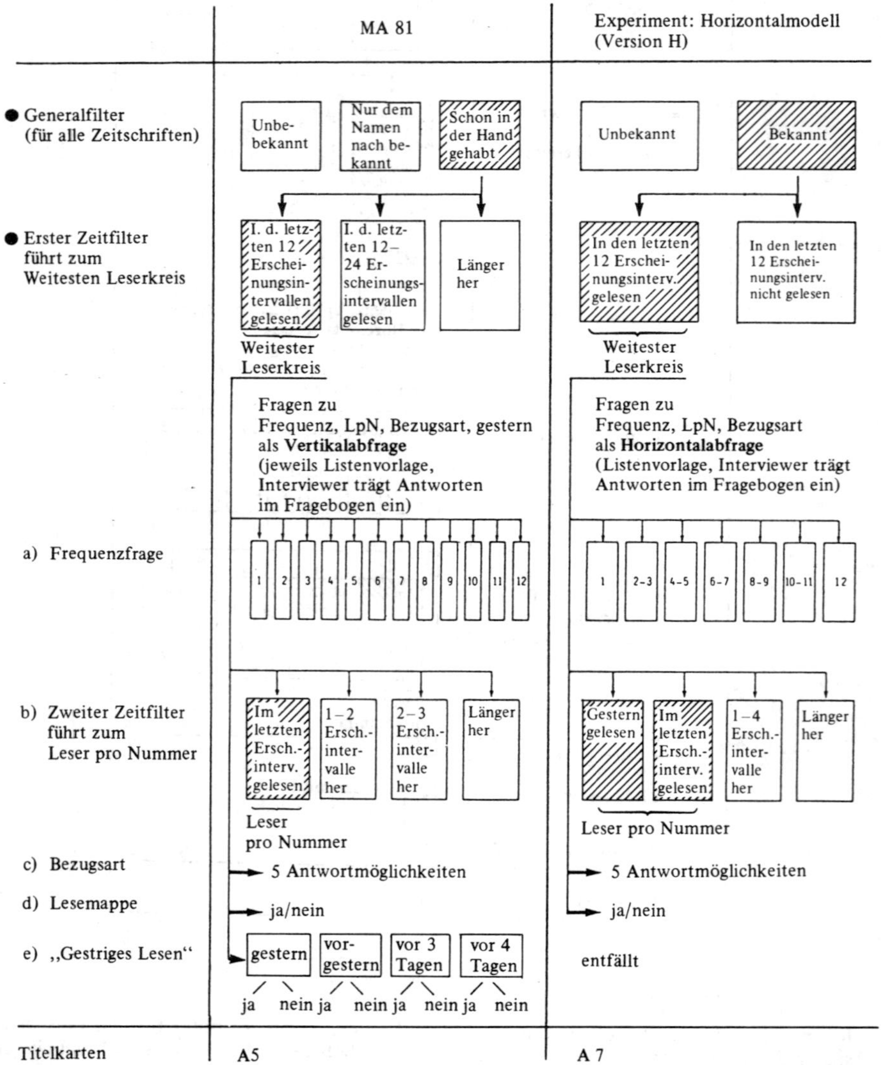

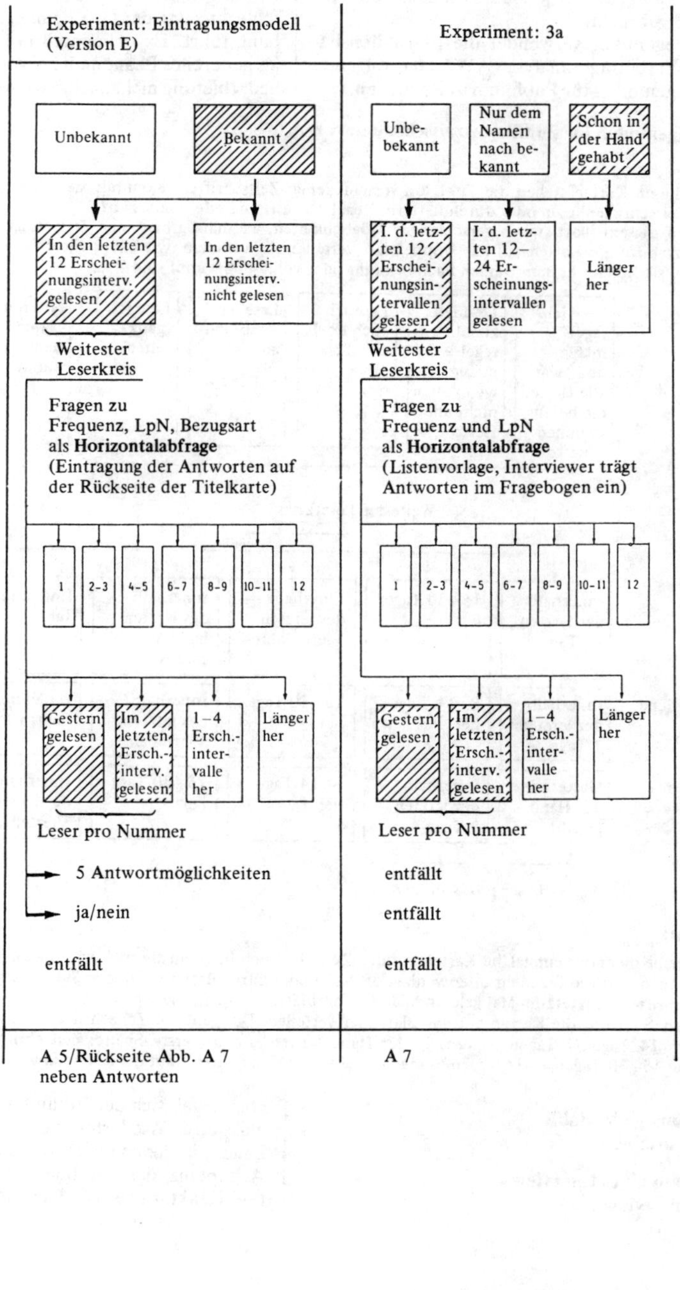
Experiment: Eintragungsmodell (Version E)
Experiment: 3a
Unbekannt
Bekannt
Unbe-bekannt
Nur dem Namen nach be-kannt
Schon in der Hand gehabt
In den letzten 12 Erschei-nungsinterv. gelesen
In den letzten 12 Erschei-nungsinterv. nicht gelesen
I. d. letz-ten 12 Erschei-nungsin-tervallen gelesen
I. d. letz-ten 12–24 Er-scheinungs-intervallen gelesen
Länger her
Weitester Leserkreis
Weitester Leserkreis
Fragen zu Frequenz, LpN, Bezugsart als **Horizontalabfrage** (Eintragung der Antworten auf der Rückseite der Titelkarte)
Fragen zu Frequenz und LpN als **Horizontalabfrage** (Listenvorlage, Interviewer trägt Antworten im Fragebogen ein)
1
2-3
4-5
6-7
8-9
10-11
12
1
2-3
4-5
6-7
8-9
10-11
12
Gestern gelesen
Im letzten Ersch.-interv. gelesen
1–4 Ersch.-inter-valle her
Länger her
Gestern gelesen
Im letzten Ersch.-interv. gelesen
1–4 Ersch.-inter-valle her
Länger her
Leser pro Nummer
Leser pro Nummer
5 Antwortmöglichkeiten
entfällt
ja/nein
entfällt
entfällt
entfällt
A 5/Rückseite Abb. A 7 neben Antworten
A 7

Die Mitgliederversammlung der (→) Arbeitsgemeinschaft Media-Analyse (AG.MA) beschloß für 1987 die Beibehaltung des bisher praktizierten Abfragemodells. Damit ist die Diskussion darüber jedoch noch nicht zum Abschluß gebracht.
Demgegenüber verwendet die (→) Allensbacher Werbeträgeranalyse (AWA) das folgende Abfragemodell für Publikumszeitschriften:

Abfragemodell für Publikumszeitschriften: AWA '87

Frage:

„Auf diesen Karten stehen die Titel von verschiedenen Zeitschriften. Könnten Sie mir sagen, wie häufig Sie diese Zeitschriften lesen oder durchblättern – egal ob zu Hause oder anderswo?
Hier auf diesem Blatt stehen verschiedene Möglichkeiten, wie häufig man eine Zeitschrift lesen kann. Wenn Sie jetzt bitte die Karten auf das Doppelblatt verteilen, je nachdem, wie häufig Sie diese Zeitschriften lesen, oder ob sie Ihnen nur dem Namen nach bekannt oder völlig unbekannt sind."

Lese ich regelmäßig, und zwar alle Hefte, die herauskommen	Lese ich ziemlich regelmäßig, wenn auch nicht alle Hefte	Lese ich auch noch ziemlich oft	Lese ich so ab und zu	Lese ich (ganz) selten	Nur dem Namen nach bekannt	Unbekannt

Weitester Leserkreis*

Monatliche Titel	Innerhalb der letzten 14 Tage	15–30 Tage her	Innerhalb des letzten Vierteljahres	Innerhalb des letzten halben Jahres	Im letzten Jahr	Länger her
14 tägliche Titel	Innerhalb der letzten 7 Tage	8–14 Tage her	15–30 Tage her	Innerhalb des letzten Vierteljahres	Im letzten halben Jahr	Länger her
Wöchentl. Titel	Gestern in der Hand gehabt	Innerhalb der letzten 7 Tage	8–14 Tage her	15–30 Tage her	Innerhalb des letzen Vierteljahres	Länger her

Leser pro Nummer

***Frage:**

„Ich habe hier noch einmal die Karten mit den Zeitschriften, die (einmal im Monat/alle 14 Tage/ wöchentlich) erscheinen und die Sie mehr oder weniger oft lesen oder durchblättern. Können Sie mir sagen, wann Sie diese Zeitschriften zum letzten Mal gelesen oder durchgeblättert haben, abgesehen von heute?
Würden Sie bitte die Karten auf das Blatt hier verteilen. Das geht so: Zeitschriften, die Sie zufällig (in den letzten 14 Tagen/7 Tagen/gestern) in der Hand hatten, auf die erste Spalte; Zeitschriften, die Sie (in den letzten 15–30 Tagen/8–14 Tagen/7 Tagen) mal in der Hand hatten, auf die zweite Spalte usw."

abhängige Variable
→ Variablen

Ablauf eines Interviews
→ Interview

Abnutzung *(wear-out)*
Die aufgrund von stets sich wiederholender Werbung eintretende Ermüdung der Rezipienten, die zu einem Nachlassen der (→) Werbewirkung und sogar zu einer deutlichen Verschlechterung der (→) Erinnerung an die Werbung führt. Experimentell konnte Abnutzung als generelles Phänomen bei wiederholter Werbedarbietung nicht nachgewiesen werden, wohl aber ergab sich der Befund, daß bei besonders massierter Wiederholung von Werbung und in Fällen, in denen die Rezipienten nicht zur (→) Akzeptanz des Werbeinhalts motiviert sind, (→) Reaktanz auftritt, weil die massierte Expo-

sition bei den Umworbenen Abwehrreaktionen auslöst.
Auch in einer 1980 von Rolf-Michael Wimmer im Auftrage des Verlags Gruner + Jahr, Hamburg, durchgeführten empirischen Untersuchung zur Auswirkung von Kontaktwiederholungen bei emotionaler Werbung wurde der in der Abnutzungstheorie (theory of advertising wear-out) von R. C. Grass und W. H. Wallace behauptete Abnutzungseffekt nicht bestätigt. Die Studie erbrachte den Nachweis, daß im Gegenteil die Aktivierungswirkung einer (→) Anzeige auch nach mehrfachen (→) Kontakten nicht abgebaut wird.

Abo
kurz für Abonnement

Abonnement
Der bestellte und bezahlte regelmäßige Bezug von Druckwerken, vor allem von (→) Zeitungen oder (→) Zeitschriften, oder auch Dienstleistungen (z. B. beim Theaterabonnement). Bei Büchern bzw. Buchreihen bezeichnet man denselben Vorgang als Subskription. Bei Zeitschriften und Zeitungen gilt nur der bestellte und bezahlte Bezug über mindestens drei Monate als Abonnement. Der Bezieher braucht nicht unbedingt selbst das Abonnement zu bezahlen, es ist auch Bezahlung durch Dritte möglich (Geschenkabonnement). In der Vertriebsstatistik müssen nichtbezahlte Stücke als (→) Freistücke nach den Richtlinien für die Erstellung von (→) AMF-Karten geführt werden.

Abonnementsauflage *(Abo-Auflage)*
Im Zeitschriften- und Zeitungsvertrieb die Gesamtzahl der Exemplare, die an feste (→) Abonnenten und (→) Lesezirkel geliefert werden.
→ Auflage; *vgl.* Druckauflage, verbreitete Auflage, Verkaufsauflage

Abonnementsfernsehen
→ Münzfernsehen, Kabelfernsehen

Abonnementsleser
→ A-Leser, A + E-Leser

Abonnementspreis *(Abo-Preis)*
Der in aller Regel mit einem im Vergleich zum (→) Einzelheftpreis ermäßigte Preis für den Bezug eines (→) Periodikums im (→) Abonnement.

Abonnementszeitschrift *(Abo-Zeitschrift)*
Eine (→) Zeitschrift, die vorwiegend oder ausschließlich im (→) Abonnement vertrieben wird bzw. nur so bezogen werden kann (meist eine (→) Fachzeitschrift).
Die vollständige Erfassung der (→) Grundgesamtheit in (→) Leserschaftsstrukturuntersuchungen bei Abonnementszeitschriften ist wesentlich leichter möglich als bei (→) Kaufzeitschriften, wenigstens dann, wenn die Abonnentenkartei zum Zeitpunkt der Ziehung einer (→) Stichprobe auf dem neuesten Stand ist.

Abonnementszeitung *(Abo-Zeitung)*
Eine (→) Zeitung, die im Gegensatz zu einer (→) Kaufzeitung vorwiegend im (→) Abonnement bezogen wird bzw. überhaupt im Abonnement bezogen werden kann. Die meisten regionalen und lokalen (→) Tageszeitungen werden überwiegend im Abonnement vertrieben, während ein größerer Teil der Auflage der überregionalen Tageszeitungen im (→) Straßenverkauf vertrieben wird.
Insgesamt sind Abonnementszeitungen gegenüber Kaufzeitungen besonders weit verbreitet. Rund 73 Prozent der Bevölkerung sind nach der MA 86 (→) Leser pro Ausgabe (LpA) einer regionalen Abonnementszeitung, rund 84 Prozent LpA regionaler und überregionaler Abonnementszeitungen (gegenüber rund 28 aller Kaufzeitungen).
Die (→) Media-Analyse (MA) der (→) Arbeitsgemeinschaft Media-Analyse (AG.MA) erfaßt neben der festgelegten Zahl von 4 überregionalen Abonnementszeitungen die regionalen Abonnementszeitungen, insgesamt 571 in der MA 86, mit Hilfe des in der LA 70 eingeführten und in der MA 73 und der MA 79 abgewandelten Verfahrens der sog. offenen (→) Abfrage in einem jeweils durch die Gemeinde- und Kreisgrenzen definierten Befragungsgebiet.
Die Frage zur Erfassung der regionalen Abonnementszeitungen seit der MA 79 lautet: „Abgesehen von den Tageszeitungen, deren Namen hier auf diesen Karten stehen: Welche weiteren Tageszeitungen gibt es hier in der Stadt, im Ort, in der Gegend?“
Die Interviewer sind angewiesen, die vom Befragten genannten „Zeitungsnamen leserlich und ohne Abkürzung“ in der Reihenfolge der Nennung auf drei liniierten Doppel-Zeilen einzutragen, die unter den Zeilen für die mit (→) Titelkarten abgefragten, namentlich aufgeführten Zeitungen vorgesehen sind.
Von der LA 70 bis MA 72 hatte sie folgenden Wortlaut: „Und wie heißen die Tageszeitungen hier aus der Gegend, welche gibt es hier?“ Und von MA 73 bis MA 78 lautete sie: „Und wie heißen die Tageszeitungen hier aus der Stadt, dem Ort, der Gegend, welche gibt es hier?“

Abonnent
Im Medienvertrieb und in der (→) Mediaforschung ein Besteller, der ein (→) Periodikum selbst oder für Dritte im fortlaufenden, bezahlten Bezug, (→) Abonnement, für einen festgelegten Zeitraum abnimmt.

Abonnentenexemplare
→ A + E-Exemplare

abonnierte Auflage
→Abonnementsauflage

Abruffernsehen
→ Münzfernsehen (Pay-TV)

Absatzpostamt *(APA)*
Im Zeitungsvertrieb ein Postamt, das Zeitungsbestellungen entgegennimmt, sie an die Verlagspostämter weiterleitet und die bestellten Zeitungen im Wege des (→) Postzeitungsdienstes zustellt.

Absatzpotential Mittelstand
Eine 1986 erstmals vorgestellte (→) Markt-Media-Analyse der Gruner + Jahr AG & Co., Hamburg, bzw. des Wirtschaftsmagazins „impulse", deren Daten unter der wissenschaftlichen Beratung des Bonner Instituts für Mittelstandsforschung auf persönlichen (→) Interviews mit 5051 Befragten aus den zugrundegelegten (→) Grundgesamtheiten „mittelständische Unternehmen" (1 046 554 in der Bundesrepublik Deutschland) und „Entscheider in mittelständischen Unternehmen" (1 574 493 Personen) beruhen. Dabei wurde für die Grundgesamtheit mittelständische Unternehmen ein (→) Auswahlverfahren der (→) Quotenauswahl, gebildet aus den Merkmalen Rechtsform, Branchen, Umsatz, Bundesländer und für die Grundgesamtheit Entscheider in mittelständischen Unternehmen im Wege der (→) Zufallsauswahl aus den im Kontaktinterview angeführten Entscheidern eine Befragungsperson ausgewählt. Damit stellt diese Untersuchung als erste Markt-Media-Studie sowohl Unternehmens- wie Personendaten bereit. Die Untersuchungsinhalte bestehen aus den Blökken „Unternehmen", „Entscheider" und „Medien".

- Zu den Unternehmensdaten gehören zunächst Strukturkennziffern, mit denen jede beliebige Teilmenge der Mittelstandsbetriebe genau beschrieben werden kann. Hinzu kommt eine Vielzahl markt- und produktbezogener Informationen wie Daten über die Investitionsfinanzierung für das Firmenkundengeschäft der Banken und ein spezieller Fragenkatalog zu EDV-Problemen, der den Anbietern von Hard- und Software neue Erkenntnisse liefert. Bedeutung für die Analyse von Absatzpotentialen besitzen auch die Daten über Anlagenbestände und Anschaffungsabsichten. Insgesamt sind 66 verschiedene Anlagegüter aus dem Produktions- und Verwaltungsbereich erfaßt worden.
- Die Personen, die zur Grundgesamtheit der Untersuchung gehören, lassen sich mit sämtlichen Unternehmensdaten verknüpfen. So kann man beispielsweise jene Entscheider bestimmen, deren Betrieb binnen eines Jahres Kleintransporter anschaffen will.

Darüber hinaus liefert die Untersuchung personenbezogene Daten. Das Spektrum reicht von der (→) Demographie über die Berufsposition und Entscheidungskompetenz bis hin zur geschäftlichen Reiseaktivität.

- Die (→) Mediennutzung der Entscheider ist im Hinblick auf 21 Zeitungen und Zeitschriften ermittelt worden. Dazu gehören 5 Wirtschaftsmagazine, „Spiegel" und „Stern", das „Handelsblatt" und die großen überregionalen Tageszeitungen, die LAE-Wochenzeitungen sowie 4 Handwerks-Publikationen.

Rund drei Viertel der Entscheider gehören zur wirtschafts- und meinungsbildenden Presse. Es sind Titel, die mit Ausnahme des „Stern" und der Handwerksblätter auch in der (→) Leseranalyse Entscheidungsträger (LAE) berücksichtigt werden. Für die Aufnahme in die LAE wie auch in die vorliegende Untersuchung qualifizieren sich diese Titel erstens inhaltsanalytisch (Die Titel müssen über eine eigene Wirtschaftsredaktion verfügen und mit einer exakt festgelegten Mindestfrequenz über wirtschaftliche, politische und technisch-wissenschaftliche Themen berichten.) und zweitens auch durch eine bestimmte Zielgruppenaffinität. (Zwei demographische Gruppen, nämlich Personen mit Abitur bzw. Hochschulabschluß und Personen, die als leitende Angestellte, Selbständige, höhere Beamte oder Freiberufler tätig sind, müssen in der Leserschaft einen Anteil stellen, der um mindestens 50 % über dem entsprechenden Anteil in der Gesamtbevölkerung liegt.)
Aktuelle Illustrierte wurden in die Befragung einbezogen, sofern sie die in den LAE-Richtlinien beschriebene Zielgruppenaffinität, (→) Affinität, aufwiesen.
Ungefähr ein Drittel der in „Absatzpotential Mittelstand" erfaßten Unternehmen und Entscheider gehört zum Handwerk und zeichnet sich dementsprechend durch eine enge Beziehung zu den verschiedenen Handwerks-Publikationen aus.

Die unten stehende Tabelle zeigt die Leistungswerte der in der Untersuchung erfaßten Medien in Bezug auf die Grundgesamt der Untersuchung nach den Selektionskriterien (→) Reichweite und (→) Tausend-Leser-Preis.

Abschlußjahr
Der unabhängig vom Kalenderjahr festgelegte Zeitraum der Geltung eines Vertrages, wobei in allen Fällen, in denen eine anderslautende Vereinbarung nicht getroffen worden ist, davon auszugehen ist, daß das Abschlußjahr zwölf Monate nach Vertragsabschluß endet. Ziffer 1 der AGB (Allgemeinen Geschäftsbedingungen) für das Anzeigenwesen schreibt vor, daß Anzeigenaufträge im Zweifel innerhalb eines Jahres nach Vertragsabschluß abzuwickeln sind.

Abschneideverfahren
→ Auswahl nach dem Konzentrationsprinzip

absoluter Preisfaktor
Ein aufgrund des Umstands, daß nicht alle Zeitungen dieselbe Spaltenbreite haben, als Alternative zum (→) Tausenderpreis entwickelter Maßstab, dem eine Anzeigenfläche von 100 cm^2 zugrundeliegt und der ebenfalls auf eine (→) Auflage von 1000 Exemplaren bezogen wird. Er lautet

$$\frac{SP \cdot 1000}{a \cdot b \cdot VA} \cdot 10\,000;$$

dabei steht SP für (→) Seitenpreis, a – b für (→) Satzspiegelgröße (Höhe x Breite), VA für (→) Vertriebsauflage (bezogen auf eine 1000er Auflage) und 10 000 für eine Anzeigenfläche von 100 cm^2 = 10 000 mm^2. Der Faktor wurde 1952 von dem schweizerischen Werbeberater H. Behrmann vorgeschlagen.

Abstand *(Abstandsmaße)*
→ Distanz (Distanzmaße)

Action-Kino *(Aktionsfilmtheater)*
In der Dia- und Filmwerbung eine (→) Filmtheaterkategorie, deren Zuschauerkreis sich vorwiegend aus Jugendlichen zusammensetzt und die meist Abenteuer-, Wildwest- und Kriminalfilme zeigt. Action-Kinos sind vorwiegend in Großstädten anzutreffen. Das Programm reicht vom Italo-Western bis zu Abenteuer- und Science-fiction-Filmen. Zielgruppenschwerpunkt ist die männliche Jugend bis 24 Jahre (dazu zählen in der BRD etwa 60 Kinos in 40 Städten).

Reichweiten und Tausend-Leser-Preis im Überblick

Zielgruppe: Grundgesamtheit
Potential: 1.574.000 Entscheider

Printsegment	Titel	Reichweite in %	Tausend-Leser-Preis in DM	Index: Impulse = 100
Wirtschafts-magazine	Capital	17,6	70	104
	Impulse	11,9	67	100
	Wirtschaftswoche	7,1	94	140
	manager magazin	5,5	123	184
	Industriemagazin	4,0	172	257
Wöchentliche Magazine	Stern	28,9	104	155
	Spiegel	24,8	85	127
Überregionale Zeitungen	Welt am Sonntag	9,9	120	179
	Frankfurter Allgemeine Zeitung	9,5	117	175
	Die Zeit	7,4	148	221
	Handelsblatt	6,9	112	167
	Süddeutsche Zeitung	5,4	205	306
	Die Welt	5,2	176	263
	VDI-Nachrichten	4,4	140	209
	Bayernkurier	3,4	119	178
	Deutsches Allg. Sonntagsblatt	1,7	275	410
	Rheinischer Merkur	1,2	377	563
Handwerks-publikationen	Deutsche Handwerks Zeitung	13,4	58	87
	HZ Deutsches Wirtschaftsblatt	4,8	115	172
	Norddeutsches Handwerk	2,9	146	218
	Nordhandwerk	1,2	182	272

Absatzpotential Mittelstand, impulse

Ad-hoc-Gruppe
In der Markt- und Sozialforschung eine künstlich zur Untersuchung eines bestimmten Gegenstands im (→) Laborexperiment gebildete Gruppe. Da Ad-hoc-Gruppen weder eine gemeinsame Gruppengeschichte noch eine natürliche Rollendifferenzierung haben, ergeben sich aus den spezifischen Bedingungen von Laborexperimenten mit solchen Gruppen Einschränkungen der (→) Validität (Gültigkeit) derartiger Untersuchungen.

Ad-hoc-Studie *(Ad-hoc-Untersuchung)*
Die Untersuchung eines spezifischen Problems in Markt-, Sozial-, Media- und Werbeforschung, die nur auf die Klärung eines aktuellen – und häufig auch akuten – Problems ausgerichtet ist und deren Befunde daher im Gegensatz zu grundsätzlicheren und längerfristig angelegten (→) Trenduntersuchungen oder (→) Panels über das konkrete Problem hinaus keine Aussagekraft haben bzw. von der Anlage her haben können. Eva-Maria Hess hält es in aller Regel sogar für ausgeschlossen, (→) Marktanteile im Rahmen einer Ad-hoc-Befragung zu erfassen, weil für die Berechnung von Marktanteilen die Kenntnis des mengenmäßigen Verbrauchs über einen (→) Stichzeitraum erforderlich sei, der im allgemeinen nur über eine Panelerhebung erfaßt werden könne.

AD-ME-SIM-Modell *(Advertising Media Simulation)*
Ein 1969 von Dennis H. Gensch in Zusammenarbeit mit der Werbeagentur J. W. Thompson entwickeltes (→) Evaluierungsmodell der (→) Mediaselektion, das die Mediennutzungsgewohnheiten von 16 000 bis 20 000 Personen berücksichtigt. Mit Hilfe der (→) Monte-Carlo-Methode werden die wöchentlichen individuellen (→) Kontaktwahrscheinlichkeiten mit bestimmten Werbeträgern unter Berücksichtigung einer Zielpersonen-, einer Medien- und einer (→) Kontaktgewichtung umgerechnet, wobei als Bewertungskriterien wöchentliche und kumulierte Daten über (→) Reichweite, (→) Kontaktverteilung und (→) Kontaktsumme eines (→) Mediaplans im Verhältnis zu seinen Kosten gelten. Liegt z. B. die Wahrscheinlichkeit, daß eine Person eine bestimmte Fernsehsendung in einer bestimmten Woche sieht, bei p = 0,25, so generiert der Computer eine zweistellige Zufallszahl. Liegt die Zahl zwischen 0 und 24, so wird angenommen, daß die Person die Sendung sehen kann. Liegt die Zahl zwischen 25 und 99, so nimmt man an, daß sie die Sendung nicht gesehen hat.
Man kann daher das prognostizierte Mediaverhalten jedes Individuums durch eine Matrix mit 52 Zeilen (1 Zeile für 1 Woche) und 275 Spalten für die Medien darstellen. Die folgende Matrix zeigt das Mediaverhalten von zwei verschiedenen Individuen:

	Individuum 1
Medium	1 2 3 275
Woche	1 0 0 2 0
	2 1 0 2 0
	3 0 0 3 1
	. . . .
	. . . .
	. . . .
	. . . .
	51 0 0 5 0
	52 1 0 5 0

	Individuum 2
Medium	1 2 3 275
Woche	1 1 0 0 1
	2 1 0 0 1
	3 1 0 0 0
	. . . .
	. . . .
	. . . .
	. . . .
	51 1 0 0 0
	52 1 0 0 1

Für wöchentlich gesendete Fernsehprogramme und wöchentlich erscheinende Medien bezeichnet eine 0 bzw. eine 1 in der Matrix, ob die Person Kontakt mit dem Medium in der entsprechenden Woche hat. Täglich erscheinende Medien können einen Wert von 0 bis 5 in der Matrix annehmen. Der Wert von 0 bis 5 bezeichnet, wie oft das Individuum wöchentlich Kontakt mit dem Medium bekommen hat.
Im Anschluß an die vorgesehene Zielpersonen- und Werbeträgergewichtung kann auch eine (→) Kontaktbewertungskurve eingegeben werden; Gensch schlägt die folgende Kontaktgewichtung vor:

Kontakthäufigkeits-intervall	Kontaktgewicht
1–10	1,00
11–20	1,05
21–30	1,10
31–40	1,15
41–50	1,20

Die Kriterien für die Bewertung sind wöchentliche und kumulierte Daten über die Reichweite, die Kontaktverteilung und die Kontaktsumme

eines (→) Mediaplanes in Relation zu den (→) Streukosten.
Dann werden die (→) Werbeträger nach dem Quotienten „Werbewirkung pro Geldeinheit" (DM, Dollar usw.) in eine Rangordnung gebracht. Die Verrechnung der individuellen Kontaktwahrscheinlichkeiten erfolgt simulativ. Der günstigste Werbeträger wird danach so oft wie möglich eingesetzt. Falls das Werbebudget dann noch nicht verbraucht ist, wird der zweitgünstigste Werbeträger eingesetzt usw. Die Entwicklung von Mediaplänen und ihre Bewertung erfolgt so lange, bis drei Pläne hintereinander in ihrer Werbewirkung pro Geldeinheit nicht besser als der Ausgangsplan sind.
vgl. SAP-Modell, Simulmatics Media Mix

ADM
Abk Arbeitskreis Deutscher Marktforschungsinstitute

ADM-Stichprobensystem *(AG.MA/ADM-Stichprobensystem)*
Ein von der (→) Arbeitsgemeinschaft Leseranalyse (AG.LA) in Zusammenarbeit mit 19 Marktforschungsinstituten, von denen 17 dem (→) Arbeitskreis Deutscher Marktforschungsinstitute (ADM) angehören, im Jahr 1970/71 entwickeltes (→) Auswahlverfahren, bei dem in der 1. Auswahlstufe (→) Stichproben aus jeweils etwa rund 777 Einwohner repräsentierenden rund 50 000 Stimmbezirken nach dem Prinzip der (→) Zufallsauswahl entnommen und innerhalb dieser wiederum nach dem Zufallsprinzip in der 2. Auswahlstufe Haushalte bzw. in der 3. Auswahlstufe Individuen (d. h. die Auskunftspersonen im Zielhaushalt) bestimmt werden.
Bis zur Anwendung des ADM-Systems (ab MA 72 I + II) hatten die an der (→) Leseranalyse (LA) beteiligten Marktforschungsinstitute ihre eigenen, unterschiedlich konstruierten und nicht aufeinander abgestimmten (→) Random-Stichproben verwendet. Das ursprüngliche sog. koordinierte AG.MA/ADM-Stichprobensystem, das von der MA 72 I + II bis zur MA 78 unverändert benutzt wurde, basierte auf den Stimmbezirken der Bundestagswahl von 1969 und der Senatswahl in Berlin von 1967. Es wurde jeweils nach den Bundestagswahlen renoviert. Die Verwendung des einheitlichen Systems machte es im Rahmen der Media-Analyse (MA) möglich, die Stichproben der verschiedensten Institute für größere (→) Befragungen beliebig zusammenzufügen, die Größe der Stichprobe auf jede gewünschte Zahl der Fälle zu erhöhen, mehrere Institute an der Erhebung zu beteiligen und gegenüber dem bis dahin herrschenden System eine wesentlich verbesserte regionale (→) Repräsentanz durch das Baukastensystem der sich nicht überschneidenden Stichprobennetze unterschiedlicher Institute zu erreichen.
Während das koordinierte AG.MA/ADM-System bei seinem ersten Einsatz 1972 noch in zwei Wellen von rund 14 500 Fällen eingesetzt wurde, um damit 29 000 Fälle zu erhalten, wurden für jeweils vier Jahre (ursprünglich gedacht für die MA 84 bis MA 87) 96 zusammenhängende Netze (Einzelstichproben) gezogen, die sich nicht überschneiden, sondern optimal ergänzen und somit ein einheitliches Gitternetz über die Bundesrepublik und Berlin (West) legen. Insofern ist das Stichproben-System der AG.MA eine (→) Flächenstichprobe. Wegen des ab 1987 geltenden (→) Partnerschaftsmodells wurden bereits von der MA 87 an neue Stichproben gezogen.
Pro Jahr werden aus den 96 Netzen 24 ausgewählt, die je 210 Sampling Points (= Stimmbezirke) enthalten. Alle (→) Sampling Points sind mit gleichem Abstand (gemessen am sogenannten Bedeutungsgewicht der Anzahl Haushalte pro Stimmbezirk) gezogen worden.
Die Einwohnerzahlen der Stimmbezirke schwanken zwischen 200 und 2000. Benachbarte Stimmbezirke mit weniger als 400 Wahlberechtigten werden zu „synthetischen" Bezirken zusammengelegt. Die Stimmbezirke werden kreisweise nach (→) Gemeindegrößenklassen und in Großstädte nach Stadtbezirken geschichtet. Bei der Schichtung nach (→) Gemeindegrößenklassen werden Verstädterungszonen berücksichtigt, und zwar nach den Festlegungen des Ausschusses „Raum und Bevölkerung" der Akademie für Raumforschung und Landesplanung unter Vorsitz von D. Olaf Boustedt („Boustedt"-Ortsgrößenklassen).
Auswahleinheiten der zweiten Auswahlstufe sind (→) Haushalte. Dabei sollte jeder Haushalt im Stimmbezirk die gleiche Chance haben, in die Stichprobe einbezogen zu werden. Die Ermittlung der Haushaltsadressen erfolgt durch die sogenannte (→) Begehung entweder für den ganzen Stimmbezirk oder für genau begrenzte, nach dem Zufallsprinzip ausgewählte Teilflächen.
Die 24 Netze eines Jahres werden mit je 6 auf vier Wellen verteilt, die jahreszeitlich nacheinander eingesetzt werden. Die 6 Netze einer jeden Welle werden den sechs Instituten zur Verfügung gestellt, die die MA durchführen und als erstes *vor* der Befragung nach einem vereinbarten Schema ihre Sampling Points begehen, (→) Begehung. Dabei werden bei einem zufälligen

Ausgangspunkt beginnend fortlaufend 50 Adressen festgehalten, Namen auf Türschildern, Hausnummern und Straßennamen. Dann wählen die Institute nach dem Zufallsprinzip vier Adressen pro Sampling Point aus. Das ergibt pro Netz 4 x 210 = 840 Adressen – und bei den 24 Netzen einer MA 20.160 Ausgangsadressen.
In der dritten Auswahlstufe wählt der Interviewer nach einem vorgegebenen (→) Zufallsziffernsystem, dem sog. (→) Schwedenschlüssel, die Befragungspersonen aus. In Haushalten mit 1 bis 3 Personen im Alter von 14 und mehr Jahren ist eine, in den Haushalten mit 4 und mehr Erwachsenen dieses Alters sind zwei Personen auszuwählen.

ad-page exposure *(APX)*
→ Seitenkontakt

Adressenermittlung
→ Begehung, Random-Adressen-Stichprobe

ad retention
Ein von dem amerikanischen Institut W. R. Simmons & Associates verwendetes Maß des Kommunikationswerts eines (→) Werbeträgers, das den Anteil derjenigen (→) Nutzer, also (→) der Hörer, (→) Leser und (→) Zuschauer angibt, die korrekte Angaben über den tatsächlichen (→) Kontakt mit einem in dem Werbeträger erschienenen (→) Werbemittel machen können. Zur Ermittlung dieses Wertes werden Nutzer des jeweiligen Werbeträgers mit tatsächlich verwendeten Anzeigen oder Werbesendungen und mit Werbemitteln konfrontiert, die überhaupt nicht erschienen sind. Der Adretention-Wert ergibt sich dann aus der Differenz der falschen und der richtigen Angaben über die (→) Werbemittel-Wiedererkennung. Er wird meist als Anteilswert (Prozentsatz) an der Gesamtzahl der Nutzer angegeben.
→ Wiedererkennung

AdZ
Abk Arbeitsgemeinschaft der Anzeigenblätter der Zeitungen

Affinität *(Zielgruppenaffinität)*
In der (→) empirischen Sozialforschung und in der (→) Statistik wird der Begriff Affinität meist zur Bezeichnung der Gleichartigkeit oder auch Ähnlichkeit, (→) Proximitätsmaße, von statistischen (→) Grundgesamtheiten verwendet. In Analogie dazu wird der Begriff in der (→) Mediaplanung als zusätzliches Beurteilungskriterium der (→) Kontaktqualität eines (→) Werbeträgers neben den eingeführten quantitativen Kriterien wie (→) Tausenderpreis oder (→) Reichweite zur Bezeichnung der Selektivität eines Mediums gegenüber einer (→) Zielgruppe verwendet. Je höher die Affinität eines Mediums zu einer Zielgruppe, desto geringer sind die (→) Streuverluste, und desto höher ist die (→) Zielgruppenabdeckung.
Der Vorteil dieses Kriteriums ist, daß es aus jeder normalen Mediastudie abgeleitet werden kann. Die Affinität ergibt sich in formalisierter Schreibweise als

$$\text{Affinität} = \frac{\text{Anteil einer bestimmten Zielgruppe in der Nutzerschaft eines Mediums}}{\text{Anteil dieser Zielgruppe an der Gesamtbevölkerung}}$$

Sie kann sowohl als Anteil der jeweiligen Zielgruppe an der (→) Nutzerschaft des Mediums wie als Relation zwischen der Gesamtreichweite und der Zielgruppenreichweite des Mediums angegeben werden.
Beide Blickrichtungen sind allerdings letztlich ein Maß desselben Vorgangs, wie die folgende Illustration zeigt:

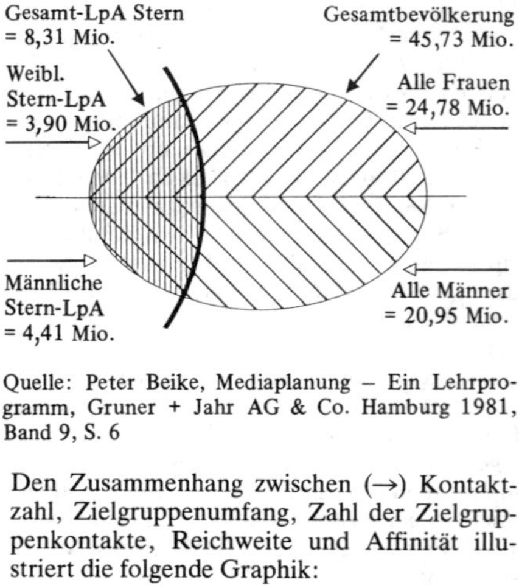

Quelle: Peter Beike, Mediaplanung – Ein Lehrprogramm, Gruner + Jahr AG & Co. Hamburg 1981, Band 9, S. 6

Den Zusammenhang zwischen (→) Kontaktzahl, Zielgruppenumfang, Zahl der Zielgruppenkontakte, Reichweite und Affinität illustriert die folgende Graphik:

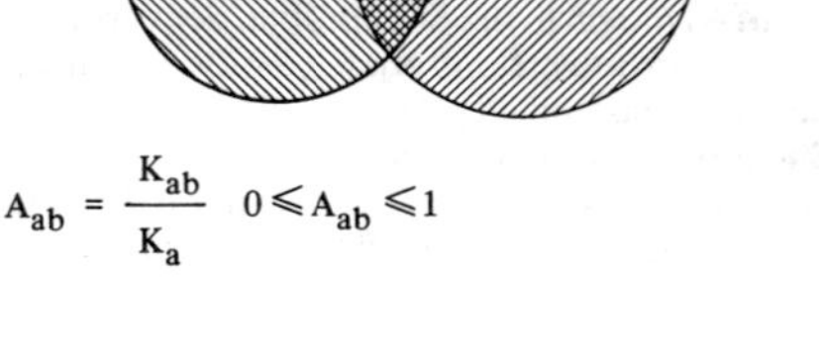

$$A_{ab} = \frac{K_{ab}}{K_a} \quad 0 \leqslant A_{ab} \leqslant 1$$

$$B_{ab} = \frac{K_{ab}}{K_b} \quad 0 \leqslant B_{ab} \leqslant 1$$

Dabei bedeuten:

K_a : Zahl der Kontakte bei 1 Ausgabe von a
K_b : Zahl der Mitglieder von b
K_{ab} : Zahl der Kontakte mit Mitgliedern von b bei 1 Ausgabe von a
A_{ab} : Affinität von Medium a mit Personengruppe b
B_{ab} : Abdeckung von Personengruppe b durch Medium a

Die Illustration macht zugleich auch deutlich, daß das Affinitätskonzept zwar zu einer isolierten Minimierung der (→) Fehlstreuung führt, ohne jedoch die Zahl der insgesamt erreichten Personen oder die (→) Streukosten zu berücksichtigen. Es vermag auch nicht die (→) Zuständigkeit eines Werbeträgers oder seine Kontaktqualität zu messen.
Zu welch widersinnigen Ergebnissen eine Mediaauswahl nach Maßgabe des Affinitätskriteriums führt, zeigt folgende Abbildung:

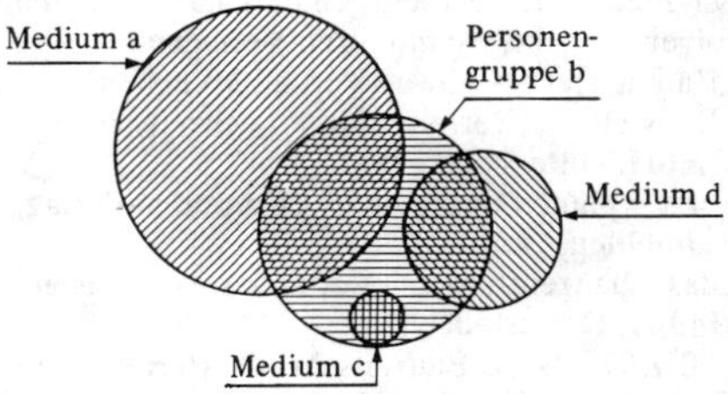

A_{ab} = 0,25 A_{cb} = 1,0 A_{db} = 0,5	→ daraus folgt eine Rangfolge der Medienpräferenz →	(1) Medium c (2) Medium d (3) Medium a

Wie die Abbildung deutlich macht, ist das Affinitätskonzept
- o nicht geeignet, die Präferenz einzelner Medien mit unterschiedlicher Reichweite zu messen, und
- o geeignet, die Präferenz einzelner Medien mit gleicher Reichweite zu messen.

Über die Eignung von Affinitätswerten für die (→) Mediaselektion schreibt Franz Böcker: „Daß das Affinitätskonzept bei gleichen Reichweiten (K_i) als Zielkriterium in Frage kommt, rührt daher, daß in diesem Fall die Affinitätswerte bei verschiedenen Media parallel zur Entwicklung der Größe durch die Media kontaktierten Personensegmente (K_{il}) verläuft. Das Affinitätskonzept wird in der Praxis aber für unterschiedlich reichweitenstarke Titel genutzt – also für den Fall, in dem es zu systematisch falschen Ergebnissen führt.
Ansatzweise wird dieses Problem auch erkannt und teils durch Verwendung eines gewichteten Affinitätswertes zu lösen versucht. Ein solcher modifizierter Affinitätswert ist folgender (K_i-, K_{il}-Werte in %):

$$C_{il} = A_{il} \left[\frac{100\text{-}K_i}{100\text{-}K_{il}} \right] = \frac{K_{il} \times 100\text{-}K_{il} \times K_i}{K_i \times 100\text{-}K_{il} \times K_i} \quad 0 \leqslant C_{il} \leqslant 1{,}0$$

Auch hier gilt, daß die Maximierung des Affinitätswertes einer isolierten Minimierung der Fehlstreuung gleichkommt.
Was hier für den Affinitätswert als singulären Beurteilungsindikator gesagt wurde, gilt naturgemäß im gleichen Maße für alle Kriterien, die aus Affinitätswerten additiv oder multiplikativ zusammengesetzt sind.
Affinitätswerte als Mediabeurteilungskriterien wurden konzipiert, um die unterschiedliche Zielgruppenorientierung einzelner Media zu berücksichtigen; dieses Anliegen ist nur zu gerechtfertigt, nicht aber die eingeschlagene Methode. Das Anliegen kann theoretisch sinnvoll und datenmäßig abgestützt auch durch eine entsprechende Gewichtung der Media erreicht werden."
Aus diesen Befunden leitet er die Schlußfolgerung ab: „Mediaselektion auf der Basis von Affinitätswerten ist aus sachlogischen Gesichtspunkten heraus nicht zu empfehlen. Selbst eine relativ große Ähnlichkeit von Rangreihen, die sich aufgrund von Affinitätswerten und Tausenderpreisen ergeben, rechtfertigen nicht die Affinität als Planungsgrundlage."
vgl. Zuwendung

AGA
Abk Arbeitsgemeinschaft Abonnentenwerbung

Agevis-Studie
Eine der frühesten deutschen Studien zur (→) Werbewirkung. Sie wurde 1970 im Auftrag des Jahreszeiten Verlags, Hamburg, durchgeführt und verfolgte flankierend den Verlauf der Werbekampagne für das Schmerzmittel „Agevis" in sieben Befragungswellen. Eingangsvariablen waren die (→) Werbeträgerkontakte, die die Befragten im zeitlichen Ablauf mit der (→) Frauenzeitschrift „Für Sie" hatten, in der die Kampagne geschaltet war. Diese (→) Kontakte stiegen folgendermaßen an:

Welle 1: 0 Kontakte pro Person
Welle 2: 1,28 Kontakte pro Person
Welle 3: 2,87 Kontakte pro Person
Welle 4: 3,88 Kontakte pro Person
Welle 5: 5,20 Kontakte pro Person

Welle 6: 6,79 Kontakte pro Person
Welle 7: 7,57 Kontakte pro Person

Die untersuchten Wirkungsmaße zeigen in jedem Fall eine Beziehung zur Zahl der Kontakte, d. h. die Studie konnte die Beziehung zwischen (→) Werbedruck und erzielter (→) Anzeigenbeachtung, Detailerinnerung, Markenbekanntheit, Verwendungswunsch und Verwendung deutlich nachweisen. Ziel der Untersuchung war es, die Veränderung der Werbewirkung nach jeder der 6 Insertionswellen festzustellen, nicht die Beziehung von (→) Kontaktzahl und Werbewirkung. Die Untersuchung kommt zu folgendem Ergebnis:

„1. Das normale, liegende S als Wirkungskurve darf vielleicht für die Markenverwendung angenommen werden; ein linearer Verlauf ist jedoch nicht auszuschließen – alle anderen Indizes zeigen keine Ansätze zu dieser Tendenz.
2. Das „negative S" tritt mehrmals auf, wenn auch z. T. nur andeutungsweise...
3. Die Kumulationskurve mit Abflachung zur Waagrechten (oder sogar mit Abfall) ist sehr häufig zu beobachten.
4. Und dann gibt es den ziemlich geradlinig steigenden Verlauf."

AG für das Werbefernsehen *(AGW)*
Eine seit Einführung des (→) Werbefernsehens in der Schweiz bestehende Organisation, die in vielerlei Hinsicht das schweizerische Korrelat zur deutschen (→) Arbeitsgemeinschaft Rundfunkwerbung (ARW) ist. Zu ihren Aufgaben gehört die Akquisition der Fernsehwerbung, die Kontrolle der Werbesendungen und die Festlegung der Ausstrahlungszeiten der einzelnen Werbespots. Aktionäre der AGW sind die (→) Schweizerische Radio- und Fernsehgesellschaft (SRG) zu 40 Prozent, die in der Fernseh-Holding AG vertretenen Schweizer Zeitungsverleger zu ebenfalls 40 Prozent, der Schweizerische Gewerbeverband, der Schweizerische Bauernverband und der Verband Schweizer Journalisten zu jeweils 4 Prozent, der Verband des Schweizerischen Handels- und Industrievereins zu 3,2 Prozent, der Schweizerische Markenartikelverband Promarca zu 2,4 Prozent und der Schweizerische Inserentenverband zu ebenfalls 2,4 Prozent.

AG für Werbemittelforschung *(WEMF)*
(→) WEMF

AGLA
Abk Arbeitsgemeinschaft Leseranalyse e. V.

agla a + b
Abk Arbeitsgemeinschaft Leseranalyse Architekten und planende Bauingenieure
Im Fachzeitschriftenbereich war die a+b Arbeitsgemeinschaft Leseranalyse Architekten und planende Bauingenieure einer der ersten Zusammenschlüsse mit dem Ziel, der werbungtreibenden Wirtschaft gemeinsame und vergleichende Leserschaftsuntersuchungen an die Hand zu geben.
Sie führte nach ihrer Gründung die erste (→) Reichweitenanalyse 1971/72 durch. Eine zweite Reichweitenanalyse erfolgte 1978 in Verbindung mit einem speziellen Untersuchungsmodell über die Entscheider im Hochbau. 1984 folgte eine weitere Untersuchung. Es sind dieses Leser- und Empfängeranalysen, die zum selben Zeitpunkt mit demselben Fragebogen durchgeführt wurden. Das Novum dieser Untersuchung bestand darin, daß die zehn parallel ermittelten Strukturanalysen absolut identisch sind und die Stichprobenziehung zentral über Instituts-Computer erfolgte.
Mitglieder der Arbeitsgemeinschaft sind die folgenden Objekte mit ihren Verlagen:
„Baumeister" (Callwey Verlag, München)
„Bauwelt" (Bertelsmann Fachzeitschriften GmbH, Gütersloh)
„bba – planen und bauen" (Konradin-Verlag, Leinfelden)
„das bauzentrum" (Verlag Das Beispiel GmbH, Darmstadt)
„DBZ/Deutsche Bauzeitschrift" (Bertelsmann Fachzeitschriften GmbH, Gütersloh)
„Der Architekt" (Forum-Verlag GmbH, Stuttgart)
„db deutsche bauzeitung" (Deutsche Verlags-Anstalt GmbH, Stuttgart)
„Deutsches Architektenblatt" (Forum-Verlag GmbH, Stuttgart)
„wettbewerbe aktuell" (Verlag Das Beispiel GmbH, Darmstadt)
„Zentralblatt für Industriebau" (Verlag Curt R. Vincentz, Hannover).
Die Spannweite der von den agla-Fachzeitschriften repräsentierten Auflagen reicht von 3100 bis 70000 Exemplaren. Die Palette umfaßt (→) Kennziffer-Zeitschriften ebenso wie Verbands- bzw. Kammerzeitschriften sowie allgemeine Abo-Architekturfachzeitschriften. Insgesamt repräsentieren die Titel eine Gesamtauflage von über 210000 gedruckten Exemplaren.

AG.MA
Abk Arbeitsgemeinschaft Media-Analyse e. V.

Agostini-Ansatz

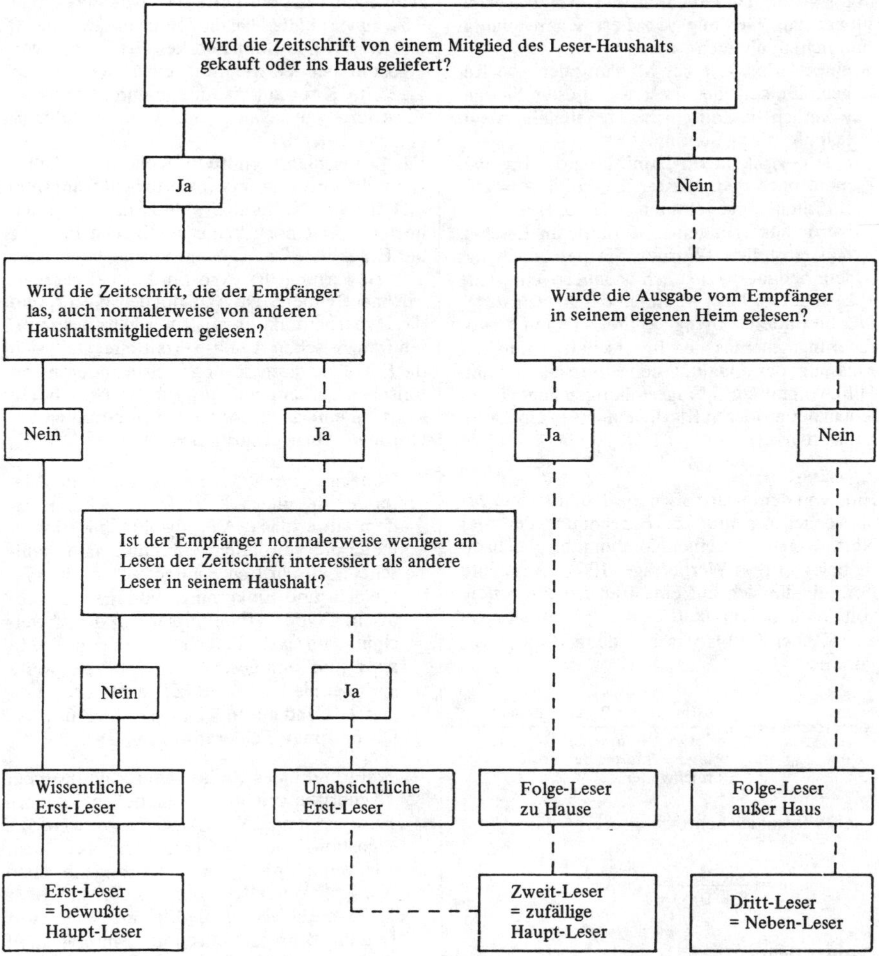

AG.MA/ADM-Stichprobensystem

→ ADM-Stichprobensystem

Agostini-Ansatz

In der (→) Leserschaftsforschung ein 1964 von dem französischen Mediaforscher Jean-Michel Agostini zur Ermittlung von (→) Leser-Blatt-Bindung (LBB) und Differenzierung unterschiedlicher Nutzungsintensitäten entwickelter Ansatz, der über die von Alfred Politz entwikkelte unbefriedigende Unterscheidung zwischen (→) Erst- und (→) Folgelesern hinausgeht. Er unterscheidet zwischen:

1. bewußten Erstlesern (Hauptlesern): das sind Erstleser, die eine Publikation in voller Absicht als erste lesen
2. Zweitlesern (Sekundärlesern): das sind zufällige Erstleser und Mitleser im Hause des bewußten Erstlesers
3. Drittlesern (Tertiärlesern): das sind Mitleser, die eine Publikation andernorts als zuhause mitlesen.

Die folgende Übersicht verdeutlicht die Zusammenhänge zwischen den Begriffen:

Im Gegensatz zu den von Politz verwendeten fünf Merkmalen (→) Lesetage, (→) Leseort, (→) Lesedauer, (→) Leserzufriedenheit (reader satisfaction) und (→) Involvement kommt Agostini zu dem Ergebnis, daß zwei Fragestellungen zur Messung von Leserschaftsqualität hinreichen, nämlich

- o eine Verbalskala zur Messung der (→) Regelmäßigkeit des Lesens („Lesen Sie gewöhnlich die Zeitschrift ... regelmäßig, ziemlich oft, selten oder nie?")
- o eine (→) Skala zur Ermittlung des Involvement nach dem Muster des Politz-Ansatzes („Einmal angenommen, die Zeitschrift ... würde aus irgendeinem Grunde ihr Erscheinen einstellen. Würden Sie persönlich das sehr bedauern, ziemlich bedauern, ein wenig bedauern oder wäre Ihnen das ganz egal?")

Der besondere Vorzug des dreigeteilten Klassifizierungsschemas der Leserschaften und der Messung der Qualität der Leserschaften mit Hilfe von nur zwei Fragestellungen liegt vor allem in der größeren Klarheit und (→) Operationalisierbarkeit.

Agostini-Formel
Eine von dem französischen Mediaforscher Jean-Michel Agostini zur Berechnung der (→) Netto-Reichweite einer Kombination gleichzeitig belegter (→) Werbeträger 1960 entwickelte Formel, die sich auf eine französische Studie von Audienz-Duplikationen-Triplikationen bis zu 15fachen (→) Überschneidungen stützt. Sie lautet:

$$\text{Nettoreichweite} = \frac{(\text{Summe der Bruttoreichweiten})^2}{1{,}125 \cdot \text{Summe der Doppelleser} + \text{Summe der Bruttoreichweiten}}$$

oder in formaler Schreibweise:

$$R = \frac{1}{K \cdot (D/A) + 1} \cdot A.$$

Darin bedeuten:
R = Nettoreichweite
D = Summe der paarweisen Duplikationen
A = Summe der einzelnen Reichweiten
K = eine Konstante mit dem Wert von 1,125.

Mit einem Wert von 1,125 für die Konstante K erwies sich diese Formel als eine gute Annäherung für die Errechnung der Nettoreichweite bei französischen Illustrierten. Auch bei einer Überprüfung der Formel an Hand einer Überschneidungsstudie in den USA (Life Report von 1954) stellte Agostini fest, daß bei der Verwendung eines Wertes von 1,125 für die Konstante K in 82 von 96 untersuchten Fällen die Differenz zwischen der tatsächlichen und der errechneten Nettoreichweite unter 1 % lag. In zehn Fällen lag die Differenz zwischen 1 und 2 %. In vier Fällen lag die Differenz zwischen 2 und 2,7 %. Die Brauchbarkeit der Formel von Agostini bei Verwendung eines Wertes von 1,125 für K für amerikanische und kanadische Illustrierte wurde auch durch weitere Untersuchungen bestätigt.

Für Deutschland ermittelte Kuhn, (→) Kuhn-Formel, eine etwas modifizierte Schätzungsformel für die Nettoreichweite. Für Österreich liegt bis jetzt noch keine empirische Prüfung der Ergebnisse der Agostini-Formel vor.

Zur Bewertung der Agostini-Formel schreibt Michael Bender: „Da Agostini den Wert K und die Hyperbelfunktion aus einer ganz bestimmten französischen Analyse ermittelte, stellt sich die Frage, ob diese Lösung auch in anderen empirischen Situationen anwendbar ist. Hierzu kann auf eine ganze Reihe von empirischen Erfahrungen zurückgegriffen werden.

1. Zunächst einmal testete Agostini seine Methode an einer „Life"-Untersuchung aus dem Jahre 1954 („A Study of Duplication"), in der die Nettoreichweiten für 5 amerikanische Zeitschriften, aufgeteilt nach Geschlecht und Einkommen vorlagen. Ergebnis: in 82 von 96 Ergebnissen war die Abweichung von exakt berechneter und aufgrund der z-Funktion geschätzter Nettoreichweite geringer als 1 %, in 10 Fällen zwischen 1 % und 2 % und nur in 4 Fällen größer als 2 %. Die maximale Fehlerabweichung war 2,7 %.

2. Aufgrund einer Reihe anderer empirischer Nachprüfungen in verschiedenen Ländern Europas und Amerikas erwies sich die Agostini-Formel meist erst dann als brauchbar, wenn für K andere Werte angenommen wurden. Vor allem zeigte sich, daß K = 1,125 meist als zu niedrig anzusehen war (Kuhn, Bower, Noordhoff, Marc, Caffyn und Sagovsky, Hofmanns, Kaatz). Lediglich Schyberger und Claycamp/McClelland weisen, ‚bei einer geringen Zahl von Medien' auf einen niedrigeren Wert hin.

3. Wie aus dem letzten Satz bereits hervorgeht, zeigt sich K außerdem abhängig von der Zahl der einbezogenen Medien(n) pro Medienkombination, da mit steigendem n die K-Werte ebenfalls steigen (Caffyn und Sagovsky, Kuhn, Bower, Schyberger, Claycamp und McClelland, Hofmanns, Kaatz). Für K kann somit kein generell konstanter Wert angenommen werden. Claycamp und McClelland weisen außerdem eine hohe

→ auch historischen Veränderungen unterworfen!

Korrelation zwischen K, n und D/A nach, wobei sich die Zusammenhänge in der linearen Regressionsfunktion K = a + b D/A abbilden lassen.

4. Metheringham [1964] bezeichnete die Agostini-Formel für die englische Leserschaftsforschung als unbrauchbar, da zwar die Abweichungen bis zu 17 % (bei K = 1,125) mit einem variablen K behebbar gewesen seien, K aber innerhalb derselben Stichprobe eine Reihe von Werten angenommen habe. Leider macht Metheringham zu diesen allgemeinen Formulierungen keine näheren Angaben. An anderer Stelle wird allerdings deutlich, daß K außer mit steigenden n auch noch durch andere Einflußgrößen geprägt wird. Marc und Bower zeigen die Abhängigkeit des K von der Art der einbezogenen Zeitschriften bzw. des Leserkreises auf. Claycamp und McClelland teilen den Leserkreis von 28 technischen Zeitschriften in 3 Gruppen auf und erhalten für die Gruppe ‚alle 12 Ausgaben gelesen' einen K-Wert von 1,3126 für ‚mehr oder gleich 6 gelesen' 1,5116 und für ‚mehr oder gleich 3 gelesen' 1,6472. Auch deuten die so unterschiedlichen Ergebnisse aus verschiedenen Ländern darauf hin, daß aufgrund der strukturellen Eigenarten die gemachten Erfahrungen nicht ohne weiteres auf ein anderes Land übertragbar sind.

5. Kuhn kam auf dem gleichen empirischen Weg wie Agostini statt zu einer Hyperbelfunktion zu einer Exponential-Funktion:

$$z = e^{-k_n x}$$

Hierbei wurde nun auch die Abhängigkeit des k von n berücksichtigt:

$$k_n = k_{n-1} - \frac{1}{n - \left(\frac{n-a}{2}\right)^2} \quad \text{für } n > 3$$

$k_3 = 1$
a = 2 bei geradem n
a = 3 bei ungeradem n

Bei Anwendung dieser Schätzfunktion und des Koeffizienten k_n ergaben sich für 180 ausgewählte Kombinationen im Vergleich zu den empirisch ermittelten Reichweitenwerten der AGLA 61, 62 und 63 nur recht geringe Abweichungen. Kuhn hatte die Rekursionsformel allerdings nur bis zu einem n von 10 untersucht.

Schyberger kam jedoch mit der Exponentialfunktion von Kuhn in der Malmö- und Vectu-Studie mit steigendem n zu noch viel rapider zunehmenden Ungenauigkeiten als sie sich mit Agostinis Hyperbelfunktion ergaben. Andererseits ließ sich aber auch hier eine brauchbare Annäherung an die Wirklichkeit erreichen, wenn in der Exponentialfunktion andere k_n-Werte angesetzt wurden.

6. Kaatz schlägt zu einer besseren Schätzung mittels Agostini-Methode einen Korrekturfaktor Y in Form einer linearen Regressionsgleichung vor, der seinen Bezugspunkt in Agostinis x-Faktoren findet. Bei Verwendung der Gleichung Y = 1,006 + 0,053X sank in dem Beispiel von Kaatz die Zahl der Reichweitenüberschätzungen von 5 % auf ca. 2 %.

7. Hofmanns verfeinert mathematisch den Agostini-Ansatz (indem er K von jedem einzelnen Medienpaar abhängig macht) und erweitert ihn um den kumulativen Aspekt der Mehrfachbelegung pro Medium. Analog zum K mehrer Medien ergibt sich diesmal ein k für n Ausgaben innerhalb eines Mediums. Zwischen k und der Zahl der Ausgaben besteht ebenfalls ein positiver Zusammenhang, wobei k annäherungsweise durch die Formel $k_n = k_2 (n-1)^{a-1}$ zu ermitteln ist und a wiederum aus den Werten zweier kumulativer Nettoreichweiten eines Mediums. Mit steigender Zahl der Ausgaben sinkt a zwar tendentiell. McClelland und Claycamp meinen allerdings, daß für alle Medien oder zumindest pro Medium die Annahme eines konstanten Wertes von a (etwa von 0,94) bei der Berechnung der kumulativen Nettoreichweiten akzeptabel sei.

Zusammenfassend läßt sich sagen, daß mit dieser Methode in ihrer verfeinerten Ausführung von Hofmanns eine mathematisch einfache Lösung für die Schätzung von kumulativen und quantuplikativen Nettoreichweiten aus LpN- und Duplikationswerten (Duplikationen zwischen den Medieneinheiten verschiedener Medien und Duplikationen zwischen den Medieneinheiten eines Mediums) gefunden ist. Die Bewertung der Methode ist somit lediglich noch eine Frage der Genauigkeit und diese hängt wiederum von den empirisch zu findenden Werten K und k ab. Gerade hier hat sich allerdings gezeigt, daß man von dem ursprünglichen Ansatz Agostinis mit einem als konstant angenommenen Wert K weg zu einer immer komplizierter werdenden Durchdringung von Einflußgrößen kommt. Dabei stellt sich vor allem auch die Frage nach der Zuverlässigkeit dieser Methode bei anderen Medien als nur Druckmedien. Die empirische Prüfung steht noch aus."

AGW
Abk AG für das Werbefernsehen

Ähnlichkeit
→ Proximität, Distanz

AID-Verfahren
→ Kontrastgruppenanalyse

Aided Recall *(Aided-Recall-Verfahren, Aided-Recall-Technik)*
→ gestützte Erinnerung

AIO-Approach *(AIOV-Approach)*
Abk Activities, Interests, Opions (Values)
→ Lebensstil

AIZ
Abk Arbeitskreis Industrie-Zielgruppen

Akkumulation
→ Kumulation

AKP
Abk Arbeitsgemeinschaft Katholische Presse e.V.

aktiver Bekanntheitsgrad
In der demoskopischen Markt-, (→) Media- und Werbeforschung der (→) in Befragungen ohne Zuhilfenahme von (→) Gedächtnisstützen ermittelte Bekanntheitsgrad einer Ware, einer Marke, einer Firma, einer Werbebotschaft, eines (→) Werbemittels oder (→) Werbeträgers usw. Sein Informationswert ist relativ gering, weil jeder Zahlenwert ebenso wie den Bekanntheitsgrad auch die unterschiedliche Erinnerungsleistungsfähigkeit von Befragten widerspiegelt und darüber hinaus eine aktive Erinnerung nicht mit erhöhter Kaufbereitschaft oder Akzeptanz gleichzusetzen ist. Er wird häufig als Maß für Werbewirkung benutzt.
→ ungestützte Erinnerung; *vgl.* passiver Bekanntheitsgrad

aktive Variablen
→ Variable

akz
Abk Arbeitskreis Kennziffer-Zeitschriften

Alter des Hefts
→ Heftalter, Erinnerung, Wiedererkennung

Allensbacher Werbeträger-Analyse (AWA)
Eine der großen (→) Markt-Media-Analysen in der Bundesrepublik, die – in den 1950er Jahren aus einem Konflikt über Fragen der Methodologie mit der (→) Arbeitsgemeinschaft Leseranalyse (AGLA) hervorgegangen – seit 1956 in jährlichem Rhythmus Informationen über die (→) Reichweiten von Zeitschriften, Zeitungen, Hörfunk, Fernsehen, Kino und Außenwerbung erhebt. Neben Reichweitendaten enthält die AWA Angaben über die demographische Struktur der Nutzerschaften sowie Daten über Märkte und Teilmärkte (in der AWA '87 über 2000) und Zielgruppen und eine Beschreibung zielgruppenspezifischen Kaufverhaltens. Eine Besonderheit der AWA ist die Verwendung psychologisch definierter Zielgruppen, (→) Persönlichkeitsstärke. Die Allensbacher Analyse informiert zwar auch über den Kauf und Verbrauch einer Vielzahl von Produkten aus nahezu allen Produktfeldern sowie über die Nutzung der verschiedensten Dienstleistungen. Die besondere Bedeutung dieser Studie liegt jedoch in der Beschreibung der Rahmenbedingungen, die zum Kauf, zum Verbrauch oder zur Nutzung eines Produkts führen.
Die AWA liefert ein vielseitiges Angebot an Marktdaten. Dabei unterscheiden sich die Informationen über die einzelnen Produktfelder und Dienstleistungsmärkte aufgrund der Fragestellung deutlich von der VA. Während die VA harte produkt- und marktbezogene Daten bringt, erfaßt die AWA weder den Kauf oder die Verwendung von bestimmten Marken noch die Kauf- bzw. Verwendungshäufigkeit.
So weist die AWA für die Produkte des täglichen Bedarfs den persönlichen Kauf oder Verbrauch in den letzten 7 bzw. 14 Tagen aus. Mit dieser Information stehen jedoch Basis-Daten für eine Beschreibung des Käufer- oder Verbraucherpotentials in bestimmten Produktfeldern zur Verfügung.
Der Besitz von Gebrauchsgütern wird in der VA konkret mit Marke und Alter des Gerätes/Produktes erfaßt. Die AWA liefert demgegenüber Daten über die Anschaffungen in den letzten ein bis zwei Jahren und stellt diesen »harten« Informationen die eher unsicheren Daten zur Kaufplanung gegenüber. Ein Vergleich der Kaufplanungen mit den Käufern, die in den letzten 1–2 Jahren realisiert wurden, führt zu einer realistischen Einschätzung des Marktpotentials.
Neben den Daten über Besitz, Kauf und Verbrauch bietet AWA vielseitige Informationen, mit denen die Bevölkerung oder die Mediannutzer unter qualitativen Aspekten beschrieben werden können, so u.a.:

- o das Informationsinteresse und die Funktion als Meinungsbildner für 44 Themen- und Produktbereiche;
- o die Häufigkeit der Ausübung von 46 vorwiegend sportlichen Freizeitaktivitäten;
- o Urlaubsbeschäftigungen;
- o Einstellungen und Meinungen der Bundesbürger zu 70 Themenbereichen;
- o der Einfluß auf die Kauf- und Markenentscheidung in 21 Produkt- und Dienstleistungsfeldern.

Das Untersuchungskonzept und die Informationsbreite der AWA bieten sich vor allem für eine Beschreibung der Rahmenbedingungen an, von denen der Kauf und der Verbrauch von Produkten häufig abhängig sind. Der besondere Reiz liegt hier in dem Vergleich der Fragestellungen in den verschiedenen Untersuchungen.
So können die konkreten VA-Daten durchaus sinnvoll über eine (→) Gewichtung oder durch ergänzende Zielgruppendefinitionen mit den interessanten Ergebnissen der AWA verbunden werden.
Ein praktisches Beispiel dafür stellen die Informationen über den Anteil an der Kaufentscheidung dar. Hier können die Käufer- und Verwendergruppen mit den AWA-Daten gewichtet werden.
Die AWA wird vom Institut für Demoskopie Allensbach in eigener Regie durchgeführt und Werbeträgern, Verlagen, Agenturen und Werbungtreibenden auf dem freien Markt zum Kauf angeboten. Es handelt sich dabei um eine (→) Single-Source-Untersuchung. (→) Grundgesamtheit der Untersuchung ist die erwachsene Bevölkerung im Alter ab 14 Jahre in der Bundesrepublik und West-Berlins (ohne ausländische Arbeiter). Die Erhebung erfolgt auf der Grundlage einer (→) Quota-Auswahl und durch persönliche (→) Interviews. Zu den untersuchten Medien und Medienkombinationen zählen (→) Publikumszeitschriften, (→) Supplements, regionale (→) Abonnementszeitungen, überregionale (→) Tageszeitungen, regionale (→) Kaufzeitungen, konfessionelle Wochenzeitungen, das (→) Werbefernsehen von ARD und ZDF, der (→) Werbefunk, das (→) Kino sowie die Außenwerbung in Form von (→) Plakatanschlägen und (→) Verkehrsmittelwerbung.
vgl. Media-Analyse (MA), Verbraucher-Analyse (VA)

allgemeine Zeitschriften
→ Publikumszeitschriften

Allgemeinstelle *(allgemeine Anschlagstelle)*
Eine Anschlagsäule, -tafel oder -wand, die an öffentlichen Plätzen steht und für die Plakatwerbung mehrerer Werbungstreibender vorgesehen ist. Allgemeinstellen stehen auf öffentlichem Grund und Boden und werden in einigen Städten auch als Regiebetrieb von der Gemeinde selbst betrieben. Die normale Anschlagdauer beträgt 10 Tage, wobei der Preis nach Bogentagen berechnet wird und als Grundpreis der Preis eines Bogens pro Tag und Anschlagstelle gilt.
vgl. Ganzstelle

All-Media-Analyse
→ Multi-Media-Analyse, Markt-Media-Analyse

Alpha-Omega-Typologie
Eine 1983 von dem Schweizer Institut Scope für die Gesamtschweiz entwickelte Typologie der Mediennutzer, die sechs Typen von Mediennutzern unterscheidet und sie durch die ersten sechs Buchstaben des griechischen Alphabets kennzeichnet. Es handelt sich im einzelnen um:

Alpha:
Sieht unterdurchschnittlich, aber gezielt fern; ist besonders am lokalen Geschehen interessiert, deshalb viel Tageszeitungslektüre; selektive Zeitschriftenlektüre.

Beta:
Sieht fern und liest regionale Tageszeitungen bzw. Kaufzeitungen1 ist gründlich und sorgfältig.

Gamma:
Sieht wenig fern, liest anspruchsvolle Tageszeitungen und Zeitschriften; sehr gut ausgebildet und intellektuell interessiert.

Kappa:
Sieht intensiv Schweizer Fernsehen; liest Tageszeitungen und einfachere Feitschriften; ist von geringer geistige Beweglichkeit und Aufnahmebereitschaft.

Sigma:
Sieht unterschiedich fern und wenn, dann vorzugsweise ausländische Sender. Er liest Tageszeitungen eher flüchtig; Zeitschriften werden sehr vielseitig gelesen; sehr aktiv und vielseitig interessiert.

Omega:
Sieht intensiv fern, sehr gern ausländische Sender; bei Tageszeitungen und Zeitschriften sind nur bedingt spezielle Präferenzen erkennbar.

AMF
Abk Arbeitskreis Media-Informationen Fachzeitschriften
Eine 1965 etablierte gemeinsame Kommission der (→) Arbeitsgemeinschaft Zeitschriftenverlage (AGZV) des Börsenvereins des Deutschen Buchhandels und der Fachgruppe Fachzeitschriften im (→) Verband Deutscher Zeit-

schriftenverleger (VDZ), die im Interesse der Transparenz auf dem Fachzeitschriftenmarkt einheitliche Unterlagen für die Präsentation von Media-Informationen erarbeitet. Bis 1970 hat der AMF drei (→) AMF-Karten vorgelegt und 1973 die „Richtlinien für die Erstellung der AMF-Karten 1–3“ formuliert, die 1985 revidiert und erweitert wurden.

AMF-Karten
Ein vom (→) AMF vorgelegter einheitlicher Rahmen für die Darstellung der Daten von (→) Fachzeitschriften. Im Februar 1970 war zunächst „ZAW-Rahmenschema für Fachzeitschriften-Analysen“, das auch zugleich Grundlage und Anleitung für die Datenerhebung der AMF-Karten war, veröffentlicht und in Kraft gesetzt geworden. Dieses Rahmenschema war durch die laufenden Entwicklungen inzwischen dringend revisionsbedürftig geworden, so daß der Arbeitskreis Media-Informationen Fachzeitschriften, als das für die Fachzeitschriften zuständige Gremium, in Abstimmung mit dem (→) Zentralausschuß der Werbewirtschaft (ZAW) Anfang 1977 begann, marktgerechte, wertfreie neue Richtlinien nach gesicherten Normen auszuarbeiten.
Der ZAW hat sich dann entschlossen, ein allgemeines Generalschema als Grundlagenwerk zu erarbeiten, das als (→) „ZAW-Rahmenschema für Werbeträger-Analysen“ im März 1983 verabschiedet wurde. Dieses Rahmenschema, das die grundlegenden Normen umfaßt, die für alle Medien gelten, ist auf das wesentliche beschränkt und setzt zu seiner richtigen Anwendung weitestgehend marktforscherische Detailkenntnisse voraus.
Für die Transparenz der großen Mediengruppe Fachzeitschriften war es aus Gründen ihrer speziellen Marktstellung und ihrer sehr unterschiedlichen Struktur notwendig, über den allgemeinen Teil dieses Rahmenschemas hinaus, zusätzlich spezifische Richtlinien für Werbeträger-Analysen von Fachzeitschriften auszuarbeiten. Dies sind die in Abstimmung mit dem ZAW erarbeiteten wissenschaftlichen Mindestvoraussetzungen (Mußvorschriften) des allgemeinen ZAW-Rahmenschemas sowie die zusätzlichen fachzeitschriften-spezifischen Regeln für (→) Fachzeitschriften-Analysen (FZA). Seit 1987 gelten die ZAW-Richtlinien auch für Fachzeitschriften, nachdem die fachzeitschriften-spezifischen Regeln Bestandteil des Rahmenschemas geworden waren. Sie sind Grundlage für die Datenerhebung der AMF-Karten.
Wenn eine (→) Werbeträger-Analyse für Fachzeitschriften den wissenschaftlichen Mindestvoraussetzungen des ZAW-Rahmenschemas entspricht, so ist nur der nachstehende „Anerkennungsvermerk“ in der vorgeschriebenen textlichen Form, insbesondere auch bei der Kurzfassung der Erhebungsmethode auf den AMF-Karten 2 und 3 zu verwenden:

Diese Untersuchung entspricht in Anlage, Durchführung und Berichterstattung dem ZAW-Rahmenschema für Werbeträger-Analysen, Stand 1987 und den AMF-Richtlinien 1985

Dieser uneingeschränkte Hinweis darf nur dann geführt werden, wenn zumindest alle Mindestvoraussetzungen (Mußvorschriften) eingehalten worden sind. Außerdem verpflichtet sich jeder, der diesen Hinweis führt, automatisch dazu, daß er zwei Belegexemplare aller veröffentlichten Berichte/Broschüren sowie die AMF-Karten mit den Kurzfassungen der Erhebungsmethode dem ZAW-Fachausschuß Werbeträgerforschung, Villichgasse 17, 5300 Bonn 2, bei Markteinführung unaufgefordert übersendet und sich jeder eventuellen Prüfung bezüglich der Einhaltung der in dieser Broschüre enthaltenen Mindestvoraussetzungen und fachzeitschriften-spezifischen Regeln unterzieht.
Die AMF-Karten bilden einen für die Werbungtreibenden vergleichbaren einheitlichen Rahmen, in dem Daten von Fachzeitschriften dargestellt werden können. Das AMF-Zeichen ist ein geschütztes Markenzeichen und darf nur im Zusammenhang mit den Mediakarten benutzt werden. Sie enthalten insgesamt 24 Merkmale und dürfen darüber hinaus keine weiteren Angaben enthalten. Nach den AMF-Richtlinien (Stand 1985) sollen im Interesse der Vergleichbarkeit generell alle drei Karten erstellt werden:

AMF-Karte 1 = Redaktion/Verlag/Umfangs-Analyse/Inhalts-Analyse, Ziffern 1–15. Enthält Angaben über die besondere Eigenart der Fachzeitschrift sowie Information über Herausgeber, Redaktion, Verlag, Erscheinungsweise sowie Umfangs- und Inhaltsanalyse und einen Überblick über das quantitative Verhältnis von Text- und Anzeigenteil. Neu eingeführt wurde 1985 das Merkmal „Anzeigenleitung“.
Die Ziffern haben im einzelnen folgenden Wortlaut:

1 **Kurzcharakteristik**
Kurzgefaßte Angaben zur Profilierung des Titels. In diesem Rahmen können – z. B. – Untertitel und deren Kriterien, redaktionelle und vertriebliche Konzeption, die Stellung der Zeitschrift im Markt und Zugehörigkeit zu Institutionen berücksichtigt werden.

2 **Organ**
Nennung der Organisationen, Verbände und Insti-

tutionen unter der Bedingung, daß ein offizielles Organschaftsverhältnis vorliegt oder die Fachzeitschrift offizielles Mitteilungsblatt der Organisation bzw. des Verbandes oder der Institution ist.

3 **Herausgeber**
Nennung des Herausgebers oder einer Herausgebergruppe.

4 **Redaktion**
Nennung des Chefredakteurs bzw. des verantwortlichen Redakteurs, ggf. weitere Aufgliederung nach Fach- bzw. Ressort-Redakteuren. Es können auch ständige redaktionelle Mitarbeiter und redaktionelle Beiräte angegeben werden.

5 **Anzeigenleitung**
Hier kann die für den Anzeigenbereich der betreffenden Fachzeitschrift zuständige Person genannt und, wenn erwünscht, auch die Durchwahlnummer aufgeführt werden. Ist eine Anzeigenverwaltung mit anderer Adresse zuständig, können an dieser Stelle die entsprechenden Angaben gemacht werden. Wenn ein Verlag keine personellen Angaben über den Anzeigenbereich wünscht, sollte „Siehe Verlag" vermerkt werden.

6 **Jahrgang/Jahr und Erscheinungsweise**
Jahrgang entsprechend dem Kalenderjahr, das im Kopf der AMF-Karte angegeben ist.
Als Erscheinungsweise ist nur der Regelfall zu nennen, z. B. wöchentlich, 14täglich, monatlich usw. Wenn Hinweise auf Sonderausgaben oder Themenhefte – gleich welcher Art – erwünscht sind, kann dies unter Ziffer 6 nur durch eine Verweisung auf den Erscheinungsplan oder Themenplan geschehen.

7 **Verlag**

8 **Postanschrift**

9 **Telefon**

10 **Telex**

11 **Telegramme**
Wenn keine spezielle Telegramm-Adresse vorliegt, dann „Telegramme: –".
Unter dieser Ziffer können auch Telefax- und/oder Telekopier-Anschluß angegeben werden.

12 **Erscheinungs-/Redaktionsplan**
Wenn ein Plan dieser Art vorliegt, ist er zumeist ausführlich textiert. In solchen Fällen empfiehlt sich die Angabe „Siehe Anlage". Diese Anlage darf allerdings nicht mit dem AMF-Zeichen versehen werden.
Wenn weder Erscheinungs- noch Redaktionsplan vorliegen, ist „nein" anzugeben.

13 **Bezugspreis**
Die Angaben sollen mit den entsprechenden Vermerken im Impressum übereinstimmen, gegebenenfalls kann der Zeitpunkt angegeben werden, an dem ein geänderter Bezugspreis in Kraft tritt. Dies gilt auch für etwaige differenzierte Inlands- und Auslands-Abo-Preise. Wenn Inlands- und Auslands-Abo-Preis gleich sind, ist unter dem Wort „Bezugspreis" zu vermerken: „(Inland und Ausland)". Im Anschluß an die Abo-Preise kann der Einzelverkaufspreis genannt werden.
Wenn die Fachzeitschrift durchweg kostenfrei verbreitet wird, ist unter Ziffer 13 zu vermerken: „Lieferung ohne Entgelt". Hinzugefügt werden kann stichwortartig das Verbreitungssystem.

14 **Umfangs-Analyse**
Erhebungs- bzw. Berichtszeitraum ist das der Herausgabe der AMF-Karten jeweils vorangegangene volle Kalenderjahr. In die Umfangs-Analyse sind nur die im Erscheinungsplan genannten Ausgaben einzubeziehen.
Die Ziffer 14 ist – wie aus der Musterkarte ersichtlich – mehrfach untergliedert. Auf den vorgegebenen Pflichttext (d. h. in Schwarzdruck auf der Musterkarte) wird hier besonders hingewiesen. Für eine weitere Aufgliederung des Anzeigenteiles können zusätzliche Definitionen bzw. Kategorien ausgewählt werden. Evtl. zusätzlich zum regelmäßigen Erscheinungsintervall gemäß Ziffer 6 erschienene Ausgaben sind nicht einzubeziehen.
Das Format der Zeitschrift ist anzugeben. Sofern es sich um ein DIN-Format handelt, ist dies zu vermerken, sonst Angabe in cm.
Der Gesamtumfang (... Seiten = 100,0 %) ist zunächst nach Seiten und Prozentwerten in redaktionellen Teil und Anzeigenteil zu gliedern. Der Postzeitungsordnung gemäß sind Zeitungsbestandteile (Bei-, Ein- und Durchhefter) im Gesamtumfang und im Anzeigenteil nach Seiten mitzuzählen. Fremdbeilagen sind lediglich nach der Stückzahl ohne Einbeziehung in Gesamtumfang oder Anzeigenumfang zu nennen. Nach Gesamt- und Teilbeilagen ist zu unterteilen, wobei die Belegung der gesamten Inlandsauflage nicht als Teilbeilage zählt.

15 **Inhalts-Analyse des redaktionellen Teils**
Erhebungs- bzw. Berichtszeitraum ist wie bei Ziffer 14 Umfangs-Analyse das vorangegangene volle Kalenderjahr. Der Umfang des redaktionellen Teils gemäß Ziffer 14 ist die Basis = 100 % für die Inhalts-Analyse.
Die Inhalts-Analyse ist kein AMF-Pflichtmerkmal. Wenn von einer Inhalts-Analyse Abstand genommen wird, ist die Überschrift mit einer „Fehlanzeige" zu kennzeichnen:
15 Inhalts-Analyse des redaktionellen Teils: –
oder
15 Inhalts-Analyse des redaktionellen Teils: nicht erhoben (evtl. mit Begründung)
Mit der Inhalts-Analyse kann der rein quantitativen Umfangs-Analyse eine vereinfachte qualitative Analyse zur Seite gestellt werden. Sie soll ohne vorgegebene Nomenklatur darstellen, in welche Themenbereiche (Fachgebiete, Sachbereiche usw.) sich der Redaktionsteil gliedert. Impressum, Inhaltsverzeichnis, Inserentenverzeichnis etc. werden unter „Sonstiges" zusammengefaßt. Die Seitenzahlen sind zu addieren und auch in Prozentwerten zu nennen. Ein Schema ist in der Musterkarte dargestellt. Es soll damit nachgewiesen werden, daß redaktioneller Inhalt und Anzeigeninformation bei Fachzeitschriften eine erkennbare homogene Einheit bilden. Der Seitenumfang kann weiterhin nach Grundlagen- und meinungsbildenden Aufsätzen und nach den anderen Fachbeiträgen (Informationen, Nachrichten, Industrie- und Messeberichten, Produktbesprechungen) aufgeteilt werden.

AMF-Karte 2 = Auflagen- und Verbreitungsanalyse, Ziffern 16–18. Darstellung der Auflage im Jahresdurchschnitt (1. Juli des vorletzten bis 30. Juni des letzten Jahres) nach den Kategorien der (→) IVW. Die tatsächlich verbreitete Auflage wird aufgegliedert nach BRD und West-Berlin, DDR und Ausland.
Die Ziffern haben im einzelnen folgenden Wortlaut:

16 **Auflagenkontrolle**
Unter Auflagenkontrolle im Sinne des Merkmals 16 ist nur die IVW-Auflagenkontrolle zu verstehen. Wenn der Verlag mit der betreffenden Fachzeitschrift dieser Institution angehört, ist neben „16 Auflagenkontrolle:" nur das IVW-Zeichen einzusetzen.
Andernfalls ist wie folgt zu verfahren: „16 Auflagenkontrolle: –".

17 **Auflagen-Analyse**
Berichtszeitraum für die Auflagen-Analyse ist jeweils die Zeit vom 1. Juli des vorletzten bis zum 30. Juni des darauffolgenden Jahres. In den vorgegebenen Auflagen-Kategorien sind die Jahresdurchschnittszahlen für diesen Zeitraum einzusetzen. Die einzelnen Auflagen-Kategorien entsprechen den jeweils gültigen „Richtlinien für die IVW-Auflagenkontrolle". Wenn die IVW-Richtlinien für die Auflagenkontrolle in bezug auf Fachzeitschriften verbindlich geändert worden sind, wird durch einen entsprechenden Nachtrag zu diesen AMF-Richtlinien '85 die Konformität wiederhergestellt.
Die in der Auflagen-Analyse ausgewiesenen Zahlen müssen bei Fachzeitschriften, die der IVW-Auflagenkontrolle angeschlossen sind, mit den Jahresdurchschnittswerten (1. Juli bis 30. Juni) der IVW-Auflagenlisten in den einzelnen Kategorien übereinstimmen. Für Fachzeitschriften, die der IVW-Auflagenkontrolle nicht angeschlossen sind, ist die Auflagengliederung nach IVW-Kategorien ebenfalls zwingend, weil die Vergleichbarkeit der ausgewiesenen Zahlen und Daten in den AMF-Karten ausnahmslos die gleichen Vorgaben erfordert.
Regelung für Ausnahmefälle
Wenn – z. B. im Rahmen einer konzeptionellen Neuerung – im Laufe des Berichtszeitraumes vom 1. Juli bis 30. Juni eine erhebliche Auflagenäderung nach oben oder nach unten eintritt, (die ± 15 % übersteigt), können sich unrealistische Jahresdurchschnitts-Auflagenzahlen ergeben. In solchen Ausnahmefällen ist es unter der Bedingung, daß in der AMF-Karte 2 die Begründung angegeben wird, zulässig, Auflagen-Analysen unter Zugrundelegung eines kürzeren Zeitraums, mindestens jedoch für ein halbes Jahr (1. Januar bis 30. Juni), zu erstellen.
Beispiel:
17 Auflagen-Analyse: Exemplare pro Ausgabe im Durchschnitt für die Zeit vom 1. Januar 1985 bis 30. Juni 1985*.
Bedingung für die Inanspruchnahme der Ausnahme-Regelung ist das Erfordernis, in den AMF-Karten des darauffolgenden Jahres den AMF-gerechten Jahresdurchschnitt wiederzugeben.
Auflagen-Irritationen jeder Art und Ursache müssen auf den AMF-Karten vermieden werden. Dies könnte durch zwischenzeitliche Auflagen-Erhöhungen geschehen, die so erheblich sind, daß sie zu unrealistischen Jahresdurchschnittszahlen führen.
Als unzulässige Hinzufügung im Sinne des Musterschutzes ist anzusehen, wenn in AMF-Karten (gleichgültig an welcher Stelle) auf kürzlich in Kraft getretene, oder für die Zukunft geplante Auflagen-Erhöhungen hingewiesen wird. Informationen dieser Art sind auf einem separaten Blatt oder einem Zettel anzugeben.
In der Auflagen-Analyse sind alle Vorgaben aufzuführen; „Fehlanzeigen" sind zu kennzeichnen. Beispiel:
„– Einzelverkauf"
Auszuweisende Auflagen-Kategorien (gemäß den gültigen IVW-Richtlinien für Auflagenprüfung und der IVW-Liste):
Schema der Darstellung von Ziffer 17 der AMF-Karte 2:

Druckauflage (DRUCKAUFL*)

Tatsächlich verbreitete Auflage (VERBREITG*) (TvA)

... **Abonnierte Exemplare** (ABO EX*)
... davon Sammelbezug (DAV SAM BEZ*)
... davon Mitgliederstücke (DAV MITGL*)
... **Einzelverkauf** (EV LIEFRG ./. REMITT*)

Verkaufte Auflage (VERKAUF*)

Freistücke (FREIST*)

... Rest-, Archiv-, Belegexemplare

* Abkürzung wie in IVW-Liste ausgedruckt

Druckauflage
Die Druckauflage ist die Stückzahl der gedruckten Exemplare abzüglich der Makulatur.

Tatsächlich verbreitete Auflage
Die tatsächlich verbreitete Auflage ist die Summe der verkauften Exemplare und der Frei- und Werbestücke.

Verkaufte Auflage
Die verkaufte Auflage ist die Summe der Abonnentenexemplare und der für den Einzelverkauf gelieferten Stücke abzüglich Remittenden.

Abonnierte Exemplare
Abonnierte Exemplare sind Stücke für feste, zahlende Einzelbezieher, die geliefert werden an:

„* Im Zuge der konzeptionellen Änderung dieser Fachzeitschrift ab 1. Januar 1985 ist eine Auflagenänderung in Höhe von ... % eingetreten, was bei Wiedergabe des laut AMF erforderlichen Auflagen-Jahresdurchschnitts zu unrealistischen Zahlen geführt hätte. Daher wird als Ausnahmefall für die Media-Informationen 1986 der Berichtszeitraum vom 1. Januar 1985 bis 30. Juni 1985 der Auflagen-Analyse zugrundegelegt."

- Empfänger, die den vollen oder einen ermäßigten Bezugspreis zahlen (Abonnement) oder die die Exemplare im Rahmen des Sammelbezugs erhalten. Sammelbezug liegt vor, wenn ein Besteller im eigenen Namen einen Auftrag zur ständigen Lieferung von mehreren Exemplaren einer Druckschrift an einen Dritten erteilt und dafür Bezugsgebühren entrichtet.
- Buchhändler, die ohne Remissionsrecht für ihre Abonnenten beziehen und werbender Zeitschriftenhandel.
- Mitglieder eines Vereins, wenn die Lieferung laut Impressum im Rahmen eines Mitgliedbeitrages erfolgt.
- Verlagsangehörige, Mitarbeiter mit höchstens einem Stück pro Person, bei denen das fachliche Interesse an der Fachzeitschrift gegeben ist.

Einzelverkauf
Die für den Einzelverkauf gelieferten Exemplare an nicht ständige Abnehmer gegen Bezahlung abzüglich Remittenden.

Freistücke
Freistücke sind unberechnet an ständige oder nicht ständige Abnehmer nachweisbar gelieferte Exemplare einschließlich Werbeexemplare, jedoch ohne Belegexemplare.

Rest-, Archiv- und Belegexemplare
Dies sind Reststücke; Arbeits- und Archivstücke des Verlages; die Stücke, die als Belege für Anzeigen- und sonstige Veröffentlichungen versandt werden; Stücke, die dem WBZ-Handel im Rahmen der vereinbarten Dispositionsreserve unentgeltlich geliefert werden.
Die rechnerische Angleichung der Auflagenpositionen (Differenz zwischen Druckauflage und tatsächlich verbreiteter Auflage) erfolgt in dieser Rubrik.

18 **Geographische Verbreitungs-Analyse**
Die geographische Gliederung in Prozenten und absoluten Zahlen (Exemplaren) muß auf 100,0 % = Jahresdurchschnitt der in Ziffer 17 genannten tatsächlich verbreiteten Auflage addieren.
Gegliedert werden muß nach
Bundesrepublik Deutschland und Berlin (West)
DDR
Ausland
Als Summe ist die in Ziffer 17 ausgewiesene tatsächlich verbreitete Auflage (tvA) in Exemplaren auszuweisen.
Eine weitergehende Gliederung kann erfolgen nach Bundesländern, Nielsen-Gebieten, Postleitzonen, sonstigen geographisch abgegrenzten Gebieten sowie nach Staaten und Erdteilen. In jeder Gliederung dieser Art ist die in Ziffer 18 angegebene Inlands- bzw. Auslands-Verbreitung neben den Exemplaren jeweils auf 100,0 % zu prozentuieren.
Wenn für weitergehende Gliederung der Freiraum unterhalb von Ziffer 18 nicht ausreicht, kann entweder ein Blatt 2 der AMF-Karte 2 angelegt oder die AMF-Karte 2 im Format DIN A 4 hergestellt und auf DIN A 5 quergefalzt werden. Wenn keine weitergehende Gliederung vorgenommen wird, ist „Fehlanzeige" nicht erforderlich.
Organischer Bestandteil der AMF-Karte 2 ist eine „Kurzfassung der Erhebungsmethode" für die Verbreitungs-Analyse, die durch eine Total-Erhebung (Dateiauswertung) erstellt werden soll, da die notwendigen Daten durch die Selbstbeanschriftung regional gegliedert vorliegen.

AMF-Karte 3 = Strukturanalyse Empfänger oder Leser, Ziffern 19–24: Einzelheiten über die Verbreitung einer Fachzeitschrift nach Branchen, Wirtschaftszweigen, Fachrichtungen oder Berufsgruppen und ggf. über die Größe der Wirtschaftseinheiten, Stellung im Betrieb, betriebliche Funktion/Beruf, Schulbildung/berufliche Vorbildung, Alter, Gemeindegrößenklassen.

Die Ziffern haben folgenden Wortlaut:
Die AMF-Karte 3 dient dem vergleichbar darzustellenden Nachweis der Strukturen von Empfängern oder Lesern nach den Merkmalen gemäß Ziffern 19–24. Die Anwendung einer AMF-Karte 3 ist zulässig, wenn mindestens das Merkmal 19 ausgewiesen wird und die AMF-Karten 1 und 2 vollständig vorliegen.
Als Quellen für die Erhebung der in der AMF-Karte 3 auszuweisenden Daten kommen nur die im „ZAW-Rahmenschema für Werbeträger-Analysen, Stand 1987" beschriebenen Struktur-Untersuchungsformen in Betracht:
(siehe auch die detaillierten Beschreibungen in „Fachzeitschriften-Analysen (FZA), Stand 1985")
Datei-Analyse/Empfänger-Struktur-Analyse durch Dateiauswertung, Empfänger-Struktur-Analyse durch schriftliche Erhebung, Leser-Struktur-Analyse durch schriftliche Erhebung, Leser-Struktur-Analyse durch mündliche Erhebung, – gleich ob Total- oder Stichproben-Erhebungen.
Im Kartenkopf ist an der aus den Musterkarten ersichtlichen Stelle anzugeben:
Struktur-Analyse-Empfänger
oder
Struktur-Analyse-Leser
Hinweise zur Darstellung der Merkmale 19–24

Was sind 100 %?
Die durch eine Werbeträger-Analyse ermittelten Daten sind für alle Merkmale in Prozentwerten und absoluten Werten auszuweisen. Sofern die Voraussetzungen vorliegen, entsprechen 100 % der tatsächlich verbreiteten Auflage gemäß AMF-Karte 2, Ziffer 17. Es ist auch möglich, die Inlands-Auflage und die Auslands-Auflage (lt. AMF-Karte 2, Ziffer 18) zu je 100 % auszuweisen. Ebenfalls besteht die Möglichkeit, die Inlands-Auflage = 100 % zu setzen und die Auslands-Auflage als „nicht erhoben" zu deklarieren. Auf jeden Fall muß aus allen Merkmalen der AMF-Karte 3 die tatsächlich verbreitete Auflage lt. Ziffer 17 als Endsumme ersichtlich sein.
Leserschafts-Untersuchungen, die von anderen Erhebungsbasen – z. B. Leser pro Nummer – ausgehen, können unter bestimmten Bedingungen nur auf der AMF-Karte 3a dargestellt werden.
In der Regel weicht der Jahresdurchschnitt der tatsächlich verbreiteten Auflage (wie unter Punkt 17 aufgeführt) von der Zahl der Empfänger in der Datei zum Zeitpunkt der Erhebung ab. Die Werte der Analyse sind auf die durchschnittliche Auflage des betreffenden

Jahres zu projizieren; bei Zeitschriften mit Wechselversandanteilen kann das nur für gleiche zusammenfaßbare Zielgruppen geschehen. Bei der Kurzfassung der Erhebungsmethode auf der Rückseite der AMF-Karte sind die Abweichungen ersichtlich zu machen.

Mehrfachnennungen
Sowohl bei Empfänger-Struktur-Analysen als auch bei Leser-Struktur-Analysen sind Mehrfachnennungen möglich. In die Gesamtaddition, die auf die tatsächlich verbreitete Auflage aufgehen muß, können Mehrfachnennungen nicht einbezogen werden. Es wird auf die Musterkarten verwiesen, die zeigen, wie Mehrfachnennungen als solche zu kennzeichnen und durch Herausrücken nach rechts in den jeweiligen Spalten ohne Gesamtaddition entsprechend gekennzeichnet anzugeben sind. Insbesondere können Mehrfachnennungen bei den Merkmalen 19, 21 und 22 vorkommen. Beim Merkmal 22 (Schulbildung/Berufliche Vorbildung) kann der Ausweis von Mehrfachnennungen dadurch vermieden werden, daß nur die jeweils höchste Nennung gezählt wird.

Projektion
Kurzangabe: Die mit der jeweiligen Werbeträger-Analyse ermittelten Werte sind auf die Jahresdurchschnittsauflage gemäß AMF-Karte 2, Ziffer 17, zu projizieren. Am Ende jeder Tabelle ist fast immer eine Position „Keine Angaben" notwendig. Die auf diese Position entfallenden Werte sind ebenfalls in Prozenten und in absoluten Zahlen als Bestandteil der Gesamtaddition auszuweisen. Die Position „Keine Angaben" darf keinesfalls mit dem Begriffsinhalt „Nicht erhoben" verwechselt werden. Hierzu siehe die Beispiele für die Kurzfassungen der Erhebungsmethode und die Musterkarten.
Auf die diesbezüglichen Angaben im ZAW-Rahmenschema und die ausführlichen Erläuterungen und Beispiele in „Fachzeitschriften-Analysen (FZA), Stand 1985", Abschnitt II. 3.6 Projektion/Hochrechnung wird verwiesen.

Kurzfassung der Erhebungsmethode
Organisch zugehörig zur AMF-Karte 3 ist eine „Kurzfassung der Erhebungsmethode" für die Untersuchungsform, mit der die in der AMF-Karte 3 ausgewiesenen Daten ermittelt worden sind. Diese ist jeweils auf der Rückseite der Karte gemäß dem vorgegebenen in Frage kommenden Muster abzudrucken.
Am Kopf der „Kurzfassung der Erhebungsmethode" ist die in Betracht kommende Untersuchungsform vollständig, d. h. nicht in abgekürzter Fassung zu nennen.

Merkmale

19 **Branchen/Wirtschaftszweige/Fachrichtungen/Berufsgruppen**
Bei der Darstellung soll alternativ eine der beiden folgenden Versionen verwendet werden.
Version 1
Diese Darstellung empfiehlt sich für eindeutig auf bestimmte Branchen ausgerichtete und/oder für personenorientierte Fachzeitschriften (z. B. Zeitschriften für bestimmte Berufsgruppen). Sie lehnt sich in allen Fällen, in denen die Möglichkeit dazu besteht, an die Gliederung der „Systematik der Wirtschaftszweige des Statistischen Bundesamtes" bzw. der „Systematik für das Produzierende Gewerbe SYPRO" an.
Bei der Einstufung der Empfänger/Leser unter dieser Ziffer ist es möglich, daß die Empfänger/Leser (Institutionen und/oder Personen) in eine oder mehrere Gruppen gehören. Grundsätzlich sind die Empfänger/Leser nur einmal in der Haupt-Gruppe (-Branche) und ggf. dann noch unter der Spalte Mehrfachnennungen anderer Gruppen einzustufen. Bei der Dateneintragung in der Hauptspalte muß die Addition die tatsächlich verbreitete Auflage ergeben.

Version 2
Für Fachzeitschriften, bei denen eine Untergliederung nach Wirtschaftsstufen relevant ist (z. B. bei prinzip- oder produktbezogenen Fachzeitschriften), wird diese Version empfohlen. Sie läßt z. B. eine Gliederung nach Zulieferern, Herstellern, Verarbeitern, Verwendern/Anwendern, Handel und Sonstigen zu.
Die detaillierte Aufzählung unter den ausgewählten Gruppierungen hat – wo immer möglich – der Gliederung der Systematik der Wirtschaftszweige bzw. SYPRO zu entsprechen. Die Reihenfolge der Obergruppen kann ebenfalls unter dem Gesichtspunkt der Bedeutung der jeweiligen Zielgruppe gewählt werden.
Bei dieser Version wird häufig der Fall eintreten, daß eine Branche unter mehreren Oberbegriffen aufgeführt werden muß (Beispiel: Der Maschinenbau ist sowohl Hersteller als auch Anwender von Maschinen). Diese „Mehrfachnennungen" sind mit einem entsprechenden Hinweis zu kennzeichnen und separat auszuweisen.
Die Version 2 bietet dem Nutzer auch für diese Zeitschriftengruppe eine für die jeweilige Fachzeitschrift notwendige charakteristische Gliederung.
Weitere Erläuterungen zum Merkmal 19
Für die Aufschlüsselung der Branchen, Wirtschaftszweige und Fachrichtungen soll – wie schon erwähnt – bei beiden Versionen die Zuordnung nach der „Systematik der Wirtschaftszweige des Statistischen Bundesamtes" (SDW) erfolgen. Näheres über diese Systematik, speziell deren Gliederung in neun Abteilungen, siehe „Fachzeitschriften-Analysen (FZA), Stand 1985". Das „Produzierende Gewerbe" wird in den Abteilungen

1. Energie- und Wasserversorgung, Bergbau
2. Verarbeitendes Gewerbe
3. Baugewerbe

erfaßt. Die einzelnen Betriebs- und Produkt-Benennungen sind – wie bei der Systematik der Wirtschaftszweige durchweg üblich – nach einem Nummern-Schema gekennzeichnet.
Ebenfalls vom Statistischen Bundesamt herausgegeben wird die Fachserie 4 Produzierendes Gewerbe.
Abweichend von der Systematik der Wirtschaftszweige ist in der Fachserie 4 als Produzierendes Gewerbe erfaßt:
Bergbau (entspricht SDW, Abteilung 1, ohne Energie- und Wasserversorgung)
Verarbeitendes Gewerbe (entspricht vollständig SDW, Abteilung 2).
Ebenso wie Energie- und Wasserversorgung wird auch die Systematik der Wirtschaftszweige, Abtei-

lung 3 Baugewerbe in der Fachserie 4 nicht berücksichtigt.
Die Nummernfolge in der Fachserie 4 entspricht der „Systematik für das Produzierende Gewerbe (SYPRO)"; diese ist anders aufgebaut als die der Systematik der Wirtschaftszweige. Die Produktbezeichnungen sind aber die gleichen.
Da die Fachserie 4 bei Werbungtreibenden und Agenturen in zunehmendem Maße als Orientierungsmittel über das Produzierende Gewerbe verwendet wird, bedarf es in der AMF-Karte 3/3a für die entsprechenden Branchen nicht nur der Numerierung laut Grundsystematik (d. h. Systematik der Wirtschaftszweige), sondern daneben in Klammern auch der Nummernangabe gemäß SYPRO. Im einzelnen wird hierzu auf die Musterkarten 3 verwiesen.
Bei der Aufschlüsselung des AMF-Merkmals 19 werden sich fast immer kleinere Empfänger- und/oder Lesergruppen (sogenannte Splittergruppen) ergeben, die für die Beurteilung der Fachzeitschrift als Werbeträger weniger wichtig sind. Diese können unter der Rubrik „Sonstige" zusammengefaßt ausgewiesen werden. Die dafür in Betracht kommenden Nummern der „Systematik der Wirtschaftszweige" können, müssen aber dabei nicht wiedergegeben werden. Unnumeriert aufzuführen sind am Tabellenschluß die Gruppen „über Buch- und Zeitschriftenhandel geliefert" sowie „Keine Angaben".
Die beschriebenen Versionen lassen über die Einheit Bundesrepublik Deutschland und Berlin (West) hinaus einen differenzierten Nachweis nach Ländern oder anderen geographischen Einheiten zu. (Siehe auch Musterkarte 3, Version 1/Erweiterte Fassung.)
Wenn dabei für Länder oder andere geographische Einheiten die Zuordnung von Daten ganz oder teilweise nicht möglich ist, so sind die nicht ermittelten bzw. nicht ermittelbaren Auflagenanteile am Schluß der Tabelle unter „Keine Angaben" aufzuführen.
Zur übersichtlichen Darstellung des Merkmals 19 ist eine typographische Bedingung zu erfüllen: Die Oberbegriffe für die Empfänger-/Lesergruppen sind jeweils fett zu druck (siehe Musterkarten 3).
Wenn sich für die Aufschlüsselung des Merkmals 19 die Systematik der Wirtschaftszweige bzw. die SYPRO nicht als sinnvoll erweisen, sind jeweils diesbezügliche branchenübliche Gliederungen zu verwenden.
Sofern das AMF-Merkmal 19 im Rahmen der Version 1 nach bestimmten Berufsgruppen ausgewiesen wird, sind dafür entweder die „Klassifizierung der Berufe" des Statistischen Bundesamtes oder in Betracht kommende branchen- bzw. standesübliche Berufsbezeichnungen zu verwenden.

20 **Größe der Wirtschaftseinheiten**
Für die Größe von Wirtschaftseinheiten gibt es bereichsspezifische Merkmale, Größenkategorien oder sonstige Maßstäbe.
Grundlage für viele Branchen bieten die Größenkategorien, die das Statistische Bundesamt in seinen „Fachserien" verwendet. Für jeden Wirtschaftszweig können gegebenenfalls mehrere Größenmerkmale verwendet werden. Größenbeschreibende Merkmale und Gliederungs-Schemata sind für den überwiegenden Teil aller Fachzeitschriften vom AMF erarbeitet und in „Fachzeitschriften-Analysen (FZA), Stand 1985", aufgeführt für:
Industrie
Handel
Handwerk
Land- und Forstwirtschaft
Freie Berufe
Größenbeschreibende Merkmale für Fachzeitschriften mit Empfängergruppen in den Branchen:
Dienstleistungsbetriebe (sofern Restaurants und Kantinen, sind die täglich ausgegebenen Mahlzeiten, und sofern Hotels und Pensionen, die Bettenzahl größenbeschreibende Merkmale)
Banken und Versicherungen
Behörden/Öffentliche Verwaltungen
Kunst/Wissenschaft/Bildung/Erziehung
Verlage/Film/Funk/Fernsehen/Werbewirtschaft
Messen und Ausstellungen
sind unter Heranziehung branchenüblichen Materials zu erarbeiten, wobei die Zusammenarbeit der entsprechenden Fachverlage empfohlen wird.

21 **Stellung im Betrieb/Betriebliche Funktion/Beruf**
Diese Merkmalsgruppe bietet den Verlagen die Möglichkeit nachzuweisen, auf welche Personenkreise/Funktionsbereiche/Berufe ggf. innerhalb der Betriebe/Institutionen die betreffende Fachzeitschrift ausgerichtet ist. Es ist jedoch nicht möglich, einheitliche oder gar umfassende Richtlinien für die Gruppierungsmerkmale zu geben.
Beispiele für Qualifikationsmerkmale in den Bereichen „Stellung im Betrieb" (z. B. Inhaber – Vorstand – Geschäftsführer) und „Betriebliche Funktion" (z. B. Unternehmensführung) sind aus „Fachzeitschriften-Analysen (FZA), Stand 1985", ersichtlich. Für Berufsbezeichnungen gelten – wie beim Merkmal 19 – die „Klassifizierung der Berufe" des Statistischen Bundesamtes oder branchen- bzw. standesübliche Bezeichnungen.
Innerhalb der Merkmalsgruppe 21 können alle drei Merkmale dieser Gruppe oder nur zwei oder nur eines ausgewiesen werden. Was nicht ausgewiesen ist, braucht nicht als „Nicht erhoben" gekennzeichnet zu werden.
Wenn ein in eine Wirtschaftseinheit gelangendes Exemplar mehrere Funktionsbereiche nachgewiesen erreicht, führt dies zu Mehrfachnennungen, die zu kennzeichnen sind.
Auch bei Darstellung der folgenden Merkmale sollten für alle Fachzeitschriften, soweit erforderlich und sinnvoll angemessen, die aus „Fachzeitschriften-Analysen (FZA), Stand 1985", ersichtlichen Ordnungs-Kategorien angewandt werden.

22 **Schulbildung/Berufliche Vorbildung**

23 **Alter**
Die Angaben über das Lebensalter von Personen (Empfängern oder Lesern) werden nach Altersklassen zusammengefaßt.
Falls es für eine Fachzeitschrift relevant ist auszuweisen, inwieweit sie männliche und weibliche Empfänger/Leser hat, kann dies im Anschluß an

die Altersangabe vermerkt werden (hierzu siehe Musterkarte). Wenn dies nicht geschieht, ist keine „Fehlanzeige“ anzugeben.

24 **Gemeindegrößenklassen**

Begründung für Nicht-Erhebung von Merkmalen

Wenn zu den Merkmalen 20 bis 24 (bzw. zu einigen oder zu einem davon) keine Angaben gemacht werden, so sollte dies nicht mit dem knappen Vermerk „Nicht erhoben“ bezeichnet, sondern objektspezifisch begründet werden. Hierzu drei Formulierungs-Beispiele:

„Die Größe der Wirtschaftseinheit (bzw. Bezeichnung eines anderen Merkmals) wurde nicht erhoben, weil der Nutzungswert dieser Fachzeitschrift beim Empfänger/Leser hiervon nicht abhängig ist.“

„Diese Merkmale wurden nicht erhoben, weil ... (Fortsetzung wie im Beispiel zuvor).“

„Merkmal(e) wurde(n) nicht erhoben, weil die Beurteilung dieser Fachzeitschrift als Werbeträger hiervon nicht abhängig ist.“

Einhaltung des mustergeschützten Rahmens

Mit ausdrücklichem Hinweis auf diesbezügliche Ausführungen im Abschnitt „Generelle Regeln ...“ wird festgehalten, daß eine Verletzung des Musterschutzes vorliegt, wenn in der AMF-Karte 3 die aus einer Struktur-Analyse resultierenden Daten zu externen Gesamtheiten in Beziehung gesetzt werden.

AMF-Karte 3a = Leser-Struktur. Wird nur in Verbindung mit Karte 3 erstellt, wenn die erhobenen Leserschaftsdaten ganz oder teilweise nicht auf die tatsächlich verbreitete Auflage addiert werden können.

Der Wortlaut im einzelnen:

Mit Reichweiten-Analysen werden generell, mit Leser-Struktur-Analysen häufig, Leser-Strukturwerte ermittelt, die insgesamt oder in Teilen nicht mit der Empfänger-Struktur und/oder der Anzahl der Empfänger gemäß Verlags-Datei deckungsgleich sind und/oder mit der tatsächlich verbreiteten Jahresdurchschnittsauflage gemäß AMF-Karte 2, Ziffer 17, nicht in Übereinstimmung gebracht werden können.

Beispiele:

- Von der Empfänger-Struktur definitorisch abweichende oder nicht sämtliche in dieser enthaltenen Branchen, Wirtschaftszweige und Fachrichtungen
- Verschiedenartige Gliederung der Betriebsgrößenklassen in der Empfänger-Struktur und der Leser-Struktur
- Erhebungseinheiten für Leser-Werte – z. B. Leser pro Nummer, K_1-Wert, Weitester Leserkreis –, die auf jeweils 100 % addiert nicht mit der tatsächlich verbreiteten Auflage übereinstimmen.

Die titelbezogene Vergleichbarkeit der Empfänger-Struktur auf der Basis der tatsächlich verbreiteten Jahresdurchschnittsauflage mit der Leser-Struktur gemäß im konkreten Fall anders definierten Größenordnungen vervollständigt die Transparenz der jeweiligen Fachzeitschrift.

Die Ergebnisse von zwei so konzeptionell verschiedenen Untersuchungen können in Kombination der AMF-Karten 3 und 3a unter den nachstehenden Bedingungen dargestellt werden:

a) Die AMF-Karte 3a ist nur zulässig, wenn

- eine diesen Richtlinien vollauf entsprechende AMF-Karte 3 vorliegt, d.h. u.a., daß zumindest das Merkmal 19 Branchen/Wirtschaftszweige/Fachrichtungen/Berufsgruppen gemäß einem der zugelassenen Erhebungsverfahren erhoben worden und richtig ausgewiesen ist.
- diejenige Kurzfassung der Erhebungsmethode gemäß AMF-Muster abgedruckt wird, die für die jeweilige Empfänger-Struktur-Analyse zutrifft.

b) Die AMF-Karte 3a ist im Kartenkopf rechts oben mit 3a und dem Wort „Leser-Struktur“ zu kennzeichnen. Darunter sind anzugeben je nach Sachverhalt „Leser-Struktur-Analyse“ oder „Reichweiten-Analyse“ sowie der Vermerk, ob eine mündliche oder schriftliche Erhebung stattgefunden hat. Auch die Erhebungsbasis (z. B. Leser pro Nummer, K_1, Weitester Leserkreis) ist anzugeben. Den auf einer AMF-Karte 3a ausgewiesenen Merkmalen darf nur eine Erhebungsbasis zugrunde liegen.

c) Die in der AMF-Karte 3a ausgewiesene Leser-Struktur darf sich nur auf die AMF-Merkmale 19–24 (zumindest Pflichtmerkmal 19) beziehen. Darüber hinausgehende Ermittlungspunkte sind – ebenso wie bei Empfänger-Struktur-Analyse – außerhalb der AMF-Karte 3a und in anderer, nicht AMF-ähnlicher Form zu veröffentlichen. Es ist zulässig, wenn – außer dem Pflichtmerkmal 19 – auf den Karten 3 und 3a nicht die gleichen AMF-Merkmale (innerhalb 20 bis 24) ausgewiesen werden.

d) Der Ausweis der Merkmale auf der AMF-Karte 3a unterliegt in der äußeren Form bzw. Gestaltung den gleichen Bedingungen, die für die AMF-Karte 3 gelten. Statt „Anteil an tatsächlich verbreiteter Auflage“ muß es heißen: „Anteil der ermittelten Leser“. Die ermittelten Leser sind in Prozentwerten und in der Rubrik „Projektion“ (nicht „Exemplare“) anzugeben. Näheres siehe „Fachzeitschriften-Analysen (FZA), Stand 1985“, Abschnitt II.3.6 Projektion/ Hochrechnung.

Wenn die Prozentuierung auf 100 % der ermittelten Leser aufgeht, kann eine Addition der Prozentwerte und der absoluten (projizierten) Leserzahlen erfolgen. Wenn Mehrfachnennungen vorliegen, ist von Additionen Abstand zu nehmen, zweckmäßig mit dem Hinweis „Mehrfachnennungen (100 % = ... Leser)“ (Beispiel siehe Musterkarte).

e) Auf der Rückseite ist eine Kurzfassung der Erhebungsmethode zu veröffentlichen. Je nach dem, ob die Leser-Struktur aus einer Leser-Struktur-Analyse oder aus einer Reichweiten-Analyse resultiert, sind die jeweiligen Mindestangaben zu machen, die in „Fachzeitschriften-Analysen (FZA), Stand 1985“, Abschnitt IV.1 „Erfordernisse der Auskünfte über Methode und Durchführung von Fachzeitschriften-Analysen“ empfohlen werden.

f) Die AMF-Karte 3a darf nur Angaben über die eigene Fachzeitschrift und deren Leser enthalten. In der AMF-Karte 3a dürfen also keine Angaben über bzw. Hinweise auf Rangreihen, andere Titel sowie Wertungen und Kommentierungen gleich welcher Art vermerkt werden. Derartige Angaben oder Hinweise wären unzulässige Abänderungen und Hinzufügungen im Sinne des mustergeschützten AMF-Schemas.

Die AMF-Karte 3a erfüllt ihren Zweck nur dann, wenn Empfänger-Struktur einerseits und Leser-Struktur andererseits aufgrund verschiedenartig konzipierter Untersuchungsansätze, Grund- bzw. Teilgesamtheiten und Erhebungsbasen nicht auf einen gemeinsamen Nenner zu bringen sind. In jedem Fall liegt ein solcher Sachverhalt vor, wenn der Titel in eine Reichweiten-Analyse einbezogen worden ist. Bei Leser-Struktur-Analysen kann es anders sein. Mit einer Leser-Struktur-Analyse durch schriftliche Erhebung wird häufig – außer der von der Verlagsdatei ausgehenden Empfänger-Struktur – die Struktur eines Lesers (z. B. ranghöchster Leser), d. h. der vorgegebenen Zielperson erhoben. Diese Daten sind auf die tatsächlich verbreitete Auflage projizierbar. Eine Leser-Struktur-Analyse durch mündliche Erhebung kann hinsichtlich der Leser-Struktur ebenfalls auf eine Zielperson (z. B. Ranghöchster Leser) bezogen werden. In beiden Fällen erübrigt sich eine AMF-Karte 3a, es sei denn, der Titel ist außerdem an einer Reichweiten-Analyse beteiligt.

Kurzfassung der Erhebungsmethode
(zu veröffentlichen auf der Rückseite der AMF-Karten 2, 3 und ggf. 3a)

Erläuterungen

Im Merkmal 18/Geographische Verbreitungs-Analyse der AMF-Karte 2 und in allen Merkmalen der AMF-Karten 3 und 3a werden Ergebnisse von Werbeträger-Analysen veröffentlicht. Daten-Zusammenstellungen dieser Art bedürfen – in grundsätzlicher Konformität mit dem ZAW-Rahmenschema für Werbeträger-Analysen, Stand 1987 – der methodischen Beschreibung in angemessener Ausführlichkeit.

Daher sind die Kurzfassungen der Erhebungsmethode für die AMF-Karten 2, 3 und 3a integrierte Bestandteile des AMF-Schemas.

In der Regel sind die Kurzfassungen der Erhebungsmethode auf der Rückseite der AMF-Karten 2, 3 und 3a abzudrucken. Wenn dieser Platz mit AMF-gerechten Daten bzw. Tabellen ausgefüllt wird, ist es zweckmäßig, für diese AMF-Karte das Format DIN A 4 zu wählen und auf DIN A 5 zu falzen. In jedem Fall muß die Kurzfassung der Erhebungsmethode auf der AMF-Karte stehen, in der Daten aus der Analyse veröffentlicht werden, deren Methode beschrieben wird.

Es wird darauf hingewiesen, daß Struktur-Analysen für Fachzeitschriften zum Zeitpunkt der Herausgabe von AMF-Karten nicht älter als drei Jahre sein sollten, gerechnet vom Beginn des Monats nach Abschluß der Erhebung. Wenn die Abweichungen, gemessen an der tatsächlich verbreiteten Auflage zum Zeitpunkt der Erhebung, größer als plus/minus 15 % sind, ist eine Struktur-Analyse für Fachzeitschriften als veraltet anzusehen. Sofern mit Datei-Analysen/Empfänger-Struktur-Analysen durch Dateiauswertung (Form 1) gearbeitet wird, ist nachdrücklich zu empfehlen, diese Untersuchung jährlich neu, vor Herausgabe der AMF-Karten für das darauffolgende Jahr zu erstellen. Die mit dieser Analyse gewonnenen Daten sind dann stets aktuell. Für die Auflagen- und Verbreitungs-Analyse (AMF-Karte 2, Ziffer 17 und 18) versteht sich die jährliche Neuerstellung eigentlich von selbst.

Die Kurzfassung der Erhebungsmethode umfaßt 11 Punkte. **Jeder Punkt muß ausgewiesen werden.** Nichtzutreffendes ist mit „entfällt“ zu kennzeichnen.

Die Punkte haben Geltung für Struktur-Analysen:
Datei-Analyse/Empfänger-Struktur-Analyse durch Dateiauswertung (Form 1)
Empfänger-Struktur-Analyse durch schriftliche Erhebung (Form 2)
Leser-Struktur-Analyse durch schriftliche Erhebung (Form 3a)
Leser-Struktur-Analyse durch mündliche Erhebung (Form 3b).

(Siehe Beispiele 1–8)

1. **Beschaffenheit der Datei**
2. **Untersuchungsform**
3. **Tag der Auflistung** (bei Total-Erhebungen)
   Tag der Stichproben-Ziehung (bei Stichproben-Erhebungen)
4. **Struktur der Empfängerschaft bei Erhebungsbeginn**
   (d. h. am Tage der Auflistung oder der Stichprobenziehung)
   a) Gesamtzahl der Empfänger in der Datei bei Erhebungsbeginn
   Hinweis: Nicht einbezogen werden die Vertriebsgruppen Einzelverkauf und Werbeexemplare, die beide in der Regel ohnehin nicht in der Vertriebsdatei erfaßt sind.
   b) Struktur und Empfängerschaft einer Ausgabe nach Vertriebsformen bei Erhebungsbeginn
   Hinweis: Diese Zahlen weichen nach Natur der Sache fast immer von den Zahlen der AMF-Karte 2, Ziffer 17 ab. Da die aus der jeweiligen Analyse gewonnenen Daten (Prozentwerte) in den AMF-Karten auf die tatsächlich verbreitete Jahresdurchschnitts-Auflage anteilig in Exemplaren projiziert werden müssen, ist es unter Ziffer 4 der Kurzfassung der Erhebungsmethode unerläßlich, die Abweichungen in detaillierter Form ersichtlich zu machen.
5. **Grundgesamtheit (untersuchter Anteil)**
6. **Beschreibung der Erhebung** – Total- bzw. Stichproben-Erhebung
   Bei schriftlichen und mündlichen Erhebungen auf Stichprobenbasis sind die Ausfälle zu beschreiben. (Hierzu siehe „Fachzeitschriften-Analysen – FZA“ Abschnitt II.3.2)
7. **Zielperson der Untersuchung**
8. **Definition des Lesers**
9. **Schwankungsbreite**
   Die bei Fachzeitschriften-Struktur-Analysen – sofern auf Stichprobenbasis erhoben – für die gesamte Untersuchung anfallende Schwankungsbreite muß gemäß ZAW für den Wert 50 % bei einem Sicherheitsgrad von 90 % angegeben werden. Hierzu siehe auch „Fachzeitschriften-Analysen (FZA), Stand 1985“, Abschnitt II.3 sowie dort und im Anhang enthaltene Tabellen.
10. **Durchführung der Untersuchung**
    Wenn bei der Untersuchung ein Marktforschungs-Institut oder ein Marktforschungs-Berater mitgewirkt hat, sind diese anzugeben. In Kurzfassungen der Erhebungsmethode für die Form 3b muß unbedingt das Marktforschungs-Institut oder das Spezialunternehmen genannt werden, das die Feldarbeit durchgeführt hat.
11. **Zeitraum der Untersuchung**

Beispiele

Nachstehend sind acht Beispiele für Kurzfassungen der Erhebungsmethode abgedruckt:

Beispiele 1 bis 4:
Datei-Analyse/Empfänger-Struktur-Analyse durch Dateiauswertung
1 Total-Erhebung (kein Wechselversand)
2 Stichproben-Erhebung (Wechselversand)
3 Stichproben-Erhebung (kein Wechselversand)
4 Total-Erhebung (Kennziffer-Zeitschrift)

Beispiel 5:
Verbreitungs-Analyse durch Dateiauswertung (speziell für AMF-Karte 2)
5 Total-Erhebung (Wechselversand)

Beispiel 6:
Empfänger-Struktur-Analyse durch schriftliche Erhebung
6 Stichproben-Erhebung (kein Wechselversand)

Beispiele 7 und 8:
Nutzer-(Leser-)Analyse durch schriftliche Erhebung
7 Stichproben-Erhebung (kein Wechselversand)
8 Stichproben-Erhebung (Wechselversand)

Für Form 3b Nutzer-(Leser-)Struktur-Analyse durch mündliche Erhebung und Form 4 Reichweiten-Analyse sind keine Beispiele für Kurzfassungen der Erhebungsmethode dargestellt. (Siehe auch „Fachzeitschriften-Analysen (FZA), Stand 1985".) Für diese beiden Untersuchungsformen wird das Zusammenwirken mit neutralen Marktforschungs-Instituten nachdrücklich empfohlen. In dieses Zusammenwirken einbezogen ist auch die Textierung einer Kurzfassung der Erhebungsmethode für die AMF-Karte 3 und/oder die AMF-Karte 3a. Die vorgegebenen Punkte 1 bis 11 sind bei Leser-Struktur-Analysen durch mündliche Erhebung vollständig, bei Reichweiten-Analysen soweit in Betracht kommend, zu berücksichtigen.

A.M.T.
Abk Arbeitsgemeinschaft mittlerer Tageszeitungen

analytische Statistik
→ Inferenzstatistik

Anforderung
→ Besteller

Annoncen-Expedition (AE)
Ein seit der Umbenennung des „Verbands Deutscher Annoncen-Expeditionen e. V." im Jahr 1934 in „Reichsverband der deutschen Werbungsmittler e. V." nicht mehr gebräuchlicher Begriff für Anzeigenmittler bzw. Werbungsmittler. Die Annoncen-Expeditionen vermittelten im eigenen Namen und auf eigene Rechnung Anzeigenaufträge von Werbungtreibenden an Zeitungs- und Zeitschriftenverlage und erhielten für diese Vermittlung die AE-Provision. Sie sind in dieser Hinsicht Vorläufer der heutigen Werbeagenturen und Werbungsmittler.

Anordnungsverfahren
In der Stichprobenstatistik ein Verfahren der (→) Listenauswahl, bei dem die Elemente einer (→) Grundgesamtheit nach der Größe eines zuvor festgelegten Merkmals angeordnet werden. Die danach gebildeten Anordnungsgruppen können anschließend weiter nach einem oder mehreren Anordnungsmerkmalen innerhalb der zuvor gebildeten Anordnungsgruppen untergliedert werden, bis dann die Auswahleinheiten mit Hilfe eines Verfahrens der (→) systematischen (→) Auswahl gezogen werden können.

ANOVA
Abk analysis of variance
→ Varianzanalyse

Anpassungstest *(Goodness-of-fit-Test)*
In der (→) parametrischen Statistik ein Test zur Feststellung der (→) Signifikanz der Abweichung einer empirischen Verteilung von einer theoretischen Verteilung. Es wird geprüft, ob die empirische Verteilung entweder einer theoretischen Verteilung, meist der (→) Normalverteilung, oder einer Verteilung entspricht, die zu erwarten wäre, wenn eine bestimmte Hypothese zutrifft.
→ Chi-Quadrat-Test

Anschlagplakat
Ein (→) Plakat, das an öffentlichen Plätzen in der (→) Außenwerbung angeschlagen wird.

Anschlagsäule
→ Litfaßsäule

Anschlagstelle
Sammelbezeichnung für die verschiedenen, dem (→) Plakatanschlag dienenden Anschlaggelegenheiten, bei denen im allgemeinen unterschieden wird zwischen (→) Allgemeinstellen, (→) Ganzstellen, (→) Kleintafeln, (→) Großflächen und (→) Spezialstellen.

Anschlagwerbung
Sammelbezeichnung für alle Formen der Außen-, Innen- und Verkehrsmittelwerbung mit Hilfe von (→) Plakatanschlägen.
→ Bogenanschlag

Anschlußauftrag
In der Werbung die Vereinbarung eines (→) Mediavertrags über mehrere (→) Einschaltungen mit dem Ziel, einen höheren Preisnachlaß zu erzielen. Wird der vereinbarte Auftragsumfang nicht erreicht, entsteht für den (→) Werbeträger ein Anspruch auf (→) Rabatt-Rückbelastung.

Anstaltshaushalt
In der Marktstatistik und Marktforschung ein neben den privaten (→) Haushalten bestehender Typ der Haushaltung mit großer Personenzahl und folglich auch mit im Einzelfall großer Nachfrage wie z. B. Krankenhäuser, Klöster, Erziehungsheime, Altersheime, Gefängnisse, Kasernen, Schulen und ähnliche Träger konsumtiven Bedarfs (Großverbraucher). In dem für die (→) Media-Analyse (MA) der (→) Arbeitsgemeinschaft Media-Analyse (AG.MA.) verwendeten (→) ADM-Stichprobensystem werden die in Anstaltshaushalten lebenden Personen außer Acht gelassen.
Als zu einem Anstaltshaushalt gehörend gelten in der MA Personen, die keinen eigenen abgeschlossenen Raum bewohnen und/oder von anderen betreut werden und/oder keine eigenen Mahlzeiten zubereiten und/oder die Gestaltung ihres Tagesablaufs nur begrenzt beeinflussen können. Ein mit seiner Familie in einem Krankenhaus wohnender Arzt oder eine in einem Einzimmer-Appartement im Schwesternwohnheim lebende Diätassistentin gehören also nicht zu dem Anstaltshaushalt, in dem sie tätig sind, wohl aber alle Patienten, auch wenn sie erster Klasse in Einbettzimmern liegen. Entsprechendes gilt für Strafanstalten, Kasernen und Kurheime. Bei Altenheimen sind die Grenzen fließend: Manche Heime sind Zusammenfassungen von Einzelzimmer-Appartements, deren Bewohner lediglich einige Gemeinschaftseinrichtungen wie Schwimmbad, Massage, ärztliche Betreuung in Anspruch nehmen können, in anderen sind die Insassen zwar in Einzelzimmern untergebracht, müssen aber alle anderen lebensnotwendigen Einrichtungen und die Mahlzeiten mit anderen teilen.

Anteile in Prozent
In der (→) Media-Analyse (MA) der (→) Arbeitsgemeinschaft Media-Analyse (AG.MA) wird in den Tabellen "Generalübersicht Bevölkerung" dargestellt, wie groß der Anteil einer Bevölkerungsgruppe an einer anderen Bevölkerungsgruppe ist. Prozentuiert wird auf die Summe der (→) Personen-Gewichte, (→) Gewichtung, der angegebenen (→) Fallzahlen. Jede demographische Gruppe wird einheitlich gleich 100 gesetzt, damit man die Verhältnisse in unterschiedlich großen Gruppen miteinander vergleichen kann.

Antreffbarkeit *(Antreffquote)*
→ Ausfälle; Politz-Simmons-Methode

Antwortausfall *(Antwortausfälle)*
→ Ausfälle, Verweigerungsrate

Antwortquote
→ Rücklaufquote

Anwortverweigerer *(Antwortverweigerung)*
→Ausfälle

Antwortvorgabe
Bei (→) Befragungen die bereits im (→) Fragebogen festgelegten alternativen Antwortkategorien auf (→) geschlossene Fragen, die entweder den Befragten vorgelesen oder auch gedruckt vorgelegt werden, so daß sie nur noch die zutreffende Antwort anzukreuzen oder anzugeben brauchen, oder aber im Fragebogen angegeben sind, so daß es die Aufgabe des Interviewers ist, die konkret gegebenen Antworten in einer der Vorgaben zuzuordnen.

Anzahl
Diese Angabe kommt in der (→) Media-Analyse (MA) der (→) Arbeitsgemeinschaft Media-Analyse (AG.MA) nur vor, um die (→) Leser pro Exemplar (LpE) zu charakterisieren. Es handelt sich also um die Anzahl Personen, die ein Exemplar eines Titels gelesen/durchgeblättert haben.

Anzeige *(Annonce, Inserat)*
Eine öffentliche Ankündigung oder Bekanntmachung, die im Auftrag und im Interesse des Bekanntmachenden und in der Regel auch gegen Bezahlung als Werbebotschaft in einer (meist periodisch erscheinenden) Druckschrift abgedruckt wird. Je nach Inhalt, Zweck und Funktion, Auftraggeber, Plazierung, Gestaltung und Form werden die folgenden Anzeigenarten unterschieden:

I. Anzeigenarten nach Inhalt:
1. Reine Ankündigungsanzeigen (Informations- und Benachrichtigungsinserate in der Terminologie Rudolf Seyfferts): z. B. Ankündigung von Markttagen, öffentliche Bekanntmachungen
2. Prestige- und Repräsentationsanzeigen: z. B. Ankündigungen sozialer Ereignisse wie Hochzeiten, Geburten, Todesfälle
3. Reine Werbeanzeigen (Verkaufs- und Verkaufsanbahnungsinserate nach Rudolf Seyffert): z. B. Waren- und Leistungsangebote, Bezugsinformationen für größere Zielgruppen
4. Kleinanzeigen (Rubrikanzeigen): Werbeangebote oder -anfragen zur Herstellung individueller Beziehungen zwischen Anbietern und Nachfragern: Stellenanzeigen, Verlustanzeigen, Immobilieninserate usw.

II. Anzeigenarten nach Insertionsgegenständen:
1. Einzelhandelsanzeigen
2. Markenartikelanzeigen
3. Investitionsgüter-Anzeigen
4. Dienstleistungsanzeigen

5. Fremdenverkehrsanzeigen
6. politische Anzeigen
7. amtliche Anzeigen
8. Vergnügungsanzeigen
9. Familienanzeigen
10. Kleinanzeigen
11. Stellenanzeigen
12. Verlags-Eigenanzeigen
13. Sonstige

III. Anzeigenarten nach Art der Werber:
1. Lokal- und Regionalanzeigen
2. überregionale und nationale Anzeigen

IV. Anzeigenarten nach Sachgruppen:
1. Rubrikanzeigen
2. Großanzeigen (ohne Rubrizierung)

V. Anzeigenarten nach Werbeträgern:
1. Zeitungsanzeigen
2. Publikumszeitschriftenanzeigen
3. Fachzeitschriften- und Fachzeitungsanzeigen
4. Anzeigen in anderen periodischen Druckschriften (Jahrbüchern usw.)
5. Anzeigen in nichtperiodischen Druckträgern (Katalogen, Büchern usw.)

VI. Anzeigenarten nach dem Werbezweck:
1. Anzeigen mit einem direkten Angebot
2. Anzeigen mit einem indirekten Angebot

VII. Anzeigenarten nach Häufigkeit
1. einmalige Anzeigen
2. Serien- und Erinnerungsanzeigen

VIII. Anzeigenarten nach Erkennbarkeit des Inserenten:
1. offene Anzeigen (mit Nennung des Namens und der Adresse des Inserenten)
2. verdeckte Anzeigen (Kennziffer- oder Chiffre-Anzeige)

IX. Anzeigenarten nach der Gestaltung:
1. reine Textanzeigen
2. reine Bildanzeigen
3. Text-Bild-Anzeigen
4. Bild-Text-Anzeigen
5. Kuponanzeigen

X. Anzeigenarten nach der Plazierung im Werbeträger:
1. Anzeigen im Anzeigenteil
   a) Einzelanzeigen
   b) Kollektivanzeigen
2. Textteilanzeigen
   a) Einzelanzeigen im Textteil (Kuller)
   b) redaktionelle Anzeigen

XI. Anzeigenarten nach graphischer Gestaltung:
1. Satzinserate
2. Klischeesatzinserate
3. Klischeeinserate

XII. Anzeigenarten nach Drucktechniken:
1. Hi-Fi-Anzeigen
2. ROP-Color-Anzeigen
3. Insetting-Anzeigen
4. Panorama-Anzeigen
5. Prospektanzeigen
6. Inserts
7. ausschlagbare Anzeigen
8. Schattendruckanzeigen
9. beschallte Anzeigen
10. Teilbelegungs- und Splittinganzeigen
11. angeschnittene Anzeigen
12. nichtangeschnittene Anzeigen

XIII. Anzeigenarten nach Formaten:
1. Anzeigenformate im Satzspiegel
2. Anzeigenformate im Bunddurchdruck
3. Anzeigenformate im Anschnitt

XIV. Anzeigenarten nach Berechnungsart:
1. nach Seitenteilen berechnete Anzeigen
2. nach Grundzeilen berechnete Anzeigen
3. nach Buchstaben oder Anschlägen berechnete Anzeigen (Kleinanzeigen)

XV. Anzeigenarten nach Farbigkeit:
1. Schwarz-Weiß-Anzeige
2. Zwei-Farben-Anzeige
3. Drei-Farben-Anzeige
4. Vier-Farben-Anzeige

Anzeigenabruf
Derjenige Teil eines (→) Mediavertrags, durch den der Tag des Erscheinens einer Anzeige festgelegt wird.

Anzeigenabteilung
Die mit der Akquisition von Anzeigenaufträgen befaßte Abteilung eines Zeitungs- oder Zeitschriftenverlags.

Anzeigenagentur
→ Annoncenexpedition, Streuagentur

Anzeigenakquisiteur
Ein angestellter oder auch auf Provisionsbasis arbeitender freiberuflicher Mitarbeiter einer (→) Anzeigenabteilung, dessen Aufgabe die Akquisition von Anzeigenaufträgen für den ihn beschäftigenden Zeitungs- oder Zeitschriftenverlag ist.

Anzeigenanalyse
→ Emnid Faktorielle Anzeigenanalyse (EFA)

Anzeigenarten
→ Anzeigen

Anzeigenauftrag
Das Angebot eines Werbungtreibenden an einen Verlag zum Abschluß eines (→) Media-Vertrags über die Veröffentlichung und ggf. auch Plazierung von Anzeigen.

Anzeigenbeachtung
Eine der zentralen Fragen der (→) Leserschaftsforschung bzw. der (→) Mediaforschung im allgemeinen ist die nach dem Zusammenhang zwischen der Intensität des (→) Lesens bzw. allgemein der (→) Nutzungsintensität auf der einen und der Aufmerksamkeit, die einer (→) Anzeige bzw. einem (→) Werbemittel entgegengebracht wird. Ganz allgemein ist durch

zahlreiche Studien gesichert, daß mit höherer Intensität des Lesens ebenso wie mit höherer (→) Leser-Blatt-Bindung eine höhere Anzeigenbeachtung verknüpft ist. Bereits eine 1966 im Auftrag der Heinrich Bauer Stiftung durchgeführte Untersuchung, „Die Affizierbarkeit verschiedener Kategorien von Zeitschriftenlesern durch Anzeigen" sowie die Studie (→) Love Story von „Das Beste" aus dem Jahr 1972 und eine weitere Studie der Heinrich Bauer Stiftung über (→) „Heftnutzung und Anzeigenbeachtung und die Faktoren, die sie beeinflussen" von 1971 ergaben als Faustformel den Befund, daß bei Personen mit hoher Leser-Blatt-Bindung eine um rund 20 % höhere Beachtungschance für eine Anzeige besteht. Für den Nachweis des Zusammenhangs werden vor allem zwei Verfahren, der (→) Impact-Test und der (→) Starch-Test verwendet. Auch im Zusammenhang der Ermittlung von (→) Zuwendung geht es u. a. um die Frage, in welchem Umfang eine (→) Korrelation zwischen hoher Zuwendung und Anzeigenbeachtung besteht.
Zur Überprüfung der Hypothese, daß Leser mit Leser-Blatt-Bindung Anzeigen in der bevorzugten Zeitschrift mehr als Leser ohne Präferenz für diese Zeitschrift nutzen, wurden im Rahmen der „Love-Story"-Untersuchung die Anzeigenbeachtungswerte für je 10 typische Anzeigen in fünf Testzeitschriften ermittelt. Zusätzlich wurde gewährleistet, daß sich die Anzeigen hinsichtlich Branche, Format, Farbe und Gestaltung zwischen den Testzeitschriften vergleichen lassen. Um sicher zu gehen, daß die Ergebnisse nicht durch das Anzeigentestverfahren verfälscht werden, wurden die Tests zu den Fragen der Anzeigennutzung mit allen gebräuchlichen Testverfahren parallel durchgeführt. Die folgenden Erkenntnisse können daher als weitestgehend abgesichert gelten.

Anzeigennutzung

	Leser ohne LBB-Index	Alle Leser	Leser mit LBB-Index
Impact	91	100	123
Doppelseitenkontakt „gründlich"	89	100	121
Starch „Marke/Firma beachtet"	93	100	115
Durchschnitt	91	100	120

Wie die Abbildung zeigt, besteht tatsächlich ein beachtlicher Unterschied in der Beachtung von Anzeigen zwischen den Lesern allgemein, den Lesern mit Leser-Blatt-Bindung sowie jenen Lesern ohne Bindung an eine Zeitschrift. Alle drei Testverfahren nennen gleichermaßen für die Leser mit Leser-Blatt-Bindung eine wesentlich höhere generelle Beachtung und Nutzung von Anzeigen:

Durchschnittswerte Anzeigenbeachtung aus allen Testheften und Testanzeigen	N = 1114	LBB-Index	
	Alle Leser %	Leser ohne LBB-Index %	Leser mit LBB-Index %
Impact	22	20	27
Proved Impact	10	8	14
Doppelseitenkontakt			
gründlich	28	25	34
flüchtig	27	26	29
aufgeschlagen	24	25	21
nicht aufgeschlagen	20	23	15
Starch-Werte			
Anzeige beachtet	29	27	34
Marke/Firma beachtet	27	25	31
Text mehr als zur Hälfte gelesen	14	12	18
Äußere Gestaltung			
Sehr gut	9	7	13
Gut	30	29	32
Befriedigend	30	30	29
Ausreichend	16	16	15
Mangelhaft/Ungenügend	8	8	8
Überzeugungskraft			
Sehr gut	8	6	12
Gut	28	27	31
Befriedigend	30	31	28
Ausreichend	17	18	15
Mangelhaft/Ungenügend	10	10	10

Definition: LBB-Index bedeutet mindestens je eine starke Ausprägung auf Einflußfaktor I (Frequenz und/oder Bezugsart) sowie Einflußfaktor II (Übereinstimmung und/oder Informations-/Bildungswert).

Anzeigenbeachtung ist auch eines der zentralen Untersuchungsanliegen aller Bemühungen um Definition von (→) Kontaktqualität. Relevanz für das Maß an Anzeigenbeachtung haben auch die (→) Zuständigkeit einer Zeitschrift bzw. Zeitschriftengattung und das (→) redaktionelle Umfeld einer Anzeige.

Eine 1979 durchgeführte Untersuchung der (→) Regionalpresse, Arbeitsgemeinschaft regionaler Abonnement-Zeitungen, über „Die Beachtung von Anzeigen in regionalen Abonnementzeitungen, Zusammenfassung aller Ergebnisse von 227 Anzeigen-Copy-Tests" ergab, daß Anzeigen in Tageszeitungen im Vergleich zu Zeitschriftenanzeigen eine besonders hohe Beachtung finden, daß dabei Einzelhandelsanzeigen die höchste Beachtung finden (von 46 % aller Leser in dieser Untersuchung), gefolgt von Markenartikelanzeigen und Partnerschaftsanzeigen. Ein Zusammenhang zwischen der (→) Plazierung einer Anzeige entweder auf der rechten oder der linken Seite einer Zeitung und ihrer Beachtung wurde auch in dieser Untersuchung nicht gefunden. Auch für die Annahme, daß „allein unter Text" plazierte Anzeigen höhere Beachtungswerte erzielen, erbrachte diese Untersuchung keine Bestätigung. Dasselbe gilt für die redaktionellen Umfeldsparten, (→) redaktionelles Umfeld, bei denen sich für die Anzeigenbeachtung keine signifikanten Unterschiede ergaben. Farbanzeigen erzielen eine etwas höhere Beachtung als Schwarz-weiß-Anzeigen. Für den Zusammenhang zwischen (→) Anzeigengröße und Anzeigenbeachtung gelten keine allgemeinen Gesetzmäßigkeiten (auch kleine Anzeigen können hohe Beachtung erzielen) ebenso wenig wie für den Zusammenhang zwischen Anzeigengestaltung und Beachtung.

Anzeigenbeachtung
in Abhängigkeit von Format und Farbe

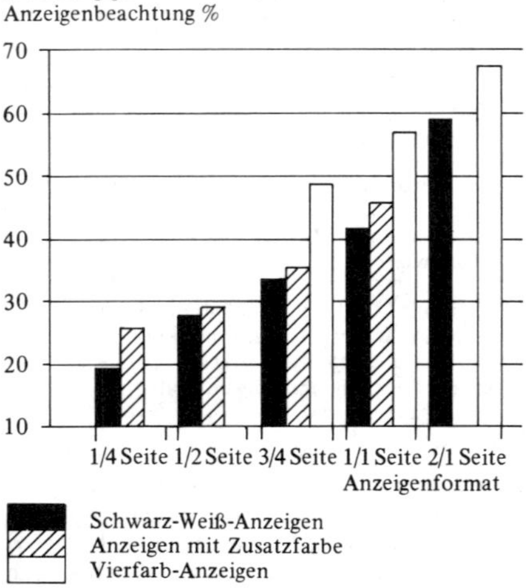

Quelle: Anzeigenkompaß, Infratest 1969. Gesamtauswertung eines Jahrgangs von Copytests mit ca. 8000 Anzeigen

Anzeigenbeleg
Die Kopie einer Anzeige, die der Verlag des Werbeträgers, in dem sie erschienen ist, dem Werbungtreibenden oder der ihn vertretenden Werbeagentur als Beleg für die Richtigkeit und vereinbarungsgemäße Veröffentlichung der Anzeige zustellt.

Anzeigenbelegungseinheit
→ Auflagenmeldung

Anzeigenblatt
Eine kostenlos verteilte, periodisch erscheinende, zeitungs- oder zeitschriftenähnlich aufgemachte, ausschließlich durch Anzeigenwerbung finanzierte Druckschrift mit einer Erscheinungshäufigkeit von mindestens 12mal im Jahr. Typischerweise handelt es sich um lokale Publikationen, die dem örtlichen Einzelhandel, dem Handwerk und Privatinteressenten als (→) Werbeträger dienen, durch Boten als Wurfsendungen verteilt werden und im redaktionellen Teil nahezu ausschließlich kommunale Informationen verbreiten. Wegen dieser Eigenschaften gelten Anzeigenblätter nach einer allerdings nicht ganz unumstrittenen Rechtsprechung in rechtlicher Hinsicht nicht als (→) Zeitungen bzw. Presseerzeugnisse. Nach einem Urteil des Schleswig-Holsteinischen Oberlandesgerichts vom 21. Januar 1986 (Az: 6 U 52–53/85) fehlt Anzeigenblättern die „für den Begriff ‚Zeitung' erforderliche tagebuchartige Berichterstattung". Der redaktionelle Teil sei nur ein Mittel, „um den Leser zum Lesen der Anzeigen zu veranlassen". Es gehe dabei nicht um die Information.
Dem steht ein Urteil des Bundesgerichthofs entgegen, demzufolge ein Anzeigenblatt als Presseerzeugnis zu werten ist (BGH NJW 72, NJW 56 Freiburger Wochenbericht, NJW 69 Stuttgarter Wochenbericht I, NJW 71 Stuttgarter Wochenbericht II). Danach gehören die Anzeigenblätter zur grundgesätzlich geschützten Presse. Weitere Urteile, in denen das Anzeigenblatt als Zeitung gewertet wird: LG Freiburg vom 6.6.69, BKA Berlin vom Feburar 78, LG Bonn vom 29.5.79, OLG Hamm vom 15.11.79 und LG Osnabrück vom 23.5.84.
Anzeigenblätter werden zwar kostenlos verteilt, nehmen jedoch (→) Anzeigen nur gegen Entgelt auf und haben einen wie immer auch zu bewertenden redaktionellen Teil. Im Durchschnitt aller Anzeigenblätter macht der redaktionelle Teil ungefähr 30 Prozent des Umfangs aus. Darin unterscheiden sie sich von (→) Offertenblättern, die ausschließlich Anzeigen enthalten.
Die Erscheinungsweise der Anzeigenblätter ist

überwiegend wöchentlich. Sie haben als Werbeträger eine lang zurückreichende Geschichte: Ihr Gründer war Thêophraste Renaudot mit den „Feuilles d'avis du bureau d'adresses", der 1633 in Frankreich das erste Anzeigenblatt herausbrachte. Im 18. Jahrhundert waren Anzeigenblätter weit verbreitet. 1727 hatte Friedrich Wilhelm I. in Preußen ein staatliches Anzeigenmonopol verfügt. Anzeigen konnten nur oder mußten wenigstens zuerst in den sogenannten „Intelligenzblättern", die der obrigkeitlichen Propaganda dienten, veröffentlicht werden. Mit dem Ende des Anzeigenmonopols 1850 entwickelte sich aus den Intelligenzblättern der anzeigenbetonte Typ des (→) Generalanzeigers, der bis zum Ersten Weltkrieg eine Blüte erlebte. 1934 wurde es den meisten Anzeigenblättern verboten, Fremdanzeigen zu veröffentlichen, und sie durften nicht mehr gratis verteilt werden, sondern mußten einen Bezugspreis erheben. Erst in den 1950er Jahren etablierten sich die Anzeigenblätter in Deutschland neu. 1960 gründeten sechs Anzeigenblattverleger den Verlegerverband Deutscher Anzeigenblätter. Nachdem die Werbung von Anzeigenblättern mit ihren Auflagenzahlen lange Zeit wegen der Unsicherheit der Zustellung und ihrer Kostenfreiheit für den Bezieher umstritten war, waren seit Anfang der 1980er Jahre bei der (→) Informationsgemeinschaft zur Überprüfung der Verbreitung von Werbeträgern e.V. (IVW) Bestrebungen im Gange, auch die Auflagenziffern von Anzeigen zu überprüfen. Diese Bemühungen sind gescheitert. Mitte 1984 haben der (→) Bundesverband Deutscher Zeitungsverleger (BDZV) durch seine (→) Arbeitsgemeinschaft Anzeigenblätter der Zeitungen (AdZ) und der (→) Verleger-Verband Deutscher Anzeigenblätter (VVDA) eine Auflagenkontrolle für Anzeigenblätter installiert.

Das verabschiedete Modell sieht eine Kontrolle der Auflagen durch von den Verbänden benannte Wirtschaftsprüfer vor. Die hierfür erarbeiteten einheitlichen Richtlinien (siehe unten) berücksichtigen die anzeigenblattspezifischen Gegebenheiten; sie orientieren sich an den dieser kostenlos verteilten Mediengattung eigenen Kontrollmöglichkeiten. So werden neben der (→) Druckauflage die zur Verteilung abgegebenen Exemplare durch Prüfung der entsprechenden verlagsinternen Unterlagen festgestellt. Dieses Konzept stellt zugleich sicher, daß die Unterschiede zu geprüften Auflagen von verkauften Printmedien berücksichtigt werden.

Die beiden Organisationen hatten sich auf dieses gemeinsame Vorgehen geeinigt, nachdem trotz jahrelanger Gespräche im (→) Zentralausschuß der Werbewirtschaft (ZAW) keine tragfähige Lösung gefunden werden konnte. Während der BDZV im Interesse der Zeitungen einer Einbeziehung von Anzeigenblättern in die IVW nicht zustimmen konnte, wohl aber eine Anzeigenblattkontrolle unter dem Dach des ZAW vorschlug, forderten andere am ZAW beteiligte Verbände die IVW-Lösung. Dem VVDA ging es letztlich darum, eine Auflagenprüfung überhaupt zu etablieren.

Die Richtlinien haben den folgenden Wortlaut:

Richtlinien über die Auflagenmeldung, die Auflagenprüfung und die Veröffentlichung von geprüften Auflagenzahlen von Anzeigenblättern

I. Ziel und Teilnahmevoraussetzungen

Ziel der Auflagenprüfung

1. Ziel der Auflagenprüfung von Anzeigenblättern ist die Feststellung über die Richtigkeit und Vollständigkeit der Auflagenhöhe und der Erscheinungsweise zu dem Zweck, diese Informationen der Werbewirtschaft zugänglich zu machen.

   Teilnahmevoraussetzungen

2. Mitgliedsverlage des VVDA sind per Satzung verpflichtet, an der Auflagenprüfung teilzunehmen. Die Verlage des BDZV sind in ihrer Entscheidung hierüber frei. Darüber hinaus gelten für die Teilnahme folgende Voraussetzungen:

Vertragliche Voraussetzungen

3. Der Anzeigenblattverlag verpflichtet sich gegenüber der prüfenden Gesellschaft, dieser gemäß diesen Richtlinien und einem zusätzlich abzuschließenden Vertrag, spätestens binnen zwei Wochen nach Ablauf eines jeden Quartals die Auflagenhöhe pro Anzeigenblatt gemäß den beigefügten Meldebogen bekanntzugeben.
   Eine Kopie der Auflagenmeldung ist direkt an den jeweils zuständigen Verband (bei Doppelmitgliedschaften an beide Verbände) zu senden.
4. Mit diesem, zwischen Anzeigenblattverlag und prüfender Gesellschaft abgeschlossenen Vertrag ist der von den Verbänden benannte Wirtschaftsprüfer beauftragt, die Auflagenmeldungen einmal innerhalb eines Kalenderjahres nach den jeweils gültigen Prüfungsrichtlinien zu prüfen.
5. Die Richtlinien über die Auflagenmeldung, die Auflagenprüfung und die Veröffentlichung von geprüften Auflagenzahlen werden gemäß den praktischen Erfordernissen einvernehmlich zwischen BDZV, VVDA und den Prüfungsgesellschaften nötigenfalls modifiziert.
   Der Anzeigenblattverlag erkennt die jeweils gültige Fassung der Richtlinien als Grundlage für die Teilnahme an dem Prüfverfahren an.

Verlagsspezifische Voraussetzungen

6. Der Verlag des Anzeigenblattes muß eine der folgenden Voraussetzungen erfüllen:
   a) er ist ein Zeitungsverlag und als solcher Mitglied in einem BDZV-Landesverband
   b) er ist direkt oder indirekt Tochter- oder Beteiligungsunternehmen eines Zeitungsverlages, der Mitglied in einem BDZV-Landesverband ist

c) er ist ein Gemeinschaftsunternehmen mehrerer Zeitungsverlage, von denen mindestens einer Mitglied eines BDZV-Landesverbandes ist
d) er ist Mitglied des VVDA.

7. In begründeten Ausnahmefällen reicht es aus, wenn er die Voraussetzungen für eine solche Mitgliedschaft erfüllt. Die Entscheidung hierüber trifft der gemäß gesonderter Vereinbarung gebildete Beirat.

Anzeigenblattspezifische Voraussetzungen

8. Das zu prüfende Anzeigenblatt muß regelmäßig, d. h. mindestens einmal monatlich in dem in seiner Preisliste festgelegten Verbreitungsgebiet erscheinen.

II. Auflagenmeldung

Meldeform

9. Die Meldung der einzelnen Anzeigenblattverlage erfolgt pro Anzeigenblatt-Titel und hierfür in der Preisliste ausgewiesene Teilbelegungseinheit(en) gemäß dem diesen Richtlinien beigefügtem Meldeformblatt nach Druckauflage und zur Verteilung abgegebener Auflage. Dem Meldeformblatt und den für die Verbände bestimmten Kopien ist die jeweils gültige Preisliste beizufügen.
10. Das Meldeformular ist rechtsverbindlich zu unterzeichnen.
11. Auf dem Meldeformblatt sind Plausibilitätsangaben zu machen, wie z. B. Zustellerlöhne pro Anzeigenblatt, Stückzahlen pro Verteilungsbezirk und Zustellerlöhne (DM) pro Verteilungsbezirk und der Erscheinungsweise des Anzeigenblattes. Das Verteilungsgebiet ist zu beschreiben.
12. Anzeigenblätter, die an zwei Tagen in der Woche erscheinen, werden wie zwei Titel behandelt.
13. Melde- und Berichtszeitraum ist jeweils ein Quartal. Zu melden sind Durchschnittszahlen für das jeweilige Berichtsquartal.
Wird ein Anzeigenblatt an zwei aufeinanderfolgenden Tagen verteilt und sind diese Tage jeweils der letzte bzw. der erste Tag eines Quartals, so ist die am ersten Tag des neuen Quartals verteilte Auflage dem Meldequartal zuzurechnen.
14. Soweit aus besonderen Anlässen einzelne Ausgaben von Anzeigenblättern mit einer erhöhten Auflage erscheinen, dürfen diese nicht in die Durchschnittsberechnungen einbezogen und auch nicht gemeldet werden. Hierunter sind z. B. zusätzlich zur Verteilung vorgesehene Exemplare anläßlich lokaler Einzelhandelsveranstaltungen oder Ausstellungen zu verstehen. Dies gilt auch für Sonderausgaben (z. B. Schlußverkaufsausgaben), soweit sie zusätzlich erscheinen.

III. Begriffsbestimmungen

Quartalsdurchschnitt

15. Der unter Tz13 erwähnte Quartalsdurchschnitt wird ermittelt durch die Addition sämtlicher, während eines Quartals erschienener (zur Verteilung abgegebener) Exemplare, dividiert durch die Erscheinungstage.

Druckauflage

16. Die Druckauflage definiert sich als die Summe der vom Verlag übernommenen Exemplare.

Zur Verteilung abgegebene Auflage

17. Die zur Verteilung abgegebene Auflage definiert sich als die Summe der von Trägern, Zustellerorganisationen oder ggf. durch die Post an die Haushalte und sonstige regelmäßige Empfänger abgegebenen Exemplare.

Teilbelegungseinheiten

18. Werden neben der Gesamtausgabe eines Titels auch Teilbelegungseinheiten in der geltenden Anzeigenpreisliste des Verlages ausgewiesen, so sind für diese zusätzlich gesonderte Auflagenmeldungen zu erstatten.

IV. Auflagenprüfung

Allgemeines

19. Ziel der bei den Verlagen durchzuführenden Auflagenprüfungen ist, festzustellen, ob die jeweils erstatteten Meldungen vollständig und richtig sind.
Die an der Auflagenkontrolle beteiligten Verlage haben für die Prüfung sämtliche Unterlagen und Aufzeichnungen zur Verfügung zu stellen, aus denen die gemeldeten Zahlen ausreichend und zeitgerecht nachvollzogen werden können.
Im Interesse einer raschen, problemlosen und kostengünstigen Prüfung sind die Unterlagen getrennt nach den einzelnen Anzeigenblättern und Teilbelegungseinheiten zu ordnen und aufzubewahren, so daß deren getrennte Auflagenprüfung möglich ist.
Die den Verlagen überlassenen Prüfbögen sind von dem Verlag vor der Prüfung auszufüllen.

Gegenstand und Technik der Prüfung

20. Eine Kontrolle der gemeldeten Auflagen ist in vier Teilbereichen möglich. Mindestens zwei Teilbereiche müssen jeweils Gegenstand der Prüfung eines Anzeigenblattes sein, um eine Gegenkontrolle zu ermöglichen.

Prüfung der Trägerabrechnung

21. Voraussetzung für die Prüfung der Auflage ist die Kontrolle der Trägerabrechnungen. Hierzu ist nachzuweisen, daß der Träger eine bestimmte Anzahl Exemplare erhalten hat und für deren Verteilung bezahlt worden ist.
Die Vereinbarungen des Verlages mit den jeweiligen Trägern der Anzeigenblätter sind vorzulegen.
22. Im Falle einer Verteilung der Anzeigenblätter durch eine fremde Zustellerorganisation, hat der Verlag deren Rechnung vorzulegen und die Bezahlung nachzuweisen.
Er hat den Fremdverteiler zu verpflichten, die Rechnung mit folgenden Angaben zu versehen:
a) Titel des verteilten Anzeigenblattes
b) verteilte Auflage
c) Zeitpunkt der Verteilung
d) Verteilungsgebiet

Prüfung des Papierverbrauchs

23. Zur Prüfung des Papierverbrauchs ist die Rechnung der Druckerei oder der vom Schichtführer abgezeichnete Druckbericht vorzulegen. Rechnung oder Druckbericht müssen folgende prüfungsrelevante Angaben enthalten:
a) Titel des Anzeigenblattes
b) Umfang
c) gedruckte Auflage ohne Makulatur

d) Papierverbrauch
e) Grammgewicht des verdruckten Papiers
Diese Angaben müssen belegt werden.

24. Das Gewicht eines Exemplares, multipliziert mit der gedruckten Auflage, ergibt das verbrauchte Papier und somit eine grobe Berechnung der Auflage.
Bei Prüfung des Papierverbrauchs werden die Gewichtsverluste seit Druck berücksichtigt.

Prüfung der Ladelisten

25. Gegenstand der Prüfung sind die Lade- bzw. Stücklisten je Ausgabe. Die Summe der aus ihnen ersichtlichen Stückzahlen ergibt die zur Verteilung abgegebene Auflage je Erscheinungstag.

Interne und externe Leistungsabrechnungen

26. Sofern Druck und/oder Transport und/oder Verteilung von Fremdfirmen oder rechtlich selbständigen Tochter- oder Beteiligungsunternehmen vorgenommen werden, sind deren Rechnungen vorzulegen und ihre Bezahlung bzw. ordnungsgemäße Verbuchung nachzuweisen.
Werden vorgenannte Leistungen im eigenen Unternehmen erbracht, sind die entsprechenden internen Leistungsabrechnungen bzw. -nachweise vorzulegen.

Prüfungspflicht

27. Der teilnehmende Verlag verpflichtet sich, sämtliche gemäß diesen Richtlinien erforderlichen Unterlagen dem Prüfer zur Verfügung zu stellen und diesem uneingeschränkt Einsichtnahme zu gewähren.
Außerdem sind dem Prüfer die notwendigen Auskünfte zu erteilen, soweit sie für die Beurteilung der gemeldeten Auflagenzahlen von Bedeutung sind.
Der Prüfer hat nach pflichtgemäßem Ermessen den verlagsspezifischen Gegebenheiten in angemessener Weise Rechnung zu tragen.
28. Die Prüfung erfolgt in den Geschäftsräumen des Verlages.
Gibt ein Verlag – ggf. über Tochtergesellschaften – mehrere Anzeigenblätter heraus, so sollen die jeweiligen Unterlagen zentral zur Prüfung vorgelegt werden. Den Ort der Prüfung bestimmt in diesem Fall der Verlag.
29. Die Auflagenmeldungen werden einmal jährlich geprüft.
30. Der Prüfungstermin wird den Verlagen kurzfristig angezeigt.

Prüfungsergebnisse

31. Der Prüfer hat von dem Ergebnis jeder Prüfung an den Verlag und den jeweiligen Verband Bericht zu erstatten.
Stimmen die Angaben des Verlages mit den Ergebnissen der Prüfung überein, wird die Ordnungsmäßigkeit wie folgt bestätigt:
„Die gemeldeten Auflagen entsprechen nach unserer pflichtgemäßen Prüfung den Richtlinien von BDZV und VVDA über die Auflagenmeldung und die Auflagenprüfung von Anzeigenblättern."
32. Sind die Abweichungen zwischen Prüfungsfeststellungen und gemeldeten Auflagen festgestellt worden und werden diese festgestellten Abweichungen vom Verlag anerkannt, so wird der Prüfungsvermerk ebenfalls uneingeschränkt für die vom Prüfer festgestellten Zahlen erteilt.
Feststellungen über Abweichungen zu den gemeldeten Auflagen werden in den Prüfbögen entsprechend festgehalten.
33. Der Verlag hat die Feststellung des Prüfers durch Gegenzeichnung des Prüfungsberichts durch rechtsverbindliche Unterschrift zu bestätigen. Mit dieser Unterschrift wird gleichzeitig die Vollständigkeit und Richtigkeit der vorgelegten Unterlagen bestätigt.
34. Sollte sich bei der Prüfung herausstellen, daß sich eine Abweichung zwischen der gemeldeten Auflage und dem Ergebnis der Prüfung ergibt und sollte der Verlag die vom Prüfer festgestellten Zahlen nicht akzeptieren, wird der Prüfungsvermerk nicht erteilt. Die Differenzen sind im Prüfungsbericht aufzuzeigen und zu begründen. Der Vorgang ist der jeweils zuständigen Verbandsgeschäftsstelle zuzuleiten, die im Benehmen mit dem Verlag und unter Berücksichtigung der besonderen Pflichten des Wirtschaftsprüfers eine Klärung herbeiführen soll. Ist dies nicht möglich, entscheidet der Beirat.
35. Bei Nichtvorliegen der Ordnungsmäßigkeit wegen unvollständiger oder mangelhafter Unterlagen oder wegen nicht zu klärender Differenzen muß der Wirtschaftsprüfer die Prüfung abbrechen und dem Mitgliedsverlag den Prüfungsvermerk verweigern.
Im Fall der Verweigerung des Prüfungsvermerks ist der Verlag verpflichtet, sich in zeitlich angemessenem Abstand einer oder mehrerer Nachprüfungen zu unterziehen. Die Kosten hierfür trägt der Verlag.
Die Gebührenvereinbarung setzt voraus, daß der Verlag alle nach diesen Richtlinien erforderlichen Unterlagen so aufbereitet und vorlegt, daß eine problemlose Prüfung möglich ist.

V. Veröffentlichung von geprüften Auflagenzahlen und ihre Verwendung in der Eigenwerbung der Verlage

36. BDZV und VVDA geben gemeinsam eine Liste der ihnen angeschlossenen Anzeigenblätter heraus. Diese Liste steht auf Anforderung jedem Interessenten zur Verfügung. Die Liste enthält u. a. Auflagenzahlen.
37. Die prüfende Gesellschaft wird den jeweils zuständigen Verband durch Übersendung einer Kopie des Prüfberichtes von dem Ergebnis jeder Prüfung unterrichten.
Bei Doppelmitgliedschaften gilt dies für beide Verbände, es sei denn, daß der Verlag ausdrücklich eine andere Regelung wünscht.
38. Der Verlag erklärt sich damit einverstanden, daß die festgestellte Auflagenhöhe des geprüften Anzeigenblattes in der gemeinsamen Auflagenliste mit einem Vermerk gem. Tz43 veröffentlicht wird.
Die dem BDZV angeschlossenen Verlage sind berechtigt, die Weitergabe der Prüfberichte sowie die Ausweisung des Titels in der Auflagenliste zu untersagen.
Davon unberührt bleibt jedoch das Recht des Wirtschaftsprüfers, dem BDZV diejenigen Anzeigen-

blätter mitzuteilen, die einen Auftrag zur Prüfung ihrer Auflage erteilen.

39. Prüfungsgesellschaften und Verbände verpflichten sich zur Geheimhaltung aller in den Prüfungsberichten enthaltenen Daten mit Ausnahme der Auflagenhöhe.
40. Die an der Auflagenkontrolle teilnehmenden Verlage sind verpflichtet, die geprüften und testierten Auflagenzahlen unbeschadet weiterer Verwendungsmöglichkeiten in ihrer Eigenwerbung, unter Berücksichtigung von Tz42 im Impressum zu nennen.
41. Bei der Werbung mit geprüften und testierten Auflagenzahlen sind die Verlage berechtigt, das einheitliche Prüfsiegel zu führen.

Werbung mit Auflagenzahlen

42. Die Werbung mit geprüften Auflagenzahlen muß folgende Kriterien berücksichtigen
    a) Zusatz
    „Auflagenkontrolle durch Wirtschaftsprüfer nach den Richtlinien von BDZV und VVDA"
    b) Angabe der Auflagenkategorie
    c) Angabe des Quartals
    (es ist die Auflage des jeweils letzten abgeschlossenen Quartals zu verwenden)
    d) Angabe der Ausgabe, auf die sich die Auflage bezieht (z. B. Gesamtausgabe, Ausgabe X usw.)

Ausweisungsvorschriften

43. In der Auflagenliste werden die Zahlen wie folgt bezeichnet:
    a) Titel, deren Auflagen von den verbandsseitig benannten Wirtschaftsprüfern nach diesen Richtlinien geprüft werden, erhalten den Vermerk „Auflagenkontrolle".
    b) Alle sonstigen von den Verlagen gemeldeten, aber nicht nach diesen Richtlinien und nicht von den durch die Verbände benannten Prüfungsgesellschaften geprüften Auflagenzahlen erhalten den Vermerk „Verlagsangabe".
    c) Soweit die Auflagenzahl für das aktuelle Meldequartal nicht vorliegt, wird der Vermerk „liegt nicht vor" eingesetzt.

Anzeigenblätter sind heute weithin akzeptierte und intensiv genutzte Werbeträger. Sie sind zu einem vollwertig einsetzbaren Medium, überwiegend in lokalen und regionalen Räumen, geworden. Der Schwerpunkt ihres Werbeaufkommens liegt bei regionalen Inserenten. Sie zeichnen sich durch eine nahezu 100 %ige Haushaltsabdeckung in einer klar definierten Region aus. Durch Anzeigenblätter können Einzugsgebiete des Handels ohne große Fehlstreuung angesprochen werden. In vielen Regionen sind Tageszeitungen mittlerweile nur noch in größeren Belegungseinheiten, und damit für viele Einzelhändler zu unwirtschaftlichen Bedingungen, einsetzbar. In diesen Fällen können Anzeigenblätter eine wirtschaftliche Alternative sein; dasselbe gilt in Bereichen, in denen die Tageszeitungen nur eine unvollständige Marktabdeckung erreichen.

Anzeigenblätter bieten Werbemöglichkeiten, die nicht alle Tageszeitungen in gleicher Form anbieten. Diesen Vorteilen steht allerdings die mangelnde Transparenz gegenüber, die trotz der inzwischen vorliegenden Auflagenkontrolle besteht. Nur wenige Anzeigenblätter verfügen über eigene Leserschaftsuntersuchungen, die Auskunft über ihre Leserschaft und ihre Nutzung geben.

Anfang 1985 wurden mit den von BDZV und VVDA gemeinsam entwickelten Regeln die ersten Anzeigenblattauflagenprüfungen vorgenommen. Die Prüfungen erstrecken sich auf mindestens zwei der folgenden vier Teilbereiche: Trägerabrechnungen, Papierverbrauch, Lade- und Packlisten sowie interne und externe Leistungsabrechnungen.

Zunächst haben die Verlage nach den Melde- und Prüfrichtlinien quartalsweise ihre Durchschnittsauflagen pro Ausgabe zu melden. Dabei müssen alle in der jeweiligen Anzeigenpreisliste als Belegungseinheit angebotenen Ausgaben gemeldet werden. Die Veröffentlichung erfolgt unter Kennzeichnung der Titel, die sich an der Prüfung beteiligen, in den Quartalslisten der beiden Verbände.

Die Prüfungen werden mindestens einmal jährlich von zwei Wirtschaftsprüfungsgesellschaften, aufgegliedert in Nord- und Süddeutschland, durchgeführt, und zwar derzeit für circa 40 Prozent, das sind rund 20 Millionen wöchentliche Auflage, der den beiden Verbänden angeschlossenen Titel.

Langfristige Periodenvergleiche sind in besonderem Maße durch unterschiedliche Erfassungsgrade der jährlichen Erhebungen beeinträchtigt. Eine Gegenüberstellung der Ergebnisse aus den letzten vier Erhebungen für den „Medienbericht '85" der Bundesregierung und eine von der Arbeitsgemeinschaft Anzeigenblätter der Zeitungen (AdZ) entwickelte Fortschreibung (ab 1984) vermittelt folgendes Bild der jüngeren Entwicklung:

	Anzahl der Anzeigenblätter	Auflage des IV. Quartals in Mio. Stck.	Umsatz in Mio. DM
1980	606	36,3	587,44
1981	650	39,6	660,24
1982	654	38,9	692,48
1983	669	40,1	818,46
1984	845	42,5	1 200,00
1985	952	49,3	1 250,00
1986	973	50,4	1 500,00

Anzeigenblätter in der Bundesrepublik Deutschland*)

Landesverband	Anzeigenblätter der Zeitungen (AdZ)			Verleger-Verband Deutscher Anzeigenblätter (VVDA)		
	Anzahl der Titel	davon ADA**)	Auflage	Anzahl der Titel	davon ADA**)	Auflage
Baden-Württemberg	71	5	3 139 778	46	6	2 339 677
Bayern	59	4	2 824 805	84	14	3 202 336
Berlin	6	–	624 000	4	–	230 000
Bremen	2	2	536 950	2	1	340 413
Hamburg	8	1	562 150	10	–	386 054
Hessen	40	6	1 763 014	45	34	2 244 862
Niedersachsen	65	22	2 928 429	26	8	905 546
Nordrhein-Westfalen	143	29	8 247 656	48	4	2 740 842
Rheinland-Pfalz, Saar	26	22	930 240	43	25	1 159 445
Schleswig-Holstein	30	6	1 417 343	12	–	280 720
Bundesrepublik Deutschland gesamt	450	97	22 974 365	320	92	13 829 895

*) Nicht enthalten sind Anzeigenblätter ohne Verbandszugehörigkeit
**) ADA – Auflagenkontrolle der Anzeigenblätter nach gemeinsamen Grundsätzen des BDZV und des VVDA
Quellen: Auflagenlisten der Anzeigenblätter der Zeitungen im Bundesverband Deutscher Zeitungsverleger (BDZV) und des Verlegerverbandes Deutscher Anzeigenblätter (VVDA), jeweils 3. Quartal 1985.

	Gesamt		A d Z	
	Zahl der Titel	Auflage	Zahl der Titel	Auflage
Baden-Württemberg	127	7.141.164	71	3.207.291
Bayern	176	9.444.245	46	2.535.094
Berlin	14	1.565.900	7	712.000
Bremen	10	1.100.316	5	677.270
Hamburg	26	1.374.942	14	690.762
Hessen	96	5.974.866	44	1.889.042
Niedersachsen	123	5.180.469	65	3.099.817
Nordrhein-Westfalen	237	13.002.560	148	8.450.587
Rheinland-Pfalz/Saarland	86	2.387.643	28	955.406
Schleswig-Holstein	66	2.742.674	27	1.288.252
Gesamt	961	49.914.750	455	23.505.495

Anzeigen-Copy-Test
→ Copy-Test

Anzeigen-Foldertest
→ Folder-Test

Anzeigengröße
Einer der für die (→) Anzeigenbeachtung nach zahlreichen Untersuchungen offensichtlich wichtigsten Faktoren der Anzeigengestaltung. Generell ist unumstritten, daß größere (→) Anzeigen größere Aufmerksamkeit finden und größere Werbewirkung erzielen. Lediglich über den genauen Zusammenhang zwischen dem Zuwachs der Größe von Anzeigen und der dadurch erzielten Steigerung von (→) Aufmerksamkeits-, (→) Erinnerungs-, (→) Wiedererkennungs- oder (→) Werbewirkungswerten liegen unterschiedliche Befunde vor. Die meisten stimmen jedoch im wesentlichen darin überein, daß ein stetiger Zusammenhang zwischen Anzeigengröße und Anzeigenbeachtung besteht. Allerdings ist auch eine andere Korrelation unübersehbar: die zwischen großen Anzeigen und großen, bekannten Firmen und Marken, an die man sich leicht erinnert.
Der amerikanische Media- und Werbeforscher Daniel Starch hat den Zusammenhang zwischen Anzeigengröße und Erinnerung untersucht und kam zu der Schlußfolgerung, daß der Anteil (Prozentsatz) derjenigen Personen, die sich an eine ganzseitige Anzeige erinnern können (P_g) aus dem Anteil der Personen, die sich an eine halbseitige Anzeige erinnern können (P_h) mit einer Fehlertoleranz von 0,8 % nach der folgenden Formel (der Starch-Formel) prognostizierbar ist: $P_g = 2\,P_h - 0{,}01\,P\,h^2$.
„Auch diese Starch-Formel zeigt, daß erst bei höheren Prozentsätzen (> 10 %) eine merkliche Abweichung von der linearen Proportionalität auftritt. Das Bild ändert sich jedoch, wenn man kleine Anzeigen so häufig einschaltet, daß der Größenunterschied wieder wettgemacht

Anzeigenblätter nach Druckauflagen*)

Druckauflage bis	Anzeigenblätter der (AdZ)**)	Verleger-Verband Deutscher Anzeigenbl. (VVDA) ***)	zusammen
5 000	4	3	7
10 000	21	19	40
15 000	48	24	72
20 000	42	39	81
30 000	84	58	142
50 000	108	93	201
100 000	95	62	157
200 000	34	17	51
500 000	13	5	18
1 000 000	1	–	1
2 000 000	–	–	–
Zusammen	450	320	770

*) Nicht enthalten sind Anzeigenblätter ohne Verbandszugehörigkeit.
**) Stand Auflagenliste der Anzeigenblätter der Zeitungen BDZV (AdZ) III. Quartal 1985.
***) Stand Auflagenliste des Verleger-Verbandes Deutscher Anzeigenblätter (VVDA) 30. September 1985

wird. Dann nämlich zeigt sich eine deutliche Überlegenheit der kleinen Anzeige, wahrscheinlich aus drei Gründen: erstens vermag sich hier ein Übungseffekt bemerkbar zu machen, zweitens steigt die Betrachtungswahrscheinlichkeit und drittens dürfte sich eine erlebnismäßige Größenunabhängigkeit bemerkbar machen (in der Gestaltpsychologie als Größenkonstanz bezeichnet)." (Hans-Joachim Hoffmann)

Anzeigenkompaß
Ein nach dem Muster des (→) Starch-Tests von Infratest, München, entwickeltes (→) Originalheftverfahren der (→) Leserschafts- und Werbewirkungsforschung, das in den 1960er Jahren in der Bundesrepublik als eine standardisierte Serie von (→) Copytests zur regelmäßigen Messung der (→) Anzeigenbeachtung in wichtigen (→) Publikumszeitschriften verwendet wurde. Dabei wurde durch (→) Befragung von meist 200 Versuchspersonen ermittelt, ob sie

- o eine einzelne Anzeige gesehen hatten (Wiedererkennung)
- o den Firmen- oder Markennamen bemerkt hatten (Firmen- oder Markenidentifikation)
- o den Text teilweise oder ganz gelesen hatten (Ausmaß der Textlektüre).

vgl. Argus, Impact-Test

Anzeigenkontakt
→ Kontakt, Werbemittelkontakt

Anzeigenkontaktchancen
→ Kontaktchancen, Werbemittelkontaktchance

Anzeigen-Kontakt-Chancen
Eine im Jahr 1969 im Auftrag der Zeitschrift „Hörzu" des Axel Springer Verlags von Infratest, München, durchgeführte Studie, deren Ziel es war, verläßliche und quantitativ exakte Kontaktwerte für Anzeigenseiten zu ermitteln. Sie fußte auf Forschungsansätzen früherer „Hörzu"-Untersuchungen über den (→) Doppelseiten-Kontakt und die (→) Nutzungsintensität und basierte auf insgesamt 36 257 Kontaktbefragungen in der Gesamtbevölkerung, aus denen 25 600 (→) Copy-Test-Interviews mit (→) „gestrigen" bzw. vorgestrigen Lesern von 15 Zeitschriften resultierten.
Der (→) Seitenkontakt ist der zentrale Wert dieser Untersuchung. Er repräsentiert ein wesentliches Kriterium für eine Medienbewertung, da er von den bis dahin verwendeten reinen (→) Werbeträgerkontakten zum (→) Werbemittelkontakt überleitet. Er spiegelt wirklichkeitsnah die Chancen einer Anzeige wider, auf einer Seite eines Heftes einer Zeitschrift mit einer bestimmten Anzahl von (→) Lesern (→) Kontakt zu bekommen.
Im wesentlichen zeigten sich gattungsspezifische Unterschiede, (→) Programm-Zeitschriften und Objekte mit längerem (→) Erscheinungsintervall werden bedeutend häufiger genutzt als beispielsweise aktuelle (→) Illustrierte oder die Mehrzahl der (→) Frauenzeitschriften.

Seitenkontakt für Anzeigenseiten
– Gesamtleserschaft

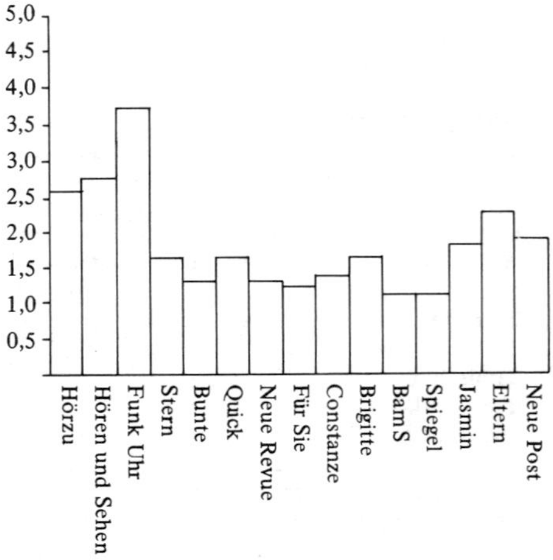

Der Random-Ansatz der Untersuchung gewährleistete die Einbeziehung eines repräsentativen (→) Querschnitts der jeweiligen Leserschaften unter Hinzunahme von (→) Mitlesern. Die Beschränkung der Erhebung auf „gestrige“ bzw. „vorgestrige“ (→) Lesevorgänge reduziert die (→) Erinnerungsfehler der (→) Wiedererkennungs-Methode. Dabei erhält man zunächst die Lesevorgänge an einem durchschnittlichen (→) Lesetag. Um die Frage zu beantworten, wie viele (→) Kontaktchancen eine durchschnittliche Seite einer Zeitschrift während ihres Erscheinungsintervalls hat, war es notwendig, die erhobenen Seitenkontaktwerte mit der Zahl der Lesetage zu multiplizieren, wobei die Zahl der Lesetage einer Sekundärquelle, den Reichweitenerhebungen der (→) Arbeitsgemeinschaft Media-Analyse (AG.MA) entnommen wurde.
Zur Kritik an diesem Untersuchungsansatz schreibt Eva-Maria Hess: „Zum einen läßt sich nicht zuverlässig ausschließen, daß in die Angaben zum ‚gestrigen‘ Lesen auch Lesevorgänge einfließen, die in der gleichen Ausgabe an anderen Tagen stattgefunden haben; zum anderen bestehen Zweifel an der Zuverlässigkeit der Berechnung von Lesetagen aus den AG.MA-Erhebungen. Tatsächlich hat diese Untersuchung sehr hohe Seitenkontaktwerte gebracht. So wird zum Beispiel nach dieser Erhebung eine durchschnittliche Seite in einer aktuellen Illustrierten 1,37 mal aufgeschlagen, in einer Programmzeitschrift sogar 2,65 mal, wobei die Nutzung des Programmteils ausdrücklich ausgeschlossen war. Entsprechende Vergleichswerte aus Copy-Test-Erhebungen bei Erstleserschaften, bezogen auf die Gesamtnutzung des Heftes, bringen Seitenkontaktwerte (Seite mindestens aufgeschlagen), die noch unter 1 liegen. Panelaufzeichnungen über das Leseverhalten führten bei Illustrierten und Programmzeitschriften gleichermaßen zu einem Kontaktfaktor von 0,7 pro Anzeigenseite. Auch in diesem Falle wurde die gesamte Lebensdauer eines Heftes in die Betrachtung einbezogen.“
Obwohl die Untersuchung mit großem Aufwand hergestellt wurde, war es technisch nicht möglich, Ergebnisse für mehr als 15 Zeitschriften zu liefern. Damit unterlag ihre Anwendung natürlich gewissen Beschränkungen. Darüber hinaus wurde auch bald die Unzulänglichkeit der Mediagewichts-Verrechnung erkannt.
Dennoch haben die Befunde dieser Studie ihre generelle Gültigkeit in der Aussage bis heute bewahrt.

Anzeigenplazierung
Die für die (→) Werbewirkung einer (→) Anzeige entscheidende Frage, wo genau innerhalb einer Publikation bzw. auf einer Seite einer Publikation die Anzeige erscheinen soll. Dabei geht es um die Entscheidung, ob eine Anzeige im Anzeigenteil oder im redaktionellen Teil als (→) Textteilanzeige, ob sie auf den vorderen oder den hinteren Seiten einer Publikation, auf der Titelseite oder den Umschlagseiten (U1, U2, U3, U4), in welchem (→) redaktionellen oder/und Anzeigenumfeld (politische Seiten, vermischte Seiten, Lokalteil, Wirtschaftsteil, Feuilleton), ob sie alleine oder zusammen mit anderen Anzeigen stehen soll, ob sie neben Text oder unter Text stehen soll und wo auf der Seite sie die größte Beachtung findet. In der Regel müssen für besondere Plazierungswünsche auch Preisaufschläge bezahlt werden. Besonders hartnäckig hält sich die Theorie, daß bei einer Einteilung von Seiten in vier gleichgroße Viertel die Position „rechts oben“ besonders hohe Aufmerksamkeitswerte erziele. Diese auf ein Experiment von Daniel Starch, das 1923 veröffentlicht wurde, zurückgehende Annahme, ist nicht bestätigt worden.
→ Plazierung

Anzeigen-Posttest
In der Werbeforschung ein (→) Anzeigentest, der nach dem Erscheinen einer Anzeige durchgeführt wird und dementsprechend vorwiegend als quantitative Untersuchung (→) Anzeigenbeachtung, (→) Bekanntheitsgrad, Eindrucksstärke, Sympathiewert, Imageprofil, Markenprägnanz ermittelt.
→ Posttest; *vgl.* Anzeigen-Pretest

Anzeigenpreisliste
Das Verzeichnis der Tarifpreise und der tarifmäßigen Vergünstigungen mit allen für einen Inserenten erforderlichen Angaben für eine Zeitung bzw. Zeitschrift. Entsprechend einer Empfehlung des Fachausschusses für das Anzeigenwesen des (→) Zentralausschusses der Werbewirtschaft (ZAW) soll jede Anzeigenpreisliste diese Informationen enthalten:

1. Die laufende Nummer der Preisliste und den Zeitpunkt ihres Inkrafttretens;
2. allgemeine Geschäftsbedingungen;
3. alle Grundpreise für die Hauptausgabe und die Bezirksausgaben sowie die Angaben der Auflage, auf Grund derer die Preise kalkuliert sind, ferner die ermäßigten Grundpreise;
4. alle Aufschläge und Nachlässe;
5. die Spaltenbreiten und -zahlen, bei Berechnung nach Seiten und Seitenteilen deren Höhen und Breiten;
6. die Höhe und Breite des Satzspiegels;
7. den Inhalt einer Seite in Millimeterzeilen, es sei denn daß ausschließlich nach Seiten und Seitenteilen berechnet wird;

8. den Bruttopreis einer Seite (die Preise für Seitenteile sollen anteilig dem Seitenteil entsprechend festgesetzt werden);
9. die Anzeigenschlußzeit;
10. die Angabe, ob Matern und bis zu welchem Raster Druckstöcke verwendet werden können;
11. den Preis für das Beifügen von je 1000 Beilagen, falls solche angenommen werden, und ob und gegebenenfalls in welcher Höhe im Wiederholungsfalle Nachlaß für Beilagenaufträge gewährt wird;
12. die Zahlungsfrist für den Werbungtreibenden;
13. die etwaigen Nachlässe für vorzeitige Zahlung;
14. Erscheinungsort;
15. Anschrift des Verlages;
16. Anschrift der Anzeigenverwaltung.

→ Preisliste

Anzeigen-Pretest
In der Werbeforschung ein (→) Anzeigentest, der vor Erscheinen einer Anzeige durchgeführt wird und dementsprechend vorwiegend als qualitative Untersuchung zur Entscheidung zwischen mehreren alternativen Entwürfen oder zur Abschätzung der möglichen Werbewirksamkeit alternativer Anzeigen eingesetzt wird.
→ Pretest; *vgl.* Anzeigen-Posttest

Anzeigen-Redaktions-Gemeinschaftsuntersuchung
→ Argus

Anzeigensplit *(Anzeigensplitting)*
Eine Form der gegabelten Belegung von Teilauflagen eines Werbeträgers mit Anzeigen, bei der entweder verschiedene Versionen derselben Anzeige (also mit jeweils unterschiedlichem Text oder verschiedenen Überschriften) nach einem mechanischen Verfahren über die gesamte Auflage verteilt werden (etwa Version A in jeder ersten, Version B in jeder zweiten Ausgabe), so daß sich dabei auch zwei gleichartige Stichproben ergeben (mechanischer Split), oder aber eine oder mehrere Anzeigenversionen in verschiedenen nach Verbreitungsgebieten getrennten Teilauflagen plaziert sind (geographischer Split). Im Fall des geographischen Split ist die Variante verbreitet, daß ein Werbungtreibender mit einer Anzeige nur einen Teil der Auflage belegt und er den übrigen Teil einem anderen Werbungtreibenden überläßt, z. B. wenn beide ihren Einzugsbereich jeweils nur in einem Teil des Vertriebsgebiets einer Zeitung haben (Partner-Split), oder die Belegung des übrigen Teils dem Verlag überlassen wird. Besonders der mechanische Split wird vielfach in Tests zur (→) Werbewirksamkeit von Anzeigen (Split-Run-Tests) verwendet.

Anzeigentest
Ein (→) Werbemitteltest für gedruckte Anzeigen, der entweder als (→) Anzeigen-Pretest oder als (→) Anzeigen-Posttest durchgeführt wird. Ziel des Tests ist die Entwicklung einer Werbeerfolgsprognose (im Falle des Vortests) oder die Ermittlung oder Kontrolle des tatsächlichen Werbeerfolgs. Je nach Zielsetzung werden dabei (→) Aufmerksamkeits- und Beachtungswerte, Anmutungsqualität, (→) Eindrucksstärke (Impact), Image, (→) Erinnerungswerte, (→) Wiedererkennung, (→) aktiver oder (→) passiver Bekanntheitsgrad usw. gemessen. Auch apparative Verfahren werden dabei häufig verwendet.
→ Copy-Test, Anzeigenkompaß, Emnid Faktorielle Anzeigenanalyse, Foldertest, Compagnon-Studiotest, GFM-Trend, Impact-Test, IWEMA-Anzeigentest, Starch-Test, Kupontest, Zankl-Test, Recall-Test, Recognition-Test

Anzeigenwiedererkennung
→ Wiedererkennung

Anzeigenwiedererkennungstest
→ Wiedererkennung

Anzeigenwirkung
→ Werbewirkung

Apartverkauf
→ Einzelverkauf

AOL
Abk Arbeitsgemeinschaft organisationsgebundene Landpresse

APA
Abk Absatzpostamt

Appell
→ Lesetage, Leser-Blatt-Bindung (LBB), Lesevorgang

ÄRA (Ärzte-Reichweiten-Analyse)
Eine 1986 erstmals veröffentlichte (→) Reichweitenanalyse bei niedergelassenen Ärzten. Während die (→) MEFA für 1986 die (→) Grundgesamtheit der niedergelassenen Praktiker und Internisten mit 39980 ansetzt, geht die ÄRA von 39390 und die (→) LA-Med von 38810 aus. Bei der ÄRA handelt es sich um eine Studie, die in einer Phase der Unsicherheit dem Markt möglichst schnell ein Bild über die tatsächlichen Verhältnisse im Sektor der Fachzeitschriften und Zeitungen geben wollte. Die ÄRA 86 beruht auf einer (→) Quotenstichprobe von 1020 Befragten. Die Interviews wurden im Januar 1986 durchgeführt. Auftraggeber sind APD, »Ärzte-Zeitung« und »Ärzte heute«. Durchführendes Institut ist Getas, Bremen.

Arbeitsausschuß der AG.MA
→ Arbeitsgemeinschaft Media-Analyse (Satzung)

Arbeitsgemeinschaft Abonnentenwerbung e. V. (AGA)
Die in Deutschland weit verbreitete Form des (→) Abonnements auf (→) Publikumszeitschriften (nämlich die Akquisition durch Haustürvertreter und die Zustellung ins Haus durch Boten) kam gegen Ende der 1960er Jahre aufgrund veränderter Markttendenzen (die damalige Vollbeschäftigung, die im Zuge des Verbraucherschutzes wachsende kritische Einstellung gegenüber dem (→) Direktvertrieb und eine sinkende Vertragsmoral) in eine kritische Lage und veranlaßte die Zeitschriftenverleger in der Bundesrepublik – vertreten durch den (→) „Verband Deutscher Zeitschriftenverleger" (VDZ) – und die Vertriebsfirma des werbenden Buch- und Zeitschriftenhandels – vertreten durch den (→) „Bundesverband des werbenden Buch- und Zeitschriftenhandels" (WBZ) – zu einem *freiwilligen Zusammenschluß* in der „Arbeitsgemeinschaft Abonnentenwerbung" (AGA), die seit 1971 als rechtsfähiger Verein im Vereinsregister eingetragen ist und rund 160 Mitgliedsfirmen (Stand 1986) aus Verlagen und Handel umfaßt.
Die Vereinssatzung beschreibt in § 1 den Verbandszweck wie folgt:

> „Die AGA dient dem Zweck, die Lauterkeit des Vertreterberufes zu fördern, sowie die Öffentlichkeit über die Abonnentenwerbung und den Vertreterberuf zu informieren."

Um die Lauterkeit in der Zeitschriftenwerbung zu fördern und vorhandene Mißstände abzubauen, wurde eine Vertreterkartei geschaffen, mit deren Hilfe die sogenannten „schwarzen Schafe" erkannt und ausgemerzt werden. Jeder gemeldete und erfaßte Vertreter wird mit dem AGA-Ausweis ausgestattet, der die Legitimation an der Haustür erleichtern und eine Unterscheidung zu nicht der AGA angeschlossenen Vertretern herbeiführen soll.
Die Arbeitsgemeinschaft Abonnentenwerbung hat im Jahre 1982 Wettbewerbsregeln für die Zusammenarbeit mit Außendienstmitarbeitern bei der Werbung von Zeitschriftenabonnements und Mitgliedern in Buch- und Schallplattengemeinschaften verabschiedet, um die rechtliche Durchsetzbarkeit der durch sie vertretenen Verhaltensnormen zu ermöglichen.

Arbeitsgemeinschaft Anzeigenblätter der Zeitungen (AdZ)
Die von Zeitungsverlagen als Arbeitsgemeinschaft im (→) Bundesverband Deutscher Zeitungsverleger (BDZV) 1976 gegründete Organisation zur Vertretung der Interessen derjenigen (→) Anzeigenblätter, die von Zeitungsverlagen bzw. ihren Tochter- und Beteiligungsgesellschaften herausgegeben werden.
Die AdZ ist damit neben dem (→) Verleger-Verband Deutscher Anzeigenblätter (VVDA) die zweite Dachorganisation zur Vertretung der Interessen von Anzeigenblättern. Beide Verbände arbeiten auch in der (→) Auflagenkontrolle von Anzeigenblättern zusammen. Zu den Aufgaben der Arbeitsgemeinschaft gehören die laufende fachbezogene Information und die Pflege des Erfahrungsaustauschs, die Planung und Durchführung von Maßnahmen für das Medium Anzeigenblatt, die Erarbeitung von Abgrenzungskriterien zwischen Anzeigenblatt und anderen Medien.
Darüber hinaus wirkt die AdZ auf einen lauteren Wettbewerb hin. Zur Transparenz des Marktes trägt sie durch kontinuierliche Herausgabe einer Mitgliederliste bei, die planungsrelevante Detailangaben für jeden Titel enthält.

Arbeitsgemeinschaft Katholische Presse e.V. (AKP)
Die Arbeitsgemeinschaft Katholische Presse e.V. (AKP) wurde 1949 als freiwillige und unabhängige Vereinigung katholischer Presse gegründet. Sie umfaßt heute (Stand 1987) 71 kirchliche und private Unternehmen, die 114 Zeitungen und Zeitschriften mit einer Gesamtauflage von 10 Millionen Exemplaren veröffentlichen.

Die Aufgabenbereiche der AKP umfassen:
Vertretung der Interessen der katholischen Presse in der Öffentlichkeit sowie Sicherung ihrer wirtschaftlichen Grundlagen und Steigerung ihrer publizistischen Wirksamkeit durch Werbung, Information, Erfahrungsaustausch, Fachtagungen, verlegerische und redatkionelle Kooperation und Maßnahmen der beruflichen Aus- und Fortbildung. Dabei arbeitet die AKP eng mit den publizistischen Institutionen der katholischen Kirche zusammen.
Die AKP ist Mitglied der Arbeitsgemeinschaft der katholischen Verbände Deutschlands und der Katholischen Weltunion der Presse (UCIP) und arbeitet in der Fachgruppe Konfessionelle Zeitschriften des (→) Verbands Deutscher Zeitschriftenverleger (VDZ) mit.

Arbeitsgemeinschaft LA-MED
→ LA-MED

Arbeitsgemeinschaft LASI
→ LASI

Arbeitsgemeinschaft Leseranalyse e.V. (AGLA)
Die als Vorläuferorganisation der heutigen (→) Arbeitsgemeinschaft Media-Analyse (AG) von 1954 bis 1971 als ein Zusammenschluß von Verlagen, Werbungtreibenden, Werbeträgern und Werbungsmittlern bestehende Gemeinschaftsorganisation, die für die alljährliche (→) Leseranalyse (LA) von (→) Publikumszeitschriften und (→) Tageszeitungen verantwortlich zeichnete.
Friedrich und Inge Wendt unterscheiden in ihrer historischen Darstellung der Entwicklung der AGLA und der AG.MA insgesamt zehn Phasen, wenn man Prähistorie und die Gegenwart mit einbezieht.
Den Beginn der Vorphase sehen sie in der Gründung der (→) Informationsgemeinschaft zur Feststellung der Verbreitung von Werbeträgern (IVW) im Jahre 1950. Die IVW kam durch eine Initiative des (→) Zentralausschusses der Werbewirtschaft (ZAW) zustande, um einen ersten objektiven Vergleich der Werbeträger auf der Basis von Auflagen zu ermöglichen. Weitere Anstöße auf dem Wege zu einer Leseranalyse gingen von der Arbeitstagung „Empirische Sozialforschung" in Weinheim 1952 und von den „Schloß Liechtensteiner Gesprächen" – initiiert vom Storch-Verlag, Reutlingen – 1952 aus. Nachdem die auf diesen Veranstaltungen Aktiven auch mehrere publizistische Bemühungen in Fachaufsätzen unternommen hatten, ergriffen Theodor Martens auf der Verlegerseite und Ernst Dobmann von der Agenturseite die Initiative für Verhandlungen. Die abschließenden Verhandlungen, bezeichnet als „Sitzung aller Beteiligten an der Gemeinschaftsaktion Leserschaftsforschung", wurden gleichzeitig zur Gründungsversammlung der Arbeitsgemeinschaft Leseranalyse e. V. am 19. 1. 1954. Der erste Gesellschaftsvertrag wurde dann am 19. März 1954 von den Beteiligten (Verlagshäuser und Werbeagenturen) unterzeichnet.
Die *erste Phase* reicht von 1954 bis 1956. Sie ist gekennzeichnet durch die Bildung wichtiger Begriffe (→) Leser pro Nummer (LpN) = Leser im Erscheinungsintervall, (→) Regelmäßigkeit des Lesens, durch Probieren in der Anwendung, durch Erklären dieses neuen Instrumentes und durch die Einführung von Experimenten zur Klärung unbekannter Sachverhalte.
Aufgrund von Differenzen über die Fragenbogenmethodik bei der Leseranalyse trennte sich das Institut für Demoskopie Allensbach 1955 von der AGLA und gründete seine eigene (→) Allensbacher Werbeträgeranalyse (AWA).
Die *zweite Phase* (1956 bis 1958) erlebte mehrere Gutachten (zu Stichprobenproblemen, zum (→) Fragebogen, zu den (→) Gedächtnisstützen). Wendt/Wendt ziehen zu dieser Phase folgendes Resümee: „Das Fazit dieser zweiten Phase ist eine Art Rückzug auf methodische Filigranarbeit, ohne zentrale Probleme zu bewegen. Allenfalls könnte man die Konsolidierung des LpN nennen. Auch die Tatsache, daß nur ein Institut – die DIVO – als Gesprächspartner gewählt wurde, ist als stabilisierender Faktor zu erwähnen."
In der *dritten Phase* (1958 bis 1961), die man auch als Phase der Konsolidierung bezeichnen kann, erscheint mit der LA 60 die letzte im Zweijahresrhythmus. Seitdem erscheinen die Berichte jährlich (Ausnahme 1972, als es zwei Berichte gab). Die Phase endet mit einer Sammlung von methodisch relevanten Problemkreisen, zu denen auch die Beschreibung der Zielgruppen zu rechnen ist.
Die *vierte Phase* (1961 bis 1964) ist durch die Aufarbeitung der methodischen Probleme gekennzeichnet. Nicht weniger als neun Ausschüsse befassen sich mit Problemen wie Leserdefinition, (→) Feldarbeit, (→) Auswertung, Darstellung der Ergebnisse, qualitativen Merkmalen, (→) Rotation der Fragen usw. Sie schließt mit umfangreichen Experimenten ab, die Folgen für die fünfte Phase haben sollen.
In der *fünften Phase* (1964 bis 1968) werden entscheidende Veränderungen in den Fragestellungen vorgenommen. Eingeführt wird die sogenannte (→) IPA-Fragestellung, d. h. die Frage nach dem (→) letzten Lesen. Die LA-Fragestellung, die bis 1965 angewendet wurde – innerhalb des letzten (→) Erscheinungsintervalls gelesen ja/nein –, wird aufgegeben. In dieser Phase kommt mit der sogenannten (→) Kumulation eine zweite Dimension in die (→) Mediaplanung. Seither existiert der Begriff (→) Weitester Leserkreis (WLK); die (→) Lesehäufigkeit wird erhoben.
1972 wurde die AGLA in (→) Arbeitsgemeinschaft Media-Analyse (AG.MA) umbenannt, weil u. a. der Titel Leseranalyse der tatsächlichen Ausweitung ihrer Untersuchungsgegenstände auf audiovisuelle Medien und Plakatwerbung usw. nicht mehr entsprach.
Die *sechste Phase* (1968 bis 1970) ist nach Wendt/Wendt „charakteristisch durch ein endlich gründliches Bemühen, die Fachleute der Mediaforschung in Deutschland auf ein Ziel zu konzentrieren: in die 70er Jahre nur mit einem möglichst allseits und experimentell abgesicherten Befragungsmodell der AG.LA zu gehen". In diese Phase fällt die Gründung der

Technischen Kommission der AG.LA (1969), die künftig für alle methodischen Fragen verantwortlich war. Wieder wurden Gutachten angefertigt. Alle diese Bemühungen mündeten in einem großangelegten Feldexperiment 1970, in dem die für die Zeitschriften in den folgenden Jahren bis heute verwendeten Fragestellungen ausgetestet wurden.

In der *siebten Phase* (1970 bis 1976) kommen die Werbungtreibenden als Mitglieder des Vereins hinzu. Die Ausweitung des Informationsbestandes auf andere Medien findet ihren Niederschlag in einer Umbenennung der Arbeitsgemeinschaft Leseranalyse e. V. in Arbeitsgemeinschaft Media-Analyse e. V. (1972). In dieser Phase werden die ersten Funkmedien (IPA-Radio Luxemburg und ZDF Zweites Deutsches Fernsehen) Mitglieder. Methodisch ist diese Phase gekennzeichnet durch die Neukonstruktion des Feldmodells, wie es mit einigen marginalen Veränderungen bis heute Gültigkeit hat. Die Diskussion um die Zielgruppenmerkmale wird zwar wieder aufgenommen, aber ohne positives Ergebnis abgeschlossen.

Die *achte Phase* (1976 bis 1979) zieht Bilanz und versucht, die bisherigen Einzelsysteme und Modellvorstellungen zusammenzufassen. Mit der Mitgliedschaft der (→) Arbeitsgemeinschaft Rundfunkwerbung (ARW) sind die (→) Funkmedien voll in die AG.MA integriert. Der Datenbankgedanke kommt auf; er manifestiert sich in dem Begriff (→) Satellitensystem. Die dahinterliegende Modellkonstruktion geht davon aus, daß die MA als Multimedia-Untersuchung den Zentraldatenbestand eines Datenbanksystems bildet, um den sich durch verschiedene Anklinkungen, (→) Fusion, angebundene weitere Datenbestände gruppieren. Dieses Modell wurde in der achten Phase nicht verwirklicht.

In der noch bestehenden *neunten Phase* (seit 1979) wurde es zum (→) Partnerschaftsmodell modifiziert, dessen Grundriß sich erst schemenhaft abzeichnet. Die neunte Phase ist geprägt von einer erneut kritischen Einstellung, verbunden mit dem Wunsch breiter Mitgliederkreise, zu neuen Ufern vorzustoßen. Die Vorstellungen gehen in Richtung der (→) Validierung des Instrumentariums; der Ruf nach der (→) Werbemittelkontaktchance wird laut; Informationen über die (→) Einstellungen der Befragten zu den Medien werden gewünscht.

Arbeitsgemeinschaft Leseranalyse Architekten und planende Bauingenieure
→ agla a + b

Arbeitsgemeinschaft Leseranalyse Jugendpresse
→ Jugend-Media-Analyse (JMA)

Arbeitsgemeinschaft Leser-Analyse Entscheidungsträger
→Leser-Analyse Entscheidungsträger in Wirtschaft und Verwaltung (LAE)

Arbeitsgemeinschaft Media-Analyse (AG. MA)
Die Nachfolgeorganisation der (→) Arbeitsgemeinschaft Leseranalyse (AGLA), die unter diesem Namen 1972 etabliert wurde, um die auf das Gebiet der elektronischen Medien erweiterte Forschungstätigkeit der früheren AGLA zu berücksichtigen.
Nach ihrer Satzung ist Zweck der Organisation „die Förderung der wissenschaftlichen Erforschung der Massenkommunikation für die Media- und Marketingplanung und die Sicherung eines hohen Leistungsstandards derartiger Untersuchungen." Die Ergebnisse der Untersuchungen stehen allen Mitgliedern zur Verfügung.
Zu den rund 130 Mitgliedsorganisationen zählen 51 Werbeagenturen und Werbungtreibende, 67 Verlage gedruckter Periodika, 3 Werbegesellschaften des Hörfunks und des Fernsehens bzw. Sender und zwei Fachverbände (Lesezirkel sowie Film- und Diapositivwerbung) die zur Erfüllung der satzungsgemäßen Aufgaben des Vereins Beiträge zahlen.
Die AG.MA fördert Grundlagenforschung im Bereich der Werbeträgeranalysen und führt sie selbst durch; dabei entwickelt und publiziert sie auch Durchführungs- und Analyse-Konventionen für die Mediaforschung.
Ihre wichtigste Aufgabe ist zweifellos die Durchführung der jährlichen (→) Media-Analyse (MA) auf der Basis von fast 20 000 Interviews, (bis MA '86) die mit Hilfe einer dreistufigen (→) Zufallsauswahl (Randomstichprobe) in Netzen der (→) ADM-Stichprobe erhoben werden.
Diese große Zahl ist wegen des Erfordernisses, daß die Ergebnisse auch noch für Untergruppen signifikant sein müssen, unvermeidlich. An der Entwicklung der (→) Fragebögen, der Abwicklung der Feldarbeit und der (→) Auswertung sind mehrere große bundesdeutsche Markt- und Mediaforschungsinstitute beteiligt. Für die organisatorische und kaufmännische Abwicklung von Forschungsaufträgen ist die (→) Media-Micro-Census GmbH zuständig, deren Stammkapital zu hundert Prozent im Besitz der AG.MA ist.

Die Satzung der AG.MA hat folgenden Wortlaut:

Arbeitsgemeinschaft Media-Analyse e. V. (AG.MA)

SATZUNG
mit Schiedsvertrag

Eingetragen am 15. Februar 1978
Zum Zwecke der Durchführung einer Leseranalyse (LA 54) für die werbungtreibende Wirtschaft wurde im Frühjahr 1954 in Frankfurt am Main die Arbeitsgemeinschaft Leseranalyse als Gesellschaft bürgerlichen Rechts gegründet. Gesellschafter der Vereinigung waren Verlagshäuser, Werbeagenturen und Werbungsmittler. Am 4. November 1955 entschied sich die Gesellschafterversammlung für eine Fortführung der Leseranalyse; gleichzeitig wurden die Konstituierung einer Arbeitsgemeinschaft als eingetragener Verein und eine Satzung beschlossen. Die Eintragung der Arbeitsgemeinschaft Leseranalyse e. V. erfolgte am 21. Juni 1956 beim Amtsgericht in Essen.
In Verbindung mit der Aufnahme von werbungtreibenden Unternehmen wurde die Vereinssatzung nach den Beschlüssen der Mitgliederversammlung vom 28. Januar 1970 geändert und ergänzt. Die Mitgliederversammlung vom 25. November 1970 beschloß die Verlegung des Vereinssitzes von Essen nach Frankfurt am Main.
Im Jahre 1968 wurde die Gründung einer Tochtergesellschaft, der Media-Micro-Census GmbH, beschlossen. Gegenstand dieses Unternehmens ist die organisatorische und kaufmännische Abwicklung von Forschungsvorhaben auf dem Gebiet der Massenkommunikation und der Verlag von Veröffentlichungen zu diesem Thema.
Entsprechend den erweiterten Zielen des Vereins – grundsätzliche Öffnung für alle im Rahmen seiner Media-Analyse erfaßbaren Werbeträger – erfolgte laut Beschluß der Mitgliederversammlung vom 20. Oktober 1971 seine Umbenennung in „Arbeitsgemeinschaft Media-Analyse e. V. (AG.MA)“. Eine neu gefaßte Satzung verabschiedete die Mitgliederversammlung am 31. Mai 1972. Eine Reihe von Textänderungen enthielt die am 12. September 1974 beschlossene Fassung.
Neue Entwicklungen in den Tätigkeiten des Vereins während der folgenden drei Jahre ließen eine durchgreifende Renovierung der Satzung notwendig erscheinen. Sie findet ihren Niederschlag in der vorliegenden Fassung, die von der Mitgliederversammlung am 28. Oktober 1977 einstimmig beschlossen wurde. Um Informationsverluste durch jährlichen Personenwechsel zu vermeiden und die Kontinuität von Beratungen und Entscheidungen im Arbeitsausschuß zu verstärken, hat die Mitgliederversammlung am 16. November 1979 beschlossen, die Amtszeit des Arbeitsausschusses von einem auf zwei Jahre zu verlängern. Die dadurch notwendige Satzungsänderung wurde am 1. November 1980 veröffentlicht.
Auf der Mitgliederversammlung vom 29. September 1982 wurde eine Trennung in Vollmitglieder und – speziell für Tageszeitungsverlage – assoziierte Mitglieder eingeführt.
Assoziiertes Mitglied konnten Tageszeitungsverlage werden, für die eine Einzeldarstellung im Regionalband allein ausreichte. Die notwendige Satzungsänderung wurde auf der Mitgliederversammlung am 23. November 1983 verabschiedet.
Die Realisierung des Partnerschaftsmodells ab der MA 87 hatte eine weitere Überarbeitung der Satzung zur Folge. Die Trennung in assoziierte und Vollmitglieder konnte wieder aufgehoben werden.
Neben einigen anderen Textänderungen mußte insbesondere die Regelung der Beiträge und Kostenumlagen neu gefaßt werden. Einzelheiten hierzu wurden aus der Satzung herausgenommen und in die – ebenfalls völlig überarbeiteten – AG.MA- Aufnahme-, Erhebungs-, Ausweisungs-, und Finanzierungs-Richtlinien integriert.
In Ergänzung der Beschlüsse der Mitgliederversammlung vom 13. September 1985 wurden die noch offen gebliebenen Artikel und Absätze der Satzung in einer im April durchgeführten schriftlichen Abstimmung mit der notwendigen Mehrheit beschlossen.
Frankfurt/Main, den 1. Juni 1986

Satzung der Arbeitsgemeinschaft Media-Analyse e. V. (AG.MA)

Art. 1 Name und Sitz

Der Verein führt den Namen „Arbeitsgemeinschaft Media-Analyse e. V. (AG.MA)“. Er hat seinen Sitz in Frankfurt am Main.

Art. 2 Zweck des Vereins

(1) Zweck des Vereins ist die Förderung der wissenschaftlichen Erforschung der Massenkommunikation für die Media- und Marketingplanung und die Sicherung eines hohen Leistungsstandards derartiger Untersuchungen. Im besonderen veranlaßt der Verein die Durchführung der Media-Analyse (MA). Die gewonnenen Erkenntnisse und andere Leistungen des Vereins stehen allen Mitgliedern zur Verfügung.

(2) Die Tätigkeit des Vereins ist nicht auf Erwerb gerichtet.

Art. 3 Mitgliedschaft

(1) Mitglieder können sein Unternehmen aus den folgenden Gruppen:

a) Werbeagenturen;
b) Werbungtreibende;
c) Werbeträger,
soweit die Untersuchungsobjekte nach den Richtlinien für die Aufnahme, die Erhebung und die Ausweisung im Rahmen der durch den Verein veranlaßten Media-Analysen (MA) erfaßt und dargestellt werden können.
Die Gruppe der Werbeträger gliedert sich in
gedruckte Medien und
elektronische Medien.
Arbeitsgemeinschaften, Anzeigenkooperationen und ähnliche Zusammenschlüsse von Werbeträgern können unabhängig von ihrer Rechtsform Mitglied des Vereins werden, wenn alle durch sie repräsentierten Werbeträger im Rahmen der Media-Analyse (MA) erhoben oder dargestellt werden und die Mitgliederversammlung der Aufnahme zustimmt.

(2) Der Beitritt zum Verein kann schriftlich über den Vorstand an den Arbeitsausschuß jederzeit beantragt werden, und zwar bis zum 30. Juni für ein Wirksamwerden der Mitgliedschaft noch im laufenden Jahr. Sonst beginnt die Mitgliedschaft mit dem folgenden Kalenderjahr (= Etatjahr des Vereins). Über Ausnahmen entscheidet der Arbeitsausschuß.

(3) Über die Aufnahme von Mitgliedern entscheidet der Arbeitsausschuß. Lehnt dieser die Aufnahme ab, so steht dem Antragsteller innerhalb einer Frist von einem Monat nach schriftlicher Bekanntgabe der Ablehnung die Berufung an die Mitgliederversammlung zu, die beim Vorstand schriftlich einzulegen ist. Bis zur Entscheidung der Mitgliederversammlung ist der Rechtsweg ausgeschlossen.

(4) Die Mitgliedschaft endet durch Austritt oder Ausschließung, durch Einstellen der geschäftlichen Tätigkeit oder durch den Tod.

(5) Der Austritt aus dem Verein kann von einem Mitglied jederzeit mit sofortiger Wirkung schriftlich über den Vorstand an den Arbeitsausschuß erklärt werden. Davon werden jedoch seine Verpflichtungen nicht berührt, die sich aus den zum Zeitpunkt der Kündigung beschlossenen Vereins- und Forschungsetats und den daraus entstandenen oder entstehenden Verbindlichkeiten ergeben. Über Ausnahmen entscheidet der Arbeitsausschuß.
Die Mitgliedschaft endet im Falle des Austritts am Tage vor der Mitgliederversammlung, auf der über den Vereinsetat und den Forschungsetat des jeweils folgenden Jahres beschlossen wird.

(6) Die Ausschließung eines Mitglieds kann auf Antrag des Vorstands oder eines anderen Mitglieds mit sofortiger Wirkung vom Arbeitsausschuß beschlossen werden, wenn ein wichtiger Grund vorliegt. Als wichtiger Grund gilt insbesondere die Nichterfüllung von Mitgliedspflichten und der Verstoß gegen die Satzung oder die Interessen des Vereins. Der Ausschließungsbeschluß ist dem Mitglied durch den Vorstand unter Angabe der Gründe durch eingeschriebenen Brief mitzuteilen. Gegen den Beschluß steht dem Mitglied innerhalb eines Monats die Berufung an die Mitgliederversammlung zu, die beim Vorstand schriftlich einzulegen ist. Bis zur Entscheidung der Mitgliederversammlung ist der Rechtsweg ausgeschlossen.
Die Ausschließung entbindet das bisherige Mitglied nicht von seinen Verpflichtungen, die sich aus den zum Zeitpunkt der Ausschließung beschlossenen Media-Analysen oder sonstigen Untersuchungen und den daraus entstandenen oder entstehenden Verbindlichkeiten ergeben.

Art. 4 Beiträge und Kostenumlagen

(1) a) Der Verein erhebt von seinen Mitgliedern Beiträge zur Erfüllung seiner satzungsgemäßen Aufgaben. Der Arbeitsausschuß hat der Mitgliederversammlung jährlich einen Vereinsetat zu unterbreiten.
b) Die Höhe des von jedem Mitglied jährlich zu zahlenden Vereinsbeitrages errechnet sich nach dem jeweiligen Vereinsetat, geteilt durch die Gesamtzahl der Mitglieder zum Zeitpunkt der Beschlußfassung durch die Mitgliederversammlung.
c) Von in den Verein neu aufgenommenen Mitgliedern der Gruppe Werbeträger wird eine Aufnahmegebühr erhoben, die mit Inkrafttreten der Mitgliedschaft fällig wird. Ihre Höhe setzt die Mitgliederversammlung fest. Über Ausnahmen entscheidet der Arbeitsausschuß.

(2) a) Der Verein verpflichtet seine Mitglieder als die Leistungsempfänger zur Übernahme der Kosten für Media-Analysen und andere Forschungsvorhaben, die der Verein für ihre Rechnung nach den Beschlüssen der Mitgliederversammlung durchführen läßt. Hierfür schlägt der Arbeitsausschuß der Mitgliederversammlung einen Forschungsetat vor.
b) Für die Deckung des Forschungsetats zahlen zunächst alle Mitglieder einen „Sockelbetrag“, dessen Höhe die Mitgliederversammlung festsetzt.
c) Darüber hinaus verpflichtet der Verein die Mitglieder der Gruppe Werbeträger zur Aufbringung der nach Abzug des Sockelbetrags verbleibenden Kosten des Forschungsetats.
Die Aufteilung auf die einzelnen Werbeträgergruppen erfolgt gemäß den „AG.MA-Aufnahme-, Erhebungs-, Ausweisungs- und Finanzierungs-Richtlinien“.

(3) Über die Verwendung sowohl der Vereinsbeiträge als auch der Forschungskostenbeiträge hat der Arbeitsausschuß der dem Abschluß eines Etatjahres folgenden ordentlichen Mitgliederversammlung Rechenschaft abzulegen.
Über unverbrauchte Beträge entscheidet die Mitgliederversammlung.

Art. 5 Vereinsorgane

Organe des Vereins sind
a) die Mitgliederversammlung,
b) der Arbeitsausschuß,
c) der Vorstand.

Art. 6 Mitgliederversammlung

(1) Die ordentliche Mitgliederversammlung tritt jährlich nach Einberufung durch den Vorstand zusammen. Ihr obliegen insbesondere:
a) die Entgegennahme des Berichts über die Tätigkeiten und die Entwicklung des Vereins;

b) die Feststellung der Überschußrechnung des Vereins und die Entgegennahme des Berichts der Kassenprüfer;
c) die Entlastung des Arbeitsausschusses und des Vorstandes;
d) die Wahl des Arbeitsausschusses und des Vorstandes für die Zeit bis zur nächsten ordentlichen Mitgliederversammlung;
soweit der Mitgliederversammlung für die Besetzung des Arbeitsausschusses gültige Wahlergebnisse der Gruppen (s. Art. 3 (1)) vorliegen, ist sie gemäß Art. 7 (4) hieran gebunden;
e) die Beschlußfassung über den nächstjährigen Vereinsetat;
f) die Beschlußfassung über die zu veranlassenden Forschungsvorhaben und deren Finanzierung durch die Mitglieder;
g) die Wahl der Kassenprüfer;
h) die Entscheidung in den von der Satzung vorgesehenen Fällen.

(2) Die Einberufung der Mitgliederversammlung erfolgt mindestens zwei Wochen vorher durch den Vorstand mittels eingeschriebenen Briefes unter Angabe der Tagesordnung. Über weitere Gegenstände kann auch ohne vorherige Bekanntgabe in der Tagesordnung rechtswirksam Beschluß gefaßt werden, wenn die erschienenen Mitglieder mit einfacher Stimmenmehrheit einen entsprechenden Antrag zulassen. Satzungsänderungen sowie Auflösung des Vereins sind davon ausgeschlossen.

(3) Eine außerordentliche Mitgliederversammlung ist einzuberufen, wenn Mitglieder, die zusammen über mindestens ein Viertel aller Stimmen verfügen, dies unter Angabe des Zwecks und der Gründe schriftlich dem Vorstand gegenüber verlangen oder wenn vom Arbeitsausschuß ein entsprechender Beschluß gefaßt wird.

(4) Die Mitgliederversammlung ist ohne Rücksicht auf die Zahl der erschienenen bzw. durch Vollmacht vertretenen Mitglieder beschlußfähig. Beschlüsse werden mit Dreiviertel-Mehrheit der abgegebenen Stimmen gefaßt; Stimmenthaltungen bleiben unberücksichtigt.

(5) Der Arbeitsausschuß kann durch den Vorstand Beschlüsse, die der Mitgliederversammlung vorbehalten sind, auch durch schriftliche Abstimmung bei den Mitgliedern herbeiführen, wenn nicht von Mitgliedern, die zusammen über mindestens ein Viertel aller Stimmen verfügen, innerhalb von 14 Tagen nach Absendung der eingeschriebenen Mitteilung diesem Verfahren schriftlich dem Vorstand gegenüber widersprochen wird.

(6) In der Mitgliederversammlung erhalten die beiden Gruppen Werbeagenturen und Werbungtreibende einerseits und die Gruppe der Werbeträger andererseits die gleiche Zahl von Stimmen.
Für jedes Mitglied der Werbeträger errechnet sich die Zahl seiner Stimmen nach dem Anteil des Mitglieds an den Forschungskosten, wie er sich aus den „AG.MA-Aufnahme-, Erhebungs-, Ausweisungs- und Finanzierungs-Richtlinien“ ergibt.

(7) Eine Übertragung der Stimmen auf ein anderes Mitglied ist durch schriftliche Vollmacht möglich.

(8) Die Beurkundung der Beschlüsse erfolgt durch den Vorstand.

Art. 7 Arbeitsausschuß

(1) Dem Arbeitsausschuß obliegt die Ausführung der Beschlüsse der Mitgliederversammlung; er hat im Rahmen dieser Vollmacht Entscheidungsbefugnis.
Dem Arbeitsausschuß können nur Mitglieder des Vereins oder deren Angestellte angehören. Sie werden auf zwei Jahre gewählt. Wiederwahl ist zulässig.

(2) Der Arbeitsausschuß hat 33 Mitglieder, und zwar 11 aus den Gruppen Werbeagenturen und Werbungtreibende und 22 aus der Gruppe Werbeträger. Er setzt sich zusammen aus
a) dem Vorstand:
je ein Vertreter der Gruppen Werbeagenturen und Werbungtreibende sowie zwei Vertreter der Gruppe Werbeträger (davon je ein Vertreter für die gedruckten Medien und für die elektronischen Medien);
b) den Marktforschern:
je ein Vertreter der Gruppen Werbeagenturen und Werbungtreibende sowie zwei Vertreter der Gruppe Werbeträger (davon je ein Vertreter für die gedruckten Medien und für die elektronischen Medien);
c) weiteren Mitgliedern:
7 Vertreter der Gruppen Werbeagenturen und Werbungtreibende und 18 Vertreter der Gruppe Werbeträger.
Die den Werbeagenturen und Werbungtreibenden zustehenden 7 Sitze sind zwischen den beiden Gruppen in dem Verhältnis aufzuteilen, das der Verteilung ihrer Stimmen in der Mitgliederversammlung entspricht.
Die den Werbeträgern zustehenden 18 Sitze sind auf die gedruckten Medien und elektronischen Medien ebenfalls entsprechend dem Verhältnis ihrer Stimmen zueinander in der Mitgliederversammlung aufzuteilen (s. Art. 6 (6)).

(3) Wie in der Mitgliederversammlung haben die Gruppen Werbeagenturen und Werbungtreibende einerseits und die Gruppe der Werbeträger andererseits auch im Arbeitsausschuß die gleiche Zahl von Stimmen. Entsprechend dem laut Art. 7 (2) festgelegten Verhältnis der Zahl der Sitze (ein Drittel : zwei Drittel) hat jedes Mitglied der Gruppen Werbeagenturen und Werbungtreibende zwei Stimmen.

(4) Für die in Art. 7 (2) a) – c) Genannten sind die jeweiligen Gruppen entsendungsberechtigt; sie wählen ihre Delegierten durch Abstimmung. Jedes Mitglied hat die gleiche Zahl von Stimmen wie in der Mitgliederversammlung. Vorstand, Marktforscher und die weiteren Mitglieder des Arbeitsausschusses werden in einzelnen Wahlgängen gewählt. Davon abweichende/andere Wahlmodalitäten können von den einzelnen Gruppen mit Dreiviertel-Mehrheit ihrer Mitglieder beschlossen werden.
Die Namenslisten der innerhalb der Gruppen gewählten Delegierten sind dem Geschäftsführer des Vereins mindestens 20 Tage vor der Mitgliederversammlung schriftlich zuzuleiten. Liegt bis zu diesem Termin eine gültige Namensliste nicht vor, stimmt die betreffende Gruppe während der Mitgliederversammlung über ihre Repräsentanten im Arbeitsausschuß ab.
Weitere Werbeträgergruppen nach Art. 3 (1)c können aus ihren Reihen einen Gast in den Arbeitsausschuß delegieren.

(5) Mitglieder des Arbeitsausschusses, die während ihrer Amtsperiode die Mitgliedsfirma verlassen, scheiden damit aus dem Arbeitsausschuß aus. Die betreffende Mitgliedergruppe kann bis zur nächsten Wahl (s. Art. 7 (4)) aus ihren Reihen ein stimmberechtigtes Ersatzmitglied in den Arbeitsausschuß delegieren.
Das Gleiche gilt für eine mutmaßlich länger als drei Monate währende Verhinderung eines Arbeitsausschuß-Mitglieds. Die Namen ersatzweise berufener Mitglieder sind von der Geschäftsstelle allen Vereinsmitgliedern bekanntzugeben.
(6) An den Sitzungen des Arbeitsausschusses nehmen ohne Stimmrecht der Geschäftsführer des Vereins, der hauptberufliche Geschäftsführer der Media-Micro-Census GmbH und der Aufsichtsratsvorsitzende der Media-Micro-Census GmbH teil.
Zu den Sitzungen des Arbeitsausschusses werden ferner ein Geschäftsführungsmitglied des ZAW Zentralausschuß der Werbewirtschaft sowie nach Beschluß des Arbeitsausschusses zu berufende Experten als Gäste ohne Stimmrecht eingeladen.
(7) Der Arbeitsausschuß tagt in der Regel viermal im Jahr. Die Einladung durch den Vorstand muß zwei Wochen vorher unter Angabe der Tagesordnung erfolgen. Der Arbeitsausschuß ist beschlußfähig, wenn mindestens die Hälfte seiner stimmberechtigten Mitglieder an der Abstimmung teilnimmt.
(8) Der Arbeitsausschuß entscheidet mit Dreiviertel-Mehrheit der abgegebenen Stimmen; Stimmenthaltungen bleiben unberücksichtigt. Beschlüsse können auch auf schriftlichem Wege gefaßt werden.
(9) Der Arbeitsausschuß hat seine Beschlüsse ohne Gegenstimme zu fassen, wenn dies von einem seiner Mitglieder vor der Abstimmung gefordert wird. Kommt in einem solchen Fall ein Beschluß ohne Gegenstimme nicht zustande, entscheidet auf Antrag des Vorstands die Mitgliederversammlung.
(10) Die Beurkundung der Beschlüsse erfolgt durch den Vorstand.
(11) Die Mitglieder des Arbeitsausschusses sind ehrenamtlich tätig, können jedoch die Erstattung ihrer Auslagen verlangen. Sie können nur persönlich mitwirken, sich also auf Sitzungen, bei Abstimmungen und bei sonstigen Stellungnahmen nicht vertreten lassen.

Art. 8 Vorstand

(1) Der Vorstand hat im Arbeitsausschuß den Vorsitz und ist an dessen Beschlüsse gebunden. Er beruft und entläßt den Geschäftsführer des Vereins, trifft die für die Geschäftsstelle erforderlichen Entscheidungen und überwacht deren Tätigkeit.
(2) Der Vorstand vertritt den Verein gerichtlich und außergerichtlich gem. § 26 BGB. Rechtsverbindliche Erklärungen können nur durch mindestens zwei Vorstandsmitglieder gemeinsam abgegeben werden. Die Vertretungsmacht des Vorstands ist dahin beschränkt, daß er den Verein nur im Rahmen des Vereinszwecks und nach den Beschlüssen der Mitgliederversammlung bzw. des Arbeitsausschusses verpflichten darf.
(3) Vorsitzender des Vereins ist das Vorstandsmitglied aus der Gruppe Werbeagenturen.
(4) Für den Fall vorzeitigen Ausscheidens oder länger dauernder Verhinderung eines Vorstandsmitgliedes gilt Art. 7 (5) entsprechend. Dabei kann das Ersatzmitglied auch den im Arbeitsausschuß bereits vertretenen Delegierten der betreffenden Gruppe entstammen; seine bisherige Stelle wäre dann ebenfalls ersatzweise bis zur nächsten Wahl zu besetzen.
Betrifft das vorzeitige Ausscheiden oder die länger dauernde Verhinderung den Vorsitzenden des Vereins, werden dessen Aufgaben von den übrigen Vorstandsmitgliedern übernommen, bis der ersatzweise von der Gruppe Werbeagenturen unverzüglich zu delegierende Vorsitzende sein Amt antritt.

Art. 9 Geschäftsstelle

Die Arbeitsgemeinschaft Media-Analyse e. V. (AG.MA) unterhält eine Geschäftsstelle, die mit einem Geschäftsführer und weiteren Mitarbeitern besetzt ist. Die Geschäftsstelle erhält ihre Weisungen vom Vorstand und ist ihm gegenüber verantwortlich.

Art. 10 Technische Kommission

(1) Zur fachlich-methodischen Förderung der Vereinsziele besteht eine Technische Kommission. Sie wird gebildet aus den Marktforschungsmitgliedern des Arbeitsausschusses gemäß Art. 7 (2) b) sowie aus weiteren Fachleuten, die vom Arbeitsausschuß berufen werden und Mitgliedern des Vereins angehören müssen. An den Sitzungen der Technischen Kommission nimmt ferner der hauptberufliche Geschäftsführer der Media-Micro-Census GmbH teil. Er führt den Vorsitz. Nach Abstimmung mit dem Vorsitzenden der Technischen Kommission können für bestimmte Aufgaben weitere Fachleute, auch aus Nichtmitgliederkreisen, als Gäste ohne Stimmrecht herangezogen werden.
(2) Die Technische Kommission erhält ihre Aufgaben vom Arbeitsausschuß. Sie soll ihre Empfehlungen einstimmig abgeben. Kommt eine einstimmige Empfehlung nicht zustande, tragen die Kommissionsmitglieder die unterschiedlichen Auffassungen dem Arbeitsausschuß vor.
(3) Die Mitglieder der Technischen Kommission können nur persönlich mitwirken. Sie sind ehrenamtlich tätig, können jedoch Erstattung ihrer Auslagen verlangen.

Art. 11 Spezialistenkonferenz

Zur Beratung und Information der Mitglieder des Vereins kann der Arbeitsausschuß über den Vorstand eine Spezialistenkonferenz einberufen, die fachliche Probleme diskutieren und zur Meinungsbildung im Mitgliederkreis beitragen soll sowie Empfehlungen an alle Gremien des Vereins aussprechen kann. Zur Spezialistenkonferenz sind alle Mitglieder entsendungsberechtigt. Eine Spezialistenkonferenz muß einberufen werden, wenn mindestens die Hälfte der Mitglieder dies verlangt.

Art. 12 Ehrenmitglieder

(1) Die Mitgliederversammlung kann auf Vorschlag des Vorstands Personen, die sich um die Arbeitsgemeinschaft Media-Analyse e. V. (AG.MA) verdient gemacht haben, zu Ehrenmitgliedern wählen.
(2) Die Ehrenmitglieder werden zur Mitgliedsversammlung eingeladen und können auch um Übernahme von besonderen Aufgaben gebeten werden.
(3) Die Ehrenmitglieder haben Anspruch auf Erstattung ihrer Auslagen für ihre Teilnahme an den Mitgliederversammlungen und für andere Tätigkeiten im Interesse des Vereins.

Art. 13 Mitgliederpflichten

(1) Die Mitglieder sind verpflichtet, die Ziele des Ver-

eins auch in ihrem eigenen Geschäftsbereich zu fördern und alle Maßnahmen zu unterlassen, die die Arbeit des Vereins und deren Ergebnisse beeinträchtigen.
(2) Die Mitglieder sind hiernach insbesondere verpflichtet, bei der werblichen Verwendung anderer Media-Untersuchungen jegliche Gefahr der Verwechslung mit den Ergebnissen von Untersuchungen der Arbeitsgemeinschaft Media-Analyse e. V. (AG.MA) zu vermeiden (durch deutliche Quellenangabe, durch Hinweis auf Methodenunterschiede o. ä.).
(3) Für Auswertungen und Veröffentlichungen, die ein Mitglied unter Verwendung von Material der Arbeitsgemeinschaft Media-Analyse e. V. (AG.MA) vornimmt, trägt das Mitglied allein die Verantwortung. Von der Mitgliederversammlung verabschiedete Verfahrensregeln sind einzuhalten. In Streitfällen hat das Mitglied die Richtigkeit aller Angaben zu beweisen, die nicht unmittelbar aus Veröffentlichungen des Vereins ablesbar sind.
(4) Für Streitigkeiten des Vereins mit Mitgliedern oder von Mitgliedern untereinander, die sich aus der Anwendung und der Verwertung von Ergebnissen der Media-Analyse (MA) ergeben, ist ausschließlich ein Schiedsgericht zuständig. Hierüber besteht ein Schiedsvertrag, der Bestandteil der Satzung ist.

Art. 14 Untersuchungsergebnisse, Untersuchungsmaterial

(1) Die Nutzung der Urheber- und Verwertungsrechte an den Ergebnissen der Untersuchungen, auch soweit sie nicht veröffentlicht werden, stehen dem Verein sowie der Media-Micro-Census GmbH zu. Der Zugang zu dem Urmaterial ist dem Vorstand oder von ihm ausdrücklich Bevollmächtigten vorbehalten.
(2) Die Arbeitsgemeinschaft Media-Analyse e.V. (AG.MA) besitzt die Rechte an der Kurzform „AG.MA", die als Dienstleistungsmarke beim Bundespatentamt eingetragen ist.
Ebenfalls eingetragen ist die Kurzform „MA" zugunsten der Tochtergesellschaft des Vereins Media-Micro-Census GmbH.

Art. 15 Auflösung des Vereins

(1) Der Verein wird aufgelöst, wenn dies in einer Mitgliederversammlung mit mindestens drei Vierteln der Stimmen der erschienenen Mitglieder beschlossen wird. Zu dieser Mitgliederversammlung muß vom Vorstand durch eingeschriebenen Brief spätestens vier Wochen vorher unter Vorlage einer Tagesordnung eingeladen werden, die den Punkt „Auflösung des Vereins" enthält.
(2) Bei Auflösung des Vereins entscheidet die Mitgliederversammlung über die Verwendung des veröffentlichten und nicht veröffentlichten Untersuchungsmaterials.
(3) Über das nach Abwicklung aller laufenden Geschäfte und nach Abdeckung der Verbindlichkeiten verbleibende Vereinsvermögen entscheidet die Mitgliederversammlung.

SCHIEDSVERTRAG

der Mitglieder der Arbeitsgemeinschaft Media-Analyse e. V. (AG.MA) (Von der Mitgliederversammlung am 28. Oktober 1977 beschlossene Fassung)
Die Mitglieder der Arbeitsgemeinschaft Media-Analyse e. V. (AG.MA) vereinbaren folgenden Schiedsvertrag:

§ 1

Über alle Streitigkeiten, die aus der Anwendung und der Verwertung von Daten der Media-Analyse (MA) entstehen, soll unter Ausschluß der ordentlichen Gerichte ein Schiedsgericht entscheiden. Die sachliche Zuständigkeit ergibt sich im einzelnen aus § 3.

§ 2

Das Schiedsgericht hat nach dem geltenden materiellen Recht zu entscheiden. Es bestimmt das Verfahren nach freiem Ermessen (§ 1034 II ZPO).

§ 3

(1) Das Schiedsgericht wird auf Antrag eines Mitglieds oder des Vorstandes der Arbeitsgemeinschaft Media-Analyse e. V. (AG.MA) tätig.
(2) Ein Mitglied der Arbeitsgemeinschaft Media-Analyse e. V. (AG.MA) ist berechtigt, über den Vorstand des Vereins ein Schiedsverfahren gegen ein anderes Mitglied schriftlich zu beantragen, wenn Streitigkeiten aus der Werbung mit der MA, mit Ergebnissen der MA oder mit der Auswertung von deren Ergebnissen entstehen.
(3) Der Vorstand der Arbeitsgemeinschaft Media-Analyse e. V. (AG.MA) ist antragsberechtigt, wenn
a) ein Mitglied mit der MA, mit Ergebnissen der MA oder mit der Auswertung von deren Ergebnissen in einer Weise wirbt, die das Ansehen des Vereins oder der MA zu gefährden droht;
b) ein Mitglied mit Ergebnissen der MA oder mit der Auswertung von Ergebnissen wirbt, ohne auf die MA als Quelle hinzuweisen.

§ 4

(1) Das Schiedsgericht besteht aus zwei Schiedsrichtern und einem Obmann. Die betreibende Partei hat unter Namhaftmachung des von ihr gewählten Schiedsrichters sowie des von ihr vorgeschlagenen Obmanns die Gegenseite mit eingeschriebenem Brief aufzufordern, ihrerseits einen Schiedsrichter zu benennen sowie zu dem vorgeschlagenen Obmann Stellung zu nehmen. Hierfür gilt eine Frist von einer Woche nach Erhalt des Briefes.
Falls die Gegenseite innerhalb dieser Frist keinen Schiedsrichter benennt und keinen Gegenvorschlag hinsichtlich des Obmannes an die betreibende Partei macht, wobei für die Einhaltung der Frist von einer Woche die Absendung des eingeschriebenen Briefes an die betreibende Partei entscheidend ist, so gilt der von der betreibenden Partei vorgeschlagene Obmann als gewählt. Dieser ist dann verpflichtet, innerhalb einer Woche einen weiteren Schiedsrichter zu bestellen, der nicht in einem wirtschaftlichen Abhängigkeitsverhältnis zur betreibenden Partei stehen darf. Falls die Gegenseite innerhalb dieser Frist zwar einen Schiedsrichter benennt, sich jedoch mit dem vorgeschlagenen Obmann nicht einverstanden erklärt oder einen Gegenvorschlag unterbreitet, so haben sich die beiden von den Parteien bestellten Schiedsrichter innerhalb von zwei Wochen auf einen Obmann zu einigen. Erfolgt innerhalb dieser Frist keine Einigung, wird der Obmann auf Antrag der betreibenden Partei vom Präsidenten des Landgerichts Hamburg bestellt.
(2) Zum Obmann kann nur eine Persönlichkeit vorgeschlagen bzw. bestellt werden, die zu keiner der beiden Parteien in einem wirtschaftlichen Abhängigkeitsverhältnis steht.
(3) Die Schiedsrichter müssen aus dem Kreis der Mit-

gliedergruppen der Arbeitsgemeinschaft Media-Analyse e. V. (AG.MA) kommen.

§ 5

Die Parteien sind im Schiedsverfahren mündlich zu hören. Sie können sich aller in der ZPO vorgesehenen Beweismittel bedienen.

Auf übereinstimmenden Antrag beider Parteien kann das Verfahren schriftlich durchgeführt werden. Eine Vertretung, auch durch Anwälte, ist zulässig.

§ 6

Entscheidungen werden durch die Mehrheit der Mitglieder des Schiedsgerichts gefällt. Sie müssen schriftlich abgefaßt und mit Gründen versehen sein. Je eine Abschrift der Entscheidung erhalten die Parteien und der Vorstand der Arbeitsgemeinschaft Media-Analyse e. V. (AG.MA). Letzterer ist gehalten, die Entscheidung in einer vom Schiedsgericht festzusetzenden Fassung und im allgemeinen ohne Namensnennung der Parteien den Mitgliedern durch Rundschreiben zur Kenntnis zu bringen. Auf Antrag einer der beiden Parteien muß das Schiedsgericht entscheiden, ob diese Veröffentlichung mit Namensnennung beider Parteien geschehen soll.

§ 7

Die Kosten des Schiedsverfahrens richten sich nach der Bundesrechtsanwaltsgebührenordnung, wobei dem Obmann jeweils Gebühren in Höhe von 13/10 und den anderen Schiedsrichtern Gebühren in Höhe von 10/10 der Gebührensätze zustehen. Das Schiedsgericht ist befugt, Vorschüsse zur Deckung der Kosten einzufordern.

§ 8

Tagungsort des Schiedsgerichts und Gerichtsstand ist Hamburg. Auf Antrag kann der Obmann einen anderen Tagungsort bestimmen.

§ 9

Dieser Schiedsvertrag ist integrierter Bestandteil der Vereinssatzung der Arbeitsgemeinschaft Media-Analyse e. V. (AG.MA).

Die Mitglieder der Arbeitsgemeinschaft Media-Analyse e. V. (AG.MA)

Stand: 1. April 1987

Werbungtreibende

Asbach & Co., Weinbrennerei,
Am Rottland 2–10, 6220 Rüdesheim am Rhein
B.A.T. Cigarettenfabriken GmbH,
Postfach 300660, 2000 Hamburg 36
Bausparkasse GdF Wüstenrot,
Wüstenrot-Haus, 7140 Ludwigsburg
Bausparkasse Schwäbisch Hall AG,
Crailsheimer Straße 52, 7170 Schwäbisch Hall
Beiersdorf AG,
Unnastraße 48, 2000 Hamburg 20
C & A Brenninkmeyer,
Postfach 1111, 4000 Düsseldorf 1
Coca-Cola GmbH,
Postfach 100761, 4300 Essen 1
Deutsche Bundespost,
Postfach 5000, 6100 Darmstadt
Hoechst Aktiengesellschaft,
Postfach 800320, 6230 Frankfurt/Main 80
Nestlé-Gruppe Deutschland GmbH,
Postfach 710707, 6000 Frankfurt/Main 71
H.F. & Ph.F. Reemtsma,
Parkstraße 51, 2000 Hamburg 52
Siemens AG,
Postfach 103, 8000 München 1
UNION Deutsche Lebensmittelwerke GmbH,
Dammtorwall 15, 2000 Hamburg 36

Werbeagenturen

A.B.S. Werbeagentur GmbH,
Zeppelinallee 35, 6000 Frankfurt/Main 1
acon Gesellschaft für Werbung und Kommunikation mbH,
Servatiusstraße 73, 5000 Köln 91
Ted Bates Werbeagentur GmbH,
Bettinastraße 53–55, 6000 Frankfurt/Main 1
BAUMS, MANG und ZIMMERMANN Werbeagentur GmbH & Co. KG,
Rolandstraße 27, 4000 Düsseldorf 30
Boebel, Adam, Benton & Bowles. Werbeagentur GmbH,
Freiherr-von-Stein-Straße 31, 6000 Frankfurt/Main 1
COMPAS Media-Agentur GmbH,
Kronberger Straße 14, 6000 Frankfurt/Main 1
D'Arcy Masius Benton & Bowles,
Bleichenbrücke 10, 2000 Hamburg 36
Deutscher Sparkassenverlag GmbH,
Am Wallgraben 115, 7000 Stuttgart 80
Doyle Dane Bernbach Werbeagentur GWA,
Schadowstraße 48–50, 4000 Düsseldorf 1
R. W. Eggert Werbeagentur GmbH & Co.,
Gartenstraße 15, 4000 Düsseldorf 30
Die Werbe Euro-Advertising GmbH,
Grafenberger Allee 128a, 4000 Düsseldorf 1
FCB Frankfurt Werbeagentur GmbH,
Postfach 2826, 6000 Frankfurt/Main
Carl Gabler Werbegesellschaft mbH,
Herzog-Heinrich-Straße 8, 8000 München 2
GGK Media GmbH,
Immermannstraße 15, 4000 Düsseldorf 1
Grey Düsseldorf GmbH & Co. KG,
Postfach 8428, 4000 Düsseldorf 1
Werbeagentur Hegemann GmbH,
Immermannstraße 12, 4000 Düsseldorf
HMS Media-Service GmbH,
Biebricher Allee 36, 6200 Wiesbaden
Lürzer, Conrad & Leo Burnett GmbH Werbeagentur GWA,
Postfach 180360, 6000 Frankfurt/Main 1
McCann-Erickson GmbH,
Ulmenstraße 39, 6000 Frankfurt/Main 1
Media-Promotion AG,
Wasserburger Landstraße 246, 8000 München 82
Media Satel Gesellschaft für Media Planung und Einkauf mbH,
Postfach 106629, 2000 Hamburg 1
MEDIA SELECTA, Agentur für integrierte Medienforschung, Planung, Realisierung GmbH & Co.,
Wilckenstraße 3, 6900 Heidelberg
MMS Media Marketing Service Düsseldorf GmbH,
Berliner Allee 34–36, 4000 Düsseldorf 1
MWI Markenwerbung International GmbH & Co.,
Holstenwall 10, 2000 Hamburg 36
Ogilvy & Mather GmbH & Co. KG,
Postfach 700507, 6000 Frankfurt/Main 70
omnia Werbegesellschaft mbH,
Montanstraße 8–16, 1000 Berlin 51

Publicis Intermarco-Farner Werbeagentur GmbH, Postfach 3128, 4000 Düsseldorf 1
Werbeagentur Peter Selinka, Postfach 2146, 7980 Ravensburg
Saatchi & Saatchi Compton GmbH, Friedrichstraße 48, 6000 Frankfurt/Main 1
SSC & B: Lintas GmbH, Burchardstraße 8, 2000 Hamburg 1
TEAM/BBDO GmbH, Heinrichstraße 24, 4000 Düsseldorf 1
J. Walter Thompson GmbH, Bockenheimer Landstraße 104, 6000 Frankfurt/Main 1
Troost Campbell-Ewald Kommunikations GmbH, Postfach 8013, 4000 Düsseldorf 1
Werbedienst für Markenwaren GmbH, Postfach 545, 7000 Stuttgart 1
WESTAG WERBEAGENTUR Prigge, Hawel GmbH & Co. KG, Brüderstraße 5, 5000 Köln 1
Werbeagentur Wündrich-Meissen GmbH, Postfach 310809, 7000 Stuttgart 31
YOUNG & RUBICAM GmbH, Postfach 4665, 6000 Frankfurt/Main

Gedruckte Medien

ACE Verlag GmbH, Postfach 500106, 7000 Stuttgart 50
ACE Lenkrad
ACN Anzeigen-Cooperation Nordrhein, Postfach 100121, 5000 Köln 1
ACN-Abozeitungen, Express
ADAC Verlag GmbH, Postfach 700126, 8000 München 70
ADAC Motorwelt
BASTEI-VERLAG GUSTAV H. LÜBBE GMBH & CO., Scheidtbachstraße 23–31, 5060 Bergisch-Gladbach 2
DAS GOLDENE BLATT, Goldene Gesundheit, Gabi
Heinrich Bauer Verlag, Anzeigen + Marketing KG, Postfach 100444, 2000 Hamburg 1
bella, Fernsehwoche, Das Neue, Das Neue Blatt, Neue Post, Neue Revue, Playboy, Praline, Tina, TV Hören und Sehen, Wochenend
Heinrich Bauer Spezialzeitschriften-Verlag KG, Postfach 201728, 8000 München 83
Auf einen Blick, Auto Zeitung, Bravo, Mikado, Motorrad Reisen & Sport, Neue Mode, Selbst ist der Mann
Verlag Bayernkurier, Postfach 190263, 8000 München 19
BAYERNKURIER
Braunschweiger Zeitung, Eckensberger GmbH & Co. KG, Postfach 3263, 3300 Braunschweig
Braunschweiger Zeitung
Bremer Tageszeitungen AG, Postfach 107801, 2800 Bremen 1
Weser-Kurier/Bremer Nachrichten
Burda GmbH, Postfach 1230, 7600 Offenburg
Bild + Funk, Bunte, Freizeit Revue, Freundin, Das Haus, Mein schöner Garten, Meine Familie & ich, Pan
Verlag Aenne Burda GmbH & Co. KG, Postfach 1160, 7600 Offenburg
Anna, Burda Moden, Carina
Verlag DAS BESTE GmbH, Freiligrathstraße 11, 4000 Düsseldorf 30
Das Beste
DEUTSCHER ÄRZTE-VERLAG GMBH, Postfach 400265, 5000 Köln 40
medizin heute
Deutscher Sportverlag Kurt Stoof GmbH & Co., Postfach 108012, 5000 Köln 1
SPORT-Illustrierte
Deutscher Supplement Verlag GmbH & Co. KG, Breslauer Straße 300, 8500 Nürnberg 51
rtv
Deutsche Verlags-Anstalt GmbH, Postfach 209, 7000 Stuttgart 1
bild der wissenschaft
Ditzen Druck und Verlags-GmbH, Hafenstraße 140, 2850 Bremerhaven 1
Nordsee Zeitung (nutzungsberechtigt)
Verlag Druck- und Verlagshaus Frankfurt am Main GmbH, Große Eschenheimer Straße 16–18, 6000 Frankfurt/Main 1
Frankfurter Rundschau
Ehapa Verlag GmbH, Im Riedenberg 54, 7022 Leinfelden-Echterdingen 3
MICKY MAUS
Verlag Ehrlich & Sohn GmbH & Co., Postfach 2139, 2400 Lübeck
Frau im Spiegel
Einhard-Verlag GmbH, Postfach 1426, 5100 Aachen
Leben & Erziehen
Fortuna Verlag GmbH, Innere-Cramer-Klett-Straße 6, 8500 Nürnberg 1
die aktuelle, Ein Herz für Tiere, Die Zwei
Foto-Zeitschriften Verlag GmbH, Postfach 1042, 7000 Stuttgart 1
Color Foto
Franckh'sche Verlagshandlung, Postfach 640, 7000 Stuttgart 1
KOSMOS
Frankfurter Allgemeine Zeitung, Postfach 100808, 6000 Frankfurt/Main 1
Frankfurter Allgemeine Zeitung
Gesellschaft für Wirtschaftspublizistik GWP mbH, Kasernenstraße 67, 4000 Düsseldorf 1
WIRTSCHAFTSWOCHE
Gong Verlag GmbH, Innere-Cramer-Klett-Straße 6, 8500 Nürnberg 1
Gong
Gruner + Jahr AG & Co., Postfach 302040, 2000 Hamburg 36
Brigitte, Capital, Eltern, Essen & Trinken, Geo, Nicole, P.M. Magazin, Schöner Wohnen, Stern
Hamburger Abendblatt Wirtschaftsraum-Kombination, Postfach 304630, 2000 Hamburg 36
Hamburger Abendblatt Wirtschaftsraum-Kombination
Handelsblatt GmbH, Kasernenstraße 67, 4000 Düsseldorf 1
DM
Hannoversche Allgemeine Zeitung, Verlagsgesellschaft Madsack GmbH, Postfach 209, 3000 Hannover 1
Hannoversche Allgemeine Zeitung
HANSISCHES DRUCK- UND VERLAGSHAUS GMBH, Mittelweg 111, 2000 Hamburg 13
Deutsches Allgemeines Sonntagsblatt

Hoffmann & Campe Verlag, Possmoorweg 5, 2000 Hamburg 60
MERIAN
iwz ILLUSTRIERTE WOCHENZEITUNG GmbH & Co., Postfach 315, 7000 Stuttgart 1
iwz Illustrierte Wochenzeitung
JAHRESZEITEN-VERLAG GMBH, Possmoorweg 5, 2000 Hamburg 60
Für Sie, Petra, selber machen, Vital, Zuhause
Kino Verlag GmbH, Milchstraße 1, 2000 Hamburg 13
cinema
Klambt Verlag GmbH & Cie., Postfach 1545 A, 6720 Speyer
7 Tage
Klasing & Co. GmbH, Siekerwall 21, 4800 Bielefeld 1
Gute Fahrt, Surf
MAGAZINPRESSE Verlag GmbH Zeitschriften & Co. KG, Postfach 201726, 8000 München 2
MADAME, Westermanns Monatshefte
MEDIA-Zeitschriften GmbH Herstellungs- und Vertriebs KG, Friedrichstraße 34–38, 4300 Essen 1
BWZ Bunte Wochen-Zeitung
MVG Medienverlagsgesellschaft mbH & Co., Arabellastraße 33, 8000 München 81
Cosmopolitan, Mädchen, Musik Express/Sounds, Pop Rocky, POPO
MITTELHESSENPRESSE, Postfach 2940, 6330 Wetzlar
MITTELHESSENPRESSE
Morgenpost Druck- und Verlagsanstalt GmbH & Co. KG, Griegstraße 75, 2000 Hamburg 50
Hamburger Morgenpost
MOTOR PRESSE VERLAG GMBH & CO. KG, Postfach 1042, 7000 Stuttgart 1
Motorrad
MÜNCHENER ZEITUNGS-VERLAG GmbH & Co., Postfach 200626, 8000 München 2
Münchner Merkur/tz, tz
NewMag New Magazines Verlagsgesellschaft mbH, Postfach 140460, 8000 München 5
lui
OBERFRANKEN PRESSE, c/o Verlags-Media-Service, Achenbachstraße 4, 6000 Frankfurt/Main 70
OBERFRANKEN PRESSE
Olympia-Verlag GmbH, Badstraße 4–6, 8500 Nürnberg 1
kicker-sportmagazin
Petri Verlag GmbH, Bauerstraße 20, 8000 München 40
Penthouse
Prisma Verlag GmbH & Co. KG, Postfach 9320, 4000 Düsseldorf 1
PRISMA
PS Verlagsgesellschaft mbH & Co., Herstellungs- und Vertriebs KG, Postfach 1042, 7000 Stuttgart 1
PS Die Motorrad Zeitung
Publica Verlag GmbH, Heidenkampsweg 76 A, 2000 Hamburg 1
meine geschichte
Quick Verlag GmbH, Postfach 201728, 8000 München 83
Quick
Verlag Rheinischer Merkur GmbH, Postfach 2309, 5400 Koblenz
Rheinischer Merkur/Christ und Welt
RHEINPFALZ Verlag und Druckerei-GmbH, Amtsstraße 5–11, 6700 Ludwigshafen
DIE RHEINPFALZ
Ringier Verlag Deutschland GmbH, Ortlerstraße 8, 8000 München 70
natur, fotomagazin
Saarbrücker Zeitung Verlag und Druckerei GmbH, Gutenbergstraße 11–23, 6600 Saarbrücken 1
Saarbrücker Zeitung
Schleswig-Holstein-Presse Tageszeitungs-Kombination, Postfach 1553, 2390 Flensburg
Schleswig-Holstein-Presse
Schwäbischer Verlag KG, Rudolf-Roth-Straße 18, 7970 Leutkirch
Schwäbische Zeitung
Sonnenverlag GmbH, Postfach 720, 7570 Baden Baden
Frau mit Herz, Ingrid, Katrin
SPIEGEL Verlag Rudolf Augstein GmbH & Co. KG, Brandstwiete 19, 2000 Hamburg 11
DER SPIEGEL
Axel Springer Verlag AG, Kaiser-Wilhelm-Straße 6, 2000 Hamburg 36
Bild am Sonntag, Bild der Frau, Bildwoche, Funk Uhr, Hörzu, Journal für die Frau, Welt am Sonntag, Bild, Die Welt
Stuttgarter Zeitung, Verlagsgesellschaft Eberle GmbH & Co., Postfach 141, 7000 Stuttgart 1
Stuttgarter Zeitung/Stuttgarter Nachrichten
SÜDDEUTSCHER VERLAG GMBH, Sendlinger Straße 80, 8000 München 2
AvD Motor & Reisen, Süddeutsche Zeitung
SZV SPEZIAL-ZEITSCHRIFTEN-VERLAG GmbH & Co. KG, Schellingstraße 39–43, 8000 München 40
PHOTO REVUE, VIDEO Magazin
top special Verlag GmbH & Co. KG, Valentinskap 24, 2000 Hamburg 36
hobby Magazin der Technik, Rallye Racing
Velber Verlag GmbH, Im Brande 15, 3016 Seelze 6
Spielen und Lernen
Vereinigte Motor Verlage GmbH & Co. KG, Postfach 1042, 7000 Stuttgart 1
Auto Motor Sport, mot Die Auto-Zeitschrift, Sport Auto
J. WECK GmbH & Co.-Verlag, Weckstraße, 7867 Wehr 2
RATGEBER Frau und Familie
Verlag WELT AM SONNABEND GMBH, Postfach 8509, 4000 Düsseldorf 1
ECHO DER FRAU, frau aktuell, NEUE WELT
Winfried-Werk GmbH, Postfach 100085, 8900 Augsburg 1
Frau im Leben, Weltbild
Zeitverlag G. Bucerius KG, Pressehaus, 2000 Hamburg 1
Die Zeit
ZGW ZEITUNGS-GRUPPE WESTFALEN, Soester Straße 13, 4400 Münster
ZGW ZEITUNGS-GRUPPE WESTFALEN
ZRN Zeitungsgruppe Rhein-Neckar, Pressehaus am Marktplatz, 6800 Mannheim 1
ZRN Zeitungsgruppe Rhein-Neckar

Lesezirkel

Verband Deutscher Lesezirkel e. V., Flensburger Straße 28, 4000 Düsseldorf 30
Lesemappe

Elektronische Medien
ARW Arbeitsgemeinschaft Rundfunkwerbung, Am Steinernen Stock 1, 6000 Frankfurt/Main 1
Fachverband Film- und Diapositiv-Werbung e. V., Oberhafenstraße 1, 2000 Hamburg 1
ipa-RTL Produktions- und Werbegesellschaft für Funk und Fernsehen GmbH, Freiherr-vom-Stein-Straße 58, 6000 Frankfurt/Main 1
ZDF Zweites Deutsches Fernsehen, Postfach 4040, 6500 Mainz 1

Fusionierte Daten
Konpress Anzeigen e. G., Postfach 100952, 4350 Recklinghausen
Konfessionelle Presse

Arbeitsgemeinschaft Media Service Bau (MSB)
Eine seit 1967 bestehende Gruppe aus neun Verlagen (nämlich: Erich Schmidt Verlag GmbH, München; Bertelsmann Fachzeitschriften, Gütersloh; Verlagsgesellschaft Rudolf Müller GmbH, Köln; Krafthand Verlag Walter Schulz, Bad Wörishofen; Bau Verlag GmbH, Wiesbaden; Thalhammer Verlag, Gräfelfing; Giesel Verlag für Publizität, Isernhagen; Konradin Verlag Robert Kohlhammer GmbH, Leinfelden-Echterdingen und Patzer Verlag GmbH & Co. KG, Hannover) und zwölf Zeitschriften für Bauunternehmer („Allgemeine Bauzeitschrift“, „Baugewerbe“, „Baumarkt“, „baumaschinendienst“, „baupraxis zeitschrift“, „bauwirtschaft“, „bauzentralblatt“, „Hoch- und Tiefbau“, „Baumaschine + Bautechnik“, „Straßen- und Tiefbau“, „Tiefbau Berufsgenossenschaft“, „Tiefbau-Ingenieur-Straßenbau“). Sie führte 1972 ihre erste gemeinschaftliche Reichweitenuntersuchung durch, die 1978 wiederholt wurde. Dieser (→) Leseranalyse Bauzeitschriften folgte 1983 das Unterfangen von zwölf praktisch identischen (→) Leserschaftsstrukturanalysen, die als schriftliche (→) Leseranalysen angelegt waren. Damit gehört MSB zu den wenigen Branchengruppen, in denen durch Kooperation der miteinander konkurrierenden Fachzeitschriften-Verlage Daten zur Transparenz des betreffenden Marktes beschafft werden, und dies schon über eine lange Zeit.

Arbeitsgemeinschaft mittlerer Tageszeitungen (A.M.T.)
→ Standortpresse GmbH

Arbeitsgemeinschaft der öffentlich-rechtlichen Rundfunkanstalten der Bundesrepublik Deutschland (ARD)
Der 1950 errichtete Zusammenschluß der bundesdeutschen Länderrundfunkanstalten des öffentlichen Rechts (Bayerischer Rundfunk, Hessischer Rundfunk, Norddeutscher Rundfunk, Radio Bremen, Saarländischer Rundfunk, Sender Freies Berlin, Süddeutscher Rundfunk, Südwestfunk, Westdeutscher Rundfunk sowie der Bundesanstalten Deutsche Welle, Deutschlandfunk und (mit Einschränkungen) RIAS Berlin zur Wahrnehmung gemeinsamer Interessen und Bearbeitung gemeinsamer rechtlicher, technischer, betriebswirtschaftlicher und programmtechnischer Fragen sowie der Gestaltung eines gemeinsamen Fernsehprogramms, des Ersten Programms (Deutsches Fernsehen), wobei die Geschäftsführung von Jahr zu Jahr an die Landesanstalt überwechselt, deren Intendant zum ARD-Vorsitzenden gewählt worden ist. Die Konferenz der Programmdirektoren mit dem Programmdirektor Deutsches Fernsehen an der Spitze entscheidet in regelmäßigen Sitzungen über Struktur und Schwerpunkte des Ersten Fernsehprogramms. Die gemeinschaftlichen Aufgaben, die zum Teil zusammen mit dem (→) Zweiten Deutschen Fernsehen (ZDF) in Angriff genommen werden, reichen von einer gemeinsamen Gebühreneinzugszentrale (GEZ) über eine Zentrale Fortbildungseinheit (ZFP) bis zum Institut für Rundfunktechnik (IRT) und dem Deutschen Rundfunkarchiv in Frankfurt/Main, das die dokumentationswürdigen Bild- und Tonträger erfassen soll.

Arbeitsgemeinschaft Rundfunkwerbung (ARW)
Der Zusammenschluß der mit den Landesrundfunkanstalten verbundenen Gesellschaften für (→) Werbefunk und (→) Werbefernsehen (Bayerische Rundfunkwerbung GmbH München, Berliner Werbefunk GmbH Berlin, Deutsche Funkwerbung München, Norddeutsche Funkwerbung Bremen, Norddeutsche Werbefernsehen GmbH Hamburg, Werbefunk Saar GmbH Saarbrücken, Rundfunkwerbung Stuttgart GmbH, Werbung im Rundfunk GmbH Frankfurt, Werbung im Südwestfunk GmbH Baden-Baden, Westdeutsche Werbefernsehen GmbH Köln) im Rahmen der (→) Arbeitsgemeinschaft der öffentlich-rechtlichen Rundfunkanstalten der Bundesrepublik Deutschland (ARD). Zu den Aufgaben der ARW zählen die Wahrnehmung gemeinsamer Interessen der Werbefunk-Gesellschaften in der Ausübung ihrer gewerblichen Tätigkeiten, die Wahrnehmung sonstiger gemeinsamer Interessen gegenüber anderen berufsständischen Organisationen, die Beschaffung und Sicherstellung eines qualitativ hochstehenden Fernseh-Programmpools aus Eigenproduktion und

Fremdfilmen, die Erhaltung und Finanzierung einer Media-Gruppe einschließlich einer Mediamarketing-Abteilung, die Herausgabe der Zeitschrift „Media-Perspektiven", die Durchführung gemeinsamer Markt- und Meinungsforschungsaufgaben und Sonderuntersuchungen sowie die Durchführung und Finanzierung gemeinsamer Darstellungen, Veranstaltungen und gemeinsamer Werbemaßnahmen.

Arbeitsgemeinschaft Zeitschriftenverlage (AGZV)
Eine 1975 gegründete Arbeitsgemeinschaft des Börsenvereins des Deutschen Buchhandels e. V., die als besondere Vertretung der mehr als 600 Mitgliedsfirmen des Börsenvereins, die wissenschaftliche Zeitschriften und (→) Fachzeitschriften verlegen und spezielle Interessen im Bereich des Anzeigenwesens haben, die Mitgliedschaft im (→) Zentralausschuß der Werbewirtschaft (ZAW) erworben hat.

Arbeitskreis Deutscher Marktforschungsinstitute (ADM)
Die berufsständische Organisation der bundesdeutschen Full-Service-Marktforschungsinstitute, die nach ihrer organisatorischen und wissenschaftlichen Leistungsfähigkeit in der Lage sind, alle Stadien der Planung und Durchführung von Markt- und Sozialforschungsaufgaben von der Anlage, Fragebogenentwicklung, Feldarbeitsorganisation bis hin zur Datenanalyse selbständig durchzuführen (Mindesterfordernis an die Größe: zehn oder mehr festangestellte Mitarbeiter, von denen mindestens einer Akademiker sein muß). Der ADM hat etwa 30 Mitgliedsinstitute.
Nach § 2 seiner Satzung stellt sich der ADM „die Aufgabe, alle gemeinsamen Belange der ihm angehörenden Institute zu wahren und zu fördern. Dieses Ziel soll insbesondere erreicht werden durch: a) Förderung des Gedankens der Marktforschung; b) Wahrung des Ansehens der Marktforschung; c) Wahrung und Durchsetzung der Berufsgrundsätze des Arbeitskreises; d) Schutz der Öffentlichkeit vor unzulänglichen Untersuchungen; e) Bekämpfung unlauteren Wettbewerbs; f) Verbindungen zu nationalen und internationalen Organisationen; g) Förderung der wissenschaftlichen Grundlagenforschung und der Verbindung zu den Hochschulen; h) Förderung des Nachwuchses; i) Austausch von Erfahrungen und Gedanken der Mitglieder untereinander; j) Beratung und Vertretung der Mitglieder in Fragen der Institutspraxis und in Grundsatzfragen; k) Herausgabe von Fachschrifttum." Der ADM ist Mitglied des (→) Zentralausschusses der Werbewirtschaft (ZAW). Der ADM hat für seine Mitglieder verbindliche „Berufsgrundsätze" als Verhaltensregeln formuliert und den (→) Internationalen Code der Markt- und Meinungsforschung von ESOMAR und ICC angenommen. Die Berufsgrundsätze haben den folgenden Wortlaut:

I. Einleitung
Der ADM Arbeitskreis Deutscher Marktforschungs-Institute e. V. ist eine berufsständische Organisation. Verhalten und Verantwortung der Mitglieder sind geprägt durch die Tatsache, daß sie einem beratenden Dienstleistungsberuf angehören. Gegenüber den Dienstleistungen allgemein sind die beratenden Dienstleistungen dadurch gekennzeichnet, daß der Auftraggeber, der Klient, in der Regel die fachliche Qualität der ihm erwiesenen Leistung nicht voll beurteilen kann und darum auf die Fairneß und Gewissenhaftigkeit des Dienstleistenden angewiesen ist.
Es gilt, Verhaltensnormen zu bestimmen, die eine Irreführung der Öffentlichkeit ausschließen und die Arbeit von Marktforschungsinstituten gegen unlautere Betätigungen klarer als bisher abgrenzen.
Um ihre Untersuchungsaufgaben wahrnehmen zu können, sind die Mitglieder des Arbeitskreises angewiesen auf die Informationen, die ihnen von ausgewählten Personen und Institutionen gegeben werden. Die Informanten sind dabei im guten Glauben, daß ihnen aus ihrer Bereitschaft zu Auskünften kein Nachteil erwächst. Dies begründet eine besondere Schutzverpflichtung der Mitglieder gegenüber den Informanten.
Schließlich wirken viele Untersuchungsergebnisse der Mitgliedsinstitute in den öffentlichen Bereich hinein, die Anwendung der Untersuchungsergebnisse hat oft weitgehende Folgen. Auch daraus ergibt sich eine erhöhte Verpflichtung für die Mitglieder des Arbeitskreises beim Ausüben ihrer Berufstätigkeit.
In dieser gemeinsamen Überzeugung haben die Mitglieder des Arbeitskreises die folgenden Berufsgrundsätze für ihre Tätigkeit aufgestellt.

II. Verhaltensnormen der ADM-Mitglieder gegenüber ihren Auftraggebern

1. Dem Auftraggeber wird ein Angebot in Form eines Untersuchungsvorschlages unterbreitet, der Angaben über Aufgabenstellung, methodische Durchführung, Auswertung, Termine und das Honorar enthält. Vor Abgabe von Angeboten muß geklärt sein, ob der Untersuchungsvorschlag zu honorieren ist. Dies gilt vor allem dann, wenn zum Beispiel der Vorschlag einen Fragebogenentwurf, ein Explorationsschema oder andere spezielle Ausarbeitungen enthält, die über den Umfang von Rahmenvorschlägen hinausgehen. Hierunter fallen auch Besprechungen außerhalb des Institutssitzes.
2. Die Ergebnisse einer Untersuchung sind exklusiv für den Auftraggeber bestimmt. Eine Weitergabe ist nicht statthaft. Die ADM-Mitglieder sind verpflichtet, den Auftraggeber zu informieren, wenn eine Untersuchung oder Teile von ihr nicht ausschließlich für ihn durchgeführt werden.
3. Die ADM-Mitglieder verpflichten sich, sämtliche vom Auftraggeber erhaltenen Informationen und Unterlagen vertraulich zu behandeln.
4. Der Untersuchungsbericht muß – soweit es im Rah-

men der Untersuchungsmethode liegt – folgende Angaben enthalten:

a) Auftraggeber der Untersuchung
b) verantwortliches bzw. durchführendes Institut
c) Aufgabenstellung der Untersuchung
d) Beschreibung der Grundgesamtheit
e) Umfang und Zusammensetzung der Stichprobe
f) Zahl der Sample-points und Zahl der Befragungsorte
g) detaillierte Beschreibung der angewendeten Auswahlmethode und des Auswahlverfahrens
h) Zeitraum der Erhebung
i) Anzahl und Beschreibung der für die Erhebung tätigen Interviewer und Angabe der angewandten Kontrollmethoden
j) Fragebogen
k) bei in Prozentwerten ausgewiesenen Untersuchungsergebnissen die Basiszahlen, auf denen sie beruhen
l) eine Erklärung, über die verwendeten mathematisch-statistischen Verfahren (Modell o.ä.) auf Wunsch des Auftraggebers Auskunft zu erteilen
m) bei Verwendung von Sekundärmaterial die Quellen
n) eine deutlich erkennbare Trennung der ermittelten Daten von eventuellen Interpretationen, Schlußfolgerungen, Empfehlungen.

III. Verhaltensnormen der ADM-Mitglieder gegenüber ihren Informanten

Um einem unlauteren Vorgehen im Sinne einer unzulässigen Beeinflussung der Befragten und damit der Ergebnisse vorzubeugen, gehen die ADM-Mitglieder folgende Verpflichtungen bei der Ausführung ihrer Forschungsaufgaben ein:

1. Die ADM-Mitglieder treffen Vorsorge, um die völlige Anonymität ihrer Informanten sicherzustellen. Enthalten Untersuchungsberichte Zitate, so ist dafür zu sorgen, daß sie nicht mit einer bestimmten Person, einem Unternehmen, einer Organisation oder Behörde identifiziert werden können.
2. Die Interviewer der ADM-Mitglieder haben vor Beginn ihrer Interviews Name und Anschrift ihres Instituts zu nennen. Die Interviewer der ADM-Mitglieder sind mit einem besonders gekennzeichneten Ausweis ausgestattet.
3. Es ist das Recht der Befragten zu respektieren, Antworten zu verweigern und das Interview jederzeit zu beenden. Bereits gegebene Informationen sind auf Wunsch des Befragten zu annullieren. Alle Methoden und Techniken, die dieses Recht einschränken könnten, sind zu unterlassen.
4. Es ist unlauter, unter dem Namen der Marktforschung Werbung oder Akquisition zu betreiben. Die ADM-Mitglieder geben ihren Informanten die Gewähr dafür, daß Interviews nicht in dieser Weise mißbraucht werden.

Arbeitskreis Industrie-Zielgruppen (AIZ)

Ein 1981 gegründeter Arbeitskreis von zunächst 15, heute (1987) 14 Fachverlagen mit dem Ziel, Leistungsdaten der durch sie vertretenen (→)Fachzeitschriften für Fach- und Führungskräfte der Industrie in einer (→) Reichweitenanalyse von Spitzentiteln branchenübergreifender technischer Fachzeitschriften objektiv vergleichbar darzustellen und dabei jeden beteiligten Titel in seinen Schwerpunkten richtig abzubilden. Das endgültige Ziel des AIZ ist die Einrichtung einer regelmäßig wiederholten, vergleichbaren Reichweitenanalyse.

Bisher sind folgende Schritte im Forschungsprogramm absolviert worden:

- Desk-Research zur Formulierung der Grundfragen, des generellen Untersuchungs-Konzeptes und zum Zusammentragen einschlägiger Daten und Vorerfahrungen. Auf dieser Stufe wurde u. a. die Definition der Teilnehmer-Titel in Übereinstimmung mit dem (→) ZAW-Rahmenschema für Werbeträgeranalysen vorgenommen. Diese Stufe erstreckte sich über die Jahre 1981 und 1982.

Pretest I diente insbesondere dazu, empirisches Material zur Definition der (→) Grundgesamtheit zu beschaffen. Es wurden 280 Adressen aus der Betriebsstätten-Stichprobe von Infratest gezogen. Für diese Adressen wurde von jedem Verlag festgestellt, wieweit sie Empfänger der einschlägigen Titel sind.

In 105 ausgewählten Empfänger-Betriebsstätten wurde dann der Kreis aller personellen Empfänger der Titel bestimmt.

Eine Stichprobe von 294 Personen aus dem Kreis dieser Empfänger wurde schließlich

- zum einen nach Lesegewohnheiten gegenüber den Titeln
- zum anderen nach Strukturmerkmalen

befragt.

Als Ergebnis dieser Stufe konnte eine Präzisierung der Definition für die Grundgesamtheit vorgenommen werden, durch die „leeres“ Potential, also Betriebe und Personengruppen, bei denen die Lektüre von technischen Fachzeitschriften keine nennenswerte Rolle spielt, aus der Grundgesamtheit ausgeschieden wird.

Pretest I wurde 1983 durchgeführt.

Pretest II hatte zwei Aufgaben:

- Zum einen war empirisch zu prüfen, ob die zur Definition der Grundgesamtheit benutzten Kriterien in den Betriebsstätten auch praktisch einsetzbar sind, um die Personen der Grundgesamtheit zu identifizieren.
- Zum zweiten ging es hier um die Frage, welche Daten zur Beschreibung des Marktes (Struktur-Daten), zum Media-Verhalten und zur qualitativen Bewertung der Media-Kontakte abfragbar sind.

  Insbesondere sollte hier auch geklärt werden, wie die üblichen methodischen Ansätze der Leserschaftsforschung – Frage nach der Lesefrequenz und Frage nach dem letzten Lesen – bei der Fachpresse mit ihren sehr unterschiedlichen Erscheinungsintervallen und Vertriebssystemen spielen.

Für Pretest II wurde eine Stichprobe von insgesamt 286 Betrieben aus der Infratest-Betriebsstätten-Stichprobe aufgesucht. In diesen Betrieben wurden 386 Personen aus der personellen Grundgesamtheit befragt. Pretest II lief im Jahre 1984.

Um zu einer methodisch verantwortbaren und zugleich umfassenden Liste von Titel zu gelangen, wurde folgende Definition gefunden:

- Polythematische Titel mit Verbreitung in bestimmten Branchen
- oligothematische Titel mit branchenübergreifender Verbreitung
- sowie polythematische, branchenübergreifende Titel
- mit mindestens sechs Ausgaben pro Jahr.

Hierzu gehören die Titel, die im Handbuch „Media-Daten Fachzeitschriften" unter folgenden Gruppen ihren Haupteintrag haben:

245 Betriebsbedarf
259 Betriebstechnik
323 Fertigungstechnik
375 Getriebe und Antriebselemente
415 Hydraulik und Pneumatik
423 Industrie und Technik
515 Maschinenbau
517 Materialfluß und Fördertechnik
531 Metallbearbeitung

Alle 40 einschlägigen Titel sind zur Teilnahme an den Arbeiten des AIZ eingeladen worden. 30 Titel haben sich zur Teilnahme bereitgefunden.

Aufgrund der Erkenntnisse aus Pretest I wurde die Grundgesamtheit vorläufig folgendermaßen definiert:

Institutionelle Grundgesamtheit

Alle Betriebe des verarbeitenden Gewerbes; in den Branchen Steine/Erden, Holz/Papier/Druck, Leder/Textil/Bekleidung sowie Nahrung/Genuß ab 100 Mitarbeitern.

Personelle Grundgesamtheit

Inhaber/Vorstände/
Geschäftsführer
(Haupt-)Abteilungsleiter
+ vergleichbare Ebene
Gruppenleiter
+ vergleichbare Ebene (Meister)
Fachspezialisten unterhalb der Gruppenleiterebene, soweit sie in betriebliche Entscheidungsprozesse involviert sind.

Nicht zur Grundgesamtheit gehören Personen aus diesem Kreis, die

nur im Bereich Verwaltung/Personal bzw.
nur im Bereich Marketing/Werbung/Verkauf tätig sind.

Über die Beziehung der Grundgesamtheit zu den AIZ-Titeln hat Pretest II folgende Erkenntnisse erbracht: Die Empfänger der AIZ-Titel sind zu fast 100 % auch Leser.

Bei den 386 Befragten der personellen Zielgruppe in Pretest II wurde für alle 40 einschlägigen Titel (also nicht nur für die 30 Teilnehmertitel) erfaßt, wie groß

- o der Weiteste Empfängerkreis (Empfänger von mindestens einer der letzten 12 Ausgaben)
- o und der Weiteste Leserkreis (Leser von mindestens einer der letzten 12 Ausgaben)

ist. Im Durchschnitt über alle 40 Titel sind 99 % der Empfänger eines Titels (d. h. des Weitesten Empfängerkreises) auch Leser des betreffenden Titels (d. h. gehören zum Weitesten Empfängerkreis).

79 % der vorläufig definierten personellen Grundgesamtheit gehören zum Weitesten Leserkreis von mindestens einem der 40 AIZ-Titel.

Eine quantitative Absicherung vorausgesetzt läßt dieses Ergebnis also erwarten, daß mit den AIZ-Titeln 80 Prozent der Industrie-Zielgruppen angesprochen werden können.

Im Durchschnitt gehörte in der Stichprobe von Pretest II jeder von diesen 80 Prozent zum Weitesten Leserkreis von fünf bis sechs unterschiedlichen Titeln. In diesen Zahlen zeigt sich der hohe und differenzierte fachliche Informationsbedarf der hier untersuchten Industrie-Zielgruppen sehr deutlich aus.

Die Netto-Reichweite aller 40 untersuchten AIZ-Titel beträgt 66 % (berechnet auf der Basis der Frequenzangaben pro Titel).

Im Mittel liest aber jeder von diesen zwei Dritteln eine durchschnittliche Ausgabe von vier unterschiedlichen Titeln.

Die nicht erreichten Personen rekrutieren sich im wesentlichen aus Personen in Betriebsstätten unter 10 Beschäftigten, Personen in Betriebsstätten, die nur zur Fertigungsstufe Handel oder Dienstleistung gehören und Personen mit handwerklicher Ausbildung und Tätigkeit.

1987 schloß der AIZ die Arbeiten an seiner ersten Gemeinschaftsuntersuchung, „Integrierte Leser-Struktur-Analyse 1987" ab, deren Ergebnisse er in zwei Bänden vorlegte. Band I enthielt die quantitativen Strukturdaten sowie die Methodenbeschreibung, Band II die qualitativen Daten zur Charakterisierung der Leser und ihrer Beziehung zu den AIZ-Titeln.

Ziel der Untersuchung war es, vergleichbare Strukturdaten über die beteiligten AIZ-Titel zu erfassen. Dazu wurden integrierte Stichproben gebildet, d.h. die Einzelstichproben wurden nach einem vergleichbaren Modell aus den Versand-Dateien der einzelnen Titel gezogen und dann zu einer Gesamtstichprobe zusammengeführt. Ziel war die Erfassung der Strukturen der durchschnittlichen Leserschaften, weil Grundgesamtheit für die Stichprobe die Empfängerbetriebe von 12 Monaten sind und pro Titel etwa 150 Empfängerbetriebe der letzten 12 Monate gezogen wurden. Aus den 5285 Betriebsadressen des Netto-Ansatzes ergaben sich dabei 3678 durchgeführte Interviews, mithin eine (→) Ausschöpfung von 70%.

Arbeitskreis Kennziffer-Zeitschriften – akz
(→) Kennzifferzeitschrift

Arbeitskreis Leseranalyse im Bundesverband Deutscher Kundenzeitschriftenverleger e. V.
→ Bundesverband Deutscher Kundenzeitschriftenverleger e. V., Leseranalyse Kundenzeitschriften

Arbeitskreis Media-Informationen Fachzeitschriften
→ AMF

Arbeitskreis Special Interest-Zeitschriften (asi) → Spezialzeitschrift

Arbitron *(Arbitron-Verfahren)*
Ein vom American Research Bureau (ARB) in Washington zur Messung von (→) Einschaltquoten im Fernsehen 1957 entwickeltes elektromechanisches Meßgerät, das Informationen über die Dauer und Art der eingeschalteten Fernsehkanäle erfaßt und über Telefon an seine Zentrale weitergibt. Die Empfangsgeräte einer Gruppe von Haushalten sind über Telefonkabel mit der Arbitron-Zentrale verbunden. Kleine elektronische Sendegeräte in den Fernsehgeräten melden automatisch in bestimmbaren Zeitabständen oder auf Abruf an die Zentrale ein Signal, aus dem hervorgeht, ob und auf welche Station das Gerät eingeschaltet ist. Eine elektronische Speicheranlage registriert die Signale, faßt sie zusammen und sendet das Ergebnis auf eine Leuchttafel, auf der ablesbar ist, von wievielen Fernsehgeräten die im Sendebereich verschiedener Fernsehstationen gerade ausgestrahlten Sendungen empfangen werden. Jede Umschaltung eines Fernsehgerätes in den angeschlossenen Haushalten schlägt sich sogleich in einer Leuchtzahländerung nieder und ist unmittelbar dem gerade laufenden Programmteil oder Programmwechsel zuzuordnen.
vgl. Audimeter, GfK-Meter, Tammeter, Teleskomat, TeleMetron

Archivzeitschrift
Eine wissenschaftliche oder technisch-wissenschaftliche, meist hochspezialisierte (→) Fachzeitschrift, deren einzelne Ausgaben Teile eines sich sukzessiv vervollständigenden und erweiternden Sammelwerks sind.

ARD
Abk Arbeitsgemeinschaft der öffentlich-rechtlichen Rundfunkanstalten der Bundesrepublik Deutschland

Area-Methode *(Area-Sampling)*
→ Flächenstichprobenbildung

Argus *(Argustest)*
kurz für **A**nzeigen-**R**edaktions-**G**emeinschafts-untersuchung. Eine seit 1973 bestehende, vom Institut Media-Markt-Analysen in Frankfurt/Main durchgeführte Serie von (→) Copy-Tests, die Werbungtreibenden Werte für die (→) Anzeigenbeachtung in einigen großen (→) Publikumszeitschriften wie „Bunte", „Stern", „Brigitte" und fallweise auch „Capital", „Der Spiegel" und „Schöner Wohnen" liefert. Über das Jahr werden mindestens 12 Ausgaben mit 20 Anzeigen pro Heft getestet, die von den Teilnehmern des Arbeitskreises ausgewählt werden. Auch andere, im Arbeitskreis nicht vertretene Agenturen können in begrenztem Maße Testwünsche äußern, die dann kostenlos durchgeführt werden.
Die Befragung erfolgt bei 200 Erstlesern, repräsentativ für die Bevölkerung im Alter zwischen 20 bis 60 Jahren. Ermittelt werden zunächst (→) Recallwerte nach dem (→) Impactverfahren zu Marke, Gestaltungspunkten und Copy, dann (→) Recognitionwerte nach dem (→) Starch-Verfahren: Anzeige gesehen, Marke/Firma bemerkt, mehr als die Hälfte des Textes gelesen.
vgl. Anzeigenkompaß

arithmetisches Mittel
Die durch die Summe der Merkmalsträger geteilte Summe der Merkmale einer Verteilung

$$\bar{x} = \frac{1}{N} \sum_{i=1}^{N} x_i$$

(einfaches oder ungewogenes arithmetisches Mittel) bzw.

$$\bar{x}_g = \frac{\sum_{i=1}^{N} x_i g_i}{\sum_{i=1}^{N} g_i}$$

(gewogenes arithmetisches Mittel), wobei die g_i die den x_i ($i = 1, \ldots, N$) eindeutig zugeordneten Gewichte darstellen. Dabei sind die Gewichte meist empirische Häufigkeiten, so daß also jeder Merkmalsmodalität als Gewicht die Anzahl ihrer Realisierungen zugeordnet wird.
→ Mittelwerte

ARW
Abk Arbeitsgemeinschaft Rundfunkwerbung

asi
Abk Arbeitskreis Special Interest-Zeitschriften

Attraktivitätsmaß
Ein von Jürgen Bortz entwickeltes, wenig verwendetes Maß, das angeben soll, wie gut eine Fernsehsendung „angesichts der sendungsspezifischen Rahmenbedingungen abgeschnitten hat". Dabei wird der Einfluß der Gegenprogramme, des Sendeplatzes und der Jahreszeit aus der (→) Einschaltquote einer untersuchten Sendung mit Hilfe der (→) Regressionsanalyse herausgerechnet. Ergibt sich z. B. für eine Sendung ein hohes Attraktivitätsmaß, kann man sicher sein, daß das gute Abschneiden der Sendung weder auf schlechte Gegenprogramme, einen guten Sendeplatz noch eine fernsehgünstige Jahreszeit zurückzuführen ist.

Audience-Effekt
→ Kommunikationseffekte

Audilog
Ein im Rahmen der (→) Hörer- und (→) Zuschauerforschung des amerikanischen Medienforschungsunternehmens (→) A. C. Nielsen zur Ergänzung der mit Hilfe des (→) Audimeter ermittelten (→) Einschaltquoten verwendetes vorgedrucktes (→) Tagebuch, in das Hörer oder Zuschauer eines repräsentativen (→) Panels eintragen, welche Sendungen sie auf welchem Kanal und wie lange gehört bzw. angeschaut haben. Mit Hilfe der (→) Tagebuchmethode ist es möglich, z. B. Daten über individuelle Hör- und Fernsehgewohnheiten, Informationen über die (→) Mediennutzung bestimmter Altersgruppen, von Frauen und Männern oder bestimmter Berufsgruppen zu gewinnen, die mit den bloßen Einschaltmessungen des Audimeter nicht erhoben werden können.
vgl. Tamlog

Audimeter
Ein von der amerikanischen Medienforschungsfirma (→) A. C. Nielsen entwickeltes elektromechanisches Aufzeichnungsgerät, das in der (→) Hörer- und (→) Zuschauerforschung in den Haushalten eines repräsentativen (→) Panels von Radiohörern oder Fernsehzuschauern aufgestellt wird. Das Gerät zeichnet auf Magnetband im Minutentakt auf, zu welchen Zeiten die Radio- oder Fernsehgeräte in den Haushalten eingeschaltet sind und welche Sendekanäle bzw. Sender gehört oder gesehen werden. Das Audimeter registriert dabei nicht, welche Personen innerhalb der Haushalte eine bestimmte Sendung hören oder sehen. Diese Daten werden in begleitenden Ermittlungen mit Hilfe des (→) Audilog erhoben. Die Bänder mit den Aufzeichnungen des Audimeter werden im Rhythmus von zwei Wochen persönlich bei den Hörer- bzw. Zuschauerhaushalten abgeholt. Die zweiwöchentlich erscheinenden National TV Ratings von Nielsen enthalten z. B. die durchschnittlichen (→) Einschaltquoten.
vgl. Arbitron, GfK-Meter, Tammeter, Teleskomat, TeleMetron

audiovisuelle Medien *(AV-Medien)*
Die Gesamtheit der elektronischen und optisch-elektronischen Geräte, mit deren Hilfe gleichzeitig sowohl optische wie akustische Signale abgegeben, ausgestrahlt oder übertragen werden können wie z. B. Fernsehgeräte, Videorecorder, Tonbildautomaten, Tonfilmprojektoren. Mitunter wird dabei von AV-Hardware (die Geräte) und von AV-Software (die Trägermaterialien) gesprochen.

Aufbereitung
→ Datenaufbereitung

Auflage
Die Zahl der Exemplare einer Druckschrift. Dabei wird unterschieden zwischen:

1. (→) **Druckauflage:** die Gesamtzahl aller gedruckten Exemplare abzüglich der Makulaturstücke;
2. (→) **Abonnementsauflage:** die Gesamtzahl der an feste (→) Abonnenten und an (→) Lesezirkel gelieferten bezahlten Exemplare;
3. (→) **Einzelverkaufsauflage:** die Gesamtzahl der Exemplare, die als Einzelstücke, (→) Einzelverkauf gekauft wurden;
4. (→) **verkaufte Auflage:** die Gesamtzahl der aus der Abonnementsauflage und der Einzelverkaufsauflage abzüglich der (→) Remittenden bestehenden Exemplare;
5. (→) **tatsächlich verbreitete Auflage (tvA):** die Gesamtzahl der Druckauflage abzüglich der Remittenden (→) Rest- und Archivexemplare aber einschließlich der unentgeltlich vertriebenen (→) Frei- und Werbeexemplare;

6. **unentgeltlich vertriebene Auflage:** die Gesamtzahl der als (→) Freistücke, Werbeexemplare direkt abgegebenen oder im (→) Wechselversand unentgeltlich vertriebenen Exemplare;
7. **Remittenden:** die Gesamtzahl der für den Einzelverkauf gelieferten, aber nicht abgesetzten und daher an den Verlag zurückgeschickten Exemplare;
8. (→) **Deckungsauflage:** die Gesamtzahl der Exemplare, die verkauft werden muß, um die Produktions- und Vertriebskosten sowie die Honorare zu decken;
9. (→) **Kalkulationsauflage:** die der Kalkulation von Anzeigenpreisen zugrundegelegte Auflage. Dabei gilt die Veröffentlichung irreführender Angaben zur Rechtfertigung höherer Anzeigenpreise rechtlich als Betrug;
10. (→) **kontrollierte Auflage:** die von der (→) IVW überprüfte Druck-, Verbreitungs- oder Verkaufsauflage;
11. **garantierte Auflage:** (→) Auflagengarantie
12. (→) **Bindeauflage**
13. **Leserauflage:** die geschätzte Gesamtzahl der (→) Leser einer Publikation.

In die Auflagenkontrolle der (→) Informationsgemeinschaft zur Feststellung der Verbreitung von Werbeträgern (IVW) werden dabei die Durchschnittszahl der Druckauflage, die abonnierten Exemplare, die Zahl der für den Einzelverkauf gelieferten Stücke, die Remittenden, die verkaufte Auflage, die ständigen Freistücke und Werbeexemplare und die tatsächlich verbreitete Auflage (Vertriebsauflage) einbezogen.
Mit der Entwicklung der (→) Leserschaftsforschung ist die Auflage nicht mehr das ausschließliche Auswahlkriterium in der (→) Mediaplanung. Dennoch bieten die IVW-Meldungen auch wegen ihrer kurzfristigen Erscheinungsweise aufschlußreiche Hinweise über die Resonanz von Titeln bei ihren Lesern. Auch das in der Planung und (→) Mediaselektion lange überschätzte Auswahlkriterium (→) Tausenderpreis basiert vor allem auf der Auflagenzahl.
Von besonderer Bedeutung für die Preiskalkulation der Verlage ist die Druckauflage bzw. die Deckungs- und Kalkulationsauflage. In der Mediaplanung empfiehlt es sich gerade wegen der immer stärker sich ausbreitenden neuen Vertriebsformen wie (→) CC-Vertrieb oder Streu- und Wechselversand, genau zwischen der verkauften Auflage auf der einen Seite, (→) A + E-Leser, und der unentgeltlich vertriebenen Auflage auf der anderen Seite zu differenzieren, da es immerhin deutliche Anzeichen dafür gibt, daß die Bezieher der unentgeltlich vertriebenen Auflage weniger gründliche Leser als die A + E-Leser sind und daß die in der unentgeltlich vertriebenen Auflage erscheinende Werbung auch weit weniger (→) Anzeigenbeachtung findet.
In der (→) Media-Analyse (MA) der (→) Arbeitsgemeinschaft Media-Analyse (AG.MA) wird bei der Prüfung der Ergebnisse anhand von ersten Ausdrucken der Tabellen „Generalübersicht Zeitschriften, Wochenzeitungen, Supplements" zunächst ausgezählt, bei wievielen Leserschaften die Reichweiten gestiegen oder gefallen sind.
Dann vergleicht das Prüfungsgremium die Entwicklungen der Auflagen mit denen der Reichweiten. Sind die Tendenzen gleichlaufend aufwärts oder abwärts gerichtet, ist anzunehmen, daß die zwischen zwei Media-Analysen zu beobachtenden Reichweiten-Veränderungen auf Markt-Bewegungen zurückzuführen sind. Abwesenheit von Widerspruch zwischen Auflagen- und Reichweiten-Entwicklung ist zwar kein schlüssiges Beweismittel, aber plausible Übereinstimmungen beruhigen auch kritische Gewissen. Erich Ockelmann hat am Material der Media-Analyse 73 bis 77 für die 59 Zeitschriften, die in allen fünf Analysen erhoben wurden, nachgewiesen, „daß die gemessenen Werte der Reichweite keineswegs ‚neben' den Auflagen stehen, sondern sehr eng mit diesen gekoppelt sind".
Die übrigbleibenden Fälle, in denen Auflage und Reichweite sich nicht gleichlaufend, sondern entgegengesetzt entwickelt haben, werden nun einer besonders eingehenden Prüfung unterzogen: Die Expertengruppe betrachtet nicht nur das Ergebnis für die Gesamtbevölkerung, sondern auch in allen Aufgliederungen nach (→) demographischen Merkmalen, vergleicht die aus den (→) Segmentationen vorliegenden Verteilungen auf die Gruppen der (→) Lesewahrscheinlichkeit, um Veränderungen in der Regelmäßigkeit des Lesens aufzuspüren, und geht schließlich noch den (→) externen Überschneidungen mit anderen Pressemedien nach.
Findet man bei dieser *systematischen Sichtung aller Veränderungen* keine plausiblen Erklärungen, wird noch überprüft, mit welcher Sicherheit die Unterschiede zwischen Ergebnissen aus beiden Analysen zufällig oder wesentlich sind.

Auflagenanalyse
Die Aufgliederung der Auflagenanteile eines Druckwerks nach den verschiedenen Auflagenkategorien wie (→) Druckauflage, (→) Abonnementsauflage, (→) tatsächlich verbreiteter Auflage, (→) verkaufter Auflage, (→) unentgeltlich vertriebener Auflage und der (→) Rest-, Archiv- und Belegexemplare. Für die (→)

AMF-Karten handelt es sich bei der Auflagenanalyse immer um die Angabe der durchschnittlichen Jahresauflage für den Zeitraum von jeweils dem 1. Juli bis zum 30. Juni des folgenden Jahres.

Auflagenbeglaubigung
→ IVW-Auflagenkontrolle

Auflagengarantie *(garantierte Auflage)*
Die von einem Verlag im Zusammenhang mit der (→) Anzeigenpreisliste oder anderweitigen Angaben von Anzeigenpreisen verbundene Garantie, daß die diesen Preisen zugrundeliegenden Auflagenziffern (sinnvollerweise die (→) verkaufte Auflage) auch tatsächlich erzielt werden.

Auflagenkontrolle
→ IVW-Auflagenkontrolle, kontrollierte Auflage

Auflagenmeldung
Die vom Verlag einer Druckschrift, und vor allem eines (→) Periodikums, veröffentlichte Angabe über die Höhe der (→) Auflage dieses Verlagsobjekts, die der Kontrolle durch die (→) Informationsgemeinschaft zur Feststellung der Verbreitung von Werbeträgern e. V. (IVW) zugrunde liegt.
Die Auflagenmeldungen enthalten die Positionen (→) Druckauflage, abonnierte Stücke, Lieferungen für den (→) Einzelverkauf, (→) Remittenden, (→) Freistücke, (→) Rest-, Archiv- und Belegexemplare.
Auf der Grundlage dieser Zahlen errechnet die IVW die (→) tatsächlich verbreitete Auflage (tvA) aus den verkauften Exemplaren und den Freistücken ebenso wie (→) die verkaufte Auflage, die die Summe der (→) Abonnementenexemplare und der für den (→) Einzelverkauf gelieferten Stücke abzüglich der im Berichtszeitraum eingegangenen Remittenden darstellt. Die Tabelle in der rechten Spalte zeigt das Beispiel einer Auflagenmeldung.

Zur Veröffentlichung der Auflagenmeldungen einschließlich der Angaben über die verbreitete und verkaufte Auflage dienen quartalsweise erscheinende IVW-Auflagenlisten. Sie sind folgendermaßen aufgebaut:

1. Tageszeitungen werden im Teil A ortsalphabetisch unter ihrem Erscheinungsort oder Ausgabeort (Sitz des Verlages) mit allen Titeln und Gesamt- und Teilauflagen eingetragen. Stimmen Erscheinungsort und Sitz des Verlages nicht überein, benennt der Verlag der IVW denjenigen Ort, für den die Veröffentlichung erfolgen soll; eine Eintragung an weiteren Orten entfällt.

Mode und Maschen VERENA Verlag Aenne Burda		
Auflagen-Meldung an die IVW II. Quartal 1986		
Druckauflage		670.872
Feste, zahlende Einzelbezieher		428
davon Lesezirkel		–
Für den Einzelverkauf geliefert		659.569
Remittenden		314.374
Remittenden in %		46,9
Verkaufte Auflage		345.623
Frei- und Werbeexemplare		10.875
Tatsächlich verbreitete Auflage		356.498
Geografische Verteilung	**Druckauflage**	
	Exemplare	%
Schleswig-Holstein	20.593	3,5
Hamburg	22.358	3,8
Niedersachsen	54.719	9,3
Bremen	10.002	1,7
Nielsen I	107.672	18,3
Nordrhein-Westfalen/ Nielsen II	158.860	27,0
Hessen	57.072	9,7
Rheinland-Pfalz	21.182	3,6
Saarland	8.237	1,4
Nielsen III a	86.491	14,7
Bad.-Württemberg/ Nielsen III b	105.907	18,0
Bayern/Nielsen IV	108.261	18,4
Berlin/Nielsen V	21.181	3,6
Inland	588.372	100,0
Österreich	48.250	58,5
Schweiz/Liechtenstein	34.250	41,5
Deutschspr. Ausland	82.500	100,0

2. Im Teil B der Tageszeitungen werden nur die übergeordneten und maximalen Anzeigenbelegungseinheiten zusammen mit allen dazugehörenden Unterbelegungseinheiten ausgewiesen. Die Veröffentlichung in diesem Teil erfolgt unter dem Ort, in dem die Zeitung erscheint oder, sofern es sich um eine Tarifgemeinschaft oder eine andere Kombinationsform handelt, am Sitz des Anzeigenkaufortes.

Die Darstellung von Anzeigenbelegungseinheiten wird aufgrund folgender Abgrenzungen vorgenommen:

- o übergeordnete Belegungseinheit = Kooperation von Verlagen zu einer gemeinsamen Anzeigenverkaufsgruppe, die von einem oder mehreren der an dieser Gruppe beteiligten Verlage getragen wird,
- o maximale Belegungseinheit = ein selbständiges Verlagsobjekt, das weitere Anzeigenbelegungseinheiten aufweisen kann,
- o Anzeigenbelegungseinheit = kleinste Belegungseinheit, die mit anderen Belegungseinheiten kombiniert werden kann.

Anzeigenbelegungseinheiten von Zeitungen werden sowohl für den Erscheinungsort als auch für den Verbreitungsort veröffentlicht; den jeweiligen Verbreitungsort bestimmt der Verlag.

Die IVW-Auflagenliste enthält sodann die Auflistung der Wochenzeitungen, Anzeigenringe, (→) Supplements, (→) Publikumszeitschriften, (→) Fachzeitschriften, (→) Kundenzeitschriften, Kalender.

Die Zeitschriften und Kalender werden titelalphabetisch innerhalb der Gruppen geordnet; die Gruppenzugehörigkeit bei Publikumszeitschriften und Fachzeitschriften wird in Abstimmung mit dem Verlag festgelegt.

Auflagenprüfung
→ IVW-Auflagenkontrolle

Aufnahmerichtlinien
→ Richtlinien für die Aufnahme von Werbeträgern in die Untersuchungen der Arbeitsgemeinschaft Media-Analyse (AG.MA)

Aufstockung
→ ADM-Stichprobensystem

Auftragserweiterung
Bei Verträgen im allgemeinen die Ausdehnung des ursprünglich vereinbarten Vertragsvolumens. Bei (→) Mediaverträgen ergibt sich dabei das besondere Problem, daß durch die Erweiterung des Volumens eine günstigere Rabattstaffel zur Anwendung gelangt. Im Prinzip gilt, daß alle Erweiterungen bei der Berechnung von Rabatten berücksichtigt werden müssen, wenn sie innerhalb des Abschlußjahres wirksam werden. Erreicht der Kunde durch die Erweiterung eine höhere Rabattstaffel, so sind ihm die zusätzlichen Rabatte rückwirkend gutzuschreiben.

Ausdeckung
→ Haushaltsabdeckung, Reichweite

Ausfall *(Ausfälle, Ausfallquote, Nonresponse)*
Die Gesamtheit der ursprünglich für die Aufnahme in eine Stichprobenuntersuchung vorgesehenen Elemente, die aus den verschiedensten Gründen am Ende nicht in sie aufgenommen wurden, weil z. B. die betreffenden Personen die Teilnahme an der Befragung verweigerten, nicht zu Hause anzutreffen waren, sie unter der vorliegenden Adresse nicht anzutreffen waren, weil sie verzogen oder verstorben waren oder die Adresse falsch war, bei (→) schriftlichen Befragungen z. B. der (→) Fragebogen nicht zurückgeschickt oder nur unvollständig ausgefüllt wurde. Im allgemeinen wird unterschieden zwischen qualitätsneutralen Ausfällen (Adressat verzogen, verstorben, unbekannt oder krank), die auf die (→) Repräsentanz der (→) Stichprobe keinen verzerrenden Einfluß haben (und folglich keinen (→) systematischen Fehler darstellen) und nichtneutralen Ausfällen (Adressat nicht antreffbar oder verweigert Mitwirkung), die ihn haben (und folglich eine Quelle eines systematischen Fehlers darstellen). Bei allen (→) Auswahlverfahren mit (→) Zufallsstichproben ist es nicht ohne weiteres möglich, die Ausfälle durch Hinzunahme neuer Elemente auszugleichen, um so eine möglichst hohe (→) Ausschöpfung der Stichprobe zu erzielen, während es bei allen Verfahren der (→) bewußten Auswahl wie der (→) Quotenauswahl im Prinzip unproblematisch ist. Die sich durch Nonresponse ergebenden Verzerrungen stellen einen „entscheidenden *praktischen* Mangel des *theoretisch* so perfekten Zufallsauswahlverfahrens“ (Manfred Hüttner) dar.

In allen Fällen stellt sich sowohl bei den Verfahren der bewußten wie den Verfahren der Zufallsauswahl das Problem, die ausgefallenen Adressen so zu ersetzen, daß die ursprüngliche Stichprobe nicht verfälscht wird. Bei den Verfahren der bewußten Auswahl geschieht das durch Aussuchen eines neuen Befragten, der dieselben Merkmale wie der ausgefallene Befragte hat. Die Schwierigkeit bei den in der Praxis vor allem eingesetzten Quotenverfahren liegt darin, daß die Ausfälle als solche überhaupt nicht erkennbar sind. Die Schätzungen darüber, wieviele Personen angesprochen werden müssen, bis eine tatsächlich befragt wird, schwanken zwischen 30 und 100 Prozent. Und es ist fast vollkommen unbekannt, wie sich die verdeckten Ausfälle bei Quotenstichproben auswirken. Keineswegs ist jedoch sichergestellt, daß es sich um qualitätsneutrale Ausfälle handelt.

Über die möglichen Auswirkungen der Ausfälle schreibt Erwin K. Scheuch: „Ausfälle sind sicherlich keine Zufallsauswahl, sondern eine stark systematisch verzerrte Auswahl aus der Gesamtheit der untersuchten Population. Die

Auswirkungen dieser Verzerrungen auf die zu schätzenden Merkmale sind jedoch keine direkte Funktion der Einseitigkeit der Zusammensetzung hinsichtlich verschiedener demographischer Merkmale, sondern abhängig von der Korrelation zwischen Ausfallmerkmalen und den zu schätzenden Eigenschaften einer Population. Hierzu ist es notwendig, die Merkmalsverteilung der Ausfälle in bezug auf die Erhebungsthemen zu kennen – und dies setzt Spezialbefragungen der Ausfälle voraus. Erhebungen in den USA führten zu der Schlußfolgerung, daß ‚durchschnittlich' die Erhebungsgegenstände durch Ausfälle nur um 0,8 % verzerrt würden. Aufgrund eigener Beobachtungen und der Erhebung in Köln halten wir diese Zahl für zu niedrig, sind aber auch der Ansicht, daß meist der durch Ausfälle entstehende Fehler innerhalb der Grenzen von zwei Standardfehlern liegen dürfte."

In der Mediaforschung konnte eindeutig nachgewiesen werden, daß ein Zusammenhang zwischen Ausfällen und (→) Reichweiten besteht. Wolfgang Schaefer wies bereits 1956 nach, daß die Reichweiten der aktuellen (→) Illustrierten in der Gruppe der potentiellen Verweigerer niedriger als bei Personen sind, die sich ohne Umschweife zum Interview bereiterklären. Den Nachweis eines Zusammenhangs zwischen Reichweiten und Anzahl der Besuche, die für das Zustandekommen eines Interviews erforderlich sind, erbrachten Friedrich Wendt und Hans-Erdmann Scheler 1977 in einem Aufsatz über das (→) Feldeinsatzmodell der (→) Media-Analyse (MA) der (→) Arbeitsgemeinschaft Media-Analyse (AG.MA): Während eine erhöhte Zahl von Besuchen bei den Funkmedien kaum einen Einfluß hat, sind die Reichweiten der Pressemedien erheblich und durchaus unterschiedlich betroffen. Eva-Maria Hess: „Bei potentiellen Verweigerungen werden grundsätzlich niedrigere Reichweiten erzielt als bei Personen, die einem Interview positiv gegenüberstehen. Das Ausmaß des Einflusses auf die Reichweiten unterscheidet sich aber zwischen den Titeln deutlich." Spätestens seit dies erkannt wurde, legt die Media-Analyse hohen Wert auf eine hohe (→) Ausschöpfung, die wiederum einen hohen Feldaufwand voraussetzt und nur durch Wiederholungseinsätze zu realisieren ist.

Ganz allgemein gehen die Bemühungen um Kontrolle der Ausfälle in zwei Richtungen: Den einen Weg bezeichnet Friedrich Wendt als den „Hansen-Hurwitz-Ansatz", den er mit den folgenden Worten beschreibt:

„Einmal kann man organisatorische Vorkehrungen treffen, zum Beispiel qualifiziertere Interviewer einsetzen oder bei gleichem Personal die Honorare erhöhen, so daß von der Fähigkeit und vom Anreiz her eine größere Wahrscheinlichkeit gewonnen wird, das Interview doch noch hereinzubekommen.

Zum andern ist es möglich, diese Nachbefragungen nicht unterschiedslos auf alle Ausfälle auszudehnen, sondern eine Teilstichprobe der Ausfälle zu ziehen und dann allerdings auf Biegen oder Brechen sämtliche, in diese Teilstichprobe der Ausfälle hereingekommenen Adressen bis zum geglückten Interview zu behandeln – oder jedenfalls, soweit dies nur menschenmöglich erscheint."

Der zweite Weg, den man als (→) Politz-Simmons-Ansatz bezeichnen könnte, beruht auf der Überlegung, daß es möglich sein müßte, den einzelnen Befragten bestimmte Ausfallwahrscheinlichkeiten zuzuordnen. Friedrich Wendt weiter:

„Mit anderen Worten: es herrscht die Vorstellung, daß die Nichtbefragten sich in das Aussageschema, in die Ergebnisse, die für die Befragten vorliegen, einfügen ließen.

Dabei wird erwartet, daß Teile der Nichtbefragten Teilen der Befragten eindeutig zugeordnet werden können und daß man in der Lage sei, von den Aussagen der Befragten auf die Aussagen der Nichtbefragten zu schließen, wie sie gemacht worden wären, wenn man sie erhalten hätte. Aus einer solchen Formulierung wird deutlich, wie sehr wir hier auf Hypothesen angewiesen sind. Jede Übertragung fordert aber ihre Rechtfertigung.

Die einfachste Form einer ‚Übertragung' liegt vor, wenn die Aussagen der Befragten selbst ganz beiseite gelassen werden und man nur auf Kenntnisse zurückgreift, die man – etwa aus der Amtlichen Statistik – über die Aufteilung der Befragten in bestimmte sozio-demographische Merkmalsgruppen besitzt. Man bildet hierbei Zellen, prüft nach, wie weit in der erreichten Stichprobe diese Zellen besetzt sind, vergleicht diese mit der normativen Besetzung der Amtlichen Statistik und gewichtet die Befragten, die auf diese Zellen entfallen, bis sie den Proportionen der Amtlichen Statistik entsprechen – ohne Rücksicht auf den Befragungsgegenstand.

Das Verfahren einer linearen Gewichtung, wie wir es kennen, besitzt im Grunde nur geringen Wert. Von der Sache läßt es sich kaum vertreten, wenngleich natürlich die Bedeutung der Optik aufgefüllter Zellen nicht unterschätzt werden sollte. Eingeräumt werden kann allerdings, daß sich eine lineare Gewichtung vertreten ließe, wenn der Befragungsgegenstand

weitgehend mit den ausgewählten sozio-demographischen Merkmalen korrelieren würde. Da dies in der Regel aber nicht der Fall ist, bleibt die lineare Gewichtung ein sehr unzulängliches Hilfsmittel.
Besser ist es demgegenüber, danach zu suchen, wie weit aus der Befragung stammende Merkmale mit dem Befragungsgegenstand zusammenhängen, um von hier aus eine Umrechnungsregel zu entwickeln. Das bekannteste Beispiel hierfür ist die Antreffwahrscheinlichkeit. Die Graduierung dieser Wahrscheinlichkeit bei den Befragten läßt für viele Befragungsgegenstände eine eindeutige Tendenz in der Entwicklung erkennen. Wenn eine solche eindeutige Tendenz vorliegt, darf man sich berechtigt fühlen, von der leichten Erreichbarkeit über eine mittlere zur schweren Erreichbarkeit die Tendenz bis zu den Nichterreichten durch Extrapolation fortzusetzen. Dieses Verfahren verlangt natürlich, daß man jedes einzelne Merkmal der Befragung für sich zur Berechnung heranzieht. So streng durchgeführt, ist es zwar schon wesentlich besser als die lineare Gewichtung, birgt andererseits aber so viele praktische Schwierigkeiten, daß man nicht immer damit operieren kann – und sei es nur aus Gründen des Zeitmangels und des zu großen Aufwands an Kosten....
Beim ersten Weg gewichtet man durch Multiplikation; bei zweiten extrapoliert man."
Die Verringerung der Ausfälle und damit die Verbesserung der Ausschöpfung praktiziert die Arbeitsgemeinschaft Media-Analyse (AG. MA) sehr konsequent seit dem Feldmodell von 1973, vor allem auch in bezug auf die Bemühung, die Ausfälle möglichst *gleichmäßig* gering zu halten. Nach längeren Überlegungen schien dieser Weg leichter und wirksamer zu sein als der Hansen-Hurwitz-Ansatz des gezielten Nachfassens in Teilstichproben der Ausfälle.
Das einfachste Verfahren zur rechnerischen Auffüllung der Lücken ist die im (→) Redressement und ihren technischen Vorgängern geübte lineare (→) Extrapolation. Dabei wird eine Zelle von Befragten – etwa junge Männer in Städten mit 500.000 Einwohnern und mehr –, von der man nur (angenommen) 50 % bekommen hat, mit den vorhandenen Informationen auf 100 % aufgefüllt unter der Hypothese, daß die restlichen 50 % Nichterreichten sich genau so verhalten wie die 50 % Erreichten, was sicher nicht stimmt.
Eine völlig andere Möglichkeit nichtlinearer Extrapolation wird bereits praktiziert, wenn auch nur am Rande der AG.MA und unter gewissen erleichterten Bedingungen. Dafür ist das Stichwort (→) „Injektion" im Zusammenhang mit der (→) Transplantation zu nennen. Es geht dabei darum, Informationen, die nur für einen (allerdings großen) Teil der Befragten eingesammelt werden konnten, auch auf den Rest zu übertragen. Dazu braucht man möglichst viele gemeinsame Informationen und einen Rest von Befragten, der nicht zu groß sein sollte. Dann kann man im topologischen Raum der gemeinsamen (→) Merkmale Zuordnungen vornehmen, die den Informationsbestand des Befragten-Rests komplettieren. Das ist zum Beispiel für diejenigen Befragten bei den Untersuchungen (→) „Typologie der Wünsche" von Burda 1977 und 1978 geschehen, die zwar das mündliche Interview vollständig gegeben, den nachfolgenden schriftlichen Fragebogen jedoch nicht ausgefüllt hatten. Auf jeden Fall wurden die Ausfälle durchgängig in allen Media-Analysen der Arbeitsgemeinschaft Leseranalyse (AGLA) und der AG.MA protokolliert, wenn auch nach Art und Umfang verschieden.
Auch das (→) ZAW-Rahmenschema für Werbeträgeranalysen enthält unter Punkt 1.2.3. Ausschöpfung bindende Vorschriften über die Handhabung und Dokumentation von Ausfällen. Ebenso gilt für (→) Fachzeitschriftenanalysen der Grundsatz, daß alle Ausfälle nach einem festgelegten Schema zu dokumentieren sind, das zum Teil von den ZAW-Regeln abweicht. Das Schema sieht im einzelnen folgendermaßen aus:
Ausfall-Gründe
a) Ausfälle bei schriftlichen und mündlichen Befragungen:
Adressenbezogene Ausfälle:
- feststellbare Dateifehler (fehlerhafte Anschrift)
- institutionelle oder persönliche Empfänger an der angegebenen Anschrift nicht mehr ansässig oder nicht auffindbar
- Empfänger verstorben
- Institution bzw. Firma existiert nicht mehr
- institutioneller oder persönlicher Empfänger gehört nicht oder nicht mehr zu der Zielgruppe, an welche sich die Befragung richtet (z. B. eine Maschinenfabrik, die eine landwirtschaftliche Zeitschrift bezieht; der Fragebogen richtet sich jedoch an Landwirte)
- institutioneller oder persönlicher Empfänger erhält die Fachzeitschrift nicht mehr

Die adressenbezogenen Ausfälle sind in der Methodenbeschreibung, auch in der Kurzfassung der Erhebungsmethode gemäß (→) AMF, entsprechend zu kennzeichnen.

b) Ausfälle bei schriftlichen Befragungen:
- trotz Erinnerungsschreiben (in der Regel drei + ein Neuversand) wird der Fragebogen nicht zurückgesandt
- Fragebogen wird zwar von der Person oder Institution, die zur definierten Grundgesamtheit gehört, zurückgesandt, ist aber infolge unzulänglicher Antwort-Angaben nicht auswertbar
- Fragebogen wird leer zurückgesandt
- Beantwortung der Befragung verweigert
- Fragebogen wurde zu spät zurückgesandt

c) Ausfälle bei mündlichen Befragungen:
- Zielperson nach vorgeschriebenen Wiederholungsbesuchen (in der Regel drei) nicht angetroffen
- Zielperson verweigert Auskunft oder bricht das Interview ab
- Zielperson konnte aus gesundheitlichen Gründen nicht befragt werden
- Fragebogen infolge unzulänglicher Antwort-Angaben nicht auswertbar
- Fragebogen zu spät eingegangen oder Interview fehlerhaft durchgeführt
- Total-Ausfälle von Interviewern/von Befragungsbezirken (Samplepoints)
- einzelne, nicht bearbeitete Adressen.

Beiläufig: Ausfälle sind natürlich nicht nur ein Problem von Stichprobenerhebungen. Sie treten ebenso in (→) Totalerhebungen wie z. B. Volkszählungen auf.

Ausfallgewichtung
→ Ausfälle, Gewichtung

Ausgangsplan
Ein (→) Mediaplan, der als Ausgangs- und Vergleichsbasis herangezogen wird, um einen konkreten, noch zu entwickelnden Mediaplan auf der Grundlage vorangegangener Kampagnen, des Ergebnisses einer (→) Mediaselektion oder anderer Erfahrungswerte nach bewährten und überprüften Leistungskriterien zu gestalten.

Ausgangsstichprobe *(Master Sample)*
Die zu Beginn einer Untersuchung gebildete (→) Stichprobe, von der ausgehend durch entsprechende (→) Filtertechniken (z. B. (→) Filterfragen) eine repräsentative Stichprobe der im Zusammenhang mit der konkreten Untersuchung im Mittelpunkt des Interesses stehenden (→) Grundgesamtheit herauskristallisiert wird. Dabei ist es unter Kosten- und Aufwandsgesichtspunkten ratsam, die Ausgangsstichprobe so zu wählen, daß ihr Umfang nicht wesentlich größer als der der eigentlichen Stichprobe ist und sie daher so wenige nicht zur eigentlichen Stichprobe gehörende Elemente enthält wie eben möglich.
→Brutto-Stichprobe

ausgedünntes Heft
→ Originalheftmethode

ausgefallene Adressen
→ Ausfälle

Auskunftsgespräch
→ Interview

Auskunftsperson
Zwar ist die Nomenklatur in der Markt- und Sozialforschung nicht sehr einheitlich, aber im allgemeinen gilt, daß Auskunftsperson als Ober- und Sammelbegriff für die Befragten in Umfrageinterviews (Befragungen) wie die Versuchspersonen (Testpersonen) bei (→) Experimenten oder (→) Tests verwendet wird. Mitunter sind damit auch einfach diejenigen Personen gemeint, die im Rahmen einer Untersuchung durch verbale Äußerungen zu den gestellten Aufgaben, Fragen, Problemen usw. eine Antwort, Reaktion, Auskunft geben.
In der (→) Media-Analyse werden als Auskunftspersonen diejenigen (→) Zielpersonen bezeichnet, die in einem (→) Haushalt zu befragen sind.

Auskunftszeitraum
Die Auskunftszeiträume, für die in der (→) Media-Analyse (MA) der (→) Arbeitsgemeinschaft Media-Analyse (AG.MA) das Kommunikationsverhalten erhoben wird, erstrecken sich vom Befragungstag aus in eine näher oder ferner liegende Vergangenheit. Das bedeutet, daß nicht der tatsächliche Kontakt mit einem (→) Werbeträger erfragt wird, sondern die mehr oder weniger sichere (→) Erinnerung daran. Es gibt keine andere Lösung.

Ausländer
→ Grundgesamtheit

Auslandsauflage
Derjenige Teil der Gesamtauflage einer Druckschrift, der im Ausland verbreitet wird. Die Auslandsauflage darf nur dann in die (→) Auflagenmeldung eingerechnet werden, wenn der Anzeigenteil der Auslandsauflage mit dem der Inlandsauflage vollständig übereinstimmt. Nach den Richtlinien der (→) AMF-Karte 2, Ziffer 18, werden DDR-Auflagenanteile für (→) Fachzeitschriften gesondert ausgewiesen.

Ausreißer *(Extremwert)*
Ein Minimal- oder Maximalwert in einer Meßreihe, der so wesentlich kleiner oder größer als

alle übrigen Beobachtungen ist, daß die Frage aufgeworfen werden darf, ob dieser Wert nicht in irgendeiner Weise verzerrt oder verfälscht ist, also z. B. nicht die Realisierung einer zugrundeliegenden Zufallsgröße ist oder aus einer anderen (→) Grundgesamtheit stammt und mithin keinerlei (→) Repräsentanz hat.
Zur Prüfung, ob ein konkreter Wert ein Ausreißer ist, wird oft der Dixonsche Ausreißertest herangezogen. Dabei wird als Prüfmaßzahl das Verhältnis aus der Differenz zwischen dem Ausreißer und den übrigen Verteilungswerten zu einem Näherungswert der (→) Spannweite der Verteilung herangezogen:

$$r_{ij} = \frac{x_{(n)} - x_{(n-i)}}{x_{(n)} - x_{(j+1)}},$$

wobei $i = 1, 2$ und $j = 0, 1, 2$ sind und $x_{(k)}$ den k-ten Wert der (→) Stichprobe bedeutet, wenn deren n Werte nach der Größe in eine Rangordnung gebracht worden sind.

Ausschöpfung *(Ausschöpfungsgrad)*
Der Anteil (Prozentsatz) der für eine (→) Stichprobe ausgewählten Stichprobenelemente, die bei einer konkreten Untersuchung tatsächlich untersucht werden konnten und daher in die endgültige Stichprobe eingeschlossen wurden. Bei (→) Befragungen handelt es sich also um die durch irrtümlich in die (→) Ausgangsstichprobe aufgenommene Elemente (→) bereinigte Stichprobe, aus der die nicht verwertbaren Interviews (falsch oder unvollständig ausgefüllt, Fälscherinterviews usw.), die Interview-Verweigerungen, die nichtangetroffenen Personen und andere (→) Ausfälle wie nichtbesuchte Adressen (Interviewer-Ausfälle) und Ausfälle bei der Adressenziehung ausgeschlossen wurden. Ziel aller Sozial-, Markt- und Medienforschungsuntersuchungen muß es sein, den Anteil der Ausfälle so niedrig wie möglich und folglich den Ausschöpfungsgrad so hoch wie möglich zu halten, da in aller Regel damit zu rechnen ist, daß die nicht ausgeschöpften Stichprobenelemente sich in systematischer Weise von den ausgeschöpften unterscheiden und daher mit Verzerrungen, (→) systematischer Fehler (Bias), zu rechnen ist. Je höher die Ausschöpfung, desto größer ist die Wahrscheinlichkeit, (→) erwartungstreue Schätzwerte zu erhalten.
Bei allen Verfahren der (→) bewußten Auswahl und insbesondere bei der in der Praxis häufig verwendeten (→) Quotenauswahl besteht das Problem einer mangelnden Ausschöpfung nur scheinbar nicht, weil die Ausfälle dort nur in verdeckter Form in Erscheinung treten. Sie ist hingegen ein typisches Problem bei allen (→) Auswahlverfahren der (→) Zufallsauswahl (Wahrscheinlichkeitsauswahl) mit fest vorgeschriebenen (→) Zielpersonen.
Das (→) ZAW-Rahmenschema für Werbeträger-Analysen schreibt unter dem Punkt 1.2.3. vor, daß der Ausschöpfungsgrad einer Stichprobe bei mindestens 70 Prozent liegen muß. Dasselbe gilt auch nach den (→) AMF-Karten für (→) Fachzeitschriftenanalysen. Beide gehen davon aus, daß eine Ausschöpfungsquote unter 70 Prozent keine repräsentative Aussage und auch keine (→) Hochrechnung auf die Grundgesamtheit zulassen. Sie legen ferner fest, daß die Angaben zur Ausschöpfung der Stichprobe in jedem Fall in Relation zu den tatsächlich verbreiteten Einheiten des Werbeträgers gesetzt werden müssen.
Ist als zu repräsentierende (→) Grundgesamtheit z. B. die (→) tatsächlich verbreitete Auflage (tvA) definiert, so muß unabhängig von der Ausschöpfung der Stichprobe die sog. 85 %-Klausel eingehalten werden, d. h. Anlage und/oder Auswertung/Projektion müssen sicherstellen, daß mindestens 85 % der tatsächlich verbreiteten Auflage erfaßt und dargestellt werden.
Bei (→) schriftlicher Befragung werden in der Regel bis zu vier Erinnerungsschreiben versandt, bei Interviewereinsatz sind bis zu drei Wiederholungsbesuche vorgeschrieben; dies gilt für alle Untersuchungsformen. Bei (→) Totalerhebungen ist die untersuchte Grundgesamtheit im übertragenen Sinne die (→) Ausgangsstichprobe. Alle Voraussetzungen und Bedingungen für die Ausschöpfung von Stichproben gelten daher sinngemäß auch für Totalerhebungen.
Die (→) Media-Analyse der (→) Arbeitsgemeinschaft Media-Analyse (AG.MA) hat ebenso wie die (→) Leseranalyse (LA) der (→) Arbeitsgemeinschaft Leseranalyse (AGLA) stets großen Wert auf eine möglichst hohe Ausschöpfung ihrer Stichproben gelegt. Seit Jahren erzielen die Institute, die die Feldarbeit für die MA leisten, Ausschöpfungsquoten um 85 Prozent. Die Tabelle auf Seite 71 zeigt die Entwicklung der Ausschöpfungsquoten in der LA bzw. MA seit 1954.

Der Ausschöpfungsgrad als einfacher Prozentsatz reicht nicht zur Beurteilung der Güte einer Stichprobenerhebung aus. Dazu ist er ein zu globales Maß. Anzustreben ist vielmehr eine möglichst gleichmäßige Ausschöpfung. Die geringe Anzahl von Brutto-Adressen pro Sampling Point, nämlich vier, verbunden mit recht strengen Auflagen zur Tagesverteilung und vor

Ausschöpfung in LA und MA

Jahr	Ausschöpfungs-rate in Prozent	Institute		durchschnittliche Zahl der Interviews pro Sampling Point
1954	82,3	Divo/Ifd		21
1956	85,9	Divo/Ifd		22
1958	87,7	Divo	strengere Wieder-holungsbesuchs-Regelung	14
1960	89,1	Divo		14
1961	89,5	Divo		15
1962	88,1	Divo		9
1963	88,1	Divo/Infratest		9
1964	82,1	Divo/Infratest	eingeschränktere Wiederholungs-besuchs-Regelung	11
1965	83,3	Divo/Infratest		11
1966	81,6	Divo/Infratest	beide mit eigenem Stichproben-System	11 + 8/9
1967	78,7	Divo/Infratest		11 + 8/9
1968	78,1	Divo/Infratest		11 + 8/9
1969	78,0	Divo/Infratest		11 + 8/9
1970	78,0	Contest/Infratest	vergleichbare Stich-proben-Systeme	7/8
1971	71,8	Marplan/Infratest		7/8
1972/I	71,8	Infratest/Marplan / Schaefer	70er Stichproben-modell	7/8
1972/II	76,3	Infratest/Marplan/MMA		7/8
1973	84,6	Infratest/MDI/MMA/ Schaefer	neues Feldmodell	4
1974	86,2	Getas/MDI/MMA/ Schaefer		4
1975	85,8	Getas/Marplan/MMA/ Schaefer		4
1976	85,7	Getas/Contest-Census/ Infratest/Marplan		4
1977	85,5	Getas/Ifak/Marplan/MMA		4
1978	85,1	Getas/Ifak/Marplan/MMA		4
1979	79,8	Getas/ Ifak/Infratest/MMA/ Infas/Sample-Schaefer	77er Stichproben-modell	4
1980	81	Getas/Ifak/ Infratest/Marplan/ MMA/Sample (1980–1986)		4
1981	81			4
1982	81			4
1983	80			4
1984	80			4
1985	81			4
1986	82			4

allem die Einführung des Wiedereinsatzes mit insgesamt bis zu 10 Besuchen sorgten nach Einführung des (→) Feldmodells 1977 in der MA dafür, daß die Interviewer in schwierigen Regionen zu gleichmäßigen Erfolgsquoten angehalten wurden.

Außenwerbung
Im weitesten Sinne bezeichnet Außenwerbung alle werblichen Aktivitäten, die durch den gezielten Einsatz von Werbemitteln, die außerhalb geschlossener Gebäude angebracht sind, Zielpersonen und -gruppen außerhalb ihrer Wohnungen anzusprechen versuchen. In diesem Sinne zählen zur Außenwerbung:

- o (→) Plakatanschlag
- o (→) Verkehrsmittelwerbung
- o (→) Dauerwerbung.

Außer-Haus-Leser
→ Leseort, Lesequalität

Ausstattungsgrad
→Haushaltsausstattung

Ausstrahlungseffekt
In der *Markt-* und *Sozialforschung* die bei (→) Befragungen eintretende Verzerrung der Antworten, die daher rührt, daß jede einzelne (→) Frage einen Bezugsrahmen für die folgenden

Fragen setzt, deren Beantwortung folglich durch die vorangegangenen Fragen mehr oder minder stark beeinflußt wird (Halo-Effekt). Erwin Scheuch meint daher, daß „die Kunst der Anordnung von Fragen in der Manipulation der Wirkung vorausgegangener Fragen“ bestehe. Generell ist der Ausstrahlungseffekt um so stärker, desto stärker die vorangegangenen Fragen emotional geladen sind. Analog wird bei (→) Ratingverfahren die Neigung von Beobachtern als Ausstrahlungseffekt bezeichnet, Personen aufgrund der von ihnen zuvor gemachten Angaben bei den nachfolgenden Beobachtungen falsch einzuschätzen.
In der Mikroplanung von (→) Fragebögen sollten daher Fragen, die in unerwünschter Weise Einfluß aufeinander ausüben können, im Interview möglichst weit auseinander liegen und durch andere Themenbereiche auch inhaltlich getrennt werden.
Für die analoge Ausstrahlung, die die Plazierung ganzer Fragenkomplexe in der Makroplanung des Fragebogens auf die Antworten ausübt, schlägt Erwin K. Scheuch die Bezeichnung Plazierungseffekt vor. In diesem Fall setzt also eine ganze Gruppe von Fragen den Bezugsrahmen für eine nachfolgende Gruppe von Fragen ab.
Wo eine Trennung von Fragen bzw. von Fragenkomplexen zur Ausschaltung des Ausstrahlungs- bzw. Plazierungseffekts nicht möglich ist, bietet sich das Instrument der (→) gegabelten Befragung an, mit dessen Hilfe man für zufällig bestimmte Teilgruppen von Befragten Fragebögen mit unterschiedlicher Reihenfolge der Fragen verwendet.
vgl. Rotation

Auswahl
→ Auswahlverfahren

Auswahl aufs Geratewohl
→ willkürliche Auswahl

Auswahl mit replizierten Ziehungen
Ein statistisches (→) Auswahlverfahren, bei dem die Gesamtheit der Erhebungseinheiten zunächst in m gleichgroße Primäreinheiten geteilt wird, die wiederum in n gleichgroße Sekundäreinheiten aufgeteilt werden. Dann wird eine (→) Stichprobe aus den Primäreinheiten gezogen und aus den Primäreinheiten eine jeweils gleichgroße Zahl von Sekundäreinheiten entnommen. Alle Erhebungseinheiten in den so ausgewählten Sekundäreinheiten werden in die Stichprobe aufgenommen.

Auswahl mit Zurücklegen
Ein statistisches (→) Auswahlverfahren, bei dem eine (→) Stichprobe mit n Elementen so gebildet wird, daß jedes einzelne Element wieder in die (→) Grundgesamtheit „zurückgelegt“ wird und daher mehrfach in die Stichprobe gezogen werden kann.
vgl. Auswahl ohne Zurücklegen

Auswahl nach dem Konzentrationsprinzip *(Abschneideverfahren)*
Ein statistisches (→) Auswahlverfahren, das sich besonders bei Untersuchungen von stark konzentrierten Merkmalen eignet, so daß eine relativ kleine Zahl von Merkmalsträgern schon ausreicht, um ausreichende Informationen über die Merkmalswerte der (→) Grundgesamtheit zu liefern. Im Normalfall werden dabei die als typisch angesehenen Fälle in die (→) Stichprobe aufgenommen, (→) typische Auswahl. Besonders bei Marktforschungsuntersuchungen werden die für einen Untersuchungszusammenhang als wichtig angesehenen Elemente einbezogen, alle übrigen „abgeschnitten“. So werden z. B. in der monatlichen Berichterstattung der amtlichen Statistik nur die Betriebe mit mindestens 10 Beschäftigten erfaßt. Wiewohl dies nur wenig mehr als 50 % aller Betriebe sind, machen diese fast 98 % des Gesamtumsatzes aller Betriebe und fast ebenso viele Beschäftigte aus.

Auswahl ohne Zurücklegen
Ein statistisches (→) Auswahlverfahren, bei dem eine (→) Stichprobe mit n Elementen so gebildet wird, daß jedes Element der (→) Grundgesamtheit nur ein einziges Mal gezogen wird und dann in der Stichprobe bleibt. Bei einem solchen Verfahren, das den Normalfall der Umfrageuntersuchungen in der Markt- und Sozialforschung darstellt, ist eine (→) Endlichkeitskorrektur für den ermittelten (→) Standardfehler vor allem in den Fällen erforderlich, in denen der (→) Stichprobenumfang im Verhältnis zum Umfang der Grundgesamtheit relativ groß ist.
vgl. Auswahl mit Zurücklegen

Auswahlbasis
→ Basis

Auswahleinheit
Das Element einer (→) Stichprobe, das aus der (→) Basis für die (→) Auswahl in eine konkrete Untersuchung aufgenommen wurde.
→ ADM-Stichprobe

Auswahlfehler
→ Zufallsfehler (Stichprobenfehler)

Auswahlfrage *(Mehrfach-Auswahlfrage, Selektivfrage)*
Eine Form der (→) geschlossenen Frage bei (→) Befragungen in der Markt- und Sozialforschung, bei der den Befragten zusammen mit der Frage selbst eine festgelegte Anzahl von Antwortalternativen vorgegeben wird, so daß sie nur anzugeben brauchen, welcher dieser Antworten bzw. welchen von ihnen sie zustimmen oder am ehesten zustimmen könnten.
Gegenüber den (→) Alternativfragen ist bei den Auswahlfragen der Entscheidungsspielraum der Befragten wesentlich größer. Durch Erweiterung der Auswahl durch eine Vielzahl von Zwischenkategorien durch Auswahl einer auf sie zutreffenden Antwortvorgabe haben sie eine relativ differenzierte Wahl zu treffen. Bei den Auswahlfragen besteht sowohl die Möglichkeit, die Antwortvorgaben zu verlesen oder, wie bei (→) Listenfragen oder bei Verwendung von (→) Kartenspielen, sie in schriftlicher Form vorzulegen. Auswahlfragen (multiple-choice questions, cafeteria questions) wurden zunächst von Elmo Roper propagiert.

Auswahlplan *(Stichprobenplan)*
Der genaue Plan des Vorgehens bei der Durchführung einer (→) Teilerhebung. Er grenzt im einzelnen die (→) Grundgesamtheit in sachlicher, räumlicher und zeitlicher Hinsicht ab, definiert die (→) Basis für die Auswahl, beschreibt das (→) Auswahlverfahren in seinen Einzelheiten und die Besonderheiten der dabei angewandten Techniken und Verfahrenswege und legt den (→) Stichprobenumfang fest.

Auswahlsatz
In der Statistik das Verhältnis der Zahl der Stichprobenelemente n zur Zahl der Elemente N in der entsprechenden (→) Grundgesamtheit, d. h. der Quotient n/N. Ist der Auswahlsatz 100 %, so liegt eine (→) Totalerhebung (Vollerhebung) vor, d. h. der (→) Stichprobenumfang ist mit dem der Grundgesamtheit identisch. Da bei den in der Markt- und Sozialforschung üblichen (→) Auswahlverfahren der Auswahlsatz meist unter 1 %, in jedem Fall unter 5 % liegt, werden die meisten Verfahren der statistischen (→) Hypothesenprüfung und der (→) Parameterschätzung erheblich vereinfacht, weil dann der (→) Endlichkeitsfaktor

$$\sqrt{\frac{N-n}{N-1}} \approx 1 \quad \text{ist;}$$

denn die Formeln für die Schätzung von (→) Parametern bzw. ihrer (→) Standardfehler setzen voraus, daß der Auswahlsatz sehr klein sein muß. Dem steht gegenüber, daß die gewonnenen Stichprobenergebnisse auf eine endliche, nicht aber auf eine unendliche Grundgesamtheit hochgerechnet werden.
Je mehr sich die Stichprobengröße der Grundgesamtheit annähert, desto dringender wird deshalb eine Korrektur der durch die Formelanwendung gewonnenen Ergebnisse erforderlich. Zur praktischen Lösung dieses Korrekturproblems wird der Endlichkeitsfaktor

$$\sqrt{\frac{N-n}{N-1}}$$

benutzt. Mit diesem Endlichkeitsfaktor muß der ermittelte Standardfehler multipliziert werden, um eine korrekte Hochrechnung zu gewährleisten.

Auswahlstreuung
Eine von zwei (→) Streuarten, die im Gegensatz zur (→) Zufallsstreuung in der Werbung darauf zielt, durch die Verbreitung von Werbematerial eine Zielgruppe so genau wie möglich und im Idealfall ohne alle (→) Streuverluste zu erreichen. Je nach der Art und Zusammensetzung der zu Umwerbenden wird dabei unterschieden:

- **Einzelstreuung:** Ein Verfahren, bei dem die zu einer Zielgruppe zählenden Personen individuell durch ein Werbemittel direkt und persönlich angesprochen werden (z. B. durch den Direktversand eines Prospekts, Katalogs oder ähnlichen Werbemittels);
- **Gruppenstreuung:** Ein Verfahren, bei dem die zu einer Zielgruppe zählenden Personen über Werbeträger, zu denen sie einen bevorzugten Kontakt haben, angesprochen werden (z. B. durch Anzeigen in der Fachpresse, gezielte Plakatierung im regionalen Einzugsbereich eines Einzelhandelsunternehmens usw.);
- **Allgemeinstreuung:** Der in der Praxis eigentlich selten vorkommende Fall, daß ein an eine umgrenzte Zielgruppe gerichtetes Werbemittel nicht gruppenspezifisch, sondern allgemein gestreut wird in der Erwartung, daß durch die Ansprache an die Allgemeinheit die Zielgruppe erreicht wird.

Auswahlverfahren
In der Statistik die Vorgehensweise, nach der bei der Bildung von (→) Stichproben die Elemente aus einer (→) Grundgesamtheit entnommen werden. Dabei ist zunächst die Frage aufgeworfen, ob eine (→) Vollerhebung (Totalerhebung), eine (→) Teilerhebung oder die Bildung einer (→) Stichprobe sinnvoll ist. Je nachdem, ob die Stichprobenbildung auf dem (→) Zufallsprinzip beruht oder nicht auf ihm beruht, unterscheidet man die Vielzahl der Auswahlverfahren nach Verfahren der (→) Zufallsauswahl (Wahrscheinlichkeitsauswahl) auf der einen und nach Verfahren entweder der (→) willkürlichen oder der (→) bewußten Auswahl auf der anderen Seite. Die Graphik auf Seite 74

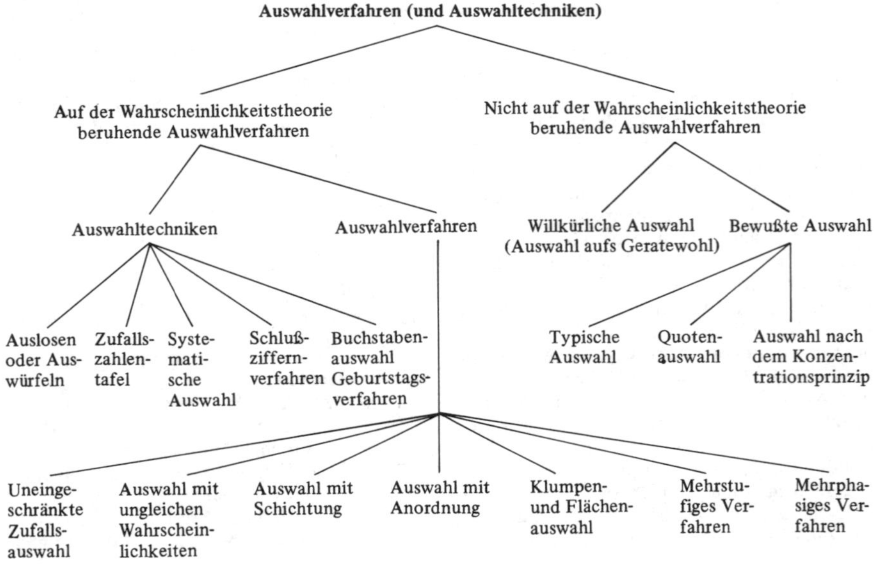

Nach Manfred Hüttner: Grundzüge der Wirtschafts- und Sozialstatistik, Wiesbaden 1973, S. 296.

zeigt die weitere Gliederung der verschiedenen Auswahlverfahren und -techniken, die im einzelnen jeweils unter dem entsprechenden Stichwort in diesem Buch erläutert werden.

Ausweisungs-Einheiten
In der Berichterstattung (→) Media-Analyse (MA) ein Oberbegriff für die vielfältigsten Einheiten, die den Tabellen-Zählungen zugrundeliegen, wie:

- (→) Leser pro Ausgabe (LpA), (→) Seher pro Tag und Zeitabschnitt (SpTZ), (→) Hörer pro Tag und Zeitabschnitt (HpTZ);
- (→) Weitester Nutzerkreis (WNK), (→) Weitester Leserkreis (WLK), (→) Weitester Seherkreis (WSK), (→) Weitester Hörerkreis (WHK);
- (→) Kontakte, usw.

Auswertung
Bei Untersuchungen der Markt- und Sozialforschung die der Datensammlung und (→) Datenaufbereitung nachfolgende Phase der Klassifizierung, Kategorisierung, (→) Verschlüsselung (Kodierung), (→) Auszählung, und Tabulierung des Datenmaterials mit Hilfe von mathematisch-statistischen und sozialwissenschaftlichen Methoden mit dem Ziel, durch diese Operationen die Interpretation der Untersuchungsbefunde vorzubereiten, zu systematisieren und zu erleichtern.

Auswertungsmodell
Zusammen mit dem (→) Erhebungsmodell und dem (→) Feldmodell ist das Auswertungsmodell eine der drei Säulen, auf denen das Grundmodell der (→) Media-Analyse (MA) der (→) Arbeitsgemeinschaft Media-Analyse (AG.MA) ruht. Die Vorstellung darüber, wie der Umsetzungsprozeß der Auswertung bei der (→) Leseranalyse (LA) und der MA auszusehen habe, waren im Laufe der Jahre erheblichem Wandel unterworfen. Nach den Worten von Friedrich Wendt: „Man begann mit einer schlichten, fast naiven Unterstellung, daß der Erhebungsgegenstand – wörtlich: der Gegenstand der Erhebung – und der Ausweisungsgegenstand, also die aus der Untersuchung abzuleitende Information, identisch seien. Etwa von der Art: Wenn man nur ausreichende Anstrengungen unternimmt, die Erhebung sachgerecht durchzuführen, dann bekommt man bereits das brauchbare Ergebnis – vom Interviewer – ins Haus geliefert. Ablochen, Auszählen, Tabellieren – und schon ist man fertig. Daß man beispielsweise diesen Gegenstand *direkt, unmittelbar* erfragen könne, daß es so etwas wie eine ob-

jektive, eindeutige und damit statistisch erfaßbare Wirklichkeit des Medienkonsums gäbe, stand als feste Überzeugung dahinter.
Und heute? Wir stecken voller Skrupel, wir sind, je länger die Beschäftigung mit dem Feld- und Erhebungsmodell andauert, um so weniger von so schlichten Mechanismen überzeugt. Wir haben immer mehr Verrechnungswege beschritten, sie für nötig erachtet und darauf gesehen, uns Klarheit über die Grundtatsachen des Modells zu verschaffen, mit dem wir es zu tun haben. Wir haben das Modell im wesentlichen bereits gehandhabt, ehe wir uns im Detail und bewußt darüber Rechenschaft gegeben haben. Gerade das läßt noch heute so manchen ‚Praktiker' argwöhnisch auf die Auswertungsprozeduren schauen – je undurchsichtiger, ‚mathematischer' sie sich zeigen, um so mehr. Dabei ist das Auswertungsmodell unserer Tage keine ‚Hexerei'. Es ist in den letzten Jahren immer wieder beschrieben und erläutert worden. Und es ist vor allen Dingen in den Grundzügen seit ungefähr 15 Jahren – genau seit 1967 –, in der jetzigen Form seit etwa 10 Jahren – auch hier genau seit 1971 – gleich geblieben.
Im Grunde ist es durch und durch transparent und letztlich leicht nachzuvollziehen, sofern man ihm nicht die Wechselfälle von Stichprobe, Fragebogen und Erhebung anlastet. Im Auswertungsbereich wird nichts hinzugefügt, was nicht schon aus der Erhebung herauskommt. Es wird nur verarbeitet."
Ebenfalls nach Wendt lassen sich bei der Entwicklung des Auswertungsmodells der LA bzw. MA fünf Phasen unterscheiden:

- o Die Auswertung der (→) Lesevorgänge ohne jede weitere Umsetzung – bis zur LA 66 inklusive.
- o Die Verbindung des aktuellen Lesens und der (→) Frequenzangaben durch (→) Justierung und (→) Simulation in der LA 67 und LA 68.
- o Die Einführung der (→) Nutzungswahrscheinlichkeit und ihre vorläufige Berechnung in der LA 69 und LA 70.
- o Die Konsolidierung des Auswertungsmodells, speziell die Berechnung der Nutzungswahrscheinlichkeit unter Heranziehung vieler erhobener Merkmale von der LA 71 ab durch Segmentation.
- o Dokumentation (der Auswertungsschritte), Diversifikation (der Auswertungsaufgaben auf ein Auswerter-Team) und Dialogverkehr (im Umgang mit Computernetzen) ab 1977.

Dem wäre als sechste Phase die Ära der (→) Fusion im Zusammenhang mit dem (→) Partnerschaftsmodell ab 1987 hinzuzufügen.

Die wichtigsten Grundzüge des von der MA praktizierten Auswertungsmodells sind heute:

1. Die zentrale Prüfung: Nachdem die an der Erhebung beteiligten Marktforschungsinstitute die bereinigten Datenbestände an die (→) Media Micro Census (MMC) GmbH, Frankfurt, abgeliefert haben, werden diese dort noch einmal überprüft und in Zusammenarbeit mit den Instituten in der Weise auf einen Stand gebracht, als hätten alle Befragten sämtliche Fragen korrekt und vollständig beantwortet.
Einen besonderen Bereich nimmt dabei die Zeitungsprüfung ein, die Anzeiger und andere unvollständige Angaben (Zeitungen mit weniger als 6 Erscheinungstagen) aussondert und vor allem die nicht über Titelkarten angegebenen Zeitungen richtig einordnet, soweit Unklarheiten bestehen.

2. Die (→)Gewichtung: Da die Erhebung der MA von der (→) Stichprobe her disproportional angelegt ist, (→) disproportionale Auswahl, und die ausgewählten Befragungspersonen trotz aller Bemühungen nicht hundertprozentig erreicht werden können, sind zwei Prozeduren erforderlich, die dem Befragten ein in gewissem Umfang von Eins verschiedenes Gewicht zuordnen:

a) (→) *Transformation* oder *Proportionalisierung:* Es wird durch Multiplikation der Angaben der Befragten mit einem Faktor, der dem reziproken Wert der Auswahlchance entspricht, die Chancen-Gleichheit hergestellt. Für die personengebundenen *und* die haushaltsbezogenen Aussagen ist das zunächst ein Faktor, der für das Saarland und Bremen wegen der Aufstockung erforderlich wird. Für die personengebundenen Aussagen kommt die einfache Disproportionalität für die Ein- bis Drei-Personen-Haushalte (14 + Jahre) hinzu; für die Vier- und Mehr-Personen-Haushalte kommt eine zusätzliche Reduktion in Betracht, die bedingt ist durch die Auswahl zweier Personen in diesen Haushalten.

b) Redressement: Obwohl die (→) Ausschöpfung der Stichprobe etwa 80 % beträgt, bleibt ungewiß, wie gut die (→) Grundgesamtheit durch die erreichten Personen repräsentiert wird. Die sich ungleichmäßig über einzelne Bevölkerungsgruppen verteilenden (→) Ausfälle werden durch das (→) Redressement ausgeglichen. An sich könnte man die Angaben der erreichten Befragten nach der Proportionalisierung in diesem Zustand belassen. Dann gäbe es allerdings Abweichungen bei der Prozentuierung und (→) Hochrechnung gegenüber einer Reihe kontrollierbarer Daten der Amtlichen Statistik. Daher gleicht man mit einem iterativen Verfahren, (→) Iteration, anhand von 6 Merkmalen für die Personen und 3 Merkmalen für die Haushalte die Ergebnisse der MA an Daten der Amtlichen Statistik an, die aus dem jeweils aktuellsten Mikrozensus stammen. Das Verfahren hat lediglich „kosmetischen" Charakter. Es verändert die Relationen der kontrollierten zu den unkontrollierten Daten und ist zudem mit dem nicht unbeträchtlichen Schönheitsfehler behaftet, den die Daten der Amtlichen Statistik aufweisen. Sie sind alt und/oder in der Fortschreibung der Strukturen ungenau sowie im Umfang zu hoch (man spricht von mindestens einer Million bei der Gesamtbevölkerung!).
Nach diesen beiden Umrechnungen – Proportionalisierung und Redressement – gibt es neben den (→) Fall-

zahlen als Resultat die Personen- bzw. Haushalts-Gewichte, die man aus Gründen der erleichterten Übersicht (für Fehlerberechnungen z. B.) „normalisiert", das heißt die Summe der Personen-Gewichte wird gleichgesetzt der Anzahl Befragter und die Summe der Haushalts-Gewichte gleich der Anzahl befragter Haushalte. Alle statistischen Aussagen der MA erfolgen auf der Basis der Personen- bzw. Haushalts-Gewichte.

3. Die Be- und Verrechnung der Nutzungswahrscheinlichkeiten: Die Nutzungswahrscheinlichkeiten (Kontakt- oder auch Konfrontations-Wahrscheinlichkeiten) werden mit Hilfe eines Segmentations-Verfahrens berechnet, das eine heuristische Variante der (→) Regressionsanalyse darstellt. Die Berechnung erfolgt pro (→) Medien-Kontakt-Einheit getrennt für Männer und Frauen, und zwar auf der Basis der (→) Weitesten Nutzerkreise (WNK).
Als Außenkriterium werden die (→) Nutzer im letzten (→) Erscheinungsintervall bei der Presse, der gestrigen Nutzung des entsprechenden Zeitabschnitts bei den elektronischen Medien genommen. Als diskriminierende (erklärende) Variable fungieren die Frequenz-Angaben des jeweiligen Mediums, Frequenz-Summen und einige weitere (→) sozio-demographische Merkmale sowie beispielsweise die Anzahl benötigter Besuche.
Die Segmente sollen möglichst homogen sein, so daß man allen Angehörigen eines Segments die gleiche Nutzungswahrscheinlichkeit zuordnen kann, die sich aus dem Anteil der Nutzer der letzten Medien-Kontakt-Einheit herleitet.
Die so gewonnenen Nutzungswahrscheinlichkeiten werden anhand des sog. (→) Binomial-Modells verrechnet: von der MMC direkt für die Tabellen, von den Nutzern in ihren (→) Media-Selektions-Programmen.

4. Das Frühwarnsystem: Seit 1976 wird ein sog. Frühwarnsystem praktiziert, das darin besteht, zunächst für die 1. Welle und dann für den Gesamtbestand einer MA Vergleiche zur vorjährigen MA anzustellen. Anhand der Bevölkerungsdaten und der wesentlichen Medien-Informationen werden die aufgetretenen Abweichungen analysiert, um etwaige (→) Erhebungs- oder (→) Auswertungs-Fehler frühzeitig erkennen und gegebenenfalls beseitigen zu können.

5. Die Erstellung der Tabellenbände und der Magnetbänder: Zu den Aufgaben der zentralen Auswertung gehört auch die Erstellung der Tabellenbände mit rotem und blauem Aktendeckel, ferner die Auslieferung der beiden Magnetbänder: des Tochterbandes und des Tageszeitungs-Satzes. In diesen Arbeitsbereich fallen auch die Vornahme von Fusionen und die Einfügung bzw. Berechnung zusätzlicher Informationen: aus der Amtlichen Statistik wie die Boustedt-Zonen, (→) Gemeindegrößenklassen, der (→) Demotypen u. a.

6. Die Dokumentation: Die wesentlichen Auswertungs-Schritte und darüber hinausgehende Angaben, aus denen die Struktur des (→) Bevölkerungsmodells der jeweiligen MA abgelesen werden kann, werden im weißen Band zusammengestellt. Dazu gehören:

- Die Fragebogen-Zählung;
- methodische Tabelle, die etwas über die Genesis des Stichproben- und (→) Feldeinsatzes aussagen;
- Statistiken über die wesentlichen Erhebungsmerkmale nach Instituten und zur Haushalts-Aufnahme;
- Eine Darstellung zur Stichprobe, zur Transformation und zum Redressement;
- Eine Beschreibung der Demotypen;
- Die Darlegung der Fusion der KONPRESS-Untersuchung in die jeweilige MA;
- Die Codepläne (für das Tochterband und den Tageszeitungs-Satz) und die entsprechenden Grundzählungen.

Auszählung

Bei (→) Befragungen in der Markt- und Sozialforschung die der (→) Erhebung und Verschlüsselung (Kodierung) der Ergebnisse nachfolgende Arbeitsphase, bei der die Antworten der Befragten und ihre statischen und (→) demographischen (→) Merkmale entweder manuell durch Zählen oder mit Hilfe von Strichlisten quantitativ erfaßt werden oder mit Hilfe von Lochkarten oder durch Übertragung der Ergebnisse in maschinenlesbare Zeichen auf Datenträger in einen Rechner eingegeben werden.

Autokino

Ein Freilichtkino, bei dem Filme auf einer im Freien angebrachten Projektionsleinwand vom Auto aus angeschaut werden können, wobei die Tonübertragung durch Einzellautsprecher in den einzelnen Autos geschieht. Es handelt sich um eine programmunabhängige (→) Filmtheaterkategorie. In der BRD bestehen (1987) 19 Autokinos mit etwa 20 000 Standplätzen und etwa 100 000 Besuchern im Jahr.

Autokinos im Bundesgebiet

Land	Orte	Autokinos	Bes. pro Woche laut IVW
Nielsen I	4	5	13.500
Schleswig-Holstein	–	–	–
Hamburg	1	1	3.000
Niedersachsen	2	3	8.000
Bremen	1	1	2.500
Nielsen II Nordrhein-Westf.	5	6	14.500
Nielsen IIIa	2	4	8.500
Hessen	1	2	5.000
Rheinland-Pfalz	1	2	3.500
Saarland	–	–	–
Nielsen IIIb Baden-Württemberg	2	2	6.000
Nielsen IV Bayern	2	2	3.500
Berlin	–	–	–
Gesamtes Bundesgebiet	15	19	46.000

Automatic Interaction Detector (AID)
→ Kontrastgruppenanalyse

Average-Linkage-Methode
Ein Verfahren der (→) Custer-Analyse, bei dem die (→) Ähnlichkeit oder (→) Distanz zwischen einem Element und einem Cluster als durchschnittliche Distanz (bzw. Ähnlichkeit) zwischen diesem Element und allen Elementen, die das Cluster bilden, berechnet wird. In der Abbildung ergibt sich also für die durchschnittliche Distanz D der Wert

$$D = \frac{ab + ac + ad}{n},$$

wobei n die Zahl der Elemente im Cluster darstellt.

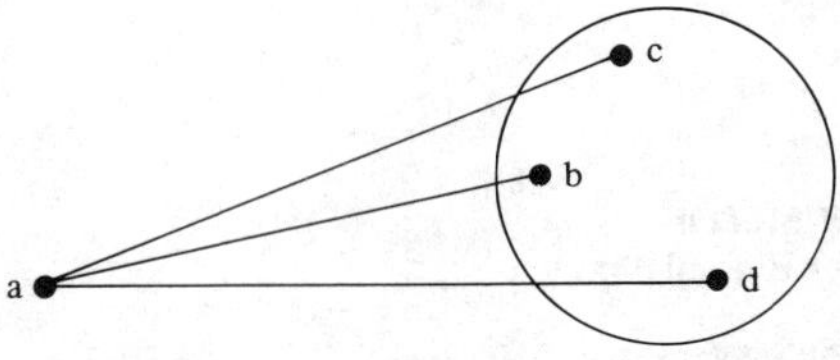

vgl. Complete-Linkage-Methode, Single-Linkage-Methode

AWA
Abk Allensbacher Werbeträger-Analyse

B

B-Modell
→ Binomialmodell

Ballungsräume
→ Nielsen-Gebiete

BamS-Kommunikation
Eine im Jahr 1971 im Auftrag des Axel Springer Verlags, Hamburg, für die „Bild am Sonntag" (BamS) von dem Münchner Institut Infratest durchgeführte Studie zur Erforschung der (→) Werbewirkung. Zielsetzung war die Untersuchung der Beziehung zwischen Werbung in verschiedenen Medien und ihrer Wirkung für vier Produktbereiche des Männermarkts. Das geschah durch Analyse von zwölf Kampagnen aus diesen Produktbereichen während des Jahres 1971 bei der (→) Zielgruppe Männer. In einer Untersuchung von (→) Zeitreihen in acht Wellen (Februar bis Oktober 1971) und sechs verschiedenen Wirkungsmaßen (aktive Markenbekanntheit, Werbeerinnerung, Kaufverhalten, Probierwilligkeit, Kaufbereitschaft, Einstellung zur Marke) wurde das synthetische Maß „Markenresonanz" entwickelt.
Die Untersuchung berichtet detailliert über die speziellen Wirkungsverhältnisse innerhalb der einzelnen Produktgruppen sowohl auf der Basis von (→) Kontakten wie Kosten. Als Durchschnittsergebnis für die vier untersuchten Produktbereiche zeigte sich – wenn der Aufwand für die Wirkung erhöht wird – bei Zeitschriften ein gegenüber dem Fernsehen höherer Zusatznutzen.

Basis
In Statistik, Markt- und Sozialforschung die Gesamtzahl der (→) Erhebungs- bzw. (→) Auswahleinheiten (Fallzahl), auf die sich ein bestimmtes Ergebnis oder ein bestimmter Befund stützt. Die Kenntnis ist bei den in der Marktforschung und (→) Leserschaftsforschung mitunter recht kleinen (→) Stichproben von Bedeutung, damit die (→) Signifikanz von Prozentwerten richtig bewertet werden kann. Insbesondere bei Anteilswerten aus Unterstichproben ist es oft nicht mehr möglich, signifikante Aussagen zu machen, weil die Unterstichprobe dafür viel zu klein ist. Für viele Untersuchungen werden daher (→) disproportionale Auswahlverfahren gewählt, bei denen die Basen für die Untergruppen so vergrößert sind, daß auch für sie signifikante Aussagen gemacht werden können, die bei (→) proportionalen Auswahlverfahren nicht möglich wären.

Basiserhebung *(Standarderhebung)*
Eine entweder einmal oder in regelmäßigen Abständen durchgeführte Marktforschungsstudie, die Grundlageninformationen über die (→) demographische Struktur der Verbraucherschaft oder anderer absatzwirtschaftlich interessanter Bevölkerungsgruppen, ihre Konsumgewohnheiten, (→) Einstellungen usw. und ähnliche Informationen allgemeinen Charakters über eine (→) Grundgesamtheit erhebt. Die meisten großen Marktforschungsinstitute führen solche Untersuchungen laufend durch und verkaufen die Ergebnisberichte an Abonnenten oder Einzelbezieher, die auf diese Weise die Möglichkeit erhalten, Befunde der sonst einigermaßen kostspieligen (→) demoskopischen Marktforschung preisgünstig zu bekommen (mit dem Nachteil allerdings, daß ihre Konkurrenten denselben Zugang zu den Ergebnissen haben). Vielfach werden Basiserhebungen auch als Rahmenerhebungen für die Durchführung von Spezialstudien verwendet.

Baukastensystem
→ Satellitensystem

Baumanalyse
→ Kontrastgruppenanalyse (Automatic Interaction Detector – AID), Segmentation 2.

Baumdiagramm
→ Clusteranalyse, Dendrogramm

Beachtung *(Beachtungswert)*
→ Anzeigenbeachtung, Starch-Test

Beale-Verfahren
Ein nach dem britischen Mathematiker Martin Beale vom Scientific Control System, London, benanntes (→) Approximationsverfahren zur Umwandlung empirisch erhobener Daten über die (→) Kontakthäufigkeit in (→) Nutzungswahrscheinlichkeiten. Das Verfahren wurde bei der Entwicklung des (→) Evaluierungsprogramms (→) CAM der (→) Mediaselektion entwickelt und geht davon aus, „die Wahrscheinlichkeiten um diskrete Punkte herum zu gruppieren, wobei das Intervall zwischen zwei

aufeinanderfolgenden Punkten von Zeit zu Zeit verdoppelt wird, wenn die Kontaktzahlen größer werden" (Martin Beale). Dabei berechnet man die Wahrscheinlichkeiten für 31 Kontaktzahlen aus einer Gesamtintervallänge von 0 bis 160 Kontakten. Das Beale-I-Verfahren nähert die (→) Faltung (Convolution) durch eine teilweise (→) Normalverteilung stückweise an; das Beale-II-Verfahren erspart sich bei der Wirkungsberechnung den Umweg über die (→) Kontaktverteilung und zieht dafür die (→) Parameter der (→) Binomialverteilung heran.

Befragter
Die (→) Auskunftsperson in einer (→) Befragung (Umfrage).

Befragung
Sie ist unbestritten neben der (→) Beobachtung und dem (→) Experiment das wichtigste Erhebungsinstrument der (→) empirischen Sozialforschung ebenso wie der Markt-, Medien- und Werbeforschung. Nach den Worten von René König wird das methodisch kontrollierte (→) Interview „immer der Königsweg der praktischen Sozialforschung bleiben". Erwin K. Scheuch definiert die Befragung als „ein planmäßiges Vorgehen mit wissenschaftlicher Zielsetzung, bei dem die Versuchspersonen durch eine Reihe gezielter Fragen oder mitgeteilter Stimuli zu verbalen Informationen veranlaßt werden sollen". Nach Jürgen van Koolwijk ist der Kern der Idee von einer Methode der Befragung „die Vorstellung, daß die Antworten auf eine geregelte Abfolge von Fragen – eine Fragenbatterie – Aufschluß über eine Realität geben können, die sich von den psychischen Vorgängen des Fragens und Antwortens, von der sozialen Situation des Fragenden und Antwortenden und von dem sprachlichen Inhalt der Frage und Antwort ablösen und in allgemeinen Regeln fixieren läßt. Aus der Kombination der Fragen und der Konstellation der tatsächlich gegebenen Antworten sollen Aussagen über die Konstruktion der sozialen Wirklichkeit erschlossen werden".
Neben der Psychologie und der klinischen Psychiatrie hat vor allem die praktische (→) Umfrageforschung seit den 1930er Jahren in den USA und den späten 1940er Jahren in Deutschland der Entwicklung und Erforschung der Befragungsmethode die stärksten Impulse gegeben. Die Vielseitigkeit der Methode und die Vielfältigkeit der Anwendungsmöglichkeiten haben zur Entstehung einer Fülle von verschiedenen Formen der Befragung geführt.

Die folgende Übersicht zeigt die wichtigsten Befragungsformen (die Erläuterungen zu den einzelnen Formen finden sich jeweils unter dem entsprechenden Stichwort in diesem Buch):

I. Je nach **der Art der Interaktion zwischen Befragern und Befragten** wird unterschieden zwischen:
1. persönlichen (mündlichen) Befragungen
2. schriftlichen Befragungen
  a) postalischen Befragungen
  b) schriftlichen Befragungen unter Aufsicht (Klassenzimmerbefragung)
3. telefonischen Befragungen
  a) reinen Telefonbefragungen durch Interviewer
  b) computergestützten Befragungen
4. Bildschirmbefragungen (Computerbefragungen), (→) CATI (computer-assisted telephone interviewing)

II. Nach **dem Grad der Strukturierung des Befragungsablaufs** und des Bewegungsspielraums für den Befragten bzw. dem Freiheitsgrad des Befragers unterscheidet man:
1. standardisierte (strukturierte) Befragungen
2. teilstandardisierte Befragungen
3. nichtstandardisierte (unstrukturierte) Befragungen

III. Nach **der Befragungstechnik** wird unterschieden zwischen:
1. nichtdirektiven („weichen") Befragungen
2. direktiven („harten") Befragungen
3. neutralen Befragungen

IV. Je nach **der Befragungstaktik** unterscheidet man:
1. direkte Befragungen
2. indirekte Befragungen
  a) Drittbefragungen
  b) projektive Techniken.

V. Nach **der Zahl der Befragten** lassen sich unterscheiden:
1. Einzelbefragungen
2. Gruppenbefragungen bzw. Gruppendiskussionen (Kollektivinterviews).

VI. Analog kann man nach **der Zahl der Befrager** unterscheiden zwischen:
1. Einzelinterviewerbefragungen
2. Mehrinterviewerbefragungen (Tandeminterviews, Board-Interviews).

VII. Je **nach der Befragungsfrequenz** ist zu unterscheiden zwischen:
1. einmaligen Befragungen
  a) mit längerer Laufzeit
  b) Blitzumfragen (mit kürzester Laufzeit)
  c) Stichtagsbefragungen
2. Wiederholungsbefragungen (Trenduntersuchungen)
3. Panelbefragungen.

IX. Nach **dem Charakter der Befragungsgegenstände** unterscheidet man:
1. Befragungen zur Erforschung objektiver Sachverhalte (demographische Daten, Alter, Einkommen, Schulausbildung, Wohnverhältnisse, Konsumgewohnheiten)
2. Befragungen zur Erforschung subjektiver Sachverhalte (Meinungen, Einstellungen, Wünsche, Vorurteile, Wahrnehmungen, Images usw.).

X. Nach **der Zahl der Befragungsthemen** lassen sich unterscheiden:
1. Ein-Themen-Befragungen
2. Mehr-Themen-Befragungen (Omnibusbefragungen).

XI. Nach **der Zusammensetzung der befragten Zielgruppen** läßt sich eine nur schwer, wenn überhaupt systematisierbare Vielzahl von Befragungstypen unterscheiden. In der Marktforschung wird je nach der Stellung der Befragten im Wirtschaftsprozeß zwischen Verbraucherbefragungen auf der einen und Produzenten- und Händlerbefragungen auf der anderen, zusätzlich noch den Expertenbefragungen oder ähnlich zwischen Abnehmer- und Verkäuferbefragungen unterschieden.

→ Fragebogen, Interview, Stichprobe, Umfrage

Befragungsgespräch
→ Interview

Befragungsperson
→ Befragter

Begehung
Bei der (→) Erhebung der Daten für die (→) Media-Analyse (MA) der (→) Arbeitsgemeinschaft Media-Analyse (AG.MA) nach dem (→) ADM-Stichprobensystem werden die (→) Haushalte in einem Sampling Point (= Stimmbezirk), in denen in der 2. Auswahlstufe befragt werden soll, durch die sog. *Begehung* entweder des gesamten Stimmbezirks oder einer genau begrenzten, nach dem statistischen (→) Zufallsprinzip ausgewählten Teilfläche ermittelt. Zu diesem Zweck gehen Beauftragte der Institute von Haus zu Haus durch den Sampling Point und notieren vom Dachboden bis zum Keller die Namen der (→) Haushaltsvorstände von Privathaushalten, wie sie auf den Türschildern stehen (Daher spricht man auch von einer „Türschild-Stichprobe"). Fehlen Türschilder an bewohnten Räumen wie z. B. bei Bauernhäusern, muß der Adressensammler sich nach den Namen der dort lebenden Familien oder Einzelpersonen erkundigen. Sind an einer Wohnungstür mehrere Namensschilder befestigt, werden sie alle abgeschrieben. Unsicher ist die Erfassung von Untermietern, deren Namen nicht an der Tür stehen. Hier gelten Sonderregelungen: Werden die Untermieter nicht schon bei der Begehung als selbständige Haushalte erfaßt, können sie im Rahmen der (→) Befragung in die aktuelle (→) Stichprobe aufgenommen werden, wenn der Hauptmieter-Haushalt in die Auswahl gelangt ist. Für jede Untersuchung wird pro Sampling Point die erforderliche Menge von Adressen, bei der MA sind es jeweils 4, nach einem (→) Zufallsschlüssel und in gehörigem räumlichen Abstand zueinander gezogen.

Die durch die Begehung zu erhebenden einwandfreien Adressen müssen 5 Angaben enthalten:
1. **Ort und/oder Ortsteil:** kann fehlerhaft sein oder ganz fehlen, wenn dem Interviewer noch auf andere Weise sein Einsatzort mitgeteilt wird. Schlußfolgerung aus den anderen, vollständigen Adressen möglich.
2. **Straße:** kann fehlerhaft sein, darf aber nicht ganz fehlen. Ausnahme: kleine Gemeinden (Dörfer) ohne Straßennamen. Schlußfolgerungen aus den anderen Adressen nicht möglich.
3. **Hausnummer:** darf weder fehlerhaft sein noch ganz fehlen. Schlußfolgerungen aus den anderen Adressen nicht möglich.
4. **Stockwerk und Bezeichnung der Wohnung:** kann bei Einfamilienhäusern fehlen; bei Mehrfamilienhäusern können diese Angaben fehlerhaft sein oder ganz fehlen, wenn eine Familie des vorgegebenen Namens noch im Hause wohnt oder gefragt werden kann, wo sie gewohnt hat. Schlußfolgerungen aus den anderen Adressen sind nicht möglich.
5. **Familienname:** kann fehlerhaft sein oder ganz fehlen, da ohnehin Wechsel erwartet wird. Anstelle des Familiennamens ist erforderlich die Bezeichnung des Stockwerks und der Lage der Wohnung (links, Mitte, rechts).

Ist der Interviewer im richtigen Haus, dann können noch zwei weitere Probleme auftauchen:
1. Straße, Hausnummer, Stockwerksbezeichnung und Hinweise auf die Lage der Wohnung führen zu einem Namensschild, dessen Inhalt mit dem auf der Adressenliste vorgegebenen Namen nicht übereinstimmt.
   a) Besteht hinter der angesteuerten Tür ein Privathaushalt und erkundigt sich der Interviewer nicht danach, ob früher eine Familie des vorgegebenen Namens dort gewohnt hat, ist alles in Ordnung. Fragt er nach und erhält die Antwort „nein" oder „weiß nicht", muß er daran zweifeln, daß die Adresse richtig war, ob er also korrekt einen Nachfolgehaushalt oder einen auf irgendeine Weise falsch bezeichneten Haushalt befragt. Ein durchgeführtes Interview ist in diesem Falle der geringere Fehler.
   b) Ist diese Wohnung nicht mehr bewohnt: (→) Ausfall.
2. Straße und Hausnummer führen in ein Mehrfamilienhaus, in dem keine Wohnungstür mit einem Namensschild zu finden ist, dessen Inhalt mit dem auf der Adressenliste vorgegebenen Namen übereinstimmt. Stockwerksbezeichnung und/oder Hinweise auf die Lage der Wohnung fehlen.
   a) Nachfragen ergeben, daß früher eine Familie mit dem vorgegebenen Namen in einer der Wohnungen lebte: sie ist damit als die bei der Begehung notierte identifiziert.
   b) Ist diese Wohnung nicht mehr bewohnt: Ausfall.

Über das Verfahren der Begehung schreibt Eva-Maria Hess: „In diesem Vorgehen stecken folgende Unsicherheiten:
1. In aller Regel erfolgt keine Vollbegehung;

die Teilbegehung wird unterschiedlich gehandhabt:

- o Die Begehung erstreckt sich auf einen relativ großen Anteil der Haushalte des Stimmbezirks, es wird aber nur jeder xte Haushalt registriert.
- o Die Begehung konzentriert sich auf einen relativ kleinen Ausschnitt der Haushalte des Stimmbezirks, dafür wird jeder Haushalt in diesem Ausschnitt registriert.

Der Vorteil des ersten Verfahrens liegt vergleichsweise in einer Reduzierung des ‚Klumpeneffekts' (räumliche Zusammenballung der Interviews), der Vorteil des zweiten Verfahrens in einer besseren Kontrolle einer möglichen Willkür des Begehers (Vernachlässigung von ‚unbequemen' Haushalten).

2. Die ‚Begehung' setzt das Vorliegen von Abgrenzungsunterlagen für die Stimmbezirke voraus. In städtischen Gemeinden liegen Straßenabgrenzungen unter Angabe von Hausnummern vor. Für die Begehung kann als ‚Startpunkt' eine bestimmte Straße mit Hausnummer nach dem Zufallsprinzip – zum Beispiel anhand des Stadtplans – vorgegeben werden. In ländlichen Gemeinden ist der Stimmbezirk mit der Gemeinde identisch, Gemeindepläne existieren nicht – d. h. die Vorgabe eines nach Random-Prinzipien ausgewählten ‚Startpunktes' stößt hier auf Schwierigkeiten. Vorgaben wie ‚Ortsmitte', ‚Ortseingang' sind vage und benachteiligen unter Umständen die Auswahlchancen bestimmter Teilzonen.
3. Die Erfassung von Untermieterhaushalten ist nicht gesichert, sofern der Name nicht an der Tür steht, d. h. der Untermieter nicht schon bei der Begehung als selbständiger Haushalt erhoben wird."

→ Random-Adressen-Stichprobe; *vgl.* Random-Walk-Verfahren (Random-Route-Verfahren)

beglaubigte Auflage
→ kontrollierte Auflage

Bekanntheitsgrad
In der Markt-, (→) Media- und Werbeforschung der Anteil (Prozentsatz) der Personen einer (→) Zielgruppe, die eine Marke, ein Produkt, eine Werbebotschaft, ein (→) Werbemittel oder einen (→) Werbeträger kennen. Ermittelt wird der Bekanntheitsgrad durch (→) Befragung mit Hilfe von (→) Erinnerungs- (Recall) und (→) Wiedererkennungsverfahren (Recognition), d. h. in jedem Fall beruht die Messung des Bekanntheitsgrads auf den Angaben von Befragten. Es wird unterschieden zwischen passivem und aktivem Bekanntheitsgrad. Den passiven Bekanntheitsgrad ermittelt man als (→) gestützte Erinnerung durch Vorlage von (→) Gedächtnisstützen in Gestalt von Abbildungen des Werbemittels, -trägers wie z. B. (→) Titelkarten bei (→) Mediaanalysen, des Produkts, der Marke usw. oder durch die Vorlage der Originale (des Werbeträgers, des Werbemittels, des Produkts, der Marke usw.) selbst. Allgemein gilt dabei, daß die Vorlage der Originale, insbesondere in der (→) Leserschafts- und (→) Mediaforschung, (→) Originalheftmethode (Through-the-Book Technique), Werte von höherer (→) Validität (Gültigkeit) zu erzielen vermag. Zusammen mit der Vorlage der Abbildungen oder Originale werden die Befragten gebeten anzugeben, ob sie das betreffende Produkt usw. schon einmal gesehen haben, ob sie es kennen.
Der aktive Bekanntheitsgrad wird ohne Zuhilfenahme von Gedächtnisstützen als (→) ungestützte Erinnerung (Unaided Recall) ermittelt, so daß in die Erinnerungswerte nur diejenigen Befragten eingehen, die nachweislich den Namen oder den Inhalt des fraglichen Objekts oder Merkmalsträgers selbst und ohne Hilfe zu nennen in der Lage sind.
Während bei den Zahlen für den passiven Bekanntheitsgrad in der Regel angenommen werden darf, daß sie überzogen sind, weil unter den spezifischen Bedingungen des (→) Interviews viele Befragte angeben, ihnen sei ein Merkmalsträger bekannt, den sie in Wirklichkeit gar nicht kennen, (→) Overclaiming, sind Zahlen für den aktiven Bekanntheitsgrad mitunter zu niedrig, weil sich einige Befragte im konkreten Fall der Befragung nicht an etwas erinnern, das ihnen im übrigen bekannt ist, (→) Underclaiming. Durch die Messung des Bekanntheitsgrads wird nicht mehr ermittelt als die Kenntnis von der Existenz eines Produkts, einer Ware usw.
Die Erhöhung des Bekanntheitsgrades ist ein trügerischer Maßstab für die Werbung, weil der Erfolg einer Werbekampagne ebenso davon abhängt, ob der Produktname von den Zielpersonen auch mit positiv bewerteten Merkmalen assoziiert wird: Ein hoher Bekanntheitsgrad sagt nichts darüber aus, wie die Betreffenden über ein Objekt denken.

Beleg *(Belegexemplar)*
Der förmliche, vom (→) Werbeträger kostenfrei zu erbringende Nachweis dafür, daß ein in Auftrag gegebenes (→) Werbemittel veröffentlicht wurde; bei Anzeigenwerbung also entweder ein komplettes Exemplar der Publikation

(Vollbeleg), in der die (→) Anzeige erschien, eine Ausrißseite (Belegseite) mit der Anzeige oder auch lediglich ein Ausschnitt der Anzeige (Einzelbeleg), bei (→) Beilagen ein Exemplar der Beilage zusammen mit dem Beilagenhinweis, bei Lesezirkelwerbung eine Durchführungsbestätigung der Lesezirkelfirma oder des Werbemittlers, bei (→) Plakatanschlagwerbung die Anschlagbestätigung des Anschlagunternehmens oder des Werbemittlers, bei (→) Funk- und Fernsehwerbung die Sendebestätigung des Senders und bei (→) Kinowerbung die Einschaltbestätigung des Pächters oder des Werbemittlers.

In den (→) Auflagenmeldungen der Informationsgemeinschaft zur Feststellung der Verbreitung von Werbeträgern (IVW) werden die Belegexemplare in der Rubrik (→) Rest-, Archiv- und Belegexemplare zusammengefaßt und nicht der (→) tatsächlich verbreiteten Auflage (tvA) zugerechnet. Dasselbe gilt für die Auflagenangaben bei (→) Fachzeitschriftenanalysen (FZA) nach den (→) AMF-Karten.

Belegung
Die Reservierung von Werbefläche (Anzeigenraum, Anschlagraum usw.) oder von Werbezeit in einem Werbeträger.

Belegungseinheit
→ Auflagenmeldung

Belegungskombination
→ Mediakombination

Belegungsschritt
In (→) Mediaselektionsprogrammen eine einzelne, für einen bestimmten (→) Werbeträger festgelegte Vorschrift darüber, mit wievielen Belegungen oder in welchen Schrittlängen er überprüft werden soll.

Belson-Formel
→ soziokommunikative Schichten, Segmentation

Belson-Verfahren *(Intensivbefragung nach Belson)*
Ein von dem britischen Sozialforscher William A. Belson 1960 entwickeltes Verfahren zur Überprüfung der (→) Validität (Gültigkeit) der in einem normalen (→) Interview in einer (→) Mediaanalyse erhobenen Angaben zur Ermittlung der (→) Leser im (→) Erscheinungsintervall (LiE). Nach dieser Methode, die Belson in seinem Buch „Studies in Readership" 1962 beschrieb, werden den Befragten am Tag nach dem normalen Interview in einer qualitativen (→) Intensivbefragung zusätzliche (→) Fragen über die „wahren" Leseumstände gestellt. Dieses Intensivinterview, für das nur hochqualifizierte Interviewer eingesetzt werden, dauert ungefähr eine Stunde. Während dieser Zeit tastet sich der Interviewer in nahezu kriminalistischer Weise an das entscheidende letzte Lesedatum eines Titels heran. Kernpunkt dieses „Verhörs" sind einmal Hintergrundinformationen über die (→) Lesegewohnheiten des Befragten und zum anderen gezielte Fragen zu den Leseumständen des letzten (→) Lesevorgangs. Wo hat man gelesen? Zu welcher Tageszeit? Was war davor und danach? War man allein? usw.

Die Hypothese ist, daß das Drumherum eines Lesevorgangs besser erinnert wird als das Lesen selbst. Die verschiedenen Angaben werden wie ein Puzzle zu einem Bild zusammengesetzt und so gegenseitig überprüft. Aus Erfahrung weiß der Interviewer, daß bei den Befragten eine starke Tendenz vorherrscht, in Ermangelung genauer (→) Erinnerung an einzelne Lesevorgänge, sich bei seinen Antworten an den eigenen Lesegewohnheiten zu orientieren.

Über die Bewertung der Methode schreiben Gunda Opfer und Dieter Müller-Veeh: „Die Belson-Methode hat einen einleuchtenden Plausibilitätswert und genießt ein hohes Ansehen.

Solange aber außer den Aussagen des Befragten im Intensiv-Interview keine Informationen vorliegen, anhand derer man diese Aussagen wirklich überprüfen kann, bleibt ein letzter Rest an Zweifel bestehen. Und dieser Zweifel ist vielleicht auch mit der Grund für das Phänomen, daß die Belson-Methode trotz ihres hohen Ansehens in großem Maßstab und im vollen, von Belson vorgeschlagenen Umfang zum Zwecke der Validierung seit damals nicht mehr eingesetzt wurde. Kleinere Studien gab es allerdings.

Es wird als Entschuldigung häufiger vorgebracht, daß man die dafür notwendigen Super-Interviewer nicht habe oder ausbilden könne. Das überzeugt nicht ganz, denn wenn man wüßte, daß der Lohn für dieses Bemühen wirklich die reine Wahrheit wäre, dann würde man diesen Aufwand nicht scheuen.

Es ist bei der Belson-Methode schwer abzuschätzen, inwieweit die Fragen selbst die Antworten beeinflussen. Belson fragt beispielsweise deutlich häufiger nach, ob man sich nicht doch an ein Lesen einer Ausgabe erinnere, als daß er einen angegebenen Lesevorgang durch Nachfragen in Zweifel zieht. Er rechnet mehr mit einem Vergessen (underclaim) als mit einem ‚overclaim', und es überrascht, daß so

wenige ‚weiß nicht' Antworten übrig bleiben, denn aus eigener Erfahrung – und auf diese kann man hier ausnahmsweise zurückgreifen – weiß man, daß es immer mal wieder eine Erinnerungsgrenze gibt, bei der man einfach nicht mehr sagen kann, wann man eine Zeitschrift gelesen hat.
Es wäre sicher interessant, die Belson-Methode durch die Verbindung mit der Beobachtung und der Vorlage von Vorausgaben im Intensiv-Interview ausschnittweise auf ihre wirkliche Validität zu überprüfen."
Belson selbst meinte 1980 selbstkritisch zu seinem Ansatz: „Man kann von dieser Methode nicht erwarten, daß sie tatsächliche Sicherheit oder den letzten Beweis erbringt. Keine Methode kann uns das liefern. Aber wenn sie vernünftig angewendet wird, führt sie uns mit Nutzen in diese Richtung. Auf jeden Fall gibt sie uns viel mehr, als nur ein Vergleich einer Leserschaftsabfrage gegen eine andere."
→ IPA-Fragestellung

Benutzungsanalyse
→ Nutzwertanalyse

Beobachtung
Zusammen mit der (→) Befragung und in geringerem Maße dem (→) Experiment das wohl zweitwichtigste Erhebungsinstrument, das Markt-, (→) Media- und Werbeforschung von der (→) empirischen Sozialforschung übernommen haben. Dabei ist mit strukturierter im Gegensatz zur freien, naiven Alltagsbeobachtung die Entwicklung und Anwendung von Beobachtungsmethoden als Meßverfahren gemeint, durch die operational definierte Variablen mit einem angebbaren Maß an (→) Objektivität, (→) Reliabilität (Zuverlässigkeit) und (→) Validität (Gültigkeit) quantitativ erfaßt werden können. Mit Hilfe der Beobachtung werden sinnlich wahrnehmbare Sachverhalte oder Vorgänge durch einen sich gegenüber den Beobachtungsgegenständen rezeptiv verhaltenden Beobachter systematisch erfaßt, ohne daß dabei ein verbaler Kontakt zwischen Beobachter und Beobachteten erforderlich wäre.
Im Gegensatz zur Befragung und zum Experiment ist die Beobachtung als Erhebungsinstrument in der Regel von der Kooperationsbereitschaft der (→) Auskunftspersonen unabhängig. Die Beobachtung kann durch andere Personen (den Forscher selbst oder durch Interviewer) oder auch mit Hilfe von Geräten (Kameras, Monitoren, elektronischen Meßgeräten z. B. zum Fernsehverhalten, Augenkameras usw.) geschehen.
Die folgende Übersicht zeigt die wichtigsten Arten der Beobachtung (die Erläuterungen zu den einzelnen Arten finden sich unter dem entsprechenden Stichwort in diesem Buch):

I. Je nach **dem Maß der wissenschaftlichen Kontrollierbarkeit** und Wiederholbarkeit der Beobachtungssituation unterscheidet man zwischen:
1. strukturierten (kontrollierten, systematischen Beobachtungen)
2. nichtstrukturierten (unkontrollierten, unsystematischen Beobachtungen).

II. Nach **der Stellung des Beobachtungsmaterials zur Wirklichkeit** kann man unterscheiden zwischen:
1. direkter Beobachtung
2. indirekter Beobachtung.

III. Nach **der Stellung des Beobachters zur Wirklichkeit** läßt sich unterscheiden zwischen:
1. teilnehmender Beobachtung
2. nichtteilnehmender Beobachtung.

IV. Nach der **Natürlichkeit der Beobachtungsbedingungen:**
1. Laboratoriumsbeobachtung
2. Feldbeobachtung.

V. Nach **dem Grad der Informiertheit** bzw. Uninformiertheit der beobachteten Personen:
1. offene (wissentliche, nicht-biotische) Beobachtung
2. verdeckte (unwissentliche, biotische) Beobachtung.

VI. Je nachdem, ob die **Beobachtungen von Personen oder mit Hilfe von Geräten** durchgeführt werden:
1. persönliche Beobachtung
2. unpersönliche (apparative) Beobachtung.

VII. Nach **den Beobachtungsobjekten:**
1. Fremdbeobachtung
2. Selbstbeobachtung.

In der Markt- und Konsumforschung, in Untersuchungen des (→) Konsumentenverhaltens sowie in Media- und Werbeforschung finden sich vielfältige Anwendungsmöglichkeiten für Beobachtungsverfahren. Bei Feldbeobachtungen liegen die Schwerpunkte der systematischen Beobachtung vor allem in Passanten- und Schaufensterbeobachtungen, in Beobachtungen des Konsumentenverhaltens, des Einkaufs- oder Wanderverhaltens der Kunden in Einkaufszentren, Kaufhäusern oder Supermärkten (Kundenlaufstudien) oder in Form der teilnehmenden Feldbeobachtung auch als Kunden- oder Ladenbeobachtung, als Gaststätten- und Herbergstests sowie Tests von anderen Dienstleistungen oder auch als (→) Einzelhandels-Panels. Besondere Bedeutung haben auch Verfahren der nichtteilnehmenden Feldbeobachtung wie z. B. die Auswertung von Haushaltsabfällen (Dustbin Checks), (→) Speisekammertests oder Einkaufstagebücher (Selbstaufschreibung), (→) Tagebuchmethode, auf der Seite der Konsumenten bzw. (→) Bestandsprüfungen und Lagerinventuren auf der Seite des Handels erlangt. In Fällen von vollkommen oder teilweise fehlender Auskunftsfähigkeit oder -willigkeit der Informationsträger wie etwa im Bereich der Konkurrenzforschung oder der handelsbetriebsgerichteten Forschung, d. h. der Untersuchung der Beratungsfähigkeit, -bereitschaft und -willigkeit von Verkaufspersonal, sind Ladentests (Store Tests) sogar unumgänglich, weil auf andere Weise die gesuchten Informationen nicht erhältlich sind.

Laborbeobachtungen werden hingegen in starkem Maße bei Produkttests (z. B. Schnellgreifbühne, Tachistoskop u. a. m.) und insbesondere in der (→) Media- und Leserschaftsforschung, vielfach auch als verdeckte Verfahren mit getarntem Personal oder Einwegspiegeln und eingebauten Fernsehkameras verbreitet. Viele Untersuchungen der Mediaforschung wie z. B. die Ermittlung von (→) Einschaltquoten oder allgemein des Fernsehverhaltens sind nur als Feldbeobachtungen mit Hilfe apparativer Verfahren sinnvoll durchführbar, wohingegen Untersuchungen des Kino- und Filmtheaterbesuchs oder der Kontakte mit Anschlagflächen sich vorwiegend auf persönliche Feldbeobachtungen stützen.

Dem Vorteil der Beobachtung, daß sie gegenüber der Befragung ein sehr billiges Verfahren ist, steht als Nachteil gegenüber, daß mit ihrer Hilfe vorwiegend äußeres Verhalten registriert wird und subjektive Sachverhalte wie (→) Motive, Wünsche, (→) Einstellungen, Zielvorstellungen, Meinungen usw. ebensowenig erfaßt werden können wie objektive demographische und statistische Individualdaten der Beobachtungsobjekte wie z. B. Einkommen, Bildungsstand usw. Als Methode hat die Beobachtung im Regelfall daher nur subsidiären Charakter. Lange Zeit hat die Tendenz bestanden, die (→) Validität von Beobachtungsergebnissen als selbstevident zu betrachten und auf Außenkriterien bei ihrer Beurteilung zu verzichten oder die Frage nach der Validität ganz beiseite zu lassen. Jedoch kann die Gültigkeit von Beobachtungsverfahren z. B. sowohl durch eine zu detailgenaue wie eine zu globale Definition der Beobachtungseinheiten bzw. Strukturierung des Beobachtungsverfahrens eingeschränkt werden. Eine Reihe von Untersuchungen hat auch ergeben, daß zumindestens bei persönlichen Beobachtungen wie etwa Ladenbeobachtungen die Ergebnisse von Beobachtungsratings viel stärker von den Beobachtern als von den Beobachteten abhängen und mithin die (→) Reliabilität (Zuverlässigkeit) derartiger Beobachtungen sehr niedrig ist.

bereinigte Stichprobe *(Bereinigung)*
Eine aus allen Einheiten einer konkreten Untersuchung zusammengesetzte (→) Stichprobe, die dadurch entstanden ist, daß aus der ihr zugrundeliegenden (→) Ausgangsstichprobe diejenigen Elemente eliminiert worden sind, die nicht Gegenstand der konkreten Stichprobenuntersuchung sind. Es handelt sich dabei also stets um die von aufgrund von (→) Erhebungsfehlern zustandegekommenen Interviews reduzierte Stichprobe.

Auf die Tatsache, daß die Auswahl der (→) Zielperson nicht in allen (→) Haushalten korrekt vorgenommen wird, ist man bei der (→) Media-Analyse (MA) der (→) Arbeitsgemeinschaft Media-Analyse (AG.MA) erst in den 1970er Jahren aufmerksam geworden. Seit der MA 74 werden für alle Personen des Haushalts, in dem ein Interview stattgefunden hat, dieselben (→) demographischen Merkmale erhoben wie bis dahin nur für den Befragten und den (→) Haushaltsvorstand, sofern der nicht mit dem Befragten identisch war. Seitdem kann man prüfen, ob die befragten Personen, die alle Personen im Haushalt vertreten sollen, tatsächlich repräsentativ sind für diese Gesamtheit.
→ Datenbereinigung, Redressement

Bernouilli-Verteilung
→ Binomialverteilung

Berufsgruppen
In der amtlichen Statistik und in Markt- und Medienstudien die nach der sozialen Stellung im Beruf klassifizierten Gruppen der 1. Selbständigen, 2. mithelfenden Familienangehörigen, 3. Beamten, 4. Angestellten und 5. Arbeiter.

Eine andere gebräuchliche Berufsgruppeneinteilung ist z. B. die in 1. Inhaber und Leiter von Unternehmen, freie Berufe, 2. Selbständige Gewerbetreibende, 3. Leitende Beamte und Angestellte, 4. Sonstige Beamte und Angestellte, 5. Facharbeiter, 6. Sonstige Arbeiter, 7. Landwirtschaftliche Berufe.

Diese und ähnliche Berufsgruppen werden bei Umfragen im Rahmen der (→) demographischen Merkmale der Befragten erhoben. Ermittelt wird bei Berufstätigen der eigene Beruf, bei Rentnern der vormalige Beruf, bei Personen ohne Beruf der Beruf des (→) Haushaltsvorstandes.

Berufszeitschrift *(Berufsfachzeitschrift)*
Eine (→) Fachzeitschrift für die Angehörigen eines bestimmten Berufs oder Berufsstands.

Das Beste Container
Eine 1977/78 vom Verlag Das Beste, Düssel-

dorf, vorgelegte Untersuchung, deren ehrgeiziges Ziel es ist, ein Datensystem vorzulegen, mit dessen Hilfe Marktstrategien aus einer einzigen Datenquelle direkt in (→) Mediastrategien umgesetzt werden können. Die schrittweise gefundenen Mosaiksteine dieses neuen Datensystems, dessen Daten von Januar 1976 bis April 1977 in Zusammenarbeit mit der Gesellschaft für Konsumforschung (GfK), Nürnberg, und der Infratest Medienforschung, München, kontinuierlich in einer einzigen (→) Befragung gefunden wurden, geben Auskunft über Kauf und Besitz, Kaufintensität und Kaufabsichten, den Prozeß der (→) Kaufentscheidung und Kaufentscheidungskompetenz, (→) Lese- bzw. (→) Sehwahrscheinlichkeit sowie (→) Leser-Blatt-Bindung (LBB). Es ist so ein Planungs- und Entscheidungsinstrument, das für 135 Produktbereiche eine direkte Umsetzung von Marktstrategien in Mediastrategien ohne den Umweg über eine soziodemographische Verknüpfung ermöglicht.

Besteller
Im Medienvertrieb jemand, der für sich selbst oder für Dritte ein oder mehrere Exemplare eines Druckmediums zur bezahlten Lieferung in Auftrag gibt. Von Anforderung spricht man, wenn es sich um nicht zu bezahlende Exemplare wie Ansichts- oder Freiexemplare handelt.

Bestimmtheitsmaß *(Bestimmtheitskoeffizient)*
In der statistischen (→) Korrelations- bzw. (→) Regressionsanalyse ein Maß für die Stärke des Zusammenhangs (die Güte einer Korrelations- bzw. Regressionsbeziehung), das zum Ausdruck bringt, welcher Anteil der (→) Varianz einer (→) Variablen durch die Veränderung einer anderen Variablen erklärt wird. Es ist also ein Maß des linearen Zusammenhangs zwischen Variablen. Es wird angegeben als das Quadrat des Pearsonschen (→) Produkt-Moment-Korrelationskoeffizienten r:

$$R = \frac{\Sigma(\hat{Y}_i - \bar{Y})^2}{\Sigma(Y_i - \bar{Y})^2} = 1 - \frac{\Sigma(Y_i - \hat{Y}_i)^2}{\Sigma(Y_i - \bar{Y})^2}$$

oder in Worten ausgedrückt:

$$R = \frac{\text{erklärte Varianz}}{\text{Gesamtvarianz}} = 1 - \frac{\text{Zufallsschwankung (nichterklärte Varianz)}}{\text{Gesamtvarianz}}$$

Je näher der Bestimmtheitskoeffizient an 1 liegt, desto besser wird die Varianz der abhängigen Variablen durch die Regressionsbeziehung erklärt.

Besuch
1. Als Besuch bezeichnet man in (→) Befragungen jeden Versuch eines Interviewers, mit einer zu befragenden Person Kontakt aufzunehmen, um ein (→) Interview durchzuführen. Ziel wiederholter Besuche ist die Erhöhung der (→) Ausschöpfung des Bruttoansatzes vor allem bei (→) Auswahlverfahren der (→) Zufallsauswahl mit festen Adressenvorgaben.
2. → Kinobesuch

Besucher pro Woche
Der (→) Kontakt mit dem Medium (→) Kino wird durch die (→) Kontaktmaßzahl „Besucher je Woche" ausgedrückt. Sie wird dadurch ermittelt, daß man nach dem (→) Kinobesuch in der letzten Woche fragt. Oder man gewinnt diese Werte aus der Antwort auf die Frage nach der (→) Häufigkeit des Kinobesuches. In beiden Fällen werden an das (→) Erinnerungsvermögen der Befragten einige Ansprüche gestellt. Bei der Frage nach dem Kinobesuch der letzten Woche müssen sie in der Lage sein, diesen Zeitraum genau abzugrenzen. Aber auch die Antwort auf die Frage „Wie oft gehen Sie ins Kino?" erfordert eine nicht zu unterschätzende Gedächtnisleistung. Bei der Kontaktmaßzahl „Besucher pro Woche" ist zu berücksichtigen, daß alle Kinobesucher, die mehrmals wöchentlich ins Kino gehen, nicht nur einmal, sondern öfter durch die Werbebotschaft erfaßt werden. In dieser Hinsicht hinkt also z. B. ein Vergleich mit dem (→) Seher pro Tag.
→ Weitester Besucherkreis

Besucherfrequenz von Filmtheatern
→ Kinowerbung

Besucherkreis
→ Weitester Besucherkreis

Besuchswahrscheinlichkeit *(durchschnittliche Besuchswahrscheinlichkeit)*
Im Rahmen der (→) Media-Analyse (MA) der (→) Arbeitsgemeinschaft Media-Analyse (AG .MA) wird für das (→) Kino eine Besuchswahrscheinlichkeit ermittelt wie für andere Medien eine (→) Nutzungswahrscheinlichkeit: Der (→) Weiteste Besucherkreis (mindestens ein Besuch innerhalb der letzten 12 Monate), der dem (→) Weitesten Nutzerkreis (WNK) entspricht, und die Personen, die innerhalb der letzten sieben Tage mindestens einmal im Kino waren, werden zueinander in Beziehung gesetzt: Der Anteil der (→) Besucher pro Woche an der Gesamtheit der Besucher pro Jahr (ausgedrückt in Prozent) ist die durchschnittliche Besuchswahrscheinlichkeit.
Sie wird in einem (→) Segmentationsverfahren ausdifferenziert und schließlich in verschiede-

ner Höhe für 16 Kinobesuchergruppen festgehalten, die sich neben ihrer Besuchshäufigkeit vor allem in (→) demographischen Merkmalen voneinander unterscheiden. Die durchschnittliche Besuchswahrscheinlichkeit liegt sehr niedrig, von den 16 Besuchergruppen sind die am größten, deren Mitglieder am seltensten ins Kino gehen.

Kinobesucher MA 76

Segment	Wahrscheinlichkeit	Anteil am weitesten Besucherkreis	
1	91,48	2,4	2,4 Kern-Besucherschaft
2	70,23	2,7	2,7 häufige Kinobesucher
3	40,31	6,7	11,6 seltene Kinobesucher
4	26,62	4,9	
5	23,20	6,2	83,3 ganz seltene Kinobesucher
6	19,03	3,9	
7	15,60	4,4	
8	10,01	2,7	
9	9,81	6,0	
10	9,65	2,6	
11	6,97	15,9	
12	5,07	2,6	
13	3,58	11,7	
14	1,51	8,8	
15	1,20	15,4	
16	1,04	3,1	
ϕ	14,06	100,0	100,0

Beta-Binomialmodell *(Beta-Binomialverteilung)*
→ Binomialmodell

Betriebsgrößenklassen
→ AMF-Karte

Beurteilungsstichprobe *(judgment sample)*
Eine nach dem Verfahren der (→) bewußten (→) Auswahl gezogene (→) Stichprobe. Da wegen der Willkürlichkeit der Entscheidung bei der Auswahl der Stichprobeneinheiten die Berechnung der (→) Fehlerspanne bzw. des (→) Vertrauensbereichs nach den Regeln der mathematischen Wahrscheinlichkeitstheorie nicht möglich ist, muß der (→) Fehler nach anderen, z. B. nach empirischen Verfahren durch Beurteilung geschätzt werden.
vgl. Wahrscheinlichkeitsstichprobe (Zufallsstichprobe)

Bevölkerungshochrechnungsfaktor
→ Hochrechnung

Bevölkerungsquerschnitt
→ Querschnitt, Repräsentativität

Bewertung
→ Evaluierung

Bewertungsmodell
→ Evaluierungsmodell

bewußte Auswahl
Sammelbezeichnung für alle statistischen (→) Auswahlverfahren, bei denen es im Gegensatz zu den Verfahren der (→) Zufallsauswahl der bewußten Entscheidung des Untersuchungsleiters oder der die (→) Erhebung direkt durchführenden Personen (z. B. der Interviewer) überlassen bleibt, wer in die Auswahl einbezogen wird und wer nicht. Wegen dieser bewußten Entscheidung, deretwegen nicht jedes Element der (→) Grundgesamtheit dieselbe Chance hat, in die Stichprobe aufgenommen zu werden, sind die Grundsätze der mathematischen Wahrscheinlichkeitstheorie nicht anwendbar und folglich auch (→) Vertrauensbereiche (Mutungsintervalle) bzw. (→) Fehler(toleranzen) nicht berechenbar, (→) Beurteilungsstichprobe. In der (→) empirischen Sozialforschung und der (→) Marktforschung haben unter den Verfahren der bewußten Auswahl das (→) Quotenverfahren, die (→) Auswahl nach dem Konzentrationsprinzip und die (→) typische Auswahl die größte Bedeutung. Es handelt sich insgesamt um Auswahlverfahren, bei deren Vorgehen die Auswahl entweder aufgrund von Fachkenntnissen oder Vorstudien bzw. aufgrund der Erfahrung, daß sie eine Grundgesamtheit repräsentieren abbilden, vorgenommen wird. Von ihnen zu unterscheiden sind die Verfahren der willkürlichen (→) Auswahl aufs Geratewohl (Gelegenheitsstichproben).

bewußter Erstleser *(bewußter Hauptleser)*
→ Agostini-Ansatz

bezahlte Auflage
→ Verkaufsauflage

Bezieher
Im Medienvertrieb der (→) Empfänger einer Zeitung oder Zeitschrift, der sie aufgrund eigener oder fremder Bestellung, vgl. (→) Besteller, erhält. Im Postzeitungsdienst gilt als Bezieher jeder, der eine Zeitung oder Zeitschrift auf dem Postweg zugeschickt bekommt. Mitunter wird Bezieher auch einfach synonym für (→) Abonnent verwendet.

Bezieheranalyse
→ Empfänger-Struktur-Analyse

Bezugsart *(Heftherkunft)*
In zahlreichen (→) Mediauntersuchungen hat sich ergeben, daß die Art des Bezugs eines Druckmediums einen erheblichen Einfluß auf seine Kommunikationsleistung als (→) Werbe-

träger, also auf die (→) Nutzungsintensität seiner Leser und auch auf die Aufmerksamkeitswirkung, (→) Anzeigenbeachtung, und Werbewirkung der darin gedruckten Anzeigen hat. Die früheste deutsche Untersuchung zu diesem Thema ist der (→) Anzeigenkompaß von Infratest, München, aus dem Jahre 1967. Die folgende Tabelle gibt einen knappen Überblick über die Befunde dieser und anderer Studien zu diesem Thema:

Titel der Studie	Befunde
Anzeigenkompaß Infratest 1967	Kauf oder Abonnement schaffen um 18 Indexpunkte mehr Anzeigenbeachtung als eine andere Heftherkunft
Die Affizierbarkeit von Zeitschriftenlesern Heinrich Bauer-Stiftung 1968	Abonnement und Einzelkauf schaffen nur geringfügig mehr Anzeigenerinnerung und -beachtung als Lesezirkel-Exemplare
Anzeigenkontaktchancen in Publikumszeitschriften „Hör zu" 1969	Abonnement und Einzelkauf schaffen um 80–100 Indexpunkte mehr Seitenkontakt als Lesezirkel-Exemplare
Heftnutzung und Anzeigenbeachtung, Heinrich Bauer-Verlag 1971	Kauf schafft 40–50 Indexpunkte mehr Anzeigenbeachtung als eine andere Heftherkunft
Anzeigencopytest „Bild-Zeitung" 1972	Selberkauf schafft um 70–80 Indexpunkte mehr Anzeigenbeachtung und Textlektüre als „bei Kollegen mitlesen"
Love Story „Das Beste" 1972	Abonnement bzw. Kauf schaffen um 35 Indexpunkte mehr Seitenkontakt, um 47 Indexpunkte mehr Anzeigenerinnerung, um 15–20 Indexpunkte mehr positive Einstellung zu den Anzeigen, aber keine nennenswert größere Beachtung als andere Heftherkunft
Reader Categorisation Study; Jicnars 1972	Kauf bzw. Abonnement schaffen um 90 (Monatszeitschriften) bzw. 21 (Tageszeitungen) Indexpunkte mehr Seitenbeachtung als „anderswo gelesen"
Studie über den Kommunikationserfolg; „Bild am Sonntag" 1973	Selberkauf schafft keine Verbesserung der Anzeigenbeachtung und Wirkung gegenüber anderer Heftherkunft

Eine experimentelle Überprüfung von (→) Hypothesen über den Zusammenhang zwischen Bezugsart und Anzeigenwirkung unternahm die 1978 im Auftrag der Zeitschrift „Hörzu" des Axel Springer Verlags, Hamburg, von der Geiger Marketingforschung, Köln, durchgeführte Studie (→) Lesequalität. Darin wurde nach folgenden Kategorien differenziert:

- o Die Zeitschrift ist bei uns im Haushalt abonniert;
- o Die Zeitschrift habe ich selbst gekauft;
- o Die Zeitschrift hat jemand anderer aus unserem Haushalt gekauft;
- o Die Zeitschrift habe ich geschenkt bekommen, geliehen;
- o Die Zeitschrift habe ich zufällig bekommen, sie lag aus.
- o Die Zeitschrift habe ich in einem Lesezirkel oder einer Lesemappe gelesen.

Die wichtigsten Ergebnisse der Untersuchung: Nach der (→) Lesedauer rangieren die einzelnen Kategorien der Bezugsart wie folgt:

Kategorie Bezugsart	Durchschnittliche Lesedauer in Minuten	
	lesen zu Hause	lesen außer Hause
1. selbst gekauft	97	61
2. im Haushalt abonniert	71	63
3. geschenkt, geliehen bekommen	68	44
4. jemand anderer hat gekauft	63	45
5. Lesezirkel-Exemplar	52	30
6. zufällig vorgefunden	47	30

Die Zusammenhänge zwischen Lesedauer einerseits und Bezugsart und (→) Leseort andererseits werden in der Übersicht sehr deutlich; sie gelten bei allen untersuchten Zeitschriften in gleicher Weise.

Generelle Zusammenhänge zwischen kontaktqualifizierenden Merkmalen

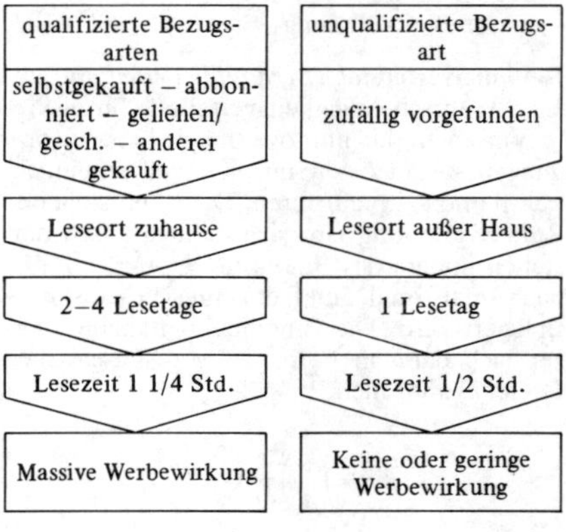

Mit Hilfe solcher leicht greifbarer (→) Indikatoren der Werbewirkung ist es möglich, die von den (→) Mediaanalysen ausgewiesenen relativ „weichen“ (→) Reichweiten der Zeitschriften von allzu flüchtigen Heftkontakten zu befreien. Der Anteil qualifizierter Kontakte kann als (→) Gewichtungsfaktor für die Reichweite herangezogen werden.
Nach einer Reihe von Methodenexperimenten über die (→) Abfrage wird in der (→) Media-Analyse (MA) der (→) Arbeitsgemeinschaft Media-Analyse (AG.MA) seit der MA 84 und der Einführung des horizontalen Abfragemodells bei Zeitschriften die Medieninformation pro Titel auf einmal und ohne die Frage nach der Bezugsart unter Verwendung von (→) Titelkarten im Spielkartenformat eingesammelt.

Bezugsperson
→ Haushalt

Bias
→ systematischer Fehler

Bildschirmkontakt
→ Seherqualität

Bindeauflage *(Bindequote)*
Bei Büchern, Katalogen, Adreßverzeichnissen und bei einigen umfangreicheren, in der Herstellung aufwendigeren (→) Zeitschriften die Zahl der Exemplare, die vollständig gebunden werden. Die Unterscheidung zwischen Bindeauflage und (→) Druckauflage ist deshalb erforderlich, weil bei solchen Publikationen oft mehr Exemplare gedruckt als gebunden werden (Bindequote) und erst bei weiterem Bedarf wieder neue Exemplare gebunden werden.

Bindeglieder
→ Fusion

Bindung *(Bindungsmaß)*
→ Leser-Blatt-Bindung

Binomialverteilung *(Bernouilli-Verteilung)*
Eine Wahrscheinlichkeitsverteilung für diskrete Variablen mit nur zwei möglichen Ausprägungen A und $\bar{A}$, die mit der Wahrscheinlichkeit p und 1 – p auftreten. Die so entstehende Zufallsverteilung läßt sich mathematisch darstellen, indem das Binom (A + $\bar{A}$) der Reihe nach 1mal, 2mal, 3mal, etc. mit sich selbst multipliziert wird. Die Binomialkoeffizienten lassen sich dann in Form des sog. Pascalschen Dreiecks anordnen.

$$p(x) = \binom{N}{x} p^x (1-p)^{N-x} .$$

Die Binomialverteilung gibt für jeden beliebigen Variablenwert x aus N Fällen die Wahrscheinlichkeit p(x) an, daß von N Ereignissen x-mal A und N – x-mal $\bar{A}$ eintritt.

Binomialkoeffizienten	für die Potenz *n*
1	0
1 1	1
1 2 1	2
1 3 3 1	3
1 4 6 4 1	4
1 5 10 10 5 1	5
1 6 15 20 15 6 1	6
1 7 21 35 35 21 7 1	7

Durch die Binomialverteilung wird das klassische (→) Urnenmodell mit weißen und roten Kugeln und einer (→) Auswahl mit Zurücklegen erfaßt, sie ist somit eine der Fundamentalverteilungen der (→) Stichprobentheorie, für die zahlreiche Anwendungen bei dichotomen (→) Grundgesamtheiten bestehen. Die Binomialverteilung ist im Gegensatz zur (→) Normalverteilung asymmetrisch (siehe Abb.). Ihre

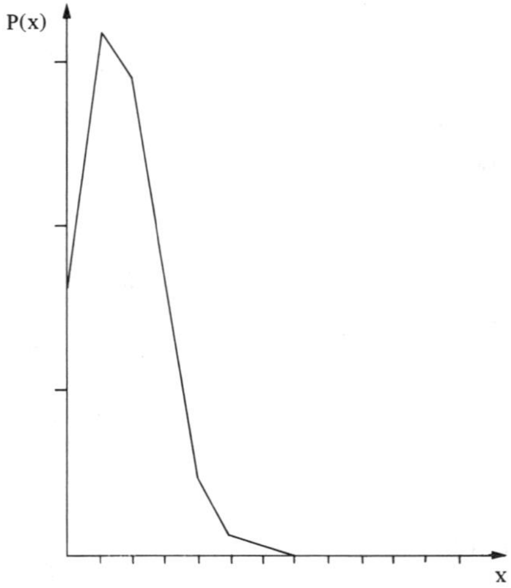

(→) Schiefe wird jedoch mit wachsendem N geringer, bis sie bei sehr großen N in die Normalverteilung übergeht. Mit anderen Worten: Man spricht zwar üblicherweise von der Binomialverteilung im Singular, es liegt aber genau genommen eine ganze Familie von Binomialverteilungen vor, die sich, bei gegebener Stichprobengröße N, jeweils durch den Zahlenwert für die Grundgesamtheit, P, voneinander unterscheiden, und zwar um so symmetrischer, je näher P an 0,50 und um so asymmetrischer, je näher P an 0,00 oder 1,00 liegt.

Die Binomialverteilung mit endlich großem N ist im Prinzip diskontinuierlich: Jeder der insgesamt N + 1 theoretisch möglichen Kombinationen von x Elementen von der einen und N – x von der anderen Ausprägung entspricht eine ganz bestimmte, mit Hilfe der Binomialexpansion $[P + (1 - P)]^N = (1)^N = 1$ Wahrscheinlichkeit, der wiederum eine Ordinate im Diagramm entspricht (Bei N = 4 gibt das insgesamt N + 1 = 4 + 1 = 5 klar voneinander unterscheidbare Ordinaten).
Ist aber N unendlich groß, dann gibt das unendlich viele Ordinaten, die, voneinander nicht mehr unterscheidbar, unendlich nahe aneinanderliegen. Zusammen bilden sie eine ununterbrochene Fläche, und ihre obersten Enden zusammen eine ununterbrochene glatte Kurve mit der Glockenform wie die Normalkurve.

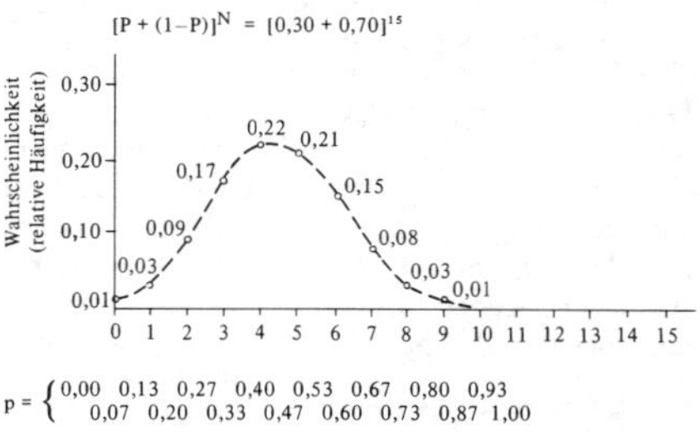

Die Binomialverteilung läßt sich durch zwei (→) Parameter, nämlich ihr (→) arithmetisches Mittel und ihre (→) Varianz beschreiben.
Eine binomiale Stichprobe von der Größe N, bestehend aus X Elementen von der einen und N – X von der anderen Ausprägung, kann im Prinzip als eine (→) Häufigkeitsverteilung bestehend aus nur zwei Häufigkeiten aufgefaßt werden. Ordnet man z. B. jedem Beobachtungsfall, der die Ausprägung A aufweist, den Zahlenwert $X_1 = 1$ und jedem der die Ausprägung A aufweist, den Zahlenwert $X_2 = 0$ zu, dann ist das arithmetische Mittel, wie in jeder anderen Häufigkeitsverteilung,

$$\overline{X} = \frac{\Sigma f_x X}{N} = \frac{f_1 X_1 + f_2 X_2}{N} = \frac{f_1 X_1}{N} + \frac{f_2 X_2}{N},$$

was mit $f_1 = X$ und $f_2 = N - X$ und $X_1 = 1$ und $X_2 = 0$

$$\overline{X} = \frac{X \times 1}{N} + \frac{(N-X) \times 0}{N} = \frac{X}{N} = p \text{ gibt.}$$

Das besagt, daß das arithmetische Mittel einer binomialen Stichprobe gleich dem proportionalen Anteil der einen Ausprägung ist (also entweder A oder $\overline{A}$.

Setzt man das in die übliche Formel für Varianz und (→) Standardabweichung ein, dann ergibt sich:

$$s^2_X = \frac{\Sigma f_x (X-\overline{X})^2}{N} = \frac{\Sigma f_x X^2}{N} - \left(\frac{\Sigma f_x X}{N}\right)^2$$

$$= \frac{f_1 X_1^2}{N} + \frac{f_2 X_2^2}{N} - p^2$$

$$= \frac{X \times 1^2}{N} + \frac{(N-X) \times 0^2}{N} - p^2$$

$$= p + 0 - p^2 = p - p^2 =$$

$$\underline{p\,(1-p)}$$

$$s_X = \sqrt{s^2_X} = \sqrt{p\,(1-p)}.$$

Faßt man die binomiale Grundgesamtheit ebenfalls als eine Häufigkeitsverteilung in zwei Ausprägungen (zwei X-Werte, $X_1 = 1$ und $X_2 = 0$) auf, dann gilt unmittelbar: der Durchschnitt der X-Werte in der Grundgesamtheit ist P, ihre Varianz ist $\sigma^2_X = P\,(1-P)$, ihre Standardabweichung

$$\sigma^2_X = \sqrt{P\,(1-P)}.$$

In der Statistik werden Binomialverteilungen als (→) Signifikanztests verwendet. In der (→) Mediaplanung sind sie Grundlage zur Berechnung von (→) Nutzungswahrscheinlichkeiten bzw. (→) Kontaktwahrscheinlichkeiten in Modellen der (→) Mediaselektion. Es wird dabei also mit Hilfe der Binomialverteilung berechnet, wie hoch die (→) Wahrscheinlichkeit ist, bei einer bestimmten Zahl von (→) Belegungen eine entsprechende Zahl von (→) Kontakten zu erhalten. Zur Ermittlung der (→) kumulierten Reichweite stehen entweder das Binomialmodell (B-Modell) oder das Modell der (→) hypergeometrischen Verteilung (H-Modell) zur Verfügung.
Im Binomialmodell ergibt sich die Wahrscheinlichkeit, daß ein Befragter unter der Bedingung, daß die (→) Lesewahrscheinlichkeit p beträgt und die Zahl der Belegungen n ist, k Kontakte hat, nach der Formel:

$$w(k/p,n) = \binom{n}{k} p^k (1-p)^{n-k}.$$

Dem B-Modell liegt also eine andere Annahme über die Kontaktwahrscheinlichkeit zugrunde: Während das hypergeometrische Modell unterstellt, daß ein Befragter, dessen Nutzungswahrscheinlichkeit 2/6 beträgt, mit hundertprozentiger Sicherheit in jeder Woche zwei von fünf Zeitungen liest und folglich bei fünf Werbeeinschaltungen mindestens einen Kontakt hat, bedeutet dieselbe Nutzungswahrscheinlichkeit nach dem Modell der Binomialverteilung, daß ein Befragter in manchen Wochen keinen Kontakt und in manchen alle möglichen Kontakte hat, so daß folglich keineswegs sichergestellt ist, daß er durch fünf Werbeeinschaltungen überhaupt erreicht wird. Bei einer gegebenen Nutzungswahrscheinlichkeit von 2/6 und fünf Werbeeinschaltungen ist folglich die Wahrscheinlichkeit für mindestens einen Kontakt nicht 100 % wie im hypergeometrischen Modell, sondern nur noch

$$w = 1 - \left(1 - \frac{2}{6}\right)^5 = 0{,}87 = 87\%.$$

Die beiden Modelle stimmen mithin nur bei der Zahl der (→) Leser pro Ausgabe (LpA), dem (→) K_1-Wert, überein, nicht jedoch bei den Nutzungswahrscheinlichkeiten.
Die (→) Media-Analyse (MA) der (→) Arbeitsgemeinschaft Media-Analyse (AG.MA) bzw. die (→) Leser-Analyse (LA) der (→) Arbeitsgemeinschaft Leser-Analyse (AG.LA) hat für die (→) Frequenzsimulation vor der LA 69 gelegentlich die hypergeometrische Verteilung herangezogen, seit der LA 69 verwendet sie die Binomialverteilung.
Ein spezieller Fall des kontinuierlichen Binomialmodells ist das vor allem in den USA angewandte Beta-Binomialmodell. Ausgangspunkt ist die Integration des Eulerschen Beta-Integrals:

$$\beta(m,n) = \int_0^1 x^{m-1} (1-x)^{n-1} dx$$

$$m > 0 \; n > 0 \text{ und } 0 \leq x \leq 1.$$

in die Nutzungshäufigkeitsverteilung, so daß diese als eine Beta-Verteilung angenommen wird:

$$f(x) = \frac{1}{\beta(m,n)} x^{m-1} (1-x)^{n-1}$$

Die Kumulationswerte ergeben sich nun entsprechend:

$$K_n = 1 - \frac{1}{\beta(m,n)} \int_0^4 x^{m-1} (1-x)^{n-1} dx (1-x)^n$$

$$k_{nr} = \frac{n!}{r!\,(n-r)!\,\beta(m,n)}$$

Die kontinuierliche Betaverteilung verzichtet auf die Ganzzahligkeit der Kontakte und nähert so die Binomialverteilung und ihre Zusammenfassungen durch kontinuierliche Verteilungsformen an. Dazu schreibt Friedrich Wendt: „Die Beta-Verteilung fasziniert offenbar, weil dieses kontinuierliche Pendant zur Binomialverteilung sich in einfachen Fällen elegant handhaben läßt. Leider wird das Verfahren jedoch bei wachsender Komplexität der Pläne schnell unhandlich.“

Block
→ Werbeblock gibt es nicht

Blockrating *(Blockreichweite)*
Die durchschnittliche (→) Einschaltquote oder (→) Reichweite eines (→) Werbeblocks im (→) Fernsehen oder im (→) Hörfunk. Ein Blockrating von 10 Prozent kann bedeuten:
a) 100 Prozent der Zielpopulation haben 10 Prozent der Werbezeit des Blocks gesehen,
b) 10 Prozent der Zielpopulation haben den gesamten Block gesehen,
c) jede beliebige Kombination von a) und b).
Das Blockrating darf nicht mit der (→) Nettoreichweite des Werbeblocks verwechselt werden. Zur Charakterisierung des Blockratings wird auch die durchschnittliche Minute verwendet. Als Durchschnittswert weicht das Blockrating in der Regel von den Einschaltquoten der einzelnen Werbespots des Blocks erheblich ab.

Block-Segment-Auswahl *(Block-Segment-Stichprobenbildung)*
Ein Verfahren der (→) Flächenauswahl, bei dem nicht alle Haushalte oder Einzelpersonen, die in einem Häuserblock oder einem Häuserkomplex wohnen, in die Stichprobe aufgenommen werden, sondern nur diejenigen, die in einem bestimmten Teil dieser Gebäudekomplexe wohnen (z. B. in einem bestimmten Stockwerk oder in den nach einer bestimmten Zahlenfolge festgelegten Wohnungen, z. B. jede dritte oder fünfte Wohnung).

Blockstichprobenverfahren
Ein Verfahren der (→) Flächenauswahl, bei dem die Stichprobe aus einzelnen Häuserblocks bzw. Häuserkomplexen zusammengesetzt ist.

Blockwahrscheinlichkeit
Eine nur ein einziges Mal, nämlich in der (→) Leseranalyse (LA) des Jahres 1970 verwendete Berechnungsweise für die (→) Nutzungswahrscheinlichkeit bei Funkmedien. Als (→) Medien-Kontakt-Einheit (MKE) war in der LA 69 zunächst als vorläufige Zeiteinheit der Tag gewählt worden. In der LA 70 gab es dann zwei Berechnungsweisen: die ursprüngliche der „Blockwahrscheinlichkeit“, die das Grundmodell der bedingten (→) Wahrscheinlichkeiten in

Analogie zu den (→) Seitenkontakten verwendete, und eine nur für dieses eine Mal berechnete „Spot-Wahrscheinlichkeit". Ausgangspunkt war das (→) Sehen bzw. (→) Hören pro Tag.
„Block" bedeutet dabei jede wie auch immer definierte Sendungseinheit, also nicht nur die Werbesendungen. Die Nutzungswahrscheinlichkeit für einen durchschnittlichen Block wurde folgendermaßen aus dem Erhebungsmaterial der LA 70 entwickelt:
Zunächst wurden die von der allgemeinen Nutzung, also dem Sehen oder Hören an einem durchschnittlichen Tag abhängigen Blocknutzungswahrscheinlichkeiten berechnet. Die Anzahl der Blöcke war v. Für das Werbefernsehen war v = 4; für den Werbefunk der ARD-Sender war v = 5, und zwar weil die beiden letzten Blöcke des Fragebogens (zwischen 18 und 20 Uhr, nach 20 Uhr gehört) zusammengefaßt wurden. Bei Radio Luxemburg war v = 6. Jeder Befragte hatte zu jedem Sender angegeben, welche Blöcke er beim letzten Mal, als er Werbefernsehen oder Werbefunk genutzt hatte, gesehen oder gehört hatte. Diese Aussage wurde umgeformt in die Aussage, wieviele Blöcke von den v-möglichen gesehen oder gehört worden waren. Das waren j = 0, 1,... v von v Blöcken. Wenn p die individuelle Grundnutzungswahrscheinlichkeit ist, so galt nach dem (→) Binomialmodell:

$$p(b; k, 1) = \binom{1}{b} \cdot k^{b} \cdot (1-k)^{1-b}$$

als die Wahrscheinlichkeit, b Kontakte an einem durchschnittlichen Tag zu haben (die Blocknutzungswahrscheinlichkeit); b kann in diesem Fall nur 1 oder 0 sein, d. h. man kann entweder nur einen oder keinen Kontakt z. B. zum Werbefernsehen eines Senders gehabt haben. Aufgrund dieser Überlegungen sind die beiden Wahrscheinlichkeiten p und k miteinander zu multiplizieren, um die Spotnutzungswahrscheinlichkeit zu erhalten:

$$S = p - k$$

In entsprechender Weise wie für die Blöcke von Werbefunk und Werbefernsehen, bei denen also die Nutzungswahrscheinlichkeit für einen durchschnittlichen Block errechnet wurde, wurde in der LA 70 übrigens bei (→) Lesezirkeln für eine durchschnittliche LZ-Zeitschriftennummer eine „Blockwahrscheinlichkeit" ausgerechnet; v, die Anzahl der maximal möglichen Hefte in einer Mappe, wurde als Durchschnittswert über alle Lesezirkel als 10 errechnet (LZ-Inlandsauflage aller LZ-Zeitschriften II. Quartal 70 = 1.866.070 dividiert durch die Anzahl der Erstmappen am 13. 3. 70 = 187.130). Die Nutzungswahrscheinlichkeit einer durchschnittlichen LZ-Zeitschriftennummer ergab sich dann als

$$k_j = \frac{j}{10} \qquad j = 0, 1, \ldots\ldots 10$$

Wenn ein Befragter mehr als 10 Zeitschriften im Lesezirkel beim letzten (→) Lesevorgang als gelesen angegeben hatte, also bei j › 10, wurde k = 1 (genauer: 0,99) gesetzt.

Blockwerbung
→ Werbeblock

Bogenanschlag
Der Begriff Bogenanschlag wird entweder als Synonym für (→) Plakatwerbung oder zur Bezeichnung derjenigen Formen der (→) Außenwerbung verwendet, die im Gegensatz zu (→) Daueranschlägen zeitlich begrenzt sind.

Boulevardpresse
Zeitungen, die vorwiegend oder ausschließlich als (→) Einzelexemplare am Kiosk oder durch Straßenverkäufer verkauft werden und entweder nicht in nennenswertem Umfange oder überhaupt nicht im (→) Abonnement bezogen werden und zu den am meisten gelesenen und daher auch auflagenstärksten Presseorganen zählen.
→ Kaufzeitung; *vgl.* Abonnementszeitung

Boustedt-Ortsgrößenklassen
→ Gemeindegrößenklassen

branchenüberdeckende Zeitschrift
Eine (→) Fachzeitschrift, deren redaktioneller Teil fachlich auf die Bedürfnisse einer mehrere Branchen umfassenden (→) Zielgruppe eingerichtet ist.

Branchenzeitschrift
Eine (→) Fachzeitschrift, deren redaktioneller Teil fachlich auf die Interessen und Bedürfnisse der Leser aus einer einzelnen Wirtschaftsbranche ausgerichtet ist.

Bravais-Pearsonscher Korrelationskoeffizient
→ Produkt-Moment-Korrelation

Briefing
Ein aus dem amerikanischen Militärjargon stammender Terminus zur Bezeichnung einer Einweisungs- und Einsatzbesprechung mit kurzer Lagebeschreibung und Erläuterung von Operationszielen und der zugrundeliegenden Strategie, der durch Rosser Reeves und David

Ogilvy in den Werbejargon und dann auch in die Sprache von Marketing und Public Relations übernommen wurde. In allen diesen Bereichen sind Briefings zentrale Plattformen der Interaktion zwischen Klienten und Auftraggebern auf der einen und Agenturen oder Instituten auf der anderen Seite, bei denen entweder der Auftraggeber die aus seiner Sicht wichtigen Informationen über die Aufgaben- und Problemstellung, die gegebene Situation und seine Zielsetzungen und Strategien dartut (Klientenbriefing) oder in der Folge die beauftragte Agentur an ihre einzelnen Abteilungen, die sich aus dem Klientenbriefing ergebenden Schlußfolgerungen an die eigenen Mitarbeiter weitergibt (Agenturbriefing). Ein Teilaspekt ist das Media-Briefing, in dem Informationen über die (→) Zielgruppe, die Ansprachehäufigkeit, die Zeitplanung und das für eine Kampagne zur Verfügung stehende Budget gegeben werden.

Brigitte-Frauen-Typologie

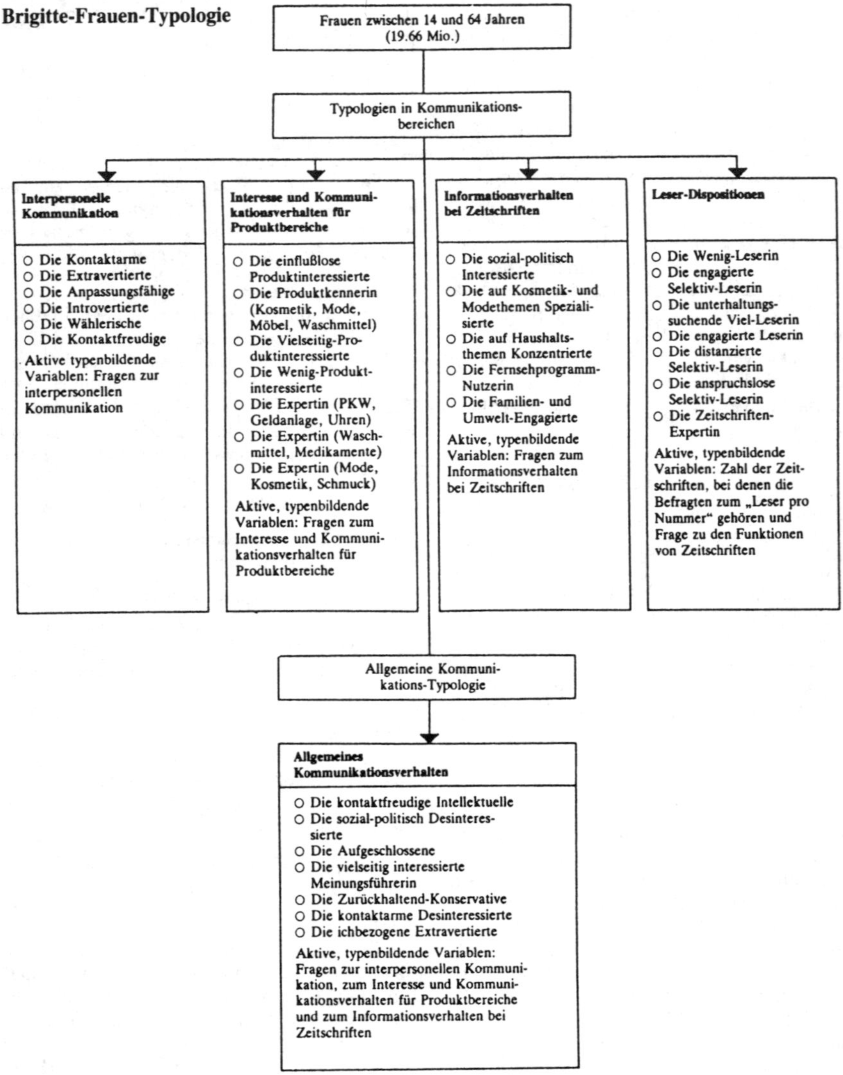

Auf der Grundlage des Briefing erarbeitet eine Agentur ihre Werbekampagne.

Brigitte-Frauen-Typologie
Eine der in der Bundesrepublik Deutschland seit 1973 von der Frauenzeitschrift „Brigitte“ im Verlag Gruner + Jahr, Hamburg, in Abständen von zwei Jahren durchgeführten typologisch orientierten (→) Markt-Media-Untersuchungen, die neben quantitativen Daten über Besitz, Konsum usw. auch durch Abgrenzung und Beschreibung von psychologischen (→) Marktsegmenten die (→) Zielgruppe der Frauen nach psycho-sozialen Kriterien qualitativ zu beschreiben versucht. Insgesamt sind fünf Bände der Frauentypologie erschienen: 1973(1), 1975(2), 1977(3), 1979(4), 1981(5). An ihre Stelle trat seit 1984 die (→) Kommunikations-Analyse der „Brigitte“. In der Typologie werden insbesondere untersucht (1) das (→) Medienverhalten gegenüber einer Reihe von (→) Publikumszeitschriften und dem Fernsehen, (2) die Besitz- und Verbrauchsdaten für verschiedene Konsumbereiche, (3) psychologische Typen in verschiedenen Konsum- und Verhaltensbereichen und (4) (→) Kommunikationstypen (siehe Abb. S. 92). Die in der Frauen-Typologie angegebenen (→) Reichweiten sind an die jeweils aktuellen Ergebnisse der (→) Media-Analyse (MA) der (→) Arbeitsgemeinschaft Media-Analyse (AG.MA) angepaßt. Anpassung bedeutet, daß die (→) Nutzungswahrscheinlichkeiten im (→) Weitesten Nutzerkreis (WNK) der Medien aus der MA in den Datenbestand der Frauen-Typologie übernommen worden sind, so daß beide Untersuchungen die gleichen Reichweiten und Kontaktmengen bei Planevaluierungen ausweisen.

Bruttokontakte *(Bruttokontaktsumme)*
In der (→) Mediaforschung die in absoluten Zahlen ausgedrückte Gesamtheit der von einem Werbemittel, einem Werbeträger oder einer Ausgabe mehrerer Werbeträger erzielten (→) Kontakte mit den Zielpersonen. In der Bruttokontaktsumme sind auch die Mehrfachkontakte enthalten, so daß die Zahl den gesamten (→) Werbedruck (Impact) des Einsatzes eines bestimmten Werbemittels ausdrückt.
In formaler Schreibweise errechnet sich die Bruttokontaktsumme wie folgt:

$$K = \sum_{i=1}^{n} A_i N_i,$$

Darin bedeuten:
K = Kontaktsumme
A_i = Reichweite einer Einschaltung im Medium i
(i = 1, 2, ..., n)
N_i = Anzahl der Einschaltungen im Medium i.

Es ist auch möglich, die Kontaktsumme so zu definieren, daß in der Definition die (→) Kontakthäufigkeitsverteilung zum Ausdruck kommt:

$$[K = 1P_1 + 2P_2 + \ldots iP_i]$$

wobei P_i = Anzahl der Personen ist, die i Kontakte erhalten.
Schließlich läßt sich die Kontaktsumme dadurch errechnen, daß man die (→) Reichweite mit der durchschnittlichen (→) Kontakthäufigkeit multipliziert. Dabei ist als Reichweite je nachdem, ob ein oder mehrere Medien eingesetzt, eine oder mehrere Einschaltungen gemacht werden, die (→) Nettoreichweite, die (→) kumulierte Reichweite oder die (→) kombinierte Reichweite einzusetzen.
Die Bruttokontaktsumme ergibt sich also aus der Summe der Einzelkontakte und ist kein sonderlich aussagekräftiger Wert, weil sie weder über die Zahl der erreichten Personen noch über die Kontakthäufigkeit informiert.
vgl. Nettokontakte, Durchschnittskontakte; interne Überschneidung, externe Überschneidung; Brutto-Reichweite.

Brutto-Reichweite
In der (→) Mediaforschung die Summe der einzelnen (→) Reichweiten mehrerer Werbeträger. In der Zahl für die Bruttoreichweite sind auch die aufgrund von (→) Überschneidungen mehrfach erfaßten Personen enthalten, die aus

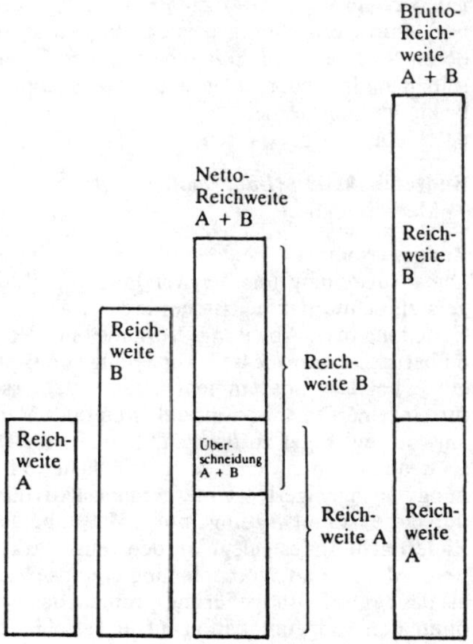

der Zahl für die (→) Netto-Reichweite eliminiert werden. Die Brutto-Reichweite gibt also keinen Aufschluß darüber, wieviele Personen wie oft erreicht werden. Es handelt sich bei der Brutto-Reichweite also um einen der (→) Bruttokontaktsumme entsprechenden Anteilswert. Die graphische Darstellung auf Seite 93 unten illustriert die Zusammenhänge zwischen den einzelnen Begriffen für den Fall von zwei Werbeträgern A und B.

Setzt man Brutto- und Nettoreichweite in Beziehung, ergibt sich ein Quotient, der die Überschneidungsintensität ausdrückt:

$$\text{Überschneidungsintensität} = \frac{\text{Bruttoreichweite}}{\text{Nettoreichweite}},$$

(→)

Durchschnittskontakte → Kumulation; *vgl.* interne Überschneidung, externe Überschneidung

Brutto-Stichprobe
In der (→) Umfrageforschung die Gesamtheit der zu Beginn einer Untersuchung für den Einschluß in die (→) Stichprobe vorgesehenen Stichprobenelemente, (→) Ausgangsstichprobe (Master Sample), einschließlich der sich bei allen (→) Auswahlverfahren der (→) Zufallsauswahl im Untersuchungsverlauf ergebenden (→) Ausfälle.
vgl. Netto-Stichprobe

Buchstabenauswahl
Ein Verfahren der (→) Zufallsauswahl in der (→) Umfrageforschung, bei dem alle Personen, deren Nachname mit einem bestimmten Buchstaben anfängt oder endet, in die (→) Stichprobe einbezogen werden.
vgl. Geburtstagsverfahren

Budgetallokation *(Budgetaufteilung)*
→ Mediaselektion

Budgetierung
Die „Aufstellung und Verwendung von Budgets zur Unternehmenssteuerung ..., also die Erstellung bzw. Ableitung, Vorgabe oder Vereinbarung, Kontrolle und Anpassung von Budgets", bei der es darum geht, „Soll-Ergebnisse für einzelne Organisationseinheiten oder Verantwortungsträger zu fixieren" (Jürgen Wild). Es handelt sich um eine der betrieblichen Planung nachgelagerte Unternehmensaktivität, durch die Verantwortungen und Maßstäbe der Zielerreichung festgelegt werden. Für Marketing-, Media- und Werbeplanung ergibt sich so als das zentrale Budgetierungsproblem das der optimalen Budgetallokation auf die verschiedenen Teilfunktionen und Teilbereiche im Marketing-Mix, (→) Media-Mix, Werbe-Mix.

Budgetrahmen
→ Mediaselektion

Budgetrestriktion *(Budgetbeschränkung)*
→ Mediaselektion

Bundesverband Deutscher Kundenzeitschriftenverleger e. V.
Ein 1962 gegründeter Zusammenschluß der Verleger von (→) Kundenzeitschriften, der die Interessen seiner Mitglieder in allen dafür in Frage kommenden Bereichen wahrnimmt und sich insbesondere mit der Planung und Durchführung von (→) Leserschaftsanalysen für die werbungtreibende Wirtschaft befaßt, (→) Kundenzeitschriften Leseranalyse (KLA).

Bundesverband Deutscher Zeitungsverleger e. V. (BDZV)
Die aus dem früheren „Verein Deutscher Zeitungsverleger" (1894–1933) und seiner Nachfolgeorganisation, dem „Gesamtverband der deutschen Zeitungsverleger" (1949–1954), bestehende Spitzenorganisation von Herausgebern deutscher (→) Tageszeitungen in der Bundesrepublik Deutschland und in West-Berlin. Der Verband zählt zu seinen Aufgaben die Wahrung von Pressefreiheit und Unabhängigkeit von Zeitungen und der publizistischen Aufgabe der Verleger ebenso wie die Wahrung und Förderung des Ansehens der Zeitungsverlage. Als Organisation wird der BDZV getragen von den Landesverbänden der deutschen Zeitungsverleger.
Zweck des BDZV ist die Wahrung und Vertretung der gemeinsamen ideellen und wirtschaftlichen Interessen der in der Bundesrepublik und in West-Berlin erscheinenden Zeitungen. Zu den Aufgaben des BDZV gehören insbesondere:

- die Wahrung der Unabhängigkeit der demokratischen deutschen Zeitungen,
- die Wahrung der publizistischen Aufgabe der deutschen Zeitungsverleger,
- die Wahrung und Förderung des Ansehens der Zeitungsverlage in der Öffentlichkeit und ihre Vertretung gegenüber Bundesregierung, Volksvertretungen, Behörden und Organisationen,
- die Wahrung eines dem Berufsstand angemessenen Wettbewerbs und die Bekämpfung unlauterer Werbung sowie aller Methoden eines Verdrängungswettbewerbs,
- die Förderung der Ausbildung des Nachwuchses in den Zeitungsverlagen,
- die Führung von Verhandlungen in sozialrechtlichen Angelegenheiten und der Abschluß von Tarifverträgen im Namen und mit Zustimmung der Mitgliedsverlage,

- o die Erteilung von Auskünften und die Erstattung von Rechtsgutachten in grundsätzlichen Fragen des Zeitungswesen,
- o die Pflege internationaler Beziehungen.

Der BDZV ist Mitglied des Zentralausschusses der Werbewirtschaft (ZAW) und der Fédération Internationale des Editeurs des Journaux et Publications (F.I.E.J.). Er gibt die BDZV-Nachrichten, den Informationsdienst BDZV-Intern und die medienpolitische Monatspublikation „Die Zeitung" heraus. Verbandsorgan des BDZV ist die seit 1903 existierende Wochenzeitung „ZV + ZV" (Zeitungs-Verlag und Zeitschriften-Verlag), die ursprünglich als „Fachorgan für das gesamte Pressewesen" konzipiert, ihre Berichterstattung auf Hörfunk, Fernsehen und Neue Medien und später auch auf Werbung und Öffentlichkeitsarbeit ausweitete. Seit Anfang 1986 erscheint „ZV + ZV" im Verlag der Handelsblatt-Gruppe in Düsseldorf.

Burda-Typologie
→ Typologie der Wünsche (TdW)

C

C-Box

Eine nach den Ideen des britischen Kommunikationsforschers Peter Collett von der Oxford University entwickeltes Gerät zur (→) Beobachtung des Fernsehnutzungsverhaltens in der Familie. Das Gerät enthält ein normales Fernsehgerät und über ihm eine Videokamera, die auf den Zuschauerbereich gerichtet ist. Die von Collett mit Hilfe des Geräts durchgeführte Studie erbrachte als ein Resultat, daß die (→) Einschaltquote wenig Aussagekraft für die Aufmerksamkeit des Sehens besitzt. Der Einsatz der C-Box hat nach den Worten Colletts vor allem die folgenden Vorteile:

„1. Sie führt die methodischen Fehlermöglichkeiten auf ein Mindestmaß zurück, indem sie die Menschen in ihrer natürlichen Wohnumgebung beobachtet.
2. Die Methode konzentriert sich darauf, was die Leute vor dem Fernseher sagen und tun und nicht darauf, was sie vorgeben zu tun oder was sie sagen, wie sie über bestimmte Programme und Werbespots direkt nach der Vorführung denken. Die Methode ist konzipiert, die Reaktionen der Zuschauer zu studieren und nicht ihre Theorien über ihre Reaktionen.
3. Weil sich die Methode darauf konzentriert, was die Leute in ihrer häuslichen Umgebung sagen und tun, bringt sie uns notwendigerweise realitätsnahe Daten.
4. Weil die Methode eine kontinuierliche Beobachtung einer gleichbleibenden Testgruppe von Zuschauern zuläßt, ist es möglich, Aspekte des Fernsehens zu erforschen, die einen Längsschnittcharakter haben – Fragen zum Beispiel wie die dauerhafte Festlegung der Leute auf bestimmte Programme oder die Effekte der wiederholten Ausstrahlung des gleichen Werbespots.
5. Bezüglich der Werbespots hält die C-Box fest, wer vor und während jeder Werbepause anwesend ist, ob die Leute das Zimmer verlassen, die Werbung ausblenden oder ihre Aufmerksamkeit etwas anderem zuwenden und was sie über die Werbespots spontan sagen. Sie sagt auch, ob die Zuschauer die Werbespots umgehen, wenn sie ihre Programme aufnehmen oder sie später wieder abspielen, (→) Zapping. Aufgrund dieser Informationen lassen sich Fragen beantworten, die entweder ignoriert werden oder die man gegenwärtig mit unzureichenden Methoden angeht. Man kann herausfinden, wer die Fernbedienung benutzt und zu welchem Zweck, ob Spots am Ende der Werbepausen häufiger ausgeblendet werden als Spots in der Mitte, ob die Position innerhalb eines Wèrbeblocks ein entscheidender Faktor ist, (→) Plazierung, zu welcher Tageszeit die Aufmerksamkeit am größten ist, ob die Beachtung der Werbespots in einem positiven oder negativen Zusammenhang mit dem vorhergehenden Programm steht, usw. usw. Die Kenntnis dieser Fragen ist wesentlich für den effektiven Einkauf der Sendezeit.
6. Ein großer Vorteil der C-Box ist die Bereitstellung qualitativen Materials, das dazu verwendet werden kann, die Reaktionen der Zuschauer auf eine neue Werbekampagne zu erforschen oder festzustellen, wie ein Werbespot aufgrund seiner Struktur und seines Inhalts die Aufmerksamkeit der Leute auf sich lenkt und sie am Bildschirm festhält.
7. Der letztendliche Vorzug der Methode ist, daß sie, genau wie das Thema, das sie zu studieren beabsichtigt, ebenfalls audio-visuell ist. Die Mediaforscher sind viel zu lange damit zufrieden gewesen, sich auf Untersuchungsverfahren zu verlassen, die von Fehlerquellen nur strotzten und die nur dazu führten, sie von dem, was sie studieren wollten, fernzuhalten. Der technologische Fortschritt in der Form von Videoaufnahmen bietet sich an, uns dem Verständnis des Fernsehens und seiner Rolle innerhalb der Familie näherzubringen."

CAM (CAM-S)

Eines der frühen (→) Evaluierungsprogramme zur computergestützten (→) Mediaselektion. Sowohl das Modell CAM (Computer-Analyse der Mediapläne) wie seine Weiterentwicklung CAM-S (Simultane Computer-Analyse der Mediapläne) wurden von Simon Broadbent und seinen Mitarbeitern vom London Press Exchange 1964 (CAM) bzw. 1967 (CAM-S) zur Reife gebracht. Beide Modelle dienten zur

Überprüfung alternativer (→) Mediapläne und ihrer Charakteristika und ermöglichten es dem Mediaplaner, sich entweder diejenigen der von ihm selbst erstellten Pläne auszuwählen, die das Programm als die besten ausweist, oder aber die so ausgewählte Strategie noch zu verbessern. Zunächst wurde dabei die (→) Zielgruppe definiert, wobei die Personen nach ihrem besonderen Wert für den konkreten Werbungtreibenden gewichtet werden konnten, (→) Gewichtung. Auf der Basis von Daten aus (→) Mediaanalysen wurden (→) Kontaktwahrscheinlichkeiten ermittelt. Darüber hinaus konnten auch die (→) Werbeträger gewichtet werden, (→) Werbeträgergewichtung. Schließlich wird eine (→) Kontaktbewertungskurve eingegeben.
Nachdem so alle Daten und Gewichtungsfaktoren und einige Mediapläne bzw. -planalternativen eingegeben worden waren, zeigte der Computerdurchlauf die (→) Reichweite des jeweiligen Plans und die Verteilung der (→) Kontakthäufigkeiten. Schlüssel des Programms war die (→) Kumulation der Verteilung der gewichteten (→) Kontakte für jede Person.
CAM-S bediente sich der Technik der (→) Permutationsverfahren und war dazu da, einen vorhandenen (→) Ausgangsplan innerhalb eines gegebenen Budgetrahmens zu verbessern. Während bei CAM die zu überprüfenden Variationen des Ausgangsplans vom Mediaplaner selbst entwickelt oder durch ein anderes Programm erstellt wurden, konnten mit Hilfe von CAM-S in der Umgebung eines zu prüfenden Ausgangsplans selbständig neue Mediapläne konstruiert und geprüft werden. Es handelt sich mithin um ein Umgebungsprüfungsverfahren. Umgebungsprüfungsmodelle wie CAM-S setzen einen guten Ausgangsplan und einen relativ eng abgegrenzten Budgetrahmen voraus. Die Umgebung des Ausgangsplans wird vollständig auf bessere Streupläne überprüft, und zwar durch systematische Kombination von simultanen Belegungsreduktionen einerseits und Belegungserhöhungen andererseits. Von der Vielzahl möglicher Kombinationen im Budgetrahmen wird je nach den gesetzten Restriktionen (Breite des Budgetrahmens, Zahl der Werbeträger und zu überprüfender Frequenzen pro Werbeträger) nur ein Teil überprüft. Während CAM die Änderungen am Ausgangsplan alternativ bewertete und vollzog, tat CAM-S dies simultan. Bei CAM-S ist die Maximalzahl der zu prüfenden Kombinationen aus Wirtschaftlichkeitsgründen auf 10 000 begrenzt. Das Programm druckte die zehn besten Mediapläne aus der Umgebung des Ausgangsplans aus.
Beide Verfahren finden heute praktisch keine Verwendung mehr.

Carryover-Effekt *(Übertragungseffekt, Wirkungsübertragung)*
Bei Kommunikationsprozessen allgemein das Eintreten einer Wirkung längere Zeit, nachdem eine auf Überzeugung oder Verhaltensänderung zielende (→) Kommunikation stattgefunden hat. Als Wirkungsverschiebungen werden sowohl die Wirkungsverzögerungen wie die Beharrungseffekte (Decay-Effekte) zusammenfassend als Carryover-Effekte bezeichnet. Wirkungsverzögerungen spielen im Marketing-Mix beim Einsatz des absatzpolitischen Instrumentariums, insbesondere bei Werbemaßnahmen, in der (→) Mediaplanung und auch bei Wirkungsuntersuchungen als Störfaktoren eine Rolle.
Beim Einsatz absatzpolitischer Instrumente ist damit zu rechnen daß die Umsatzreaktion der eingesetzten Instrumente mit Verzögerung eintritt. Mit Hilfe von Marktreaktionsmodellen (Response Functions) wird versucht, den dynamischen Aspekt zeitlich verzögerter Umsatzreaktionen auf Maßnahmen der Absatzförderung und der Werbung durch sog. Lag-Variablen, Verzögerungsvariablen, darzustellen. Dabei unterscheidet man:

1. **die einfache Wirkungsverzögerung:** Dabei wird lediglich die Verzögerung bis zum Wirksamwerden des eingesetzten absatzpolitischen Instruments berücksichtigt, wobei der Umsatz Y zum Zeitpunkt t von den Werbeausgaben X_{t-s} der s-ten Vorperiode abhängt:
$$Y_t = \alpha + \beta X_{t-s} \quad (s = 1, \ldots, t-1);$$
2. **die verteilte Wirkungsverzögerung:** Dabei verteilt sich die Wirkung des eingesetzten absatzpolitischen Instruments in einer endlichen Kette von s Perioden:
$$Y_t = \alpha + \beta_0 X_t + \ldots + \beta_1 X_{t-1} + \ldots + \beta_{\bar{s}} X_{t-\bar{s}}$$
3. **in einer unendlichen Kette verteilte Wirkungsverzögerung:**
$$Y_t = \alpha(1-\lambda) + \beta X_t + \lambda Y_{t-1}.$$

(Lag-Modell von Koyck). Dabei stellt λ die sog. Erhaltungsrate (retention rate), die als ein gewichteter (→) gleitender Durchschnitt verstanden werden kann und ein systematischer Einflußfaktor auf den Absatz ist. Y_{t-1} bezeichnet die Absatzgröße der Vorperiode. In der Variablen λY_{t-1} sind mithin sowohl die vergangenen wie die gegenwärtig noch wirksamen absatzpolitischen Aktivitäten zusammengefaßt. Dem Koyckschen Lag-Modell liegt die Annahme zugrunde, daß die Wirkung absatzpolitischer Instrumente geometrisch absinkt.

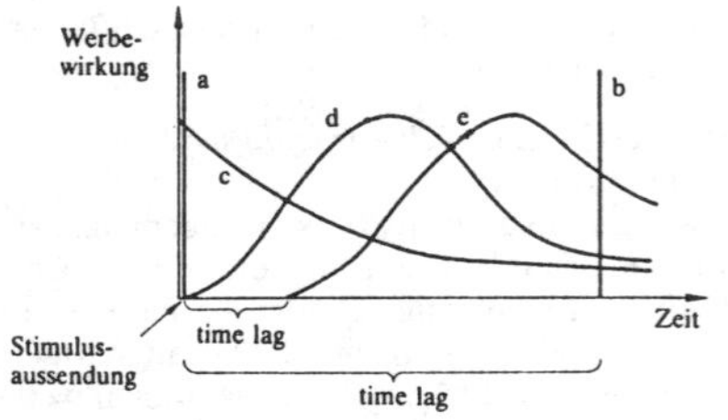

Quelle: F. Böcker/L. Thomas: Marketing, Stuttgart u. New York 1981, S. 273.

Bei den in der Graphik dargestellten Wirkungsverläufen wird davon ausgegangen, daß der Werbestimulus im Zeitpunkt t = 0 von der Zielperson bzw. der Zielgruppe wahrgenommen wurde. Die einzelnen Wirkungsverläufe können wie folgt charakterisiert werden:

- **Kurve a**: Die volle Werbewirkung tritt unmittelbar mit der Aussendung des Werbemittels ein. Dieser Wirkungsverlauf ist bezüglich Handlungswirkungen kaum denkbar, wohl aber bezüglich Wirkungen auf (→) Einstellungen zu dem erworbenen Objekt.
- **Kurve b**: Die volle Werbewirkung tritt unverteilt erst zu einem Zeitpunkt auf, der deutlich dem Zeitpunkt der Aussendung des Werbemittels nachgelagert ist. Die dabei verstreichende Zeitspanne bezeichnet man als time lag.
- **Kurve c**: Die Werbewirkung tritt hier nicht mehr in einem bestimmten Zeitpunkt auf, sondern verteilt sich über mehrere Zeiteinheiten. Es liegt in diesem Fall zwar eine verzögerte Wirkung vor, allerdings kein time lag, da die Werbewirkung sich unmittelbar nach Aussendung im größten Ausmaße einstellt.
- **Kurve d**: Auch hier liegt eine verteilte Werbewirkung vor, die sich von der Kurve c dadurch unterscheidet, daß die volle Wirkung erst nach einer gewissen Zeitspanne eintritt.
- **Kurve e**: Sie unterscheidet sich dadurch, daß die Werbewirkung nicht nur verteilt und anfangs vergleichsweise schwach ist, sondern überhaupt erst nach einer gewissen Zeitspanne einsetzt. Es liegt also wieder ein time lag vor.

CC-Zeitschrift (*CC-Vertrieb*)

Eine sowohl in Großbritannien wie in den USA bei einigen technischen, wirtschaftlichen und industriellen (→) Fachzeitschriften eingesetzte Vertriebsform, bei der versucht wird, vom Verlag aus die Zeitschrift nach einer vorgegebenen Zielgruppendefinition an eine (→) Zielgruppe kostenlos zu vertreiben. Neben den von Verlagsseite aus sorgfältig ausgewählten Empfängern, werden die CC-Zeitschriften meist auch an Personen vertrieben, die sie anfordern, wenn sie zu der Zielgruppe gehören. Die Versandliste wird regelmäßig gesiebt, um zu erreichen, daß die Publikation ihre Zielgruppe möglichst ohne (→) Streuverluste erreicht. Weil dadurch der Empfängerkreis und damit auch der Kreis der Adressaten von Werbung, die in einer CC-Zeitschrift abgedruckt ist, mehr oder minder genau unter Kontrolle ist, wird für diese Vertriebsform der Begriff der kontrollierten Verbreitung verwendet.
Finanziert werden CC-Publikationen ausschließlich durch Anzeigenwerbung, die für die meist hochspezialisierten Werbungtreibenden gerade deshalb besonders attraktiv ist, weil CC-Zeitschriften einigermaßen glaubwürdig minimale Streuverluste für Werbung bieten. Das Gegenstück zur „controlled circulation" ist die bezahlte Verbreitung, nach der die Bezieher einer Publikation diese entweder im (→) Abonnement oder im (→) Einzelkauf erwerben.
In der Bundesrepublik, in der es in diesem Sinne bisher keine CC-Zeitschriften gibt, hält sich hartnäckig die Vorstellung, daß CC-Zeitschrift ein Synonym für (→) Kennzifferzeitschrift sei, was mit dem Umstand zusammenhängen mag, daß die meisten CC-Publikationen zugleich auch Kennzifferzeitschriften sind, im übrigen jedoch nicht zutrifft.
Wegen der im Deutschen bestehenden Doppeldeutigkeit des Begriffs „kontrollierte Verbreitung" und der Verwechslungsgefahr von „controlled circulation" und der Auflagenüberprüfung, (→) Informationsgemeinschaft zur Feststellung der Verbreitung von Werbeträgern (IVW), durch neutrale Institutionen hat das Präsidium des (→) Zentralausschusses der Werbewirtschaft (ZAW) im Oktober 1967 einen Beschluß verabschiedet, demzufolge es unzulässig ist, bei der Beschreibung von Verlagsmaßnahmen zur innerbetrieblichen Überwachung der Verbreitung unentgeltlich versandter Fachzeitschriften Wendungen zu benutzen, die den Anschein erwecken, als handele es sich bei diesen innerbetrieblichen Maßnahmen um eine Überprüfung durch neutrale und objektive Stellen, insbesondere um eine Kontrolle durch die IVW. Ferner ist es danach unzulässig, den englischen Begriff „controlled circulation" durch die deutsche Übersetzung „kontrollierte Verbreitung" wiederzugeben, wenn der Verlag damit wirbt, daß er (→) Freistücke an einen mit Hilfe eines bestimmten Ausleseverfahrens ausgewählten Empfängerkreis versendet.

Chi-Quadrat-Test (*χ^2-Test*)

Ein statistischer (→) Signifikanztest zur Prüfung von (→) Hypothesen und Verteilungen unter Verwendung einer Prüfmaßzahl, deren Verteilung vollkommen oder näherungsweise einer χ^2-Verteilung, (→) Chi-Quadrat-Verteilung, genügt. Sinnvoll ist die Anwendung des Chi-Quadrat-Tests sowohl zur Prüfung der Signifikanz der Abweichung von Erhebungs- oder Beobachtungswerten einer empirischen Verteilung von den χ^2-verteilten (→) Erwartungswerten einer angenommenen theoretischen Verteilung (Anpassungstest) wie als (→) Hypothesentest auf Unabhängigkeit zur Ermittlung der Signifikanz eines in einer (→) Kontingenztabelle beobachteten Zusammenhangs zwischen zwei oder mehr Variablen.

1. Anpassungstest: Beim Vergleich einer empirischen mit einer theoretischen Verteilung wird die Verteilung der erwarteten Häufigkeiten als (→) Nullhypothese interpretiert, so daß je nach dem gewählten (→) Signifikanzniveau keine großen Abweichungen der empirischen von der Verteilung der erwarteten Häufigkeiten erfolgen dürfen. Bezeichnet man die theoretisch zu erwartenden Häufigkeiten mit f_e und die tatsächlich beobachteten Häufigkeiten mit f_0, dann ist die Testgröße

$$\chi^2 = \sum \frac{(f_0 - f_e)^2}{f_e}$$

mit n – 1 (→) Freiheitsgraden annähernd chi-quadrat-verteilt. Ist der empirische Wert für Chi-Quadrat kleiner als der theoretische Wert, wird die Nullhypothese angenommen, ist er größer, wird sie bei einem Signifikanzniveau α abgelehnt. Ist $\chi^2 = 0$, so sind die empirische und die theoretische Verteilung identisch. Je größer χ^2 wird, desto mehr wächst die Wahrscheinlichkeit, daß die empirische Verteilung nicht der theoretischen Häufigkeitsverteilung entspricht.

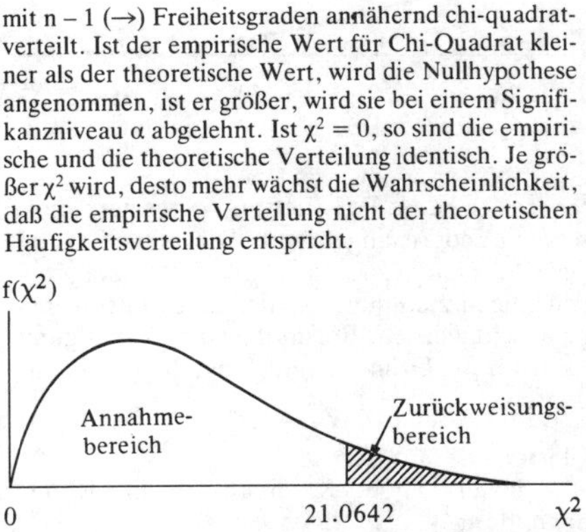

2. Test auf Unabhängigkeit: Dabei wird ebenfalls mit Hilfe der (→) Chi-Quadrat-Verteilung die Hypothese über das Bestehen oder Nichtbestehen eines Zusammenhangs zwischen zwei (→) Merkmalen überprüft. In diesem Fall wird also der Test zur Prüfung der Zufälligkeit zwischen empirischen und theoretischen (→) Varianzen und bei der Kombination von Signifikanztests herangezogen. Dabei wird ausgegangen von N empirischen Objekten, die auf zwei Merkmale A und B mit r bzw. s Ausprägungen verteilt sind ($A = A_1, \ldots, A_r$ und $B = B_1, \ldots, B_s$). Werden A und B kombiniert, kommen $A_iB_jn_{ij}$ Elemente zu

$$\sum_{i=1}^{r} \sum_{j=1}^{s} f_{ij} = 1 .$$

Die Testgröße auf Unabhängigkeit lautet dann:

$$\chi^2 = \sum_{i=1}^{r} \sum_{j=1}^{s} \frac{(f^0_{ij} - f^e_{ij})^2}{f^e_{ij}} .$$

Dabei ist die Testgröße für die Nullhypothese, daß A und B unabhängig und die Alternativhypothese, daß sie nicht unabhängig sind, mit (r – 1)(s – 1) Freiheitsgraden chi-quadrat-verteilt. Die Nullhypothese wird also bei einem Signifikanzniveau von α verworfen, wenn bei (r – 1)(s – 1) Freiheitsgraden $\chi^2_\alpha \leqq \chi^2$ ist.

Eine Vereinfachung, die besonders häufig angewandt wird, ergibt sich für die Anwendung des Chi-Quadrat-Tests bei (→) Vierfeldertafeln. In diesem Fall nimmt die Testgröße dann die Form

$$\chi^2 = \frac{n(ad - bc)^2}{(a + b)(a + c)(b + c)(c + d)}$$

an, wobei a, b, c und d die Häufigkeiten der Kombinationen in den vier Feldern der Assoziationstabelle darstellen. Dabei wird die Nullhypothese bei einem Signifikanzniveau von α verworfen, wenn bei einem Freiheitsgrad von 1 $\chi^2_\alpha \leqq \chi^2$ ist.

vgl. McNemar-Test

Chi-Quadrat-Verteilung

(χ^2-Verteilung, Helmert-Pearson-Verteilung)

Eine insbesondere für die Prüfung komplexer (→) Hypothesen über die (→) Streuung normalverteilter Zufallsgrößen z. B. in der (→) Varianzanalyse oder für den Vergleich mehrerer Verteilungen (empirischer und theoretischer) geeignete stetige theoretische Prüfverteilung. Die Prüfung der Zufälligkeit der Differenzen zwischen den einzelnen Werten der Verteilungen erfolgt an der Summe der Quadrate der Differenzen (= χ^2). Sie hat die Dichtefunktion

$$f(\chi^2) = \frac{1}{2^{\frac{n}{2}} \left(\frac{n-2}{2}\right)!} (\chi^2)^{\frac{n-2}{2}} e^{\frac{-\chi^2}{2}}$$

Der einzige (→) Parameter dieser Verteilung ist n, das die Zahl der (→) Freiheitsgrade bezeichnet. Die Verteilung nimmt nur positive Werte an. Mit wachsender Zahl der Freiheitsgrade nähert sie sich der Dichtefunktion einer (→) Normalverteilung. Es handelt sich um eine eingipflige Verteilung, deren graphische Darstellung für kleine Freiheitsgrade schief ist und mit wachsender Zahl der Freiheitsgrade zunehmend flacher und symmetrischer wird. Für Chi-Quadrat-Verteilungen bestehen besondere Tabellen, die Zurückweisungsbereiche für verschiedene (→) Signifikanzniveaus unter Berücksichtigung der Freiheitsgrade und die ihnen zugeordneten (→) Wahrscheinlichkeiten zeigen (s. Anhang 1). Die Chi-Quadrat-Verteilung wurde 1876 von dem deutschen Physiker F. R. Helmert entwickelt, geriet dann jedoch in

Chi-Quadrat-Verteilung

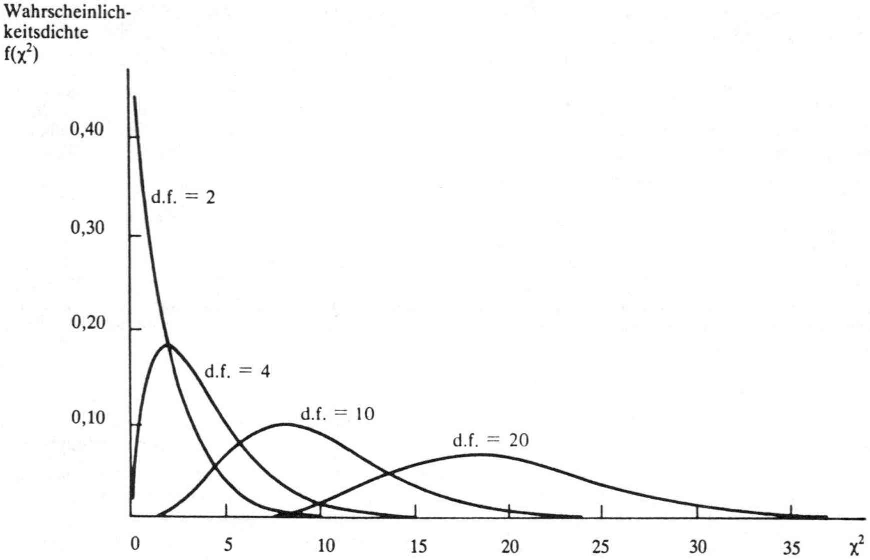

Vergessenheit, bis sie der englische Statistiker Karl Pearson 1900 wiederentdeckte.

City-Block-Distanz *(Manhattan-Distanz)*
→ Distanzmaße

City-Kino *(City-Theater)*
In der (→) Dia- und Filmwerbung eine (→) Filmtheaterkategorie, die durch zentrale Lage in einer größeren oder mittleren Stadt und meist eher kaufkräftige Besucher charakterisiert ist. City-Kinos sind meist Ur- oder Erstaufführungstheater, in denen Produktionen von Rang und Namen zur Premiere gelangen. Es handelt sich um Kinos mit meist modernster Ausstattung. Als die werblich in City-Kinos ansprechbare Zielgruppe bezeichnet der (→) Fachverband Film- und Diapositivwerbung das Großstadtpublikum. Es gibt in der BRD etwa 650 City-Kinos in 75 Städten.

Claimed Readership
→ Copy-Test, Lesen, Leser; *vgl.* Proven Readership

Club Dubois
Eine unter ihrem offiziellen Namen „Europäische Organisation für Mediaforschung" kaum bekannte, formlos organisierte Plattform des Gedankenaustauschs europäischer Mediaforscher, der heute Forscher aus 14 westeuropäischen Ländern angehören. Die erste Sitzung des Clubs fand 1960 statt. Seit 1969 findet jährlich eine Sitzung statt, auf der Erfahrungen ausgetauscht werden. Benannt ist die Vereinigung nach ihrem Gründer und langjährigen Präsidenten.

Cluster
→ Clusteranalyse, Klumpenauswahl, Klumpenbildung

Clusteranalyse
Eines der wichtigsten mathematisch-statistischen Einzelverfahren der (→) multivariaten Datenanalyse, das ebenso wie die (→) Faktorenanalyse als ein Verfahren der (→) Datenreduktion zur Analyse ungeteilter Variablenmengen der (→) Interdependenzanalyse zugerechnet wird (*vgl.* Dependenzanalyse) und das zur Typologisierung von Objekten (Personen, Personenkategorien, Meinungs- und Einstellungsgegenständen, Produkten, Medien usw.), von denen jedes einen bestimmten Meßwert und eine Anzahl von Eigenschaften aufweist, nach *natürlichen* Gruppen dient, (→) Typologien. Ziel ist es, Gruppen zu bilden, bei denen jedes Objekt den seiner Gruppe ebenfalls angehörenden Objekten ähnlicher (interne Homoge-

nität) ist, als den Objekten, die ihr nicht angehören (externe Heterogenität).
Bei der Clusterbildung wird iterativ vorgegangen, (→) Iteration, d. h. die Gruppierungen entstehen schrittweise durch Vergleich jedes einzelnen Objekts mit allen anderen Objekten bzw. mit den in den vorangegangenen Teilschritten bereits aufgebauten Gruppierungen. Die Ausgangsposition ist dadurch charakterisiert, daß jedes einzelne Objekt zunächst als ein eigenständiges Cluster (Einheitscluster) verstanden wird, das im zweiten Schritt mit dem ihm ähnlichsten Einheitscluster zu einem zweielementigen Cluster und mit einem weiteren, diesem ähnlichsten Objekt zu einem dreielementigen Cluster zusammengefügt wird usw. Zur Bestimmung der Nähe bzw. Entfernung zweier Objekte bedarf es eines (→) Proximitätsmaßes. Dabei werden in der Clusteranalyse vor allem die folgenden Maße verwendet:

- o (→) **Distanzmaße** (Entfernungsmaße) bzw. Ähnlichkeitsmaße wie z. B. die City-Block-Distanz oder die Euklidsche Distanz,
- o (→) **Homogenitätskoeffizienten** wie z. B. der (→) Tanimoto-Koeffizient,
- o (→) **Korrelationsmaße.**

Im Gegensatz zur Faktorenanalyse, durch die eine Vielzahl von Merkmalskorrelationen auf eine geringe Zahl von Grunddimensionen, die Faktoren, reduziert wird und die Daten durch Verkleinerung des Raums der Merkmalsvariablen verdichtet werden, erfolgt die Verdichtung der Daten bei der Clusteranalyse durch Gruppierung der Objekte.

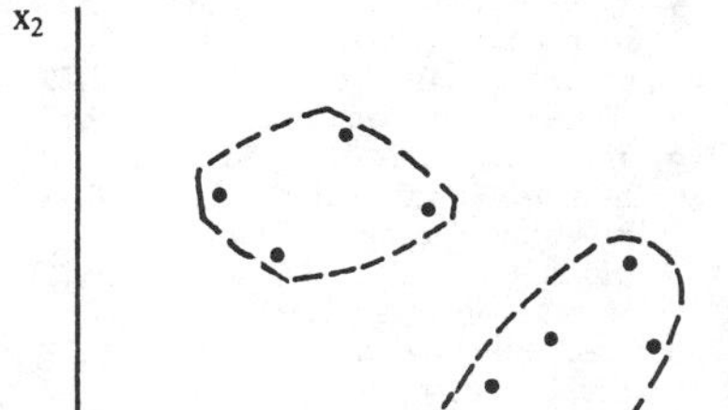

Am weitesten verbreitet sind die hierarchischen Klassifizierungsverfahren der Clusteranalyse, bei denen eine baumähnliche, hierarchische Struktur der Einheitscluster erstellt wird wie bei der (→) Average-Linkage-Methode, der (→) Complete-Linkage-Methode und der (→) Single-Linkage-Methode. Die graphische Darstellung der Proximitätsverhältnisse in einem Cluster erfolgt dabei mit Hilfe eines (→) Dendrogramms.
In der Marktforschung gibt es zahlreiche Anwendungsmöglichkeiten für die Clusteranalyse. Am intensivsten werden sie für die Bildung und Analyse von Marktsegmenten aufgrund von demographischen, sozioökonomischen und psychodemographischen Merkmalen, bei Typologien sowie bei (→) Mediaanalysen z. B. im Zusammenhang mit (→) Zielgruppengewichtungen oder der Bildung von (→) Typologien usw. eingesetzt.

Cluster-Auswahl
→Klumpenauswahl

CM
Abk Conjoint Measurement
→ konjunkte Analyse

Cochran-Test *(Cochran-Q-Test)*
Ein (→) parameterfreies Testverfahren, mit dem festgestellt werden soll, ob zwei oder mehr abhängige (→) Stichproben signifikant im Anteil der Fälle in jeder von zwei Kategorien differieren. Der Q-Test stellt eine Verallgemeinerung des (→) McNemar-Tests für zwei verbundene Stichproben mit Alternativdaten dar. Für jedes Element jeder Stichprobe wird untersucht, ob die untersuchte Variable das eine oder das andere Merkmal hat (also z. B. + oder −, JA oder NEIN, 0 oder 1 usw.). Grundgedanke des Testmodells ist, daß bei zufälliger Verteilung die Spaltensummen über die Anzahl einer Alternative bei Eintragung in einer Tabelle gleich sein müßten. Durch den Q-Test wird mithin die Gleichheit der Spaltensummen geprüft, wobei die (→) Nullhypothese lautet, daß die Spaltensummen sich nur zufällig voneinander unterscheiden und keine Tendenz in die Richtung der einen oder der anderen Alternative besteht. Unter dieser Annahme ist der Ausdruck Q annähernd (→) chi-quadrat-verteilt mit s – 1 (→) Freiheitsgraden:

$$Q = \frac{s(s-1)\sum_{i=1}^{s}(T_i - \bar{X}_T)^2}{s\sum_{j=1}^{r} L_j - \sum_{j=1}^{r} L_j^2}.$$

Darin bedeuten s die Anzahl der Stichproben, T_i die Spaltensumme (i = 1, 2, ..., s), $\bar{X}_T$ den Mittelwert der Spaltensummen und L_j die Zeilensummen (j = 1, 2, ..., r).

Codeplan *(Kodeplan)*
In der (→) Datenaufbereitung der Verschlüsse-

lungsplan, in dem für alle Antwortkategorien bei einer Befragung den Antwortvorgaben bei (→) geschlossenen Fragen und den klassifizierten Antworttypen bei (→) offenen Fragen ein Zeichen, d. h. in der EDV eine Zahl (Codeziffer) zugeordnet ist. Durch Verschlüsselung der Daten wird die Übertragung der Ergebnisse in maschinenlesbare Zeichen auf Datenträger wie Lochkarten, Magnetbänder oder Magnetplatten und damit auch die (→) Datenauswertung überhaupt erst möglich.
→ Datensatz

Codieren *(Codierung)*
→ Verschlüsselung

Compiler für statistische Auswertungen
→ Costa

Complete-Linkage-Methode
Ein Verfahren der (→) Cluster-Analyse, bei dem zunächst die zwei Punkte mit der kürzesten Euklidischen Distanz, (→) Distanzmaße 1., ermittelt und in das erste Cluster eingeordnet werden. Bei der weiteren Clusterbildung ist das Kriterium für die Zusammenfassung von Punkten zu Clustern die maximale Distanz und nicht die minimale Distanz wie z. B. bei der (→) Single-Linkage-Methode. Die Distanz zwischen zwei Clustern ist mithin definiert als die längste Distanz zwischen einem Punkt im ersten und einem Punkt im zweiten Cluster.
vgl. Average-Linkage-Methode

Computer-Analyse der Mediapläne
→ CAM

Concepte
Eine 1974 veröffentlichte Studie der Delta-Marketingforschung GmbH & Co., Konstanz, in Zusammenarbeit mit der Abteilung Marktforschung und -planung der Axel Springer Verlag AG, Hamburg, und im Auftrag der Zeitschriften „Hörzu" und „Funk Uhr", deren Gegenstand der Kommunikationsstrang „Produkt – Zielgruppenstruktur – Creativconcept – Werbeträger – Leser und Verbraucher" war. 1975 wurde die Studie über „Produkte – Leitbilder – Lebensstile", inzwischen von der Geiger Marketingforschung Dr. Siegfried Geiger, Köln, wiederholt. Ziel der Untersuchung war es, psychologische Orientierungsrichtungen auszumachen, mit deren Hilfe bestimmte (→) Zielgruppen über die kreative Konzeption einer Kampagne angesprochen werden können. In der Untersuchung wurden 16 auf visuelle Konzeptionen unterschiedlich reagierende Ansprachegruppen festgestellt, für die jeweils verschiedene Planungsläufe vorgestellt wurden.

Die Studie gliederte die Bevölkerung in 11 Personen-Cluster unterschiedlichen psychischen Zuschnitts und divergierender Lebensleitlinien, (→) Clusteranalyse. Die Gruppierung wurde mit Hilfe des NIHISOC-Cluster-Programmes durchgeführt.
Wirksam bei der Clusterbildung konnten 320 Variable aus dem Bereich der psychologischen Statements, der (→) Einstellungen im sozialen Bereich und der verbal formulierten Leitbilder und Wunschziele werden. Der Grund, weshalb mit allen 320 verfügbaren psychologischen Merkmalen zugleich gearbeitet wurde: Die Menschen sollten mit der Gesamtheit aller von ihnen vorliegenden Reaktionen aus dem interessierenden Bereich sich in der Clusterung äußern können. Angestrebt war nicht eine Zerstückelung nach Einstellungen in Teilbereichen, sondern eine möglichst ganzheitliche Betrachtung anhand des vollständigen Geflechts von Äußerungen und Einstellungen, das jede einzelne Person als Individuum charakterisiert. Dabei differenzieren sich nach ihrem Persönlichkeits-Zuschnitt und ihren Leitbildern und Lebenshaltungen die nachfolgenden Personengruppen:

Cluster:	Stichwort:	Cluster-Umfang
NIPS 1	Familienzentrierte (Sie streben nach Gesundheit und gesicherter Existenz)	13,8%
NIPS 2	Aktivisten	24,0%
NIPS 3	Geldausgeber-Angeber	1,3%
NIPS 4	Vorurteilsvolle Langeweiler (Sie streben nach ruhiger Ehe und passen sich an)	2,2%
NIPS 5	Gewissenhafte, Arbeitsame	19,6%
NIPS 6	Streben nach Individualität, Rationalität, Intellektualität	8,9%
NIPS 7	Passiv-raunzige (Selbst-Bemitleider)	9,3%
NIPS 8	Modebewußte Narzißten	7,8%
NIPS 9	Handfest-realistische Pragmatiker	7,7%
NIPS 10	Ungebunden – Unstete	3,3%
NIPS 11	Wohnungszentriert-Haushälterische	2,1%
		100,0%

Die beiden (→) Erhebungen von 1974 (5881 Interviews) und 1975 (2088 Interviews) waren in ihrem Datenbestand vollkommen kompatibel. Die ermittelten (→) Lesehäufigkeiten waren an den Werten der jeweils aktuellen (→) Media-Analyse (MA) der (→) Arbeitsgemeinschaft Media-Analyse (AG.MA) justiert, (→) Justierung.

Confusion Control
→ Originalheftmethode

Conjoint Analysis *(Conjoint Measurement)*
→ konjunkte Analyse

Container
→ Das Beste Container

Content-Analyse
→ Inhaltsanalyse

Controlled Circulation (CC)
→ CC-Zeitschrift

Convolution
→ Faltung, Kontakthäufigkeit

Copy-Test
In der (→) Media- und (→) Werbewirkungsforschung Sammelbezeichnung für verschiedene (→) Testverfahren zur Untersuchung des (→) Mediennutzungsverhaltens durch Ermittlung von Kontaktwahrscheinlichkeiten, zur Erfassung von Beachtungs- und Aufmerksamkeitswerten von Werbemitteln oder auch zur Vorausschätzung der Werbewirksamkeit alternativer Text- oder Anzeigenentwürfe, deren gemeinsames Merkmal die Vorlage von Originalwerbeträgern oder Werbemitteln in einer Befragung ist. Methodisch handelt es sich also um (→) Wiedererkennungsverfahren (Starch-Test) unter Verwendung von Originalheften bzw. Original-Werbemitteln (in der Regel Anzeigen), (→) Originalheftmethode (Through-the-Book Technique). Im Normalfall legt der Interviewer dem Befragten eines oder mehrere der zu testenden Werbemittel bzw. eine komplette Zeitung oder Zeitschrift oder auch eine Broschüre vor, geht sie Seite für Seite mit ihm durch und fragt bei jeder einzelnen Seite, jedem einzelnen redaktionellen Beitrag oder jeder einzelnen Anzeige, ob der Befragte sich daran erinnern kann, sie gesehen oder gelesen zu haben (claimed readership). So wird Schritt für Schritt ermittelt, welche Teile des redaktionellen Teils oder/und des Anzeigenteils beachtet, bzw. teilweise oder ganz gelesen wurden.
Im zweiten Schritt werden bei Copy-Tests häufig Teile der Werbemittel abgedeckt und die Befragten aufgefordert anzugeben, an welche Einzelheiten der abgedeckten Teile sie sich noch erinnern; dabei wird ganz konkret nach der (→) Erinnerung an spezifische Einzelheiten wie z. B. den Namen des Werbungtreibenden, die Firmenbezeichnung, die Überschrift, einen Slogan und dergleichen gefragt (proven readership, proven recall).
Copy-Tests werden normalerweise als (→) Post-Tests durchgeführt, aber auch als (→) Pre-Tests zur Abschätzung der Werbewirksamkeit alternativer Werbekonzepte bzw. Werbetexte werden sie verwendet. Weitgehend untauglich sind sie als Mittel zur Einschätzung der Wirksamkeit verschiedener Werbeträger, weil die Befragten in der Regel nicht verläßlich zu differenzieren vermögen, in welchem Werbeträger sie z. B. eine Anzeige gesehen haben.
Bei Copy-Tests wird gemeinhin unterstellt, daß die mit ihrer Hilfe ermittelten (→) Kontaktwahrscheinlichkeiten gegenüber den reinen (→) Abfragemodellen unter Verwendung von Listen oder (→) Titelkarten höhere (→) Validität (Gültigkeit) haben. Es bestehen jedoch erhebliche Zweifel an der Richtigkeit dieser Annahme. Da zahlreiche verzerrende Einflüsse auf die durch Copy-Tests ermittelten (→) Erinnerungswerte eingewirkt haben, sind ihre Ergebnisse vor allem aussagekräftig über die Wirkungs- und Gestaltungsstärke des Werbemittels selbst sowie über die Aufnahmefähigkeit und -bereitschaft der angesprochenen Personen selbst. R. Fletcher hat mit Hilfe von Blickregistrierungsverfahren nachgewiesen, daß die Angaben von Auskunftspersonen über ihre eigenen Leseerinnerungen und ihr tatsächliches Leseverhalten stark divergieren, und zwar in beiden Richtungen: Ein Teil der Auskunftspersonen gab an, sich an Passagen zu erinnern, die sie gar nicht gelesen hatten (over-claiming), und ein anderer konnte sich an die Passagen nicht mehr erinnern, die sie gelesen hatten (under-claiming).
Über die Brauchbarkeit von Copy-Test-Ergebnissen schreibt Eva-Maria Hess:
„In aller Regel lassen sich Ergebnisse von Copy-Test-Erhebungen nicht auf die Gesamtleserschaft projizieren. Die Festbindung an eine konkrete Ausgabe, verbunden mit dem Wunsch, die Befragung möglichst nahe an den Erscheinungstag heranzulegen – um Erinnerungsfehler zu minimieren –, führt zu einer Stichprobe von Lesern in Erstbezieherhaushalten. Mitleser außerhalb des Erstbezieherhaushalts haben eine geringe Chance, in die Befragung einbezogen zu werden. Die Auswahl wird überwiegend nach dem Quotenverfahren vorgenommen, weil das Random-Verfahren hohe Kosten infolge der Fehlkontakte bei Nichtlesern beinhaltet, zudem in der Kürze der zur Verfügung stehenden Erhebungszeit eine Random-Stichprobe mit der erforderlichen Zahl von Wiederholungsbesuchen nicht durchführbar ist.
Bei dieser Untersuchungsanlage muß man davon ausgehen, daß der befragte Leser einer

Copy-Test-Erhebung mit dem in einer Reichweitenerhebung ermittelten Leser pro Ausgabe trotz formal gleicher soziodemographischer Struktur nicht identisch ist. Die ‚Verzerrung' geht einseitig in Richtung einer vergleichsweise interessierteren, stärker an das Objekt gebundenen Leserschaft mit etwas überhöhten Nutzungswerten."

In der Praxis werden Copy-Tests regelmäßig von Zeitungs- und Zeitschriftenverlagen als Dienstleistung für ihre Anzeigenkunden durchgeführt, mit deren Hilfe die werbliche Wirksamkeit des eigenen Mediums beziffert und untermauert wird.

→ Impact-Test, Starch-Test

Costa *(Compiler für statistische Auswertungen)*
Ein (→) Evaluierungsprogramm der (→) Mediaselektion des Axel Springer Verlags, das jegliche Art von Basisauswertungen durchführt und sowohl einzelne Medien und (→) Mediapläne wie personenbeschreibende Merkmale auswerten kann. Dieses Computerprogramm kann eine Vielzahl von (→) Tabulierungen durchführen und dabei auch die Daten gewichtet und indiziert ausweisen. Ein- und Ausgaben des Programms können nach Belieben gestaltet werden.

Cut-off-Verfahren
→ Auswahl nach dem Konzentrationsprinzip

D

DAGMAR-Formel
Das nach dem Titel eines von dem amerikanischen Werbeforscher Russell H. Colley im Auftrag der U.S. Association of National Advertisers (ANA) herausgegebenen Buchs, „**D**efining **A**dvertising **G**oals for **M**easured **A**dvertising **R**esults" (1961), benannte Stufenmodell der Werbewirkung, das ausgehend von der Theorie, daß Werbung im Gegensatz zu den durch andere absatzpolitische Instrumente zu realisierenden ökonomischen Zielen vor allem Kommunikationsaufgaben habe, bei deren Verwirklichung sie eine Stufenhierarchie von der Schaffung von Bekanntheit (Awareness) eines bis dahin unbekannten Werbeobjekts, über die Schaffung von Einsicht (Comprehension) in seinen Nutzen, die Entwicklung der Überzeugung (Conviction), dem Inhalt der Werbebotschaft Folge zu leisten, und schließlich dem Akt der Verwirklichung (Action) z. B. durch die Kaufhandlung dieser Überzeugung durchläuft.

daktyloskopische Methoden *(Fingerabdruckverfahren)*
In der Werbeforschung ein Verfahren zur Ermittlung von (→) Seitenkontakten im Test mit Hilfe der Untersuchung von Fingerabdrücken, die Testpersonen beim Durchblättern oder Durchlesen einer Publikation auf den einzelnen Seiten hinterlassen haben. Das Verfahren hat sich nicht bewährt, weil einerseits die Fingerabdrücke auf vielen Papiersorten verschwammen und daher nicht mehr zuordbar waren und andererseits die Aussagefähigkeit der Untersuchungsergebnisse darauf beschränkt bleiben muß, daß eine Seite angefaßt worden ist, was gar nichts über die Beachtungswerte, (→) Anzeigenbeachtung, oder die (→) Leseintensität aussagt.

Darstellungsarten
Die drei wesentlichen Darstellungsarten in der (→) Media-Analyse (MA) sind: (→) Reichweite, Zusammensetzung und (→) Hochrechnung. Darunter subsumieren kann man z. B. Reichweiten- und Kontakt-Wachstum. Es ist nicht einfach zu verstehen, daß Kontakt-Wachstum der Kategorie Zusammensetzung zuzuordnen ist. Zusammensetzung setzt die (→) Nutzer einer (→) Medien-Kontakt-Einheit (MKE) gleich 100. Das entspricht einem (→) Kontakt, zwei, drei, vier, usw. Kontakten – das ist dann die (→) Nutzerschaft nach 1, 2, 3, ... (→) Belegungen (Einschaltungen).

DAR-Test *(Day-after-Recall-Test)*
→ Copy-Test, Erinnerungsmethode

Datei
Eine Reihe von Datenbeständen, die dem gleichen Satztyp angehören und in sich geordnet bzw. gespeichert sind. Mehrere Dateien werden zu (→) Datenbanken zusammengefaßt.

Dateianalyse
Eine in der (→) Mediaforschung bei Verbreitungsanalysen und Strukturuntersuchungen von Empfängergruppen unter Zuhilfenahme vorhandener Dateien, die Daten aus der amtlichen Statistik oder aus Branchenerhebungen erfassen, mögliche Methode der Erhebung der Leserschaft (Empfängerschaft) einer Zeitschrift, vor allem einer (→) Fachzeitschrift.
Sowohl das (→) ZAW-Rahmenschema für Werbeträgeranalysen wie die (→) AMF-Karten und die „Anleitungen und Empfehlungen" für die Anlage, Durchführung und Berichterstattung von (→) Fachzeitschriftenanalysen (FZA) formulieren recht genaue Vorschriften über das Vorgehen bei der Durchführung von Dateianalysen. Unter Punkt 2.3.2.2 des ZAW-Rahmenschemas heißt es:

2.3.2.2 Dateianalyse
Sie basiert im allgemeinen auf einer Auswertung der Datei des betreffenden Werbeträgers. Diese wird zahlenmäßig aufbereitet anhand vorhandener oder beschaffbarer Unterlagen über die Art des Adressenmaterials. Aussagen sind nur möglich über die Empfängereinheit des Werbeträgers (Haushalt, Institution und gegebenenfalls Person) und nur insoweit, als eine Kategorisierung des Anschriftenmaterials einwandfrei möglich ist.
In jedem Fall muß sichergestellt sein, daß die Empfängerschaft einer durchschnittlichen kleinsten Einheit repräsentiert wird. Zusätzlich können auch kumulierte Empfängerschaften (z. B. weitester Empfängerkreis) dargestellt werden.
Die Aufbereitung des in der Datei vorhandenen Materials wird problematisch, wenn dieses nicht vollständig ist und spezielle Informationen nur lückenhaft vorhanden sind.
Grundlage der Auswertung ist die am Tage des Erhebungsbeginns vorhandene Empfängerdatei einschließlich aller mit Empfängeradressen versehenen Daten-

träger, die für die Erstellung der Analyse nicht vollständig sind. Zur Basis gehören also auch die am Tage des Erhebungsbeginns in der Datei vorhandenen Datenträger für wechselnde Empfänger, die aber bei der Auswertung nur anteilig berücksichtigt werden dürfen.
Bei Projektionen müssen sich alle Angaben auf die durchschnittliche Werbeträgereinheit addieren lassen, z. B. auf die IVW-Vertriebskategorie „tatsächlich verbreitete Auflage" oder ein Äquivalent.
Beim Ausweis der Ergebnisse aus solchen Dateiauswertungen muß sichtbar sein, wie viele ungenaue oder fehlende Angaben vorhanden sind. Die Gruppe „keine Angaben" usw. muß klar erkennbar ausgewiesen werden. Sie darf auf keinen Fall vorher ausgesondert werden.
Dasselbe gilt für Vertriebsanteile, die nicht weiter untergliedert werden können oder sollen (z. B. Auslandsauflage, über den Buchhandel gelieferte Exemplare etc.).
Alle Informationsquellen, die zur Kategorisierung der Anschriften verwendet wurden, sind mit Jahresangabe anzugeben.
Für die Bildung der Stichprobe und für die Beschreibung der Methode gelten die allgemeinen Grundsätze. Insbesondere ist ausführlich darzulegen, wie bei wechselnden Empfängern der Bezug auf die durchschnittliche Belegungseinheit hergestellt wurde.
Die Verbreitungsanalyse ist eine besondere Art der auf Dateiauswertung basierenden Empfängeranalyse, bei der die Distribution einer durchschnittlichen Einheit unter regionalen Gesichtspunkten nachgewiesen wird.

Dabei muß die zugrundeliegende Datei nach den Vorschriften des Rahmenschemas genau beschrieben werden. Darüber schreibt Punkt 3.5 vor:

3.5 Beschreibung einer Datei
Liegt eine Empfänger-Datei der Stichprobenbildung zugrunde, so sollte sie mindestens nach folgendem Muster beschrieben werden:
- Inhalt der Datei
- Ordnungsprinzip der Datei
- Gesamtzahl der Empfänger (Gesamtdatei) bei Erhebungsbeginn
- darin enthaltene Zahl der wechselnden Empfänger
- Empfänger jeder Werbeträgereinheit
- wechselnde Empfänger je Einheit
- welche Unterlagen wurden für die Zuordnung der Empfängerkategorien verwendet (und gegebenenfalls für wieviel der insgesamt analysierten Datenträger wurden diese Unterlagen zur Zuordnung benötigt)
- bei Stichproben: Auswahlsatz; wer zeichnet für die Stichprobe verantwortlich
- wer ist für die Durchführung der Untersuchung verantwortlich
- Zeitpunkt bzw. Zeitraum der Erhebung

Zur Beschreibung der Erhebungsmethode bei wechselnden Empfängern:
- Art des „Wechselversandes" (nach Themenplan, jede n-te Nummer, Rotationsversand)
- wechselnder Versand ohne Möglichkeit einer mathematischen Aussage über die Empfangshäufigkeit im Laufe eines Jahres (dieser Auflagenanteil kann nicht in die Analyse einbezogen werden).

Alle Angaben müssen in absoluten Auflagenzahlen erfolgen.

Bindende Vorschriften formuliert das Rahmenschema auch für die Ziehung der (→) Stichprobe bei Dateianalysen. Dazu heißt es unter Punkt 1.2.2.3.1:

1.2.2.3.1 Dateistichprobe
Voraussetzung für die Verwendung einer Datei als Basismaterial für die Stichprobenbildung ist die komplette Erfassung aller Elemente der Grundgesamtheit in der Datei. Diese Elemente können die Befragungseinheiten selbst oder Einheiten der vorletzten Auswahlstufe sein (z. B. Haushalte bei Personenbefragung, Betriebe bei Befragung von Betriebsangehörigen).
Bei Strukturanalysen muß die zugrundegelegte Datei durch die Stichprobe zu mindestens 85 % repräsentiert werden.
Ist die Dateigesamtheit, die der Stichprobenbildung zugrundegelegt wird, anders abgegrenzt als die darzustellende Grundgesamtheit, so muß vor der Bildung der Stichprobe sichergestellt werden, daß die angestrebte Grundgesamtheit zuverlässig repräsentiert wird.

In Anlehnung an das Rahmenschema beschreiben die „Anleitungen und Empfehlungen für Fachzeitschriftenanalysen" die Dateiananlyse als eine Form der (→) Empfänger-Struktur-Analyse durch Dateiauswertung wie folgt:

Datei-Analyse:
Empfänger-Struktur-Analyse durch Dateiauswertung

a) Eignung und Zielsetzung
Diese Erhebungsform ist geeignet, wenn für die Empfänger der Fachzeitschrift Daten nach Kriterien der amtlichen Statistik oder branchenüblicher Normen in der Datei (Kartei) erfaßt oder gespeichert sind. Die Analyse ermöglicht eine genaue, gegliederte Zusammenstellung der Empfängerschaft gemäß den vorhandenen Daten.
Eine besondere Art der Datei-Analyse ist die Verbreitungs-Analyse, bei der die Distribution einer durchschnittlichen Ausgabe unter regionalen Gesichtspunkten nachgewiesen wird.
Eine Struktur-Analyse durch Auswertung der Datei kann grundsätzlich vom Verlag selbst durchgeführt werden. Die Konsultation eines Marktforschungs-Beraters oder Stichproben-Fachmannes wird anheimgestellt bzw. empfohlen.

b) Efordernisse für Methoden und Verfahren

Quellenmaterial
Als Quellenmaterial für die in die Datei eingegebenen Daten sind bei einer repräsentativen Empfänger-Analyse zuverlässige Unterlagen Voraussetzung:
Schriftliche Bestellungen, Quittungen, andere schriftliche Mitteilungen der Empfänger, z. B. Anforderungskarten, Leserdienstkarten, Leserdienstformulare, Rückantwortkarten, Verbandsmitglieder-Verzeichnisse, behördliche Verzeichnisse, Messekataloge, firmeneigene Unterlagen (wie Druckschriften, Organisationspläne, Anzeigen); Adreßbücher, Fernsprechbücher und Telexbücher, die dem Verband Deutscher Adreßbuchverleger, dem Europäischen Adreßbuchverleger-Verband oder der IVW angeschlossen sind.

Alle Informationsquellen, die zur Kategorisierung der Anschriften verwendet wurden, sind mit Jahresangabe anzugeben.
Die verwendeten Unterlagen sollen – gerechnet vom Zeitpunkt der Empfänger-Analyse – nicht älter als drei Jahre sein.
Voraussetzung für die Verbreitungs-Analyse ist vollständiges Dateimaterial mit postalisch genauen und gültigen Anschriften der Empfänger.

Grundgesamtheit
Grundlage der Untersuchung sind alle am Tage des Erhebungsbeginns in der Vertriebsdatei enthaltenen Empfänger-Adressen. Man muß sich darüber klar sein, welcher Anteil davon (so hoch wie möglich, mindestens jedoch 85 % der tvA) von der Erhebung abzudekken ist. Dieser Anteil ist die Ausgangsbasis für die Untersuchung. Die Darstellung der Ergebnisse ist auf die Grundgesamtheit – zumindest die tatsächlich verbreitete Auflage – zu beziehen. Es muß zweifelsfrei bekannt sein, welchen Anteil die von der Erhebung abgedeckten Empfänger an der tatsächlich verbreiteten Auflage zum Zeitpunkt der Erhebung einnehmen. Bei Projektion müssen sich alle Angaben auf die durchschnittliche Werbeträger-Einheit, d. h. auf die IVW-Vertriebskategorie „tatsächlich verbreitete Auflage" addieren lassen.
Sofern Teile der Auflage im Wechselversand verbreitet und Wechselversand-Empfänger in die Untersuchung einbezogen werden, sind bei der Abdeckung der Gesamtdatei die für den Wechselversand beschriebenen Verfahren und die Gewichtungs-Erfordernisse zu beachten.
Insbesondere ist ausführlich darzulegen, wie bei wechselnden Empfängern der Bezug auf die durchschnittliche Belegungseinheit hergestellt wurde.
Beim Ausweis der Ergebnisse aus Dateiauswertungen muß sichtbar sein, wie viele ungenaue oder fehlende Angaben vorhanden sind. Die Gruppe „keine Angaben" usw. muß klar erkennbar ausgewiesen werden. Sie darf auf keinen Fall vorher ausgesondert werden.
Dasselbe gilt für Vertriebsanteile, die nicht weiter untergliedert werden können oder sollen (z. B. Auslandsauflage, über den Buchhandel gelieferte Exemplare etc.).
Die Analyse kann sowohl auf Totalbasis als auch auf der Grundlage einer für die Grundgesamtheit repräsentativen Stichprobe angelegt werden. Eine Vorbedingung für die Repräsentativität ist in beiden Fällen der Status der Datei an einem bestimmten Tage, nämlich dem Zeitpunkt der Erhebung. An dem an diesem Tage bestehenden Befund der Adressen dürfen für die Erhebung keine Änderungen oder Ergänzungen vorgenommen werden. Falls von einer Stichprobe ausgegangen wird, dürfen dafür festgelegte Adressen nicht gegen andere ausgewechselt werden.
In jedem Fall muß sichergestellt sein, daß die Empfängerschaft einer durchschnittlichen kleinsten Einheit repräsentiert wird.
Entsprechend ist bei vertrieblich speziell strukturierten Ausgaben (z. B. bei Wechselversand) zu verfahren.

c) Ermittlungspunkte

Institutionelle Daten der Empfänger
Die Werbungtreibenden erwarten von einer Empfänger-Analyse auf Datei-Basis neben der regionalen Verbreitung in erster Linie Aufschluß über die Verteilung der Empfänger auf Branchen, Wirtschaftszweige, Fachrichtungen und Berufsgruppen.

Beispiele:
Wenn eine Fachzeitschrift überwiegend in vielen Branchen des Produzierenden Gewerbes oder im Dienstleistungsbereich verbreitet ist, werden die Empfänger im Produzierenden Gewerbe oder im Dienstleistungsbereich zweckmäßig nach der Branchen-Systematik gemäß amtlicher Statistik (Systematik der Wirtschaftszweige des Statistischen Bundesamtes) aufgeschlüsselt.
Eine hauptsächlich in einer Branche (z. B. Chemische Industrie) verbreitete Fachzeitschrift gliedert ihre Empfänger sinnvoll nach den speziellen Zweigen der Chemischen Industrie, ebenfalls gemäß amtlicher Statistik.
Anstelle der amtlichen Statistik kann, sofern als besser geeignet erkannt, eine Verbands-Statistik angewendet werden.
Eine primär bei Ingenieuren oder Ärzten oder anderen Berufsgruppen verbreitete Fachzeitschrift teilt die Empfänger zweckmäßig nach den Fachrichtungen dieser Berufsgruppen gemäß Standard-Klassifikation der Berufe oder branchenüblicher Systematik auf.
Generell sollten Verlage, deren Titel gleiche Zielgruppen ansprechen und/oder miteinander im Wettbewerb stehen, sich auf eine gemeinsame Nomenklatur einigen.

Mehrfachnennungen
Wenn nachweisbar ist, daß Empfänger in mehreren Branchen oder Spezialzweigen oder Fachrichtungen tätig sind, können im Rahmen der Analyse Mehrfachnennungen erfaßt werden. Für die Zuordnung zur Ergebnis-Darstellung auf der Basis der tatsächlich verbreiteten Auflage gleich 100 % ist festzustellen, welche Nennung die überwiegende Tätigkeit bezeichnet. Auf die Bekanntgabe der verbleibenden Mehrfachnennungen braucht nicht verzichtet zu werden; sie können außerhalb der Addition auf die tatsächlich verbreitete Auflage gesondert ausgewiesen werden.

Betriebsgrößenklassen
Bei Fachzeitschriften für Industrie, Handwerk, Handel sowie für bestimmte Zweige des Dienstleistungsgewerbes kann die Information über die Größenklassen der Betriebe, die die betreffende Fachzeitschrift empfangen, für die Werbungtreibenden relevant sein.

Gemeindegrößenklassen
Die Übersicht über die Verbreitung einer Fachzeitschrift in den verschiedenen Gemeindegrößenklassen kann ein interessantes Merkmal sein.

Personenbezogene Daten der Empfänger
Wenn eine Fachzeitschrift ganz oder überwiegend persönliche Empfänger – sei es mit betrieblichen, sei es mit privaten Anschriften – hat, besteht im Prinzip die Möglichkeit, im Rahmen einer Empfänger-Analyse durch Dateiauswertung repräsentative Werte für die Stellung der Empfänger im Betrieb und/oder deren betriebliche Funktion zu ermitteln. Voraussetzung dafür ist aber, daß den Merkmalen Quellenmaterial gemäß b) zugrunde liegt. Allein die Tatsache, daß der Verlag von sich aus die Versandadressen für eine Fachzeitschrift durch Zusätze wie „Geschäftsleitung" oder „Einkauf" usw. erweitert, ist kein Nachweis für eine entsprechende Einordnung in die Empfänger-Analyse.

d) Abgrenzungs-Kriterien Empfänger/Leser
Mit dieser Erhebungsform kann allein etwas über Empfänger ausgesagt werden.

e) Mit dieser Untersuchungsform nicht ermittelbar
Alle Daten, die zu Nutzern/Lesern oder zur Nutzung/zum Lesen in Beziehung gesetzt werden, sind mit dieser Untersuchungsform nicht ermittelbar. Es wird auf die Minimal-Vorschriften für die Verwendung des Begriffes „Leser" verwiesen. Aus den nach methodischen Erfordernissen ermittelten Empfängerdaten dürfen keine Daten oder Aussagen über „Mitempfänger" oder den „Weitesten Empfängerkreis" abgeleitet werden. Bei Rückschlüssen der Ergebnisse auf andere Größenordnungen (z. B. Gesamtheit einer Zielgruppe) darf nicht von „Reichweiten" gesprochen werden, weil die Definition „Reichweite" eine andere Untersuchungsform voraussetzt.

Datenanalyse

In der Markt- und Sozialforschung die der (→) Datenerhebung und der (→) Datenaufbereitung folgende Phase der Auswertung und Interpretation der Informationen, vor allem mit Hilfe statistischer Verfahren. Ziel ist es, aus der Fülle der erhobenen und aufbereiteten Daten sinnvolle Informationen über im gegebenen Zusammenhang relevante Strukturgrößen und -merkmale, über das Vorhandensein von Merkmals- und Größengruppierungen und über Datenbeziehungen zu erarbeiten. Nach einer Aufstellung von Erich Schäfer/Hans Knoblich umfaßt der Prozeß der Datenanalyse im einzelnen die folgenden Stufen:

I. Auszählen, Sortieren und erste Zusammenfassung
II. Bildung von Sachgruppen und von Größenklassen; Häufigkeitsanalyse
III. Mittelwertbildung, Streuungsmessung
IV. Bildung von Verhältniszahlen
V. Die graphische Darstellung der Ergebnisse
VI. Reihenvergleiche, insbesondere Korrelationsbestimmung
VII. Zusammenfassung der Einzelergebnisse.

Je nach der Zahl der analysierten Variablen unterscheidet man zwischen (→) univariaten, (→) bivariaten oder (→) multivariaten Verfahren der Datenanalyse.
Das Diagramm unten auf dieser Seite zeigt die in der (→) empirischen Sozialforschung hauptsächlich angewendeten Verfahren der Datenanalyse gegliedert nach der Anzahl der analysierten Variablen

Datenanpassung

Sammelbezeichnung für alle Verfahren, mit denen (→) Mediadaten irgendeiner (→) Erhebung den Ergebnissen der (→) Media-Analyse (MA) der AG.MA als verbindliche Einheit angeglichen werden. Im Prinzip gleicht dieser Vorgang der (→) Justierung. Der Unterschied besteht darin, daß hierbei MA-fremde (→) Nutzungswahrscheinlichkeiten dem (→) Leser pro Nummer (LpN) angeglichen werden.

Datenaufbereitung

In der Markt- und Sozialforschung derjenige Arbeitsschritt, bei dem die erhobenen Rohdaten mit Hilfe systematischer Methoden der Datenreduktion auf für das menschliche Fassungsvermögen überschaubare und verarbeitbare Größen verdichtet und so für die (→) Datenanalyse verwendet werden können. Dazu zählt neben der (→) Tabulierung der Daten vor allem die Entwicklung statistischer (→) Maßzahlen wie Verteilungsmaße und Verhältniszahlen und die Bearbeitung der Daten für ihre Übernahme auf Datenträger wie Lochkarten oder Magnetbänder. Allgemein wird auch die

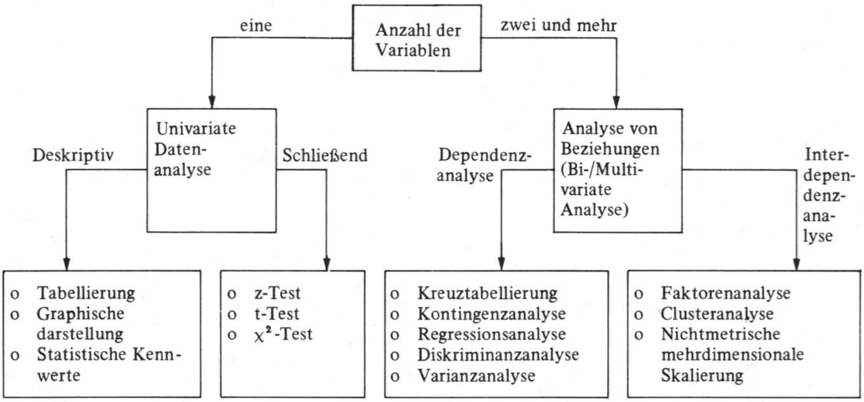

Quelle: Heymo Böhler, Marktforschung, Stuttgart, Berlin, Köln, Mainz 1985, S. 160

Phase der (→) Datenbereinigung (Cleaning) mit Hilfe von (→) Plausibilitätsprüfungen als wesentlicher Bestandteil der Aufbereitungsphase verstanden. Dabei ist es nicht sinnvoll, die einzelnen Phasen der (→) Datenerhebung, der Datenaufbereitung und der (→) Datenanalyse als streng voneinander getrennte Arbeitsschritte zu verstehen. Gerade bei der Ordnung, (→) Skalierung und Auswertung der Daten ist es vielfach eine Frage des Ermessens, ob man sie nun als Instrument der Aufbereitung oder der Analyse betrachten will.

Datenauswertung
→ Datenanalyse

Datenbank
Die Zusammenfassung einer großen Vielzahl von (→) Dateien zu einem integrierten Datenbestand, der mit Hilfe komplexer Software verwaltet und nutzbar gemacht wird und den Benutzern über das Datenbanksystem den Zugriff zu den einzelnen Daten und Dateien mit Hilfe eigens dafür entwickelter Software ermöglicht. Dabei ist eine räumliche Zentralisierung der Daten nicht unbedingt erforderlich, besonders da auch die Möglichkeiten der Datenfernübertragung der Nutzung keine geographischen Grenzen setzen.

Datenbereinigung *(Bereinigung)*
In allen Studien der (→) empirischen Sozialforschung werden die mit Hilfe von (→) Befragungen erhobenen Daten auf Datenträger übertragen. Bei diesem Vorgang schleichen sich erfahrungsgemäß Fehler ein, die in der Phase der (→) Datenaufbereitung eine Kontrolle des Datenbestands erforderlich machen, und zwar auf folgende Fehlermöglichkeiten:

- falsche Kodierung;
- falsche Angaben im Interview (z. B. Angabe über das Vorhandensein einer Kraftfahrzeugversicherung bei gleichzeitiger Angabe des Befragten, er besitze kein Automobil);
- fehlende Angaben (in Fällen, in denen der Interviewer Angaben des Befragten nicht eingetragen hat, lassen sich mitunter Angaben ergänzen, wenn dafür die Gesamtheit der übrigen Angaben des Befragten zu Rate gezogen wird);
- unzulässige Mehrfachnennungen.

Diese Überprüfung auf logische Konsistenz der übertragenen Daten wird in der (→) Media-Analyse (MA) der (→) Arbeitsgemeinschaft Media-Analyse (AG.MA) nach einem Katalog von Verfahrensvorschriften, der sog. Bereinigungskonvention für alle Beteiligten verbindlich festgelegt. Seit 1976 praktiziert die AG.MA ein sog. Frühwarnsystem, das darin besteht, zunächst für die erste Erhebungswelle und dann für den Gesamtbestand einer MA Vergleiche zur vorjährigen MA anzustellen. Anhand der Bevölkerungsdaten und der wesentlichen Medieninformationen werden die aufgetretenen Abweichungen analysiert, um etwaige Erhebungs- oder Auswertungsfehler frühzeitig erkennen und gegebenenfalls beseitigen zu können.
Bei der Datenaufbereitung werden die folgenden Grundprinzipien der Datenbereinigung angewendet:

1. Prüfung auf Übertragungsfehler
Im (→) Fragebogen ist jeder Antwortmöglichkeit eine einstellige Ziffer fest zugeordnet, die die Lochstelle auf der Lochkarte bezeichnet. Die zu den Antworten auf die Frage gehörigen Ziffern bilden eine Ziffernreihe, die wiederum einer zweistelligen Zahl fest zugeordnet ist, die für die Spalte auf der Lochkarte steht. Diese schließlich sind einer der insgesamt 12 Lochkarten zugeordnet, die mit römischen Ziffern bezeichnet werden. Bei der Übernahme vom Fragebogen können nun zwei Fehler auftreten:

- Beim Eintasten werden Ziffern verwechselt. Dagegen schützt nur doppeltes Ablochen, das wie doppeltes Rechnen mit Rechenmaschinen nahezu alle Fehler zutage fördert.
- Beim Eintasten werden Spalten verwechselt. Auch diesen Fehler findet man durch doppeltes Lochen. Allerdings gibt es ein rationelleres Verfahren: Man prüft die gelochte Karte darauf, ob nur solche Lochstellen besetzt sind, denen auch Antwortmöglichkeiten entsprechen. Treten Lochungen außerhalb der vorgesehenen Felderfigur auf, müssen sie falsch sein. Mit diesem Verfahren findet man im MA-Material jedoch nicht alle Fehler dieser Art mit Sicherheit, weil die Lochkarten nahezu restlos besetzt sind und kaum Lochstellen oder Spaltenfelder unbenutzt übrig bleiben, die als Prüfprofil dienen könnten. Sind Fehler entdeckt worden, werden sie nach Einsicht in den Fragebogen bereinigt.

2. Ergänzung fehlender Antworten
Zu jeder Frage muß mindestens eine Antwort gegeben worden sein, es sei denn, es handelt sich um eine (→) Filterfrage. Wo diese Bedingung nicht erfüllt ist, muß versucht werden, die Lücke zu schließen. Die häufigste Art des Ersatzes fehlender Antworten wird freilich das Einfügen der Lochposition „Keine Angaben zu Frage..." sein. Diese Ergänzung ist erforderlich, weil dem Befragten zu keiner Frage die Vorgabe geboten wird „Keine Angabe" und auch der Interviewer diese Möglichkeit im Fragebogen nicht vorgedruckt findet: Das Ausweichen auf diese indifferente Antwortmöglichkeit soll nicht zu leicht gemacht werden. Auch eine eventuell mögliche Ergänzung oder die Eintragung „Keine Angabe" wird erst nach Einsicht in den Fragebogen vorgenommen.
Im Rahmen des MA-Interviews tritt am häufigsten der Fehler auf, daß (→) Filterführungen nicht genau beachtet werden, d. h. daß nicht alle für einen Erhebungsgegenstand eingetragenen Antworten von der er-

sten bis zur letzten Frage in einem eindeutigen logischen Zusammenhang stehen.
Beim Bereinigen dieser Fehler kann man nun von „vorn nach hinten“ fortschreiten – also von einer Frage zur anderen in der Reihenfolge des Fragebogens. Dann werden alle Antwortmarkierungen getilgt, die im Widerspruch zu vorangegangenen stehen. Oder man kann von „hinten nach vorn“ rückwärtsgehen von der zuletzt markierten Antwort zur ersten. Dann werden alle Antwortmarkierungen ergänzt, ohne die die nachfolgenden sinnlos wären.
Da Auskunftspersonen nach der (→) Abfrage einiger Medien dem Interviewer vorauseilen und bereits Antworten geben, bevor die entsprechenden Fragen gestellt sind, würde man mit dem strengen Entfernen unzulässiger Antwortmarkierungen Informationen einbüßen. Deshalb wird die Bereinigung der Filterfragen von hinten nach vorn vorgenommen („Rückwärtsbereinigung“).

Presse	Funk
vor 4 Tagen gelesen	
vor 3 Tagen gelesen	
vorgestern gelesen	
gestern gelesen	
Lesezirkel	
Bezugsart	
Lesen im letzten Erscheinungsintervall	Sehen, Hören gestern
Häufigkeitsfrage	Häufigkeitsfrage
Weitester Nutzerkreis	Weitester Nutzerkreis
Generalfilter	Generalfilter

Pressemedien
Das „Rückwärts-Bereinigen“ der in den Interviews enthaltenen Fehler erstreckt sich für (→) Zeitschriften, (→) Wochenzeitungen und (→) Supplements auf die längste Fragenreihe: Für monatlich erscheinende Zeitschriften muß am meisten geprüft werden, für Supplements am wenigsten:

- o Werden innerhalb eines Befragungsgebietes Zeitungen genannt, die in einem anderen Befragungsgebiet mit (→) Titelkarten abgefragt werden (Verdacht: falscher Titelkartensatz, falscher Einkleber)?
- o Werden Zeitungen genannt, die in demselben Befragungsgebiet mit Titelkarten abgefragt werden (Bisher keine plausible Erklärung für diesen Fehler, der vorkommt)?
- o Wieviele Angehörige des (→) Weitesten Leserkreises (WLK) wohnen

1. im Verbreitungsgebiet, wie es für die Ausweisungen im Berichtsband Einzeldarstellungen definiert ist?
   Für die innerhalb des Verbreitungsgebietes gefundenen Leser wird noch eine weitere Plausibilitätskontrolle durchgeführt, die dem Vergleich zwischen (→) Auflagen und (→) Reichweiten dient.
   Für die innerhalb eines Verbreitungsgebietes liegenden Gebietseinheiten der (→) IVW-Verbreitungs-Analyse (kreisfreie Städte und Kreise; innerhalb der Kreise alle Gemeinden über 5000 Einwohner einzeln, die übrigen als „Kreisreste“ zusammengefaßt) werden die Auflagenzahlen und die Zahlen für die zum Weitesten Leserkreis Gehörigen nebeneinander gestellt und aus beiden Werten Verhältniszahlen gebildet. Da wo sie stark nach oben oder unten vom Durchschnitt für das gesamte Verbreitungsgebiet abweichen, wird nach den Ursachen geforscht.
2. nicht im Verbreitungsgebiet?
   a) aber an dessen Rand mit anderen Lesern zusammen;
   b) weiter entfernt von der Grenze, aber auch mit anderen Lesern desselben Blattes zusammen? Handelt es sich um Fehlverschlüsselungen, muß entweder der Gebietscode oder der Zeitungscode geändert werden. Handelt es sich um reguläre, „Außenposten“, muß eventuell die Definition des Verbreitungsgebietes geändert werden.
   c) weit verstreut in der „Diaspora“, also ohne Nähe zu anderen Lesern desselben Bandes?

monatlich erscheinende Zeitschriften	14täglich erscheinende Zeitschriften	wöchentlich erscheinende Zeitschriften, Wochenzeitungen	wöchentlich erscheinende Supplements
vor 4 Tagen gelesen	–	–	–
vor 3 Tagen gelesen	–	–	–
vorgestern gelesen	vorgestern gelesen	–	–
gestern gelesen	gestern gelesen	gestern gelesen	gestern gelesen
Lesezirkel	Lesezirkel	Lesezirkel	–
Bezugsart	Bezugsart	Bezugsart	Bezugsart
Lesen im letzten Erscheinungsintervall	Lesen im letzten Erscheinungsintervall	Lesen im letzten Erscheinungsintervall	Lesen im letzten Erscheinungsintervall
Lesehäufigkeit	Lesehäufigkeit	Lesehäufigkeit	Lesehäufigkeit
Weitester Leserkreis	Weitester Leserkreis	Weitester Leserkreis	Weitester Leserkreis
Generalfilter	Generalfilter	Generalfilter	Generalfilter

Neben den fragebogeninternen Prüfungen wird für die handschriftlich eingetragenen (→) regionalen Tageszeitungen noch eine geographische Plausibilitätskontrolle vorgenommen. Dabei wird folgendes betrachtet:

Beim Werbeträger (→) Lesezirkel geht die Bereinigung nach demselben Prinzip vor: Später im Fragebogen gegebene Antworten werden als zuverlässiger gewertet und führen im Zweifelsfall zu einer Korrektur voranstehender Angaben.

Fernsehen
Beim Fernsehen geht die „Rückwärtsbereinigung“ über 7 Stufen:

Sehen gestern von Programmen zu Sendezeiten
Sehen gestern von Programmen
Sehen gestern zu Sendezeiten
Sehhäufigkeit von Programmen zu Sendezeiten
Weiteste Seherkreise von Programmen
Weiteste Seherkreise zu Sendezeiten
Generalfilter (schon gesehen)

Aus einer Angabe zum (→) Sehen gestern, also einer Markierung in dem einerseits durch die neun Namen der Programme und andererseits durch die 13 Zeitabschnitte bezeichneten Antwortschema lassen sich bis auf eine Ausnahme alle bis dahin als logische Voraussetzung erforderlichen Angaben ergänzen: Aus der Tatsache, daß gestern z. B. von 19:00 bis 19:15 Uhr das ZDF gesehen wurde, kann man schließen, daß das ZDF

- o gestern überhaupt (Seher gestern ZDF),
- o innerhalb der letzten zwei Wochen (Weitester Seherkreis ZDF 19:00 bis 19:15 Uhr),
- o schon mal gesehen wurde (Generalfilter), daß von 19:00 bis 19:15 Uhr
- o gestern überhaupt (Seher gestern 19:00 bis 19:15 Uhr),
- o innerhalb der letzten zwei Wochen (Weitester Seherkreis 19:00 bis 19:15 Uhr) gesehen wurde

Die Ausnahme: Wenn ein Befragter gestern von 19:00 bis 19:15 Uhr das ZDF gesehen hat, wenn man also nur sicher weiß, daß er an einem Stichtag gesehen hat, dann kann man daraus nicht ableiten, daß er „in einer normalen Woche in der letzten Zeit im allgemeinen in der Zeit von 19:00 bis 19:15 Uhr nur an einem „von den 6 Werktagen montags bis samstags“ von 19:00 bis 19:15 Uhr das ZDF sieht, er kann das auch an mehreren Tagen tun.
Fehlende Häufigkeitsangaben werden nicht nur hier, sondern grundsätzlich nicht ergänzt, diese Fälle werden als gesonderte Nutzungshäufigkeitsklasse behandelt.

Hörfunk
Beim Hörfunk geht die „Rückwärtsbereinigung“ ebenfalls über 7 Stufen:

Hören gestern von Programmen zu Sendezeiten
Hören gestern von Programmen
Hören gestern zu Sendezeiten
Hörhäufigkeit von Programmen zu Sendezeiten
Weiteste Hörerkreise von Programmen
Weiteste Hörerkreise zu Sendezeiten
Generalfilter (schon gehört)

Die Bereinigung der Daten ist zu unterscheiden von den Verfahren der (→) Plausibilitätskontrolle, für die keine eindeutigen Gültigkeitskriterien herrschen.
→ bereinigte Stichprobe

Datenbeschaffung

Sammelbezeichnung für die zwei Möglichkeiten, die Verfügung über Informationen entweder durch Techniken der (→) Primärforschung (Felderhebung) oder der (→) Sekundärforschung (Desk Research) zu erlangen.

Datenerhebung

In der Markt- und Sozialforschung die am Anfang aller Untersuchungen stehende Arbeitsphase der Beschaffung von für einen Untersuchungsgegenstand relevanten Informationen. Dabei ist vor allem zwischen der originären Beschaffung neuer Daten durch (→) Primärforschung und der Verwendung, Aufbereitung und Erschließung von bereits vorhandenem Datenmaterial durch (→) Sekundärforschung zu unterscheiden.
→ Erhebung

Datenfusion(ierung)

→ Fusion

Datengewinnung

→ Datenerhebung

Datenmatrix

Die Anordnung von Daten in einem zwei- oder mehrdimensionalen, tabellenähnlichem Schema von Zeilen (Zeilenvektoren) und Spalten (Spaltenvektoren). Es ist ein aus der Determinantenmethodik zur Lösung linearer Gleichungen mit mehreren Unbekannten hervorgegangenes Instrument der Datenaufbereitung und -analyse, durch das Objekte und Variablen einander zugeordnet werden. Im Fall einer zweidimensionalen Matrix werden in den Zeilen (i = 1, 2, 3, …, n) die Erhebungsdaten für die Versuchspersonen und in den Spalten die Merkmalsvariablen (j = 1, 2, 3, …, m) eingetragen. Ein Element X_{ij} gibt folglich also einen Wert für die i-te Versuchsperson und die j-te Merkmalsvariable wieder:

Versuchspersonen i / Merkmalsvariablen j	1	2	…	m-1	m	Σ
1	x_{11}	x_{12}	…	x_{1m-1}	x_{1m}	
2	x_{21}	x_{22}	…	x_{2m-1}	x_{2m}	
:	:	:	…	:	:	
.	.			.t.		
n-1	$x_{(n-1)1}$	$x_{(n-1)2}$	…	$x_{(n-1)m-1}$	$x_{(n-1)m}$	
n	x_{n1}	x_{n2}	…	$x_{n(m-1)}$	x_{nm}	
Σ						ΣΣ

Einer der Vorteile von Datenmatrizen ist es, daß die in die Zellen eingetragenen Zellenwerte aus Daten aller vier (→) Skalierungsniveaus bestehen können (also sowohl nominal-, ordinal-, intervall- oder verhältnisskaliert sein können) und daß dabei auch das Skalenniveau von Spalte zu Spalte variieren kann. Für die Umformung von Matrizen gelten besondere Rechenregeln.

Datenreduktion
→ Datenaufbereitung

Datensatz
Datensätze sind zusammenhängende Folgen von Daten. In der Berichterstattung der (→) Media-Analyse (MA) der (→) Arbeitsgemeinschaft Media-Analyse (AG.MA) ist der Datensatz der wichtigste Teil. Physisch besteht er aus einem Datenträger (z. B. einem Magnetband oder einer Platte). Auf dem Datenträger sind alle Informationen pro Befragten (originär erhobene, wie durch Verarbeitung entstandene) enthalten. Ein Datensatz pro Befragten besteht aus z. Z. ca. 3500 Bytes. Die Personen sind in der Reihenfolge erst Frauen, dann Männer nach aufsteigendem Personengewicht und aufsteigender Paginiernummer angeordnet, um Unterstichproben zu normieren und ihre Herstellung zu erleichtern: Es kann nunmehr jede „n-te" Person – ohne Rücksicht auf ihren durch das Gewicht definierten Anteil – gezogen werden.
Mit Hilfe des Datensatzes und der entsprechenden Programme sind vielfältige (→) Auswertungen möglich. Die wichtigsten Hilfsmittel für die Auswerter (Datenverarbeitungsabteilungen der Mitglieder der AG.MA und kommerzieller Institute mit Auswertungslizenz) sind der „Datensatz Codeplan" und der „Datensatz Grundzählung". Beide sind Bestandteile der Berichterstattung. Zusätzlich gibt es noch einen Tageszeitungs-Datensatz mit entsprechendem (→) Codeplan, in den die Grundzählung integriert ist.

Datenzusammenführung
→ Fusion

Dauergruppenbefragung
→ Panel

Decision-Calculus-Ansatz
Ein von John D. C. Little 1970 entwickeltes Grundkonzept der Bildung von Informations- und Entscheidungssystemen der Marketingplanung, das eine möglichst getreue Nachbildung des menschlichen Entscheidungsverhaltens im Modell anstrebt, „indem der als relevant erachtete Ausschnitt der zur Verfügung stehenden Daten, Meinungen und Erwartungen so integriert wird, daß das formale Gebilde ein objektiviertes und vollständiges Abbild des unternehmerischen Denkprozesses darstellt. Das Konzept verkörpert deshalb vor allem ein Programm zur konsistenten, schnellen und zuverlässigen Verarbeitung der einem Entscheidungsträger zur Verfügung stehenden Informationen." (R. Nieschlag/E. Dichtl/H. Hörschgen)
Anlaß für die Entwicklung des Decision-Calculus-Ansatzes war die Erkenntnis, daß die meisten Marketing- und Managementmodelle in der Managementpraxis nicht verwendet werden, weil sie keine direkten Handlungsanweisungen enthalten, die Modelle oft unvollständig sind, und die Manager sie nicht verstehen. Dementsprechend formulierte Little die folgenden Modellanforderungen:

- **Einfachheit:** Ein Modell muß leicht zu verstehen sein.
- **Robustheit:** Die Plausibilität der Ergebnisse muß gewährleistet sein; das Modell darf keine offenkundig schlechten oder falschen Lösungen vorschlagen.
- **Prüfbarkeit:** Auch die Ergebnisse müssen leicht überprüfbar sein, so daß die Transformation von Input zu Output nicht schwer nachvollziehbar ist.
- **Anpassungsfähigkeit:** Das Modell muß in der Lage sein, sich ohne große Schwierigkeiten neuen Informationen, neuen Denkmustern und individuellen Benutzeranforderungen anzupassen.
- **Vollständigkeit:** Alle relevanten Aspekte eines zu lösenden Problems bzw. eines Realprozesses müssen in dem Modell enthalten sein.
- **Kommunikationsfähigkeit:** Der Benutzer muß die Möglichkeit haben, mit dem Modell schnell und direkt zu kommunizieren.

Anders als die Modelle des Operations Research bieten die vom Decision-Calculus-Konzept ausgehenden Modelle vor allem eine Entscheidungshilfe und nicht ein bis in die letzte Konsequenz durchgerechnetes mechanistisches Entscheidungsmodell. Ein nach diesem Konzept entwickeltes Modell der (→) Mediaselektion ist z. B. das (→) MEDIAC von Little und Lodish.

Delayed-response-Effekt
→ Carryover-Effekte

demographische Marktsegmentierung
Die (→) Segmentierung eines Marktes nach (→) demographischen Merkmalen wie Geschlecht, Alter, Haushaltsgröße, Haushaltseinkommen, Berufsgruppenzugehörigkeit, (→) soziale Schichtung, (→) Familien- bzw. Lebenszyklus, Religions- oder Staatszugehörigkeit oder auch nach geographischen Krite-

demographische Marktsegmentierung

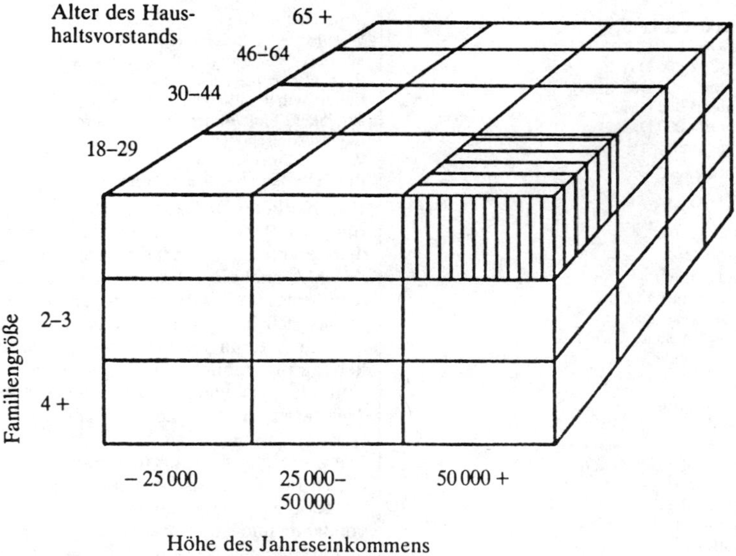

nach Philip Kotler

rien (die mitunter auch als eine eigenständige Form der (→) Marktsegmentierung begriffen wird, nämlich als geographische Marktsegmentierung). Gegenüber anderen Segmentierungskriterien haben die demographischen den großen Vorteil, daß sie sehr leicht erfaßbar und meßbar sind, ihr Nachteil im Hinblick auf Konsum- und Produktpräferenzen ist, daß sie weder ein sehr sensibles Instrument noch von sehr großer prognostischer Relevanz für das Kaufverhalten bzw. (→) Konsumverhalten sind.
vgl. psychographische Marktsegmentierung

demographische Merkmale
In der Markt- und Sozialforschung objektive (→) Merkmale von (→) Grundgesamtheiten wie Geschlecht, Alter, Familienstand, Haushaltsgröße, Haushaltszusammensetzung, Familien- und Lebenszyklus, Haushaltseinkommen, Bildungsgrad, Berufstätigkeit, Berufsgruppenzugehörigkeit, soziale Schichtzugehörigkeit, Religionszugehörigkeit, ethnische Zugehörigkeit, Gemeindegröße, etc.
Die (→) Media-Analyse (MA) der (→) Arbeitsgemeinschaft Media-Analyse (AG.MA) weist in ihren Berichtsbänden die folgenden demographischen Merkmale aus:

Geschlecht:
Männer,
Frauen.

Alter:
14–19 Jahre,
20–29 Jahre,
30–39 Jahre,
40–49 Jahre,
50–59 Jahre,
60–69 Jahre,
70 Jahre und älter.

Ausbildung:
Volksschule ohne Lehre,
Volksschule mit Lehre,
weiterführende Schule ohne Abitur,
Abitur, Hochschulreife, Studium;
in Ausbildung, Lehrling, Schüler, Student,
berufstätig,
nicht berufstätig, Rentner, Pensionär;
nicht berufstätig.

Haushaltsstatus:
Haushaltsführende,
Haushaltsvorstände;

Beruf des Haushaltsvorstandes:
Inhaber, Leiter von Unternehmen, Freie Berufe, kleinere und mittlere Selbständige, Landwirte
leitende Angestellte und Beamte
sonstige Angestellte und Beamte, nie berufstätig gewesen

Facharbeiter
sonstige Arbeiter

Haushaltseinkommen:
unter 1.500 DM
1.500 bis unter 2.000 DM
2.000 bis unter 2.500 DM
2.500 bis unter 3.000 DM
3.000 bis unter 4.000 DM
4.000 DM und mehr

Zahl der Verdiener:
1 Verdiener
2 Verdiener
3 und mehr

Haushaltsgröße:
1 Person im Haushalt,
2 Personen im Haushalt,
3 Personen im Haushalt,
4 Personen im Haushalt,
5 und mehr Personen;

Zahl der Kinder:
Kinder unter 2 Jahre,
2 bis unter 4 Jahre,
4 bis unter 6 Jahre,
6 bis unter 10 Jahre,
10 bis unter 14 Jahre,
14 bis unter 18 Jahre,
kein Kind unter 14,
kein Kind unter 18.

Demotypen Haushalte
Typ 1
Typ 2
Typ 3
Typ 4
Typ 5
Typ 6
Typ 7
Typ 8
Typ 9
Typ 10
Typ 11
Typ 12

Einkommen:
eigenes Einkommen des Befragten
unter 1.000 DM
1.000 bis unter 1.500 DM
1.500 bis unter 2.000 DM
2.000 DM und mehr
kein eigenes Einkommen

Gemeindegröße:
Wohnortgröße (nach Boustedt)
unter 5.000 Einwohner
5.000 bis unter 20.000 Einwohner
20.000 bis unter 100.000 Einwohner
100.000 bis unter 500.000 Einwohner
500.000 und mehr Einwohner.

Bundesland:
Schleswig-Holstein
Hamburg
Niedersachsen
Bremen
Nord/Nielsen I
Nordrhein-Westfalen/Nielsen II
Hessen
Rheinland-Pfalz
Saar
Mitte/Nielsen IIIa
West/Mitte Nielsen II+IIIa
Südwest (RBe Freigb., Tübg./Rh.-Pfalz)
RB Stuttgart/RB Karlsruhe
Baden-Württemberg/Nielsen IIIb
Rheinland-Pfalz/Baden-Württemberg
Bayern/Nielsen IV
West-Berlin/Nielsen V
Bundesgebiet ohne West-Berlin

1972 hat Peter Beike in der Studie „Verbesserung der Personenmerkmale“ alle erhobenen demographischen Merkmale im Auftrage der AG.MA analysiert. Seine wichtigste Erkenntnis: Keines der bis dahin erhobenen Merkmale erwies sich als entbehrlich, im Gegenteil, er hielt Erweiterungen des demographischen Erhebungsprogramms für unerläßlich. Seine Empfehlungen wurden im Fragebogen der MA 74 verwirklicht. Die damals eingeführten Neuerungen wurden seitdem beibehalten.
Die wichtigste war die Sammlung von Informationen für alle Haushaltsmitglieder, also nicht nur für die befragte Person und den Haushaltsvorstand, und die Aufnahme der Wohnplatzbeschreibenden Merkmale: Garten, Heimtierhaltung, Haltestellen öffentlicher Verkehrsmittel in der Nähe der Wohnung und Zahl der Stockwerke des Hauses, in dem der Befragte wohnt.
Mit der MA 78 wurde dieser Erhebungsteil noch erweitert. Waren seit der MA 74 nur die Geräte aufgenommen worden, die der psychischen Kommunikation im engeren Sinne dienten und als Voraussetzung für den Konsum elektronischer Medien erforderlich sind, wurde mit der MA 78 die Liste dieser Kommunikationsgeräte erweitert und darüber hinaus durch Geräte ergänzt, die der physischen Kommunikation dienen – also im Haushalt verfügbare Transportmittel zur Personenbeförderung.
Sodann wird seit MA 78 das Vorhandensein von neuen Haushaltsgeräten erhoben. Die Beschreibung des Wohnplatzes wurde um Merkmale des Wohnens selbst erweitert: Anzahl der Wohnparteien im Haus, Alter des Hauses, Dauer des Wohnens, Wohnen zur Miete oder im Eigenheim.

demographischer Analogieschluß
In der (→) Mediaplanung der Rückschluß von (→) demographischen Merkmalen auf Verbrauchermerkmale, d. h. die Annahme, daß diejenigen demographischen Gruppen, die ein bestimmtes Produkt am stärksten konsumieren, auch diejenigen sind, an die mit der Aussicht auf den größten Erfolg Werbebotschaften

zu richten sind. In einem allgemeineren Sinn wird damit der Rückschluß von demographischen Daten auf Besitz- und Konsumdaten bezeichnet, d. h. auch die Schlußfolgerung, daß werbliche Anstrengungen im Hinblick auf eine demographische Gruppe besonders erfolgversprechend sind, die ein Produkt am wenigsten konsumiert (und daher möglicherweise den stärksten Bedarf hat).

demographische Struktur
→ demographische Merkmale

Demotypen *(Demotypologie)*
Ein Demotyp ist ein synthetisches Bündel von Typen, das auf der Basis von (→) demographischen (soziodemographischen) Merkmalen gebildet wurde. Demotypen sind in der (→) Media-Analyse (MA) der (→) Arbeitsgemeinschaft Media-Analyse (AG.MA) seit der MA 77 an die Stelle der bis dahin (d. h. von der LA 71 an bis zur MA 76) berechneten (→) soziokommunikativen Schichten, getreten. Kennzeichen der Demotypologie ist der Versuch, Merkmale wie (→) soziale Schichtung mit Daten zum (→) Familien-Lebenszyklus zu kombinieren. Ausgangspunkt für die Entwicklung der MA-Demotypologie war eine von Friedrich Wendt im Auftrag des Burda Verlags, Offenburg, erstellte Studie „Verdichtung soziodemographischer Merkmale, dargestellt am Beispiel der Burda-Demotypologie" (1977), (→) Typologie der Wünsche (TdW), die auf einer Verdichtung der Soziodemographie zu Haushalts-, Männer- und Frauen-Typen beruhte. Zur Bildung der Demotypen in der MA wurden alle verfügbaren (→) demographischen Merkmale herangezogen. Daraus entstanden unter Berücksichtigung von 137 Merkmalsausprägungen 12 Haushaltstypen sowie 10 Männer- und 10 Frauen-Demotypen. Die Tabelle in der linken Spalte zeigt zunächst die Haushalts-Demotypen mit Angaben über ihre Größe aus der MA 86.

Waren zur Gewinnung der Haushaltstypen nur Haushaltsmerkmale und solche Personenmerkmale berücksichtigt worden, die in jedem Haushalt nur bei einer Person auftreten und haushaltsbeschreibende Eigenschaften haben, wurden zur Suche nach Personentypen auch alle personenbeschreibenden Merkmale herangezogen: Das waren für Männer 187 Ausprägungen, für Frauen 188. Die folgenden Tabellen zeigen die Demotypen Männer und Frauen mit der Benennung der Typen und ihrer Größenordnung auf der Grundlage der MA 86:

Haushalts-Typen

Nr.	in Prozent aller Haushalte	Kurzbezeichnung
1.	5,1	Großfamilie mit älteren Kindern, Großeltern und Enkelkindern
2.	16,0	Mehr-Personen-Haushalte mit Kindern über 14 Jahren
3.	10,5	Mehr-Personen-Haushalte mit Kindern von 6–14 Jahren
4.	8,0	Mehr-Personen-Haushalte mit Kindern unter 6 Jahren
5.	1,9	Mehr-Personen-Haushalte ohne Fernseher
6.	5,7	Zwei-Personen-Haushalte mit berufstätigem Partner
7.	13,7	Jüngste Haushalte Alleinstehender
8.	4,5	Haushalte Alleinstehender im mittleren Alter
9.	16,1	Haushalte alleinstehender älterer Frauen
10.	0,9	Haushalte Alleinstehender ohne Fernseher
11.	6,7	Ältere Zwei-Personen-Haushalte in großen Städten
12.	10,9	Ältere Zwei-Personen-Haushalte in kleinen Gemeinden

Männer-Typen

Nr.	in Prozent aller Männer	Kurzbeschreibung
1.	12,9	Der ganz junge Lernende im Mehr-Personen-Haushalt
2.	6,1	Der junge Berufstätige im Mehr-Personen-Haushalt
3.	5,5	Der Haushaltsvorstand im mittleren Alter in der Großfamilie mit Kindern unter 14 Jahren in kleinen Gemeinden
4.	16,9	Der Haushaltsvorstand im mittleren Alter im Mehr-Personen-Haushalt mit älteren Kindern
5.	3,5	Der alte Haushaltsvorstand im Rentner-Mehr-Personen-Haushalt mit erwachsenen Kindern
6.	14,9	Der junge Haushaltsvorstand im Mehr-Personen-Haushalt mit kleinen Kindern
7.	11,9	Der junge Haushaltsvorstand im Ein- bis Zwei-Personen-Haushalt ohne Kinder
8.	11,4	Der Haushaltsvorstand im mittleren Alter im Zwei-Personen-Haushalt
9.	13,6	Der alte Haushaltsvorstand eines Zwei-Personen-Haushalts
10.	3,6	Der alte alleinstehende Witwer

Frauen-Typen		
Nr.	in Prozent aller Frauen	Kurzbeschreibung
1.	13,4	Das junge Mädchen im Mehr-Personen-Haushalt
2.	13,1	Die nichtberufstätige Hausfrau im mittleren Alter im Mehr-Personen-Haushalt
3.	5,1	Die berufstätige Hausfrau im mittleren Alter und die ältere Frau aus Großfamilien in kleinen Gemeinden
4.	13,6	Die nichtberufstätige junge Hausfrau mit kleinen Kindern
5.	6,0	Die berufstätige junge Hausfrau mit kleinen Kindern
6.	5,2	Die berufstätige jüngere Hausfrau in Zwei-Personen-Haushalten ohne Kinder
7.	8,4	Die nichtberufstätige Hausfrau mittleren Alters im Zwei-Personen-Haushalt
8.	9,8	Die nichtberufstätige ältere Hausfrau im Zwei-Personen-Haushalt
9.	17,9	Die nichtberufstätige, alleinstehende Ältere
10.	8,5	Die berufstätige Alleinstehende bis zum mittleren Alter

Über die Jahre hinweg sind die Größenordnungen und Inhalte der Demotypen einigermaßen gleich geblieben, was als Nachweis für die Stabilität der ihnen zugrundeliegenden Strukturen angesehen werden kann. Von der MA 87 an, die erstmals nach dem (→) Partnerschaftsmodell erhoben wird, sind Aktualisierungen der Demotypen vorgesehen.

Dendrogramm *(Baumdiagramm)*
In der (→) Clusteranalyse die bei hierarchischen Clusterverfahren mögliche (→) graphische Darstellung der zwischen den Objekten bestehenden Distanz- bzw. Unähnlichkeitsbeziehungen (siehe Abb. rechts oben).

Dependenzanalyse
Sammelbezeichnung für diejenigen statistischen Analyseverfahren, mit deren Hilfe das Vorhandensein bzw. die Intensität einer einseitigen assoziativen Beziehung zwischen einer oder mehreren abhängigen Variablen und einer oder mehrerer unabhängiger Variablen untersucht wird. Dabei reichen die eingesetzten statistischen Verfahren lediglich hin, um das Vorhandensein bzw. die Intensität der assoziativen Beziehung festzustellen; für die Feststellung, ob eine assoziative Beziehung auch eine kausale Beziehung ist, bedarf es analytischer Techniken, die über den Rahmen der Statistik hinausgehen. Zu den wichtigsten Verfahren der Dependenzanalyse gehören die (→) Korrelationsanalyse, die (→) Regressionsanalyse, die (→) Varianzanalyse, die (→) Diskriminanzanalyse, die (→) Kontingenzanalyse.
vgl. Interpendenzanalyse

Dendrogramm

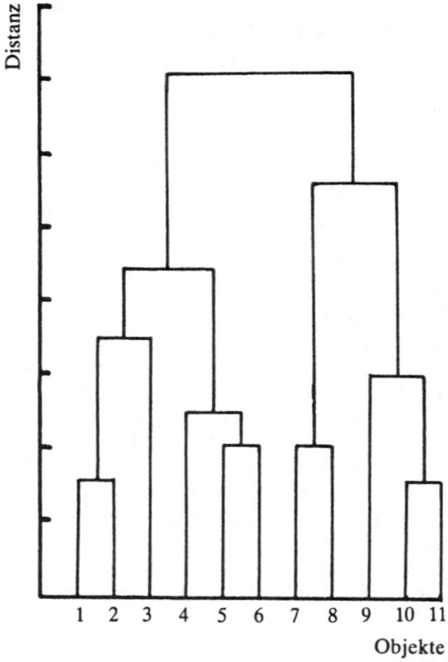

Einteilung der Verfahren der Dependenzanalyse

abhängige Variable \ unabhängige Variable	metrisch	nominal
metrisch	Regressionsanalyse	Varianzanalyse
nominal	Diskriminanzanalyse	Kontingenzanalyse

Quelle: Peter Hamman / Bernd Erichson: Marktforschung, Stuttgart – New York 1978, S. 92

Desk Research
→ Sekundärforschung

Detailplanung
→ Feinplanung

Determinationskoeffizient
→ Bestimmtheismaß

Deutsche Gesellschaft für Kommunikationsforschung e. V. (DGfK)
Eine wissenschaftliche Medienfachorganisation für die Förderung und Erforschung aller Medien. Die Gesellschaft hat etwa 1000 Mitglieder und gibt die dreimal jährlich erscheinende Zeitschrift „Communications. Internationale Zeitschrift für Kommunikationsforschung" heraus.

Dialoge
Eine in der Tradition der gesellschaftspolitisch orientierten Marketingforschung stehende Studie der im Verlag Gruner + Jahr, Hamburg, erscheinenden Zeitschrift „Stern", die in ihrer 1986 vorgelegten (→) Markt-Media-Studie „Dialoge 2" die Aussagen zum „Bürger im Spannungsfeld zwischen Öffentlichkeit und Privatleben" mit den Daten zur (→) Medianutzung in 38 Printmedien und in Werbefunk und Werbefernsehen verknüpft.
„Dialoge 2" kombiniert den gesellschaftspolitischen Ansatz der Vorgängerstudie aus dem Jahre 1983 mit dem (→) Life-Style-Ansatz der G+J-Untersuchung „Lebensziele" aus dem Jahr 1981, deren Daten ursprünglich für die G+J-Entwicklungsredaktion mit einer am Wertewandel orientierten (→) Frauenzeitschrift erhoben worden waren.
Einige Befunde der „Dialoge 2": Die überwiegende Mehrheit der Bürger ist nicht wirtschaftsfeindlich eingestellt, erwartet aber von den Unternehmen mehr Engagement und Verantwortungsbewußtsein für Gemeinschaftsaufgaben. Nur jeder fünfte der 6113 Befragten gilt als ausgesprochen „chemiefeindlich". Von den 55 Prozent der Technik-Freunde bemühen sich zwei Drittel um umweltfreundliches Verhalten. Nur 12 Prozent der Umwelt-Aktiven sympathisieren mit den Grünen.

Es zeigt sich, daß gesellschaftskritische Fraktionen in der Bevölkerung sich mehrheitlich keineswegs dem Konsum verweigern, sondern über ein beachtliches Konsum- und Genußpotential verfügen.
Einem Trendwandel unterliegt der Leistungsbegriff. Er wird mehrheitlich eher als individuelle Norm denn als gesellschaftlicher Imperativ verstanden. Von den traditionellen Werten stehen an der Spitze der Skala: Treue, Liebe und Arbeit/Beruf.
Das Untersuchungsmodell analysiert die unterschiedlichen Rollen des Bürgers auf vier unterschiedlichen Ebenen: als Angehöriger der Gesellschaft, als Privatperson, als „statistische" Person und als Kommunikationspartner der Medien. Das Datenmaterial wurde zu (→) Typologien verdichtet. Besondere Aufmerksamkeit widmet die Studie dem Segment der „Aktiven Öffentlichkeit", dem mit 12,9 Millionen der

Zielgruppen gesellschaftlichen Bewußtseins und Engagements
– Typologie: aktive und passive Öffentlichkeit –
Basis: Bevölkerung von 14–64 Jahren = 39,4 Mio.

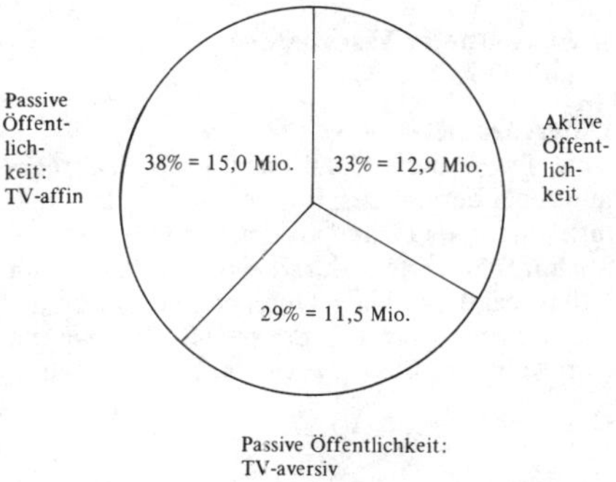

Zielgruppe allgemeinen Verbraucher-Verhaltens
– Beispiel: Typologie über gesamte Frage –
Basis: Bevölkerung von 14–64 Jahren = 39,4 Mio.

Generelle Konsumfreudige	11% = 4,2 Mio.
Großzügige Prestige-Käufer	10% = 4,0 Mio.
Verhinderte Viel-Konsumenten	12% = 4,6 Mio.
„Bio"- und umweltbewußte Konsumenten	15% = 5,8 Mio.
Preis-Leistungs-Käufer	17% = 6,6 Mio.
Billig-Käufer	20% = 8,0 Mio.
Zurückhaltende Konsumenten	16% = 6,2 Mio.

Persönliche Werte-Zielgruppen
– Beispiel: Typologie über gesamte Werte-Frage –
Basis: Bevölkerung von 14–69 Jahren = 39,4 Mio.

Werte-Pluralisten	17% = 6,8 Mio.
Lebens-„Erotiker"	13% = 5,0 Mio
Neokonservative Materialisten	13% = 5,1 Mio.
Privates Glück-Orientierte	17% = 6,7 Mio.
Hüter der Moral	17% = 6,0 Mio.
Orientierungslose	23% = 8,9 Mio.

Bevölkerung von 14 bis 64 Jahre ein Drittel der Gesamtbevölkerung zugeordnet wird. Diese sind für die Gemeinschaftsaufgaben sensibilisiert, verhalten sich im Privatbereich umweltorientiert und beeinflussen entscheidend das Gesellschafts- und Konsumklima. Sie lesen überwiegend Titel der Publikumspresse und haben zum Werbefernsehen keine rechte Beziehung. Demographisch zeichnen sie sich durch einen überdurchschnittlichen Anteil von 20 bis 49 jährigen, besser Gebildeten und Verdienenden aus.
Der gesellschaftspolitische G+J-Forschungszweig wurde Mitte der 1970er Jahre etabliert und seither ausgebaut. Beim „Stern" legte die Dokumentation „Der Weg zum öffentlichen Verständnis" 1979 die Grundlagen. 1983 folgte als erste Grundlagen-Studie „Dialoge – Der Bürger als Partner". Sie war ausgerichtet auf vier Themenbereiche: Bedeutung gesellschaftlicher Ziele, die Zuständigkeiten für deren Umsetzung, das Engagement der Bürger sowie ihre Informationsdefizite.

Diary *(Diary-Methode)*
→ Tagebuchmethode

Dienst mittlerer Tageszeitungen
→ DIMITAG

Differenzschätzung
Eine Form der gebundenen (→) Hochrechnung, bei der die Ermittlung von (→) Parametern einer (→) Grundgesamtheit aufgrund von Stichprobenwerten durch Multiplikation der Differenzen zwischen Untersuchungsmerkmalen und Basiswerten in der (→) Stichprobe mit dem Kehrwert des (→) Auswahlsatzes erfolgt:

$$X = Y + \frac{N}{n} (\Sigma x_i - \Sigma y_i)$$

vgl. Verhältnisschätzung, Regressionsschätzung

DIMITAG
Abk Dienst mittlerer Tageszeitungen
Ein 1938 von einer größeren Zahl von Lokalzeitungsverlagen gegründeter Nachrichtendienst, dessen Aufgabe es ist, die Redaktionen der angeschlossenen Verlage in die Lage zu versetzen, „Zeitungen anders als die anderen zu machen". Dazu gehörten lange Jahre: eine Zentralredaktion in Bonn; eine Bonner Redaktion sowie eine eigene Berliner Redaktion; Korrespondenten in den Landeshauptstädten und wichtigen Auslandsplätzen; ein Fernschreib-Kommentar- und Nachrichtendienst; ein Spezialdienst „für den lokalen Teil" und zahlreiche Briefdienste zu speziellen Themen.
Nachdem sich die Zahl der redaktionell völlig selbständig arbeitenden Zeitungen in der Bundesrepublik erheblich reduziert hat, arbeitet heute der Dimitag-Dienst hauptsächlich als Komplementär-Agentur im Bereich der Kommentar- und Spezialdienste, und dies sowohl in der tagesaktuellen Funk- und Fernschreibübermittlung direkt in die Redaktionen, als auch mit einer Vielzahl von Briefdiensten.

direkte Abfrage
→ Abfrage

diskrete Variable *(unstetige Variable)*
Eine Veränderliche, die zwischen ihrem höchsten und ihrem niedrigen Wert eine endliche Zahl von Werten annehmen kann, die nicht teilbar sind.
vgl. kontinuierliche Variable

diskrete Verteilung
Eine statistische (→) Häufigkeitsverteilung, die nur eine endliche Zahl von unteilbaren Variablen hat.
vgl. kontinuierliche Verteilung

Diskriminanzanalyse *(Diskriminantanalyse)*
Ein statistisches Verfahren der (→) Dependenzanalyse zur optimalen Diskriminierung, d. h. Trennung, mehrerer (→) abhängiger Variablen und ihrer Erklärung durch (→) unabhängige Variablen, genauer gesagt ein Verfahren zur Untersuchung der Abhängigkeit einer nominalen von zwei oder mehr metrischen Variablen, durch die es möglich wird, die Untersuchungsobjekte entsprechend den Ausprägungen einer nominalen Variablen zu Klassen zuzuordnen. Dabei ermöglicht die Analyse mit Hilfe der Erklärungsvariablen nicht nur Aussagen über die Zugehörigkeit von Objekten zu Gruppen bzw. Klassen, sondern erlaubt zugleich auch eine Präzisierung der Klassen selbst.
Die Trennung erfolgt durch Erfassung einer Reihe von (→) Merkmalen der Untersuchungsobjekte und durch Aufstellung einer Diskriminanzfunktion, mit deren Hilfe die Gruppenzugehörigkeit der Objekte als Funktion der Erklärungsvariablen prognostiziert werden kann. Von einfacher Diskriminanzanalyse spricht man bei Betrachtung von zwei Kategorien, von multipler Diskriminanzanalyse bei drei und mehr Kategorien.
Die Diskriminanzfunktion kann geometrisch als eine durch den Nullpunkt verlaufende Gerade (die Diskriminanzachse) dargestellt werden, wobei dann die einzelnen Werte der Funktion den Projektionen der Merkmalswerte auf die Diskriminanzachse entsprechen.

Nach M. G. Kendall und A. Stuart eignet sich die Diskriminanzanalyse zur Lösung von vier Problemtypen:

1. Die zu klassifizierenden Objekte sind nicht in allen wesentlichen Aspekten bekannt (verlorengegangene Information);
2. Die Untersuchungsphänomene können nicht direkt beobachtet werden, so daß aus beobachteten Phänomenen klassifikatorisch auf die nichtbeobachteten rückgeschlossen wird (unerreichbare Information);
3. Die Schlußfolgerung von vergangenen und gegenwärtigen auf zukünftige Phänomene (Prognosen);
4. Bei Qualitätsprüfungen, in denen die Objekte unbrauchbar gemacht oder zerstört werden, so daß es wünschenswert erscheint, Unterscheidungsmerkmale für die Voraussage der Testergebnisse zu finden (zerstörende Prüfung).

In der Markt-, Medien- und Werbeforschung bestehen vielfältige Anwendungsmöglichkeiten für die Diskriminanzanalyse in Situationen, in denen es um die Beschreibung und Erklärung von Beziehungen zwischen mehreren kontinuierlichen Merkmalen auf der einen und um ein dichotomes oder polytomes Merkmal auf der anderen Seite geht. Dabei ist entweder die Frage zu beantworten, welcher von mehreren vorhandenen Klassen oder Gruppen ein Objekt aufgrund seiner Eigenschaften zuzuordnen ist, oder welche Eigenschaften das beste Unterscheidungskriterium darstellen.

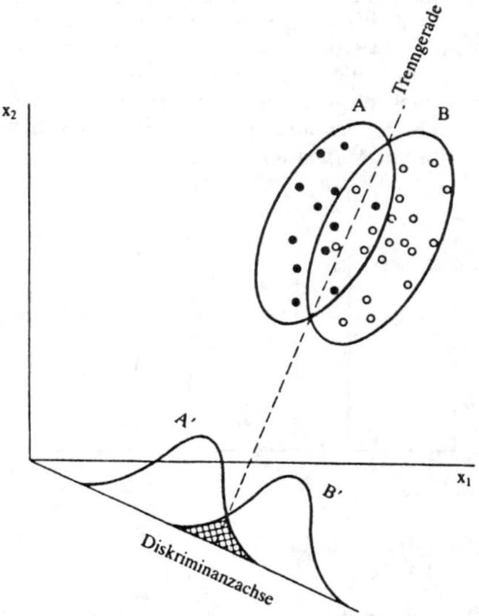

● Beurteilung des Objekts A
○ Beurteilung des Objekts B

Dispersion
→ Streuung

disproportionale Auswahl *(disproportionaler Stichprobenansatz)*
In der (→) Stichprobenstatistik ein (→) Auswahlverfahren, bei dem nicht jedes Element der (→) Grundgesamtheit dieselbe, wohl aber alle Elemente eine bekannte Auswahlchance haben. In der Praxis tritt dies vor allem bei der (→) geschichteten Auswahl ein, bei der die einzelnen Schichten gezielt nicht im Verhältnis der Schichtmerkmale innerhalb der Grundgesamtheit in die Stichprobe einbezogen werden.
In der (→) Erhebung von Daten für die (→) Media-Analyse (MA) der (→) Arbeitsgemeinschaft Media-Analyse (AG.MA) wird ein disproportionaler Stichprobenansatz bei Teilpopulationen in einigen Gebieten wie z. B. dem Saarland und Bremen, in denen die (→) Fallzahl nicht ausreicht, verwendet, um die Stichprobenqualität in Untergruppen zu verbessern. Sofern der Stichprobenanteil z. B. bei der Abgrenzung von Gebietszusammenfassungen in seiner Struktur den Bevölkerungsausschnitt nicht wiedergibt, den er repräsentieren soll, werden die vor allem zwischen einzelnen Gemeinden verschobenen Gewichtsverhältnisse („Disproportionalitätsfaktor") ausgeglichen, d.h. zueinander in die richtige Proportion gesetzt, (→) Proportionalisierung.
Bis zur MA 77 wurden für jede Media-Analyse nur etwa 325 Interviews im Saarland und etwa 170 Interviews im Stadtstaat Bremen durchgeführt. Jedes dieser beiden kleinsten Bundesländer ist aber Gebühreneinzugsgebiet einer selbständigen Rundfunkanstalt, die verständlicherweise nicht nur an Größe und Zusammensetzung ihrer Gesamtauditorien interessiert sind, sondern auch wissen möchten, welche Zuschauer (Saar) und Hörer (Saar und Bremen) sie in ihren Verbreitungsgebieten haben. Bis 1977 war die statistische Basis für derartige Einzelaussagen zu schmal. Deshalb wurde im Saarland die ursprünglich im Stichprobensystem vorgesehene Anzahl von 85 Sampling points für MA 78 und MA 79 um 100 %, seit MA 80 um 150 % aufgestockt. Im Bundesland Bremen wird seit MA 79 und im Saarland seit MA 85 die Zahl der Sampling points verdoppelt. Entsprechend erhöhte sich die Anzahl der eingesetzten Adressen.
2. Analog kann dasselbe Verfahren auch bei der Stichprobenbildung für EDV-Auszählungen angewendet werden, z. B. zur Ziehung von Unterstichproben bei Computerläufen mit (→) Media-Selektions-Programmen, bei der unter Berücksichtigung von (→) Personengewichten aus Gruppen mit hohem Gewicht proportional mehr und aus Gruppen mit niedrigem Gewicht

proportional weniger Fälle in die Unterstichprobe gezogen werden.
→ mehrstufige Auswahl

Distanzmaße
Oberbegriff für einen Typ der in der (→) multivariaten Analyse und vor allem in der (→) Clusteranalyse verwendeten (→) Proximitätsmaße, mit denen im Gegensatz zu den (→) Homogenitätsmaßen und den (→) Korrelationsmaßen die Entfernungsbeziehung zwischen Meßobjekten bestimmt wird. Durch sie wird die Entfernung zwischen Objekten im n-dimensionalen (→) Merkmalsraum angegeben. Voraussetzung für die Verwendung von Distanzmaßen ist das Vorliegen intervallskalierter Daten, (→) Skala, (→) Intervallskala. Die Anwendung von Distanzmaßen ist neben der Clusteranalyse auch in vielen anderen Bereichen der Datenanalyse sinnvoll, so bei (→) Skalierungsverfahren und hier insbesondere bei multidimensionalen Skalierungsverfahren und bei der (→) Diskriminanzanalyse (z. B. (→) Mahalanobis-Distanz).
Die beiden am meisten verwendeten Distanzmaße sind Sonderfälle der zur größeren Familie der als Minkowski-Metrik bezeichneten zählenden Distanzmaße in der allgemeinen Form:

$$d_{jk}^{(r)} = r\sqrt{\sum_{a=1}^{m} |x_{ja} - x_{ka}|^r} \quad .$$

Dabei bezeichnet $d^{(r)}_{jk}$ die Distanz zwischen den Punkten j und k bei Beachtung des Minkowski-Parameters r; x_{ja} und x_{ka} sind die Koordinatenwerte des Objekts j(k) auf den Achsen a(a = 1, 2, ..., m) und r ist der Metrik-Parameter (1 < r <).
Daraus lassen sich die beiden am meisten verwendeten Distanzmaße, die Euklidische Distanz und die City-Block Distanz ableiten:

1. **Euklidische Distanz:** Setzt man in die Minkowski-Metrik für r = 2 ein, ergibt sich die Euklid-Distanz

$$d_{jk}^{(2)} = \sqrt{\sum_{a=1}^{m} |x_{ja} - x_{ka}|^2} \quad ,$$

wobei x_{ja} und x_{ka} die Projektionen der Punkte j und k auf die Dimension a(a = 1, 2, ..., m) darstellen. Durch die Euklidische Distanz (s. a. die Graphik) wird die kürzeste Distanz zwischen zwei Objekten angegeben.

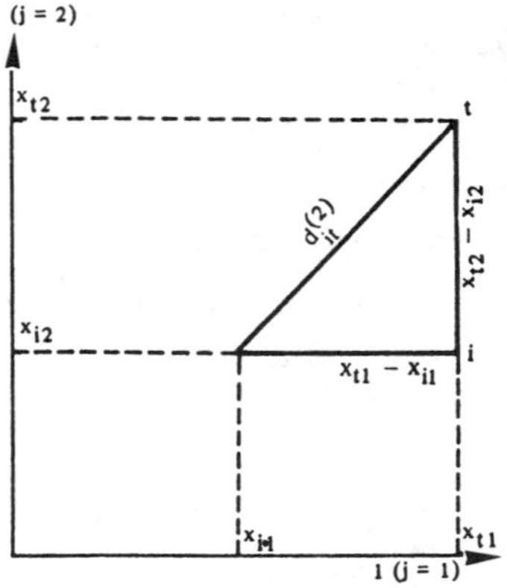

2. **City-Block-Distanz:** Setzt man in die Minkowski-Metrik für r = 1 ein, ergibt sich die City-Block-Distanz

$$d_{jk}^{(1)} = \sum_{a=1}^{m} |x_{ja} - x_{ka}| \quad .$$

Die Bezeichnung City-Block-Distanz ist aus dem Bild rechteckig angelegter Straßenzüge abgeleitet, in denen die Entfernung von einem Punkt zum anderen nicht durch die in Form der Luftlinie angegebene kürzeste Distanz zwischen zwei Punkten, sondern nur durch Entlangfahren an den Straßenzügen zurückgelegt werden kann. Im angelsächsischen Sprachraum spricht man deshalb auch von der Manhattan-Distanz bzw. der Taxifahrer-Distanz (taxicab metric).

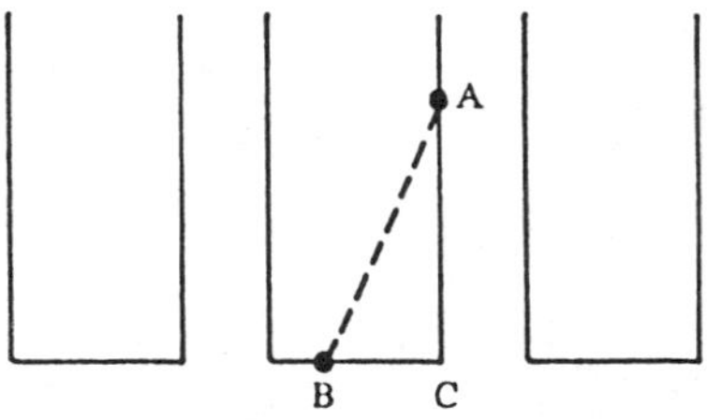

DM/GRP
→ GRP-Skala

Doppelkontakte
→ Mehrfachkontakte

Doppelleser
Die Personen, die in einer (→) Befragung in der

(→) Leserschafts- und (→) Mediaforschung angeben, daß sie mit allen beiden von zwei in eine Untersuchung einbezogenen Publikationen bzw. mit zwei verschiedenen Zeitschriften oder Zeitungen derselben Leserkategorie (→) Kontakt innerhalb des (→) Erscheinungsintervalls hatten. Der Gegenbegriff ist der des (→) Exklusivlesers. Mit Hilfe der Zahl der Doppelleser bzw. der (→) Mehrfachleser läßt sich die Zahl der Nettoleser, (→) Nettoreichweite, einer Kombination von mehreren Druckmedien ermitteln, d. h. die Zahl der Nettoleser von zwei Druckmedien ergibt sich als Differenz der Summe der Leser beider Medien, (→) Bruttoreichweite, und der Zahl der Doppelleser.
→ externe Überschneidung

Doppelseitenkontakte (DSK) *(Kontakte pro Doppelseite)*
Ein zunächst in der amerikanischen (→) Leserschaftsforschung 1958 von Alfred Politz eingeführtes Maß der (→) Nutzungsintensität von Werbeträgern, das den 1956 entwickelten Ansatz der Messung von (→) Seitenkontakten erweiterte. Das von Politz erstmals in einer Untersuchung für die „Saturday Evening Post" verwendete Maß wurde 1959, ebenfalls von Politz, in einer weiteren Studie im Auftrag von „Reader's Digest", „Saturday Evening Post", „Look" und „Life" benutzt. Dieser Ansatz stellt einen wesentlichen Fortschritt auf dem Weg vom (→) Werbeträgerkontakt zum (→) Werbemittelkontakt dar.
In Deutschland wurde die erste Untersuchung über Doppelseitenkontakte 1962 von Infratest, München, im Auftrag der Zeitschrift „Hörzu" durchgeführt.
Das Verfahren der Messung von Doppelseitenkontakten in (→) Copytests ist das Resultat der Bemühungen um eine Differenzierung des (→) Lesens bzw. Durchblätterns in den frühen Untersuchungen der Zeitschriftennutzung. Es besteht darin, daß für einen durchschnittlichen Tag, (→) Lesetage, festgestellt wird, welche Seiten bzw. Doppelseiten einer Zeitschrift aufgeschlagen werden. Dabei spielt es keine Rolle, ob auf diesen Seiten etwas gelesen oder gesucht wird; denn durch das Aufschlagen der Doppelseite ergibt sich für die dort plazierten Anzeigen die Chance der (→) Anzeigenbeachtung.
Die Untersuchung der Doppelseitenkontakte ist seither zum festen Bestandteil der standardisierten kontinuierlichen Untersuchungen von Politz ebenso wie Bestandteil zahlreicher deutscher Untersuchungen zum Werbemittelkontakt geworden. Die 1978 veröffentlichte, von der Geiger Marktforschung, Köln, im Auftrag der Zeitschrift „Hörzu" der Axel Springer Verlag AG, Hamburg, durchgeführte Studie (→) „Lesequalität" stellte in der Untersuchung des Einflusses von Doppelseitenkontakten sowohl auf die Kommunikationswirkung von redaktionellen Inhalten wie von Anzeigen fest, daß die informationsvermittelnde Wirkung eines flüchtigen Doppelseitenkontakts nur ungefähr 60 Prozent der Kommunikationsleistung eines gründlichen Kontakts hat und es folglich bei Doppelseitenkontakten nicht allein auf ihre Zahl, sondern vor allem auf ihre Art und Dauer ankommt.

Doppelstichprobe *(Double Sampling)*
→ Zweiphasenstichprobe

Drittleser *(Mitleser andernorts)*
→ Agostini-Ansatz

Druckauflage *(gedruckte Auflage)*
Die Gesamtzahl der Exemplare, die von einem Druckwerk gedruckt wurden abzüglich der makulierten Exemplare. Sie wird in den (→) Auflagenmeldungen von Zeitschriften und Zeitungen an die (→) Informationsgemeinschaft zur Feststellung der Verbreitung von Werbeträgern (IVW) im vierteljährlichen Durchschnitt angegeben, (→) AMF-Karte 2, Ziffer 17. In der (→) Mediaplanung ist die Druckauflage eine für die Planung für (→) Beilagen- und Prospektwerbung wichtige Planungsgröße. Als Grundlage für die Berechnung von Anzeigenpreisen oder auch des (→) Tausenderpreises stiftet sie eher Verwirrung als Nutzen; denn sie sagt nichts über die (→) tatsächlich verbreitete Auflage aus.
vgl. Vertriebsauflage

DSK
Abk Doppelseitenkontakte

Duplikation *(Duplizierung)*
→ Mehrfachnutzung, externe Überschneidung, Quantuplikation

Durchdringung
→ Penetration, Reichweite

Durchschnitt
→ arithmetisches Mittel, Mittelwert

Durchschnitte und Kombinationen
Im Modell der (→) Mediennutzung der (→) Media-Analyse (MA) der (→) Arbeitsgemeinschaft Media-Analyse (AG.MA) werden in der Berichterstattung nicht nur einzelne Werbeträger, sondern auch Durchschnittswerte über mehrere Medien und Werte für Kombinationen von mehreren Medien ausgewiesen. Dabei wer-

den nach Bestimmung der (→) Nutzungswahrscheinlichkeiten besondere Arbeitswahrscheinlichkeiten (p-Werte) für Durchschnitte und Kombinationen errechnet. Die Rechenverfahren im einzelnen:

Durchschnitte: Die p-Werte für alle (→) Medien-Kontakt-Einheiten (MKE), über die der Durchschnitt errechnet werden soll, werden addiert und die Summe durch die Zahl der einbezogenen Einheiten geteilt.

Als Formel: Jede Medien-Kontakt-Einheit besitzt eine Nutzungswahrscheinlichkeit von p_j; j variiert von 1 – m.

$$pd = \frac{p_1 + p_2\, p_3 \ldots + p_m}{m}$$

Kombinationen: Die q-Werte (q = 1 – p) für alle Medien-Kontakt-Einheiten, die in eine Kombination einbezogen werden sollen, werden miteinander multipliziert.

Als Formel (Bezeichnungsweise wie oben):

$$p_K = (1-p_1) \cdot (1-p_2) \cdot (1-p_3) \ldots . (1-p_m)$$

Durchschnitte und Kombinationen sind gewissermaßen künstliche Medien-Kontakt-Einheiten, die die (→) Tabulierung wesentlich erleichtern. Zu weiteren Auswertungen können sie sinnvollerweise nur herangezogen werden, wenn keine Überschneidungszählungen mit Medien vorgesehen sind, die bereits in dem Durchschnitt oder in der Kombination enthalten sind, und wenn keine Informationen über (→) Kontaktverteilungen gewünscht werden: Die Binnenkontakte zwischen den in einem Durchschnitt oder einer Kombination enthaltenen Medien-Kontakt-Einheiten bleiben in den „Arbeitswahrscheinlichkeiten" unberücksichtigt.

Zeitschriften, Wochenzeitungen, Supplements

Bei den Angaben über die Zahl der (→) Leser pro Exemplar (LpE) und der (→) Lesetage pro Leser wird für (→) Lesezirkel aus einzelnen Leserschaften von (→) Zeitschriften, (→) Wochenzeitungen oder (→) Supplements zur Verwendung an einer Stelle ein Durchschnitt errechnet: Für die Tabellen, die durch das Eckfeld bezeichnet sind „Zeitschriftengruppen, Lesezirkel, Kino" für die Zeile „ØLZ-Zeitschrift" = durchschnittliche Lesezirkel-Zeitschrift.

Die oben angegebene Formel ist dazu etwas abgewandelt: Das „m" im Nenner ist seit MA 77 durch die „9" ersetzt.

$$p_d = \frac{p_1 + p_2 + p_3 \ldots . + p_m}{9} \quad \text{Nebenbedingungen: } p_d \leq 1$$

Der Wert 9 entspricht der Anzahl der in einer Lesemappe durchschnittlich enthaltenen Zeitschriften. Da die Sortimente der Lesezirkel unterschiedlich zusammengesetzt sind, treten im Zähler möglicherweise mehr als nur 9 Wahrscheinlichkeiten auf, theoretisch soviele, wie es Zeitschriften gibt, die durch Lesezirkel verbreitet werden und in deren (→) Weitestem Leserkreis (WLK) Personen gefunden werden, deren zuletzt gelesenes Exemplar aus einer Lesemappe stammte, kenntlich „am besonderen Schutzumschlag um das Heft" (Frageformulierung). Ergibt die Summe der (→) Wahrscheinlichkeiten im Zähler einen Wert, der größer ist als 9, bleibt der über 1.00 hinausgehende Rest des Divisionsergebnisses unberücksichtigt (Nebenbedingung).

Daneben gibt es 16 Kombinationen, zu denen folgende Gruppen von Zeitschriften, Wochenzeitungen und Supplements zusammengefaßt sind. Für jede Kombination lautet die Definition:

(→) Leserschaft pro Ausgabe mindestens eines der zu der betreffenden Gruppe gehörenden Blätter; es handelt sich also um Netto-Nutzerschaften. Innerhalb des Berichtbandes Vergleichende Übersichten sind diese Kombinationen vergleichbar mit

Kaufzeitungen gesamt (8)
Liste überregionale Abo-Zeitungen
Liste regionale Abo-Zeitungen
Liste aller Tageszeitungen
in den Registern „... Fernsehen" vergleichbar mit
ARD gesamt
18:00–18:30 Uhr
18:30–19:00 Uhr
19:00–19:30 Uhr
19:30–20:00 Uhr
Weitesten Seherkreisen
Weitesten Hörerkreisen

Diese Kombinationen sind weiterhin vergleichbar mit den „Tarifkombinationen Zeitschriften" und der „Tarifkombination Zeitungen".

Tageszeitungen

Die Leserschaften von einzelnen (→) Tageszeitungen kann man zu größeren Einheiten zusammenfassen, also zu Gruppen von Tageszeitungen, die irgendein Merkmal gemeinsam haben. In den Vorspalten und Köpfen, die Tageszeitungen gewidmet sind, treten sechs solcher Zusammenfassungen = Kombinationen auf:

Kaufzeitungen gesamt
Liste überregionaler Abonnements-Zeitungen
Liste regionaler Abonnements-Zeitungen
Liste aller Abonnements-Zeitungen
Liste aller Tageszeitungen
Tarifkombination Zeitungen

Für jede Kombination lautet die Definition: (→) Leserschaft pro Ausgabe mindestens eines der zu der betreffenden Gruppe gehörenden Blätter; es handelt sich also um Netto-Nutzerschaften.

Die (→) Lesewahrscheinlichkeiten sind nach der oben angeführten Formel für die Nutzungswahrscheinlichkeit pro Medien-Kontakt-Einheit zu berechnen.

Fernsehen

Beim Fernsehen kann man die Seherschaften von einzelnen halben Stunden auf zwei Arten weiterverarbeiten, um besser faßbare Informationen zu schaffen: Man kann aus jeweils mehreren Einzelwerten einerseits Durchschnitte bilden und andererseits Kombinationen bestimmen. Theoretisch lassen sich beide Verfahren sowohl auf mehrere Programme als auch auf mehrere Zeitabschnitte anwenden, praktisch und sinnvoll sind aber nur:

o Durchschnittsbildungen über mehrere Zeiteinheiten (z. B. durchschnittliche halbe Stunde)
o Kombinationsbestimmungen, um Nettoseherschaften für
  – mehrere Zeiteinheiten (z. B. Seher pro Tag) oder für
  – mehrere Programme (z. B. ARD gesamt)
  zu erhalten.

Die p-Werte für alle Medien-Kontakt-Einheiten, über die der Durchschnitt errechnet werden soll, werden für jeden Befragten einzeln addiert. Die erhaltene Summe wird durch die Zahl der einbezogenen Einheiten geteilt. Der erhaltene Wert ist die Durchschnitts-Wahrscheinlichkeit. Als Formel: Jeder Befragte besitzt für jede Medien-Kontakt-Einheit (= jede halbe Stunde Fernsehen zwischen 17:30 Uhr und 20:00 Uhr) eine Sehwahrscheinlichkeit von pj; j geht von 1 – m, in diesem Falle von 1 – 4.

$$p_d = \frac{p_1 + p_2 + p_3 + p_4}{4}$$

Aus diesem Rechenvorgang entsteht die (→) Sehwahrscheinlichkeit für die durchschnittliche halbe Stunde. Diese neu gebildete Wahrscheinlichkeitsangabe ist auch im Datensatz festgehalten. Mit ihr sind Zählungen möglich, die den Effekt der Zuteilungspraxis der Fernsehanstalten auf einfachste Art simulieren, die sich darum bemühen, die Einblendungen einer Marke auf Blocks mit geringerer, mittlerer und größerer Reichweite möglichst gerecht zu verteilen, so daß für jede Marke nach mehreren Einblendungen mit einer durchschnittlichen Reichweite zu rechnen ist.

Die Sehwahrscheinlichkeit für beide Arten von Kombinationen werden allerdings nach derselben Formel berechnet.

$$p_K = 1 - (1-_{p1}) - (1-_{p2}) - (1-_{p3}) \ldots (1 - _{pm})$$

Für die Seherschaft pro Tag heißt es:

$$p_K = 1 - (1-_{p1}) - (1-_{p2}) - (1-_{p3}) - (1-_{p4})$$

Man kann die (→) Seherschaft pro Tag auch noch ohne die Wahrscheinlichkeiten auszählen aus den Angaben im Eintragungsschema des Fragebogens zum Fernsehen gestern. Beide Ergebnisse müssen nicht übereinstimmen: Je stärker die Seherschaften der vier halben Stunden sich überschneiden, um so höher liegt der aus den Wahrscheinlichkeiten errechnete Wert über dem aus den Befragtenangaben ausgezählten.

Die Kombinationen sind miteinander vergleichbar, weil nach demselben Prinzip entstanden:

Zeitschriften gesamt
Zeitschriftengruppen
Kaufzeitungen gesamt
Liste überregionaler Abo-Zeitungen
Liste regionaler Abo-Zeitungen
Liste aller Abo-Zeitungen
Liste aller Zeitungen
Tarifkombinationen Zeitschriften
Tarifkombinationen Zeitungen
Lesemappe
ARD gesamt
18:00–18:30 Uhr
18:30–19:00 Uhr
19:00–19:30 Uhr
19:30–20:00 Uhr
durchschnittliche halbe Stunde
Weiteste Seherkreise
Weiteste Hörerkreise
Seherschaften pro Tag
Hörerschaften pro Tag

Hörfunk

Beim Hörfunk kann man die Hörerschaften von einzelnen Hörfunk-Kontakt-Einheiten – vor 6 Uhr, 14 einzelne Stunden, nach 20 Uhr – auf zwei Arten weiterverarbeiten, um besser faßbare Informationen zu schaffen:

Man kann aus jeweils mehreren Einzelwerten einerseits Durchschnitte bilden und andererseits Kombinationen bestimmen.

Theoretisch ließen sich beide Verfahren sowohl auf mehrere Programme als auch auf mehrere Zeitabschnitte anwenden, praktisch und sinnvoll sind aber nur:

o Durchschnittsbildungen über mehrere Zeiteinheiten (z. B. ∅ Stunde)
o Kombinationsbestimmungen, um Nettohörerschaften für
  – mehrere Zeitabschnitte (z. B. Hörer pro Tag) oder für
  – mehrere Programme (z. B. „alle Sender")
  zu erhalten.

Durchschnitte

Die p-Werte für alle Medien-Kontakt-Einheiten, über die der Durchschnitt errechnet werden soll – beim Hörfunk für ein Programm wenigstens 4 und höchstens 16 Zeitabschnitte – werden für jeden Befragten einzeln addiert. Die erhaltene Summe wird durch die Zahl der einbezogenen Abschnitte geteilt. Der errechnete Wert ist die Durchschnitts-Wahrscheinlichkeit.

Als Formel: Jeder Befragte besitzt für jede Hörfunk-Kontakt-Einheit (= eine von 16 Zeitabschnitten von „vor 6 Uhr" bis „nach 20 Uhr") eine Hörwahrscheinlichkeit von pj; j geht im allgemeinen von 1 – m, in diesem Falle von 1 bis minimal 4 und maximal 16.

$$p_d = \frac{p_1 + p_2 + p_3 + \cdots p_m}{m}$$

Aus diesem Rechenvorgang entsteht die (→) Hörwahrscheinlichkeit für einen durchschnittlichen Zeitabschnitt, in der Berichterstattung stets als „∅ Stunde" bezeichnet, auch wenn in diesen Wert Hörverhalten „vor 6 Uhr" und „nach 20 Uhr" eingegangen ist.

Die Hörwahrscheinlichkeiten für beide Arten von Kombinationen werden wiederum nach derselben Formel berechnet.

1 – m kann dabei stehen entweder für die Zeitabschnitte 1 – m desselben Programms oder die Programme 1 – m zu demselben Zeitabschnitt.

Beim Hörfunk gibt es noch einen Kombinationen-Durchschnitt, genannt „∅ Stunde aller Sender". Er entsteht in zwei Rechengängen, die in verschiedener Reihenfolge ablaufen können: Entweder werden zuerst die Kombinatio-

nen der verschiedenen Programme zu einem, demselben Zeitabschnitt bestimmt und dann der Durchschnitt über alle Zeiten – oder man bildet zuerst den Durchschnitt über alle Zeiten eines, desselben Programms und bestimmt dann die Kombinationswahrscheinlichkeit über alle Programme.
Man hat sich für die zweite Version entschieden, weil die Werte für die ∅ Stunde für jedes Programm ohnehin errechnet werden und dann nur noch die Kombination über alle Programme bestimmt zu werden braucht.
Vergleichbar ist diese Ausweisungseinheit mit zwei entsprechenden beim Fernsehen:
Hörfunk:
∅ Stunde aller Sender
Fernsehen:
ARD gesamt ∅ halbe Stunde
∅ halbe Stunde Werbefernsehzeiten

Lesezirkel
Die Durchschnittswahrscheinlichkeit für die Ausweisungseinheit „∅ LZ-Exemplar" entsteht aus einer Addition von Einzelwahrscheinlichkeiten wie bei anderen Werbeträgern auch. Die oben angegebene Formel ist dazu etwas abgewandelt: Das „m" im Nenner ist seit MA 77 durch eine „9" ersetzt.

$$p_d = \frac{p_1 + p_2 + p_3 \ldots + p_m}{9} \quad \text{Nebenbedingg.: } p_d \leqslant 1$$

Der Wert 9 entspricht der Zahl der in einer Lesemappe durchschnittlich enthaltenen Zeitschriften. Da die Sortimente der Lesezirkel unterschiedlich zusammengesetzt sind, treten im Zähler möglicherweise mehr als nur 9 Wahrscheinlichkeiten auf, theoretisch so viele, wie es Zeitschriften gibt, die durch Lesezirkel verbreitet werden und in deren Weitestem Leserkreis Personen gefunden werden, deren zuletzt gelesenes Exemplar aus einer Lesemappe stammte, kenntlich „am besonderen Schutzumschlag um das Heft" (Frageformulierung). Ergibt die Summe der Wahrscheinlichkeiten im Zähler einen Wert, der größer ist als 9, bleibt der über 1.00 hinausgehende Rest des Divisionsergebnisses unberücksichtigt (Nebenbedingung).
Die Kombinations-Wahrscheinlichkeit für die Ausweisungseinheit „Lesemappe" entsteht durch Ausmultiplizieren der Einzel-Wahrscheinlichkeiten für die acht Lesegelegenheiten miteinander. Die Formel macht das deutlich:

$$p_k = 1-(1-p_1) \cdot (1-p_2) \cdot (1-p_3) \ldots (1-p_8)$$

durchschnittliche Abweichung
→ mittlere Abweichung

durchschnittliche Besuchswahrscheinlichkeit
→ Besuchswahrscheinlichkeit

durchschnittliche halbe Stunde
→ Sehwahrscheinlichkeit, Medien-Kontakt-Einheit (MKE)

durchschnittliche Hörwahrscheinlichkeit
→ Hörwahrscheinlichkeit, Medien-Kontakt-Einheit

durchschnittliche Kontakte
→ Durchschnittskontakte

durchschnittliche Kontaktzahl pro Kopf der Bevölkerung
1. → A-Wert
2. → Durchschnittskontakte

durchschnittliche Lesewahrscheinlichkeit
→ Lesewahrscheinlichkeit, Medien-Kontakt-Einheit (MKE)

durchschnittliche Medien-Kontakt-Probabilität (MKP)
→ Nutzungswahrscheinlichkeit

durchschnittliche Minute
→ Einschaltquote

durchschnittliche Nutzungswahrscheinlichkeit
→ Nutzungswahrscheinlichkeit

durchschnittliche Sehwahrscheinlichkeit
→ Sehwahrscheinlichkeit

durchschnittliche Verkaufsauflage
→ verkaufte Auflage

durchschnittliche Werbeträger-Begegnungs-Wahrscheinlichkeit (WBW)
→ Nutzungswahrscheinlichkeit

Durchschnittskontakte *(durchschnittliche Kontaktzahl, Kontaktdichte)*
In der (→) Mediaforschung die Zahl der (→) Kontakte mit einem (→) Werbeträger, die durchschnittlich auf eine Zielperson entfallen, d. h. das Verhältnis

$$\text{Durchschnittskontakte} = \frac{\text{Zahl der Bruttokontakte}}{\text{Zahl der Leser/Hörer/Zuschauer}}$$

oder auch

$$\frac{\text{Kontaktsumme}}{\text{Nettoreichweite}}$$

bzw. in formaler Schreibweise:

für alle Befragten

$$D_n = n \frac{\sum_{i=1}^{N} p_i \cdot g_i}{\sum_{i=1}^{N} g_i}$$

für alle Erreichten

$$\frac{D_n}{E} = n \frac{\sum_{i=1}^{N} p_i \cdot g_i}{\sum_{i=1}^{N} |1 - g_i (1-p_i)^n|}$$

Die Angabe von Durchschnittskontakten hat einen sehr begrenzten Aussagewert, weil sie keine Information über die (→) Kontaktverteilung gibt. Das macht das in der folgenden Graphik konstruierte Beispiel zweier vollkommen verschiedener Kontaktverteilungen deutlich, die denselben Durchschnittskontaktwert haben:

Theoretisches Beispiel gegensätzlicher Kontaktverteilungen

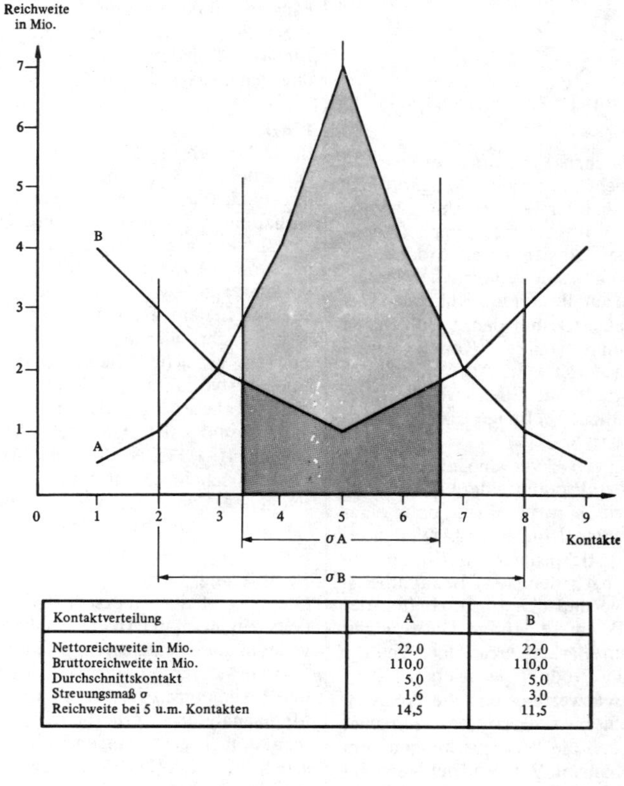

Kontaktverteilung	A	B
Nettoreichweite in Mio.	22,0	22,0
Bruttoreichweite in Mio.	110,0	110,0
Durchschnittskontakt	5,0	5,0
Streuungsmaß σ	1,6	3,0
Reichweite bei 5 u.m. Kontakten	14,5	11,5

E

E-Leser
Abk Einzelverkaufsleser, → A + E-Leser

Editorial-interest-Methode
→ Originalheftmethode

Edwards-Skala
→ Paarvergleich

EFA
Abk Emnid Faktorielle Anzeigenanalyse

Eff-Kurve
Eine von der Wochenzeitschrift „Der Spiegel" 1974 veröffentlichte generalisierte Kurve der Werbewirkung, bei der Werbewirkung als abhängig vom (→) Werbedruck (Impact) definiert wird. Es handelt sich um ein Modell, das Generalisierungen aus der empirischen Untersuchung der Einzelfälle von tatsächlichen Werbekampagnen ableitet und damit Unterlagen für die Bestimmung von (→) Kontaktbewertungsfunktionen bereitstellt. Als Maßstab des Werbeerfolgs erfaßte die Eff-Kurve die Kriterien (1) Bekanntheit, (2) Image-Komponenten und (3) Wissen.
Um die Wirkung von 32 verschiedenen Werbekampagnen aus 10 Produktfeldern in verschiedenen Medien zu überprüfen, wurden in einer einjährigen (→) Panelstudie mit 14 Wellen repräsentative (→) Stichproben von 20- bis 65jährigen Männern nach dem (→) Bekanntheitsgrad, dem Image und den Eigenschaften der verschiedenen Produkte gefragt. Dabei waren u. a. Slogans den Marken zuzuordnen und die Eigenschaften der Produkte anzugeben.
Die Häufigkeitsauswertung und die tabellarischen und graphischen Verlaufsanalysen zeigten insgesamt, daß die Werbewirkungen vom Werbedruck abhängen: Während der Kampagnen nahmen die Wirkungen zu, wurden die Kampagnen ausgesetzt, sanken auch die Indikatoren für Wirkungen. Die Bekanntheit der Slogans hing ab von der (→) Häufigkeit der Werbung in den verschiedenen Medien, Fernsehen, Presse, Radio. Ein Ansteigen der Werbeintensität im Zeitverlauf hatte höhere Bekanntheit zur Folge. Dabei war allerdings eine zeitliche Verzögerung zwischen Intensitätsanstieg und Wirkung festzustellen, (→) Carry-over-Effekt. Nach Aussetzen der Kampagnen für mehrere Monate genügte eine vergleichsweise niedrige (→) Werbedosis, um wieder die ursprünglichen Wirkungen zu erzielen. Der Vergleich der beiden durch die Pause unterbrochenen Kampagnenphasen mit unterschiedlicher Werbeintensität zeigte auch, daß die Slogans erst in der zweiten Phase mit massiertem Werbedruck deutlich bekannter wurden, die Eigenschaften den Produkten in beiden Phasen dagegen gleich richtig zugeordnet wurden.

Effizienz
In der Statistik ein Maß für die Leistungsfähigkeit einer (→) Schätzfunktion, d. h. sowohl für ihre Fähigkeit, die in den Beobachtungsdaten enthaltene Information auszuschöpfen (Suffizienz) wie für ihre (→) Erwartungstreue. Gemessen wird sie durch die (→) Varianz der Schätzwerte. Je größer die Varianz, desto kleiner die Effizienz. Bei einer 100 %igen Effizienz ist umgekehrt die Varianz gleich Null.
Bei Tests bezeichnet die Effizienz die Fähigkeit eines Testverfahrens, für eine bestimmte (→) Nullhypothese bei gegebenem (→) Stichprobenumfang und bei festgelegter Wahrscheinlichkeit eines (→) Fehlers der ersten Art die geringste Wahrscheinlichkeit eines (→) Fehlers der zweiten Art zu erzielen und damit die größte (→) Trennschärfe zu erreichen.

Egalisierung
Die (→) Media-Analyse (MA) der (→) Arbeitsgemeinschaft Media-Analyse (AG.MA) versteht unter Egalisierung einen Prozeß der (→) Gewichtung, durch eine Gleichverteilung der Wochentage zu erreichen, die bei allen (→) Mediaanalysen erforderlich ist, die Tagesmedien, d. h. Tageszeitungen, Hörfunk und Fernsehen erfassen. Das Verfahren soll sicherstellen, daß an bestimmte Wochentage gebundene Verhaltensweisen der (→) Mediennutzung mit den richtigen anteiligen Größenordnungen erfaßt werden. Faktisch wird die Egalisierung im Rahmen des (→) Redressement vorgenommen.
Im (→) Feldmodell der MA ist vorgesehen, daß die Interviews sich möglichst gleichmäßig über die Jahreszeiten, über die Tage des Monats und über die Tage der Woche verteilen. Dennoch gelingt es nur selten, daß in jedem Vierteljahr ein Viertel, in jedem Monatsfünftel ein Fünftel

und an jedem Wochentag ein Siebentel aller Interviews durchgeführt werden.
Am schwersten ist der saisonale Ausgleich zu erzielen. Weil im Hochsommer und zwischen dem 6. Dezember und dem 6. Januar mit vielen Fehlbesuchen und Verweigerungen gerechnet werden muß, (→) Ausfälle, dünnt man bereits den Einsatz in diesen Jahreszeiten aus. Dennoch ergibt sich eine ausreichend gleichmäßige Verteilung auf die Quartale. Auch die Gleichverteilung auf die Monatsfünftel ist befriedigend.
Deutlicher zeichnen sich Schwierigkeiten bei der Einhaltung der vorgeschriebenen Einsatztage ab: Die Wochentage vom Dienstag bis zum Freitag sind nahezu gleichmäßig besetzt – aber vom Sonntag weichen die Interviewer gern auf Samstag oder Montag aus. Wenn es weniger Sonntags-Interviews gibt, dann geht auch das Samstagsverhalten, nach dem ja am Sonntag gefragt wird, mit einem geringeren als dem ihm zukommenden Gewicht in das Gesamtergebnis ein.
Durch die Egalisierung wird das Personengewicht der an den einzelnen Wochentagen Befragten derart verändert, daß die Summe der Gewichte aller z. B. am Montag Interviewten genauso groß ist wie die Summe der Gewichte aller am Sonntag Befragten.
Die Ungleichverteilung auf die Wochentage kann sich vor allem in den Ergebnissen für die täglich oder nur an einem bestimmten Wochentag erscheinenden Medien bemerkbar machen. Da diese Medien mit Ausnahme des ZDF und der Sonntagszeitungen stark regional gebunden sind – Tageszeitungen, ARD-Fernsehen, Hörfunk – wird bei der Egalisierung darauf geachtet, daß in jedem der 34 Regierungsbezirke einzeln die Summe der Personengewichte für jeden Wochentag gleich ist. Die Gleichverteilung der Gewichte über die 7 Wochentage in jedem Bundesland und in jedem Regierungsbezirk stellt sicher, daß an bestimmte Wochentage gebundene Ausgaben von Zeitungen und Programme von Rundfunk- und Fernsehanstalten, die mehr oder weniger viele Leser, Hörer oder Zuschauer anziehen, mit der richtigen Größe ihrer (→) Nutzerschaften in das Gesamtergebnis eingehen.

Eichung
In der *Markt- und Sozialforschung* der Vorgang der Überprüfung von Testanlagen, (→) experimentelle Anlage, durch (→) Transformation ihrer Rohwerte in (→) Normwerte mit dem Ziel, die Testergebnisse vergleichend interpretieren zu können. Dafür wird eine repräsentative Eichstichprobe gebildet, mit deren Hilfe die (→) Repräsentativität der Testwerte kontrolliert wird. Bei Nichtübereinstimmung zwischen Rohwerten und Eichwerten werden ausgehend von der Eichstichprobe Verteilungsnormen für die Korrektur (Normierung) der Rohwerte festgelegt und die Rohwerte entsprechend in allgemein interpretierbare Normwerte transformiert. Eichung ist also eine (→) Gewichtungsoperation zur Gewinnung von Testnormen. Ziel des Normierungsvorgangs ist die Schaffung eines Bezugsrahmens, in den individuelle Testergebnisse gestellt werden können, damit sie in ihrer relativen Bedeutung interpretiert und verstanden werden können.
In der (→) Leserschaftsforschung wird diese Form der Eigen-Validierung z. B. bei der Zuordnung von bestimmten (→) Nutzungswahrscheinlichkeiten anhand des Anteils der (→) Leser pro Nummer (LpN) bzw. der (→) Leser pro Ausgabe (LpA) in Nutzersegmenten verwendet, die aufgrund ihrer (→) Lesehäufigkeit für (→) demographische Merkmale gebildet werden.
(→) Justierung und Eichung bezeichnen bei der (→) Leseranalyse (LA) der (→) Arbeitsgemeinschaft Leseranalyse bzw. der (→) Media-Analyse (MA) der (→) Arbeitsgemeinschaft Media-Analyse (AG.MA) zwei Etappen in der Berechnung der Nutzungswahrscheinlichkeiten. Sie haben eines gemeinsam. Der einzelne Befragte wird zunächst danach unterschieden, ob er zu dem (→) Weitesten Nutzerkreis (WNK) eines Mediums gehört oder nicht. Gehört er dazu, wird er klassenweise zu Teilgruppen zusammengefaßt. Für jede Teilgruppe wird der Justierungs- oder Eichungsvorgang getrennt vorgenommen. Justierung und Eichung unterscheiden sich lediglich darin, wie diese Teilgruppen definiert werden.
Bei der *Justierung* werden lediglich die einzelnen Frequenzklassen zur Bestimmung der Teilgruppen herangezogen, d. h. bei der 12er Skala haben wir 12 Teilgruppen pro Medium: diejenigen, die angegeben haben, eine von 12 (→) Medien-Kontakt-Einheiten (MKE), zwei von 12, ... bis 12 von 12 Kontakteinheiten des Mediums zu nutzen.
Bei der *Eichung* werden weitere relevante Merkmale zur Definition der Teilgruppen herangezogen, und zwar solche, die hinsichtlich der Mediennutzung möglichst homogene Teilgruppen zu bilden erlauben. Hierzu gibt es mehrere, technisch unterschiedliche Verfahren. Das einfachste – wie es die Engländer verwenden – besteht darin, die Frequenzklassen nochmals anhand (→) demographischer Merk-

male in Zellen aufzuteilen. Das heißt: die Homogenität wird durch Vorgabe erzeugt.
Man kann auch analytisch vorgehen, entweder durch eine (→) Typologisierung oder durch eine (→) Segmentation. Diesen zuletzt genannten Weg hat die AG.LA und später die AG-.MA gewählt. Das Segmentationsverfahren wird eingesetzt, um die Nutzerschaft eines Mediums in unterschiedliche, in sich homogene Teilgruppen zu zerlegen, für die dann eine Nutzungswahrscheinlichkeit festgestellt wird.
Eine Segmentation erfordert ein Außenkriterium. Als solches ist für die Eichung anhand der Segmentation der Anteil der LpN bzw. LpA am Weitesten Nutzerkreis genommen worden. Dahinter steht die Vorstellung, daß zur Definition der Teilgruppen diejenigen Merkmale am geeignetsten sind, die den Weitesten Nutzerkreis nach diesem Anteil am besten diskriminieren können, d. h. Teilgruppen mit gegeneinander möglichst unterschiedlichen in sich aber möglichst gleichmäßigen LpN- bzw. LpA-Anteilen erzeugen.
Das setzt zweierlei voraus:
- daß ein Segmentationslauf zur Eichung auf der Basis des Weitesten Nutzerkreises jedes Mediums erfolgt;
- daß die Merkmale durchgängig für alle Medien geeignet ausgewählt werden.

Sind die Teilgruppen durch die Segmentation definiert, so besteht ein weiterer Vorgang darin, für die Teilgruppen die jeweilige Nutzungswahrscheinlichkeit zu bestimmen. Angenommen, es bestünden 16 Teilgruppen und jede Teilgruppe besteht aus f_i Befragten i = 1, 2, ...16, dann weist jede Frequenzklasse l_i Befragte aus, für die ermittelt wurde, daß sie Nutzer einer durchschnittlichen Medien-Kontakt-Einheit gewesen sind. Die Nutzungswahrscheinlichkeit jeder dieser 16 Teilgruppen ist dann

$$p_i = \frac{l_i}{f_i}.$$

Darin bedeuten l_i und f_i die Summe der Personengewichte der jeweils betroffenen Individuen.
→ Gewichtung, Justierung, Redressement

Einfachkorrelation
→ Korrelation

Einfachstruktur
In der (→) Faktorenanalyse eine Struktur der Faktorenmatrix, die mit Hilfe eines Minimums an Faktoren beschrieben werden kann und daher besonders einfache inhaltliche Interpretationen der Faktoren ermöglicht.

Einfach-Titelkarte
→ Titelkarte

einfache mittlere Abweichung *(einfacher durchschnittlicher Abstand)*
→ mittlere Abweichung

einfaches Wiedererkennungsverfahren
→ Wiedererkennungsverfahren

Ein-Erwachsenen-Haushalt
→ Haushalt

Einkaufsentscheidung
→ Kaufentscheidung

Einkaufsfrequenz
→ Einkaufshäufigkeit

Einkaufshäufigkeit *(Einkaufsfrequenz)*
Eine Maßzahl, die vor allem im Zusammenhang mit der wachsenden Bedeutung von Großeinkäufen auch durch private (→) Haushalte interessanter geworden ist, weil nun die Haushalte, die selten einkaufen, nicht zwangsläufig identisch mit den Haushalten sind, die wenig einkaufen. Einkaufsfrequenzanalysen werden meist als Einzelanalysen mit Hilfe von (→) Haushaltspanels durchgeführt, und die mit ihrer Hilfe ermittelten Einkaufsfrequenz-Verteilungen sind wichtige Planungsdaten für Maßnahmen der (→) Verkaufsförderung, bei der (→) Einführung neuer Produkte und allgemein bei der (→) Werbeplanung.
Im Rahmen der Ermittlungen zum (→) Kaufverhalten wird in der (→) Media-Analyse (MA) der (→) Arbeitsgemeinschaft Media-Analyse (AG.MA) auch erfragt, mit welcher Häufigkeit die Befragten in welchen Ladentypen einkaufen.

Einkaufsverhalten
→ Kaufverhalten

Einkommen
Die einem Wirtschaftssubjekt in Form von Arbeitsentgelten (d. h. Löhnen, Gehältern sowie Sozialleistungen), Versorgungsbezügen (Renten und Pensionen, Arbeitslosenunterstützung und Sozialfürsorgeleistungen, Unterhaltsgewährung u. ä.) oder aus Vermögen zufließenden Geldwerte. Im Bereich des Marketing und der Marktforschung ist vor allem das (→) verfügbare Einkommen der Haushalte und sein Zusammenhang mit deren (→) Kaufkraft von Interesse.
→ Haushaltseinkommen

einmalige Befragung
Eine (→) Befragung, die im Gegensatz zu (→)

Trenderhebungen (Wiederholungsbefragungen) oder (→) Panelbefragungen ein einziges Mal durchgeführt wird.

Ein-Personen-Haushalt
→ Haushalt

Einsammelinterview
→ Filter, Screening

Einsatzwoche
→ Feldeinsatzmodell

Einschaltbestätigung
Der (→) Beleg, den ein Werbeträger zur Bestätigung der ordnungsgemäßen Durchführung eines Werbeauftrags an den Auftraggeber zu geben verpflichtet ist.

Einschaltdauer
→ Sehdauer

Einschaltfrequenz
→ Werbehäufigkeit

Einschaltkosten
Die Nettokosten eines (→) Mediaplans abzüglich der (→) Rabatte, (→) Malrabatte, für Mehrfacheinschaltungen.

Einschaltplan *(Streuplan)*
→ Mediaplan

Einschaltquote
In der (→) Media-, (→) Hörer- und (→) Zuschauerschaftsforschung der Anteil (Prozentsatz) der zu einem bestimmten Zeitpunkt oder auch Zeitraum insgesamt oder auf einen bestimmten Sender bzw. eine bestimmte Sendung eingeschalteten Radio- bzw. Fernsehempfänger an der Gesamtzahl der bestehenden Radio- bzw. Fernsehgeräte bzw. der Gesamtzahl der in einem Lande, einem Empfangsbereich oder auch in einem abgegrenzten Gebiet vorhandenen Radio- bzw. Fernsehhaushalte. Gemessen werden Einschaltquoten in der Bundesrepublik und in vielen anderen Ländern mit Hilfe elektronischer Meßgeräte wie z. B. dem (→) Audimeter, dem (→) Teleskomat, dem (→) Tammeter oder seit 1985 dem (→) GfK-Meter, (→) GfK-Zuschauerforschung.
Es ergibt sich aus der öffentlich-rechtlichen Struktur der Hörfunk- und Fernsehwerbung in der BRD, daß die Einschaltquoten der einzelnen Sendungen und auch der einzelnen Sender für die Werbungtreibenden hierzulande eine weit weniger entscheidende Rolle als z. B. in den USA spielen, wo die Werbesendungen vor, während und nach den Sendungen ausgestrahlt werden und daher die Einschaltquoten der Werbesendungen unmittelbar von denen der Programmsendungen abhängen. Die auf die Zielgesamtheit hochgerechnete Einschaltquote (Einschaltquote in Millionen) stimmt in der Regel weder mit der Anzahl aller Personen oder Haushalte überein, die eine Sendung vollständig sahen, noch mit der (→) Nettoreichweite der Sendung. Nettoreichweite und Einschaltquote stimmen nur dann überein, wenn es während der Sendung keine (→) Zuschauerfluktuation gab. Da in der Bundesrepublik Werbesendungen in (→) Werbeblocks gesendet werden, konzentriert sich das Interesse der Werbungtreibenden auf die Einschaltquoten für die Werbeblocks und im übrigen das Interesse der Programmgestalter und allgemein der Radio- und Fernsehsendeanstalten auf die Einschaltquoten der einzelnen Sendungen bzw. der einzelnen Programme.
Erst in jüngster Zeit hat die (→) Teleskopie es unternommen, Einschaltquoten für einzelne Werbespots, (→) Spotreichweite, zu messen.
→ Reichweitenforschung

Einschaltstrategien
→ Mediaplan

Einschaltverhalten
→ Sehverhalten

Einstellung *(Attitüde)*
In der *Sozialpsychologie* und *Soziologie* bezeichnet Einstellung nach der Formulierung von David Krech und Richard S. Crutchfield eine „dauerhafte Organisation von motivationalen, emotionalen, perzeptiven und kognitiven Prozessen in bezug auf bestimmte Aspekte der individuellen Welt". Etwas enger definiert Gordon W. Allport: „ein aus Erfahrung entstandener psychophysischer Zustand der Bereitschaft, der einen steuernden oder dynamischen Einfluß auf die individuellen Reaktionen gegenüber allen Objekten und Situationen ausübt, mit denen er in Zusammenhang steht". Und in ähnlichem Sinne bezeichnet Theodore Newcomb als Einstellung eines Individuums gegenüber einem Objekt „seine Prädisposition, hinsichtlich dieses Objekts zu handeln, wahrzunehmen, zu denken und zu fühlen".
In der *Sozialforschung* ebenso wie in der *Marktforschung* ist von Bedeutung, daß Einstellungen nicht direkt beobachtbare Zustände sind, sondern Haltungen, die vor allem aus verbalem Verhalten (Meinungen) erschlossen werden können. Sie sind Variablen, (→) hypothetisches Konstrukt, (→) intervenierende Variable, zur abstrakten Beschreibung der Grundlagen von Verhalten, nicht das Verhalten selbst

und auch nicht seine Ursachen, sondern lediglich seine vermittelnden Bedingungen.
Unzweifelhaft ist, daß Einstellungen die (→) Wahrnehmung, die Erkenntnis, das Informationsverhalten, Lern- und Gedächtnisprozesse und – wichtig für Marketing und Werbung – das Verhalten beeinflussen. Unzweifelhaft ist aber auch, daß Wahrnehmungen, Erkenntnisse, Informationen und das eigene Verhalten selbst die Einstellungen beeinflussen können. Gegenstand der Einstellungsforschung ist das Ausmaß und die Richtung dieser Wechselwirkungen.
Übereinstimmung besteht in der Literatur, daß Einstellungen im wesentlichen drei Komponenten haben:

1. eine **affektive Komponente:** die gefühlsmäßige Haltung gegenüber dem Einstellungsobjekt,
2. eine **kognitive Komponente:** der Wissens- und Informationsstand über das Einstellungsobjekt,
3. eine **konative Komponente:** die durch das Einstellungsobjekt ausgelöste Verhaltens- und Aktionsbereitschaft.

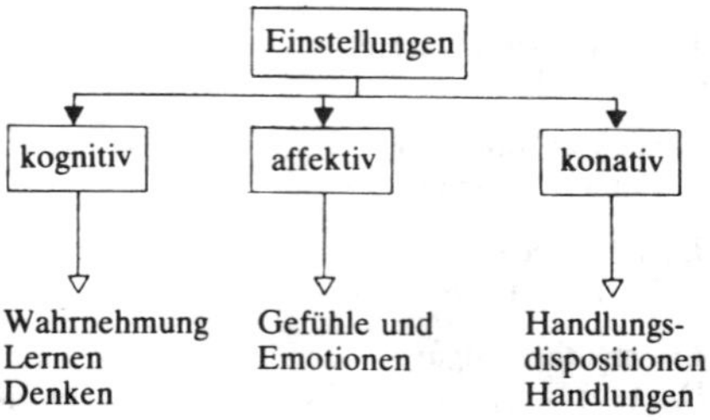

Hingegen läßt die Drei-Komponenten-Theorie die Organisation der Teilkomponenten weitgehend offen. Die am meisten verbreiteten Theorien werden nach einer Darstellung von Bagoz-

Theorien über Einstellungskomponenten

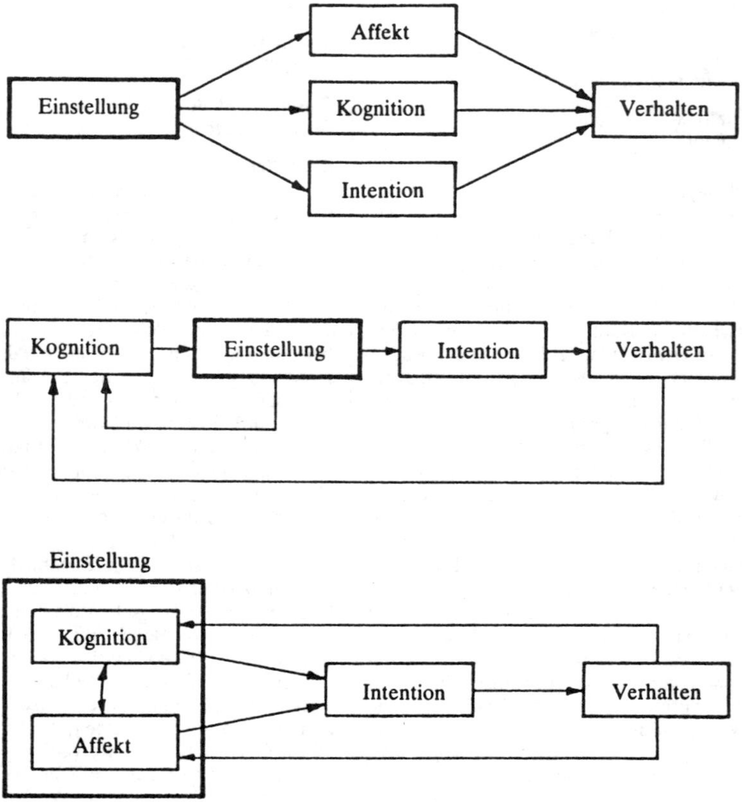

zi und Burnkrant durch die Abbildungen auf Seite 130 verdeutlicht.

Die Abgrenzung der Einstellung von (→) Motiven ergibt sich aus der zusätzlichen Komponente der Objektbeurteilung, die Einstellungen kennzeichnet. Mit Werner Kroeber-Riel läßt sich diese Beziehung formelhaft als
Einstellung = Motivation + Objektbeurteilung
darstellen.
In der Sozial- ebenso wie in der Markt-, Medien- und Werbeforschung ist umstritten, wie stark die durch (→) Einstellungsmessung ermittelbaren Einstellungen zu Verhaltensprognosen verwendbar sind, wieweit sie z. B. über ihre Lenkungs- und Auswahlfunktion hinaus das (→) Kaufverhalten unmittelbar bestimmen. Allgemein wird jedoch angenommen, daß mit wachsender positiver Einstellung gegenüber einem Produkt, der es herstellenden oder vertreibenden Firma und der für dieses Produkt gemachten Werbung die Wahrscheinlichkeit von Produktkäufen wächst. Ebenfalls allgemein angenommen wird, daß bei einer negativen Einstellung gegenüber Produkt und Firma jede noch so überzeugende Werbung (→) Reaktanz erzeugt. Über diese Binsenweisheiten hinaus gibt es jedoch nur wenige gesicherte Erkenntnisse über die genauen Wechselwirkungen zwischen Einstellungen und (→) Konsumentenverhalten. Formalisierte Modelle sind das (→) Fishbein-Modell (kognitives Strukturmodell) und das (→) Trommsdorf-Modell.
Als gesichert darf demnach immerhin wohl gelten, daß zwischen Einstellungen und Verhalten kein eindeutig kausaler Zusammenhang besteht. „Die entscheidende Frage der Einstellungsforschung ist nicht, ob die Einstellung eines Individuums dazu benutzt werden kann, das geäußerte Verhalten vorherzusagen, sondern unter welchen Umständen eine stärkere oder schwächere Beziehung zwischen Einstellung und Verhalten zu erwarten ist." (Werner Kroeber-Riel)
Da Einstellungen zwar eine gewisse Konstanz haben, aber aufgrund von Erfahrungen und Informationen erlernt worden sind, können durch anderslautende Erfahrungen und Informationen auch (→) Einstellungsänderungen bewirkt werden.
Ein enger Zusammenhang besteht zwischen Einstellung und (→) Image, einem anderen zentralen Begriff der Markt-, Kommunikations- und Werbeforschung, der als die Summe der Einstellungen, Gefühle, Kenntnisse, Vorstellungen und Erfahrungen gegenüber einem Einstellungsobjekt, als „das subjektiv gefärbte Bild eines Einstellungsgegenstandes" (Franz Böcker/Lutz Thomas) verstanden wird.

Einstellungsänderungen
In zweifacher Hinsicht richtet sich das Interesse von *Marktforschung* und *Marketing* auf die Änderung von Einstellungen. Die regelmäßige Untersuchung konsumrelevanter Einstellungen und ihres Wandels mit Hilfe der Instrumente und Methoden der (→) empirischen Sozialforschung ermöglicht kurz- bis mittelfristige Analysen und (→) Prognosen des (→) Konsumverhaltens, der Kaufbereitschaft der privaten Haushalte und damit der Entwicklungstendenzen der Nachfrage nach dauerhaften Konsumgütern, mitunter sogar Prognosen der konjunkturellen Entwicklung. Tatsächlich haben Befragungsdaten über die Konsumneigung der privaten Haushalte und das allgemeine Konsumklima z. B. in den Rezessionen von 1973–1975 und 1980–1981 bessere (→) Prognosen der kommenden konjunkturellen Entwicklung ermöglicht als die Modelle der Ökonometrie und die Urteile der Experten.

Der zweite Bereich, auf den sich das Interesse von Marktforschung, Marketing und insbesondere der Werbung konzentriert, ist die Änderung von (→) Einstellungen als Resultat von Beeinflussung, vor allem durch Werbung. In der Forschung wird dabei zwischen zentralen und peripheren Einstellungen unterschieden. Zentral sind Einstellungen, die einem Individuum sehr wichtig sind, peripher sind jene, denen es eine vergleichsweise geringere Wichtigkeit zumißt. Die größere Stabilität der zentralen Einstellungen ergibt sich auch aus der größeren Ich-Beteiligung (Ego Involvement) des Einstellungssubjekts, aus der stärkeren Einbettung der zentralen Einstellungen in die kognitiv-affektive Struktur des Einstellungssystems. Sowohl für die Stabilität wie für die Variabilität von Einstellungen und Einstellungssystemen liegt eine Fülle von Theorien und empirischen Befunden vor. Noch immer am meisten akzeptiert sind die Konsistenztheorien und unter ihnen namentlich die Theorie der kognitiven Dissonanz (Leon Festinger), die Kongruenz-Theorie (Charles E. Osgood und Percy H. Tannenbaum), die Balancetheorie (Fritz Heider) sowie die Theorie der kognitiv-affektiven Konsistenz (M. J. Rosenberg). Besonders in Markt- und Werbeforschung spielen jedoch auch andere Ansätze eine wachsende Rolle, z. B. die Assimilation-Kontrast-Theorie (Muzafer Sherif und Carl Hovland), die Reaktanztheorie (Jack W. Brehm), die Inokulationstheorie (William J. McGuire), die Attributionstheorie, der Informationsverarbeitungs-Ansatz, der kommunikationstheoretische Ansatz sowie eine Reihe von lerntheoretischen Ansätzen, (→) Lernen. Daß Werbung Einstellungsänderungen bewirken kann, ist in zahlreichen Untersuchungen empirisch belegt worden, Werbewirkung.

Einstellungsmessung
Als latente Variable oder (→) hypothetische Konstrukte sind (→) Einstellungen selbst nicht direkt beobachtbar. Sie werden daher meist ausgehend von einer relativ großen Zahl von korrelierten Einzelreaktionen oder auch Verhaltensweisen in einem mehr oder minder vielgliedrigen Abstraktionsprozeß erschlossen. Besonders in der praktischen Marktforschung wird die Komplexität der mit der Einstellungsmessung aufgeworfenen Probleme häufig unterschätzt, die darin liegt, daß die Ausprägungen von Einstellungen und ihre Intensität eine Vielzahl von Dimensionen wie z. B. Richtung (positiv – negativ), Intensität, Affektivität, Ambivalenz, Stichhaltigkeit (Salience), Verhaltensrelevanz (Aktionsbereitschaft), Vielschichtigkeit (Multiplexität), Flexibilität oder Rigidität, Bewußtheit und Verquicktheit mit anderen Einstellungen haben können.
Die Vielzahl der in der Sozial- und Marktforschung verwendeten Methoden der Einstellungsmessung macht eine konzise und geraffte Darstellung außerordentlich schwer. Im folgenden weden daher die verschiedenen Methoden und Ansätze nur kurz erwähnt, ihre ausführliche Darstellung findet sich unter den entsprechenden Stichwörtern in diesem Buch.
Nach der Art der als (→) Indikatoren für eine bestimmte Einstellung gemessenen Verhaltensreaktionen der Versuchspersonen lassen sich folgende Meßverfahren unterscheiden.

1. Selbstaussagen der Befragten über ihre eigenen Meinungen, ihr eigenes Verhalten, ihre eigenen Gefühle usw.;
2. die Beobachtung und Messung des manifesten Verhaltens;
3. die Messung von Reaktionen;
4. Leistungsmessungen bei Aufgaben, die Rückschlüsse auf die Einstellung zu einem Objekt gestatten;
5. Physiologische Messungen.

Verbreitet ist auch die der Drei-Komponenten-Theorie der (→) Einstellung entsprechende Unterscheidung nach emotionsorientierten, kognitionsorientierten und aktionsorientierten Verfahren der Einstellungsmessung. Die emotionsorientierten Verfahren verwenden in Befragungen Antwortitem-Vorgaben, die eine gefühlsmäßige Haltung gegenüber dem Einstellungsobjekt ausdrücken, die kognitionsorientierten Verfahren zielen darauf, Wahrnehmungen der Auskunftspersonen zu registrieren (z. B. indem sie die Befragten bitten, die Einstellungsobjekte in eine Rangordnung zu bringen) und die aktionsorientierten Verfahren zielen darauf, das mutmaßliche Verhalten der Auskunftspersonen gegenüber den Einstellungsobjekten zu erkennen (z. B. durch Darstellung einer Situation mit mehreren Verhaltensalternativen und der Frage, wie sich die Auskunftsperson, in einer solchen Situation verhalten würde).
Die Messung der Einstellungen erfolgt regelmäßig mit Hilfe von Einstellungsskalen, (→) Skalierungsverfahren, deren Funktion darin besteht, Einstellungsausprägungen quantitativ auszudrücken. Skalierung bedeutet, daß die Position einer jeden in einem Einstellungsuniversum bestehenden und in die Untersuchung einbezogenen Aussage auf einem Intensitätskontinuum festgestellt wird. Dabei lassen sich die eingesetzten Skalierungstechniken auch nach der Zahl der gemessenen Einstellungsdimensionen unterscheiden. Im übrigen ergibt sich folgende Übersicht der am meisten verbreiteten Verfahren der Einstellungsmessung (wobei die meisten klassischen Skalierungstechniken eindimensionale Verfahren sind):

I. Skalierungsähnliche Verfahren
- **1.** Rangordnungsverfahren (im engeren Sinne)
  - a) direkte Rangordnungsverfahren
  - b) (→) Verfahren der transferierten Rangordnungen (Clyde H. Coombs)
- **2.** Rangordnungsskalen
- **3.** (→) Paarvergleiche

II. Klassische Verfahren der Einstellungsskalierung
- **1.** (→) Thurstone-Skala (Methode der gleicherscheinenden Intervalle) (Louis L. Thurstone)
- **2.** (→) Methode der nachträglich bestimmten Abstände (Louis L. Thurstone)
- **3.** (→) Likert-Skala (Methode der summierten Schätzungen)
- **4.** (→) Skalen-Diskriminationstechnik (Diskriminationstechnik) (Allen L. Edwards/F. P. Kilpatrick)
- **5.** (→) Guttman-Skala (Skalogramm-Analyse) Louis Guttman)
- **6.** (→) semantisches Differential (Polaritätenprofil)

III. (→) **Probabilistische Meßmodelle**
- **1.** latente Strukturanalyse
- **2.** probabilistisches Modell der transferierten Einschätzungen

IV. Methoden unterschiedlicher Dimensionalität
- **1.** eindimensionale (→) Skalierungsverfahren
- **2.** mehrdimensionale Skalierungsverfahren
  - a) semantisches Differential
  - b) (→) multidimensionale Skalierung (MDS)
  - c) (→) Fishbein-Modell
  - d) (→) Trommsdorf-Modell

V. (→) Multiattributive Einstellungsmessung und (→) konjunkte Verbundmessung

Einstellungsskala
→ Einstellungsmessung

Einstellungswandel
→ Einstellungsänderung

Einthemenbefragung *(Spezialbefragung)*
In der (→) Umfrageforschung und der (→) demoskopischen Marktforschung im Gegensatz zu einer (→) Mehrthemenbefragung (Omnibusbefragung) eine Umfrage, deren Interview durchgängig Themen zu einem einzigen Untersuchungsgegenstand enthält. Die meisten (→) Befragungen der (→) Mediaforschung werden als Einthemenbefragungen durchgeführt.
Während früher Einthemenbefragungen nahezu ausschließlich verwendet wurden, besteht heute allgemeine Übereinstimmung darüber, daß Mehrthemenbefragungen gegenüber Spezialbefragungen erhebliche Vorzüge haben. Zu lange Einthemenbefragungen mit monotoner Fragenabfolge pflegen bei den Befragten Langeweile zu erzeugen und führen vielfach auch zu Ausweichreaktionen (auf „weiß nicht", „unentschieden" Antworten oder auf Antworten, die das Interview verkürzen). Es ist auch festgestellt worden, daß die Befragten bei Spezialbefragungen dazu neigen, ihre Antworten positiv zu verzerren, also übertriebene Angaben über einen Untersuchungsgegenstand zu machen (etwa indem sie überhöhte Angaben darüber machen, wieviele Mengen eines bestimmten Produkts oder einer bestimmten Produktgattung sie kaufen, über die/das sie im Laufe des Interviews ständig befragt werden), (→) Over-Reporting (Overclaiming). Auch gehen von den einzelnen Fragen eines Spezialinterviews viel stärkere (→) Ausstrahlungseffekte auf die nachfolgenden Fragen aus, so daß die in der zweiten Hälfte eines längeren Einthemeninterviews gegebenen Antworten kaum noch als unbeeinflußt angesehen werden können. Besonders bei (→) Auswahlverfahren der (→) bewußten Auswahl, wie z. B. dem (→) Quotenverfahren ist bei Spezialbefragungen damit zu rechnen, daß die Interviewer dazu neigen (können), von vornherein nach solchen Interviewpartnern zu suchen, die für die Beantwortung der Fragen besonders kompetent sind. Schließlich ist es in aller Regel teurer, eine gesonderte Einthemenumfrage durchzuführen, als an eine Mehrthemenumfrage eine Reihe von Fragen zu einem Spezialthema anzuhängen.

Eintragungsmodell *(E-Modell)*
→ Abfragemodell

Eintragungsschemata
→ Fragebogen

Ein-Zeitungs-Supplement
→ Supplement

Einzelheftpreis
Im Medienvertrieb der bei Kauf eines einzelnen Hefts einer periodisch erscheinenden Publikation berechnete Preis. Er liegt meist höher als der (→) Abonnementspreis.

Einzelpersonenpanel *(Individualpanel)*
In der (→) empirischen Sozialforschung allgemein ein (→) Panel, dessen kleinste Untersuchungseinheiten im Gegensatz zu Gruppen oder Aggregaten einzelne Personen sind. In der Marktforschung hängt es bei den Untersuchungen mit Hilfe von (→) Verbraucherpanels davon ab, wer auf dem Markt als (→) Bedarfsträger auftritt, ob es zur Untersuchung des (→) Konsumentenverhaltens angebrachter ist, ein Panel von Einzelpersonen oder ein (→) Haushaltspanel einzusetzen. Während es z. B. beim Verbrauch von (→) Konsumgütern wie Lebensmitteln in der Regel vernünftig erscheint, den Konsum und das (→) Konsumentenverhalten im Zeitverlauf mit Hilfe eines Haushaltspanels zu untersuchen, ist es sinnvoll, den spezifischen Individualverbrauch z. B. von Damenstrümpfen, Zigaretten oder Herrenhemden in Einzelpersonenpanels zu untersuchen.

Einzelpersonenstichprobe
→ Personenstichprobe

Einzelreichweite
→ Reichweite

Einzelverkauf *(Apartverkauf)*
Im Medienvertrieb die Lieferung einer Zeitung oder Zeitschrift an nichtständige Abnehmer gegen Bezahlung oder Lieferung mit Remissionsrecht an Großhandel, Zeitungs- und Zeitschriftenhändler, an Buchhandlungen oder an sonstige Wiederverkäufer gegen Rechnung unter Abzug der nicht verkauften Exemplare (Remittenden).
→ AMF-Karte 2, Ziffer 17 (Auflagenanalyse); *vgl.* Abonnement

Einzelverkaufsauflage
Im Medienvertrieb die Gesamtzahl der auch in der (→) Auflagenmeldung anzuführenden, im (→) Einzelverkauf vertriebenen Exemplare der (→) Auflage einer Zeitung oder Zeitschrift.

→ AMF-Karte 2, Ziffer 17 (Auflagenanalyse); *vgl.* Abonnementsauflage

Einzelverkaufsleser *(E-Leser)*
→ A + E-Leser

ELA
Abk Experimente zum Lernen von Anzeigen

elektronische Medien
Oberbegriff für Radio, Fernsehen und Neue Medien.

Elektronische Medienanalyse (EMA)
→ GfK-Zuschauerforschung

EMA
Abk Elektronische Medienanalyse

Emnid Faktorielle Anzeigenanalyse (EFA)
Ein im Jahre 1960 von Otto W. Haseloff und Hans-Joachim Hoffmann für das Emnid-Institut in Bielefeld konzipiertes faktorenanalytisches Anzeigenmodell, das als (→) Pretest dazu dienen soll, (→) Erinnerungswerte zu prognostizieren. Dabei wurden 25 formale und inhaltliche Merkmale von Anzeigen kodiert – im einzelnen handelte es sich um die Merkmale Größe, Farbigkeit, Proportion (Breite), Prägnanz (Leerfelder), Bildzentriertheit, Anschaulichkeitsgrad (Foto), anschaulicher Bezugsrahmen (großstädtische Daseinsform), Triebaktivierung (Erotik, Sex-Appeal), Strebungsaktivierung (Status), Erwartungsaktivierung (Zusatznutzen), Anspruchsniveau (Luxus), Realitätsentlastung (Eskapismus), Modernität (Zukunftsbezug), Stimmungslage (leichtlebig, sorglos, lustig), Produktbetonung, Produktdarstellungsweise (Foto), Alter des Konsumvorbildes, Konsument, Kommunikation (Zuwendung zum Leser), Konsumdemonstration (Vormachen, Status), Weiblichkeit des Konsumvorbildes, Männlichkeit des Konsumvorbildes, textlicher Aktionsgehalt, textlicher Orientierungsgehalt (Preis, Gebrauchsanweisung), Ansprechformel (Slogan) – anschließend korreliert und dann mit den (→) Korrelationen eine (→) Faktorenanalyse durchgeführt wurde, um so aufzuzeigen, wieviele voneinander unabhängige formale und inhaltliche Merkmale von Anzeigenwerbung existieren.
Durch dieses Vorgehen wurden die 25 Merkmale auf 6 voneinander unabhängige Faktoren reduziert, die im folgenden mit je zwei ihrer typischsten Merkmale wiedergegeben werden:

FA I Suggestion: Anzeigen, die dieses Merkmalsbündel auf sich vereinen, versuchen mit geeigneten (autoritären) Appellen den Umworbenen zu führen. Sie wirken kontrollentlastend und kommen dem Streben entgegen, Entscheidungen und Verantwortung auf andere zu verlagern.

FA II Identifikation: Er repräsentiert die Formen der (→) Leitbildwerbung (Vorbildwerbung). In Anzeigen dieses Typs werden Vorbilder bzw. Rollenmuster vorgeführt. Ihnen wird insbesondere bei Menschen mit ausgeprägtem sozialem Zugehörigkeitsbedürfnis eine Wirkung zugesprochen. Sie wirken nachahmungsauslösend.

FA III Präsentation: Anzeigen dieses Typs versuchen, durch aufwendige, repräsentative Gestaltung den Eindruck von Seriosität und Größe zu vermitteln. Sie sind weniger auf einen bestimmten Menschentyp zugeschnitten, ihr dominanter Wirkungsmechanismus ist die Aufmerksamkeitsweckung.

FA IV Konkretion: Bei dieser Wirkung stehen das Produkt und dessen Anwendung im Vordergrund. Durch plastische Visualisierung und Beschreibung wird ein anschauliches Erinnerungsbild bei den Umworbenen erzeugt, an das die stimmungsauslösenden Werbestile (Identifikation und Suggestion) anknüpfen können.

FA V Information: Anzeigen dieses Typs rücken die Besonderheiten des Werbeobjektes in den Mittelpunkt. Sie versuchen, die Neugier der Umworbenen zu wecken, und liefern Begründungen für den Kauf. Diese Werbebotschaften zielen insbesondere auf (→) Konsumpioniere. Sie haben ebenso wie FA VI Motivation handlungsauslösende Funktion.

FA VI Motivation: Das sind Werbemittel, die auf das Status- und Prestigestreben der Menschen abzielen bzw. – allgemeiner – einen (→) Zusatznutzen in den Vordergrund stellen, das bis dahin erworbene Wissen mit (→) Motiven anreichern und so zu einem bewußten (→) Bedürfnis umgestalten.

Dabei ergab sich, daß sich in den Faktoren charakteristische werbepsychologische Vorgehensweisen widerspiegeln. In den folgenden Jahren wurde dieses ursprüngliche Modell mehrere Male revidiert und variiert.
Nach Hans-Joachim Hoffmann bietet sich die folgende Anwendung des Modells: „Zunächst entscheidet man sich (aufgrund von Marktdaten) schwergewichtig für einen der Faktoren. An Hand einer (vereinfachten) Gewichtszahlentabelle kann man sodann ausrechnen, welche Anzeigenmerkmale stärker betont werden müssen. Dies gibt man gemeinsam mit inhaltlichen Vorgaben als Briefing dem Gestalter. Seine Vorschläge wiederum können mit derselben Gewichtszahlentabelle darauf geprüft werden, ob sie (und in welcher Hinsicht nicht) dem Briefing entsprechen: seine Anzeigenentwürfe werden kodiert und in die Faktoren umgerechnet. Genauso kann man übrigens mit den Anzeigen der Konkurrenzwerbung verfahren."

Emnid Recall & Recognitiontest *(R + R-Test, Emnid-Impact-Test)*
Eine seit 1981 angebotene Weiterentwicklung

des bis dahin als (→) Anzeigen-Posttest angebotenen (→) Impact-Tests des Emnid-Instituts, Bielefeld, in dem die Erhebungstechniken des (→) Erinnerungsverfahrens (Recall) und der (→) Wiedererkennung (Recognition) miteinander kombiniert werden. Nach dem ursprünglichen, von Gallup & Robinson in den USA entwickelten Impactverfahren wurde einer (→) Quotenstichprobe von mindestens je 200 Männern und Frauen ein Zeitschriftenheft mit der Frage vorgelegt, ob sie es gelesen haben. Dabei gelten nur diejenigen als tatsächliche (→) Leser, die sich an einen Teil des Inhalts des Zeitschriftenhefts erinnern können. Danach wird das Heft beiseite gelegt. Die Befragten erhalten Kärtchen mit den aufgedruckten Namen von Firmen oder Markenartikeln, für die zum Teil in dem betreffenden Heft geworben wurde. Zur Kontrolle (Confusion Control) sind auch Karten dabei, für die keine Anzeigenwerbung in dem betreffenden Heft gemacht wurde. In der (→) Befragung wird dann der Befragte aufgefordert, sich daran zu erinnern, was in der Anzeige stand und welchen Eindruck sie auf ihn machte. Der Impact-Test ermittelte im einzelnen:

1. Wieviel Prozent der Befragten sich an die Anzeige erinnern konnten;
2. wie stark sich die einzelnen Anzeigenelemente dem Gedächtnis der Befragten eingeprägt haben;
3. ob die Anzeige eine positive oder negative Resonanz gefunden hat, ob sie verstanden oder mißverstanden wurde;
4. zu welchen Assoziationen die Anzeige die Befragten geführt hat;
5. Unterschiede im Erinnerungsvermögen männlicher und weiblicher Leser;
6. wie die Anzeige im Vergleich zu anderen im gleichen Testheft analysierten Anzeigen – speziell der Konkurrenz – abgeschnitten hat. Dazu wurden folgende Fragen gestellt:
   a) Entsinnen Sie sich, ob Abbildungen in dieser Anzeige waren? Welche? Können Sie sich noch an andere Abbildungen in dieser Anzeige erinnern?
   b) Wissen Sie noch, was man in dieser Anzeige lesen konnte? Wüßten Sie noch etwas?
   c) Können Sie mir sagen, was diese Anzeige nun berichten wollte? Was wollte sie deutlich machen? Was sagte diese Anzeige aus?
   d) Welchen Eindruck machte diese Anzeige auf Sie? An was dachten Sie, als Sie die Anzeige sahen?
   e) Stand irgend etwas in der Anzeige, das für Sie nützlich und wichtig war? Was?
   f) (Vorlage einer Liste) Hier habe ich eine Liste mit Eigenschaften. Damit wollen Sie bitte den Eindruck beschreiben, den diese Anzeige auf Sie als Ganzes gemacht hat. Nennen Sie alle Eigenschaften, die auf diese Anzeige zutreffen.

lebensnah	vertrauenswürdig
glaubwürdig	auffällig
aufdringlich	vornehm
lustig	eindrucksvoll
charmant	geschmacklos
phantasievoll	hübsch
modern	verständlich
sachlich	unglaubwürdig
unnatürlich	interessant
originell	künstlerisch
geschmackvoll	ungewöhnlich
raffiniert	wissenswert
gemütvoll	volkstümlich

   g) Ist dies hier genau dieselbe Anzeige, an die Sie sich erinnern? Oder hatten Sie vielleicht eine ähnliche, andere Anzeige gemeint? Ist die Anzeige ... Andere gemeint ... Weiß nicht genau ...

Die Weiterentwicklungen und Verbesserungen in dem seit 1981 angebotenen Emnid Recall & Recognition Test sind demgegenüber: Es werden nicht nur (→) gestützte, sondern auch (→) ungestützte Erinnerungswerte ermittelt; die Zielgruppe wird mit einer Frage zum Grad des Produktinteresses besser berücksichtigt; die Beurteilung der Anzeigenanmutung durch Statementratings erfolgt nicht mehr per Zuordnung, sondern durch (→) Skalierung; es werden evtl. stattgefundene (→) Mehrfachkontakte erhoben, und damit wird die Kumulativwirkung der Werbung berücksichtigt. Der heute angebotene R + R-Test liefert folgende Informationen:

Recall-Ergebnisse:

1. ungestützte Markenerinnerung
2. produktgestützte Markenerinnerung
3. markengestützte Markenerinnerung
4. Visual-Recall (Erinnerung an die bildliche Darstellung)
5. Copy-Recall (Erinnerung an den Anzeigentext)
6. Benefit-Recall (Erinnerung an die beworbenen Produktnutzen
7. Main-Claim-Recall (Erinnerung an die Hauptaussage)
8. Impact (Geprüfter Gesamt-Erinnerungswert)

Recognition-Ergebnisse:

9. Anzeige gesehen
10. Marke gesehen
11. mehr als die Hälfte vom Text gelesen

Ergänzende Informationen:

12. Zahl der Kontakte mit der Test-Illustrierten
13. letzter Kontakt mit der Test-Illustrierten
14. Interesse an Warengruppe des Testprodukts (Zielgruppenselektion)
15. Kontakte außerhalb der Test-Illustrierten
16. Soziodemographische Daten der Leserschaft
17. Vergleichswerte für Impactwerte nach Normgrößen, wie Format, Farbe, Produktgruppen u. a.
18. individuelle Zusatzfragen wie z. B. Likes oder Dislikes der Anzeige

Der Test wird standardmäßig durchgeführt mit *jeder* Ausgabe von „Stern“, „Bunte“, „Brigitte“, „Freundin“ und „Schöner Wohnen“.

Der Test wird in Form einer bundesweiten Repräsentativ-Befragung mit 300 Lesern (netto) der Illustrierten bzw. Zeitung erhoben.
Die Stichprobe wird nach aktuellen demographischen Merkmalen sowie neuesten leseranalytischen Daten gebildet.
Für die mündlichen Interviews in ca. 100 Sample points werden nur geschulte Interviewer eingesetzt.
Die Befragung findet am 5. und 6. Werktag nach dem Erstverkaufstag der Test-Illustrierten statt. Am Interviewtag selbst darf die Befragungsperson die betreffende Ausgabe nicht mehr zur Hand genommen haben.
Der Test umfaßt damit eventuelle Mehrfachkontakte und berücksichtigt so die Kumulativwirkung der Anzeige (die Anzahl der in der Testzeitschrift und/oder in anderen Illustrierten stattgefundenen Kontakte wird mit erfaßt und mit ausgewiesen).
Es ist möglich, den Test nicht nur bundesweit, sondern auch in bestimmten Nielsengebieten durchzuführen. Außerdem ist es denkbar, die Anzeigen nicht nur für die Leserschaft einer Zeitschrift, sondern bei bestimmten Zielgruppen (z. B. Jugendliche, PKW-Fahrer etc.) zu testen.

Emotional-Quotient-Skala
→ EQ-Skala

Empfänger
1. Im Medienvertrieb und in der (→) Mediaforschung eine Person, Organisation oder Institution, die eine periodisch erscheinende Publikation auf Bestellung, auf Anforderung, ohne Anforderung oder Bestellung oder durch Dritte erhält. Sowohl bei den (→) Werbeträgeranalysen nach dem (→) ZAW-Rahmenschema für Werbeträgeranalysen wie den (→) Empfänger-Struktur-Analysen nach den (→) AMF-Karten ist eine genaue Untersuchung von Empfängern auf der einen und (→) Nutzern bzw. (→) Lesern auf der anderen Seite erforderlich. Im ZAW-Rahmenschema heißt es dazu unter Punkt 2.3.2.1:

Empfänger eines Mediums (und damit Untersuchungseinheiten) können zum einen Einzelpersonen und/oder zum anderen Wirtschaftseinheiten/Haushalte/Unternehmen/behördliche und ähnliche Institutionen sein. Die Tatsache, daß ein Werbeträger von einer bestimmten Institution empfangen bzw. an sie geliefert wird, sagt noch nichts darüber aus, welche und wie viele Personen in dieser Institution tatsächlich einen Kontakt mit dem Werbeträger haben oder haben könnten.
Sind in einer Erhebung Institutionen die Untersuchungseinheiten, so können institutionsbezogene Informationen erhoben und ausgewiesen werden. Sind Personen die Untersuchungseinheiten, so können sowohl institutions- wie personenbezogene Informationen erhoben und ausgewiesen werden. Jedoch sind die Daten für Institutionen und Personen immer getrennt auszuweisen. (Also z. B. „von allen Personen stammen x % aus 1-Personen-Haushalten“ und „von allen Haushalten sind y % 1-Personen-Haushalte“.)
In den Untersuchungsbereich „Institutionen“ sollen in Anlehnung an die amtliche Statistik (siehe Systematik der Wirtschaftszweige, Statistisches Bundesamt Wiesbaden, in der jeweils aktuellsten Fassung) außer Wirtschaftsunternehmen und freien Berufen auch Organisationen ohne Erwerbscharakter und private Haushalte sowie Gebietskörperschaften und Sozialversicherungen fallen.
Dabei ist es ohne Bedeutung, ob die Werbeträger von den Institutionen bezogen werden oder von Personen, die in den Institutionen als Mitarbeiter tätig sind bzw. darin leben. Für die Gruppenbildung in diesem Bereich sind jedenfalls Merkmale der Institutionen heranzuziehen.
Im anderen Untersuchungsbereich, in dem die Personen als Empfänger und/oder Nutzer zusammengefaßt sind, müssen die Gruppen aufgrund personenbezogener Merkmale gebildet werden.

Ähnliche Vorschriften gelten für (→) Fachzeitschriftenanalysen (FZA), bei denen nach der AMF-Karte 3 zwischen (→) Struktur-Analysen-Empfänger und (→) Struktur-Analysen-Leser zu differenzieren ist. In den „Anleitungen und Empfehlungen“ für die Analyse, Durchführung und Berichterstattung bei Fachzeitschriftenanalysen heißt es dazu:

Es ist eine Erfahrung im Fachzeitschriftenwesen, daß nicht ohne weiteres vom Empfang einer Fachzeitschrift auf Lesen geschlossen werden kann. Bei rein institutionellen Adressen verbietet sich dies ohnehin von selbst, denn eine Institution (Firma/Behörde oder Abteilung in einer solchen) „kann nicht lesen“. Der oder die Leser sind Personen in der Institution, über deren Identität und mögliches Leseverhalten die Datei nichts aussagen kann. Auch der persönliche Empfänger – sei es in der Institution, sei es an seiner privaten Anschrift – muß nicht unbedingt Leser der ihm entgeltlich oder unentgeltlich gelieferten Fachzeitschrift sein.
Bei Fachzeitschriften ist daher zwischen Leser- und Empfängerkontakten unmißverständlich zu unterscheiden. Leserkontakte sind nur persönlicher Natur; Empfängerkontakte können sowohl persönlicher als auch institutioneller Natur sein.
Man unterscheidet institutionelle und persönliche Empfänger. Lieferanschrift für institutionelle Empfänger ist das Unternehmen, der Betrieb, die Praxis, der Verband oder die Behörde. Lieferanschrift für persönliche Empfänger ist die Person entweder im Unternehmen oder an der privaten Anschrift. Beide Arten von Empfängern werden identifiziert durch den Nachweis des Versandes oder Empfanges der Fachzeitschriften zum Zeitpunkt der Total-Erhebung oder der Stichproben-Erhebung.
Ermittlung des Empfänger-Kontaktes mit dem Medium (Werbeträger): Nachweis des Versandes oder des Empfanges, des Versandintervalls oder „erhalten“.
Ermittlung des Empfänger-Kontaktes mit der klein-

sten Einheit: Nachweis des zuzuordnenden Versandes einer bestimmten oder durchschnittlichen Ausgabe. Ausgefüllte Coupons/Leserdienstkarten werden als Medienkontakt eines Empfängers angesehen. Sie können aber hierfür nur dann verwendet werden, sofern alle anderen Bedingungen erfüllt sind (z. B. 70 % Rücklauf; eindeutiger Bezug auf die kleinste belegbare Einheit, Abdeckung von mindestens 85 % der tatsächlich verbreiteten Auflage am Stichtag der Erhebung), und sichergestellt ist, daß keine kumulierte Auszählung derselben Empfänger erfolgt.

2. In der Informationstheorie oder der Kommunikationsforschung dasjenige Element in einem Kommunikationssystem, das eine Nachricht empfängt, der Rezipient.

Empfänger im Betrieb
In der (→) Mediaforschung gelten als Empfänger im Betrieb diejenigen Personen, die eine (→) Fachzeitschrift über eine Firmenadresse erhalten. Da durch die (→) Bezugsart nichts über das (→) Leseverhalten gesagt wird, sollte der mitunter synonym verwendete Begriff Leser im Betrieb vermieden werden.
Die Zahl der Empfänger im Betrieb wird durch (→) Strukturanalysen oder (→) Reichweitenanalysen ermittelt.

Empfängeranalyse
→ Empfänger-Strukturanalyse

Empfängerkontakt
→ Kontakt; *vgl.* Leserkontakt

Empfänger-Strukturanalyse
In der (→) Mediaforschung eine Analyse der Gesamtzahl der (→) Empfänger einer periodisch erscheinenden Publikation (einschließlich derjenigen Empfänger, die nicht in der Bezieherkartei der Publikation enthalten sind).
Die Vorschriften für die Durchführung von Empfänger-Strukturanalysen sind unter Punkt 2.3.2 des (→) ZAW-Rahmenschemas für Werbeträger-Analysen geregelt, das dabei zwischen (→) Dateianalysen sowie „Empfängerstrukturanalysen durch schriftliche Erhebung" (Punkt 2.3.2.3), „Empfängerstrukturanalysen durch mündliche Erhebung" (Punkt 2.3.2.4) und „Empfängerstrukturanalysen durch technische Erhebung" (Punkt 2.3.2.5) unterscheidet.
Nach der (→) AMF-Karte 3 ist zwischen „Struktur-Analysen Empfänger" und „Struktur-Analysen Leser" zu unterscheiden. Die „Anleitungen und Empfehlungen" für die Anlage, Durchführung und Berichterstattung bei (→) Fachzeitschriftenanalysen (FZA) verwenden für „Empfänger-Struktur-Analysen durch Dateiauswertung" den Begriff (→) Datei-Analyse und unterscheiden diese wiederum von „Empfänger-Struktur-Analysen durch schriftliche Befragung", die sie folgendermaßen beschreiben:

Empfänger-Struktur-Analyse durch schriftliche Erhebung

a) Eignung und Zielsetzung
Diese Erhebungsform ist praktisch für jede Fachzeitschrift geeignet, deren Empfängeradressen in der Vertriebsdatei nach aktuellem Stand vollständig erfaßt bzw. gespeichert sind. Eine solche Analyse ermöglicht die Ermittlung mannigfacher institutioneller und auch personenbezogener Daten der Empfänger in repräsentativer Form.
Eine schriftliche Empfänger-Struktur-Analyse kann grundsätzlich vom Verlag selbst durchgeführt werden. Die Konsultation eines Marktforschungs-Beraters oder eines Marktforschungs-Institutes wird jedoch empfohlen.

b) Grundgesamtheit
Hierzu gelten zunächst die entsprechenden Ausführungen unter Grundgesamtheit und unter „Datei-Analyse/Struktur-Analyse durch Dateiauswertung".
Demnach kann auch die schriftliche Empfänger-Struktur-Analyse sowohl auf Totalbasis als auch auf der Grundlage einer für die Grundgesamtheit repräsentativen Stichprobe angelegt werden. Bei Auflagen ab 1000–1500 Exemplaren erweist es sich als wirtschaftlicher, der Stichprobe den Vorzug zu geben. Bei relativ niedrigen Auflagen dürfte dagegen die Total-Erhebung als angezeigt erscheinen. Die Entscheidung, ob eine Total-Erhebung oder eine Stichproben-Erhebung vorgenommen werden soll, ist auch abhängig davon, in welchem Ausmaß bereits Angaben aus zuverlässigen Quellen vorhanden sind bzw. wie viele zusätzliche Informationen zur Kategorisierung der Empfänger herangezogen werden müssen.
Grundsätzlich ist die Dateigesamtheit die Basis der schriftlichen Befragung. Da auch bei der schriftlichen Erhebungsform die Ergebnisse zumindest an der tatsächlich verbreiteten Auflage (Empfänger einer durchschnittlichen Werbeträger-Einheit) repräsentativ darzustellen sind, muß der von der Erhebung abgedeckte Dateianteil mindestens 85 Prozent der tatsächlich verbreiteten Auflage betragen.
Bei Fachzeitschriften mit heterogener Grundgesamtheit bzw. mehreren Hauptzielgruppen – zum Beispiel aus Industrie, Großhandel, Einzelhandel und Handwerk derselben Branche – kann sich die schriftliche Befragung auch auf eine oder mehrere Zielgruppen beschränken, die klar definiert und in sich uneingeschränkt untersucht werden müssen. Der nicht untersuchte Anteil muß dann aber in Prozenten und Exemplaren als „nicht erhoben" gekennzeichnet werden, da als Summe immer 100 Prozent = tatsächlich verbreitete Auflage ausgewiesen werden muß.

c) Zielgruppen bzw. Zielpersonen der Befragung
Zielgruppen der Befragung sind in aller Regel teils persönliche, teils institutionelle Lieferanschriften.
Persönliche Anschriften sind (z. B.): Herr... in Firma/Behörde/Verband usw. ...; Firma/Behörde/Verband usw. ... zu Händen Herrn ... sowie alle privaten Anschriften der Empfänger. In diesen Fällen ergibt sich die Zielperson für die Befragung von selbst.
Institutionelle Anschriften sind z. B.: Firma/Behörde/

Verband ...; aber auch Firma/Behörde/Verband mit Zusatz eines Funktionsbereiches oder einer Abteilung (z. B. Geschäftsleitung, Einkaufsleitung), jedoch ohne einen Personennamen.
Enthält der Fragebogen Angaben zur Person des ausfüllenden Befragten, bezieht sich die Stichprobenanschrift aber auf eine Institution, so muß der Fragebogen im Kopf eine eindeutige Anweisung enthalten, welche Person in der Empfängerinstitution den Fragebogen beantworten soll.
Personenbezogene Ergebnisse, die auf schriftlichem Wege zustande kommen, beziehen sich auf „alle Befragten", „alle Erstempfänger im Betrieb", „alle Geschäftsführer" etc. Keineswegs darf das personenbezogene Ergebnis einer schriftlichen Empfänger-Struktur-Analyse auf „alle Leser" bezogen werden.
Es ist generell zu empfehlen, dem Fragebogen einen Begleitbrief beizufügen.
Der Begleitbrief zum Fragebogen hat aber keineswegs nur den Zweck dazu beizutragen, daß der Fragebogen in die richtigen Hände kommt. Man muß bei jeder Umfrage davon ausgehen, daß der Fragesteller (gleichgültig, ob Verlag oder neutrale Stelle, z. B. Institut) etwas von dem Befragten wünscht, was zu tun er nicht verpflichtet ist. Bei einer schriftlichen Befragung kommt im Vergleich mit einer mündlichen hinzu, daß der Befragte die Antwort selbst einsetzen und den ausgefüllten Fragebogen postfertig machen muß. Die Bereitschaft hierzu wird angespornt, wenn der Zweck der Umfrage in verbindlicher Form erläutert, überzeugend dargelegt und erklärt wird, daß die Auswertung einer repräsentativen Umfrage auch im Interesse der Empfänger und Leser der Fachzeitschrift liegt. Ein paar laienverständliche Sätze zur Erklärung, daß die Befragung nur dann zur Repräsentativität führen kann, wenn alle Befragten antworten, empfehlen sich ebenfalls. Wichtig ist, den Befragten zuzusichern, daß die Antworten nur in statistischen Angaben und in Prozentwerten zusammengefaßt werden und die Anonymität des einzelnen und des Betriebes trotz der für Rücklauf-Kontrolle und Nachversand notwendigen Fragebogen-Nummer gewahrt bleibt. Es empfiehlt sich auch der Hinweis, daß die Bestimmungen des Bundesdatenschutzgesetzes beachtet werden, die u. a. die umgehende Anonymisierung der Daten fordern; das heißt: Sofortige Trennung der Daten von Namen/Anschriften; Verhinderung der Deanonymisierung über die lfd. Nr.
Es wird empfohlen, den Fragebogen in zweifacher Ausfertigung zu versenden und für die Rücksendung des Fragebogens einen Freiumschlag zur Verfügung zu stellen.
Für alle weiteren Informationen ist der Begleitbrief da. Der Fragebogen sollte außer einer kurzen Einleitung von zusätzlichen Bemerkungen weitgehend frei sein. Um zu gewährleisten, daß die angeschriebene Zielperson selbst den Fragebogen ausfüllt, sollten relevante Daten der ausfüllenden Person erfragt werden.
Ausgesprochen unzulässig ist die Koppelung einer schriftlichen Befragung mit anderen Angelegenheiten, beispielsweise mit Informations- und Werbe-Unterlagen der Anzeigen- oder der Vertriebs-Abteilung.
Da nicht erzwungen werden kann, daß der Fragebogen lückenlos und eindeutig ausgefüllt wird, sind unbeabsichtigte Doppelnennungen ebenso möglich wie ein bei den einzelnen Erhebungskomplexen unterschiedlich hoher Anteil antwortender Befragter. „Keine Angabe" und Doppelnennungen müssen ausgewiesen werden.

d) Fragebogen-Gestaltung
Der Leitgedanke, es den Befragten so gefällig und bequem wie möglich zu machen, sollte bei der Konzeption des Fragebogens richtunggebend sein. Das bedeutet im einzelnen:

- handliches, im Geschäftsverkehr gewohntes Format, zweckmäßig DIN A 4.
- aufgelockerter Satz mit übersichtlicher Abgrenzung der einzelnen Fragen zueinander, klare unmißverständliche Formulierung der Fragen, die von jedem Element, das die Antwort beeinflussen könnte (sogenannte Suggestivfragen) freizuhalten sind.
- Der Fragebogen bedarf einer kurzen Einleitung. An dieser Stelle sollten die wichtigsten Punkte, die der Begleitbrief enthält (z. B. Zielperson, Zweck der Befragung, Anonymität) straff beschrieben werden. Es kommt zwar selten vor, aber es ist nicht auszuschließen, daß beim Ausfüllen des Fragebogens der Begleitbrief nicht zur Hand ist.
- Rücksichtnahme auf die zeitliche Belastung der Befragten durch sinnvolle Eingrenzung des Fragebogen-Umfanges. Als Richtmaß für den Maximal-Umfang eines Fragebogens bei schriftlichen Umfragen können 4 Seiten DIN A 4 angenommen werden.
- Deutliche Namensangabe (mit Telefonnummer) des Sachbearbeiters.
- Unerläßlich ist die irrtums- und verwechslungsfreie Identifikation des Fachzeitschriftentitels, welcher der Befragung zugrunde liegt. Sowohl im Fragebogen selbst als auch im Begleitbrief sowie in später folgenden Erinnerungsschreiben ist der Originaltitel der zur Untersuchung heranstehenden Fachzeitschrift (möglichst jeweils am Kopf der Schreiben oder Drucksachen) im Originalschriftzug abzudrukken.

Es gibt geschlossene und offene Fragen. Unter geschlossenen Fragen versteht man solche, für die alle Antwort-Möglichkeiten vorgegeben sind. Die einfachste Form der Antwort-Vorgaben ist ja/nein. Für die Ermittlung vieler Fragepunkte; z. B. Stellung des Befragten im Betrieb, Berufsausbildung, Zugehörigkeit zu einer Altersgruppe sowie Zugehörigkeit der Institution zu einer Branche oder einer Betriebsgrößenklasse (siehe AMF-Grundfragen unter III.3) bedarf es mehrerer Vorgaben.
In einer Reihe von Fragen können im Einzelfall mehrere Vorgaben zutreffen (Mehrfachnennungen); zum Beispiel: Tätigkeit in mehreren Branchen; Ausstattung des Betriebes mit Maschinen und Geräten. Dann ist darauf hinzuweisen, daß alles, was zutrifft, angekreuzt werden möge.
Für offene Fragen gibt es keine vorgegebenen Antwort-Möglichkeiten, sondern der Befragte wird gebeten, seine Antwort selbst zu formulieren. Für die Verwendung offener Fragen können keine allgemeingültigen Empfehlungen gegeben werden. Anzuraten ist jedoch, einen Fragebogen nicht ausnahmslos mit geschlossenen Fragen zu versehen, sondern auch offene einzustreuen, damit die Befragten Wünsche, Erwartungen und Kritiken anbringen können.

e) Fragebogen-Versand
Absender des Fragebogens und Empfänger der Rückläufe können der Verlag als Institution oder eine Abteilung des Verlages oder eine Person im Verlag sein. Zum Absender der Fragebogen sowie Empfänger der Rückläufe kann im Auftrag des Verlages eine dritte Stelle (Berater oder Institut) bestimmt werden.
Es ist auch eine kombinierte Form möglich:
Absender der Fragebogen: Verlag bzw. Abteilung bzw. Person; Empfänger der Rückläufe: Berater oder Institut. Diese kombinierte Form wird gewählt, wenn es angebracht erscheint, die Neutralität der Umfrage und die Anonymität der Auswertung deutlich zu machen.
Absender der Fragebogen sollte keine Stelle oder Person sein, deren Gunst für die Befragten wichtig ist oder die Einfluß auf bestimmte Interessen der Befragten nehmen kann (z. B. Herausgeber, wie Verbände oder andere Institutionen). Auch von der Beifügung eines Empfehlungsschreibens einer solchen Stelle oder Person zu den Befragungs-Unterlagen sollte Abstand genommen werden. Dadurch können die Objektivität bei der Beantwortung von Fragen und der freie Entschluß der Befragten zur Rücksendung des ausgefüllten Fragebogens beeinträchtigt werden.

f) Erinnerungen und Rücklauf-Kontrolle
Die Erwartung, daß eine Aussendung zu der für die Repräsentativität der Ergebnisse notwendigen Rücklaufquote (das gilt auch für Total-Erhebungen) von 70 Prozent führt, ist unrealistisch. Mit der Qualität der Fachzeitschrift und der Bindung der Befragten an diese hat dies nichts zu tun. Der Grund dafür liegt vornehmlich bei der starken beruflichen Inanspruchnahme der Befragten, die bei Personen in leitenden Stellungen besonders ausgeprägt ist. Hinzu kommt auch, daß die Anzahl der Umfragen auf allen Interessengebieten zunimmt und auch laienhafte, schon vom Ansatz her nutzlose sowie mit Verkaufsangeboten gekoppelte Umfragen durchgeführt werden. Dies alles trägt dazu bei, daß sich viele Empfänger eines Fragebogens erst dann Muße nehmen, die Frage-Unterlagen genau zu lesen und den Fragebogen auszufüllen, wenn sie durch Erinnerungsschreiben nochmals auf eine sinnvolle und korrekte Befragung hingewiesen werden.
Daher ist es legitim, der Erst-Aussendung mehrere Erinnerungsbriefe folgen zu lassen, in denen nochmals Sinn und Zweck der Umfrage, ihr Nutzen für den Befragten und dessen Anonymität ausgedrückt werden. Dabei bleibt es der Entscheidung der Verlage überlassen, mindestens einem oder allen der Erinnerungsschreiben den Fragebogen mit oder ohne Freiumschlag wiederum beizulegen. Die Erfahrung lehrt, daß es ggf. notwendig ist, drei bis vier Erinnerungsschreiben zu versenden.
Vorbedingung für die komplikationsfreie und auch kostenmäßig sinnvolle Durchführung der Erinnerungen ist eine exakte Kontrolle der Rückläufe. Die Adressen der zu Befragenden (Stichprobe oder Totalauswertung) werden auf einer Liste (zweckmäßig in Form von Aufklebern) zusammengefaßt und mit laufenden Nummern versehen. Die Nummer der Adresse wird im Fragebogen (am besten mit Paginierstempel) eingesetzt. Jede Adresse, für die ein Rücklauf zu verzeichnen ist, wird durch Nummernvergleich in der Liste festgestellt und aus dieser entfernt, weil die Anonymität vollständig zu wahren ist. Es ist dann fehlerfrei möglich, die Erinnerungsschreiben an diejenigen Adressen zu senden, von denen noch kein Rücklauf vorliegt. Überschneidungen zwischen Aussendung der Erinnerungsbriefe und Rückläufe von Fragebogen sind in Kauf zu nehmen. Es ist zweckmäßig, in den Erinnerungsschreiben zu erwähnen, daß sich die Angelegenheit erledigt habe, falls der Befragte inzwischen den Fragebogen zurückgesandt hat.
Durch die zahlenmäßige Erfassung der Rückläufe nach der Erst-Aussendung und nach den einzelnen Erinnerungs-Sendungen kann der Verlag eine Übersicht über die Entwicklung des Gesamt-Rücklaufes gewinnen und Dubletten aus Erinnerungs-Schreiben eliminieren.

g) Ergänzende persönliche Befragung
Wenn trotz drei bis vier Erinnerungen die Rücklaufquote noch nicht 70 Prozent erreicht hat oder falls Wert darauf gelegt wird, den Rücklauf über diese Mindestmarke zu steigern, kann durch eine ergänzende persönliche Befragung der schriftlichen Umfrage nachgefaßt werden.
Selbstverständlich ist, daß diese zusätzliche Befragungsform nur bei denjenigen Adressen anzuwenden ist, die auf die vorausgegangenen postalischen Aussendungen nicht reagiert haben. Es dürfen also keinesfalls zusätzliche Adressen in die Stichprobe aufgenommen werden.
Telefonische Befragungen sind im allgemeinen nur im Umfang weniger Fragen durchführbar. Je nach dem konkreten Untersuchungsfall ist zu prüfen, wie weit sie u. U. darüber hinaus tauglich sind. Offengelassene Fragen müssen bei der Ergebniserfassung unter „keine Angaben" registriert werden.

h) Ermittlungspunkte
Mit der schriftlichen Empfänger-Struktur-Analyse sind sowohl personenbezogene als auch institutionelle Daten der Empfänger, in jedem Fall aber nur Empfängerdaten zu ermitteln.
Personenbezogene Daten sind jene, die sich auf die Person des Befragten beziehen, wie z. B. Stellung, Funktion, Beruf, Lebensalter, Schul- und Berufsausbildung, Entscheidungsbefugnis usw.
Zur Ermittlung der persönlichen Empfangs-Frequenz bei Befragung einer Person im Betrieb bzw. in der Institution, sofern Betrieb oder Institution in der Datei als Empfänger ausgewiesen sind, also kein persönlicher Empfänger dem Verlag bekannt ist, wird als Standardfrage benutzt:
„Die Zeitschrift X erscheint monatlich einmal. Im Laufe der letzten 12 Monate sind also 12 verschiedene Ausgaben erschienen. Wie viele von diesen 12 Ausgaben haben Sie persönlich erhalten? Bitte erinnern Sie sich."
(Zum Ankreuzen von 12 Ausgaben bis zu einer Ausgabe sowie keine dieser 12 Ausgaben vorgeben)
Wenn Wechselversand-Empfänger befragt werden, ist, – der objektiven Gegebenheit gemäß – wenn irgendmöglich, auf das jeweils individuelle Liefer-Intervall Rücksicht zu nehmen. Bei der Befragung dem Verlag nicht bekannter Personen in der Empfänger-Institution empfiehlt sich die Ermittlung der persönlichen Empfangs-Frequenz wie folgt:
„Von der monatlich erscheinenden Zeitschrift X hat Ihr Haus in den letzten 12 Monaten ... verschiedene Ausgaben erhalten. Wie viele von diesen ... Ausgaben

haben Sie persönlich erhalten? Bitte erinnern Sie sich." (Entsprechende Skala vorgeben)*)

i) Mit dieser Untersuchungsform sind nicht ermittelbar
- Daten über Nutzer (Leser) und Nutzung (Lesen) der Fachzeitschrift. Hierfür siehe Form 3a und 3b.
- Daten über personenbezogene Fragen sowie über das Leseverhalten anderer Personen, an welche die betreffende Fachzeitschrift weitergegeben wird.
- Empfänger- und Leser-Strukturen anderer Fachzeitschriften.

Wichtiger Hinweis:
Die Einbeziehung von konkurrierenden Fachzeitschriften in eine Empfänger-/Leser-Struktur-Analyse der eigenen Fachzeitschrift ist sehr problematisch.

Wenn die Ergebnisse einer Empfänger-Struktur-Analyse zu externen Daten von Zielgruppen in Beziehung gesetzt werden, darf dabei nicht von „Reichweite" gesprochen werden; die Definition der „Reichweite" setzt eine andere Untersuchungsform voraus.

j) Ergebnisbericht
Übertragung der Ergebnisse auf Gesamtheiten.
Hierzu siehe Abschnitt II.3.6 Projektion/Hochrechnung.
Im Rahmen des veröffentlichten Ergebnisberichtes (nicht bei der Kurzbeschreibung auf den AMF-Karten 3 und 3a) sollte der vollständige Fragebogen publiziert werden. Das heißt also: Auch diejenigen Fragen, die z. B. auf Kritik an der Fachzeitschrift abzielen, sind zu veröffentlichen. Die Kommunikation zwischen Verlagen und Werbungtreibenden darf nicht darunter leiden, daß der Eindruck entsteht, es würde nur über den positiven Teil der Befragung informiert. Die Ergebnisse solcher Fragen brauchen allerdings nicht bekanntgegeben zu werden. Hier genügt der Hinweis, daß es sich um verlagsinterne Fragen handelt. Ausgenommen vom Abdruck der Fragestellung und selbstverständlich auch der Ergebnisse sollten allerdings etwaige verlagsinterne Fragen nach anderen Fachzeitschriften bleiben.
Auf AMF-Karten genügt die erforderliche Kurzbeschreibung der Erhebungsmethode.
Angeraten wird, die zurückgesandten Fragebogen etwa drei Jahre aufzubewahren; dies insbesondere deswegen, um gegebenenfalls bei Differenzen und Auseinandersetzungen im Zusammenhang mit der Untersuchung Nachweise führen zu können. Die jeweils gültige Datenschutzgesetzgebung ist dabei zu beachten.

Notwendige Ergänzungen und Klarstellungen
Die Freizügigkeit für die Konzeption einer Untersuchung findet dort ihre Grenze, wo eine selbstgewählte Variante methodisch so unzulänglich ist, daß aus den Rückläufen nicht die notwendige Repräsentativität für die gesamte Empfängerschaft abgeleitet werden kann. Wenn die Ergebnisse einer solchen nicht mehr repräsentativen Umfrage als Resultat einer schriftlichen Empfänger-Struktur-Analyse ausgegeben werden, dann ist mit wettbewerbsrechtlichen Konsequenzen zu rechnen (Verkehrskreise setzen voraus, daß mindestens 85 Prozent in der Stichprobe abgedeckt sind und diese mindestens zu 70 Prozent ausgeschöpft ist).
Komplikationen dieser Art können vor allem dann eintreten, wenn für die Erhebung z. B. die Beilage des Fragebogens in der Gesamtauflage der Zeitschrift oder ein Abdruck desselben auf einer oder mehreren Seiten in der Zeitschrift gewählt worden ist.
Der zuweilen verlautbarte Hinweis darauf, daß Fragebogen, die aufgrund einer Total-Erhebung zahlenmäßig zu einem absolut höheren Rücklauf führen können als bei Stichproben-Erhebungen, läßt Regeln und Erfahrungen der Umfrageforschung außer Acht. Die bloße Zahl der Rückläufe ist kein Kriterium für Repräsentativität. Für diese gilt das Verhältnis der Rücklauf-Zahl zur Gesamtheit der Befragten. Es sind mindestens 70 Prozent Rückläufe von dieser Gesamtheit (sei es die Totale, sei es eine Stichprobe, die Modell-Charakter für die Gesamtheit trägt) erforderlich, um die notwendige Repräsentativität zu erreichen.

Leserdienstkarten von Kennziffer-Zeitschriften
Für Erhebungen von Kennziffer-Zeitschriften gelten die gleichen Bedingungen und Voraussetzungen (der jeweiligen Untersuchungsform) wie bei allen anderen Fachzeitschriften. Dies schließt auch die Behandlung von Wechselversand-Anteilen in einer Werbeträger-Analyse ein.
Ergänzend ist – in Übereinstimmung mit dem ZAW-Rahmenschema für Werbeträger-Analysen – festzuhalten, daß ausgefüllte Coupons/Leserdienstkarten als Medienkontakt eines Empfängers anzusehen sind. Sie können hierfür aber nur dann verwendet werden, sofern alle anderen für die entsprechende Untersuchungsform erforderlichen Bedingungen erfüllt sind, z. B. 70 Prozent Rücklauf, Abdeckung von 85 Prozent der tatsächlich verbreiteten Auflage am Stichtag der Erhebung, eindeutiger Bezug auf die kleinste belegbare Einheit und sichergestellt ist, daß keine kumulierte Auszählung derselben Empfänger erfolgt.
Die in den zum Zeitpunkt der Erhebung vorliegenden Leserdienstkarten enthaltenen Angaben (in der Regel für die Merkmale „Branchen/Wirtschaftszweige/Fachrichtungen/Berufsgruppen", „Größe der Wirtschaftseinheit", „Stellung und Funktion im Betrieb") sind Material für die Zuordnung der Empfänger bei einer Datei-Analyse/Empfänger-Struktur-Analyse durch Dateiauswertung (Untersuchungsform 1).

*) Soweit laut Datei persönliche Empfänger vorliegen, erübrigen sich bei einer Empfänger-Struktur-Analyse durch schriftliche Erhebung Fragen nach dem persönlichen Empfang, weil dieser durch Versand an die betreffenden Personen als nachgewiesen gilt.

empirische Lesewahrscheinlichkeit
→ Lesewahrscheinlichkeit

empirische Nutzungswahrscheinlichkeit
→ Nutzungswahrscheinlichkeit

empirische Sozialforschung
Historisch gesehen ist der Empirismus, jene sich gegen den klassischen Rationalismus wendende wissenschaftstheoretisch-philosophische Strömung des Zeitalters der Aufklärung, die die aus der unmittelbaren Sinneserfahrung gewonnene Erkenntnis mit Hilfe der Methoden des (→)Experiments und der (→)Beobachtung als die einzige Quelle der wissenschaftlichen

Theoriebildung anerkennt, die Wurzel der empirischen Sozialforschung. Wissenschaftsgeschichtlich führen mehrere Entwicklungsstränge zur heutigen empirischen Sozialforschung. Zu den frühen Vorläufern zählen die vom absolutistischen Staat zur Wirtschaftslenkung eingesetzten Ansätze zur statistischen Massenbeobachtung und die „politische Arithmetik" Sir William Petty's. Im 19. Jahrhundert begann die Entwicklung der modernen Sozialstatistik mit Quetelets Moralstatistik und die quantitative Analyse von Sozialverhältnissen durch die Sozial-Enqueten im England des Frühindustrialismus. Im frühen 20. Jahrhundert folgte die Weiterentwicklung der Sozial-Enqueten zu den Sozialen Übersichtsstudien (Social Surveys), die ebenso wie die Enqueten von dem sozialreformerischen Streben gekennzeichnet waren, mit Hilfe von Befragungen in geographisch begrenzten Gebieten eine Bestandsaufnahme sozialer Daten zu erzielen und diese mit anderen statistischen Unterlagen aus einer Vielzahl von Quellen zu einem Gesamtbild zusammenzufügen, durch das soziale Probleme erkannt und gelöst werden können. Vielfältige Impulse gab auch die experimentelle Psychologie und die von ihr entwickelten Methoden der Messung von (→) Einstellungen, der (→) Soziometrie, der (→) Faktorenanalyse, der (→) Skalierungstechniken.

Die moderne Entwicklung der empirischen Sozialforschung verdankt ihre stärksten Anregungen vor allem der im Zusammenhang mit den Auseinandersetzungen über die Strohwahlen (straw polls) der amerikanischen Zeitschriften in den 1930 Jahren zu raschem Ruhm gelangten Meinungs- (Vorwahl-), Markt- und Medienforschung und ihrem Gründungsvater George H. Gallup, der bei der amerikanischen Präsidentenwahl von 1936 erstmals die methodische Überlegenheit des Instruments der repräsentativen Stichprobe gegenüber den zuletzt 12 Millionen Mitglieder zählenden Befragungsquerschnitten der Zeitschrift Literary Digest demonstrierte. In der Gegenwart besteht eine lebhafte Wechselbeziehung zwischen Markt-, Medien-, Werbeforschung auf der einen und empirischer Sozialforschung auf der anderen Seite, der vor allem durch den Einsatz des ganzen Instrumentariums der Methoden der empirischen Sozialforschung in der Markt-, Medien- und Werbeforschung gekennzeichnet ist.

Engelmann-Formel *(Engelmann-Modell)*
Ein von dem amerikanischen Mediaforscher Fred L. Engelmann 1965 vorgeschlagenes Modell zur Berechnung der (→) Nettoreichweite einer Kombination gleichzeitig belegter Werbeträger. Ausgangspunkt für die Entwicklung der Engelmann-Formel ist diese Annahme: „There is an ideal accumulation curve or at least an ideal curve of frequency increments with the rate of accumulation being established by the two-issue or two-telecast frequency increment. The relative frequency increments for each additional issue or telecast approximate a standard pattern."
Ausgehend von der Annahme einer generalisierten (→) Kontaktbewertungskurve entwickelt Engelmann folgende Formel für die kumulierte Reichweite:

$$\text{cum} = \frac{\text{gross}}{1 + ab}$$

Darin bedeuten:

cum	=	kumulierte Reichweite
gross	=	Bruttokontaktsumme
1	=	Kontakthäufigkeit 1 bei einer Einschaltungl
a	=	zusätzliche durchschnittliche Kontakthäufigkeit durch eine zweite Einschaltungl
b	=	Kumulation der relativen Häufigkeitszuwachsraten für n Ausgaben.

Engelmann benötigt für diese Formel den (→) K_1-Wert, den Anstieg der durchschnittlichen (→) Kontakthäufigkeit durch eine zweite Einschaltung und zur Berechnung der kumulierten Häufigkeitszuwachsraten die (→) Durchschnittskontakte nach 1, 2, ..., n Ausgaben.
Engelmann hat seine Formel für Zeitschriften und für das Fernsehen getestet und zufriedenstellende Ergebnisse erzielt. Die Datenansprüche dieser Formel sind durch die Notwendigkeit, die durchschnittliche Kontakthäufigkeit nach 1, 2 bis n Ausgaben zu kennen, so groß, daß damit genaue Kumulationsberechnungen durchgeführt werden können. Der Ausweg, den Engelmann geht, liegt in einer Standardisierung der Werte für b. Er gelangt somit zu einer Tabelle, in der die durchschnittlichen b-Werte für 1, 2 ... bis 13 Ausgaben enthalten sind.

Endlichkeitskorrektur *(Kontinuitätskorrektur)*
→ Yates-Korrektur (Yatessche Kontinuitätskorrektur)

Englertsche Formel
In der (→) Mediaplanung eine Faustregel zur Bewertung der Höhe von Anzeigenpreisen in Relation zur (→) Auflage der Publikation. Danach bildet der zum Quadrat erhobene Bruttoseitenpreis die Schwelle zwischen kostengünsti-

gen und kostenungünstigen Anzeigenpreisen, wenn er gleich der 15fachen Auflage ist:
$B^2 = 15$ A. Ist $B^2 > 15$ A, gilt eine Anzeige in der Publikation für teuer, ist $B < 15$ A, so gilt sie als kostengünstig.

Entfernungsskala
→ Leser-Blatt-Bindung (LBB)

Entscheidung – Verbrauch – Anschaffung (EVA)
Eine von den (→) Programmzeitschriften „Hörzu" und „Funkuhr" in der Axel Springer AG, Hamburg, zuerst 1977 und 1979 durchgeführte und dann 1980 und 1982 zuletzt wiederholte (→) Markt-Media-Untersuchung, die Daten über das Medienverhalten gegenüber ausgewählten (→) Publikumszeitschriften und über Verbrauchsintensität, Markenbindung, Anschaffungsabsicht und Entscheidungsträger bei (→) Familieneinkaufsentscheidungen bei einer Vielzahl von Gebrauchsgütern, Verbrauchsgütern und Dienstleistungen zur Verfügung stellte. Die Untersuchung wird seither nicht mehr durchgeführt. An ihre Stelle trat die (→) Verbraucheranalyse (VA), die 1981 vom Axel Springer Verlag, Hamburg, und dem Heinrich Bauer Verlag, Hamburg, initiiert und konzipiert wurde. Gegenüber anderen Markt-Media-Untersuchungen bot EVA zwei grundlegende Ansätze:

- Durch die (→) Befragung aller Mitglieder eines (→) Haushalts läßt sich kontrolliert feststellen, wie Kaufentscheidungen in einem Haushalt aufgrund des Zusammenwirkens verschiedener Haushaltsmitglieder zustande kommen.
- Die Erfassung der Marktdaten wird bis hin zur Feststellung gekaufter bzw. verwendeter Marken differenziert.

Dadurch erlaubte die Untersuchung eine gezielte Definition von kaufentscheidenden bzw. kaufenden Personen und bot zugleich die Möglichkeit, Kommunikationszielgruppen nach einzelnen Markensegmenten zu bestimmen.
Die Untersuchung der EVA 82 stützte sich auf die (→) Befragung von rund 5200 Personen zwischen 14 und 69 Jahren in 2100 Haushalten. Durch eine Vollbefragung in den Zielhaushalten wurde die Entscheidungsstruktur innerhalb der Haushalte erfaßt. Dadurch waren Zielgruppendefinitionen über die Konsumentengruppen hinaus möglich; denn alle Haushaltsmitglieder wurden befragt, wer bei einem bestimmten Konsumgut über die Marke entscheidet und wer der Käufer ist bzw. wer bei den Haushalts-Investitionsgütern für die Markenwahl am ehesten kompetent ist und wer beim Kauf mitkommt, (→) Familien-Einkaufsentscheidung.
Die einzelnen Personen sind im (→) Datensatz nicht nur mit ihren eigenen Angaben vertreten, sondern können außerdem auch noch durch haushaltsbezogene Daten beschrieben werden, weil ja alle Haushaltsmitglieder in die (→) Befragung einbezogen waren. Auf diese Weise war es möglich festzustellen, inwieweit die Gewohnheiten, Vorstellungen, Wünsche usw. der Zielpersonen von ihrem Haushalt mitgetragen bzw. nicht mitgetragen werden.
Je nachdem, ob persönliche oder haushaltsbezogene Daten betrachtet wurden, war die (→) Grundgesamtheit, aus der eine (→) Zufallsauswahl entnommen wurde, daher entweder die Gesamtheit aller 14- bis 69jährigen Personen im Bundesgebiet und West-Berlin, die mindestens einen der untersuchten Zeitschriftentitel schon einmal in der Hand gehabt hatten oder die Gesamtheit der analog definierten Haushalte.
Die mündlichen (→) Interviews in den Wohnungen der (→) Auskunftspersonen wurden anhand eines (→) strukturierten (→) Fragebogens durchgeführt, der Reihenfolge und Wortlaut der Ermittlungen und die Verwendung der Befragungshilfen verbindlich festlegte. Die Befragung der einzelnen Haushaltsmitglieder in den Zielhaushalten erfolgte in getrennten Interviews. Zusätzlich war von den Befragten ein Anhangfragebogen mit psychologischen und soziologischen Einstellungs-Statements selbst auszufüllen.
Die Fragenkomplexe zum (→) Mediaverhalten waren mit Ausnahme der Werbefunknutzung eng orientiert am Erhebungskonzept der (→) Media-Analyse (MA) der (→) Arbeitsgemeinschaft Media-Analyse (AG.MA).
Bei den 36 in die (→) Erhebung einbezogenen Zeitschriften sowie bei der „Bild"-Zeitung wurde eine MA-Kurzfassung verwendet. Darin wurden die (→) Filter verkürzt, die disproportionalen Kalender durch einen Einheitskalender ersetzt und die Ermittlung allein auf die Erhebung der (→) Lesefrequenz abgestellt. Die ermittelten (→) Lesehäufigkeiten wurden den Werten der MA angepaßt unter Berücksichtigung der von der MA ausgewiesenen Kontaktklassen-Besetzung nach (→) Justierung bei den einzelnen Titeln. Die EVA-Leserwerte waren so voll vergleichbar mit denen der MA. Auch für die Erfassung der Fernsehnutzung wurde eine MA-Kurzfassung verwendet, die allein auf die Ermittlung der Nutzungsfrequenz für die verschiedenen Sendezeiten abstellt, wobei die ARD-Sender nicht einzeln, sondern insgesamt

erhoben wurden. Die ermittelten (→) Nutzungsfrequenzen für die durchschnittliche halbe Stunde bei ARD gesamt und ZDF wurden den Werten der MA angepaßt. Die Nutzung des Werbefunks wurde pauschal anhand einer 12er-Skala von Intensiv- bis Nichtnutzung ermittelt.

Über diese Basis-Mediadaten hinaus enthielt EVA weitere wichtige qualitative Daten zur (→) Medianutzung, insbesondere für Zeitschriften (→) Leseort, (→) Bezugsart und (→) Lesezirkel, Lesen innerhalb der letzten 4 Tage, Art der Nutzung, (→) Zuwendungs-Statements), die für die Titelbewertung mit herangezogen werden können. Für das Fernsehen wurden die Nutzungsumstände beim letzten Fernsehen ermittelt.

In der 80er Erhebungswelle wurden erstmals 79 Statements und Items zu verschiedenen (→) Einstellungen und Interessen vorgelegt, die zur zusätzlichen Verfeinerung der Zielgruppenbeschreibung benutzt werden können.

Die Marktdaten wurden anhand von Markentafeln ermittelt. Die Produktarten waren daher für die Befragten nicht nur durch einen Gattungsbegriff bezeichnet, sondern gleichzeitig jeweils durch ein Feld von konkret benannten Marken eingegrenzt. Die Markenlisten, die für den Befragten ein bestimmtes Produktfeld durch konkrete Marken definieren, dienten also einerseits dazu, einen erhebungstechnisch sinnvollen Zugang zur Ermittlung der Verwendungsstrukturen zu finden. Andererseits konnten durch die (→) Erhebung der bevorzugten oder abgelehnten Marken Daten gewonnen werden, die eine differenzierte (→) Segmentierung des Marktes erlauben.

Insgesamt gab EVA detailliert Auskunft über 33 Produktfelder von schnell umschlagenden Konsumgütern und über 13 Produktfelder persönlicher oder haushaltsbezogener Besitzgüter. Zu weiteren Produktfeldern lagen wichtige Teilinformationen vor. Die Nutzung von Dienstleistungen und Einkaufsquellen wurde für einige ausgewählte Bereiche erhoben.

Entzerrung
→Redressement

EQ-Skala *(Emotional-Quotient-Skala)*
Eine im Rahmen des (→) Impact-Verfahrens der Werbeerfolgskontrolle entwickelte (→) Skala zur Erfassung der emotionalen Dimension eines Werbemittels bzw. einer Anzeige. Ursprünglich umfaßte diese von William D. Wells 1964 konzipierte Skala 12 Skalenitems. Später baute Wells diese Skala weiter zur sog. Son-of-EQ-Skala aus, die aus drei Einzelskalen besteht und die folgenden Faktoren mißt:

- o Attraktivität (Anziehungskraft) einer Anzeige
- o Bedeutsamkeit, Verständlichkeit und Akzeptanz der Werbebotschaft
- o Lebendigkeit (Vitalität) und Frische der Anzeige.

Eine auf bundesdeutsche Verhältnisse angepaßte Adaptation der EQ-Skala mit 18 Skalenitems (mit den Eigenschaften: lebendig, langweilig; anziehend, gewöhnlich; interessant, nicht klar; frisch, alt; überzeugend, nicht glaubwürdig; ruhig, bewegt; schön, nicht schön; bedeutungsvoll, nicht bedeutungsvoll; nicht seriös, ernst) hat das frühere Divo-Institut in Frankfurt/Main entwickelt. Die mit ihrer Hilfe gemessenen Faktoren sind:

- o Dynamik
- o Engagement
- o subjektive Klarheit.

Die deutsche Variante der EQ-Skala wurde erstmals in der von der Heinrich Bauer Stiftung in Auftrag gegebenen Studie über „Die Affizierbarkeit verschiedener Kategorien von Zeitschriftenlesern durch Anzeigen" im Jahre 1967 verwendet.

Erhebung *(Erhebungsmethoden)*
In der *Statistik* sowie in der *Markt-* und *Sozialforschung* das systematische Vorgehen zur Beschaffung des statistischen Urmaterials aus einer (→) Grundgesamtheit oder einer (→) Stichprobe durch Methoden der (→) Primärforschung. Allerdings besteht in der Literatur keine Einhelligkeit über die Terminologie. Einige Autoren unterscheiden zwischen (→) Primärerhebungen und (→) Sekundärerhebungen. Dieser Unterscheidung wird hier jedoch nicht gefolgt. Im übrigen ist zu unterscheiden:

I. Nach dem Umfang der Erhebung zwischen
  1. (→) Totalerhebungen (Vollerhebungen)
  2. (→) Teilerhebungen
    a) repräsentativen Teilerhebungen
    b) nichtrepräsentativen Teilerhebungen

II. Nach der Wahl der Erhebungsmethode
  1. (→) Befragungen
  2. (→) Beobachtungen
  3. (→) Experimenten und (→) Quasi-Experimenten
  4. (→) Tests wie z. B. Markttests, Produkttests oder Ladentests

III. Nach der Häufigkeit ihrer Durchführung
  1. (→) einmaligen Erhebungen
  2. (→) Mehrfacherhebungen (Trenderhebungen)
  3. (→) Panelerhebungen
  4. (→) Strukturerhebungen
  5. laufenden (kontinuierlichen) Erhebungen wie z. B. die meisten (→) Mehrthemenbefragungen (Omnibusbefragungen)

IV. Nach der Zahl der mit der Erhebung verfolgten Zwecke

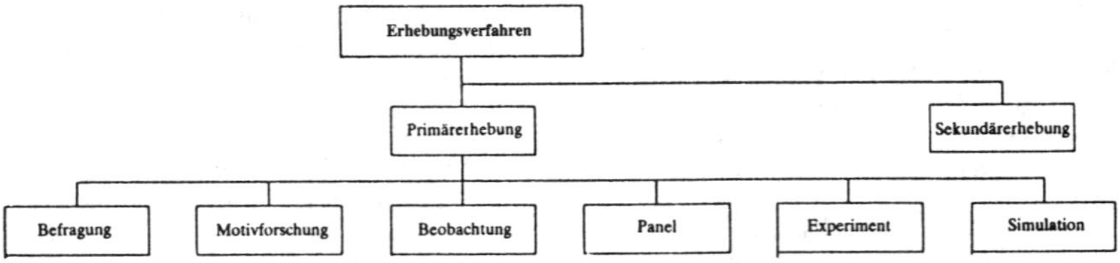

1. Einzweckerhebungen
2. Mehrzweckerhebungen

V. Nach der Art der angewandten (→) Auswahlverfahren

VI. Nach den Erhebungsbedingungen
1. (→) Felderhebungen
2. (→) Laborerhebungen

Die folgende Darstellung zeigt in Form eines (→) Flußdiagramms die einzelnen Schritte des Ablaufs einer Erhebung:

Ablaufschema einer Erhebung

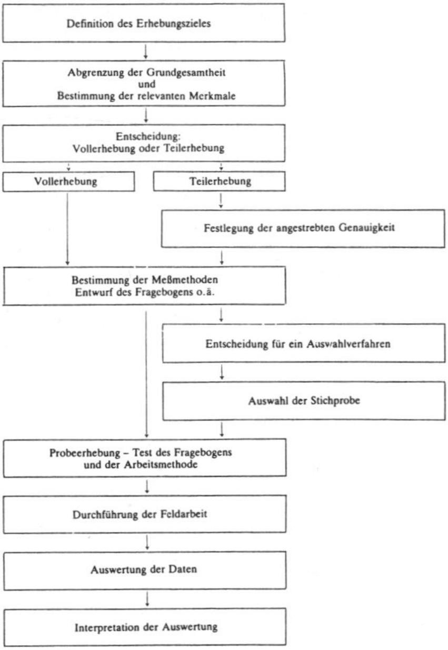

Quelle: R. Nieschlag/E. Dichtl/H. Hörschgen: Marketing, Berlin 1983, S. 97

Erhebungseinheit

Die kleinste Einheit, die in einer (→) Erhebung Gegenstand der Untersuchung ist, deren Daten erhoben, aufbereitet und ausgewertet werden, je nach der Art der durchgeführten Erhebung also eine Einzelperson, ein Haushalt, ein Wirtschaftsunternehmen, eine Personengruppe, ein Einzelhandelsgeschäft usw.

In der (→) Media-Analyse (MA) der (→) Arbeitsgemeinschaft Media-Analyse (AG.MA) taucht der Begriff bei der Ermittlung des (→) Weitesten Seherkreises (WSK) bzw. (→) Weitesten Nutzerkreises (WNK) von (→) Funkmedien zur Bezeichnung der Zeiteinheit auf, für die das (→) Sehen bzw. (→) Hören erhoben wird. Dafür wird seit der MA 74 die folgende Frage auf der Basis der Erhebungseinheit von einer halben Stunde gestellt:

„Und nun möchte ich noch einiges über das Fernsehen zu den einzelnen Tageszeiten wissen. Haben Sie innerhalb der letzten zwei Wochen an irgendeinem Werktag, also montags bis samstags, nachmittags in der Zeit vor 17 Uhr ferngesehen – und wenn auch nur ein paar Minuten? Denken Sie bitte auch daran, daß der Samstag oft anders abläuft als die anderen Werktage. Also wie war das nachmittags vor 17 Uhr in den letzten zwei Wochen und zwischen 17 Uhr und 17 Uhr 30, wie war es da in den letzten zwei Wochen? Und zwischen 17 Uhr 30 und 18 Uhr? Und wie war es zwischen ... und ... Uhr?" (Alle Zeiten bis „19.30 bis 20.00" durchgehen.)

- o in den letzten zwei Wochen
  7 Tageszeiten:
  vor 17 Uhr,
  sechs halbe Stunden von 17 Uhr bis 20 Uhr
- o innerhalb der letzten zwei Wochen vor 20 Uhr nicht.

Als Erhebungseinheiten wurden halbe Stunden festgelegt, nachdem sich im Rahmen einer Untersuchung von Getas, Bremen, herausgestellt hatte, daß die Befragten für die Zeitabschnitte zwischen „halb" und „voll" und „halb" am leichtesten ihre Gewohnheiten referieren können.

Diese Einteilung in halbe Stunden für die (→) Abfrage nach dem (→) Sehverhalten an den letzten 12 Sendetagen ist größer als die Einteilung in Viertelstunden für die Abfrage nach dem Sehverhalten am letzten Sendetag. Man kann es auch anders ausdrücken: Ist für die Eingrenzung des Weitesten Seherkreises eines Programms und für die Ermittlung der Sehhäufigkeit die halbe Stunde die Erhebungseinheit, wird sie für die Frage nach dem Sehen am letzten Sendetag unterteilt in zwei Viertelstunden. In der (→) Auswertung gilt der Nettowert über beide Viertelstunden als Ausweisungsergebnis.

Erhebungsfehler
→ Fehler

Erhebungsgrundlage
→ Basis 1.

Erhebungsmerkmale
Die durch Klassifikation und Aufbereitung des Erhebungsmaterials festgestellten Eigenschaften der in einer (→) Erhebung untersuchten Erhebungsobjekte.

Erhebungsmethode
→ AMF-Karte, Mediaanalyse, Erhebungsmodell, Werbeträgeranalyse

Erhebungsmodell
Zusammen mit dem (→) Feldmodell und dem (→) Auswertungsmodell ist das Erhebungsmodell eine der drei Säulen, auf denen das Grundmodell der (→) Media-Analyse (MA) der (→)Arbeitsgemeinschaft Media-Analyse (AG.MA) ruht. Bis zur Einführung des (→) Partnerschaftsmodells in der MA 87 waren alle Erhebungen der MA (→) Single-Source-Erhebungen. Ecksteine des Modells sind:

Für das (→) Interview steht dem Interviewer ein strukturierter (→) Fragebogen zur Verfügung sowie Vorlagenhefte und (→) Titelkarten zur (→) Gedächtnishilfe für den Befragten. Das Befragungsprogramm besteht aus:

- **Medianutzungs-Informationen**, die neben den Pressemedien Zeitungen, Zeitschriften und Supplements die Lesemappe und das Kino sowie die elektronischen Medien Radio und Fernsehen erfassen;
- **Informationen zur Beschreibung von Zielgruppen**, die sich aus soziodemographischen Angaben zur Befragungsperson, Informationen über die übrigen Mitglieder des Haushalts sowie zusätzliche Angaben über den Haushalt und den Befragten zusammensetzen;
- in wachsendem Maße **Informationen über Neue Medien**, wenn auch gegenwärtig noch lediglich als Haushalts-Informationen. Die Unterlagen zur Erhebung stehen den Nutzern der MA in jedem Jahr im schwarzen Band zur Verfügung (Fragebogen, Listen, Titelkarten).

Bei den Medien-Informationen gilt das Prinzip, diejenigen Daten zu beschaffen, die es ermöglichen, für die kleinste belegbare Einheit eine (→) Kontaktwahrscheinlichkeit zu berechnen. Diese wird berechnet aus den (→) Weitesten Nutzerkreisen (Weiteste Leser-, Seher-, Hörerkreise) und den Nutzerschaften während der letzten zeitlichen (→) Medien-Kontakt-Einheit (Leser im letzten Erscheinungsintervall, als Leser pro Nummer genommen, Seher gestern pro Zeiteinheit, Hörer gestern pro Zeiteinheit) sowie der Regelmäßigkeit der Nutzung über eine numerisch abgefragte (→) Frequenzskala. Bei den übrigen Informationen gilt das Prinzip, neben der (→) Sozio-Demographie zum Befragten und seinem Haushalt nur noch solche zusätzlichen Merkmale abzufragen, die in unmittelbarem oder wenigsten mittelbarem Zusammenhang mit der (→) Medianutzung stehen; nicht jedoch produktbezogene Angaben, also eigentliche Marktdaten.
Angesichts der Fülle der eingesammelten Informationen, insbesondere der Vielfalt der Medien, wird bei der (→) Befragung mit einem Schema gearbeitet, das in einer sorgfältig zusammengestellten (→) Filterführung das Interview „befragungsleicht" machen soll.
Zum Erhebungskonzept sind in den letzten Jahren Experimente durchgeführt worden, deren Ergebnisse von der MA 84 ab den Befragungsablauf neu regeln. Die hauptsächlichen Bestandteile sind:

- Die (→) horizontale Abfrage im Zeitschriften-Bereich, das heißt es wird pro Titel die Medien-Information nach dem (→) Generalfilter auf einmal eingesammelt, ohne die Frage nach der (→) Bezugsart übrigens, unter Verwendung von Titelkarten im Spielkarten-Format;
- Die (→) Frequenzfrage wird unter Beibehaltung der 12-Punkte-Skala nur in 7 Kategorien abgefragt.
- Für das Fernsehen gibt es nur eine Frequenzfrage vorab, nach den Einleitungsfragen, die anstelle der Reisen nunmehr Freizeit-Aktivitäten erfassen.

Erhebungsprogramm
Der auf der Grundlage einer das Problemfeld systematisierenden Theorie entwickelte, den Ablauf einer (→) Erhebung genau festlegende und die dabei zu wählenden Methoden erläuternde Plan der Durchführung einer Erhebung.

Erhebungsumfang
→ Erhebung I.

Erhebungszeitpunkt
Der je nach dem Zweck und den Zielsetzungen einer (→) Erhebung mehr oder weniger genau festgelegte Zeitpunkt, an dem die Daten einer statistischen Bestandsmasse erhoben werden sollen. Besonders in Fällen, in denen die zu erhebenden Daten sich rasch verändern können, wird neben dem genauen Tag bzw. der Woche, der Dekade oder des Monats auch ein sog. *kritischer Moment* festgelegt, durch den die nach diesem Moment eingetretenen Veränderungen nicht mehr als Veränderungen erhoben werden.
→ Stichtagserhebung

Erinnerung
In der *Psychologie* die Fähigkeit, in der Vergan-

genheit liegende Wahrnehmungen oder Erlebnisse zu reproduzieren. Dabei bezeichnet speziell in der *Markt-*, (→) *Media-* und *Werbeforschung* Erinnerung meist die Fähigkeit, diese Wahrnehmungen und Erlebnisse ohne (→) Gedächtnisstützen aktiv zu reproduzieren im Gegensatz zur (→) Wiedererkennung (Recognition), die eine lediglich passive Gedächtnisleistung bezeichnet, (→) gestützte Erinnerung. In der Markt-, Media- und Werbeforschung gilt die Erinnerung als ein (→) Indikator für die Wirksamkeit von Marketing- und Werbekampagnen bzw. der Effizienz einer Publikation als (→) Werbeträger: Je höher die Zahl derjenigen, die sich an eine Werbekampagne, an einzelne Werbe- oder Marketingmaßnahmen, an einen Slogan, eine Anzeige, einen Werbespot, einen bestimmten Werbeträger usw., erinnern, als desto erfolgreicher wird die entsprechende Kampagne oder Maßnahme angesehen. Der Ermittlung des Erinnerungsgrades dienen die Testverfahren der (→) Erinnerungsmethode.
Zur Verwendung des Erinnerungserfolgs als Kriterium für die Bewertung der (→) Kontakthäufigkeit greift man meist auf die Erkenntnisse der (→) Lernpsychologie zurück. Dabei kommen allerdings in der Regel Experimente zur Anwendung, mit denen das bewußte, absichtliche Lernen untersucht wird, das nicht typisch für das Lernen der Rezipienten von Werbemitteln ist. Hermann Ebbinghaus verwendete zur Überprüfung der Erinnerung „sinnlose Silben" und kam zu folgenden Ergebnissen.

- Unmittelbar nach einmaligem Lesen oder Hören können sechs bis sieben sinnlose Silben fehlerfrei wiedergegeben werden; um zwölf Silben fehlerfrei wiederzugeben, sind bereits 16,7 Wiederholungen nötig, für vierundzwanzig sind 44 Wiederholungen notwendig. Diese Zahlen sind Durchschnittswerte, wobei die Unterschiede zwischen den Menschen sehr groß sind. Daß die Steigerung des Lernmaterials ein progressives Ansteigen der Wiederholungen notwendig macht, konnte allgemein festgestellt werden (Gesetz von Ebbinghaus).
- Das Vergessen geht nach den Untersuchungen von Ebbinghaus anfangs sehr rasch vor sich, nimmt jedoch mit der Anzahl der verstreichenden Zeiteinheiten immer mehr ab. Die Abbildung rechts oben stellt die allgemeine Gesetzmäßigkeit beim Vergessen von sinnlosem Material dar.

Bei dem Lernprozeß, den Werbung auszulösen versucht, handelt es sich jedoch um „unabsichtliches Lernen", den Herbert Krugman und Eugene L. Hartley auch als „passives Lernen" bezeichnen, (→) Lernkurven.

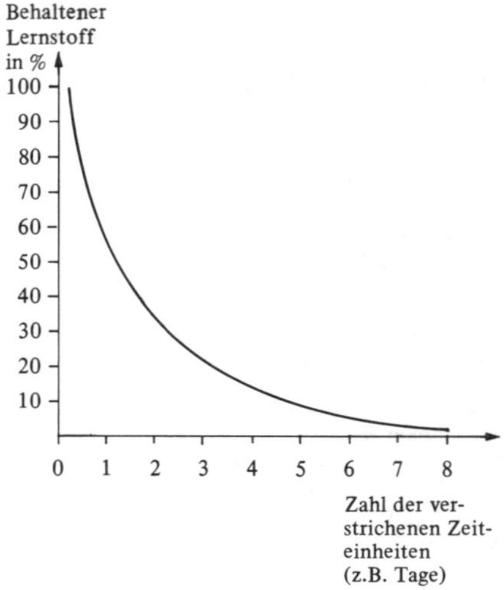

Eine richtungweisende Untersuchung zum Thema „Erinnerung" führte der amerikanische Werbeforscher Herbert A. Zielske 1959 durch. Er versuchte, das Ausmaß zu messen, in dem sich die Konsumenten an die Werbung erinnern können, bzw. sie wieder vergessen. Dazu verschickte er dreizehn verschiedene Anzeigenseiten einer Werbekampagne in Umschlägen, die jedes Mal eine andere Farbe hatten und verschiedene Absender aufwiesen, sowie mit Briefmarken frankiert waren, um zu verhindern, daß die Empfänger den Werbebrief als solchen erkennen konnten und vor dem Öffnen wegwarfen.
Durch (→) Zufallsauswahl wurden aus dem Telefonbuch von Chicago zwei Gruppen von Frauen ausgesucht. Die erste Gruppe erhielt die Anzeigen wöchentlich, die zweite Gruppe erhielt die gleichen Anzeigen im Abstand von vier Wochen zugesandt, so daß es ein ganzes Jahr dauerte, bis sie alle Anzeigen erhalten hatten. Dann wurde mit Hilfe von (→) Telefoninterviews die Erinnerung an die Werbung in Erfahrung gebracht. Insgesamt wurden 3650 telefonische Befragungen vorgenommen. Das Ergebnis dieser Untersuchung ist in den zwei Abbildungen auf der folgenden Seite 147 dargestellt.
Die wöchentlichen Kontakte steigerten die Erinnerung schneller als die vierwöchentlichen Zusendungen. So konnten sich nach dreizehn Zusendungen 63 % der Frauen, die wöchentlich beschickt wurden, an die Werbung erin-

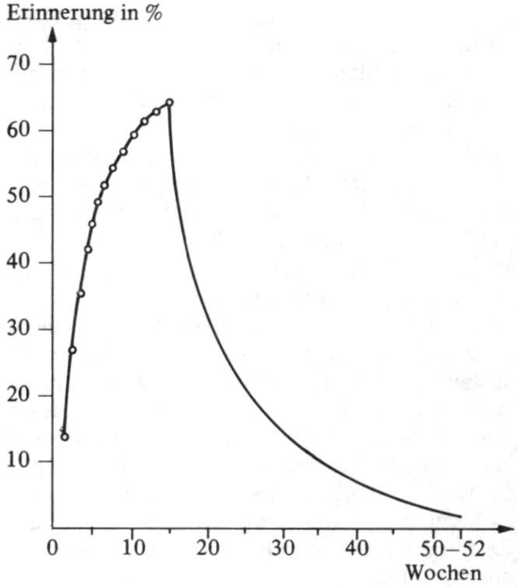

nern. Bei der anderen Gruppe waren es nach dreizehn Zusendungen nur 48 %. Andererseits wurde die Werbung von der ersten Gruppe auch schneller vergessen.

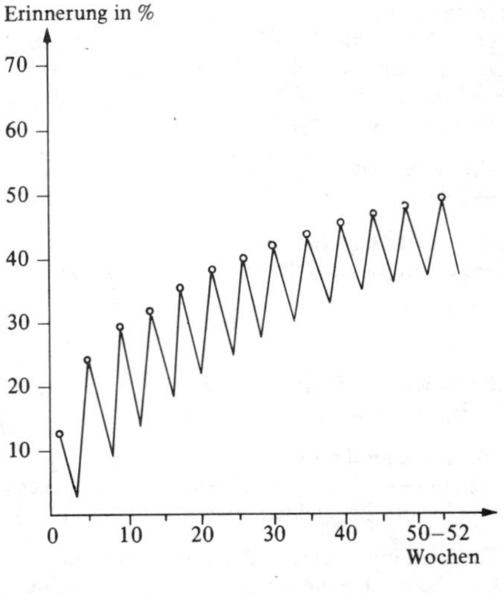

Zielske leitete daraus die folgenden Hypothesen ab:

- Werbliche Einschaltungen mit einem wöchentlichen Intervall führen – gemessen an der Anzahl der Einschaltungen – zu einer anderen Erinnerung an die Werbung als Einschaltungen mit einem vierwöchentlichen Intervall.
- Werbung wird rascher vergessen, wenn der Konsument ihr nicht beständig ausgesetzt ist.
- Mit der Anzahl der werblichen Einschaltungen sinkt die Vergessensrate.
- Wenn das Werbeziel darin besteht, kurzfristig eine maximale Zahl von Werbeerinnerern zu erreichen, so empfiehlt sich eine Massierung der Werbewiederholungen in der Zeit; ist dagegen eine hohe durchschnittliche Erinnerung an die Werbung während eines ganzen Jahres das Ziel, so ist eine Gleichverteilung der Wiederholungen über den Zeitraum ratsam.

Eine ähnliche bekannte Studie führte Alfred Politz (1960) an Lesern der „Saturday Evening Post" durch, (→) „Rochester-Study". Als unabhängige Variable wurde die Anzahl der Kontakte – 0, 1, 2 – behandelt, als abhängige Variablen wurden (1) die Bekanntheit der Marke, (2) die Bekanntheit der Werbeaussage, (3) die Glaubwürdigkeit der Aussage, (4) die Kaufbereitschaft gemessen. Die abhängigen Variablen erwiesen sich als annähernd linear von der (→) Kontakthäufigkeit abhängig.

Das Vorliegen hoher Erinnerungs- und (→) Aufmerksamkeitswerte sollte allerdings nicht zu dem Trugschluß verführen, daß dies identisch mit hohen Verkaufserfolgen für das beworbene Produkt bzw. die beworbene Dienstleistung sein müsse. Der hohe Bekanntheitsgrad skandalumwitterter Politiker macht unmittelbar einleuchtend, daß bei Nennung ihrer Namen ermittelte hohe Erinnerungswerte nicht in jedem Fall die Annahme hoher Beliebtheit rechtfertigen. Aus dem Bereich der Produkt- und Dienstleistungswerbung lassen sich ähnliche, wenngleich meist diffizilere Beispiele anführen, die es plausibel erscheinen lassen, sich nicht auf (→) Erinnerungswerte allein zu verlassen. Untersuchungen über den Zusammenhang zwischen Erinnerung und (→) Kaufverhalten haben zwar allgemein ergeben, daß Befragte, die sich an bestimmte Werbemittel erinnerten, ein signifikant höheres Kaufverhalten zeigten, aber gleichwohl waren die durch die entsprechenden Werbemittel ausgelösten Kaufeffekte insgesamt eher bescheiden. Gewiß ist es jedoch zulässig, Erinnerungswerte als Indikatoren für die Effizienz der Werbemittelgestaltung zu verwenden.

→ Experimente zum Lernen von Anzeigen (ELA); *vgl.* Gedächtnis

Erinnerungsfehler

Bei allen sich des Instruments der (→) Befragung bedienenden Untersuchungen der (→) empirischen Sozialforschung tritt als einer der

häufigsten (→) Fehler bei Angaben über vergangenes Verhalten eine Fehlerinnerung bei vielen Befragten auf. Diese Fehlerquelle spielt auch eine zentrale Rolle in der Anlage der Untersuchungen über das (→) Mediaverhalten und über (→) Werbeträger- und (→) Werbemittelkontakte. Am seltensten ist dabei der vollkommene Erinnerungsverlust (der Befragte erinnert sich nicht an tatsächliches Verhalten), häufiger tritt eine zeitliche Fehlerinnerung (telescoping of error) auf, bei der z. B. bei einem Werbeträgerkontakt der Zeitpunkt des Kontakts auf einen späteren oder (seltener) auf einen früheren Zeitpunkt als in Wirklichkeit verlegt wird. Ein entscheidender Faktor bei der Anlage einer Untersuchung ist daher die Wahl eines (→) Abfragemodells, das Erinnerungsfehlerquellen so gering wie möglich hält, u. a. auch durch den Einsatz von (→) Gedächtnisstützen.
→ Overclaiming, Underclaiming

Erinnerungsfrage
→ Erinnerungsmethode

Erinnerungshilfe
→ Gedächtnisstütze

Erinnerungsmethode *(Recall-Verfahren)*
In der (→) Media- und vor allem der (→) Leserschaftsforschung sowie der (→) Werbeforschung wird bei den Verfahren zur Prüfung des Gedächtniserfolgs von Werbemaßnahmen, Werbemitteln und -trägern zwischen (→) Wiedererkennungsverfahren (Recognition-Verfahren) auf der einen und Erinnerungsverfahren auf der anderen Seite unterschieden. Bei den Erinnerungsverfahren wird durch (→) Befragung festgestellt, ob die Befragten sich an ein Werbemittel oder an Elemente eines Werbemittels nach Ablauf einer gewissen Zeit, nach der sie (→) Kontakt mit dem Werbemittel bzw. dem Werbeträger, in dem es veröffentlicht war, gehabt haben, erinnern können.
Unterschieden wird zwischen Verfahren der (→) gestützten Erinnerung (aided recall) und der (→) ungestützten Erinnerung (unaided recall). Bei den Verfahren der gestützten Erinnerung erhalten die Befragten Abbildungen, Reproduktionen, (→) Titelkarten, Photos, Originalhefte, Listen, Kartenspiele, Packungen, usw., die Teile oder Elemente des Werbemittels enthalten, damit so die passive Erinnerung der Befragten gestützt wird, (→) Originalheftmethode (Through-the-book-technique). Das Verfahren ist im Grunde genommen dem (→) Wiedererkennungsverfahren außerordentlich ähnlich und unterscheidet sich eher graduell als prinzipiell. Bei den Verfahren der ungestützten Erinnerung wird ohne Zuhilfenahme von (→) Gedächtnisstützen nach der aktiven Erinnerung an ein bestimmtes Werbemittel oder einen Werbeträger gefragt.
Da Erinnerung im Zeitverlauf nachläßt, ist die Wahl des Zeitpunkts der Befragung von entscheidender Bedeutung, (→) Erhebungszeitpunkt. Insbesondere in der Leserschaftsforschung und bei der Überprüfung der Gedächtniswirkung von Werbemitteln in periodisch erscheinenden Druckmedien ist es z. B. nicht sinnvoll, Erinnerungstests unmittelbar nach Ablauf des (→) Erscheinungsintervalls durchzuführen, weil dann noch längst nicht alle Leser des jeweiligen Mediums es bereits gelesen haben. Umgekehrt läßt bei einer zu lange nach Ende des Erscheinungsintervalls angesetzten Befragung die Erinnerung der ersten Leser zum Zeitpunkt der Befragung schon nach, (→) Erinnerungsfehler.
→ Day-after-Recall (DAR-Test), Impact-Test

Erinnerungswert
Der Anteil (Prozentsatz) der Befragten, die sich an eine Werbebotschaft, einen Werbeträger oder an ein Werbemittel in einem der Testverfahren der (→) Erinnerungsmethode an diese Botschaft bzw. diesen Werbeträger, dieses Werbemittel oder Teile davon erinnern.
→ Emnid Faktorielle Anzeigenanalyse (EFA), Impact-Test, Starch-Test

Erinnerungswirkung
→ Erinnerung

Erkennungsfiguren
→ Identifikationshilfen

erklärte Varianz
→ Varianz

Ermüdung *(Ermüdungseffekt)*
→ Belastbarkeit

Erscheinungsdatum
Der in (→) Media-Verträgen vereinbarte Termin für das Erscheinen eines Werbemittels.

Erscheinungsintervall *(Erscheinungszeitraum)*
Der Zeitraum, innerhalb dessen die einzelnen Ausgaben von Druckmedien regelmäßig neu erscheinen. Die Erscheinungsintervalle sind im Rahmen der (→) Mediaforschung vor allem für (→) Reichweitenanalysen und (→) Nutzer-Struktur-Analysen von großer Wichtigkeit. Je nach den Erscheinungsintervallen ist zwischen täglich erscheinenden Medien (vor allem Tageszeitungen), wöchentlich erscheinenden

(Wochenzeitungen und -zeitschriften), vierzehntäglich erscheinenden, monatlich und vierteljährlich erscheinenden Publikationen zu unterscheiden, wobei dazwischenliegende Intervalle durchaus üblich und verbreitet sind.
Voraussetzung bei der Ermittlung der (→) Leser pro Nummer (LpN) ist die Eingrenzung des Zeitpunkts des Lesens, die befragten Leser müssen also nicht nur wissen, was sie gelesen haben, sondern auch wann sie es gelesen haben. Dabei liegt ein möglicher (→) Erinnerungsfehler in der mangelnden *Zeitidentifikation*, wobei eindeutig eine unmittelbare Abhängigkeit zum Erscheinungsintervall gegeben ist: Je länger das Erscheinungsintervall, desto größer ist der Zeitraum, für den die (→) Erinnerung der Befragten zutreffen muß und um so höher ist deshalb die Irrtumswahrscheinlichkeit. Eva-Maria Hess schreibt dazu:
„Über die Größe dieses Erinnerungsfehlers liegen keine Erfahrungen vor. Die Auszählungen der Reichweiten von Publikumszeitschriften nach Befragungstagen und Befragungswochen lassen fehlerhafte Einschätzungen vermuten, die selbst innerhalb einer Gattung noch titelabhängig sind. Die ... Unterschiede zwischen dem LpN und dem K_1-Wert sind bei Titeln mit kurzfristigem Intervall (Tageszeitungen: „gestern“) wesentlich geringer als bei Titeln mit längerfristigem Intervall, auch dies deutet auf fehlerhafte Zeitabgrenzungen hin.“
Generell geht es bei der Erhebung zum Kommunikationsverhalten um die Ermittlung des vom Tag der Befragung aus gesehen letzten (→) Kontakts mit einem Werbeträger, der bei Druckmedien zum (→) Leser im letzten Erscheinungsintervall (LiE) führt.
Im Rahmen der (→) Media-Analyse (MA) der (→) Arbeitsgemeinschaft Media-Analyse (AG.MA) wird der Leser pro Nummer erhoben als Leser im Erscheinungsintervall. Die Erhebung nach dem Erscheinungsintervall besagt, daß irgendeine Ausgabe einer betreffenden Zeitschrift gelesen wird, nicht aber welche Ausgabe. Wollte man die Leserschaft einer bestimmten Ausgabe (Nummer) ermitteln, so würde man das (→) Erinnerungsvermögen der Befragten überfordern, da möglicherweise diese bestimmte Nummer vor sechs Wochen oder noch früher gelesen wurde. Die Abbildung zeigt, daß die Identität zwischen Leser im Erscheinungsintervall und Leser pro Nummer im Modell gewahrt bleibt. Damit erweist sich die Legitimität dieser vereinfachten (→) Abfrage zur Ermittlung durchschnittlicher Leserschaften.

Die Abbildung zeigt, daß im Durchschnitt die

Theoretisches Beispiel für die Identität von Leser pro Nummer und Leser im Erscheinungsintervall

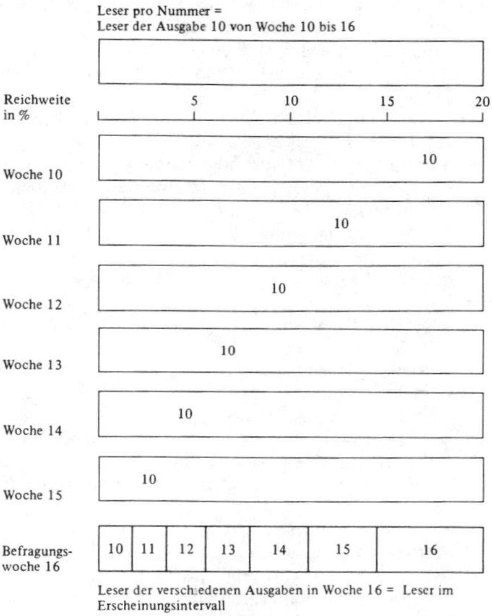

Summe der Leser einer einzigen Ausgabe während ihrer Lebensdauer (hier vereinfacht dargestellt 7 Wochen = Woche 10–16) identisch ist mit der Gesamtleserschaft verschiedener Ausgaben in einer einzigen Woche (16) = Erscheinungsintervall.
Dieser Identitätsnachweis muß deswegen gelingen, weil der modellhafte Charakter des Erhebungsinstruments davon ausgehen muß, daß die (→) Reichweiten von Woche zu Woche innerhalb des Erhebungszeitraums (= 1 Jahr) konstant bleiben. Die ausgewiesenen Reichweiten stellen einen Durchschnitt über den gesamten Erhebungszeitraum dar.
Nach dem im (→) Abfragemodell der MA praktizierten Modus der (→) Filterführung bei der Frage nach dem letzten (→) Werbeträgerkontakt wird stets vom längeren zum kürzeren Zeitraum abgefragt, d. h. es wird zunächst nach monatlich, dann nach 14täglich, dann nach wöchentlich und dann nach täglich erscheinenden Zeitschriften bzw. Zeitungen abgefragt.
Um die Größe der Leserschaft im letzten Erscheinungsintervall zu ermitteln, wurden zunächst in der (→) Leseranalyse (LA) und später in der MA seit 1954 drei prinzipiell voneinander verschiedene Frage- und Antwortversionen verwendet:

1. **Direkte Erhebung (LA 54 – LA 65):**
   Vorgabe des Erscheinungsintervalls in der Frage
   Innerhalb dieses Zeitraumes gelesen?
   Antworten nicht vorgegeben

Zwei Antwortmöglichkeiten: Ja/Nein
Antwort Ja = Leser
im letzten Erscheinungsintervall

2. **Indirekte Erhebung (LA 66 – LA 69):**
Keine Vorgabe des Erscheinungsintervalls in der Frage
Wann zuletzt gelesen?
Antworten vorgegeben
Mehrere (5–9) Antwortmöglichkeiten
für alle Erscheinungsintervallgruppen dieselben; z. B.: gestern, 2–7 Tage her, 8–14 Tage her, 2–4 Wochen her, länger her
Antwort gestern
oder 2– 7 Tage her = LiE für wöchentliche
Antwort gestern
oder 2– 7 Tage
oder 8–14 Tage her = LiE für 14tägliche
Antwort gestern
oder 2– 7 Tage
oder 8–14 Tage
oder 2– 4 Wochen her = LiE für monatliche

3. **Indirekte Erhebung (seit LA 70):**
keine Vorgabe des Erscheinungsintervalls in der Frage
Wann zuletzt gelesen?
Antworten vorgegeben
Mehrere (4) Antwortmöglichkeiten,
für jede Erscheinungsintervallgruppe andere, aber nach demselben Prinzip entwickelte:
innerhalb des letzten
vorletzten
drittletzten Erscheinungsintervalls
länger her
Antwort innerhalb des letzten Erscheinungsintervalls = Leser im letzten Erscheinungsintervall (LiE)

In der LA 65 wurde zum letzten Mal die direkte, in der LA 66 zum ersten Mal die indirekte Methode angewandt. Stellt man die Ergebnisse aus beiden Analysen für dieselben 5 Zeitschriftengruppen dar, die aus der gleichmäßigen Unterteilung einer Rangreihe von der Zeitschrift mit den meisten (→) regelmäßigen Lesern bis zu der mit den (→) meisten gelegentlichen Lesern hervorgingen, dann sieht man deutlich, wie unterschiedlich die Zeitschriften von diesem Phänomen betroffen wurden.

Durch den Wechsel von der direkten zur indirekten Abfrage sind offenbar mehr gelegentliche als regelmäßige Leser aus den Leserschaften im Erscheinungsintervall herausgehalten worden.

Zu diesen schon lange allgemein bekannten Konsequenzen haben Wilfried Wenzel und Rolf Speetzen sieben Jahre nach der Beobachtung des Phänomens noch eine weitere Erkenntnis hinzugefügt. Sie stellten die Frage: Welche Methode bringt Reichweitenwerte, deren Schwankungen von Jahr zu Jahr deutlicher mit den gleichzeitig zu beobachtenden Schwankungen der (→) Auflagen korrelieren? Für 18 in ihre Analyse einbezogene Zeitschriften konnten sie nachweisen, daß die Zusammenhänge zwischen den Veränderungen der Werte für Auflagen und Reichweiten in den 6 Analysen von 1960 bis 1965 erheblich weniger ausgeprägt waren als in den 8 Analysen von 1966 bis 1973. Sie kamen zu dem Schluß, daß die Veränderungen der Auflagen sich in den Reichweiten für die Leserschaften im letzten Erscheinungsintervall bei Verwendung der indirekten Fragestellung präziser widerspiegeln.

Die von LA 66 bis LA 69 benutzte indirekte Methode mit denselben Antwortvorgaben für alle drei Erscheinungsintervallgruppen hatte neben einem entscheidenden Vorteil, der Abschaffung der (→) Rotation und damit Vereinfachung des Befragungsvorgangs, auch einen erheblichen Nachteil gebracht: Für monatlich, 14täglich und wöchentlich erscheinende Zeitschriften wurden zwar dieselben Antwortvorgaben verwendet. Damit behandelte man sie aber nur scheinbar gleich: Nicht alle Leser kön-

Zeitschriften	Anzahl: wöchentlich	Anzahl: 14-täglich	Anzahl: monatlich	Anzahl: insgesamt	Anteil 9–10 von 10 an der LiE Durchschnitt %	Leserschaft im letzten Erscheinungsintervall: direkt abgefragt LA 65 Summe der Reichweiten %	indirekt abgefragt LA 66 %	Index LA 65 = 100
mit sehr hohem Anteil regelmäßiger Leser	9	–	–	(9)	70	65,9	60,9	92
höherem Anteil regelmäßiger Leser	9	–	–	(9)	57	78,0	64,6	83
durchschnittlicher Anteil regelmäßiger und gelegentlicher Leser	6	–	3	(9)	53	112,1	94,6	84
höherem Anteil gelegentlicher Leser	1	4	4	(9)	44	69,3	54,4	79
sehr hohem Anteil gelegentlicher Leser	–	4	5	(9)	32	51,1	41,7	82
gesamt				(45)	51	376,4	316,2	84

nen sich an den letzten (→) Lesevorgang tatsächlich erinnern. Einige schätzen, andere raten, wann sie eine Zeitschrift zum letzten Mal gelesen oder durchgeblättert haben. Verwendet man dieselbe Kalendervorlage für alle drei Erscheinungsintervalle, dann verschafft man den Lesern verschieden häufig erscheinender Zeitschriften unterschiedliche Chancen, sich durch richtiges Raten zu einem Leser im Erscheinungsintervall zu machen.

Antwortvorgaben für den Zeitraum des letzten Lesens		
LA 66	LA 67 + 68	LA 69
1 gestern	1 gestern	1 gestern
2 2–7 Tage	2 2–7 Tage	2 2–7 Tage
3 8–14 Tage	3 8–14 Tage	3 8–14 Tage
4 2–3 Wochen	4 2–4 Wochen	4 2–3 Wochen
5 3–4 Wochen		5 3–4 Wochen
6 4–6 Wochen		6 4–5 Wochen
7 6–8 Wochen		
8 2–3 Monate		
9 länger her	5 länger her	7 länger her

Wahrscheinlichkeiten, sich in das Erscheinungsintervall hineinzuraten		
9er Skala	5er Skala	7er Skala
wöchentliche 2 von 9 = 0,22	2 von 5 = 0,40	2 von 7 = 0,29
14tägliche 3 von 9 = 0,33	3 von 5 = 0,60	3 von 7 = 0,43
monatliche 5 von 9 = 0,56	4 von 5 = 0,80	5 von 7 = 0,72

Das macht verständlich, warum die monatlich erscheinenden Zeitschriften durch die Umstellung von LA 65 auf LA 66 kaum betroffen waren, obwohl es unter ihnen eine ganze Reihe von Zeitschriften gab, die sehr viele gelegentliche Leser sammelten: Sie bekamen gegenüber den wöchentlichen maximal die zweieinhalbfache Chance (0,22 : 0,56 = 100 : 255), daß sich Befragte mit einer beliebigen Antwort in die Leserschaft im letzten Erscheinungsintervall hineinrieten.

Solange man für alle drei Erscheinungsintervalle dieselben (→) Antwortvorgaben benutzte, waren die Konditionen nicht gleich für alle. Bei der Ja/Nein-Alternative der direkten Fragestellung, wie bis zur LA 65 verwendet, waren die Konditionen gleich gewesen: Es wurde stets nach dem Lesen im entsprechenden Erscheinungsintervall gefragt. Eine Gleichbehandlung sollte aber angestrebt werden; denn es gibt keinen vernünftigen Grund, den Lesern wöchentlich, 14täglich und monatlich erscheinender Zeitschriften unterschiedliche Chancen einzuräumen, durch zufällige Entscheidung für eine der vorgegebenen Antworten Leser im Erscheinungsintervall zu werden.

Deshalb hat die AGLA mit der LA 70 eine Kombination von indirekter Abfrage und jedem der drei Erscheinungsintervalle einzeln angepaßten Antwortvorgaben eingeführt. Technische Kommission und Spezialisten-Konferenz entschieden sich für eine vierstufige Skala mit der Vorgabe der Zeiträume von 1, 2, 3 Erscheinungsintervallen und „länger her".

Zu den Vorgaben mit 3 Erscheinungsintervallen entschloß man sich, weil man damals hoffte, mit den anfallenden Daten Ansätze zu leseranalytischen Informationen zu gewinnen, die heute in den Tabelle (→) „Interne Überschneidungen" enthalten sind: Reichweiten-Wachstum nach 1, 2, 3 Ausgaben – ausgewiesen allerdings nicht als Erhebungsergebnis, sondern als Rechenresultat.

Die Leserschaft im letzten Erscheinungsintervall ist deshalb so bedeutsam, weil von ihrer Größe direkt auf die Größe der Leserschaft einer durchschnittlichen Ausgabe geschlossen werden kann, die sich als praktikabelster Basiswert für die (→) Mediaplanung erwiesen hat. Wie dieser Analogieschluß zustande kommt, ist relativ leicht nachzuvollziehen, (→) Auskunftszeiträume.

Eine Einschränkung der Gültigkeit des Modells ergibt sich allerdings daraus,daß die zu berücksichtigende Erscheinung fast ausschließlich bei Zeitschriften, Wochenzeitungen und Supplements auftritt. Die Größe der Leserschaft im letzten Erscheinungsintervall ist mit der Größe der Leserschaft einer durchschnittlichen Ausgabe dann nicht identisch, wenn zwei Phänomene auftreten, die bisher zwar schon oft diskutiert worden sind, deren Bedeutung aber nur ganz selten nachgewiesen wurde:

- Das Lesen von mehr als einer Ausgabe im Erscheinungsintervall, das man als (→) gehäuftes (paralleles oder gerafftes) Lesen bezeichnet hat: Für die Leserschaft im Erscheinungsintervall wird nur der Kontakt mit (mindestens) einer Ausgabe im Auskunftszeitraum festgehalten, die Kontakte mit weiteren Ausgaben im Auskunftszeitraum werden nicht gezählt. Konsequenz: Die Leserschaft im Erscheinungsintervall erscheint kleiner als die Leserschaft einer durchschnittlichen Ausgabe ist.
- Das Lesen einer Ausgabe in mehr als einem Erscheinungsintervall, das man als (→) gedehntes oder wiederholtes (replizites) Lesen bezeichnet hat: Für die Leserschaft im Erscheinungsintervall wird jeder Kontakt mit (irgend)einer Ausgabe im Auskunftszeitraum festgehalten, gleichgültig ob mit derselben Ausgabe bereits in vorangegangenen Auskunftszeiträumen ein Kontakt stattgefunden hat oder nicht.

Konsequenz: Die Leserschaft im Erscheinungsintervall erscheint größer, als die Leserschaft einer durchschnittlichen Ausgabe ist.

Erstbezieher *(Erstbezieherhaushalt)*
→ Erstempfänger, Erstleser

Ersteinsatz
→ Feldeinsatzmodell

Erstempfänger
Ein ursprünglich aus dem Begriffsschatz des Vertriebs von (→) Lesezirkeln stammender, in die (→) Mediaforschung übernommener Terminus, der in Analogie zu dem des (→) Erstlesers zur Bezeichnung derjenigen Empfänger einer Zeitschrift oder einer Lesezirkelmappe verwendet wird, die diese als erste, bei (→) Fachzeitschriften also z. B. im Umlaufverfahren, bei Lesezirkeln als Bezieher der aktuellsten Lesemappe, bekommen.
Aus personenbezogenen Angaben des Erstempfängers dürfen in (→) Nutzer-Struktur-Analysen und (→) Reichweitenuntersuchungen keine Angaben über weitere (→) Empfänger oder (→) Leser in einer Institution abgeleitet werden.

Erstkontakt
In der (→) Media- und (→) Leserschaftsforschung der erste (→) Kontakt, den eine von einem (→) Werbeträger erreichte Person mit diesem Werbeträger hat. Er ist zu unterscheiden von den (→) Wiederholungskontakten, die sich als weitere Kontakte zum Beispiel bei (→) gedehntem und wiederholtem Lesen ergeben können. Die Summe der Erst- und der Wiederholungskontakte ergibt die Zahl der (→) Bruttokontakte pro Nummer.

Erstleser *(Primärleser, Hauptleser)*
In der (→) Media- und (→) Leserschaftsforschung diejenige Person, die eine Zeitung oder Zeitschrift innerhalb eines Haushalts oder eines Betriebs (einer Institution) oder als Bezieher eines (→) Lesezirkels als erste liest im Gegensatz zu den (→) Folgelesern, die sie nach ihnen lesen. Die Unterscheidung zwischen Erstlesern (primary readers) und Folgelesern (pass-along readers) wurde von Alfred Politz in seiner 1964 veröffentlichten Untersuchung „Study of Primary and Pass-along Readers of Four Magazines“ (Reader's Digest, Life, Look und McCall's) getroffen. Nach dem Politz'schen Ansatz sind Erstleser Personen, in deren Haushalt die Ausgabe einer Zeitschrift entweder durch (→) Abonnement oder durch (→) Einzelkauf erworben wurde. Dieser Unterscheidung als Kriterium der (→) Leser-Blatt-Bindung (LBB) liegt die Erkenntnis zugrunde, daß die Erstleser aufgrund ihres aktiven Zugangs zum Objekt eine engere Beziehung zu ihm haben als die Folgeleser.
Zur Ermittlung dieser beiden Gruppen wurde nur eine Fragestellung eingesetzt. Sie lautete: „People often see a magazine copy that originally belonged to someone else. Which item on this card describes the person or place which first got the copy you looked into of this (date) issue of (magazine) which came out (date)?“
Die vorzulegende Karte enthielt die nachstehenden Antwortmöglichkeiten:
„a) The copy originally belonged to a friend, neighbor or relative, who does not live in this household.
b) The copy originally belonged to a doctor, dentist, barber shop, beauty parlour, office, school or library.
c) Someone who lives in this household bought the copy at a local store or newsstand.
d) Someone who lives in this household got the copy by regular subscription through the mail.
e) I don't know who the copy originally belonged to.
f) Other (please specify).“
Als Erstleser bezeichnete Politz diejenigen Personen, die den Antwortvorgaben c) oder d) zustimmten. Die ersten beiden Kategorien, a) und b), galten als Folgeleser, während man die Zuordnung von e) bzw. f) als unbestimmte und nicht klare Antworten betrachtete, (→) Residualkategorie.
Da sich die letzte Klasse, e) und f), als sehr klein erwies, schlug man die Personen der Gruppe e) zu den Folgelesern und die Kategorie f) entsprechend der konkreten Aussage zu einer der beiden Lesergruppen.
Dabei ging es Politz um den Nachweis einer hohen (→) Korrelation zwischen Erstlesern und (→) Lesedauer, nicht um den Nachweis der Effizienz seiner Kategorien für die (→) Anzeigenwirkung. Jean-Michel Agostini hat, ebenfalls im Jahr 1964, den Ansatz von Alfred Politz verfeinert, (→) Agostini-Ansatz, nachdem er festgestellt hatte, daß in der (→) Lesequalität markante Unterschiede zwischen „Folgelesern zuhause“ und „Folgelesern außer Haus“ bestanden. Daraus leitete er seine Dreiteilung bei der Klassifizierung der Leserschaft ab und differenzierte zwischen „bewußten Hauptlesern“ (intentional primary readers), „Folgelesern im Hause“ (in-home pass-along readers, secondary readers) und „Folgelesern außer Haus“

(out-of-home pass-along readers, tertiary readers).

Erstmappe
Beim Vertrieb von (→) Lesezirkeln diejenigen Lesezirkelmappen, in denen die jeweils aktuellen, in Schutzumschläge gehefteten Zeitschriften enthalten sind, die in der Erscheinungswoche an die Bezieher weitergegeben werden. Der Begriff bezieht sich auf die vom Lesezirkel hergestellten Mappen pro Woche. Die Zahl der Erstmappen gibt an, welche Kapazität ein Lesezirkel hat.

Erstverkaufstag
Im Medienvertrieb derjenige, meist auf dem Titelblatt einer periodisch erscheinenden Publikation als (→) Erscheinungsdatum eingetragene Termin, an dem das Periodikum spätestens im Einzelhandel erhältlich ist. In der Praxis wird dieser Termin jedoch oft genug unterschritten.

Erwartungstreue *(Unverzerrtheit; Konsistenz)*
In der statistischen (→) Schätztheorie wird als erwartungstreu eine (→) Schätzfunktion bezeichnet, wenn der (→) Erwartungswert gleich dem (→) Parameter der (→) Grundgesamtheit ist. Ist also der Wert des zu schätzenden Parameters 0 und die Schätzfunktion 0, so ist die Schätzfunktion erwartungstreu, wenn der Erwartungswert E(0) = 0 gilt. Erwartungstreue ist nicht in allen Fällen ein unverzichtbares Erfordernis von Schätzfunktionen. In vielen Fällen der angewandten Statistik sind verzerrte Schätzfunktionen durchaus hinreichend.

Erwartungswert
In der statistischen (→) Schätztheorie ein zur Ermittlung der (→) Erwartungstreue einer (→) Schätzfunktion verwendeter Wert, der aus dem (→) Mittelwert der (→) Grundgesamtheit besteht, der bei mehrfacher Zufallsentnahme für die Zufallsgröße X zu erwarten ist. Für den diskreten Fall gilt also, wenn x_i $(1 \leqq i \leqq k)$ die Ausprägungen der Zufallsgröße X und f(x_i die zugehörigen Wahrscheinlichkeiten bezeichnen

$$E(X) = \mu = \sum_{i=1}^{k} x_i f(x_i) .$$

Dabei ergibt sich der (→) systematische Fehler (Bias) als die Differenz zwischen Erwartungswert und Parameter. Umgekehrt ist eine Schätzung erwartungstreu, wenn Erwartungswert und (→) wahrer Wert gleich sind.

Etat
→ Media-Etat (Streu-Etat)

Etat-Swing
→ Mediaselektion

euklidische Distanz *(Euklid-Distanz)*
→ Distanzmaße 1.

Europäische Organisation für Mediaforschung
→ Club Dubois

EV-Lieferungen *(Apart-Lieferungen)*
Im Medienvertrieb die Gesamtheit der im (→) Einzelverkauf gelieferten Exemplare eines Druckmediums, d. h. im einzelnen die Lieferungen an nichtständige Abnehmer gegen Bezahlung, die Lieferungen an Großhandlungen, an Zeitungs-, Zeitschriften-, Buchhändler und andere Wiederverkäufer mit (→) Remissionsrecht gegen Rechnung, die Lieferungen an Verkaufsschalter der Geschäftsstellen, an Verkaufsautomaten und für Eintages- und Zweitagesbezieher.

EV-Stücke
Im Medienvertrieb die Gesamtzahl der im (→) Einzelverkauf verkauften Einzelstücke eines Druckmediums nach Abzug der Remittenden.
→ Einzelverkaufsauflage

EV-Verkauf
→ Einzelverkauf

EVA
Abk Entscheidung – Verbrauch – Anschaffung

Evaluierung *(Evaluation)*
In der (→) empirischen Sozialforschung die sich meist der Technik der teilnehmenden (→) Beobachtung bedienende Untersuchung und Bewährungskontrolle sozialer und politischer Programme, Planungen, Modellversuche und Projekte in allen Lebensbereichen, die mit dem Ziel der Verbesserung dieser Programme, der Steigerung ihrer Effizienz und der Rationalisierung von Entscheidungsabläufen durchgeführt wird. Analog werden vorwiegend in der (→) Mediaplanung vorgegebene (→) Mediapläne in (→) Evaluierungsmodellen bewertet.

Evaluierungsmodell *(Bewertungsmodell)*
In der (→) Mediaplanung (Streuplanung) ein Modell der (→) Mediaselektion zur Bewertung der Wirtschaftlichkeit und Effizienz eines gegebenen (→) Mediaplans anhand von Zielkriterien wie z. B. (→) Reichweite, (→) Kontakthäufigkeit, (→) Kontaktqualität, (→) Kontaktverteilung. Das Ergebnis der Evaluierung ist eine Reihe ein- oder mehrdimensionaler Leistungswerte, die Grundlage der Entscheidung bilden. In der Regel werden im Rahmen des vorgegebenen Streuplans zwischen 10 bis maxi-

mal 20 Planalternativen untersucht. Dabei werden in den verschiedenen Varianten verbreiteter Evaluierungsmodelle meist die Zielkriterien, die Eingaben und die Daten des Mediaplans zu einem Gesamtindex aggregiert. Insbesondere ermöglichen Evaluierungsmodelle die Berücksichtigung und Beurteilung (→) externer und (→) interner Überschneidungen sowie die Berücksichtigung auch qualitativer Aspekte in Form von Personen- und Mediagewichten und (→) Kontaktbewertungskurven, (→) Kontaktgewichtung.

Aufbau eines Evaluierungsmodells

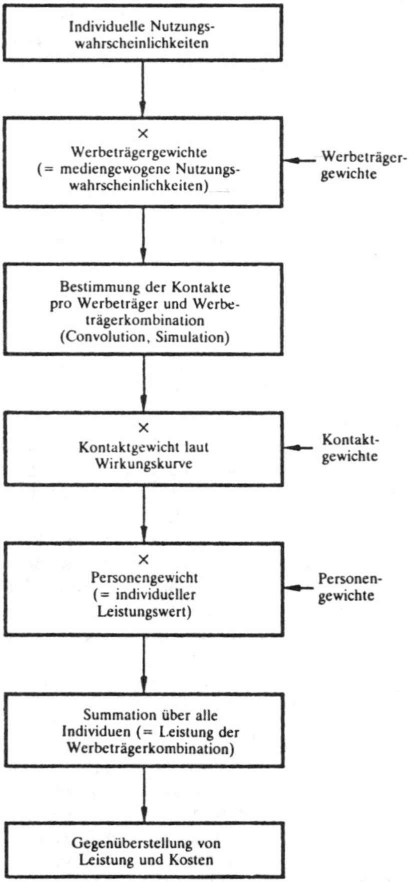

Der praktische Nutzen von Evaluierungsmodellen beschränkt sich allerdings auf die Bewertung vorgegebener Streupläne und unterscheidet sich darin von den Modellen zur Entwicklung optimaler Streupläne, (→) Optimierungsmodelle, bzw. den Modellen zur Entwicklung guter Streupläne, (→) Satisfizierungsmodelle. Evaluierungsmodelle versetzen nach den Worten von Günter Schweiger den Mediaplaner in die Lage, „aus einer Reihe von ihm selbst festgelegter Mediakombinationen diejenigen herauszufinden, die gewisse, ebenfalls von ihm selbst zu definierende Bedingungen am besten erfüllen“. Als eigenständiger Modelltyp ermöglichen Evaluierungsmodelle die computergestützte Vorauswahl von (→) Kandidatenmedien und die isolierte Untersuchung einzelner Medien auf ihre Preiswürdigkeit im Rahmen eines Wirtschaftlichkeitsvergleichs. Zugleich ist die Funktion der Evaluierung auch notwendiger Bestandteil der Optimierungs- und Satisfizierungsmodelle der Mediaselektion.
Die Ermittlung der (→) Kontaktwahrscheinlichkeiten der Evaluierungsmodelle erfolgt entweder im Wege der (→) Simulation oder analytisch mit Hilfe der (→) Faltung (Convolution). Aus der Vielzahl der in der Frühzeit der computergestützten Programme der Mediaplanung verbreiteten Modelle der Mediaselektion haben sich gegenüber den Konstruktionsmodellen (d. h. den Optimierungs- bzw. Satisfizierungsmodellen) vor allem die Evaluierungsmodelle und die (→) Rangreihenmodelle am Markt behaupten können. In der Praxis sind zahlreiche Varianten von Evaluierungsmodellen verbreitet. Die bekanntesten unter ihnen sind das (→) AD-ME-SIM-Modell, (→) CAM und CAM-S, (→) KUSA, das (→) Streuplan-Analyse-Programm (SAP), das (→) Plan-Evaluierungs-Programm (PEP), das (→) Simulmatics Media Mix, das (→) VIP-Modell, (→) KONDI, (→) FOPSY, (→) TAKTI, (→) KOVER.

Exklusivleser
In der (→) Leserschaftsforschung ein Leser, der lediglich eine einzige Zeitung oder Zeitschrift einer bestimmten Lesekategorie liest und durch andere Publikationen derselben Kategorie folglich nicht erreicht wird. So ist z. B. die Zahl der Exklusivleser bei örtlichen Tageszeitungen besonders hoch, bei Zeitschriften, allerdings mit großen Unterschieden zwischen den einzelnen Zeitschriftengattungen, recht niedrig. Am höchsten ist die Zahl der Exklusivleser dort noch bei (→) Programmzeitschriften, besonders niedrig ist sie bei Automobilzeitschriften, deren Leserschaften sich besonders stark überschneiden. Generell und mit einigen Vorbehalten läßt sich sagen, daß die Zahl der Exklusivleser mit wachsender Leserzahl einer Zeitschrift wächst. Umgekehrt gilt: Je kleiner

die Leserschaft einer Zeitschrift, desto mehr Kontakte haben ihre Leser mit anderen Zeitschriften. Einigermaßen abgesichert ist auch der Befund, daß Exklusivleser eine stärkere (→) Leser-Blatt-Bindung (LBB) haben als (→) Doppel- bzw. (→) Mehrfachleser, denen auch die (→) LZ-Leser zuzurechnen sind, d. h. Exklusivleser sind ausschließlich (→) A + E-Leser.

Experiment
In der empirisch-wissenschaftlichen Forschung eine Art der Untersuchungsplanung und -anordnung, mit deren Hilfe unter kontrollierten, intersubjektiv überprüfbaren Bedingungen eine (→) Hypothese, (→) Hypothesenprüfung, getestet wird. Dabei wird mindestens eine (→) unabhängige Variable planmäßig variiert und der durch die Variierung hervorgerufene Effekt gemessen oder beobachtet. Die sozialwissenschaftlichen unterscheiden sich von den naturwissenschaftlichen Hypothesen, die experimentell überprüft werden, dadurch, daß es sich bei ihnen meist um probabilistische und in den seltensten Fällen um deterministische Kausalitäten handelt. Von anderen Methoden der Markt- und Sozialforschung wie z. B. der (→) Befragung und der Beobachtung unterscheidet sich das Experiment nicht in der Unterschiedlichkeit der Art der (→) Erhebung von Daten, sondern allein in der ihr zugrundeliegenden (→) experimentellen Anordnung, die sowohl Elemente der reinen Befragung, (→) Befragungsexperiment, wie der reinen Beobachtung, (→) Beobachtungsexperiment, enthalten kann. Es ist ein besonderes Charakteristikum von Experimenten, daß der Versuchsleiter in den Prozeß der Entstehung von Untersuchungsdaten selbst aktiv eingreifen und die kontrastierenden Situationen, d. h. die Experimental- und die Kontrollsituation, verändern kann (aber nicht unbedingt muß: es kann sich auch um natürliche Situationen handeln, deren Kontrastierung lediglich bewußt vorgenommen wird).
→ Feldexperiment, Laborexperiment

Experiment in der Zeitfolge *(Before-after-Experiment)*
→ experimentelle Anlage

Experimentanordnung
→ experimentelle Anlage

Experimente zum Lernen von Anzeigen (ELA)
Eine 1976 von der Geiger Marketingforschung, Köln, durchgeführte von den (→) Programmzeitschriften „Hörzu" und „Funk Uhr" des Axel Springer Verlags, Hamburg 1977 veröffentlichte Studie über die „Messung von Wirkungsverläufen im Labortest". Die Studie unternahm den Versuch, den Verlauf von (→) Lernkurven unter verschiedenen Bedingungen zu untersuchen, die zeigen, wie Einprägung und (→) Erinnerung sich entwickeln, wenn gleiche oder ähnliche Lerninhalte einmal, zweimal, dreimal usw. vorgelegt werden.
Die Lerninhalte der ELA-Studie waren Werbebotschaften, d. h. Anzeigen aus (→) Publikumszeitschriften. In diesem Sinne formuliert befaßte sich die Untersuchung mit dem Verlauf von (→) Kontaktbewertungskurven, also mit der Entwicklung des Lern- und Einprägegrades bei zunehmenden Anzeigen-Kontakten. Sie stützte sich auf Ergebnisse eines experimentellen Untersuchungssatzes zur Ermittlung der Anzeigen-Lernleistung bei 470 Versuchspersonen. Das Spektrum der Kriterien ging von der (→) Wiedererkennung von Anzeigen bzw. Inhalten über die Wirkung nach unterschiedlicher Kontaktmenge und die Lernergebnisse in der Zeit bis zur Einschätzung von Lernkurven für differenzierte werbliche Aufgabenstellungen.

experimentelle Anlage
Je nach der Versuchsanlage lassen sich vier verschiedene Grundtypen des Experiments unterscheiden, deren Charakteristika in der tabellarischen Übersicht beschrieben sind, die der in Anlehnung an die angelsächsische Terminologie verwendeten Symbolik folgt. Zur Kennzeichnung dieser Typen werden die folgenden Symbole verwendet:

E = experimental group = Versuchsgruppe,
A = after = Messung des abhängigen Faktors erst, nachdem der Wirkungsfaktor (unabhängige Faktor) seinen Einfluß ausüben konnte,
B = before = kennzeichnet eine Messung zu einem Zeitpunkt, an dem der Wirkungsfaktor noch nicht in das Geschehen eingeführt worden war,
C = control group = symbolisiert die Kontrollgruppe, an der auch Messungen vorgenommen worden sind.

Voraussetzung für die Durchführung eines (→) Experiments ist das Vorhandensein einer experimentellen Gruppe oder Person und einer Kontrollgruppe oder -person. Im Experiment wird nur die experimentelle Gruppe der Einwirkung der unabhängigen Variablen ausgesetzt (bzw. untersucht). Die Kontrollgruppe oder -person ist dadurch definiert, daß sie der Auswirkung der unabhängigen Variablen nicht ausgesetzt ist. Bei dieser Anlage läßt sich die Wirkung der unabhängigen Variablen als Differenz zwischen dem Zustand der experimentellen und der Kontrollgruppe nach Einwirken der unabhängigen Variablen messen.

Arten der experimentellen Anlage

Typ		Versuchs-gruppe	Kontroll-gruppe	Faktorwirkung	Beschreibung	Probleme
EBA	Zeitpunkt vor Auswirkung des Testfaktors (B)	x_0	–	x_1-x_0	Experiment in der Zeitfolge mit einer Versuchsgruppe; die Vormessung liefert den Bezugswert, die nach der Faktorauswirkung erfolglose Nachmessung den Endwert. Typisches Beispiel: Panel.	Carry-over- und Entwicklungseffekte; Vormessung muß möglich sein.
	Zeitpunkt nach Auswirkung des Testfaktors (A)	x_1	–			
EB–CA	B	x_0	–	y_1-x_0	Experiment in der Zeitfolge mit mindestens zwei Gruppen; die Vormessung (Bezugswert) findet in einer Kontrollgruppe, die Nachmessung (Endwert) in der Versuchsgruppe statt. Typisches Beispiel: Trenderhebung.	Entwicklungseffekte; Vormessung muß möglich sein.
	A	–	y_1			
EBA–CBA	B	x_0	y_0	$(x_1-x_0)-(y_1-y_0)$	Simultanexperiment mit mindestens zwei Gruppen ohne Vormessung; die Kontrollgruppe liefert den Bezugswert, die Experimentgruppe den Endwert. Typisches Beispiel: gegabelte Wiederholungsbefragung.	Keine Carry-over-Effekte möglich; Entwicklungseffekte möglich, aber nicht verzerrend.
	A	x_1	y_1			
EA–CA	B	–	–	x_1-y_1	Simultanes Experiment in der Zeitfolge mit mindestens zwei Gruppen, drei Bezugswerten und einem Endwert. Typisches Beispiel: gegabelte Befragung.	Carry-over- und Entwicklungseffekte möglich, aber nicht verzerrend; der Entwicklungseffekt läßt sich sogar berechnen; Vormessung muß möglich sein
	A	x_1	y_1			

Nach Günter Hartfiel müssen für die experimentelle Überprüfung einer Kausalbeziehung im Idealfall die folgenden Bedingungen erfüllt sein:

- o **Identifizierung:** die für das Forschungsproblem relevanten Faktoren oder Variablen müssen identifiziert sein, damit Hypothesen über die vermuteten Zusammenhänge formuliert werden können;
- o **Isolierung (Kontrolle):** die untersuchten Variablen müssen von anderen Variablen isoliert werden können, damit die Beziehungen der aufeinander einwirkenden Variablen untersucht werden können;
- o **Manipulierbarkeit:** die unabhängige, experimentelle Variable muß variierbar sein;
- o **Wiederholbarkeit:** die experimentelle Situation muß unabhängig von den daran teilnehmenden Personen überprüfbar und wiederholbar sein.

Nach Wilhelm Hill gibt es für Marktforschungsexperimente drei mögliche Forschungszwecke:

1. Die funktionelle Beziehung zwischen unabhängigen und abhängigen Variablen ist bekannt, untersucht werden soll, wie sie zu quantifizieren ist;
2. die funktionelle Beziehung zwischen unabhängigen und abhängigen Variablen ist unbekannt, es bestehen jedoch eine Reihe von Vermutungen über die Zusammenhänge, die als Arbeitshypothesen im Experiment überprüft werden;
3. weder die tatsächliche Funktionsform noch die tatsächliche Relevanz der Variablen ist bekannt, gleichwohl lassen sich über beide experimentell überprüfbare Arbeitshypothesen formulieren.

Entscheidende Voraussetzung für den Wert von Experimenten ist ihre externe und interne (→) Validität. Je nachdem, ob Experimente in natürlicher Umgebung oder unter den strengen Bedingungen der Kontrollierbarkeit einer künstlichen Umgebung stattfinden, unterscheidet man zwischen (→) Feldexperimenten und (→) Laborexperimenten.

→ Experiment; *vgl.* Quasi-Experiment

Exploration

Im weitesten Sinne die Erkundung der auf einen Untersuchungsgegenstand einwirkenden Einflußfaktoren und der für ihn relevanten Umstände und Bedingungen mit dem Ziel der Differenzierung des Forschungsproblems zur Verfeinerung und Überprüfung der Anlage einer Untersuchung, (→) Leitstudie. Im engeren Sinne werden damit die zur Erhellung von Motivationsstrukturen in der Markt-, Media- und Sozialforschung eingesetzten, aus der Psychodiagnostik übertragenen (→) nichtdirektiven, (→) qualitativen Erhebungsverfahren bezeichnet.

→ Intensivinterview, Motivationsforschung

exponentielle Glättung

In der statistischen (→) Zeitreihenanalyse ein Verfahren der Trendbestimmung, das sich vorwiegend zur Ermittlung kurzfristiger (→) Prognosen eignet. Dem Verfahren, das eine Verallgemeinerung der Methode der (→) gleitenden Durchschnitte darstellt, liegt die Vorstellung zugrunde, daß die Zeitreihenwerte mit wachsender zeitlicher Entfernung vom Prognosezeitraum an Bedeutung verlieren. Diesem Grundgedanken entspricht es, daß die aktuellen Zeitreihenwerte bei der exponentiellen Glättung höher als die weiter zurückliegenden Werte gewichtet werden, d. h. die Gewichtungskoeffizienten nehmen mit wachsender zeitlicher Entfernung geometrisch ab. In ihrer einfachsten Form lautet die Gleichung für die zu prognostizierende Größe für die Periode t + 1:

$$\hat{y}_t+1 = \alpha \cdot y_t + (1-\alpha)\bar{y}_t.$$

Dabei bedeuten:

$\hat{y}_{t+1}$ der für die Periode t + 1 zu prognostizierende Wert.

y_t der in der Periode t tatsächlich beobachtete Wert,

y_t der durch Glättung gebildete, gewichtete Mittelwert der vergangenen Zeitperioden,

K der Glättungsparameter ($0 \leqq \alpha \leqq 1$), der als der frei wählbare Gewichtungsfaktor aufgrund von Erfahrungen festgelegt werden kann (je nachdem, wieviel Gewicht den aktuellen Zeitreihenwerten für die Prognose gegenüber den weiter zurückliegenden Werten zugemessen wird).

Daraus wird deutlich, daß das zentrale Problem bei der Anwendung des Verfahrens der exponentiellen Glättung die Festlegung des auf eine konkrete Zeitreihe am besten passenden Glättungsparameters ist. Es gilt allgemein: Verändern sich die Einzelwerte einer Zeitreihe nur langsam, ist ein entsprechend niedriger Glättungsfaktor angemessen, verändern sie sich von Fall zu Fall sehr stark, ist ein hoher Glättungsfaktor einzusetzen. Wegen dieses Vorgangs der Anpassung der Parameterschätzung wird das Verfahren der ponentiellen Glättung zu den Methoden der adaptiven Prognose gerechnet.

Exportzeitschrift

Eine zur Förderung des Exports von Inlandserzeugnissen im Ausland vertriebene und daher in der entsprechenden Fremdsprache geschriebenen Zeitschrift.

Exposition

→ Kontakt

Expositionschance

→ Kontaktchance, Seitenkontakt; Zeitschriften, Leser, Anzeigen

externe Überschneidung *(Quantuplikation; Duplikation)*
In der (→) Media- und (→) Leserschaftsforschung die Überschneidung der Nutzerschaften mehrerer Werbeträger, d. h. die Überschneidung zwischen den Nutzern mehrerer (→) Medien-Kontakt-Einheiten. Durch die externe Überschneidung reduziert sich die (→) Nettoreichweite gegenüber der (→) Bruttoreichweite. Umgekehrt ergeben sich externe Überschneidungen für den einzelnen Leser dadurch,

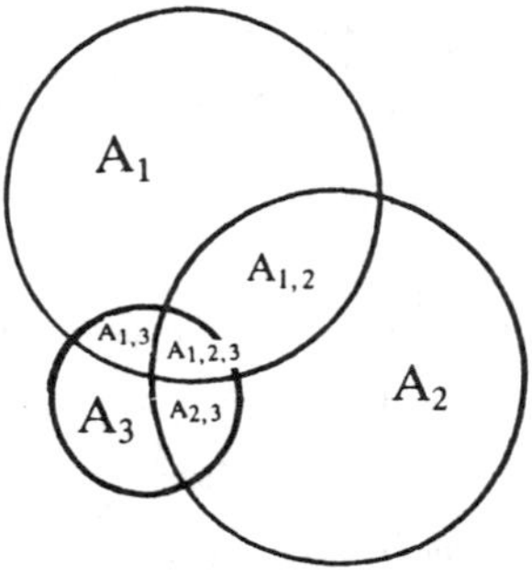

Überschneidung dreier Werbeträger im Venn-Diagramm

Bruttoreichweite $= A_1+A_2+A_3$

Nettoreichweite $= (A_1+A_2+A_3) - (A_{1,2} - A_{1,3}) - (A_{2,3}+A_{1,2,3})$

Durchschnittskontakte $= \dfrac{A_1+A_2+A_3}{(A_1+A_2+A_3)-(A_{1,2}-A_{1,3}) - (A_{2,3}+A_{1,2,3})}$

Darin bedeuten:

externe Überschneidungen:
zwischen A_1 und A_2: $A_{1,2}$
zwischen A_1 und A_3: $A_{1,3}$
zwischen A_2 und A_3: $A_{2,3}$
zwischen A_1, A_2 und A_3: $A_{1,2,3}$

daß er mehrere Werbeträger gleichzeitig nutzt. Durch externe Überschneidung wird es für die (→) Mediaplanung schwierig, die günstigste (→) Medienkombination, d. h. diejenige mit dem niedrigsten (→) Tausenderpreis, zu finden. Eines der dafür entwickelten Hilfsmittel ist die (→) Agostini-Formel oder die für Deutschland modifizierte (→) Kuhn-Formel sowie Weiterentwicklungen wie die(→) Meteringham-Formel, die (→) Kwerel-Formel oder die (→) Sainsbury-Methode.
In der (→) Media-Analyse (MA) der (→) Arbeitsgemeinschaft Media-Analyse (AG.MA) erfolgt die Berechnung der externen Überschneidung nach der Formel:

$$E = \frac{\sum_{i=1}^{N} g_i[1-(1-p_{ij})(1-p_{ik})]}{\sum_{i=1}^{N} g_i p_i} \cdot 100 .$$

Darin bedeuten:
g = Personengewicht
i = 1…N Personen
p = Nutzungswahrscheinlichkeit
j, k = 1…M Medien.

Ein Spezialfall davon ist die Überschneidung zweier Medien:

$$E = \frac{\sum_{i=1}^{N} (p_{ij} + p_{ik} - p_{ij}p_{ik})\, g_i}{\sum_{i=1}^{N} g_i\, p_i} \cdot 100.$$

In der MA tragen die Register 6 des roten Bandes und 9 des blauen Bandes die Überschrift „externe Überschneidungen". Der Normalfall für die externe Überschneidung zweier (→) Medien-Kontakt-Einheiten (MKE) ist:

$$(1) \quad \frac{\sum_{i=1}^{N} p_{1i}\, p_{2i}\, g_i}{\sum_{i=1}^{N} p_{1i} g_i} \cdot 100$$

Das Medium 1 steht dabei in den Zeilen der Vorspalte. Die Tabellenart ist insofern eine Zusammensetzung.
Bei den (→) Weitesten Nutzerkreisen (WNK) lautet die Formel entsprechend:

$$(2) \quad \frac{\sum_{i \in \text{WNK1 und WNK2}} g_i}{\sum_{i \in \text{WNK1}} g_i} \cdot 100$$

Dabei handelt es sich um Zusammensetzungs-Tabellen, wenn auch nur eine Kategorie im Zähler aufgeführt ist.
Die zweite wäre: $p_1 - p_1p_2 = p_1(1-p_2)$, das sind diejenigen, die ein Medium, aber nicht das andere nutzen.
Im Register 9 des blauen Bandes gibt es von der Formel
- zwei Varianten:
  Fernsehen ∅ ½ Std. x Fernsehen ∅ ½ Std.
  Radio ∅ Std. x Radio ∅ Std.
  von der Formel (2) gibt es:
- vier Varianten:
  WSK (Weitester Seherkreis) x WSK

WHK (Weitester Hörerkreis) x WHK
WHK x WSK
WSK x WHK
Außerdem gibt es im Register 9 des blauen Bandes für diese 6 externen Überschneidungen Reichweiten-Angaben, die den folgenden Formeln entsprechen:

Formel (3) $$\frac{\sum_{i=1}^{N} \left\{ p_1 + p_2 - p_1 p_2 \right\} g_i}{\sum_{i=1}^{N} g_i} \cdot 100$$

Formel (4) für den WNK $$\frac{\sum g_i \ \text{WNK1 oder WNK2}}{\sum_{i=1}^{N} g_i} \cdot 100$$

Vergleicht man die beiden Teilbereiche (1), (2) einerseits und (3), (4) andererseits, ist der erste Teilbereich statistisch eine Durchschnitts-Angabe und der zweite eine Vereinigungsmenge. Die Graphik unten auf dieser Seite zeigt das Modell externer Überschneidungen im (→) Leser pro Ausgabe (LpA).

Der so ermittelte Wert gibt an, wieviele Nutzer des einen Werbeträgers auch den anderen Werbeträger nutzen. Als Resultat von externen Überschneidungen ergeben sich höhere (→) Kontakthäufigkeiten, als (→) Einschaltungen gemacht werden. Zur Errechnung der (→) Kontaktverteilungen aufgrund von (→) Kontaktwahrscheinlichkeiten steht entweder die analytische Methode der (→) Faltung (Convo-

Modell externer Überschneidungen im LpA

Der Leserkreis einer Zeitschriftenkombination wird ermittelt, indem die Leser, die mehrere Titel gleichzeitig lesen, nur 1 x berücksichtigt werden.

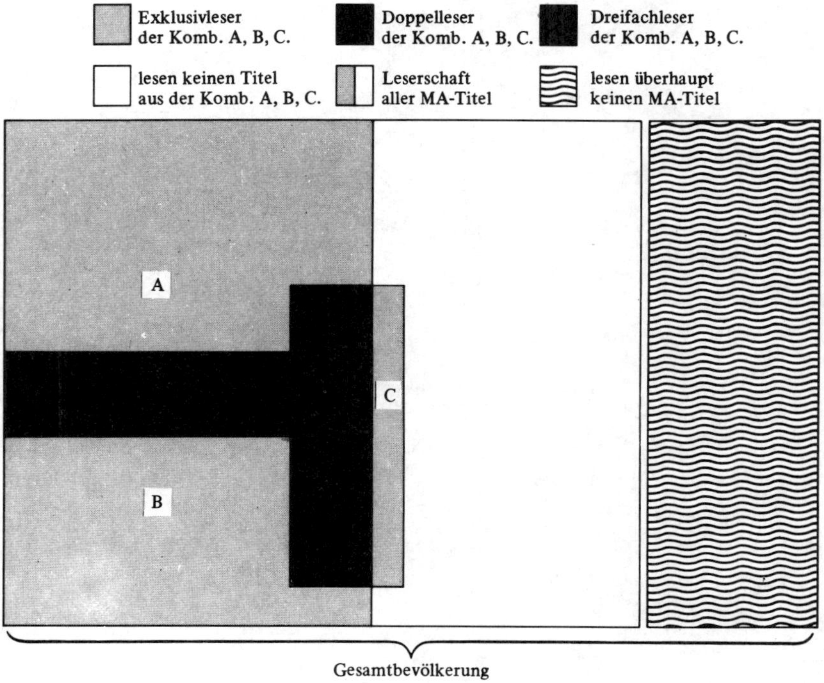

Brutto-Reichweite = A+B+C
Netto-Reichweite = (A+B+C) – A/B+A/C+B/C+A/B/C)

$$\frac{\text{Brutto-Reichweite}}{\text{Netto-Reichweite}} = \phi\text{-Kontakt}$$

lution) oder die (→) Simulation zur Verfügung.
vgl. interne Überschneidung (Kumulation)

Extrapolation
1. Die (→) Schätzung oder (→) Hochrechnung einer unbekannten Variablen aus zwei oder mehr bekannten Variablen bzw. die Fortschreibung der in einer Datenreihe enthaltenen, auf die Vergangenheit bezogenen Werte in die Zukunft. Der Operation liegt die Annahme zugrunde, daß die in der Vergangenheit festgestellte Regelmäßigkeit, z. B. ein (→) Trend), sich auch in der Zukunft fortsetzen wird.
→ Trendextrapolation

2. Die Erweiterung einer Hypothese oder einer Theorie über den Bereich der unmittelbaren Erfahrung hinaus.
→ Ausfälle (Ausfallgewichtung)

Extremwerte
→ Ausreißer

Exzeß *(einer Verteilung)*
→ Wölbung

F

F-Modell *(Future-Modell)*
→ Abfragemodell

F-Quotient
→ F-Test

F-Test *(Varianzverhältnistest)*
Ein statistischer (→) Signifikanztest zur Prüfung der (→) Nullhypothese über die Gleichheit der (→) Varianzen $\sigma^2(\sigma^2 = \sigma_1^2 = \sigma_2^2)$ bzw. Varianzschätzungen zweier unabhängiger normalverteilter Zufallsgrößen. Prüfgröße ist dabei der sog. F-Quotient, d. h. das Verhältnis der Stichprobenvarianzen

$$F = \frac{s_1^2}{s_2^2}$$

wobei $s_1^2 \geqq s_2^2$ ist, d. h. der Quotient wird aus dem Verhältnis der jeweils größeren zur jeweils kleineren Varianz gebildet. Zur Ermittlung der Signifikanz der Varianzen bzw. Varianzschätzungen wird der F-Quotient mit dem kritischen Wert der (→) F-Verteilung verglichen, der durch die Anzahl der (→) Freiheitsgrade und das gewählte (→) Signifikanzniveau bestimmt wird. Die Kenntnis der F-Verteilung für den Fall, daß die beiden (→) Stichproben aus Grundgesamtheiten mit derselben Varianz stammen, gestattet es, den Annahmebereich und den Zurückweisungsbereich (kritischer Bereich) für die Nullhypothese bei gegebener (→) Irrtumswahrscheinlichkeit festzulegen. Ist der F-Quotient höher als der (→) kritische Wert der F-Verteilung, so ist die Nullhypothese zurückzuweisen. Überprüft werden können konkrete F-Quotienten in sog. (→) F-Tabellen (s. Anhang 2), in denen bei gegebenen Signifikanzniveaus die kritischen Werte für die verschiedenen Freiheitsgrade angegeben sind.

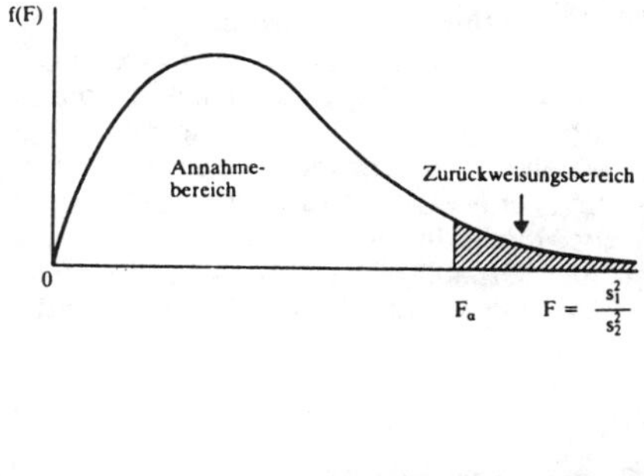

Der F-Test wird auch in der (→) Varianzanalyse zur Prüfung von Mittelwertdifferenzen verwendet.

F-Verteilung
Eine (→) Wahrscheinlichkeitsverteilung, die aus dem Quotienten von zwei unabhängigen, chi-quadratverteilten Variablen, geteilt durch deren (→) Freiheitsgrade gebildet wird und die Gleichung

$$J = \frac{\left(\frac{m_1 + m_2 - 2}{2}\right)!}{\left(\frac{m_1 - 1}{2}\right)! \left(\frac{m_2 - 1}{2}\right)!} \cdot \left(\frac{m_1}{m_2}\right)^{m_1/m_2} \cdot \frac{F^{(m_1 - 2)/2}}{\left(1 + \frac{m_1}{m_2} F\right)^{\frac{m_1 - m_2}{2}}}$$

hat. Darin sind die beiden (→) Parameter m_1 und m_2 die Anzahlen der Freiheitsgrade. Die F-

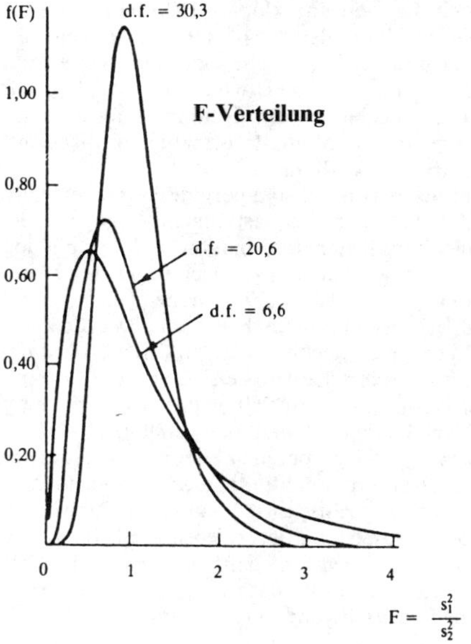

Verteilung wird für (→) F-Tests zur Prüfung der (→) Signifikanz von zwei unabhängigen Stichprobenvarianzen und zur Prüfung von Mittelwertunterschieden in der (→) Varianzanalyse verwendet. Die F-Verteilung ist eine linksschiefe, eingipflige Verteilung.

Sie ist eine Weiterentwicklung der 1924 von R. A. Fisher entwickelten theoretischen (→) Häufigkeitsverteilung der Maßzahl

$$z = \mathrm{lge}\,\frac{s_1}{s_2},$$

die der Amerikaner George W. Snedecor in den F-Quotienten transformierte und Fisher zu Ehren F-Verteilung nannte.

Fachgruppe Fachzeitschriften im Verband Deutscher Zeitschriftenverleger
→ Verband Deutscher Zeitschriftenverlger (VDZ)

Fachpresse
→ Fachzeitschrift

Fachzeitschrift
Eine periodisch erscheinende Publikation für eine funktions- oder branchenbestimmte (→) Zielgruppe, die durch diese Publikation die Möglichkeit erhält, ihre Informationen, ihre Kenntnisse und ihren Bildungsstand zu erweitern und zu vertiefen. Fachzeitschriften haben sich aus den enzyklopädisch orientierten gelehrten Journalen des 18. Jahrhunderts entwikkelt und sind heute Periodika eines „begrenzten Stoffgebiets" (Emil Dovifat) mit spezialisierten Themengebieten. Die Definition des (→) Arbeitskreises Media-Informationen Fachzeitschriften (AMF) lautet:
Fachzeitschriften sind periodisch erscheinende Publikationen über bestimmte Fachgebiete, die der beruflichen Information und Fortbildung eindeutig definierbarer, nach fachlichen Kriterien abgrenzbarer Zielgruppen dienen und überwiegend postalisch vertrieben werden.
In der inhaltlichen und gestalterischen Aufmachung unterscheiden sie sich von (→) wissenschaftlichen Zeitschriften durch die leichtere Verständlichkeit und die gefälligere Aufmachung des dargebotenen Materials. Auf der anderen Seite ist es mitunter nicht ganz leicht, zwischen Fachzeitschriften und (→) Publikumszeitschriften zu differenzieren, weil eine Reihe von populärwissenschaftlichen Fachzeitschriften, (→) Spezialzeitschriften (Special-interest-Zeitschriften) und (→) Zielgruppenzeitschriften ähnlich wie Publikumszeitschriften aufgemacht und vertrieben werden. Als (→) Werbeträger sind Fachzeitschriften für Fachwerbungtreibende interessant, weil sie es ermöglichen, eine Zielgruppe ohne große (→) Streuverluste zu meist weitaus günstigeren Kosten anzusprechen, als das z. B. bei Publikumszeitschriften möglich wäre.

Im allgemeinen ist bei den Fachzeitschriften zwischen (→) Abonnementszeitschriften, Fachzeitschriften im Plan- und (→) Wechselversand und (→) Kennzifferzeitschriften zu unterscheiden, (→) CC-Zeitschrift. Rund 97 Prozent der (→) verkauften Auflage von Fachzeitschriften werden im (→) Abonnement vertrieben, 3 Prozent im (→) Einzelverkauf:

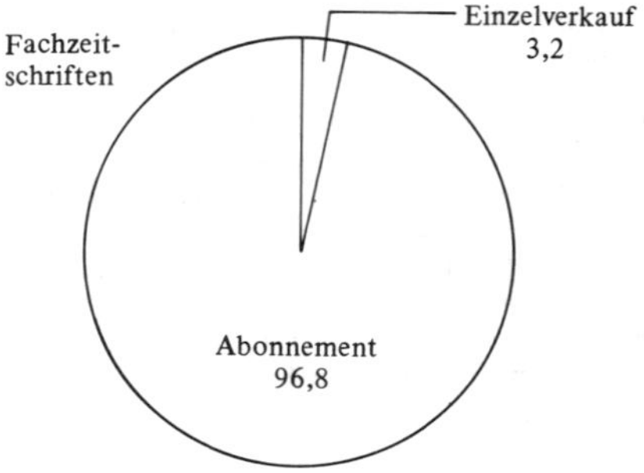

Als entscheidendes Zielgruppenmerkmal hat sich bei Fachzeitschriften die Berufszugehörigkeit der Bezieher bei rund 80 Prozent aller rund 3000 von der Amtlichen Pressestatistik erfaßten Titel erwiesen, bei weiteren 15 Prozent waren es die Merkmale Vereinsmitgliedschaft oder Konfession. Rund 90 Prozent der in der Pressestatistik erfaßten Zeitschriftentitel werden überregional verbreitet. Ein Sechstel bis ein Fünftel der (→) tatsächlich verbreiteten Auflage (tvA) von Fachzeitschriften wird unentgeltlich abgegeben.
Für die (→) Mediaplanung besteht im Bereich der Fachzeitschriften großer Mangel an Transparenz. Von den in der Amtlichen Pressestatistik 1983 (spätere Zahlen sind aus dieser Quelle nicht verfügbar) erfaßten 2862 Fachzeitschriften unterwarfen sich im IV. Quartal 1983 nur 749 der (→) IVW-Auflagenkontrolle: Das entspricht ziemlich genau einem Viertel aller Titel. Im IV. Quartal 1986 waren es immerhin schon 856 Titel. Drei Viertel der bestehenden Fachzeitschriftentitel lassen ihre (→) Auflage nicht von der IVW überprüfen.
Werbungtreibende und Werbeagenturen haben daher immer wieder an die Fachzeitschriftenverlage die Forderung nach mehr Planungstransparenz gerichtet. Ein wichtiger Schritt zu erhöhter Transparenz war zunächst die Formulierung der (→) AMF-Karten des (→) Arbeitskreises Media-Informationen Fachzeitschriften auf der Grundlage des 1970 veröffentlichten „ZAW-Rahmenschemas für Fachzeitschriften-

Fachzeitschriften in Deutschland

	1983				
	Anzahl der Titel	Verkaufte Auflage (in Mio. Exemplaren)	Verbreitete Auflage (in Mio. Exemplaren)	Anzeigen-seiten des Jahrg. in Tausend	Anzeigen-umsatz in Millionen DM
Fachzeitschriften insgesamt	2.862	40,0	47,3	470.000	1.207,9
davon Wissenschaftliche Fachzeit-schriften	1.254	5,5	8,0	137.000	349,0
○ Sprach- und Kultur-wissenschaften	123	0,3	0,3	5.000	4,9
○ Recht, Wirtschaft, Gesellschaft	308	2,4	2,5	14.000	21,2
○ Mathematik und Naturwissenschaft	179	0,3	0,3	4.000	4,0
○ Medizin	423	1,7	3,7	77.000	235,5
○ Agrar-, Forst-, Ernährungs-wissenschaft	59	0,1	0,2	2.000	2,3
○ Ingenieurwissenschaft	162	0,6	1,0	35.000	81,1
davon Andere Fachzeitschriften	1.608	34,5	39,3	333.000	858,9
○ Landwirtschaft, Ernährung	150	2,3	2,5	42.000	103,8
○ Industrie und Handwerk	442	4,0	6,1	121.000	313,5
○ Handel und Dienst-leistungen	507	5,4	7,1	131.000	360,1
○ Öffentliche Verwaltung	123	2,5	2,6	8.000	12,1
○ Gesundheitswesen	121	17,0	17,5	18.000	41,4
○ Bildung und Erziehung	242	2,9	3,1	7.000	9,4
○ Sonstige	23	0,4	0,4	6.000	18,6

Umsätze der Zeitschriftenverlage

(in Millionen DM)

Umsätze	1983
Gesamtumsatz	9.429
Umsatz aus:	
Vertrieb eigener Zeitschriften	3.714
Vertrieb sonstiger eigener Verlagserzeugnisse	519
Anzeigen in eigenen Zeitschriften	4.048
Anzeigen in sonstigen eigenen Verlagserzeugnissen	96
eigener Druckerei	623
Sonstiger Umsatz	428

Umsatzstruktur der Zeitschriftenverlage

Umsatzgrößenklassen (in DM)	Unternehmen absolut	Unternehmen Prozent
unter 500.000	551	38,2
500.000–2 Mio.	416	28,9
2 Mio.–5 Mio.	232	16,0
5 Mio.–10 Mio.	121	8,4
10 Mio.–25 Mio.	72	5,0
25 Mio.–50 Mio.	31	2,1
50 Mio.–100 Mio.	10	0,7
100 Mio. und mehr	10	0,7
Gesamt	1.443	100,0

Analysen“, an dessen Stelle 1983 das (→) ZAW-Rahmenschema für Werbeträger-Analysen trat, aufgrund dessen wiederum die 1973 formulierten „Richtlinien für die Erstellung der AMF-Karten 1–3“ 1985 revidiert und erweitert wurden. Sie wurden ergänzt durch die 1985 vom Arbeitskreis Media-Informationen Fachzeitschriften herausgegebene Publikation (→) Fachzeitschriften-Analysen (FZA) „Anleitungen und Empfehlungen für Anlage, Durchführung und Berichterstattung von Werbeträger-Analysen bei Fachzeitschriften und für die Datenerhebung der AMF-Karten“ sowie 1987 durch die Aufnahme der fachzeitschriftenspezifischen Bestimmungen in die 4. Auflage des ZAW-Rahmenschemas für Werbeträger-Analysen.

Neben den von den einzelnen Fachverlagen vorgelegten (→) Werbeträgeranalysen gibt es inzwischen eine ganze Reihe von Gemeinschaftsuntersuchungen für homogene Fachzeitschriftengruppen. Dazu gehören die (→) FNA (Fachzeitschriften-Nutzer-Analyse) mit 151 Titeln, die (→) LA-MED der Arbeitsgemeinschaft LA-MED (mit 40 überregionalen und 12 regionalen Titeln), die (→) MEFA (Medizinische Fachzeitschriften mit 39 Titeln), die (→) ÄRA, die (→) agla a + b der Arbeitsgemeinschaft Leseranalyse Architekten und planende Bauingenieure (mit 8 Titeln), die Gemeinschaftsuntersuchung der (→) Arbeitsgemeinschaft Media-Service-Bau (MSB) mit 11 Titeln, Gemeinschaftsuntersuchungen der IHK-Zeitschriften, die (→) Leseranalyse Entscheidungsträger in Wirtschaft und Verwaltung (LAE) (die auch Publikumszeitschriften einbezieht) sowie weitere Gemeinschaftsuntersuchungen wie die der (→) Arbeitsgemeinschaft Organisationsgebundene Landpresse (AOL), die von Lebensmittelzeitschriften, von Schmuck-, Gold- und Silber-Fachzeitschriften, die Gemeinschaftsanalyse (→) LA Textil, verschiedene Untersuchungen des (→) Arbeitskreises Kennziffer-Zeitschriften (AKZ) und als erste branchenübergreifende (→) Reichweitenanalyse die Gemeinschaftsuntersuchung des (→) Arbeitskreises Industriezielgruppen (AIZ) für technische Fachzeitschriften. Tarifvergleiche einer großen Zahl von Fachzeitschriften ermöglicht das sechsmal im Jahr aktualisierte Kompendium „Media-Daten Fachzeitschriften" der Media-Daten-Verlagsgesellschaft mbH in 6500 Mainz-Gonsenheim.

Fachzeitschriftenanalyse (FZA)
In Ergänzung zu dem (→) ZAW-Rahmenschema für Werbeträgeranalysen und den (→) AMF-Karten hat der (→) Arbeitskreis Media-Informationen Fachzeitschriften (AMF) auf der Grundlage dieser Generalschemata zusätzliche fachzeitschriftenspezifische Regeln formuliert, die zusammen Grundlage für die Datenerhebung der AMF-Karten sind.
Wenn eine Werbeträger-Analyse für Fachzeitschriften den wissenschaftlichen Mindestvoraussetzungen und den fachzeitschriften-spezifischen Richtlinien bzw. Regeln des ZAW-Rahmenschemas entspricht, so ist nur der nachstehende „Anerkennungsvermerk" in der vorgeschriebenen textlichen Form, insbesondere auch bei der Kurzfassung der Erhebungsmethode auf den AMF-Karten 2 und 3 zu verwenden:

Diese Untersuchung entspricht
in Anlage, Durchführung und
Berichterstattung dem
ZAW-Rahmenschema für Werbeträger-
Analysen, Stand 1983,
einschließlich der fachzeitschriften-
spezifischen ZAW-Richtlinien 1985,
und den AMF-Richtlinien 1985

Dieser uneingeschränkte Hinweis darf nur dann geführt werden, wenn zumindest *alle* Mindestvoraussetzungen (Mußvorschriften) eingehalten worden sind. Außerdem verpflichtet sich jeder, der diesen Hinweis führt, automatisch dazu, daß er zwei Belegexemplare aller veröffentlichten Berichte/Broschüren sowie die AMF-Karten mit den Kurzfassungen der Erhebungsmethode dem ZAW-Fachausschuß Werbeträgerforschung, Villichgasse 17, 5300 Bonn 2, bei Markteinführung unaufgefordert übersendet und sich jeder eventuellen Prüfung bezüglich der Einhaltung der Mindestvoraussetzungen und fachzeitschriften-spezifischen Regeln unterzieht.
Die nach dem ZAW-Rahmenschema, den AMF-Karten und den FZA-Anleitungen vorgesehenen Untersuchungsformen für Fachzeitschriftenanalyse sind im einzelnen: (→) Empfänger-Struktur-Analyse in Form von (→) Dateienanalysen oder Struktur-Analysen durch schriftliche Erhebung, (→) Nutzer-Struktur-Analysen (Leser-Struktur-Analysen), (→) Reichweitenanalysen.
→ IVW-APF

Fachzeitschriften-Nutzer-Analyse
→ FNA

Faktorenanalyse
Eines der statistischen Verfahren der (→) multivariaten Datenanalyse zur (→) Datenreduktion, dessen Charakteristikum es ist, einen durch eine große und nur schwer überschaubare Vielzahl von empirischen Merkmalsvariablen beschriebenen Sachverhalte durch eine möglichst kleine Zahl von hypothetischen Variablen, den Faktoren, zu beschreiben, die die Zusammenhänge aufdecken, die den verschiedenen beobachteten Variablen zugrundeliegen. Auf diese Weise gelingt eine Verdichtung komplexer Datenmengen. Um diese zu erreichen, werden zunächst die (→) Korrelationen jedes einzelnen (→) Merkmals der Datenmenge mit jedem anderen Merkmal berechnet. Aus der Gesamtheit dieser Korrelationen wird dann die kleinstmögliche Zahl unabhängiger Variablen extrahiert (*Faktorenextraktion*), auf die sich das gesamte Korrelationsfeld reduzieren läßt. Diese extrahierten Größen sind die Faktoren; sie sind unabhängig voneinander. Daher ist die Faktorenanalyse auch zusammen mit der (→) Clusteranalyse zu den Verfahren der (→) Interdependenzanalyse zu rechnen.

Formalisiert ausgedrückt geht es bei der Faktorenanalyse darum, aus der Vielzahl von n Variablen unter linearen Voraussetzungen m Faktoren zu extrahieren. Dabei wird davon ausgegangen, daß jeder Einzelwert aus den Beiträgen mehrerer Faktoren zusammengesetzt ist:

$$x_{ik} = a_{li} \cdot F_{li} + a_{2i} \cdot F_{2i} + \ldots + a_{ik} \cdot F_{ki}$$

(Fundamentaltheorem der Faktorenanalyse). Die Werte $F_{li} \ldots F_{ki}$ bezeichnen die gemeinsamen Faktoren, die Koeffizienten $a_{li} \ldots a_{ik}$ die *Faktorladungen* (auch: Faktorgewicht), d. h. die Koeffizienten für die Korrelation zwischen einem Faktor und einer Variablen. Durch Quadrierung der Ladung aller Faktoren für eine Variable erhält man die sog. *Kommunalität* dieser Variablen, d. h. den Anteil der Gesamtvarianz einer Variablen, der durch Faktorladungen erklärt werden kann. Die Summe der quadrierten Ladungen eines jeden Faktors wiederum ergibt seinen *Eigenwert*, der einen bestimmten Anteil an der Gesamtvarianz aller Variablen erfaßt. Teilt man den Eigenwert durch die Zahl der Variablen, so ergibt sich der Erklärungswert des Faktors für die Gesamtvarianz aller betrachteten Variablen. Durch Tabulierung dieser Zusammenhänge ergibt sich die sog. *Faktorenstruktur*, die im folgenden dargestellt ist (die fiktiven Zahlen in der Faktorenstruktur sollen es erleichtern, die Rechenvorgänge nachzuvollziehen):

Variable	Ladung der Faktoren			Kommunalität
	I	II	III	h^2
A	0,7	0,3	0,0	0,58
B	0,9	0,4	0,1	0,98
C	0,6	–0,2	–0,1	0,41
D	0,8	0,5	0,2	0,93
Eigenwert des Faktors	2,3	0,54	0,06	2,90
Erklärungswert des Faktors	0,575	0,135	0,015	0,725
Erklärungswert in %	57,5	13,5	1,5	72,5

Aus der Faktorenstruktur werden die Zusammenhänge zwischen den Begriffen leicht erkennbar. So weist z. B. die Variable B eine Ladung von 0,9 des Faktors I, von 0,4 des Faktors II und von 0,1 des Faktors III auf. Die Kommunalität beträgt mithin $(0,9)^2 + (0,4)^2 + (0,1)^2 = 0,98$, mit anderen Worten: das Zustandekommen der Variablen B wird zu 95 % durch die drei extrahierten Faktoren erklärt. Umgekehrt können durch den Faktor I 57,5 % der Gesamtvarianz aller untersuchten Variablen erklärt werden, durch den Faktor II hingegen 13,5 % und durch den Faktor III nur 1,5 %. Alle drei Faktoren erklären zusammen 72,5 % der Gesamtvarianz aller untersuchten Variablen.

Besondere Verfahren sind für die Extraktion der Faktoren entwickelt worden. Zu den am meisten verwendeten Methoden zählen das (→) Hauptachsenverfahren, das (→) Hauptkomponentenverfahren, das (→) Zentroidverfahren und das (→) Summationsverfahren.

Je nachdem, ob bei der Faktorenanalyse die Interkorrelationen zwischen Personen oder zwischen Tests Gegenstand der Analyse sind, wird zwischen der (→) Q-Technik und der (→) R-Technik unterschieden. Das Cattellsche Kovariationsschema illustriert die weiteren Techniken der Faktorisierung der ursprünglichen Datenmatrix:

Kovariationsschema nach R. B. Cattell

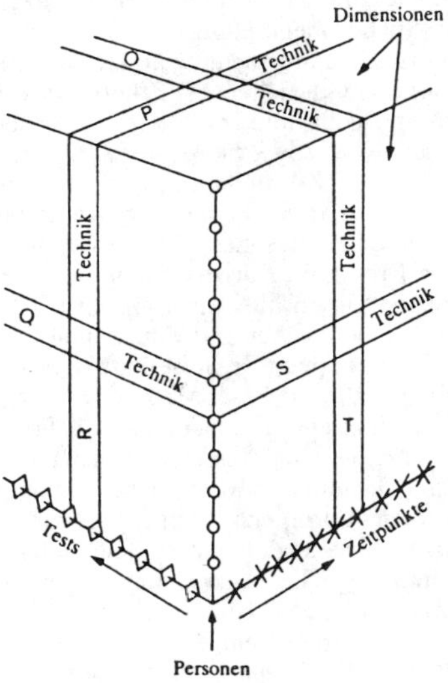

Anwendungsmöglichkeiten der Faktorenanalyse bestehen vor allem in Image-Untersuchungen, bei der Identifizierung von (→) Marktsegmenten, bei Untersuchungen der Werbewirkung, bei der Typisierung von Verbrauchern, Produkten, Medien oder Verhaltensweisen. Das Verfahren ist ursprünglich in der Psychologie zur Messung von Persönlichkeitsfaktoren entwickelt worden.

Faktorengewichtung
→ Redressement

Faktorielle Anzeigenanalyse
→ Emnid Faktorielle Anzeigenanalyse

faktorielle Versuchsanlage *(faktorieller Versuchsplan)*
Eine (→) experimentelle Versuchsanlage, bei der mit Hilfe der (→) Faktorenanalyse die kombinierte Wirkung mehrerer unabhängiger Variablen auf eine abhängige Variable untersucht wird. Dabei lassen sich Interaktionen mehrerer Variablen ermitteln, ohne daß die unabhängigen Variablen in getrennten Einzelexperimenten untersucht werden müssen.

Faktorladung
→ Faktorenanalyse

Fallmethode *(Einzelfallmethode)*
Die ursprünglich in der klinischen Psychologie entwickelte, später von der (→) empirischen Sozialforschung übernommene Methode der Untersuchung der individuellen Eigenschaften, Merkmale und Entwicklungen eines einzelnen Falles (Stichprobenumfang N = 1). Charakteristikum ist die Untersuchung konkreter Einzelfälle mit Hilfe spezieller (→) Erhebungsverfahren, (→) Beobachtungen, (→) Befragungen, Inhaltsanalysen usw., bei denen z. B. eine Situation oder Konstellation, die Lebensgeschichte eines Individuums, Autobiographien mehrerer Einzelpersonen usw. nach den Worten von Ernest W. Burgess durch das „soziale Mikroskop" betrachtet wird. Gegenstand von Fallstudien sind neben Individuen meist Familien, Kleingruppen, Organisationen, Gemeinden u. ä. Da die mit dieser Methode ermittelten Befunde idiographischen Charakter haben und eine Generalisierung daher nicht zulässig ist, können Fallstudien im wesentlichen nur als (→) Leitstudien (Voruntersuchungen) zur hypothetischen Aufdeckung möglicher Bedingungsfaktoren und möglicher Auswirkungen von Experimentalhandlungen bzw. zur Formulierung von (→) Hypothesen eingesetzt werden. In der *Markt-* und *Werbeforschung* werden vielfach einzelne Marketing- und Werbekampagnen in Fallstudien untersucht.

Fallstudie *(Case Study)*
→ Fallmethode 1. + 2.

Fallzahl
Ganz allgemein die Gesamtzahl der Elemente, (→) Basis, die in einer (→) Stichprobe bzw. (→) Ausgangsstichprobe enthalten sind. Es handelt sich also um die durch die Stichprobe realisierte Fallzahl, auf deren Basis Prozentuierungen und (→) Hochrechnungen vorgenommen werden.
Diese Darstellungsart kommt in den Berichtsbänden der (→) Media-Analyse (MA) der (→) Arbeitsgemeinschaft Media-Analyse (AG.MA) nur in Reichweiten-Tabellen in der 1. Zeile und in Zusammensetzungs-Tabellen in der 1. Spalte vor. Die Fallzahlen dienen dazu, die (→) Schwankungsbreite zu ermitteln, die bei der Beurteilung der Ergebnisse zu berücksichtigen ist. Für diesen Fall braucht man sie ungewichtet. Im gewichteten Zustand bilden sie die Basis für die jeweiligen Berechnungen einer Tabelle. Total heißt soviel wie „alle Befragten einer Gesamtheit".

Faltung *(Convolution)*
In der Wahrscheinlichkeitstheorie bezeichnet man die Wahrscheinlichkeitsverteilung einer Summe unabhängiger Zufallsvariablen als Faltung der Wahrscheinlichkeitsverteilungen der einzelnen Summanden. Wenn also X_1 und X_2 unabhängige Zufallsgrößen mit den Verteilungsfunktionen F_1 und F_2 über demselben Wahrscheinlichkeitsraum sind, dann ergibt sich die Verteilungsfunktion F der Zufallsgröße $X_1 + X_2$ durch die Faltung

$$F(x) = \int_{-\infty}^{\infty} F_1(x-z)\, dF_2(z) = \int_{-\infty}^{\infty} F_2(x-z)\, dF_1(z)$$

Für die Ermittlung von (→) Nettoreichweiten und (→) Kontaktwahrscheinlichkeiten bei (→) externen Überschneidungen aus empirischen Erhebungsdaten haben zwei mathematisch-statistische Methoden größere Bedeutung, die (→) Simulation (Frequenzsimulation) und die Faltung (Convolution). Um die Wahrscheinlichkeit, mit mehreren Medien (→) Kontakt zu haben, aus den Einzelkontaktwahrscheinlichkeiten zu errechnen, unterstellen beide Verfahren neben der Annahme eines gleichmäßigen (→) Mediennutzungsverhaltens im Zeitverlauf, daß der Kontakt mit einem Werbeträger stochastisch unabhängig vom Kontakt mit anderen Werbeträgern ist.
Unabhängig davon, ob die Kontaktwahrscheinlichkeit der einzelnen Personen mit Hilfe der (→) hypergeometrischen oder der (→) Binomialverteilung errechnet wurde, bestehen bei zwei Medien für ein Individuum zwei verschiedene (→) Kontaktwahrscheinlichkeitsverteilungen: Für das Medium A die Wahrscheinlichkeit, k_a Kontakte zu bekommen, und für das Medium B die Wahrscheinlichkeit, k_b Kontakte zu bekommen. Für das Medium A bestehen also die Wahrscheinlichkeiten:

$$p_a(0), p_a(1), p_a(2), \ldots, p_a(n_a),$$

wobei dies die Wahrscheinlichkeiten für 0, 1, 2 bzw. n_a Kontakte sind; n_a bezeichnet die Zahl der Belegungen des Mediums A. Für das Medium B bestehen entsprechend die Wahrscheinlichkeiten:

$$p_b(0), p_b(1), p_b(2), \ldots, p_b(n_b)$$

wobei n_b die Zahl der Belegungen des Mediums B bezeichnet.
Die Wahrscheinlichkeit für den Befragten, aus beiden Medien Kontakte zu haben, bezeichnet man mit p(k), wobei $k = 0, 1, 2, \ldots, n_a + n_b$ ist.
Die Wahrscheinlichkeit, daß ein Individuum, das die Medien A und B nutzt, k Kontakte erhält, errechnet sich wie folgt:

$$p(k) = \sum_{i}^{k} p_a(k_a) \cdot p_b(k_b)$$

$$k = k_a + k_b$$

Die k Kontakte können auf zahlreiche verschiedene Möglichkeiten zustande kommen. Im Fall der zwei Medien A und B gibt es folgende Möglichkeiten:

Medium A	Medium B
0	k
1	k−1
2	k−2
.	.
.	.
k−1	1
k	0

Diesen wahrscheinlichkeitstheoretischen Ausdruck bezeichnet man auch als Faltung (Convolution: „We call the new exposure distribution the *convolution* of the two we started with. We can convolute this exposure distribution with that of a third publication, and so on, until we have combined all the exposure distributions.“ (Simon Broadbent) Man fügt sukzessive ein Medium hinzu und erhält die Wahrscheinlichkeitsverteilung für die betreffende Person.
Multipliziert man die einzelnen Wahrscheinlichkeiten dieser Wahrscheinlichkeitsverteilungen für die verschiedenen (→) Nutzungsfrequenzklassen jeweils mit der Anzahl der Personen, die sich in einer Klasse befinden, ergibt sich die (→) Kontaktverteilung des betreffenden (→) Mediaplans. Ebenso resultiert daraus die Nettoreichweite dieses Mediaplans. Die Faltung mit Hilfe der Verrechnung der Wahrscheinlichkeiten hat den Nachteil, daß rechentechnische Schwierigkeiten auftreten, die um so größer werden, je mehr Ausprägungen die Skala der (→) Lesehäufigkeiten umfaßt. Mit der Anzahl der Medien steigt die Zahl der Kombinationsmöglichkeiten und damit auch die erforderliche Rechenzeit progressiv an. Es werden dabei jeweils die Wahrscheinlichkeitsverteilungen der Medien isoliert errechnet und die Einzelwahrscheinlichkeiten dann miteinander multipliziert. Rechnerisch wäre dies die exakteste Lösung. Sinnvoll ist sie allerdings nicht, weil die Zahl der möglichen Glieder der Wahrscheinlichkeitsrechnung dermaßen schnell wächst, daß etwaige Planungsfälle in vernünftiger Zeit nicht mehr durchgeführt werden könnten.
Die exakte Berechnung der Faltung ist selbst für Computer mit hoher Rechengeschwindigkeit außerordentlich aufwendig. Schon bei mehr als vier oder fünf Medien ist das Verfahren so unwirtschaftlich, daß es in der Praxis nicht mehr einsetzbar ist.
Deshalb wurden *Approximationsverfahren* entwickelt, mit deren Hilfe die Kontaktverteilungen zur Vermeidung der Faltung näherungsweise errechnet werden können. Die näherungsweise analytische Berechnung der Kontaktwahrscheinlichkeitsverteilung nutzt die Tatsache aus, daß sich der (→) Mittelwert und die (→) Varianz einer Binomialverteilung leicht errechnen lassen. Auf Grund dieser (→) Parameter einer (→) Häufigkeitsverteilung ist deren Verlauf zum Großteil bestimmt. Da jedoch die anderen Parameter der Verteilung vernachlässigt werden, arbeiten die Näherungsverfahren zwangsläufig ungenau.
Die stärkste Vereinfachung der Errechnung der Kontaktverteilung sind die (→) Mittelwertverfahren, die nur den Mittelwert der Binomialverteilung berücksichtigen und neben den anderen Parametern auch die Varianz vernachlässigen, (→) Metheringham-Verfahren.
Das bei der Entwicklung des (→) Evaluierungsprogramms (→) CAM entwickelte Verfahren geht davon aus, die Wahrscheinlichkeiten um diskrete Punkte herum zu gruppieren, wobei das Intervall zwischen zwei aufeinanderfolgenden Punkten von Zeit zu Zeit verdoppelt wird, wenn die Kontaktzahlen größer werden. Man berechnet die Wahrscheinlichkeiten für 31 Kontaktzahlen aus einer Gesamtintervallänge von 0 bis 160 Kontakten, (→) Beale-Verfahren.
Ein Bereich, der für sich steht, ist die (→) Simulation, bei der die Erstellung der Kontaktverteilung mit Hilfe eines (→) Monte-Carlo-Verfahrens, also eines reinen Zufallsverfahrens, simuliert wird.
Eine weitere Kategorie sind Verfahren, die die

individuellen Angaben wahrscheinlichkeitstheoretisch verwenden wie das Binomialverfahren, das die Faltung durch eine Binomial-Verteilung approximiert.
Ein anderer Zugang zu Approximationsmöglichkeiten verzichtet auf die Ganzzahligkeit der Kontakte, nähert also die Binomialverteilung und ihre Zusammenfassungen durch kontinuierliche Verteilungsformen an. Teilweise findet man das bereits bei Beale I und bei Metheringham, teilweise auch bei amerikanischen Versuchen, wie bei Alfred Politz und Lester Frankel; ferner in anderer Form Anfang der 1960er Jahre bei Stevens Stock und neuerdings bei Paul Simmons unter Verwendung der beta-Verteilung.

Familienaffinität
Ein vom Verlag Das Beste, Düsseldorf, verwendeter Begriff, der die Tatsache bezeichnet, daß ein Zeitschriftentitel von mehreren Familienmitgliedern genutzt wird.
vgl. Affinität

Familiaritäts-Index
→ Bekanntheitsgrad

Familieneinkaufsentscheidungen
Die Entscheidungsstruktur in den Familienhaushalten ist von entscheidender Bedeutung für alle Marketing-, Marktkommunikations- und Werbemaßnahmen. Idealtypisch lassen sich vier verschiedene Grundtypen von Familienentscheidungen unterscheiden:

1. **vollkommene Autonomie:** Jedes Familienmitglied entscheidet ganz allein und für sich selbst.
2. **Dominanz des Familienvaters:** Das männliche Familienoberhaupt trifft allein oder vorwiegend eine oder die meisten Kaufentscheidungen.
3. **Dominanz der Ehefrau:** Die Ehefrau trifft allein oder vorwiegend eine oder die meisten Kaufentscheidungen.
4. **partnerschaftliche Struktur:** Alle Familienmitglieder wirken gleichermaßen an den Kaufentscheidungen mit.

Dabei ist charakteristisch, daß der relative Einfluß der einzelnen Familienmitglieder auf Kaufentscheidungen 1. je nach dem Gegenstand der Kaufentscheidung und 2. je nach dem im (→) Familien-Lebenszyklus erreichten Stadium unterschiedlich stark ist. Die Entscheidungsstruktur innerhalb jeder Familie wird natürlich auch von kulturellen, sozialen, sozioökonomischen und individuellen Faktoren wie Berufstätigkeit, Einkommen, soziale Herkunft, soziale Schichtzugehörigkeit, Bildungsweg usw. bestimmt.
Die folgende Graphik zeigt in schematischer Weise den relativen Entscheidungseinfluß von Familienmitgliedern im Ablauf des Familien-Lebenszyklus:

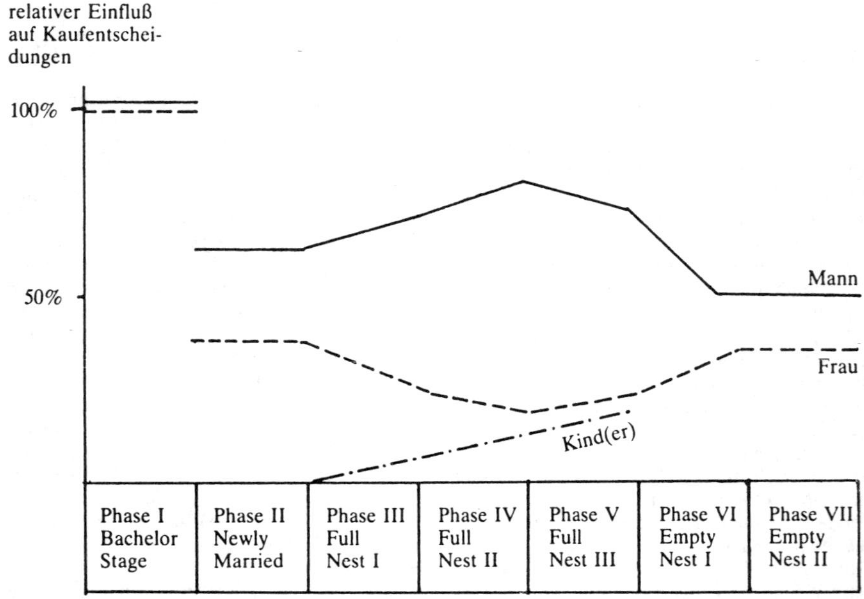

Zahlreiche (→) Markt-Media-Untersuchungen und Verlagsstudien der Verlage haben u. a. auch die Struktur der Einkaufsentscheidungen in den Familien der Nutzer zum Gegenstand ihrer Erhebung, so vor allem die (→) EVA bzw. ihre Nachfolgerstudie (→) Verbraucheranalyse (VA), die Studie (→) Kaufeinflüsse von Burda, die (→) KKK und die (→) Typologie der Wünsche (TdW). Traditionell erhebt auch die (→) Allensbacher Werbeträger-Analyse (AWA) neben (→) Konsumdaten Daten zur Familieneinkaufsentscheidung.
In der (→) Media-Analyse (MA) der (→) Arbeitsgemeinschaft Media-Analyse (AG.MA) sind vier Fragen dem Einkaufsverhalten gewidmet. Dabei interessierte vor allem, in welchen Arten von Geschäften mit welcher Häufigkeit eingekauft wird. Die Beschreibungen der Ladentypen im Vorlagenheft sind sehr ausführlich.
Eine von der Verlagsgruppe Bauer, Hamburg, 1985 herausgegebenen Dokumentation von Untersuchungen zum Kaufentscheid mit dem Titel „Dokumentation zur familiären und partnerschaftlichen Kaufentscheidung" nennt vorherrschende Trends bei Familieneinkaufentscheidungen:

Trend Nr. 1: Die Familien werden kleiner Die Eltern haben eine stärkere Zuwendung zu jedem einzelnen Kind und machen stärkere finanzielle Aufwendungen für das Kind oder die Kinder.

Trend 2: Die Haushalte werden kleiner Dadurch steht für jedes Haushaltsmitglied ein größeres durchschnittliches Haushaltsnetto-Einkommen zur Verfügung und damit ein größeres Konsumpotential.

Der Kollektiventscheid in der Gesamtbevölkerung

Kaufentscheid

Anteil des kollektiven oder alleinigen Kaufentscheids, wenn ein Kauf vorgenommen werden soll.

Zielgruppe: Alle Personen ab 14 Jahre = 49,00 Millionen

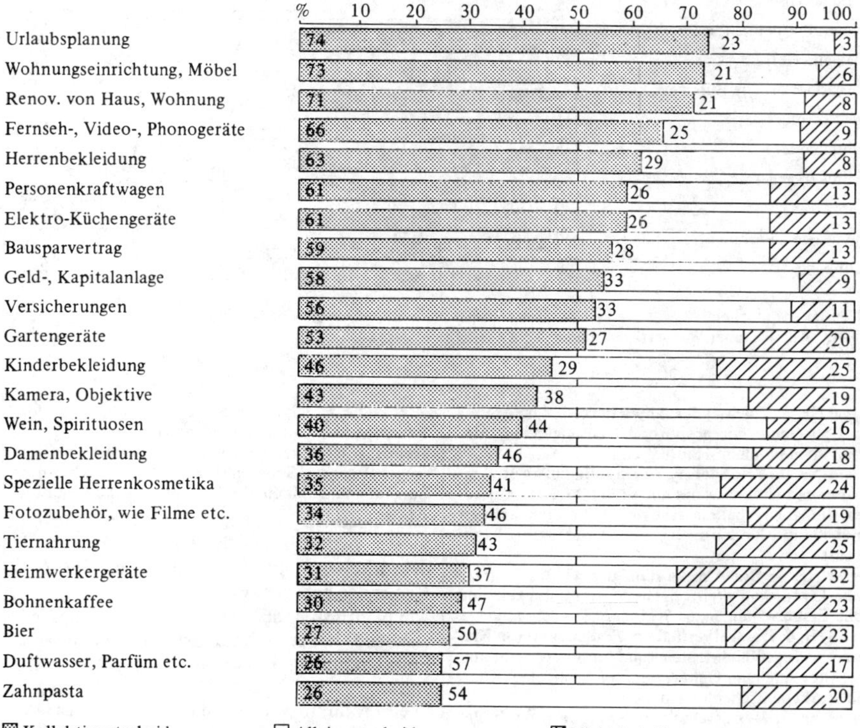

▧ Kollektiventscheid ☐ Alleinentscheider ▨ Nicht beteiligt
Quelle: Allensbacher Werbeträgeranalyse '85 (AWA '85)

Der Kollektiventscheid in Mehrpersonen-Haushalten
In der folgenden Tabelle wird der familiäre oder partnerschaftliche Kaufentscheid dargestellt.

Kaufentscheid

Anteil des kollektiven oder alleinigen Kaufentscheids, wenn ein Kauf vorgenommen werden soll.

Zielgruppe: 2 oder mehr Personen im Haushalt = 41,34 Millionen

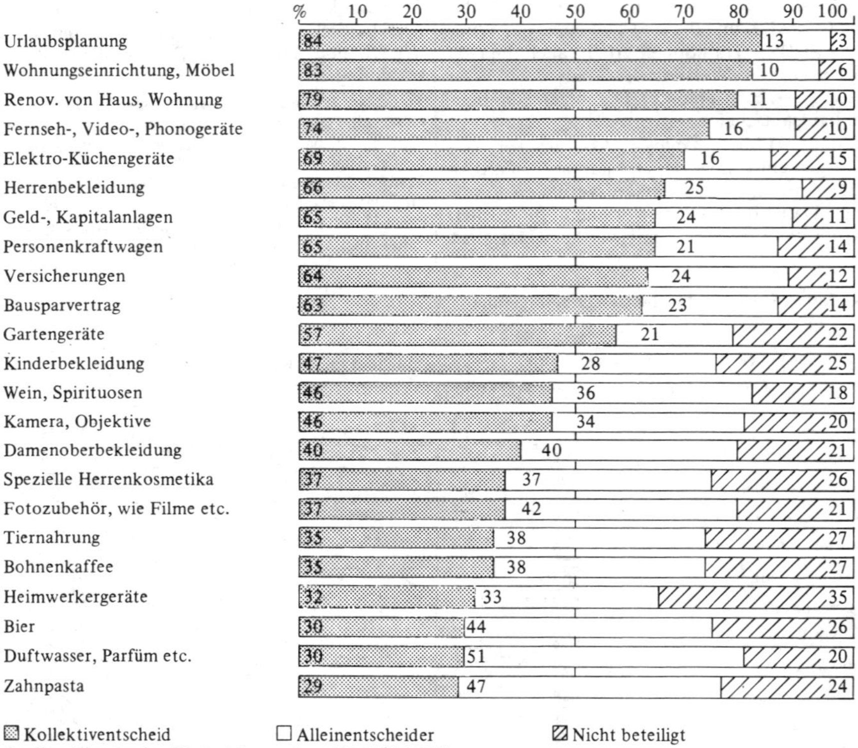

Quelle: Allensbacher Werbeträgeranalyse '85 (AWA '85)

Trend Nr. 3: Wachsender Anteil berufstätiger Mütter führt zu einem überproportional ansteigendem Einkommen in Familien-Haushalten.

Trend Nr. 4: Veränderung der traditionellen Rollenverteilung zwischen Mann und Frau führt zu veränder-tem Einkaufsverhalten (fast die Hälfte aller Männer unter 40 Jahre kaufen auch Lebensmittel für ihre Familie ein).

Trend Nr. 5: Die Akzeleration der Kinder führt zu mehr Eigenständigkeit, eigener Urteilsfähigkeit und frühe Einbeziehung in die Welt der „Erwachsenen".

Trend Nr. 6: Das frei verfügbare Einkommen von Kindern und Jugendlichen steigt und führt bereits im jungen Alter zu einem Geldwertgefühl, zu eigenen Kauf- und Markenentscheidungen.

Trend Nr. 7: Der „Demokratisierungsprozeß" in der Familie führt zu familiären Kaufentscheidungen nicht nur von haushalts- und familienbezogenen Gebrauchsgütern; die Familie entscheidet auch über die Verbrauchsprodukte und Marken gemeinsam.

Trend Nr. 8: Die veränderten Handelsstrukturen (Verbrauchermärkte, Supermärkte) fördern den Familien-Einkauf und damit die Produkt- und Markenkenntnis.

Die folgenden Tabellen sind nach den prozentualen Anteilen des Kollektivkaufentscheids der erhobenen Produktbereiche in eine (→) Rangreihe gebracht worden:

Am niedrigsten, aber dennoch auf einem überraschend hohen Niveau ist die gemeinsame Entscheidung bei Gütern des täglichen Bedarfs.

In elf Produktbereichen, das sind circa die Hälfte der erhobenen Gruppen, beträgt der Anteil der Kollektiventscheidungen über 50 %. Vor-

wiegend sind es Produktbereiche, die die Interessen und Bedürfnisse aller Haushaltsmitglieder mehr oder minder intensiv berühren.
Die Rangfolge der Produktgruppen bei dem Kollektiventscheid bleibt im Vergleich mit der Gesamtbevölkerung nahezu unverändert. Der Kollektiventscheid findet hingegen in allen Gruppen deutlich häufiger statt. Dabei sind die stärksten Zuwächse in den Bereichen zu verzeichnen, die die Interessen und Bedürfnisse aller Familienmitglieder betreffen (Urlaubsplanung, Wohnumfeld, Unterhaltungselektronik).

Familienkino *(Familien- und Stammkino)*
Eine von mehreren Kategorien von (→) Filmtheatern, die in der (→) Kinowerbung unterschieden werden. Das Familienkino ist dadurch gekennzeichnet, daß seine Besucher im wesentlichen aus der unmittelbaren Umgebung des Lichtspieltheaters kommen und es relativ regelmäßig besuchen. Sie haben ein breitgefächertes Programmangebot und sind eher in Großstadtrandgebieten und in Klein- und Mittelstädten zu finden. Ihre Zielgruppe ist das breiteste Kinopublikum. Es gibt in der BRD etwa 2100 Familien-Theater in rund 1100 Orten.

Familien-Lebenszyklus *(Familienzyklus)*
Familien sind „multipersonale soziale Systeme, in denen Familienmitglieder aufgrund vielfältiger Interaktionen den Ausgang von Kaufentscheidungen bestimmen. Die Familie ist die primäre Gruppe, in der Kinder im Rahmen von Sozialisationsprozessen konsumrelevante Einstellungen und Verhaltensweisen lernen. Entscheidungsrelevante Interaktionsmuster sind familiale Rollen-, Kommunikations- und Machtbeziehungen. Die Rollenerwartungen regeln die Aufgabenverteilung bei Kaufentscheidungen der Familie. Häufig existiert keine klare Kompetenzverteilung; komplexe Kaufprobleme werden gemeinsam gelöst. Von der Komplexität des Kaufentscheidungsprozesses hängt auch die Intensität der Kommunikation der Familienmitglieder ab. Ferner beeinflussen die Eindeutigkeit der Aufgabenverteilung, das Ausmaß gemeinsam verfolgter Ziele und die sozio-emotionalen Bindungen der Familienmitglieder das Kommunikationsverhalten. Für die Machtstrukturen ist der relative Beitrag ausschlaggebend, den jedes Mitglied jeweils im Vergleich zu anderen für die Familie leistet. Berufstätigkeit, Einkommen, soziale Stellung sind Indikationen für die Autorität in der Familie. Hinzu kommen interne Interaktionsstrukturen sowie Ausprägungen des individuellen Potentials und der Grad der Zuneigung gegenüber anderen Familienmitgliedern, welche ebenfalls auf die Machtstruktur einwirken." (Heribert Meffert)
Im Verlauf des Lebenszyklus einer Familie wechselt der relative Einfluß, den einzelne Familienmitglieder auf die (→) Familieneinkaufsentscheidungen ausüben. Jeder Phase im Ablauf des Familienzyklus entspricht eine spezifische Konstellation von Rollen und Status, denen spezifische Interaktionsmuster und Einflußkonstellationen bei familialen Einkaufsentscheidungen entsprechen. Die Kenntnis des Familienzyklus ermöglicht die (→) Marktsegmentierung von Konsumenten nach ihrem (→) Konsumentenverhalten.
In der amerikanischen Marktforschungsliteratur, in der das Konzept der Familienzyklen entwickelt wurde, wird von verschiedenen Autoren zwischen vier bis neun voneinander abzugrenzenden Lebenszyklen der Familie differenziert. Nach William D. Wells und George Gubar lassen sich neun Phasen des Familien-Lebenszyklus unterscheiden:

Phase I **Bachelor Stage** *(jung, unverheiratet, nicht mehr bei den Eltern lebend):* konsumrelevante Kennzeichen sind die Abwesenheit finanzieller Belastungen, (→) Modeführer, Freizeitorientierung, Produkte, die sie kaufen, sind Küchen- und grundlegende Wohnungseinrichtungsgegenstände, Autos, Urlaub.

Phase II **Newly Married** *(jungverheiratet, keine Kinder):* die finanzielle Situation ist besser, als sie in den folgenden Phasen sein wird, höchste Kaufrate für (→) Gebrauchsgüter (langlebige); Produkte, die sie einkaufen, sind vor allem Automobile, Kühlschränke, Herde, Wohn- und Einrichtungsgegenstände, Urlaub.

Phase III **Full Nest I** *(jungverheiratet, 1 Kind unter 6):* Höhepunkt der Einkäufe von Wohnungs- und Einrichtungsgegenständen, relativ geringe finanzielle Liquidität, Unzufriedenheit mit der eigenen finanziellen Situation und den Ersparnissen, Interesse an neuen Produkten und an Werbung, kaufen Produkte wie Waschmaschinen, Fernsehgeräte, den typischen Kleinkinderbedarf.

Phase IV **Full Nest II** *(verheiratet, 2 oder mehr Kinder über 6):* verbesserte finanzielle Situation, viele Ehefrauen sind berufstätig, weniger stark durch Werbung beeinflußbar, kaufen Produkte vorzugsweise in Großpackungen und Sonderangeboten, vorwiegend Lebensmittel, Reinigungsmaterial, Freizeit- und Hobbyprodukte.

Phase V **Full Nest III** *(älteres Ehepaar mit abhängigen Kindern):* finanzielle Position verbessert, einige Ehefrauen sind noch berufstätig, einige Kinder werden gerade berufstätig bzw. nehmen eine Lehre oder Berufsausbildung auf, sie sind gegenüber Werbung sehr reserviert und schwer durch sie zu beeinflussen, kaufen viele langlebige Gebrauchsgüter, stilvolle Möbel, machen Autoreisen, erwerben Gegenstände, die nichtunbedingt zum absolut notwendigen Grundbedarf eines Haushalts zählen.

Phase VI **Empty Nest I** *(älteres Ehepaar, Kinder aus dem Haus):* nur der Haushaltsvorstand ist noch berufstätig, Hausbesitz, Zufriedenheit mit der eigenen finanziellen Situation und mit den eigenen Ersparnissen, Interesse an Freizeit, Reisen, Weiterbildung, machen gerne Geschenke, kein Interesse mehr an neuen Produkten, kaufen Urlaubsreisen, Luxusgüter, Gebrauchsgüter, die zur Erleichterung des Haushalts beitragen.

Phase VII **Empty Nest II** *(älteres Ehepaar, Kinder aus dem Haus, Haushaltsvorstand in Rente):* spürbare Einkommensverschlechterung, dementsprechender Rückgang der Ausgaben, Ausgabenkonzentration auf Produkte zur Gesundheitspflege und -vorsorge.

Phase VIII **Solitary Survivor I** *(alleinstehender Überlebender, berufstätig):* Einkommen noch ganz gut, relativ geringe Ausgaben.

Phase IX **Solitary Survivour II** *(alleinstehend, nicht berufstätig):* spürbare Einkommensverschlechterung mit entsprechendem Rückgang der Ausgaben, geringes Interesse an neuen Produkten, konzentration auf Gesundheitspflege und -vorsorge, Pflegebedürftigkeit.

Es ist unmittelbar einleuchtend, daß es sich bei diesem Phasenablauf nicht um eine mechanisch nacheinander stattfindende Abfolge handelt und daß im konkreten Einzelfall einzelne Phasen übersprungen werden können oder grundsätzlich anders gestaltet sein können.

Die Vorstellung von den Lebenszyklen war auch Ausgangspunkt der Überlegungen, die auf der Basis der von Burda entwickelten Demotypologie 1977 zur Einführung der (→) Demotypen in die (→) Media-Analyse (MA) der (→) Arbeitsgemeinschaft Media-Analyse (AG.MA) führten. Sie fand unter der Bezeichnung Lebensphasen Eingang in die (→) Allensbacher Werbeträger-Analyse (AWA) und wird auch in einer Vielzahl weiterer Verlagsuntersuchungen verwendet.

Familienzeitschrift
1. → Publikumszeitschrift
2. Historisch ein Zeitschriftentyp, der Elemente der Unterhaltung und Belehrung in einer Weise kombinierte und daher als Lesestoff für alle Mitglieder der Familie geeignet war (Prototyp „Die Gartenlaube").

Fashion Leader
→ Meinungsführer, Modeführer

Fehlanzeigenkomplex
→ Paneleffekt

Fehlbesuche
→ Feldmodell

Fehler *(statistischer Fehler)*
Allgemein die Abweichung eines Erhebungs-, Beobachtungs-, Meß- oder Schätzergebnisses von einem (→) wahren bzw. erwarteten Wert. Als statistischen Fehler bezeichnet man die Abweichung eines Stichprobenwertes vom (→) Parameter der (→) Grundgesamtheit (Erwartungswert), (→) Zufallsfehler (Auswahlfehler). Ein experimenteller Fehler liegt vor, wenn andere Faktoren als die unabhängige Variable zur Variation der abhängigen Variablen beitragen, (→) Datenbereinigung.

Bei den verschiedenen Fehlerarten ist zu unterscheiden

I. nach ihrer Wirkung auf das Ergebnis zwischen

1. (→) systematischen Fehlern (Bias), die zu einer Verzerrung der Einzelresultate und damit auch des Gesamtresultats in einer bestimmten Richtung führen und

2. (→) Zufallsfehlern (Auswahlfehler, Stichprobenfehler), die per definitionem nicht in einer bestimmten Richtung wirken und daher einander bei einer größeren Anzahl von Beobachtungen in ihrem Mittelwert aufheben. Der Zufallsfehler kann durch Vergrößerung des Erhebungsumfangs verringert und mit Hilfe der Fehlerrechnung auf der Grundlage der Wahrscheinlichkeitstheorie berechnet werden.

II. Je nach der Entscheidung, zu der sie in der statistischen (→) Hypothesenprüfung führen, zwischen

1. (→) Fehlern 1. Art (α-Fehler) und
2. Fehlern 2. Art (β-Fehler).

Fehler 1. und 2. Art
(Entscheidungsfehler, α- und β-Fehler)
Bei statistischen Entscheidungen in der (→) Hypothesenprüfung und bei (→) Signifikanztests besteht ein leicht zu verstehender Zusammenhang zwischen Fehlern der ersten und der zweiten Art auf der einen und dem (→) Signifikanzniveau auf der anderen Seite. Der Fehler erster Art ist die Verwerfung einer richtigen (→) Nullhypothese (H_0), der Fehler zweiter Art die Annahme einer falschen Nullhypothese. Der Fehler erster Art ist durch die Signifikanzgrenze festgelegt; beträgt sie $\alpha = 0{,}01$, so wird eine richtige Nullhypothese in 1 % aller Fälle zurückgewiesen, beträgt sie $\alpha = 0{,}05$, so wird eine Nullhypothese in 5 % aller Fälle, in denen sie richtig ist, zurückgewiesen.

Ein Fehler zweiter Art besteht darin, daß eine Nullhypothese als Resultat eines Signifikanztests angenommen wird, obwohl sie falsch ist. Auch die Wahrscheinlichkeit eines Fehlers der zweiten Art ist mit der Wahl des Signifikanzniveaus festgelegt. Je kleiner die Wahrscheinlichkeit für einen Fehler erster Art ist, desto größer ist die Wahrscheinlichkeit für einen Fehler zweiter Art und umgekehrt, d. h. je kleiner das α-Risiko, desto größer das β-Risiko und umgekehrt.

Bezeichnet man die Nullhypothese als H_0 und die Alternativhypothese als H_1, so lassen sich die Zusammenhänge folgendermaßen schematisieren:

		objektiv richtig ist H_0	H_1
Entscheidung	H_0	richtige Entscheidung $1-\alpha$	Fehler 2. Art β
	H_1	Fehler 1. Art α	richtige Entscheidung $1-\beta$

Inhaltlich bedeutet das: Mit wachsender Sicherheit für die Annahme einer richtigen Nullhypothese wächst zugleich die Wahrscheinlichkeit der Annahme einer falschen Nullhypothese und die Wahrscheinlichkeit der Zurückweisung einer richtigen Alternativhypothese.

Fehlerberechnung
→ Zufallsfehler (Auswahlfehler)

Fehlerbereich
→ Vertrauensbereich

Fehlerdilemma
Das Dilemma der Wahl zwischen einem (→) Fehler 1. Art und einem Fehler 2. Art bei statistischen (→) Hypothesenprüfungen.

Fehlerfortpflanzung
Die beim Rechnen mit Werten, die mit einem (→) systematischen Fehler (Bias) behaftet sind, sich mit jedem neuen Rechengang ergebende Fortsetzung des verzerrenden Einflusses des systematischen Fehlers auf das Gesamtergebnis.

Fehlerintervall
→ Vertrauensbereich

Fehlerspanne
→ Vertrauensbereich

Fehlerspannennomogramm
→ Vertrauensbereich

Fehlschluß
Zu den in der *Markt-* und *Sozialforschung* immer wieder zu beobachtenden Typen logisch falscher Schlußfolgerungen zählen vor allem:

I. Fehlschlüsse der Datenebene

1. **ökologischer Fehlschluß:** die unrichtige Schlußfolgerung von Aggregat- und Kollektivmerkmalen auf Merkmale und Eigenschaften von Individuen.
2. **individualistischer (atomistischer) Fehlschluß:** die unrichtige Schlußfolgerung von Daten über Individuen auf Strukturmerkmale von Aggregaten und Kollektiven.

II. Fehlschlüsse bei der Interpretation von Daten

1. (→) **Fehler 1. Art**
2. (→) **Fehler 2. Art**

Die Verwendung von Maßzahlen und Testmethoden, die für das durch die vorhandenen Daten repräsentierte Meßniveau zu anspruchsvoll sind (z. B. etwa die Verwendung komplexer statistischer Analyseverfahren für lediglich nominal- oder ordinalskalierte Daten).

III. Fehlschlüsse, bei denen unterschiedliche Betrachtungsebenen vermengt werden

1. **naturalistischer Fehlschluß:** die unrichtige Schlußfolgerung von dem, was ist, auf das, was sein soll
2. **genetischer Fehlschluß:** die unrichtige Schlußfolgerung von der Entstehung einer Auffassung oder einer Theorie auf ihre aktuelle Geltung.
3. **effektorischer Fehlschluß:** die Schlußfolgerung von werthaft mißbilligten Verhaltensweisen oder Verwendungsweisen einer Theorie auf ihre Geltung (daß nicht sein kann, was nicht sein darf).

Fehlstreuung
Die (→) Streuung eines Werbemittels in einer Weise, daß die angestrebte (→) Zielgruppe nicht erreicht wird, also (→) Kontakte mit Personen, die nicht zur Zielgruppe gehören, oder Kontakte, die eine Zielgruppe zwar erreichen, sie aber nicht intensiv oder häufig genug ansprechen, um eine Wirkung zu erzielen. Sie ist das Resultat einer fehlerhaften (→) Streuplanung.
(→) Mediaplanung, Streuverluste

Feinstreuung
In der (→) Mediaplanung wird damit meist die unmittelbare Ansprache einer Zielgruppe ohne (→) Streuverluste oder zumindest mit minimalen Streuverlusten durch den Einsatz der Werbemittel der Direktwerbung verstanden.

Feldarbeit
In der Markt- und Sozialforschung die Durchführung der primären Datenerhebung, (→) Primärforschung, (→) Erhebung unter den natürlichen Bedingungen des Auftretens der Untersuchungsobjekte in der Wirklichkeit.
→ Feldforschung, Feldmodell, Befragung

Feldeinsatzplan
→ Feldmodell

Felderhebung
→ Feldforschung

Feldexperiment
Ein (→) Experiment, bei dem der Gegenstand der Untersuchung unter den Bedingungen des Auftretens in seiner natürlichen Umwelt untersucht wird. Dem Vorteil der größeren Realitätsnähe und der Natürlichkeit der experimentellen Bedingungen steht als Nachteil gegenüber, daß es in der Realität meist unmöglich ist, alle unabhängigen Variablen zu kontrollieren, weil dem Forscher nur ein kleiner Ausschnitt aus allen Variablen eines Felds bekannt ist, die Interaktionen zwischen den Variablen nicht bekannt und auch nicht erkennbar und schließlich bestenfalls ein Teil der Variablen manipulierbar ist. Für die Gestaltung von Feldexperimenten bleibt dem Forscher meist nur das Mittel der Selektion von Bedingungen und Personen, nicht jedoch das ihrer Manipulation.
vgl. Validität

Feldforschung
Sammelbezeichnung für alle (→) Erhebungsmethoden der Markt- und Sozialforschung, bei denen Geschehnisse in ihrer natürlichen Umwelt untersucht werden. Zu ihren wesentlichen Merkmalen im Gegensatz zu anderen Forschungsmethoden rechnet W. Goldschmidt:

1. Sie ist primär deskriptiv. Das heißt: Es geht ihr mehr darum, eine detaillierte Beschreibung der bedeutsamen Geschehnisse zu liefern, als statistische Korrelationen aufzustellen.
2. Sie ist ganzheitlich (holistisch). Das heißt: Sie geht darauf aus, die Gesamtheit der Lebensverhältnisse zu beschreiben und jeden Vorgang im Gesamtzusammenhang zu sehen.
3. Das Material wird durch teilnehmende Beobachtung und informelle Befragung von Personen gewonnen.
4. Sie wertet nicht. Das heißt: Sie ist konsequent bemüht, Objektivität zu bewahren.

Feldmodell
Zusammen mit dem (→) Auswertungsmodell und dem (→) Erhebungsmodell ist das Feldmodell eine der drei Säulen, auf denen das Grundmodell der (→) Media-Analyse (MA) der (→) Arbeitsgemeinschaft Media-Analyse (AG.MA) ruht. Das Feldmodell stellt ein verkleinertes Abbild der (→) Grundgesamtheit (= die deutsche Wohnbevölkerung im Alter von 14 und mehr Jahren in der Bundesrepublik und Berlin (West)) dar. Die (→) Stichprobe wird auf der Grundlage des (→) ADM-Stichprobensystems erhoben.
Da nach Möglichkeit ein durchschnittlicher Mediakonsum ermittelt werden soll, hat die AG.MA einen Feldeinsatzplan entwickelt, der eine gleichmäßige Verteilung der Interviews über die Monate eines Jahres und über die Wochentage anstrebt. Er ist für alle beteiligten Institute gleich und setzt sich, um zugleich eine hohe und gleichmäßige (→) Ausschöpfung der (→) Stichprobe zu sichern, aus einem weitgefächerten System von Erst- und Wiederholungseinsatz der Interviewer zusammen.
Durch die Heranziehung von jeweils sechs Instituten und ihre zeitparallele Beschäftigung ist gewährleistet, daß von MA zu MA nahezu keine Ergebnisschwankungen auftreten, die auf Einflüsse durch Wechsel in den Instituten zu-

LA 54	2	Divo/Ifd
LA 56		
LA 58	1	Divo
LA 60		
LA 61		
LA 62		
LA 63	2	Divo/Infratest
LA 64		
LA 65		
LA 66		
LA 67		
LA 68		
LA 69		
LA 70	2	Contest/Infratest
LA 71		Infratest/Marplan
MA 72/I	3	Infratest/Marplan/Schaefer
MA 72/II		Infratest/Marplan/MMA-Census
MA 73	4	Infratest/Mdi/MMA-Census/Schaefer
MA 74		Getas/Marplan/Mdi/MMA-Census
MA 75		Getas/Marplan/MMA-Census/Sample
MA 76		Contest-Census/Getas/Infratest/Marplan
MA 77		Getas/Ifak/Marplan/MMA-Census
MA 78		Getas/Ifak/Marplan/MMA-Census
MA 79	6	Getas/Ifak/Infas/Infratest/MMA-Census/Sample-Schaefer
MA 80		Getas/Ifak/Infratest/Marplan/Media-Markt Analysen/Sample
MA 81		Getas/Ifak/Infratest/Marplan/Media-Markt Analysen/Sample
MA 82		Getas/Ifak/Infratest/Marplan/Media-Markt Analysen/Sample
MA 83		Getas/Ifak/Infratest/Marplan/Media-Markt Analysen/Sample
MA 84		Getas/Ifak/Infratest/Marplan/Media-Markt Analysen/Sample
MA 85		Getas/Ifak/Infratest/Marplan/Media-Markt Analysen/Sample
MA 86		Getas/Ifak/Infratest/Marplan/Media-Markt Analysen/Sample
MA 87		Getas/Ifak/Infratest/Marplan/Media-Markt Analysen/Sample
MA 88		Getas/Ifak/Infratest/Marplan/Media-Markt Analysen/Sample

rückzuführen wären. Seit der ersten Leseranalyse 1954 ist bekannt, daß trotz absolut gleicher Stichprobe und absolut gleichem Erhebungsinstrumentarium (LA 54; LA 56; LA 63–LA 65; seit MA 72) verschiedene Institute manchmal sogar erheblich unterschiedliche Ergebnisse gerade im Bereich des Kommunikationsverhaltens produzieren. Das liegt sehr wahrscheinlich an einer Vielzahl von Gründen. Man hat sich in den letzten Jahren angewöhnt, diese Unterschiede als Folge der voneinander abweichenden Instituts-„Handschriften" zu erklären. Da niemand weiß, welche Instituts-spezifischen Eigentümlichkeiten der Wahrheit am nächsten liegende Resultate hervorbringen, wurde von MA 73 bis MA 78 eine Quadriga und seit MA 79 ein Sechserzug von Instituten zusammengespannt. Das läßt eine gewisse Ausgewogenheit der Ergebnisse erwarten.

Sowohl die (→) Leser-Analyse (LA) der (→) Arbeitsgemeinschaft Leseranalyse (AGLA) wie die MA der AG.MA haben nur ganz selten die Feldarbeit von einem einzigen Institut durchführen lassen. Seit 1954 waren an den Erhebungen die auf Seite 174 angeführten Institute beteiligt.

Die Media-Analyse ist als eine kontinuierlich über das ganze Jahr laufende Untersuchung konzipiert. Lediglich aus praktischen Gründen wird im Sommer die Feldarbeit ausgedünnt und um Weihnachten herum eine Pause eingelegt, um die Kosten durch Fehlbesuche nicht unangemessen in die Höhe zu treiben. Dennoch stammen seit der MA 74 die Interviews für jede MA aus 48 hintereinanderliegenden Wochen. Die optimale Gestaltung des Feldeinsatzes besteht darin, die Gesamtzahl der Interviews möglichst gleichmäßig über die insgesamt 48 x 7 = 336 Erhebungstage zu verteilen. Das geschieht seit MA 79 nach folgenden Überlegungen:

Um auch für kleine Medien mit etwa 1 % (→) Reichweite noch einigermaßen sichere Werte für die Zusammensetzung angeben zu können muß das (→) Bevölkerungsmodell etwa 17000 Befragte umfassen. Da man mit einem (→) Ausfall von etwa 15 % aller ursprünglich eingesetzten Adressen rechnen muß, (→) Redressement, ergibt sich eine (→) Bruttostichprobe von etwa 20000 Fällen.

Läßt man jeden Interviewer in einem Sampling Point (= Stimmbezirk) 4 Adressen bearbeiten (eine Menge, die im Durchschnitt an einem halben Tag zwischen 14:00 und 20:00 Uhr zu schaffen ist), dann werden durch ein Netz, also die kleinste Einheit des (→) ADM-Stichprobensystems, 210 x 4) 840 Personen erfaßt. Mit 24 solchen Netzen werden dann 840 x 24 = 20160 Personen erreicht.

Diese 24 Netze werden auf 6 Institute verteilt, jedes Institut bearbeitet 4 Netze. Ein Institut ist also wenigstens mit 4 x 840 = 3360 Adressen am Gesamteinsatz beteiligt. Jedes Institut mit 4 Netzen setzt seine Interviewer nur in 12 Wochen ein – jedoch so gegeneinander versetzt, daß nur im Hochsommer während 5 Wochen und in der Weihnachtszeit während 3 Wochen keine Ersteinsätze stattfinden. Um eine möglichst gleichmäßige Verteilung der Interviews über die Zeit zu erzielen, wird folgendermaßen verfahren: Zwei Institute verschicken ihre Aufträge in den geraden Wochen, die anderen beiden in den ungeraden und zwar 280 Adressen für die sieben Tage einer Woche: 280 : 7 = 40 Adressen : 4 = 10 Points pro Tag. Nach viermaligem Versand ist dann ein Netz voll eingesetzt: 10 x 7 = 70 x 4 = 280.

In der ersten Woche, der sog. *Einsatzwoche*, sind die Interviewer gehalten, an einem bestimmten Wochentag ihre Befragungen abzuwickeln. Treffen sie an diesem (→) Stichtag trotz mehrerer Versuche bei einer der vorgegebenen Adressen niemanden an, sind folgende Möglichkeit des Nachfassens vorgesehen:

- **Ersteinsatzwoche – Folgetag:** Am Tag nach dem ersten, vergeblichen Anlauf darf ein neuer Versuch gemacht werden. War er wieder erfolglos, sind weitere Besuche erst in der auf die Einsatzwoche folgenden Woche an demselben Stichtag erlaubt, der für die Ersteinsatzwoche galt:
- **Nachwoche – Stichtag:** Danach steht auch wiederum der Folgetag zur Verfügung:
- **Nachwoche – Folgetag:** In der Ersteinsatz-Woche und in der Nach-Woche darf also jeweils nur an denselben Tagespaaren befragt werden. Da stets zwei Institute mit Ersteinsatz, die beiden anderen mit Nachbesuchen beschäftigt sind, entsteht eine gleichmäßige Verteilung der Interviews über den gesammten Erhebungszeitraum.
  Im Anschluß an die letzte Nachfolgewoche für ein Netz folgt der
- **Wiederholungseinsatz:** Er läuft genauso ab wie Ersteinsatz und Nachwoche. Er beginnt frühestens 12 Wochen nach dem Ersteinsatz der Adressen, um die in den ersten 8 Wochen nicht angetroffenen – Urlaub, Krankenhausaufenthalt und ähnliches – oder nicht zum Interview bereiten Zielpersonen doch noch für eine Befragung zu gewinnen. Die Stichtagsvorgabe wird gegenüber dem Ersteinsatz nun um zwei Tage verschoben, um an bestimmten Wochentagen regelmäßig nicht Erreichbare – also z. B. durch Vereinsabende, Kegeln, Stammtisch, Kränzchen und ähnliches Aushäusige – an anderen Tagen vielleicht doch noch antreffen zu können. Die ursprüngliche Paarung von z. B. Montag + Dienstag wird im Wiederholungseinsatz auf Mittwoch + Donnerstag geändert. Insgesamt können also an 8 Tagen in 4 verschiedenen Wochen Versuche gemacht werden, ein Interview zu erhalten.

Feldeinsatzplan	MA 78	MA 79	MA 86	MA 87
Anzahl der beauftragten Institute	4	6	6	6
Anzahl der Netze pro Institut	4 oder 5	4	4	4
Anzahl der Sampling Points pro Netz	280	210	210	210
Anzahl der Adressen pro Sampling Point	4	4	4	4
Anzahl der Wochen pro Welle	4	3		
Anzahl der eingesetzten Adressen				
2. Quartal	4.480	5.600+1.120		
3. Quartal	5.040	4.480– 560		
4. Quartal	6.160	6.720+ 560		
1. Quartal	4.480	3.360–1.120		
	20.160	20.160		

Durch die sorgfältige Verteilung der Interviews auf Jahreszeiten, Monate, Wochen, Tage des Monats und Wochentage soll gewährleistet werden, daß tatsächlich ein durchschnittliches Verhalten in das Modell eingeht.
Die durch Erstanlauf und vier Wiederholungsbesuche beim Ersteinsatz und nochmals einen Erstanlauf und vier Wiederholungsbesuche beim Wiederholungseinsatz durch insgesamt also maximal 8 Versuche erzielte (→) Ausschöpfung von 85 % der vorgegebenen Adressen ist die Voraussetzung dafür, daß im Modell das Kommunikationsverhalten der Gesamtbevölkerung optimal dargestellt wird. Gäbe man sich mit einer geringeren Ausschöpfung zufrieden, dann fehlten im Modell zwei sozialpsychologisch sehr wichtige Gruppen, die sich in ihrem Kommunikationsverhalten voneinander und von der übrigen Bevölkerung deutlich unterscheiden.
Vor allem durch den Wiederholungseinsatz gewinnt man einerseits schwer Ansprechbare, die sich nur mit Mühe zu einem Interview bewegen lassen, weil sie oft mißtrauisch sind und zurückgezogen leben: z. B. Ältere, alleinstehende Frauen, die nur ein bescheidenes Auskommen haben.
Andererseits erreicht man durch häufige Besuche auch schwer Antreffbare, die überall dort auftauchen, wo etwas los ist, die dauernd unterwegs und nur selten zuhause sind: z. B. jüngere ledige Männer, die noch bei ihren Eltern wohnen und das Geld, das sie verdienen, weitgehend für sich selbst verbrauchen können. Fehlten diese beiden Randgruppen im Modell, würde auch das Kommunikationsverhalten der Gesamtbevölkerung nicht vollständig abgebildet.
Die Erreichung eines hohen Ausschöpfungsgrades auch ohne diese erheblichen Bemühungen ist durch die Zahl der jedem Interviewer pro Sampling Point zur Bearbeitung vorgegebenen 4 Adressen erleichtert. Führen sie weitgehend komplett auch zu Interviews, dann ist einerseits eine hohe Ausschöpfung der Adressen, aber andererseits auch eine sehr gleichmäßige Ausschöpfung der Sampling Points die Folge. Und das ist für alle Medien mit regionalen und lokalen Schwerpunkten von erheblicher Bedeutung.

Feldverschlüsselung *(Feldkodierung)*
Bei der Aufzeichnung der aus einer (→) Befragung gewonnenen Daten in der Umfrageforschung ein bei (→) offenen und (→) geschlossenen Fragen eingesetztes Aufzeichnungsverfahren. Es ist bei Verwendung geschlossener Fragen relativ unproblematisch, weil die Aufgabe der Interviewer lediglich in der Zuordnung der konkreten Antworten zu den vorgegebenen Antwortalternativen besteht, die bei einigermaßen kluger Fragebogengestaltung leicht durchzuführen ist. Bei offenen Fragen werden den Interviewern Leitlinien für die Zuordnung der Antworten zu den Antwortkategorien zur Hand gegeben und ihre Aufgabe besteht darin, die Antworten auf die offenen Fragen gleich bei der Befragung in die entsprechenden Kategorien einzuordnen. In diesen Fällen ist die Feldkodierung auf jeden Fall problematischer, wiewohl sie für gut geschulte Interviewer meist leicht zu bewältigen ist.

Feminine Kaufmotive

Grad der Emanzipation:	Voll emanzipiert %	Gemäßigt %	Nicht emanzipiert %
Frauen Gesamt	32	35	33
14–19 Jahre	55	32	14
20–34 Jahre	49	33	18
35–49 Jahre	34	36	30
50 und mehr Jahre	19	35	46
Berufstätige	43	34	23
Nicht-Berufstätige	28	35	37

Eine 1977 vom Axel Springer Verlag, Hamburg vorgelegte Studie über den Anteil der Frauen bei (→) Familieneinkaufsentscheidungen. Eine aus den Untersuchungsdaten der Studie abgeleitete Emanzipationsskala brachte in der weiblichen Bevölkerung der Bundesrepublik die Verteilung wie in der Tabelle rechts unten auf Seite 176 unten.

Fernsehabfrage
→ Abfragemodell

Fernsehforschung
→ Zuschauerschaftsforschung

Fernsehkarte
→ Identifikationshilfen

Fernseh-Kontakt-Einheit
→ Medien-Kontakt-Einheiten

Fernsehzeitung
→ Programmzeitschrift

Festauftrag
Ein (→) Werbe- oder (→) Mediaauftrag, für den der Auftraggeber ein Rücktrittsrecht nicht geltend macht bzw. nur in Fällen von höherer Gewalt geltend machen kann.

feste, zahlende Einzelbezieher
Im Medienvertrieb diejenigen Bezieher eines periodisch erscheinenden Druckwerks, die es für einen festgelegten Zeitraum zum regelmäßigen Bezug abonniert haben.

Filmtheater *(Filmtheater-Kategorien)*
Kinos sind Werbeträger der Film- und Diapositivwerbung (Kinowerbung), die mit Ausnahme der früheren (inzwischen nicht mehr existierenden) Wanderlichtspiele zu den stationären Werbeträgern zu zählen sind. Der (→) Fachverband Film- und Diapositivwerbung e. V. unterteilt die Kinos nach Zielgruppenkriterien in die folgenden Kategorien: (→) City-Theater (C), (→) Familien-Theater (F), (→) Action-Kinos (A), Studio-Theater (ST) bzw. Filmkunst-Kinos (FK) (Zielgruppe anspruchsvolles Publikum, ambitionierte Kinofreunde auch über 30 Jahre; etwa 330 Kinos in 120 Orten), (→) Programm-Kinos (PG), (→) Truppen-Kinos (TK), (→) Autokinos (Au), Sex-Kinos (S) und Porno-Kinos (P) (etwa 120 Kinos in rund 60 Orten) sowie Raucherkinos (R) und Verzehrkinos (V) (mittelgroße Komfortkinos in Freizeitzentren mit entspannter Atmosphäre) etwa 750 Raucherkinos in 280 Städten und 220 Verzehrkinos in 110 Orten.
→ Kino

Filmzuschauer
→ Kinobesucher

Filmtheater im Bundesgebiet (Stand 1987)

Aufgliederung nach Bundesländern und Nielsen-Gebieten

Land	Orte	Theater	Besucher pro Woche laut IVW
Schl.-Holstein	52	129	121.500
Hamburg	1	101	128.000
Niedersachsen	120	347	307.500
Bremen	2	39	47.000
= Nielsen I	175	616	604.000
Nordrh.-Westfalen = Nielsen II	170	807	763.000
Hessen	110	303	273.000
Rheinland-Pfalz	82	211	168.500
Saarland	28	72	44.500
= Nielsen IIIa	220	586	486.000
Baden-Württbg. = Nielsen IIIb	164	534	456.500
Bayern = Nielsen IV	232	632	540.500
Berlin-West = Nielsen V	1	74	115.500
Gesamt:	962	3.249	2.965.500

Stationäre Filmtheater nach Ortsgrößenklassen (Stand 1987)

Ortsgrößen-Klassen	Orte	Theater	Besucher pro Woche laut IVW
unter 5.000 E.	79	86	47.000
5.000–9.999 E.	183	234	148.500
10.000–19.999 E.	284	452	281.000
20.000–49.999 E.	264	708	517.000
50.000–99.999 E.	85	473	417.500
100.000–199.999 E.	36	374	391.000
200.000–499.999 E.	19	320	370.500
über 500.000 E.	12	602	793.000
Gesamt	962	3.249	2.965.500

Filterfrage *(Filterführung; Screening)*
In der (→) Umfrageforschung eine (→) Frage im Interview, deren Funktion es ist, bestimmte Untergruppen von Befragten zu bilden, an die spezielle Fragen gerichtet werden. Dadurch werden aus der (→) Ausgangsstichprobe diejenigen Personen herausselektiert, die im konkreten Zusammenhang einer gegebenen (→) Befragung nicht zum Untersuchungsgegenstand gehören. Ebenso wie die (→) Gabelungs-

fragen zählen Filterfragen zu den Ablaufordnungsfragen. Soll z. B. eine Befragung von (→) Haushalten, in denen ein Videorecorder vorhanden ist, durchgeführt werden, so werden aus einer allgemeinen (→) Haushaltsstichprobe mit Hilfe der Frage „Ist in Ihrem Haushalt ein Videorecorder vorhanden?“ und den entsprechenden Anwortvorgaben Ja/Nein die Haushalte mit einem Videorecorder ausgefiltert, denen weitere Fragen zu diesem Thema gestellt werden, während diese Fragen bei Haushalten ohne Videorecorder übersprungen werden.
Als ein diffiziles Instrument haben sich Filterfragen vor allem in der (→) Media- und (→) Leserschaftsforschung erwiesen, in der Experimente gezeigt haben, daß mit wachsender Zahl von Antwortkategorien, die dem Befragten die Möglichkeit geben, sich als Nichtnutzer bzw. Nichtleser einzustufen, die Wahrscheinlichkeit sinkt, daß er sich am Ende als (→) Nutzer bzw. (→) Leser einstuft, was nichts anderes bedeutet, als daß durch unterschiedliche (→) Abfragemodelle unterschiedliche (→) Reichweiteangaben ermittelt werden.
Der Einsatz einer geschickten Filterführung hat sich mit der stets wachsenden Zahl der Erhebungsgegenstände in Media- und Leserschaftsforschung als ein immer dringlicheres Problem erwiesen. Die Erhebungen der (→) Arbeitsgemeinschaft Leseranalayse (AGLA) für die (→) Leseranalyse (LA) haben über viele Jahre hinweg von jedem Filter abgesehen, der die Kernfrage nach dem (→) letzten Lesen (Recency-Frage) berührte. Es wurden also unterschiedslos alle befragten Personen zu allen untersuchten Zeitschriften- und Zeitungstiteln mit dieser Frage konfrontiert. Da dies Vorgehen mit der von Jahr zu Jahr wachsenden Zahl der in die Erhebung eingeschlossenen Titel nicht länger haltbar war, führte die (→) Arbeitsgemeinschaft Media-Analyse (AG.MA) in das von ihr verwendete (→) Abfragemodell für die (→) Media-Analyse (MA) 1970 an erster Stelle den „Generalfilter“, der eine Reduzierung auf durchschnittlich etwa 20 Titel bei (→) Publikumszeitschriften bewirkt, und an zweiter Stelle den sog. „großen Zeitfilter“ ein, bei dem die Leser zum ersten Mal nach dem Zeitpunkt des letzten Lesens befragt werden.

Firmenzeitschrift
→ Kundenzeitschrift

Fisher-Yates-Test
Ein statistischer (→) Signifikanztest für eine (→) Vierfeldertafel unter Verwendung der (→) hypergeometrischen Verteilung. Für eine Vierfeldertafel nach dem Muster

a	b	S_1
c	d	S_2
S_3	S_4	N

ist zunächst festzustellen, ob $a \geqq S_1S_3/N$. Ist das der Fall, werden weitere Tabellen gebildet, indem a und d um 1 erhöht und c und b um 1 erniedrigt werden, bis c oder b Null sind. Ist das nicht der Fall, werden weitere Tabellen gebildet, indem a und d um 1 erniedrigt und b und c um 1 erhöht werden, bis a oder d Null wird. Dann wird für jede Tabelle

$$P = \frac{S_1!S_2!S_3!S_4!}{N!a!b!c!d!} \quad \text{bzw. } \Sigma P$$

berechnet. Die Zufälligkeit der ersten Vierfeldertafel bei einem (→) Signifikanzniveau α wird verworfen, wenn $2\,\Sigma P \leqq \alpha$ ist.

Fishers z-Transformation
→ z-Transformation, Normalverteilung, Standardnormalverteilung

FKM
Abk Gesellschaft zur freiwilligen Kontrolle von Messe- und Ausstellungszahlen
Eine 1965 gegründete, heute (1987) von 37 deutschen Messe- und Ausstellungsgesellschaften getragene Vereinigung, deren Ziel es ist, durch Veröffentlichung von überprüfbaren Daten zur Transparenz im Ausstellungs- und Messewesen beizutragen. Zu diesem Zweck erhebt sie nach festgelegtem Muster Besucherzahlen (auf der Grundlage der verkauften Eintrittskarten), Ausstellerzahlen und Flächenzahlen sowie Daten über die Struktur und Herkunft von Besuchern, ihrer Branchenzugehörigkeit, innerbetrieblichen Position sowie der Gründe für den Ausstellungs- bzw. Messebesuch.
Nachdem erstmalig 1974 nach einem einheitlich von der FKM entwickelten Maßstab erfaßte und geprüfte Hallen-Bruttoflächen sowie neben der nach Orten gegliederten Tabelle eine Aufteilung der Veranstaltungen nach Branchen veröffentlicht wurden, stellen die 1975 durchgeführten Strukturanalysen über Besucher der Messen und Ausstellungen einen weiteren Schritt in der Entwicklung der FKM dar. Richtlinien hierfür wurden mit dem Arbeitskreis Messetransparenz beim AUMA, dem außer der FKM Vertreter des Bundesverbandes der Deutschen Industrie, des Deutschen Industrie- und Handelstages, der Hauptgemeinschaft des

Deutschen Einzelhandels (HDE), des Zentralausschusses der Werbewirtschaft (ZAW) und der Zusammenschlüsse des Deutschen Messewesens angehören, erarbeitet.

Flächenauswahl
→ Flächenstichprobenverfahren

Flächenstichprobe *(Flächenstichprobenverfahren)*
Ein (→) Auswahlverfahren der (→) Zufallsauswahl (Wahrscheinlichkeitsauswahl), bei dem die primären (→) Auswahleinheiten geographische Gebiete sind. Dabei wird zunächst das gesamte Untersuchungsgebiet in Teilgebiete unterteilt. Diese können, müssen aber nicht gleich groß sein. Aus der Gesamtheit der Teilgebiete wird nach dem Prinzip der Zufallsauswahl eine bestimmte Anzahl ausgewählt, die in die (→) Stichprobe aufgenommen werden. In der Markt- und Sozialforschungspraxis wird meist so vorgegangen, daß die Teilflächen durchnumeriert und die in die Stichprobe aufzunehmenden Teilgebiete mit Hilfe einer (→) Zufallszahlentabelle bestimmt werden. Je nach Zielsetzung der Untersuchung werden innerhalb der durch dieses einstufige Flächenstichprobenverfahren ausgewählten Teilgebiete entweder alle Einzelpersonen oder Haushalte oder ein nach den Untersuchungszielen festzulegender Anteil in die (→) Erhebung einbezogen. Werden innerhalb der ausgewählten Teilgebiete weitere geographische Unterteilungen (z. B. Stadtviertel oder andere örtliche Teilgebiete) vorgenommen, so spricht man von einer mehrstufigen Flächenstichprobe. Innerhalb der Teilgebiete oder Unter-Teilgebiete werden dann mit Hilfe eines Verfahrens der Zufallsauswahl die in die Erhebung einzubeziehenden Personen oder Haushalte oder anderen Erhebungseinheiten ausgewählt. Die in dieser Stufe am meisten verbreitete Auswahltechnik ist das (→) Random-Route-Verfahren.
Das Flächenstichprobenverfahren stellt einen Sonderfall des (→) Klumpenstichprobenverfahrens dar. Seine Anwendung ist besonders sinnvoll in Fällen, in denen keine verläßlichen Informationen und Unterlagen über die geographische Verteilung von Erhebungseinheiten verfügbar sind wie z. B. in Ländern, in denen eine so perfektionistische Erfassung von Personendaten wie etwa in den deutschen Einwohnermeldekarteien nicht vorliegt. Insbesondere in sehr großflächigen Ländern wirkt sich dabei der Umstand, daß die Erhebung in einer relativ kleine Zahl von Gebieten stattfindet, kostensenkend aus und hat den zusätzlich günstigen Effekt, daß der Interviewereinsatz relativ leicht zu steuern ist. Bei der Durchführung von Flächenstichprobenauswahlen müssen allerdings besondere Vorkehrungen gegen das Auftreten von (→) Klumpeneffekten getroffen werden.

Das von der (→) Arbeitsgemeinschaft Media-Analyse (AG.MA) bzw. der (→) Arbeitsgemeinschaft Leseranalyse (AGLA) seit 1970/71 praktizierte Auswahlverfahren nach dem (→) ADM-Stichprobensystem ist ein einstufiges Flächenstichprobenverfahren nach der oben formulierten Definition: Die Auswahleinheiten der 1. Auswahlstufe sind die Bundestags-Stimmbezirke, die der 2. Auswahlstufe Haushalte.

Fluktuation von Leserschaften
Kumulierte Reichweiten und Zahl der gelesenen Ausgaben bei 1 bis 4 Insertionen

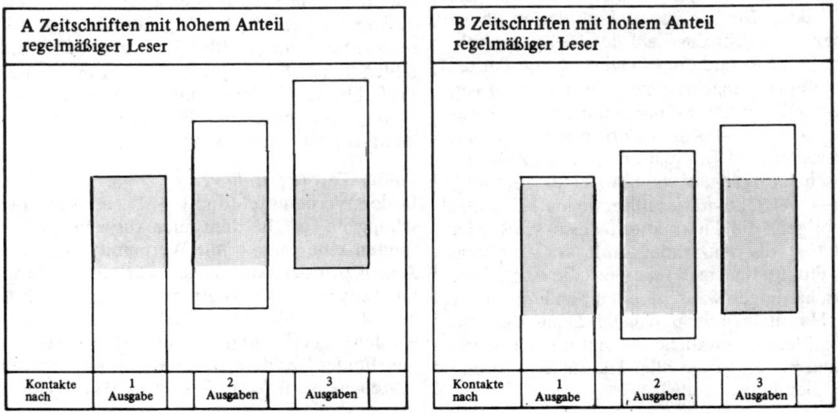

Kumulierte Reichweiten bei Insertionen in 13 Ausgaben

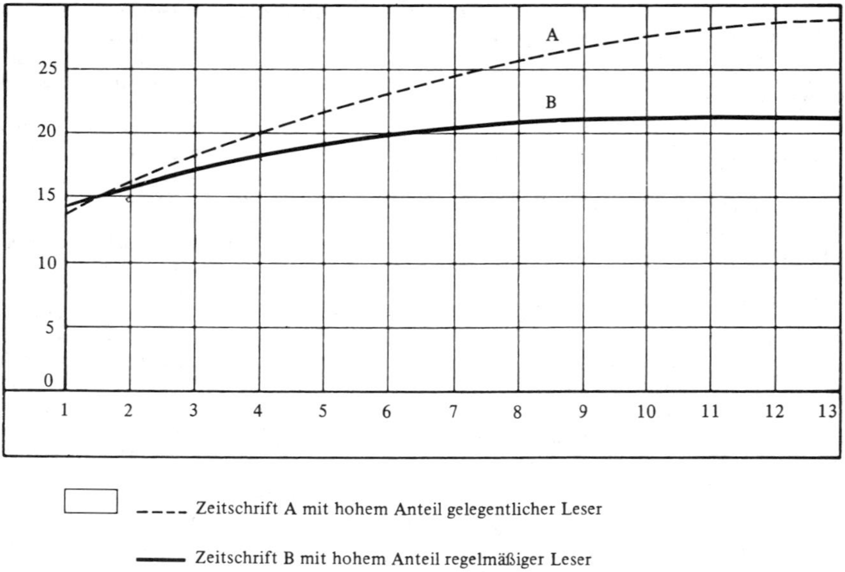

Fluktuation
Der Wechsel in der personenmäßigen Zusammensetzung innerhalb der (→) Nutzerschaft eines (→) Werbeträgers, also die Veränderung in der Zusammensetzung der (→) Leserschaft eines gedruckten Mediums von Ausgabe zu Ausgabe, der (→) Hörer oder (→) Zuschauer eines Rundfunkprogramms im Zeitverlauf. Fluktuation läßt sich im Flußdiagramm darstellen. Sie kann auch bei konstanter Zahl der (→) Nutzer eines Mediums sehr intensiv sein. Bei gedruckten Medien ist die Fluktuation um so höher, je größer die Zahl der (→) gelegentlichen Leser ist und um so kleiner, je größer die Zahl der (→) regelmäßigen Leser ist, (→) Kumulation. Bei den Funkmedien und insbesondere in der (→) Zuschauerforschung für das Fernsehen wird Fluktuation, d. h. die Zahl von Umschaltvorgängen während einer Sendung, als (→) Attraktivitätsmaß verwendet: Je höher (niedriger) die Fluktuation, desto schwächer (stärker) die Anziehungskraft der Sendung. Das Fluktuationsmaß relativiert die Anzahl der Umschaltungen während einer Sendung an der (→) Haushaltsquote und an der Dauer der Sendung (durchschnittliche Anzahl der Umschaltungen bei 1 Prozent aller Haushalte während einer Sendungsminute).

Fluktuationstabelle
→ Panel

FMA
Abk Funkmedien-Analyse

FNA (Fachzeitschriften-Nutzer-Analyse)
Eine der wenigen, größeren vergleichenden Zielgruppenanalysen für (→) Fachzeitschriften, die als eine Gemeinschaftsuntersuchung Daten über die Zielgruppe der Beschaffungsentscheider in Industriebetrieben mit hundert und mehr Beschäftigten für 151 Fachzeitschriften zur Verfügung stellt. Für die in der FNA erfaßten Titel ist seit 1981 auch das vom Institut Prof. Dr. K.-H. Strothmann entwickelte (→) Evaluierungsprogramm SSP („Strothmann-Selektions-Programm") verfügbar.

Folder-Test *(Portfolio-Test)*
In der Werbemittel- und (→) Leserschaftsforschung ein Test, bei dem einer Auswahl von Befragten eine Mappe mit Werbemitteln, meist Anzeigen oder Anzeigenentwürfe, oder auch mit redaktionellen Beiträgen vorgelegt wird. Nachdem sie die Mappe durchgesehen haben, werden sie gezielt befragt. Als (→) Pretests dienen Folder-Tests der Beurteilung alternativer Anzeigenentwürfe, als (→) Posttests der Über-

prüfung des Aufforderungscharakters, der (→) Aufmerksamkeitswirkung oder der (→) Erinnerungswerte von Anzeigen bzw. anderen Werbemitteln. Entscheidender Nachteil von Foldertests ist die Artifizialität der Testsituationen, die weit entfernt von allem ist, was in der Realität einen natürlichen (→) Lesevorgang darstellt.
Als Ergebnis werden für jede in einen Folder-Test einbezogene Anzeige jeweils die folgenden Werte ausgewiesen:

- o **Anzeigen-Erinnerungswert:** Prozentsatz der Personen, die sich an die Anzeige erinnern können;
- o **Produkt-Erinnerungswert:** Prozentsatz der Personen, die sich erinnern können, für welches Erzeugnis in der Anzeige geworben wurde;
- o **Marken-Erinnerungswert:** Prozentsatz der Personen, die sich erinnern können, für welche Marke in der Anzeige geworben wurde;
- o **Bild-Erinnerungswerte:** Prozentsätze der Personen, die sich erinnern können, was in der Anzeige abgebildet war (pro Bildelement);
- o **Text-Erinnerungswerte:** Prozentsätze der Personen, die sich erinnern können, was in der Anzeige ausgesagt wurde (pro Textelement);
- o **Allgemeine Beurteilung:** Notenskala und Begründung;
- o **Anzeigen-Profil:** (→) Polaritätenprofil mit Eigenschaften, welche die Anzeige allgemein beurteilen (Image).

Folgeleser
In der (→) Media- und (→) Leserschaftsforschung diejenigen (→) Leser, die eine Zeitung oder Zeitschrift innerhalb eines Haushalts oder eines Betriebs (einer Institution) oder als Bezieher eines (→) Lesezirkels im Gegensatz zu den (→) Erstlesern erst als zweite, dritte oder noch spätere Leser nutzen. Die Differenzierung zwischen Erst- und Folgelesern wurde von Alfred Politz entwickelt. Auf der Basis dieser Unterscheidung differenzierte Jean-Michel Agostini, (→) Agostini-Ansatz, weiter zwischen „Folgelesern zuhause“ (in-home pass-along readers), die er auch als (→) Zweitleser (secondary readers) bezeichnete und den „Folgelesern außer Haus“ (out-of-home pass-along readers), die er als (→) Drittleser (tertiary readers) bezeichnete.
→ Leser-Blatt-Bindung (LBB)

Folgetag
→ Feldmodell

Follow-up
Ein vollkommen überflüssiger Anglizismus zur Bezeichnung von Nachfaßaktionen verschiedenster Art z. B. in der Direktwerbung, der Gestaltung von Werbefeldzügen oder dem Leserservice bei (→) Kennzifferzeitschriften.

FOPSY
→ MOSES

Fortschreibung *(Fortschreibungsmodell)*
→ Extrapolation, Trendextrapolation, Prognose; (→) Redressement

Frage *(Fragearten)*
Während in der breiteren Öffentlichkeit die Frage der (→) Repräsentanz von Stichprobenerhebungen, das (→) Fälscherproblem oder die Manipulation von Ergebnissen noch immer für die zentralen Probleme der (→) Umfrageforschung gehalten werden, herrscht in der Fachwelt der Markt- und Sozialforschung weitgehende Übereinstimmung darüber, daß diese Fragen im Rahmen der Möglichkeiten einigermaßen im Griff sind, daß aber sowohl die Formulierung der Fragen wie der (→) Fragebogenaufbau zu den sensibelsten und auch noch am meisten klärungsbedürftigen Instrumenten der (→) empirischen Sozialforschung gehören. „Die Formulierung von Fragen ist auch heute noch der Abschnitt einer Befragung, in dem persönliches Geschick und Erfahrung, weniger aber methodische Schulung entscheidend sind.“ (Erwin K. Scheuch)
Vor Ausformulierung der einzelnen Interviewfragen ist die Präzisierung des bzw. der Untersuchungsziele, aus denen im nächsten Schritt die Gesamtthematik in einzelne Programmfragen (Erhebungspunkte) gegliedert wird, der erste Schritt. Erst nachdem das geschehen ist, kann die Übersetzung der (→) Programmfragen in konkrete (→) Testfragen oder Interviewfragen (Ermittlungsfragen) erfolgen. Wiewohl es bei komplizierten Sachverhalten jedermann ohne weiteres einsichtig ist, daß Programmfragen und Interviewfragen zwei vollkommen verschiedene Dinge sind (niemand, der untersuchen will, welche Einstellungen in der Bevölkerung zur Frage der Hydrierung von Steinkohle hat, verfiele auf die Idee, die Interviewfrage zu stellen „Sind Sie für oder gegen die Kohlehydrierung?“) ist ihre Verwechslung noch immer einer der am meisten verbreiteten Fragebogenfehler.
Es gibt zwar keine methodischen Gesetze und schon gar keine Patentrezepte für die Formulierung unter Interviewfragen, aber wenigstens eine Reihe von Regeln, deren Beachtung bei der Vermeidung der gröbsten Fehler hilfreich ist. Die in der Literatur am häufigsten genannten Regeln sind:

1. **Die Fragen müssen so einfach wie möglich formuliert sein:** Vermeidung von Fremdwörtern, Fachausdrücken, Schachtelsätzen oder anderer komplizierter Satzkonstruktionen;

2. **Die Fragen dürfen nicht zu lang sein:** Vermeidung von Frageformulierungen, deren Länge das Fassungsvermögen der Befragten oder eines relevanten Teils der Befragten übersteigt.
3. **Die Fragen müssen eindeutig sein:** Vermeidung mehrdeutiger oder unklarer Begriffe oder Formulierungen sowie die Vermeidung von Fragen, die eigentlich aus zwei Fragen bestehen (double-barreled question);
4. Die Fragen dürfen den **Wissensstand** oder das **Bildungsniveau** oder die **Erinnerungsfähigkeit** der Befragten **nicht überfordern;**
5. **Die Fragen müssen konkret sein:** Vermeidung zu allgemeingehaltener Fragen, die jeder Befragte anders versteht und dementsprechend anders beantwortet;
6. **Die Fragen müssen neutral sein:** Vermeidung suggestiver oder nur stereotype Antworten einladender Fragen oder starke Abwehrmechanismen bei den Befragten auslösender Fragen.

In der Markt- und Sozialforschungspraxis ist eine große Vielzahl von verschiedenen Fragetypen entwickelt worden, die in Anlehnung an

Fragearten

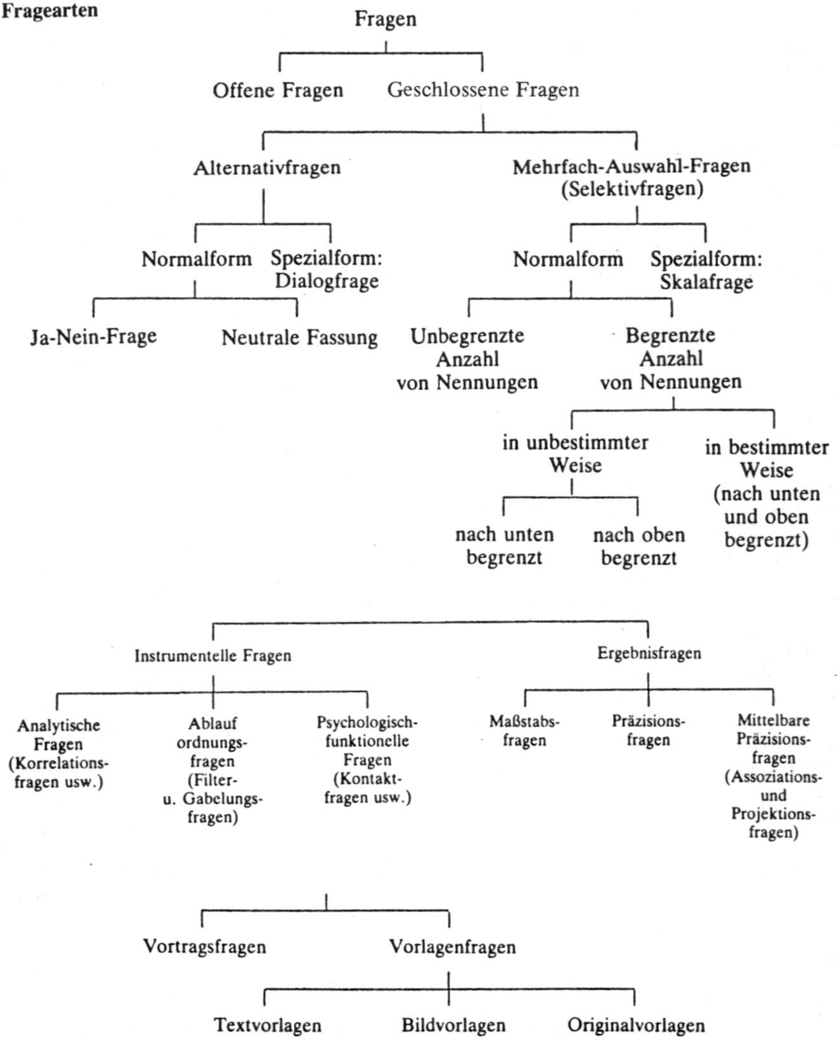

eine von Karl Christian Behrens entwickelte Systematik nach den folgenden Gesichtspunkten unterteilt werden können (die Ausführungen zu den einzelnen Fragetypen finden sich jeweils unter dem entsprechenden Stichwort in diesem Buch):

I. Nach dem Bestehen oder Fehlen von Antwortvorgaben
1. offene Fragen
2. geschlossene Fragen

II. nach dem Fragezweck
1. instrumentelle Fragen
2. Ergebnisfragen

III. Nach der Verwendung bzw. Nichtverwendung von Vorlagen
1. Vortragsfragen
2. Vorlagenfragen

IV. Nach der Art der Fragestellung
1. direkte Fragen
2. indirekte Fragen

Frage nach dem letzten Lesen
→ letztes Lesen (Recency-Frage)

Fragebogen *(Fragebogenaufbau, Fragebogenkonstruktion)*
Neben der geschickten Formulierung der einzelnen Fragen ist die Zusammenstellung einer Folge von gut aufeinander abgestimmten Themen und Fragen im Fragebogen von entscheidender Bedeutung für die Gewinnung unverzerrter Daten. Dabei ist zwischen der *Makroplanung* und der *Mikroplanung* zu unterscheiden. Bei der *Makroplanung* geht es um die bewußte Gestaltung bzw. die Nutzung der Kenntnisse über den Verlauf der Spannungskurve und die sorgfältige Abwägung der den Befragten und den Interviewern zumutbaren Interviewdauer. Der konkrete Verlauf der Spannungskurve eines Interviews hängt natürlich von der Thematik, dem Abwechslungsreichtum und dem Einsatz von Hilfsmitteln zur Aktivierung der Befragten (Einsatz von Illustrationen, Listen, Kartenspielen usw.) ab, es scheint aber darüber hinaus auch eine allgemeine Gesetzmäßigkeit ihres Verlaufs zu geben, der im Bild etwa dem Verlauf einer flachen (→) Normalkurve ähnelt: sie verläuft am Anfang und am Ende flach, d. h. das Interesse der Befragten ist gering, und hat einen Höhepunkt im mittleren Drittel. „Kommerzielle Institute beginnen deshalb ein Interview mit für den Befragten interessanten, aber weniger wichtigen Fragen und plazieren demographische Fragen am Schluß des Interviews, da für sie nur eine geringe Motivation des Befragten notwendig ist. Allgemein neigt man dazu, die wichtigsten Fragen im mittleren Drittel des Interviews aufzuführen und einige Fragen von geringerem Interesse für den Befragten mit für diesen interessanten Fragen zu mischen.“ (Erwin K. Scheuch)
Bei der Gestaltung der „Dramaturgie der Gesprächsführung“ im (→) standardisierten Interview ist von Bedeutung, daß das (→) Interview trotz der Bindung der Interviewer an den Fragebogen so nahe wie möglich an eine natürliche Gesprächssituation angepaßt ist und daß zur Weckung und Erhaltung des Interesses der Befragten ein Wechsel von Frageformeln und Themenbereichen stattfindet. Dieses Erfordernis kommt der thematisch ohnehin recht buntscheckigen Fragebogengestaltung für (→) Mehrthemenbefragungen (Omnibus-Befragungen) sehr entgegen, die sich als ein Instrument der Belebung von längeren Interviews bewährt hat. Die Länge von Befragungen wirkt sich offenbar nur als Folge der Monotonie des Fragebogens aus. Untersuchungen haben ergeben, daß Befragte Interviews von einer Dauer bis zu einundeinhalb Stunden durchaus nicht als zu lang empfinden.
In der *Mikroplanung* des Fragebogens geht es um die Gestaltung der Reihenfolge der einzelnen Fragen und die Vermeidung von (→) Ausstrahlungseffekten (Halo-Effekt), der darin besteht, daß jede Frage einen Bezugsrahmen für die folgenden Fragen setzt. Besonders stark ist der Ausstrahlungseffekt bei emotional stark geladenen Fragen, aber auch hier gilt, daß er einigermaßen neutralisiert oder zumindestens in seiner Wirkung begrenzt werden kann, wenn die Themen der Befragung einander rasch abwechseln und die entsprechenden Fragen zum selben Thema nicht einfach aneinandergereiht sind. Ein ähnlicher Effekt wie der Ausstrahlungseffekt kann in der Makroplanung auch als (→) Plazierungseffekt bei Plazierung ganzer Gruppen von Fragen nacheinander eintreten.
Je nach der Thematik einer Untersuchung spielen in der Mikroplanung die Techniken des (→) Trichterns und des umgekehrten Trichterns eine Rolle.
Die Entwicklung eines (→) strukturierten Fragebogens sollte erst am Ende einer längeren Kette von Operationen stehen, innerhalb deren die Entwicklung eines Probefragebogens mit einer großen Zahl von (→) offenen Fragen und seine gründliche Auswertung in einem (→) Pretest ein unverzichtbares Glied der Entwicklung ist.

Fragebogenfilter
→ Filterfrage (Filterführung, Screening)

Franchise Circulation
→ Privilegvertriebsmethode

Frankel-Modell
Den Anstoß zur Entwicklung der (→) Kumulationskurven in Deutschland hatte der amerikanische Mediaforscher Lester R. Frankel mit einem Vortrag über „Mass Media – The Process of Communication“ auf dem Kongreß der International Marketing Association (I.M.F.) in 1963 in Hamburg gegeben. Aus der Auseinandersetzung mit dem von ihm eingeführten Kommunikationsmodell und seinen Gedankengängen über die Kombination von (→) Erhebungs- und (→) Auswertungstechniken ist letztlich die in der (→) Leseranalyse (LA) und der (→) Media-Analyse (MA) in Deutschland praktizierte Form der Messung und Verarbeitung von (→)Kumulation hervorgegangen. Das Institut Informarkt übertrug als erstes die Gedankengänge der Kumulation auf die deutschen Verhältnisse, und zwar für den „Stern“. Divo griff diese Vorstellungen ebenfalls auf. Eva-Maria Hess und Herbert Steiner veranstalteten einmal die Ermittlung in einer (→) Mehrthemenbefragung an 2006 Fällen für 9 Titel die in den letzten 10 Wochen gelesenen Exemplare und in der 4. Welle der LA 64 den Vergleich von 827 Fällen ohne den „Frankel-Ansatz“ mit 836 Fällen mit dem „Frankel-Ansatz“, also den Fragen nach der (→) Lesehäufigkeit in 6 Skalenpunkten.

Frauen-Typologie
→ Brigitte-Frauen-Typologie

Frauenzeitschrift
→ Publikumszeitschriften

Freiabonnement
→ Freistücke

freie Hochrechnung
→ Hochrechnung

Freiexemplar
→ Freistücke

Freihandmethode
Ein in der statistischen (→) Trendanalyse bei (→) Zeitreihen oder allgemeiner bei Datenreihen und in der (→) Korrelationsanalyse und der (→) Regressionsanalyse verwendetes, grobes Schätzverfahren, bei dem die Zusammenhänge durch Ziehung einer Linie nach Augenmaß grob kalkuliert werden. Dabei wird die Gerade oder Kurve mit der bestmöglichen Anpassung an die Punkte im Koordinatenkreuz gesucht. Das Verfahren hat den Vorteil, daß es auf meist sehr einfache Weise eine gute Orientierung bietet, jedoch den Nachteil, daß es keine berechnete Beziehung zwischen den einzelnen Punkten der Datenreihe und der graphischen Trend- oder Regressionsgeraden gestattet.

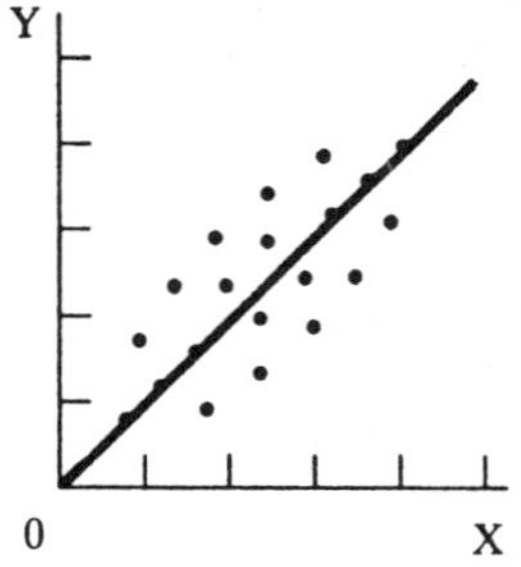

Freiheitsgrad
In der statistischen Prüftheorie die Höchstzahl der in einem mathematischen System, z. B. in einer Prüfverteilung, frei bestimmbaren (→) Variablen, die variiert werden können, ohne daß die Bedingungen des Systems gestört sind. Es wird dadurch die Gesamtzahl der insgesamt möglichen und daher nicht mit Sicherheit voraussehbaren Ausprägungen der Daten einer Prüfverteilung angegeben. Handelt es sich also um eine Verteilung von insgesamt k Beobachtungen, so beträgt die Höchstzahl der frei variierbaren Werte k – 1, weil der letzte Wert durch alle vorangegangenen Werte festgelegt ist. Bei (→) Stichproben hängt die Zahl der Freiheitsgrade von der Zahl der Operationen ab, die zur Schätzung des entsprechenden Werts erforderlich waren. Die Berechnung der Freiheitsgrade ist erforderlich, damit der (→) kritische Wert berechnet werden kann und so durch Vergleich des empirischen Prüfwerts mit dem kritischen Wert eine Aussage über die (→) Signifikanz des empirischen Werts möglich ist.

Freistücke
Im Medienvertrieb die mit Ausnahme der (→) Rest-, Archiv- und (→) Belegexemplare unentgeltlich verbreiteten Exemplare eines Druckmediums, vor allem einer Zeitung oder Zeitschrift, einschließlich der (→) Werbeexemplare, (→) unentgeltlich verbreitete Auflage.

Frequenz
→ Häufigkeit, Kontakthäufigkeit, Lesehäufigkeit (Frequency), Nutzungshäufigkeit

Frequenzfrage
→ Häufigkeitsfrage (Frequency-Frage), Lesehäufigkeit, Nutzungshäufigkeit

Frequenz-Kartensatz
→ Simulation

Frequenzsimulation
→ Simulation

Frequenzskala
→ Kontakthäufigkeit, Lesehäufigkeit, Nutzungshäufigkeit

Frequenzverteilung
→ Häufigkeitsverteilung

Friedman-Test
(Friedman-χ^2-Test, Friedmanscher Chi-Quadrat-Test)
Ein Verfahren der parameterfreien, zweifachen (→) Varianzanalyse zur gleichzeitigen Prüfung der (→) Signifikanz von Ergebnissen korrelierender (→) Stichproben bei zwei unabhängigen Variablen (Rangvarianzanalyse). Prüfmaßzahl ist

$$\chi_r^2 = \frac{12\,R}{Nk(k+1)} - 3\,N(k+1)\,,$$

wobei R die Summe der Rangquadrate, N die Zahl der Werte für jede Beobachtung und k die Zahl der Beobachtungen darstellt.

Frühwarnsystem
Seit 1976 wird nach dem (→) Auswertungsmodell der (→) Media-Analyse (MA) der (→) Arbeitsgemeinschaft Media-Analyse (AG.MA) gewissermaßen als Vorstufe der (→) Datenbereinigung ein sog. Frühwarnsystem praktiziert, das darin besteht, zunächst für die 1. Erhebungswelle und dann für den Gesamtbestand einer MA Vergleiche zur vorjährigen MA anzustellen. Anhand der Bevölkerungsdaten und der wesentlichen Medieninformationen werden die aufgetretenen Abweichungen analysiert, um etwaige Erhebungs- oder Auswertungs-Fehler, (→) Fehler, frühzeitig erkennen und gegebenenfalls beseitigen zu können.

Funk
→ Rundfunk

Funkmedien
→ Rundfunk

Funkmedien-Abfrage
→ Abfrage

Funkmedien Analyse (FMA)
Die (→) Hörerforschung etablierte sich in Westdeutschland bereits 1947, als die Abteilung Hörerforschung beim damaligen Nordwestdeutschen Rundfunk (NWDR) eingerichtet wurde. Die Methode der (→) Stichtagserhebung zur Ermittlung des (→) gestrigen Hörens anhand eines (→) Tagesablaufschemas war dann das Kernstück der erstmals 1958 in einer einmaligen Erhebung und später, ab 1963 im Rhythmus von zwei bis drei Jahren durchgeführten (→) ZAW-Werbefunkhöreranalyse, die 1974 die Bezeichnung ZAW Funkmedien Analyse übernahm. 1976 führten die Landesrundfunkanstalten bzw. deren in der (→) Arbeitsgemeinschaft Rundfunkwerbung (ARW) zusammengeschlossenen Werbetöchter diese Untersuchung unter der Bezeichnung Funkmedien Analyse FMA in eigener Regie durch; seit 1978/79 wurde dasselbe Programm gemeinsam mit dem Zweiten Deutschen Fernsehen (ZDF) im Rahmen des Vertrags über die (→) Zuschauerforschung mit der (→) Teleskopie erhoben.
Die Tagesablauferhebung wurde in den Funkmedienanalysen als integriertes Instrument zur Ermittlung der Hörfunk- und Fernsehnutzung eingesetzt (siehe Abbildung). Die Tätigkeiten des Befragten wurden von 5 Uhr morgens bis 24 Uhr Mitternacht durchgegangen und dabei unter Kategorien wie Schlafen, Essen, Haus-/Berufsarbeit, Autofahren, freie Zeit subsumiert. Parallel dazu wurde Radiohören und Fernsehen für alle relevanten Programme ermittelt. Die Interviewer trugen Anfang und Ende jeder Tätigkeit bzw. jedes Seh- und Hörvorgangs viertelstundengenau ein. Damit wird also konkretes Einschaltverhalten, wie es tatsächlich abläuft, im zeitlichen Kontinuum ermittelt. Der entscheidende Vorteil dieser Methode, die erstmals von Paul Lazarsfeld Ende der 1930er Jahre als Instrument der Hörerforschung eingesetzt wurde und deren Technik in den Funkmedien-Analysen weiterentwickelt und verbessert wurde, liegt in der Notwendigkeit für den Interviewer und den Befragten, den gesamten Tagesablauf tatsächlich von morgens bis abends chronologisch durchzugehen, ohne dabei von der Systematik überfordert zu werden, und auch darin, daß der Befragte keinen Hinweis auf das eigentliche Untersuchungsziel, die Ermittlung des Werbefunkhörens, erhält.
Nachdem seit Anfang der 1970er Jahre das intermediale Planungssystem der (→) Arbeitsgemeinschaft Media-Analyse (AG.MA) zunehmend auch für die Planung der Funkmedien eingesetzt wurde und die Werbeplanung die dort angebotenen (→) Medien-Kontakt-Einheiten (MKE) als „gültige Währung" anerkannt worden war, verzichteten die Funkmedien-Analysen auf diese differenzierte Auswertung nach Werbefunkviertelstunden.
An der FMA '76 waren je zur Hälfte die Institute infratest und Marplan beteiligt. Sie basierte auf einer Random-Stichprobe, (→) Zufallsaus-

Funkmedien Analyse FMA'76

Vergleich der Hörfunkreichweiten
im Tagesablauf (5.30–24.00 Uhr)

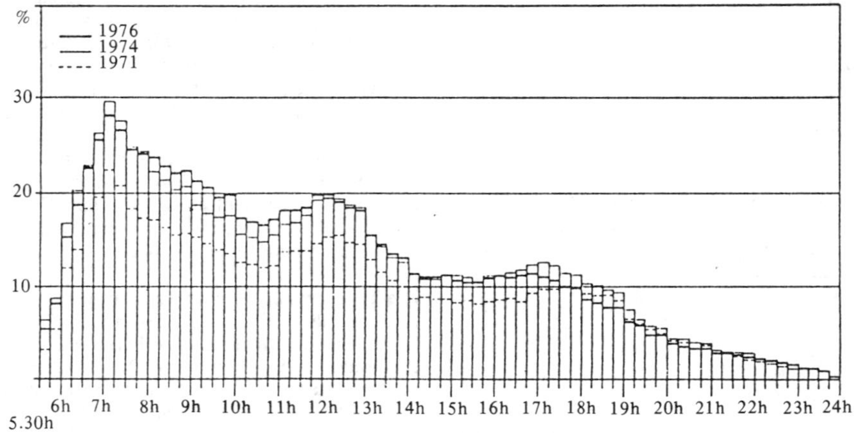

wahl, von rund 13000 Interviews; (→) Grundgesamtheit war die erwachsene Bevölkerung in der Bundesrepublik und West-Berlin ab 14 Jahre. Nachdem die ARW am 1. Januar 1978 Mitglied der AG.MA geworden war, hat die (→) Media-Analyse (MA) im selben Jahr die Funktion der FMA übernommen; sie mißt allerdings Stundenabschnitte beim (→) Hörfunk und Halbstundenabschnitte beim Fernsehen. Die Abbildung zeigt die Hörfunknutzung im Viertelstundentakt im Tagesablauf.

Funkmedienforschung
→ Hörerforschung, Zuschauerforschung

Funktion Image Produktinteresse
Eine im Jahr 1970 vom Verlag Kindler & Schiermeyer, München, vorgelegte Studie, die sich mit den Kriterien befaßt, die als Maßstäbe für Werbeträgerqualität gelten können. Sie leitet für (→) Publikumszeitschriften sieben Funktionsbereiche ab, die durch (→) Faktorenanalyse aus Statements herausgearbeitet worden waren, die den Zeitschriften durch ihre Leser zugeordnet worden waren und stellte (→) Korrelationen zur (→) Anzeigenbeachtung und Anzeigenbewertung her. Die sieben Funktionsbereiche waren:

1. Lebensfreude,
2. Lebenshilfe
3. praktische Hilfe,
4. entspannende Ablenkung,
5. Information,
6. Realitätskonfrontation,
7. Anregung zum Nachdenken.

Eine Analyse der Zeitschriftenimages führte zu sieben vergleichbaren Imagebereichen:

1. anspruchsvoll, ungewöhnlich, wertvoll
2. vertrauenswürdig,
3. unterhaltend,
4. freizügig,
5. interessant,
6. aktuell,
7. gute Aufmachung.

Als Maß für die Aufnahmebereitschaft der Leser für die Anzeigen aus bestimmten Produktbereichen wurde das Produktinteresse analysiert. Dabei ergaben sich sieben generelle *Produktinteressensbereiche*:

1. Interessensbereich Frau, Hausfrau,
2. Interessensbereich Mann,
3. Interessensbereich gehobener Lebensstil,
4. Interessensbereich Haushalt,
5. Interessenbereich Kinder,
6. Interessensbereich Anregungsmittel,
7. Interessensbereich Genußmittel.

Weiter wurde der *Zusammenhang* zwischen den Hauptfaktoren der Anzeigenbeachtung und den Funktionen und Imagedimensionen der Zeitschrift untersucht. Zu diesem Zweck wurde berechnet:

die Stärke des Zusammenhangs zwischen den Funktionen und den drei Anzeigenfaktoren,
die Stärke des Zusammenhangs zwischen den Imagedimensionen und den drei Anzeigenfaktoren.

Den Zusammenhang von Funktion und Image auf der einen und den Anzeigenfaktoren auf der anderen Seite zeigt die folgende Tabelle:

Zusammenhang zwischen Funktionen bzw. Imagedimensionen und den Anzeigenfaktoren

Weiteste Leserkreise der untersuchten Zeitschriften			
	Bevölkerung 14–70 Jahre		
Funktion	Generelle Anzeigenbeachtung	Positive Bewertung des Anzeigennutzens	Positive Einstellung gegenüber den Anzeigen
	Korrelationskoeffizient	Korrelationskoeffizient	Korrelationskoeffizient
Lebensfreude	+ 0,56*	+ 0,23	+ 0,37
Lebenshilfe	+ 0,37	+ 0,52*	+ 0,20
Praktische Hilfe	+ 0,76*	+ 0,93*	+ 0,72
Entspannende Ablenkung	– 0,02	+ 0,28	+ 0,22
Information	– 0,61*	– 0,35	– 0,54*
Realitätskonfrontation	– 0,63*	– 0,73*	– 0,68*
Anregung zum Nachdenken	– 0,13	– 0,25	– 0,42
Image			
Anspruchsvoll, Ungewöhnlich	– 0,16	– 0,36	– 0,45
Wertvoll, Vertrauenswürdig	– 0,01	+ 0,09	– 0,29
Unterhaltend	– 0,19	+ 0,08	+ 0,03
Freizügig	+ 0,36	+ 0,17	+ 0,11
Interessant	– 0,40	– 0,28	– 0,53*
Aktuell	– 0,74*	– 0,54*	– 0,42
Gute Aufmachung	+ 0,70*	+ 0,49*	+ 0,88*

*) Der Zusammenhang ist statistisch signifikant auf dem 5%-Niveau (berechnet über Z-Transformation von r nach R.A. Fischer).

Diese sieben Funktionen wurden für 16 Zeitschriften erfaßt. Zugleich wurde überprüft, wieweit die Befragten in diesen Zeitschriften

1. Anzeigen beachten
2. die Anzeigen als nützlich erleben
3. die Anzeigen positiv beurteilen.

Die Untersuchung hat diese Daten korreliert, so daß man nun eine Aussage darüber machen konnte, welche Zeitschriftenfunktionen mit der Beachtung und Nutzung von Anzeigen stark und welche damit schwach zusammenhängen. Die Untersuchung erbrachte sehr klare Ergebnisse: Es gibt Zeitschriftenfunktionen, die mit der Beachtung und Nutzung von Anzeigen positiv korrelieren. Dazu gehören insbesondere die Funktionen praktische Hilfe, Vermittlung von Lebensfreude und Lebenshilfe. Es zeigte sich aber auch, daß die Funktionen Information und Realitätskonfrontation in negativer Beziehung zur Anzeigenwirkung stehen: „Bei starker Ausprägung dieser Funktion scheint die Auseinandersetzung mit dem redaktionellen Angebot so weit in den Vordergrund zu rücken, daß die Beschäftigung mit den Anzeigen in den Hintergrund tritt."

Funktions-Analyse
Ein vom Jahreszeiten Verlag, Hamburg, 1986 entwickeltes Instrument zur Bewertung von Zeitschriften nach inhaltlichen Gesichtspunkten, das den Mediaplanern ermöglichen soll, einen umfassenden und objektiven Überblick über das redaktionelle Angebot aller sie interessierenden Zeitschriften präsent zu haben. Die jährlich erscheinende Funktions-Analyse gibt einen Überblick über die redaktionellen Schwerpunkte einzelner Zeitschriften und Zeitschriftengruppen, um ihre Eignung als (→) Werbeträger für bestimmte Anzeigenkampagnen unter thematischen und funktionalen Aspekten zu prüfen. Der Wert der Analyse und ihre Einsatzmöglichkeiten für die (→) Mediaplanung und -bewertung werden entscheidend von der Anzahl der erfaßten Zeitschriften getragen. So erhöhte sich die Anzahl der Zeitschriften in der Funktions-Analyse von Jahr zu Jahr. Die Analyse 1986 ermöglicht einen Vergleich der Inhalte von 67 Zeitschriften. Dargestellt werden die redaktionellen Anteile der Zeitschriften in 39 verschiedenen Themenbereichen sowie eine Reihe von Funktionen der Beiträge für den Leser. Die Beiträge der Zeitschriften wurden nach einheitlichem und detailliertem Codeplan verschlüsselt. Insgesamt wurden rund 25000 Beiträge aus 407 Ausgaben von 67 Zeitschriften analysiert.
Die Auswahl der Ausgaben geschah unter der Bedingung, dem inhaltlichen Angebot des ein-

Zusammenhänge zwischen Zeitschriftenfunktionen und der Anzeigenbeachtung und -bewertung

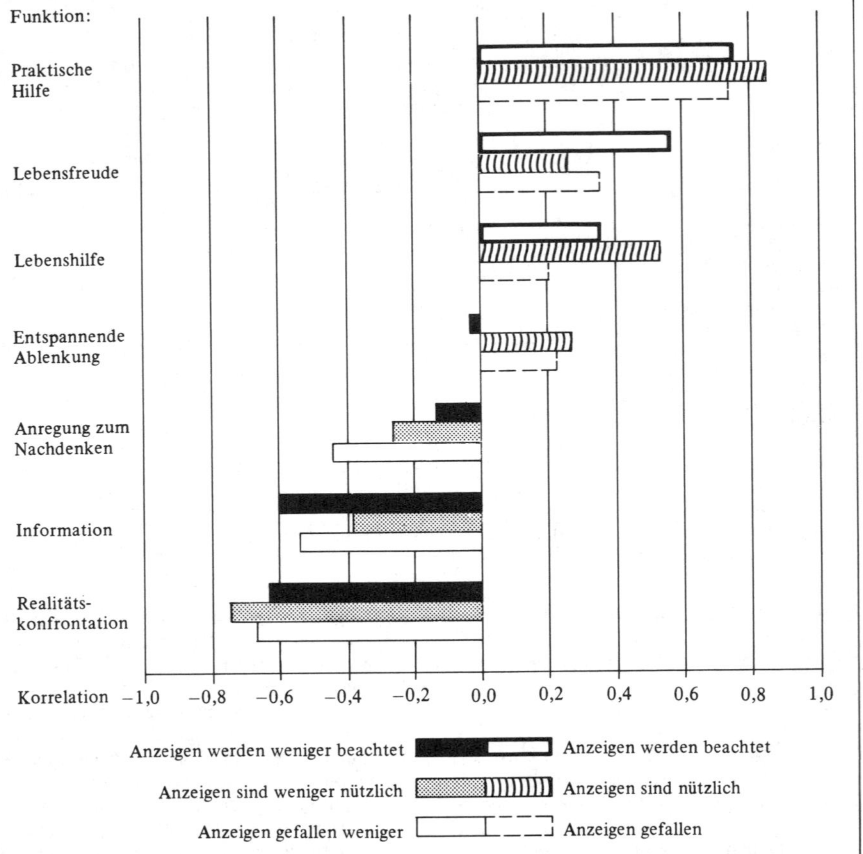

Quelle: Funktion-Image-Produktinteresse, Kindler & Schiermeyer 1970. Repräsentative Bevölkerungs-Stichprobe

zelnen Titels und der Vergleichbarkeit der Zeitschriften untereinander gerecht zu werden. Qualitative Dimensionen, wie die Gestaltung, die Art des Bildmaterials, die (→) Glaubwürdigkeit der Berichterstattung und Beratung, wurden dabei nicht erfaßt. Diese Aspekte sind vom Nutzer der Analyse aus eigener Kenntnis und Beurteilung hinzuzufügen. Die Funktions-Analyse '86 berichtet über die durchschnittliche Inhaltsstruktur der Zeitschriften im Jahre 1985. Die Inhaltsstrukturen der untersuchten Zeitschriften werden entsprechend ihrer Themenvielfalt dargestellt nach folgenden Bereichen:

Mode, Kosmetik, Kochen, Essen und Trinken, Wohnung, Haus und Garten, Selbermachen, Kindererziehung, Gesundheit und Medizin, Partnerschaft, Sex und Aufklärung, Urlaub und Reisen, Rat und Recht, Freizeit und Hobby, Sport, Auto, Politik und Wirtschaft, Kultur und Allgemeinbildung, sensationelle Unterhaltung, Prominente, Romane, Rätsel, Humor, Programminformationen.

Die Themen lassen den Bezug zur Anzeigenwirkung unmittelbar erkennen. Neben den Themenbereichen der Beiträge werden Funktionen, die sie für den Leser haben können, erfaßt. Gute Wirkungsbedingungen für die Auf-

nahme und Verarbeitung einer Werbebotschaft sind, neben der Übereinstimmung der Anzeige mit der Heftthematik, bei Übereinstimmung in den Funktionen zu erwarten.
Diese geben die generelle Ausrichtung des Beitrages an und liefern damit einen weiteren Aspekt, der für die Bewertung der Anzeigenwirkung in den einzelnen Zeitschriften von Bedeutung sein kann.
Das charakteristische Themenangebot einer Zeitschrift ist ein Indikator für die (→) Kontaktqualität von Anzeigen. Es ist als Wirkungsdimension so stark, daß es Leserschaften selektiert, die Interessen und Erwartungen der Leser lenkt und spezielles Nutzungsverhalten ausbildet. Aus den Erfahrungen der Leser mit den typischen Inhaltsangeboten gehen die thematischen (→) Zuständigkeiten der Zeitschriften hervor, die ihren Wert als Informationsquelle für bestimmte Themen- und Produktbereiche aus der Sicht der Leser bestätigen.

Fusion *(Datenfusionierung)*
Eine Technik der Verschmelzung unabhängig erhobener Datensätze über eine Bindevariable, d. h. eine (→) Variable, die in den unabhängigen Datensätzen gleichermaßen erhoben worden ist und dementsprechend in allen Datensätzen eine hohe (→) Korrelation aufweist. Bei aus (→) Befragungen gewonnenen Datensätzen ist es stets erforderlich, aus allen Sätzen Befragte mit identischen (→) Merkmalen herauszukristallisieren.
Liegen also aus zwei (→) Erhebungen Daten vor, die zum Teil die gleichen Informationen beinhalten („Bindeglieder"), zum Teil unterschiedliche Informationen und sollen unterschiedliche Informationen der Untersuchung D_y in die Untersuchung D_z fusioniert werden, so sucht das Fusionsprogramm zu jedem Befragten der Untersuchung D_y einen Befragten in der Untersuchung D_z der diesem möglichst ähnlich ist. Die Ähnlichkeit wird an den gemeinsamen Bindegliedern gemessen. Hat es einen Partner gefunden, so überträgt es die Merkmale von D_y auf D_z.

Das Ergebnis ist ein Datenbestand, in dem „künstliche Befragte" entstehen, die die Daten mehrerer Individuen aus den zugrundeliegenden (→) Erhebungen auf sich vereinen. Empfohlen wird die Technik der Datenfusionierung vor allem in Fällen, in denen die zu erhebenden Daten insgesamt zu umfangreich sind, um durch eine einzige Befragung überhaupt erhoben zu werden können.

Für das Gelingen einer Fusion sind zwei Voraussetzungen wesentlich:

- o Die zu fusionierenden Untersuchungen müssen dieselbe (→) Grundgesamtheit haben, d. h. Stichprobenplan, (→) Auswahlverfahren, (→) Ausschöpfungsgrad etc. sollten weitgehend identisch sein.
- o Die Bindeglieder, an denen die Ähnlichkeit gemessen wird, sollten mit den Merkmalen, die übertragen werden, möglichst hoch korrelieren.

Ein Datenbestand wird definiert durch die Einheit, den Umfang (Anzahl der Einheiten) und die Merkmale mit ihren Ausprägungen, die die Einheiten charakterisieren. Einheiten können sein: Individuen, Haushalte, Geschäfte, Institutionen, Kioske usw. Datenbestände, denen unterschiedliche Einheiten zugrundeliegen, lassen sich nicht fusionieren. Eine Bevölkerungsstichprobe kann man folglich nicht mit einer Erhebung fusionieren, deren Einheiten die Verkaufsstellen einer Zeitung in einer Großstadt bilden, weil durch die Fusion nicht Merkmale oder Eigenschaften, sondern statistische Einheiten (Merkmalsträger) miteinander vereinigt werden. Aus der Feststellung, daß unterschiedliche Einheiten unterschiedliche Grundgesamtheiten definieren, läßt sich auch ableiten, daß Datenbestände nur dann fusioniert werden können, wenn sie aus derselben Grundgesamtheit stammen.
In formaler Ausdrucksweise: Betrachtet man die m Variablen χ_{ij} mit $j = 1, 2, \dots m$ und $i = 1, 2, \dots 2^m$ und den Bedingungen

$$x_{ij} = a, \quad \text{wenn } 2t < i2^{j-m} \leq 2t+1 \text{ oder, wenn } j = 0$$
$$x_{ij} = b, \quad \text{wenn } 2t+1 < i2^{j-m} \leq 2t+2$$
$$\text{mit } t = 0, 1, 2, 3, \dots\dots (2^{m-1}-1)$$

a und b sind konstante reelle Zahlen, nämlich die beiden alternativen Ausprägungen der Variablen x_{ij}, die in der Matrix X zusammengefaßt sind.
Zwei Datensätze D_Y und D_Z sind gegeben mit den Datenmatrizen Y und Z, wobei $Y = (y_{ik})$ und $Z = (z_{is})$ mit $i = 1, 2, \dots 2^m$ (inhaltlich wie in X), $k = 1, 2, \dots p$ und $s = 1, 2, \dots q$ ist. Setzt man $p = q$ und inhaltlich $k = s$, so daß Y und Z sich auf dieselben Variablen k beziehen. Falls Y z. B. für $k = s$ keine Information enthält, wie die s-te Variable mit D_Y nicht erhoben wurde, so sind alle Elemente des Spaltenvektors $y_s = (y_{is}) = 0$.
Damit i inhaltlich wie in X fungieren kann, müssen D_Y und D_Z außer Y und Z noch jeweils X enthalten, also die Variablen mit der allgemeinen Ordnungsnummer j. Ist die Zahl der Y und Z gemeinsamen Variablen k relativ klein zu ld(n), dem Duallogarithmus des (→) Stichprobenumfangs zu D, so ist man zwangsläufig auf die Gruppenfusion verwiesen. Für jede Gruppe i hat man dann aber eine Verteilung $v(y_{ik})$ oder

$v(z_{ik})$ (statt der Werte y und zu selber) pro k. Das weitere Vorgehen hängt dann von der (→) Varianz V_{ik} ab. Ist sie Null – bei dichotomen Merkmalen wären dann alle Individuen der Gruppe i hinsichtlich k identisch –, so hat man den Glücksfall, bei dem die Fusionierung einfach in

$$y_{ik} = z_{is}$$

besteht. Das heißt, wenn y_{ik} gegeben ist, kann man auch das in D_Z ursprünglich nicht gegebene z_{ik} und das in D_Y nicht gegebene y_{is} und kann für alle s, für die $V_s = 0$, die entsprechenden y_{is} in Y einsetzen, also die Nullen durch y_{is} ersetzen. Man füllt also in D_Y alle Leerstellen gemäß der obigen Formel aus D_Z auf. Damit sind beide Datensätze hinsichtlich der Variablen k und s fusioniert (für alle k und s, kann man jetzt verallgemeinernd sagen, für die $V_k = V_s = 0$).
Gilt die Bedingung der Nullstreuung für alle k und s, so ist die variablenweise Fusion identisch mit der gruppenweisen Fusion über alle Variablen hinweg. Höchstwahrscheinlich ist aber diese Bedingung fast nie erfüllt und man muß prüfen, wie es mit den Varianzen aller anderen Variablen steht.
Sind die V oder, besser gesagt, ihre zugehörigen Variationskoeffizienten nicht Null, aber klein, so kann man eine Durchschnittsbildung erwägen, etwa das (→) arithmetische Mittel über die Verteilungen aller k und s, für die das zutrifft. Die Fusionierung funktioniert dann nach der Formel:

$$\bar{y}_{ik} = \bar{z}_{is}$$

Für die Variablen schließlich, deren V groß oder nach einem statistischen Testkriterium zu groß ist, bleibt im Grunde nur eine (→) Simulation der Verteilung.
Ein Anwendungsfall der Gruppenfusion ist die Aufstellung einer (→) Kontaktbewertungskurve, wenn etwa ein Werberesonanzindikator z_s in D_Z erhoben wurde und $\bar{y}_k$ durch die Media-analyse D_Y simulier- und berechenbar ist. Falls z_s einem dichotomen Merkmal entspricht, ist $\bar{z}_{is}$ einfach die Proportion der Merkmalsträger der einen alternativen Ausprägung in der Gruppe i. Die Kontaktbewertungsfunktion lautet dann allgemein:

$$\bar{z}_{is} = g(\bar{y}_{ik}) + e_i$$

und ist bei Wahl eines geeigneten Kurventyps in seinen (→) Parametern durch die Forderung

$$\sum_i e_i^2 = \text{min!}$$

schätzbar.
Mit der Durchführung dieser letzten Formel wäre die (→) Kontaktgewichtung oder Erstellung einer Kontaktbewertungsfunktion empirisch und nicht durch willkürliche Eingabe von subjektiven Gewichten geleistet. Gleichzeitig kann man die Zielgruppengewichtung der Subjektivität entziehen, indem man die Merkmale der Zielgruppenbeschreibung mit in die Menge der i aufnimmt und bestimmte Zielgruppenzellen durch Untermengen oder Partitionen der i-Menge definiert. Für jede dieser Untermengen müßten dann die Koeffizienten getrennt geschätzt werden. So erhielte man für jedes Zielgruppensegment eine verschiedene (→) Kontaktbewertungsfunktion.
Eine noch näherliegende Möglichkeit, Kontaktklassengewichtungen mit einer Differenzierung der Zielgruppe zu verbinden, besteht darin, die letzte Formel zu einer (→) multiplen Regressionsgleichung auszubauen und neben die Kontaktzahlen $\bar{y}_{ik}$ noch wichtige Marktindikatoren in die Funktion g mit aufzunehmen.
Anders als bei der oben beschriebenen *Gruppenfusion* wird bei der *Einzelfusion* jeder Person der kleineren von zwei zu fusionierenden Stichproben eine aus der größeren von beiden zugeordnet. Ist also n_i die Anzahl der Fälle in der Gruppe i im kleineren von zwei Datensätzen (in dem n kleiner ist als im anderen) und m wieder die Anzahl der beiden Datensätzen gemeinsamen Variablen j. Dann ist n die Summe aller n_i, und man kann m solange vergrößern, das heißt so viele Variable als Fusionsbasis verwenden, bis m erschöpft ist oder $n_i \leq 1$ für alle i. Für $m > ld(n)$ sind mindestens 50 % aller n_i Null. Bei $m = ldn + k$ sind mindestens $(100(1-2^{-k}))$ % aller Gruppen leer.
In vielen Fällen vor allem kleinerer Stichproben wird die erste Leerzelle schon bei 8 oder 9 dichotomen Variablen auftreten, vielleicht schon bei 4 oder 5. Viele Zellen werden nur schwach besetzt sein. Dies ist der typische Fall der (→) Clusteranalyse. Im Grenzfall, daß alle n_i 0 oder 1 werden (oder nahe an 1 herankommen), muß man damit rechnen, daß die Leerzellen in beiden Datensätzen auseinanderfallen oder nicht identisch sind. Hier werden dann wieder der (→) Diskriminanzanalyse und statistische Klassifikationsmodelle heranzuziehen sein.
Theorie und Praxis von Datenfusionen entstanden zwischen 1963 und 1965 unabhängig voneinander in Deutschland, Frankreich und Großbritannien. In Großbritannien verwendete Martin Beale ein Verfahren der (→) Linearen Programmierung, um Fernseh- und Pressedaten zusammenzuführen. In Frankreich waren es Lucien Boucharenc und Henri Bergonier innerhalb der Firma 3 I / Institut International

Fusion von Stichproben

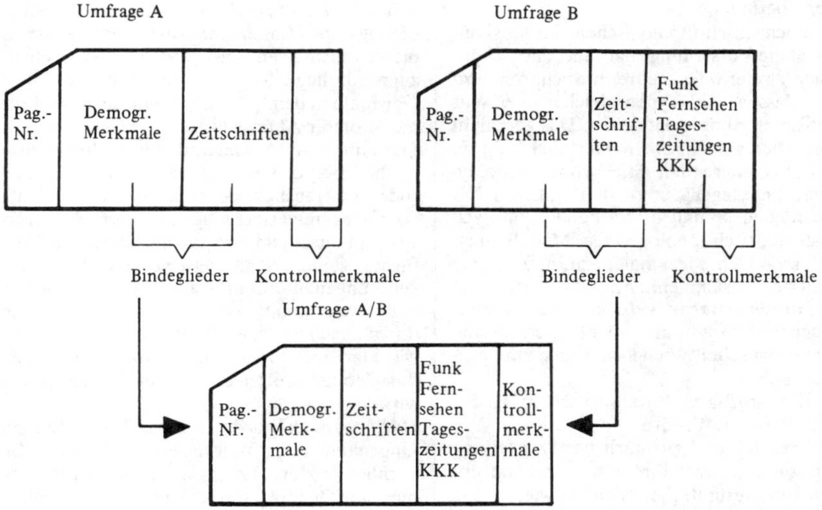

d'Informatique, die über Zellenbildung, (→) Distanzmaß und Zufallsreihenfolge der Zuordnung von Anfang an sehr dicht an der späteren Standardlösung waren. In Deutschland entwarf Friedrich Wendt für Infratest, München, ein Simulationsprogramm („Simi"), das auch auf Zellenbildung und zufälliger Zuordnung beruhte, jedoch stärker in Richtung auf das topologische Konzept der geometrischen Zuordnung als bei den Franzosen. Diese erste Etappe fand wenig Anklang. Erst als ein paar Jahre später das französische und das deutsche Verfahren miteinander verschmolzen wurden, kam es zu einer Reihe von Anwendungsfällen in Deutschland.

Die (→) Arbeitsgemeinschaft Media-Analyse (AG.MA) sah sich in der zweiten Hälfte der 1960er Jahre veranlaßt, eine Klärung des Standpunkts zur Anwendung von Fusionstechniken herbeizuführen, nachdem 1966–1969 verschiedene Fusionen durchgeführt worden waren. Dabei wurden Daten, die außerhalb des Rahmens der (→) Leseranalyse (LA) erhoben worden waren, mit den Daten der zeitlich entsprechenden Leseranalysen fusioniert (z. B. die leseranalytischen Daten von „Bild", „rtv" und „Weltbild"). Die Diskussion entstand auch im Zusammenhang mit der ganz praktischen Erhebungsfrage, wie man rechtzeitig dafür Vorkehrungen treffen könne, einer Überlastung der Befragten im Interview vorzubeugen. Da verschiedene Fusionsverfahren auf dem Markt angeboten wurden, galt es, diese auf ihre Praktikabilität und Verläßlichkeit hin für die Untersuchungen der AG.LA sorgfältig zu prüfen.

Entsprechend einer Empfehlung der Spezialistenkonferenz vom 27. 7. 1967 in Frankfurt/Main entschloß sich der Arbeitsausschuß der AG.LA, im Rahmen der LA 68 eine Prüfung der Fusionstechniken vornehmen zu lassen. Das daraufhin von Infratest, München, durchgeführte Methodenexperiment hatte das Ziel, Kauf-Kraft-Merkmale mit Mediendaten zusammenzuführen. Die Ergebnisse lagen 1968 vor, befriedigten jedoch noch nicht ausreichend.

1969 setzte daher der Arbeitsausschuß der AG.LA, eine Kommission ein. Zwei Aufgaben galt es zu behandeln:

- Es sollte ein Gutachten zur Fusion von Repräsentativ-Befragungen von Dipl.-Math. K. F. Flockenhaus erstellt werden.
- Auf der Grundlage dieses Gutachtens sollte die Kommission dann eine Art „Rahmenschema der Fusion" entwickeln.

In den 70er Jahren entwickelte dann Friedrich Wendt aus den bestehenden Ansätzen der Datenfusionierung das für das (→) Partnerschaftsmodell der AG.MA charakteristische stochastisch-topologische Konzept der Fusionierung von Daten aus getrennt erhobenen Stichproben. Grundgedanke der Topologie ist es, alle Variablen, die über ein Stichprobenelement bekannt sind, als Dimensionen eines mehrdimensionalen Raums zu begreifen, durch die der Ort bestimmt wird, in dem sich ein

Stichprobenelement – also zum Beispiel ein Befragter – befindet.
Dem stochastisch-topologischen Fusionskonzept liegt die Vorstellung zugrunde, daß sich Individuen zweier oder mehrerer Stichproben so clustern lassen, daß Typen gleicher oder sehr naher Raumordnung entstehen. Das geschieht anhand aller gemeinsamen Merkmale, die in den zu fusionierenden Stichproben erhoben wurden. Im Gegensatz zu den früheren Fusionsmodellen kommt es bei der Fusion nach dem stochastisch-topologischen Modell nicht darauf an, nach Merkmalen zu suchen, die einen hohen Zusammenhang mit dem Merkmal haben, das übertragen werden soll. Es kommt im Gegenteil darauf an, so viele gemeinsame Merkmale wie eben möglich in beiden Stichproben zu haben.
Über den stochastisch-topologischen Ansatz schrieb Friedrich Wendt:
„Trotz exakter und ausführlicher Darstellung der Fusion und der theoretischen und konzeptuellen Hintergründe gibt es immer wieder Diskussionen – mit echten und mit vorgeschobenen Argumenten, aus tatsächlicher und vermeintlicher Unkenntnis – und natürlich aus „politischen Gründen".
Hinzu kommt, daß die AG.MA in der letzten Zeit erneut Fusionsexperimente – diesmal im Hinblick auf das in Vorbereitung befindliche Partnerschaftsmodell – durchgeführt hat und fortführt. Daraus ergibt sich immer wieder das grundsätzliche Akzeptanzproblem, so daß es angebracht erscheint, den Gesamtkomplex Fusion erneut aufzugreifen. Die Entwicklung auf dem Sektor elektronische Datenverarbeitung hat die Schwelle ins Zeitalter der Datenbanken (d. h. auf unterschiedliche Weise vernetzter Information) längst überschritten. Auch in der Empirischen Sozialforschung wird in Zukunft niemand an Datenbanken vorbeigehen können, deren Informationen aus mehreren Erhebungen stammen. Dazu werden Fusionen unerläßlich sein.
Das Akzeptanzproblem ist seiner Natur nach multifaktoriell; im wesentlichen tragen vier Komplexe dazu bei:

Erstens: Die Single-Source-Ideologie;
Zweitens: Mangelndes Modellverständnis;
Drittens: Angst vor der Mathematik und schlechtes Image der Statistik;
Viertens: Die Kompliziertheit des theoretischen und praktischen Konzepts der Fusion.

Alle vier Komplexe überschneiden sich gegenseitig und sind ihrerseits wieder multikausal bedingt.

Die Single-Source-Ideologie
Sehr früh konnte in der Empirischen Sozialforschung eine Anschauung artikuliert werden, die letztlich allen sog. ‚Individual-Modellen' zugrunde liegt: Single-Source geht über alles! Garfinkle in den U.S.A. war ein wichtiger Promoter dieser Auffassung.
Die Alternativen zum Individual-Modell sind solche, bei denen anstelle des Individuums (oder des Haushalts oder des Geschäfts) bereits vorher aggregierte Einheiten treten, Gruppen also, für die zusammenfassende Daten zur Verfügung stehen. Daß aggregierte Daten zwingend ungenau sein müssen, weil sie die Werte der Gruppenmitglieder • in ihrer Verteilung durch einen einzigen (Mittel-)Wert ersetzen, war klar. Insofern war der Vorzug von Individual-Modellen offensichtlich und übrigens auch wirksam.
Daß aber auch Individual-Modelle spezifischen Ungenauigkeiten unterlagen, war nicht von vornherein klar. Der große und in der Tat faszinierende Gedanke war, daß man in Verbindung mit Stichproben-Erhebungen praktisch unbegrenzte repräsentative Aussagen über die Bevölkerung machen könnte. Das heißt, daß die Aussage-Menge – die Anzahl Variabler – für eine Person, für einen Befragten zumindest sehr weit zu steigern wäre. Dazu wurden (und werden) die verschiedensten Wege beschritten:

- Reduktion des Befragungsgegenstands auf das Wesentliche;
- Erleichterungen der Befragung durch zweckmäßige Fragestellungen, zum Teil durch verkürztes Abfragen;
- Verbindung von mündlichen, schriftlichen und neuerdings telefonischen Fragebogenteilen;
- Zweifache Besuche mit zum Teil gleichem (aber auch verschiedenem) Befragungsgegenstand.

Diese Verfahren versuchen alle, die begrenzte Zeit für ein Interview auf irgendeine Weise auszudehnen. Aber vor allem vier Faktoren wirken einer ungehemmten Ausdehnung von Single-Source entgegen:

1. Es gibt sicher eine Obergrenze der auf diese Weise erfragten Informationsmenge. Ob sie nun klar angegeben werden kann oder nicht. Die obere Grenze wird sicher nicht erst erreicht, wenn z. B. bei einer mündlichen Befragung ein Interview über mehrere Stunden angestrebt wird. Viel früher tritt nämlich ein Phänomen ein, das ich einmal mit einem physikalischen Vorgang vergleichen will –, dem Abreißen der Strömung mit anschließender Verwirbelung. Je länger ein Inter-

view dauert, umso unsicherer werden die Aussagen der Befragten, umso mehr steuert anstelle leidlich gesicherter Überzeugungen der Zufall die Antworten; wobei die Situation offenbar schon entsteht, wenn nur der Interviewer die Länge des Fragebogens vor Beginn des Interviews kennt und seinerseits dagegen steuert – leidgeprüft, wie er nun einmal ist.

2. Je mehr man in einem Befragungsvorgang (oder in zweien bei demselben Befragten) unterbringen will, umso knapper, unpräziser und unsicherer muß die einzelne Auskunft sein.
   Single-Source wirkt bei wachsender Informationsmenge qualitätsmindernd.
   Und gerade dagegen steht die wachsende Überzeugung, daß für bestimmte Sachverhalte, etwa die Nutzung spezieller Medien, eine ausreichend ausgearbeitete Abfrage unerläßlich sei, wenn man weitgehend realitätsbezogene Auskünfte einholen möchte, z. B. Tagesablauf für Radio.
3. Wir wissen seit langem, daß wir nicht Fakten, sondern Meinungen, Ansichten, Vorstellungen messen, was wir auch immer fragen; Vorstellungen, die die Befragten über ihr eigenes Verhalten haben. Wir bekommen eine Antwort, die im allgemeinen verschieden ist von dem intra-individuellen Mittelwert des Befragten; und den möchten wir eigentlich kennenlernen.
   Mit der üblichen (naiven) Fragestellung erhalten wir darüber keine Auskunft.
   Was dort vor sich geht, zeigt dieses Bild.

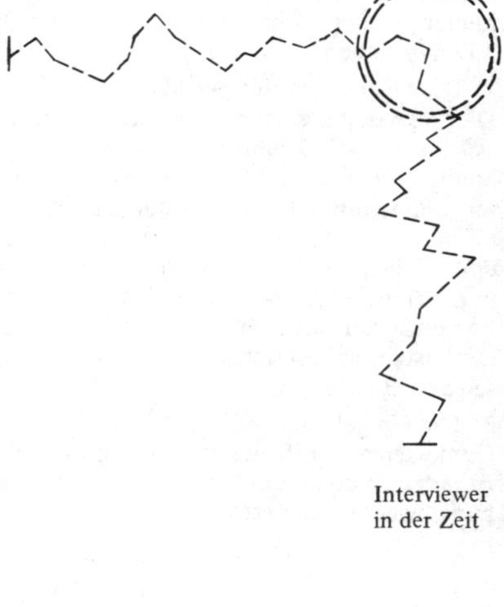

Die Zufälligkeiten der Medianutzung beim Befragten über die Zeit hin (einschließlich der Bereitschaft, darüber etwas auszusagen), sehen wir auf der einen Seite (horizontal); und die Neigungen und Fähigkeiten des Interviewers, mit dem Befragten zu kommunizieren, finden sich auf der anderen Seite (vertikal).
   An einem zufälligen Punkt treffen sie zusammen – möglich wären aber ebenso gut alle Punkte im Innern dieses Kreises.
   Was können wir tun?
   Wir sind gezwungen, die Antworten über einen Befragungsgegenstand, wie etwa die Medianutzung, auszudehnen auf benachbarte Merkmale, und mit Hilfe von Schätzmethoden für homogene Gruppen Mittelwerte abzuleiten, die wir als brauchbare Prädikatoren ansehen können.
   Dies gilt ganz allgemein, bedeutet jedoch in der Konsequenz für eine Befragung eine Begrenzung des Umfangs der Informationen auf erheblich weniger, als man sich das ursprünglich vorgestellt hatte. Oder anders ausgedrückt: die ursprüngliche Single-Source-Euphorie wird erheblich gedämpft.
4. Je größer die Erhebungs-Mühsal wird, umso größer wird die Ausfall-Rate. Die Bemühungen, die fehlenden (nicht einholbaren) Informationen aus den vorhandenen und unter Umständen externen Daten abzuschätzen, etwa im Redressement, leiden unter der falschen Hypothese linearer Extrapolation mit der Veränderungsrate Null.
   Die – es ist zu wiederholen – in der Tat faszinierende Single-Source-Idee hat auf der einen Seite dazu geführt, daß bis in den letzten Winkel Bemühungen unternommen werden, dieses sehr einseitige – und zum Teil gefährliche – Vorgehen aufrechtzuerhalten, ihm zumindest eine deutliche Präferenz zuzuweisen; zum andern führte es dazu, alternative Verfahren entweder gar nicht in Betracht zu ziehen oder sie wenigstens als bloßen Notbehelf zu deklassieren.

Zum mangelnden Modellverständnis

Da uns der Gegenstand unserer Forschung – etwa die Medianutzung – nicht direkt zugänglich ist, und zwar prinzipiell nicht, nicht nur wegen der Unzulänglichkeit unserer Meßmethoden oder dergleichen, bauen wir uns Modelle, die wie ein Netz über der Realität liegen und an wesentlichen Stellen diese auch in allen relevanten Beziehungen reproduzieren.

Da wir nun nicht über genügend Kenntnisse über die zugrundeliegenden Mechanismen verfügen, simulieren wir die Realität innerhalb der

Modell-Konstruktion. Wir spielen Mediaplanung im Sandkasten, so wie die Kinder Burgen im Sande nachbauen oder – etwas gefährlicher – Generäle im Sandkasten Krieg spielen. Von der militärischen Terminologie sind wir sowieso mit dem Ausdruck „Werbekampagnen" gar nicht mehr so weit entfernt.
Die Einsicht in den komplizierten Mechanismus eines solchen Simulationsmodells ist zwangsläufig mit der Forschung verbunden, die bestehende Kompliziertheit nachzuvollziehen. Komplizierte Dinge fordern komplizierte, komplexe Darstellungen heraus. Unsere Welt ist kompliziert. Wir begreifen sie mehr und mehr als ein System, als das Zusammenspiel vieler simultan wirksam werdender Kräfte.
Datenbank-Ideen greifen diese Komplexität auf. Und sehr schnell kommen Begriffe ins Gespräch, wie Simulation, Topologie, multivariate Ansätze, Fusion und dergleichen mehr. Sie führen zu erschreckten, gelegentlich sogar zu inferioren Reaktionen: es muß doch einen einfacheren Weg geben; einen überschaubaren zumindest, meinen auch heute noch viele.

Zur Angst vor der Mathematik und zum schlechten Image der Statistik
Nun gibt es prinzipiell keinen einfacheren Weg der Darstellung als die mathematische Formelsprache. Diese ist aber leider für die meisten nicht nachzuvollziehen. Es ist immer wieder zu beobachten, daß in der ganzen Empirischen Sozialforschung die Ängste vor der Mathematikstunde in der Schulzeit weiterwirken. Das schlechte Image der Statistik („Es gibt drei Formen der Lüge" oder „mit Statistik kann man ales beweisen ...", usw.) tut ein übriges, Mißtrauen und Abwehr zu erzeugen. Das wirkt sich unmittelbar auch auf die Akzeptanz der Fusion aus.

Zur Kompliziertheit des theoretischen und praktischen Konzepts der Fusion
Es ist gar keine Frage, daß es sich bei der Fusion um eine komplizierte Materie handelt. Wir Modellbauer haben an dieser Stelle nur die Möglichkeit zu einem eindringlichen Appell an die Nutzer, sich um Verständnis zu bemühen.
Auf der anderen Seite bleibt uns immerhin das weite Feld der eigenen Anstrengungen zur Aufklärung. Dieser Beitrag ist auch und noch einmal ein Versuch in dieser Richtung.
Zur Erläuterung von „Fusion" bedarf es keineswegs der detaillierten Erklärung aller Modell-Bausteine. Hier kommt uns das Systemdenken zustatten. Es genügt zum Verständnis der Mechanik ein relativ grobes Netz. Die (unerläßlichen) Feinheiten sind und bleiben dann Spezialisten-Angelegenheit. Der Nutzer soll ja nicht in den Stand gesetzt werden, selbst zu fusionieren. Er soll lediglich verstehen, was, wie und möglichst warum es geschieht.
Da wäre mit der Topologie anzufangen. Die Topologie ist eine Spezialrichtung der Mathematik von der Lage und Anordnung geometrischer Gebilde im Raum; in unserem Fall der Kombination der einem Individuum zugeordneten Ausprägungen der Merkmale im Raum, dessen Dimensionen durch eben diese Merkmale gebildet werden.
So gesehen ist das topologische Konzept die heutige moderne Version des Individual-Modells. Genau genommen kommt es zu einem Zusammenspiel topologischer und stochastischer, also zufallsabhängiger, Elemente. Dieses Zusammenspiel wird deutlich, wenn wir nun das komplexe Konzept der Fusion in Einzelthemen auflösen und in 15 Punkten vorführen.

1. Die Natur der Merkmale
Wir beschreiben jedes Individuum (im Prinzip angefangen noch in der Population, der Bevölkerung, der Grundgesamtheit) als Vektor oder Punkt im n-dimensionalen Merkmalsraum. Einen metrischen Raum stellt dies nicht mehr dar, weil wir über die Natur der Variablen, die die Dimensionen liefern, keine Einschränkungen ihrer Meßbarkeit machen. Die Merkmale können ebenso wie sie quantitativ zu sein vermögen (Alter in Jahren etwa) auch und gerade qualitativ sein, kategoriell, und dabei geordnet (Schulbildung) oder ungeordnet (Bundesländer), mit wenigen und mit vielen Kategorien (Geschlecht und Einkommensklassen). Ungeachtet dessen reduziert sich die in der Realität als praktisch unbegrenzt anzunehmende Merkmalsvielfalt auf eine überschaubare Anzahl von Dimensionen, die wir r, n - r, n oder wie auch immer nennen können. Wir werden uns auf 2 Dimensionen beschränken.

2. Die Distanz als einziges Maß
Die Beziehungen der Individuen reduzieren sich damit auf Distanzen, auf Abstände. Wir können uns diese Abstände selbst im abstrakten n-dimensionalen Raum durchaus noch als „Zentimeter" oder so etwas vorstellen. Im Modell freilich ist der Distanzbegriff wegen der unterschiedlichen Natur der Variablen etwas komplizierter; an dem entscheidenden Begriff der Distanz ändert sich dadurch glücklicherweise gar nichts.

3. Die Umgebung
Gemessen mit Hilfe des Distanzbegriffes gibt es zu jedem Individuum in einer gewissen Umgebung wieder mindestens ein weiteres, meist

mehrere Individuen. Das hängt von dem gewählten Radius ab – aber natürlich auch davon, ob man sich in der Grundgesamtheit oder in einer Stichprobe bewegt. Für eine Stichprobe – je kleiner sie wird umso mehr – wird man für die Umgebungs-Definition immer größere Distanzen benötigen. Wegen der im allgemeinen bei einer Abbildung der Bevölkerung durch Vektoren sehr großen Anzahl von Elementen (Merkmalen) wird es praktisch keine zwei Individuen der Grundgesamtheit geben, die aufeinander, also an derselben Stelle zu liegen kommen. Das gilt dann umso mehr für die ausgewählten Personen einer Stichprobe. Legt man über die Individuen einer Stichprobe diejenigen einer anderen, und hat man in der einen Stichprobe eine Umgebungsdefinition anhand eines bestimmten Radius eingeführt, so werden sich innerhalb der Umgebung jedes Individuums der einen (ersten) Stichprobe im allgemeinen auch ein oder mehrere Individuen der anderen (zweiten) Stichprobe finden. Mit andern Worten: im vieldimensionalen Merkmalsraum der Individuen sind diese auch und gerade über die Stichproben hin vergleichbar.

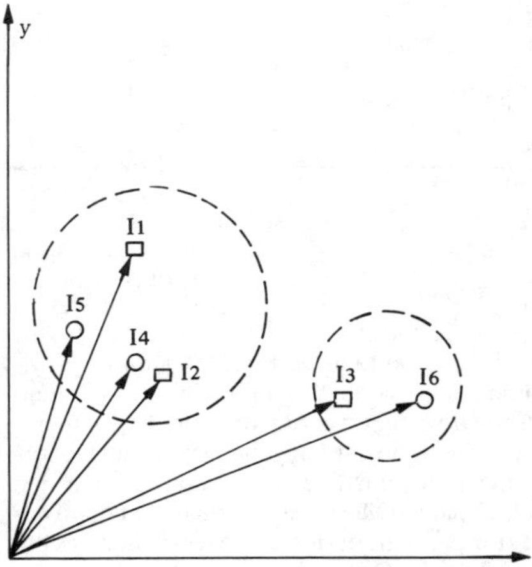

Zwei-dimensionaler Raum (x, y) als Beispiel mit 4 und 2 Vektoren, die jeweils einander nahe sind. Die Individuen 1, 2, 3 mögen aus einer, die Individuen 4, 5, 6 aus einer anderen Stichprobe stammen. Die Individuen 1, 2, 4, 5 liegen wechselseitig in einer Umgebung; ebenso die Individuen 3 und 6.

4. Die Identität der Grundgesamtheit als conditio sine qua non für die Fusion

Hier müssen wir eine Zwischenbemerkung machen. Wir haben von der Bevölkerung und von Stichproben daraus gesprochen. Will man fusionieren, muß man eine Grundvoraussetzung ausdrücklich aussprechen. Sie lautet:
Fusionieren lassen sich nur verschiedene Stichproben aus ein und derselben Grundgesamtheit.
Das ist bei uns in der Regel der Fall; im Falle GfK → T 15 müssen wir allerdings für die Nicht-TV-Haushalte eine Sonderregelung treffen.

5. Stichproben-Addition

Die Idealform (oder Maximalform) einer Fusion liegt vor, wenn zwei Stichproben addiert und die Relation ihrer jeweils spezifischen Merkmale zu den gemeinsamen wechselseitig übertragen werden.
Überhaupt: eine Fusion wird erst erforderlich, wenn die Merkmale zum Teil verschieden sind. Wir unterscheiden gemeinsame Merkmale und spezifische der einen und/oder anderen Stichprobe. Selbst wenn nur die eine Stichprobe spezifische Merkmale aufweist, liegt noch nichts besonderes vor. Erst wenn man auf die Stichproben-Addition verzichtet und die eine Stichprobe als einzigen Rezipienten erklärt – die andere als alleinigen Donor –, ändert sich etwas wesentliches.
Das ist bei allem, was das Partnerschaftsmodell vorhat, der Fall.

6. Die einseitige Fusion als Sonderfall

Wir haben bislang noch nicht von der stochastischen Natur – der anderen Seite neben der topologischen – der Fusion gesprochen, als dem Einfluß der Statistik.
Bei einer einseitigen Fusion tun wir so, als wäre der Rezipienten-Datenbestand das Maß aller Dinge. Wir negieren seine Stichproben-Natur, seine stochastische Herkunft. Oder anders gesehen: wir bürden dem Donor-Datenbestand alle Last auf, passende Individuen in der Umgebung zu finden.
Die Eignung, im anderen Datenbestand Rezipient zu werden, wird dabei überhaupt nicht in Frage gestellt.
Bei der wechselseitigen Fusion ist das anders. Hier herrscht größere Liberalität in bezug auf die Stochastik. Zwei addierte Stichproben werden immer besser (repräsentativer) als die anteiligen originären Bestandteile. Es müssen aber auch beide Datenbestände fusionsfähig sein.

7. Wann sind Stichproben fusionsfähig?

Man kann bewußt überspitzt formulieren: je zwei Stichproben derselben Grundgesamtheit, gleichgültig, in welcher Größenordnung sie zueinander stehen, sind fusionsfähig. „Über-

spitzt" bedeutet, daß diese Feststellung zu relativieren ist. Die Relativierung kommt vom Umgebungsbegriff.
Je kleiner eine Donor-Stichprobe gegenüber der Rezipienten-Stichprobe ist, umso mehr werden Individuen der zweiten Stichprobe (die Rezipienten) in der Umgebung jedes Individuums der ersten zu finden sein. Es gibt einfach mehr.
Nun ist die Distanz der Individuen der zweiten Stichprobe zu denen der ersten, genauso wie die zugrundeliegenden Merkmale aus der Stichproben-Erhebung, eine stochastische oder Zufalls-Variable; deren Streuung (und damit Unsicherheit) umso größer wird, je weiter die beiden Stichproben-Größen auseinanderklaffen.
Bei einer Fusion, bei der meist die kleinere Untersuchung in die größere fusioniert wird, entstehen daraus Unsicherheiten, die das Ziel der Fusion umso mehr gefährden, je kleiner der für die spezifischen Daten zur Norm erhobene Donor-Bestand im Verhältnis zum Rezipienten-Bestand ist.

8. Das Ziel der Fusion

Auch hier müssen wir eine Bemerkung einfügen, denn wir haben – ohne weitere Erklärung – vom Ziel der Fusion gesprochen. Wir können dieses Ziel so formulieren:
Wir simulieren aus zwei Erhebungen eine einzige, so als hätten die Befragten beider Untersuchungen die Vereinigungsmenge der Fragen beider Erhebungen beantwortet. Die notwendige Einschränkung für die einseitige Fusion geht daraus hervor, daß man sagt: Im Rezipienten-Bestand wird ein Befragungs-Ergebnis simuliert, so, als hätten die Rezipienten-Befragten nicht nur die Fragen des Rezipienten-, sondern auch die darüber hinausgehenden des Donor-Bestandes beantwortet.
Das führt unmittelbar zu der jetzt wieder aus der stochastischen Natur der Fusion ableitbaren Forderung an deren Genauigkeit.
Die Relationen der Merkmale vor der Fusion und nach der Fusion dürfen nicht mehr voneinander abweichen als wenn es sich um die Ergebnisse aus zwei voneinander unabhängigen Stichproben handelt.
Diese ganz besonders wichtige Forderung muß noch einmal unterstrichen und kommentiert werden.
Zunächst einmal ist darauf hinzuweisen, daß nicht Merkmale, sondern Relationen übertragen werden; Relationen zwischen den Merkmalen, wie sie bei den Individuen auftreten.
Da besteht jedes Individuum aus zwei Teilvektoren, die in ihrem Bestand an Elementen untereinander (in ihrem Innern) während des ganzen Fusionsverfahrens völlig unverändert bleiben.
Der erste Teilvektor besteht aus den gemeinsamen Merkmalen, der zweite aus den jeweils spezifischen in beiden Ursprungsbeständen. Der zweite Teilvektor ist es, der schließlich übertragen wird.
Was die Fusion tut, ist, einem Individuum zu seinen originären Teilvektoren jeweils einen spezifischen Teilvektor so zuzuteilen, daß dieser optimal zum originären Teil paßt. Wohlgemerkt, die Teilvektoren in sich bleiben intakt. Wie dieser Zuordnungsprozeß geschieht, darüber ist noch zu berichten. Im Augenblick genügt der Anspruch der Relationen-Erhaltung im Rahmen unabhängiger Stichproben.

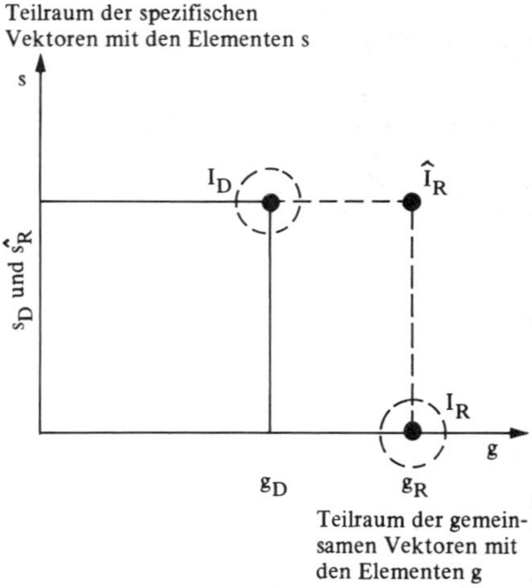

Im Donor-Bestand verfügt das Donor-Individuum über beide Vektoren; im Rezipienten-Bestand verfügt das zugeordnete, benachbarte Individuum (in der Umgebung von dem Donor-Individuum) nur über den Teilvektor mit den gemeinsamen Merkmalen, erhält aber den Teilvektor mit den spezifischen Merkmalen des benachbarten Donor-Individuums zugewiesen und ist dann im Gesamtraum „komplett".

9. Die Rolle der Teilvektoren der Merkmals-Räume bei der Stichproben-Größe

Jetzt können wir noch einmal auf die Größen beider beteiligter Stichproben zurückkommen. Je weiter diese auseinanderliegen, umso häufiger muß (in der einen Richtung) ein und derselbe spezifische Teilvektor mit verschiedenen originären Teilvektoren zusammentreffen. Das ist keineswegs bedenklich, denn die Vielfalt der originären Teilvektoren erzeugt entsprechend

eine realistische Abbildungsvielfalt der spezifischen Vektoren auf die originären, gemeinsamen.
Erschwerend für ein Gelingen der Relationen-Erhaltung ist lediglich die mit immer geringerer Stichproben-Größe schwieriger herzustellende Repräsentanz der originären (und damit auch der darauf zu verteilenden spezifischen) Teilvektoren im Donor-Bestand. Wenn man dieser Repräsentanz der kleineren Stichprobe ausreichend traut, ist es mit Sicherheit nicht das Fusionsverfahren, das die Verhältnisse verschlechtert – im Gegenteil. Die Frage der Eignung zur Fusion richtet sich an die Güte der Ursprungs-Stichproben und nicht an das Verfahren der Fusion.
Beurteilen kann man immer erst hinterher, und zwar das Fusionsergebnis, das dann von beiden Einflußbereichen, der Eignung der Stichproben-Ergebnisse und dem Verfahren, abhängt. Insofern kann es für Stichproben keine feste Regel geben, die bestimmte Relationen zuläßt und andere ausschließt.

10. Ausschöpfungsgrad der Stichproben

Daher ist übrigens auch der Ausschöpfungsgrad von Stichproben durchaus von Bedeutung für die Fusion. Aber auch nur wieder in dem Sinne, inwieweit man geringere Ausschöpfungsgrade überhaupt bereit ist hinzunehmen. Für den Vergleich zweier Stichproben gilt: Sind die Ausschöpfungen zweier Stichproben partiell, punktuell verschieden, wird es schwerer werden, dort entsprechende Individuen der anderen Stichprobe zu finden – und das wird die Güte der Fusion beeinflussen. Will man dem begegnen, kann man dies z. B. mit Hilfe von sog. Injektionen tun, etwa wenn es sich um das Anfügen von Antworten aus einem schriftlichen Fragebogen handelt, der nur von einem Teil (vielleicht 80 %) derjenigen Befragten ausgefüllt wurde, die man beim vorhergegangenen mündlichen Interview erreicht hat.

11. Der Teilvektor der originären (gemeinsamen) Merkmale

Die Individuen eines Datenbestandes sind über ihren viel-dimensionalen Merkmalsraum keineswegs gleichmäßig verteilt. Vielmehr zeigen sich für einen Bestand charakteristische Klumpungen, Wolken, in deren Innern sich Individuen befinden, die einander sehr ähnlich sind – im viel-dimensionalen Raum also sehr nahe liegen und bei denen der Umgebungsbegriff anders definiert werden könnte – enger – als gegenüber den Angehörigen anderer Klumpungen, die in sich wieder einander näher liegen.
Die Datenstruktur bildet sich in einem topologischen Raum ab, der umso profilierter wird, je mehr Merkmale als Vektoren-Elemente – originäre und spezifische –, gleichgültig welcher Natur, dazu beitragen.
Wir haben uns über die Jahre hin angewöhnt, mit Typen zu rechnen, die in sich so homogen wie möglich sind, untereinander aber so heterogen wie nur eben denkbar. Und wir messen die Eignung der Merkmale, zur Typenbildung beizutragen, an einem Homogenitätsmaß, das auf eine Maximierung des Anteils der Inter-Typen-Varianz an der Gesamtvarianz hinausläuft.
Am Anfang der Fusions-Techniken haben wir keinen Gebrauch von derartigen Erkenntnissen gemacht, wir hatten diese noch gar nicht. Wir hatten vielmehr Schwierigkeiten mit der Vielzahl von Variablen. Deswegen haben wir unter den gemeinsamen Merkmalen einige als Bindeglieder ausgewählt und in beiden Untersuchungen Segmente gebildet, ihre Größe verglichen (da mußte die Relation 1 : 1 optimal sein) und zusammengefaßt, sobald die Anzahl Individuen des einen oder anderen Datenbestandes unter eine bestimmte Grenze fiel. Wir haben damals Relationen von 1 : 2 bis 2 : 1 zugelassen. Dann haben wir die Individuen beider entsprechender Zellen genommen und, da die Maschinen-Kapazität begrenzt war, eine optimale Reihenfolge des Vergleichs ermittelt (in Experimenten, vorher!), um danach die Zusammenführungen herzustellen.
Das alles muß uns heute antiquiert vorkommen. Dabei waren diese ersten tastenden Schritte außerordentlich wertvoll. Sie ließen uns schrittweise erkennen, was nicht ging und in welcher Richtung wir weiter suchen mußten.
Als wir dann die Segment-Zellen durch Typen ersetzt hatten und als wir die Typen praktisch anhand aller gemeinsamer Merkmale definieren konnten, waren wir am Anfang der neuen Fusions-Ära angelangt. Die Typen konnten uns die Homogenität auf relativ hohem Niveau sichern. Gleichzeitig aber differenzieren sich wegen der unterschiedlichen Distanzen die Individuen innerhalb eine Typs, so daß wir auf der Folie der gemeinsamen (Teil-)Vektoren mit Aussicht auf Erfolg nach einer Transformation der spezifischen Teilvektoren vom Donor- zum Rezipienten-Bestand suchen konnten, die die Verteilung dieser spezifischen Teilvektoren invariant ließ. Diese Invarianz-Eigenschaft ist neben den bislang schon genannten Begriffen aus der Topologie – Vektoren, Umgebung und Distanz – letztlich der entscheidende.
Die Zahl der Typen und ihre Größe ist nicht vorab theoretisch festzulegen. Wohl aber ist die Homogenitäts-Forderung unabdingbar und die

Vielzahl der gemeinsamen Merkmale (als Elemente von Vektoren).
Soviel wie möglich gemeinsame Merkmale und damit soviel wie möglich Bindeglieder (d. h. möglichst keine Reduktion durch Auswahl vorab) – das wurde die Forderung an das vorgeschaltete Typologie-Programm, mit dessen Hilfe homogene Teilgruppen (eben die Typen) gefunden werden, um innerhalb der Typen dann zu fusionieren.

12. Die Anzahl der Elemente im Teilvektor der spezifischen Merkmale

Die Anzahl der Elemente in dem (oder den) Teilvektor(en) der spezifischen Merkmale, die wir als n - r-Dimensionen im n-dimensionalen Raum bezeichnen möchten (r ist die Anzahl der Dimensionen im Raum der gemeinsamen Merkmale), spielt für die Fusion keinerlei Rolle. Sollte es sich nur um ein spezifisches Merkmal handeln, ist dies nach aller Erfahrung nicht der Normalfall für eine Fusion, obschon möglich und legitim vorgekommen. Der Normalfall sind vielmehr viele Merkmale, ist eine große Zahl von Dimensionen, von Elementen im Teilvektor (den beiden Teilvektoren) der spezifischen Merkmale.
Jedenfalls muß die Fusion diesem Anspruch genügen können. Man kann kein allgemeines Verfahren auf einem (extremen) Sonderfall aufbauen.
Durch das Fusionsverfahren werden der oder die beiden spezifischen Teilvektoren völlig unverändert gelassen; die wechselseitige Relation ihrer Elemente, der spezifischen Merkmale, bleibt pro Individuum erhalten.

13. Die Anzahl der Elemente im Teilvektor der originären (gemeinsamen) Merkmale

Der Erhaltungssatz (die Invarianz) gilt übrigens auch für die Vektoren des r-dimensionalen Raums der gemeinsamen Merkmale. Im Falle der einseitigen Fusion bleibt diese Merkmalsvielfalt völlig unverändert. Er bleibt identisch im Rezipienten-Bestand erhalten. Je mehr Merkmale hier vorliegen, umso sicherer wird der Boden, auf dem sich die Zuordnung der spezifischen Teilvektoren abspielt.
Nun könnte man auf den Gedanken kommen, daß einzelne Merkmale bevorzugt geeignet sind, als gemeinsame Merkmale – als Bindeglieder also – zu dienen. In der Tat hat man so vor mehr als 20 Jahren begonnen. Der Grund lag natürlich darin, daß die elektronische Datenverarbeitung nur begrenzte Datenmengen gleichzeitig aufnehmen und verarbeiten konnte. Also suchte man nach Kriterien der Auswahl – entsprechend der „Bindeglieder-Eignung“. Man glaubte, in der Korrelation zwischen möglichst wenigen Bindegliedern und den spezifischen Merkmalen ein vernünftiges Maß gefunden zu haben. Das stellte sich jedoch bald als trügerisch heraus, einmal weil die einzelne Korrelation als Maß zwischen zwei Variablen über alle Individuen einer Stichprobe – ja selbst innerhalb eines Typs – gerade das verdeckt, was für die Fusion gebraucht wird – die Relation der Individuen untereinander, ihre Verteilung. Zum andern sind die Korrelationen zwischen vielen Merkmalen auf der einen und vielen auf der anderen Seite, etwa im Rahmen der kanonischen Korrelation, praktisch wieder zu übersehen, noch zu handhaben.
Es bleibt zu erklären, wieso soviel wie möglich gemeinsame Merkmale den erforderlichen statistischen Nährboden darstellen. Eine Grundaussage dazu:
Je mehr Bindeglieder als Elemente der gemeinsamen Vektoren zur Verfügung stehen, umso eher läßt sich das gesamte gegenseitige sehr komplizierte Geflecht der gemeinsamen Merkmale untereinander und zu den spezifischen erfassen.
Diese komplizierte Struktur existiert wegen der Repräsentanz-Eigenschaft beider Stichproben sowohl im Donor- als auch im Rezipienten-Datenbestand.
Je komplizierter diese gemeinsame Struktur ist, umso leichter wird die Aufstockung von r-Dimensionen bis hin zu n-Dimensionen. Die gegenseitigen Relationen der spezifischen Teilvektoren und der Teilvektoren der gemeinsamen Merkmale im Donor-Bestand werden nun dadurch auf den Rezipienten-Bestand übertra-

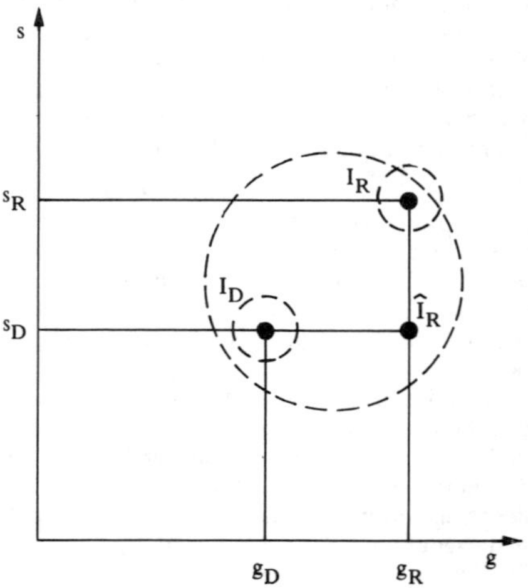

gen, daß jeweils zwei Nachbarn aus beiden Untersuchungen bestimmt werden. Wegen der Vielzahl der Variablen ist diese Nähe sehr stabil. Das führt dazu, daß zwei Personen mit sehr ähnlicher Struktur gemeinsamer Merkmale jeweils identische Merkmals-Strukturen spezifischer Merkmale erhalten. Damit werden „künstliche Individuen" erzeugt, die in der Grundgesamtheit mit großer Wahrscheinlichkeit nicht existieren. Würde es sie aber geben, müßten sie an dem Platz zu finden sein, den der Gesamtvektor der n-Dimensionen ihnen zuweist, also in derselben Umgebung.

Die beiden „realen" Individuen I_D und I_R müssen als korrespondierende Individuen aus zwei Stichproben eine Umgebung bilden. Die reale Position des Rezipienten-Individuums I_R ist jedoch nicht bekannt und wird „geschätzt" – mit dem Ergebnis I_R rechts unten im Umgebungs-Bereich.

Dieses Individuum I_R liegt jedenfalls in derselben Umgebung und kann damit für das reale Individuum I_R weiter oben – genau darüber – eintreten.

14. Der Übertragungsvorgang der Fusion

Wegen der Verschiedenheiten der beiden Stichproben überhaupt und insbesondere der verschiedenen Größe wegen (im Vergleich von Typ zu Typ, also selbst bei einer generellen Stichproben-Relation von 1 : 1), wäre vor allem wegen der großen Dimensionszahl der beteiligten Vektoren eine eindeutige Beziehung derart, daß jedes Individuum des Donor-Bestandes ein und genau nur ein Individuum im Rezipienten-Bestand findet, das gerade sein „Nächster" ist, nicht zu erwarten – sie existiert nicht. Stattdessen gibt es Mehrdeutigkeiten, Klumpungen und relative Löcher (relativ wenige Individuen in einem Bestand stehen vielen im anderen gegenüber).

Also mußte ein Ausgleichsverfahren erarbeitet werden, das eine optimale Zuordnung aller Angehörigen aus einem Donor-Typ zu allen Angehörigen des korrespondierenden Rezipienten-Typs herstellt. Das – und nur das – stellt die immer wieder zitierte und mit einer falschen und unnötigen Vermutung geheimnisvoller Manipulation versehene sog. „black box" dar. Dabei ist von Anfang an von einem Linear Programming gesprochen worden, bei dem die Distanzsummen (genauer ihre Quadrate) minimiert werden – unter der Nebenbedingung, daß die Häufigkeit der Zuordnung so eng wie möglich an die Stichproben-Relation herankommt. Ist diese Relation z. B. 1 : 2, so ist der Mittelwert der Zuordnungshäufigkeit zwei, sehr viel weniger Individuen werden ein- oder dreimal verbunden. Gar nicht zum Zuge kommen nur wenige „statistische Ausreißer", wenn überhaupt, und ebenso selten solche, die mehr als dreimal ihren spezifischen Partialvektor hergeben. Dieses extra hergerichtete Linear Programming wird als iterativer Prozeß durchgeführt – und ist in der Tat aufwendig.

Die Folge davon ist, daß die Projektion des Partialvektors der n - r spezifischen Merkmale auf den r-dimensionalen Unterraum – man sagt auch „auf die r-dimensionale Hyperebene" – wie sie zuvor im Donor-Bestand – Typ für Typ – bestand, nunmehr optimal auch im Rezipien-

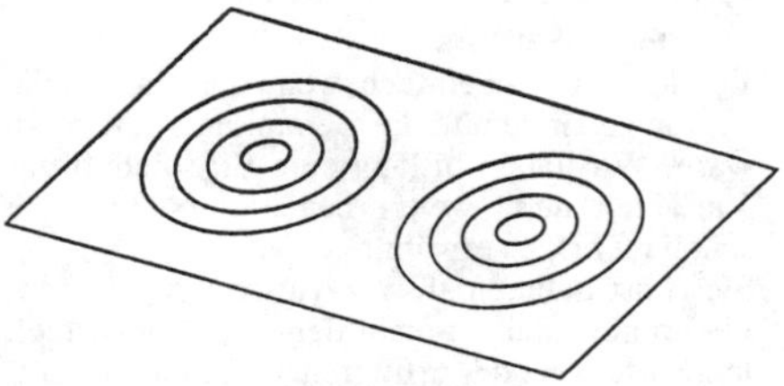

Rezipientenbestand vor der Fusion

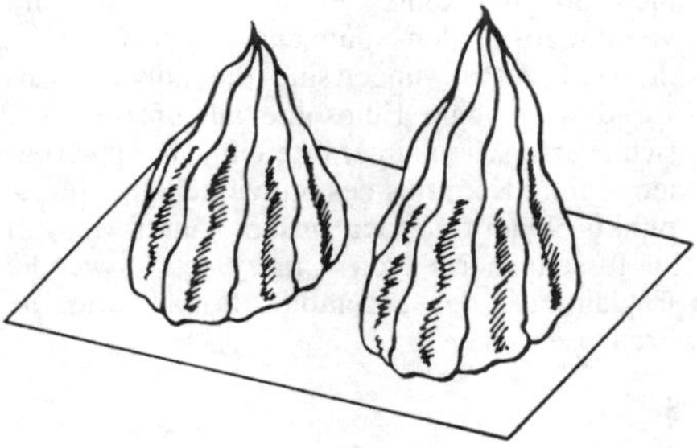

Donor

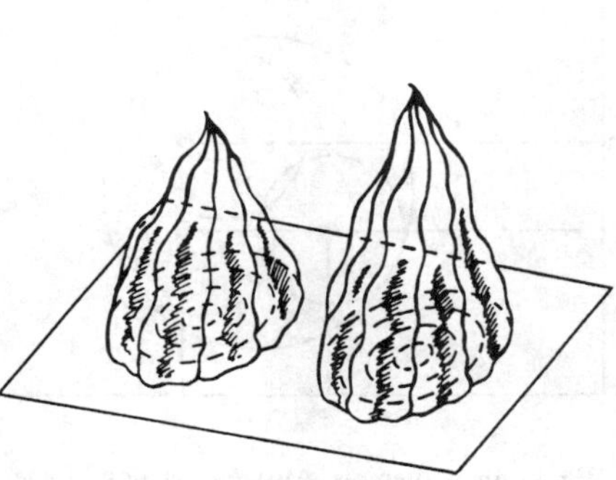

Rezipientenbestand nach der Fusion

ten-Bestand vorliegt. Der Schluß von r- auf n-Dimensionen ist unter Beibehaltung der Verteilung der n - r-Partialvektoren vollzogen worden.
Wo vorher nur eine Ähnlichkeit der gemeinsamen Partialvektoren vorlag, ist nunmehr eine sehr viel engere Verflechtung getreten, die zum Teil Identität darstellt, nämlich bei den spezifischen Variablen.
Wir sehen hier, wie die Fusion wirkt. Im Donor-Bestand haben wir die reale Landschaft; im Rezipienten-Bestand lediglich die Landkarte – und durch die Fusion reproduzieren wir im Rezipienten-Bestand, was wir im Donor-Bestand hatten: das Relief der Landschaft.

15. „Fuzzy Sets"

Es wäre gewiß zu einfach, wenn damit schon die Fusion zu Ende und die Gedankenarbeit getan wäre. Wir haben bislang eine Eigenschaft der Variablen nicht weiter beachtet (wenn auch schon mehrfach erwähnt).
Sie rührt daher, daß wir Antworten erhalten, die im allgemeinen nicht dem intra-individuellen Mittelwert des erfragten Tatbestandes entsprechen. Die dem Modell inhärente Ungenauigkeit in der Ermittlung von Sachverhalten durch Befragung drückt sich darin aus, daß wir die Individuen keineswegs als bloße Punkte im viel-dimensionalen Raum ansehen dürfen, sondern daß wir gezwungen sind, die Individuen als viel-dimensionale Ellipsoide aufzufassen, die sich „verwaschen" über ihre Umgebung verteilen – ohne Kenntnis des individuellen Schwerpunkts. Damit werden unsere Punkt-Mengen zu fusseligen Mengen („fuzzy sets", wie die Engländer, „des ensembles floux", wie die Franzosen sagen).

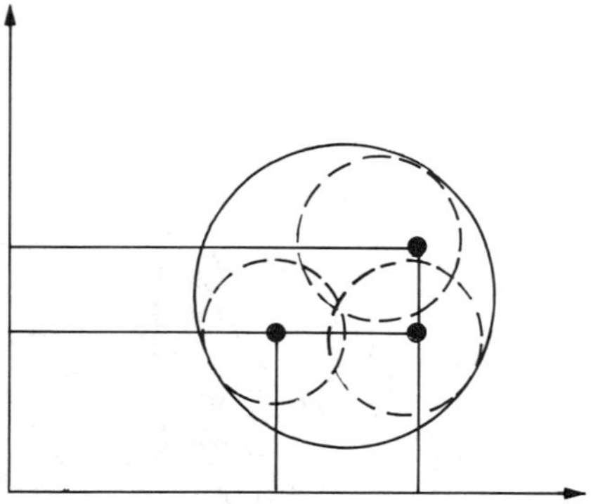

Wir können dies als Ausweitung des Umgebungsbegriffs der Topologie auffassen und zusehen, welche Konsequenzen dies für die Übertragung von Teilvektoren hat.
Wir können gar nichts anderes tun, als die Antworten der Befragten mit ihren Koordinaten als Elemente der Vektoren so wie sie sind zu akzeptieren. Die zwischen den Punkten des r-dimensionalen Raumes auf diese Weise gemessenen Differenzen sind infolge der „Verwaschenheit" der Punkte dann auch „verwaschen".

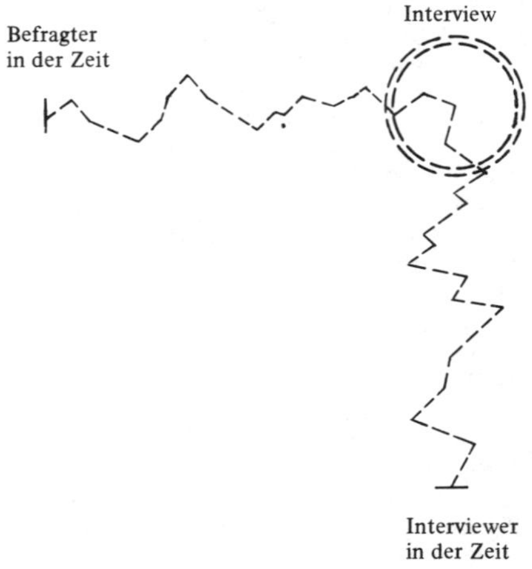

Dies ist dasselbe Bild wie zu Punkt 13, nur mit „verwaschenen" Individuen!
Und es ist noch einmal an das Bild vom Anfang über die Relation Befragter – Interviewer zu erinnern.
Eigentlich haben wir also ein Phänomen vor uns, das den Rastern eines Fotos entspricht. Das Gesamtbild setzt sich aus vielen (übrigens auch verwaschenen) Rasterpunkten zusammen zu einem umso klareren Bild, je mehr Rasterpunkte sich darin befinden. Ähnlich können wir uns der realitätsnahen und stabilen Abbildung im r-dimensionalen (und damit nachher auch im n-dimensionalen) Raum sicher sein, je mehr Dimensionen, je mehr Details wir da einfügen.
Nun wissen wir allerdings, daß es für diesen Gedankengang, „je mehr Dimensionen, umso größere Abbildungstreue", deutliche Obergrenzen gibt. Sie liegen in unserem Fall stets bei der Stichproben-Größe – und damit der Anzahl homogener Typen.
Welche Rolle spielt die Rasterproblematik, die Problematik „verwaschener" Mengen für die Fusion außer bei der Befragung der p-Wert-Berechnung?

Leicht nachvollziehbar werden die „verwaschenen" Mengen an den Rändern der Typen. Die Zugehörigkeit zu einem Typ ist für die im Randbereich liegenden Individuen mehr oder weniger zufällig. An den diffusen Rändern wird es also mit Sicherheit Individuen geben, die zwar innerhalb eines Typs liegen, eigentlich aber ebenso gut außerhalb, also in einem Nachbar-Typ liegen könnten und umgekehrt. Ein Sachverhalt, der beim Vergleich zweier korrespondierender Typen, bei einem strikten Vergleich von Typen-Angehörigen zu Typen-Angehörigen, zunächst völlig außer acht bleibt.
Deswegen wird im gegenwärtigen Fusions-Verfahren an den Abschluß der ersten Phase (Typen-Mitglieder allein werden verglichen) eine zweite Phase angehängt, bei der probiert wird, ob nicht dadurch, daß man Individuen aus einem Randbereich außerhalb des Donor-Typs (der sog. Aureole) zur Übertragung mit heranzieht, die erste – provisorische – Lösung verbessert werden könnte (Erhöhung des Optimums). Dies ist der Fall – wenn auch von Typ zu Typ, von Fusion zu Fusion, auf unterschiedliche Weise.

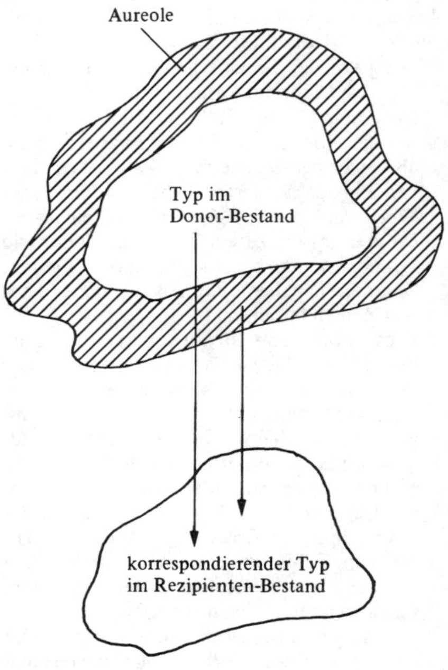

Die Fusions-Darstellung als solche ist damit abgeschlossen, das Mosaik vollständig zusammengesetzt, dieser Beitrag aber noch nicht am Ende. Zum Schluß soll noch etwas über den Anspruch an die Fusion ausgesagt werden.

Der Anspruch gegenüber einer Fusion

Im Grunde müßte aus diesem Beitrag deutlich geworden sein, daß die ganze Fusions-Angelegenheit relativ einfach und überschaubar ist. Andererseits muß man natürlich auch sehen, daß „die Fusion" keine Angelegenheit der EDV allein ist – etwa in dem Sinne eines Programms, das man mit den Daten zweier Untersuchungen füttert und nach dessen Durchlauf im Computer das eindeutige Fusions-Ergebnis vorliegt.
Fusion ist ein Kunsthandwerk. Unstreitig gibt es durchaus Bausteine der elektronischen Datenverarbeitung. Das Wesentliche ist jedoch echte Analyse, ein Vorgang bewußter menschlicher Intervention, eine Mischung von Erfahrung, Gespür; und dann spielt – wie ausgeführt – auch die Eignung der Daten eine Rolle.
Letztlich wird eine Fusion erst beurteilt werden können, wenn das Ergebnis vorliegt. Allein aus einer Reihe von Voraussetzungen heraus läßt sich nicht alles sagen. Nach allen bisherigen Erfahrungen entscheidet die Kunstfertigkeit des Fusionierenden den Ausgang.
Das mag auf den ersten Blick dem einen oder anderen nicht sehr angenehm erscheinen. Aber auch er hat einen ganz beträchtlichen Trost auf seiner Seite. Die Fusion läßt sich kontrollieren! Das Kontroll-Ergebnis kann natürlich auch wieder interpretiert werden, aber da finden wir uns dann schon auf recht sicherem Boden.
Im Lauf der Jahre sind Kontroll-Verfahren entwickelt, erprobt und durchgeführt worden. Experimente mit Einsichten in die „realen" Verhältnisse haben stattgefunden. Es ist empirisch überprüft worden, welche Kriterien am besten geeignet sind. Gegenwärtig benutzen wir Chi^2. Neuere Überlegungen in Richtung auf den β-Fehler anstelle des α-Fehlers sind im Gange.
Das Ergebnis vieler Bemühungen über Jahre ist ein kompletter Satz von Kontroll-Maßnahmen, der – soweit es z. B. die MA-Fusionen angeht – stets vorgelegt worden ist und auch weiterhin vorgelegt werden wird.
Bei aller Betonung der Bedeutung des Kunsthandwerklichen ist es jedoch keineswegs so, daß das Fusions-Ergebnis allein davon abhinge. Es gibt schon noch einige objektive Bedingungen, die erfüllt sein müssen. Da ist zunächst einmal unabdingbar die gleiche Grundgesamtheit. Ferner müssen eine Reihe von gemeinsamen Merkmalen vorhanden sein – möglichst viele, wie wir haben ausführen können, um ausrei-

chend tragfähige „gemeinsame" Teilvektoren bilden zu können.
Korrelation (und gar hohe) zu den Merkmalen des spezifischen Teilvektors ist hingegen keine Bedingung – oft (bei vielen spezifischen Merkmalen) schon gar nicht herstellbar.
Die Relation der Stichproben-Größe ist zwar ein Thema, aber keineswegs starr und begrenzt in Richtung auf ein Idealverhältnis 1 : 1 zu sehen. Im Gegenteil: wenn der Donor-Bestand kleiner als der Rezipienten-Bestand ist, erscheint dies vorteilhafter.
Wechselseitige Fusion ist besser als eine einseitige. Die einseitige Fusion macht den Rezipienten-Datenbestand zum allein gültigen Maßstab – was statistisch nicht unbedingt einzusehen ist, angesichts der Tatsache, daß auch er nur eine Stichproben-Erhebung ist.
Die Wahl der gemeinsamen Merkmale bewegt immer wieder die Gemüter. Abgesehen von einer vernünftigen Reproduktion der Bevölkerung, um möglichst viele Zielgruppen repräsentativ abbilden zu können und überhaupt um Verzerrungen in der Repräsentanz der Stichproben zu vermeiden, gibt es eigentlich keine Einschränkungen.
Allenfalls kann man noch Unterschiede sehen zwischen den beiden Fällen: zwei bereits vorhandene Datenbestände sollen fusioniert werden einerseits und: es werden zwei Befragungen auf die Fusion hin konzipiert.
Im ersten Fall muß sorgfältig geprüft werden, inwieweit denn wirklich gemeinsame Merkmale vorliegen. Selbst gleiche Fragestellungen, aber in anderem Kontext, lassen oft Zweifel an der Gemeinsamkeit aufkommen. Man wird also erst nach einem Zahlenvergleich entscheiden können, was gemeinsame Merkmale sind. Ein solcher Zahlenvergleich allerdings ist unabdingbar.
Wobei übrigens für die Eignung eines gemeinsamen Merkmal, als Bindeglied zu dienen, nicht die völlige Gleichheit seiner Verteilung in beiden Datenbeständen Voraussetzung ist. Gewisse Abweichungen können, wenn sie tatsächliche Verschiebungen, erkennbare Veränderungen in der Zeit etwa beinhalten, sogar wünschenswert sein.
Im Falle von Untersuchungen, die bereits vor der Fragebogen-Redaktion auf die Fusion hin konzipiert werden, wird man dreierlei zu beachten haben:

(1) Es sollten ausreichend gemeinsame Merkmale zur Reproduktion der Bevölkerungs-Grundstruktur in die Befragung aufgenommen werden (d. h. die „Landkarte" weiter oben sollte die Bevölkerung genügend genau abbilden).

(2) Ansonsten bestimmt der Untersuchungszweck, also die vorgesehene Auswertung (Verwendung) in Form von Tabellen und weitergehenden Analysen, welche Variablen in die Befragung von Donor- und Rezipienten-Bestand gehören.

(3) Schließlich und natürlich sind für die spezifischen Daten die erforderlichen zweckdienlichen Fragestellungen im Donor-Bestand zu berücksichtigen.

Als Datenbank-Bestandteile sind derartige Untersuchungen wertvoll in dem Maße, in dem sie nach der Zusammenführung eine praktisch beliebige Verwendungsbasis abgeben. Die homogenen Typen tragen dazu bei. Um das einzusehen, muß man sich vergegenwärtigen: es handelt sich bei der Zusammenführung zweier Datenbestände nicht um eine einzige Fusion. Es handelt sich um so viele Fusionen, wie Typen gebildet worden sind. Das können unter Umständen über 100 sein.
Das ist Filigran-Arbeit, deren Ergebnis dem Anspruch gegenüber der Fusion gerecht wird, den Karl-Friedrich Flockenhaus in seiner Ausführung vor der Technischen Kommission am 1.3.1983 in München formuliert hat:

> „Wir müssen eine fusionierte Datei so verwenden können wie eine originäre. Es muß also sicher gestellt sein, daß wir die in einer beliebig abgeforderten Tabelle aufgezeigten Werte und Abhängigkeiten mit gleicher Sicherheit als zutreffende Aussage über die Grundgesamtheit verallgemeinern können, wenn die Tabellenfelder auf ausreichend hohen Zahlen basieren.
> Diese Forderung ist notwendig, aber auch hinreichend. Sie ist notwendig, weil wir nur Daten interpretieren können, wenn die Irrtumswahrscheinlichkeit abschätzbar und angemessen ist. Sie ist aber auch hinreichend. Von einer fusionierten Datei kann nicht mehr erwartet werden als von einer originären Datei. Schwach besetzte Tabellenfelder aus Stichproben-Erhebungen sind, unabhängig von Fehlerberechnungen, unter allen Umständen mit Vorsicht zu interpretieren, selbst wenn die Stichprobe sehr groß ist.
> Die Anforderung an die Fusion bezieht sich auf jede beliebige Verbindung von Merkmalen ohne Rücksicht auf deren Art und Herkunft."

Angesichts dieses umfassenden Anspruches stellt sich abschließend die Frage:

„Wenn wir so gewaltige Datenmengen zu bewältigen haben wie im Partnerschaftsmodell
- bei aller Vorliebe für Single-Source;
- bei aller (begründeten oder unbegründeten) Skepsis gegenüber dem Fusions-Vorhaben."

Aus den seither geführten Diskussionen gingen schließlich 1978 die „Regeln für Fusionen und andere Formen der Zusammenführung von Daten" der MA mit Daten anderer Herkunft hervor. Sie haben den folgenden Wortlaut:

REGELN
für die Handhabung von Zusammenführungen von MA-Daten mit Daten anderer Herkunft

Von der Mitgliederversammlung am 6.11.1978 verabschiedete Fassung

Allgemeines

Unterschieden werden:
- FUSIONEN – mit Mediendaten
  – mit anderen Daten

  Hier werden Daten, die nicht in der MA enthalten sind, in diese hineinfusioniert.
- ANPASSUNGEN (z. B. durch Injektion oder Redressement)

  Hier werden in anderen Untersuchungen vorhandene Mediendaten an die Werte der MA angeglichen.
- ANDERE ÜBERTRAGUNGSFORMEN (z. B. Übernahme von Daten aus der amtlichen Statistik)

  Hier werden der MA aus anderen Quellen stammende Informationen hinzugefügt.

Zusammenführungen können nur von solchen Institutionen oder Personen veranlaßt oder vorgenommen werden, die rechtens über einen MA-Datenbestand verfügen.

I. Administrative Regeln

A. In jedem Fall ist eine Mitteilung erforderlich, die der AG.MA Kenntnis von dem Zusammenführungsvorgang gibt.

B. Im Falle einer Fusion mit Mediendaten ist darüber hinaus ein Antrag zu stellen und eine Gebühr zu zahlen. Dieser Antrag ist vom Vorstand der AG.MA zu genehmigen, der auch die Höhe der Gebühr für die vollständige oder teilweise Übernahme von anderen Mediendaten festsetzt.

C. In der Regel erfolgt die Fusion in die MA hinein. Soll eine Fusion der MA in eine andere Untersuchung oder in beiden Richtungen gleichzeitig vorgenommen werden, ist eine vorherige Begutachtung durch die Technische Kommission erforderlich.

D. Bei jeder Fusion ist das Fusionsergebnis der Technischen Kommission zur Begutachtung vorzulegen. Die Vorlage hat anhand der nachstehenden fachlichen Regeln zu erfolgen (II).

E. Die Berichterstattung erfolgt für alle Zusammenführungsverfahren nach freier Wahl des Durchführenden, jedoch sollte der Vorgang daraus ausreichend erkennbar werden. Für die Beschreibung ist ebenfalls den nachstehenden fachlichen Regeln (II) zu folgen.

F. Die Berichterstattung im Falle einer Fusion erfolgt in dreierlei Hinsicht:
- Die für die praktische Nutzung vom Durchführenden gewählte Form unterliegt der alleinigen Entscheidung des Durchführenden.
- Die Vorlage bei der Technischen Kommission (zur Begutachtung) ist den Nutzern der fusionierten Daten zugänglich zu machen. Das Votum der Technischen Kommission ist beizufügen.
- Soweit im allgemeinen Berichtsband nicht bereits auf sämtliche in der MA enthaltenen Medien abgehoben worden ist, sind Sondertabellen zu erstellen, in denen die MA-Medien gegen einige ausgewählte sozio-demographische und spezifische Merkmale ausgezählt werden. Die Auswahl trifft der Durchführende.

II. Technische Regeln

Alle Zusammenführungsverfahren sind heuristischer Natur. Eine absolute Grenze des Machbaren und des nicht mehr Vertretbaren existiert insofern nicht. Die Relationen richten sich nach den Verwendungs-Absichten gegenüber den zusammengeführten Daten.

Was die AG.MA durch ihre fachlichen Regeln sicherzustellen hat, ist eine verantwortungsvolle, technisch einwandfreie Durchführung der Zusammenführung und ihre ausreichende Kontrolle.

Nicht jeder Schritt wird sich notwendig analytisch herleiten lassen. Erfahrungen und Experimente werden immer wieder den Ablauf mitbestimmen.

B. Stichprobensystem

Die beiden zu fusionierenden Stichproben sollten saubere Zufallsstichproben und nach Möglichkeit nach dem gleichen Prinzip (Stichprobenplan) erstellt worden sein.

Diese Bedingung ist beispielsweise erfüllt, wenn das koordinierte AG.MA/ADM-Stichprobensystem der 70er Jahre oder der im Aufbau befindliche Nachfolger zugrunde gelegt werden.

C. Stichprobenrealisierung

Die Gleichheit des Stichprobensystems genügt jedoch im allgemeinen noch nicht. Gefordert wird:
1. eine weitgehende Übereinstimmung in der Anzahl und Aufteilung der Sampling Points (Repräsentationsgrad),
2. in der Ausschöpfung und
3. im Zeitraum der Erhebung.

Zu 1.

In der ersten Bedingung – der Übereinstimmung in der Anzahl und Aufteilung der Interviews auf Sampling Points – ist die generelle Forderung einer möglichst weiten Streuung der Sampling Points enthalten, die Bestandteil der Forderung nach möglichst weitgehender Repräsentanz einer Stichprobe ist. Mit anderen Worten: in beiden zu fusionierenden Untersuchungen sollten die Aufteilungen der Sampling Points so gleichmäßig wie möglich sein.

Ein Beispiel: Ideale Übereinstimmung wäre eine gleiche Zahl Sampling Points bei gleicher Zahl Interviews per Sampling Point. Wenn die Zahl der Interviews geringer angesetzt wird (z.B. aus Kosten- und Zeitgründen), dann ist eine Reduktion der Anzahl von Interviews vorzuziehen gegenüber der Reduktion der Anzahl Sampling Points, womöglich gleichzeitig noch verbunden mit einer Vergrößerung der Anzahl Interviews pro Sampling Point.

Jedenfalls sind diese Größenverhältnisse anzugeben.

Zu 2.
Die zweite Bedingung – einen möglichst gleichen Ausschöpfungsgrad beider zu fusionierenden Untersuchungen herzustellen – ist eine reine Organisations- und Kostenfrage. Auf jeden Fall ist auch hier darzulegen, bis zu welchem Grade dieser Forderung entsprochen wurde.
Da beide Phänomene – Repräsentationsgrad und Ausschöpfungsgrad – ineinandergreifen, lassen sie sich gesamthaft durch einen Faktor erfassen, der neben dem bloßen Vergleich der Stichprobengrößen auszuweisen ist.
Zu 3.
Die Erhebungszeiträume zweier zusammenzuführender Untersuchungen sollten in der Regel nicht länger als ein Jahr auseinanderliegen.

D. Stichprobengrößen und Strukturgleichheit
Unter dem Gesichtswinkel der Verteilung der Interviews auf die Sampling Points und des Ausschöpfungsgrades verliert zwar die Relation der Stichprobengrößen an Bedeutung. Absolut bleibt jedoch die Idealforderung der Relation 1 : 1 bestehen. Jede andere Relation sollte nicht allzu weit davon abweichen. Es stellt sich nicht die Frage, ob irgendein anderes Verhältnis 1 : n – etwa 1 : 2, 1 : 3, 1 : 4 oder ein noch größeres n als 4 – akzeptabel sei. Abgesehen von den Forderungen des Punktes C. der Stichprobenrealisierung hängt das davon ab, wieweit in dem Raum der gemeinsamen Merkmale Strukturgleichheit vorherrscht.
Hierfür wird bei diesen Merkmalen und ihren Kategorien eine Überprüfung der Strukturgleichheit nach χ^2 gefordert.

E. Bindeglieder (gemeinsame Merkmale) für die Fusion
Die Fusion ist ein Simulationsverfahren, das neben heuristischen, analytischen Verfahren sehr viele Vorkenntnisse und Erfahrungen aus früheren Studien verwertet.
Es wäre daher ebenso falsch wie unnötig, in jedem Falle zu fordern, daß für die Festlegung der Bindeglieder-Merkmale ein analytisches Verfahren herangezogen werden muß.
Wenn jedoch ein analytisches Verfahren eingesetzt wird, dann sind Regressionsverfahren und Typologien besser geeignet als Segmentation und Faktorenanalysen.
Und wenn eine Selektion von Merkmalen im nennenswerten Umfang stattfindet, sollte die getroffene Wahl begründet und die Vorgehensweise verständlich angegeben werden.
Darüber hinaus wird folgendes empfohlen:
Für den Fall, daß die Untersuchungen zur Fusion nicht schon vorliegen, sondern überhaupt erst konzipiert werden, wäre es angebracht, die spezifischen Merkmale und die vorgesehenen gemeinsamen Merkmale in einer Voruntersuchung einem geeigneten Überprüfungsverfahren zu unterziehen, um die voraussichtliche Eignung der angestrebten gemeinsamen Merkmale angeben zu können, als Bindeglieder zu dienen.
Hierfür können sich Korrelationsanalysen – speziell kanonische Korrelationsanalysen – als hilfreich erweisen.
Dieses Vorgehen wird jedoch den Ausnahmefall darstellen. Normalerweise liegen die Untersuchungen bereits vor, und dann ist das Maximum der gemeinsamen Merkmale für die Fusion zu bestimmen.

F. Verfahren
1. Im Falle anderer Zusammenführungsverfahren wird es sowieso erforderlich sein, die jeweils verwendete Methode darzulegen. Eine spezielle Forderung ist daher im Vorwege nicht zu stellen.
2. Als Anpassungsverfahren sind in der letzten Zeit bekannt geworden:
   - die Injektion am Beispiel der MAWA;
   - das Redressement am Beispiel jeder MA.

   Vorgehensweisen, die sich dieser Methoden bedienen, sind als solche anzugeben. Im übrigen genügt der Hinweis darauf.
   Werden künftig andere Verfahren verwendet – auch Verbesserungen oder Erweiterungen –, sollten diese beschrieben werden.
3. Im Fusionsbereich hat der topologische Ansatz neue Maßstäbe gesetzt.
   Sofern diese Maßstäben gefolgt wird, genügt ein Hinweis darauf.
   Werden andere Verfahren (z. B. auch früher schon eingesetzte Methoden) verwandt, ist dies zu beschreiben und zu begründen.

G. Kontrollen
Bei der Fusion ist unter allen Umständen eine Kontrolle vorzunehmen, die über die Güte der Fusion Auskunft gibt. Zu diesem Zweck sollten χ^2-Berechnungen erfolgen.
Es sind spezifische Merkmale in ihrer Verteilung auf gemeinsame Merkmale vor und nach der Fusion miteinander zu vergleichen. Ebenso werden spezifische Merkmale vor und nach der Fusion in ihrer Verteilung miteinander verglichen.
Die Unterschiede in der Verteilung der gemeinsamen Merkmale beider Untersuchungen zu überprüfen, ist sowieso schon vorgesehen (vgl. Punkt D. Stichprobengröße und Strukturgleichheit).
Alle Prüfungen erfolgen an ausgewählten Merkmalen. Die Auswahl nimmt der Durchführende vor.
Für die Anpassung sind die Sozio-Demographie, die Medien in sich und in ihrer sozio-demographischen Struktur beider Untersuchungen durch χ^2 zu überprüfen, ferner die Richtung der durch die Angleichung erzeugten Änderung in der Sozio-Demographie.
Auch hier genügt eine Überprüfung an einer Auswahl von Merkmalen.
Für andere Zusammenführungsverfahren sind entsprechende Prüfvorgänge anzuraten, die fallweise bestimmt werden müssen.

Die AG.MA hat die Möglichkeiten für Fusionen seit den 1970er Jahren zunächst unter dem Schlag- und Stichwort (→) Satellitensystem bewußt forciert. Den ersten Schritt in die neue Ära der Fusionen tat Gruner + Jahr, Hamburg, durch Fusionierung der (→) Brigitte-Frauen-Typologie 3 in die MA 76. Es folgten die Serie (→) Profile des „Stern“, die (→) Typologie der Wünsche (TdW) von Burda, Offenburg, in die MA 77 und die (→) Verbraucher-Analyse (VA) des Heinrich Bauer Verlags und des Axel Springer Verlags. Erstmals 1982 wurde offiziell eine (→) Reichweitenanalyse für (→) Werbe-

träger in die Erhebungen der MA durchgeführt. Dabei wurden (von dann an in jeder MA) die (→) Reichweiten der Wochenzeitungen der (→) konfessionellen Presse (Konpress) in vergleichbaren Stichproben und mit vergleichbarem Erhebungsinstrument erhoben.
Einen weiteren Meilenstein bei Fusionen bedeutet das für die MA 87 erstmals praktizierte (→) Partnerschaftsmodell.

G

Gabelungsfrage *(Gabelungsmethode)*
→ gegabelte Befragung

ganz seltener Hörer
Nach der Begriffsbestimmung der (→) Media-Analyse (MA) der (→) Arbeitsgemeinschaft Media-Analyse (AG.MA) ein (→) Hörer, für den die (→) Hörwahrscheinlichkeit, d. h. der Anteil der Hörerschaft während des letzten Sendetags am (→) Weitesten Hörerkreis (WHK) zwischen 0,0051 und 0,245 beträgt.

ganz seltener Kinobesucher
→ Kinobesuch

ganz seltener Leser
Nach der Begriffsbestimmung der (→) Media-Analyse (MA) der (→) Arbeitsgemeinschaft Media-Analyse (AG.MA) ein (→) Leser, für den die (→) Lesewahrscheinlichkeit, d. h. der Anteil der Leser im letzten (→) Erscheinungsintervall am (→) Weitesten Leserkreis (WLK) zwischen 0,0051 und 0,245 beträgt.

ganz seltener Seher
Nach der Begriffsbestimmung der (→) Media-Analyse (MA) der (→) Arbeitsgemeinschaft Media-Analyse (AG.MA) ein (→) Zuschauer (Seher), für den die (→) Sehwahrscheinlichkeit, d. h. der Anteil der Seher während des letzten Sendetages am (→) Weitesten Seherkreis (WSK) zwischen 0,0051 und 0,245 beträgt.

Ganzheftremission *(Vollremission)*
Im Zeitschriftenvertrieb die Rücksendung, (→) Remission, der vollständigen Exemplare von Zeitungen oder Zeitschriften, die nicht verkauft werden konnten, an den Pressegrossisten oder Verlag.
vgl. Kopfremission

Ganzsäule
In der (→) Außenwerbung eine Anschlagsäule (Litfaßsäule), an der ausschließlich die Plakate eines einzigen Werbungstreibenden angebracht sind.
→ Ganzstelle; *vgl.* Allgemeinstelle

Ganzstelle
In der (→) Außenwerbung im Gegensatz zur (→) Allgemeinstelle eine für den (→) Plakatanschlag vorgesehene (→) Anschlagstelle, die dem (→) Bogenanschlag eines einzigen Werbungtreibenden vorbehalten ist. Ganzstellen stehen ebenso wie (→) Ganzsäulen in der Regel auf öffentlichem Grund und Boden und werden von einem örtlichen Pächter des Allgemeinen Plakatanschalgs verwaltet. Der Begriff der Ganzstelle schließt den der Ganzsäule und der Ganzwand ein.
vgl. Allgemeinstellen, Großflächen, Kleintafeln, Spezialstellen

Ganzstückremission
→ Ganzheftremission

garantierte Auflage
→ Auflagengarantie

garantierter Anzeigenpreis
→ Auflagengarantie

Gauß'sche Kurve *(Gauß'sche Glockenkurve)*
→ Normalkurve, Normalverteilung

Gebietseinheiten
→ ADM-Stichprobensystem

gebundene Hochrechnung
→ Hochrechnung

Geburtstagsverfahren
Ein (→) Auswahlverfahren der (→) Zufallsauswahl, bei dem alle Personen in eine (→)Stichprobe aufgenommen werden, die an einem bestimmten Tag bzw. in einem bestimmten Monat geboren wurden. Dem Verfahren liegt ähnlich wie bei der (→) Buchstabenauswahl der Gedanke zugrunde, daß die als Auswahlkriterien verwendeten Personenmerkmale in keinem Zusammenhang mit dem Gegenstand der Untersuchung bzw. (→) Befragung stehen.

Gedächtnis
In der Psychologie bezeichnet Gedächtnis den Informationsspeicher eines Organismus, dessen Leistungen nach der Theorie des (→) Lernens aus der Speicherung gelernter Inhalte (= Behalten) und ihrem Abruf (= Erinnerung) bestehen. Die Erscheinungsformen der Gedächtnistätigkeit können entweder Vorgänge des eher passiven (→) Wiedererkennens oder der willentlichen Reproduktion, der aktiven (→) Erinnerung sein. Der Verlauf von Reproduktionen ist wesentlich mitbestimmt durch Ver-

bindungen der Gedächtnisinhalte untereinander sowie mit dem gegenwärtigen Bewußtseinsinhalt, also durch Assoziationen. Der Prozeß des Lernens bedeutet nichts anderes als den Vorgang der Einprägung von Gedächtnisinhalten. Der dem Prozeß des Einprägens und Behaltens von Gedächtnisinhalten entgegenwirkende Vorgang ist das Vergessen.
In der Psychologie herrscht weitgehende Übereinstimmung darüber, daß zwischen mindestens zwei Arten von Gedächtnisspeichern, einem Kurzzeitspeicher und einem Langzeitspeicher, zu unterscheiden ist. Bevor Gedächtnisinhalte in den Langzeitspeicher aufgenommen werden, müssen sie eine Zeitlang ohne Störung im Kurzzeitspeicher verweilt haben. Besonders aktive Wiederholungen des Lerninhalts fördern die Aufnahme in den Langzeitspeicher. An der unterschiedlichen Leistung des Kurz- und des Langzeitgedächtnisses setzen auch die Positionshypothesen des Primateffekts bzw. des Recency-Effekts an.
Insbesondere für die Beurteilung der Wirkung von werblicher Kommunikation von Bedeutung ist der Verlauf der Vergessenskurve. Bereits Hermann Ebbinghaus (1885) konnte nachweisen, daß einmal gelernte Inhalte am Anfang sehr schnell, dann jedoch immer langsamer vergessen werden, so daß Inhalte, die einige Zeit behalten werden konnten, mit großer Wahrscheinlichkeit auch später nicht vergessen werden.

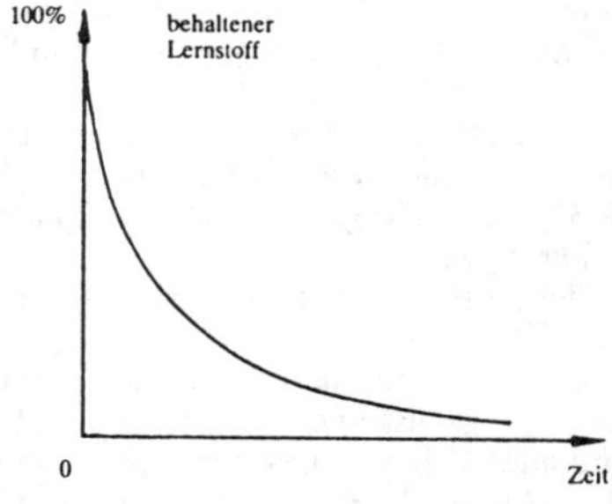

Gedächtniserfolg
→ Erinnerungserfolg

Gedächtnishilfe
→ gestützte Erinnerung

Gedächtniskontrolle *(Gedächtnisprüfung)*
→ Erinnerungsmethode

Gedächtnistest
→ Erinnerungsmethode

gedehntes Lesen *(gedehntes und wiederholtes Lesen, repliziertes Lesen)*
Ein in der (→) Leserschaftsforschung verwendeter Begriff zur Bezeichnung des Lesens einer Ausgabe eines Periodikums, d. h. vor allem einer (→) Zeitschrift, über einen längeren Zeitraum als den des (→) Erscheinungsintervalls hinweg. Da (→) Reichweitenuntersuchungen aus praktischen Erwägungen als (→) Stichtags- bzw. Stichwochen- oder Stichmonatsumfragen angelegt sind und daher zur Feststellung der (→) Leser pro Nummer (LpN) eine Ausgabe eines Periodikums nicht über ihre gesamte Lebensdauer verfolgt wird, sondern lediglich alle Personen zusammengefaßt werden, die irgendeine Ausgabe in ihrem Erscheinungsintervall gelesen haben, ergeben sich aufgrund des gedehnten und wiederholten Lesens überhöhte (→) Reichweiten, weil dieser Lesevorgang zu der Wahrscheinlichkeit führt, daß der einzelne Leser mehrfach als durchschnittlicher Leser einer Ausgabe gezählt wird. Der (→) Leser im Erscheinungsintervall (LiE) ist mithin ein Ersatzwert für den (→) Leser pro Ausgabe (LpA). Aufgrund des gedehnten Lesens erscheint also die Leserschaft im Erscheinungsintervall größer als die Leserschaft einer durchschnittlichen Ausgabe in Wirklichkeit ist.
Mit Hilfe der Angaben zur (→) Bezugsart „habe ich selbst gekauft" kann man innerhalb der Leserschaft pro Ausgabe die Käuferschaft pro Ausgabe bestimmen. Ergibt die (→) Hochrechnung dieses Wertes eine größere Zahl als den Durchschnitt der im Einzelhandel verkauften Auflagenanteile (Inland) der Ausgaben, die im Untersuchungszeitraum erschienen sind, d. h. gibt es mehr als nur einen (→) Käufer pro Exemplar (KpX) – was ja logisch unmöglich ist – dann könnte das darauf zurückzuführen sein, daß unter den Käufern besonders viele zu finden sind, die ein Exemplar z. B. in zwei Erscheinungsintervallen, also gedehnt lesen, ohne im zweiten sich ein neues Exemplar zu kaufen. Da aber gerade die Käufer eine sehr enge (→) Leser-Blatt-Bindung (LBB) entwickeln, ist es wahrscheinlicher, daß sie (→) regelmäßige Leser sind, also im allgemeinen jede Ausgabe und nicht nur jede zweite Ausgabe lesen.
Zur Untersuchung der Wirkungen des gedehnten wie auch des (→) gehäuften Lesens hat die (→) Arbeitsgemeinschaft Leseranalyse (AGLA) 1966 „Methodenexperimente zur Kumulation und zum Leser pro Nummer" durchgeführt. Dabei ergab sich, daß bei (→) Publikumszeitschriften das gehäufte Lesen etwas überwiegt. Das Methodenexperiment der AGLA erbrachte auch das Resultat, daß die

Wirkungen des gedehnten und des (→) gehäuften Lesens (parallelen Lesens) auf den LpN einander ausgleichen. Das muß jedoch nicht generell immer so sein. So hat z. B. die britische Odham Press Research in einem Methodenexperiment für den gedehnten Leser ein stärkeres Gewicht festgestellt als für den gehäuften Leser. Auch bei (→) Fachzeitschriftenanalysen sind solche Verzerrungen festzustellen. Um derartige Einflüsse auf die Höhe des LpN zu berücksichtigen, bieten sich grundsätzlich zwei Möglichkeiten:

1. Gewichtung: Man könnte in experimentellen Untersuchungen personen- und medienbezogene Variablen sichtbar machen, die mit dem gedehnten und gehäuften Lesen korrelieren. Daraus ließen sich Gewichtungsfaktoren für die einzelnen Titel und Zielgruppen pro Titel ableiten (ein solcher Faktor könnte z. B. die Zahl der (→) Lesevorgänge sein, die sich mit zunehmender (→) Lesehäufigkeit immer mehr im Sinne einer Überhöhung der LpN-Werte auswirkt). Eine Zeitschrift mit mehr Lesevorgängen hat eine größere Chance, mit den Angaben ihrer Leser über das letzte Lesen im Erscheinungsintervall in den LpN zu fallen als eine Zeitschrift mit weniger Lesevorgängen. Das Phänomen trifft besonders bei nicht regelmäßig Lesenden zu; denn hier wird gedehntes Lesen einer Nummer dazu führen, daß die LpN-Qualifikation noch erfüllt wird. Die Lesehäufigkeit differenziert ja auch zwischen den einzelnen Titeln, u. a. bedingt durch die Art der Ausgaben (dickere Hefte werden nicht beim ersten Mal durchgeblättert bzw. durchgelesen), die Häufigkeit der Herausgabe (Tageszeitungen sind am nächsten Tag veraltet, während Monatshefte öfters zur Hand genommen werden) oder den redaktionellen Inhalt selbst.
Dennoch kann dieses Verfahren nur eine Hilfslösung bieten, da es kaum nöglich ist, alle Einflußfaktoren auf das gedehnte und gehäufte Lesen zu erfassen bzw. für sie hinreichend genaue Gewichtsfaktoren zu finden.

2. Berücksichtigung des gedehnten und gehäuften Lesens bei der Erhebung: Um die Deflationierung der Leserzahlen durch das gehäufte Lesen zu verhindern, müßte das Lesen mehrerer Hefte pro Erscheinungsintervall im LpN berücksichtigt werden. Der Inflationierungstendenz des gedehnten Lesens dagegen wäre entgegenzuwirken, wenn nicht mehrere (→) Kontakte pro Heft gezählt würden. Um beiden gerecht zu werden, besteht die Möglichkeit, bei der Erfassung innerhalb des gesamten Lesevorganges einer Zeitschriftennummer nur einen einzigen Lesekontakt zu erfassen. Durch das Feststellen eines einzigen Lesekontaktes pro Lesevorgang und Heftnummer lassen sich zwar mehrere Nummern pro Erscheinungsintervall registrieren, Merhfachzählungen von Heftnummern aufgrund von Wiederholungskontakten pro Lesevorgang jedoch vermeiden.

Dazu schreibt Werner Bender: „Als typische Lesekontakte innerhalb eines Lesevorganges bieten sich das ‚erste' Zurhandnehmen eines Heftes oder der ‚letzte' Lesekontakt an. Beides bringt jedoch für die Erfassung der tatsächlichen Nutzungswahrscheinlichkeiten Schwierigkeiten mit sich. Bei der Ermittlung des ‚letzten' Lesekontaktes kann es sich nur um den ‚allerletzten' Lesekontakt des gesamten Lesevorganges handeln, nicht um den letzten Lesekontakt vor dem Stichtag der Befragung. Es wäre somit die Frage zu stellen, ob mit dem im Erscheinungsintervall registrierten Lesen der Lesevorgang abgeschlossen ist oder nicht. Nur in ersterem Fall ist der Befragte dem LpN zuzurechnen. Eine entsprechend klare Auskunft zu erhalten, wird jedoch nicht immer möglich sein. Dies mag nicht allein vom Willen des Befragten abhängen. Teilweise wird der Betreffende nicht in der Lage sein, anzugeben, ob er das Heft nochmals zur Hand nimmt oder nicht. Teilweise wird er sogar entgegen seinem tatsächlichen Leseverhalten der festen Überzeugung sein, daß er es nicht tut.
Stellt man auf den ‚Beginn' des Lesevorgangs ab, so ergibt sich für den Befragten zunächst einmal der Vorteil der Eindeutigkeit, was unter dem ersten Lesen zu verstehen ist. Schwierig wird es allerdings, bei größeren Erscheinungsintervallen Erstkontakte zu reproduzieren und zu lokalisieren. Dies gilt vor allem für monatlich erscheinende Titel. Auch genauere Erläuterungen und zeitbezogene Gedächtnisstützen, die zudem eine zusätzliche Belastung des Fragebogens mit sich bringen, können hierbei nur begrenzte Verbesserungen sein. Es gibt deshalb Vorschläge, den Erstleser für einen kürzeren Zeitabschnitt als das Erscheinungsintervall zu ermitteln und durch Multiplikation mit einem entsprechenden Koeffizienten die Leser im Erscheinungsintervall zu errechnen, etwa wie Friedrich Tennstädt ‚Erstleser pro Tag mal Anzahl der Tage' oder wie Corlett ‚Erstleser der letzten 3 Tage mal Tage im Erscheinungsintervall dividiert durch 3'.
Neben der geringeren Gedächtnisanforderung ergeben sich dabei die weiteren Vorteile, daß das geraffte Lesen für diesen Zeitraum normalerweise geringer ist und hilfreiche Zusatzfragen und/oder Erinnerungsstützen für eine so kurz zurückliegende Zeitstrecke voll zur Wirkung gelangen können. Der entscheidende Nachteil ist jedoch, daß die Leserzahlen recht klein werden und so die statistische Basis, insbesondere in den einzelnen Untergruppen, häufig nicht ausreichen wird, will man die Stichprobe nicht zu groß machen. Dies gilt insbesondere für große Erscheinungsintervalle. Darüber hinaus steigt die Fehlerspannweite aufgrund der Umrechnung. Hinzu kommt die Möglichkeit, daß der Stichzeitraum innerhalb des Erscheinungsintag zu Tag schwankt. Die

Interviews müßten deshalb kontinuierlich über das gesamte Erscheinungsintervall verteilt werden."

gedruckte Auflage
→ Druckauflage

gegabelte Befragung *(Split Ballot)*
Eine Form der (→) experimentellen Anlage in der (→) Umfrageforschung, bei der nach dem Muster des kontrollierten (→) Experiments verschiedene Versionen einer (→) Frage oder auch verschiedene Fragen zweien oder mehreren unabhängigen Teilstichproben einer Gesamtstichprobe präsentiert werden. Bei den verschiedenen Frageversionen kann es sich einfach um verschiedene Formulierungen einer Frage handeln, um Fragen, bei denen lediglich die Reihenfolge der Abfrageitems (z. B. bei Listenfragen) ausgetauscht wird, oder um Fragen, bei denen den unterschiedlichen Teilstichproben verschiedene Versionen von Vorlagen wie z. B. Anzeigen, Verpackungen, Slogans, Produkte usw. vorgelegt oder vorgeführt werden.
Da die Teilstichproben bei der gegabelten Befragung ein repräsentatives Abbild der (→) Grundgesamtheit bilden und so gewährleistet ist, daß auch eventuell wirkende Störfaktoren die Teilstichproben in gleicher Weise und Stärke betreffen, ist sichergestellt, daß die Unterschiede in den Ergebnissen zwischen den Teilstichproben allein das Resultat der unterschiedlichen Frageformulierungen sein können. „Mit anderen Worten, Split-Ballot-Experimente zeichnen sich durch eine absolut einwandfreie Faktorenkontrolle aus und kommen so dem ‚experimental design' in einer Weise nahe, wie man es selbst im naturwissenschaftlichen Bereich nur selten findet... Um so erstaunlicher ist es, daß dieses in seiner methodischen Eleganz nahezu unerreichte und überdies höchst universell nutzbare Instrument offenbar nur selten für die Zwecke der demoskopischen Marktforschung eingesetzt wird." (Gert Wettschureck)
In der Bundesrepublik Deutschland ist das Institut für Demoskopie Allensbach das einzige Institut, daß in seinen Umfragen regelmäßig intensiven Gebrauch von dieser Methode macht. In der Markt- und Werbeforschung gibt es eine Vielzahl von Anwendungsmöglichkeiten für Split-Ballot-Experimente wie zum Beispiel Produkttests, (→) Anzeigen- und allgemein (→) Werbemitteltest. Verbreitet sind sie darüber hinaus in der Markt- und Sozialforschung als Tests im Anschluß an (→) Probebefragungen zur Prüfung von Wortwahl, Frageformulierung und Satzbau im Fragebogen.

gehäuftes Lesen *(paralleles Lesen, Stapellesen)*
Ein in der (→) Leserschaftsforschung verwendeter Begriff zur Bezeichnung des Lesens von mehr als einer einzigen Ausgabe eines Periodikums im (→) Erscheinungsintervall. Da (→) Reichweitenanalysen aus praktischen Erwägungen als (→) Stichtags- bzw. Stichwochenuntersuchungen angelegt sind, und daher zur Feststellung der (→) Leser pro Nummer (LpN) eine Ausgabe eines Periodikums nicht über ihre gesamte Lebensdauer verfolgt wird, sondern lediglich alle Personen zusammengefaßt werden, die irgendeine Ausgabe in ihrem Erscheinungsintervall gelesen haben, ergeben sich aufgrund des gehäuften Lesens reduzierte (→) Reichweiten, da Parallelleser nur einmal statt mehrmals als Leser einer Ausgabe im Erscheinungsintervall gezählt werden.
Das Phänomen des Stapellesens tritt vor allem bei (→) Zeitschriften in Erscheinung, die keine unmittelbare Aktualität haben, insbesondere also bei (→) Fachzeitschriften. Gehäuftes Lesen kann die Leserschaft im Erscheinungsintervall nur dann kleiner als die Leserschaft pro Ausgabe erscheinen lassen, wenn Exemplare mehrerer Ausgaben gesammelt und dann innerhalb eines Erscheinungsintervalls auf einmal gelesen werden. Derartige Fälle größerer Anhäufung von Heften treten sehr wahrscheinlich vor allem bei Zeitschriften auf, die als Nachschlagewerke oder als Vorrat an Beiträgen von bleibendem Wert dienen, und nur bei Lesern, die mehrere Exemplare auf einmal in öffentlicher Auslage vorfinden oder sich von einem Sammler ausleihen. Ein derartiges Verhalten kann bei Zeitschriften für Mode, für Bauen und Wohnen, für Autos und Motorräder auch saisonal konzentriert auftreten.
Zur Untersuchung der Wirkungen des gehäuf-

	LpN	ermittelte Leser einer Durchschnittsausgabe aus Vorlage von 12 Originalheften	K_1-Wert = errechneter Leser einer Durchschnittsausgabe aus Frequenzangaben
Fachzeitschrift A: Erscheinungsweise wöchentlich	100	124	132
Fachzeitung B: Erscheinungsweise dreimal wöchentlich	100	223	242

ten wie auch des (→) gedehnten Lesens hat die (→) Arbeitsgemeinschaft Leseranalyse (AGLA) 1966 „Methodenexperimente zur Kumulation und zum Leser pro Nummer" durchgeführt. Einige der Ergebnisse: Während bei (→) Programmzeitschriften eher eine Über- als Unterschätzung des Lesers pro Nummer zu vermuten ist, verdeutlicht das in der Tabelle links unten auf Seite 209 angeführte Beispiel aus dem Methodenexperiment das mögliche Ausmaß von Unterschätzungen bei Fachzeitschriften. Dieses Ergebnis läßt erkennen, daß bei Fachzeitschriften eine Unterschätzung der Reichweite infolge Stapellesens um so eher eintritt, je kleiner das Erscheinungsintervall ist. Bereits der LpN des wöchentlich erscheinenden Titels beinhaltet offensichtlich eine Unterschätzung; für den Titel, der innerhalb von fünf Werktagen dreimal erscheint, ist der als Leser im Erscheinungsintervall definierte Leser pro Nummer unbrauchbar. Er scheidet hier als Meßinstrument aus.

Gehobene Zielgruppen
Eine im Auftrag der Verlagsleitung des „Stern" von Gruner + Jahr, Hamburg, erstmals 1981 vorgelegte (→) Markt-Media-Untersuchung, deren (→) Grundgesamtheit die rund 3 Millionen „Entscheidungsvorbereiter und Entscheidungsträger in Wirtschaft und Verwaltung" sind. Dabei wurde in dieser Untersuchung die Grundgesamtheit der (→) Leseranalyse Entscheidungsträger (LAE) um weibliche Entscheidungsträger sowie männliche und weibliche Entscheidungsvorbereiter erweitert. Gegenstand der Untersuchung sind der Einflußgrad der Zielgruppe in wichtigen Entscheidungsbereichen ihres Tätigkeitsfeldes, der private Konsum der Zielgruppe von Gütern des gehobenen Bedarfs und ihre (→) Mediennutzung für eine Reihe von Prestigezeitungen, Wirtschaftsmagazine und Publikumszeitschriften, (→) Supplements und ausländische Publikationen. Gehobene Zielgruppen 2 erschien 1984.

Gelegenheitsstichprobe
→ willkürliche Auswahl

gelegentlicher Hörer *(Leser, Nutzer, Seher)*
Nach der Begriffsbestimmung der (→) Media-Analyse (MA) der (→) Arbeitsgemeinschaft Media-Analyse (AG.MA) ein (→), Hörer, (→) Leser, (→) Zuschauer (Seher), (→) Nutzer eines Mediums, für den die (→) Hörwahrscheinlichkeit, (→) Lesewahrscheinlichkeit, (→) Sehwahrscheinlichkeit, in jedem Fall also die (→) Nutzungswahrscheinlichkeit, d. h. der Anteil der Hörer, Leser, Seher, Nutzer während des letzten (→) Erscheinungsintervalls bzw. des letzten Sendetages, also der letzten (→) Medien-Kontakt-Einheit (MKE) am (→) Weitesten Nutzerkreis (WNK), also je nachdem am (→) Weitesten Hörerkreis (WHK), (→) Weitesten Leserkreis (WLK) oder (→) Weitesten Seherkreis (WSK) zwischen 0,42 und 0,58 beträgt. Bei (→) Fachzeitschriftenanalysen (FZA) gilt als gelegentlicher Leser ein Leser, der 3 bis 5 von 12 aufeinanderfolgenden Ausgaben gelesen hat und für den folglich ebenfalls eine (→) Lesewahrscheinlichkeit von 0,42 bis 0,58 besteht.

Gemeindegrößenklassen *(Boustedt-Ortsgrößenklassen)*
In der Markt-, Media- und Umfrageforschung sind ebenso wie in der amtlichen Statistik verschiedene Kategorisierungen von Gemeindegrößen verbreitet. Ein einheitliches Verfahren existiert nicht, seine Einführung wäre auch nicht erstrebenswert, weil die Entscheidung über die konkrete Kategorisierung je nach dem Untersuchungszweck ad hoc getroffen werden sollte. Die amtliche Statistik verwendet in vielen Fällen die Gruppierung in folgende Gemeindegrößenklassen:

- Gemeinden mit weniger als 2000 Einwohnern: ländliche Bevölkerung
- Gemeinden mit 2000 bis unter 5000 Einwohnern: Landstädte: Landbevölkerung
- Gemeinden mit 5000 bis unter 20000 Einwohnern: Kleinstädte
- Gemeinden mit 20000 bis unter 100000 Einwohnern: Mittelstädte
- Gemeinden mit 100000 und mehr Einwohnern: Großstädte.

Eine im Statistischen Jahrbuch Deutscher Gemeinden vorgenommene Einteilung unterscheidet:

A1 = Großstädte über 1 Million Einwohner (Berlin, Hamburg, München)
A2 = Großstädte von 500 000 bis unter 1 Million Einwohner
B = Großstädte von 100 000 bis unter 200 000 Einwohner
C = Mittelstädte von 50 000 bis unter 100 000 Einwohner
D = Mittelstädte von 20 000 bis unter 50 000 Einwohner
E = Kleinstädte von 10 000 bis unter 20 000 Einwohner.

Seit der einheitlichen Verwendung des (→) ADM-Stichprobensystems für die (→) Erhebung der (→) Leseranalyse (LA) der (→) Arbeitsgemeinschaft Leseranalyse (AGLA) bzw. der (→) Media-Analyse (MA) der (→) Arbeitsgemeinschaft Media-Analyse (AG.MA) wird

Verstädterungszonen und politische Gemeinde-Größenklasse Basis: Befragte aus der jeweiligen Ortsgrößenklasse = 100%	Unterschiede bei Gruppierung der Befragten nach Ortsgrößenklassen									
	Bis 1.999 Einwohner		2.000–19.999 Einwohner		20.000–99.999 Einwohner		100.000–499.999 Einwohner		500.000 Einwohner und mehr	
	Zählung nach polit. Gemeindegröße %	./. Orte der Verstädterungszonen %	Zählung nach polit. Gemeindegröße %	./. Orte der Verstädterungszonen %	Zählung nach polit. Gemeindegröße %	./. Orte der Verstädterungszonen %	Zählung nach polit. Gemeindegröße %	+ Orte der Verstädterungszonen %	Zählung nach polit. Gemeindegröße %	+ Orte der Verstädterungszonen %
1. Schlesw.-H. + Hamburg	4,6	4,6	5,8	4,7	4,5	4,1	4,7	5,8	18,1	19,2
2. Niedersachsen + Bremen	17,4	17,3	15,0	14,1	9,8	9,4	7,8	8,4	10,1	11,4
3. Nordrhein-Westfalen	10,1	9,9	23,3	19,6	43,3	29,0	51,8	66,1	30,0	37,3
4. Hessen	11,5	10,3	10,3	8,4	5,0	4,5	8,6	13,2	5,7	7,3
5. Rheinland-Pfalz + Saar*)	11,6	11,3	9,8	9,6	9,6	9,6	5,3	6,3		
6. Baden-Württemberg	17,0	17,0	18,6	16,1	14,4	13,2	9,7	11,5	5,2	8,7
7. Bayern	27,7	27,7	17,2	15,2	13,4	13,4	12,0	15,2	9,4	10,0
8. West-Berlin									21,4	21,4
BRD insgesamt	100,0	98,2	100,0	87,8	100,0	83,3	100,0	126,6	100,0	115,5
Nord (1+2)	22,0	21,9	20,8	18,8	14,3	13,5	12,5	14,3	28,2	30,7
West (3)	10,1	9,9	20,3	19,6	43,3	29,0	51,8	66,1	30,0	37,3
Südwest (4+5+6)	40,2	38,6	38,7	34,1	29,0	27,4	23,6	31,0	11,0	16,0
Süd (7)	27,7	27,7	17,2	15,2	13,4	13,4	12,0	15,2	9,4	10,0
BRD ohne West-Berlin	100,0	98,2	100,0	87,8	100,0	83,3	100,0	126,6	78,6	94,1

*) Für Saarbrücken liegen keine Angaben über die Verstädterungszone vor.

nach dem (→) Erhebungsmodell die Einwohnerzahl der Gemeinden, die zum Umland von größeren Städten gehören, zu deren Einwohnerzahl hinzugerechnet, und anhand dieser Summe wird die Zugehörigkeit zur Gemeindegrößenklasse bestimmt. Dieses Verfahren, die Gemeinden der Verstädterungszonen den Kernstädten zuzuordnen, geht zurück auf Olaf Boustedt: „Forschungs- und Sitzungsberichte der Akademie für Raumforschung und Landesplanung Band XXII, Die Entwicklung der Bevölkerung in den Stadtregionen Raum und Bevölkerung 2. Forschungsberichte des Ausschusses Raum und Bevölkerung der Akademie für Raumforschung und Landesplanung. Vorsitzender: Dr. Olaf Boustedt", Hannover 1963.
Im Datensatz der MA 77 wurde zum ersten Mal auch der neueste Stand der Raumforschung berücksichtigt, wie sie in Band 103 der Forschungs- und Sitzungsberichte der Akademie für Raumforschung und Landesplanung „Stadtregionen in der Bundesrepublik Deutschland 1970", Hannover 1975, veröffentlicht wurde: Für jeden Befragten wird festgehalten, ob die Gemeinde, in der er wohnt, irgendeiner Stadtregion zugeordnet ist, ob sie eine Kernstadt ist, zum Ergänzungsgebiet einer Kernstadt, zur verstädterten Zone einer Kernstadt oder zur Randzone einer Kernstadt gehört und welcher Kernstadt sie zugeordnet wurde.
Die tatsächliche Einwohnerzahl ist zuweilen als Hinweis auf charakteristische Eigenarten der Bevölkerung und ihrer Lebensumstände irreführend, wenn es sich um kleinere Gemeinden handelt, die z. B. als Wohnorte einer großstädtischen Bevölkerung sich längst von ländlichen Leben entfernt haben. Die Berichtigung der Angaben über die Wohnortgröße im Sinne einer klareren Trennung von Stadt und Land ist für jede Art von Verhaltensforschung wichtig. Auf der nachstehenden Tabelle ist erkennbar, wie sich die Interviews nach der Gruppierung nach den politischen Einwohnerzahlen rangieren und, was größenmäßig geschieht, wenn man die Interviews in kleineren Plätzen innerhalb der festliegenden Verstädterungszonen zu den Interviews aus der kernstädtischen Großstadt schlägt.

Es zeigte sich, daß das vorher oft ambivalente Verhalten der Einwohner der Klein- und mehr noch der Mittelstädte besser erkennbar wird, wenn man die sich doch vorwiegend großstädtisch verhaltenden Befragten aus den Verstädterungszonen der Großstadt zuordnet.

Genauigkeit *(Akkuranz)*
Das Maß, in dem eine statistische (→) Schätzung oder das Ergebnis eines Tests sowohl von (→) systematischen wie von unsystematischen (→) Fehlern frei ist. In der (→) Stichprobentheorie der den notwendigen (→) Stichprobenumfang bestimmende (→) Vertrauensbereich (Zufallsfehlerbereich), der bei vorgegebener (→) Wahrscheinlichkeit nicht überschritten werden darf.
→ Treffgenauigkeit, Wiederholungsgenauigkeit; *vgl.* Validität, Reliabilität

Genauigkeitstabelle *(Genauigkeitstafel)*
Eine tabellarische Übersicht, in der bei jeweils gegebenem (→) Signifikanzniveau für (→) Stichproben mit unterschiedlichem Umfang

(n), (→) Stichprobenumfang, die Angaben für die statistischen Fehlerspannen (p-Werte) angegeben sind. Eine Genauigkeitstabelle befindet sich in diesem Buch unter dem Stichwort (→) Vertrauensbereich.

Generalfilter
→ Abfragemodell; Filter

Generalisierung
Der Vorgang des Schließens von einer begrenzten Anzahl von Dingen, Ereignissen oder Beobachtungen auf die Gesamtheit dieser Dinge, Ereignisse oder Beobachtungen, d. h. die Ableitung eines Allsatzes (einer Allaussage) aus einer begrenzten Zahl von Beobachtungen. Bei der Ableitung der Verallgemeinerung aus empirischen Beobachtungen spricht man von empirischer Generalisierung (induktive Generalisierung), bei der Ableitung als Sonderfall einer umfassenderen Theorie von theoretischer Generalisierung (deduktive Generalisierung). In dieselbe logische Kategorie wie empirische Generalisierungen gehört der Schluß von Stichprobenergebnissen auf die Verhältnisse in Grundgesamtheiten, (→) Induktion, (→) induktive Statistik.

geographische Verbreitungsanalyse
→ Verbreitungsanalyse

georgraphischer Split
→ Anzeigensplit

geometrisches Mittel
Die N-te Wurzel des Produkts einer Menge von N positiven Größen (Beobachtungswerten), also

$$G = \sqrt{X_1 \cdot X_2 \cdot X_3 \cdot \ldots X_N}$$

(einfaches geometrisches Mittel). In Logarithmen ausgedrückt bedeutet das, daß der Logarithmus des geometrischen Mittels gleich dem arithmetischen Mittel der N-Größen ist:

$$\log G = \frac{\sum_{i=1}^{N} \log X_i}{N}.$$

Zur Berechnung des einfachen geometrischen Mittels kann man in der Praxis das (→) arithmetische Mittel der Logarithmen der N Größen nehmen. Sofern ein geometrisches Mittel existiert, liegt es zwischen dem (→) harmonischen Mittel und dem arithmetischen Mittel und ist immer kleiner oder höchstens gleich dem arithmetischen Mittel.
Für das gewogene geometrische Mittel, das die N-te Wurzel des Produkts der mit ihren Häufigkeiten potenzierten Reihenglieder ist, ergibt sich:

$$G = \sqrt{X_1^{f_1} \cdot X_2^{f_2} \cdot X_3^{f_3} \cdot \ldots X_N^{f_N}}$$

oder wiederum in Logarithmen ausgedrückt:

$$\log G = \frac{\sum_{i=1}^{N} f_i \cdot \log X_i}{N}.$$

Nicht angewendet werden kann das geometrische Mittel in Reihen mit negativen oder mit Nullwerten (weil sich bei der Multiplikation mehrerer Zahlen mit Null Null ergibt und sich eine Wurzel aus Null nicht ziehen läßt). Allgemein kommen im geometrischen Mittel die Extremwerte nicht so stark zur Geltung wie beim arithmetischen Mittel. Das geometrische Mittel wird vor allem in der Wirtschaftsstatistik (etwa bei der Berechnung von Wachstumsraten) oder bei der Berechnung des Durchschnitts von Verhältniszahlen, die Veränderungen von Zahlenmassen anzeigen, verwendet. In vielen Fällen, in denen eigentlich das geometrische Mittel berechnet werden müßte, wird allerdings in der Praxis dennoch das arithmetische Mittel verwendet, weil es einfacher zu berechnen ist, und es auf eine hohe Genauigkeit oft auch gar nicht ankommt, da der zahlenmäßige Unterschied zwischen beiden Mittelwerten meist nicht sehr erheblich ist.

Gesamtauflage
→ Druckauflage

Gesamterhebung
→ Vollerhebung

Gesamtheit
1. → Grundgesamtheit
2. In der (→) Media-Analyse (MA) der (→) Arbeitsgemeinschaft Media-Analyse (AG.MA) sind hierunter demographische Teilgruppen zu verstehen, die als Basis für die Ergebnis-Darstellungen den Tabelle zugrunde gelegt werden:
o Bevölkerung
o Männer
o Frauen
o Haushaltsführende/Hausfrauen
o Haushalte
In regionalen Darstellungen kann eine Gesamtheit auch noch speziell festgelegt werden, z. B. als Verbreitungsgebiet einer Zeitung.

Gesamtkontakte pro Nummer
In der (→) Leserschafts- und (→) Mediaforschung die sich aus der Summe der Erstkontak-

te und der Wiederholungskontakte einer von einem Werbeträger erreichten Person ergebende Zahl der Werbeträgerkontakte.
→ Kontakt

Gesamtreichweite
→ Reichweite

Gesamtvarianz
→ Varianz

Geschäftsführender Ausschuß
→ Arbeitsgemeinschaft Media-Analyse (AG.MA) (Satzung)

geschichtete Auswahl
Ein Sonderverfahren der (→) Zufallsauswahl (Randomauswahl), bei dem vor Ziehung der (→) Stichproben die (→) Grundgesamtheit nach bestimmten, für eine konkrete Untersuchung relevanten (→) Merkmalen in eine Reihe von relativ homogenen Teilmengen (Schichten) zerlegt und aus jeder dieser Schichten eine gesonderte Stichprobe gebildet wird.
Besteht also das wahrscheinlichkeitstheoretische Modell der einfachen Zufallstichprobe darin, daß die Grundgesamtheit durch eine Urne dargestellt wird, in der sich N Kugeln (Elemente) befinden, von denen n zufällig gezogen werden, besteht das wahrscheinlichkeitstheoretische Modell der geschichteten Stichprobe darin, daß die Grundgesamtheit durch mehrere Urnen dargestellt wird, wobei aus jeder Urne zufällig eine Anzahl Kugeln gezogen wird. Jede Urne stellt mithin das Modell einer einfachen Zufallsstichprobe dar.
Die Grundgesamtheit umfaßt also N Elemente, die sich auf M Schichten verteilen, wobei sich in der Schicht i (i = 1, 2, ... M) N_i Elemente befinden. Aus jeder Schicht wird eine Stichprobe gezogen, und zwar aus der Schicht i n_i Elemente:

$$\sum_{i=1}^{M} N_i = N \text{ und } \sum_{i=1}^{M} n_i = n.$$

Der Merkmalswert des j-ten Elementes in der i-ten Schicht ist x_{ij} bezeichnet (j = 1,2,...N_i), der Durchschnittswert in der Grundgesamtheit ist:

$$\bar{x}_u = \frac{\sum_{i=1}^{M} \sum_{j=1}^{N_i} x_{ij}}{\sum_{i=1}^{M} N_i}$$

oder

$$\bar{x}_u = \frac{\sum_{i=1}^{M} N_i \bar{x}_{u_i}}{N}$$

wobei

$$\bar{x}_{u_i} = \frac{\sum_{j=1}^{N_i} x_{ij}}{N_j}$$

den Durchschnittswert in der Grundgesamtheit für die Schicht i bezeichnet. Der entsprechende (→) Parameter in der Stichprobe ist

$$\bar{x}_s = \frac{\sum_{i=1}^{M} N_i \bar{x}_{si}}{N}$$

wobei $\bar{x}_{si}$ den Parameterwert aus der Stichprobe in der Schicht i darstellt, wobei hier n_i Elemente gezogen worden sind. Ferner ist

$$E(\bar{x}_{si}) = \bar{x}_{u_i}$$

und

$$E(\bar{x}_s) = \bar{x}_u$$

Die (→) Varianz in der Grundgesamtheit ist gleich:

$$\sigma_u^2 = \frac{1}{N} \sum_{i=1}^{M} \sum_{j=1}^{N_i} (x_{ij} - \bar{x}_u)^2 =$$

$$= \frac{1}{N} \sum_{i=1}^{M} \sum_{j=1}^{N_i} [(x_{ij} - \bar{x}_{u_i}) + (\bar{x}_{u_i} - \bar{x}_{u_i})]^2$$

$$= \frac{1}{N} \left[\sum_{i=1}^{M} \sum_{j=1}^{N_i} (x_{ij})^2 + 2 \sum_{i=1}^{M} \sum_{j=1}^{N_i} (x_{ij} - \bar{x}_{u_i}) (\bar{x}_{u_i} - \bar{x}_u) + \sum_{i=1}^{M} \sum_{j=1}^{N_i} (\bar{x}_{u_i} - \bar{x}_u)^2 \right].$$

Darin ist

$$\sum_{j=1}^{N_i} (x_{ij} - \bar{x}_{u_i}) = 0$$

und

$$\sum_{i=1}^{M} \sum_{j=1}^{N_i} (\bar{x}_{u_i} - \bar{x}_u)^2 = \sum_{i=1}^{M} N_i (\bar{x}_{u_i} - \bar{x}_u)^2.$$

Es ergibt sich:

$$\sigma_u^2 = \frac{1}{N} \sum_{i=1}^{M} \sum_{j=1}^{N_i} (x_{ij} - \bar{x}_{u_i})^2 + \frac{1}{N} \sum_{i=1}^{M} N_i (\bar{x}_{u_i} - \bar{x}_u)^2.$$

Ferner ist

$$\sum_{j=1}^{N_i} (x_{ij} - \bar{x}_{u_i})^2 = N_i \sigma_i^2$$

wo σ_i^2 die Varianz innerhalb der Schicht i bezeichnet, so daß sich die Beziehung ergibt:

$$\sigma_u^2 = \frac{1}{N} \sum_{i=1}^{M} N_i \sigma_i^2 + \frac{1}{N} \sum_{i=1}^{M} N_i (\bar{x}_{u_i} - \bar{x}_u)^2.$$

Mit anderen Worten: Die Varianz in der Grundgesamtheit σ_u^2 besteht aus zwei Komponenten. Die erste stellt die Varianzen innerhalb der Schichten dar, während die zweite die Varianzen der Durchschnittswerte in den Schichten um den Durchschnittswert in der Grundgesamtheit bezeichnen. Bezeichnet man die erste Komponente durch das Symbol σ_{uw}^2 (within-group variance) und die zweite durch das Symbol σ_{ub}^2 (between-group variance), so ergibt sich:

$$\sigma_u^2 = \sigma_{uw}^2 + \sigma_{ub}^2.$$

Daraus folgt, daß bei gegebener Varianz in der Grundgesamtheit die Varianz innerhalb der Schichten klein sein wird, wenn die Varianz zwischen den Schichten groß ist, und umgekehrt.

Bei der Ableitung des Stichprobenfehlers ist zu bedenken, daß die Schichten (Urnen) untereinander unabhängig sind. Für das (→) arithmetische Mittel in der Grundgesamtheit gilt:

$$\bar{x}_u = \frac{1}{N} \sum_{i=1}^{M} \sum_{j=1}^{N_i} x_{ij}.$$

Die Schätzung dieses Parameters erfolgt mit Hilfe der Stichprobenschätzungen aus den einzelnen Schichten $\bar{x}_{si}$. Der aus der Stichprobe gewonnene Wert $\bar{x}_s$ ist gleich

$$\bar{x}_s = \frac{1}{N} \sum_{i=1}^{M} N_i \bar{x}_{si}.$$

Es handelt sich um das (→) gewogene Mittel von $\bar{x}_{si}$, mit den Gewichten N_i/N. Dabei ist dieses Gewicht für das Stichprobenfehlerquadrat in der Schicht i gleich

$$\frac{N_i^2}{N^2}:$$

Für den Fall einer einfachen Zufallsstichprobe ist

$$\sigma_{\bar{x}_s}^2 = \frac{1}{N^2} \sum_{i=1}^{M} N_i^2 \sigma_{\bar{x}_{si}}^2 =$$

$$= \frac{1}{N^2} \sum_{i=1}^{M} N_i^2 \frac{N_i - n_i}{N_i} \frac{\sigma_{ui}^2}{n_i} =$$

$$= \frac{1}{N^2} \sum_{i=1}^{M} \frac{N_i - n_i}{N_i} \frac{(N_i \sigma_{ui})^2}{n_i} =$$

$$= \frac{1}{N^2} \sum_{i=1}^{M} N_i^2 \frac{\sigma_{ui}^2}{n_i} - \frac{1}{N^2} \sum_{i=1}^{M} N_i \sigma_{ui}^2.$$

$$\sigma_{x_{si}}^2 \sim \frac{N_i - n_i}{N_i} \cdot \frac{\sigma_{ui}^2}{n_i}.$$

Darin stellt $\sigma_{\bar{x}_i}^2$ das Stichprobenfehler-Quadrat dar, wenn

$$\frac{N_i - n_i}{N_i - 1} = 1$$

ist, d. h. also das Stichprobenfehler-Quadrat für $N_1 \to \infty$. Der Ausdruck $N_i - n_i$ kann als Korrekturfaktor für N_i-1 diese Annahme ($N_1 \to \infty$) aufgefaßt werden. Das Stichprobenfehler-Quadrat für eine geschichtete Stichprobe läßt sich auch durch die folgende Formel kennzeichnen:

$$\sigma_{x_s}^2 = \frac{1}{N^2} \sum_{i=1}^{M} N_i (N_i - n_i) \frac{\sigma_{ui}^2}{n_i}$$

Ist n_i sehr viel kleiner als N_i, so daß $N_i - n_i \sim N_i$ gesetzt werden kann, so geht diese Formel in das erste Glied der Grundbeziehung über. Da σ_{ui}^2 in der Regel unbekannt ist, kann der Wert aus einer früheren gleichen Stichprobe übernommen oder aus der Stichprobe durch die Beziehung

$$\sigma_{ui}^2 = \frac{1}{n_i - 1} \sum_{j=1}^{n_i} (x_{ij} - \bar{x}_{si})^2$$

ermittelt werden.

Auf jeden Fall nimmt das Stichprobenfehler-Quadrat bei konstanten Werten N, N_i und n_i mit zunehmender Varianz in der Schicht zu und wird kleiner, wenn die Varianz in der Schicht sich verringert. Daraus folgt, daß bei kleiner Varianz innerhalb der Schicht die Varianz zwischen den Schichten groß sein wird. Mithin ist bei geschichteten Stichproben zu beachten, daß die Varianz innerhalb der Schicht in der Grundgesamtheit kleiner sein sollte, als die Varianz zwischen den Schichten.

Der Einsatz geschichteter Stichprobenpläne ist

also in Fällen sinnvoll, in denen die Grundgesamtheit sehr inhomogen ist und in homogenere Teilgesamtheiten zerlegt werden kann. Ist der (→) Auswahlsatz in allen Teilmassen gleich groß, spricht man von proportionaler Schichtung, ist er disproportional, von (→) optimaler Schichtung. Die geschichtete Auswahl wird oft in Kombination mit der (→) mehrstufigen Auswahl durchgeführt. Ein besonderer Vorteil von geschichteten Auswahlverfahren ist es, daß durch den Vorgang der Zerlegung der Grundgesamtheit in homogene Teilmassen bei gleichem (→) Stichprobenumfang der (→) Standardfehler kleiner wird. Ein weiterer Vorzug des Verfahrens ist seine vergleichsweise Kostengünstigkeit. Das bei der Erhebung der Daten für die (→) Media-Analyse (MA) der (→) Arbeitsgemeinschaft Media-Analyse (AG.MA) praktizierte Auswahlverfahren nach dem (→) ADM-Stichprobensystem ist ein Verfahren der geschichteten, mehrstufigen Auswahl.
→ Schichtung (Stratifizierung)

geschlossene Frage
Eine Art der (→) Frage in (→) Befragungen der Markt- und Sozialforschung, bei der die Antwortmöglichkeiten für die Befragten in Form von (→) Antwortvorgaben vorformuliert sind, so daß sie nur anzugeben brauchen, welcher dieser Möglichkeiten sie zustimmen. Einige Autoren zählen zu den geschlossenen auch die halboffenen Fragen, bei denen nur die Interviewer (nicht jedoch die Befragten) die vorgegebenen Antwortkategorien kennen und die konkreten Antworten diesen Kategorien im Wege der (→) Feldverschlüsselung zuordnen, zu den geschlossenen Fragen. Wegen ihres Charakteristikums, daß die Vorgaben den Befragten nicht bekannt sind, erscheint es jedoch sinnvoll, sie entweder als einen eigenständigen Typus neben den (→) offenen und den geschlossenen oder als eine Sonderform der offenen Fragen zu betrachten.

Insbesondere bei geschlossenen Fragen mit einer etwas komplexeren Struktur als den einfachen (→) Ja-Nein-Fragen oder den (→) Alternativfragen, sollte der Wortlaut der Frage und der einzelnen Antwortvorgaben erst als Resultat der in einem (→) Pretest (Vorstudie) durch eine offene Frage in ihrer Gänze erfaßten Antwortmöglichkeiten (die sich in aller Regel am Schreibtisch nicht ausdenken lassen) festgelegt werden, weil sonst das Risiko besteht, daß die geschlossene Frageformulierung durch Selektionsvorgänge bei der Fragebogenentwicklung lediglich die Voreingenommenheiten der Personen widerspiegelt, die den (→) Fragebogen entwickeln, dadurch die tatsächliche Bandbreite der Antwortmöglichkeiten unzulässig einengt und damit letztendlich manipulativ Ergebnisse erzeugt, die der Wirklichkeit nicht gerecht werden. „Geschlossene Fragen erbringen ... eine größere Einheitlichkeit der Antworten und erleichtern dadurch die Vergleichbarkeit. Sie erleichtern dem Interviewer die Aufnahmearbeit und dem Forscher die Auswertung. Weniger gebildeten Auskunftspersonen entsprechen sie insofern besser, da sie sich in ihren Schwierigkeiten, Probleme spontan und ausführlich zu diskutieren, nicht überfordert fühlen." (Peter Atteslander)

Ist eine Frage geschlossen, so gilt nach einer von Jürgen Friedrichs zusammengestellten Übersicht:

- Je eingehender jemand seine Gründe durchdacht hat, desto weniger wird ihm die vorgegebene Liste ausreichen.
- Je weniger jemand seine Gründe durchdacht hat, desto eher wird die Liste als Erleichterung angesehen werden. Bei sehr niedrigem Informations- und/oder Reflexionsstand besteht allerdings die Gefahr wahlloser Ankreuzungen.
- Unangenehme oder sozial mißbilligte Gründe, die bei einer offenen Frage nicht genannt würden, können unter den vorgegebenen Alternativen untergebracht werden.

Im allgemeinen wird bei geschlossenen Fragen (s. auch die Darstellung unter dem Stichwort Frage I) nach Art und Anzahl der Antwortvorgaben unterschieden zwischen:

I. (→) **Alternativfragen**
  a) Alternativfragen in Normalform
  b) Spezialformen wie der (→) Dialogfrage

II. (→) **Auswahlfragen (Selektivfragen)**
  a) Auswahlfragen in Normalform
  b) Spezialformen wie der (→) Skalenfragen (Intensitätsfragen).

Gesetz der großen Zahl(en)
Allgemein formuliert der Grundsatz, daß an einer großen Zahl von Fällen typische Regelmäßigkeiten erkennbar sind, die an einer kleinen Zahl von Fällen noch nicht erkannt werden können. Es ist eine der grundlegenden Regelmäßigkeiten der (→) Wahrscheinlichkeitstheorie und besagt, daß bei der Beobachtung von Massenerscheinungen mit wachsender Zahl der Beobachtungen die typischen Zahlenverhältnisse in der Masse um so deutlicher und dementsprechend die zufälligen Abweichungen um so seltener auftreten. Die mathematische Formulierung des Gesetzes der großen Zahlen geht auf Jakob Bernouilli zurück; die Bezeichnung loi des grands nombres stammt von Siméon Denis Poisson.

In der (→) Stichprobentheorie besagt es, daß der durch eine (→) Stichprobe ermittelte Schätzwert mit wachsendem (→) Stichprobenumfang mit immer geringerer (→) Wahrscheinlichkeit vom wahren Wert der (→) Grundgesamtheit abweicht.
Formalisiert ausgedrückt besagt das Gesetz der großen Zahlen, daß mit wachsender Zahl unabhängiger Wiederholungen eines Zufallsexperiments die relative Häufigkeit eines Ereignisses auf eine Konstante strebt. Ist A ein zufälliges Ereignis, dessen Eintrittswahrscheinlichkeit bei einmaliger Durchführung eines Zufallsexperiments P ist, und gibt die Zufallsvariable X an, wie oft A bei n unabhängigen Zufallsexperimenten eintritt (wobei E > 0 ist), so gilt

$$\lim_{n \to \infty} P\left(\left| \frac{X}{n} - P \right| < E \right) = 1.$$

mit anderen Worten die relative Häufigkeit X/n konvergiert mit wachsender Zahl der Zufallsexperimente gegen den entsprechenden Anteilswert P in der Grundgesamtheit.

Gesetz der seltenen Ereignisse
→ Poisson-Verteilung

gestützte Erinnerung *(Aided Recall, passiver Bekanntheitsgrad)*
Die Messung des (→) Bekanntheitsgrades eines Produkts, einer Marke, einer Werbebotschaft, eines (→) Werbemittels, eines (→) Werbeträgers usw. In der Markt-, Media- und Werbeforschung bei (→) Befragungen eines (→) repräsentativen Querschnitts, bei der den Befragten zum Ausgleich der Wirkung unterschiedlicher (ungestützter) Gedächtnis- und Erinnerungsleistungsfähigkeit Erinnerungs- und (→) Identifikationshilfen wie z. B. Originalverpackungen, Originalhefte, Titelseiten, Abbildungen, Photographien, Listen, Kartenspiele mit Namen, Zitaten, Titelreproduktionen usw. vorgelegt und sie dann gefragt werden, ob sie sich daran erinnern können, die entsprechenden Objekte schon einmal gesehen (oder gelesen) zu haben. Dem Vorteil der Aktualisierung und Aktivierung der (→) Erinnerung steht als Nachteil dieses Verfahrens gegenüber, daß unter den spezifischen Bedingungen einer Untersuchung oder eines Tests häufig übertriebene Angaben, (→) Overreporting (Overclaiming), und seltener untertriebene Angaben, (→) Underreporting (Underclaiming), in jedem Fall also tendenziell mit einem (→) Fehler behaftete Angaben gemacht werden können.
Bei den in der (→) Mediaforschung eingesetzten Verfahren wird meist zwischen Erinnerungshilfen, die der *Objektidentifikation* (der Nutzer soll reproduzieren, welches Medium er genutzt hat) und solchen, die der *Zeitidentifikation* (der Nutzer soll reproduzieren können, wann er ein Medium zuletzt genutzt hat) dienen, unterschieden.
Bei der *Objektidentifikation* wird wiederum häufig zwischen gestützter Erinnerung mit Hilfe der Vorlage von (→) Titelkarten (Aided Recall) und (→) Wiedererkennung (Recognition) mit Hilfe von Original-Werbeträgern, (→) Originalheftmethode (Through-the-Book-Technique – TTB), differenziert.
Sowohl für die (→) Leseranalyse (LA) der Arbeitsgemeinschaft Leseranalyse (AGLA) wie die (→) Media-Analyse (MA) der (→) Arbeitsgemeinschaft Media-Analyse (AG.MA) war stets nur die Verwendung von Titelkarten vorgesehen.
Die erste größere experimentelle Untersuchung hierzu wurde 1957 durchgeführt. In der „Testreihe Aided Recall“ wurden sogenannte „Einfach-Titelkarten“ (Wiedergabe des Titels in einfacher Maschinenschrift) den „Original-Titelkarten“ gegenübergestellt (Wiedergabe des Titels im farbigen Originalschriftzug). Der Psychologe Wolfgang Metzger kam in seinem Gutachten zu diesem Experiment zu dem Schluß: „Man kann als Ertrag der Untersuchung also wohl buchen, daß die Bedeutung des originalen Schriftcharakters als Gedächtnisstütze um so größer wird, je geringer der Leser mit den fraglichen Blättern vertraut ist und je weniger aktiv und selbstwählend sein Verhältnis zur Zeitschriftenlektüre ist. Die aktivste Gruppe der A + E-Leser ist für das Wiedererkennen am wenigsten auf den originalen Schriftcharakter angewiesen. Die bedeutend passivere Gruppe der regelmäßigen LZ-Leser ist es schon mehr und offenbar am meisten die Gruppe der gelegentlichen LZ-Leser.“
Seither wurde die Originaltitelkarte fester Bestandteil aller Analysen der AGLA und später der AG.MA. An grundlegenden Methodenuntersuchungen hat es auch später, insbesondere in den 1960er Jahren – nicht gefehlt. So unternahm Peter R. Hofstätter 1964, eine Experimentalstudie, aus der Schlußfolgerungen gezogen wurden, die der derzeitigen Titelkartengestaltung der AG.MA im wesentlichen zugrundeliegen.
Ein Titel ist um so mehr auf eine verfeinerte Technik der gestützten Erinnerung angewiesen, je geringer sein Bekanntheitsgrad ist, je verwechslungsfähiger der Titelname und je höher der Anteil (→) gelegentlicher Leser ist.

Eine wesentliche Rolle spielt dabei die (→) Bezugsart. Titel, die am Kiosk verkauft werden, (→) Kaufzeitschrift, haben von vornherein einen höheren Bekanntheitsgrad als beispielsweise Medien, die von dem Leser kostenlos bezogen werden. Diese Problematik tritt bei (→) Kundenzeitschriften und bei (→) Supplements, Zeitungsmagazinen auf.
Zusätzlich ist zu berücksichtigen, daß die verschiedenen sozialen Gruppen auf Gedächtnishilfen unterschiedlich reagieren. Personen mit einem höheren Bildungsgrad sind eher in der Lage, die geforderte Gedächtnisleistung zu erbringen als andere. Das (→) ZAW-Rahmenschema für Werbeträger-Analysen schränkt die Möglichkeiten unterschiedlichen Vorgehens in einer Erhebung auf Gattungen ein – unter dem zutreffenden Gesichtspunkt, daß unterschiedliche Hilfen innerhalb einer Gattung die Gleichwertigkeit der Objekte in der Sicht der Befragten beeinträchtigen könnte.
Für (→) Fachzeitschriftenanalysen (FZA) nach den (→) AMF-Karten gelten ähnliche, wenn auch nicht gleichlautende Regeln bei der Identifikation von Titeln. In den „Anleitungen und Empfehlungen" für Werbeträgeranalysen bei Fachzeitschriften heißt es dazu: „Der Identifikation des Empfängers oder Lesers geht die Identifikation des Fachzeitschriftentitels voraus. Bei Struktur-Analysen, die für einen Titel erstellt werden, muß für den Befragten unmißverständlich klar sein, um welchen Titel es sich handelt. Dazu bedient man sich sog. Erinnerungshilfen. Bei Struktur-Analysen ist dies die eindeutige Wiedergabe des Originaltitels mit – sofern vorhanden – Untertitel in Originalfarben. Bei schriftlichen Erhebungen z.B. am Kopf des Fragebogens. Bei mündlichen Erhebungen können auch Originalausgaben (gegebenenfalls ausgedünnte), oder Originaltitelkarten im Mindestformat DIN A 7 vorgelegt werden.
Nur so sind verwechslungsfreie Angaben über einen Fachzeitschriftentitel zu sichern. Titellisten oder -karten mit Wiedergabe des Titels in Schreibmaschinenschrift genügen nicht. Auf die oftmals verbale Ähnlichkeit und damit Verwechslungsfähigkeit von Titeln innerhalb von Fachzeitschriftengruppen sei dabei besonders hingewiesen.
Bei Reichweiten-Analysen wird eine Anzahl von Titeln abgefragt.
Soll der Kontakt mit mehreren Titeln erfaßt werden und dabei der Titelkopf mit Originalschriftzug auf ein Mindestkartenformat DIN A 7 verkleinert werden, so muß für die einzelnen Titel gegebenenfalls ein unterschiedlicher Verkleinerungsmaßstab angewendet werden, um die Wiedererkennbarkeit für alle Titel so gleich gut wie möglich zu halten.
Die Einbeziehung anderer Titel in Struktur-Analysen unterliegt den gleichen Richtlinien."
Im Zusammenhang mit der *Zeitidentifikation* z.B. bei der Erhebung der (→) Leser pro Nummer (LpN) sind andersartige Probleme aufgeworfen, die durch Techniken der gestützten Erinnerung nicht gelöst werden können.
vgl. ungestützte Erinnerung, Wiedererkennung

Gewichtung
In der Statistik eine rechnerische Operation, durch die einzelnen Meßgrößen z. B. aus einer (→) Stichprobe oder einer (→) Grundgesamtheit durch Multiplikation oder Addition nach bestimmten Kriterien festgelegte numerische Werte hinzugefügt werden. Der Durchführung dieser rechnerischen Operation liegt in der Regel die Absicht zugrunde, den Werten für bestimmte Teilgruppen bei Vergleichen mit anderen Teilgruppen oder bei einer Zusammenfassung von Ergebnissen für eine Gesamtgruppe ein Gewicht zu geben, das dem zahlenmäßigen Umfang oder der Bedeutung der Teilgruppe entspricht.
Am meisten verbreitet in der allgemeinen Statistik ist die Gewichtung von (→) Mittelwerten mit der Häufigkeit ihres Auftretens, und der Mittelwert, bei dem die Operation am einfachsten einzusehen ist, ist das gewogene (→) arithmetische Mittel, bei dem die Gesamtsumme der mit den Gewichten multiplizierten Werte durch die Gesamtsumme der Gewichte dividiert wird:

$$\bar{X} = \frac{\sum_{i=1}^{N} f_i X_i}{\sum_{i=1}^{N} f_i} .$$

Das gewogene arithmetische Mittel ist also gleich der Summe der Reihenwerte X_i von der ersten (i = 1) bis zur letzten Klasse (i = k) multipliziert mit ihren Häufigkeiten f_i und dividiert durch die Summe der Häufigkeiten aller Reihenwerte. In ähnlicher Weise ergibt sich die Ermittlung des gewogenen (→) geometrischen Mittels.
Ein anderes Anwendungsfeld für Gewichtszahlen ist die Vorhersage eines Kriteriumswerts aufgrund einer (→) multiplen Regression, bei der die Gewichte der Meßwerte in den einzelnen Variablen aus den Interkorrelationen zwischen den Variablen und den (→) Korrelatio-

nen zwischen dem Kriterium und den Variablen ermittelt werden.
Gewichtungsoperationen sind insbesondere auch bei der Erarbeitung der Gesamtergebnisse von (→) Stichprobenuntersuchungen der Markt-, Media- und Sozialforschung notwendig. In Anlehnung an eine von Helmut Quitt erarbeitete Übersicht ist zwischen vier verschiedenen Arten der Gewichtung von Umfrageergebnissen zu unterscheiden:

1. **Ausfallgewichtung:** Sie dient bei (→) Zufallsstichproben dem Ausgleich des Randomausfalls, der daraus resultiert, daß bei Befragungen, in denen den Interviewern feste Adressen vorgegeben sind, das vorhandene Adressenmaterial meist nicht voll ausgeschöpft werden kann. In der kommerziellen Umfrageforschung sind zahlreiche Verfahren entwickelt worden, um das Problem der nichtangetroffenen Befragten, (→) Non-Response-Problem, durch Gewichtung in den Griff zu bekommen; das bekannteste dieser Verfahren ist die (→) Politz-Simmons-Methode. In analoger Weise stellt sich dasselbe Problem auch bei den verschiedenen Methoden der (→) bewußten Auswahl, und unter diesen insbesondere bei den Verfahren der (→) Quotenauswahl, wenn es den Interviewern nicht gelingt, die Quote für alle Untergruppen einer Stichprobe zu erfüllen. Durch Gewichtung läßt sich in diesen Fällen der (→) Ausfall ausgleichen.

2. **Gewichtung bei Umwandlung von Haushalts- in Personenstichproben und umgekehrt:** In Fällen, in denen (→) Personenstichproben untersucht werden sollen, aber nur Haushaltsadressen vorliegen und die für die Aufnahme in die Stichprobe geeigneten Zielpersonen in Mehrpersonenhaushalten mit Hilfe eines Auswahlschlüssels bestimmt werden, hat eine Person, die z. B. in einem Dreipersonenhaushalt lebt, nur ein Drittel der Chance, in die Auswahl eingeschlossen zu werden, wie eine Person in einem Einpersonenhaushalt. Zum Ausgleich dieser Chancenungleichheit erhalten die Interviews mit den Personen aus Einpersonenhaushalten ein ihrem Anteil an der Grundgesamtheit entsprechendes geringeres Gewicht, die mit Personen aus Mehrpersonenhaushalten je nach Haushaltsgröße ein entsprechend größeres Gewicht.

3. **Gewichtung bei (→) disproportionaler Auswahl:** Mitunter ist es in der Analyse der Ergebnisse von disproportionalen Stichproben zweckmäßig, die Teilergebnisse so zu gewichten, daß sich eine den Größenordnungen der Grundgesamtheit proportionale Verteilung ergibt. Umgekehrt kann es sich bei einer proportionalen Auswahl z. B. bei Vergleichen von Teilergebnissen auch als zweckmäßig erweisen, eine disproportionale Gewichtung vorzunehmen, um so die Ergebnisse für Untergruppen sinnvoll aufeinander beziehen zu können.

4. **Gewichtung nach untersuchungsrelevanten Kriterien:** Das sind Gewichtungen, die sich im Zusammenhang einer konkreten Untersuchung ergeben und die entweder vorher nicht bekannt waren oder nicht berücksichtigt werden konnten.

Es ist bei Gewichtungen zu berücksichtigen, daß sich für gewichtete Stichprobenwerte andere (→) Vertrauensbereiche (Mutungsintervalle) ergeben als für ungewichtete Schätzwerte. Im Zusammenhang mit den bei der (→) Media-Analyse (MA) der (→) Arbeitsgemeinschaft Media-Analyse (AG.MA) üblichen Gewichtungsoperation wird zwischen (→) Transformation, (→) Proportionalisierung, (→) Redressement und (→) Egalisierung unterschieden.
→ Werbeträgergewichtung, Kontaktgewichtung

gewogener Durchschnitt
→ Gewichtung

gewogener gleitender Durchschnitt
→ gleitender Durchschnitt

gewogenes Mittel
→ Gewichtung

GfK-Fernsehforschung *(GfK-Meter)*
Durch einen Beschluß der Medienkommission ARD/ZDF ist, zunächst für eine fünfjährige Vertragszeit ab Januar 1985 die Nürnberger Gesellschaft für Konsumforschung nach der (→) Infratam- und Infratest-Fernsehforschung (1963–1974) und der (→) teleskopie-Zuschauerforschung (1975–1984) nach einem im Winter 1982/83 durch eine Neuausschreibung in Gang gesetzten Wettbewerb, bei dem am Ende drei Anbieter in der engeren Wahl waren, nämlich teleskopie mit einer Beteiligung der Audits of Great Britain (AGB), InfraCom (ein gemeinsames Unternehmen von A.C. Nielsen und Infratest) und die GfK, mit der Durchführung der Zuschauerschaftsforschung für die öffentlich-rechtlichen Fernsehanstalten in der BRD beauftragt worden.
Dem Aufbau des dafür erforderlichen GfK-Panels ging eine vorbereitende Strukturerhebung mit rund 15 000 persönlichen Interviews voraus, die Elektronische Medien-Analyse (EMA). Zielgruppe der Erhebung war die deutsche, in privaten Haushalten lebende Wohnbevölkerung ab 14 Jahren (= 48,22 Millionen Personen). Die Strukturerhebung erfolgte nach einer dreistufigen (→) geschichteten Random-Stichprobe; Stichprobengröße (15 267 Fälle netto) und 3015 Samplepoints (Feldzeit: 20. November 1983 bis 21. März 1984). Gegenüber dem teleskopie-Panel, das etwa 1650 Haushalte umfaßte, wurde das GfK-Zuschauerpanel auf 2200 repräsentativ ausgewählte Fernsehhaushalte erweitert, das auf der Basis der Grundbefragung EMA gebildet wurde. In den Panelhaushalten werden alle Fernsehapparate (fernbe-

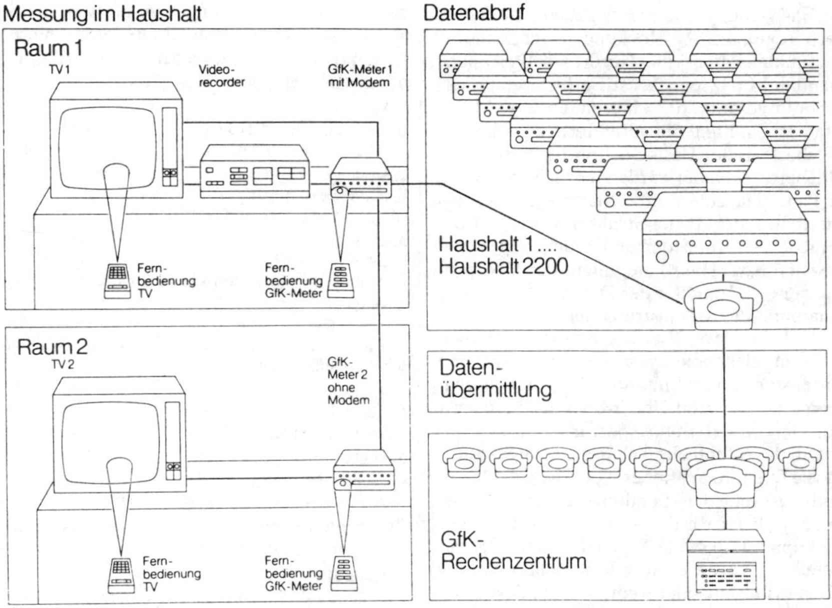

diente ebenso wie handbediente, alte ebenso wie neue) an ein mikroprozessorgesteuertes Meßgerät, das sog. GfK-Meter angeschlossen, das mittels Fernbedienung die Fernsehnutzung von bis zu acht Personen, einschließlich einer sog. Gästetaste, und vier Fernsehapparaten erfaßt. Es erkennt die Nutzung von bis zu 98 unterschiedlichen Kanälen, stellt fest, welche Sendungen durch Videorecorder aufgezeichnet und welche mitgeschnittenen Fernsehsendungen („zeitversetztes Fernsehen") wiedergegeben werden. Es erkennt auch die Nutzung von (→) Videotext, (→) Bildschirmtext, Telespielen und an das Fernsehgerät angeschlossenen Heimcomputern. Es registriert ebenso, wenn Fremdkassetten über Videorecorder abgespielt werden.

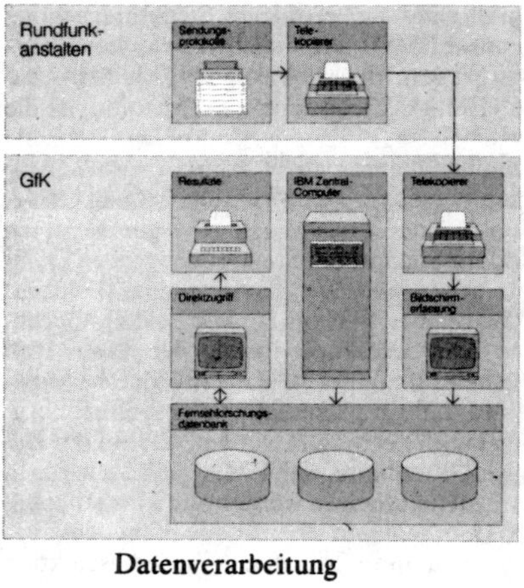

Datenverarbeitung

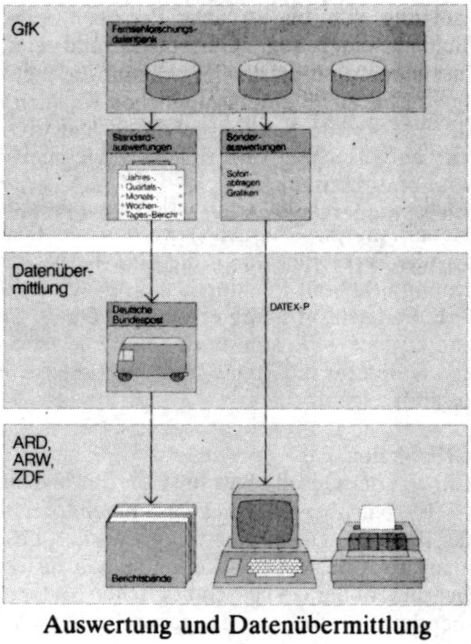

Auswertung und Datenübermittlung

Die Basis-Stichprobe beträgt 2200 Haushalte, durch regionale Aufstockungen der Landesrundfunkanstalten in Nordrhein-Westfalen, Rheinland-Pfalz und West-Berlin ergibt sich, daß in insgesamt 2613 Haushalten GfK-Meter installiert sind und die garantierte tägliche Berichtsbasis in der Basis-Stichprobe 2000 Haushalte beträgt. Dabei werden jährlich etwa 15 % der Panel-Haushalte zur Erhaltung der Repräsentativität der Panel-Struktur ersetzt. Eine jährliche (→) Koinzidenzuntersuchung von 500 Personen bzw. Haushalten dient der Überprüfung der (→) Validität der Daten bzw. der (→) Reliabilität des Meßinstruments.

Die tägliche Datenübertragung erfolgt ähnlich wie beim teleskopie-System in einem flexiblen Zeitfenster von 20 Minuten Länge nachts zwischen 2:00 und 5:00 Uhr, wobei das Meßgerät über ein von der Bundespost installiertes Modem an das öffentliche Telefonnetz angeschlossen ist. Die Informationen über die gelaufenen Sendungstitel, den Sendungsbeginn und die Sendungsdauer werden von den Anstalten per Telekopierer an die GfK geliefert und dort der Datenbank zugewiesen. Die Berichterstattung erfolgt in Gestalt einer Reihe von bundesweiten und regionalen Standardberichten zu Sendungen, Werbeblöcken sowie Zeitdurchschnitten. Es gibt folgende Standardberichte:

1. nationaler Wochenbericht (wöchentlich);
2. regionaler Wochenbericht (wöchentlich);
3. Pressebericht (wöchentlich);
4. Vorabendprogrammbericht (wöchentlich);
5. Werbeblockbericht (Monat, Quartal, Jahr);
6. Trendbericht (Quartal, Jahr);
7. Trenbericht Werbekunden (Quartal, Jahr);
8. TV-Quick (täglich). Zusätzlich sind vielfältige Sonderanalysen möglich.

Nach dem 1987 an die Stelle des bisher praktizierten (→) Single-Source-Systems getretenen (→) Partnerschaftsmodell für die (→) Media-Analyse (MA) der (→) Arbeitsgemeinschaft Media-Analyse (AG.MA) werden die Daten für das Fernsehen durch die GfK-Fernsehforschung erhoben. Die durch das (→) Panel der GfK-Fernsehforschung erhobenen Daten werden durch (→) Fusion mit den ad hoc erhobenen Daten für die Presse- und Hörfunkmedien zusammengebracht.

GfK-Skalen

Ein von der Gesellschaft für Konsumforschung (GfK), Nürnberg, 1968 in Zusammenarbeit mit der damaligen (→) Arbeitsgemeinschaft Leseranalyse (AGLA) entwickeltes, standardisiertes Instrument der (→) psychologischen Marktsegmentierung. Ziel war es, generelle Dimensionen von (→) Einstellungen zu messen, die das Verhalten von Konsumenten determinieren. Es handelt sich um insgesamt 12 Einzelskalen mit zusammengenommen 82 Skalenitems:

1. Skala M:
Innovations-Orientiertheit
(Freude am neuen Angebot)

2. Skala Q:
Qualitätsbevorzugung
(Allgemeines Streben, Qualität zu kaufen)

3. Skala G:
Preisbewußtes Einkaufen
(Neigung zu Geldersparnis beim Einkauf)

4. Skala W:
Werbeaufgeschlossenheit
(Bejahung der Werbung und Bereitschaft, Werbebotschaften aufzunehmen)

5. Skala Hs:
Leitbild: Hausfrau
(Identifikation mit der Rolle als „Nur-Hausfrau")

6. Skala Gs:
Gesundheitsvorsorge
(Bewußtes Achten einer gesunden Lebensweise)

Die Skalen 7. bis 12. entstanden in Zusammenarbeit mit der AGLA:

7. Skala IE:
Kontaktfreudigkeit, Interesse an anderen Menschen
(Neigung zu Geselligkeit)

8. Skala Fr:
Aktive Freizeitgestaltung
(Abwechslungsreiche, vielseitige Gestaltung der Freizeit, Pflege der Hobbys)

9. Skala Pr:
Geltungsstreben
(Demonstration von Besitz, Interesse an persönlicher Beachtung und an der Wertschätzung durch andere)

10. Skala Vs:
Vorsorgliche Zukunftssicherung
(Sticherheitsstreben, Planung und Aktivität zur Einschränkung zukünftiger Risiken)

11. Skala IA:
Weltoffene Haltung
(Interesse und Aufnahmebereitschaft für alles, was vorgeht)

12. Skala K:
Gepflegtes Erscheinungsbild
(Vorstellungen über gepflegtes Aussehen von Mann und Frau im Selbst- und Fremdbild)

Skala K/W:
aus Sicht der Frau

Skala K/M:
aus Sicht des Mannes

Die Arbeitsgemeinschaft Leseranalyse hat die GfK-Skalen jedoch nicht übernommen, (→) soziale Schicht, (→) soziokommunikative Schichten, (→) Demotypen.

GIWOS

In der computergestützten (→) Mediaselektion

ein (→) Optimierungsprogramm, in dessen (→) Evaluierungsmodell die (→) Kontaktmaße mit Hilfe der (→) Simulation errechnet werden, und zwar mit Hilfe der fallweisen (→) Simulation, (→) Sequentialmodelle. GIWOS ist eine Weiterentwicklung von (→) MEDOR. Zielkriterium ist bei ihm die durch die (→) Kontaktbewertungskurve gewichtete (→) Reichweite.

Glättung von Zeitreihen
→ exponentielle Glättung, gleitender Durchschnitt

gleicherscheinende Intervalle (Methode der gleicherscheinenden Intervalle)
→ Thurstone-Skala

Gleichmöglichkeitsmodell
→ Zufallsprinzip

Gleichverteilung
In der Statistik eine rein theoretische, nach Zufallsgesetzen zu erwartende (→) Häufigkeitsverteilung, mit der eine empirische Verteilung verglichen werden kann, um so zu zeigen, ob in der empirischen Verteilung Bedingungen wirksam geworden sind oder sich Gesetzmäßigkeiten ausgewirkt haben, die zu einer Abweichung von einer rein zufallsbedingten Verteilung nach gleichen Chancen geführt haben.
→ Egalisierung, Lorenzkurve

gleitender Durchschnitt *(Verfahren der gleitenden Durchschnitte)*
In der statistischen (→) Zeitreihenanalyse ein Verfahren zur (→) Trendbestimmung, (→) Saisonbereinigung und Ausschaltung zufälliger Einzelschwankungen, das darin besteht, fortschreitende Durchschnitte für eine Zeitreihe zu bilden. Der Grundgedanke des Verfahrens besteht darin, zur Glättung der Reihe den Wert für ein Datum nicht allein aus den zum jeweiligen Zeitpunkt erhobenen Beobachtungen zu bilden, sondern die Daten der zeitlich umliegenden Beobachtungseinheiten mitzuberücksichtigen.
Im Prinzip wird dabei so vorgegangen, daß anstelle des für einen bestimmten Punkt gemessenen Werts das (→) arithmetische Mittel aus diesem und den n – 1 vorangegangenen Werten eingesetzt wird. Dies wird nacheinander für alle aufeinanderfolgenden Punkte in der Weise getan, daß der jeweils erste Wert aus der Mittelwertsbildung ausgeschieden und der neue Wert als letzter Wert hinzugefügt wird. Bei diesem Vorgehen fällt am Ende und am Anfang der Ursprungsreihe je ein Wert weg, allgemein fallen je m Werte weg. Für ein beliebiges m ist die gleitende Durchschnittsbildung gegeben durch:

$$x_t = \frac{1}{2m+1}(x_{t-m} + x_{t-m+1} + \ldots x_{t-1} + x_t + x_{t+1} + \ldots x_{t+m}).$$

Angenommen die Reihe lautet $x_1, x_2, x_3, \ldots x_t$, so lassen sich beispielsweise die folgenden gleitenden Mittel errechnen:

$$x_2 = \frac{1}{3}(x_1 + x_2 + x_3);$$

$$x_3 = \frac{1}{3}(x_2 + x_3 + x_4); \ldots;$$

$$x_t = \frac{1}{3}(x_{t-1} + x_t + x_{t+1}); \text{ wobei } t \geqq 2 \text{ (Dreierdurchschnitte).}$$

$$x_3 = \frac{1}{5}(x_1 + x_2 + \ldots x_5);$$

$$x_4 = \frac{1}{5}(x_2 + x_3 + \ldots x_6); \ldots;$$

$$x_t = \frac{1}{5}(x_{t-2} + \ldots x_t + \ldots x_{t+2}); \text{ wobei } t \geqq 3 \text{ (Fünferdurchschnitte).}$$

Besondere Bedeutung kommt bei den gleitenden Durchschnitten dem Zwölferdurchschnitt (Zwölfmonatsdurchschnitt) zu, bei dem das arithmetische Mittel aus 12 Monatswerten in der Weise gebildet wird, daß jeweils 5 ½ Monatswerte vor bzw. nach dem betreffenden Monat mit eingerechnet werden; dabei wird ebenso wie in allen anderen Fällen, in denen der gleitende Durchschnitt für eine gerade Anzahl von Zeitreihenwerten berechnet wird, jeweils das erste und das letzte Glied der Reihe mit ½ gewichtet:

$$x_7 = \frac{1}{12}\left(\frac{1}{2}x_1 + x_2 + x_3 + x_{12} + x_{13}\right)$$

$$x_8 = \frac{1}{12}\left(\frac{1}{2}x_2 + x_3 + \ldots x_{13} + \frac{1}{2}x_{14}\right).$$

Bei den hier geschilderten gleitenden Durchschnitten handelt es sich um gleitende arithmetische Durchschnitte. In Fällen, in denen nicht die absoluten Abweichungen der Ursprungswerte von den Trendwerten, sondern die relativen Abweichungen von gleicher Intensität sind, werden gleitende (→) geometrische Durchschnitte gebildet.

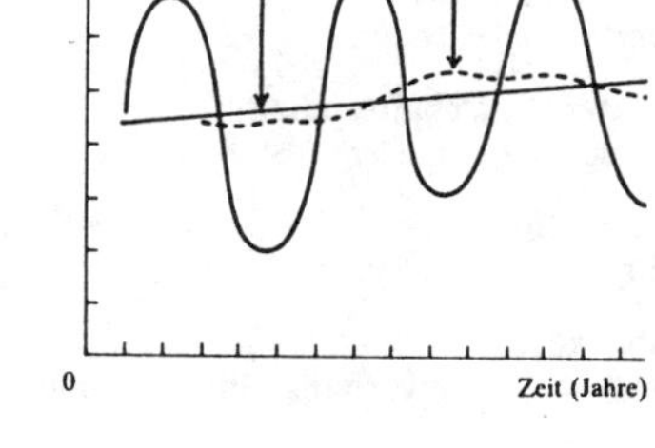

Glue-spot-Methode
→ Seitenkontakt

Goodman & Kruskals Gamma *(Gamma-Koeffizient, Goodman-Kontingenz)*
Ein von Goodman und Kruskal vorgeschlagenes Maß der (→) Assoziation für den Zusammenhang ordinalskalierter, gruppierter Variablen. Die Daten werden in einer Häufigkeitstabelle angeordnet, und jedes f mit all jenen f multipliziert, die in der Tabelle rechts und unterhalb liegen. Die Summe dieser Produkte ergibt $N_{(+)}$; dann wird jedes f mit all jenen f multipliziert, die links und unterhalb liegen. Dabei ergibt die Summe dieser Produkte $N_{(-)}$. Die (→) Kontingenz wird dann wie folgt gemessen:

$$\gamma = \frac{N_{(+)} - N_{(-)}}{N_{(+)} + N_{(-)}} .$$

Kommen in der Verteilung keine ranggleichen Paare vor, geht der Gamma-Koeffizient in (→) Kendalls τ über.

Goodman & Kruskals Lambda
→ Lambda-Koeffizient

Gratisabonnement
→ Freistücke

Gratisblatt *(Gratiszeitschrift)*
→ Anzeigenblatt, Bezugsart

Grenznutzen
Die Änderung des Gesamtnutzens, die sich für eine gegebene Güterkombination bei Erhöhung des Konsums eines Gutes um eine infinitesimale Einheit ergibt, mit anderen Worten die 1. Ableitung der (→) Nutzenfunktion für ein bestimmtes Gut. Analog bezeichnet man mitunter in der (→) Mediaplanung und (→) Mediaselektion als Grenznutzen den durch eine zusätzliche Werbemaßnahme, in der Regel also durch zusätzliche (→) Belegung eines (→) Werbeträgers bewirkten Nutzen, wobei davon auszugehen ist, daß eine (→) Optimierung durch die Belegung mit dem höchsten Grenznutzen erzielt wird.

Gross Rating Point
→ GRP

Größe der Wirtschaftseinheit
→ Wirtschaftseinheiten

großer Zeitfilter
→ Abfragemodell, Filter

Großfläche
In der (→) Außenwerbung eine (→) Ganzstelle, die in der Regel auf privatem Boden steht und den Anschlag von 18 Bogen (Breite: 356 cm, Höhe 252 cm) ermöglicht. Großflächen bestehen ausschließlich in Form von Tafeln. Für den Werbungtreibenden bieten die Großflächen gegenüber dem (→) Netzanschlag den Vorteil, daß er nicht sämtliche Großflächen eines Ortes zu belegen braucht, sondern sämtliche Anschlagstellen einzeln auswählen kann.
vgl. Allgemeinstellen, Ganzstellen, Kleintafeln, Spezialstellen

Grosso
→ Pressegrosso

Großzahlmethode *(Großzahlforschung)*
Ein einigermaßen antiquierter Ausdruck zur Bezeichnung einer Form der (→) Häufigkeitsanalyse in der Markt- und Sozialforschung, die – aufbauend auf dem (→) Gesetz der großen Zahl – davon ausgeht, daß Besonderheiten und Eigentümlichkeiten von Einzelwerten bei Betrachtung einer genügend großen Zahl von Fällen aufgehoben sind und daß zugleich die Regelmäßigkeiten in der zugrundeliegenden (→) Grundgesamtheit mit wachsender Fallzahl immer deutlicher erkennbar werden, d. h. daß die Verteilung der Einzelfälle einer (→) Normalverteilung entspricht.

GRPs *(Gross Rating Points)*
Ein in der angelsächsischen (→) Hörfunk- und (→) Zuschauerforschung verwendetes Maß der (→) Bruttoreichweite. Es handelt sich um die addierte Zahl der (→) Kontakte ohne Berücksichtigung von (→) Überschneidungen, angegeben in Prozentwerten, d. h. Anteilen einer (→) Zielgruppe. Weil es sich hierbei um einen Bruttowert handelt (lediglich für eine einzige Sendung, für die dann allerdings die Angabe von GRPs nicht sinnvoll ist, ist die Zahl der GRPs zugleich Ausdruck der (→) Nettoreichweite), ist ein Singular „gross rating point" eigentlich unsinnig. Er wird dennoch relativ häufig verwendet und bedeutet dann ein Prozent der Gesamthörer- bzw. -zuschauerzahl, d. h. eine (→) Kontaktchance mit einem Prozent der Zielgruppe. Richtiger wäre es jedoch, zur Bezeichnung der Reichweite nur einer Sendung von rating points zu sprechen.

Grundauszählung
In der Markt-, Media- und Sozialforschung die die Grundlage für die Entwicklung eines differenzierten Zählplans darstellende erste (→) Auszählung aller in einer (→) Erhebung ermittelten (→) Merkmale der Mitglieder einer (→) Stichprobe ohne Zählungen für Untergruppen

oder (→) Korrelationszählungen.
→ Datensatz

Grundgesamtheit *(Population)*
Die zeitlich, örtlich und sachlich genau abgegrenzte Gesamtmenge der empirischen Elemente (Erhebungsdaten oder Meßwerte), die hinsichtlich einer oder mehrerer Eigenschaften im Rahmen einer Fragestellung nicht weiter differenziert werden und bei Durchführung einer (→) Untersuchung, einer (→) Erhebung oder eines (→) Experiments theoretisch überhaupt erhoben werden könnten. Erhebungsdaten werden in der Regel als eine (→) Stichprobe aus einer Grundgesamtheit aufgefaßt, weil Ziel einer Erhebung meist nicht die Stichprobendaten selbst, sondern die Untersuchung der Verhältnisse in der Grundgesamtheit ist. Weil es sich so verhält, ist die genaue Abgrenzung der Grundgesamtheit von besonderer Bedeutung, da ohne sie weder eine repräsentative Stichprobenbildung noch eine verläßliche Aussage aufgrund einer ungenauen Stichprobe über die Verhältnisse in der Grundgesamtheit möglich ist. Der Vorgang der Übertragung von Stichprobenergebnissen auf die Grundgesamtheit heißt (→) Repräsentationsschluß, und die Gesetzmäßigkeiten von Repräsentationsschlüssen sind Gegenstand der (→) induktiven Statistik.
Die (→) Häufigkeitsverteilung von (→) Merkmalen in einer Grundgesamtheit wird als Ausgangsverteilung bezeichnet, die entsprechenden statistischen Maßzahlen der Grundgesamtheit heißen (→) Parameter.
Da die (→) Media-Analyse (MA) der (→) Arbeitsgemeinschaft Media-Analyse (AG.MA) das Kommunikationsverhalten der erwachsenen Bevölkerung in der Bundesrepublik Deutschland und Berlin (West) erfassen soll, ist die Grundgesamtheit die deutschsprechende Bevölkerung in diesem Gebiet; denn es werden nur deutschsprachige Medien in die Erhebung aufgenommen. „Deutschsprechend" ist in den Intervieweranweisungen so definiert: Die Zielperson muß die Fragen ohne fremde Hilfe verstehen und für den Interviewer verständlich antworten können.
Von der MA 74 bis zur MA 77 galt als Grundgesamtheit die Bevölkerung deutscher Staatsangehörigkeit in privaten (→) Haushalten am Tag der Volkszählung vom 27. Mai 1970 (in Rheinland-Pfalz am 7. November 1970). Das waren 44 384 381 Personen im Alter ab 14 Jahre. Es gibt sicher etwas mehr Deutschsprechende als deutsche Staatsangehörige auf dem Gebiet der Bundesrepublik und Berlins, aber noch genauer auf die Gesamtheit der Zielpersonen zugeschnittene amtliche Daten sind nicht zu erhalten. Für die MA 78 wurde die Definition der Grundgesamtheit zwar beibehalten, ihr Umfang jedoch entsprechend den nun verfügbaren Zahlen des Bevölkerungsstandes am 1. Januar 1977 erweitert auf 45 727 510 Personen.
Die Alterseingrenzung der Grundgesamtheit „ab 14 Jahre" gilt erst seit der LA 69. Davor waren drei verschiedene Definitionen gültig:

LA 54	16–79 Jahre
LA 56, 58, 60, 61	16–70 Jahre
LA 62–68	14–70 Jahre
seit LA 69	ab 14 Jahre

Die (→) Hochrechnung der (→) Reichweiten in der MA auf die Grundgesamtheit erfolgt mit Hilfe des (→) Bevölkerungshochrechnungsfaktors.
Das (→) ZAW-Rahmenschema für Werbeträger-Analysen wie auch die „Anleitungen und Empfehlungen" für die Durchführung von (→) Fachzeitschriftenanalysen (FZA) nach den (→) AMF-Karten formulieren präzise Vorschriften für die Definition und Abgrenzung der Grundgesamtheit bei Mediaanalysen.
Bei (→) Reichweitenanalysen gelingt es in der Regel nicht, die Grundgesamtheit definitionsgemäß zu erfassen; bei (→) Nutzer-Struktur-Analysen (Leser-Struktur-Analysen) ist die komplette Erfassung der Grundgesamtheit mit hinlänglicher Sicherheit möglich, sofern es sich um (→) Abonnementszeitschriften handelt und die Karteien zum Zeitpunkt der Stichprobenziehung auf dem aktuellen Stand sind.

Grundmodell (der AG.MA)
Als das AG.MA-Grundmodell versteht man die Gesamtheit der Modellbausteine der (→) Media-Analyse (MA) der (→) Arbeitsgemeinschaft Media-Analyse (AG.MA), die sich im Laufe der Entwicklung zu einem Medienmodell zusammengefügt haben. Es stellt den Rahmen dar, in den hinein die drei Säulen des (→) Feldmodells, des (→) Erhebungsmodells und des (→) Auswertungsmodells gestellt sind.

Grundwahrscheinlichkeit
→ Nutzungswahrscheinlichkeit, Hörwahrscheinlichkeit, Lesewahrscheinlichkeit, Sehwahrscheinlichkeit

Gruppendiskussion *(Gruppengespräch, Gruppeninterview)*
Eine (→) qualitative Befragungstechnik, bei der mehrere Personen gleichzeitig befragt werden, denen Interaktionen untereinander gestattet sind. Ziel ist vor allem die Erforschung von (→) Motiven und (→) Einstellungen. Der Durchführung von Gruppeninterviews liegt die

Annahme zugrunde, daß die Diskussion in der Gruppe aufgrund der ihr eigenen Dynamik besser geeignet ist, Motivationen und Motivationsstrukturen, „tiefere" Bewußtseinsschichten und emotionale Zusammenhänge zutage zu fördern, die durch ein frontales persönliches Interview nicht sichtbar gemacht werden können. Bei der Gestaltung von Gruppendiskussionen stehen nach Werner Mangold vor allem drei Gesichtspunkte im Vordergrund:

- „in der Diskussionssituation sollen sich die Befragten wechselseitig zu detaillierten Meinungsäußerungen anregen, so daß die Gruppendiskussionen mehr Informationen liefern als Einzelinterviews mit der gleichen Zahl von Befragten;
- die Diskussionssituation soll die Teilnehmer so stimulieren, daß „tieferliegende" Haltungen und Motive mobilisiert und Hemmungen, sich zu bestimmten Themen oder bestimmten Ansichten zu äußern, abgebaut werden;
- die Gruppendiskussion soll eine Ermittlungssituation schaffen, die alltäglichen Kommunikationssituationen, in denen Meinungen sich bilden und ausgetauscht werden, strukturell mehr entspricht als das übliche Einzelinterview."

Die Zahl der Gruppenmitglieder schwankt je nach dem Untersuchungszweck, im allgemeinen wird jedoch eine Größe von zwischen 6 und 10 Personen für ideal gehalten. Ebenfalls nach dem Untersuchungszweck richtet es sich, ob es sich bei den Diskussionsgruppen um ad hoc zusammengestellte Gruppen oder um die Mitglieder bereits bestehender formeller oder informeller Gruppen handelt. Die Rolle des Diskussionsleiters ist im wesentlichen die eines Katalysators, der das Gespräch auf der Grundlage eines schwach strukturierten Themenkatalogs in Gang hält, dafür sorgt, daß auch zurückhaltendere Gruppenteilnehmer zu Wort kommen, daß die Teilnehmer nicht zu weit vom Thema abweichen und daß durch gezielte Nachfragen ein Thema einigermaßen erschöpfend ausdiskutiert wird. Eine Gruppendiskussion kann zwischen einer und rund vier Stunden dauern. Vom Gesprächsverlauf wird in der Regel ein Tonbandprotokoll angefertigt. Protokolle durch einen Stenographen sind unüblich geworden, wiewohl einige Autoren sie nach wie vor für die ideale Aufzeichnungsmethode halten.

Kein Zweifel besteht daran, daß die Diskussionsgruppen keinerlei statistische (→) Repräsentanz haben. In ihren persönlichen und sozialen Charakteristika unterscheiden sich im Gegenteil die Teilnehmer der Diskussionsgruppen markant von Nichtteilnehmern, wie zahlreiche Untersuchungen ergeben haben. Weitere Bedenken gegen eine zu unkritische Interpretation von Gruppendiskussionen bestehen wegen der sehr unterschiedlichen Intensität der Diskussionsteilnahme von Personen unterschiedlichen Bildungsniveaus, unterschiedlicher sozialer Herkunft usw. sowie wegen der Tatsache, daß in Gruppen nicht nur soziale Hemmungen abgebaut werden, sondern sich ebenso selbst in homogenen Gruppen gruppenspezifische Dominanzstrukturen, gruppeninterne soziale Kontrollen und Konsensustendenzen bilden, die oft zu stark verzerrenden thematischen Einseitigkeiten führen. Insbesondere in inhomogenen Gruppen setzen sich durch Konformitätsdruck oft Meinungen durch, die in direktem Gegensatz zu den individuellen Meinungen stehen. Daraus leitet sich die Forderung nach Homogenität der Diskussionsgruppen ab: sie sollen nicht durch ein zu starkes Schicht-, Bildungs- und Intelligenzgefälle belastet sein. „Aus allen diesen Gründen muß man damit rechnen, daß es bei vielen Themen von der Struktur und inneren Dynamik einer Diskussionsgruppe abhängt, welche Ansichten, Einstellungen und Motive die Beteiligten explizieren und damit dem Forscher überhaupt zur Kenntnis gelangen. Diese Schwierigkeiten ergeben sich auch bei der Verwendung von Gruppendiskussionen für rein explorative Zwecke, sei es für die Vorbereitung nachfolgender Umfragen, sei es für die Untersuchung der Struktur und inneren Dynamik von Einstellungen und Motiven ohne Anspruch auf quantitative Genauigkeit." (Werner Mangold)

Wegen dieser vorwiegend auf die mangelnde Repräsentativität der Ergebnisse gerichteten Einwände eignen sich Gruppendiskussionen als Instrumente der Hypothesenbildung vorwiegend zur (→) Exploration von Themen und Themenbereichen als (→) Leitstudien (Pilotstudien) in mehrstufigen Untersuchungen.

Insbesondere in der (→) Werbeforschung wird allerdings immer wieder betont, daß die Gruppendiskussionen eine „außerordentlich reiche Fundgrube für Worte, Begriffe, Bedeutungen und bildhafte Formulierungen in der Verbrauchersprache seien: „Gerade die spontanen Äußerungen in einer lebhaften Diskussion geben reiches Material für Werbetexte, Formulierungen von Fragen usw.... So können wesentliche Verbraucheraspekte wirklichkeitsnah in der Verbrauchersprache an leitende und vielbeschäftigte Praktiker weitergeleitet werden." (U. Stock)

vgl. Tiefeninterview

Gruppenfehlschluß

→ ökologischer Fehlschluß

Gruppierungsverfahren
→ multivariate Analyse

Gültigkeit
→ Validität

Gütefunktion
→ Trennschärfe

Gütekriterien
Die in der klassischen (→) Testtheorie entwickelten Maßstäbe und Verfahrensweisen, mit denen die Güte von Tests und Meßverfahren beurteilt wird. Dazu werden allgemein (→) Objektivität, (→) Validität (Gültigkeit) und (→) Reliabilität (Zuverlässigkeit) gerechnet.

Guttman-Skala *(Guttman-Skalierung, Skalogrammanalyse)*
Ein von dem israelisch-amerikanischen Sozialforscher Louis Guttman entwickeltes (→) Skalierungsverfahren in der (→) Einstellungsforschung, das es ermöglicht, gleichzeitig Personen und (→) Items zu skalieren. Spezifikum der Methode ist es, daß sie von der Voraussetzung graduell abstufbarer Einstellungen ausgeht und daher die (→) Indikatoren so gewählt werden können müssen, daß sie eine hierarchische Anordnung bilden. Es werden also bei der Skalogrammanalyse nur Indikatorfragen mit monotonen, abrupt steigenden Reaktionskurven (Response Function) zugelassen. Können solche Indikatorfragen nicht zusammengestellt werden, gilt der Einstellungsbereich als nicht skalierbar.
Ein ideales Guttman-Item teilt die Skala also in eindeutige Klassen. Geht man der Einfachheit halber von einem dichotomen Item aus: „Liegt Ihr Netto-Einkommen über DM 3000,–?“, so antworten alle Auskunftspersonen, die weniger verdienen, mit „nein“, die übrigen mit „ja“. Die Reaktionskurve, (→) OC-Kurve (siehe die Abbildung unten auf dieser Seite), hat also die Form einer Linie mit einem Sprung. Die Wahrscheinlichkeit einer positiven Antwort ist bis zum Wert 3000 gleich Null, danach springt sie auf Eins.
Nach der Formulierung von Samuel A. Stouffer lautet die Grundforderung dieses Modells: „Es muß möglich sein, die einzelnen Indikatoren so zu ordnen, daß im Idealfall alle Personen, die eine gegebene Frage zustimmend beantworten, eine höhere Rangordnung einnehmen als Personen, welche die gleiche Frage ablehnend beantworten.“ Die entsprechend umgestellte Datenmatrix heißt Skalogramm:

Indikatoren		Rangordnung der Fälle							
		1	2	3	4	5	6	7	8
I.	Liegt Ihr Einkommen über DM 10 000?	+	–	–	–	–	–	–	–
II.	Liegt Ihr Einkommen über DM 8000?	+	+	–	–	–	–	–	–
III.	Liegt Ihr Einkommen über DM 6000?	+	+	+	–	–	–	–	–
IV.	Liegt Ihr Einkommen über DM 4000?	+	+	+	+	–	–	–	–
V.	Liegt Ihr Einkommen über DM 3000?	+	+	+	+	+	–	–	–
VI.	Liegt Ihr Einkommen über DM 2000?	+	+	+	+	+	+	–	–
VII.	Liegt Ihr Einkommen über DM 1500?	+	+	+	+	+	+	+	–
Σ		7	6	5	4	3	2	1	0

Kennzeichen dieses Antwortmodells ist seine Eindimensionalität, d. h. der Punktwert für jede Auskunftsperson wird durch einen einzigen Faktor bestimmt. Voraussetzung für das Vor-

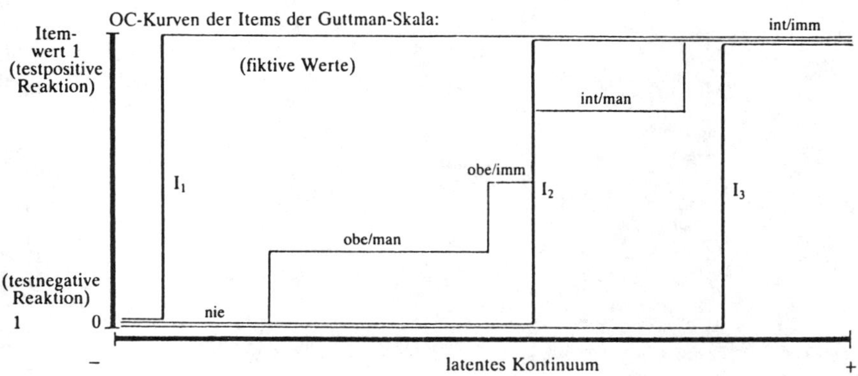

liegen einer Guttman-Skala ist weiterhin die Homogenität der einzelnen Items, also nach Friedrich Sixtl:

a) daß die Zahl der positiv beantworteten Items den Rangplatz einer Auskunftsperson im Skalogramm angibt;

b) daß wenn zwei Auskunftspersonen i und j verschiedene Rangplätze haben ($R_i > R_j$), i all jene Items positiv beantwortet hat, die auch j positiv beantwortet hat, und zusätzlich noch $R_i - R_j$ Items, das heißt so viele Items wie die Rangplatzdifferenz beträgt;

c) daß aus dem Rangplatz einer Auskunftsperson auch inhaltlich hervorgeht, welche Items sie positiv beantwortet hat.

Mithin läßt sich aus dem Rangplatz einer Auskunftsperson allein ihre gesamte Antwortstruktur reproduzieren. Die durchschnittliche Reproduzierbarkeit der Antwortstruktur ist daher das Kriterium für das Vorliegen einer Guttman-Skala. Guttman hat als Reproduzierbarkeitskoeffizienten vorgeschlagen:

$$\text{Rep(total)} = 1 - \frac{\text{Gesamtzahl der inkonsistenten Antworten}}{\text{Gesamtzahl der Antworten}}$$

bzw. für die Reproduzierbarkeit eines einzelnen Items I:

$$\text{Rep(I)} = 1 - \frac{\text{Anzahl der inkonsistenten Antworten bei Item I}}{\text{Anzahl der Auskunftspersonen}}$$

Nach Guttman sollte der Reproduzierbarkeitskoeffizient mindestens zwischen 0,85 und 0,90 betragen. Normalerweise beträgt der Umfang einer Guttman-Skala nicht mehr als 10 Fragen. Da sie eine Rangordnung herstellt, mißt sie lediglich auf dem (→) Skalenniveau einer (→) Ordinalskala. Ein besonderer Vorteil für die (→) Fragebogenentwicklung liegt darin, daß Guttman-Skalen nahezu jede fragebogentechnisch mögliche Form, seien es (→) Alternativfragen, (→) Skalenfragen, (→) Auswahlfragen oder (→) offene Fragen annehmen können und daß die einzelnen Items überdies auch nocht über den ganzen (→) Fragebogen verteilt werden können.

H

H-Modell
→ hypergeometrisches Modell

H_0-Hypothese
→ Nullhypothese

H_a
kurz für Arbeitshypothese;
→ Hypothesenprüfung

H_1
kurz für Arbeitshypothese (Alternativhypothese)
→ Hypothesenprüfung

Halbierungsverfahren *(Split-half-Verfahren)*
Ein Sonderfall der (→) Parallelform-Methode, der sich als ein Verfahren zur Schätzung der (→) Reliabilität (Zuverlässigkeit) von Tests oder (→) Skalen vor allem bei Tests mit gleichartigen homogenen Aufgaben empfiehlt. Die Testaufgaben oder Skalenitems werden so in zwei Hälften aufgeteilt, daß jede Hälfte für sich eine (→) Zufallsauswahl aus der (→) Grundgesamtheit der Aufgaben bzw. Items darstellt. Verbreitet, weil besonders einfach, ist die Aufteilung nach geradzahligen bzw. ungeradzahligen Aufgaben oder Items (die Odd-Even-Methode). Dabei ergibt sich die Zuverlässigkeit aus der (→) Korrelation zwischen den Werten der beiden Test- bzw. Skalenhälften, der sog. Halbierungskorrelation. Da jedoch der Reliabilitätskoeffizient nur für einen halben Test berechnet wird, verwendet man die (→) Spearman-Brown-Formel, um den Koeffizienten für die gesamte Testlänge zu korrigieren.

halboffene Frage
→ geschlossene Frage

Halo-Effekt
→ Ausstrahlungseffekt

Handauswertung *(manuelle Auswertung)*
Sammelbezeichnung für alle nichtmaschinellen Verfahren der (→) Auswertung von Erhebungsdaten der Markt- und Sozialforschung. Sie sind durch die Möglichkeiten der elektronischen Datenverarbeitung fast vollkommen verdrängt worden, sind aber sowohl bei der Vorbereitung für die maschinelle Auswertung wie bei der Auswertung von Datenmaterial aus freien (→) Explorationen, (→) halbstrukturierten Interviews und (→) Gruppendiskussionen üblich und teilweise unverzichtbar, weil die Fülle des in diesen Verfahren festgehaltenen Materials häufig gar nicht oder nur schlecht ohne Informationsverlust ausgewertet werden kann.

Handauszählung *(manuelle Auszählung)*
Die manuelle Auszählung von Erhebungsergebnissen mit Hilfe eines (→) Strichelverfahrens bzw. durch Sortieren und Zählen der einzelnen sortierten Fragebogen. Das Verfahren wird bei relativ einfachen Ermittlungen verwendet, wenn Ergebnisse schnell vorhanden sein müssen, bevor die Einzelresultate auf Datenträger wie Lochkarten, Magnetband oder Magnetplatte übertragen werden. Darüber hinaus sind Handauszählungen nahezu vollständig durch Verfahren der elektronischen Datenverarbeitung verdrängt.

Handhabung
Sammelbegriff für diejenigen Faktoren der (→) Mediennutzung, die sich auf die Art und Weise beziehen, wie man an einen (→) Werbeträger gelangt und mit ihm umgeht. Es handelt sich also vorwiegend um die Faktoren (→) Bezugsart, (→) Heftnutzung, (→) Kontaktzahl, (→) Leseort, (→) Lesehäufigkeit, (→) Regelmäßigkeit des Lesens, (→) Lesedauer (Nutzungsdauer) und (→) Nutzungsintensität (Leseintensität).
→ Leser-Blatt-Bindung (LBB), Love Story

Händlerzeitschrift
Eine Berufs- oder Branchenfachzeitschrift, deren Zielgruppe Groß- und/oder Einzelhändler sind.

Handwerkerzeitschrift
Eine Berufs- oder Branchenzeitschrift, die als (→) Fachzeitschrift bzw. (→) Zielgruppenzeitschrift entweder die Angehörigen von handwerklichen Berufen insgesamt oder die eines bestimmten Handwerkszweiges als Zielgruppe hat.

Hansen-Hurwitz-Ansatz
→ Ausfälle; *vgl.* Politz-Simmons-Methode

Hardersches Schichtmodell
→ interne Überschneidung, Kumulation

harmonisches Mittel
Ein relativ selten verwendeter (→) Mittelwert,

der definiert ist als der reziproke Wert des (→) arithmetischen Mittels der reziproken Werte der einzelnen Merkmalsbeträge, also

$$H = \frac{N}{\sum_{i=1}^{N} \frac{1}{X_i}}$$

(ungewogenes harmonisches Mittel) bzw.

$$H = \frac{G}{\sum_{i=1}^{k} \frac{g_i}{X_i}} \qquad \left(G = \sum_{i=1}^{k} g_i\right).$$

(gewogenes harmonisches Mittel),

Er wird vor allem dann verwendet, wenn die reziproken Werte von Reihengliedern von Interesse sind, und er spielt auch eine Rolle bei der Berechnung synthetischer Indexziffern nach dem Paasche-Typ.

häufiger Kinobesucher
→ Kinobesuch

häufiger Nutzer (Hörer, Leser, Seher)
Nach der Begriffsbestimmung der (→) Media-Analyse (MA) der (→) Arbeitsgemeinschaft Media-Analyse (AG.MA) ein (→) Hörer, (→) Leser, (→) Zuschauer (Seher), (→) Nutzer eines Mediums, für den die (→) Nutzungswahrscheinlichkeit, also je nachdem die (→) Hörwahrscheinlichkeit, die (→) Lesewahrscheinlichkeit oder (→) Sehwahrscheinlichkeit, d. h. also der Anteil der Nutzer (Hörer, Leser, Zuschauer) während der letzten (→) Medien-Kontakt-Einheit (MKE), also des letzten (→) Erscheinungsintervalls bzw. des letzten Sendetags, am (→) Weitesten Nutzerkreis (WNK), also am (→) Weitesten Hörerkreis (WHK), (→) Weitesten Leserkreis (WLK) oder (→) Weitesten Seherkreis (WSK) zwischen 0,5851 und 0,8250 beträgt.
Bei (→) Fachzeitschriftenanalysen (FZA) gilt als häufiger Leser einer, der zwischen 6 und 9 von 12 aufeinanderfolgenden Ausgaben einer (→) Fachzeitschrift gelesen hat und für den folglich eine Lesewahrscheinlichkeit von 0,5 bis 0,75 besteht.

Häufigkeit *(Frequenz)*
1. In der Statistik die Zahl der Fälle mit der ein bestimmtes (→) Merkmal auftritt, in denen eine bestimmte Beobachtung gemacht wird, eine bestimmte Variable in einer Datenreihe gemessen wird, mit der eine bestimmte Kategorie oder Größenklasse besetzt ist. Dabei wird zwischen der absoluten Häufigkeit und der relativen Häufigkeit unterschieden. Die relative Häufigkeit bezeichnet den Anteil der Fälle an der Gesamtzahl aller Fälle.
2. → Kontakthäufigkeit, Lesehäufigkeit

Häufigkeit des Erscheinens
→ Erscheinungsintervall

Häufigkeitsanalyse
In der Statistik die Analyse von (→) Häufigkeitsverteilungen.
→ Großzahlforschung

Häufigkeitsfrage
→ Kontakthäufigkeit, Lesehäufigkeit, Nutzungshäufigkeit

Häufigkeitsparallelisierung
→ Parallelisierung 2.

Häufigkeitspolygon
→ Häufigkeitsverteilung, Polygon (Polygonzug)

Häufigkeitsskala
→ Kontakthäufigkeit, Lesehäufigkeit, Nutzungshäufigkeit

Häufigkeitstabelle
→ Häufigkeitsverteilung

Häufigkeitsverteilung
In der (→) deskriptiven Statistik wird das Datenmaterial aus (→) Erhebungen der Markt-, (→) Media- und Sozialforschung meist systematisch so zusammengefaßt, daß für die Beobachtungswerte (X) angegeben wird, in welchen (→) Häufigkeiten (f_i) ein einfaches oder zusammengesetztes (→) Merkmal in allen Klassen (X_i) auftritt. Diese zahlenmäßige oder auch graphische Zusammenstellung der Beobachtungshäufigkeiten heißt Häufigkeitsverteilung. Die Häufigkeitsverteilung gibt an, bei wievielen Untersuchungsobjekten die unterschiedlichen Ausprägungen einer oder mehrerer Variablen beobachtet werden. Dividiert man dabei die einzelnen Häufigkeiten durch die Gesamtzahl der Objekte (N), so erhält man die relative (→) Häufigkeit.
Nach der Zahl der beobachteten Variablen unterscheidet man univariate (eindimensionale), bivariate (zweidimensionale) und multivariate (mehrdimensionale) Häufigkeitsverteilungen. Nach der Art der Variablen lassen sie sich nach nominal-, ordinal-, intervall- und verhältnisskalierten Häufigkeitsverteilungen, (→) Skalierung, (→) Skala (Skalenniveau), unterscheiden. Hat eine Verteilung nur eine endliche Zahl von unteilbaren Variablen, (→) homograde Fragestellung, spricht man von diskreten (unstetigen) Häufigkeitsverteilungen, haben

sie hingegen eine theoretisch unendliche Zahl von beliebig teilbaren Variablen, (→) heterograde Fragestellung, spricht man von einer kontinuierlichen (stetigen) Häufigkeitsverteilung.
In der Sozial- und Marktforschung spielen neben den empirischen Häufigkeitsverteilungen, die sich bei konkreten Erhebungen ergeben, insbesondere die theoretischen Verteilungen der mathematischen Statistik, vor allem als (→) Prüfverteilungen, wie z. B. die (→) Chi-Quadrat-Verteilung, die (→) F-Verteilung, die (→) hypergeometrische Verteilung, die (→) Normalverteilung, die (→) Poissonverteilung, die (→) t-Verteilung u. a., eine wichtige Rolle. Die Zusammenstellung von empirischen Häufigkeitsverteilungen hat in der Markt- und Sozialforschung eine praktische und eine theoretische Bedeutung. Ihre praktische Bedeutung liegt in der Erleichterung des Überblicks über das gesamte vorliegende Datenmaterial, insbesondere mit Hilfe einer Reihe von statistischen (→) Maßzahlen, mit deren Hilfe charakteristische Eigenschaften von empirischen Häufigkeitsverteilungen berechnet werden können. Zu diesen charakteristischen Maßzahlen von Häufigkeitsverteilungen zählen vor allem Maße der zentralen Tendenz, die (→) Mittelwerte, (→) Streuung (Dispersion), die (→) Momente, die Maßzahlen der (→) Schiefe, die Maßzahlen der (→) Wölbung und die Maßzahlen der Konzentration. Die theoretische Bedeutung der Erstellung empirischer Häufigkeitsverteilungen liegt darin, daß sie die Formulierung von (→) Hypothesen über das Vorliegen eines bestimmten, formal meist durch nur wenige (→) Parameter definierbaren Verteilungstyps und weitere Annahmen über die Wirkungsweise der die Merkmalsvariation bedingenden Faktoren gestatten. Theoretische Häufigkeitsverteilungen spielen vor allem in der (→) Inferenzstatistik eine große Rolle.
Häufigkeitsverteilungen lassen sich auch graphisch darstellen. Dabei werden im Koordinatenkreuz die Merkmalsklassen auf der Abszisse und die Häufigkeiten auf der Ordinate eingetragen. Bei diskreten Verteilungen mit ungruppierten Daten eignet sich zur (→) graphischen Darstellung das (→) Blockdiagramm (Säulen-, Stabdiagramm). Die übliche Darstellungsform für gruppierte Werte einer kontinuierlichen Variablen ist das (→) Histogramm, aus dem durch Bildung der Klassenmitten (oder auch ein (→) Gewichtungsverfahren, das den unterschiedlichen Häufigkeiten der Merkmale in den einzelnen Klassen Rechnung trägt) und Verbindung durch eine Gerade ein (→) Polygon gebildet werden kann. Die graphische Darstellung einer kumulierten Häufigkeitsverteilung erfolgt in der sog. Galtonschen (→) Ogive.
Je nach der Form der graphischen Darstellung von Häufigkeitsverteilungen unterscheidet man eingipflige (unimodale) und mehrgipflige (multimodale) Verteilungen, linksschiefe, rechtsschiefe und symmetrische Verteilungen, steile (leptokurtische), mesokurtische und flache (platykurtische) Verteilungen, dreieckige und rechteckige Verteilungen, J-förmige und umgekehrt J-förmige Verteilungen sowie glokkenförmige und U-förmige Häufigkeitsverteilungen.
Die Erstellung und Analyse von Häufigkeitsverteilungen ist in der Markt- und Sozialforschung einer der grundlegenden Schritte der (→) Auswertung von Datenmaterial.

Häufigkeitsverteilung

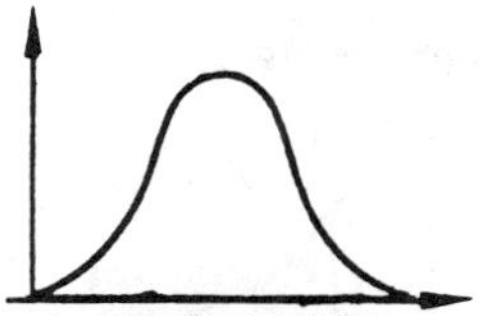
eingipflig (unimodal)

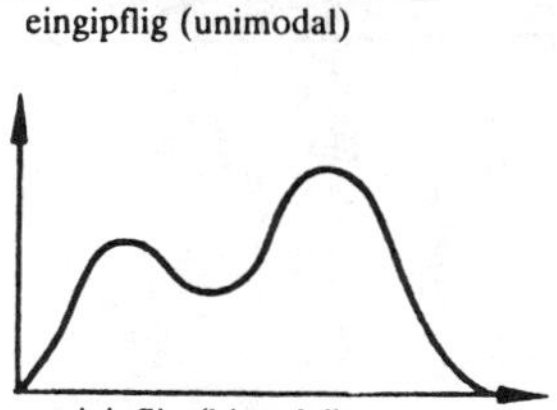
zweigipflig (bimodal)

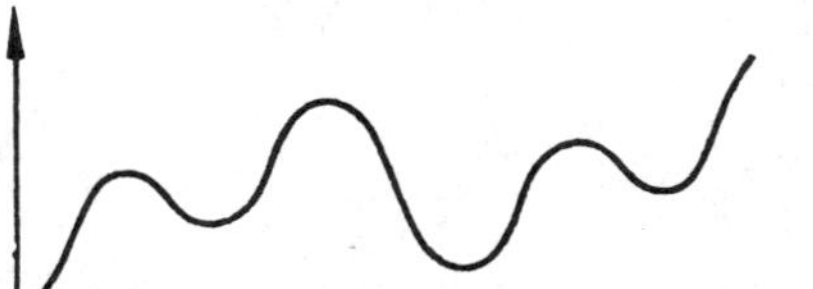
mehrgipflig (multimodal)

symmetrisch

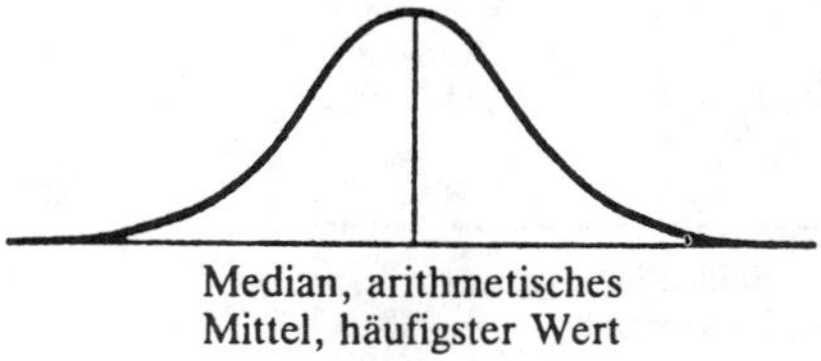
Median, arithmetisches Mittel, häufigster Wert

linksschief (linkssteil)

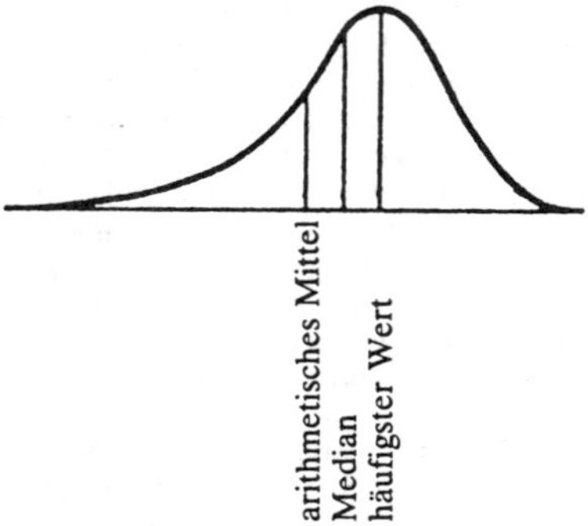

rechtsschief (rechtssteil)

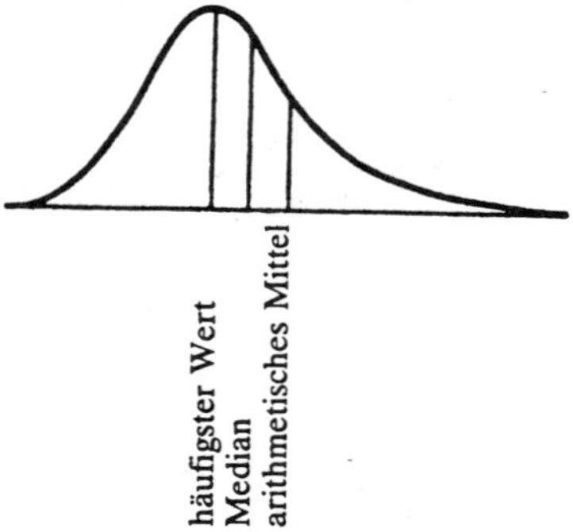

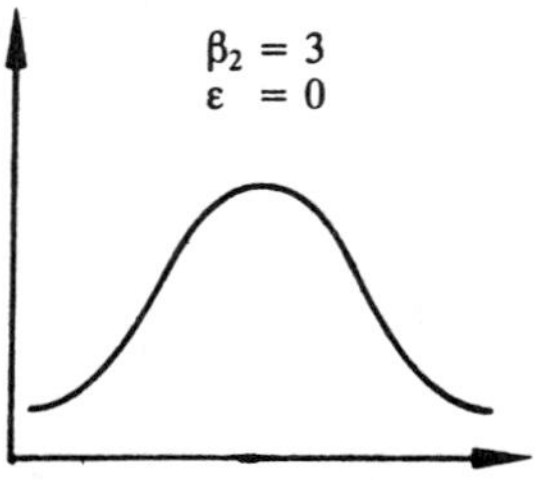

normal(mittel-)gewölbt
(mesokurtisch)

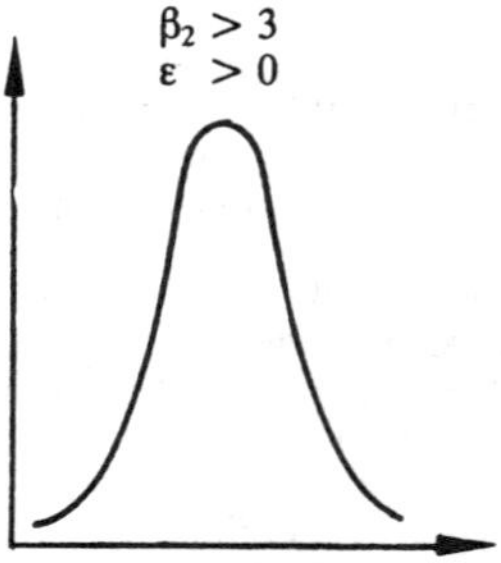

steil (leptokurtisch)

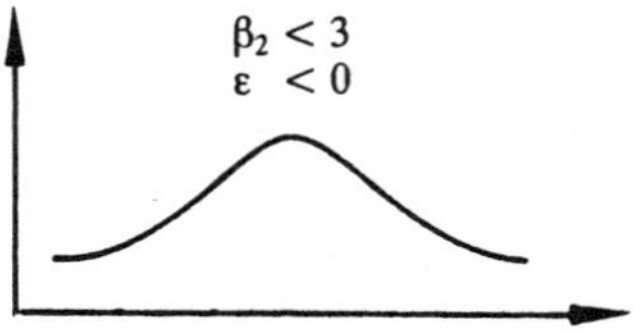

flach (platykurtisch)

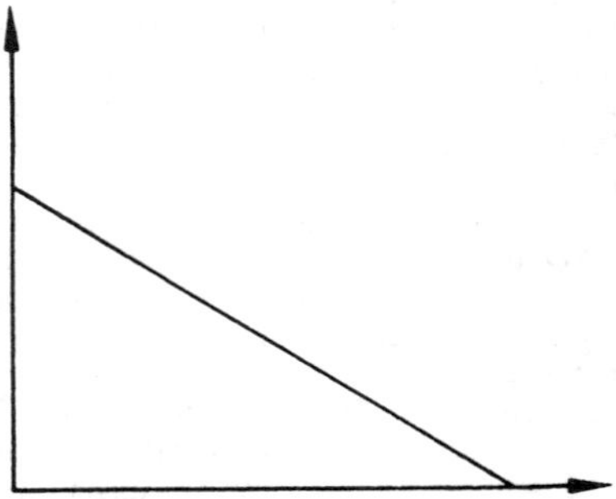

dreieckige Verteilung

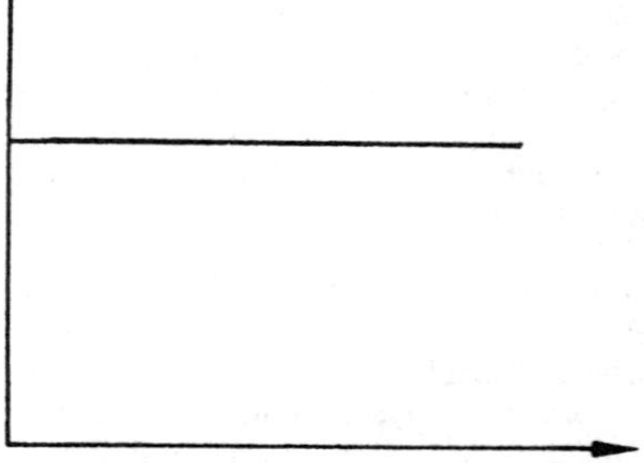

rechteckige (gleichförmige) Verteilung

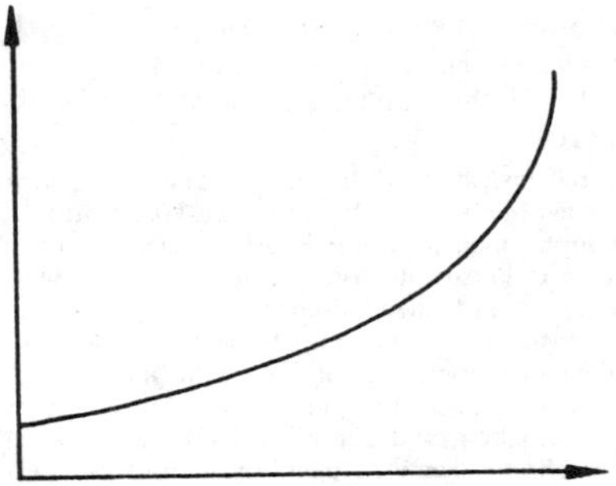

J-förmige Verteilung

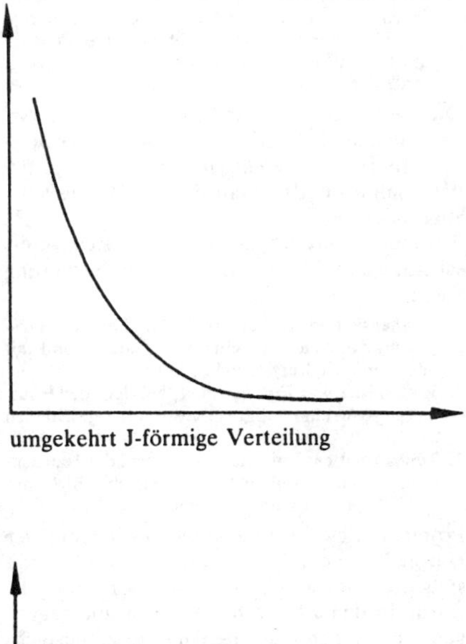

umgekehrt J-förmige Verteilung

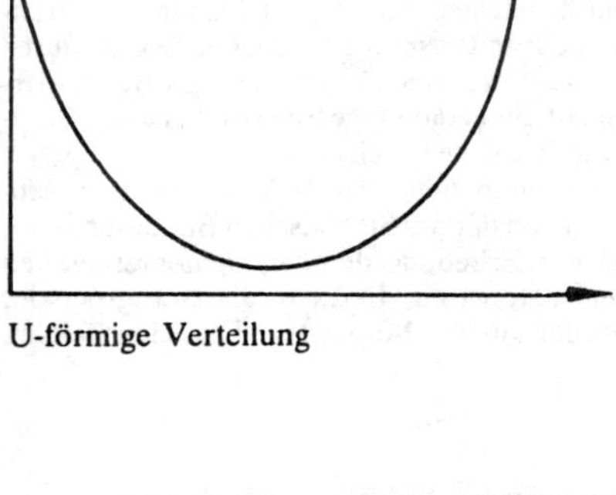

U-förmige Verteilung

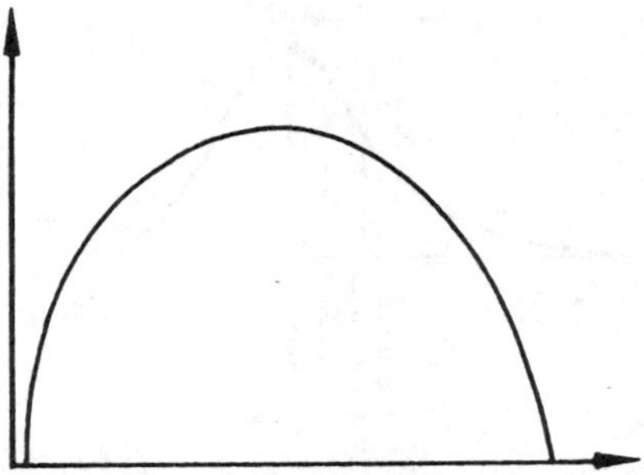

glockenförmige Verteilung

häufigster Wert *(Modus, Modalwert, dichtester Wert)*
Derjenige Wert einer statistischen (→) Häufigkeitsverteilung, der in ihr am häufigsten vorkommt; in der graphischen Darstellung handelt es sich also um den (→) Gipfel der Verteilung. Er läßt sich für den Fall einer gruppierten Häufigkeitsverteilung nach der folgenden Formel berechnen:

$$\mathrm{Md} = G + c\left(\frac{D_1}{D_1 + D_2}\right).$$

Dabei bedeuten im einzelnen:
G = unterer Grenzpunkt des Intervalls mit der höchsten Häufigkeit (der Einfallsklasse),
c = das Klassenintervall
D_1 = die Differenz zwischen der höchsten Häufigkeit (also der Einfallsklasse) und der Häufigkeit der vorhergesehenen Klasse,
D_2 = die Differenz zwischen der höchsten Häufigkeit und der Häufigkeit der nachfolgenden Klasse.

Über die Lage des Modus in bezug auf andere (→) Lageparameter gelten folgende Regeln: In einer eingipfligen symmetrischen Verteilung fallen (→) Mittelwert, (→) Median und Modus zusammen. In einer linksschiefen Verteilung ist das Mittel links, dann kommt der Median und zuletzt der Modus. In einer rechtsschiefen Verteilung kommt erst der Modus, dann der Median, dann das Mittel.

symmetrische Verteilung

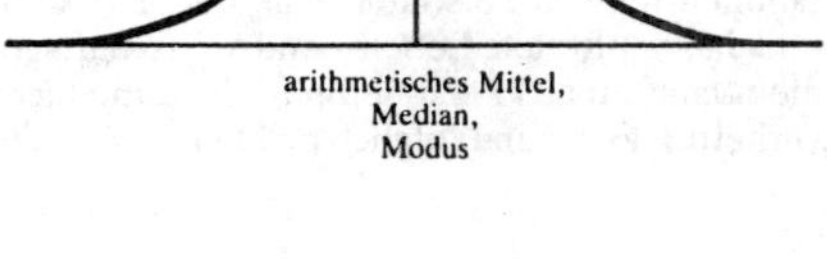

arithmetisches Mittel,
Median,
Modus

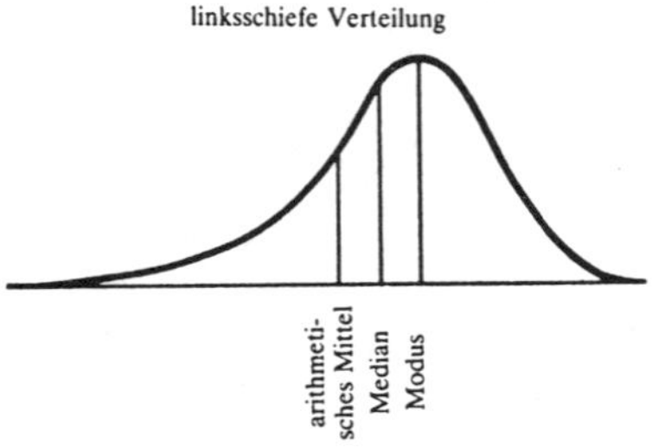

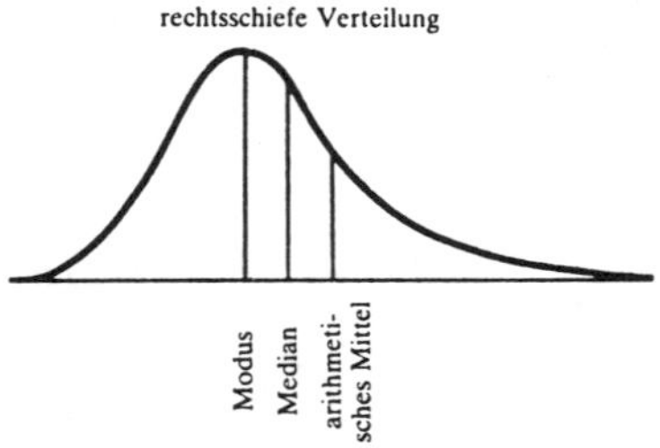

Hauptleser
→ Erstleser

Haushalt *(Haushaltung, privater Haushalt)*
Ein in den Wirtschafts- und Sozialwissenschaften außerordentlich vieldeutiger Begriff zur Bezeichnung einer Verbindung von Personen zum Zweck gemeinsamer Lebens- und Wirtschaftsführung. Hier soll der finanz- und steuerwirtschaftliche Gebrauch im Sinne von öffentlicher Haushalt außer Acht gelassen bleiben und nur von der Haushaltung im Sinne einer Lebens- und Wirtschaftsgemeinschaft die Rede sein. In diesem Sinne wird in der Wirtschafts- und Sozialstatistik als Privathaushalt eine zusammen wohnende und gemeinsam wirtschaftende Personengruppe (Mehr-Personen-Haushalt) sowie eine allein wohnende und allein wirtschaftende Einzelperson (Ein-Personen-Haushalt) bezeichnet. Die Personengruppe schließt sowohl verwandte, familieneigene Personen wie Familienfremde wie z. B. Hausangestellte, Untermieter, gewerbliche und landwirtschaftliche Arbeitskräfte mit ein. Soziologisch wie statistisch schwierig ist in Einzelfällen die Abgrenzung der Haushaltung vom biologischen Begriff der Familie. Zwar fallen sie häufig zusammen (Familienhaushalt), aber es kennzeichnet den Haushalt im Gegensatz zur Familie, daß er auch familienfremde Personen einschließen kann und daß heute viele Lebens- und Wirtschaftsgemeinschaften aus Personen bestehen, die nicht verheiratet sind und folglich nicht einer Familie angehören. Umgekehrt können Familien auch über mehrere Haushalte verteilt sein.
Das Statistische Bundesamt gliedert die Haushaltungen in

1. **Einzelhaushalte:** Haushalte, die aus einer einzelnen Person bestehen (Ein-Erwachsenen-Haushalte);
2. **Mehrpersonenhaushalte:** Haushaltungen, in denen mehrere Personen zusammenleben. Dabei wird weiter unterschieden zwischen
   a) Haushalten, die nur aus Ehegatten und/oder Familienangehörigen bestehen, die in gerader auf- und absteigender Linie miteinander verwandt sind;
   b) Haushalten, zu denen zusätzlich zu den unter a) angeführten Familienangehörigen weitere Verwandte oder Verschwägerte gehören (oder die nur aus solchen bestehen);
   c) Haushalten, die auch Familienfremde umfassen und
   d) Haushalten, die nur aus Personen bestehen, die nicht in einem Verwandtschaftsverhältnis zueinander stehen („Ehen ohne Trauschein");
3. **Anstaltshaushalte:** „Personengruppen, deren meist einzeln stehende Mitglieder ... in einer gemeinsamen Unterkunft untergebracht sind, hier gemeinsam betreut und meist auch gemeinsam verpflegt werden".

Die (→) Media-Analyse (MA) der (→) Arbeitsgemeinschaft Media-Analyse (AG.MA) hat ihrem (→) Erhebungsmodell diese Begriffsbestimmungen des Statistischen Bundesamts zugrundegelegt.
Ein anderes, in der Statistik verbreitetes Unterscheidungsverfahren ist die Differenzierung nach:

1. **Vollhaushalten:** Ein Haushalt, bei dem der Haushaltungsvorstand mit seinem Ehepartner und mit oder ohne Kind(er) zusammenlebt;
2. **Resthaushalten:** Ein Haushalt, bei dem der Haushaltungsvorstand ledig, verwitwet oder geschieden ist;
3. **Teilhaushalten:** Ein Haushalt, in dem der Haushaltungsvorstand wohl verheiratet ist, aber nicht mit dem Ehepartner zusammenlebt.

Problematisch war und ist die Festlegung, wer Haushaltsvorstand ist. Während traditionell stets der Ehemann als Haushaltsvorstand galt, wurde in den 1970er Jahren dazu übergegangen, denjenigen oder diejenige so zu bezeichnen, der/die in einer Erhebung angab, Haushaltsvorstand zu sein oder von anderen als solcher bezeichnet wurde. Seit 1983 hat das Statistische Bundesamt die Bezeichnung ganz durch die der Bezugsperson ersetzt. Als Bezugsperson gilt dabei diejenige, die sich bei einer Erhebung als solche bezeichnet.
Die Terminologie der MA weicht in diesem Punkt von der des Statistischen Bundesamts ab. Bei der Erhebung der (→) demographischen Merkmale ist der Befragte die Bezugsperson, von der aus die Mitglieder eines Haushalts in

eine Beziehungsstruktur gebracht werden. Dazu müssen alle Verwandtschaftsbeziehungen des in einem Haushalt Befragten zu seinen Hausgenossen umgewandelt werden in das für den Haushaltsvorstand geltende Beziehungssystem zu denselben Personen, sofern er nicht selbst (wie in etwa der Hälfte aller Fälle) der Befragte ist.
Die Zahl der Ein-Personen- und Zwei-Personen-Haushalte in der Bundesrepublik nimmt seit Jahren stetig zu, wie auch ein Vergleich der Media-Analyse (MA) 80 und 87 zeigt.

Haushalte im Trend laut MA'80 / MA'87

Haushalte mit ...	MA'80		MA'87		Veränderungen MA'80 = Index 100
	Mio.	%	Mio.	%	
1 Person	5,51	24,8	7,54	32,0	129
2 Personen	5,99	27,0	6,99	29,6	110
3 Personen	4,37	19,7	4,17	17,5	89
4 Personen	3,41	15,3	3,32	14,0	92
5 und mehr Personen	2,90	13,2	1,56	6,6	52
Haushalte gesamt	22,18	100,0	23,59	100,0	–

Zwar sind von den 23,6 Millionen Haushalten mittlerweile 62 % Ein-Personen- und Zwei-Personen-Haushalte, doch leben in ihnen nur 38 % aller Bundesbürger. 62 % hingegen, das sind 34,6 Millionen, leben in Haushalten mit drei und mehr Personen:

Haushaltsmitglieder laut MA'87

Haushalte mit ...	Haushalte		Haushaltsmitglieder	
	Mio.	%	Mio.	%
1 Person	7,54	32	7,54	15
2 Personen	6,99	30	13,71	28
3 Personen	4,17	17	10,41	22
4 Personen	3,32	14	9,70	20
5 und mehr Personen	1,56	7	6,88	14
1–2 Personen	14,53	62	21,50	43
3 und mehr Personen	9,05	38	34,62	57
Gesamt	23,58	100	56,12	100

Haushaltsbeschreibung
Ein Instrument der Erfassung der Zugehörigkeit zu (→) sozialen Schichten nach dem Muster des (→) Familien-Lebenszyklus, das in der (→) Leseranalyse (LA) der (→) Arbeitsgemeinschaft Leseranalyse (AGLA) von 1958 bis 1968 mit nur geringfügigen Änderungen in der (→) Erhebung und (→) Ausweisung verwendet wurde. 1958, 1960, 1961 waren es 7 Kategorien:

1. Junge Alleinstehende und Ehepaare (1–2 Erwachsene unter 35 Jahren, noch keine Kinder)
2. Kleine Familie mit kleineren Kindern (1–2 jüngere Erwachsene und 1–2 Kinder unter 6 Jahren im Haus)
3. Kleine Familie mit größeren Kindern (1–2 Erwachsene und 1–2 Kinder über 6 Jahre, aber in wirtschaftlicher Abhängigkeit, im Haus)
4. Großfamilie (Familie mit mehr als 3 Personen und mindestens 2 Kindern in wirtschaftlicher Abhängigkeit im Haus)
5. Erwachsene Familie (3 und mehr Erwachsene, aber nicht mehr als ein Kind in wirtschaftlicher Abhängigkeit im Haus)
6. Alleinstehende und Ehepaare im mittleren Alter (1–2 Personen zwischen 35 und 50 Jahren, keine Kinder)
7. Ältere Leute (1–2 Erwachsene über 50 Jahre, keine Kinder mehr im Haus)

1962 und 1963 wurden daraus 6 Kategorien. Die bisherige Kategorie 6: „Alleinstehende und Ehepaare im mittleren Alter“ war offenbar zu gering besetzt und wurde daher weggelassen. 1964 kam als 7. Kategorie „Sonstige“ hinzu und blieb bis 1966; 1967 wurde definiert: „Sonstige, z. B. Junggesellen über 35 Jahre“. 1968:

1. Junge Leute (1–2 Erwachsene unter 35 Jahren, noch keine Kinder)
2. Junge Familie (1–2 jüngere Erwachsene und 1–2 Kinder unter 6 Jahren im Haus)
3. Normale Familie (1–2 Erwachsene und 1–2 Kinder über 6 Jahre, aber in wirtschaftlicher Abhängigkeit, im Haus)
4. Großfamilie (Familie mit mehr als 4 Personen)
5. Erwachsene Familie (3 und mehr Erwachsene)
6. Ältere Leute (1–2 Erwachsene über 50 Jahre, keine Kinder mehr im Haus)
7. Sonstige (z. B. Junggesellen über 35 Jahre)

Haushaltsbesitz
→ Konsum und Besitz

Haushaltseinkommen *(Haushaltsnettoeinkommen)*
Die Summe der monatlichen Nettoeinkünfte aller Mitglieder eines Haushalts aus Erwerbstätigkeit bzw. Renten (Pensionen), Versicherungen, aus eigener Bewirtschaftung, Vermietung und Verpachtung (ohne Steuern und Pflichtbeiträge zur Sozialversicherung).

Haushaltspanel
Eine Form des Verbraucherpanels auf der Grundlage einer Stichprobe, deren Erhebungseinheiten private (→) Haushalte (Panelhaushalte) und nicht Einzelpersonen und auch nicht (→) Anstaltshaushalte sind. Es handelt sich um eine (→) Stichprobe von Haushalten, die wiederholt zum selben Thema, zur selben Sache und mit denselben Fragen befragt werden. Je nach dem Untersuchungszweck kann entweder eine zufällig ausgewählte Person oder eine im vorhinein bestimmte Person innerhalb jedes Haushalts befragt werden. Da es in den Haushaltspanels der Marktforschung jedoch vorwie-

gend um das Kauf- und Konsumverhalten, um den Gebrauch und Verbrauch von Waren durch die Haushalte geht, werden meist die Hausfrauen repräsentativ für jeden Haushalt befragt. Zwar kommt es auch vor, daß alle Haushaltsmitglieder über die von ihnen getätigten Käufe befragt werden, jedoch sind dabei keineswegs bessere Ergebnisse erzielt worden. Gegenstand der Untersuchungen mit Hilfe von Haushaltspanels sind neben dem Kauf- und Konsumverhalten und seinen Veränderungen meist die Haushaltsbestände, Produktverwendung und das Verhalten zu den Werbemedien. Auch die in der (→) Zuschauerforschung beim Fernsehen eingesetzten Techniken zur Ermittlung des Sehverhaltens beruhen auf Haushaltspanels, (→) GfK-Fernsehforschung, (→) Partnerschaftsmodell.

Weil es bei den Haushaltspanels in der Regel um eine ziemlich genaue Erfassung von Informationen über Einkäufe geht, überwiegt dabei die Form der (→) schriftliche Befragung, (→) Haushaltsbuchforschung.

Im übrigen teilen Haushaltspanels die Probleme, die bei allen (→) Panels unter den Stichworten (→) Panelmortalität, (→) Paneleffekt und (→) Panelrotation geläufig sind. Es sprechen einige Anzeigen dafür, daß der Paneleffekt bei Haushaltspanels, insbesondere wenn es um die Ermittlung der Haushaltsausgaben geht, ausgeprägter wirkt, als das bei (→) Einzelpersonenpanels der Fall ist. Während der ersten Wochen der Berichtszeit geben die Panelhaushalte offenbar aus Prestigegründen mehr Einkäufe an, als tatsächlich stattfinden („overreporting“), später stellen sich Ermüdungserscheinungen ein, das Interesse läßt nach, und es werden aus Nachlässigkeit und Vergeßlichkeit weniger Einkäufe angegeben, als getätigt werden („underreporting“); die genaue Erfassung der eigenen Ausgabenstruktur führt zu einer hohen Transparenz des eigenen Finanzgebarens und damit zu einer Verhaltensänderung, die ohne die Zugehörigkeit zum Panel nicht eingetreten wäre.

Haushaltspanels sind in der betrieblichen Markt- und Absatzforschung auf außerordentlich vielfältige Weise einsetzbar. In der Praxis allerdings liegt das Schwergewicht ihrer Verwendung in der Ermittlung von (→) Marktpotentialen und (→) Marktanteilen. „Beim Vergleich mit den sich aus der eigenen Umsatzstatistik ergebenden Daten ist ... zu berücksichtigen, daß sich das Panel auf den Endverbraucherabsatz bezieht. Neben dem eigenen Marktanteil wird vor allem kontinuierlich über die Anteile der anderen Marken berichtet. Während sich bei wiederholten einzelnen Umfragen und auch beim Einzelhandels-Panel allenfalls die Veränderungen in diesen Anteilen feststellen lassen, ermöglicht das Haushalts-Panel durch die im Prinzip gleichbleibenden Auskunftspersonen die Ermittlung der *Fluktuation, Käuferwanderung* oder *Markentreue*.“ (Manfred Hüttner) Haushaltspanels eignen sich allerdings auch sehr gut zur Untersuchung der Erfolgschancen bei Einführung neuer Produkte durch Analyse von Einkäufern und Wiederkäufern.

Haushaltsquote
→ Einschaltquote

Haushalts-Redressement
→ Redressement

Haushaltsreichweite
→ Reichweite

Haushaltsstichprobe
Eine (→) Stichprobe, deren Erhebungseinheiten im Gegensatz zur (→) Personenstichprobe (→) Haushalte und nicht Individuen sind. Die Ergebnisse lassen sich von Haushaltsstichproben durch (→) Gewichtung in Ergebnisse von Personenstichproben umwandeln. In der Tat wird bei dem in der Erhebung für die (→) Media-Analyse (MA) der (→) Arbeitsgemeinschaft Media-Analyse (AG.MA) praktizierten (→) Auswahlverfahren, nämlich einer (→) geschichteten (→) mehrstufigen Auswahl nach dem (→) ADM-Stichprobenverfahren in der 2. Auswahlstufe eine Haushaltsstichprobe gebildet, die durch (→) Transformation und (→) Redressement in eine Personenstichprobe umgewandelt wird. Die Sammlung der Haushaltsadressen für die Haushaltsstichprobe erfolgt durch die sog. (→) Begehung.

Haushaltsvorstand
→ Haushalt

Hausmitteilung
→ Hauszeitschrift

Hauszeitschrift
Eine von einem einzelnen Unternehmen oder einer Institution vorwiegend als Instrument der Human Relations herausgegebene Zeitschrift, die ausschließlich oder vorwiegend der Unterrichtung der Mitarbeiter sowie der Mittelspersonen, Grossisten und Einzelhändler und mitunter auch der Kunden dient und redaktionell diesem Ziel entsprechend gestaltet ist, d. h. neben sachlicher, fachlicher und personeller Information auch Unterhaltung bietet.

vgl. Firmenzeitschrift, Kundenzeitschrift, Werkzeitschrift

Heft pro Lesetag
→ Lesetage

Heftalter
→ Erscheinungsintervall

Heftgröße *(Heftstärke, Heftumfang)*
Eine der zentralen Fragen im Rahmen der Mediaplanung im Zusammenhang mit den formalen Faktoren der (→) Werbeträger und ihrer Auswirkung für (→) Anzeigenbeachtung und Werbewirkung, ist es, ob die *Heftgröße* bzw. der *Heftumfang* für die Wirksamkeit von Anzeigen relevant ist.
Eine 1967 vom Verlag Das Beste, Düsseldorf, durchgeführte Untersuchung mit dem Titel „Think small" verglich die Anzeigenbeachtung ganzseitiger Anzeigen in „Das Beste" mit ganzseitigen Anzeigen in größeren (→) Publikumszeitschriften und fand keine relevanten Unterschiede (Wer hätte etwas anderes erwartet?). Diesen Ergebnissen stehen allerdings Erkenntnisse aus dem (→) Anzeigenkompaß entgegen:

Beachtung von	Das Beste %	Durchschnitt über vier aktuelle Illustrierte %
Vierfarbenanzeigen		
2/1 Seiten	52	67
1/1 Seite	49	58
Anzeigen mit Zusatzfarbe		
1/1 Seite	26	45
Schwarz-Weiß-Anzeigen		
1/1 Seite	30	43
1/2 Seite	13	28

Quelle: Anzeigenkompaß, Infratest 1979, Gesamtauswertung eines Jahrgangs von Copytests mit ca. 8000 Anzeigen

Das absolute Seitenformat von Zeitschriften erweist sich danach anscheinend doch als ein Faktor, der über die Beachtungschance der Anzeigen mit entscheidet.
Das Thema Heftumfang (Heftstärke) und Anzeigenbeachtung ist Gegenstand einer Vielzahl von Untersuchungen gewesen. Sie haben eine entsprechende Vielzahl von Ergebnissen erbracht. Generell lassen sich, bei aller gebotenen Vorsicht, die folgenden Erkenntnisse aus ihnen ableiten:

1. Das Niveau der Anzeigenbeachtung in einer Zeitschrift ist nicht von ihrem mittleren Umfang abhängig. Es gibt Zeitschriften mit mittleren Umfängen unter 100 Seiten, in denen die Anzeigenbeachtung niedriger liegt als in Zeitschriften mit mittleren Umfängen von über 100 Seiten.
2. In derselben Zeitschrift scheint der Heftumfang die Anzeigenbeachtung durchaus zu beeinflussen: Ausgaben mit weit überdurchschnittlicher Seitenzahl haben im Mittel geringere Beachtungswerte pro Anzeige als Ausgaben mit unterdurchschnittlicher Seitenzahl je Titel. Mit anderen Worten: Zunehmender Konkurrenzwerbedruck verringert die Beachtungschance für eine einzelne Anzeige. Je weniger Anzeigen in einem Heft stehen, desto höher ist die Resonanz für die einzelne Anzeige.
3. Generell läßt sich festhalten, daß der Umfang des Heftes und damit die Anzahl der Anzeigen nur dann die mittlere Beachtungschance beeinträchtigen, wenn es sich um eine Massierung von entweder inhaltlich interessanten oder formal auffälligen Anzeigen handelt. Die Heftstärke allein kann demnach nicht als Indikator für bessere oder schlechtere Anzeigenbeachtung genommen werden. Sie muß vielmehr
   - o abhängig vom generellen Beachtungsniveau einer Zeitschrift
   - o und abhängig von der Art der Anzeigen, die sich in einer Ausgabe massieren

   beurteilt werden.

Heftnutzung
→ Wirkungsfaktor Heftnutzung, Nutzung

Heftumfang
→ Heftgröße (Heftstärke)

Heftvorlage
→ Originalheftvorlage

Helmert-Pearson-Verteilung
→ Chi-Quadrat-Verteilung

heterograde Fragestellung *(heterograde Statistik, heterograder Fall)*
In der statistischen (→) Stichprobentheorie der Fall, daß jedem Element der (→) Grundgesamtheit ein quantitativer Merkmalswert zugeordnet ist und dementsprechend korrelative Merkmalszusammenhänge Gegenstand der Analyse sind. Voraussetzung ist das Vorliegen mindestens intervallskalierter metrischer Daten.
vgl. homograde Fragestellung

Heuristik *(heuristische Prinzipien, heuristische Entscheidungsmodelle)*
Die Wissenschaftstheorie bezeichnet als Heuristik die Lehre von der Entwicklung von Methoden, Verfahren und Lösungsmöglichkeiten, mit deren Hilfe wissenschaftliche Erkenntnisse gewonnen werden. Als heuristisch werden auch Annahmen gekennzeichnet, die das wissenschaftliche Suchverhalten in die Richtung neuer Erkenntnis lenken, ohne selbst notwendig em-

pirisch richtig zu sein. Seit den 1950er Jahren wird als Heuristik die Gesamtheit der Verfahren und Techniken bezeichnet, das wissenschaftliche Suchverhalten ebenso wie das praktische Entscheidungsverhalten methodisch zu steuern und Annäherungslösungen zu finden, deren Vorzug darin besteht, daß sie sich in der Praxis bewähren. Ziel der heuristischen Modelle ist es also, gute – und nicht zwangsläufig optimale – Lösungen zu finden. „In diesem Sinne verfügt jeder qualifizierte Marketingmanager über einen Erfahrungsschatz allgemeiner und spezieller Heuristiken, die er bei der Planung eines Marketingmix kombiniert einsetzt. Sein Vorgehen ist mit dem eines Schachspielers vergleichbar, der nur einige wenige Zug-Gegenzug-Kombinationen vorausdenken kann, der aber Prinzipien oder Faustregeln beherrscht, die für den jeweils zu wählenden Zug eine ‚gute' Position beschreiben.“ (Heribert Meffert) Entscheidungsheuristiken werden vor allem in der Marketingplanung, der (→) Mediaplanung und der (→) Werbebudgetierung eingesetzt. Besonders bei (→) Mediaselektionsmodellen haben sich die Verfahren der heuristischen denen der (→) mathematischen Programmierung gegenüber als eindeutig besser geeignet erwiesen. Erprobte heuristische Methoden der Entscheidungsfindung sind die (→) Nutzwertanalyse, die (→) Simulation, das Entscheidungsbaumverfahren und die Unternehmensplanspiele.

heuristische Verfahren *(der Mediaselektion)*
→ Satisfizierungsmodelle

High-Assay-Verfahren
Ein von der amerikanischen Werbeagentur Young & Rubicam entwickeltes (→) Iterationsmodell (Konstruktionsmodell) der (→) Mediaselektion, das sich als ein (→) Satisfizierungsmodell von den (→) Evaluierungsmethoden darin unterscheidet, daß es die manuelle Ausarbeitung von Streuplänen vollständig ersetzt, und von den (→) Optimierungsmodellen dadurch, daß es auf das anspruchsvolle Ziel verzichtet, den bestmöglichen Streuplan zu finden. Es beginnt in der ersten betrachteten Woche mit den zur Verfügung stehenden Medien und wählt das kostengünstigste im Hinblick auf den (→) Tausend-Kontakte-Preis in der (→) Zielgruppe aus. Dann werden die (→) Mediadaten,

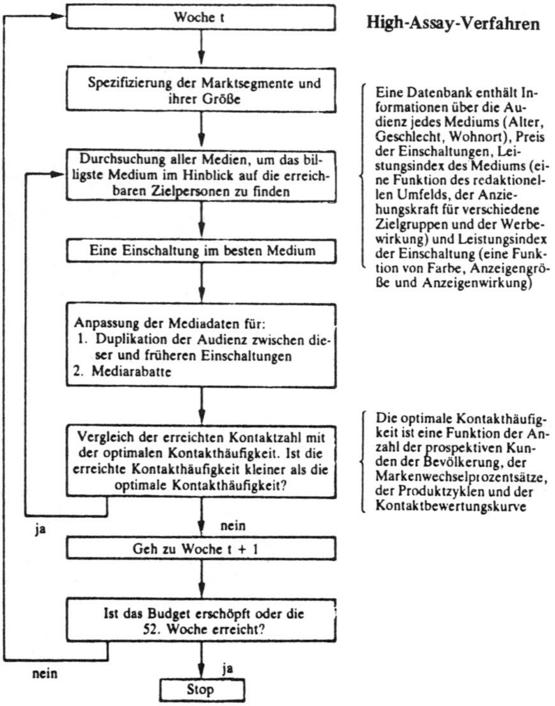

High-Assay-Verfahren

die in einer Datenbank gespeichert sind, geändert, um (→) externe Überschneidungen und (→) Rabatte zu berücksichtigen. Wenn die erreichte (→) Kontakthäufigkeit unter der errechneten liegt, wird für diese Woche eine weitere Einschaltung im kostengünstigsten Werbeträger gemacht. Der Vorgang wird so lange wiederholt, bis die optimale (→) Kontaktzahl für die Woche erreicht ist. Dann beginnt derselbe Vorgang für die nächste Woche. Er wird so lange fortgesetzt, bis das Budget erschöpft ist.
Dieses Modell hat den Vorteil, daß der zeitliche Einsatzplan der (→) Einschaltungen gleichzeitig mit der Mediaselektion entwickelt wird. Im Gegensatz zu den mathematischen Optimierungsverfahren werden (→) Überschneidungen und Rabatte berücksichtigt. Ein Nachteil des Modells scheint darin zu liegen, daß zwar die durchschnittliche Kontakthäufigkeit, (→) Durchschnittskontakt, optimiert wird, nicht aber die (→) Kontaktverteilung. Die Abbildung auf Seite 236 unten zeigt ein (→) Flußdiagramm des High-Assay-Modells:

vgl. Incremental Analysis

Histogramm
In der Statistik die (→) graphische Darstellung der (→) Häufigkeitsverteilung eines quantitativen (→) Merkmals mit Klassenbildung. Dabei sind die Klassenintervalle auf der Abszisse eingetragen, wobei die Breite jeder Säule der Größe des Klassenintervalls entspricht. Die Häufigkeiten werden auf der Ordinate eingezeichnet und bestimmen die Höhe der Säulen. Die Höhe jeder Säule gibt also die Zahl der Beobachtungen in jedem Klassenintervall an. Durch Mittenbildung (Klassenmitten) oder auch durch andere (→) Gewichtungsverfahren, die den unterschiedlichen Häufigkeiten der Merkmale in den einzelnen Klassen Rechnung tragen, läßt sich das Histogramm in ein (→) Polygon verwandeln.

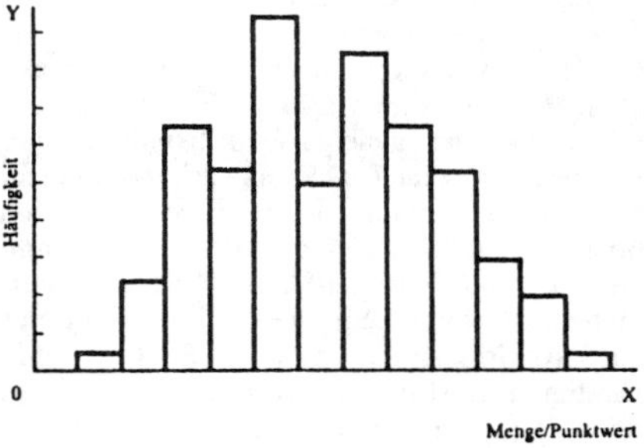

Hochrechnung *(Projektion)*
Der rechnerische Vorgang der (→) Transformation von (→) Stichprobenwerten in (→) Parameter der (→) Grundgesamtheit. Bei (→) Werbeträgeranalysen handelt es sich also um die Umrechnung der aus einer (→) Erhebung ermittelten Nutzerschaften in absolute Größenordnungen. Die Hochrechnung stellt also gewissermaßen die Umkehrung der Stichprobenbildung dar, d. h. der Hochrechnungsfaktor ist der reziproke Wert des (→) Auswahlsatzes. Bei der Hochrechnung müssen alle bei den (→) Auswahlverfahren getanen Schritte rechnerisch in umgekehrter Richtung wiederholt werden.
Es wird zwischen der freien und der gebundenen Hochrechnung unterschieden. Freie Hochrechnung liegt vor, wenn nur der Stichprobenwert selbst zur Schätzung des Parameters der Grundgesamtheit herangezogen wird. Ist das der Fall, so wird das Stichprobenergebnis mit dem reziproken Wert des Auswahlsatzes multipliziert, der Hochrechnungsfaktor ist also N/n, so daß sich für $X = N/n \, \Sigma \, x_i \, N\bar{x}$ ergibt. Dabei beträgt die (→) Streuung des Gesamtwertes

$$s_X = \sqrt{\frac{N\Sigma\,(x_i - x)^2}{n-1}},$$

mit anderen Worten, bei der freien Hochrechnung handelt es sich um nichts anderes als um die durch Multiplikation mit N bewirkte Umformung des (→) Repräsentationsschlusses auf absolute Werte.
Bei der gebundenen Hochrechnung hingegen werden zusätzlich zu den Stichprobenwerten Basiswerte über die Grundgesamtheit zur Rückrechnung der Stichprobenwerte auf die Parameter der Grundgesamtheit verwendet. „Der Grundgedanke der gebundenen Hochrechnung ist dabei der, daß bei eng korrelierenden Untersuchungs- und Basismerkmalen die Quotienten und Differenzen aus beiden Merkmalen geringere Zufallsfehler als das Untersuchungsmerkmal allein aufweisen und somit zu genaueren Schätzungen führen.“ (Peter Beike/ Gerhard Christmann). Dabei wird unterschieden zwischen der (→) Differenzenschätzung, der (→) Regressionsschätzung und der (→) Verhältnisschätzung. Gegenüber der freien Hochrechnung lassen sich mit den Verfahren der gebundenen Hochrechnung genauere Ergebnisse mit allerdings erheblich höherem Rechenaufwand erzielen.
Die Abbildung gibt einen Überblick über die Einteilung der Hochrechnungsverfahren:

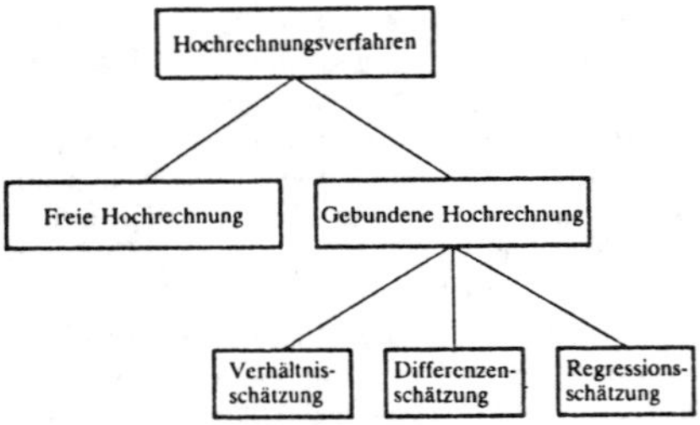

In der Media-Analyse (MA) der (→) Arbeitsgemeinschaft Media-Analyse (AG.MA) wird die Hochrechnung auf Millionen (→) Haushalte bzw. Personen mit zwei Kommastellen vorgenommen. Dabei werden die Werte aus den (→) Fallzahlen der Stichprobe auf die Grundgesamtheit der deutschsprechenden Bevölkerung hochgerechnet (daher auch die Bezeichnung Bevölkerungshochrechnungsfaktor). Bei der Hochrechnung in Millionen Haushalte entspricht der Hochrechnungsfaktor der Relation zwischen der Anzahl der Haushalte, in denen mindestens eine Person befragt wurde, und der Zahl aller deutschen Privathaushalte in der Bundesrepublik und Berlin (West). Für die MA 86 belief er sich auf 1.362,5. Bei der Hochrechnung in Millionen Personen werden die gewichteten Fallzahlen der Stichprobe auf die Personen der Bevölkerung hochgerechnet. Der Hochrechnungsfaktor entspricht der Relation zwischen der Anzahl der Befragten und der Zahl aller Erwachsenen ab 14 Jahren (deutsche Wohnbevölkerung) in der Bundesrepublik und Berlin (West), die in Privathaushalten leben. Für die MA 86 betrug er 2.587,7.

Die Grundformel der Hochrechnung für (→) Medien-Kontakt-Einheiten (MKE) in der MA lautet:

$$F_B \cdot \sum_{i \in WNK} p_i g_i \quad \text{in Millionen.}$$

Für den (→) Weitesten Nutzerkreis (WNK) lautet sie

$$F_B \cdot \sum_{i \in WNK} g_i \quad \text{in Millionen.}$$

Für die Bevölkerung lassen sich zwei genau dem WNK entsprechende Angaben machen. Die Einheit ist das Tabellen-Feld (die Zelle):

$$F_B \cdot \sum_{i \in \text{Tabellen-Feld (Zelle)}} g_i \quad \text{in Millionen Personen}$$

Vor einer Überschätzung der Unmittelbarkeit der Beziehung zwischen Wirlichkeit und Abbild bei Hochrechnungen namentlich der (→) Werbeträgerforschung warnt Otmar Ernst: „Hier rastet gelegentlich eine verständliche, aber nicht ungefährliche psychologische Mechanik ein: die Millionen-Zahlen solcher Hochrechnungen bekommen eine Eigenständigkeit, eine Pseudorealität, welche leicht vergessen läßt, daß natürlich alle die Einschränkungen bezüglich der Fehlerspannen, welche in umfangreichen Tabellen für die Prozentwerte ausgewiesen sind, auch für die Hochrechnung gelten.

Und wenn dann die eine Zeitung freudig einige Hunderttausend ‚neue Leser' begrüßt und eine andere die Gerichte bemüht, um aktenkundig zu machen, ob und warum sie einige hunderttausend Leser verloren hat, so zeigt sich darin ein problematisches Verständnis der ‚Wirklichkeit', welche in solchen Analysen reproduziert wird.

Aber dieses etwas naive Verhältnis zu den errechneten absoluten Größenordnungen der Nutzerschaft der Medien findet seine Entsprechung in den Wirtschaftlichkeitsrechnungen in der Planung: auf zwei Stellen nach dem Komma genau werden zielgruppenbezogene Tausendleserpreise errechnet und zur Grundlage von Vorentscheidungen bei Rangreihenzählungen gemacht, wobei sich eben die Chancen, noch dabei zu sein, im Bereich von Komma-Differenzierungen entscheiden können.

Daß dies immer nur von denen beklagt wird, die jeweils nicht mehr dabei sind, ist verständlich. Aber es ist fraglich, ob die Akzeptanz der großen Werbeträger-Analysen nicht darunter leidet, daß sie in bestimmten Bereichen ‚Lotterie-Charakter' bekommen. Allerdings, von der Erkenntnis, daß dies so ist, bis zu Konzepten, wirtschaftlich realisierbaren Konzepten, welche dies ändern, ist ein weiter Weg!"

Homogenitätshypothese *(Homogenitätstest)*
Bei (→) Personenstichproben und (→) Testverfahren die (→) Hypothese bzw. der Test der Gleichartigkeit ihrer einzelnen (→) Merkmale, d. h. der Zusammensetzung einer Menge aus ähnlichen oder gleichartigen Komponenten. Ein Test oder eine (→) Skala gilt als homogen, wenn er/sie aus lauter gleichartigen Aufgaben oder (→) Items besteht. In der Skalogrammanalyse, (→) Guttman-Skala, hat Louis Guttman ein Verfahren zur Überprüfung von Items auf ihre Homogenität bzw. der Skala auf ihre Eindimensionalität entwickelt. Danach wird für jede (→) Auskunftsperson die Anzahl der

positiven Reaktionen über alle Items festgestellt; nach diesen Summenwerten werden die Personen dann in eine (→) Rangreihe gebracht. Zu jedem individuellen Summenwert kann es dann nur eine ganz bestimmte Reaktionsfolge geben, wenn die Items homogen sind, so daß die individuelle Reaktion auf jeden Item vom selben gemeinsamen Faktor abhängt. Mit anderen Worten läßt sich das Reaktionsmuster einer Versuchsperson aus seinem Summenwert vollständig reproduzieren, wobei das Maß dieser (→) Reproduzierbarkeit als das Maß der Itemhomogenität gilt.

Unterscheiden sich die (→) Varianzen von zwei (→) Stichproben nicht oder nur zufällig voneinander, so spricht man von Varianzhomogenität, die mit Hilfe eines statistischen Homogenitätstests wie z. B. dem (→) F-Test überprüft wird.

homograde Fragestellung *(homograde Statistik, homograder Fall)*
In der statistischen (→) Stichprobentheorie der Fall, daß jedem Element der (→) Grundgesamtheit nur ein einziges von k einander gegenseitig ausschließenden, qualitativen (oder auf Kategorien reduzierten quantitativen) (→) Merkmalen zugeordnet werden kann. Untersucht wird, wieviele Elemente die Eigenschaft E_1, wieviele die Eigenschaft E_2, E_3, ... E_k tragen. Ziel der homograden Fragestellung ist mithin die Ermittlung relativer (→) Häufigkeiten von Merkmalen bzw. Merkmalsausprägungen. *vgl.* heterogene Fragestellung.

Hörbeteiligung
→ Einschaltquote, Hörer, Hörerschaft, Weitester Hörerkreis (WHK)

Hörer
In Analogie zum Begriff des (→) Nutzers bzw. des (→) Lesers oder (→) Zuschauers gilt in der (→) Hörerschaftsforschung als Hörer eine Person, die innerhalb eines definierten Zeitsegments, der (→) Medien-Kontakt-Einheit (MKE), (→) Kontakt, und sei er noch so kurz, mit einer Hörfunksendung oder einem Hörfunkprogramm gehabt hat oder in einer (→) Befragung angibt, Kontakt gehabt zu haben. Die Gesamtzahl der Hörer bildet den (→) Weitesten Hörerkreis (WHK), der in der (→) Media-Analyse (MA) der (→) Arbeitsgemeinschaft Media-Analyse (AG.MA) für längere Zeitabschnitte (14 Tage) erhoben wird und von der für kürzere Zeit (durchschnittliche Stunde) erhobenen Hörerschaft zu unterscheiden ist.
Nach der (→) Hörwahrscheinlichkeit werden in der MA die folgenden Hörerschaftsgruppen unterschieden:

Hörerschaftskategorien	Hörwahrscheinlichkeit in %
Kernhörer	82,51 bis 100,0
häufige Hörer	58,51 bis 82,50
gelegentliche Hörer	41,51 bis 58,50
seltene Hörer	24,51 bis 41,50
ganz seltene Hörer	0,51 bis 24,50

Die MA weist hinsichtlich des Mediums (→) Hörfunk mehrere Zeitdimensionen aus:

1. Der (→) **Weiteste Hörerkreis (WHK):** Das ist die maximale Hörerzahl, die für ein Programm ausgewiesen wird. Es handelt sich um eine per Konvention festgelegte Einheit, die im Vergleich zu den (→) Publikumszeitschriften, bei denen sich der Nutzungszeitraum auf 3 bis 12 Monate bezieht, auf den Zeitraum von 14 Tagen beschränkt ist.
2. **Hörer pro Tag (HpT):** Das ist ein nachträglich bestimmter Wahrscheinlichkeitswert, der sich ergibt, indem man die (→) Nettoreichweite aller Sendestunden eines Senders mit je einer Einschaltung errechnet. Im allgemeinen ermittelt man die (→) Kontaktmaßzahl „Hörer pro Tag", indem man danach fragt, wann die betreffende Person das letzte Mal Rundfunk gehört hat. Jene Personen, die „gestern" Kontakt hatten, werden anschließend nach den Zeitintervallen gefragt. Die Schwäche dieses Vorgehens liegt darin, daß es für den Befragten beim Hörfunk in (→) Tagesablaufbefragungen schwierig ist, sich an den Zeitpunkt des letzten Hörens zu erinnern. Auch die Frage nach dem gehörten bzw. gesendeten Programm bereitet meistens Schwierigkeiten. Genauere Ergebnisse in dieser Hinsicht liefert die Messung der Hörbeteiligung mit Hilfe von Kontrollgeräten, die mit Zustimmung der Versuchspersonen an den Rundfunkapparaten bei einer (→) repräsentativen (→) Stichprobe der Bevölkerung angebracht werden. Durch diese Geräte wie z. B. das (→) Audimeter ist es möglich, das jeweils eingestellte Programm und die Zeiten festzustellen.

a) **Hörer gestern nach Zeitsegmenten:** Hierzu zählen alle diejenigen Personen, die „gestern", also an einem durchschnittlichen Tag, während mindestens eines vorgegebenen Zeitsegments Radio gehört haben, und sei es auch nur ein paar Minuten. Dies gilt für einzelne Programme und Programm-Kombinationen.

b) **Hörerschaft nach 2 bis n Sendetagen:** Dies ist ein Begriff aus dem Bereich des Nutzerschafts- und Kontakt-Wachstums. Mit wachsender Einschaltzahl von Werbespots wächst die Hörerschaft, gemessen einmal als Reichweite in Prozent der jeweiligen Gesamtheit und in Millionen oder als durchschnittliche Kontaktzahl für die erreichte Hörerschaft.

c) **Hörerschaft pro Sendetag und Zeitabschnitt (HpZ):** Es handelt sich um eine (→) Ausweisungseinheit, bei der alle Personen gezählt werden, die an einem durchschnittlichen Sendetag während des angegebenen Zeitabschnitts den angegebenen Sender bzw. das angegebene Programm gehört haben, und sei es auch nur ein paar Minuten.

d) **Hörerschaften pro Sendetag und Zeitabschnitt:** Dies ist der gleiche Begriff wie oben; er wird auch als HpST abgekürzt. Nur bezieht er sich jetzt nicht nur auf ein Programm, sondern auf Kombinationen davon.

3. **Hörer pro Stunde:** Die aufgrund der (→) Hörwahrscheinlichkeit rechnerisch ermittelte (→) Nutzungswahrscheinlichkeit für die durchschnittliche Sendestunde eines Hörfunkprogramms.

Hörerforschung

Im Bereich der (→) Mediaforschung die Untersuchung der Größe und Zusammensetzung der Hörerschaft einzelner Rundfunksender und -sendungen sowie der damit in Zusammenhang stehenden Gewohnheiten, (→) Einstellungen, Wünsche und Bedürfnisse der Hörer, der Wirkungen einzelner Sendungen und der Intensität ihrer (→) Nutzung. Es handelt sich in erster Linie um die globale statistische Erfassung von Hörgewohnheiten, (→) Einschaltquoten, Hörerverhalten und Hörreaktionen. Für die Werbung von besonderem Interesse ist dabei naturgemäß die Größe, Struktur und (→) Nutzungsintensität der Rezipienten des (→) Werbefunks.

Die sich wissenschaftlicher Methoden bedienende Hörerforschung stützt sich vor allem auf die folgenden Erhebungstechniken:

1. **elektromechanische Aufzeichnungsgeräte** wie z. B. das (→) Audimeter: Sie werden in (→) Haushaltspanels eingesetzt und halten auf elektronischem Wege fest, welcher Sender wann, für welche Dauer (und von welchen Personen) gehört wird.
2. **Tagebuchaufzeichnungen** wie z. B. das (→) Audilog oder (→) Tamlog, mit deren Hilfe ein (→) Panel von Rundfunkhörern, meist zusätzlich zu den Ermittlungen durch die elektronischen Aufzeichnungsgeräte oder zu anderen Erhebungsverfahren, detailliert über die eingestellten Sender, Sendungen und die Zeitdauer des Empfangs Buch führt. Hierzu ist auch das von der (→) Media-Analyse (MA) der (→) Arbeitsgemeinschaft Media-Analyse oder der (→) Funkmedien Analyse (FMA) eingesetzte (→) Tagesablaufschema zu zählen. Wegen der großen Vielzahl der zur Auswahl stehenden Hörfunksender ist diese Form der Aufzeichnung in der Hörerforschung weit mehr als in der (→) Zuschauerforschung eine wichtige Ergänzung der Hörerschaftsmessung mit Hilfe der elektronischen Aufzeichnungsgeräte. Gegen sie bestehen allerdings die generellen Einwände gegenüber der (→) Tagebuchmethode, insbesondere weil in diesem Fall eine sehr akribische Eintragungsgenauigkeit erwartet werden muß.
3. (→) **Befragungen:** In der Hörerforschung werden alle drei auch sonst üblichen Befragungsformen verwendet, also sowohl direkte, persönliche (→) Interviews, bei denen die Interviewer eine Stichprobe der Bevölkerung nach ihrem Hörverhalten befragen, wie (→) schriftliche Befragungen und (→) Telefoninterviews. Dabei kommt in der Hörerforschung den telefonischen Befragungen eine besondere Bedeutung zu. Sie werden sowohl als Befragung nach der (→) Erinnerungsmethode (Recall) wie als (→) Koinzidenzbefragung durchgeführt. Bei der Erinnerungsmethode wird eine Stichprobe wenige Stunden nach Ausstrahlung einer Sendung oder einen Tag nach ihrer Ausstrahlung darüber befragt, bei der Koinzidenzmethode werden die zu einer Stichprobe zählenden Haushalte während einer Sendung angerufen und befragt, ob sie sie gerade hören.

In der jüngsten Zeit ist in der Hörer- ebenso wie in der (→) Zuschauerforschung die starke Tendenz festzustellen, neben der quantitativen statistischen Erfassung von Hörerzahlen, -strukturen und -typologien sowie Informationen über (→) demographische Merkmale wie Beruf, Geschlecht, Einkommen, Wohnort usw. der Hörer auch qualitative Informationen über Hörverhalten, -präferenzen und -wünsche usw. zu gewinnen.

Hörerkreis

→ Weitester Hörerkreis (WHK)

Hörerschaft am letzten Sendetag

→ Hörwahrscheinlichkeit, Hörer

Hörfunk-Kontakt-Einheit

→ Medien-Kontakt-Einheit, Hörwahrscheinlichkeit

Hörhäufigkeit

→ Hörwahrscheinlichkeit, Nutzungshäufigkeit

horinzontale Abfrage

→ Abfrage

Hörwahrscheinlichkeit

Die (→) Medien-Kontakt-Einheiten (MKE), für die in der (→) Media-Analyse (MA) der (→) Arbeitsgemeinschaft Media-Analyse (AG.MA) Hörwahrscheinlichkeiten bestimmt werden, sind durch die zwei Merkmale „Programm“ und „Zeitabschnitt“ definiert: Für jedes Programm müssen also so viele Hörwahrscheinlichkeiten errechnet werden, wie es Zeitabschnitte gibt, während derer Werbung ins Programm eingeblendet werden kann.

Die Hörwahrscheinlichkeiten werden wie alle (→) Nutzungswahrscheinlichkeiten als Ver-

so zwischen dem (→) Weitesten Hörerkreis (WHK) (innerhalb der letzten zwei Wochen gehört) und der Hörerschaft am letzten Sendetag (gestern gehört).
Um zu diesen Gruppierungen zu kommen, die dem (→) Weitesten Leserkreis (WLK) und der (→) Leserschaft im letzten Erscheinungsintervall (LiE) bei den Pressemedien entsprechen, müssen bei den Funkmedien zunächst die Weitesten Hörerkreise eingegrenzt werden. Das geschieht dadurch, daß für jedes Programm gesondert die Weitesten Hörerkreise für die Sendezeiten bestimmt werden, in denen Werbung eingeschaltet werden kann. Es werden also die Weitesten Hörerkreise jedes Programms zu den Weitesten Hörerkreisen ausgewählter oder aller Zwei-Stunden-Abschnitte in Beziehung gesetzt. Sodann müssen die Hörerschaften am letzten Sendetag eingegrenzt werden. Das geschieht dadurch, daß für jedes Programm gesondert die Hörerschaften gestern für die Sendezeiten bestimmt werden, in denen Werbung eingeschaltet werden kann. Es werden also die Hörerschaften gestern jedes Programms zu den Hörerschaften gestern ausgewählter oder aller Stunden-Abschnitte in Beziehung gesetzt.
Die Hörbeteiligung vor 6:00 Uhr wird in drei Einzelzeiten, die zwischen 6:00 und 8:00 Uhr in vier halben Stunden, die nach 20:00 Uhr wiederum in drei Einzelzeiten erhoben. Für die später ausgewiesenen vier Kontakt-Einheiten.
vor 6:00 Uhr
6:00 bis 7:00 Uhr
7:00 bis 8:00 Uhr
nach 20:00 Uhr
müssen deshalb die Netto-Hörerschaften bestimmt werden:
Wer entweder
vor 5:00 Uhr oder zwischen
5:00 und 5:30 Uhr oder zwischen
5:30 und 6:00 Uhr gehört hat
wird der Hörerschaft gestern vor 6:00 Uhr zugerechnet.
Wer entweder zwischen
6:00 und 6:30 Uhr oder zwischen
6:30 und 7:00 Uhr gehört hat
ist der Hörerschaft gestern zwischen 6:00 und 7:00 Uhr zuzurechnen. Entsprechendes gilt für die nächste Stunde zwischen 7:00 und 8:00 Uhr.
Für die Kontakt-Einheiten nach 20:00 Uhr werden die Angaben zu den Zeiten
20:00 bis 21:00 Uhr
21:00 bis 22:00 Uhr
nach 22:00 Uhr
herangezogen: Von jedem Befragten werden wie zu den anderen Zeiten auch mehrere Angaben nur einmal berücksichtigt. Am Beispiel von HR 3 soll deutlich gemacht werden, wie bei den

MA 79	Hessischer Rundfunk, Programm HR 3			
	WHK %	WHK %	HpSZ %	Hörer gestern %
vor 5:00 Uhr				0,1
5:00– 5:30 Uhr		5,2	0,6	0,2
5:30– 6:00 Uhr	5,2			0,5
6:00– 6:30 Uhr		5,2	2,3	1,2
6:30– 7:00 Uhr				1,9
7:00– 7:30 Uhr	5,2	5,2	2,4	2,0
7:30– 8:00 Uhr				1,7
8:00– 9:00 Uhr	3,9	3,9	1,4	1,4
9:00–10:00 Uhr		3,9	1,1	1,1
10:00–11:00 Uhr	3,3	3,3	1,0	1,0
11:00–12:00 Uhr		3,3	0,9	0,9
12:00–13:00 Uhr	4,1	4,1	1,1	1,1
13:00–14:00 Uhr		4,1	1,0	1,0
14:00–15:00 Uhr	3,8	3,8	1,0	1,0
15:00–16:00 Uhr		3,8	0,9	0,9
16:00–17:00 Uhr	4,3	4,3	1,9	1,0
17:00–18:00 Uhr		4,3	0,9	0,9
18:00–19:00 Uhr	2,9	2,9	0,5	0,5
19:00–20:00 Uhr		2,9	0,4	0,4
20:00–21:00 Uhr	2,8	2,8	0,4	0,2
21:00–22:00 Uhr				0,3
nach 22:00 Uhr				0,2

Zusammenfassungen zu Weitesten Hörerkreisen und Kontakteinheiten verfahren wird (siehe Tabelle auf Seite 241 unten).

Da die Weitesten Hörerkreise für längere, die Hörerschaften gestern für kürzere Zeitabschnitte erhoben werden, haben jeweils zwei, drei oder vier einander benachbarte Hörfunk-Kontakt-Einheiten denselben Weitesten Hörerkreis. Die Erhebungsthemen, die in dem Aufbereitungsprozeß für jeden einzelnen Zeitabschnitt jedes Programmes berücksichtigt werden, sind also:

Weitester Hörerkreis
für Programme =
Hörerschaft innerhalb der letzten zwölf Sendetage, also innerhalb der letzten zwei Wochen an wenigstens einem Tag das Programm gehört;

für Tageszeiten =
Hörerschaft innerhalb der letzten zwölf Sendetage, also innerhalb der letzten zwei Wochen an wenigstens einem Tag irgendwann während zweier Stunden gehört, und wenn auch nur ein paar Minuten;

Hörhäufigkeit =
an wievielen von den sechs Werktagen einer normalen Woche in der letzten Zeit wird im allgemeinen irgendwann während dieser zwei Stunden das Programm gehört;

Letztes Hören =
Hörerschaft am letzten Sendetag, also während wenigstens einer der zwei aufeinanderfolgenden Stunden eines Zwei-Stunden-Abschnitts das Programm gehört (Ausnahme: vor 6 Uhr und nach 20 Uhr).

Aus den Antworten auf diese Fragen wird die Hörwahrscheinlichkeit bestimmt. Alle Angehörigen eines Weitesten Hörerkreises besitzen zunächst eine Grundwahrscheinlichkeit, die dem Anteil der Hörerschaft während des letzten Sendetages am Weitesten Hörerkreis entspricht. Sie wird als mehrstelliger Prozentwert ausgedrückt. Diese Grundwahrscheinlichkeit wird mit Hilfe eines (→) Segmentationsverfahrens über 5 Ebenen so ausdifferenziert, daß innerhalb jedes Weitesten Hörerkreises bis zu 32, vorwiegend demographisch beschriebene Gruppen entstehen können, deren jede eine eigene, von der jeder anderen Gruppe verschiedene Hörwahrscheinlichkeit besitzt. Alle zu einer Gruppe gehörigen Personen werden mit der gleichen Wahrscheinlichkeit am nächsten oder an irgend einem beliebigen weiteren Sendetag während der gleichen Stunde dasselbe Programm hören.

Es entstehen also Gruppen verschiedener Hörwahrscheinlichkeiten, durch die sich sowohl Größe wie Struktur des Weitesten Hörerkreises und der Hörerschaft pro Sendetag und Zeitabschnitt so wiedergeben lassen, wie sie erhoben wurden, und außerdem lassen sich mit ihnen Größe und Struktur aller Hörerschaften zwischen diesen beiden Eckwerten errechnen.

Als Kriterium in der Segmentation gilt dementsprechend der Anteil der Hörer während des letzten Sendetages am Weitesten Hörerkreis. Als aktive Variable dienen 12 (→) demographische Merkmale. Außerdem wird zur Differenzierung die Gesamtzahl der Kontakte, gemessen als Summe aller Angaben, die ein Befragter zur Kontakthäufigkeit gemacht hat, herangezogen.

Seit MA 76 wird auch die Kontaktmenge mit den Mediengattungen Tageszeitungen, Fernsehen und Hörfunk berücksichtigt. Die Kontaktmenge Hörfunk ergibt sich – wie bei den anderen Mediengattungen auch – aus der Addition aller Häufigkeitsangaben, hier also für Programme und Zeiten. Dementsprechend werden alle Zahlennennungen aus dem großen Antwortenschema des Fragebogens mit seinen 14 (= Programme) x 9 (= Zeiten) = 126 kleinen Eintragungsquadraten zusammengerechnet.

Seit der MA 78 wird zur Ermittlung der Hörwahrscheinlichkeiten ein Verfahren angewendet, das eine bis dahin stets als unzulänglich empfundene Notlösung vermeidet. Die Interviews der Media-Analyse werden möglichst gleichmäßig über alle Wochentage verteilt durchgeführt, Ungleichheiten werden durch (→) Gewichtung ausgeglichen. An jedem Wochentag wird derselbe Fragebogen verwendet, in dem sich die Kernfragen für die täglich erscheinenden Medien auf „gestern", also den Tag vor dem Interview beziehen. Da am Sonntag deutsche Rundfunkanstalten keine Werbung im Hörfunk ausstrahlen, wäre es ziemlich unsinnig, im Rahmen einer Werbeträgeranalyse in einem Siebentel aller Fälle nach dem Verhalten am Sonntag zu fragen. Also erkundigt man sich im Rahmen von Interviews am Montag nicht nach gestern, sondern nach vorgestern, dem Samstag, und sonntags fragt man auch nach dem Samstag.

Dadurch geht das Samstagsverhalten mit einem zu großen Gewicht in das Gesamtergebnis ein:

Beitrag zum Gesamtergebnis					
	Soll	%		Ist bis 1977	%
Montag	1 = 1/6	16,7	Montag	1 = 1/7	14,3
Dienstag	1 = 1/6	16,7	Dienstag	1 = 1/7	14,3
Mittwoch	1 = 1/6	16,7	Mittwoch	1 = 1/7	14,3
Donnerstag	1 = 1/6	16,7	Donnerstag	1 = 1/7	14,3
Freitag	1 = 1/6	16,7	Freitag	1 = 1/7	14,3
Samstag	1 = 1/6	16,7	Samstag	2 = 2/7	28,6
	6 = 6/6	100,2		7 = 7/7	100,1

Um das Samstags-Hörverhalten angemessen vertreten sein zu lassen, geht man folgenden Weg:

1. Die an Montagen durchgeführten Interviews werden von denen getrennt, die dienstags bis sonntags stattgefunden haben.
2. Für die aus Befragungen zwischen Dienstag und Sonntag stammenden Interviews werden die Hörwahrscheinlichkeiten bestimmt.
3. Die aufgrund des Hörverhaltens zwischen Montag und Samstag entstandenen Hörwahrscheinlichkeiten werden in die Montags-Interviews übertragen.

Das geschieht dadurch, daß zu den in der (→) Segmentation der Dienstags- bis Sonntags-Interviews entstandenen Gruppen die entsprechenden Gruppen in den Montags-Interviews gesucht werden. Bei diesem (→) Paarvergleich werden nicht nur die bei der Segmentation mitwirkenden aktiven Variablen berücksichtigt, sondern auch die Tatsache, ob Gruppen zu den Weitesten Hörerkreisen der betreffenden Hörfunk-Kontakt-Einheiten gehören. Dann wird die Hörwahrscheinlichkeit aus dem Dienstag- bis Sonntags-Segment auf alle Mitglieder des Montags-Pendant übertragen.
vgl. Nutzungswahrscheinlichkeit, Lesewahrscheinlichkeit, Sehwahrscheinlichkeit

hypergeometrische Verteilung *(hypergeometrisches Modell, H-Modell)*
Eine diskrete theoretische Verteilung der mathematischen Statistik für die (→) Auswahl ohne Zurücklegen. Entnimmt man aus der (→) Grundgesamtheit mit N Elementen eine (→) Stichprobe von n Elementen, so wird die Wahrscheinlichkeit, genau m Elemente mit der Ausprägung M (bei insgesamt M Elementen mit der einen und N - M Elementen mit der anderen Ausprägung in der Grundgesamtheit) zu ziehen, durch die Wahrscheinlichkeitsfunktion

$$Pr(m) = \frac{\binom{M}{m}\binom{N-m}{n-m}}{\binom{N}{n}}$$

gegeben. Eine hypergeometrische Verteilung ergibt sich, wenn man m sukzessive alle möglichen Werte von 0 bis n durchlaufen läßt (siehe Abb. in der rechten Spalte oben).

Bei großem Umfang der Grundgesamtheit und kleinem (→) Auswahlsatz unterscheidet sich die hypergeometrische Verteilung von der für die (→) Auswahl mit Zurücklegen geltenden (→) Binomialverteilung kaum und geht ebenso wie diese für große n und sehr große N in die (→) Normalverteilung über. Die beiden Graphiken auf Seite 244 zeigen die Wahrscheinlichkeitsfunktionen der hypergeometrischen und der Binomialverteilung im Vergleich:

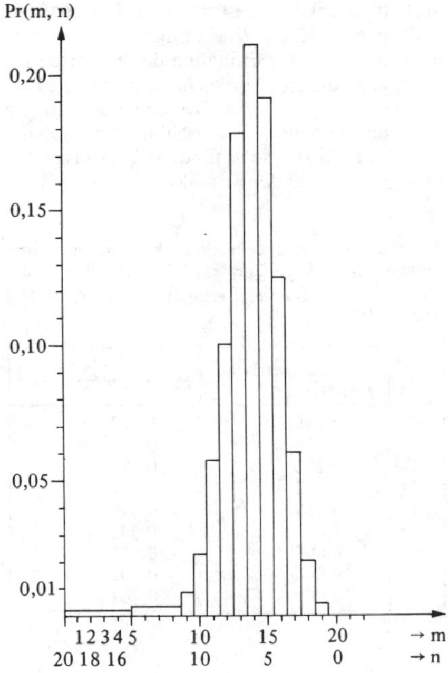

Der Mittelwert der hypergeometrischen Funktion lautet:

$$\mu = n \cdot \frac{M}{N},$$

die Standardabweichung

$$\sigma = n \cdot \frac{M}{N}(1 - M)\frac{N-n}{N-1}.$$

Als (→) Signifikanztest wird die hypergeometrische Verteilung auch als (→) Fisher-Yates-Test bezeichnet.
Ebenso wie die Binomialverteilung hat die hypergeometrische Verteilung große Bedeutung bei der wahrscheinlichkeitstheoretischen Ermittlung von (→) Nutzungswahrscheinlichkeiten bzw. (→) Kontaktwahrscheinlichkeiten auf der Grundlage von Angaben, die Befragte über ihr Nutzungsverhalten gemacht haben. Wendet man die obige Wahrscheinlichkeitsfunktion für die Nutzungswahrscheinlichkeit an, so würden die einzelnen Ausdrücke die folgenden Bedeutungen erhalten:

N = die Zahl der „möglichen" Belegungen eines Werbeträgers (also etwa bei Monatszeitschriften unter der Annahme, es könne nur eine einzige Anzeigenbelegung pro Heftausgabe erfolgen: N = 12 pro Jahr);

m = die Zahl der „tatsächlichen" Einschaltungen in diesem Werbeträger;
n = die Zahl der Einheiten dieses Werbeträgers, die eine Person nutzt (Gibt eine Person aufgrund der Frequenzfrage an, sie lese von den 12 Ausgaben der Monatszeitschrift 6, so ist für diese Person n = 6);
M = die Anzahl der Kontakte, die eine Person erhält.

Werte der Wahrscheinlichkeitsfunktionen der hypergeometrischen Verteilung mit M = 20, N = 1000, n = 100 und der Binomialverteilung mit $p = \frac{M}{N} = 0{,}02$ und n = 100

m	Hypergeometrische Verteilung	Binomialverteilung
0	0,119	0,133
1	0,270	0,271
2	0,288	0,273
3	0,192	0,182
4	0,089	0,090
5	0,031	0,035
6	0,008	0,011
7	0,002	0,003
8	0,000	0,001

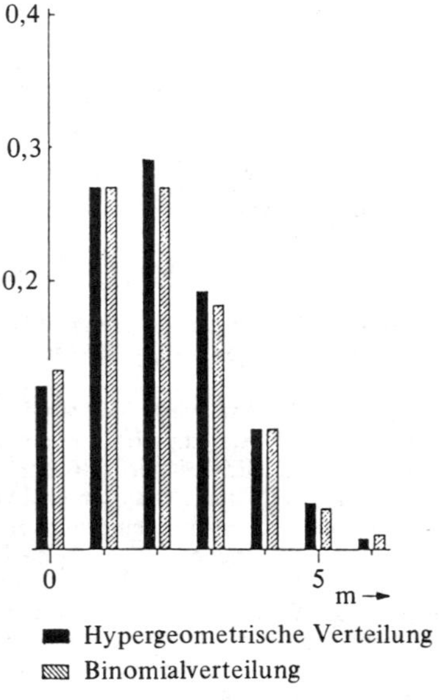

Dann kann mit der Formel für die Wahrscheinlichkeitsfunktion die Wahrscheinlichkeit dafür ausgerechnet werden, daß eine Person, die m von N belegbaren Werbeträgereinheiten nutzt, bei n Belegungen (n ≥ m) genau M Kontakte erhält.

Werte der Wahrscheinlichkeitsfunktionen der hypergeometrischen Verteilung mit M = 8, N = 16, n = 8 und der Binomialverteilung mit $p = \frac{M}{N} = 0{,}5$ und n = 8

m	Hypergeometrische Verteilung	Binomialverteilung
0	0,000	0,004
1	0,005	0,031
2	0,061	0,100
3	0,244	0,219
4	0,381	0,273
5	0,244	0,219
6	0.061	0,109
7	0,005	0,031
8	0,000	0,004

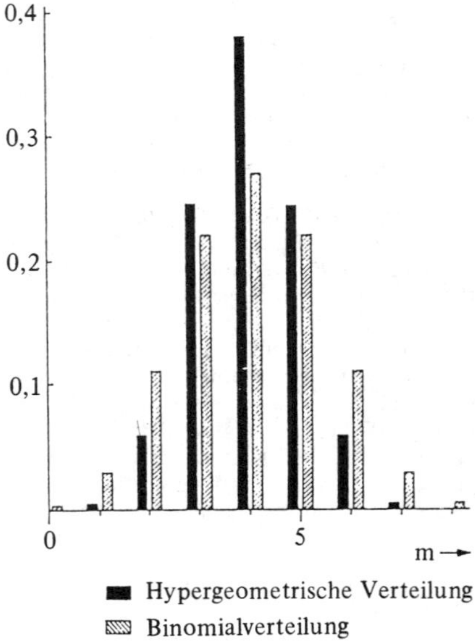

Da die hypergeometrische Verteilung statistisch dem Fall ohne Zurücklegen entspricht, sinkt das Pr einer Person mit steigender Zahl der vorherigen Kontakte.
Kennt man aufgrund empirischer Erhebung die Zahl der Personen, die genau n Einheiten nutzen (R_n), so läßt sich für einen Werbeträger bei m Einschaltungen die kumulierte (→) Nettoreichweite (K_m) errechnen. Dies kann man, indem man alle Personen mit mindestens einem Kontakt (r ≥ 1) addiert oder, indem man die Personen ohne Kontakt (r = 0) von der Gesamtnutzerschaft $\Sigma\, R_n$ subtrahiert:

$$K_m = \sum_{n=o}^{N} R_n - \sum_{n=o}^{N} Pr_{notN}\, R_n$$

Setzt man $\Sigma R_n = 1$, so erhält man die Nettoreichweite. Die Zahl der Personen mit einer bestimmten (→) Kontakthäufigkeit r ergibt sich als Teilgruppe aus der Gleichung:

$$k_{mM} = \sum_{n=o}^{N} Pr_{mMnN} \cdot R_n.$$

Das H-Modell hat gegenüber dem B-Modell, bei dem die Grundgesamtheit N als unendlich angenommen wird, den Nachteil, daß eine (→) Extrapolation über N hinaus nicht möglich ist. Andererseits macht das B-Modell zusätzlich die Schätzung von p erforderlich, während bei der hypergeometrischen Verteilung die Kenntnis der R-Werte ausreicht.
In der (→) Leseranalyse (LA) der (→) Arbeitsgemeinschaft Leseranalyse (AGLA) wurde in der Zeit vor der LA 69 für die Verrechnung der Nutzungswahrscheinlichkeiten gelegentlich die hypergeometrische Verteilung herangezogen, für die LA 69 und die LA 70 die Binomialverteilung.

Hypothese *(Hypothesenprüfung)*
Im allgemeinsten Sinne ist eine Hypothese eine begründete theoretische Annahme über die Entstehung, Ursache, Wirkung eines in der materiellen oder sozialen Realität beobachtbaren Sachverhalts oder seinen Zusammenhang mit anderen Sachverhalten. Jede Hypothese formuliert eine Vermutung über die Beziehung zwischen einer (→) unabhängigen Variablen (einer Determinante) und einer (→) abhängigen Variablen (der Resultante). In Übereinstimmung mit dem wissenschaftstheoretischen Ansatz des kritischen Rationalismus (Karl Popper) muß eine empirische Hypothese die folgenden Anforderungen erfüllen:

1. **logische Anforderungen:**
   - o **Allgemeinheit:** Sie muß alle in ihren Bereich fallenden Probleme erklären.
   - o **Widerspruchsfreiheit**
   - o **empirische Überprüfbarkeit:** Sie muß an der materiellen oder sozialen Realität überprüfbar sein (sie muß Realitätsbezug haben).
   - o **Neuheit:** Gegenüber bis dahin existierenden Theorien muß sie eine Erklärung für neue Aspekte darstellen.
2. **empirische Wahrheit:** Sie muß mit den Tatsachen, d. h. mit der erfahrbaren Wirklichkeit übereinstimmen.

Je nach dem Informationsgehalt von Hypothesen unterscheidet man zwischen Arbeitshypothesen und theoretischen Hypothesen. Arbeitshypothesen mit hohem Bestätigungsgrad werden als Einzelergebnisse, theoretische Hypothesen mit hohen Bestätigungsgrad als Gesetzmäßigkeiten bezeichnet.
Nach dem Umfang der Realität, über die eine Hypothese eine Aussage darstellt, unterscheidet man nomologische Hypothesen (Gesetzeshypothesen) und singuläre (partikulare) Hypothesen. Nomologische Hypothesen sind raumzeitlich uneingeschränkt geltende Allaussagen, singuläre Hypothesen beziehen sich hingegen auf einmalige Sachverhalte oder auf raum-zeitlich begrenzte Bereiche der Realität.
Nach dem Charakter der Beziehung zwischen den Variablen, über den eine Hypothese eine Aussage darstellt, kann man unterscheiden zwischen:

1. **deterministischen** (wenn X dann immer Y) und **probabilistischen** (= statistischen) **Hypothesen** (wenn X, dann wahrscheinlich Y);
2. **reversiblen** (wenn X, dann Y – wenn Y, dann x) und **irreversiblen Hypothesen** (wenn X, dann Y – wenn Y, dann nicht X);
3. **konsekutiven** (wenn X, dann später Y) und **simultanen Hypothesen** (wenn X, dann gleichzeitig auch Y);
4. **hinreichenden** (wenn X, dann immer Y) und **bedingten Hypothesen** (wenn X, dann Y, vorausgesetzt, daß Z vorliegt);
5. **notwendigen** (wenn X, dann und nur dann Y) und **substituierbaren Hypothesen** (wenn X, dann Y – aber wenn Z, dann ebenfalls Y).

Von besonderer Bedeutung in der (→) empirischen Sozialforschung und in der Markt-, (→) Media- und Werbeforschung sind die statistischen Hypothesen, d. h. die spezifizierten Vermutungen über die (→) Wahrscheinlichkeitsverteilung von Variablen in (→) Grundgesamtheiten, die sich meist auf die Lage von (→) Parametern bezieht. Da es sich bei diesen empirischen Untersuchungen fast ausschließlich um die Überprüfung von Daten aus (→) Stichproben handelt, ist die Hypothesenprüfung ein mathematisch-statistischer Vorgang, bei dem sowohl die Größe des Fehlerrisikos, (→) Fehler 1. und 2. Art, wie der Sicherheitsgrad der Aussage, (→) Signifikanzprüfung berechenbar sind.

hypothetisches Konstrukt *(theoretisches Konstrukt)*
→ Konstrukt

I

Identifikationshilfen
Im Analysemodell des (→) Kommunikationsverhaltens treten in (→) Werbeträgeranalysen allgemein und dementsprechend auch in dem der (→) Media-Analyse (MA) der (→) Arbeitsgemeinschaft Media-Analyse (AG.MA), das sich wie die meisten anderen Analysen der (→) Erinnerungsmethode (Recall) oder auch der (→) Wiedererkennungsmethode (Recognition) bedient, an die Stelle der Realität Identifikationshilfen im Spielkartenformat, die alle nach demselben Prinzip gestaltet sind: Auf den einzelnen (→) Titelkarten, die den Befragten im (→) Interview vorgelegt werden, stehen die Signets für Pressemedien, die Erkennungsfiguren für Funkmedien (die Senderkennungen) oder die Namen der Programme, die die (→) Auskunftsperson bei jeder (→) Frage einzeln nacheinander ansieht.

Die Identifikationshilfen dienen einerseits dazu, den Auskunftspersonen möglichst eindeutig klarzumachen, für welche Erhebungsgegenstände sich der Interviewer interessiert.

Andererseits sind sie nützlich für die organisatorische Abwicklung der (→) Abfrage: Erhebungsgegenstände, die bestimmte (→) Filter nicht passiert haben, können ausgeschieden werden und bleiben bei weiteren Fragen unberücksichtigt. Sie verschwinden aus dem Wahrnehmungsfeld von Interviewer und Befragtem. Für Pressemedien werden dazu mehrfarbig bedruckte Kartonblätter von doppelter Postkartengröße (DIN A 5), für Fernsehen mehrfarbig, für Hörfunk schwarz-weiß bedruckte Kartonblätter von einfacher Postkartengröße (DIN A 6) verwendet.

Der Befragte sieht in jeder Phase des Interviews jeweils nur eine Karte gleichzeitig (also niemals mehrere Karten nebeneinander oder untereinander, sondern alle Karten einzeln nacheinander): Die Karte des gerade behandelten (→) Werbeträgers liegt offen auf dem Auflegefeld auf der linken Seite im (→) Vorlagenheft, alle anderen bereits abgefragten oder noch abzufragenden Karten liegen verdeckt.

Es hat sich herausgestellt, daß Einzelkarten besser gehandhabt werden können und gegenüber der gemeinsamen Darbietung von mehreren einzelnen Karten miteinander oder dem Zusammendruck mehrerer Karten auf eine Tafel noch weitere Vorteile bieten: Breitet man mehrere Untersuchungsgegenstände auf einer Fläche aus, dann wirkt jede Frage nach diesen Gegenständen wie eine Aufforderung zu einer Art Greiftest oder Deutetest, auf jeden Fall entsteht ein Reiz zur Auswahl. In derartigen Situationen werden die bekannteren, sympathischeren, häufiger benutzten Gegenstände eher ausgewählt als die weniger interessanten. Solche Versuchsanordnungen führen daher also nicht zu der für vergleichende Studien notwendigen Gleichbehandlung aller Untersuchungsgegenstände.

Soll jede einzelne Identifikationshilfe dieselbe Chance erhalten, die ungeteilte Aufmerksamkeit der Befragten auf sich zu ziehen, muß man Einzelkarten nacheinander vorlegen.

Um die Karten der (→) Erscheinungsintervallgruppen und der (→) Mediengattungen einerseits leicht auseinanderhalten zu können und andererseits stärker abzusichern, daß stets zu den gerade behandelten Erhebungsgegenständen im Vorlagenheft die richtigen Antwortvorgaben aufgeschlagen werden, sind die Rückseiten der Karten mit verschiedenen Farben bedruckt, die auf den zugehörigen Doppelseiten mit Auflegefeldern und Antwortvorgaben im Vorlagenheft wiederkehren.

Generell besteht in der (→) Mediaforschung Übereinstimmung darüber, daß die Verwendung von Titelkarten zur Identifikationshilfe ein metholischer Notbehelf ist und daß demgegenüber die (→) Originalheftmethode (Through-the-book-technique) höhere (→) Validität (Gültigkeit) besitzt. Sie ist jedoch in den (→) Multi-Media-Analysen mit ihrer Vielzahl von abgefragten Medien nicht praktikabel, weil die Interviewer dazu mehrere Koffer mit Originalheften mit sich herumtragen müßten. Über die seit der LA 58 erstmals verwendeten farbigen Identifikationshilfen, die seither in LA und MA beibehalten wurden, ist lange diskutiert worden. 1962 nahm das Psychologische Institut der Universität Hamburg unter Professor Peter R. Hofstätter unter dem Titel „Projekt ‚Aided Recall'" eine Untersuchung „zum Problem der Erinnerungshilfen bei Leseranalysen" in Angriff.

Illustrierte *(aktuelle Illustrierte, illustrierte Zeitschrift)*
Eine üblicherweise in wöchentlichem Rhythmus erscheinende (→) Publikumszeitschrift, deren Erscheinungsbild und redaktionelle Gestaltung in starkem Maße durch das in ihr enthaltene Bildmaterial geprägt wird. Wegen ihrer hohen Auflage und ihrer zusätzlichen Verbreitung in (→) Lesezirkeln sind sie für breit streuende Werbekampagnen besonders gut geeignet.

Illustrierten-Versandtest
Ein in der (→) Leserschaftsforschung von E. F. Salcher entwickelter Test, bei dem einer (→) Stichprobe von Lesern ein Exemplar einer Illustrierten zugeschickt und zwei Tage nach Eintreffen der Illustrierten mit der Zielperson ein mündliches Interview mit einem Interviewer, der ins Haus kommt, geführt wird. Das Testverfahren hat gegenüber anderen Methoden den Vorteil, daß der (→) Werbeträgerkontakt in einer wirklichkeitsnahen Situation zustandekommt und die sich ergebenden (→) Erinnerungswerte einigermaßen wirklichkeitsgetreu gemessen werden können.

IMMA
Abk Infratest-Multi-Media-Analyse

Impacttest *(Impaktverfahren)*
In der amerikanischen (→) Media- und (→) Werbeforschung ein von der Firma Gallup & Robinson entwickelter Test zur Messung der Stärke und Intensität des Werbeeindrucks bei den Umworbenen. Es ist ein kombiniertes Verfahren der Überprüfung der (→) ungestützten (→) Erinnerung und der (→) Wiedererkennung von Anzeigen in Druckmedien. Im ersten Untersuchungsschritt werden die Leser einer Zeitschrift befragt, an welche der darin enthaltenen Anzeigen bzw. beworbenen Marken, Firmen oder Waren sie sich erinnern können (claimed recall). Dann werden sie um eine möglichst genaue Beschreibung der Anzeigen gebeten, an die sie sich erinnern. Ergibt sich so eine überprüfte Erinnerung (proven recall), folgen weitere Fragen nach der genauen Position der Anzeige, nach der Stärke des Eindrucks, den die Werbebotschaft bei den Befragten hinterlassen hat, nach der positiven oder negativen Resonanz der Anzeige, nach den Assoziationen, die sie ausgelöst hat, nach den Auswirkungen des Werbemittelkontakts auf Kaufwünsche und Kaufverhalten und nach dem Abschneiden der untersuchten Anzeigen im Vergleich zu gleichfalls in derselben Zeitschrift enthaltenen Konkurrenzanzeigen.
Das Impactverfahren wurde in den USA erstmals 1951 eingesetzt. In der Bundesrepublik Deutschland wurde es seit 1954 unter der Bezeichnung (→) Emnid-Impact-Test durchgeführt, bis 1981 an seine Stelle der weiterentwikkelte (→) Emnid Recall & Recognitiontest trat.
vgl. Starch-Test, Anzeigenkompaß

Imperatives
→ Media Imperatives

Incremental Analysis
Ein dem (→) High-Assay-Verfahren sehr ähnliches (→) Iterationsmodell der (→) Mediaselektion, das Zielgruppen-, Werbeträger- und (→) Kontaktgewichtung berücksichtigt und als Zielkriterium die danach gewichtete (→) Reichweite verwendet. Auswahlkriterium bei den einzelnen Iterationsschritten sind die Grenzkosten des i-ten Werbeträgers (marginal cost efficiency of the ith magazine – MCE_i):

$$MCE_i = \frac{\text{Verbesserung der Wirkung eines Mediaplans durch eine zusätzliche Einschaltung}}{\text{Kosten der Einschaltung}}$$

Bei jeder Iteration wird das Medium mit dem höchsten MCE ausgewählt. Die Graphik auf Seite 248 stellt diesen Vorgang dar. Nach jeder Einschaltung ist der MCE_i-Wert aller verfügbaren Medien neu zu errechnen, um die (→) externen und (→) internen Überschneidungen zu berücksichtigen. Damit hat es gegenüber dem High Assay den Vorteil, daß auch die (→) Kontaktverteilung berücksichtigt wird.

Index max-Methode
→ Personengewichtung

Indikator
In der (→) empirischen Sozialforschung und in der (→) Marktforschung ein der Beobachtung zugängliches mit einem anderen, der Beobachtung nicht zugänglichen (→) Merkmal hochkorreliertes Merkmal, das aufgrund dieser hohen Korrelation als Hinweis auf oder Beweis für die Richtigkeit einer Annahme, einer (→) Hypothese oder eines vermuteten Kausalzusammenhangs gewertet wird. Es handelt sich also bei einem Indikator um ein unmittelbar beobachtbares Phänomen, dessen Wahrnehmung eine Schlußfolgerung auf ein nicht unmittelbar beobachtbares Phänomen gestattet. Indikatoren werden bei der (→) Operationalisierung und (→) Skalierung theoretischer Begriffe und hypothetischer (→) Konstrukte benötigt, wenn empirisch feststellbare Sachverhalte das theo-

Incremental Analysis

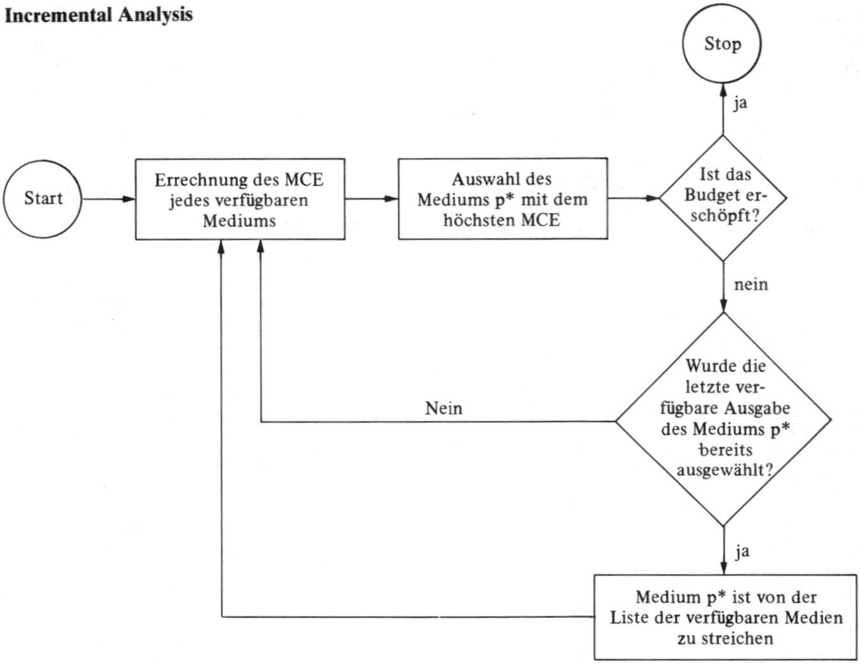

retisch Gemeinte repräsentieren müssen. Der Indikator muß wie alle übrigen empirischen Meßinstrumente auch den Anforderungen der (→) Validität und (→) Reliabilität genügen. Indikatoren werden sowohl zur Diagnose wie zur (→) Prognose von Zusammenhängen verwendet. In Marketing und Markt- und Sozialforschung spielen physiologische, motorische, verbale, ökonomische und soziale Indikatoren eine Rolle.
→ Indikatorfrage

Indikatorfrage *(verbaler Indikator)*
In der (→) empirischen Sozialforschung und der (→) Marktforschung eine Interviewfrage bei (→) Befragungen, durch die Befragte veranlaßt werden sollen, ihre (→) Einstellung oder Meinung zu einem Untersuchungsgegenstand zu erkennen zu geben, ohne daß dabei aus dem Wortlaut selbst die Untersuchungsabsicht bzw. der Untersuchungsgegenstand unmittelbar erkennbar wäre oder die Antworten als solche bereits die Antwort auf die Fragestellung der Untersuchung darstellen. Nach Hans-Joachim Geiger ist zwischen vollkommenen und unvollkommenen Indikatoren zu unterscheiden. Charakteristikum von vollkommenen Indikatoren ist, daß die Zielinformation (Problemfrage) sich mit absoluter Sicherheit aus der Vordergrundinformation (Fragebogenfrage bzw. testpositive Reaktion) ableiten läßt. Größere Bedeutung haben in der (→) demoskopischen Marktforschung die unvollkommenen Indikatoren, durch die ein schwer oder überhaupt nicht zugänglicher Sachverhalt durch einen empirisch leichter zugänglichen Sachverhalt ersetzt wird. „Zwischen Problemfrage und Item tritt eine Meßhypothese, die Behauptung einer empirisch feststellbaren – kausalen oder akausalen – statistischen Assoziation von Vordergrund- und Zielinformation, von ‚manifester' Reaktion und ‚latentem' Merkmal." (Gert Wettschureck) Zentrales Problem der unvollkommenen Indikatoren ist ihre (→) Validität. Insbesondere bei den (→) projektiven Techniken stellt sich die Frage, ob die ihnen zugrundeliegenden (→) Operationalisierungen valide sind.

indirekte Abfrage
→ Abfrage

Individualkommunikation
Im Gegensatz zur (→) Massenkommunikation

die direkte, persönliche Kommunikation zwischen Einzelpersonen. Die folgende Aufstellung zeigt die wichtigsten Unterschiede zwischen den beiden Grundformen der Kommunikation auf:

Merkmale	Individual-kommuni-kation	Massenkom-munikation
Art der Informations-übertragung	personal, direkt	mittels technischer Hilfsmittel, indirekt
Zahl der Informationsempfänger je Kommunikationsvorgang	sehr klein	groß
Homogenität der Informations-empfänger	groß	gering
Intensität/Flexibilität der Kommunikation	groß	gering
Möglichkeit der Rückkopplung zum Kommunikator	groß (Zwei-Weg-Kommunikation)	gering (Ein-Weg-Kommunikation)
Glaubwürdigkeit des Kommunikators	groß	gering

Quelle: Franz Böcker/Lutz Thomas, Marketing, S. 58

Individualpanel
→ Einzelpersonenpanel

Individualstichprobe
→ Personenstichprobe

induktive Statistik
→ Inferenzstatistik

Inferenzstatistik *(schließende Statistik)*
Derjenige Bereich der Statistik, der sich im Gegensatz zur (→) Deskriptivstatistik damit beschäftigt, von (→) Parametern aus (→) Stichproben auf die (→) wahren Werte von (→) Grundgesamtheiten im Rahmen berechenbarer (→) Vertrauensbereiche (Mutungsintervalle) zu schließen und zu prüfen, ob die Stichprobenparameter signifikante Unterschiede aufweisen, (→) Signifikanztest.

Informationsgemeinschaft zur Feststellung der Verbreitung von Werbeträgern e.V. (IVW)
Eine im Jahre 1949 vom (→) Zentralausschuß der Werbewirtschaft (ZAW) ins Leben gerufene Gemeinschaftseinrichtung der werbungtreibenden Wirtschaft, deren Hauptaufgabe es nach § 1 der IVW-Satzung ist, zur Sicherung eines echten Leistungswettbewerbs vergleichbare und objektiv ermittelte Unterlagen über die Verbreitung von Werbemitteln zu beschaffen und bereitzustellen (IVW-Auflagenprüfung). Zu diesem Zweck überprüft die IVW in regelmäßigen Zeitabständen die (→) Auflagenmeldungen der ihr angeschlossenen Werbeträger. Neben periodisch erscheinenden Druckerzeugnissen wie Zeitungen, Zeitschriften, Kalendern, Adreßbüchern, Branchen-Fernsprechbüchern sowie den Angaben über die Zahl, Art und Standorte von Unternehmen der Plakatanschlags-, Verkehrsmittel- und Großflächenwerbung prüft die IVW auch die Besucherzahlen von Filmtheatern, (→) Kino. Alle Unternehmen, die sich der Überprüfung ihrer Angaben durch die IVW unterziehen, sind berechtigt, das IVW-Zeichen zu führen.
Für die (→) Mediaplanung von besonderer Bedeutung ist die seit 1981 im Vierteljahresrhythmus erscheinende IVW-Verbreitungsanalyse Tageszeitungen. Sie stellt eine Basis-Unterlage für den regionalen Werbeeinsatz von Tageszeitungen dar und erfaßt 395 Titel (Stand 1986) mit 1245 Anzeigenbelegungseinheiten in rund 2300 Kreisen, kreisfreien Städten und Gemeinden mit mehr als 5000 Einwohnern.
Ebenfalls vierteljährlich erscheint die IVW-Analysenprüfung Fachzeitschriften (IVW-APF), bei der die reine Auflagenliste durch eine (→) Strukturanalyse erweitert ist, in der die Leserschaft der untersuchten Fachzeitschriften entweder durch Karteiauswertung oder durch schriftliche und mündliche Befragungen weiter analysiert wird. Das Ergebnis ist eine Zuordnung der Leserschaft nach soziodemographischen Merkmalen wie Ortsgrößenklassen, Altersgruppen, Schulbildung, berufliche bzw. betriebliche Position. Die im Rahmen der IVW-APF überprüften Fachzeitschriften sind ebenfalls berechtigt, das IVW-APF-Zeichen zu führen.

Infratam
→ Tammeter

Infratest-Anzeigenkompaß
→ Anzeigenkompaß

Infratest-Index
→ Tammeter

Infratest-Multi-Media-Analyse (IMMA/imd)
Eine neben der (→) Media-Analyse (MA) der (→) Arbeitsgemeinschaft Media-Analyse (AG.MA), der (→) Verbraucher-Analyse (VA) und der (→) Allensbacher Werbeträger-Analyse (AWA) zu den großen (→) Markt-Media-Analysen in der Bundesrepublik Deutsch-

Prüfungspensum der IVW 1970–1986*

Zeitraum	Zu prüfende Verlagsobjekte insgesamt	Davon 1 x jährlich zu prüfen	Insgesamt jährlich anstehende Prüfungen	Insgesamt pro Tag durchgeführte Prüfungen (220 Prüfungstage im Jahr)
IV/70	1 556	388	2 724	12,4
IV/71	1 556	419	2 693	12,2
IV/72	1 541	401	2 681	12,1
IV/73	1 558	377	2 739	12,4
IV/74	1 515	304	2 726	12,4
IV/75	1 506	337	2 675	12,2
IV/76	1 518	360	2 676	12,2
IV/77	1 526	363	2 689	12,2
IV/78	1 584	366	2 802	12,7
IV/79	1 645	393	2 897	13,2
IV/80	1 690	439	2 941	13,4
IV/81	1 788	444	3 046	13,8
IV/82	1 719	418	3 020	13,7
IV/83	1 723	410	3 036	13,8
IV/84	1 828	442	3 214	14,6
IV/85	1 859	446	3 262	14,8
IV/86	1 934	464	3 346	15,2

*) Zahlen einschließlich der Branchen-Fernsprechbücher, Adreßbücher, Analysen-Prüfung Fachzeitschriften (APF), Handbücher und Aufnahmeprüfungen.

land zu rechnende kontinuierliche (→) Multi-Mediaanalyse, die inzwischen nicht mehr existiert. Sie erfaßte neben den klassischen Medien wie Zeitschriften, Zeitungen, Hörfunk, Fernsehen, Kino und Plakatwerbung auch Daten über Direktwerbung, Briefwerbung, Musterverteilung und Teilnahme an Preisausschreiben und erhob zusätzlich zu den (→) Reichweiten auch audienzspezifische und allgemeine Produktinformationen über (→) Konsumverhalten, die Verwendung von Produktgruppen und Marken, Nutzungsintensitäten, Einkaufsquellen, den Bekanntheitsgrad der Marken der wichtigsten Produktgruppen sowie den Anteil der Verwender der jeweiligen Produktgruppen in den einzelnen Bevölkerungsgruppen. Die (→) Stichprobe für die IMMA wurde nach einem (→) mehrstufigen (→) geschichteten (→) Auswahlverfahren (Adressen-Random) auf der Grundlage von 1375 Sample Points pro Halbjahr gebildet. Die Gesamtzahl der Interviews pro Jahr betrug 15 000, die im Jahresverlauf in 10 Wellen zu jeweils 1500 Interviews durchgeführt wurden. Dabei wurden die in der IMMA enthaltenen Daten durch (→) Fusion aus einer größeren Zahl von Einzelerhebungen gewonnen.

Inhaltsanalyse *(Aussagenanalyse, Content-Analyse)*
Eine Forschungstechnik „zur objektiven, systematischen und quantitativen Beschreibung des manifesten Inhalts von Kommunikation“ (Bernard Berelson), bei der in drei aufeinanderfolgenden Schritten die Inhalte der Kommunikation zunächst abgegrenzt, dann kategorisiert und schließlich nach (→) Häufigkeitsverteilungen ausgezählt und analysiert werden. Dem Vorgehen liegt die Annahme zugrunde, daß die Art und Häufigkeit sprachlicher Symbole, also der manifeste Inhalt der Kommunikation, als (→) Indikatoren für Einstellungen, Wertorientierungen oder andere nicht direkt beobachtbare Eigenschaften des Verfassers (Senders) der (→) Kommunikation verstanden werden können, so daß sie Rückschlüsse auf den latenten Inhalt der Kommunikation rechtfertigen. Der entscheidende methodologische Fortschritt der Inhaltsanalyse liegt darin, daß sie an die Stelle der subjektiven Interpretation die objektive oder zumindest die intersubjektiv überprüfbare (→) Messung von Häufigkeitsverteilungen setzt.
In der (→) Mediaforschung und der Werbe- und Marktforschung bieten sich vielfältige Anwendungsmöglichkeiten für Inhaltsanalysen. Insbesondere in der Mediaforschung läßt sie sich bei (→) Intermediavergleichen mit dem Ziel der (→) Mediaselektion und, davon ausgehend, bei der Bestimmung optimaler redaktioneller Umfelder für eine Werbebotschaft einsetzen. „Mit Hilfe von Kategoriensystemen, die

den redaktionellen Teil von Medien nach formalen (u. a. Umfang, Format, drucktechnische Gestaltung, Bild-Text-Verhältnis), inhaltlichen (u. a. Themenbereiche, Art der Darstellung, politischer und ideologischer Ausrichtung) und niveaubezogenen Kriterien aufgliedern, wird die Struktur von Medien transparent und damit für die Mediaplaner zumindest in Ansätzen vergleichbar gemacht. Ebenso kann der Anzeigenteil nach ausgewählten Kategorien (z. B. Anteil einzelner Branchen, Anzahl und drucktechnische Gestaltung von Anzeigen u. a.) untersucht werden. Das Ziel dieser Analysen besteht darin, dem Mediaplaner neben den konventionellen Daten wie Reichweiten, Kontakthäufigkeit, Belegungs- und Einschaltkosten und den leser- bzw. hörerbezogenen Daten weitere Informationen in die Hand zu geben, die sich aus den Wechselwirkungen zwischen dem Inhalt der Werbebotschaft und dem redaktionellen und werblichen Umfeld ableiten und die Werbeerfolgsprognose verbessern helfen." (Adolf Jerke)

Inhaltsvalidität *(Inhaltsgültigkeit, Kontentvalidität)*
→ Validität (Gültigkeit)

Injektion
→ Fusion

Inklusionsschluß *(direkter Schluß)*
In der Statistik der Schluß von bekannten Werten einer (→) Grundgesamtheit auf Werte einer (→) Stichprobe oder allgemeiner der Schluß von einem Ganzen auf ein Teil.
vgl. Repräsentationsschluß

Inlandsauflage
Derjenige Teil der Gesamtauflage einer Druckschrift, der im Inland verbreitet wird. Bei Publikationen, die im Rahmen des Postzeitungsdienstes vertrieben werden, handelt es sich bei der Inlandsauflage um die für (→) Beilagen relevante Auflagenzahl. Bei den von der (→) Informationsgemeinschaft zur Feststellung der Verbreitung von Werbeträgern (IVW) veröffentlichten Zahlen wird die Inlandsauflage neben der Gesamtauflage nicht gesondert ausgewiesen.
vgl. Auslandsauflage

Innergruppenvarianz
→ Varianzanalyse

Inserat
→ Anzeige

Insertion
Die Vergabe eines (→) Anzeigenauftrags an einen (→) Werbeträger im Bereich der (→) Druckmedien.

Insertionsmedien
→ Druckmedien

Insertionsplan
→ Mediaplan

Instrumentaldefinition
→ operationale Definition

Intensität *(Intensitätsmessung)*
Die (→) Messung der Intensität von (→) Einstellungen, Meinungen, (→) Motiven, (→) Präferenzen, (→) Merkmalen usw. ist in der empirischen Sozial- und Marktforschung von besonderer Bedeutung, weil generell anzunehmen ist, daß die Distanz zwischen ihnen und einem entsprechenden Verhalten, also z. B. Käufen, mit wachsender Intensität der Einstellungen usw. geringer und folglich die Wahrscheinlichkeit größer wird, daß ein mit der Einstellung usw. übereinstimmendes Verhalten gezeigt wird. Sie spielt in der (→) Media- bzw. (→) Leserschaftsforschung bei der Ermittlung von (→) Kontaktqualitäten oder der (→) Medien- bzw. (→) Leser-Blatt-Bindung eine wichtige Rolle. Zur Messung von Intensitätsgraden ist in der (→) empirischen Sozialforschung eine ganze Reihe von (→) Skalen wie z. B. die (→) Leiterskala, die (→) Stapel-Skala, die (→) Thermometerskala u. ä. entwickelt worden.
→ Magnitude-Skalierung, Nutzungsintensität, Leseintensität, Überschneidungsintensität

Intensitätsfrage
→ Skalafrage

Intensivinterview *(Intensivgespräch)*
In der (→) empirischen Sozialforschung ein (→) Interview, bei dem lediglich ein Gesprächsleitfaden den Ablauf der (→) Befragung und die darin anzuschneidenden Themen und Themenkreise in groben Zügen festlegt, der Interviewer im übrigen jedoch weitgehend freie Hand bei der Gestaltung des Gesprächsablaufs und dabei hat, welche Fragen er im einzelnen stellt und wie er bei der Ermittlung im Detail vorgeht. Es kommt wesentlich darauf an, den Befragten in ein einigermaßen erschöpfendes und tiefgehendes Gespräch einzubinden, in dem die volle Bandbreite aller im thematischen Zusammenhang relevanten (→) Motivationen, Gründe, Überlegungen und emotionalen Reaktionen offengelegt wird. Um dies zu erreichen, hat der Interviewer die Möglichkeit, individuell auf den Befragten einzugehen, um so von ihm genauere Informationen aus seiner in-

dividuellen Perspektive, in seiner Sprache und unter Berücksichtigung seiner besonderen Bedürfnisse zu erlangen.
Tatsächlich wird in der sozialwissenschaftlichen Literatur der Begriff des Intensivinterviews nicht immer sehr klar von ähnlichen Begriffen wie etwa dem des (→) Tiefeninterviews, des (→) halbstrukturierten Interviews, des (→) zentrierten Interviews oder des vollkommen freien (→) unstrukturierten Interviews differenziert. Kriterium für eine Intensivuntersuchung ist, „daß nicht nur qualitative Verzweigungen der Problematik aufgewiesen, sondern auch deren zu verallgemeinernde Größenordnungen im Rahmen von statistischen Fehlergrenzen und Signifikanzberechnungen festgestellt werden. In der Intensivuntersuchung wird eine Kombination qualitativer und quantitativer Arbeitsmethoden erstrebt ... Die Intensivuntersuchung mit halbstrukturierten Interviews vermag differenzierte und thematisch verzweigte Meinungs- und Verhaltensbereiche übersichtlich zu machen, Sperren zu durchbrechen und die qualitativen Quellen von Meinungsgruppierungen aufzuzeigen ... Sie dient zur Auslese bedeutsamer Themenkreise aus der Vielzahl der Möglichkeiten." (Viggo Graf Blücher)
Intensivinterviews eignen sich folglich vorwiegend zur (→) Exploration von Problemen und Problemkreisen in (→) Pretests (Vorstudien) vor (→) standardisierten Interviews sowie zur Vertiefung von Ergebnissen, die durch standardisierte Befragungen gewonnen wurden. Ausgeprägte Nachteile von Intensivinterviews sind der starke Einfluß des einzelnen Interviewers auf den Ablauf der Erhebung, die erhebliche Dauer des Interviews (zwischen zwei und drei Stunden), der erhebliche Auswertungsaufwand und die geringe Vergleichbarkeit der Ergebnisse.

Nach Paul F. Lazarsfeld ergeben sich so für das Intensivinterview vor allem die folgenden Anwendungsmöglichkeiten:

1. Die Klärung der Bedeutung einer Antwort des Befragten.
2. Die Ermittlung eines wichtigen Einzelaspekts der Meinung eines Befragten.
3. Die Erkennung von Einflüssen auf die Meinung oder Meinungsbildung einer Person.
4. Die Analyse komplexer Einstellungsmuster.
5. Die Ermöglichung motivationaler Interpretationen.
6. Die Interpretation und Verfeinerung statistischer Beziehungen und insbesondere die Analyse seltener bzw. abweichender Fälle.

Zu diesen Möglichkeiten kommen noch zwei weitere:

7. Die Analyse von Effekten und Prozessen der individuellen Erfahrung als Reaktion auf bestimmte Situationen (Robert K. Merton und Patricia L. Kendall).
8. Die Ermittlung des Bezugsrahmens einer Person.

→ Belson-Interview

Interdependenzanalyse
Bei den (→) multivariaten Analyseverfahren in der Statistik wird generell zwischen der (→) Dependenzanalyse und der Interdependenzanalyse unterschieden. Ziel der Interdependenzanalyse ist die Beschreibung und Klärung der wechselseitigen Abhängigkeitsverhältnisse zwischen als gleichrangig angesehenen Variablen. Neben der (→) Korrelationsanalyse zählen die (→) Faktorenanalyse, die (→) Clusteranalyse und die (→) Konjunkte Analyse zu den wichtigsten Analyseverfahren der Interdependenzanalyse. Es handelt sich bei ihnen um Techniken der Datenreduktion, wobei Ziel des einen Verfahrens die Verdichtung der Daten durch Verkleinerung des Merkmalsvariablenraums bei Konstanz des Objektraums (Faktorenanalyse) und das Ziel des anderen die Klassifikation der Meßobjekte ist (Clusteranalyse). Die folgende Tabelle gibt einen Überblick über die beiden Klassen von multivariaten Analyseverfahren:

Einteilungskriterium	Art des Analyseverfahrens	Einzelbeispiele von Analyseverfahren
ungeteilte Variablenmenge	Interdependenzanalyse	Korrelationsanalyse Faktorenanalyse Clusteranalyse Konjunkte Analyse
geteilte Variablenmenge	Dependenzanalyse	Varianzanalyse Regressionsanalyse Diskriminanzanalyse Kontingenzanalyse

interdisziplinäre Zeitschrift
Eine (→) Fachzeitschrift, die mehrere Wissens- und Fachgebiete unter einem gemeinsamen Aspekt verbindet.

Intermediaforschung
In der (→) Mediaforschung die vergleichende Erforschung der werblichen und kommunikativen Eigenschaften verschiedener Medien mit dem Ziel der Gewinnung von Methoden und

Daten zur Objektivierung von (→) Mediavergleichen.

Intermediavergleich *(Intermediaselektion)*
Bei der (→) Mediaselektion ist grundsätzlich zwischen der (→) Intramediaselektion und der Intermediaselektion zu unterscheiden. Ziel der Intermediaselektion ist es, eine Auswahl zwischen verschiedenen Werbeträgerkategorien zu treffen, von denen jede durch bestimmte Merkmale und Merkmalskombinationen charakterisiert ist. Bei der (→) Mediaplanung wird in der Regel zunächst im Intermediavergleich die Entscheidung über die in einer konkreten Werbekampagne einzusetzenden Medienkategorien oder ihre Kombinationen getroffen. Innerhalb der einzelnen Kategorien erfolgt dann im Wege des Intramediavergleichs die Entscheidung für die einzelnen (→) Werbeträger. Generell läßt sich feststellen, daß es keine prinzipielle Überlegenheit eines bestimmten Mediums gegenüber allen anderen gibt. Je nach den spezifischen Gegebenheiten und Erfordernissen kann mal das eine, mal das andere Medium effizienter sein. Derselbe Grundsatz gilt auch für die Kombination verschiedener Werbeträgerkategorien.
Die intermediale (→) Gewichtung stößt auf große Schwierigkeiten, weil es an Vergleichsmaßstäben fehlt und noch weitgehend an fundierten empirischen Untersuchungen für den Intermedia-Vergleich mangelt.
Es sind zwar in den großen (→) Mediaanalysen brauchbare Daten für die verschiedenen (→) Mediagattungen enthalten, „aber es fehlt noch eine Untersuchungsmethode, welche diese verschiedenen Medien gleichwertig, d. h. in ihren Größenordnungen quantitativ voll vergleichbar, erfaßt“ (Otmar Ernst). Das methodische Problem des Intermedia-Vergleichs liegt also vor allem darin, Maßstäbe dafür zu finden, um z. B. einen (→) Kontakt durch ein Pressemedium mit einem Kontakt durch das Fernsehen auf einen Nenner zu bringen: „The problem of intermedia comparisons is one of the most difficult in the business, probably because there are few accepted standards of comparison.“ (Roger Barton) Eine weitere Schwierigkeit des Intermediavergleichs liegt darin, „vergleichbare“ Werbebotschaften für die verschiedenen Medien zu konzipieren: „It seems unlikely that copy designed for and appearing in different media will be judged ‚equal‘ enough to permit controlled media testing. Unless prior agreement can be reached, for example, that television advertisement ‚A‘ is equivalent in communication content with printed advertisement ‚B‘, except for differences in effect, contributed solely by the medium, it seems fruitless to attempt to measure the differences in effect contributed by the medium.“ (W. M. Weilbacher)
Bisher liegen nur sehr wenige Studien zum Intermediavergleich vor. Sie beziehen sich vorwiegend auf den Vergleich zwischen (→) Publikumszeitschriften auf der einen und dem Fernsehen auf der anderen Seite. Und was noch viel schöner ist: Die verschiedenen Untersuchungen kommen natürlich zu einander widersprechenden Ergebnissen: Es gibt Untersuchungen, die zu der Schlußfolgerung gelangen, das Fernsehen sei den Publikumszeitschriften nach einem bestimmten Kriterium wie z. B. der Fähigkeit, (→) Einstellungsänderungen hervorzurufen, überlegen. Und es gibt solche, die den Befund zutage fördern, die Zeitschriften seien dem Fernsehen überlegen. Andere Untersuchungen wiederum kommen zu dem Ergebnis, daß die Vorzüge stark von Produkt zu Produkt schwanken. Die legendäre Studie (→) „Werbedosis – Werbewirkung“ zeigte, daß die an acht verschiedenen Kriterien gemessene Kommunikationswirkung des Mediums, angefangen von der spontanen Markenbekanntheit bis zur (→) Erinnerung an einzelne Elemente der Werbebotschaft, von der *Höhe der Werbeausgaben* abhängig ist: „Bis zu Etats von etwa 1 – 1,5 Millionen DM erzielt das Werbefernsehen eine größere Kommunikationsleistung – darüber hinaus gilt dies für Publikumszeitschriften. In den niedrigen Etatbereichen um eine halbe Million DM entfalten Frauenzeitschriften eine sehr günstige Wirkung und liegen in diesen Bereichen vor den Programm-Zeitschriften und den aktuellen Illustrierten. Programm-Zeitschriften übertreffen in mittleren und großen Etats die Frauenzeitschriften und erzielen in allen Etatbereichen günstigere Effekte als aktuelle Illustrierte.“
Bei dieser Untersuchung wurde auch der Zusammenhang zwischen den definierten Werbewirkungen und 45 Variablen mit Hilfe einer multiplen (→) Regressionsanalyse untersucht. Die in Betracht gezogenen Variablen waren unter anderem:

- o Werbekosten der Marke in den beiden letzten Perioden,
- o Anteil der Werbekosten an der Produktgruppe und
- o Anteil der Mediagattungen an den gesamten Werbekosten der beiden letzten Perioden.

Die so ermittelten Regressionsformeln konnten 50 bis 90 % der (→) Varianz der tatsächlich beobachteten Werbewirkungen erklären. Für die erfaßten Produktbereiche zeigte sich, daß die

Medien / Eigenschaften der Werbeträger u. Kriterien zu ihrer Bewertung	Zeitung	Zeitschrift	Fernsehen	Radio	Kino	Plakat	Direktwerbung
Funktion des Werbeträgers	aktuelle und umfangreiche Sachinformation, Neuigkeiten	Information, Unterhaltung, Bildung	Unterhaltung, Information, Bildung	Information, aktuelle Nachrichten, Unterhaltung, Bildung	Unterhaltung, Erholung, Identifikationsmöglichkeiten	Werbung für Produkte und Dienstleistungen sowie für kulturelle, soziale und politische Zwecke	ausschließlich Werbung
Darstellungsmöglichkeiten	Text, Einzelbilder (meist schwarz/weiß), Graphiken, Zeichnungen	Text, Einzelbilder (farbig und schwarzweiß), großformatig, Graphiken, Zeichnungen	Bild (farbig, bewegt), Ton, Text (multisensorische Ansprache)	Ton (Sprache und Musik)	Bild (farbig, bewegt), Ton, Text (multisensorische Ansprache)	Bild (farbig), Text	Text, Bild, Produkterlebnis
Nutzungssituation	Inhaltsaufnahme in häuslicher Atmosphäre oder am Arbeitsplatz (meist morgens)	Inhaltsaufnahme in häuslicher Atmosphäre (Publikumszeitschrift) oder am Arbeitsplatz (Fachzeitschrift)	Empfang in der Familie, in häuslicher Atmosphäre (meist abends, nachmittags)	Empfang in häuslicher oder privater Atmosphäre (im Auto, in der Freizeit) (ganztägig)	Kinobesuch in der Freizeit (meist abends, an den Wochenenden)	vorwiegend flüchtiger Kontakt beim Vorbeigehen oder -fahren	häusliche Umgebung, unadressierte oder persönlich gehaltene Ansprache
Verhältnis Werbung/ Medium	informierende und argumentierende Werbung (Anzeige muß Aufmerksamkeit und Interesse wecken)	argumentierende und informierende Werbung, emotionale Appelle (Einfluß der redaktionellen Gestaltung)	suggestive, emotionale und argumentierende Werbung (Einfluß des Programms), günstiges Verhältnis Werbeträger/Werbemittelkontakt	rationale Werbung, emotionale Appelle (vorwiegend Zusatzmedium)	vorwiegend emotionale Appelle (meist nur Zusatzmedium)	Vermittlung von Kurzinformation (meist nur Zusatzmedium)	informierende, beschreibende Werbung
Zeitfaktor	mehrfache Nutzung möglich	mehrfache Nutzung möglich, verschiedene Nutzungsphasen	einmalige, zeitlich begrenzte Nutzung	einmalige Nutzung, zeitlich begrenzt	einmalige Nutzung, zeitlich begrenzt	mehrfache Nutzung wahrscheinlich (normale Einschaltdauer 30 Tage), Möglichkeit von Überschneidungen	unbegrenzte Nutzungsmöglichkeiten, hoher Neugierigkeitsgrad (Posteffekt)

Auswahl-möglichkeiten	Auswahl aufgrund von Leser-Struktur-Analysen, beschränkte Zielgruppenselektion, lokale, regionale und überregionale Streuung möglich	Auswahl aufgrund von Leser-Struktur-Analysen	Auswahl aufgrund von Einschaltquoten auf der Basis von Panelerhebungen	Auswahl auf der Basis von Panelerhebungen	keine exakte Zielgruppenbestimmung (regionale und lokale Streuung)	keine genaue Zielgruppenbestimmung (regionale Streuung)	exakte Zielgruppenstreuung und ungezielte Massenaussendung möglich
Reichweite	hohe Reichweite bei Gesamtbelegung	hohe Reichweite, Überschneidungen sind möglich	relativ geringe Reichweite (Kumulationseffekt)	relativ geringe Reichweite, Überschneidungen sind möglich	relativ geringe Reichweite, Überschneidungen sind möglich	geringe Reichweite, Überschneidungen sind möglich	im Prinzip hundertprozentig
Erscheinungsweise	täglich	wöchentlich, vierzehntäglich, monatlich, vierteljährlich	täglich	täglich	täglich	täglich	nach Wahl werktäglich
Verfügbarkeit	keine Beschränkungen	keine Beschränkungen	gesetzliche Beschränkungen (nicht mehr als 20 Minuten täglich pro Sender)	unterschiedliche Beschränkungen	Begrenzung auf Filmvorführungszeiten	keine Beschränkungen	keine Beschränkungen
Kosten	relativ hohe Tausenderpreise	relativ niedrige Tausenderpreise	mittlere Tausenderpreise	relativ niedrige Tausenderpreise	relativ hohe Tausenderpreise	sehr unterschiedliche Tausenderpreise	niedrige Tausenderpreise
Erfolgskontrolle	durch Coupons und Panels	durch Coupons und Panels	durch Panels	durch Panels	durch Panels	durch explorative Techniken	durch Rücklauf
Fazit	Übermittlung von aktuellen und rationalen Werbebotschaften; geeignet zur Produkteinführung, für Werbeangebote des regionalen und lokalen Handels Einführungs- und Festigungswerbung	Vermittlung von Stimmungsgehalten, Bestätigung von Konsumgewohnheiten; geeignet zum Imageaufbau Festigungswerbung	Ankündigung von Neuheiten; geeignet zum Imageaufbau, Vorführung der Produktanwendung Einführungs- und Festigungswerbung	Bestätigung von Konsumgewohnheiten, schnelle Bekanntmachung von Produkt und Herstellern, nur Zusatzmedium Einführungs- und Festigungswerbung	Übertragung einer suggestiven Atmosphäre; geeignet zum Imageaufbau, Vorführung der Produktanwendung, nur Zusatzmedium Festigungswerbung	Übermittlung der Werbebotschaft an einen unbegrenzten Personenkreis; geeignet zur Produktpräsentation, nur Zusatzmedium Festigungswerbung	Übermittlung von werblichen Informationen an einen exakt definierten Personenkreis ohne Streuverluste möglich; geeignet zur Produktpräsentation und Vorführung der Produktanwendung Einführungs- und Festigungswerbung

wichtigste Determinante der Werbewirkung der Werbeetat einer Marke in Relation zur Konkurrenz ist. „Demgegenüber hat die Verteilung der Werbegelder auf die Medien (Media-Mix) eine nachrangige Bedeutung", heißt es in der Studie. Die Ergebnisse gelten allerdings nur für Haushaltsgüter des Massenmarkts und für die Zielgruppe Hausfrauen.
Die Ergebnisse aller bisher vorliegenden Studien deuten darauf hin, daß hinsichtlich des Werbewirkungsbeitrages der Medien bestehende, vereinzelt festgestellte Wirkungsdifferenzen zum Teil auf Faktoren zurückzuführen sein dürften, die bei der jeweiligen Untersuchung gar nicht berücksichtigt wurden, wie z. B. der Einfluß der Werbemittelgestaltung, des Produkts, des Werbebudgets und der Zielgruppe.
In einer vom (→) Verband Deutscher Zeitschriftenverleger e. V. (VDZ) 1984 herausgegebenen, 1987 erweiterten und ergänzten Quellensammlung „Intermedia-Vergleiche Publikumszeitschriften Werbefernsehen" heißt es, daß Unterschiede in Wirkung und Wirkweise sich vor allem in den folgenden Bereichen abzeichnen:

- Die Aufnahme der Werbebotschaft aus einer Anzeige erfordert eigene Aktivität des Umworbenen, während er beim Betrachten eines TV-Spots eher passiv bleibt (aktives Lernen – passives Lernen).
- Anzeigen-Inhalte werden deshalb besser behalten und reproduziert als Inhalte von TV-Spots.
- Die Nutzungs-Situation beim Werbefernsehen ist durch häufige Ablenkung und verminderte Konzentration gekennzeichnet.
- Zur Übermittlung komplexer Botschaften eignet sich die Anzeige besser, während der TV-Spot besonders gut einfache Botschaften übermittelt.
- Der Fernsehspot entfaltet kurzfristig seine gesamte Wirkung. Die Anzeige wirkt nachhaltig über einen längeren Zeitraum.
- Über beide Medien werden Kaufimpulse ausgelöst, sie kommen aber auf unterschiedlichen Wegen zustande: Das Werbefernsehen wirkt eher durch Aktualisierung, die Zeitschrift durch Überzeugung. Der gemeinsame Einsatz beider Medien erhöht die Effizienz.
- Die beiden Medien haben unterschiedliche Sättigungsverläufe. Während kleine Werbefernseh-Etats besonders effizient sind, sind hohe Werbefernseh-Etats entsprechenden Zeitschriften-Etats unterlegen.
- Beide Medien sprechen soziodemographisch und psychographisch deutlich unterschiedliche Gruppen der Bevölkerung an.

Die Übersicht auf den Seiten 254/255 zeigt die unterschiedlichen Merkmale der verschiedenen Werbeträgerkategorien und die entsprechenden intermedialen Entscheidungskriterien in summarischer Darstellung.

interne Überschneidung *(Kumulation)*
Im Gegensatz zur (→) externen Überschneidung bezeichnet interne Überschneidung in der (→) Media- und (→) Leserschaftsforschung den Vorgang, daß durch Mehrfachbelegung eines (→) Werbeträgers, also z. B. durch die wiederholte Schaltung einer Anzeige in verschiedenen Ausgaben einer Zeitschrift, Teile der (→) Nutzershcaft (Leserschaft) dieses Werbeträgers mehrfach (→) Werbemittelkontakt haben. Die interne Überschneidung ist um so größer, desto größer die (→) Stammnutzerschaft (Stammleserschaft) des Werbeträgers ist. Umgekehrt gilt, daß der durch die Mehrfachbelegung erzielte Zuwachs an (→) Reichweite um so geringer ist, desto größer die interne Überschneidung ist, und daß der Zuwachs der (→) Kontakthäufigkeit mit größerer interner Überschneidung ebenfalls stärker wird. Dabei werden durch das (→) Werbemittel mehr Personen erreicht, als der (→) LpN-Wert angibt. Der Reichweitenzuwachs ergibt sich als Differenz zwischen der (→) kumulierten Reichweite, (→) Kumulation, und der für einmalige Schaltung ermittelten Reichweite. Die Kontakthäufigkeit ergibt sich als Quotient aus der Summe aller (→) Kontakte bei allen Einschaltungen und der (→) Nettoreichweite.
Es ist offenkundig, daß die Reichweitenkumulation aufgrund von (→) Mehrfachkontakten mit einem Werbemittel in der (→) Mediaplanung durchaus ein Vorteil ist, weil sie die (→) Erinnerungswirkung von Werbung erhöht. Vielfach wird ein interner Überschneidungskoeffizient berechnet, der den Anteil der Gesamtnutzerschaft von zwei (drei oder mehr) Ausgaben eines Werbeträgers ausdrückt. Der Überschneidungskoeffizient (Ü) von n Ausgaben ergibt sich als:

$$Ü = \frac{\text{Reichweite der Durchschnittsausgabe x n}}{\text{Nettoreichweite von n Ausgaben}}$$

Die Kenntnis interner Überschneidungen ermöglicht gezielte (→) Kontaktdosierungen, d. h. die Dosierung der Durchschnittshäufigkeiten, mit der die zu einer Zielgruppe gehörenden Personen Werbemittelkontakt haben, (→) Durchschnittskontakt. In der (→) Media-Analyse (MA) der (→) Arbeitsgemeinschaft Media-Analyse (AG.MA) wird das durch die interne Überschneidung bewirkte Nutzerschaftswachstum des Mediums n nach i Belegungen errechnet als:

$$\frac{\sum_{i=1}^{N} g_i \left[1-(1-p_{ij})^R\right]}{\sum_{i=1}^{N} g_i} \cdot 100$$

$$j = 1 \ldots m$$
$$n = 1, 2, \ldots 12$$

Dieser Ausdruck bezeichnet die Reichweite nach n Nummern in % der Bevölkerung *(Reichweitenwachstum absolut)*. Für n = 1 ergibt sich der (→) Leser pro Ausgabe (LpA)::

$$\frac{\sum_{i=1}^{N} g_i\, p_{ij}}{\sum_{i=1}^{N} g_i} \cdot 100$$

$$j = 1 \ldots m$$

Für n = oo der (→) Weiteste Nutzerkreis (WNK) in % aller Befragten:

$$\frac{\sum_{p_{ij} > 0} g_i}{\sum_{i=1}^{N} g_i} \cdot 100$$

$$j = 1 \ldots m$$

Die Reichweite nach n Nummern (LpA = 100) ergibt sich als:

$$\frac{\sum_{i=1}^{N} g_i \left[1-(1-p_{ij})^n\right]}{\sum_{i=1}^{N}} \cdot 100$$

$$j = 1 \ldots m$$
$$n = 1, 2, \ldots 12$$

Dieser Ausdruck bezeichnet das *Reichweitenwachstum relativ*.

Als (→) Hochrechnung existiert diese Angabe nicht für das (→) Kino. Die Formel lautet:

$$F_B \cdot \sum_{i=1}^{N} g_i \left[1-(1-p_i)^n\right] \text{ in Millionen.}$$

Die Graphik zeigt den unterschiedlichen Verlauf der Kurven des Reichweitenzuwachses für einen Werbeträger mit einem hohen und mit einem niedrigen Anteil (→) regelmäßiger Nutzer:

Reichweitenkumulation

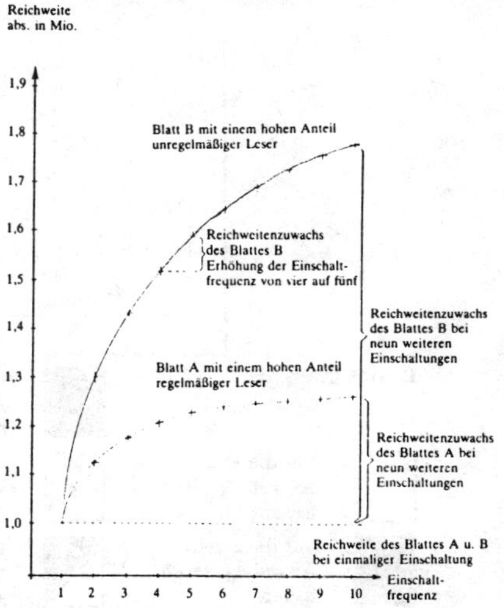

Quelle: K. Chr. Behrens (Hrsg.), Handbuch der Marktforschung, Wiesbaden 1974, S. 685.

Die Reichweite einer Einschaltung bezeichnet man auch als (→) „K_1-Wert“, die Reichweite nach zwei Einschaltungen als „K_2-Wert“ und so fort. Der „K_1-Wert“ entspricht inhaltlich der Leserschaft einer durchschnittlichen Ausgabe und damit dem (→) Leser pro Nummer (LpN). Die Abbildung auf Seite 258 oben zeigt den Zusammenhang zwischen kumulierter Reichweite und internen Überschneidung im Detail.

Die individuellen Angaben zur Nutzung eines Mediums lassen sich mit Hilfe von wahrscheinlichkeitstheoretischen Verfahren verrechnen. Dabei werden die individuellen Wahrscheinlichkeiten dafür bestimmt, daß bei n (→) Belegungen 1, 2, ..., n Kontakte zustandekommen, (→) Kontaktwahrscheinlichkeit. Für die individuellen Kontaktwahrscheinlichkeiten für die einzelnen Medien bietet sich entweder das (→) Binomialmodell oder das (→) hypergeometrische Modell, für die Berechnung der Kontakte bei (→) internen und (→) externen Überschneidungen auch die (→) Faltung (Convolution) bzw. Näherungsverfahren, (→) Approximation, oder die (→) Simulation an.

Überschneidungsmodell der kumulierten Leserschaft eines Mediums

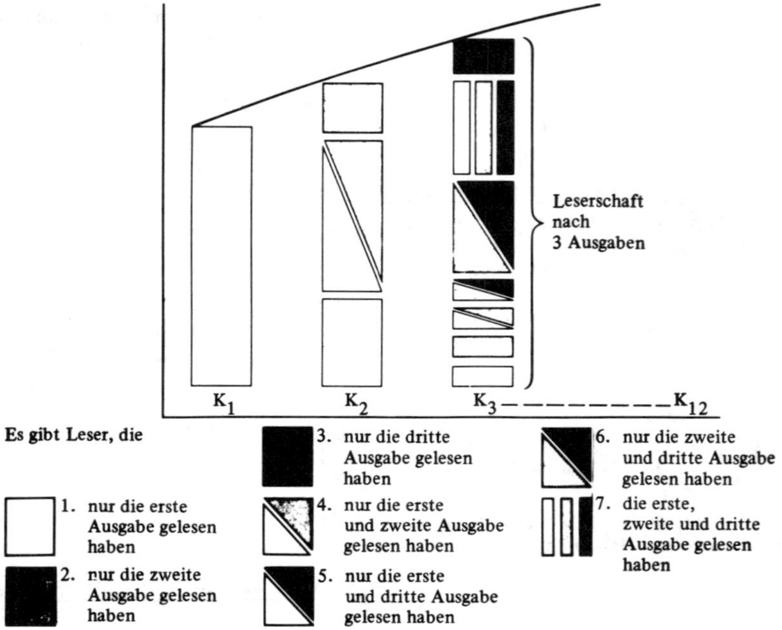

In der Realität der (→) Mediaplanung richtet sich die Betrachtung von Reichweitenanstieg und (→) Kontaktverteilung nicht auf den Einzeltitel, sondern auf den Gesamtplan, d. h. beide Überschneidungsarten, externe und interne Überschneidung, müssen berücksichtigt werden. Eine hohe interne Überschneidung (viele regelmäßige Leser eines Titels) ist häufig mit einer vergleichsweise geringen externen Überschneidung verknüpft und umgekehrt.

interne Validität
→Validität

Interpolation
In der Statistik der Vorgang der Schätzung einer Variablen, die zwischen zwei bekannten Größen liegt.
vgl. Extrapolation

Intervallprognose
Bei (→) Prognosen sind analog zur Einteilung der Methoden der statistischen (→) Schätztheorie bei Verwendung stochastischer Prognosemodelle zwei Arten von Prognoseaussagen möglich, (→) Punktprognosen und Intervallprognosen. Intervallprognosen bestehen in der Schätzung eines (→) Vertrauensintervalls für die Prognosevariable.

Intervallschätzung
In der statistischen (→) Schätztheorie wird zwischen (→) Punktschätzungen und Intervallschätzungen unterschieden. Bei Intervallschätzungen geht es um die Bestimmung des Intervalls, (→) Vertrauensintervall, innerhalb dessen der wahre Wert des (→) Parameters einer (→) Grundgesamtheit mit einer gegebenen (→) Wahrscheinlichkeit liegt, aufgrund von (→) Stichprobenwerten.

Intervallskala
Eine metrische (→) Skala ohne echten Nullpunkt, die aus einem Kontinuum von Werten mit gleichgroßen Abständen (Intervallen) zwischen den Skaleneinheiten besteht, so daß die Differenzen zwischen den Meßwerten den tatsächlichen Differenzen zwischen den gemessenen Objekten entsprechen. Intervallskalen haben entweder überhaupt keinen oder einen willkürlich festgelegten Nullpunkt (wie z. B. bei der Temperaturmessung nach Celsius).
vgl. Nominalskala, Ordinalskala, Ratioskala

Intervarianz
→ Varianz

intervenierendes Konstrukt
→ Konstrukt

Interview
In der Markt- und Sozialforschung das zweckgerichtete Gespräch zwischen einem Interviewer und einer (→) Auskunftsperson in einer (→) Befragung. Vielfach werden die in direkter persönlicher Kommunikation stattfindenden Befragungen (persönliches oder telefonisches Interview im Gegensatz zur schriftlichen Befragung) allein als Interview bezeichnet, aber im allgemeinen versteht man Befragung und Interview als Synonyme.

Interviewer
In der Markt- und Sozialforschung eine Person, die entweder neben- oder – seltener – hauptberuflich (→) Interviews durchführt oder ähnliche Aufgaben im Rahmen der (→) Feldarbeit wie z.B. (→) Beobachtungen u.ä. durchführt. Interviewer werden als nebenberufliche Kräfte meist durch Schaltung von Anzeigen in der Lokalpresse geworben und je nach Art der (→) Interviewerorganisation entweder durch Probeinterviews und schriftliche Unterweisung (bei der zentralisierten Interviewerorganisation oder durch regionale hauptberufliche Chef-Interviewer (Supervisor) ausgebildet (bei der dezentralisierten Interviewerorganisation). Der Grundgedanke bei der zentralisierten Interviewerorganisation ist es, den (→) Fragebogen (ebenso wie auch die laufenden weiteren Schulungsmaßnahmen und die zusammen mit den Fragebögen ausgesandten Begleitschreiben und die Interviewer-Rundbriefe) so übersichtlich und klar zu organisieren, daß es keiner sonderlich hohen sachlichen, fachlichen und allgemeinen Qualifikation des Interviewers bedarf.
Als idealer Interviewer ist nach Elisabeth Noelle-Neumann ein „kontaktfähiger Pedant" anzusehen. Die Interviewer sind nach der Formulierung von Gerhard Schmidtchen „technische Assistenten, die eine Testapparatur bedienen", „und zwar nach Vorschriften, die sie minuziös befolgen sollen, um sachliche Richtigkeit und Vollständigkeit, aber auch Einheitlichkeit des Verfahrens und damit statistische Auswertbarkeit, Wiederholbarkeit, Überprüfbarkeit zu sichern. Im übrigen ist es eine besondere Art von Pedanterie, die der Interviewer benötigt und auf die hin die Auswahltests speziell angelegt werden: eine Bereitschaft, auch solche Vorschriften gewissenhaft zu befolgen, die nicht einleuchten; denn diese Vorschriften scheinen oft provozierend spielerisch, abwegig, umständlich (ganz besonders die ‚Zufallsmechanismen' zur Auswahl der ‚Zielpersonen' einer repräsentativen Stichprobe), zugleich aber können sie dem Interviewer, der sie gewissenhaft befolgen will, fast unüberwindliche Hindernisse bereiten." (Elisabeth Noelle)

Interviewereffekt *(Interviewerfehler, Interviewer-Bias)*
Der Begriff des Interviewerfehlers umfaßt analog zum allgemeinen Begriff des (→) Fehlers in der empirischen Sozialforschung die Gesamtheit der vom (→) Interviewer ausgehenden zufälligen (und daher einander ausgleichenden) und (→) systematischen Fehler. Demgegenüber meint der Begriff Interviewer-Bias allein die vom Fehlverhalten der Interviewer ausgehenden systematischen Verzerrungen der Resultate von (→) Befragungen oder auch (→) Beobachtungen. Das Fehlverhalten kann dem Interviewer bewußt oder auch nicht bewußt sein, es kann sich um absichtliche Fälschungen, (→) Fälscherproblem, oder um unabsichtliche Fehler handeln. Ziel der Organisation aller Feldarbeit ist die Reduzierung oder Ausschaltung des Interviewereinflusses.
Generell besteht die Gefahr eines verzerrenden Interviewereffekts bereits bei der Auswahl der Befragten bei allen Verfahren der (→) bewußten Auswahl, bei denen der Interviewer prinzipiell die Möglichkeit hat, Befragte nach subjektiven Kriterien (leichte Zugänglichkeit, freundliches, offenes Wesen usw.) und Präferenzen auszuwählen oder auch immer wieder dieselben Personen zu befragen. Bei der Befragung selbst kann der Interviewer unbewußt durch seine Gesamterscheinung, sein Auftreten, seine Kleidung das Verhalten und die Antworten der Befragten beeinflussen und sie zu Gefälligkeits- und (→) Prestigeantworten veranlassen. Schließlich kann er durch Nachlässigkeit oder Unachtsamkeit (Verlesen der falschen Fragen, Überspringen von Fragen, falsche Eintragungen durch Unachtsamkeit oder Fehleinstufung usw.) oder auch durch (→) selektive Wahrnehmung Ergebnisverzerrungen bewirken. Diese Gefahr ist besonders groß bei der (→) Feldverschlüsselung von (→) offenen Fragen.
Eine der Strategien zur Reduzierung oder Ausschaltung von Interviewereinflüssen ist es, geschulte Interviewer einzusetzen, jedem einzelnen nicht zu viele Interviewaufträge zu geben (5 bis 7 Interviews pro Befragung werden im allgemeinen als ideal angesehen, wiewohl das

Ideal in der Praxis oft nicht erreichbar ist), die Anlage der (→) Fragebögen so zu gestalten, daß die Möglichkeiten eines Interviewereffekts so gut wie möglich ausgeschlossen werden, und schließlich in einer geschickten Organisation des Interviewereinsatzes.

Interviewerkontrolle

Im allgemeinen geht die Tendenz in der Markt- und Sozialforschung seit langem dahin, anstelle einer gewissermaßen kriminalistischen Nachkontrolle der Verläßlichkeit der Arbeit der Interviewer Bewerber vor ihrem Einsatz als Interviewer dahingehend zu überprüfen, „ob eine erhöhte Wahrscheinlichkeit besteht, daß der Bewerber in Zukunft einmal Interviews fälschen wird" (Elisabeth Noelle). Aber zusätzlich werden von den meisten Instituten im wesentlichen die folgenden Kontrollen für die Echtheit der von den Interviewern beigebrachten Unterlagen angewandt:

- **die Verwendung fingierter Adressen:** Werden den Interviewern feste Adressen der Befragten vorgegeben, so werden dabei Anschriften angegeben, die gar nicht existieren. Geben die Interviewer dennoch ausgefüllte Fragebögen zurück, ist offensichtlich, daß ein Interview nicht geführt wurde.
- **stichprobenartige Überprüfung bei den Befragten:** Die Überprüfung kann durch Nachfaßbesuche oder auch durch Posrkarten erfolgen, mit denen nach einzelnen Themen oder Befragungsgegenständen gefrsgt wird.
- (→) **Fälscherfragen**
- **statistische Kontrollen:** Weichen die von einem Interviewer angeblich erhobenen Ergebnisse anhaltend von den durchschnittlich erhobenen Ergebnissen ab, könnte möglicherweise eine Fälschung vorliegen.
- **die sorgfältige Durchsicht der Fragebögen,** „die allein durch ihr äußeres Bild verräterisch sein können und in denen insbesondere in den wörtlich aufgezeichneten Kommentaren auf offene Fragen Monotonie oder besonders aufgetragene Phantasie die fingierte Befragung vermuten lassen" (Elisabeth Noelle).

Interviewerorganisation

Die Organisationsprinzipien eines Interviewernetzes müssen nach Elisabeth Noelle aus den folgenden Gesichtspunkten entwickelt werden:

1. Sicherung der Invarianz: Alle Interviewer sollen sich beim Interviewen möglichst einheitlich verhalten.
2. Man muß Vorkehrungen treffen, damit die Persönlichkeit des Interviewers den Befragten so wenig wie möglich beeinflußt.
3. Auch die Aufzeichnungen, die der Interviewer über Aussagen und Verhalten der Befragten macht, sollen so wenig wie möglich von der Persönlichkeit, den Ansichten und Erwartungen des Interviewers gefärbt werden.
4. Man muß berücksichtigen, daß die Leistungen eines Interviewers durch Erfahrungen nicht verbessert, sondern eher beeinträchtigt werden, Stichwort (→) selektive Wahrnehmung.
5. Wenn sich ein Interviewer Fehler angewöhnt hat (z.B. bei den Antworten nachzuhelfen) oder Bequemlichkeiten, von Fälschungen nicht zu reden, muß man sich schon auf den Schatten eines solchen Verdachts hin von ihm trennen.

Prinzipiell ist zwischen zwei Grundtypen der Interviewerorganisation zu unterscheiden: der zentralisierten und der dezentralisierten Organisation.

Die dezentralisierte Organisation ist nach dem Muster der Reisendenorganisation angelegt, bei der die einzelnen Interviewer auch meist persönlich ausgewählt und geschult werden und bei der unter der Leitung der Feldarbeitszentrale des Instituts auf Bezirksebene tätige Chef-Interviewer (CI) operieren, die in ihren Bezirken den Interviewern die Aufgaben zuteilen, sie kontrollieren, ihren Einsatz koordinieren und sie meist auch in Zusammenarbeit mit ihrer Zentrale schulen. Die zentralisierte Organisation hingegen ist dadurch charakterisiert, daß die Interviewer meist schriftlich ausgewählt, geschult und angewiesen werden. Zwischen die Interviewer und die Zentrale sind keine Bezirksleiter geschaltet, und der Kontakt zwischen Zentrale und Interviewern geschieht ausschließlich im Wege der Korrespondenz oder telefonisch.

Intramediavergleich *(Intramediaselektion)*

Bei der (→) Mediaselektion ist grundsätzlich zwischen der (→) Intermediaselektion und der Intramediaselektion zu unterscheiden. Ziel der Intramediaselektion ist es, eine Auswahl zwischen den verschiedenen (→) Werbeträgern einer einzelnen Mediengattung zu treffen, nachdem die grundsätzliche Entscheidung für eine bestimmte Kategorie bereits aufgrund von Intermediavergleichen getroffen wurde. Dabei kommt es im Rahmen von intramedialen Vergleichen neben Kosten- und Reichweitengesichtspunkten, neben (→) Kontaktzahlen und (→) Kontakthäufigkeiten vor allem auch auf Imagegesichtspunkte und auf die Übereinstimmung zwischen den durch eine Werbebotschaft anzusprechenden Marktsegmenten und den regelmäßigen Nutzern eines Werbeträgers an. „Zum Zweck einer zielgruppengerechten Pla-

nung, Konzeptionierung und Realisation einer Kampagne ist außerdem entscheidungsrelevant, in welchem Umfang für das betreffende Medium nicht nur soziodemographische, sondern vor allem auch verhaltensorientierte Zielgruppenbeschreibungen zur Verfügung stehen." (Hans Mayer/Ute Däumer/Hermann Rühle)
→ Mediaselektion, Mediaplanung, Optimierungsmodelle, Streuplanung

Intravarianz
→ Varianz

Involvement
→ Leser-Blatt-Bindung, Medienbindung, Kontaktqualität

IPA-Formel
→ A-Wert

IPA-Fragestellung
Seit 1966 wird der (→) Leser pro Nummer (LpN) in der (→) Leseranalyse (LA) und dann in der (→) Media-Analyse (MA) der (→) Arbeitsgemeinschaft Media-Analyse (AG.MA) durch die vom britischen Institute of Practitioners in Advertising (IPA) entwickelte Frage nach dem Zeitpunkt des letzten Lesens indirekt erhoben. Bis dahin war er mit der diskreten Fragestellung „innerhalb des (→) Erscheinungsintervalls gelesen? JA/NEIN" erhoben worden. Grund für die Einführung der IPA-Frage war die Erfahrung, daß in der durch die Frage nach dem Lesen im letzten (→) Erscheinungsintervall ermittelten Leserschaft, durch die ja (→) regelmäßige und (→) gelegentliche Leser erfaßt werden, zu viele gelegentliche Leser erfaßt wurden. Das Ergebnis war eindeutig eine härtere Aussiebung der gelegentlichen Leser und eine wesentliche Senkung der (→) Reichweiten, was bereits durch das AGLA-Experiment „Die Ermittlung des Lesers pro Nummer durch Fragen nach dem Zeitpunkt des letzten Lesevorgangs und durch Fragen nach dem letzten Erscheinungsintervall" (1962) bekannt war.
Die Darstellung in der rechten Spalte illustriert die unterschiedlichen Operationalisierungen der IPA-Fragestellung und des bis dahin von der LA verwendeten Ansatzes (siehe auch die Darstellung unter dem Stichwort „Leser pro Nummer (LpN) auf Seite 320.

Irrtumswahrscheinlichkeit *(Gegenwahrscheinlichkeit)*
→ Fehler 1. Art; *vgl.* Signifikanzniveau

Die LPN-Frage

IPA-Fragestellung

Frage: wann zuletzt gelesen?
Antwort: vor . . . Tagen
Interviewer: Antwort liegt im Erscheinungsintervall ja/nein

Lesetag

Mo Di Mi Do Fr Sa So Mo Di

IPA-Fragestellung mit Kalendervorlage

Frage: an welchem Tag gelesen?
Antwort: ein bestimmter Tag
Interviewer: Antwort liegt im Erscheinungsintervall ja/nein

Mo Di Mi Do Fr Sa So Mo Di

LA-Methode (bis 1965)

Frage: innerhalb des Erscheinungsintervalls gelesen?
Antwort: ja/nein

Erscheinungsintervall

Mo Di Mi Do Fr Sa So Mo Di

IPA-Fragestellung „Wann wurde die Zeitschrift zuletzt gelesen oder durchgeblättert?"

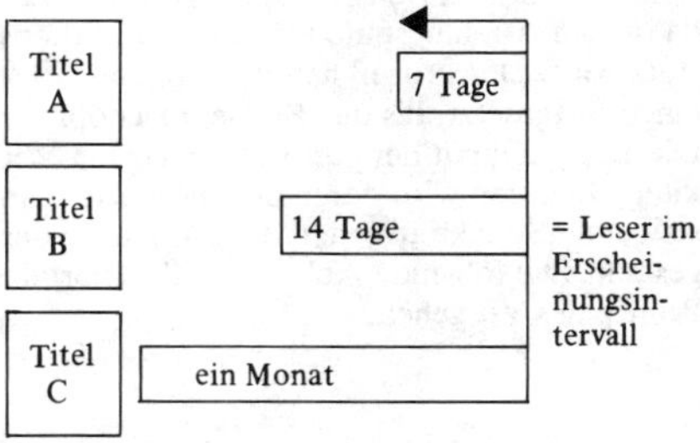

Leser pro Nummer =
Leserschaft einer durchschnittlichen Ausgabe

Item
Die einzelne Aufgabe oder das einzelne Element eines (→) Tests, einer (→) Skala, eines (→) Fragebogens bzw. einer Frage, einer (→) Tabelle oder einer Liste, zu der eine (→) Auskunftsperson, ein (→) Befragter oder eine Testperson sich äußert oder äußern soll.

Itemanalyse
Die Gesamtheit der verschiedenen Verfahren zur Auswahl der (→) Items bei der Konstruktion von (→) Tests, (→) Skalen, (→) Fragebögen usw. Die Items werden zunächst nach inhaltlichen Gesichtspunkten und dann auf ihre

Schwierigkeit, Homogenität, Eindeutigkeit, (→) Trennschärfe, Stabilität, (→) Validität (Gültigkeit) und (→) Reliabilität (Zuverlässigkeit) hin untersucht. Ziel der Analyse ist die Überprüfung der inhaltlichen und formalen Angemessenheit der einzelnen Testitems.

Iteration *(Iterationsmodell, iterative Verfahren)*
In der Mathematik und in der Statistik bezeichnet Iteration die sukzessive Anwendung von Näherungswerten so lange, bis eine Gleichung gelöst ist. Als (→) Iterationstests werden (→) parameterfreie statistische Prüfverfahren zur Untersuchung der Zufälligkeit einer (→) Stichprobe bezeichnet, bei denen mit Hilfe der Iterationen geprüft wird, ob zwei Stichproben aus derselben (→) Grundgesamtheit entnommen wurden. Prüfgröße ist die Zahl der Iterationen.
In der computergestützten (→) Mediaselektion werden bei den iterativen Verfahren auf der Grundlage eines festen Plans oder einfach vom Nullpunkt des (→) Kosten-Wirkungs-Diagramms ausgehend in der ersten Iterationsstufe Schritt für Schritt alle Belegungsmöglichkeiten per Computer durchgerechnet. Dabei wird die Entscheidung für den nach einem bestimmten Kriterium besten Belegungsplan getroffen, der dann zum Ausgangspunkt für die 2. Iterationsstufe wird. Der Prozeß der Iterationen wird so lange fortgesetzt, bis das Budget erschöpft ist. Die Belegung mit der günstigsten Kosten-Wirkungs-Relation wird durch die am steilsten ansteigende Strecke in jeder Iterationsstufe dargestellt. Die folgende Abbildung illustriert das Prinzip des Vorgehens:

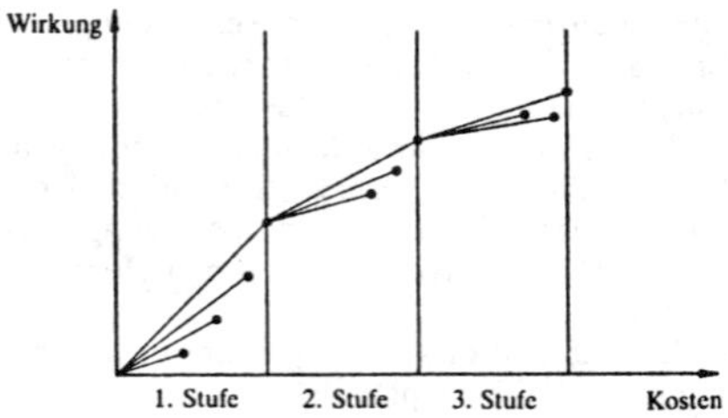

Offenkundiger Nachteil dieses Vorgehens ist es, daß die einmal gewählten Belegungen auch in Fällen nicht mehr rückgängig gemacht werden können, in denen sie sich eindeutig als unvorteilhaft erweisen.
Die beiden bekanntesten iterativen Verfahren der Mediaselektion sind (→) High Assay von Young & Rubicam, die (→) Incremental Analysis und die (→) Sequentialmethode von Jacques Durand.

Iterationstest
→ Wald-Wolfowitz-Test

IVW
Abk Informationsgemeinschaft zur Feststellung der Verbreitung von Werbeträgern e.V.

IVW-APF
Abk IVW-Analysen-Prüfung Fachzeitschriften → Informationsgemeinschaft zur Feststellung der Verbreitung von Werbeträgern e.V.

IVW-Auflagenkontrolle
→ Informationsgemeinschaft zur Feststellung der Verbreitung von Werbeträgern e.V.

J

Ja-Nein-Frage
Eine Form der (→) geschlossenen Frage bei (→) Befragungen, bei der die Befragten lediglich die Wahl zwischen einer bejahenden und einer verneinenden Antwort haben. Als Ja-Nein-Frage wird sowohl die Version, in der die (→) Residualkategorie „Unentschieden", „Weiß nicht", „Keine Antwort" mit vorgegeben ist, wie die Version bezeichnet, in der diese Kategorie weggelassen bleibt, um den Anteil der ausweichenden Antworten möglichst niedrig zu halten. In seinem Schema der (→) Fragearten macht Manfred Hüttner einen Unterschied zwischen der reinen Ja-Nein-Frage und der neutralen Fassung der normalen (→) Alternativfrage, bei der die Alternative im Fragetext mit genannt wird und damit eine mögliche Bevorzugung der positiven Antwortalternative wie bei der einfachen Ja-Nein-Frage vermieden wird („Rasieren Sie sich elektrisch oder rasieren Sie sich auf eine andere Art?").

Ja-Nein-Gewichtung
→ Personengewichtung

JMA
Abk Jugend-Media-Analyse

Jugend-Media-Analyse (JMA)
Eine von der (→) Arbeitsgemeinschaft Leseranalyse Jugendpresse getragene, seit 1980 in Abständen von ungefähr drei Jahren erscheinende (→) Werbeträgeranalyse, die das Medienverhalten gegenüber 15 spezifischen Jugendzeitschriften sowie Marktdaten über das Konsumverhalten der jugendlichen Zielgruppen im Alter von 12 bis 21 Jahren in den wichtigsten Konsumbereichen untersucht.

Justieren *(Justierung)*
Die Justierung ist zusammen mit der (→) Eichung eine von zwei Etappen bei der Berechnung von (→) Lesewahrscheinlichkeiten in der (→) Media-Analyse (MA) der (→) Arbeitsgemeinschaft Media-Analyse (AG.MA) bzw. der (→) Leseranalyse (LA) der (→) Arbeitsgemeinschaft Leseranalyse (AGLA). Die Justierung wurde durchgeführt, nachdem bereits in der LA 66, die erstmals die (→) IPA-Fragestellung zur Ermittlung der (→) Leser pro Nummer (LpN) einsetzte, erkennbar geworden war, daß die Aufzeichnung des Leseverhaltens über die Ermittlung des letzten Lesevorgangs, nämlich der LpN, und die Aussagen der Befragten über (→) Lesehäufigkeiten, also den (→) K_1-Wert, nicht miteinander übereinstimmten, obwohl sie doch dieselbe Sache beschreiben, und theoretisch daher dieselben Werte haben müßten.
Davon ausgehend, daß das leseranalytische Material der LA 68 sowohl den einen wie den anderen Auswertungsweg zulassen mußte, entschloß man sich, per Definition den LpN (das Verhalten im Stichzeitraum) als „richtiger" als die Auskunft über Lesehäufigkeiten (normative Aussage) anzusehen. Vor Beginn der Auswertung wurde der Kartensatz mit den gewichteten Ergebnissen der Befragung „justiert". Darunter wurde die Anwendung eines Verfahrens verstanden, das die folgenden Bedingungen erfüllt:

- Strikte Anpassung des K_1-Wertes an den erhobenen LpN-Wert;
- Beibehaltung des (→) Weitesten Leserkreises (WLK) „Mindestens 1 von 12 Nummern gelesen";
- Verschiebung der p-Werte (Aussagen über bestimmte Lesehäufigkeiten) über die geringstmögliche Anzahl von Merkmalspunkten, d. h. die Angabe der Befragten über ihr Leseverhalten wird möglichst geringfügig berichtigt.
- Auch bei Einhaltung dieser Bedingungen verbleibt ein gewisser Spielraum, innerhalb dessen die Justierung stattfinden kann. Aus diesem Grunde – wesentlich zur Erleichterung der späteren (→) Simulation – wird festgelegt: Die Anzahl der Fälle in der Häufigkeitsklasse läßt sich ausdrücken durch: $P_i = na_i + mb_i$ im Vergleich zur LA 67 bei sehr kleinem b_i. a_i ist die Anzahl der nach der Wahrscheinlichkeitstheorie möglichen Anzahl der Kontakte von i-Lesern von 12 Ausgaben, b_i ist die Anzahl der Fälle der Stufe, für die Richtigkeit der Simulation garantiert wird, n und m sind ganze Zahlen oder 0.

Unter Beachtung dieser Bedingungen wurde manuell für jeden Titel die korrigierte Reihe der P_i berechnet und die entsprechenden Verschiebungen wurden innerhalb der Frequenzklassen numerisch festgelegt. Für jeden Titel und für jede Frequenzklasse nahm die Rechenanlage nach dem (→) Zufallsprinzip die Verschiebung der Fälle vor.
Die Justierung hat keinen Einfluß auf das Lesen an sich, sondern auf die Lesehäufigkeit. Sie korrigiert die Aussagen der Befragten dort, wo deren Angaben zur Lesehäufigkeit widersprüchlich sind. Sie berichtigt Lesehäufigkeit im Sinne der Definition.

Anzahl der gelesenen Ausgaben von 12

	12–10 Ausgaben		9–6 Ausgaben		5–3 Ausgaben		2–1 Ausgaben	
	ohne in %	mit in %	ohne in %	mit in %	ohne in %	mit in %	ohne in %	mit in %
	Justierung		Justierung		Justierung		Justierung	
wöchentlich	41	33	14	17	24	21	21	30
14-täglich	28	31	16	25	28	21	28	22
monatlich	28	40	12	27	26	15	34	17

Die Werte beziehen sich auf die Verteilung der Lesefrequenzen auf alle Leser des weitesten Leserkreises aller Objekte mit gleicher Erscheinungshäufigkeit.

Zur Problematik der Justierung schreibt Friedrich Wendt: „Zunächst einmal stimmt die Aussage ‚Theoretisch müßte dieser Wert dem LpN entsprechen' nur dann, wenn man ‚theoretisch' *sehr weit* faßt, also bereits von allen Erhebungsgegebenheiten absieht. Wenn wir die Frage nach dem aktuellen Lesen (LpN-Frage welcher Fassung auch immer) und die Frage nach der Lesefrequenz (mit welcher Formulierung und mit welchen Skalen auch immer) nebeneinander stellen, so wird beim einzelnen Befragten bereits ein völlig anderes Segment seiner Vorstellungen über sein Leseverhalten aktiviert, werden definitorisch andere Bereiche erfaßt. Also *muß* die Antwort schon *theoretisch* (jetzt im Sinne unseres Grundmodells) im allgemeinen verschieden sein. Wenn wir dann gar noch die Aussagen der Leser rechnerisch auf verschiedene Weise zusammenfügen und vergleichen, wäre Übereinstimmung ein Zufall.

Interessanter ist die Aussage, die lautet: ‚ob nicht unter Umständen doch für Planungen (mit Zukunftscharakter) normative Auskünfte den demnächstigen Sachverhalt besser treffen als Ermittlungen des effektiven Verhaltens von Personen …' Hier ist der prognostische Charakter der ganzen Untersuchung Leseranalyse bereits angelegt und als Aufgabe klar erkannt. Es wird aber noch nicht der Schritt getan, der von der Lesehäufigkeit zur Lesewahrscheinlichkeit führt. Zwar wird – wie wir gesehen haben – im Vorwort zur LA 67 der Ausdruck Lesewahrscheinlichkeit bereits verwendet, doch gleich wieder als Lesehäufigkeit erläutert. Lesewahrscheinlichkeit wurde als Terminus in Frankreich und Großbritannien verwandt. Bei uns war man korrekter, denn in der Tat handelte es sich noch keineswegs um eine Wahrscheinlichkeit. Es war zu der Zeit noch nicht klar, ob die Umrechnung in Wahrscheinlichkeiten, wie sie bald darauf erfolgen sollte, eine Rechnung auf der Individualebene sein könnte oder vielmehr eine in Gruppen.

Die Individualberechnung war der Ansatz der Justierung. Es wurde ganz eindeutig die Aussage des einzelnen – und das zum Teil auch noch per Zufall! – verändert. Extrem wurde dabei von der ‚Todsünde der empirischen Sozialforschung' gesprochen. Was hinter dieser pointierten Benennung steckt, ist der Einwand, die Justierung manipuliere die Angaben der Befragten, sie lasse das Befragungsergebnis nicht gelten. Schließlich wurden tatsächlich Leser in den Lochkarten gelöscht und in anderen Positionen neue gestanzt!

Der Ausdruck Justierung war damit für spätere, andere Verfahren, die diese Manipulation *nicht* tätigten, besetzt. Man *mußte*, was auch sonst unter Justierung ganz allgemein und völlig unverdächtig verstanden wird, einen anderen Ausdruck dafür suchen. ‚Eichung' war das Wort, daß 1971 gefunden wurde, um andere Vorgehensweisen (die der Segmentation) zu benennen." Die Abbildung illustriert den Vorgang:

Justierung des K_1 am Leser pro Nummer

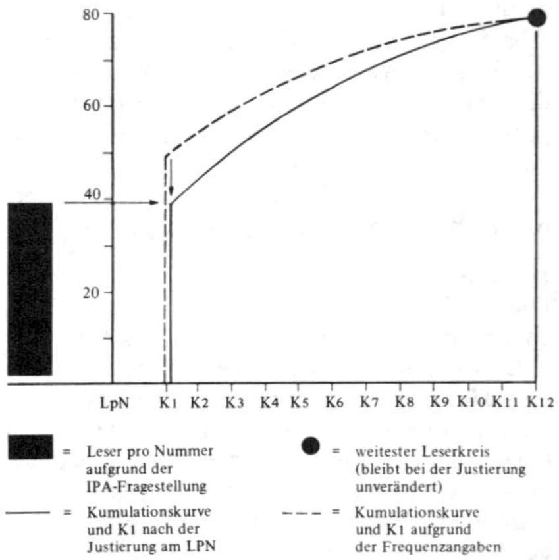

Durch die Justierung wird also ein unsicherer Tatbestand (Schätzung) durch rechnerische, gruppenbezogene Korrektur aufgrund eines (relativ) sichereren Tatbestands (zeitliche Einordnung des letzten Lesens) zuverlässiger gemacht. Zuverlässigkeit bedeutet hier: bessere Eignung für die Prognose des Leseverhaltens = zuverlässigere Lesewahrscheinlichkeiten.

K

K_1-Wert
In der (→) Leserschaftsforschung ein aus den durch (→) Befragung ermittelten Angaben des (→) Weitesten Leserkreises (WLK) zur (→) Lesehäufigkeit errechneter Wert. An die Befragten wird die Frage gerichtet: „Wieviele von 12 Ausgaben der Zeitschrift X lesen Sie?" Werden die durch die Antworten auf die Frage ermittelten Angaben als Angabe für die (→) Lesewahrscheinlichkeit pro Ausgabe verstanden, so läßt sich entsprechend auch die Zahl der Leser einer Ausgabe ermitteln. Diese Zahl ist der K_1-Wert. Sie gibt die (→) Kontaktwahrscheinlichkeit *einer* durchschnittlichen Ausgabe einer Zeitschrift an, daher die Abkürzung K_1.
Aufgrund der Antworten auf die Fragen zur Ermittlung des WLK ergibt sich eine (→) Häufigkeitsverteilung, aus der man (→) regelmäßige Leser (Kernleser), (→) gelegentliche Leser, (→) seltene oder (→) ganz seltene Leser ableiten kann. Der K_1-Wert ist dabei der Ausdruck für die (→) Reichweite bei einmaliger Insertion. Er ist per definitionem identisch mit dem LpN, ermittelt als (→) Leser im (→) Erscheinungsintervall (LiE). Dementsprechend gibt der K_2-Wert die (→) Nettoreichweite bei zweimaliger Insertion, der K_3-Wert bei dreimaliger etc. an. Die Graphik unten auf dieser Seite illustriert die Zusammenhänge.

Der K_1-Wert wird folgendermaßen errechnet:

$$K_1 = \frac{\sum_{j=1}^{12} (f_j P_j)}{\sum_{j=1}^{12} f_j} \cdot 100$$

Dabei bedeutet f_j = Leser in der j-ten Zelle, gebildet aus der numerischen (→) Selbsteinstufung der Befragten und P_j = die theoretische Lesewahrscheinlichkeit aufgrund der numerischen 12er-Skala für Leser, die j von 12 Ausgaben lesen oder durchblättern:

$$P_j = \frac{j}{12}$$

Errechnung des K_1-Wertes aus den Frequenz-Angaben

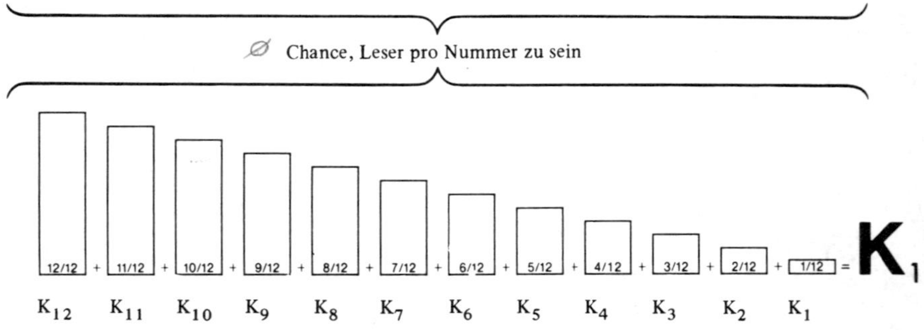

Der Weiteste Leserkreis (WLK), der angibt, wer mindestens eine von 12 Ausgaben gelesen hat, ergibt sich unmittelbar aus dem Befragungsergebnis:

$$K_{12} = \sum_{j=1}^{12} f_j.$$

Nach der Errechnung des K_1-Wertes sind noch die fehlenden Werte von K_2 bis K_{11} zu errechnen. Das ist wesentlich aufwendiger als die Ermittlung des K_1-Wertes. Man beginnt zweckmäßigerweise beim WLK. Will man wissen, wie groß die kumulierte Reichweite nach elf Einschaltungen ist (K_{11}-Wert), wieviele Personen also mindestens elf von zwölf Ausgaben lesen, geht man vom K_{12}-Wert aus und fragt sich, um wieviel sich dieser Wert verringert, wenn nur elf Ausgaben zur Verfügung stehen:
Bei denjenigen, die auf Grund ihrer Lesehäufigkeit nur elf von zwölf Ausgaben lesen, verringert sich die Lesechance um 1/12. Bei allen anderen Lesefrequenzgruppen vermindert sich die Wahrscheinlichkeit, mindestens elf von zwölf Ausgaben zu sehen, nicht im Vergleich zur Wahrscheinlichkeit, eine von zwölf Ausgaben zu sehen. Daher errechnet sich der K_{11}-Wert wie folgt:

K_{12}-Wert
– 1/12 von denen, die nur eine von zwölf Ausgaben lesen

= K_{11}-Wert

Es ist auch möglich, den K_{11}-Wert dadurch zu errechnen, daß jene Leser, die nur elf von zwölf Ausgaben lesen, nur zu 11/12 als Leser gerechnet werden, während alle anderen Leser, also jene, die zwei oder mehr von zwölf Ausgaben lesen, voll in den K_{11}-Wert einfließen.
Soll die Leserschaft von mindestens einer von vier von zwölf Ausgaben ermittelt werden (K_4-Wert), so vermindert sich die Lesewahrscheinlichkeit derer, die nur eine von zwölf Ausgaben lesen, um 1/12 im Vergleich zum K_{11}-Wert, bzw. um 2/12 im Vergleich zum K_{12}-Wert. Aber auch bei denjenigen, die zwei von zwölf Ausgaben lesen, verringert sich die Lesechance. Es fallen diejenigen weg, die ausgerechnet jene zwei Nummern lesen, in denen keine Einschaltungen gemacht werden. Auf Grund der Gesetze der (→) Kombinatorik sind das $\binom{12}{2}$ Möglichkeiten, 1/15 von denjenigen, die zwei von sechs Nummern lesen, haben keinen Kontakt. Damit errechnet sich der K_4-Wert wie folgt:

K_{12}-Wert
– 4/12 von denen, die eine Ausgabe von sechs lesen
– 12/2 von denen, die zwei Ausgaben von sechs lesen

= K_4-Wert

Die Zahl derer, die mindestens drei von 12 Ausgaben lesen (K_3-Wert), ergibt sich aus:

K_{12}-Wert
– 3/12 von denen, die nur eine von zwölf Ausgaben lesen
– 3/(12/2) von denen, die nur zwei von zwölf Ausgaben lesen
– 1/(12/3) von denen, die nur drei von zwölf Ausgaben lesen

= K_3-Wert

Die Nenner der Brüche, die von den jeweiligen Lesehäufigkeiten abgezogen werden, sind die auf Grund der Kombinatorik errechneten Lesewahrscheinlichkeiten, bei einer bestimmten Lesehäufigkeit eine, zwei bzw. drei von zwölf Ausgaben zu lesen.

(12/1)=12 bei denen, die nur eine von zwölf Ausgaben lesen,
(12/2)= 66 bei denen, die nur zwei von zwölf Ausgaben lesen,
(12/3)= 220 bei denen, die nur drei von zwölf Ausgaben lesen.

Die Zähler der Brüche drücken aus, wie viele der Lesewahrscheinlichkeiten auf „gesperrte“ Ausgaben fallen, d. h. also auf Ausgaben, in denen keine Insertionen enthalten sind. Bei Einschaltungen in sechs von zwölf Ausgaben haben diejenigen, die nur eine von zwölf Ausgaben lesen (12/1) = 3 Möglichkeiten, die gesperrten Ausgaben zu lesen.
Bei denen, die zwei von zwölf Ausgaben lesen, gibt es (6/2) = 3 Lesemöglichkeiten für gesperrte Ausgaben. Bei denen, die drei von sechs Ausgaben lesen, gibt es (3/3) = 1 Lesemöglichkeit der gesperrten Ausgaben.
Ausgangspunkt ist also immer der weiteste Leserkreis, also der höchste K-Wert. Dann wird bei *jeder Lesehäufigkeitsgruppe* folgender Bruch abgezogen:

$$\frac{\text{gesperrte Lesemöglichkeiten}}{\text{vorhandene Lesemöglichkeiten}} \times \text{Anzahl der Personen in der betreffenden Lesehäufigkeitsgruppe}$$

Die vorhandenen Lesewahrscheinlichkeiten sind die für jede Lesehäufigkeitsgruppe vor-

handenen Möglichkeiten, eine, zwei, drei ... Ausgaben (je nach der Lesehäufigkeit) von den insgesamt betrachteten Ausgaben des WLK zu lesen. Bezeichnet man die gelesenen Ausgaben mit r, die insgesamt betrachteten Ausgaben mit s, so sind $\binom{s}{r}$ Lesemöglichkeiten vorhanden.
Die „gesperrten" Lesemöglichkeiten sind jene, die auf die Ausgaben entfallen, in denen keine Einschaltungen gemacht werden. Bezeichnet man die Anzahl der belegten Ausgaben mit n, so ergeben sich s – n gesperrte Ausgaben. Bezeichnet man wiederum die Anzahl der jeweils gelesenen Ausgaben mit r, so ergeben sich (s–n/r) gesperrte Lesemöglichkeiten.
Die Kumulationsberechnungen können mit Hilfe des *Pascalschen Dreiecks* erleichtert werden, da aus diesem die Werte für die Brüche abgelesen werden können.

Für insgesamt zwölf betrachtete Ausgaben ergibt sich folgendes Dreieck:

Zeile 0	1
Zeile 1	1 1
Zeile 2	1 2 1
Zeile 3	1 3 3 1
Zeile 4	1 4 6 4 1
Zeile 5	1 5 10 10 5 1
Zeile 6	1 6 15 20 15 6 1
Zeile 7	1 7 21 35 35 21 7 1
Zeile 8	1 8 28 56 70 56 28 8 1
Zeile 9	1 9 36 84 126 126 84 36 9 1
Zeile 10	1 10 45 120 210 252 210 120 45 10 1
Zeile 11	1 11 55 165 330 462 462 330 165 55 11 1
Zeile 12	1 12 66 220 495 792 924 792 495 220 66 12 1

Dieses Dreieck ergibt, etwas anders geschrieben, folgende Tabelle:

Zahl der gegebenen Elemente	Zahl der ausgewählten Elemente 0	1	2	3	4	5	6	7	8	9	10	11	12
0	1												
1	1	1											
2	1	2	1										
3	1	3	3	1									
4	1	4	6	4	1								
5	1	5	10	10	5	1							
6	1	6	15	20	15	6	1						
7	1	7	21	35	35	21	7	1					
8	1	8	28	56	70	56	28	8	1				
9	1	9	36	84	126	126	84	36	9	1			
10	1	10	45	120	210	252	210	120	45	10	1		
11	1	11	55	165	330	462	462	330	165	55	11	1	
12	1	12	66	220	495	792	924	792	495	220	66	12	1

Eigentlich, d. h. vom Denkmodell her, müßte der K_1-Wert gleich dem LpN-Wert, (→) Leser pro Nummer, sein, der mit Hilfe der Frage nach dem letzten Lesen (Recency-Frage) ermittelt wird. In der Realität stimmen beide Werte jedoch nie überein. Zur Erklärung dieser Diskrepanz wird die Tatsache des (→) gedehnten und des (→) gehäuften Lesens sowie die Annahme angeführt, daß durch die (→) Häufigkeitsfrage die Leseabsicht und die Frage nach dem letzten Lesen (Recency) hingegen das tatsächliche (→) Leseverhalten erhoben wird. Da (→) Publikumszeitschriften vielfach gedehnt und (→) Fachzeitschriften vielfach gehäuft gelesen werden, ist dementsprechend der K_1-Wert für Publikumszeitschriften durchweg höher als der LpN-Wert; für Fachzeitschriften dagegen ist der K_1-Wert die relevantere Planungsgrundlage. Der Unterschied zwischen K_1-Wert und LpN ist um so geringer, je höher der Anteil regelmäßiger Leser an der Gesamtleserschaft ist. Bei Prestige-Zeitschriften liegt der K_1-Wert deutlich über dem LpN.
Aus der Diskussion, welcher der beiden Werte der Realität näher kommt, ging in der (→) Leseranalyse (LA) der (→) Arbeitsgemeinschaft Leseranalyse (AGLA) und später der (→) Media-Analyse (AG.MA) der LpN als Sieger her-

Diejenigen, die r von zwölf Ausgaben lesen, vermindert man zur Ermittlung des entsprechenden K-Wertes um:

K-Wert \ r	1	2	3	4	5	6	7	8	9	10	11	12
K_{12}	0											
K_{11}	$-\frac{1}{12}$											
K_{10}	$-\frac{2}{12}$	$-\frac{1}{66}$										
K_9	$-\frac{3}{12}$	$-\frac{3}{66}$	$-\frac{1}{220}$									
K_8	$-\frac{4}{12}$	$-\frac{6}{66}$	$-\frac{4}{220}$	$-\frac{1}{495}$								
K_7	$-\frac{5}{12}$	$-\frac{10}{66}$	$-\frac{10}{220}$	$-\frac{5}{495}$	$-\frac{1}{792}$							
K_6	$-\frac{6}{12}$	$-\frac{15}{66}$	$-\frac{20}{220}$	$-\frac{15}{495}$	$-\frac{6}{792}$	$-\frac{1}{924}$						
K_5	$-\frac{7}{12}$	$-\frac{21}{66}$	$-\frac{35}{220}$	$-\frac{35}{495}$	$-\frac{21}{792}$	$-\frac{7}{924}$	$-\frac{1}{792}$					
K_4	$-\frac{8}{12}$	$-\frac{28}{66}$	$-\frac{56}{220}$	$-\frac{70}{495}$	$-\frac{56}{792}$	$-\frac{28}{924}$	$-\frac{8}{792}$	$-\frac{1}{495}$				
K_3	$-\frac{9}{12}$	$-\frac{36}{66}$	$-\frac{84}{220}$	$-\frac{126}{495}$	$-\frac{126}{792}$	$-\frac{84}{924}$	$-\frac{36}{792}$	$-\frac{9}{495}$	$-\frac{1}{220}$			
K_2	$-\frac{10}{12}$	$-\frac{45}{66}$	$-\frac{120}{220}$	$-\frac{210}{495}$	$-\frac{252}{792}$	$-\frac{210}{924}$	$-\frac{120}{792}$	$-\frac{45}{495}$	$-\frac{10}{220}$	$-\frac{1}{66}$		
K_1	$-\frac{11}{12}$	$-\frac{55}{66}$	$-\frac{165}{220}$	$-\frac{330}{495}$	$-\frac{462}{792}$	$-\frac{462}{924}$	$-\frac{330}{792}$	$-\frac{165}{495}$	$-\frac{55}{220}$	$-\frac{11}{66}$	$-\frac{1}{12}$	

vor, und zwar aufgrund der Überlegung, daß die Frage nach dem kürzeren Zeitraum, dem einmaligen Erscheinungsintervall, mit geringeren Erinnerungsverlusten beantwortet wird, als die Frage nach dem Nutzungsverhalten innerhalb des 12fachen Erscheinungsintervalls.

Dieser Standpunkt setzte sich in den vergleichenden (→) Reichweitenanalysen der Publikumspresse im Grunde von Anfang an durch. Bereits bei der Einführung der Kumulation 1967 wurde der K_1-Wert dem LpN angeglichen; die Kumulationskurve wurde am LpN justiert, (→) Justierung. Durch methodische Umstellungen hatten sich 1969 die Unterschiede zwischen beiden Werten drastisch vergrößert, so daß man glaubte, diese Form der Angleichung der Daten nicht mehr verantworten zu können – tatsächlich war die Justierung mit einem direkten Eingriff in die Angaben der Befragten verbunden, individuelle Aussagen zur Lesefrequenz wurden verändert.

Die erste große Auseinandersetzung über die beiden Definitionen für die Leserschaft einer durchschnittlichen Ausgabe fand 1969 statt. Damals kam es fast zum Eklat in der (→) Arbeitsgemeinschaft Leseranalyse (AGLA), weil die LpN- und die K_1-Werte extrem auseinanderklafften. Man einigte sich schließlich auf einen Kompromiß, den (→) Vogdtschen Mittelwert. Seit 1970 gilt allein der LpN als die „gültige Währung".

Die Diskussion flammte erneut auf anläßlich der MA-Experimente zum (→) Abfragemodell von 1981 bis 82 und den anschließenden Diskussionen des Jahres 1986.

Im Zusammenhang der anhaltenden Debatten über das Abfragemodell für (→) Publikumszeitschriften wurden die bereits 1969 lebhaft diskutierten Fragen nach der „gültigen Währung" erneut erörtert. Dazu schrieb Dieter Faehling:

> Der K_1-Wert spiegelt die Auflagenentwicklung am besten wider, er bleibt bei dem Einsatz unterschiedlicher Abfragemodelle weitgehend konstant und wird auch von der unterschiedlichen Anzahl der erhobenen Titel kaum beeinflußt.
>
> a) K_1-Wert und Auflagentrend
>
> Im Vergleich zum LpN bleibt der K_1-Wert immer in

Die Entwicklung von Auflagen, Leser pro Nummer und K_1-Wert

	Publikumszeitschriften insgesamt (68)	Wöchentliche Titel (29)	14tägliche Titel (7)	Monatliche Titel (32)
Verbreitete Auflage in 1000				
MA 79 (= Index 100)	54.696	32.251	3.782	18.663
MA 86	53.034	29.368	3.702	19.964
Trend-Index	97	91	98	107
Leser pro Nummer				
MA 79 (= Index 100)	386,1 %	224,0 %	36,8 %	125,3 %
MA 86	316,8 %	191,6 %	29,3 %	95,9 %
Trend-Index	82	86	80	77
Experiment F	530,1 %	257,3 %	47,5 %	225,6 %
Trend-Index	137	115	129	180
K_1-Wert				
MA 79 (= Index 100)	440,8 %	266,8 %	44,0 %	130,0 %
MA 86	382,6 %	232,7 %	36,9 %	113,0 %
Trend-Index	87	87	84	87
Experiment F	450,3 %	252,8 %	44,9 %	157,6 %
Trend-Index	102	95	102	117

der Nähe der Auflagenentwicklung. Das gilt insbesondere für den K_1-Wert aus dem Methodenexperiment F. Dabei muß noch berücksichtigt werden, daß die Index-Basis durch den ermittelten K_1-Wert der MA 79 gebildet wird.

b) K_1-Wert und Abfragemodell
Ein Vergleich von LpN und K_1-Wert in der MA 86 und im Experiment F dokumentiert einen weitgehend konstanten K_1-Wert und eine starke Abweichung der LpN-Werte voneinander.
Trotz einer deutlichen Veränderung des Abfragemodells bleibt der K_1-Wert stabil.
Lediglich die Werte für die Monatstitel steigen: ein Hinweis auf den großen Anteil gelegentlicher Leser, die mit der engen Filterführung des MA-Modells im LpN nicht mehr erfaßt werden.

c) K_1-Wert und Anzahl der Titel
Das erste Experiment der Projektgruppe „Methodenexperimente" deutet auf eine relativ große Unabhängigkeit des K_1-Wertes von der Anzahl der erfaßten Titel im Rahmen einer Medien-Erhebung hin. Ein Aspekt, der vor allem für die Zukunft der Media-Analyse von einer entscheidenden Bedeutung ist.

Zugegeben: Die Ergebnisse dieser aktuellen Experimente überraschen, sie scheinen – jedenfalls auf den ersten Blick – unrealistisch und damit auch praxisfremd zu sein. Ein Anstieg der LpN-Werte um durchschnittlich 45 Indexpunkte im Vergleich zur MA 86 ist sicher überhöht.

Hier stellt sich allerdings die Frage, ob der Leser pro Nummer wirklich den Wert repräsentiert, der der Wahrheit, also der Lesewirklichkeit, am nächsten kommt. Die bisherigen Erfahrungen widersprechen jedenfalls dieser These...

Vielmehr liegt die Überlegung nahe, daß der K_1-Wert der Wahrheit, also der Lesewirklichkeit, am nächsten kommt.

Letztlich sollte die endgültige Beurteilung dieser Fragestellung von der Prognosefähigkeit der gefundenen Werte abhängig gemacht werden.

Zwischen dem Erhebungszeitraum zur MA und der praktischen Umsetzung ihrer Ergebnisse im Mediaeinsatz eines Unternehmens liegen zwei bis drei Jahre – ein großer Abstand in einer Zeit des zunehmenden Wandels von Medienangebot und Mediennutzung. Und ein Anspruch an die Media-Analyse, dennoch Planungsdaten zu liefern, die diesen Zeitraum durch ihre Festigkeit, jedoch nicht durch ihre Härte, überbrükken.

Der K_1-Wert stellt eine in diesem Sinne prognosefähige Planungsbasis dar. Das zeigen alle bisher vorliegenden Ergebnisse von offiziellen und experimentellen Untersuchungen. Der K_1-Wert ist unanfällig gegenüber der hektischen Entwicklung der Rahmenbedingungen; er ist relativ unabhängig gegenüber der Anzahl der erhobenen Titel; er folgt der Auflagenentwicklung der Zeitschriften am besten; und er sichert auch bei stärkeren Veränderungen im Fragemodell eine besonders große Beständigkeit der Ergebnisse.

Der K_1-Wert steht dem Auflagentrend am nächsten

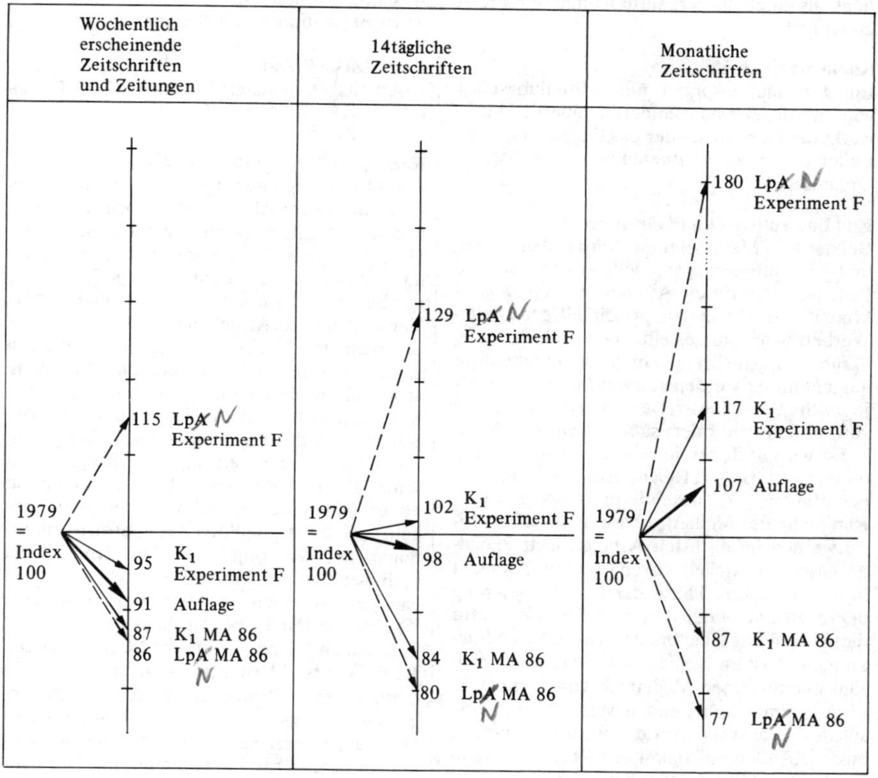

Diese Anforderungen an die Prognosefähigkeit der Planungsdaten erfüllt die jetzige „gültige Währung", der LpN, nur bei den besonders regelmäßig genutzten Zeitschriften (u.a. Programmzeitschriften). Ein Aspekt, der angesichts zunehmender unregelmäßiger Nutzerschaft bei den meisten Medien sicher kein Maßstab für die Entwicklung eines zukunftsweisenden Abfragemodells sein kann.

So rückt der K_1-Wert zwangsläufig immer mehr in den Mittelpunkt der kommenden Diskussion um eine möglichst prognosesichere Medienabfrage.

Der wohl entscheidende Beitrag des aktuellen Methodenexperiments für diese Diskussion ist jedoch der Nachweis, daß auch mit einem gestrafften Befragungsmodell realitätsnahe, stabile Ergebnisse erreicht werden können. Diese Erkenntnis entspricht auch den Zielsetzungen der großen MA-Experimente 1981–1983."

Kalibrieren
→ Eichung

Kalkulationsauflage *(kalkulierte Auflage)*
Diejenige (→) Auflage einer Zeitung oder Zeitschrift, auf deren Grundlage der Verlag die Anzeigenpreise berechnet. Bei den durch die (→) Informationsgemeinschaft zur Feststellung der Verbreitung von Werbeträgern (IVW) geprüften Medien ist das stets die (→) Verkaufsauflage, bei den nichtgeprüften Publikationen hingegen oft eine Auflagenzahl, die im wesentlichen auf der rechnerischen Grundlage des Prinzips Hoffnung ermittelt wird. Es stellt sich bei einigen dieser Publikationen allerdings das spezifische Problem, daß sie – weil es sich oft um Neugründungen handelt – neben der meist recht kleinen Verkaufsauflage einen großen Teil ihrer Auflage unberechnet verteilen, (→) tatsächlich verbreitete Auflage (tvA), und daher als Werbeträger durchaus eine (→) Reich-

weite haben können, die beträchtlich höher liegt, als durch die verkaufte Auflage angezeigt zu sein scheint.

Kammerzeitschrift
Ein Informationsorgan und Mitteilungsblatt von Industrie- und Handelskammern, Handwerkskammern u. ä. oder das Organ einer speziellen oder übergeordneten berufsständischen Organisation.

Kandidatenliste *(Kandidatenmedien)*
Bei der (→) Mediaselektion wird insbesondere in (→) Optimierungsmodellen zunächst eine Liste mit allen für die Aufnahme in einen konkreten (→) Mediaplan prinzipiell geeigneten Werbeträgern aufgestellt. Die Entscheidung darüber, welche Medien in die Kandidatenliste aufgenommen werden und welche nicht, erfolgt je nach Vorgehensweise entweder aufgrund von objektiven oder subjektiven Kriterien. Meist wird nach den jeweils angewandten Kriterien wie z. B. (→) Reichweite, (→) Zielgruppenaffinität, (→) Tausenderpreis usw. eine (→) Rangreihe der Medien gebildet. Aus dieser Liste werden im nächsten Arbeitsschritt Planalternativen entwickelt, deren Leistungsfähigkeit in der folgenden Phase der (→) Evaluierung überprüft und verglichen wird. Der Grund für die Aufstellung einer ersten Liste mit Kandidatenmedien ist im Bestreben zu sehen, die Vielzahl der für einen Mediaplan von vornherein nicht in Frage kommenden Medien durch eine solche Vorauswahl von der weiteren Planung auszuschließen und damit den Rechenaufwand bei der Aufstellung der endgültigen Liste zu reduzieren.

Kartenspiel
In der (→) Umfrageforschung werden Kartenspiele mit aufgedruckten (→) Antwortvorgaben bei (→) Befragungen mit (→) geschlossenen Fragen vor allem als ein Instrument der Auflockerung und Belebung des Interviewablaufs und als Mittel zur Aktivierung der Befragten durch Schaffung einer interaktiven Befragungssituation eingesetzt. Die Kartenspiele eignen sich insbesondere bei Fragen mit einer großen Zahl von möglichen Antwortvorgaben, zwischen denen die Befragten wählen können, (→) Auswahlfrage, und insbesondere auch bei komplexen Antworten, in denen die verschiedenen Antwortmöglichkeiten nach Intensität oder anderen Gesichtspunkten abgestuft werden müssen. Die Verwendung von Kartenspielen hat den speziellen Vorteil, daß sie die Aufgliederung solch komplexer Fragen in eine größere Zahl von monotonen Einzelfragen überflüssig machen und so den Befragungsablauf wesentlich verkürzen.
→ Identifikationshilfen, Titelkarten

Katholische Presse
→Arbeitsgemeinschaft Katholische Presse e.V. (AKP)

Kaufabsicht *(Kaufintention, Kaufplan)*
Für Absatzprognosen bzw. (→) Prognosen des (→) Konsumverhaltens sind (→) Einstellungen und die (→) Einstellungsmessung wegen der Unsicherheit der Erkenntnisse über die Beziehungen zwischen Einstellungen und Verhalten nur bedingt oder überhaupt nicht verwendbar. Versteht man als Absicht den in der Gegenwart bestehenden Plan, zu einem Zeitpunkt oder in einem Zeitraum in der Zukunft eine Handlung auszuführen, so läßt sich das Vorliegen einer Kaufabsicht als der Vollzug eines weiteren Schritts von der Einstellung gegenüber einem Produkt oder einer Leistung hin in Richtung auf seinen Kauf interpretieren. Es erscheint mithin plausibel, von der mit Hilfe von (→) Befragungen ermittelten subjektiven Kaufabsicht unmittelbar auf das objektive Kaufverhalten zu schließen und aus den Ergebnissen entsprechender Befragungen über Kaufpläne (→) Kaufwahrscheinlichkeiten abzuleiten.
Tatsächlich haben sich in der Marktforschung Kaufabsichtserklärungen als ein teilweise vollkommen untaugliches und teilweise höchst ungenaues Prognoseinstrument erwiesen. Der Grad der Sicherheit der Umsetzung von Kaufplänen in Kaufhandlungen schwankt beträchtlich von Produkt zu Produkt und ist auch von Verhältnissen und Entwicklungen abhängig, die vollkommen außerhalb der Kontrolle der Befragten liegen. Auch die Verwendung von (→) Skalen (z. B. „Bin absolut sicher, daß ich Produkt X kaufe.“, „Bin absolut sicher, daß ich nicht kaufe“ usw.) zur Berechnung von Wahrscheinlichkeitsabstufungen hat die allgemeine Verläßlichkeit von auf Absichtsangaben beruhenden Kaufwahrscheinlichkeiten nicht durchweg erhöhen können.
Ein wesentlich verläßlicheres Prognoseinstrument als die durch (→) einmalige Befragung ermittelten Kaufabsichten sind (→) Panelbefragungen, in denen Kaufabsichtserklärungen in der ersten Panelwelle ermittelt und in den folgenden Wellen am realen Kaufverhalten gemessen werden. Paneluntersuchungen haben allerdings ergeben, daß man bei den meisten Anschaffungsplänen für Gebrauchsgüter z. B. davon ausgehen kann, daß weniger als ein Drittel dieser Pläne realisiert wird. Die Realisie-

rungsraten differieren von Produkt zu Produkt so sehr, daß allgemeine Aussagen über die Relation von Kaufabsichten und Kaufverhalten nicht möglich sind.
→ Einkaufsverhalten

Kaufeinflüsse
Eine zunächst 1981 und dann 1983 von der Burda GmbH, Offenburg, vorgelegte Untersuchung über (→) Familieneinkaufsentscheidungen, genauer über die unterschiedlichen Einflußanteile von Männern und Frauen bei Kaufentscheidungen für insgesamt 29 Produktfelder in acht Branchen. Die Ergebnisse wurden in 8 Bänden aufbereitet:

Band 1: Alkoholische Getränke
Band 2: Herrenkosmetik
Band 3: Herrenoberbekleidung
Band 4: Fotoapparate und Zubehör
Band 5: Unterhaltungselektronik
Band 6: PKW und Zubehör
Band 7: Wohnungseinrichtung
Band 8: Geldanlagen/Versicherungen

Neben den konkreten (→) Zielgruppengewichten für die (→) Mediaplanung liefert die Untersuchung weitere Informationen:

- Zu jedem Produktbereich wurden Daten zu Kaufkriterien, Einstellungen und Verhaltensgewohnheiten erhoben;
- Der Ergebnisdarstellung wurde in jedem Band ein Kapitel mit Daten zur Entwicklung des jeweiligen Marktes von Produkten, Absatz, Werbeaufwendungen etc. unter besonderer Berücksichtigung der Rolle der Frau vorangestellt.

Die (→) Grundgesamtheit dieser Studie sind Frauen im Alter von 18 bis 69 Jahren, die mit einem (Ehe)Partner zusammenleben. Den Ergebnissen liegt die Zahl von insgesamt 4011 Interviews zugrunde, damit wurde es möglich, auch Produktbereiche mit geringen Käuferanteilen zu analysieren.
Die wichtigsten Bausteine der Methode und Fragestellungen zum Kauf und zur Messung des Kaufeinflusses sind:

- Grundgesamtheit für die Aussagen zu den Partnerschaftsanteilen am Kaufentscheid sind weibliche Personen, die mit einem Partner in einem gemeinsamen (→) Haushalt leben, d. h. der Ansatz ist personen-, nicht haushaltsbezogen.
- Die Aussagen basieren auf den Angaben des weiblichen Partners zum eigenen Einflußanteil und zum Anteil des Partners.
- Den Kernaussagen liegt eine 10-Punkte-Skala zugrunde, aus der sich die Gewichte der Partner unmittelbar ablesen lassen.
- Die Befragten wurden trichterförmig über Fragen zu Einstellung, Verwendung, Kaufumständen, Kaufkriterien, Markenbekanntheit etc. auf den zentralen Punkt geführt, nämlich der Messung des Kaufeinflusses. Diese Daten dienen der Auffrischung der Erinnerung des Kaufs in einem bestimmten Stichzeitraum und haben einen hohen Zusatznutzen für Zielgruppenbildung und -analyse.
- Bei Verbrauchsgütern wurde nur der direkte Kaufeinfluß erhoben, d. h. nur der Einfluß auf die Wahl der Marke beim letzten Kauf.
- Bei Gebrauchsgütern wurde vor dem direkten Kaufeinfluß noch der Einfluß auf den Produktentscheid erhoben, d. h. der Einfluß darauf, ob überhaupt ein Produkt dieser Art gekauft werden soll.

Kauf-, Konsum- und Kommunikationsverhalten
→ KKK

Kaufplan
→ Kaufabsicht

Käufer pro Exemplar (KpX)
Ein von Wolfgang und Felix Schaefer 1979 entwickeltes Maß der Anzahl der Käufer pro Exemplar einer Zeitschrift oder Zeitung, das dazu diente, Zusammenhänge zwischen Leserschaftsdaten, (→) Auflage und Zahl der (→) Leser pro Exemplar (LpE, LpX) zu untersuchen. Der KpX-Wert findet heute keine Anwendung mehr. Über dieses Maß schreiben Gunda Opfer und Dieter Müller-Veeh zusammenfassend:

- „Die hohe Korrelation zwischen KpX und LpX erklärt sich zum großen Teil aus der unzulässigen Hochrechnung der Angabe zur Bezugsart auf Kaufhaushalte. Daraus resultiert der Faktor ‚durchschnittliche Größe der Kaufhaushalte' beim Verhältnis LpX zu KpX: bei 50 von 77 Titeln lag dieser Wert zwischen 2.3 und 3.0.
- KpX-Werte unterhalb des ‚richtigen' Wertes 1 lassen sich weitgehend durch die fehlerhafte Gewichtung beim Hochrechnen erklären.
- KpX-Werte oberhalb von 1 werden durch die Gewichtung nicht erklärt. Sie werden dann eintreten, wenn die Zeitschrift aus dem Kaufhaushalt weitergeliehen wird und Befragte aus Mitleserhaushalten nicht genau Bescheid wissen über die Herkunft des Hefts. Der Befragte kann sich dabei nur ‚nach oben' verschätzen. Es gibt kein Minus auf der anderen Seite dagegen.
- Eine ‚richtige' Gewichtung zur Berechnung des KpX ist kaum praktikabel: Man müßte wissen, wieviele Leser im Erscheinungsintervall es im Haushalt gab. Alternative: unabhängig vom Lesen des Befragten pro Titel zu fragen, ob im Haushalt ein Exemplar im letzten Erscheinungsintervall gekauft wurde. Beides verstößt gegen das Prinzip, mindestens bei den Zeitschriften, zwischen Personendaten und Haushaltsdaten zu trennen. Die erste ‚Sünde' war bereits die zu falschen Schlußfolgerungen verleitende Frage zur Bezugsart!
- Keinesfalls läßt sich aus der Korrelation zwischen LpX und KpX auf Mißstände bei der Erhebung des Lesens im Erscheinungsintervall schließen. Eher deutet sogar die relative Konstanz des Quotienten LpX/KpX sowie die Tatsache, daß der Wert dieses

Quotienten in den meisten Fällen nahe am theoretisch errechneten (den Fehler einkalkulierenden) Wert der durchschnittlichen Haushaltsgröße liegt, auf eine gewisse Stimmigkeit des Gesamtgefüges hin."

Kaufzeitung *(Straßenverkaufszeitung)*
Im Medienvertrieb eine Zeitung, die im Gegensatz zu den (→) Abonnementszeitungen im (→) Einzelverkauf vertrieben wird. Üblicherweise sind Kaufzeitungen (→) Boulevardzeitungen. Die Struktur ihrer Leserschaften kann angesichts des Fehlens von Bezieherkarteien nur durch (→) Leserschaftsuntersuchungen mit Hilfe von (→) Befragungen ermittelt werden.

Kendalls Tau *(Kendalls τ)*
Ein als Verbesserung von (→) Spearmans Rho (ϱ) entwickeltes parameterfreies Maß der (→) Rangkorrelation zweier Reihen von Ordinalvariablen

$$\tau = 1 - \frac{2S}{N(N-1)}$$

Zur Anwendung werden die Wertepaare zunächst nach den Rangnummern des Merkmals A geordnet. Dann werden die Rangnummern des Merkmals B betrachtet und von links beginnend soviele kleinere Rangnummern gezählt wie rechts von dieser stehen. Dabei bezeichnet S die Zahl der rechts kleineren Rangnummern.

Kendalls W
→ Konkordanzkoeffizient

Kennzifferzeitschrift
Eine in der Praxis meist technisch-industrielle (→) Fachzeitschrift, in der alle Anzeigen und der größere Teil der meist durch Produkt- und Leistungsinformationen bestimmten redaktionellen Beiträge eine Kennziffer trägt. Die Leser können aus der Zeitschrift eine an den Kennzifferdienst (Leserdienst) der Publikation gerichtete Postkarte (Leserdienstkarte) ausschneiden oder ausreißen, auf der sie die Kennziffern derjenigen redaktionellen Beiträge oder Anzeigen ankreuzen, über die sie nähere Informationen erhalten möchten. Der Kennzifferdienst der Zeitschrift leitet diese Anfragen direkt an den Werbungtreibenden weiter, der auf diese Weise den direkten Kontakt zu den Personen oder Firmen erhält, die an seinem Produkt oder seiner Leistung interessiert sind. Kennzifferzeitschriften werden häufig gratis vertrieben, in den USA meist als (→) CC-Zeitschriften. Finanziert werden Kennzifferzeitschriften ausschließlich durch Anzeigenwerbung.
Über Kennzifferzeitschriften als (→) Werbeträger hat der (→) Arbeitskreis Kennziffer-Zeitschriften (akz) eine Reihe von Gemeinschaftsuntersuchungen durchgeführt.

Kernbesucher
→ Kinobesuch

Kernnutzer *(Kernhörer, Kernleser, Kernseher)*
Nach der Begriffsbestimmung der (→) Media-Analyse (MA) der (→) Arbeitsgemeinschaft Media-Analyse (AG.MA) ein (→) Hörer, (→) Leser, (→) Zuschauer (Seher), mithin ein (→) Nutzer eines Mediums, für den die (→) Nutzungswahrscheinlichkeit, also je nach Medium die (→) Hörwahrscheinlichkeit, (→) Sehwahrscheinlichkeit oder (→) Lesewahrscheinlichkeit, d. h. der Anteil der Nutzer während des letzten (→) Erscheinungsintervalls bzw. des letzten Sendetages, also der letzten (→) Medien-Kontakt-Einheit (MKE), am (→) Weitesten Nutzerkreis (WNK), also je nachdem am (→) Weitesten Hörerkreis (WHK), (→) Weitesten Leserkreis (WLK) oder (→) Weitesten Seherkreis (WSK) zwischen 0,8252 und 1,00 liegt. Bei (→) Fachzeitschriftenanalysen (FZA) wird nach demselben Muster als Kernleser oder regelmäßiger Leser ein Leser bezeichnet, der mindestens 10 von 12 aufeinanderfolgenden Ausgaben gelesen hat und für den folglich eine Lesewahrscheinlichkeit von 0,83 bis 1,00 besteht.

Kernverbreitungsgebiet
→ Verbreitungsgebiet

Kinder LA *(Kinder Leseranalyse)*
Eine in unregelmäßigen Abständen durchgeführte Gemeinschaftsuntersuchung der Verlage von rund 20 Zeitschriften und 5 Werbeagenturen im Kindermarkt auf der Basis von rund 3000 Interviews. (→) Grundgesamtheit sind Kinder im Alter von 8 bis 15 Jahren in der Bundesrepublik und in West-Berlin. Die (→) Stichprobe wird als Adressen-Random-Stichprobe, (→) Zufallsauswahl, aus dem (→) ADM-Stichprobensystem gebildet. Die Studie weist die (→) Reichweiten der untersuchten Medien und die Struktur ihrer Nutzerschaften aus. Zielgruppeninformationen sind: die demographischen Daten der (→) Grundgesamtheit, der Besitz von Gebrauchsgütern, der Konsum von Süßigkeiten und Getränken, Interessengebiete und die Mitgliedschaft in Vereinen.
→ Jugend Media-Analyse (JMA)

Kinobesuch
Das Modell der (→) Erhebung von (→) Kontakten mit den Werbemitteln der Kinowerbung

(Diapositive, Werbefilme und Kinospots) setzt zwar denselben Kanon der Erhebungsthemen ein wie bei allen anderen Medien, muß sich jedoch den speziellen Gegebenheiten dieses Mediums anpassen, da es z. B. keine dem (→) Erscheinungsintervall oder letzten Sendetag äquivalente (→) Medien-Kontakt-Einheit (MKE) gibt. In der (→) Media-Analyse (MA) der (→) Arbeitsgemeinschaft Media-Analyse (AG.MA) wird deshalb der Kinobesuch für die letzten sieben Tage vor dem (→) Interview erhoben. Dieser Zeitraum entspricht der Mindestlaufzeit, für die Einschaltpreise für Kinowerbefilme berechnet werden.
Der (→) Weiteste Nutzerkreis (WNK) ist jedoch nicht mit dem Zwölffachen eines Erscheinungsintervalls, wie bei den Pressemedien und den Funkmedien, sondern mit dem 52fachen definiert: Nicht nur, wer während der letzten drei Monate, sondern alle, die innerhalb der letzten zwölf Monate wenigstens einmal im Kino waren, werden zum (→) Weitesten Kinobesucher-Kreis (WKK) gezählt.
Zur Ermittlung der Besuchshäufigkeit wird im Gegensatz zu allen anderen Medien keine rein numerische (→) Skala mit 12 (Presse) oder 6 (Funk) Positionen vorgegeben, sondern eine quantitative Skala, die wie die verbale Skala mehr Nachteile als Vorteile enthält, sich aber als die einzige praktikable Lösung anbietet: Sie ist zwar logisch einwandfrei aufgebaut, erschwert aber dadurch eher das Antworten:

Wie oft gehen Sie im allgemeinen ins Kino?
- 2 mal in der Woche oder öfter
- 1 mal in der Woche
- 2 bis 3 mal im Monat
- 1 mal im Monat
- 2 bis 3 mal im Vierteljahr
- 1 mal im Vierteljahr
- seltener

In den 6 konkreten Zeitvorgaben kommen 3 verschiedene Zeiträume vor: Woche, Monat und Vierteljahr. Außerdem wechselt es dauernd zwischen einmal und zwei- bis dreimal. Diese Sprünge kann der Befragte nur schwer nachvollziehen. Immerhin erfüllt auch diese Frequenzfrage ihren Zweck, die Kinogänger innerhalb der letzten zwölf Monate in Gruppen unterschiedlich häufigen Kinobesuchs zu unterteilen.
Für das Kino wird eine (→) Besuchswahrscheinlichkeit ermittelt wie für die anderen Medien eine (→) Nutzungswahrscheinlichkeit: Der Weiteste Besucherkreis (mindestens ein Besuch innerhalb der letzten 12 Monate) und die Personen, die innerhalb der letzten sieben Tage mindestens einmal im Kino waren, werden zueinander in Beziehung gesetzt: Der Anteil der (→) Besucher pro Woche an der Gesamtheit der Besucher pro Jahr ausgedrückt in Prozent ist die (→) durchschnittliche Besuchswahrscheinlichkeit. Sie wird in einem (→) Segmentationsverfahren ausdifferenziert und schließlich in verschiedener Höhe für 16 Kinobesuchergruppen festgehalten, die sich neben ihrer Besuchshäufigkeit vor allem in (→) demographischen Merkmalen voneinander unterscheiden.
Die durchschnittliche Besuchswahrscheinlichkeit liegt sehr niedrig, von den 16 Besuchergruppen sind die am größten, deren Mitglieder am seltensten ins Kino gehen.

Kinobesucher MA 87

Segment	Wahrscheinlichkeit	Anteil am Weitesten Besucherkreis	
1	91,48	2,4	2,4 Kern-Besucherschaft
2	70,23	2,7	2,7 häufige Kinobesucher
3	40,31	6,7	11,6 seltene Kinobesucher
4	26,62	4,9	
5	23,20	6,2	
6	19,03	3,9	
7	15,60	4,4	
8	10,01	2,7	
9	9,81	6,0	
10	9,65	2,6	83,3 ganz seltene Kinobesucher
11	6,97	15,9	
12	5,07	2,6	
13	3,58	11,7	
14	1,51	8,8	
15	1,20	15,4	
16	1,04	3,1	
ϕ	14,06	100,0	100,0

Für den Kinobesuch wurden bis zur MA '87 im Vergleich zu den anderen Medien in der MA weniger Ergebnisse gezeigt und das nur im Berichtsband Vergleichende Übersichten. Die „Generalübersicht" Kinobesuch war im Register „Nettoreichweiten Presse, Kinobesuch" untergebracht. Überschneidungen wurden nicht dargestellt. Über Sonderzählungen waren jedoch alle gewünschten Informationen zu gewinnen.
Auch die (→) Informationsgemeinschaft zur Feststellung der Verbreitung von Werbeträgern (IVW) gibt ein jährlich erscheinendes IVW-Besucherfrequenz-Verzeichnis heraus. Die Mehrzahl der in der Bundesrepublik bestehenden Filmtheater beteiligt sich an der jährlichen (→) Erhebung. Eine Auswertung nach Besucher-Staffeln der Besucherfrequenz-Erhebung 1985 in Filmtheatern (eine Staffel umfaßt 500 Besucher pro Woche bzw. 26 000 Besucher pro Jahr) ergab die folgende Übersicht:

Kinobesucher pro Woche
Das ist in der (→) Media-Analyse (MA) der (→) Arbeitsgemeinschaft Media-Analyse (AG.MA) eine (→) Medien-Kontakt-Einheit (MKE), die als (→) Kinobesuch innerhalb der letzten 7 Tage definiert ist. Der (→) Weiteste Nutzer-Kreis (WNK) wird beim Kinobesuch nicht mit dem 12fachen einer Medien-Kontakt-Einheit (wie bei wöchentlich erscheinenden Zeitschriften und Supplements) definiert, sondern mit dem 52fachen. Das heißt, alle diejenigen, die innerhalb der letzten 12 Monate wenigstens einmal im Kino waren, werden bei der Berechnung des WNK berücksichtigt.
Nach der MA 86 ergaben sich für Kinobesuch und Kinobesucher pro Woche die Zahlen in den untenstehenden Tabellen sowie derjenigen auf der nächsten Seite.

Kinobesuch-Abfrage
→ Abfragemodell

Kirchenpresse
→ konfessionelle Presse

KKK (Kauf-, Konsum- und Kommunikationsverhalten)
Eine 1973 und wieder 1978 vom Verlag des „Spiegel", Hamburg, durchgeführte Untersuchung, die Daten über das Medienverhalten gegenüber 35 Zeitschriften und über Kauf, Besitz, Anschaffungsjahr, Preis, Marke, Verwendung, Konsumhäufigkeit und Anschaffungspläne für eine Anzahl von Konsumbereichen liefert. Vorläuferstudien waren die 1969 und 1971 durchgeführten Untersuchungen „Kauf Kraft Kennzeichen" (KKK).

KLA
Abk Kundenzeitschriften Leseranalyse

Kinobesucher pro Jahr

Staffel	Besucher pro Jahr	Besucher pro Woche	Orte	Theater
1	unter 26.000	bis 500	415	543
2	über 26.000	über 500	294	656
3	über 52.000	über 1000	200	529
4	über 78.000	über 1500	140	465
5	über 104.000	über 2000	65	208
6	über 130.000	über 2500	52	145
7	über 156.000	über 3000	21	52
8	über 182.000	über 3500	14	35
9	über 208.000	über 4000	9	18
10	über 234.000	über 4500	5	10
11	über 260.000	über 5000	5	10
12	über 286.000	über 5500	2	4
13	über 312.000	über 6000	–	–
14	über 338.000	über 6500	–	–
15	über 364.000	über 7000	–	–
16	über 390.000	über 7500	1	1
17	über 416.000	über 8000	1	1
18	über 442.000	über 8500	1	2
19	über 468.000	über 9000	–	–
20	über 494.000	über 9500	–	–
21	über 520.000	über 10000	–	–
Gesamt gemeldete Theater:			906*	2.679
nicht gemeldete bzw. neu eröffnete Theater:			344*	570
Gesamt:			962	3.249

* Abweichung bei den Orten durch Mehrfachzählung Abspiel-Einheiten sind als einzelne Theater gezählt.

Kinobesucher pro Woche (Bevölkerung ab 14 Jahre)

Bevölkerungsgruppen Reichweite Gesamt	48,22 Mio = 100 %		Kinobesucher pro Woche Reichweite 2,19 Mio = 4,5 %						Zusammensetzung % 100		
Männer	22,42 Mio = 46,5 %		1,25 Mio = 5,6 %						Männer 57 %		
Frauen	25,80 Mio = 53,5 %		0,95 Mio = 3,7 %						Frauen 43 %		
Alters-Gruppen	Gesamt Mio	%	Gesamt Mio	%	Männer Mio	%	Frauen Mio	%	Gesamt %	Männer %	Frauen %
14–19	5,83	12,1	0,90	15,5	0,48	16,2	0,42	14,8	41	39	45
20–29	7,84	16,3	0,80	10,2	0,49	12,3	0,31	8,0	37	39	33
30–39	6,77	14,0	0,28	4,1	0,15	4,6	0,12	3,6	13	12	13
40–49	8,52	17,7	0,13	1,5	0,08	1,9	0,05	1,1	6	6	5
50–59	7,23	15,0	0,05	0,7	0,03	0,8	0,02	0,6	2	2	2
60–69	5,65	11,7	0,02	0,4	0,01	0,5	0,01	0,4	1	1	2
70 u.ä.	6,39	13,2	0,01	0,2	0,00	0,2	0,91	0,2	1	0	1
	48,23	100%	2,19		1,24		0,94		101	99	101

kleine Stichproben
→ t-Verteilung, Binomialverteilung, Yates-Korrektur

Kleiner Zeitfilter
→ Abfrage

Kleinste-Quadrate-Schätzung
→ Methode der kleinsten Quadrate

Kleintafel
In der (→) Außenwerbung eine Anschlagstelle, deren Format in der Regel zwischen 180 x 120 cm und 260 x 120 cm (Höhe x Breite) beträgt. Kleintafeln stehen meist auf privatem Boden und ermöglichen den Anschlag von 4 bis 6 Bogen.

vgl. Allgemeinstellen, Ganzstellen, Großflächen, Spezialstellen

Klumpenanalyse
→ Cluster-Analyse

Klumpenauswahl *(Klumpenstichprobenverfahren)*
In der (→) Stichprobenstatistik ein (→) Auswahlverfahren, bei dem die Elemente aus geschlossenen Erfassungsgruppen (Klumpen) von Merkmalsträgern (wie z. B. Wohnblocks, Häuser, Haushalte, Betriebe, geographisch abgegrenzte Gebiete usw.) bestehen. Bei Bildung der (→) Stichprobe wird die (→) Grundgesamtheit zunächst in Klumpen aufgeteilt, aus deren Gesamtzahl dann die in die Auswahl einzubeziehenden Klumpen nach dem Verfahren der (→) Zufallsauswahl ausgewählt werden. Die Klumpen bilden disjunkte Teilmengen der (→) Grundgesamtheit. Innerhalb der ausgewählten Klumpen werden sämtliche Elemente erfaßt. Dabei können die Stichprobeneinheiten weiter in Untereinheiten aufgeteilt werden. Die Klumpenauswahl bewährt sich in der Praxis vor allem in Fällen, in denen eine Erhebungsgrundlage nur für zusammenhängende Gruppen von Untersuchungseinheiten existiert bzw. billiger oder einfacher zu beschaffen oder zu handhaben ist. Die Klumpen brauchen nicht denselben Umfang zu haben. Klumpenauswahlverfahren werden meist in Verbindung mit (→) mehrstufigen Auswahlverfahren angewandt.
Ein Problem der Klumpenauswahl ist der sog. *Klumpeneffekt* (Klumpungseffekt), d. h. die Auswirkung der Klumpenbildung auf den (→) Zufallsfehler. Erfolgt die Klumpenbildung rein zufällig, so ist der Klumpeneffekt gleich Null. In der Forschungspraxis sind jedoch die in der Realität anzutreffenden Klumpen in sich sehr homogen. Befinden sich in den Klumpen zu viele Erhebungseinheiten mit gleichartigen (→) Merkmalen und ist daher der einzelne Klumpen homogener zusammengesetzt, als dies bei genuiner Zufallsauswahl zu erwarten wäre, so bewirkt der Klumpungseffekt eine Reduzierung der (→) Repräsentativität der Stichprobe für die Grundgesamtheit und damit eine Erhöhung des (→) Stichprobenfehlers. Voraussetzung für eine sinnvolle Durchführung der Klumpenauswahl ist also eine hinreichende Heterogenität der Zusammensetzung der Klumpen. In Fällen, in denen die Klumpen in ihrer Zusammensetzung heterogener sind, als dies bei Zufallsaus-

wahl zu erwarten wäre, kann der Klumpungseffekt umgekehrt sogar eine Reduzierung des Stichprobenfehlers zur Folge haben. Die bei weitem am meisten verbreitete Form der Klumpenauswahl ist die (→) Flächenauswahl.

Klumpungsanalyse
→ Cluster-Analyse

Klumpungseffekt
→ Klumpenauswahl

KMA
→ Rollma

KMS
Abk Konsum-Media-Studie

Kode→ Code

Kodeplan
→ Codeplan

Kodierung
→Verschlüsselung

Koeffizient
In der Statistik eine Zahl oder eine Funktion, mit der eine Variable multipliziert wird.

Koinzidenzmethode *(Koinzidenzbefragung)*
In der Markt-, Media- und Sozialforschung generell eine Methode der (→) Befragung, bei der die (→) Auskunftspersonen zu festgelegten Zeitpunkten danach befragt werden, was sie im Zeitpunkt der Befragung gerade tun. Ziel der Methode ist es, verläßlichere Daten über das tatsächliche Verhalten zu erlangen, als das durch Befragung im nachhinein möglich ist. Koinzidenzinterviews werden meist als (→) telefonische Befragungen durchgeführt. Wachsende Verbreitung findet jedoch auch das Verfahren, bei dem die Auskunftspersonen einen Summer mit sich tragen. Ertönt ein Zeichen, tragen sie in ein (→) Tagebuch ein, was sie im Augenblick gerade tun. Besonders intensiv werden telefonische Koinzidenzinterviews in der amerikanischen (→) Leserschafts-, (→) Hörer- und (→) Zuschauerforschung verwendet. Das Verfahren wurde von C. E. Hooper in den 1930er Jahren zur Messung der (→) Einschaltquoten beim Radio bzw. zur Ermittlung von Daten über das Leseverhalten entwickelt. Gegenüber der elektromechanischen Methode der Messung von Einschaltquoten hat das Verfahren den Nachteil, daß es den Hörer- bzw. Zuschauerfluß während laufender Sendungen nicht zu messen vermag. Dem steht der Vorteil gegenüber, daß es gute Durchschnittszahlen liefert und vor allem tatsächliches Hör- und Sehverhalten und nicht bloß das Laufen von Geräten, denen niemand zuschaut oder zuhört, registriert.
→ Near-Coincidental-Interview

Kombination
→ Durchschnitte und Kombinationen, Kombinatorik, Media-Kombination

Kombinatorik
Derjenige Bereich der (→) Wahrscheinlichkeitstheorie, dessen Gegenstand die Untersuchung der Zahl der Möglichkeiten der Zusammenstellung von Elementen bei Einhaltung bestimmter Bedingungen ist. Mit Hilfe der Kombinatorik werden z.B. aus der elementaren Wahrscheinlichkeitsrechnung die Wahrscheinlichkeitsverteilungen abgeleitet. Sie umfaßt die Permutationen, Variationen und Kombinationen:

1. **Permutationen:** die Anzahl der möglichen Anordnungen von n disjunkten Elementen in einer Reihenfolge, nämlich

$$n! \text{ (n-Fakultät)} = n(n-1)(n-2)\ldots3\cdot2\cdot1.$$

2. **Variationen:** die Anzahl der möglichen Anordnungen, die aus n Elementen, die einer Gesamtheit von N disjunkten Elementen entnommen wurden, bei Berücksichtigung der Reihenfolge der Elemente gebildet werden können (dabei gilt $N > n$). Dabei ist zu unterscheiden zwischen Variationen mit Wiederholungen gleichartiger Elemente und Variationen ohne Wiederholung gleichartiger Elemente. Aus N vorgegebenen Elementen lassen sich N^n verschiedene Anordnungen (Variationen) (mit Wiederholung gleichartiger Elemente) zu n Elementen bzw. $\frac{N!}{(N-n)!}$ Variationen (ohne Wiederholung) zu n Elementen bilden.

3. **Kombinationen:** die Anzahl der verschiedenen Möglichkeiten, aus einer Gesamtzahl von N Elementen jeweils n Elemente ohne Berücksichtigung der Reihenfolge zu kombinieren. Dabei gibt es $\binom{N}{n}$ verschiedene Möglichkeiten einer Kombination ohne Wiederholung und $\binom{N+n-1}{n}$ Möglichkeiten einer Kombination mit Wiederholungen.

Kommunikations-Analyse *(Brigitte-Kommunikations-Analyse)*
Eine den Ansatz der früheren (→) Brigitte-Frauen-Typologie fortsetzende und erweiternde (→) Markt-Media-Erhebung der im Gruner + Jahr Verlag, Hamburg, erscheinenden Frauenzeitschrift „Brigitte“. Die „Kommunikations-Analyse 1“ erschien 1985, die KA 2 1986. Die „Kommunikations-Analyse 2“ beschreibt repräsentativ für die (→) Grundgesamtheit der 20,38 Mio. Frauen zwischen 14 und 64 Jahren Eigenschaften der Verbraucherpersönlichkeit,

die auf der Verhaltens- wie auf der Einstellungsebene direkten Bezug zu den Elementen der (→) Markenpersönlichkeit haben:

- o der Anatomie der Marke als Summe der Produkteigenschaften,
- o der Erziehung der Marke als Ergebnis der markenspezifischen Kommunikation,
- o dem Milieu der Marke als deren distributiven Status.

Fünf Grundgedanken bilden den modelltheoretischen Hintergrund dieser Studie:

Markenpersönlichkeiten sind das Ergebnis von Kommunikation.

- o Vor dem Kauf, vor der Verwendung kommt die Bekanntheit, kommt die Sympathie.
- o Das Planen mit Markenverwendern erlaubt nur eine statistische Markenpolitik.
- o Eine dynamische Markenpolitik muß auch das Vorfeld der Verwendung mitberücksichtigen: Bekanntheit und Sympathie von Marken.
- o Kommunikationsaktive Personen haben für die Markenpolitik eine besondere Qualität: Sie tragen die Markenidee weiter und multiplizieren so den Markenerfolg.

Zentraler Bestandteil ist die Ermittlung des kommunikativen Markenstatus („Markendreiklang") anhand der Eckwerte

Markenbekanntheit
Markensympathie und
Markenverwendung (bzw. -besitz)

für 830 Marken aus 28 Produktfeldern (siehe Tabelle):

Der Markenstatus ist Berührungspunkt von Markenpersönlichkeit und Verbraucherpersönlichkeit: Er mißt das Ergebnis der markenspezifischen Kommunikationsstrategie und zeigt darüber hinaus auf, in welchem Grad „Anatomie" und „Milieu" der Marke Akzeptanz in den Verbraucherpotentialen finden.

Der Markenstatus als Verhältnis von Markenbekanntheit, -sympathie und -verwendung hat zwei wesentliche Dimensionen: Die *quantitative Ausprägung* der drei (→) Parameter, die eine differenzierte Potentialanalyse einer Marke innerhalb ihres Konkurrenzfeldes erlaubt.

Die Produktfelder in der Kommunikations-Analyse 2

	Anzahl abgefragter Marken	Durchschnittliche Anzahl Marken bekannt	sympathisch	verwendet
Damenoberbekleidung	69	19,8	6,2	4,7
Unterwäsche	29	7,2	3,1	2,5
Strümpfe/Strumpfhosen	18	7,5	3,0	2,4
Schuhe	31	12,0	4,2	3,0
Dekorative Kosmetik	37	15,6	5,1	2,9
Gesichtspflegemittel	65	21,8	5,6	2,9
Creme/Lotionen	22	13,1	4,4	2,9
Duftwasser	49	14,3	4,6	2,6
Haarpflege	47	20,6	5,6	3,6
Seife	31	19,1	5,9	3,8
Dusch-/Badezusätze	27	13,0	4,4	2,7
Deodorant	23	13,0	3,9	2,2
Zahn-/Mundpflege	27	16,0	4,5	2,9
Sonnenschutzmittel	16	6,3	2,7	1,8
Intimpflegemittel/ Monatshygiene	21	8,5	2,9	1,9
Schokolade	32	24,7	9,5	7,7
Kaffee	16	12,3	3,6	2,2
Alkoholfreie Getränke	33	19,0	6,0	3,7
Aperitif/Sherry/Wermut	20	6,2	2,2	1,5
Likör	20	9,4	3,6	2,4
Champagner/Sekt	26	11,4	3,9	2,4
Kekse/Waffeln u. dergl.	15	9,8	4,7	4,1
Margarine/Öle/Fette	21	14,6	5,7	4,2
Fertige Nahrungsmittel	38	20,9	9,7	9,0
Schlankheits-/Diätnahrung/ Süßstoffe	21	7,4	2,6	1,5
Käse	38	20,5	7,7	6,8
Töpfe/Pfannen, Schnellkochtöpfe	17	6,1	3,1	2,0
Tiernahrung	21	10,8	2,8	1,1
Alle Produktfelder	830	380,9	131,2	91,4

Die *qualitative Ausprägung* der drei Parameter, die über die Relation von Bekanntheit, Sympathie und Verwendung in Zielgruppen Aufschluß über Stärken und Schwächen einer Markenposition geben.
Die Studie geht von vier typischen Markenstatus-Situationen aus:

Situation A:
Ausgewogene Abstufung von Bekanntheit – Sympathie – Verwendung

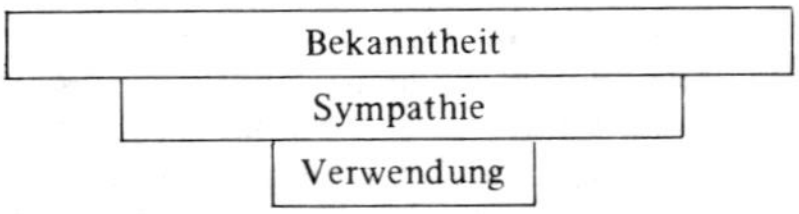

Kennzeichnend für Situation A ist die Ausgeglichenheit im Marken-Dreiklang. Das Sympathiepotential weist, im Vergleich zum Kenner- und Verwenderpotential, eine mittlere Größenordnung auf.
Von den 830 in der „Kommunikations-Analyse 2" erhobenen Marken weisen 56 Prozent eine ausgewogene Abstufung von Bekanntheit – Sympathie – Verwendung auf.

Situation B:
Geringer Sympathie-Überhang

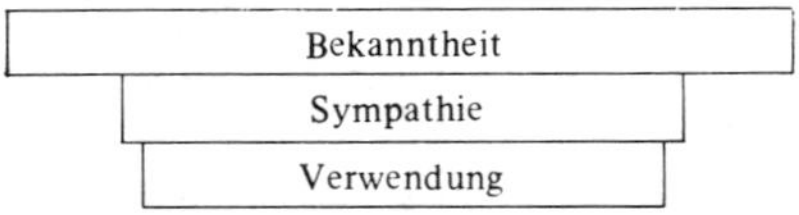

In der Situation B gibt es zu wenige Sympathisanten in Relation zu den Verwendern. Auf den ersten Blick mag sich dieser Marken-Status als befriedigend darstellen; denn das Sympathisanten-Potential ist durch Verwender ausgeschöpft. Über kurz oder lang kann diese Situation jedoch zu Absatzproblemen führen, da der Verwendernachweis fehlt. 16 Prozent der in der „Kommunikations-Analyse 2" erhobenen Marken befinden sich in der Situation B. Es handelt sich oftmals um Marken, die seit vielen Jahren mit gleichbleibendem Markenauftritt auf dem Markt sind.

Kennzeichnend für die Situation C ist ein hoher Sympathiegrad bei geringem Verwenderanteil.

Situation C:
Geringe Verwender-Ausschöpfung des Sympathie Potentials

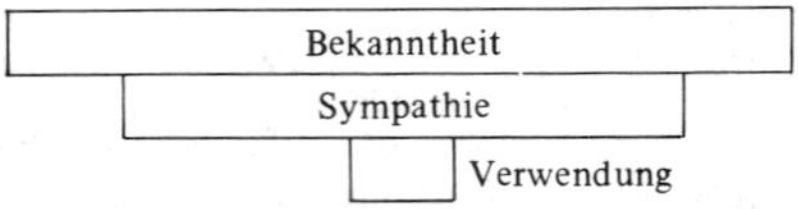

Offensichtlich stehen bei vielen Sympathisanten „äußere Hindernisse" (z. B. hoher Preis, schwere Erhältlichkeit, ausgeprägte Exklusivität) dem Kauf und der Verwendung der als sympathisch empfundenen Marke entgegen. Von den erhobenen Marken befinden sich 6 Prozent in der Situation C. Bei Marken dieses Typs handelt es sich durchweg um hochwertige Marken mit exklusivem Image.

Situation D:
Geringe Ausschöpfung des Bekanntheits-Potentials durch Sympathisanten und Verwender

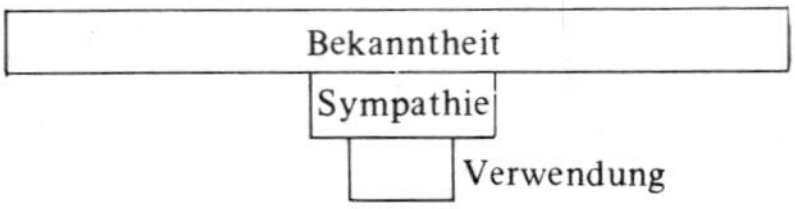

Charakteristisch für die Situation D ist der – im Vergleich zur Bekanntheit – geringe Sympathisanten- und Verwenderanteil. Dafür können verschiedene Gründe verantwortlich sein: Die Marke ist nicht ausreichend oder mit nicht mehr zeitgemäßen Inhalten „aufgeladen" (Image-Problem); die Marke ist zwar in breiten Verbraucherschichten bekannt, wendet sich mit ihrer Botschaft aber nur an ein kleines Zielgruppensegment. Auf 22 Prozent der erhobenen Marken trifft die Situation D zu.
Verbraucherpersönlichkeiten unterscheiden sich in ihrer Eignung, werbliche Kommunikation aufzunehmen und Markenkenntnisse und -erfahrungen über Gespräche weiterzugeben.
Indikatoren für die aktive und passive markenbezogene Kommunikationsfähigkeit sind:

- o die Aufgeschlossenheit für Marken-Kommunikation
- o die mediale Kommunikation
- o das Produktkommunikationsverhalten der Befragten.

Die Aufgeschlossenheit für Marken-Kommunikation, definiert durch die Anzahl bekannter und sympathischer Marken, beschreibt die Fä-

higkeit von Personen, Marken-Kommunikation wahrzunehmen und positiv zu verarbeiten.
Die mediale Kommunikation, definiert durch die Anzahl der im (→) Weitesten Leserkreis (WLK) genutzten Zeitschriften, beschreibt die individuelle (→) Kontaktchance mit Werbeträgern.
Das Produktkommunikationsverhalten, definiert durch die Gesprächshäufigkeit als Summenscore über 22 Produktbereiche, ist Maß für die Bereitschaft von Personen, sich aktiv mit Produkten und Marken im Gespräch auseinanderzusetzen.
Diese drei Indikatoren wurden über eine (→) Clusteranalyse zu Typen, (→) Typologien, verdichtet, die sich sowohl hinsichtlich der typenbildenden Variablen als auch hinsichtlich ihrer Markenverwendung deutlich voneinander unterscheiden (siehe Abbildung):

Typ 1:
Aufgrund seiner Aufgeschlossenheit ist der Typ 1 der ideale Ansprechpartner für Marken-Kommunikation. Seine hohe Markt- und Markenkenntnis und weit überdurchschnittliche Markensympathie dokumentieren, daß Marken-Kommunikation funktioniert hat und seine intensive Zeitschriften-Nutzung (er liest im Durchschnitt 13 der 40 erhobenen Titel) verbunden mit intensiver persönlicher Produkt-Kommunikation zeigt, wie Marken-Kommunikation funktionieren kann.

Typ 2:
Der Typ 2 hat ebenfalls überdurchschnittliche Markenkenntnisse, entwickelt jedoch geringere Markensympathien als der Typ 1: Er kennt viele Marken, differenziert aber stärker bei der Sympathie-Zuordnung. Er nutzt das Zeitschriftenangebot wie Marken – er differenziert in der Nutzung, unterhält sich allerdings besonders häufig über Produktbereiche und hat ein ausgeprägtes Produkt-Interesse. Seine eher rationale Einstellung zeigt sich auch auf anderen Verhaltensebenen.

Typen und ihr Marken-Kommunikations-Verhalten

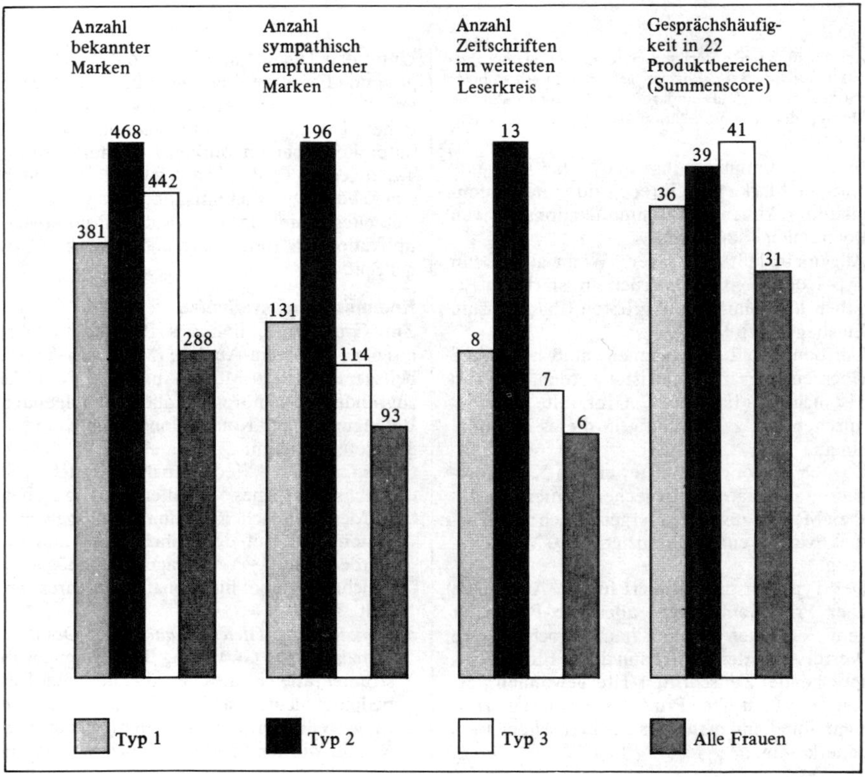

Typ 3:
Der Typ 3 zeigt eine insgesamt geringe Aufgeschlossenheit für Marken-Kommunikation. Seine Markenkenntnisse und Markensympathien sind unterdurchschnittlich ausgeprägt, er liest vergleichsweise wenig Zeitschriften und unterhält sich relativ selten über Produktbereiche. Beim Einkauf geht der Typ 3 weniger markenorientiert als andere vor. Er verwendet die Marken der Kommunikations-Analyse 2 unterdurchschnittlich.

In der Kommunikations-Analyse läßt sich jede einzelne Marke nach ihrer Position in kommunikationsaktiven und kommunikationspassiven Potentialen lokalisieren.

Allgemein läßt sich sagen: Wenn auch beim Typ 1 der Konkurrenzdruck am stärksten ist, haben hier Marken die größten Chancen zum Einstieg in den Markt.

Um den Typ 2 zu gewinnen, muß besondere Überzeugungsarbeit geleistet werden. Der Typ 3 ist nicht sehr beweglich. „Große alte Marken" rutschen fast zwangsläufig in dieses Potential hinein.

Da sich Personen ihren jeweiligen Kommunikationsaktivitäten entsprechend unterschiedlichen Medien zuwenden, ergeben sich auch Perspektiven für eine differenzierte (→) Mediaplanung.

Der Typ 1 ist prädestiniert für die Ansprache über Print-Kampagnen, aber Mix-Pläne mit dem Fernsehen erzielen häufig noch bessere Werte. Auch der Typ 2 kann durch Einsatz entsprechender Zeitschriften-Titel gewonnen werden. Typ 3 ist über Print nur schwer zu erreichen; ihm kann man über das Fernsehen etwas näherkommen.

Welche Reichweiten und Gross-Rating Points (Brutto-Kontakte) erzielt werden, wenn drei alternative Mediapläne zum Einsatz kommen, zeigt die folgende Tabelle:

Media-Leistung verschiedener Pläne

		Marken-Kommunikations-Typen		
Basis in Mio (Print 1/1 S. 4c; TV 30 sek.)	Alle Frauen 20,38	Typ 1 6,60	Typ 2 4,57	Typ 3 9,20
Plan I: Nur TV (ARD, ZDF)				
GRP's*	193	183	163	215
RW in %	67,6	67,7	62,0	70,2
ϕ-Kontakte	2,9	2,7	2,6	3,1
Plan II: Mix – TV/Print (ZDF, „Brigitte")				
GRP's*	187	244	177	152
RW in %	66,7	76,0	62,4	62,1
ϕ-Kontakte	2,8	3,2	2,8	2,4
Plan III: Nur Print (Brigitte, Freundin, Für Sie, Nicole, Carina)				
GRP's*	254	438	239	130
RW in %	53,8	76,3	55,2	37,0
ϕ-Kontakte	4,7	5,7	4,3	3,5

* GRP – Gross-Rating-Points (Brutto-Kontakte) = Reichweite in % x Durchschnittskontakte

Unter den Typen 1 und 2 wird mit Plan 2 (Brigitte und Fernsehen) eine sehr gute Reichweite erzielt; diese liegt beim reinen TV-Plan noch höher. Der „reine" Printmedienplan 3 erzielt unter diesen beiden Marken-Kommunikations-Typen jedoch – zusätzlich zu guten Reichweiten – eine hohe Durchschnittskontaktzahl. Als Resultat liegen hier die Gross-Rating-Points (Multiplikation aus Reichweite und Kontakten) an der Spitze.

Kommunikationsverhalten
Zur Grundkonzeption des Planungsmodells, das der (→) Media-Analyse (MA) der (→) Arbeitsgemeinschaft Media-Analyse (AG.MA) zugrundeliegt, gehören vor allem die folgenden Bedingungen und Konventionen zum Kommunikationsverhalten:

- *Laufzeit:* Im Media-Analyse-Modell soll durchschnittliches Verhalten wiedergegeben werden. Da sich Kommunikationsgewohnheiten aber mit den Jahreszeiten ändern, werden die (→) Befragungen möglichst gleichmäßig über die Monate des Jahres verteilt.
- *Prinzip der Gleichbehandlung:* Oberstes Prinzip für die Gestaltung der Erhebungsinstrumentarien ist die Gleichbehandlung. Das bedeutet nicht, daß für alle Medien dieselben Fragestellungen und Antwortvorgaben verwendet würden. Ziel der Gleichbehandlung

ist, die für alle Werbeträger gleichen Erhebungsthemen zwar mit den jeder Mediengattung speziell angepaßten Mitteln, aber unter den gleichen Belastungsbedingungen abzuhandeln.

- *Identifikationshilfen:* An die Stelle der Medien in der Realität treten im Interview (→) Identifikationshilfen, die alle nach denselben Prinzipien gestaltet sind: Auf einzelnen Karten stehen für Pressemedien die Signets, für Funkmedien die Erkennungsfiguren und die Namen der Programme, die die Auskunftsperson bei jeder Frage einzeln nacheinander ansieht. Jedes Medium hat die gleiche Chance, beachtet zu werden.
- *Generalfilter:* Um eine große Menge von Werbeträgern erheben zu können, muß man von vornherein diejenigen von der weiteren Behandlung ausschließen, mit denen der Befragte noch nie (→) Kontakte hatte. Dazu dient im (→) Abfragemodell der (→) Generalfilter, der die Behandlung jeder der fünf Mediengattungen – Zeitschriften und Wochenzeitungen, Tageszeitungen, Supplements, Fernsehen, Hörfunk – einleitet.
- *Standardfragen zum Kommunikationsverhalten:* Für alle Medien werden diese drei Grundinformationen erhoben:
  - Zugehörigkeit zum (→) Weitesten Nutzerkreis = Nutzung innerhalb der letzten 12 (→) Erscheinungsintervalle bzw. an einem der letzten 12 Sendetage
  - (→) Nutzungshäufigkeit
  - Zugehörigkeit zur Nutzerschaft pro Ausgabe/Sendetag = Nutzung innerhalb des letzten Erscheinungsintervalls bzw. am letzten Sendetag.
- *Behandlung der Antworten auf die Standardfragen in der Aufbereitung:* Aus dem Prozentanteil der Nutzerschaft innerhalb des letzten Erscheinungsintervalls an der Nutzerschaft innerhalb der letzten 12 Erscheinungsintervalle oder der Nutzerschaft am letzten Sendetag an der Nutzerschaft an einem der letzten 12 Sendetage ergibt sich die durchschnittliche (→) Nutzungswahrscheinlichkeit, die man auch durchschnittliche Werbeträger-Begegnungs-Wahrscheinlichkeit (WBW) oder durchschnittliche Medien-Kontakt-Probabilität (MKP) nennen kann.
  Dieser für jedes Medium anfallende Durchschnittswert wird unter Berücksichtigung der (→) Nutzungshäufigkeit und von 12 (→) demographischen Merkmalen so weit ausdifferenziert, daß pro Medium bis zu 32 Gruppen entstehen, die sich einerseits in ihren Nutzungswahrscheinlichkeiten möglichst stark voneinander unterscheiden, andererseits aber in sich so homogen wie möglich sind. Mit Hilfe dieser (→) Wahrscheinlichkeiten lassen sich Größe und Zusammensetzung sowohl der Weitesten Nutzerkreise wie der Nutzerschaften pro durchschnittliche Ausgabe/pro durchschnittlichem Sendetag und auch aller Nutzerschaften zwischen diesen Grenzwerten herstellen.

Kompetenz *(Medienkompetenz)*
→ Zuständigkeit

konfessionelle Presse
→ Konpress, Special-interest-Zeitschriften

Konfidenzintervall
→ Mutungsbereich, Vertrauensintervall

Konfrontationswahrscheinlichkeit
→ Kontaktwahrscheinlichkeit

Konjunkte Analyse *(Conjoint Measurement, Verbundmessung)*
Ein ursprünglich in der mathematischen Psychologie entwickeltes, der (→) Multidimensionalen Skalierung (MDS) ähnliches Analyseverfahren der (→) Interdependenzanalyse zur Messung von subjektiven Werturteilen, bei dem die Stimuli von vornherein so gestaltet werden, daß sie einer Art faktorieller Anordnung entsprechen. Dabei werden die (→) Auskunftspersonen aufgefordert, kategoriale oder ordinale Präferenzurteile über Objekte abzugeben, deren Eigenschaften systematisch variiert worden sind, so daß sie unterschiedliche Merkmalskombinationen aufweisen. Dann werden alle Gesamturteile und alle Merkmalsausprägungen so miteinander verknüpft, daß die vorgefundenen Relationen zwischen den Gesamturteilen bestmöglich reproduziert werden. Wenn diese Verknüpfung gefunden ist, lassen sich für alle (→) Merkmale intervallskalierte Werte angeben, an denen ihr Beitrag zum Gesamturteil gemessen werden kann. Dabei dienen die Präferenzen aufgrund der Gesamturteile als Kriteriumsvariablen und die einzelnen Faktorstufen, aus denen jeder Stimulus zusammengesetzt ist, als Prädikatorvariable. Konjunkte Analyseverfahren werden im Bereich des Marketing vor allem bei der Analyse von Konsumentenpräferenzen herangezogen.

Konkordanzkoeffizient *(Kendalls W)*
In der (→) Rangkorrelationsanalyse ein nonparametrisches Maß zur Feststellung des Grades der Übereinstimmung zwischen mehr als zwei Rangreihen. Es wird nach der folgenden Formel berechnet:

$$W = \frac{12\,\Sigma\,D_i^2}{k^2\,(n^3 - N)},$$

wobei k die Anzahl der Rangreihen, D_i die Abweichungen der Rangplatzsummen der einzelnen Elemente von der mittleren Rangplatzsumme und N die Zahl der in eine Rangordnung gebrachten Objekte bezeichnen. Bei vollkommener Übereinstimmung zwischen den Rangreihen ist W = 1, bei vollkommenem Fehlen von Übereinstimmung ist W = 0.

Konkurrenz-Werbedruck
→ Werbedruck

Konpress *(konfessionelle Presse)*
Ein 1970 gegründeter Zusammenschluß von heute (1987) 34 konfessionellen Wochenzeitungen der katholischen und evangelischen Publizistik mit einer Gesamtauflage, (→) tatsächlich verbreite Auflage (tvA), von 2 783 984 Exemplaren.

Konpress-Anzeigen eG

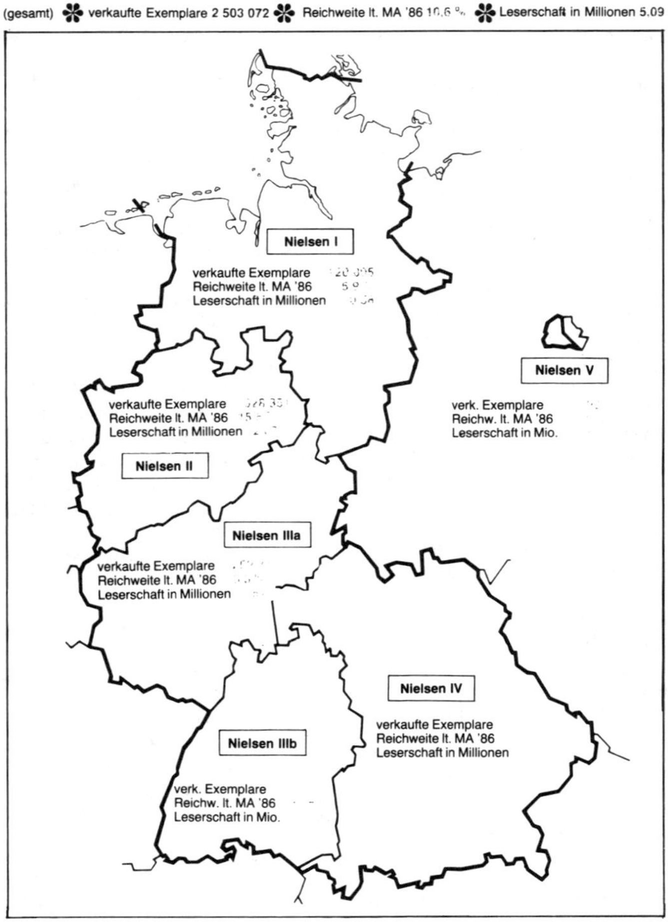

Verkaufte Auflagen IVW II/86*

Nielsen I		
Niedersächsische Evangelische Zeitung	35 149	
Kirchenzeitung für das Bistum Hildesheim	32 841	
Kirchenbote des Bistums Osnabrück	52 105	**120 095**
Nielsen II		
Der Dom (Erzbistum Paderborn)	117 655	
Kirchenzeitung für das Bistum Aachen	98 480	
Kirche und Leben (Bistum Münster)	200 542	
Kirchenzeitung für das Erzbistum Köln	125 746	
Ruhrwort (Bistum Essen)	61 621	
Der Weg (Ev. Sonntagsblatt für das Rheinland)		
Unsere Kirche (Ev. Sonntagsblatt f. Westf. und Lippe)	171 754	
Die Christliche Familie, Teilauflage	54 710	
Liboriusblatt, Teilauflage	97 843	**928 351**
Nielsen IIIa		
Paulinus (Bistum Trier)	93 401	
Der Pilger (Bistum Speyer)	57 700	
Weg und Wahrheit (Ev. Kirchenbl. für Hessen und Nassau)	31 056	
Kasseler Sonntagsblatt	53 019	
Ev. Kirchenbote (Sonntagsblatt für die Pfalz)	24 200	**259 376**
Nielsen IIIb		
Aufbruch, Karlsruhe	49 846	
Ev. Gemeindeblatt für Württemberg, Stuttgart	156 783	
Katholisches Sonntagsblatt, Stuttgart	105 164	
Konradsblatt (Erzbistum Freiburg)	118 924	**430 717**
Nielsen IV		
Altöttinger Liebfrauenbote	39 875	
Bayerisches Sonntagsblatt, München	41 379	
Evangelisches Sonntagsblatt aus Bayern	44 426	
Kirchenzeitung für die Diözese Augsburg	68 784	
Kirchenzeitung für das Bistum Eichstätt	37 760	
Münchener Katholische Kirchenzeitung	81 613	
Sonntagsblatt (Evangelische Wochenzeitung für Bayern)	54 545	
St. Heinrichsblatt (Erzbistum Bamberg)	52 175	
Würzburger Katholisches Sonntagsblatt	71 543	**492 100**
Nielsen V		
Berliner Sonntagsblatt, Ev. Wochenzeitung	5 815	
Petrusblatt (Bistum Berlin)	12 118	**17 933**
Überregional		
Deutsche Tagespost mit ASZ, Würzburg	20 643	
Die Christliche Familie, Essen	86 897	
Liboriusblatt, Hamm	150 876	
Neue Bildpost, Schmallenberg*	148 637	**407 053**

* nicht IVW angeschlossen

Die konfessionellen Zeitschriften im Jahre 1986
Mitglieder von GEP und AKP

Titel des Objektes		**tatsächl. verbreitete Auflage IV/1986**
Katholische Bistumszeitungen		
Kirchenzeitung f. d. Bistum Aachen*)		97825
Kirchenzeitung f. d. Diözese Augsburg*)		72591
St. Heinrichsblatt, Bamberg*)		56129
Petrusblatt, Berlin*)		12932
Kirchenzeitung f. d. Bistum Eichstätt*)		38865
Ruhrwort, Essen*)		64105
Konradsblatt Erzbistum Freiburg*)		117578
Bonifatiusbote, Diözese Fulda		15532
Kirchenzeitung f. d. Bistum Hildesheim*)		34404
Kölner Kirchenzeitung*)		106901
Der Sonntag, Bistum Limburg		25000
Glaube und Leben, Bistum Mainz		40828
Münchener Katholische Kirchenzeitung*)		83456
Kirche und Leben, Bistum Münster*)		203829
Kirchenbote des Bistums Osnabrück*)		55036
Der Dom, Erzbistum Paderborn*)		121077
Passauer Bistumsblatt	nicht IVW	42928[1])
Regensburger Kirchenzeitung	nicht IVW	90000[1])
Katholisches Sonntagsblatt, Stuttgart*)		109272
Der Pilger, Speyer*)		59705
Paulinus, Bistum Trier*)		98362
Würzburger Katholisches Sonntagsblatt*)		74186
Katholische Wochenpresse in Bayern		
Altöttinger Liebfrauenbote*)		42408
Bayerisches Sonntagsblatt, München*)		40717
Katholische Wochenpresse auf Bundesebene		
Deutsche Tagespost, Würzburg*)		21057
Die Christliche Familie, Essen*)		82949
Liboriusblatt, Hamm*)		150216
Neue Bildpost, Schmallenberg*)	nicht IVW	144798[1])
Evangelische Kirchengebietsblätter		
Aufbruch, Karlsruhe*)		49322
Berliner Sonntagsblatt*)		7450
Evang. Gemeindebl. f. Württemb., Stuttg.*)		167932
Evang. Kirchenbote f. d. Pfalz, Speyer*)		26696
Evang. Sonntagsbl. aus Bayern, Rothenburg*)		45462

Kasseler Sonntagsblatt*)	53647
Nieders. Evang. Zeitung, Hannover*)	38433
Sonntagsblatt, Evang. Wochenzeitung für Bayern*)	86397
Unsere Kirche, Bielefeld*)	114877
Der Weg. Düsseldorf*)	60083
Weg und Wahrheit, Frankfurt*)	30999
Gesamt	**2783984**

*) Mitglieder der Konpress-Anzeigen eG
1) Verlagsangaben

KONPRESS im Rahmen der MA '86

Gesamtleserschaft	Reichweite in %	absolut in Mio.
1. Bild	24,9	12,00
2. ADAC-Motorwelt	24,8	11,98
3. HörZu	22,2	10,72
4. Bild am Sonntag	19,2	9,23
5. Stern	14,9	7,20
6. TV Hören und Sehen	12,8	6,19
7. Der Spiegel	10,7	5,15
8. Konpress	10,6	5,09
Weibliche Leserschaft		
1. HörZu	21,7	5,60
2. Bild	21,0	5,42
3. ADAC-Motorwelt	15,4	3,97
4. Bild am Sonntag	15,0	3,86
5. Brigitte	14,1	3,65
6. TV Hören und Sehen	13,2	3,41
7. Stern	13,2	3,40
8. Bunte	11,8	3,03
9. Konpress	11,6	3,00

Konsistenz
→ Erwartungstreue

Konsistenzforschung
Bei (→) Befragungen die Überprüfung der inneren Schlüssigkeit (Widerspruchsfreiheit) der Angaben der Befragten.
→ Plausibilitätskontrolle

Konstrukt *(hypothetisches Konstrukt, theoretisches Konstrukt)*
Ein wegen seiner analytischen und interpretativen Tauglichkeit gebildetes, rein hypothetisches Modell auf niedrigem Abstraktionsniveau, das nicht selbst beobachtet werden kann, wiewohl es aufgrund von (→) Beobachtungen gebildet wurde und dazu dient, konkret beobachtete Sachverhalte sinnvoll zueinander in Beziehung zu setzen. Es handelt sich also um eine gedankliche Konstruktion, die selbst keine Wahrnehmungen zusammenfaßt, sich vielmehr aus theoretischen Überlegungen ergibt und im Zusammenhang mit einer Theorie sinnvolle Bedeutung hat.
Einige Autoren unterscheiden zwischen *intervenierenden* und *hypothetischen Konstrukten. Intervenierende Konstrukte* sind ein Teil der beobachtbaren Realität und gehen als konkrete Ausprägungen einer Variablen, als intervenierende Variable, in ein Modell ein. *Hypothetische Konstrukte* hingegen sind Abstraktionen höherer Ordnung (Abstraktionen von Abstraktionen). Ganz allgemein kann die Abstraktion von der Spezifität einer bestimmten experimentellen Situation und die Generalisierung von der spezifischen Situation auf andere Situationen bzw. auf Verhalten in anderen Situationen als der Beginn des Übergangs von der bloßen Deskription zum hypothetischen Konstrukt verstanden werden.

Konstruktvalidität *(Konstruktvalidierung)*
Ein von Lee J. Cronbach und Paul E. Meehl 1955 eingeführter Begriff zur Bezeichnung einer hinreichenden Übereinstimmung der durch einen (→) Test erfaßten (→) Merkmale mit dem hypothetischen (→) Konstrukt des zu messenden Kriteriums. Sie wird als gegeben angesehen, wenn die das Konstrukt kennzeichnenden Beobachtungen genau identifiziert worden sind und aufgezeigt worden ist, daß diese Beobachtungen eine funktionale Einheit bilden. Konstruktvalidierung stellt einen Versuch dar, die Probleme bei der Kriteriumsgewinnung bei der (→) Kriteriumsvalidität und die begrenzte Generalisierbarkeit der (→) Inhaltsvalidität zu umgehen.
Eine Messung wird mithin als empirisch valide betrachtet, wenn sie ein intendiertes Konstrukt so repräsentativ wie möglich, andere Konstrukte jedoch überhaupt nicht erfaßt. Um diese Forderung nach Abwesenheit von Fremdvarianz in empirisch validen Messungen zu verdeutlichen, ist auch die Unterscheidung zwischen konvergenter und diskriminanter Validität eingeführt worden, die Konvergenz der Messungen hinsichtlich des intendierten Konstrukts und Diskrimination der Messungen hinsichtlich nicht intendierter Konstrukte fordert. Die Abbildung auf der folgenden Seite illustriert die Zusammenhänge.
→ Validität

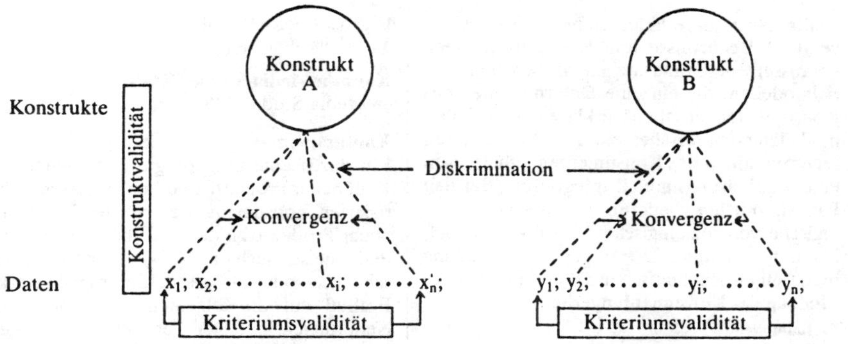

Quelle: Handbuch der Psychologie, 7. Band, Sozialpsychologie, 1. Halbband: Theorien und Methoden, Göttingen, Toronto, Zürich 1975, S. 538.

Konstruktionsprogramme
In der (→) Mediaselektion wird im allgemeinen zwischen (→) Evaluierungs-, (→) Optimierungs- und (→) heuristischen Verfahren und (→) Satisfizierungsprogrammen unterschieden. Je nachdem, ob die Satisfizierungsprogramme dabei einen (→) Mediaplan vollständig selbst konstruieren oder einen bzw. mehrere (→) Ausgangsplan verbessern, differenziert man zwischen Konstruktionsprogrammen und (→) Umgebungsprüfungsprogrammen. Die Konstruktionsprogramme haben sich in der Planungspraxis nicht bewährt. Sie werden kaum noch verwendet. Die Abbildung zeigt die Arbeitsweise eines iterativen Konstruktionsmodells, (→) Iterationsmodell:

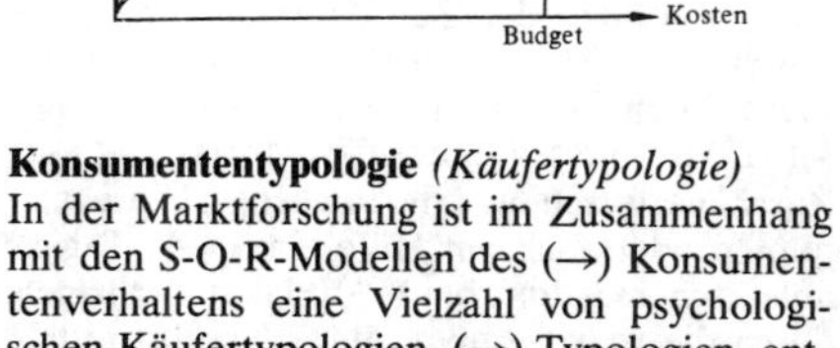

Konsumententypologie *(Käufertypologie)*
In der Marktforschung ist im Zusammenhang mit den S-O-R-Modellen des (→) Konsumentenverhaltens eine Vielzahl von psychologischen Käufertypologien, (→) Typologien, entwickelt worden, deren Bildung das Streben zugrundeliegt, über die traditionellen (→) soziodemographischen Charakteristika hinaus Konsumentengruppen zu identifizieren, die aufgrund psychischer Ähnlichkeiten wie z. B. gemeinsame (→) Motivationen, (→) Einstellungen und Verhaltensweisen vergleichbare (→) Kaufentscheidungen treffen. Konsumententypologien sind eng verknüpft mit der (→) Marktsegmentierung. Vor allem in der (→) Marktpsychologie ist eine große Zahl von Typologien auf der Basis von psychologischen Persönlichkeitstest entwickelt worden, die eine Fülle von empirischen Detailergebnissen geliefert haben. Lutz von Rosenstiel und Guntram Ewald allerdings meinen, daß die meisten dieser von empirischer Sammlerleidenschaft geprägten Typologisierungsversuche eher Banalitäten wie „den immerhin bemerkenswerten Aufweis eines größeren Einkaufs zweiblättrigen Toilettenpapiers bei Ehemännern, die nach der Edwards Personal Preference Schedule (EPPS) ein Bedürfnis nach Abhängigkeit zeigen" zu Tage gefördert haben. Insbesondere die Zeitschriftenverlage haben unter Verwendung (→) multivariater Analyseverfahren eigene Konsumententypologien erstellt, um den Werbungtreibenden die (→) Mediaselektion zu erleichtern. In der Bundesrepublik am meisten anerkannt sind die (→) Brigitte-Frauentypologie bzw. die Brigitte (→) Kommunikations-Analyse, die (→) Typologie der Wünsche (TdW) von Burda, die (→) Persönlichkeitsstärke des „Spiegel" und die (→) Life-Style-Typologie von „Das Beste".

Konsumentenverhalten
Alle Bemühungen um Erkenntnisse über das Konsumentenverhalten in Form von Entscheidungs- oder Erklärungsmodellen zielen darauf, Regelmäßigkeiten und Gesetzmäßigkeiten als Grundlage für die Marketingplanung und für Prognosezwecke zu erkennen. Kernproblem der Erforschung des Konsumentenverhaltens ist, daß alle Erklärungsversuche Aussagen über

nichtbeobachtbare Phänomene wie (→) Motive, (→) Bedürfnisse und (→) Einstellungen voraussetzen. Grundsätzlich ist zwischen Partialmodellen, die einzelne Determinanten des Konsumentenverhaltens erklären, und Totalmodellen zu unterscheiden, die alle relevanten Determinanten des Konsumentenverhaltens in einem Erklärungsmodell integrieren. Bei den Partialmodellen wiederum lassen sich psychologische von soziologischen Erklärungsmodellen unterscheiden. Die folgende Aufstellung bietet einen schematischen Überblick über die Modelle des Konsumentenverhaltens:

Partialmodelle

A. Psychologische Modelle

I. S-R-Modelle (Black-Box-Modelle)
- **1.** die mikroökonomische (→) Haushaltstheorie
- **2.** die Indifferenz-Präferenz-Theorie
- **3.** die Theorie der faktischen Präferenz

II. S-O-R-Modelle
- **1.** Ansätze zur Erklärung aktivierender Prozesse:
- **1.1** Theorien der Emotion
- **1.2** Theorien der (→) Motivation
  - a) Hierarchie der Bedürfnisse
  - b) Theorien über primäre und sekundäre Motive
- **1.3** Theorien über (→) Einstellungen
  - a) kommunikationstheoretische Ansätze
    - aa) Ein-Stufen-Fluß der Kommunikation
    - bb) Zwei-Stufen-Fluß der Kommunikation
  - b) Konsistenztheorien
    - aa) Balance-Theorie
    - bb) kognitive Dissonanztheorie
    - cc) Assimilations-Kontrast-Theorie
    - dd) Theorie der affektiv-kognitiven Konsistenz
    - ee) Kongruenztheorie
- **2.** Ansätze zur Erklärung kognitiver Prozesse, Kognition
- **2.1** Theorien der Wahrnehmungspsychologie
  - a) Gestaltpsychologie
  - b) Feldtheorie
  - c) Orientierungslernen
- **2.2** (→) Lerntheorien
  - a) klassische Konditionierung
  - b) operante Konditionierung
  - c) Konditionierung durch Kontiguität
  - d) Beobachtungslernen
- **2.3** Psychologie des Denkens

B. Soziologische Modelle

I. Theorien der sozialen Gruppe
II. Rollentheorien
III. Theorien der Bezugsgruppe
IV. Diffusionstheorien
V. (→) Meinungsführer
VI. Strukturmodelle und Prozeßmodelle

Totalmodelle

I. Engel-Blackwell-Kollat-Modell
II. Howard-Sheth-Modell
III. Nicosia-Modell
IV. Topritzhofer-Modell
V. Schulz-Modell

Konsum-Media-Studie (KMS)
→ Media-Studie (MS)

Konsumpionier
Ein durch eine ausgeprägte Bereitschaft zum Kauf neuer Produkte und Leistungen charakterisierter Konsument, der bei der Einführung neuer Produkte zu den Erstübernehmern zählt und meist auch als (→) Meinungs-, Geschmacks- oder (→) Modeführer einen starken Einfluß auf die allgemeine Akzeptanz von Neuerungen hat. Der Terminus des Konsumpioniers wird meist nicht sehr scharf von verwandten Begriffen wie Innovator oder Neophiler abgegrenzt und wird deshalb in der Literatur in wachsendem Maße durch diese Termini ersetzt.

Kontakt *(Werbeträgerkontakt, Werbemittelkontakt)*
Einer der Schlüsselbegriffe der (→) Mediaforschung und (→) Mediaplanung ebenso wie der Werbeforschung und Werbeplanung ist der des Werbeträger- bzw. des Werbemittelkontakts. Er bezeichnet jede noch so flüchtige Berührung einer Person oder eines Haushalts mit einem (→) Werbeträger oder einem (→) Werbemittel. Da es bei den Untersuchungen der Mediaforschung meist um die Erforschung der Werbewirkung von Werbemitteln geht, bei denen die Werbeträgerkontakte als (→) Indikatoren für Werbemittelkontakte verwendet werden, wird bei den Messungen der Kontakte mit den Werbeträgern in der Regel unterstellt, daß Personen mit Werbeträgerkontakten zugleich auch Werbemittelkontakte hatten. Die Messung der Kontakte erfolgt bei den Werbemitteln in Druckmedien wie Zeitungen und Zeitschriften durch die bei (→) Leserschaftsanalysen üblichen, mit Hilfe von (→) Befragungen erhobenen Angaben darüber, ob ein Befragter ein bestimmtes Heft bzw. eine bestimmte Ausgabe einer Zeitung oder Zeitschrift gesehen oder durchgeblättert hat, bei Radio und Fernsehen meist durch die mit Hilfe von elektromechanischen Meßgeräten in der (→) Hörer- und (→) Zuschauerforschung erhobenen (→) Einschaltquoten oder auch mit Hilfe eines (→) Tagesablaufschemas und bei (→) Plakatanschlägen durch die in der Außen- und Verkehrsmittelwerbung zur Reichweitenermittlung meist üblichen Verkehrszählungen, spezielle Befragungen zur Passierhäufigkeit oder auch Ermittlungen des Blickkontakts durch Kameras. Die in Werbeträgeranalysen ermittelten (→) Kon-

taktzahlen werden bei der (→) Mediaselektion und bei der (→) Evaluierung von Werbemitteln als (→) Kontaktchancen (Kontaktwahrscheinlichkeiten) zugrundegelegt. Wichtig ist die Zugrundelegung vergleichbarer (→) Medien-Kontakt-Einheiten (MKE) für die verschiedenen Mediengattungen.
Unterschieden wird zwischen Erstkontakt und Wiederholungskontakt, weil eine einzelne Person von einem Werbeträger bzw. Werbemittel oft mehr als nur einmal erreicht wird. Aus der Summe der Erst- und Wiederholungskontakte ergibt sich die Zahl der Gesamtkontakte. Die Unterschiede zwischen der Zahl der (→) Bruttokontakte (Bruttokontaktsumme) und der Zahl der (→) Nettokontakte (Nettokontaktsumme) ergeben sich aufgrund (→) externer und (→) interner Überschneidungen, was wiederum die Zahl der (→) Durchschnittskontakte zu einem wichtigen Wert bei der Abschätzung der Relation zwischen Brutto- und Nettokontakten macht. Werden die jeweiligen Kontaktzahlen zu den entsprechenden (→) Zielgruppen in Beziehung gesetzt und als Anteilswerte angegeben, so ergibt sich die (→) Reichweite, die als ein personenbezogener Meßwert den Anteil derjenigen Personen in einer Zielgruppe angibt, der von einem Werbeträger bzw. einem Werbemittel mindestens einmal erreicht wurde, also mindestens einen Kontakt hatte.
Besonders wichtige Größen in der Mediaplanung sind die drei Werte (→) Kontaktzahl (Reichweite), (→) Kontakthäufigkeit und (→) Kontaktverteilung.

Kontakt pro Doppelseite
→ Doppelseitenkontakt; *vgl.* Seitenkontakt

Kontaktbewertungsfunktion *(Wirkungskurve, Response Function)*
Bei der (→) Mediaselektion ist der Zusammenhang zwischen der Anzahl der (→) Kontakte und der Werbewirkung des in einem (→) Werbeträger geschalteten (→) Werbemittels ein entscheidendes Kriterium für die Gestaltung eines guten (→) Mediaplans (Streuplans). Gewiß ist, daß die Werbewirkung mit der Zahl der Kontakte mit einem Werbemittel und die (→) Kontaktwahrscheinlichkeit mit der Zahl der Wiederholungen der Einschaltungen wächst. Die Kontaktbewertungskurve stellt den Wirkungsverlauf der Werbewirkung in Abhängigkeit von der Zahl der Kontakte dar. Sie spiegelt die Bewertung der (→) Kontakthäufigkeit durch den Werbungtreibenden wider. Die Response Function gibt also, gewöhnlich in Form von Zahlen den Wert an, den der Werbungtreibende dem Umstand beimißt, daß ein von ihm geschaltetes Werbemittel mit einer Zielperson einen, zwei, drei oder mehr Kontakte gehabt hat.
Eine Vielzahl von Forschungsansätzen hat darauf gezielt, eine Generalisierung des Verlaufs von Kontaktbewerungsfunktionen in konkreten Fällen der Werbewirklichkeit zu erreichen. Wenn diese Bemühungen bislang auch nicht zu allgemeingültigen Ergebnissen geführt haben, weil der konkrete Verlauf einer Wirkungskurve von werbeträgerspezifischen ebenso wie werbemittelspezifischen, von produktspezifischen wie markt- und marketingspezifischen, von konkurrenz- und situationsspezifischen Bestimmungsfaktoren abhängt, so lassen sich immerhin einige durch einen typischen Verlauf gekennzeichnete Kontaktbewertungskurven in Mediaselektionsmodellen berücksichtigen (s. Graphik):

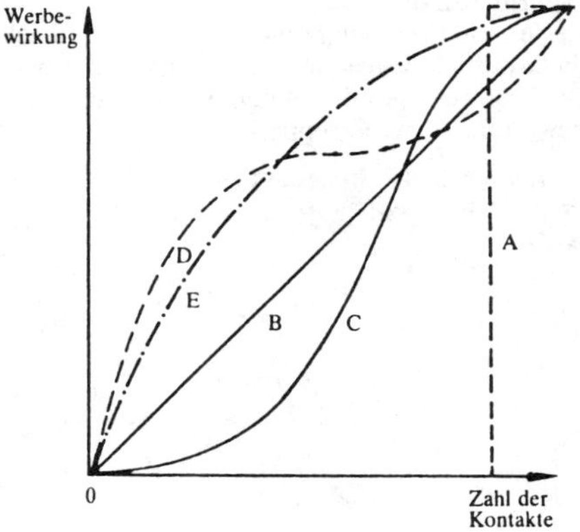

Den einzelnen Kurvenverläufen liegen spezifische Annahmen zugrunde. Die stufenförmig verlaufende Kurve (A) entspricht der Annahme, daß es Schwellenwerte für die Erzielung von Werbewirkung gibt, daß also eine Minimalzahl von Kontakten erforderlich ist, um überhaupt eine Werbewirkung zu erzielen. Eine lineare Wirkungskurve (B) basiert auf der Annahme, daß jeder Zuwachs der Zahl der Kontakte denselben Zweck an Werbewirkung bewirkt. Die S-förmig (ertragsgesetzlich) verlaufende Kurve (C) nimmt eine mit wachsender Kontaktzahl zunächst allmählich, dann stark ansteigende und schließlich allmählich nachlassende Zunahme der Werbewirkung an, während die konvex-konkav verlaufende Kurve (D) ein anfänglich starkes Ansteigen, dann ein leichtes Nachlassen und wieder ein stärkeres

Ansteigen sowie schließlich wieder ein leichtes Abflachen des Zuwachses der Werbewirkung annimmt. Die geometrische (konvexe) Wirkungskurve (E) schließlich ist durch einen anfänglich relativ steilen Anstieg, dann jedoch durch ein länger anhaltendes, nahezu lineares Anwachsen der Werbewirkung bei linear zunehmender Kontaktzahl gekennzeichnet (degressive Kurve).

Die Bemühungen um Entwicklung einer generalisierten Kontaktbewertungskurve reichen in der Bundesrepublik zurück bis in das Jahr 1970, als der Jahreszeiten Verlag, Hamburg, seine (→) Agevis-Studie präsentierte, der Verlag des „Spiegel", Hamburg, die Dokumentation „Effektivität der Werbung" vorlegte und der Axel Springer Verlag, Hamburg die großangelegte Untersuchung (→) „Werbedosis – Werbewirkung" publizierte. Es folgten dann die (→) BamS-Kommunikation von Springer (1971), und 1973 veröffentlichte der „Spiegel" seine (→) Eff-Kurve.

In der Bundesrepublik wird am ehesten noch die in der Untersuchung „Werbedosis – Werbewirkung" entwickelte generalisierte Kontaktbewertungskurve akzeptiert:

Die Konvex-Konkav-Response-Funktion
Gesamtgruppe Hausfrauen

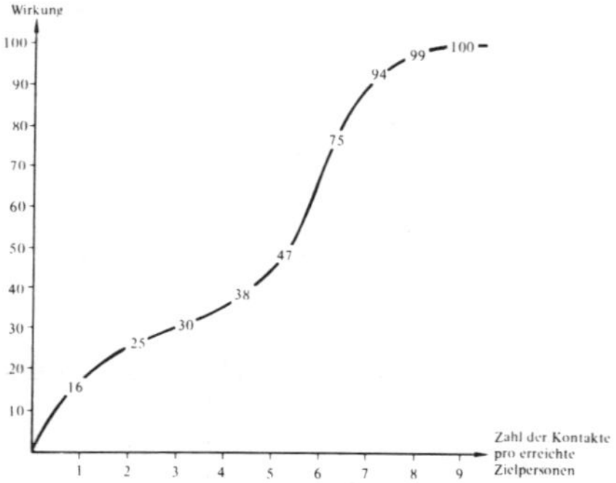

Die Konvex-Konkav-Kurve weist vier Wirkungsabschnitte auf:

1. einen konvexen Anfangsanstieg bei geringen Kontaktzahlen. Diese Schwelle wird von jeder Werbekampagne überschritten und charakterisiert einfach den Anfangsstoß der Werbewirkung zu Beginn jeder Werbekampagne. Wie Fallstudien zu einzelnen Werbekampagnen zeigen, verpufft die Wirkung dieses Anfangsstoßes sehr rasch, wenn sie nicht von der Werbewirkung weiterer Kontakte untermauert wird. Die Lage dieser Wirkungsschwelle kann also für die Kampagnenplanung nicht genutzt werden;
2. einen an den Anfangsanstieg anschließenden Bereich mäßiger aber gleichmäßiger Wirkungssteigerung;
3. im Bereich höherer Kontaktdosen eine steile konkave Wirkungsschwelle. In diesem Bereich wird mit relativ geringer Erhöhung der Kontaktdosis ein starker Zuwachs an Wirkung erzielt;
4. nach dieser Wirkungsschwelle schwenkt sie in eine Sättigungszone ein, in der eine weitere Steigerung der Werbedosis zunächst keine Zunahme der Werbewirkung einbringt.

Den Kontaktbewertungsfunktionen liegen zahlreiche Annahmen zugrunde. Die wichtigsten davon sind nach einer Darstellung von Günter Schweiger:

1. Die Annahme eines einzigen Wirkungskriteriums: Die meisten Kontaktbewertungskurven gehen davon aus, daß die Werbewirkung durch ein *einziges Wirkungskriterium* augedrückt werden kann.

2. Die Annahme, daß der Lernprozeß bei Null beginnt: Bei Kontaktbewertungskurven, wie auch bei den Lernkurven der Psychologie, wird meistens davon ausgegangen, daß der *Lernprozeß bei Null beginnt.* Dieser Extremfall ist eine Ausnahme, die für den Fall der Einführung einer Marke gilt. Selbst bei der Einführung eines neuen Produkts, aber unter einer bereits bekannten Marke, baut bereits der erste Kontakt auf einem bestehenden Wissen auf. Der Verlauf der Kontaktbewertungskurve hängt also davon ab, wie bekannt die Werbebotschaft vor Beginn der Werbung ist.

3. Die Annahme, daß Erlerntes nicht mehr vergessen wird: Das Konzept der Response Function geht in vielen Fällen von der Annahme aus, daß einmal *Erlerntes nicht mehr vergessen wird,* bzw. davon, daß der Zeitabstand zwischen den Kontakten so gering ist, daß das Vergessen keine Rolle spielt.

Damit ist die Kontaktbewertungskurve ein statisches Idealmodell. Diese Annahme widerspricht jedoch der Wirklichkeit, weil zwischen den Kontakten mehr oder weniger Zeit verstreicht. Die Erkenntnisse der Lerntheorie zeigen jedoch, daß Erlerntes wieder vergessen wird.

4. Die Abstraktion von den anderen Einflußgrößen: Die Kontaktbewertungskurve geht nur von der Anzahl der Kontakte aus, nicht jedoch von anderen Größen, die den Werbeerfolg auch wesentlich beeinflussen (Ceteris-Paribus-Betrachtung), nämlich:

a) **Die Kontaktbewertungskurve abstrahiert von der Gestaltung der Werbebotschaft:** Damit werden die *kreativen* Aspekte der Werbebotschaft vernachlässigt, obwohl diese einen entscheidenden Anteil am Verlauf der Kontaktbewertungskurve haben.
b) **Die Response Function abstrahiert vom Medium:** Das heißt, Kontakt wird gleich Kontakt gesetzt, ohne Rücksicht darauf, durch welches Medium der Kontakt hergestellt wird. Bei manchen Medien, insbesondere bei jenen, denen nicht die volle Aufmerksamkeit gewidmet wird, wie vor allem dem Hörfunk und teilweise auch dem Fernsehen, sind jedoch Wiederholungen wichtiger als bei anderen Medien.
c) **Die Werbewirkungskurve abstrahiert von der Art des beworbenen Produkts:** Tests haben jedoch gezeigt, daß die Kontaktwiederholung bei „Convenience Goods", wie z. B. Lebensmitteln, eine ganz

andere Funktion erfüllt als bei „Shopping Goods" wie z. B. Fernsehapparaten.

d) Die Response Function abstrahiert von der Wirkung anderer absatzpolitischer Instrumente: Vor allem dann, wenn als Kriterium der Werbewirkung der Umsatz herangezogen wurde, hängt der Verlauf der Kontaktbewertungskurve entscheidend vom Einsatz der anderen Marketinginstrumente der Unternehmung ab. Aber auch der Verlauf der Erinnerungswirkung und die Änderung der Einstellungen zum beworbenen Produkt ist davon betroffen.

e) Die Kontaktbewertungskurve abstrahiert von der Anzahl der Kontakte der Zielpersonen mit Werbebotschaften von konkurrierenden Unternehmungen: Der (→) Werbedruck der Konkurrenz ist jedoch nicht ohne Wirkung auf den Verlauf der Response Function. Deshalb muß die Konkurrenzwerbung als Störvariable berücksichtigt werden. Dies gilt vor allem für die Oligopolmärkte, auf denen der Werbung konkurrierender Unternehmungen eine Wirkung zukommt, die die eigene Werbewirkung neutralisiert.

f) Die Response Function abstrahiert auch von anderen Umwelteinflüssen: Der Verlauf der Kurve hängt wesentlich davon ab, wie stark die Reizüberflutung durch die übrige Werbung und sonstige Quellen ist. Es ist also zu beachten, daß eine Werbewirkung nur eintritt, wenn es der Werbung gelingt, die „Indifferenzschwelle" zu durchbrechen.

5. Vernachlässigung der indirekten Kommunikation: Die Response Function geht davon aus, daß die Zielpersonen *nur direkten Kontakt* mit den Werbebotschaften haben. Tatsächlich stehen jedoch die Zielpersonen auch untereinander in Beziehung. In sozialen Systemen verbreiten sich die Nachrichten und damit auch die Werbebotschaften über vielfältig verzweigte Kommunikationswege. Damit ist jedoch die Annahme unrichtig, daß die Werbewirkung nur von der Anzahl der direkten Kontakte abhängig ist.

6. Vernachlässigung aller Faktoren, die mit den Zielpersonen zusammenhängen: Die Kontaktbewertungskurve vernachlässigt alle Faktoren, die mit den Zielpersonen zusammenhängen. Dazu gehören vor allem der *Grad der Aufmerksamkeit*, der einer Werbebotschaft zugewandt wird, und die *Persönlichkeitsstruktur* des Lernenden.

Kontaktchance

→ Kontaktwahrscheinlichkeit

Kontaktdichte

Die im Auftrage des Axel Springer Verlags, Hamburg, 1970 durchgeführte Untersuchung (→) „Werbedosis – Werbewirkung" verwendet den Begriff Kontaktdichte. Die für eine bestimmte Marke festgestellte Kontaktdichte einer Kampagne bezieht sich auf die Gesamtheit der Zielgruppe und alle in die Kampagne einbezogenen Werbeträger. Sie errechnet sich aus den (→) Lesewahrscheinlichkeiten und der Belegungsfrequenz der Zeitschriften mit Anzeigen auf folgende Weise:

1. Stufe: $F_k = \sum_{i=1}^{m} R_{ki}$

2. Stufe: $P_k = \frac{F_k}{100m}$

3. Stufe: $D = \sum_{k=1}^{n} p_k a_k$

Darin bedeuten:

R_{ki} = prozentualer Anteil der Personen, die i (i = 1...m) Kontakte mit dem Werbeträger k (k = 1....n) haben, an der Gesamtzielgruppe (= 100 %)

F_k = Lesefrequenzsumme in % des Werbeträgers k

P_k = Lesewahrscheinlichkeit pro Nummer des Werbeträgers k

a_k = kumulierte Zahl der Anzeigen einer Marke in dem Werbeträger k

D = Kontaktdichte der Marke für alle in die Kampagne einbezogenen n Werbeträger

Eine Kontaktdichte von 2,5 besagt, daß jede Person aus der Zielgruppe seit Beginn der Werbekampagne für eine bestimmte Marke durchschnittlich 2,5 Zeitschriftenhefte mit Anzeigen dieser Marke in der Hand hatte. Die in den (→) Kontaktbewertungskurven der Studie als Abszissen ausgewiesenen Kontaktdichten (als Durchschnitt aus den Einschaltungen von rund 100 Marken in 32 Publikumszeitschriften errechnet) wurden der in 12 Befragungswellen gemessenen „aktiven Markenbekanntheit" gegenübergestellt.

Nach Michael Bender hat der Begriff eine Reihe von Nachteilen:

1. Die Kontaktdichte ist auf die gesamte Zielgruppe bezogen, also auch auf Personen, die nach ihrem angegebenen Nutzungsverhalten keinen Kontakt mit einem Werbeträger hatten. Personen, die keinen Kontakt haben, können jedoch keinen Beitrag zur Wirkungsänderung leisten.
2. Der Kontakt wird über Wahrscheinlichkeiten errechnet und nicht unmittelbar in Relation zur Werbewirkung gemessen.
3. Es werden Durchschnittsbildungen vorgenommen, die den Kausalzusammenhang zwischen (→) Kontakthäufigkeit und Werbewirkung verwischen.

Kontaktdosierung *(Kontaktdosis)*

In der (→) Mediaplanung bezeichnet Kontaktdosierung die bewußt geplante Anzahl und zeitliche Verteilung der (→) Kontakte, die eine (→) Zielperson mit der (→) Werbebotschaft in den (→) Werbeträgern hat. Mit der Entscheidung über die Kontaktdosierung trifft der Mediaplaner eine Entscheidung darüber, ob in

einem konkreten (→) Mediaplan entweder möglichst viele Personen mindestens einmal oder bestimmte Personen besonders intensiv angesprochen werden sollen. Der konkreten Kontaktdosierung liegt mithin explizit oder implizit eine bestimmte Vorstellung über die Gestalt der (→) Kontaktbewertungsfunktion zugrunde.
→ Kontaktverteilung

Kontakteinheit
→ Medien-Kontakt-Einheit (MKE)

Kontaktfaktor (KF)
→ Nutzungsintensität

Kontaktfrequenz
→ Kontakthäufigkeit

Kontaktgewichtung
Die bei der (→) Media-Selektion im Zusammenhang mit (→) Intermedia-Vergleichen und (→) Intramedia-Vergleichen aufgeworfenen Entscheidungsprobleme über eine optimale Werbeträgerkombination bei gegebenem (→) Werbebudget, feststehender (→) Kontaktverteilung und (→) Kontakthäufigkeit werden in der werblichen Praxis entweder durch die Intuition und Erfahrung der Mediaplaner oder durch Einsatz von quantitativen Verfahren gelöst. Das gebräuchlichste Selektionsverfahren ist noch immer das des Wirtschaftlichkeitsvergleichs aufgrund des (→) Tausenderpreises. Da hierbei jedoch von (→) Kontaktwahrscheinlichkeiten und nicht von tatsächlichen (→) Kontakten ausgegangen werden muß, wird vorausgesetzt, daß die Nutzung aller Medien gleich intensiv ist, was in der Realität jedoch nicht zutrifft. Eine weitere Verzerrung liegt darin, daß die gesamte Leser-, Hörer-, Zuschauerschaft eines Werbeträgers berücksichtigt wird und nicht nur jener Teil, der zur Zielgruppe gehört. Schließlich wird durch die Verwendung einer linearen (→) Kontaktbewertungskurve weder die Kontaktverteilung noch die (→) Kontaktqualität zum Ausdruck gebracht.
Diese Gesichtspunkte zur Kritik haben in der (→) Mediaplanung mit Hilfe differenzierter Media-Selektionsmodelle zur Einführung einer (→) Gewichtung der Kontakte mit drei Wirkungskomponenten, den der Zielgruppen-, der Werbeträger- und der Kontaktmengengewichtung geführt.

Zielgruppengewichtung (Personengewichtung): Normalerweise sind für einen Werbungtreibenden nur bestimmte Teile der Leser-, Hörer- oder Zuschauerschaft eines Werbeträgers identisch mit der (→) Zielgruppe für seine Werbung. Entsprechend der Qualifizierung einer Person als Angehöriger der Zielgruppe wird der Anteil der Zielgruppe an der Gesamtnutzerschaft durch Zielgruppengewichte ausgedrückt. Im einfachsten Fall lassen sich die Mediennutzer in Zielpersonen und Nicht-Zielpersonen einteilen *(Ausschlußverfahren)*, bei der abgestuften oder graduellen Zielgruppengewichtung wird jeder Person aufgrund ihrer Merkmalsausprägungen ein Gewicht zwischen 0 und 1 zugeordnet *(graduelles Bewertungsverfahren)*. Durch Verknüpfung werden die Einzelgewichte der Personen dann zu einem Gesamtgewicht verrechnet *(Verknüpfungsverfahren)*. Werden hingegen den einzelnen Kombinationen von Merkmalen·Gewichte zugeordnet und auf diese Weise die Personen mit identischen Merkmalskombinationen zu Zellen zusammengefaßt *(Zellenverfahren)*, so läßt sich das schematische Verfahren der Verknüpfungsgewichtung verbessern.

(→) **Werbeträgergewichtung (Mediagewichtung):** In der Mediaplanung ist nicht allein wichtig, mit welchen Personen, sondern auch über welchen Werbeträger ein Kontakt erzielt wird. Die gängigen (→) Mediaanalysen können jedoch lediglich Informationen über den Werbeträgerkontakt und nicht über den für die Werbeplanung entscheidenden Werbemittelkontakt liefern. Durch die Werbeträgergewichtung werden die potentiellen Kontakte, die ein Werbeträger bei einer Zielgruppe erreichen kann, aufgrund der Kontaktchance und der Kontaktqualität bewertet. Dabei kann eine Mediagewichtung entweder nach allgemeinen Faktoren (die die Eignung eines Werbeträgers oder einer Werbeträgergattung für verschiedene Werbeziele ausdrücken) oder nach speziellen Mediagewichten erfolgen (die die Eignung eines Werbeträgers für ein ganz spezielles Werbeziel ausdrücken). Auch dabei müssen einzelne Teilgewichte zu einem Gesamtgewicht zusammengefaßt werden, wofür sich Verfahren der multiplikativen Gewichtung und der (→) Rangreihengewichtung anbieten. Grundgedanke des Gewichtungsverfahrens ist die Bestimmung eines Werbeträgergewichts über Werbemittelkontaktwahrscheinlichkeiten. „Das Werbeträgergewicht ist ein Wertmaß dafür, ob und wie eine Botschaft von einem Individuum aufgenommen wird – ein Faktor also, der die Kommunikationsqualität eines Titels bestimmt und eine Wahrscheinlichkeit definiert, ob die Botschaft zum Empfänger transportiert wird." (Peter Maeschig)

Kontaktmengengewichtung: Schließlich werden auch die Kontakthäufigkeitsklassen gewichtet. Es handelt sich dabei um Kumulationsgewichte, da die Wirkung eines Werbemittelkontakts auch von seinem Beitrag zur optimalen Kontakthäufigkeit abhängt. Die Gewichtung kennzeichnet also die Werbewirkung in Abhängigkeit von der Zahl der erfolgten Kontakte und wird über die (→) Kontaktbewertungskurven dargestellt. „Die Gewichtungen als Steuerungsfaktoren definieren ... das jeweilige Kommunikationsproblem eines Planungsfalls. Insgesamt betrachtet wird durch die Gewichtung der Werbeträger, der Kontakthäufigkeiten und der Empfängerschaft dem Programm eine Grundlage gegeben, durch Verrechnung dieser Gewichte einen Gesamtwert zu ermitteln, der als ein Ausdruck für die relative Erfolgswahrscheinlichkeit (gleich Kommunikationsleistung oder Wirkung) eines Mediaplanes bezeichnet werden kann." (Peter Maeschig)

Kontakthäufigkeit *(Kontaktmenge, Kontaktfrequenz)*
In der (→) Media- und Werbeforschung die Zahl der (→) Kontakte, die ein Leser, Hörer, Zuschauer oder eine andere Zielperson mit einem oder mehreren (→) Werbeträgern bzw. einem (→) Werbemittel hat. In der (→) Mediaplanung kommt der Zahl der (→) Durchschnittskontakte besondere Bedeutung zu. Weil die tatsächliche Kontaktzahl stark um die durchschnittliche Kontaktzahl streuen kann, ist es auch notwendig, die Verteilung der Kontakthäufigkeit zu kennen, (→) Kontaktverteilung. Die Zahl der Kontakte, die (→) Reichweite und die Kontakthäufigkeit stehen in der Mediaplanung in einer Wechselbeziehung. Da eine Werbewirkung in aller Regel erst durch eine bestimmte Kontakthäufigkeit eintritt, ist das zentrale Problem der Mediaplanung die Maximierung der Reichweite bei einer bestimmten gegebenen Kontakthäufigkeit pro Zielperson, (→) Kontaktdosierung.

Kontakthäufigkeitsverteilung
→ Kontaktverteilung

Kontaktinterview
→ Filter

Kontaktmaßzahlen
Zur Beurteilung der Kommunikationsleistung von Werbung sind die die (→) Nutzung einzelner Medien kennzeichnenden Kontaktmaßzahlen besonders wichtige (→) Indikatoren der Werbewirksamkeit von Werbeträgern. Zu den quantitativen Kontaktmaßzahlen zählen vor allem die (→) Reichweite, die (→) Kontakthäufigkeit und die (→) Kontaktsumme und zu den ökonomischen Kontaktmaßzahlen die verschiedenen Versionen des (→) Tausenderpreises.

Kontaktmenge
→ Kontakthäufigkeit

Kontaktmengen-Bewertungskurve
→ Kontaktbewertungskurve

Kontaktmengengewichtung
→ Kontaktgewichtung

Kontaktmessung
→ Kontakt

Kontaktqualität
Neben der Bestimmung der (→) Zielgruppe, der (→) Reichweite der eingesetzten Medien, der (→) Kontakthäufigkeit, mit der die Angehörigen einer Zielgruppe erreicht werden sollen, und der (→) Kontaktverteilung ist die wichtigste Aufgabe der (→) Mediaplanung die Ermittlung der Kontaktqualität, also der Eignung eines Werbeträgers oder einer Werbeträgergruppe für die Präsentation der in einer konkreten Werbekampagne verwendeten Werbebotschaft. Bei den verschiedenen Verfahren der (→) Mediaselektion erfolgt die Bestimmung der Kontaktqualität eines Werbeträgers durch die sog. Werbeträgergewichtung im Rahmen der (→) Kontaktgewichtung; denn die Kontaktqualität ist das Maß des Beitrags, den ein (→) Kontakt zur gesamten Werbewirkung leistet, und er ist somit abhängig von dem eingesetzten Werbeträger, den erreichten Personen und der formalen Gegegenheiten der eingesetzten Werbemittel.
Hinter dem Begriff der Kontaktqualität steht die Erkenntnis, daß nicht alle Medien gleichermaßen gut geeignet sind, eine bestimmte Werbebotschaft wirksam an eine Zielgruppe zu adressieren: „The same words delivered by newspaper and radio may be intended by the advertiser as the same messages, but relying on different senses, clothed in different contexts, being organized in different frameworks, their effect may be vastly different." (aus einer Veröffentlichung der amerikanischen Advertising Research Foundation). Zur Bezeichnung des spezifischen Wirkungsbeitrags eines bestimmten Werbeträgers spricht Dennis H. Gensch vom „rub-off effect" des Mediums, der die Wirkung einer Werbebotschaft deutlich beeinflussen kann.
Einen großen Schritt vorwärts bei den jahrelangen Bemühungen um höhere Transparenz bei

den vielfältigen Ansätzen der Kontaktqualifizierung bedeutet die 1984 abgeschlossene, von den Programmzeitschriften Hörzu und Funk-Uhr initiierte und gemeinsam mit Experten der Gesellschaft Werbeagenturen (GWA), des heutigen Gesamtverbands Werbeagenturen (GWA), durchgeführte Validierungs- und Vermessungsstudie (→) Maßstäbe für Kontaktqualität.

Kontaktqualitäten 86
→ Maßstäbe für Kontaktqualität

Kontaktqualitäten Plus
→ Maßstäbe für Kontaktqualität

Kontaktstreuung
Die (→) Streuung der tatsächlichen (→) Kontakte um die Zahl der (→) Durchschnittskontakte bei einem konkreten (→) Mediaplan.
→ Kontaktverteilung

Kontaktsumme
→ Bruttokontaktsumme, Bruttoreichweite

Kontaktverteilung
In der (→) Mediaplanung ist bei der Beurteilung alternativer Mediapläne neben der (→) Reichweite und der (→) Kontakthäufigkeit die Kontaktverteilung, die Auskunft darüber gibt, wieviele Personen wie oft mit einem Werbemittel in Berührung kommen, ein wichtiges Beurteilungskriterium. Die Kontaktverteilung gibt

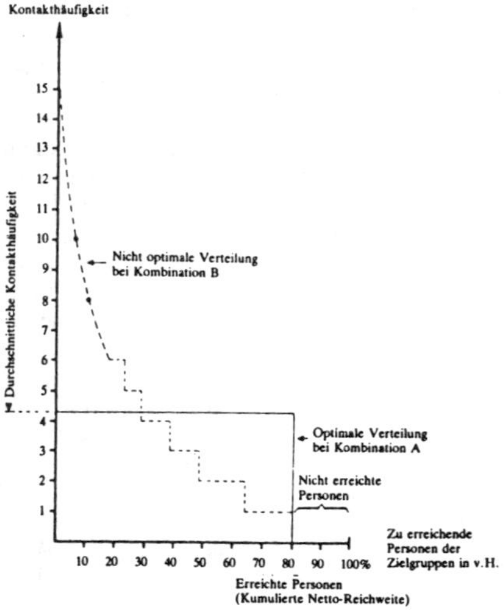

Quelle: K. Chr. Behrens, Handbuch der Werbung, Wiesbaden 1975, S. 646.

also an, wie sich die Zahl der (→) Kontakte über alle erreichten Personen verteilt. In der Regel kann davon ausgegangen werden, daß ein Streuplan um so besser ist, desto gleichmäßiger die Kontaktverteilung ist, d. h. desto kleiner die Streuung der tatsächlichen Kontakthäufigkeit um die optimale Kontakthäufigkeit, d. h. die Zahl der (→) Durchschnittskontakte ist. Die Graphik in der linken Spalte zeigt eine günstige und eine ungünstige Kontaktverteilung von zwei hypothetischen Streuplänen.
Je kleiner die (→) Streuung ist, desto stärker konzentrieren sich die tatsächlichen Kontaktzahlen der einzelnen Personen in einer Zielgruppe um den Durchschnittskontakt, was nichts anderes bedeutet als daß die Zahl der Durchschnittskontakte eine genaue Aussage über die Zahl der Kontakte der meisten Zielpersonen darstellt. Eine Kontaktverteilung ist dann als günstig zu bezeichnen, wenn das Maximum der Kontaktverteilungskurve bei der optimalen Kontakthäufigkeit liegt. In diesem Fall erhält nämlich der Großteil der erreichten Zielpersonen die richtige Anzahl der Kontakte und nur ein geringerer Teil zuwenige oder zuviele Kontakte:

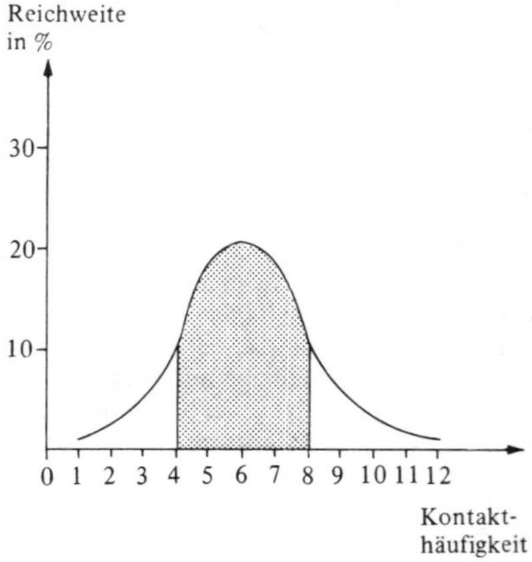

In der obigen Abbildung einer optimalen Kontaktverteilung liegt der Großteil der Zielpersonen innerhalb der Kontaktklasse von vier bis acht Kontakten. Es ist jedoch zu beachten, daß „eine Konzentration der Werbedichte bei relativ kleinen Gruppen des Zielpersonenkreises und ein Abfall der Werbedichte in sehr breiten Randzonen als Folge der Struktur der Werbeträger unvermeidbar ist.“ (Siegfried Geiger) Es gibt nämlich im allgemeinen in der Zielgruppe

immer Personen, die sehr intensive Mediennutzer sind und daher mit hohen (→) Kontaktzahlen erreicht werden, und es gibt Zielpersonen, die die Massenmedien sehr spärlich nutzen.
Die Überprüfung, inwieweit die geplante und die tatsächliche Kontaktverteilung eines Mediaplanes übereinstimmen, ist durch die Berechnung von (→) Streuwerten um die durchschnittliche oder eine vorgegebene optimale Kontaktzahl möglich, (→) Kontaktstreuung.
Den Zusammenhang zwischen Kontakthäufigkeit, Kontaktverteilung und Reichweitenkumulation bei Mehrfachbelegung eines Werbeträgers, (→) interne Überschneidung, illustriert die folgende Graphik nach Dr. Theodor Harder:

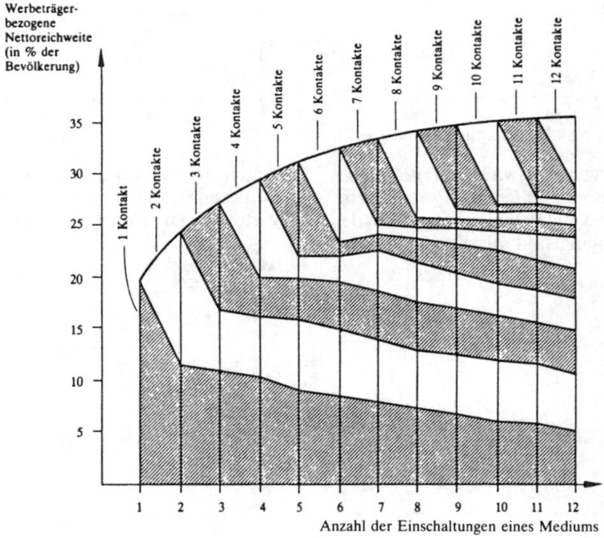

Es ergibt sich, daß die (→) Nutzungsintensität eines Werbeträgers bei gegebener Kontaktverteilung sehr unterschiedliche Reichweiten erzielt. Vier Extremvarianten sind modellhaft vorstellbar. Die Wirklichkeit spielt sich stets zwischen den Extremen ab.

1. Ein Werbeträger hat *nur regelmäßige Nutzer:* Dann führen mehrere Belegungen in einer Werbekampagne lediglich zu Wiederholungskontakten, aber nicht zu einem Anstieg der (→) Nettoreichweite:

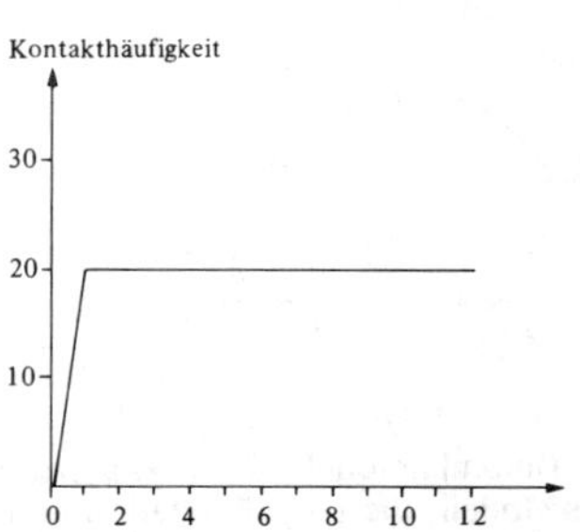

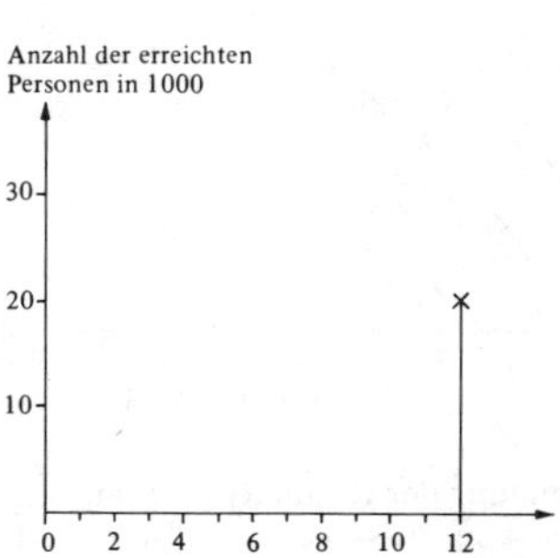

2. Ein Werbeträger hat *viele regelmäßige Nutzer:* Dann wird der größte Teil der Gesamtreichweite mit der durchschnittlichen Kontakthäufigkeit bereits erreicht. Die Kontaktstreuung ist gering:

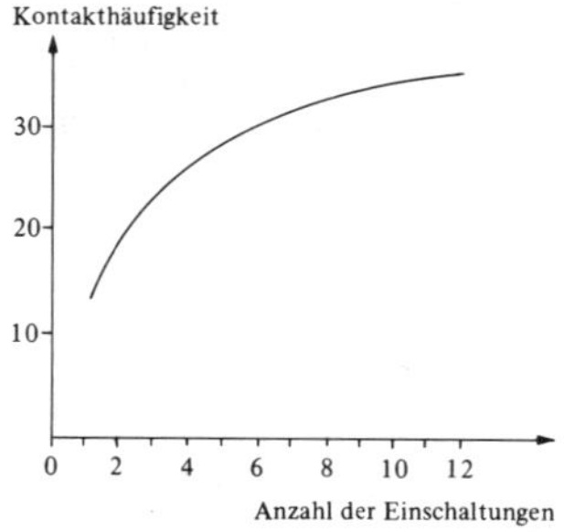

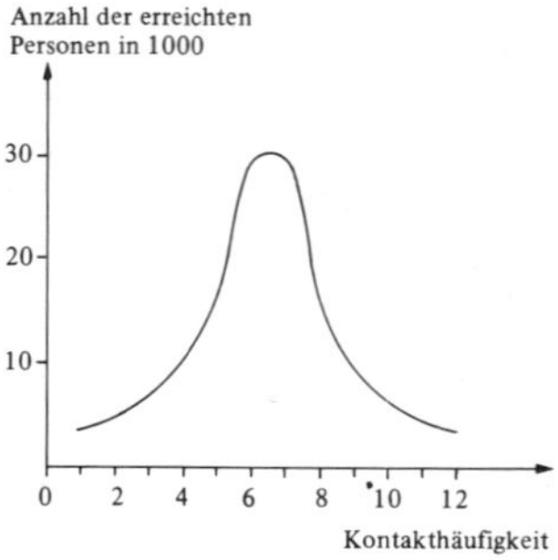

3. Ein Werbeträger hat *viele unregelmäßige Nutzer:* Dann nimmt die Nettoreichweite mit der Zahl der Belegungen stetig zu. In der Kontaktverteilung sind alle Kontakthäufigkeiten zwischen 0 und 12 anzutreffen, die mittleren Häufigkeiten sind am stärksten vertreten. Die Kontaktstreuung ist groß:

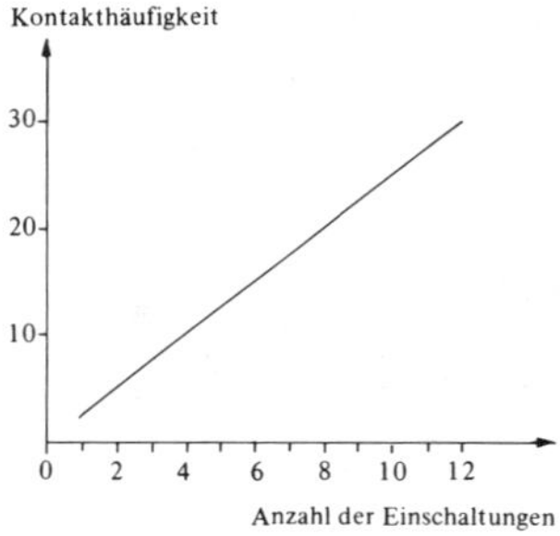

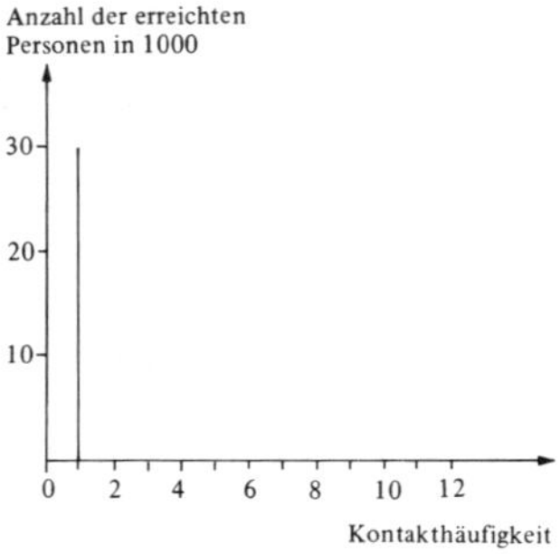

4. Ein Werbeträger hat überhaupt *keine regelmäßigen Nutzer:* Dann nimmt die Nettoreichweite mit jeder neuen Belegung um denselben Betrag zu. Kennzeichen der Kontaktverteilung ist es, daß alle Zielpersonen, die erreicht werden, nur einen Werbeträgerkontakt haben:

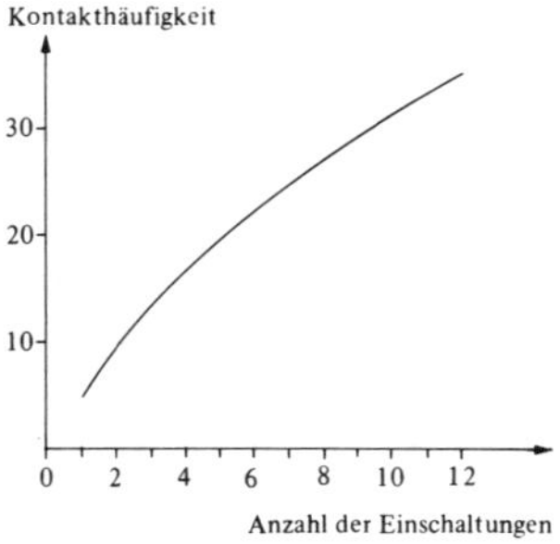

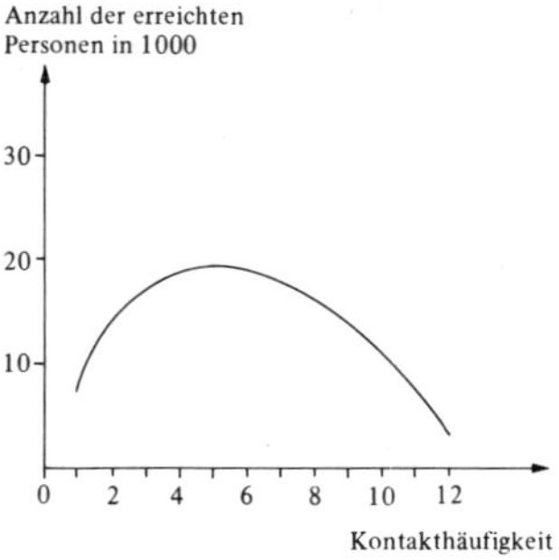

Für die Bestimmung der Kontaktverteilung auf der Grundlage von Aussagen von Befragten über die Medianutzungshäufigkeit stehen das (→) Binomialmodell, das (→) hypergeometrische Modell, die (→) Simulation und die (→) Faltung (Convolution) zur Verfügung.

Kontaktwahrscheinlichkeit *(Kontaktchance)*
Die in der (→) Mediaforschung ermittelten Kontaktzahlen werden in der (→) Mediaplanung, und dort vor allem bei der (→) Mediaselektion und der (→) Media-Evaluierung, in Form von Wahrscheinlichkeitsangaben verwendet. D. h. die Aussage eines Befragten, er habe 6 von 12 Ausgaben einer Zeitschrift gelesen, führt zu einer Lesewahrscheinlichkeit von p = 0,5. Hat also ein Werbeträger in einer Zielgruppe eine (→) Reichweite von 10 Prozent, so ergibt sich für ein beliebiges Individuum aus der Zielgruppe die Wahrscheinlichkeit 0,10 für einen (→) Kontakt mit diesem Werbeträger. Ist die Kontaktwahrscheinlichkeit mit dem Medium A gleich P_1 und die mit einem zweiten Medium B gleich P_2, so ergibt sich bei Annahme der statistischen Unabhängigkeit zwischen den beiden Einzel-Kontaktwahrscheinlichkeiten – die häufig aber nicht gegeben ist – die Wahrscheinlichkeit von $P_1 \times P_2$ für den Kontakt eines beliebigen Individuums mit beiden Medien.
Allgemein lautet die Formel zur Ermittlung der Wahrscheinlichkeit mindestens eines Kontaktes durch je eine Einschaltung in zwei Werbeträgern, die Grundlage zur Ermittlung der (→) Nettoreichweite ist:
Wahrscheinlichkeit für mindestens einen Kontakt = $1 - (Q_1 \cdot Q_2)$.
Darin bedeuten:
Q_1 = Wahrscheinlichkeit dafür, daß es zu keinem Kontakt mit dem Werbeträger A kommt
Q_2 = Wahrscheinlichkeit dafür, daß es zu keinem Kontakt mit dem Werbeträger B kommt und
$Q = 1 - P$
Die Wahrscheinlichkeit dafür, daß durch Einschaltungen in n Medien mindestens ein Kontakt entsteht, ergibt sich durch:

$$1 - (Q_1 \cdot Q_2 \cdot Q_3 \dots \cdot Q_n)$$

Die so ermittelte Wahrscheinlichkeit ergibt, bezogen auf die betrachtete (→) Grundgesamtheit, die Nettoreichweite.
→ Kontakt, K_1-Wert; Binomialmodell, hypergeometrisches Modell, Simulation, Faltung (Convolution); Nutzungswahrscheinlichkeit, Hörwahrscheinlichkeit, Sehwahrscheinlichkeit, Lesewahrscheinlichkeit, Besuchswahrscheinlichkeit

Kontaktwahrscheinlichkeitsverteilung
→ Kontaktverteilung

Kontaktzahl
→ Kontakt, Kontakthäufigkeit

Kontaktzone
In der (→) Außenwerbung derjenige Bereich im Umfeld eines Anschlags, in dem die Chance besteht, daß ein Passant (→) Kontakt mit dem Plakat bekommt.
→ A-Wert

Kontiguität
→ Konditionierung durch Kontiguität

Kontingenzanalyse *(Kontingenztabellen)*
Ein Verfahren der (→) Dependenzanalyse, durch das mit Hilfe von Kontingenztafeln die Abhängigkeit bzw. Unabhängigkeit, (→) Assoziation, zwischen zwei oder mehr nominalskalierten Variablen untersucht werden kann. Dabei bezeichnet Kontingenz das Maß des Zusammenhangs bzw. der Abweichung zwischen den Ausprägungen verbundener qualitativer Merkmale in einer (→) Grundgesamtheit bzw. den Grad der Wahrscheinlichkeit eines gemeinsamen Auftretens von zwei oder mehr qualitativen Merkmalen; sie ist in der Kontingenztabelle durch die Differenz zwischen den tatsächlichen Zellenhäufigkeiten und den bei zufälliger Verteilung zu erwartenden Häufigkeiten von zwei unabhängigen Merkmalen gegeben.
Als Kontingenztabelle wird die tabellarische Darstellung einer zweidimensionalen (→) Häufigkeitsverteilung nominalskalierter Variablen bezeichnet, während der Begriff der Korrelationstabelle von den meisten Autoren für die tabellarische Darstellung von mindestens ordinalskalierten Merkmalen verwendet wird. Einen Sonderfall der Kontingenztabelle für zwei dichotome Variable stellt die (→) Vierfeldertafel dar. Für den Fall eines Merkmals A und eines Merkmals B mit den Ausprägungen A_1, A_2, ... A_m bzw. B_1, B_2, ... B_n ergibt sich die folgende allgemeine Form der Kontingenztafel:

Ausprägung des Merkmals B / Ausprägung des Merkmals A	B_1	B_2	...	B_j	...	B_n	$\sum_{i=1}^{n} f_{ij}$
A_1	f_{11}	f_{12}	..	f_{1j}	...	f_{1n}	$f_{1.}$
A_2	f_{21}	f_{22}	...	f_{2j}	...	f_{2n}	$f_{2.}$
.	.	.	.	.	.	.	.
.	.	.	.	.	.	.	.
A_i	f_{i1}	f_{i2}	.	f_{ij}	.	f_{in}	$f_{i.}$
.	.	.	.	.	.	.	.
.	.	.	.	.	.	.	.
A_m	f_{m1}	f_{m2}	.	f_{mj}	.	f_{mn}	$f_{m.}$
$\sum_{i=1}^{m} f_{ij}$	$f_{.1}$	$f_{.2}$	.	$f_{.j}$	.	$f_{.n}$	$n = \sum_{i=1}^{m} \sum_{j=1}^{n} f_{ij}$

Darin bedeuten:
f_{ij} = die empirischen Häufigkeiten in der von der Zeile i und der Spalte j gebildeten Zelle der Kontingenztafel
f_{i1} = Die empirische Verteilung der Merkmalsausprägung A unter der Bedingung b = 1
f_{1j} = Die empirische Verteilung der Merkmalsausprägung B unter der Bedingung a = 1
$f_{i.}$ = Die Randverteilung der Merkmalsausprägung A
$f_{.j}$ = Die Randverteilung der Merkmalsausprägung B.

Geht es in der Analyse zunächst um die Prüfung der (→) Nullhypothese, daß die (→) Merkmale voneinander unabhängig sind, so läßt sich für jede der empirischen Kombinationen ij eine theoretische, erwartete, (→) Häufigkeit F_{ij} angeben, wobei dann die Summe der quadrierten Abweichungen $(f_{ij} - F_{ij})^2$ als Maß der Übereinstimmung zwischen der empirischen und der theoretischen Häufigkeitsverteilung geeignet ist. Als Testgröße für die Annahme oder Ablehnung der (→) Nullhypothese in der Kontingenzanalyse ergibt sich:

$$\chi^2 = \sum_{i=1}^{m} \sum_{j=1}^{n} \frac{(f_{ij} - F_{ij})^2}{F_{ij}}.$$

Dieser Wert ist bei Geltung der Nullhypothese annähernd χ^2-verteilt mit (m − 1) (n − 1) (→) Freiheitsgraden.
Zur Messung der Stärke des Zusammenhangs zwischen den Merkmalen dienen Kontingenzmaße wie z.B. der Kontingenzkoeffizient:

$$C = \sqrt{\frac{\chi^2}{n + \chi^2}} \quad \text{oder} \quad C = \sqrt{\frac{\Phi^2}{1 + \Phi^2}}$$

oder auch der (→) Phi-Koeffizient, (→) Kendalls Tau oder (→) Lambda.

Kontinuitätskorrektur *(Stetigkeitskorrektur)*
→ Yates'sche Kontinuitätskorrektur

Kontrastgruppenanalyse *(Kontrasttypenanalyse, Automatic Interaction Detector, AID-Technik)*
→ Segmentation

Kontrollgruppe
→ experimentelle Anlage

kontrollierte Beobachtung
→ experimentelle Anlage

kontrollierte Verbreitung
→ CC-Zeitschrift

kontrolliertes Experiment
→ Experiment, experimentelle Anlage

kontrolliertes Wiedererkennungsverfahren
→ Wiedererkennungsverfahren

Konvergenz
Bei (→) Befragungen und (→) Erhebungen bezeichnet Konvergenz das Maß der Einheitlichkeit der Reaktions- oder Urteilstendenzen der Angehörigen einer Gruppe gegenüber dem Erhebungs- oder Befragungsgegenstand.

Konvex-Konkav-Funktion *(Konvex-Konkav-Kurve)*
→ Kontaktbewertungskurve

Konzentrationsauswahl
→ Auswahl nach dem Konzentrationsprinzip

Konzentrationskoeffizient
→ Gini-Koeffizient

Konzentrationskurve
→ Lorenzkurve

Konzentrationsmaß
→ Gini-Koeffizient, Lorenzkurve

Konzentrationsprinzip *(Konzentrationsverfahren)*
→ Auswahl nach dem Konzentrationsprinzip

Koordinatensystem *(Koordinatenkreuz)*
Das von Descartes entwickelte (kartesische) zweidimensionale System zur Darstellung der Lage von Punkten in der Ebene, die durch zwei senkrecht aufeinander stehende Achsen, der X-Achse (Abszisse) und der Y-Achse (Ordinate) gebildet wird. Die Achsen schneiden einander im Nullpunkt. Jeder Punkt, der in dieser Ebene liegt, ist durch zwei Größen, seine Koordinaten, in seiner Lage genau bestimmt. Die Koor-

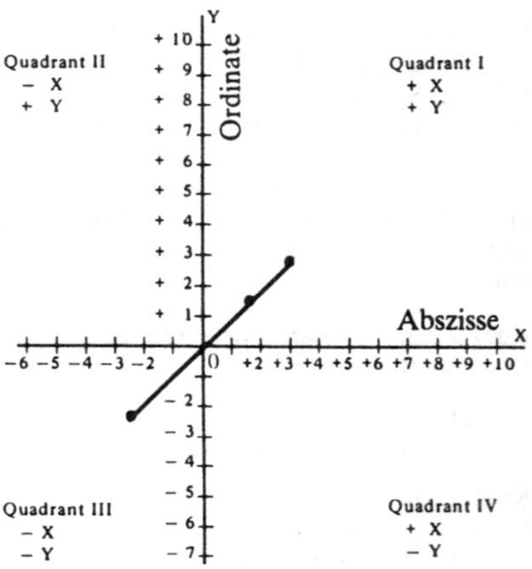

dinaten geben durch das Vorzeichen die Richtung und durch ihre Ziffern den Abstand vom Nullpunkt des Koordinatensystems an.

Kopfblatt *(Kopfausgabe)*
Eine lokale oder regionale Zeitung, deren allgemeiner Teil (Politik, Kultur, Wirtschaft, Vermischtes) von einer Zentralredaktion gestaltet wird, wiewohl die Zeitung unter ihrem traditionellen, lokalen oder regionalen Zeitungstitel erscheint. Der Lokal- und Regionalteil wird nach wie vor vor Ort gestaltet. Kopfblätter sind ein Resultat des Konzentrationsprozesses in der Tagespresse, in dessen Verlauf immer mehr Lokalzeitungen entweder vollständig ihre wirtschaftliche Selbständigkeit verloren haben oder ihre redaktionelle Selbständigkeit nur noch als Kopfblätter wahren konnten.

Kopfremission
Im Medienvertrieb eine Form der (→) Remission, bei der ein Einzelhändler bzw. Grossist den Nachweis über nichtverkaufte Exemplare einer Publikation durch die Rücksendung der von diesen abgetrennten Titelköpfe erbringt.
vgl. Ganzheftremission, Titelremission, körperliche Remission

körperliche Remission
→ Remission

körperlose Remission *(KR-Verfahren)*
→ Remission

Korrekturfaktor
→ Endlichkeitskorrektur

Korrelation *(Korrelationsanalyse)*
Als Korrelation bezeichnet man in der Statistik den wechselseitigen Zusammenhang zwischen Zufallsgrößen bzw. Merkmalsreihen. Handelt es sich um den Zusammenhang zwischen metrischen Größen, spricht man von Maßkorrelation, handelt es sich um den Zusammenhang zwischen rangmäßigen (ordinalen) Größen von (→) Rangkorrelation. Die Stärke des Zusammenhangs wird durch Korrelationskoeffizienten gemessen. Einige Autoren bezeichnen im engeren Sinne als Korrelation nur das gemeinsame Auftreten bzw. Variieren von intervallskalierten Daten, das bei nominal- oder ordinalskalierten Daten hingegen als (→) Assoziation, (→) Konkordanz, (→) Kontingenz oder Rangkorrelation. Korrelation bedeutet nicht das Vorhandensein von Kausalität. Besteht eine Korrelation zwischen X und Y, so bestehen mindestens drei alternative Möglichkeiten einer Kausalitätsbeziehung: 1. X bewirkt Y, 2. Y bewirkt X und 3. X und Y werden durch Z bewirkt.
Gemessen wird der quantitative Zusammenhang zwischen Zufallsgrößen mit Hilfe von Korrelationskoeffizienten, die graphische Darstellung korrelierter Daten im kartesischen (→) Koordinatensystem heißt Korrelationsdiagramm oder (→) Streuungsdiagramm. Die Mehrzahl der in der Statistik verwendeten Korrelationskoeffizienten kann Werte zwischen −1 und +1 annehmen, so daß sich die in der folgenden tabellarischen Übersicht dargestellten Bezeichnungen für die Art der durch den numerischen Wert des Korrelationskoeffizienten r aufgezeigten Korrelationsbeziehung auf die meisten in der Praxis üblichen Korrelationskoeffizienten anwenden lassen:

Numerischer Wert des Korrelations-koeffizienten r	Verbale Bezeichnung der Korrelationsbeziehung
+1	vollkommen positive Korrelation
+ 0,66 bis + 0,99	sehr stark positive Korrelation
+ 0,36 bis + 0,65	stark positive Korrelation
+ 0,16 bis + 0,35	mäßig positive Korrelation
+ 0,06 bis + 0,15	gering positive Korrelation
+ 0,01 bis + 0,05	minimal positive Korrelation
0	keine Korrelation
− 0,01 bis − 0,05	minimal negative Korrelation
− 0,06 bis − 0,15	gering negative Korrelation
− 0,16 bis − 0,35	mäßig negative Korrelation
− 0,36 bis − 0,65	stark negative Korrelation
− 0,66 bis − 0,99	sehr stark negative Korrelation
−1	vollkommen negative Korrelation

Die folgenden Korrelationsdiagramme zeigen verschiedene Korrelationsvarianten einschließlich nichtlinearer Korrelationen:

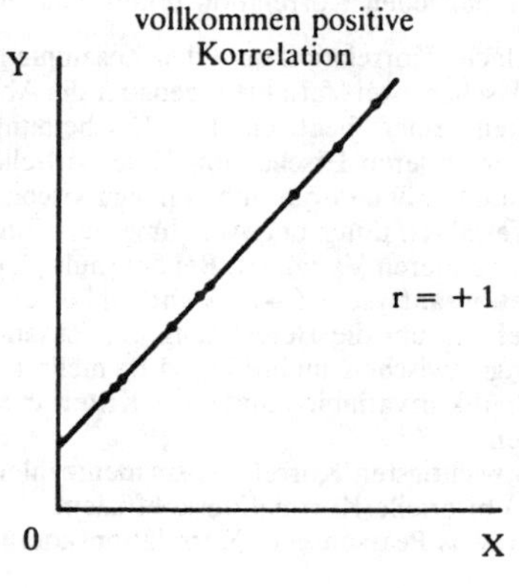

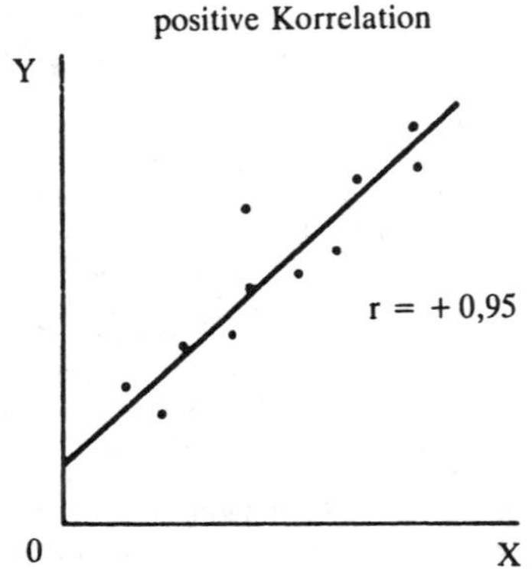

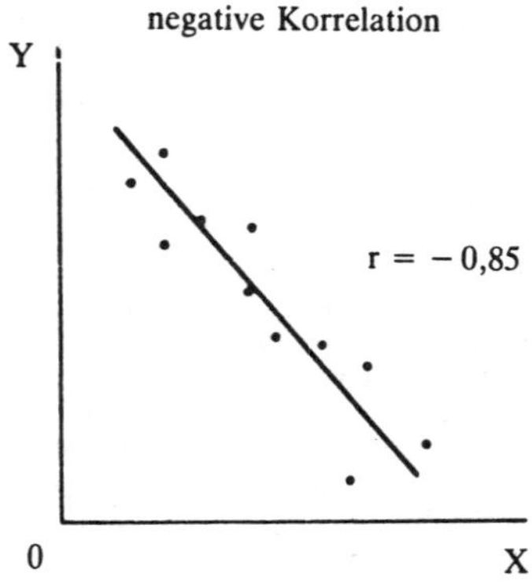

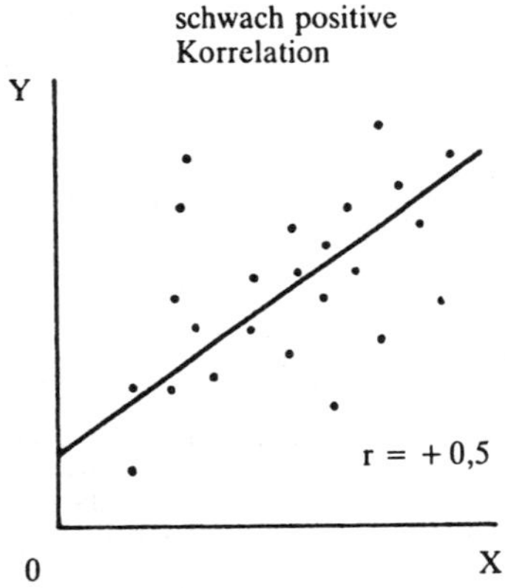

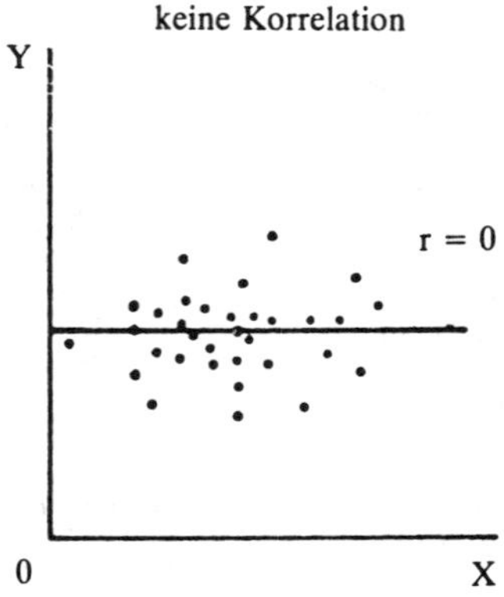

Neben der Unterscheidung zwischen einer linearen und einer nichtlinearen (kurvilinearen) Korrelationsbeziehung wird je nach der Zahl der in der Analyse untersuchten Variablen zwischen der einfachen Korrelation, der multiplen und der partiellen Korrelation unterschieden.

Die einfache Korrelation mißt den Zusammenhang zwischen zwei Variablen, genauer die Abhängigkeit einer beobachteten Erscheinung von einer anderen Erscheinung. Die partielle Korrelation mißt den Zusammenhang zwischen einer Variablen unter der Annahme der Konstanz der anderen Variablen. Bei der multiplen Korrelationsanalyse, (→) Mehrfachkorrelation, geht es um die Berechnung des Zusammenhangs zwischen mehreren, d.h. mehr als einer Prädiktorvariablen und einer Kriteriumsvariablen.

Zu den wichtigsten Korrelationsmaßen zählen der (→) biserielle Korrelationskoeffizient, der (→) Bravais-Pearsonsche Korrelationskoeffizient, die (→) Produkt-Moment-Korrelation, die (→) Kovarianz, der (→) punktbiserielle Korrelationskoeffizient, die (→) kanonische Korrelation, die (→) tetrachorische Korrelation, die Vier-Felder-Korrelation, (→) Phi-Koeffizient, der (→) partielle Korrelationskoeffizient, der (→) Rangkorrelationskoeffizient (Spearmans Rho) sowie das (→) Korrelationsverhältnis (Eta-Koeffizient) und die (→) Autokorrelation.

Da durch das Bestehen einer Korrelation ein Kausalzusammenhang zwischen den korrelierten Größen keineswegs gegeben ist, besteht das fundamentale Problem der Korrelationsanalyse darin, die hinter den Korrelationen stehenden sachlogischen Zusammenhänge zu erkennen und umgekehrt vor allem (→) Scheinkorrelationen aufzudecken.

Korrelationsfrage *(analytische Frage)*
Bei den in (→) Befragungen neben den (→) Ergebnisfragen verwendeten (→) instrumen-

tellen Fragen werden als Korrelationsfragen meist diejenigen Fragen bezeichnet, die der Herausarbeitung funktionaler Beziehungen durch (→) Kreuztabulierung der Antworten mit Antworten auf andere Fragen dienen. Für diesen Fragetypus verwendet K. Christian Behrens die Bezeichnung analytische Fragen.

Korrelationskoeffizient
→ Korrelation

Korrelationskoeffizient nach Bravais-Pearson
→ Bravais-Pearsonscher Korrelationskoeffizient

Korrelationskoeffizient nach Pearson
→ Produkt-Moment-Korrelation

Korrelationsverhältnis *(Eta-Verhältnis)*
Ein (→) Korrelationsmaß für eine nichtlineare Beziehung zwischen zwei Variablen bzw. zwischen einer quantitativen und einer qualitativen Variablen. Es wird berechnet nach:

$$\eta_{XY} = \frac{\sum(\overline{X}_i - X)}{\sum(X + \overline{X})} = \frac{\sigma_{Y'}}{\sigma_Y},$$

wobei $\sigma_{Y'}$ die (→) Standardabweichung der aufgrund der X-Werte vorhergesagten Y-Werte und σ_Y die Standardabweichung der Beobachtungswerte für Y bezeichnet. Da der (→) Bestimmtheitskoeffizient (das Quadrat des Pearsonschen (→) Produkt-Moment-Korrelationskoeffizienten) und η bei vollkommener Linearität identisch sind, läßt sich mit Hilfe des Korrelationsverhältnisses auch das Maß der Nichtlinearität einer (→) Regression bestimmen.

Kosten pro Anfrage *(Kosten pro Bestellung, CpO-Wert)*
Eine bei allen Formen derjenigen Werbung, die in den angelsächsischen Ländern als direct response advertising (Rücklaufwerbung) bezeichnet wird, wie z.B. der (→) Gutscheinwerbung, der (→) Direktwerbung, der (→) Briefwerbung usw., übliche Art der (→) Erfolgskontrolle, bei der berechnet wird, welcher Aufwand an Werbekosten erforderlich war, um eine Anfrage einer Zielperson zu erhalten. Die Berechnung ist denkbar einfach: Die Gesamtwerbekosten werden durch die Zahl der eingegangenen Anfragen geteilt. In analoger Weise werden die den Umsatzerfolg der Werbung messenden Kosten pro Bestellung (cost per order) als CpO-Wert berechnet.

Kosten pro Tausend
→ Tausenderpreis

kostenloser Versand
→ unentgeltlich vertriebene Auflage

Kovarianz *(Kovarianzanalyse)*
Als Kovarianz bezeichnet man in der Statistik die gemeinsame Variabilität, (→) Varianz, von zwei metrischen Variablen X und Y mit den Beobachtungen $x_1, x_2, \ldots, x_N$ bzw. $y_1, y_2, \ldots, y_N$. Sie ist definiert als

$$s_{XY} = \frac{1}{N} \sum_{i=1}^{N} (x_i - \bar{x})(y_i - \bar{y}).$$

Die Kovarianz ist ein Maß für die gemeinsame lineare (→) Streuung von x und y, wobei $\bar{x}$ und $\bar{y}$ die (→) Mittelwerte für X und Y sind. Mithin bezeichnet die Kovariation nichts anderes als die Produktsumme aus den Abweichungen zweier Variablen um ihren Mittelwert, sie setzt das Vorhandensein einer (→) bivariaten Verteilung voraus. Entscheidende Nachteile der Kovarianz sind, daß sie dimensionsgebunden ist (je kleiner die Dimension von X und Y, desto größer ist s_{XY}) und mit wachsendem N ebenfalls wächst. Daher eignet sie sich nicht für Vergleiche zwischen Größen verschiedener Maßeinheiten. Dividiert man das Produkt der Abweichungen der x-Werte von $\bar{x}$ und der y-Werte von $\bar{y}$ durch ihre jeweilige (→) Standardabweichung, so ergibt sich der (→) Bravais-Pearsonsche Korrelationskoeffizient; mit anderen Worten für standardisierte normalverteilte Variablen, (→) Normalverteilung, (→) Standardnormalverteilung, ist die Kovarianz gleich dem (→) Produkt-Moment-Korrelationskoeffizienten.

Die Kovarianzanalyse, deren Anwendung in der (→) empirischen Sozialforschung durch Computerprogramme (ANCOVA) erleichtert wird, ist eine Erweiterung der (→) Varianzanalyse (ANOVA) zur Untersuchung der Beziehung zwischen den Kovarianzen von drei und mehr Variablen. Dabei werden meist (→) Intervallskalen und (→) Nominalskalen gemeinsam untersucht. Die Kovarianzanalyse kombiniert die Vorteile der Varianzanalyse und der (→) Regressionsanalyse und ermöglicht so die Eliminierung meßbarer Störfaktoren von der (→) Streuung.

Koyck-Lag
→ Carryover-Effekte 3.

KpX
Abk Käufer pro Exemplar

KQ-Methode
→ Methode der kleinsten Quadrate

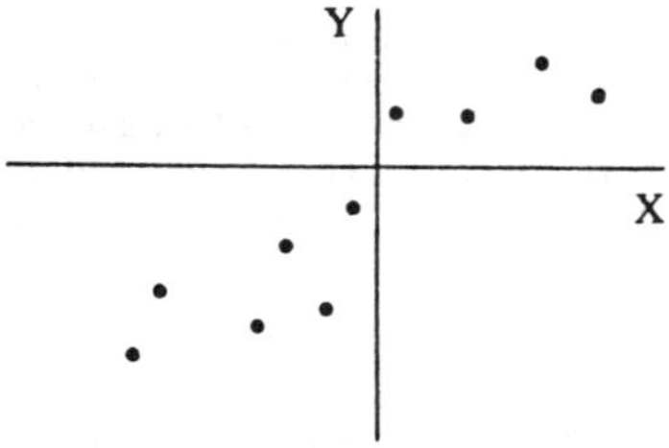

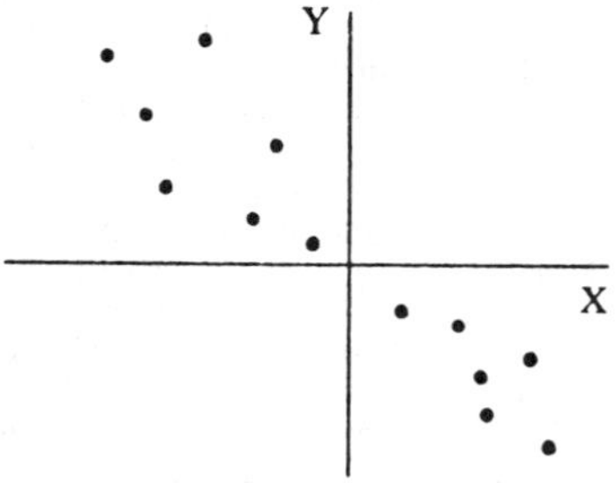

KR-Verfahren
Abk Verfahren der körperlosen (→) Remission

Kreuztabulierung *(Kreuztabellierung, Kreuzauswertung)*
Eine der grundlegenden Methoden der (→) Datenanalyse und (→) Datenaufbereitung in der empirischen Sozial- und Marktforschung ist die der Zuordnung eines (oder mehrerer) Erhebungsmerkmals(e) zu einem (oder mehreren) anderen Erhebungsmerkmal(en) mit dem Ziel der Untersuchung von (→) Korrelationen. Den einfachsten Fall einer Kreuzauswertung stellt dabei die Kombination von Daten in einer (→) Vierfeldertafel dar. Gegenüber den bloßen (→) Auszählungen von Daten ermöglicht die Kreuzauswertung die Erkenntnis von Zusammenhängen, wiewohl einige der sich dabei ergebenden Verknüpfungen (→) Scheinkorrelationen sein können.

Kreuzvalidierung
Die Überprüfung der (→) Validität (Gültigkeit) der Ergebnisse aus Untersuchungen mit nichtexperimenteller Versuchsanlage, (→) Quasi-Experiment, durch unabhängige (→) Replikation der Untersuchung. Da bei einer nichtexperimentellen Anlage die Untersuchungsergebnisse der Experimentalgruppe nicht anhand der Ergebnisse der Kontrollgruppe überprüft werden können, besteht die Kreuzvalidierung in der Überprüfung der Validität mit Hilfe einer zweiten, unabhängigen Datenreihe bzw. (→) Stichprobe. In der Sozial- und Marktforschungspraxis wird dieser Effekt meist durch die Aufteilung der gesamten vorliegenden Datenmenge in zwei oder mehr Teilstichproben erzielt und die Validität durch Vergleich der Validitätskoeffizienten für die einzelnen Teilstichproben überprüft. Die Kreuzvalidierung ist zugleich auch ein recht zuverlässiges Verfahren zur Erkennung des Einflusses der (→) Multikollinearität in (→) Regressionsanalysen.

Kriterium
1. In der empirischen Sozialforschung ist das Kriterium eine Prüfvariable, die als (→) Indikator dafür verwendet wird, unter welchen Bedingungen eine Aussage, eine Erwartung, eine Hypothese oder ein Zusammenhang als tatsächlich gegeben betrachtet werden kann.
→ Kriteriumsvalidität
2. In der (→) Panelforschung diejenige Variable, die in den einzelnen Panelwellen wiederholt erhoben wird (Aktualisierungskriterium).

Kriteriumsvalidität *(kriteriumsbezogene Gültigkeit)*
Die durch den Vergleich eines Testergebnisses mit einem zuvor festgelegten meßbaren oder beobachtbaren Außenkriterium ermittelte (→) Validität (Gültigkeit). Besteht zwischen dem Test- bzw. Beobachtungsergebnis und dem Außenkriterium Übereinstimmung, so wird der Test als valide betrachtet. Voraussetzung ist also das Vorhandensein eines Außenkriteriums, das als Maßstab für die Gültigkeit eines Tests geeignet ist.
vgl. Inhaltsvalidität, Konstruktvalidität

Kriterumsvariable
→ abhängige Variable

kritischer Bereich *(Zurückweisungsbereich, kritische Region)*
→ Hypothesenprüfung

kritischer Moment
→ Erhebungszeitpunkt, Stichtagserhebung

kritischer Pfad *(kritischer Weg)*
→ Critical-Path-Methode (CPM)

kritischer Quotient *(kritischer Bruch)*
→ Hypothesenprüfung

Kruskal-Wallis-Test
Ein (→) parameterfreier Test zur Prüfung der (→) Signifikanz mehrerer unabhängiger (→) Stichproben hinsichtlich ihrer (→) zentralen Tendenz, durch den festgestellt wird, ob die Stichproben aus derselben (→) Grundgesamtheit stammen oder lediglich zufällig voneinander abweichen. Es handelt sich dabei um eine Erweiterung des (→) Wilcoxon-Tests für mehr als zwei Stichproben. Voraussetzung für seine Anwendung ist das Vorliegen ordinalskalierter Variablen. Die Daten aller k Stichproben werden in eine Rangordnung gebracht, und dann werden die Rangplatzsummen (R_i) der einzelnen Stichproben verglichen. Die Prüfgröße lautet:

$$H = \frac{12}{N(N+1)} \sum_{i=1}^{k} \frac{R_i^2}{n_i} - 3(N+1).$$

Enthalten alle Gruppen mindestens jeweils drei Beobachtungen, so ist der Wert H ungefähr (→) chi-quadratverteilt mit k − 1 (→) Freiheitsgraden.

Kruskals Stress
→ Stress

Kuhn-Modell
→ Agostini-Ansatz

Kumulation
1. In der Statistik der additive Zuwachs einer Verteilung mit jedem weiteren Wert. Die graphische Darstellung einer kumulierten (→) Häufigkeitsverteilung erfolgt mit Hilfe der Galtonschen (→) Ogive (Summenkurve).
2. In der (→) Mediaforschung und (→) Mediaplanung ist Kumulation ein Synonym für (→) interne Überschneidung.
vgl. Bruttokontakte, Nettoreichweite, K_1-Wert

Kumulationsmodelle
→ Binomialmodell (B-Modell), hypergeometrisches Modell (H-Modell)

kumulative Nettoreichweite
→ Kumulation

kumulative Reichweite *(kumulierte Reichweite)*
In der (→) Mediaforschung die aufgrund der in der Bundesrepublik üblichen Zwölferskala dynamisch erfaßte (→) Reichweite eines Werbeträgers, die sich als Resultat von (→) internen Überschneidungen ergibt (s. a. die Graphik dort).
→ Kumulation

Kundenzeitschrift
Ein unentgeltlich verteiltes, periodisch erscheinendes Druckwerk, das als Instrument der (→) Öffentlichkeitsarbeit eines Unternehmens entweder direkt oder durch Einzelhändler an die Kunden des Unternehmens verteilt wird bzw. der Vertrauenswerbung bei potentiellen neuen Kunden dient. Um die Kundenzeitschriften deutlich von (→) Anzeigenblättern, (→) Werks- und Hauszeitschriften abzugrenzen, hat der Bundesverband Deutscher Kundenzeitschriftenverleger e. V. 1987 die folgende Definition in seine Satzung aufgenommen:
»Kundenzeitschriften sind periodisch erscheinende Zeitschriften belehrenden und unterhaltenden Inhalts, die der Verbraucherinformation, dem Kundenkontakt und der Werbung dienen und die Interessenten gegen Entgelt von Verlagen beziehen und zur Kundengewinnung und Kundenerhaltung kostenlos abgeben. Hauszeitschriften sind keine Kundenzeitschriften.«
In rechtlicher Hinsicht gelten Kundenzeitschriften als Zugaben, unterliegen daher den Bestimmungen der Zugabeverordnung und sind vom grundsätzlichen Verbot der Zugabe unter der Voraussetzung ausgenommen, daß es sich um Zeitschriften belehrenden oder unterhaltenden Inhalts handelt, die nach ihrer Aufmachung und Ausgestaltung der Werbung von Kunden und den Interessen des Verteilers dienen, durch einen Aufdruck auf der Titelseite diesen Zweck erkennbar machen, ihre Herstellungskosten geringwertig sind und unentgeltlich an die Verbraucher abgegeben werden. „Kundenzeitschriften sind zu einem festen Bestandteil der Einzelhandelswerbung und Verkaufsförderung geworden. Sie ergänzen im Bedienungsverkauf das Verkaufsgespräch und ersetzen bei Selbstbedienung bestehende Informationslücken. Die eigentliche Attraktivität der Kundenzeitschriften bildet die Präsenz des Mediums am Point of Sale (POS). Hier gelangen sie in die Hände derjenigen, die in dem Geschäft meist regelmäßig kaufen, wodurch sie als eines der besten Instrumente zur Pflege der Stammkunden prädestiniert sind." (Ferdinand Bäuerle) Kundenzeitschriften sind lange Zeit als „bedrucktes Einwickelpapier" ohne nennenswerten kommunikativen Wert betrachtet worden. Erst die (→) Kundenzeitschriften Leseranalyse (KLA) hat die Vorbehalte gegenüber diesem Zeitschriftentypus entkräftet.
Die meisten Kundenzeitschriften unterwerfen sich der Überprüfung ihrer Auflage durch die (→) Informationsgemeinschaft zur Feststellung der Verbreitung von Werbeträgern e. V.

IVW-geprüfte Kundenzeitschriften 1986

Titel	verkaufte Auflage IVW IV/86	Σ
Apotheken-Kundenzeitschriften		
Amphora*)	203 345	
Apotheken Kurier	395 433	
Apotheken Umschau Komb. A + B	2 332 716	
Diabetiker Ratgeber	505 850	
Das Familien Magazin	581 558	8 090 085
Neue Apotheken Illustrierte	918 227	
Ratgeber aus der Apotheke Komb. A + B	936 600	
Senioren Magazin	273 545	
Senioren Ratgeber	592 000	
Wegweiser der Apotheke Komb. A + B	1 350 811	
Drogerie- und Parfümerie-Kundenzeitschrift		
Drogisten Journal	394 342	
Friseurgeschäfte-Kundenzeitschrift		
Lockende Linie	1 000 367	
Funk- und Fernseh-Handel-Videotheken-Kundenzeitschrift		
Funk + Fernseh Journal	351 016	
Heimwerker und Baustoffe-Kundenzeitschriften		
Magazin für Heimwerker	91 222	207 097
Garten-Kurier	115 875	
Kinder-Kundenzeitschrift		
Junior	1 013 097	
Mütter-Kundenzeitschriften		
Baby/Mütter Magazin	483 017	
Baby Post	241 401	751 978
Kinder Gesundheit	27 560	
Nahrungsmittel-Kundenzeitschriften		
Bäckerblume/Bäckerkurier	791 195	
Die kluge Hausfrau	521 235	4 025 376
Familie heute/Frau + Heim/ Rewe Post/Magazin der Hausfrau	1 682 473	
Lukullus/Fleischer Kundenpost	1 030 473	
Sparkassen-Kundenzeitschriften		
Agrar aktuell	57 873	
Freie Stunden	519 124	
Glück	850 000	1 765 345
Informationen f. unsere Geschäftsfreunde	288 590	
S-Magazin	49 758	
Volksbanken + Raiffeisenbanken-Kundenzeitschrift		
Bildpost	595 022	700 124
Marco	105 102	
Fluggesellschaften-Kundenzeitschrift		
condor fliegende blätter	202 100	
Krankenkassen-Kundenzeitschrift		
Dabei	154 919	
Lotterie-Kundenzeitschrift		
Spiel mit	303 720	
Hotel- und Gastgewerbe-Kundenzeitschrift		
Kempinski-Journal	39 110	
Gesamt	**18 998 676**	

*) Amphora/Gesundheit Journal/Wegweiser der Apotheke Ausgabe A erscheinen ab Januar 1987 als gemeinsame Belegungseinheit

(IVW). So weist die IVW im IV. Quartal 1986 33 Titel mit einer Gesamtauflage von fast 16 Millionen Exemplaren aus.

Seit 1962 werden die Interessen der Kundenzeitschriftenverleger durch den (→) Bundesverband Deutscher Kundenzeitschriftenverleger e.V. vertreten. Der Verband ist im Präsidialrat des Zentralausschusses der Werbewirtschaft (ZAW) und in wichtigen Ausschüssen der Kommunikationswirtschaft repräsentiert. Seit 1909 verkaufen Verlage an Einzelhändler Kundenzeitschriften ihres Fachbereichs, die an Kunden dieser Geschäfte kostenlos abgegeben werden. Die älteste Kundenzeitschrift in Deutschland wurde unter dem Titel „Praktische Winke" über Drogerien verbreitet. Dieser Titel ist heute in die Kundenzeitschrift „Drogisten Journal" integriert. Die 1920er Jahre waren die große Gründerzeit der Kundenzeitschriften. 1927 erschien erstmals das noch heute existierende „Magazin der Hausfrau". Damals war der Fachhandel gezwungen, sich gegen die entstehende Konkurrenz der Kaufhäuser zur Wehr zu setzen. Eine wirkungsvolle Hilfe war die Verteilung der branchenbezogenen Kundenzeitschriften. Daran hat sich bis heute für den Facheinzelhandel, das Ladenhandwerk (Metzger, Bäcker, Friseure), Apotheken, Drogerien und Banken wenig geändert. Der Verteilerbetrieb zahlt für eine Kundenzeitschrift bis zu ca. 40 Pfennig pro Heft, je nach Ausstattung, Auflage, mit oder ohne individuellem Firmeneindruck oder eigener Gestaltung der vierten Umschlagseite.

Kundenzeitschriften Leseranalyse (KLA)
Eine seit 1963 in unregelmäßigen Abständen nach den methodischen Grundsätzen der (→) Arbeitsgemeinschaft Media-Analyse (AG.MA) kontinuierlich durchgeführte Analyse der Leser von Kundenzeitschriften. Es handelt sich um eine Gemeinschaftsuntersuchung der Herausgeber von Kundenzeitschriften, deren Träger der Arbeitskreis Leseranalyse im (→) Bundesverband Deutscher Kundenzeitschriftenverleger e.V. ist. Die KLA erfaßt das Medienverhalten gegenüber Kundenzeitschriften und ausgewählten (→) Publikumszeitschriften, qualitative Daten zur Beziehung Leser/Kundenzeitschrift und zur Nutzung des Inhalts sowie Daten zur Funktion der Kundenzeitschriften aus der Sicht des Handels.

Kurtosis
→ Wölbung

L

λ
→ Lambda-Koeffizient

LA
Abk Leseranalyse

LAE
→ Leseranalyse Entscheidungsträger in Wirtschaft und Verwaltung

LA Kinderpresse
→ Leseranalyse Kinderpresse

LA MED
→ Leseranalyse medizinischer Zeitschriften

LA PHARM
→ Leseranalyse medizinischer Fachzeitschriften

Laboratoriumsbeobachtung *(Laborbeobachtung)*
Eine Form der wissenschaftlichen (→) Beobachtung, die unter künstlich geschaffenen Versuchsbedingungen stattfindet und sich in dieser Hinsicht von der (→) Feldbeobachtung unterscheidet, bei der die Beobachtungsobjekte in ihrer natürlichen Umwelt untersucht werden. Da Laborbeobachtungen eine (→) experimentelle Anlage voraussetzen, vertreten einige Autoren die Ansicht, daß es sich dabei eher um (→) Experimente als um Beobachtungen handelt oder daß zumindest der Übergang zum eigentlichen Experiment fließend ist. In der Marktforschung werden Laborbeobachtungen besonders häufig als Konsumentenbeobachtungen in vorgeschalteten Wartezimmern, als Leseverhaltensbeobachtungen oder mit aufgestellten Geräten oder Verpackungen als (→) Handhabungsbeobachtungen, häufig unter Verwendung von versteckten Kameras, Einwegspiegeln oder unter Einsatz von getarntem Personal, durchgeführt. Bei Laborbeobachtungen ist aufgrund der Künstlichkeit der Beobachtungsbedingungen das Auftreten von (→) Beobachtungseffekten noch wahrscheinlicher als bei Feldbeobachtungen.
→ Laboratoriumsexperiment (Laborexperiment)

Laboratoriumsexperiment *(Laborexperiment)*
Eine Form des wissenschaftlichen (→) Experiments, das in einer vom Experimentator geschaffenen und nach den Erfordernissen seiner Untersuchungsziele gestalteten künstlichen Umgebung stattfindet, die es ihm gestattet, die experimentellen (→) Variablen nach seinen Bedürfnissen zu kontrollieren oder zu manipulieren. Dabei besteht eine Art Komplementaritätsbeziehung zwischen den Vor- und den Nachteilen von (→) Feld- und Laborexperimenten: Der Vorteil der Kontrollierbarkeit und Manipulierbarkeit ist gleichbedeutend mit dem Nachteil der mangelnden Natürlichkeit der experimentellen Situation und der Vorteil der Natürlichkeit des Feldexperiments ist gleichbedeutend mit dem Nachteil der mangelnden Kontrollierbarkeit und Manipulierbarkeit der experimentellen Variablen. Laboratoriumsexperimente haben so gegenüber Feldexperimenten den Vorteil einer hohen internen (→) Validität, Feldexperimente haben den Vorteil einer hohen externen Validität. Die (→) Repräsentativität der durch Laborexperimente gefundenen Ergebnisse kann letztlich nur durch zusätzliche empirische Untersuchungen gesichert werden.
Laborexperimente werden in Markt-, Media- und Werbeforschung insbesondere durch Einsatz von apparativen Verfahren, bei Produkttests und bei Untersuchungen des (→) Konsumentenverhaltens, in Gestalt von aktualgenetischen Tests, (→) Aktualgenese, und als (→) projektive Techniken in der (→) Motivforschung in vielfältiger Weise durchgeführt.

Lageparameter
In der Statistik der Oberbegriff für diejenigen (→) Verteilungsmaße zur Beschreibung von (→) Häufigkeitsverteilungen, die im Gegensatz zu den (→) Konzentrationsmaßen und den (→) Streuungsparametern (→) Mittelwerte wie das (→) arithmetische Mittel, das (→) geometrische Mittel, den (→) Median oder den (→) häufigsten Wert (Modus) messen.

Lahiri-Verfahren
Eine von dem indischen Statistiker D. B. Lahiri entwickelte Technik der Stichprobenbildung bei (→) mehrstufigen Auswahlverfahren für den Fall, daß die Chance der Primäreinheiten, in die Auswahl zu kommen, proportional zur Zahl der Erhebungseinheiten (der Sekundäreinheiten) ist (sampling with probability in pro-

portion to size). Angenommen die Primäreinheiten sind Gemeinden verschiedener Größe, die Sekundäreinheiten sind ihre Einwohner und es sei eine (→) Stichprobe aller Einwohner zu ziehen, so wird zunächst aus einer (→) Zufallszahlentafel eine Zufallszahl zwischen 1 und n entnommen, mit der aus der Gesamtzahl der Primäreinheiten eine Einheit i ausgewählt wird. Diese Primäreinheit (z.B. Gemeinde) hat x_i Sekundäreinheiten (z.B. Einwohner). Dann wird eine zweite Zufallszahl gezogen. Ist sie kleiner oder gleich x_i, so kommt die entsprechende Primäreinheit in die Auswahl, ist sie größer, geschieht das nicht. Das Verfahren besteht also in der Entnahme von Paaren von Zufallszahlen a und b in der Weise, daß a höchstens gleich der Gesamtzahl aller Auswahleinheiten und b nicht größer als die Gesamtzahl der Sekundäreinheiten in der größten zur Auswahl stehenden Primäreinheit ist. Der Vorgang wird so lange wiederholt, bis die erforderliche Anzahl von Primäreinheiten ausgewählt worden ist. Gegenüber dem Kumulationsverfahren hat diese Technik den Vorteil, daß bei ihr die Kumulation der Sekundäreinheiten entfällt.

Lambda-Koeffizient *(λ-Koeffizient, Guttmans Lambda)*
In der (→) parameterfreien Statisik ein Maß der (→) Assoziation zwischen zwei nominalskalierten Variablen X und Y. Es vergleicht den Vorhersageirrtum für die Variable X, der begangen wird, wenn die Vorhersage nur auf der Verteilung dieser einen Variablen basiert, mit dem Fehler, der durch die zusätzliche Berücksichtigung der zweiten Variablen Y entsteht. Sind die Daten in einer Häufigkeitstabelle angeordnet und bezeichnet man die größte Randhäufigkeit mit F_{max} und die größte Reihenhäufigkeit mit f_{max}, so ergibt sich:

$$\lambda = \frac{\sum f_{max} - F_{max}}{N - F_{max}}.$$

Dabei bezeichnet f_{max} die maximale Fehlerwahrscheinlichkeit bei Vorhersagen der Variablen X ohne Kenntnis der Variablen Y und F_{max} die maximale Fehlerwahrscheinlichkeit bei Kenntnis von Y. Das erklärt übrigens, warum Guttman stets betonte, daß Lambda nicht ein Index der Assoziation, sondern eher ein Index der relativen Fehlerverminderung durch Kenntnis der Verteilung nach der zweiten Variablen ist. Trägt die Kenntnis der Verteilung nach der zweiten Variablen nicht zur Verbesserung der Voraussagen bei, dann ist Lambda gleich Null. Lambda ist 1, wenn die Irrtumswahrscheinlichkeit gleich Null und somit X vollständig durch Y determiniert ist.
Der Lambda-Koeffizient wurde ursprünglich 1941 von Louis Guttman gefunden, ohne Beachtung zu finden. Goodman und Kruskal entwickelten ihn 1954 erneut, weshalb der Koeffizient auch häufig als Goodman und Kruskals Lambda bezeichnet wird.

Landis-Modell
Ein von dem amerikanischen Mediaforscher Jack B. Landis 1965 entwickeltes Modell zur Berechnung von (→) Kontaktwahrscheinlichkeiten, das anders als das (→) Agostini-Modell von der Annahme ausgeht, daß das Lesen einer Ausgabe eines Werbeträgers unabhängig vom Lesen der anderen Ausgaben ist. Dann errechnet sich die kumulierte Reichweite nach der Formel:

$$R = 1 - Q.$$

Dabei bedeutet
Q = Wahrscheinlichkeit dafür, daß kein Kontakt stattfindet.

Beträgt also die Reichweite einer Einschaltung im betrachteten Werbeträger 30 %, die Kontaktwahrscheinlichkeit eines Individuums mit einer Ausgabe also 0,30, so ist die Wahrscheinlichkeit, daß nach einer Ausgabe kein Kontakt stattfindet, Q = 0,70.

Kumulierte Reichweite nach einer Ausgabe: 0,30
Kumulierte Reichweite nach zwei Ausgaben: 0,51
Kumulierte Reichweite nach drei Ausgaben: 0,657
etc.

Dieses Verfahren hat den Vorteil, daß es einfach ist und als Ausgangsbasis lediglich die Reichweite einer Einschaltung benötigt. Da jedoch das Lesen einer Ausgabe eines Werbeträgers nicht unabhängig vom Lesen der anderen Ausgaben ist, kann diese Methode als überholt betrachtet werden.

Längsschnittanalyse *(Langzeituntersuchung, Longitudinalstudie)*
In der (→) empirischen Sozialforschung unterscheidet man zwischen (→) Querschnitt- und Längsschnittuntersuchungen. Ziel von Längsschnittanalysen ist es, eine oder mehrere Variablen über einen längeren Zeitraum oder zu verschiedenen Zeitpunkten zu beobachten, um so ihre Entwicklung, ihr Wachstum, ihren Wandel oder ihre Stabilität im Zeitverlauf zu analysieren. Die Durchführung von Längsschnittanalysen reflektiert das wachsende Interesse der Markt- und Sozialforschung an der Formulie-

rung dynamischer Theorien zur Erklärung von Prozessen der Entwicklung und des Wandels. Zu den wichtigsten Analyseverfahren in Langzeituntersuchungen zählen die (→) Kohorten- und die (→) Zeitreihenanalyse, zu den wichtigsten Verfahren der Datenerhebung (→) Panels und (→) Quasi-Panels. Im allgemeinen ist es in der Sozialforschung üblich geworden, diejenigen Longitudinalstudien, die Eigenschaften derselben Untersuchungseinheiten zu verschiedenen Zeitpunkten messen, als Panelstudien und die Zeitreihenuntersuchungen, die sich darauf beschränken, vergleichbare Einheiten zu untersuchen, als (→) Trendstudien (Wiederholungsbefragungen) zu bezeichnen.

LASI
Abk Leseranalyse Spezialzeitschriften

LBB
Abk Leser-Blatt-Bindung

Lebensdauer
→ Heftalter; *vgl.* Erscheinungsintervall

Lebensphasen
→ Familienzyklus

Lebensstil *(Life Style)*
Mit Lebensstilen hat sich traditionell eher die Soziologie als die Marktforschung beschäftigt. Der Begriff bezeichnet die im Konsum-, Freizeit- und Sozialverhalten beobachtbaren, schichtspezifischen Lebensweisen von Individuen und Gruppen, deren Kostspieligkeit anders als beim Lebensstandard nicht in einem direkten Verhältnis zur wirtschaftlichen Lage der sie praktizierenden Personen steht. Lebensstile unterliegen in besonders starkem Maße dem Einfluß kultur- oder schichtspezifisch geprägter Weltanschauungen, Normen, Werte, Einstellungen und Interessen. Lebensstile spielen eine wichtige Rolle bei der Analyse des (→) Konsumentenverhaltens. Mit Hilfe des Kriteriums „Lebensstil" lassen sich Märkte in homogene Abnehmergruppen einteilen.
Das Konzept des „Life Style" wurde in den USA in den 1960er Jahren von William D. Wells und Douglas J. Tibert von der University of Chicago aus der Erkenntnis heraus entwikkelt, daß (→) demographische Merkmale relativ wenig zur Erklärung des Käuferverhaltens beitragen, daß aber andererseits die isolierte Verwendung einiger weniger Persönlichkeitsmerkmale ebenfalls geringen Erfolg zeigt. Anfang der 1970er Jahre fanden die Life-Style-Untersuchungen von Leo Burnett viel Beachtung, vor allem in Großbritannien. Gegenüber den produktspezifischen Einstellungssegmenten hat das Life-Style-Konzept den Vorteil, daß mehr Informationen bereitgestellt werden, d. h. es gehen nicht nur (→) Einstellungen, sondern auch relevante Interessen, Meinungen und grundlegende Wertsysteme in das (→) Konstrukt ein. Dadurch ist eine umfassendere Beschreibung von Segmenten möglich, was wiederum die Lösung von Aufgaben wie Medienauswahl, Anzeigengestaltung, Werbeargumentation etc. leichter lösbar macht.
Grundsätzlich bestehen zwei Möglichkeiten, das Life-Style-Konzept zu operationalisieren:

- Mit Hilfe des Konsumverhaltens der Verbraucher: Man macht sich die Indikatorfunktion bestimmter Produkte zunutze, indem man den Besitz von Gebrauchs- und die häufige Verwendung bestimmter Verbrauchsgüter als Ausdruck von Lebensgewohnheiten interpretiert. Diese Produktgebrauchs- bzw. Produktverbrauchsmuster werden als (→) Indikator anderer absatzwirtschaftlich interessierender Verhaltensweisen wie Produkt- bzw. Markenwahl und Medienverhalten verwendet.
- Mit Hilfe einer Vielzahl psychographischer Merkmale: Detaillierte Hinweise für Werbekampagnen, Produktpositionierungen, zur Beschreibung bestehender und Auffindung neuer Segmente, zur Ermittlung von Medientypologien etc. sollen Life-Style-Profile geben, die aus einer Vielzahl psychographischer Variablen bestehen: „Some are attitudes – toward child-rearing, housekeeping, advertising, government, religion, morals, money and other familiar concerns. Some are interests – in sports, cooking, clothing, reading, art, music, political events. And some are opinions – about the proper roles of males and females about what is likely to happen in the future, about the importance of shopping carefully, or about pros and cons of buying things on credit, investing in the stock market or moving to a new community" (William D. Wells).

Der Begriff des Lebensstils liegt auch vielen Methoden der Marktsegmentierung zugrunde. Oft handelt es sich dabei um den Versuch, dieses sehr generelle Konzept durch die Analyse von Aktivitäten, Interessen und Meinungen (Activities, Interests, Opinions – AIO Approach oder, wenn man noch „Werte" (Values) hinzuzieht: AIOV-Approach) und meist über vermittelnde Variablen wie Persönlichkeitsmerkmale, (→) Lebenszyklus oder Schichtzugehörigkeit einen großen Bereich ver-

haltensrelevanter Rahmenbedingungen zu erfassen.
Der AIO-Ansatz erfaßt ausgewählte Aktivitäten, Interessen und Meinungen des Konsumenten:

„Activities – how he spends his time at work and leisure
Interests – what he places importance on in his immediate surroundings
Opinions – where he stands on issues, society and himself".

Die Operationalisierung erfolgt über eine meist recht umfangreiche Liste von Statements. So wurden bei einer Untersuchung von Hausfrauen des „Market Fact's Mail Panel", neben den üblichen demographischen Variablen und Fragen zu einer Vielzahl von Produkten zusätzlich 300 AIO-Statements erhoben.
„Dabei bleibt ein wichtiger Punkt unklar: inwieweit nämlich das Konzept des Lebensstils zur Erklärung spezifischer Konsum-Muster beitragen soll, wenn das Konsumverhalten bzw. der Konsumstil selbst als mehr oder minder zentraler Teilbereich eben dieses Lebensstils in Betracht gezogen werden muß. Insofern ist es auch nicht verwunderlich, wenn die Untersuchungen zum Bereich genereller Life-Style-Typen (generelle AIO-Items) und spezifischer Produktwahl nur dürftige Korrelationen ausweisen." (Günter Wiswede)
Über den Aussagewert von Life-Style-Kriterien läßt sich nach Hermann Freter feststellen:

1. **Kaufverhaltensrelevanz:** Die AIO-Kriterien, die zur Analyse und Erklärung des Konsumentenverhaltens und zur Segmentbildung herangezogen werden, entstammen keiner geschlossenen Theorie, keinem expliziten theoretischen Modell. Das Konzept umfaßt eine Vielzahl heterogener Ansätze. Bei einer Analyse der Kaufverhaltensrelevanz hat man in bezug auf den Allgemeinheitsgrad allgemeine *persönlichkeitsbezogene* und *produktspezifische Kriterien des Kaufverhaltens* zu unterscheiden. Bei den persönlichkeitsorientierten Kriterien erweisen sich die Beziehungen zum Kaufverhalten in vielen Fällen als zu gering. Produktspezifische Life-Style-Ansätze zeigten dagegen einen größeren Aussagewert. Sie haben allerdings auch einige Nachteile: Sie degenerieren allzuleicht zu trivialen Ergebnissen, wenn z. B. festgestellt wird, daß Personen mit starken Kopfschmerzen Tabletten bevorzugen, die überaus schnelle Wirkung bringen, oder daß Verbraucher, die stark hypochondrisch veranlagt sind und u. a. auch Angst vor Karies haben, Fluor-Zahnpasta kaufen.
2. **Aussagefähigkeit für den Einsatz der Marketing-Instrumente:** Mit wachsendem Produktbezug steigt der Aussagewert des Life-Style-Konzepts für den Einsatz der Marketing-Instrumente. Die Vielzahl der berücksichtigten Items gibt eine Reihe von Ansatzpunkten für Gestaltungsempfehlungen, insbesondere für die Kommunikation. Deshalb bietet sich eine Anwendung von AIO-Items (als passive Variable) zur zusätzlichen Beschreibung von Segmenten an, die aufgrund anderer Kriterien (aktive Variable) gebildet worden sind.
3. **Zugänglichkeit:** Mit Hilfe von AIO-Kriterien abgegrenzte Segmente sind sowohl über kommunikative wie distributive Kanäle zunächst nicht zugänglich. Die umfangreichen Fragen-Batterien deuten die Probleme an, die entstehen, wenn dieser Erhebungsteil zusätzlich in (→) Mediaanalysen aufgenommen werden soll.
4. **Meßbarkeit (Operationalität):** In bezug auf die Meßbarkeit kommt es insbesondere bei der Erfassung von produktbezogenen Meinungen auf die Konstruktion und Validierung der Itembatterien sowie auf die Auswertung mit Hilfe (→) multivariater Analysetechniken an.
5. **Wirtschaftlichkeit:** Die Entwicklung produktspezifischer Life-Style-Konzepte scheidet für viele Unternehmen aus Kostengründen aus. Deshalb ergeben sich Ansatzpunkte für die zwar weniger aussagefähigen, dafür aber wirtschaftlicheren generellen Life-Style-Konzepte, die von Verlagen als Service-Leistungen kostenlos oder von Marktforschungsinstituten als quasi sekundärstatistisches Material vergleichsweise kostengünstig angeboten werden.

In der Bundesrepublik wurde Life Style erstmals 1973 von Leo Burnett eingesetzt und seitdem regelmäßig im Auftrag von „Das Beste", Düsseldorf, alle vier Jahre (1973, 1977, 1981 und 1985) erhoben. Kernstück dieser Life Style-Forschung ist die Ermittlung von Persönlichkeitstypen, die die gesamte bundesdeutsche Verbraucherschaft im Alter ab 14 Jahren repräsentieren: die Life Style-Typologie.
Die einzelnen Life Style-Typen werden gemäß ihren dominierenden (→) Einstellungen und Lebensstilen beschrieben, die das Fundament der Life Style-Typenbeschreibungen bilden und ergänzt werden um ihr Konsum- und Mediaverhalten sowie die vorherrschenden soziodemografischen Ausprägungen.
Die Beschreibung der insgesamt 11 Life Style-Typen anhand ihrer Aktivitäten, Interessen und Meinungen wurde 1985 ergänzt um gleichzeitig erhobene Erkenntnisse zu deren grundlegenden Wertorientierungen. Zum Einsatz kam dabei die „Lebensweltforschung" des mit der Durchführung beauftragten Sinus-Instituts, Heidelberg.

Lebenszyklus
→ Familienlebenszyklus

Leistungsfunktion
→ Wirkungsfunktion

Leitfaden
Der in der (→) qualitativen Markt- und Sozial-

forschung bei (→) Explorationen, (→) Gruppendiskussionen, (→) Intensivinterviews, (→) zentrierten Interviews und (→) Tiefeninterviews verwendete Themenkatalog, anhand dessen der Interviewer (Diskussionsleiter) sich orientiert, welche Themen und Themenbereiche im Gesprächsverlauf angeschnitten werden sollen. Mitunter werden auch die bei (→) standardisierten Interviews zusätzlich zum Fragebogen verwendeten Interviewerinstruktionen, die vor allem bei komplizierten Erhebungen erforderlich sind, als Leitfaden bezeichnet.

Leitstudie *(Pilotstudie, Vorstudie)*
In der empirischen Sozialforschung und in der Marktforschung eine im vorstatistischen Bereich durchgeführte Voruntersuchung durch die insbesondere in unzureichend erforschten Bereichen mit Hilfe nicht-standardisierter Untersuchungstechniken wie (→) Gruppendiskussionen, (→) Intensivinterviews oder teilnehmende Beobachtung eine vorläufige (→) Exploration des Untersuchungsbereichs vorgenommen wird, so daß Grundstrukturen erkennbar und erste (→) Hypothesen formulierbar werden. Eine Leitstudie ist also Exploration und (→) Pretest zugleich. Die Durchführung von Leitstudien als Vorstudien ist in der empirischen Forschung eine unverzichtbare Vorstufe vor der Durchführung einer strukturierten Analyse, weil ohne sie bereits in die Formulierung der Forschungshypothesen und in die (→) experimentelle Anlage einer Untersuchung die Voreingenommenheiten des Forschers über den Untersuchungsgegenstand einfließen und wahrscheinlich nicht alle relevanten Variablen der Untersuchung vollständig berücksichtigt werden.

Lernen *(Lernprozeß, Lerntheorien)*
Während im Verständnis der Umgangssprache Lernen vorwiegend als die Aneignung und Veränderung kognitiver Strukturen, der Erwerb von Wissen, verstanden wird, definiert die Lernpsychologie Lernen als den Erwerb relativ überdauernder Änderungen des Verhaltens bzw. der Verhaltensmöglichkeiten aufgrund von Erfahrung. Erfahrung bezeichnet wiederum die Aufnahme und Verarbeitung von Informationen. Lernen kann nicht direkt beobachtet werden; beobachtet werden kann hingegen die aufgrund des Lernvorganges gezeigte Leistung, (→) Lernkurven. Der Lernprozeß als ein Prozeß der Vorbereitung (der Lernende stellt sich auf eine Aufgabe ein, wendet ihr Aufmerksamkeit zu und nimmt wahr) und der Aneignung (der Lernende bearbeitet das Material) ist eng mit dem (→) Gedächtnis und der (→) Erinnerung verknüpft. Die untenstehende Darstellung des zeitlichen Ablauf des Lernprozesses von J. Bredenkamp und K. Bredenkamp illustriert die Zusammenhänge.

Grundlegende Lernformen, die als Erklärungskonzepte bei der Entstehung von (→) Einstellungen und zur Deutung des (→) Konsumentenverhaltens sowie zur Deutung von Verhaltensänderungen aufgrund von (→) Werbewirkung herangezogen werden, sind vor allem die klassische, die operante (→) Konditionierung sowie die Konditionierung durch (→) Kontiguität und das (→) Beobachtungslernen, aber auch kognitive Lerntheorien, (→) Kognition, wie die Gestalttheorie, die Feldtheorie, das Orientierungslernen.
In der (→) Media- und Werbeforschung werden Theorien des Lernens unter dem Aspekt

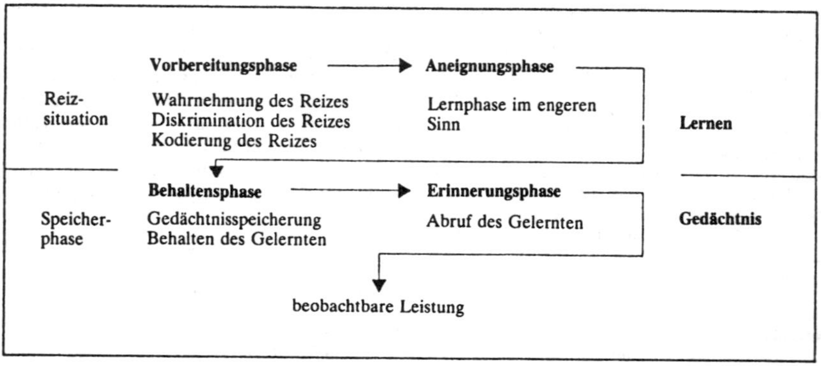

Quelle: J. Bredenkamp/K. Bredenkamp (Hrsg.), Lernen und Gedächtnis. In: K. E. Rogge: Steckbrief der Psychologie, Heidelberg 1971, S. 78.

der wiederholten Darbietung von Werbebotschaften zur Formulierung von Hypothesen über (→) Werbewirkungskurven bzw. (→) Kontaktbewertungskurven verwendet. Der durch Werbung angeregte Lernprozeß unterscheidet sich allerdings vom herkömmlichen Lernbegriff, weil es sich dabei nach einer Formulierung von Herbert Krugmann und Eugene L. Hartley um „passives Lernen" handelt, für das Hubert Rohracher noch zutreffender die Bezeichnung „unabsichtliches Lernen" geprägt hat. Auch die Vorstellungen über die Erinnerung(swirkung) von Werbung, wie z. B. die (→) Experimente zum Lernen von Anzeigen (ELA) zeigen, basieren auf Theorien der Lernpsychologie. Das Lernen von Werbung hat auch die *Gesellschaft für Konsumforschung* (GfK), Nürnberg, 1968 untersucht. Dazu wurde in einer hessischen Stadt eine Anzeigenserie mit einem bis dahin unbekannten Slogan veröffentlicht. Das Ergebnis führte zu der untenstehenden Wirkungskurve (Lernkurve), die die Erinnerungswirkung in Abhängigkeit von der (→) Kontakthäufigkeit darstellt (siehe auch Lernkurve 4).

Lernkurve

Die (→) graphische Darstellung des Ergebnisses eines Lernprozesses, d. h. des Lernfortschritts in aufeinanderfolgenden Darbietungen des Lernmaterials bzw. in aufeinanderfolgenden Durchgängen. Dabei wird das Maß der Lernleistung, die Anzahl der Durchgänge, Wiederholungen oder Proben auf der Abszisse und der Lernerfolg auf der Ordinate eingetragen.

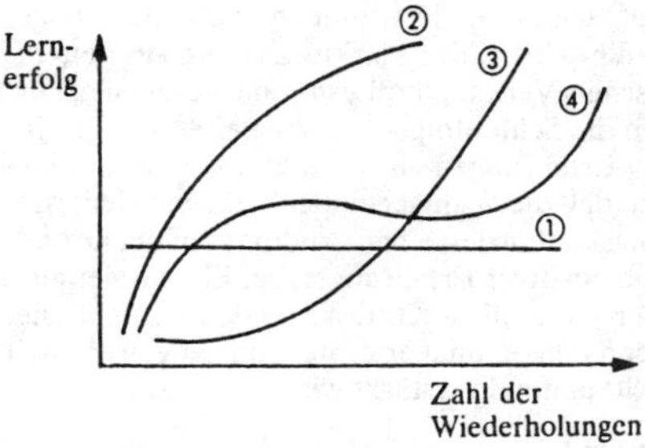

Es lassen sich vier Typen von Lernkurven unterscheiden (s. Abbildung oben):

1. **lineare Kurven (Lernplateau):** es tritt gar kein oder nur ein ganz geringer Lernerfolg ein,
2. **konkave Kurven:** nach einem anfänglich starken Anstieg des Lernerfolgs folgt eine Phase degressiven Anwachsens bis zur Erreichung des Sättigungsniveaus, an dem das Lernmaterial beherrscht wird,
3. **konvexe Kurven:** nach einem anfänglich stark verzögerten Lernerfolg kommt es zu einem steilen Anstieg und
4. **S-förmige Kurven:** das sind Lernkurven, die in der Realität am häufigsten vorkommen und komplexe Lernvorgänge darstellen.

Ihr Verlauf entspricht dem der normalen (→) Kontaktbewertungskurve (Response Function, Werbewirkungskurve), die ja nichts anderes als eine Form der Lernkurve ist. In der in der Abbildung als S-förmige Kurve dargestellten Form stellt sie einen zunächst recht steilen Anstieg des Lernerfolgs dar, dem sich ein Lernplateau ohne Lernzuwachs anschließt. Ihm folgt eine Phase eines beschleunigten Lernerfolgs bis zur Erreichung der Sättigungsgrenze.

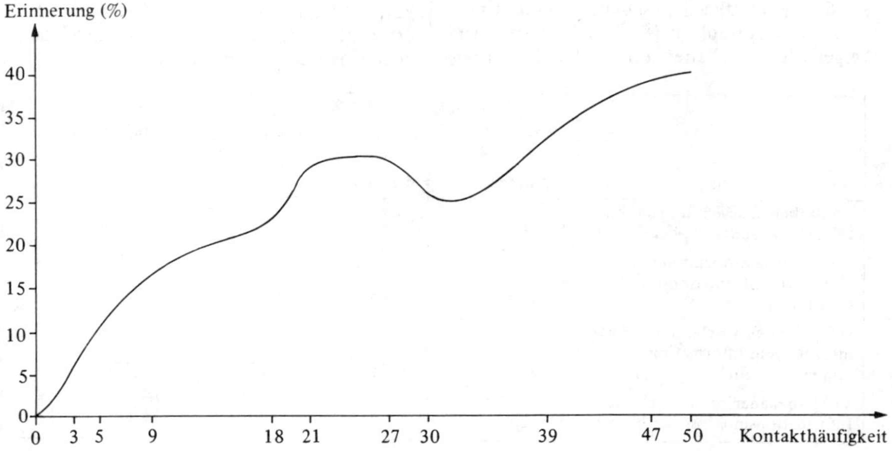

Auf das (→) Konsumentenverhalten angewandt wird in der Marktforschung aus dem typischen Verlauf von Lern- und Vergessenskurven die Schlußfolgerung abgeleitet, daß positive Erfahrungen Kaufreaktionen verstärken und daß die Wahrscheinlichkeit von Wiederholungskäufen desselben Produkts auf der Grundlage positiver Erfahrungen bei Eintritt der gleichen Stimuli wächst. Umgekehrt sinkt sie, wenn eine einmal erlernte Konsumgewohnheit nicht laufend verstärkt wird.

Leseakt
→ Lesevorgang

Lesebeobachtung
→ Leseverhalten

Lesedauer *(Lesezeit)*
In der (→) Leserschaftsforschung die gesamte Zeit, die ein (→) Leser durchschnittlich damit verbringt, eine Zeitung oder eine Zeitschrift zu lesen bzw. durchzublättern. In einer Reihe von Verlagsuntersuchungen, meist im Rahmen von (→) Nutzer-Strukturerhebungen, wird die Lesedauer, bezogen auf die zuletzt genutzte Ausgabe, als Meßwert für die (→) Werbeträgerqualität erhoben. Darüber schreibt Eva-Maria Hess: „Bei vergleichenden Betrachtungen unter Einbeziehung unterschiedlicher Gattungen ist dieses Instrument wertlos, weil ein enger Zusammenhang zwischen dem Heftumfang und der aufgewendeten Lesezeit besteht." An den Ergebnissen der 1980 durchgeführten Studie (→) „Qualitäten" des Verlags Das Beste, Düsseldorf, läßt sich die Problematik der Lesedauer als (→) Indikator für (→) Nutzungsintensität ablesen. So wurde zum Beispiel für eine bestimmte aktuelle (→) Illustrierte die niedrigste durchschnittliche Lesedauer ermittelt und die höchste Anzahl von (→) Kontakten pro Anzeigenseite, (→) Seitenkontakt. Die Erklärung liegt in der vergleichsweise geringen (→) Heftgröße der Zeitschrift. Bei vergleichbarer Heftgröße und hinlänglich vergleichbarer redaktioneller Gestaltung (Anteile Bild-/Textbeiträge; Anforderungen an das Verständnis) ist die Lesedauer als Maß für Werbeträgerqualität nicht ganz von der Hand zu weisen.
In der Studie (→) „Lesequalität" („Hörzu" 1978) wurde hingegen nachgewiesen, daß die Lesedauer einen Einfluß auf die erinnerten Heftinhalte hat. Die Tabelle faßt Befunde aus früheren Studien zusammen:

„Die Affizierbarkeit von Zeitschriftenlesern" Heinrich Bauer Stiftung, 1968	Bei einer Lesedauer über 90 Minuten liegen Anzeigenerinnerung und -beachtung um 19 bis 75 Indexpunkfe über den Werten bei einer Lesedauer unter 30 Minuten.
„Anzeigen-copytest" „Bild-Zeitung", 1972	Bei einer Lesedauer über 30 Minuten liegt die Anzeigenbeachtung um 96, die Textlektüre um 167 Indexpunkte über den Werten bei einer Lesedauer unter 10 Minuten.
„Reader Categorisation Study", Jicnars 1972	Die Seitenbeachtung liegt bei einer Lesedauer von über 85 Minuten um 62 bis 120 Indexpunkte über den Werten bei einer Lesedauer unter 30 Minuten.
„Studie über den Kommunikationserfolg", „Bild am Sonntag", 1973	Bei einer Lesedauer über 100 Minuten liegt die Anzeigenbeachtung um 77, die Textlektüre um 240, und die positive Beurteilung der Anzeigen um 18 bis 20 Indexpunkte höher als bei einer Lesedauer unter 30 Minuten.

Die Studie „Einflußfaktoren der Anzeigenwirkung", Heinrich Bauer Verlag, Hamburg 1982, erbrachte in der Analyse von 243 Anzeigen bei weiblichen Lesern folgende Befunde:

	Lesedauer		Anzeigen-erinnerung (gestützt)	Anzeigen-beachtung
	ganzes Heft	pro Seite		
Anzeigengruppen:	Minuten	Minuten	%	%
Vierfarbenanzeigen mit starkem Informationsinteresse bei Frauen	63,1	0,44	43,2	49,8
Schwarz-Weiss-Anzeigen mit nur teilweisem Informationsinteresse bei Frauen	62,2	0,62	17,9	26,8
Doppelseitige Vierfarbenanzeigen mit geringem Informationsinteresse bei Frauen	63,1	0,45	28,9	47,1
Vierfarbenanzeigen mit schwachem Informationsinteresse bei Frauen	61,9	0,47	30,4	46,0

Die Lesedauer pro Heft war bei allen vier Anzeigengruppen etwa gleich lang. Da die Hefte unterschiedlichen Umfang hatten, schwankte die durchschnittliche Verweildauer pro Seite zwischen 0,44 und 0,62 Minuten. Ausgerechnet die Anzeigengruppe mit der höchsten Verweildauer pro Seite wies jedoch die niedrigsten Erinnerungs- und Beachtungswerte auf. Das macht deutlich, daß die pauschale Betrachtung der Lesedauer pro Heft und der Verweildauer pro Seite kein hinreichender Indikator für Werbewirkung ist. Die Lesedauer hängt von zu vielen Faktoren wie z. B. Heftstärke, Lesegeschwindigkeit, Interesse am redaktionellen Angebot etc. ab, als daß eine so einfache Gleichung „lange Lesedauer = hohe Werbewirkung" stimmen könnte.
Insgesamt kann als einigermaßen gesichert angesehen werden:

- o Innerhalb der Gesamtleserschaft eines gedruckten Mediums werden bei Personen mit höherer Lesedauer bessere Kommunikationswirkungen erzielt, d. h. die Lesedauer ist ein geeignetes Instrument, um innerhalb der Leserschaften der einzelnen Titel zu differenzieren, aber nur im ganz engen Rahmen (absolut vergleichbarer Heftinhalt in Umfang und Qualität) ein Instrument des qualitativen Werbeträgervergleichs.
- o Bei verschiedenen Publikationsarten derselben Gattung, insbesondere bei (→) Tageszeitungen, hängt die (tägliche) Lesedauer nur geringfügig vom Umfang ab. Nach einer Untersuchung von H. A. Kluthe wird eine Lokalzeitung an Werktagen durchschnittlich 45 Minuten gelesen. Die Nutzung einer dreimal umfangreicheren Zeitung liegt nur um 6 Minuten höher, d. h. bei 51 Minuten.

Lesefrequenz
→Lesehäufigkeit

Lesegelegenheit
→ Leseort

Lesegewohnheiten
→ Lesehäufigkeit, Leseort, Lesetage, gedehntes Lesen, gehäuftes Lesen

Lesehäufigkeit *(Lesefrequenz)*
In der (→) Leserschaftsforschung wird unter Lesehäufigkeit entweder ohne Berücksichtigung der (→) Lesedauer oder der (→) Leseintensität die Gesamtzahl der (→) Lesevorgänge bezeichnet, die ein Leser mit einer Ausgabe eines Druckmediums innerhalb seines (→) Erscheinungsintervalls hat, mithin die (→) Kontakthäufigkeit eines Lesers mit diesem Werbeträger, oder auch die Anzahl der Ausgaben eines Druckmediums (einer Zeitung oder einer Zeitschrift), die eine Person innerhalb eines bestimmten Zeitraums liest. Durch Ermittlung von Lesehäufigkeiten bzw. (→) Nutzungshäufigkeiten ergeben sich kumulierte Reichweitenwerte, (→) interne Überschneidungen, die den kumulativen Aufbau einer (→) Leserschaft innerhalb eines Erscheinungsintervalls oder des (→) Weitesten Leserkreises (WLK) widerspiegeln.
Gemessen werden kann die Häufigkeit des Lesens mit verbalen, numerischen, verbal-numerischen Häufigkeitsskalen, z. B.: „Auf diesen Karten stehen Titel von Zeitschriften, die monatlich erscheinen, also 12 Hefte im Jahr. Könnten Sie einmal abschätzen, wie häufig Sie diese Zeitschriften lesen oder durchblättern – egal, ob zuhause oder anderswo?" Die Antwortvorgaben auf dem Kartenspiel lauten: A) Lese ich regelmäßig, und zwar alle 12 Hefte, B) Lese ich sehr häufig, wenn auch nicht alle 12 Hefte, C) Lese ich auch noch ziemlich häufig, D) Lese ich so ab und zu, E) Lese ich nur ganz selten, höchstens 1 oder 2 Hefte und F) Habe ich in den letzten 12 Monaten nicht gelesen, nicht durchgeblättert.
Die (→) Leseranalyse (LA) der (→) Arbeitsgemeinschaft Leseranalyse (AGLA) verwendete bis zur LA 64 zur Erfassung der Lesehäufigkeit eine reine Verbalskala:
Diese Zeitschrift/Zeitung lese ich...

- o regelmäßig
- o häufig
- o gelegentlich
- o selten.

Sie wurde vielfach als diskontinuierlich und sprachlogisch unsauber kritisiert: „Regelmäßig" und „gelegentlich" einerseits und „häufig" bzw. „selten" andererseits gehören jeweils als antinome Eigenschaftswortpaare zueinander. Aus beiden Paaren fügt sich keine kontinuierliche (→) Skala zusammen.
Mit Einführung des Begriffs der (→) Kumulation erfolgte dann der Übergang zu rein numerischen Skalen, bei denen eine Zahlenreihe vorgegeben wird und die Befragten gebeten werden, die Häufigkeit ihrer Medienkontakte im allgemeinen oder innerhalb eines abgegrenzten Zeitraums anzugeben.
In den ausgehenden 1960er Jahren wurde eine ganze Reihe von Experimenten durchgeführt, die zu einer Optimalskala führen sollten. Die

AGLA experimentierte mit einer 13er Skala, einer abstrakten 10er Skala und mit einer 12er Skala. Aus diesen Untersuchungen ging im wesentlichen hervor, daß der Leser einen zeitlichen Bezug für die Abschätzung der Lesehäufigkeit braucht.
Die Bemühungen resultierten 1970 in der Einführung der numerischen 12er Skala, abgefragt für das letzte 12fache Erscheinungsintervall, die seither in allen (→) Media-Analysen (MA) der (→) Arbeitsgemeinschaft Media-Analyse (AG.MA) beibehalten wurde.
Es ist unbestritten, daß eine Zwölferskala die Differenzierungsfähigkeit von Befragten überfordert. Dazu schrieben Siegfried Geiger und Wolfgang Heyn von der delta-Marketingforschung, Konstanz, in ihrem Gutachten zur LA 69 bereits: „Die Kanalkapazität des Menschen bei der Einstufung von Ereignissen auf Skalen beträgt im Durchschnitt 2,6 bit und überschreitet 3,3 bit nur in Extremfällen. Das bedeutet, daß normalerweise nur 6- bis 7stufige Skalen von den Befragten einwandfrei gehandhabt werden können. Längere Skalen werden von den Befragten reduziert, also so behandelt, als ob es sich um 6- oder 7stufige Skalen handeln würde. Diese Reduktion erfolgt auf ganz einfache Weise: bestimmte Skalenstufen werden ignoriert, also nur selten benutzt."
Die numerische Zwölferskala wird seither auch in anderen (→) Reichweitenanalysen für gedruckte Medien verwendet und auch im (→) ZAW-Rahmenschema für Werbeträgeranalysen und den „Anleitungen und Empfehlungen" für die Anlage, Durchführung und Berichterstattung von Werbeträger-Analysen bei Fachzeitschriften, (→) Fachzeitschriftenanalyse (FZA), und für die Datenerhebung der (→) AMF-Karten empfohlen.
International besteht über die optimale Skala zur Erhebung der Lesehäufigkeit wenig Einigkeit. In Großbritannien werden wesentlich kürzere numerische Skalen verwendet: eine Viererskala für wöchentlich erscheinende Titel, eine Sechserskala für Monatszeitschriften und Tageszeitungen. In Frankreich verwendet man eine reine Verbalskala, in Belgien eine in Zeitabschnitte eingebundene numerische Skala. Insgesamt gesehen überwiegt jedoch die numerische Zwölferskala, die z. B. außer in der Bundesrepublik Deutschland auch in den Niederlanden, in Österreich, der Schweiz und Italien verwendet wird.
Tatsächlich sind bei der numerischen 12er Skala die Skalenstufen 7 und 11 stets nur schwach besetzt. Unter diesen Umständen scheint es zunächst verwunderlich, daß diese Skala seit 1970 ununterbrochen zur Anwendung kommt, obwohl man sich ihrer Schwächen bewußt ist. Die Erklärung liegt in dem veränderten Vorgehen bei der Berechnung von Nutzungswahrscheinlichkeiten. Dazu heißt es in der Textausgabe zur MA 78: „Seitdem numerische Zwölferskalen in der Leseranalyse verwendet wurden, ist man sich bewußt, daß die gebotene Vielzahl der Antwortmöglichkeiten die Differenzierungsfähigkeit der Befragten überfordert. In den ausgehenden Sechziger Jahren brauchte man die Werte der Einzelpositionen, um sie direkt in Lesewahrscheinlichkeiten umwandeln zu können. Seitdem hat man sich aber auch in Deutschland der Auffassung der Engländer angeschlossen, die ihr Sprecher, Michael Brown, auf einem Treffen europäischer Mediaforscher 1973 in Kronberg im Taunus so zusammenfaßte: ‚Der eigentliche Zweck einer Häufigkeitsfrage wurde stets darin gesehen, die Bevölkerung in Gruppen zu segmentieren, die unterschiedliche Wahrscheinlichkeiten des Kontaktes mit einer durchschnittlichen Ausgabe haben...
Der Ausgangspunkt für die Entwicklung von Frequenzskalen in Großbritannien war nicht, einen neuen Maßstab für die Reichweite einer durchschnittlichen Ausgabe einzuführen'."
An anderer Stelle heißt es weiter: „Seitdem die Lesewahrscheinlichkeiten durch Segmentation ermittelt werden, haben die Ergebnisse aufgrund der Zwölferskala ihre ursprüngliche Bedeutung verloren, weil man sie zur direkten Ableitung der Lesewahrscheinlichkeiten nun nicht mehr braucht. Sie dienen jetzt nur noch als allerdings sehr wichtige aktive Variable im Segmentationsverfahren."
Erstmals in den Experimenten der MA zur (→) Fragebogenerstellung 1979/80 wurde die Gestaltung der Frequenzskala wieder zur Disposition gestellt. In den Experimenten wurde zwar am 12fachen Erscheinungsintervall festgehalten, die Skalenpunkte aber zum Teil zusammengefaßt, so daß die Antworten auf sieben Vorgaben reduziert wurden (1, 2 + 3, 4 + 5, 6 + 7, 8 + 9, 10 + 11, 12 Ausgaben). Im Grunde blieben bei dieser Gestaltung die Anforderungen an die Differenzierungsfähigkeit des Befragten erhalten.
vgl. K_1-Wert, Justierung, Leser pro Ausgabe (LpA), Leser pro Nummer (LpN), Lesewahrscheinlichkeit, Weitester Leserkreis (WLK)

Leseintensität
In der (→) Leserschaftsforschung die vielfach durch (→) Befragung mit Hilfe von Originalheften, (→) Originalheftmethode (Through-

The-Book-Verfahren) ermittelte (→) Nutzungsintensität eines Druckmediums, die aufgrund der (→) Wiedererkennung (Recognition) von redaktionellen Beiträgen oder auch Anzeigen durch die Befragten gemessen wird.
→ Leser-Blatt-Bindung (LBB)

Lesemappe
→ Lesezirkel

Lesemappen-Kontakt im letzten Erscheinungsintervall
In der (→) Media-Analyse (MA) der (→) Arbeitsgemeinschaft Media-Analyse (AG.MA) werden die Fragen nach dem letzten (→) Kontakt für (→) Lesezirkel nicht nur einmal wie bei den anderen Pressemedien, sondern achtmal gestellt: für alle Kontaktgelegenheiten einzeln mit Exemplaren aus einer Lesemappe, die im Haushalt abonniert ist; von Nachbarn, Freunden, Bekannten, Verwandten geliehen wurde; beim Friseur, beim Zahnarzt, beim Arzt, im Café, im Restaurant, in einer Gaststätte oder an anderer Stelle, wo Lesemappen ausliegen, gelesen oder durchgeblättert wurden.
Vor die (→) Abfrage für die Kontaktgelegenheiten in öffentlicher Auslage ist noch ein zweiter (→) Filter für den (→) Weitesten Lesemappen-Kontaktkreis vorgeschaltet: Wer innerhalb der letzten 3 Monate nicht beim Friseur oder beim Arzt etc. war, wird auch nicht gefragt, wann er dort zuletzt Kontakt mit einem Heft aus einer Lesemappe hatte.
Die Antwortvorgaben mit den Zeitgrenzen sind etwas anders gehalten als die entsprechenden bei wöchentlich erscheinenden (→) Zeitschriften, (→) Wochenzeitungen und (→) Supplements:

Zeitschriften	Lesemappe
○ innerhalb der letzten 7 Tage ○ 8 bis 14 Tage her ○ 2 bis 3 Wochen her ○ länger her	○ innerhalb der letzten 7 Tage ○ 8 bis 14 Tage her ○ 2 bis 3 Wochen her ○ 1 bis 3 Monate her ○ länger her ○ nie

Das Einfügen von „1 bis 3 Monate her" und das Anhängen von „nie" ist durch die besondere Situation beim Werbeträger Lesezirkel erforderlich: Da die in der MA nicht erhobene, aber aus anderen Untersuchungen bekannte (→) Kontakthäufigkeit mit Lesemappenheften je nach (→) Leseort unterschiedlich ist, muß man für jede dieser Gelegenheiten den Weitesten Kontaktkreis und die Kontakte im letzten (→) Erscheinungsintervall ermitteln. Neben den dafür vorgesehenen Antwortmöglichkeiten müssen auch noch weitere vorgegeben werden für Kontakte, die länger her sind, und für die Fälle, in denen es noch nie zu einem Kontakt mit einem Lesemappenheft an diesem Ort gekommen ist.

Lesemappen-Leser
→ LZ-Leser

Lesemuster
→ Lesegewohnheit, Leseverhalten

Lesen
→ Leser; gedehntes Lesen, gehäuftes Lesen; Nutzung; Kontakt

Lesen gestern
→ Lesetage

Lesen im Erscheinungsintervall
→ Erscheinungsintervall

Leseort
In der Leserschaftsforschung der als (→) Indikator für die (→) Lesedauer, die (→) Lesehäufigkeit und die (→) Leseintensität wichtige geographische Ort, an dem ein Leser (→) Kontakt mit einem Druckmedium hat, also z. B. zuhause (was meist als Anzeichen für ein besonders entspanntes und intensives Leseverhalten verstanden wird), am Arbeitsplatz, beim Friseur, im Wartezimmer, im Zug oder in einem anderen öffentlichen Verkehrsmittel. Einige Befunde aus Untersuchungen des Zusammenhangs von Werbewirkung und Leseort sind in der folgenden Tabelle zusammengefaßt:

„Die Affizierbarkeit von Zeitschriftenlesern", Heinrich Bauer Stiftung 1968	Zuhause beachten Leser der „Neuen Revue" Anzeigen um 17 Indexpunkte mehr als anderswo; für „TV Hören und Sehen" ist der Zusammenhang nicht so stark
„Anzeigenkontaktchancen In Publikumszeitschriften", „Hörzu" 1969	Der Seitenkontakt liegt bei Zuhause-Lesern um 50 bis 75 Indexpunkte höher als beim Lesen außer Haus
„Anzeigencopytest", „Bild-Zeitung" 1972	Die Anzeigenbeachtung ist zuhause und am Arbeitsplatz um bis zu 40 und mehr Indexpunkte höher als beim Lesen anderswo; die Textbeachtung steigt um 75 bis 100 Indexpunkte
„Reader Categorisation Study", Jicnars 1972	Die Seitenbeachtung ist zuhause um 41 bis 55 Indexpunkte höher als anderswo

Auch die Studie (→) „Lesequalität“ des Axel Springer Verlags, Hamburg, zeigte, daß die Markenkenntnis bei Lesern zuhause mit 38 % doppelt so hoch liegt wie bei Lesern außer Haus (Markenbekanntheit 19 %). Konkretes Wissen um die Aussage der Anzeige liegt zuhause mit 25 % um zwei Drittel über dem Wert für Lesen außer Haus (15 %). Und die Anzeigenwiedererkennung liegt mit 50 % um knapp 60 Indexpunkte über dem Wert beim Lesen außer Haus (32 %).
vgl. Leser-Blatt-Bindung (LBB)

Lesephasen
Generell werden drei zeitlich aufeinanderfolgende charakteristische Abschnitte beim Lesen einer (→) Zeitschrift unterschieden:
- o die Phase der Durchsicht (des Blätterns) zur ersten Orientierung;
- o die des intensiven Hauptlesens und
- o die Nachblätterphase.

Dieser Unterscheidung liegt die – empirisch allerdings kaum gesicherte – Annahme zugrunde, daß in der ersten Phase des Blätterns die besten (→) Kontaktchancen für aufmerksamkeitsstarke Anzeigen bestehen, (→) Anzeigenbeachtung, während in der zweiten Phase des intensiven Lesens die Aufmerksamkeit auf den redaktionellen Teil gerichtet wird und in der dritten Phase die Zuwendung zu redaktionellem bzw. Anzeigenteil wieder derjenigen in der ersten Phase ähnelt.

Lesequalität
Eine 1977 im Auftrag der (→) Programmzeitschrift „Hörzu“ der Axel Springer Verlag AG, Hamburg, von der Geiger Marketingforschung, Köln, durchgeführte, 1978 veröffentlichte Untersuchung über den Einfluß von (→) Leseort bzw. Lesesituation und (→) Lesedauer auf die Kommunikationswirkung von Zeitschriften. Die Studie erbrachte den Nachweis, daß die durch unterschiedliche Leseumstände beschriebene Qualität des Lesens ein dem rein quantitativen (→) Werbeträgerkontakt übergeordneter Faktor für die Bewertung der Kommunikationsleistung von Zeitschriften ist, (→) Kontaktqualität.
Gegenstand der Untersuchung war mithin die Beziehung zwischen Werbeträgerkontakten und Werbewirkung. Die Studie untersuchte dazu den Kommunikationserfolg und die Werbewirkung bei Lesern gleicher Zeitschriften, aber unterschiedlichen (→) Leseverhaltens:
- o bei Zuhause-Lesern;
- o bei Außer-Haus-Lesern;
- o bei Lesern, die ein Heft selbst kaufen;
- o bei Lesern, die ein Heft zufällig vorfinden etc.

Darüber hinaus untersuchte „Lesequalität“ zahlreiche weitere Aspekte des (→) Nutzungsverhaltens wie Beziehungen zwischen Nutzungsdauer und Werbewirkung, Beziehungen zwischen Nutzungssituation und (→) Kontakthäufigkeit mit anzeigenführenden (→) Doppelseiten etc.
Die wichtigsten Befunde der Untersuchung lauten:
- o Die Zahl der Personen, die sich sicher an bestimmte redaktionelle Inhalte erinnern können, nimmt mit steigender selbstregistrierter Lesedauer stark zu.
- o Personen, die ein Testheft erhalten, aber keinen (→) Lesevorgang eingetragen haben, erinnern sich an redaktionelle Inhalte nicht häufiger als Personen, die kein Testheft erhalten haben und somit den betreffenden Inhalt nicht gesehen haben konnten.

Analoge Feststellungen ergeben sich für die Kenntnis von redaktionellen Inhalten in Abhängigkeit von der Zahl eingetragener (→) Doppelseiten-Kontakte.
Anhand von neuen Anzeigen konnte festgestellt werden: Prüft man die (→) Erinnerung an spezifische Produktaussagen aus den Anzeigen, dann beträgt die informationsvermittelnde Wirkung eines flüchtigen Doppelseiten-Kontakts nur ungefähr 60 Prozent der Informationsleistung eines ausführlichen Kontakts. Es kommt bei Doppelseiten-Kontakten also offensichtlich nicht nur auf die Zahl, sondern vor allem auf ihre Art und Zeitdauer an, wie die Tabelle auf der folgenden Seite deutlich macht.
Lesezeiten unter 20 Minuten bei zuhause gelesenen Zeitschriften bringen praktisch noch keine Anzeigenwirkung hervor. Bei den (→) Programmzeitschriften wurden traditionellerweise Lesevorgänge, die sich nur auf den Programmteil beziehen, ausgeklammert. Es zeigte sich aber, daß auch bei Personen, die nur im Programmteil nachgesehen haben, Anzeigenwirkungen meßbar sind, die einer Lesedauer von 20 bis 30 Minuten im redaktionellen Unterhaltungsteil der Programmzeitschrift entsprechen.
Für unterschiedliche Arten, Zeitschriften zu nutzen, ergeben sich sehr unterschiedliche Gesamtlesezeiten pro Heft. Im Durchschnitt aller untersuchten 36 Titel dauert z. B. ein Lesevorgang, bei dem im Heft ausführlich gelesen wird, durchschnittlich 70 Minuten – ein Lesevorgang, bei dem im Heft nur geblättert wird, dagegen nur 15 Minuten.
In Heften, die der Leser selbst gekauft hat, wird im Durchschnitt 97 Minuten gelesen und ge-

Lesequalität

Der Zusammenhang zwischen selbst-registrierter Lesedauer Im Heft und den für die präparierten Seiten eingetragenen Doppelseitenkontakten	Testheft erhalten und darin laut Lesezeiteintragung gelesen (in Minuten)						
	5 bis 9	10 bis 19	20 bis 29	30 bis 44	45 bis 59	60 bis 119	120 und mehr
Durchschnittliche Anzahl der Kontakte pro Doppelseite:	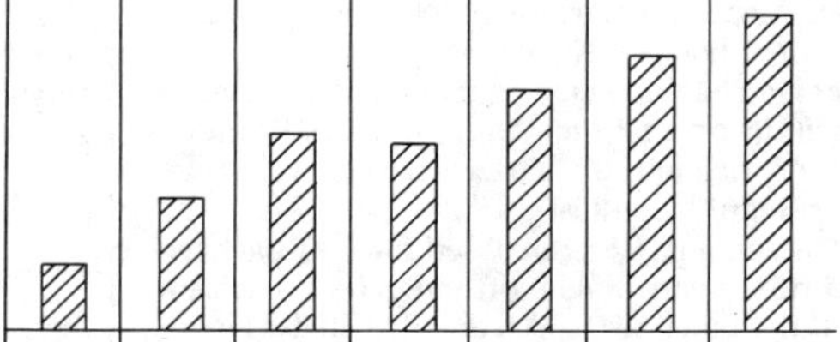						
Ausführliche und flüchtige Kontakte	0,30	0,64	0,94	0,93	1,22	1,39	1,62
Ausührliche Kontakte	0,11	0,27	0,43	0,37	0,53	0,69	0,84
Flüchtige Kontakte	0,19	0,37	0,51	0,56	0,69	0,70	0,78

blättert, in Heften, die außer Haus zufällig vorgefunden wurden, dagegen nur 30 Minuten. Während im Durchschnitt aller beobachteten Zeitschriften-Nummern, die zu Hause gelesen wurden, die Lesedauer pro Leser 75 Minuten beträgt, ergaben sich für die verschiedenen Außer-Haus-Leseorte wie Friseur, Café, Betrieb, Arbeitsplatz usw. Lesezeiten pro Heft zwischen 28 und 33 Minuten. Der Anteil von Heften, die außer Haus gelesen werden, ist bei den verschiedenen Zeitschriften sehr unterschiedlich. Die Untersuchung der (→) Erinnerung an redaktionelle Inhalte von unveränderten Originalheften bei aktuellen (→) Illustrierten ergab:

- o Außer-Haus-Kontakte bringen praktisch kein sicheres Wissen, das heißt, keine über den allgemeinen Pegel der Erinnerungstäuschungen hinausgehenden verläßlichen Erinnerungen.
- o Personen, die sich mit dem jeweiligen Heft weniger als 30 Minuten beschäftigt haben, wissen nicht mehr als Personen, die das betreffende Heft nicht in der Hand hatten.

Die Untersuchung der Werbewirkung von Anzeigen aus unveränderten Originalheften ergab:

- o Lesezeiten unter 30 Minuten pro Heft bringen praktisch keine Werbewirkung.
- o Außer Haus gelesene Hefte bringen keine Werbewirkung, weil die Lesedauer pro Heft vielfach unter der Werbewirksamkeitsgrenze von 30 Minuten liegt.
- o Analog bringen zufällig vorgefundene Hefte keine Werbewirkung.
- o Hefte, in denen nur geblättert wird, bringen nur einen geringen Informationsgewinn. Allerdings erinnern sich gegenüber der Kontrollgruppe, vergleichsweise viele Personen daran, die geprüften Anzeigen schon gesehen zu haben. Es finden also (→) Anzeigenkontakte statt. Diese sind jedoch so beschaffen, daß nur wenig konkrete Information aus der Werbebotschaft im Gedächtnis bleibt.

Für eine kostengerechte Bewertung der von den einzelnen Werbeträgern erwartbaren Werbewirkung erscheint es mithin sinnvoll, Außer-Haus-Leser und Leser, die ein Heft zufällig vorfinden, geringer zu bewerten als Zu-Hause-Leser, bzw. als Leser, die ihr Heft abonniert oder selbst gekauft haben, (→) A + E-Leser.
→ Bezugsart, Agostini-Ansatz

Leser *(Leserkategorien)*
Im Sinne der (→) Leserschaftsforschung ist ein Leser jemand, der in einer (→) Befragung angibt, daß er (→) Kontakt mit einem Druckmedium gehabt hat, es gelesen oder durchgeblättert hat. Als Leser gilt also auch bereits jemand, der nur einige Seiten durchgeblättert hat, ohne einen einzigen Artikel oder eine Überschrift ganz oder teilweise gelesen zu haben. Lediglich die Angabe, ein Titelbild gesehen zu haben, wird in vergleichenden (→) Reichweitenanalysen gemeinhin nicht als hinreichend angesehen, um einen Befragten als Leser zu qualifizieren. Dieser sehr weitgefaßte Leserschaftsbegriff hat

sich wegen der Verschiedenartigkeit der Zeitschriften und Zeitungen, die in vergleichenden Reichweitenanalysen untersucht werden, als praktisch erwiesen.
Eine ähnliche Auffassung des Leserbegriffs ist auch in den vergleichenden quantitativen (→) Leseranalysen des Auslands zu finden, zum Beispiel lautet die Fragestellung in Großbritannien: „read or looked at"; in Frankreich: „lu ou feuilleté"; in Belgien: „lu, parcouru ou feuilleté" und in Italien: „sfogliato o letto".
Bei Einzeluntersuchungen der Verlage, insbesondere bei (→) Nutzer-Strukturanalysen, findet man häufiger eine andere Definition, wobei man davon ausgehen kann, daß das Profil des Lesers sich um so schärfer abzeichnet, je enger der Begriff gefaßt ist.
Insbesondere Leseranalysen für (→) Fachzeitschriften verwenden oft nur, (→) Fachzeitschriftenanalyse (FZA), den Begriff des Hauptlesers, d. h. derjenigen Person im Bezieherhaushalt/Bezieherbetrieb, die das Exemplar vergleichsweise am intensivsten nutzt. Dabei muß man im Auge behalten, daß sich die Darstellung nur auf einen Teil der Gesamtleserschaft bezieht.
Eine Übertragung der Ergebnisse auf den im Rahmen von Reichweitenanalysen ermittelten Leser ist nicht statthaft. (→) Das ZAW-Rahmenschema für Werbeträgeranalysen läßt diese abweichenden Definitionen ausdrücklich zu, verweist aber darauf, daß aus der Methodenbeschreibung eindeutig erkennbar sein muß, welcher Leserbegriff der Untersuchung zugrunde gelegt wurde.
Derselbe Grundsatz gilt analog für Fachzeitschriftenanalysen und die Erstellung von Mediainformationen nach den (→) AMF-Karten.
Die (→) Media-Analyse (MA) der (→) Arbeitsgemeinschaft Media-Analyse (AG.MA) unterscheidet nach dem prozentualen Anteil der Leser im letzten (→) Erscheinungsintervall am (→) Weitesten Leserkreis (WLK) die folgenden, durch ihre (→) Lesewahrscheinlichkeit definierten Leserkategorien:

Leserkategorie	Lesewahrscheinlichkeit
Kernleser	0,83 – 1,00
häufige Leser	0,59 – 0,82
gelegentliche Leser	0,41 – 0,58
seltene Leser	0,25 – 0,40
ganz seltene Leser	0,01 – 0,24

Leserschaftsgruppen	Lesewahrscheinlichkeit
Kernleser	0,83 – 1,00
häufige und gelegentliche Leser	0,41 – 0,82
seltene und ganz seltene Leser	0,01 – 0,40

Sie lassen sich auch zu drei Leserschaftsgruppen zusammenfassen, wie die letzte Tabelle links unten verdeutlicht.

Für Fachzeitschriftenanalysen (FZA) nach den „Anleitungen und Empfehlungen" für die Anlage, Durchführung und Berichterstattung von (→) Werbeträgeranalysen bei Fachzeitschriften und für die Datenerhebung der (→) AMF-Karten gelten analoge Kategorien, für die die Angaben zur Lesewahrscheinlichkeit mit geringfügig abweichenden Ober- bzw. Untergrenzen gemacht werden:

Leserkategorie	Lesewahrscheinlichkeit mindestens	
regelmäßiger Leser (Kernleser)	0,83–1,00	(10 von 12 aufeinanderfolgenden Ausgaben)
häufiger Leser	0,5 –0,75	(6 bis 9 von 12)
gelegentlicher Leser	0,25–0,42	(3 bis 5 von 12)
seltene und ganz seltene Leser	0,01–0,41	(weniger als 3)

Leser „gestern"
→ Lesetage

Leser im Betrieb
→ Mitleser

Leser im Erscheinungsintervall (LiE)
→ Erscheinungsintervall

Leser in Mitleserhaushalten
→ Mitleser

Leser pro Ausgabe (LpA)
Die in der (→) Leserschaftsforschung rechnerisch ermittelte Zahl der Personen, die (→) Leser, (→) Nutzer, der kleinsten belegbaren Einheit eines Periodikums, also einer Ausgabe einer Zeitschrift oder Zeitung in ihrem (→) Erscheinungsintervall sind. Im Unterschied zur Zahl der (→) Leser pro Nummer (LpN), die empirisch erhoben wird, ist die Zahl der Leser pro Ausgabe das Resultat der Berechnung von (→) Lesewahrscheinlichkeiten, (→) Nutzungswahrscheinlichkeiten. Er errechnet sich aufgrund der folgenden Formel:

$$\text{LpA} = \frac{\text{Nutzungswahrscheinlichkeit = Zahl der möglichen Fälle (weiteste Nutzungskreise)}}{\text{Zahl der günstigen Fälle (Begegnung mit einer Media-Kontakteinheit LpN)}}$$

Oder, in formaler Schreibweise:

$$\frac{\sum_{i=1}^{N} g_i\, p_{ij}}{\sum_{i=1}^{N} g_i} \cdot 100$$

Darin bedeuten:
g_{ij}(i = 1...N) ein Personengewicht für jedes Individuum;
P_{ij}(j = 1...m) pro Individuum und Werbeträger eine Nutzungswahrscheinlichkeit. Dabei ist N die Anzahl der Individuen, die für eine Auszählung herangezogen werden, also etwa die Gesamtheit aller Befragten, alle Männer etc. – und m die Anzahl der Werbeträger. Oder anders ausgedrückt:
[LpA = LpE x verkaufte Auflage.]
Theoretisch betrachtet sind der (→) K_1-Wert, der LpA-Wert und der LpN-Wert verschiedene Ausdrücke für dieselbe Sache. Durch (→) Justierung der aus der unterschiedlichen Ermittlungsart von K_1 und LpN resultierenden Differenzen ergibt sich der LpA. Bei Fachmedien bezeichnet der LpA-Wert auch das Ergebnis einer Kombination der Fragen nach der individuellen Empfangshäufigkeit und der (→) Lesehäufigkeit. Der so ermittelte LpA-Wert wird auch als relativer (→) K_1-Wert bezeichnet.
vgl. Leser pro Nummer (LpN), K_1-Wert

Leser pro Exemplar (LpE, LpX, LpEx)
Ebenso wie die Zahl der (→) Leser pro Ausgabe (LpA) wird der LpE-Wert in der (→) Leserschaftsforschung rechnerisch ermittelt. Er gibt die Zahl der Leser an, die durchschnittlich ein Exemplar einer Zeitschrift oder einer Zeitung lesen. Die Ermittlung ergibt sich nach der Formel:

$$\text{LpE} = \frac{\text{Gesamtzahl der Leser im Erscheinungsintervall (LpN bzw. LpA)}}{\text{verbreitete Auflage im Erscheinungsintervall}}$$

Oder anders ausgedrückt:

$$\text{LpE} = \frac{\text{LpA}}{\text{Auflage}}$$

Der Wert ergibt sich mithin durch Division der mit Hilfe einer (→) Stichprobe ermittelten Leserschaft einer durchschnittlichen (→) Medien-Kontakt-Einheit (MKE) durch die im Erhebungszeitraum und im Erhebungsgebiet (→) verbreitete Auflage. Die Zahl der Leser pro Exemplar einer Zeitung oder Zeitschrift schwankt je nach Zeitschriften- bzw. Zeitungstyp zwischen 1 und 7 Lesern, bei nur wenigen Titeln erreicht sie einen höheren Wert. Der LpE-Wert ergibt sich mithin als die Summe der (→) Erst- und der (→) Folgeleser, bzw. der (→) Primär- und der (→) Sekundärleser.
Die Kritik am LpE-Wert richtet sich vorwiegend gegen die Erhebungsmethode in (→) Nutzer-Strukturanalysen. Sie beruht vielfach auf einer Auskunft „nach dem Hörensagen“, d. h. der in einer Strukturanalyse befragte Leser wird um Auskunft gebeten, wieviele Personen insgesamt das von ihm genutzte Exemplar der Zeitschrift oder Zeitung lesen. Dieser Wert wird dann für die (→) Hochrechnung auf (→) Reichweiten verwendet.
Ein hinlänglich exakter Reichweitenwert kann jedoch nur berechnet werden, wenn es gelingt, alle potentiellen Leser einer Zeitung oder Zeitschrift in die (→) Stichprobe einzubeziehen und nach ihrer (→) Nutzung der vorgegebenen Ausgabe zu befragen.
Das (→) ZAW-Rahmenschema für Werbeträgeranalysen schließt die Ermittlung nach dem Hörensagen strikt aus.
Dazu schreibt Eva-Maria Hess: „Die Glaubwürdigkeit von Reichweitenanalysen wird häufig an Leser-pro-Exemplar-Werten gemessen, weil diese Zahlen die Brücke zu den objektiv feststellbaren Auflageziffern darstellen. Ein übermäßig hoher oder niedriger Wert für den ‚Leser pro Exemplar‘ löst stets Überlegungen aus, inwieweit bei dem betreffenden Titel Fehler systematischer Art aufgetreten sein könnten. Dabei gibt es gattungsbezogene Besonderheiten, die die LpE-Werte beeinflussen und die man bei Plausibilitätsüberlegungen berücksichtigen sollte. Derartige Merkmale sind zum Beispiel unter anderem die Distributionsformen, der Copy-Preis und die absolute Höhe der Auflage.“
Tatsächlich haben sich die LpE-Werte in der (→) Leseranalyse (LA) der (→) Arbeitsgemeinschaft Leseranalyse (AGLA) und der (→) Media-Analyse (MA) der (→) Arbeitsgemeinschaft Media-Analyse (AG.MA) im Laufe der Jahre sehr verändert, wie die folgende Tabelle zeigt:

Leser pro Exemplar

Zeitschrift	LA 60	LA 70	MA 80	MA 86	MA 87
Das Beste	4,9	4,5	3,3	3,0	3,3
Brigitte	3,6	4,7	4,4	3,7	4,0
Bunte	8,0	4,8	4,2	4,6	4,8
Hörzu	3,2	4,0	3,1	3,2	3,1
Quick	8,1	5,3	4,4	3,9	4,2
Stern	8,2	6,4	5,0	5,4	5,4

Für den Rückgang vieler LpE-Werte lassen sich mehrere Erklärungen anführen:

- Die (→) Lesezirkel haben stark an Bedeutung verloren, dadurch ist die wiederholte Ausleihe von Zeitschriften gegen Entgelt zurückgegangen.
- Die durchschnittliche Haushaltsgröße hat sich verringert.
- Der Zeitschriftenmarkt hat sich stark vergrößert, insbesondere ist eine wachsende Zahl von (→) Special-Interest-Zeitschriften hinzugekommen.

Das bedeutet nichts anderes, als daß die Zahl der (→) Mitleser im (→) Haushalt zurückgeht und daher die (→) Reichweite einer durchschnittlichen Ausgabe, d. h. die Zahl der (→) Leser pro Ausgabe (LpA) auch bei steigender oder konstanter (→) Auflage sinkt.

Leser pro Nummer (LpN)
In der (→) Leserschaftsforschung bezeichnet der LpN-Wert im Gegensatz zum Wert der (→) Leser pro Ausgabe (LpA) bzw. der (→) Leser pro Exemplar (LpE) oder zum (→) K_1-Wert, die zwar denselben Sachverhalt beschreiben, aber rechnerisch ermittelt werden, die Gesamtzahl der durch eine (→) Leseranalyse ermittelten (→) Leser einer Zeitung oder Zeitschrift, d. h. die Gesamtzahl derjenigen Personen, die in einer (→) Befragung angeben, daß sie eine bestimmte Nummer einer Zeitschrift oder einer Zeitung innerhalb einer festgelegten (→) Medien-Kontakt-Einheit (MKE), nämlich des (→) Erscheinungsintervalls gelesen oder durchgeblättert haben, also (→) Werbeträgerkontakt gehabt haben. Da der LpN weder den Aspekt der (→) internen Überschneidung (Kumulation) noch den der (→) externen Überschneidung (Quantuplikation) berücksichtigt, kann er in der (→) Mediaplanung nur eine sehr grobe (→) Kontaktmaßzahl sein. Als Anteilswert

verschiedene Operationalisierungen desselben Sachverhalts

<table>
<tr><td>theoretische Definition</td><td colspan="4">Reichweite einer Zeitschrift = Prozentsatz der Gesamtbevölkerung (bzw. einer bestimmten Bevölkerungsgruppe), der im Durchschnitt von einer Ausgabe der Zeitschrift erreicht wird = „Leser pro Nummer“ (LpN) bzw. „Leser pro Ausgabe“ (LpA)</td></tr>
<tr><td>operationale Definition</td><td>Prinzip:
Ermittlung der Leserschaft einer bestimmten Zeitschriftennummer nach Ablauf ihrer Lebensdauer (12 Erscheinungsintervalle); Durchführung der Untersuchung für mehrere verschiedene Nummern; Durchschnittsbildung</td><td colspan="3">Prinzip:
Ermittlung der Personen, die irgendeine Nummer der Zeitschrift während des letzten vor der Befragung liegenden Erscheinungsintervalls (7 Tage) gelesen haben; Durchführung der Untersuchung in mehreren über das Jahr verteilten zeitlichen Wellen; Durchschnittsbildung
(zugrunde liegende Unterstellung: Zahl der Leser einer bestimmten Nummer während aller Erscheinungsintervalle (gesamte Lebensdauer, 12 Erscheinungsintervalle) = Zahl der Leser irgendeiner Nummer während eines einzigen Erscheinungsintervalls).</td></tr>
<tr><td></td><td>Copytest-Ansatz
„Hier habe ich eine Zeitschrift. Würden Sie sich die mal anschauen und mir sagen, ob Sie dieses Heft vorher schon einmal durchgeblättert oder gelesen haben?“ (Vorlage der betreffenden Zeitschriftennummer)

Als LpN zählen alle Befragten, die mit „Ja“ geantwortet haben.</td><td>LA-Ansatz (bis 1965):
„Haben Sie … innerhalb der letzten 7 Tage durchgeblättert oder gelesen?“
(keine Listenvorlage)

Als LpN zählen alle Befragten, die mit „Ja“ geantwortet haben.</td><td>IPA-Ansatz:
„Wann haben Sie … zuletzt durchgeblättert oder gelesen?“ (Vorlage einer Liste: innerhalb der letzten 7 Tage / 8 bis 14 Tage her / 2 bis 3 Wochen her / länger her)
Nach diesem Ansatz wird LpN in MA erhoben.

Als LpN zählen alle Befragten, die „innerhalb der letzten 7 Tage“ angegeben haben.
vgl. auch Abfrage, Erscheinungsintervall</td><td>K_1-Ansatz:
„Von … sind in den letzten 3 Monaten 12 verschiedene Nummern erschienen. Wie viele von diesen 12 Nummern haben Sie in den vergangenen 3 Monaten nach ihrer Schätzung durchgeblättert oder gelesen?“ (Vorlage einer Zwölferskala).

Befragte, die alle 12 Nummern gelesen haben, gehen voll (12/12) in den K_1 ein; Personen, die von 11 bis 12 Nummern gelesen haben, werden mit 11/12 verrechnet usw. Der K_1-Wert wird auch als LpA bezeichnet.</td></tr>
</table>

Quelle: K. Chr. Behrens (Hrsg.): Handbuch der Marktforschung, Wiesbaden 1974, S. 293

(Prozentwert) ausgedrückt, gibt die Zahl der Leser pro Nummer die (→) Netto-Reichweite an. Die Gegenüberstellung auf Seite 320 zeigt die in der Leserschaftsforschung angewandten Fragemodelle zur Operationalisierung desselben Forschungsproblems, nämlich der Erfassung der Leser pro Nummer.

Zur Messung des LpN bieten sich grundsätzlich zwei Vorgehensweisen an: das (→) Wiedererkennungsverfahren (Recognition) und die (→) Erinnerungsmethode (Recall).

Seit Umstellung der Erhebungstechnik der (→) Media-Analyse (MA) im Jahre 1969 wird die persönliche (→) Nutzungshäufigkeit, (→) Lesehäufigkeit, erfaßt und gruppenweise zur (→) Nutzungswahrscheinlichkeit unter (→) Eichung am (→) LpA-Wert verrechnet. Bis dahin wurde von 1954 bis 1968 in der (→) Leseranalyse (LA) stets der durch Erfragung erfaßte LpN-Wert direkt ausgewiesen.

Nach einem Versuch mit der (→) IPA-Fragestellung wurde die LpN-Frage 1970 weiter verschärft. Der Befragte mußte genau antworten, an welchem Tage er zuletzt gelesen hatte und nach Kalendervorlage diesen Tag genau markieren. Wegen der langen Lebensdauer der Ausgaben mancher Medien wie z. B. der Illustrierten in (→) Lesezirkeln, ist es kaum möglich, die *gesamte Leserschaft* einer ganz bestimmten Ausgabe festzustellen.

Man geht daher einen anderen Weg bei der Erhebung: Der „Leser pro Nummer" wird als „die Gruppe, die in der Zeitspanne vor dem Tag des Interviews, die dem Erscheinungsintervall der betreffenden Zeitschrift entspricht, irgendwelche, aber mindestens eine ihrer Ausgaben gelesen oder durchgeblättert hat" (Klaus Landgrebe), definiert. Die Zusammensetzung des so definierten Wertes für den „Leser pro Nummer" ist in der unten auf dieser Seite stehenden Abbildung wiedergegeben.

Oder in etwas anderer Darstellungsweise:

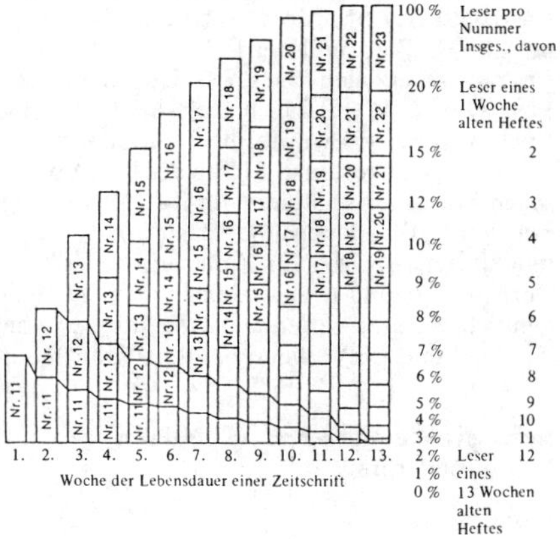

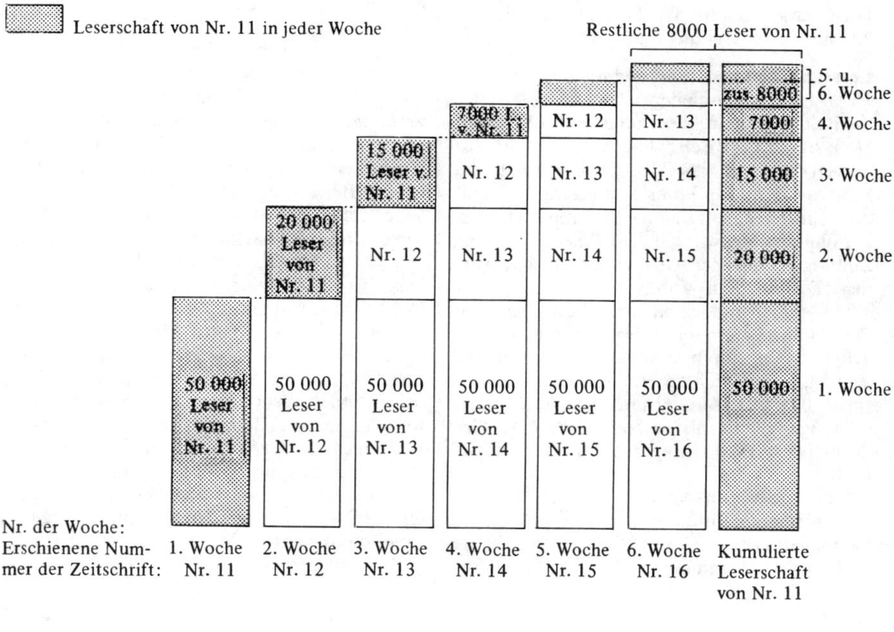

Dieses Vorgehen geht von folgender Hypothese aus: „Die Leserschaft einer bestimmten Ausgabe während irgendeines Zeitraumes ist gleich der Leserschaft irgendeiner Ausgabe während eines bestimmten Zeitraumes, der dem Erscheinungsintervall der Zeitschrift entspricht, unter der Voraussetzung, daß die *Lebenslinien* aller Zeitschriftenausgaben einander gleichen." (Klaus Landgrebe)
Sowohl das (→) gedehnte wie das (→) gehäufte Lesen erweisen sich bei dieser Erhebungsweise als Fehlerquellen, die zur Verzerrung der wahren Zahl der Leser pro Nummer führen.
Vom Denkmodell her müßten der mit auf der Basis der Frage nach der (→) Lesehäufigkeit ermittelte K_1-Wert und der LpN-Wert dieselben Ergebnisse erzielen. Das war jedoch nie der Fall. Die K_1-Werte lagen stets höher als die LpN-Werte. 1969 wurde die Diskrepanz zwischen beiden Werten mit Hilfe des (→) Vodgtschen Mittelwerts halbiert. Im Zusammenhang mit den Diskussionen über das (→) Abfragemodell der AG.MA für Zeitschriften und die Berücksichtigung (→) seltener und (→) gelegentlicher Leser gerieten die Relationen von K_1, LpN und LpA 1986 erneut ins Kreuzfeuer der Kritik.

Leser-pro-Nummer-Preis (LpN-Preis)
→ Tausenderpreis

Leser pro Woche
In der (→) Leserschaftsforschung die Zahl der Personen, die pro Woche mindestens eine Nummer einer Zeitung oder Zeitschrift lesen.

Leseranalyse *(Leserschaftsanalyse)*
1. Als Leseranalysen bezeichnet man die systematischen Stichprobenerhebungen, mit deren Hilfe durch (→) Befragungen eines repräsentativen Querschnitts der Bevölkerung die Struktur der (→) Leser von Zeitungen und Zeitschriften eines Landes und deren (→) Lesegewohnheiten sowie die (→) Reichweiten der Zeitungen und Zeitschriften untersucht werden. Da mit dem Vordringen der elektronischen Medien und vor allem des Fernsehens die Durchführung reiner Leserschaftsuntersuchungen nur noch in bestimmten Fachbereichen sinnvoll erscheint, werden die meisten der ursprünglich als Leseranalyen angelegten Untersuchungen heute als umfassendere (→) Mediaanalysen (Werbeträgeranalysen) durchgeführt.
vgl. Leser-Struktur-Analyse
2. Bezeichnung für die von der (→) Arbeitsgemeinschaft Leseranalyse (AGLA) von 1954 bis zu ihrer Umbenennung in (→) Arbeitsgemeinschaft Media-Analyse (AG.MA) im Jahre 1972 in jährlichem Rhythmus in der Bundesrepublik Deutschland durchgeführte Leseranalyse (LA).

Leseranalyse der konfessionsgebundenen Presse
→ Konpress, konfessionelle Presse

Leseranalyse der organisationsgebundenen Landpresse
→ AOL

Leseranalyse Entscheidungsträger (LAE)
Eine von der Arbeitsgemeinschaft Leseranalyse Entscheidungsträger getragene, kontinuierlich erscheinende Spezialanalyse, die in einer (→) Stichprobe von Entscheidungsträgern in Wirtschaft und Verwaltung deren Medienverhalten insbesondere gegenüber solchen Zeitungen und Zeitschriften analysiert, die sich direkt an diese Zielgruppe richten. Die LAE erfaßt neben dem Medienverhalten auch berufsbezogene Merkmale zur Qualifikation der (→) Zielgruppe als Entscheidungsträger sowie privaten Besitz und Konsum von Gütern des gehobenen Bedarfs. Die Durchführung der LAE wird von der Gesellschaft Werbeagenturen (GWA) koordiniert. 1985 erschien die siebte LAE. Die LAE '85 knüpft in der Stichprobenbildung und in den Erhebungsmerkmalen an die Vorgängerstudien LAE '85, LAE '78 und LAE '75 an. Die nächste LAE erscheint 1988.
(→) Grundgesamtheit der LAE sind die rund 800 000 männlichen Entscheidungsträger in Wirtschaft und Verwaltung.
Die (→) Stichprobe ist nach dem (→) Quotenverfahren angelegt worden. Die (→) Befragung erfolgt als persönliches mündliches Interview. Die Untersuchung weist die üblichen Grunddaten zur Bewertung von Werbeträgern wie (→) Reichweiten der Medien, Strukturen der Nutzerschaften, Überschneidungen der Nutzung von je zwei Medien und Leserschaftswachstum von 1 bis 12 Schaltungen pro Titel aus.
Der besondere Wert der Studie liegt darin, daß das Informationsverhalten, das berufliche Tätigkeitsfeld, die Entscheidungskompetenz sowie das private Konsum- und Besitzverhalten bei Gütern des gehobenen Bedarfs ausgewiesen werden. Die LAE bezieht ihren besonderen Wert auch aus der Tatsache, daß hier eine Bevölkerungsgruppe statistisch repräsentativ und in ausreichender Größenordnung (Fallzahl über 4000) für eine Feinplanung zur Verfügung steht, die in der (→) Media-Analyse (MA) der (→) Arbeitsgemeinschaft Media-Analyse (AG-

.MA) aufgrund ihres Bevölkerungsanteils mit weniger als 300 Fällen vertreten ist.
Für die LAE '88 wurde die Zahl der in die Erhebung einbezogenen Titel von 15 auf 23 erhöht. Erhoben werden nun die Daten für folgende Titel: „Handelsblatt", „Frankfurter Allgemeine Zeitung", „Frankfurter Rundschau", „Süddeutsche Zeitung", Die Welt", „Bayern-Kurier", „Deutsches Allgemeines Sonntagsblatt", „Rheinscher Merkur", „VDI-Nachrichten", „Welt am Sonntag", „Die Zeit", „Capital", „Industriemagazin", „manager magazin", „Der Spiegel", „Wirtschaftswoche", „Bild der Wissenschaft", „DM", „hobby", „Impulse", „Management Wissen", „Spektrum der Wissenschaft" und „Stern".

Die Regelung der Zusammenarbeit in der Arbeitsgemeinschaft 'LAE 88'.

1. (Name) Die Arbeitsgemeinschaft LAE (Leser-Analyse-Entscheidungsträger) ist eine Arbeitsgemeinschaft auf Zeit und damit eine Gesellschaft bürgerlichen Rechts.
2. (Zweck) Gegenstand der Arbeitsgemeinschaft ist die Durchführung der Leseranalyse 1988 bei Entscheidungsträgern in der Wirtschaft und Verwaltung.
3. (Inhalt der Untersuchung) Priorität haben neben dem Informationsverhalten der Entscheidungsträger die Fragen des innerbetrieblichen Entscheidungsablaufs und der Investitionsentscheidungen (Produktbereiche 'Investitionsgüter, Dienstleistungen sowie Unternehmenswerbung').
4. (Mitgliedschaft) Der Nachweis für die Bedingungen unter 4. hat der Bewerber zu führen. Alle unter Punkt 4. aufgeführten Bedingungen müssen vollständig erfüllt sein.

4.1. (Grundbedingung) Gedruckte Werbeträger der überregionalen Wirtschafts- und Meinungsbildenden Presse.
Diese müssen folgende Bedingungen erfüllen:
   1. Es muß ein(e) eigenständige(s) Wirtschaftsredaktion/Wirtschaftsressort vorhanden sein.
   2. Kontinuierliche Wirtschaftsberichterstattung (mindestens drei Beiträge in jeder Ausgabe) mit welt- bzw. volkswirtschaftlicher Bedeutung.
   3. Darüber hinaus eine kontinuierliche Berichterstattung (mindestens drei Beiträge in jeder Ausgabe) aus den Bereichen 'Politik' und/oder 'Technik/Wissenschaft/ Forschung'.

4.2. (Erscheinungsintervall) Periodisches Erscheinen zu fest umrissenen Terminen (in gleichen Erscheinungsintervallen); mindestens jedoch monatlich.

4.3. (Auflagenmeldung) Regelmäßige IVW-Meldung der Auflage.

4.4. (Bezugsart) Mindestens 25 Prozent der verbreiteten Auflage *im Durchschnitt der vor der Anmeldung liegenden 4 Quartale* muß durch den Käufer/ Leser entweder abonniert oder gekauft oder angefordert werden; *die individuellen Anforderungen müssen notariell beglaubigt werden.*

4.5. (Deutschsprachigkeit)

4.6. (Unabhängigkeit) Laut Impressum der letzten 3 Jahre, bzw. seit Bestehen kein offizielles Organ einer Institution (Partei, Verband, Vereinigung, Verein).

4.7. (Leserschaftsstruktur) Der Titel muß mindestens 50 Prozent mehr 'Leserschaftsstruktur-Anteil' (Leserschaft pro Ausgabe) als in der Gesamtbevölkerung in der folgenden demographischen Gruppe aufweisen:

Berufstätigkeit als leitende Angestellte, höhere Beamte, Selbstständige und freie Berufe.

Von diesen müssen mindestens 20 Prozent des Leseranteils außerhalb des Hauptverbreitungsgebietes (Nielsengebiet) nachgewiesen werden.

4.8. (Nachweis der Leserschaftsstruktur) Quellen: MA oder AWA bzw. vergleichbare, repräsentative Bevölkerungsumfragen, die jedoch nicht länger als drei Jahre zurückliegen dürfen.

5. (Ausweisungsrichtlinien) Ausgewiesen werden alle Titel, die mindestens 200 Fälle im WLK aufweisen. (Stichprobengröße mindestens 4 500 Fälle).

6. *(Rücktrittsrecht und -frist) Ein Rücktritt ist nur bis zur Verabschiedung des Fragebogens durch die Mitgliederversammlung möglich.*

7. (Kosten) Die Kosten für die Untersuchung, für Berichterstattung sowie für die Vorbereitung und Betreuung des Untersuchungsprojektes werden von allen erhobenen Mitgliedstiteln getragen.

7.1 *(Rücktrittskosten) Mitglieder, die zurücktreten, zahlen die Hälfte des Grundbeitrags nach 7.2..*

7.2. (Untersuchungskosten) Die Kosten werden für jeden Titel zu 50 Prozent durch gleiche Grundbeiträge erhoben. Die zweiten 50 Prozent der Untersuchungskosten werden gemäß des Anteils der einzelnen Mitgliedstitel an der Gesamtreichweite (LpA) aller beteiligten Titel auf die Verlage verteilt.

7.3. (Zentrale Berichterstattung) Alle sonstigen Kosten, die durch Herstellung, Veröffentlichung und Verbreitung der Berichtsbände anfallen, werden gleichmäßig auf die Mitgliedstitel verteilt.

7.4. (Zahlungsabwicklung) Die Beiträge und Zahlungsverpflichtungen werden zentral über den gewählten Schatzmeister der Arbeitsgemeinschaft abgewickelt.

8. (Organe der Gemeinschaft) Organe der Gemeinschaft sind:

- Die Mitgliederversammlung
- Der Sprecher der Arbeitsgemeinschaft
- Der Schatzmeister
- Die Technische Kommission (*mindestens* 5 Verlagsdeligierte und *mindestens* 1 GWA-Vertreter)

8.1. In der Mitgliederversammlung und in der Technischen Kommission sind nur die Mitgliedsverlage stimmberechtigt, die Vertreter der GWA sind beratend vertreten.

8.2. Der Sprecher der Arbeitsgemeinschaft wird von der Mitgliederversammlung gewählt. Er ist der Ansprechpartner für Mitglieder und Außenstehende in allen Fragen.

Er ist dafür verantwortlich, daß die eingehenden Anfragen bearbeitet werden. Außerdem ist er für die Protokollarbeit zuständig. Er leitet die Mitgliederversammlungen und die Sitzungen der Technischen Kommission.

8.3. Der Schatzmeister wird von der Mitgliederversammlung der Arbeitsgemeinschaft gewählt.
Er wickelt die notwendigen finanziellen Angelegenheiten der Arbeitsgemeinschaft zentral ab.

8.4. Die Technische Kommission wird von der Mitgliederversammlung gewählt. Ihr obliegt die sachliche Betreuung der Untersuchung im Rahmen des beschriebenen Untersuchungsprojektes. Sie schlägt die notwendigen Sachentscheidungen der Mitgliederversammlung vor.

9. (Beschlüsse) Beschlüsse sind von der Mitgliederversammlung mit mindestens Zwei-Drittel-Mehrheit der Mitglieder zu fassen. Jeder Titel hat eine Stimme.

10. (Protokolle) Die Sitzungen und Zusammenkünfte der Mitgliederversammlung und der Technischen Kommission sind zu protokollieren *und an die Mitglieder zu versenden*. Widersprüche gegen das Protokoll sind innerhalb von 14 Tagen nach Erhalt des schriftlichen Protokolls beim Sprecher der Arbeitsgemeinschaft in schriftlicher Form anzumelden.

11. (Nutzung) Alle Mitglieder sind nutzungsberechtigt.
Der Datenschutz wird zentral von neutralen Auswertungsinstituten betreut.
Die Mitglieder sind berechtigt, ein Doppel des *freigegebenen* Datensatzes gegen Selbstkosten abzurufen.
Die Arbeitsgemeinschaft stellt den Instituten eine Liste mit den Namen der Nutzungsberechtigten zur Verfügung.
Die Institute verpflichten sich schriftlich zur Einhaltung dieser Bestimmungen.
Werbeträger, die erhoben aber nicht ausgewiesen werden, haben keinen Zugang zum zentralen Datensatz; erhalten jedoch ihre eigenen Daten zur internen Information.
Entstehende Streitfragen über Auswertung und Darstellung müssen auf Antrag eines Mitgliedes in der Mitgliederversammlung erörtert und geklärt werden. Die Stellungnahme der Mitgliederversammlung kann veröffentlicht werden.

12. (Schlichtungsausschuß) Der Schlichtungsausschuß besteht aus drei Personen; und zwar zwei aus dem Kreis der Mitgliedsverlage und einem GWA-Vertreter (Vorsitzender). Die Mitglieder des Schlichtungsausschusses werden jeweils von den streitenden Parteien bestimmt. *Das Ziel* des Schlichtungsausschusses ist es, die strittigen Fragen zu klären und eine befriedigende Lösung zu erarbeiten, über die von der Mitgliederversammlung entschieden wird.

13. (Schlußbestimmung) Änderungen und Ergänzungen dieser Bestimmungen bedürfen der Zustimmung von 75 Prozent aller Mitglieder.
Diese Regeln gelten bis *zur Konstituierung* einer neuen LAE.

Da sich die Medien der LAE zum Teil mit den Medien der MA überschneiden, ist zudem eine ergänzende Planung zwischen MA und LAE grundsätzlich möglich.
vgl. Gehobene Zielgruppen

Leseranalyse für Publikumszeitschriften (LA)
→ Arbeitsgemeinschaft Leseranalyse e.V. (AGLA)

Leseranalyse Kinderpresse *(LA Kinderpresse)*
→ Kinder LA

Leseranalyse Roman- und Rätselhefte
Eine von vier Verlagen von Roman- und Rätselheften getragene Leseranalyse, die vor allem das Medienverhalten gegenüber Frauenromanen, Männerromanen, Rätselheften, Kriminalromanen, Wildwest-, Zukunfts- und Gruselromanen untersucht. Die Untersuchung erschien erstmals 1975.

Leseranalyse Spezialzeitschriften (LASI)
→ Special-interest-Zeitschriften

Leserauflage
→ Leser pro Exemplar (LpE)

Leserbefragung
→ Leserumfrage

Leser-Blatt-Bindung (LBB)
In der (→) Leserschaftsforschung der Grad der Verbundenheit mit und der emotionalen (→) Affinität der Leser zu einem Periodikum. Der Entwicklung von Indizes der Leser-Blatt-Bindung liegt die Annahme zugrunde, daß Werbemittel, die in Werbeträgern mit einer starken Blattbindung der Leser erscheinen, eine größere Chance für eine starke (→) Werbewirkung besitzen als solche, die in Werbeträgern mit schwacher Blattbindung erscheinen.

„Wenn man heute von Leser-Blatt-Bindung spricht, denkt man automatisch meist nur an die Verbindung zwischen Lesern und Printmedien. Prinzipiell läßt sich das Vorhandensein eines solchen Subjekt-Objekt-Bezuges auch für andere Medien, wie zum Beispiel für das Fernsehen, konstatieren. Insofern sollte man künftig vielleicht besser von der ‚Nutzer-Medium-Beziehung' sprechen.

Ausgehend von der Lasswell-Formel ‚Who says what in which channel to whom with what effect?', in der die Gesamtheit der Kommunikationsstufen beschrieben wird, bedeutet die Leser-Blatt-Bindung einen Teilaspekt. Nämlich die Verzahnung und Beziehung von ‚whom' (= Leser) mit ‚channel' (= Medium, Blatt). Der Inhalt der Aussage (what) und ihre Wirkung (what effect) stellen hier zum Beispiel se-

LA-MED '86

Zielgruppen	Grundgesamtheit (in 1000) absolut		Stichprobe 3-Wellen-Erhebung absolut		Stichprobe Zwischenwelle absolut	
Niedergelassene Ärzte:	(65,1)		(976)		(315)	
– Praktiker		28,3		443		143
– Internisten		10,7		304		99
– Sonstige		26,1		229		73
Kliniker:	(71,8)		(453)		(149)	
– Chef-, Oberärzte		21,4		229		73
– Assistenz-, Stationsärzte		50,4		224		76
		136,9		1429		464

Erhebungszeitraum	LA-MED '85	LA-MED '86
1. Welle	April bis Juni 1984	April bis Juni 1985
2. Welle	Sept. bis Nov. 1984	Sept. bis Nov. 1985[1]
3. Welle	Jan. bis März 1985	Jan. bis März 1986
Zwischenwelle	———	April bis Juni 1986

Stichprobe: Disproportionale Zufallsstichprobe mit Adreßbandziehung; niedergelassene Praktiker und Internisten sind in der Erhebung überrepräsentiert, insbesondere Assistenz- und Stationsärzte unterrepräsentiert.

Erhebung, Auswertung: Es sind 44 überregionale und 12 regionale Titel (ohne Facharzttitel) berücksichtigt, die wahlweise nur bei Klinikern (K), Niedergelassenen (N) oder beiden Ärztegruppen (NK) vorgelegt wurden.
Zum Leseverhalten sind folgende Werte ausgewiesen:
- Bekanntheit (BK)
- Weitester Leserkreis (WLK)
- Leser einer durchschnittlichen Ausgabe (K_1)
- Leser pro Ausgabe (LpA)

Die Darstellung der Daten umfaßt:
- Leseranteile (Reichweite)
- Verteilung von Merkmalen (Zusammensetzung)
- auf die Grundgesamtheit hochgerechnete Werte (Projektion)

[1] 3-Wellen-Teilauswertung = 2. Welle, 3. Welle, Zwischenwelle

kundäre Sektoren dar und sind nur indirekt einbezogen.
Es ist wichtig, sich dieses Grundphänomen gerade bei der Leser-Blatt-Bindung klar vor Augen zu führen, um späteren Fehlinterpretationen des ‚Leistungsvermögens' dieses ‚Maßes' vorzubeugen." (Claus Merbold/Uwe Johannsen)
In der Fachliteratur gibt es eine ganze Reihe von Versuchen, Leser-Blatt-Bindung bzw. umfassender Medienbindung zu definieren. Die wichtigsten davon sind:
„Leser-Blatt-Bindung ist die gefühlsmäßige Bindung eines Lesers an eine Zeitschrift... Die Leser-Blatt-Bindung ist ein sicherer Indikator für diverse Werbewirkungskriterien, insbesondere für die gründliche Nutzung bzw. die Textnutzung von Anzeigen" (Peter Beike, 1976)
„Leser-Blatt-Bindung in ihrer quantifizierbaren und damit für die Streuplanung relevanten Form stellt die graduell unterschiedliche Präferenz von sich informierenden Individuen gegenüber den von ihnen persönlich genutzten Informationsträgern, wie z. B. Zeitschriften, dar, wobei der Grad der Präferenz direkt abhängig ist von der Höhe der empirisch für dieses Individuum feststellbaren Übereinstimmung von Nutzenserwartung (Informationserwartung) und tatsächlichem Nutzen (Informationsleistung). Mit dem Grad der Leser-Blatt-Bindung steigt implizit die Wahrscheinlichkeit des Übergangs vom Informationsanstoß (Werbeträgerkontakt) zur Entscheidungshilfe (Werbemittelkontakt)." (Dieter Müller, 1974)

Niedergelassene Praktiker und Internisten

Titel	Auflage	Erscheinungsweise	LpA'85	LpA'86
DEUTSCHES ÄRZTEBLATT	190.000	1 bis 5x	69,1	69,7
Medical Tribune	54.600	w	41,7	48,9
selecta	56.000	ö	33,8	36,5
DMW Deutsche Med. Wochenschrift	30.800	c	28,6	35,9
mtv	55.000	h	35,2	35,4
		e		
Ärzte Zeitung	47.700	n	30,7	33,2
MMW Münchn. med. Wochenschrift	39.000	t	25,3	30,2
ÄRZTLICHE PRAXIS	51.400	l	31,3	30,0
THERAPIEWOCHE	42.800	i	24,4	27,1
Der Kassenarzt	39.600	c	26,1	26,4
		h		
Die Neue Ärztliche	52.200		–	26,4
Die Medizinische Welt	33.900		19,5	24,7
Fortschritte der Medizin	37.400		23,3	24,2
Therapie der Gegenwart[1])	35.100		22,8	22,9
PK – PRAXIS KURIER	48.900		21,5	22,6
Arzt und Wirtschaft	49.700	2 bis 3x	37,1	39,3
ZFA Zeitschrift f. Allgemeinmediz.	41.100	m	30,1	32,4
status	46.300	o	27,4	28,2
der niedergelassene arzt	39.600	n	24,8	25,9
Der Praktische Arzt	29.900	a	24,1	25,1
Der Allgemeinarzt	27.600	t	26,3	25,0
Der Deutsche Arzt	45.100	l.	24,6	24,7
ärztl. Reise & Kultur journal	44.300	m	49,4	47,9
NOTFALLMEDIZIN	44.300	o	36,7	38,9
Gourmed	44.300	n	–	31,5
Sexualmedizin	39.400	a	30,5	31,0
physis	39.900	t	–	29,0
		l		
spectramed	40.600	i	30,4	27,7
HERZ/KREISLAUF	39.800	c	26,8	27,2
Herz + Gefäße	39.700	h	23,5	26,0
Der informierte Arzt	44.800		28,0	25,4
Tempo Medical	39.800		23,4	23,6
Der Internist[2])	15.200		22,3	23,4
Forum d. prakt. u. Allg.-Arztes	25.000		17,0	16,4
notabene medici	31.600		12,9	10,9
Medica report	39.600		–	7,3

In jedem Fall steht die Beziehung des Lesers bzw. Nutzers zum Medium im Mittelpunkt des Begriffs. Es ist ein Maß für die (→) Einstellung eines Nutzers zum Medium. Daneben kann der Begriff auch Ausdruck bestimmter Verhaltensformen der Mediennutzer gegenüber den Medien sein. In dieser Hinsicht umfaßt der Begriff den Komplex von „Wiederholungshandlungen" eines Mediennutzers. Nach den Worten von Merbold/Johannsen:
„Unter diesem Blickwinkel dominieren die ‚dynamisch-prozessualen' Elemente der LBB, wobei konkretes Verhalten im Mittelpunkt steht. Verhaltensaspekte können im Rahmen der Leser-Blatt-Bindung zum Beispiel sein: Zugang zum Medium, Auswahl beim Kauf, Beschäftigungsdauer, Intensitäten der Nutzung u. a.
Da es sich hierbei um repetiertes Verhalten handelt, liegen der LBB bestimmte Verhaltensmuster zugrunde, die sich dynamisch entwikkeln und über eine bestimmte Zeit (die allerdings meist nicht ohne weiteres abgrenzbar ist) in gewisser Konstanz verharren."
Bei Detlef Matthes findet sich für diesen Aspekt der Leser-Blatt-Bindung der Begriff des „Reaktionskontinuums", der für Markentreue und damit auch für Leser-Blatt-Bindung charakteristisch ist.

1000-Leser-Preise (Gewichte nach Heftnutzung) Basis: 39.985 prakt. Ärzte und niedergelassene Internisten

Rang	Titel	LpA (1) (Projektion nach MEFA)	DS- (2) Nutzung in %	Nutzungs-Reichweite	Kosten (3) DIN A 4 4c in DM	1000-Leser-Preis (gewichtet in DM)	1000-Leser-Preis (ungewichtet in DM)
1	Der praktische Arzt	12.590	31,6	3.978	5.800,00	1.458,02	460,68
2	Ärztliche Praxis	13.870	32,1	4.452	6.915,10	1.553,26	498,57
3	Medical Tribune	18.320	34,0	6.229	10.040,00	1.611,82	548,03
4	Ärzte Zeitung	11.860	38,9	4.614	8.500,00	1.842,22	716,69
5	mtv	12.870	34,1	4.389	8.150,00	1.856,92	633,26
6	Spectramed	14.010	39,3	5.506	10.250,00	1.861,61	731,62
7	Ärztl. R&K Journal	20.540	29,3	6.018	11.250,00	1.869,39	547,41
8	Der Kassenarzt	12.360	26,4	3.263	6.330,00	1.939,93	512,14
9	Notfallmedizin	15.290	23,9	3.654	7.590,00	2.077,18	496,40
10	Sexualmedizin	13.880	28,5	3.956	8.330,00	2.105,66	600,14
11	Der informierte Arzt	10.600	29,7	3.148	7.000,00	2.223,63	660,38
12	Der deutsche Arzt	9.530	32,7	3.116	6.995,00	2.244,87	734,00
13	Der niedergel. Arzt	10.600	28,3	3.000	6.780,00	2.260,00	639,62
14	Herz + Gefäße	11.320	25,3	2.864	6.480,00	2.262,57	572,44
15	Status	12.550	21,8	2.736	6.220,00	2.273,39	495,62
16	Forum d.p.u.a. Arztes	6.890	27,0	1.860	4.370,00	2.349,46	634,25
17	Deutsches Ärzteblatt	26.190	18,4	4.819	11.500,00	2.386,39	439,10
18	Der Allgemeinarzt	14.990	20,9	3.133	7.820,00	2.496,01	521,68
19	Arzt und Wirtschaft	15.210	22,2	3.377	8.800,00	2.605,86	578,57
20	MMW	11.450	20,8	2.332	6.340,00	2.661,63	553,71
21	ZFA	11.150	20,2	2.252	6.380,00	2.833,04	572,20
22	Therapie d. Gegenwart	7.420	25,4	1.885	5.650,00	2.997,35	761,46
23	Praxis Kurier	8.180	33,2	2.716	9.080,00	3.343,15	1.110,02
24	D. Medizinische Welt	8.100	19,7	1.596	5.450,00	3.414,79	672,84
25	Tempo Medical	9.000	28,1	2.529	8.790,00	3.475,68	976,67
26	Fortschr. d. Medizin	8.040	19,8	1.592	5.650,00	3.548,99	702,74
27	Therapiewoche	9.790	18,0	1.762	6.400,00	3.632,24	653,73
28	Selecta	14.660	22,2	3.225	12.270,00	3.769,59	836,97
29	notabene medici	7.100	21,6	1.534	6.300,00	4.106,91	887,32
30	Herz/Kreislauf	10.140	13,7	1.389	7.500,00	5.399,57	739,64

(Quelle: MEFA 86/LA–Med 86) (1) LpA: Der Titel... wurde in den letzten 12 Erscheinungsintervallen von ... Praktikern und niedergelassenen Internisten durchgeblättert oder gelesen. (2) Doppelseiten (1/1 S. Redaktion, 1/1 S. Anzeige) wurden mindestens von ... Prozent der Leser genutzt. (3) Anzeigenpreise gültig ab 1.1.1987.

LA-MED
Reichweiten bei niedergelassenen Internisten und Praktikern, 3-Wellen-Teilauswertung

	K 1		LpA		Index: 100 = durchschnittliche LpA-Reichweite		
	1984	1985	1984	1985	1983 25,4 % = 100	1984 29,3 % = 100	1985 28,0 % = 100
Täglich bis wöchentlich							
Ärzte zeitung	45,8	50,4	29,2	30,7	85	100	110
Ärztliche Praxis	45,3	46,5	31,6	31,3	81	108	112
D M W	50,2	47,7	32,3	28,6	89	111	102
Deutsches Ärzteblatt	90,1	89,0	69,1	69,1	249	237	244
Fortschritte der Medizin	44,6	39,8	26,1	23,3	93	90	84
Kassenarzt	50,2	48,8	29,9	26,1	83	103	94
Medical Tribune	63,0	62,4	42,8	41,7	136	146	148
Medizinische Welt	45,1	37,2	24,2	19,5	76	83	70
M M W	49,7	45,1	29,8	25,3	117	99	91
m t-v	44,0	45,7	33,9	35,2	122	116	126
Praxis Kurier	44,4	40,8	28,1	21,5	85	97	77
Selecta	57,1	54,9	36,6	33,8	131	125	121
Therapiewoche	45,5	42,7	26,0	24,4	112	90	88
2–3 x monatlich							
Allgemeinarzt	37,9	36,2	30,5	26,3	102	105	94
Arzt und Wirtschaft	55,9	55,9	35,8	37,1	119	122	132
Der Deutsche Arzt	42,6	37,9	27,3	24,6	71	94	88
Diagnostik	41,8	29,3	32,7	20,9	108	112	75
Der informierte Arzt	44,5	37,0	29,3	28,0	102	101	100
Medizinische Praxis	38,2	34,3	22,8	19,2	78	79	69
Monatskurse f. d. ärztl. Fortb.	38,4	36,1	25,2	21,8	89	87	78

LA-MED 85
Reichweite Klinikärzte 6 Wellen-Ergebnisse

	K 1				L p A			
	alle Kliniker %	Veränd. geg. Vorjahr	Chef + Oberärzte %	Veränd. geg. Vorjahr	alle Kliniker %	Veränd. geg. Vorjahr	Chef + Oberärzte %	Veränd. geg. Vorjahr
täglich-wöchentliche Titel								
Ärzte Zeitung	9,7	–	15,3	–	6,6	–	10,2	–
Ärztliche Praxis	15,9	+0,7	28,0	+4,1	7,5	+0,3	14,2	+2,2
D M W	41,7	+1,7	42,5	–0,6	25,0	+0,6	25,7	–1,9
Deutsches Ärzteblatt	93,9	+0,9	93,4	+2,4	75,0	+3,6	74,2	+4,2
Fortschritte der Medizin	6,2	–	8,8	–	2,3	–	4,0	–
Medizinische Welt	20,4	–5,0	29,5	–1,5	10,4	–2,6	14,8	–1,1
M M W	24,9	–3,2	25,7	–0,9	10,3	–3,9	11,6	–2,0
Praxis Kurier	16,1	–2,1	26,7	–1,7	8,4	–1,2	15,9	–0,4
Selecta	23,2	–4,1	36,2	–4,5	11,2	–3,2	19,8	–2,6
Therapiewoche	22,8	–2,3	25,6	–2,6	10,5	–1,6	12,7	–0,9
2–3 x monatlich								
Arzt und Wirtschaft	7,6	–1,0	14,5	–1,8	3,8	–0,9	8,0	–1,6
Der Deutsche Arzt	9,3	–1,3	10,1	–2,1	5,4	–0,3	5,6	–0,7
Diagnostik	18,2	–3,1	32,4	–1,8	12,2	–3,6	23,3	–2,8
Klinikarzt	55,1	+3,6	63,8	+3,5	43,6	+0,6	50,7	–0,1
Medical Tribune Klinikausgabe	43,7	+3,0	52,5	+5,2	30,5	+0,5	39,1	+3,2
Medizinische Klinik	25,6	–0,2	34,2	+0,3	13,3	–0,1	18,9	+0,1
Moderne Medizin	1,3	–	1,9	–	0,3	–	0,9	–
Monatskurse	8,3	–2,2	11,2	–3,0	4,0	–2,1	5,7	–3,0
Niedergelassene Ärzte	1,9	–1,3	2,0	–2,4	1,2	–0,6	1,4	–1,2
Notfallmedizin	24,0	–0,2	29,0	+0,8	16,1	–3,6	19,7	–2,7
Tempo Medical	5,8	–	4,7	–	2,8	–	2,1	–

LA-MED
Reichweiten bei niedergelassenen Internisten und Praktikern, 3-Wellen-Teilauswertung

	K 1		LpA		Index: 100 = durchschnittliche LpA-Reichweite		
	1984	1985	1984	1985	1983 25,4 % = 100	1984 29,3 % = 100	1985 28,0 % = 100
Der Niedergelassene Arzt	44,2	40,9	27,9	24,8	77	96	89
Notfallmedizin	55,3	48,8	42,3	36,7	176	144	131
Praktische Arzt	42,7	38,4	24,9	24,1	86	86	87
Status	45,6	44,3	29,9	27,4	97	103	98
Tempo Medical	40,4	38,7	27,0	23,4	95	93	84
Z F A	49,9	47,5	31,3	30,1	92	107	108
Monatliche							
Ärztl. Journal Reise + Kultur	59,8	61,2	50,7	49,4	173	172	175
Forum des praktischen Arztes	–	22,3	–	17,0	–	–	61
Herz und Gefäße	33,2	32,9	24,8	23,5	–	85	84
Herz/Kreislauf	42,0	34,8	31,7	26,8	125	109	96
Der Internist	29,3	28,1	24,2	22,3	91	83	80
Moderne Medizin	34,7	23,8	25,8	17,7	70	89	64
Notabene Medici	24,7	19,3	17,7	12,9	–	60	46
Sexualmedizin	43,5	43,7	30,9	30,4	120	110	109
Spectramed	34,7	39,4	30,9	30,4	–	105	109
Therapie der Gegenwart	35,5	33,8	26,6	22,8	88	92	82
Durchschnittswerte der 12 regionalen Standesblätter	86,7	86,6	76,5	73,1			

Merbold/Johannsen resümieren: „Der komplexe LBB-Begriff betrifft prinzipiell eine bestimmte, länger dauernde, enge Subjekt-Objekt-Beziehung zwischen Media-Nutzern und Medium. Sie basiert auf psychischen und sozialen Grunddispositionen, emotionalen und rationalen Einstellungssystemen sowie „erlernten" und konkreten Verhaltensmustern des Nutzers. Diese finden ihre objektive und psychologische Korrespondenz im redaktionellen Angebot.

Eine solche – u. a. Präferenz, Identifikation und Nutzenerwartung stiftende – ‚Ver-Bindung' zwischen dem Leser einerseits und dem Medium andererseits gilt als besonderes Güte- bzw. Qualitätsmerkmal für das jeweilige Objekt.

Damit wird – zwar hypothetisch, aber durchaus plausibel – unterstellt, daß eine solche intensive Leser-Blatt-Bindung ein besonders günstiges ‚Klima' zum Beispiel für die Aufnahme der im Informationsträger enthaltenen Werbung (bzw. deren Botschaften) darstellt.

Bei der LBB als ‚Maßeinheit' für die Mediaplanung ist besonders zu beachten, daß es sich um eine in der Zeit (durch den möglichen Wandel des Nutzers, Objektes oder gesellschaftlichen Kontextes) veränderbare Größe handelt."

Untersuchungen zur Leser-Blatt-Bindung wurden in den USA etwa seit 1951 und in der Bundesrepublik seit 1957 durchgeführt. In der amerikanischen (→) Werbeträgerforschung wird dafür abwechselnd der Begriff „reader confidence", „reader involvement" oder „reader loyalty" oder auch, seltener, „reader-magazine relationship" verwendet.

Vorläufer der Untersuchungen zur Leser-Blatt-Bindung ist der (→) Politz-Ansatz (1956) und sein „Urmaß" (so Merbold/Johannsen) der Leser-Blatt-Bindung, die (→) Lesetage. Einen weiteren Schritt bedeutete 1964 Alfred Politz' Differenzierung zwischen (→) Erstlesern und (→) Folgelesern. Diese zweite Studie von Politz enthielt neben der Fragestellung zur Ermittlung von Erstlesern fünf weitere Ansätze zur Messung von Leser-Blatt-Bindung:

1. (→) **Lesetage** (Reading Days): „On how many different days did you read or look into the particular issue of ... (magazine)?"
2. (→) **Leseort** (Place of Reading): „Counting all occasions of your looking into the issue in which of the places in this card did you happen to look into this particular issue of ... (magazine)?"
3. (→) **Lesedauer** (Time Spent Reading): „Counting all different occasions, about how long would you say you have spent altogether reading and looking into this issue?"
4. (→) **Zufriedenheit** (Reader Satisfaction): „In general, how much satisfaction do you personally get out of reading issues of ... (magazine)?

Would you say you get – a great deal of satisfaction – or moderate satisfaction – or only a little satisfaction – or no satisfaction at all?"

5. **Verzichtbarkeit** (Involvement): „Suppose ... (magazine) stopped publishing. Would you personally be very disappointed – or moderately disappointed – or only a little disappointed – or wouldn't you care at all?"

Auch heute wird die Leser-Blatt-Bindung meist mit Hilfe von *Verzichtbarkeits-* oder *Wertschätzungsskalen* gemessen.
Die Verzichtbarkeitsskala verwendet etwa die Frage „Wenn jetzt die Zeitung X bzw. die Zeitschrift Y aus irgendeinem Grund nicht mehr erscheinen könnte, würden Sie das sehr bedauern, ziemlich bedauern, ein wenig bedauern oder währe Ihnen das ganz egal?"
Erste Ansätze zur Erforschung der Leser-Blatt-Bindung in Deutschland gehen auf das Jahr 1957/58 zurück, als Wolfgang Schaefer und Otmar Ernst im Auftrag von „Hörzu" die unveröffentlichte Studie „Der Kontaktwert" durchführten und die Institute DIVO, Frankfurt, und Infratest, München, für die Zeitung „Bild" die Ergebnisse einer Untersuchung mit dem Titel „Wenn es keine Zeitungen gäbe..." publizierten. Im Anschluß daran kamen dann relativ kurzfristig hintereinander weitere Verlage mit Studien ähnlichen Typs heraus, so die Zeitschriften „Weltbild" (1959), „Das Beste aus Reader's Digest" (1959), „Stern" (1960), „Quick" (1960) und „TV-Fernsehwoche" (1960).

Die folgenden Komplexe waren Bestandteile dieser Untersuchungen:

1. **Lieblingsblattfrage:** „Welche Zeitschrift lesen Sie am liebsten? Was ist Ihre Lieblingszeitschrift?"
2. **Interessenfrage:** „Für welche Zeitschriften interessieren Sie sich am meisten?"
3. **Empfehlungsfrage:** „Kennen Sie irgendwelche Zeitschriften, die Sie empfehlen könnten?"
4. **Verzichtsfrage:** „Auf welche Zeitschrift würden Sie in keinem Fall verzichten wollen?"
5. **Frage zur Lesegeschichte:** „Seit wann, seit wievielen Jahren lesen Sie diese Zeitschrift?"
6. **Verwendungsfrage:** „Was geschieht mit dem ausgelesenen Exemplar, wird es weggeworfen, weitergegeben oder gesammelt?"
7. **Wertfrage:** „Glauben Sie, daß die Zeitschrift ihren Preis wert ist?"
8. **Bedauernsfrage:** „Würden Sie es bedauern, wenn die Zeitschrift nicht mehr erscheinen würde?"

Auch heute findet man diese Komplexe wieder: Die „Lieblingsblattfrage", die „Empfehlungsfrage", die „Verzichtsfrage" und die „Bedauernsfrage" sind typische Beispiele.
In der Leseranalyse (LA) der (→) Arbeitsgemeinschaft Leseranalyse (AGLA) wurde 1966 das Thema Leser-Blatt-Bindung aufgegriffen. Die LA 66 enthielt eine 6-Punkte-Verbalskala mit den Anwortvorgaben:

- o lese ich außerordentlich gern
- o lese ich sehr gern
- o lese ich gern
- o lese ich nicht so gern
- o lese ich ungern
- o lese ich kaum

Eine Auswertung von Infratest, München, führte zu dem Ergebnis, daß „in den Aussagen der Befragten über die Leser-Blatt-Bindung einerseits und in den Aussagen der Befragten zur Lesehäufigkeit andererseits im wesentlichen Ausprägungen desselben Tatbestandes vorlagen". In 89 % der Fälle stimmte hohe (→) Lesehäufigkeit mit hoher Bindung überein. Die einfache „Gefallensfrage" korrelierte hoch mit der Lesehäufigkeit und wurde ab 1968 in der LA nicht mehr verwendet. Dabei blieb es auch in der (→) Media-Analyse (MA) der (→) Arbeitsgemeinschaft Media-Analyse (AG.MA).
Der erste richtungweisende deutsche Ansatz, bei dem ein Versuch der (→) Validierung der Meßinstrumente unternommen wurde, war das Experiment der Heinrich-Bauer-Stiftung, Hamburg, über „Die Affizierbarkeit verschiedener Kategorien von Zeitschriftenlesern durch Anzeigen", 1967. Dabei wurden sieben verschiedene Leserkategorien auf ihre Effizienz bezüglich der Anzeigenwirksamkeit untersucht. Diese Kategorien wurden in einen (→) Anzeigentest eingebracht, der sich auf zwei Ausgaben der „Neuen Revue" und der „TV Hören und Sehen" mit insgesamt 26 Testanzeigen bezog. Als Testverfahren kamen die klassischen (→) Anzeigen-Post-Tests, der (→) Impact-Test und der (→) Starch-Test zur Anwendung, als qualitativer Test zur Anzeigenbeurteilung die (→) E.Q.-Skala. Signifikante Verbesserungen in (→) Anzeigenbeachtung und Anzeigenbeurteilung brachten (→) Lesedauer und die „Gefallensfrage". Dabei wurden Effizienzsteigerungen zwischen 25 % und 35 % festgestellt.
Einen weiteren Schritt bedeutete (→) „Love Story", eine Analyse des Verlags Das Beste, Düsseldorf, aus dem Jahr 1972, die bewußt an die Modelle von Politz und Agostini anknüpfte und zunächst einen Ansatz des Hometesting Institute (USA) aufgriff und 14 mögliche Kriterien diskutierte. Für 10 (→) Publikumszeitschriften wurden die Anteilswerte dieser Kategorien an den Gesamtleserschaften ermittelt, wobei sich zunächst zeigte, daß diese Kriterien gut differenzieren – mit Ausnahme des Leseorts.
Bei einer faktorenanalytischen Auswertung,

(→) Faktorenanalyse, ergaben sich zwei Faktoren, die mit

- o (→) **Handhabung** – geprägt von (→) Bezugsart (Zeitschrift ist auf meinen Wunsch hin abonniert/ wird von mir selbst gekauft), Leseort, Lesehäufigkeit
und
- o (→) **Leseinteressen** – geprägt von Bewertung der redaktionellen Beiträge, Übereinstimmung mit der redaktionellen Linie, Bewertung als Mittel der Information und Bildung

beschrieben wurden.

Auch die seit 1964 durchgeführte Untersuchungsreihe „Der Stern und seine Leser" enthält mehrere Fragestellungen zur Leser-Blatt-Bindung, die darin allerdings eher eine ergänzende Bedeutung hatten. Bereits in der ersten Studie von 1964 sind fünf Fragen zur LBB enthalten:

1. **Lesedauer:** „Wie lange lesen Sie ... (Zeitschrift) schon? Wieviele Monate oder Jahre ungefähr?"
2. **Leseintensität:** „Hier habe ich eine Liste, auf der einige Möglichkeiten aufgeführt sind, wie man eine Zeitschrift lesen kann. Bitte lesen Sie sich diese Punkte einmal durch und sagen Sie mir dann, welche davon auf ... (Zeitschrift) zutrifft."
Liste:
Ich lese und schaue mir alle oder fast alle Texte und Bilder an
Ich lese bzw. schaue mir ungefähr die Hälfte aller Texte und Bilder an
Ich schaue mir fast nur die Bilder an
und lese vielleicht noch ein paar Überschriften
Ich blättere das Heft nur flüchtig durch
und lese nur ganz wenig darin.
3. **Verlustfrage:** „Nehmen wir einmal an, Sie würden ... (Zeitschrift) verlieren oder irgendwo liegen lassen, nachdem Sie sie gerade erst flüchtig durchgeblättert oder wenig gelesen haben. Würden Sie dann versuchen, sich das gleiche Heft, also dieselbe Nummer noch einmal zu beschaffen oder würden Sie sich diese Mühe wahrscheinlich nicht machen?"
Würde versuchen, das gleiche Heft noch einmal zu bekommen
Würde mir die Mühe wahrscheinlich nicht machen
Kommt darauf an, was drin steht.
4. **Verzichtfrage:** „Wie sehr interessieren Sie sich persönlich für ... (Zeitschrift)? Hier sind einige Möglichkeiten. Sagen Sie mir bitte, welche davon auf diese Illustrierte zutrifft."
Ich kann nicht darauf verzichten
Ich würde nur ungern darauf verzichten
Ich kann darauf verzichten,
dann würde ich eben etwas anderes lesen
Die Illustrierte interessiert mich nicht,
ich brauche sie nicht."
5. **Entscheidungsfrage:** „Angenommen Sie könnten nur noch eine dieser Zeitschriften lesen, für welche würden Sie sich dann entscheiden?" (Vorgabe Titel der aktuellen Illustrierten)

Wolfgang Schaefer entwickelte 1977 als Maß der Leser-Blatt-Bindung die sog. „Entfernungsskala" (Nähemaß). Sie verwendet die folgende Frage:
„Man sagt von einem Menschen, daß er einem nahe oder daß er einem fern steht. Das kann man ja auch auf Zeitschriften übertragen. Sagen Sie mir bitte, wie nah oder fern steht Ihnen ... (Titel)? Ein Meter bedeutet sehr nahe, 10 Meter ist sehr fern. (Vorgabe einer ‚Meter-Skala' von 1 bis 10)."

Ein neuerdings in der Bundesrepublik verwendetes Maß der Leser-Blatt-Bindung ist der Zuwendungsindex, der im Rahmen der Untersuchungsreihe (→) „Profile" des „Sternmagazin" im Jahre 1975 entwickelt wurde. Er wird bei der (→) Evaluierung von (→) Mediaplänen zur Bewertung der (→) Kontaktqualität alternativer Mediapläne verwendet. Zuwendung ist die Enge der Beziehung von Mediennutzern zu einem Medium (nicht bloß einem Druckmedium). Sie wird ermittelt über (→) Einstellungen, Verhaltensweisen, Wirkung der kommunizierten Inhalte, konzentrierte (→) Nutzung und (→) Akzeptanz des Medienangebots. Nach dem unterschiedlichen Ausmaß der Zuwendung zu einem Werbeträger werden die ursprünglichen Wahrscheinlichkeiten für den Werbeträgerkontakt auf ein Maß reduziert, das dem erwarteten Wirkungsbeitrag eines Werbeträgerkontakts entspricht, so daß es möglich ist, mit Hilfe der Zuwendungswahrscheinlichkeit Aussagen über wirksame (→) Reichweiten zu machen, in denen nur noch der zu erwartende werbewirksame Teil der Werbeträgerkontakte berücksichtigt ist.

Das theoretische Konzept, das der (→) Operationalisierung des Zuwendungsindex zugrundeliegt, wird in „Profile 3" (1979) graphisch wie in der Abbildung oben auf Seite 319 dargestellt.

In der ersten „Profile"-Untersuchung fanden sich 19 Statements zur Charakterisierung von Zuwendung, die in der zweiten Untersuchung von 1977 auf 12 Items für Zeitschriften und 11 für das Fernsehen reduziert wurden (siehe Tabelle). Faktorenanalytische Auswertungen führten zu drei Dimensionen der Zuwendung, bei denen sich Handhabung und Einstellung vermischen. Sie sind auf Seite 320 in der Tabelle oben zusammengefaßt.

Anhand von (→) Copytests ist geprüft worden, wieweit der Zuwendungsindex mit der Anzeigenwirkung korreliert. Nimmt man die Graphik auf Seite 319 unten als Nachweis seiner Aussagefähigkeit, so läßt sich feststellen, daß er sehr deutlich zwischen schwacher und starker Anzeigennutzung differenziert.

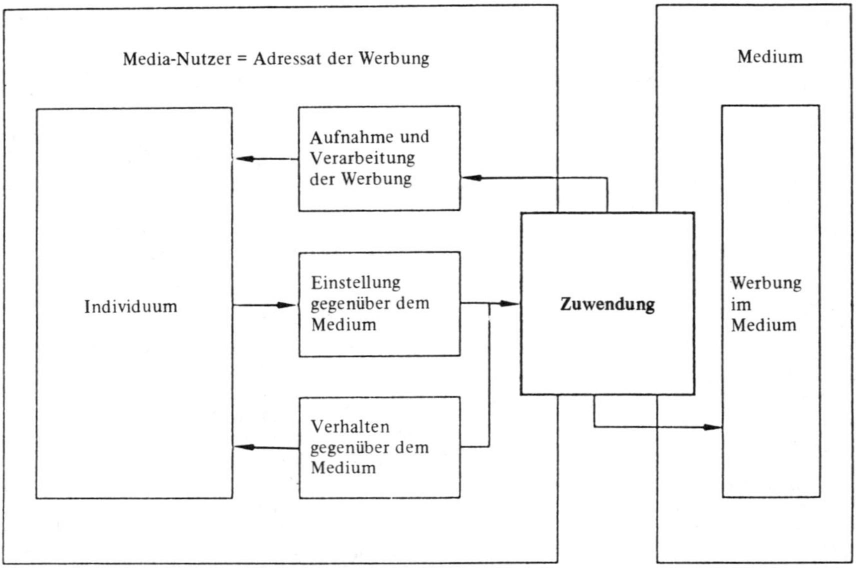

Leseranalyse medizinischer Zeitschriften (LA MED)
Eine von der Arbeitsgemeinschaft LA MED, in der 34 Pharmaunternehmen, 51 medizinische und pharmazeutische Verlage sowie 23 Fachagenturen (Stand 1987) in der Bundesrepublik Deutschland zusammengeschlossen sind, getragene (→) Leseranalyse, die seit 1971 in fast jährlichem Rhythmus zunächst das (→) Leseverhalten der Ärzte und 1982 erstmals auch das der Apotheker und des Apothekenpersonals (LA PHARM) untersucht hat. Zusätzlich zur

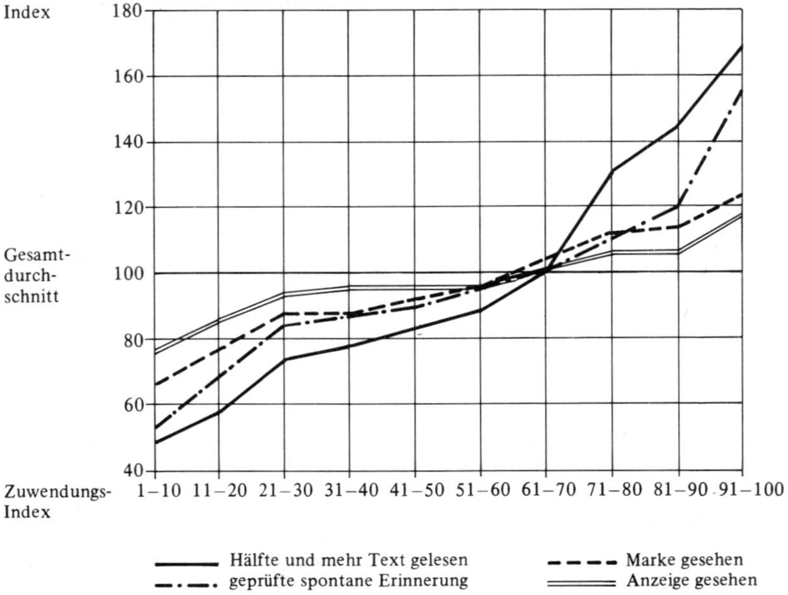

Dimension der Zuwendung

Item-Liste Zeitschriften	Dimensionen der Zuwendung zu Zeitschriften			Dimensionen der Zuwendung zum Fernsehen			Item-Liste Fernsehen
	1	2	3	1	2	3	
1 In dieser Zeitschrift lese ich für gewöhnlich sämtliche Beiträge	.61			.71			1 In dieser Zeit sehe ich für gewöhnlich sämtliche Sendungen
2* Auf diese Zeitschrift könnte ich leicht verzichten	.67	.38	.38	.60	.50	.32	2* Auf d. Sendungen in dieser Zeit. könnte ich leicht verzichten
3 Ich würde notfalls viele Mühe darauf verwenden, um jede Ausgabe dieser Zeitschrift zu erhalten	.67			.69			3 Ich würde notfalls viel Mühe darauf verwenden, um jeden Tag die Sendungen in dieser Zeit mitzubekommen
4 Für das Lesen dieser Zeitschrift muß man sich einfach Zeit nehmen			.80	.74			4 Ich nehme mir immer Zeit, diese Sendung zu sehen
5* Es gibt andere Zeitschriften, die mir lieber sind als diese	.63	.41	.43	.55	.52	.34	5* Es gibt andere Fernsehsendungen, die mir lieber sind als diese
6 Mich hat diese Zeitschrift noch nie enttäuscht	.39					.69	6 Mich haben diese Sendungen noch nie enttäuscht
7 Beim Lesen dieser Zeitschrift brauche ich Ruhe und möchte dabei nicht gestört werden			.79			.73	7 Beim Fernsehen in dieser Zeit brauche ich Ruhe und möchte nicht gestört werden
8 Ich bin immer gespannt auf die neue Ausgabe dieser Zeitschrift	.67			.43	.37	.35	8 Ich bin immer gespannt auf das Programm dieser Zeit
9 Diese Zeitschrift enthält häufig Beiträge, die Gesprächsstoff liefern		.78			.77		9 Diese Sendungen enthalten häufig Beiträge, die Gesprächsstoff liefern
10 Es gibt in dieser Zeitschrift häufig Beiträge, die mich noch lange beschäftigen		.76			.69		10 Es gibt in dieser Zeit häufig Sendungen, die mich noch lange beschäftigen
11 Diese Zeitschrift bringt mir die Informationen, die ich von einer guten Zeitschrift dieser Art verlange	.32	.32			.62		11 Die Sendungen in dieser Zeit bringen mir die Informationen, die ich von einem guten Vorabendprogramm verlange
12* Ich bin längst nicht mit allem einverstanden, was diese Zeitschrift bringt.	.58		.42	.47	.38	.46	12* Ich bin längst nicht mit allem einverstanden, was das Fernsehen im Vorabendprogr. bringt.

* Die Werte für diese Items wurden für die Faktoren-Analyse „umgepolt", damit sie positiv im Sinne von Zuwendung in die Analyse eingehen.

Basisstudie, in der die Zahl der Leser medizinischer Zeitschriften ermittelt wird, erscheint seit 1981 auch regelmäßig die Heftnutzungsanalyse, durch die untersucht wird, welchen Anteil der Seiten in einem Heft die Leser durchschnittlich lesen.
vgl. ÄRA, MEFA

Leserdefinition
→ Leser

Leserdienstkarte
→ Kennzifferzeitschrift

Leserforschung
→ Leserschaftsforschung

Leser „gestern"
→ Lesetage

Leserkategorien
→ Leser

Leserkontakt
→ Kontakt

Leserkreis
→ Weitester Leserkreis (WLK)

Leserkreisanalyse
→ Leseranalyse

Leserschaft
Die Gesamtzahl der (→) Leser einer (→) Zeitschrift oder (→) Zeitung. Sie setzt sich wie folgt zusammen:

- Leser in Erstbezieherhaushalten bzw. Erstbezieherbetrieben aus (→) Abonnementsbezug (bezahlt oder Freistücke, z. B. auch (→) Wechselversand);
- Leser in Erstbezieherhaushalten bzw. Erstbezieherbetrieben aus dem (→) Einzelverkauf beim Zeitschriftenhändler;
- Leser in Mitleserhaushalten bzw. Mitleserbetrieben, an die das abonnierte bzw. gekaufte Exemplar weitergegeben wurde; Leser von Auslageexemplaren in Wartezimmern, beim Arzt, in Bibliotheken etc.

→ Nutzer-Strukturanalyse

Leserschaftsanalyse
→ Leseranalyse

Leserschaftsforschung
Derjenige Bereich der (→) Mediaforschung, der mit Hilfe von (→) Leseranalysen systematisch die Struktur der Leserschaften von Druckmedien und insbesondere von periodisch erscheinenden Zeitschriften und Zeitungen erhebt und analysiert.
vgl. Hörerforschung, Zuschauerforschung

Leserschaftspanel
→ Panel

Leser-Strukturanalyse *(Leserschaftsstrukturanalyse)*
→ Nutzer-Strukturanalyse

Lesertypen
→ Leser

Leserumfrage *(Leserbefragung)*
Eine in der Medienpraxis verbreitete Form der (→) Befragung von Lesern einer Zeitung oder Zeitschrift, die noch aus der Zeit vor der Durchführung von (→) Umfragen auf der Basis (→) repräsentativer (→) Stichproben stammt. Dabei werden entweder durch Eindruck schriftlicher (→) Fragebögen in den redaktionellen Teil der Publikation oder durch Postversand die Abonnenten und Leser aufgefordert, Fragen meist zum redaktionellen Inhalt oder auch zu allgemeinen Fragen zu beantworten. Methodisch bestehen gegen dieses Vorgehen gravierende Bedenken, weil die (→) Rücklaufquote bei derartigen Befragungen derart niedrig ist, daß schwerwiegende Verzerrungen sehr wahrscheinlich sind, zumal es als sicher angenommen werden kann, daß diejenigen Personen, die einen solchen Fragebogen beantworten, sich in den meisten relevanten Merkmalen von denjenigen unterscheiden, die sie nicht beantworten.
vgl. Mediaanalyse

Lesetage
Die Zahl der Tage, an denen ein (→) Leser oder eine Leserschaft im Durchschnitt eine bestimmte Publikation liest oder durchblättert. Mit der Zahl der Lesetage wächst die Wahrscheinlichkeit eines Werbemittelkontakts. Werbeträger mit langen (→) Erscheinungsintervallen wie z. B. Vierteljahreszeitschriften oder Monatszeitschriften haben eine größere Zahl von Lesetagen als z. B. Wochen- oder Tageszeitungen und bei ihnen besteht daher eine größere (→) Wahrscheinlichkeit von (→) Mehrfachkontakten mit einer Anzeige oder einer (→) Anzeigenseite pro Heft, (→) Seitenkontakt bzw. (→) Doppelseitenkontakt.
Die Erfassung von Lesetagen (Reading Days) geht auf den amerikanischen Leserschaftsforscher Alfred Politz zurück. Dem von ihm 1956 in der Untersuchung „Reader's Digest: A Study of Seven Publications, Their Audiences and Reading Days“ entwickelten Ansatz, die Lesetage pro Zeitschrift über das gestrige Lesen („yesterday's reading“) bzw. den Leser „gestern“ zu ermitteln, liegt die Annahme zugrunde, daß die (→) Nutzungsintensität einer Publikation mit wachsender (→) Lesehäufigkeit zunimmt.
Die Lesetage können als ein „Ur-Maß“ für (→) Leser-Blatt-Bindung (LBB) verstanden werden; denn Politz kommt bei der Feststellung der Zahl der Leserkontakte in Tagen zu der Schlußfolgerung: Je mehr Lesetage ein Leser für eine Publikation im Durchschnitt, (→) Durchschnittskontakte, aufwendet, desto näher steht er dem Objekt, um so enger ist er dem Blatt verbunden, um so mehr (→) Kontakte hat er mit dem Medium und um so größer ist die Wahrscheinlichkeit der Aufnahme der enthaltenen Werbebotschaften.
Etwas später, im Jahre 1958, führten in Deutschland Wolfgang Schaefer und Otmar Ernst, ein ähnliches Methodenexperiment für die „Hörzu“ unter dem Titel „Der Kontaktwert“ durch. Zur Feststellung der Lesetage pro Ausgabe wurden den Interviewern noch Originalausgaben (Titelblatt und Inhaltsverzeichnis) entsprechend der (→) Lebensdauer der Nummer der jeweiligen Zeitschrift mitgeben müssen. Aus der Summation der so eruierten

(→) Lesevorgänge „gestern" ließ sich die Zahl der Lesetage pro durchschnittliche Ausgabe insgesamt feststellen.

In der deutschen Version wurde zusätzlich zum gestrigen Lesen generell die Häufigkeit des „In-die-Hand-Nehmens" am (→) Stichtag ermittelt. In der „Hörzu"-Studie wird dafür der Ausdruck „Appell" benutzt. Für die „Hörzu" ergaben sich im Verlauf einer Woche (= eine Ausgabe) 9,4 Appelle, die wiederum multipliziert mit dem entsprechenden Reichweitenwert aus der (→) Leseranalyse (LA) 1958 für Zeitschriften zu der gigantischen Zahl von 59 Millionen Appellen für den Unterhaltungsteil der „Hörzu" führten.

Die Leseranalyse (LA) der (→) Arbeitsgemeinschaft Leseranalyse (AGLA) hat die Lesetage erstmals erhoben.

In den Interviews der LA 62 wurden die Personen, die sich als (→) Leser pro Nummer (LpN) einer Zeitschrift qualifizierten, zusätzlich noch danach gefragt, ob sie die betreffende Zeitschrift zufällig (auch) gestern gelesen hätten. Dieses „gestern" war immer der Tag vor dem Interview, der letzte also, der bei der Auskunft über das Lesen im Erscheinungsintervall mitzuzählen war; denn „heute" zählte bei der Befragung nicht mit. Dieses „heute" blieb deswegen unberücksichtigt, weil die Uhrzeit, zu der das Interview stattfindet, zuviel Einfluß auf das Ergebnis hätte; denn „heute" ist im Gegensatz zu „gestern" ja noch nicht abgeschlossen.

Praktisch bedeutete die erhaltene Auskunft, wieviele Personen die betreffende Zeitschrift „gestern" gelesen hatten, infolge der möglichst gleichmäßigen Verteilung der Interviews auf alle Tage der Woche und der späteren Nach-Gewichtung nichts anderes als die Anzahl der Leser „an einem Durchschnittstage". Wenn man nun die Anzahl dieser Leser an einem Durchschnittstage mit der Zahl der Tage im (→) Erscheinungsintervall multipliziert, müßte man eigentlich die Anzahl der (→) Leser pro Erscheinungsintervall (LpE) erhalten. Diese Rechnung stimmt jedoch nicht: Die durch die direkte Frage nach dem Lesen im Erscheinungsintervall erhaltenen Werte für den Leser pro Nummer liegen fast immer niedriger als der Wert, den man durch die Multiplikation der Leser „gestern" mit der Anzahl der Tage im Erscheinungsintervall erhält.

Durch den Unterschied zwischen Leser und (→) Lesevorgang (ein Leser kann mehrere Lesevorgänge beim „Lesen" desselben Exemplares haben) erklärt sich das auf die unterschiedliche Fragestellung zurückzuführende Phänomen: Bei der Frage nach dem Lesen im Erscheinungsintervall kann jeder Leser nur einmal antworten, wogegen auf die Frage nach dem „gestrigen" Lesen immer dann eine Antwort anfällt, wenn „gestern" einer oder mehrere Lesevorgänge vorlagen. Da man sich den Vorgang einer (→) Stichprobenbefragung als (→) Stichtagsuntersuchung so vorzustellen hat, als ob an jedem Tag jedermann in der Bundesrepublik befragt würde, so ergibt sich, daß also bei den Lesern „gestern" derjenige mehrfach als Leser erfaßt wird, dessen Lesevorgang sich über mehrere Tage erstreckte.

Diese Überlegungen führten in der LA dazu, definitorisch klarer zu unterscheiden:

1. **Leser pro Nummer** = Anzahl der Leserpersonen, die eine Zeitschrift innerhalb des Erscheinungsintervalls in einem oder in mehreren Lesevorgängen an einem oder auch an mehreren Tagen gelesen oder durchblättert haben. Diese Anzahl ist der Leseranzahl gleich, die mit einer Nummer der Zeitschrift für den Inserenten erreichbar ist.
2. **Leser „gestern"** = Anzahl der Leserpersonen, die an einem Durchschnittstag eine Zeitschrift mindestens einmal in die Hand genommen haben. Die Anzahl der Leser „gestern" ist identisch mit der Zahl der an einem Durchschnittstag anfallenden Lesevorgänge – immer mit der Einschränkung, daß mehrere am selben Tag stattfindende Lesevorgänge als einer angesehen werden (Lesetage).
3. **Leser „gestern" x Zahl der Tage im Erscheinungsintervall** = Summe der von den Lesern pro Nummer insgesamt benötigten Tage mit Lesevorgängen (Gesamt-Lesetage).
4. $$\frac{\textbf{Leser „gestern" x Anzahl der Tage}}{\textbf{Leser pro Nummer}} =$$

   $$\frac{\textbf{Gesamtlesetage}}{\textbf{Leser pro Nummer}} = \textbf{Lesetage pro Leser,}$$

   d.h. die von jedem Leser pro Nummer im Durchschnitt benötigten Tage mit Lesevorgängen. Die Annahme, daß die Lesetage sich auf einen fortgesetzten Lesevorgang mit demselben Exemplar und nicht auf einzelne Lesevorgänge mit mehreren Ausgaben derselben Zeitschrift beziehen, ist zwar hypothetisch, entspricht aber weitgehend der Erfahrung, es sei denn es findet (→) gehäuftes Lesen statt.

Über den Aussagewert der solchermaßen ermittelten Lesetage heißt es in der 1962 von der AGLA durchgeführten Auswertung „Die Ermittlung der Lesetage pro Zeitschrift über den Leser ‚gestern'":

„Natürlich geben diese Werte für die durchschnittlichen Lesetage keine Korrekturen für den Leser pro Nummer, sondern stellen eine in sich beruhende Aussage zur Art des Lesevorganges dar: sie erläutern, über wie viele Tage

sich der fortgesetzte Lesevorgang am gleichen Heft erstreckt. Eine solche Information ist ja wohl ihrem Wesen nach als qualitativ zu bewerten; denn sie sagt etwas darüber aus, in welcher ‚Geschwindigkeit' der Lesevorgang vonstatten geht. Selbst, wenn man unterstellt, daß der an mehreren Tagen in seinem Exemplar lesende Leser grundsätzlich den neuen Lesevorgang immer dort beginnt, wo er letzthin aufhörte, so bleibt doch nach, daß die durchschnittlichen Lesetage generell darüber informieren, daß der Lesevorgang insgesamt hinsichtlich seiner Länge in ganz bestimmten Relationen zu den Zeitschriften, den Lesern und auch zu den Vertriebsformen steht. Man kann sich aus den beiden Tabellen leicht davon überzeugen, daß eben gewisse Zeitschriften oder Zeitschriftengruppen vielleicht aus Gründen der Stoffülle, der besonderen Eigenart des gebotenen Redaktionellen oder wohl auch wegen der besonderen Nutzung des Blattes von den Lesern an mehr Tagen in die Hand genommen werden als andere Blätter.
Es liegt auf der Hand, von den durchschnittlichen Lesetagen Rückschlüsse auf die Eigenart des Lesevorganges und damit auf die Wirksamkeit von Anzeigen zu ziehen, doch sollte hier zunächst noch nicht mit allzu handfesten Konsequenzen gearbeitet werden. Sicherlich wird das sorgfältige Studium der beiden Tabellen den Betrachter daran erinnern, daß hier wie überall in der Leserschaftsforschung die qualitativen Momente zu berücksichtigen sind. U. E. wäre das schon ein Gewinn!"
Seither werden auch die Erhebungsdaten der (→) Media-Analyse (MA) der (→) Arbeitsgemeinschaft Media-Analyse (AG.MA) aufgrund der Fragestellung zum gestrigen Lesen für die Berechnung von Lesetagen benutzt. Gegen die Berechnungsart sowohl der Gesamt-Lesetage wie der Lesetage pro Leser gibt es methodische Einwände, weil z. B. die Qualität der Ergebnisse je nachdem unterschiedlich ist, ob sie sich auf wöchentlich oder monatlich erscheinende Zeitschriften bezieht. Dazu schreibt Eva-Maria Hess: „Während bei Wochenzeitschriften der Leser ‚gestern' mit 7 multipliziert wird, werden bei Monatszeitschriften die Lesetage ‚gestern', ‚vorgestern', ‚vor 3 Tagen', ‚vor 4 Tagen' erfaßt und jeweils mit 7 multipliziert – d. h. das Vorgehen ist nicht genau vergleichbar; möglicherweise steckt in der wiederholten Abfrage von Lesetagen ein größerer Aufforderungscharakter. Außerdem hängt die Gültigkeit dieser Aussagen von der Einhaltung einer exakten Tagesstichprobe ab. Jeder Wochentag muß in der Stichprobe gleichgewichtig repräsentiert sein – nicht nur im Hinblick auf eine Gleichverteilung der Anzahl der Interviews auf die Wochentage, sondern auch im Hinblick auf die jeweilige strukturelle Zusammensetzung der Befragten bis hin zu den Anteilen schwer antreffbarer Personen, potentieller Verweigerer etc."

Lesevorgang *(Leseakt)*
In der (→) Leserschaftsforschung die einzelne Gelegenheit, bei der eine gedruckte Publikation in die Hand genommen wird. Als Instrument zur Ermittlung von (→) Kontaktchancen wurden Leseakte („Appelle") im Gegensatz zur Ermittlung von (→) Lesetagen nach dem von Alfred Politz entwickelten Modell z. B. in einer Untersuchung des Axel Springer Verlags in den 1950er Jahren eingesetzt. Dabei wurden alle Leseakte an einem Stichtag, (→) Stichtagserhebung, ermittelt. Durch Multiplikation des so erhobenen Werts mit der Zahl der Tage des (→) Erscheinungsintervalls ergab sich dann die Gesamtzahl der Lesevorgänge einer Zeitschrift. Ausgangspunkt sowohl der Erfassung von Lesetagen, die auch heute noch in den Untersuchungen der (→) Media-Analyse (MA) der (→) Arbeitsgemeinschaft Media-Analyse (AG.MA) erfolgt, wie von Lesevorgängen ist die Annahme, daß die (→) Nutzungsintensität um so höher ist, desto häufiger ein Leser eine Publikation in die Hand nimmt.
→ Seitenkontakt, Kontaktwahrscheinlichkeit

Lesewahrscheinlichkeit
Ein von der (→) Arbeitsgemeinschaft Leseranalyse (AGLA) 1968 bei der Umstellung der Erhebungstechnik für die (→) Leseranalyse (LA) von der Erfassung der (→) Leser pro Nummer (LpN) auf die (→) Leser pro Ausgabe (LpA), d. h. auf die Erfassung der persönlichen (→) Nutzungshäufigkeit und deren gruppenweiser Verrechnung zur (→) Nutzungswahrscheinlichkeit unter (→) Eichung am LpN, eingeführter Begriff, aufgrund dessen die (→) Reichweite eines Titels als Durchschnittswert aller Lesewahrscheinlichkeiten ermittelt werden muß:

$$R = \frac{\sum_{i=1}^{N} P_i \cdot 100}{N}.$$

Die Daten über die Größe und die Struktur der Leserschaft einer durchschnittlichen Ausgabe, die (→) Leserschaft pro Ausgabe, stammen seit der LA 69 nicht mehr unmittelbar aus der Befragung. Sie sind das Ergebnis eines besonderen Aufbereitungsprozesses in dem zunächst die folgenden drei Erhebungsthemen berücksichtigt werden:

- (→) Weitester Leserkreis (WLK) = Leserschaft innerhalb der letzten 12 (→) Erscheinungsintervalle, also
  innerhalb der letzten 12 Monate für monatlich
  innerhalb der letzten 6 Monate für 14täglich
  innerhalb der letzten 3 Monate für wöchentlich
  erscheinende Zeitschriften, Wochenzeitungen und Supplements.
- (→) Lesehäufigkeit = wieviele der zuletzt erschienenen 12 Nummern wurden gelesen
- Letztes Lesen = Leserschaft innerhalb des letzten (einen) Erscheinungsintervalls, also
  innerhalb der letzten 4 Wochen für monatlich
  innerhalb der letzten 14 Tage für 14täglich
  innerhalb der letzten 7 Tage für wöchentlich
  erscheinende (→) Zeitschriften, Wochenzeitungen und (→) Supplements.

Aus den Antworten auf diese Fragen wird die Lesewahrscheinlichkeit bestimmt. Alle Angehörigen eines Weitesten Leserkreises besitzen zunächst eine Grundwahrscheinlichkeit, die dem Anteil der Leserschaft im letzten Erscheinungsintervall am Weitesten Leserkreis entspricht. Sie wird als mehrstelliger Prozentwert ausgedrückt. Diese Grundwahrscheinlichkeit wird mit Hilfe eines (→) Segmentationsverfahren über 5 Ebenen so ausdifferenziert, daß innerhalb jedes Weitesten Leserkreises bis zu 32 vorwiegend demographisch beschriebene Gruppen entstehen können, deren jede eine eigene, von der jeder anderen Gruppe verschiedene Lesewahrscheinlichkeit besitzt. Alle zu einer Gruppe gehörenden Personen werden mit der gleichen Wahrscheinlichkeit der nächsten oder irgend einer beliebigen weiteren Ausgabe der betreffenden Zeitschrift begegnen.
Durch das Segmentationsverfahren entstehen also Gruppen verschiedener Lesewahrscheinlichkeiten, durch die sich sowohl Größe als auch Struktur sowohl des Weitesten Leserkreises als auch der Leserschaft pro Ausgabe so wiedergeben lassen, wie sie erhoben worden sind, und außerdem lassen sich Größe und Struktur aller Leserschaften zwischen diesen beiden Eckwerten errechnen. Als Außenkriterium in der Segmentation gilt mithin der Anteil der Leser im letzten Erscheinungsintervall am Weitesten Leserkreis; als aktive Variablen dienen zwölf (→) demographische Merkmale. Außerdem wird die Gesamtzahl der Kontakte mit Zeitschriften, gemessen als Summe aller Angaben, die ein Befragter zur Häufigkeit des Lesens von Zeitschriften und Wochenzeitungen gemacht hat, zur Differenzierung herangezogen.
Die Summe der auf die Vorlage numerischer Skalen gemachten Häufigkeitsangaben korreliert sehr hoch einerseits mit Ausbildung, Beruf und Einkommen, andererseits mit Alter, Familienstand und Tätigkeit. Nachdem diese Phänomene zunächst in den Methodenbänden LA 69 und LA 70 zur Diskussion gestellt worden waren, entstand zur LA 71 ein neues demographisches Merkmal: die Zugehörigkeit zu 7 (→) „sozio-kommunikativen Schichten". Bis zur MA 76 waren sie Bestandteil der Berichterstattung, seit MA 75 nur noch für Pressemedien, weil man der Auffassung war, daß ein derart stark unter Berücksichtigung der Zeitschriftennutzung entstandenes Merkmal für die Differenzierung der Nutzerschaften von Funkmedien kaum geeignet sein könne. Seit MA 77 werden sie auch für Pressemedien nicht mehr dargestellt.
Die Gesamtzahl der Kontakte mit Zeitschriften differenziert nicht nur zwischen den demographischen Gruppen, sondern auch zwischen den Zeitschriften. Entsprechend der Regelmäßigkeit, mit der die Blätter gelesen werden, entstehen stark voneinander abweichende Verteilungen auf Gruppen unterschiedlicher Lesewahrscheinlichkeit.
Entsprechend der unterschiedlichen Lesewahrscheinlichkeiten wird zwischen folgenden (→) Leserschaftsgruppen unterschieden:

L = Leserschaftsgruppen	Lesewahrscheinlichkeit
K = Kernleserschaft	82,51 – 100,00
H = häufige Leser	58,51 – 82,50
G = gelegentliche Leser	41,51 – 58,50
S = seltene Leser	24,51 – 41,50
GS = ganz seltene Leser	00,51 – 24,50

→ Kontaktwahrscheinlichkeit, Nutzungswahrscheinlichkeit

Lesezeit
→ Lesedauer

Lesezirkel (LZ)
Ein Lesezirkel ist ein Leihunternehmen für (→) Publikumszeitschriften, insbesondere für (→) Illustrierte auf Abonnementsbasis. Der Lesezirkelunternehmer bezieht eine feste Anzahl von Zeitschriften und läßt sie zu Erstmappen mit meist zwischen etwa 8 bis 12 verschiedenen Titeln zusammenheften (Lesemappen). Die Abonnenten können sie in unterschiedlichen Aktualitätsabstufungen und entsprechend abgestuften Bezugsgebühren ausleihen. Die Hef-

te werden durch Boten gebracht und abgeholt. Die Dauer des Bezugs entspricht der Länge der (→) Erscheinungsintervalle, in der Praxis ist das eine Woche. Die Bezieher der Erstmappen zahlen die höchste Gebühr und erhalten dafür die in den Erstmappen enthaltenen Hefte praktisch gleichzeitig mit ihrem Erscheinen. Die Bezieher der Zweitmappen zahlen eine entsprechend geringere Gebühr, die der Drittmappen einen weiter reduzierten Preis. Die Gesamtzahl der Bezieher von Lesezirkeln, das sind vor allem private Haushalte und Dienstleistungsunternehmen wie Arztpraxen, Friseure usw., beläuft sich auf rund eine Million mit ungefähr 6 Millionen Lesern. In der Bundesrepublik Deutschland gibt es circa 290 Lesezirkelunternehmen, bei denen Woche für Woche etwa 190 000 Erstmappen erscheinen. Die (→) Reichweite der Lesezirkel liegt nach der (→) Media-Analyse (MA) 86 bei 20,5 %, was 9,86 Millionen (→) LZ-Lesern entspricht.

Lesezirkel sind ein deutsches Kuriosum, das in anderen Ländern kaum anzutreffen ist. Für die (→) Leserschaftsforschung stellen die Lesezirkel und die (→) LZ-Leser eine besonders schwer zu knackende Nuß dar, weil sie zusätzlich zu den ohnehin nicht gerade geringen Erhebungsproblemen für die (→) Leser pro Ausgabe (LpA) es noch erschweren, eine Zeitschrift über die gesamte Lebensdauer zu verfolgen, (→) Lesezirkeleffekt. Das war ein Grund, weshalb man sich in Deutschland nach dem britischen Vorbild darauf einigte, statt der (→) Leser pro Nummer (LpN) die (→) Leserschaft innerhalb eines (→) Erscheinungsintervalls zu messen und durch Verrechnung mit den Insertionskosten einen (→) Tausend-Leser-Preis zu bestimmen.

Daß die Zeitschriftenexemplare, die im Lesezirkel verbreitet werden, eine besondere Beachtung verdienen, weil jedes Exemplar in der Regel von mehr Menschen gelesen wird, als jedes im (→) Einzelverkauf oder im (→) Abonnement bezogene Heft, hat von Beginn der (→) Arbeitsgemeinschaft Leseranalyse (AGLA) bis heute auch der (→) Arbeitsgemeinschaft Media-Analyse (AG.MA) zu entsprechenden Vorkehrungen bei (→) Erhebung und (→) Ausweisung geführt.

Seit Gründung der AGLA im Jahre 1954 sind Spezialmittler für Lesezirkelwerbung Mitglieder, bis 1978 der (→) Verband Deutscher Lesezirkel Mitglied wurde.

1954 wurden lediglich die titelbezogenen Angaben zur Lesemappe erhoben und ausgewertet. 1956 wurde erstmals nach der Lesemappe gefragt. 1958 bezog sich die Lesemappenerfragung nur auf die im Hause abonnierte Lesemappe. Die Lesemappen-Fragen wurden danach wieder ausführlicher und blieben es bis 1966. 1967 wurden sie wieder knapper. 1968 wurden sie nur in der 3.000er (→) Stichprobe gestellt, deren Ergebnisse durch (→) Fusion der 12.000er Hauptbefragung hinzugefügt wurden.

Seit 1969 wurde das Modell der (→) Nutzungswahrscheinlichkeiten konsequent auch auf die Lesemappe angewandt, und zwar bis zur MA 78. Sie wurde als Kombination aufgefaßt, die sich aus denjenigen Zeitschriften zusammensetzt, die eine nennenswerte (→) LZ-Auflage aufweisen. Als nennenswert wurden erst ungefähr 10.000 Exemplare angesehen. Außerdem mußten bestimmte Mindestfallzahlen von Lesern in der Stichprobe vorhanden sein. Erst waren es 100 Leser in den letzten drei (→) Erscheinungsintervallen, dann 200 Leser in den letzten zwölf Erscheinungsintervallen, schließlich 150 Leser in den letzten zwölf Erscheinungsintervallen. Das hing mit dem jeweiligen (→) Stichprobenumfang zusammen. Ungefähr wurden auf diese Weise 20 LZ-Titel definiert.

Die Kombination gibt die (→) Nettoreichweite von Zeitschriftenexemplaren im Lesezirkel wieder. Seit 1970 wird zusätzlich die durchschnittliche Lesezirkelzeitschrift in ihrer Nutzungswahrscheinlichkeit errechnet und ausgewiesen (unter der Annahme von im Durchschnitt 9 Heften pro Mappe). Die Berechnung 1970 erfolgte als sogenannte „bedingte Wahrscheinlichkeit" wie auch für die Blöcke von Werbefunk und Werbefernsehen, (→) Blockwahrscheinlichkeit, die dann allerdings für 1970 mit einer etwas veränderten Methode wiederholt wurde. 1971 erfolgte die Angleichung an diese Methode auch für die durchschnittliche Lesezirkelzeitschrift.

Sie wurde als Zeitschrifteninformation auch weiter beibehalten. Die Basis für diese Berechnungen bildete die Ermittlung der (→) Bezugsart. Dennoch wurden immer wieder Stimmen laut, die darauf hinwiesen, daß die Ermittlung der Lesemappennutzung über die Einzelzeitschriften dem Medium Lesemappe nicht gerecht würde.

Nach eigenen Experimenten des Verbands Deutscher Lesezirkel und Verhandlungen mit den entsprechenden Gremien der AG.MA wurde ein Befragungsmodell zur Lesemappe erstmalig in die MA 79 aufgenommen, das die unterschiedlichen Möglichkeiten, an die Mappe heranzukommen, berücksichtigt, insbesondere die sogenannte öffentliche Auslage.

Im allgemeinen gehören fünf Elemente zum Erhebungsinstrumentarium für ein Pressemedium in der MA:

- o Identifikationshilfe
- o Generalfilter
- o Filter zur Eingrenzung des Weitesten Nutzerkreises
- o Skala zur Ermittlung der Nutzungshäufigkeit
- o Filter für die Nutzung im letzten Erscheinungsintervall

Für den Werbeträger Lesezirkel hat man auf die Ermittlung der (→) Kontakthäufigkeit verzichtet und sich stattdessen nach den Leseorten erkundigt.

1. Identifikationshilfe: Als Identifikationshilfe dient eine fest in das Vorlagenheft eingebundene, vierfarbig gedruckte Tafel, auf der mehrere, regellos ausgebreitete Lesemappenumschläge zu sehen sind. Die Schutzumschläge sind mit farbigen Aufklebern versehen, stammen von verschiedenen Lesezirkelfirmen, und im Kennzeichnungsfeld sind verschiedene Zeitschriftennamen eingedruckt. Dazu liest der Interviewer eine ausführliche Instruktion vor, die den Generalfilter einleitet.

2. Generalfilter: Noch umfangreicher als bei den (→) Supplements ist die Beschreibung des Phänomens, nach dem gefragt werden soll, beim Lesezirkel: „Man kann Zeitschriften nicht nur kaufen oder abonnieren, sondern auch von einem Lesezirkel in Lesemappen ausleihen. Man bekommt jede Woche neue Zeitschriften ins Haus und hat sie dann eine Woche lang zur Verfügung. Aber es gibt auch Lesemappen beim Friseur, in Wartezimmern, in Restaurants, in Cafés und so weiter. Alle Zeitschriften aus einem Lesezirkel haben einen besonderen Schutzumschlag, an dem man sie leicht erkennen kann. Haben Sie schon einmal eine Zeitschrift aus einer Lesemappe in der Hand gehabt, um darin zu blättern oder zu lesen?"

Die beiden Antwortvorgaben entsprechen denen bei den (→) Funkmedien – es gibt wohl kaum jemanden, der den Lesezirkel nur dem Namen nach kennt.

3. Weitester Lesemappen-Kontaktkreis: Da das Erscheinungsintervall beim Lesezirkel sieben Tage beträgt, jede Woche gibt es eine neue Mappe, ist der Weiteste Lesemappen-Kontaktkreis wie bei wöchentlich erscheinenden Zeitschriften auf ein Vierteljahr festgelegt: Wer „innerhalb der letzten 3 Monate eine Zeitschrift aus einem Lesezirkel in die Hand genommen hat, um darin zu blättern oder zu lesen", der gehört zum Weitesten Lesemappen-Kontaktkreis – Leserkreis sollte man wohl nicht sagen, weil es hier nicht auf das Lesen, sondern auf den Kontakt mit dem Aufkleber auf der Mappe oder mit dem Beihefter in der Mappe ankommt.

4. Lesemappen-Kontakt im letzten Erscheinungsintervall: Die Fragen nach dem letzten Kontakt werden für die Lesemappe nicht nur einmal wie bei den anderen Pressemedien, sondern achtmal gestellt: für alle Kontaktgelegenheiten einzeln mit Exemplaren aus einer Lesemappe, die

- o im Haushalt abonniert ist
- o von Nachbarn, Freunden, Bekannten, Verwandten geliehen wurde
- o beim Friseur
- o beim Zahnarzt
- o beim Arzt
- o im Café
- o im Restaurant, in einer Gaststätte
- o an anderer Stelle, wo Lesemappen ausliegen, auslag.

Vor die Abfrage für die Kontaktgelegenheiten in öffentlicher Auslage ist noch ein zweiter Filter für den Weitesten Lesemappen-Kontaktkreis vorgeschaltet: Wer innerhalb der letzten 3 Monate nicht beim Friseur oder beim Arzt etc. war, wird auch nicht gefragt, wann er dort zuletzt Kontakt mit einem Heft aus einer Lesemappe hatte.

Die Antwortvorgaben mit den Zeitgrenzen sind etwas anders gehalten als die entsprechenden bei wöchentlich erscheinenden Zeitschriften, Wochenzeitungen und Supplements:

Zeitschriften	Lesemappe
□ innerhalb der letzten 7 Tage	□ innerhalb der letzten 7 Tage
□ 8 bis 14 Tage her	□ 8 bis 14 Tage her
□ 2 bis 3 Wochen her	□ 2 bis 3 Wochen her
□ länger her	□ 1 bis 3 Monate her
	□ länger her
	□ nie

Das Einfügen von „1 bis 3 Monate her" und das Anhängen von „nie" ist durch die besondere Situation beim Werbeträger Lesezirkel erforderlich: Da die – in der MA nicht erhobene, aber aus anderen Untersuchungen bekannte – Häufigkeit der Kontakte mit Lesemappenheften je nach Lesegelegenheit unterschiedlich ist, muß man für jede dieser Gelegenheiten den Weitesten Kontaktkreis und die Kontakte im letzten Erscheinungsintervall ermitteln. Neben den dafür vorgesehenen Antwortmöglichkeiten müssen auch noch weitere vorgegeben werden für Kontakte, die länger her sind, und für die Fälle, in denen es noch nie zu einem Kontakt mit einem Lesemappenheft an diesem Ort gekommen ist.

5. Suche nach mindestens einem Kontakt im letzten Erscheinungsintervall: Alle Befragten, die innerhalb der letzten 3 Monate einen Kontakt mit einer Lesezirkelzeitschrift hatten, also zum Weitesten Lesemappen-Kontaktkreis gehören, können bei acht verschiedenen Gelegenheiten auch innerhalb der letzten sieben Tage einen Kontakt gehabt haben. Wer bei beliebig vielen, aber mindestens einer dieser acht Gelegenheiten ein Lesemappenheft in die Hand genommen hat, der gehört zu denen, die einen Mappenkontakt im letzten Erscheinungsintervall hatten. Bis zur MA 78 verlief dieser Suchvorgang völlig anders: Unter den Angehörigen der Weitesten Leserkreise der Zeitschriften, die mit nennenswerter Auflage durch Lesezirkel verbreitet werden, waren die herauszufinden, die von mindestens einer dieser Zeitschriften innerhalb der letzten sieben Tage ein Exemplar in der Hand hatten, das aus einer Lesemappe stammte.

Über die Kontakte mit Lesemappenheften sagen in der MA zwei (→) Ausweisungseinheiten etwas aus:

Lesemappe

Ø LZ-Zeitschrift

„Lesemappe" ist mit einem eigenen Erhebungsprogramm im Fragebogen gewonnen worden. „∅ LZ-Zeitschrift“ fällt bei der Erhebung der Zeitschriften an, wird also gewissermaßen sekundärstatistisch ermittelt. Zur Gewinnung einer Lesemappen-Kontaktwahrscheinlichkeit braucht man zwei Ausgangsgrößen:

- o den Weitesten Lesemappen-Kontaktkreis, also innerhalb der letzten 3 Monate bei irgend einer von acht Gelegenheiten Kontakt mit irgend einem Lesemappenheft gehabt und
- o die Leserschaft im letzten Erscheinungsintervall, also innerhalb der letzten 7 Tage bei irgend einer von acht Gelegenheiten irgend ein Lesemappenheft in der Hand gehabt.

Setzt man diese beiden Werte zueinander in Beziehung, d. h. bestimmt man den Anteil des kleineren Wertes am größeren, erhält man die durchschnittliche Kontaktwahrscheinlichkeit für den Weitesten Mappenkontaktkreis. Sie wird in einem besonderen (→) Segmentationsverfahren ausdifferenziert, bei dem allerdings keine Häufigkeitsangaben wie bei allen anderen Medien mitwirken, da keine erhoben worden sind. Schließlich entstehen 32 Personengruppen, die sich hinsichtlich ihrer Lesemappen-Kontaktwahrscheinlichkeit und in der Verteilung ihrer (→) demographischen Merkmale voneinander unterscheiden. Dabei wird jede der acht Kontaktgelegenheiten wie ein eigenständiges Medium behandelt. Ein Befragter kann also maximal acht verschiedene Lesemappen-Kontakt-Wahrscheinlichkeiten erhalten. Aus diesen Einzel-Kontakt-Wahrscheinlichkeiten wird dann die Kombinations-Wahrscheinlichkeit „Lesemappe“ gebildet.

Die Wahrscheinlichkeit für die (→) Ausweisungseinheit „durchschnittliches LZ-Exemplar“ entsteht aus einer Addition von Einzelwahrscheinlichkeiten wie bei anderen Werbeträgern auch. Die Formel dafür lautet seit MA 77:

$$p_d = \frac{p_1 + p_2 + p_3 \ldots + p_m}{9} \quad \text{Nebenbedingung: } p_d \leqslant 1$$

Der Wert 9 entspricht der Zahl der in einer Lesemappe durchschnittliche enthaltenen Zeitschriften. Da die Sortimente der Lesezirkel unterschiedlich zusammengesetzt sind, treten im Zähler möglicherweise mehr als nur 9 Wahrscheinlichkeiten auf, theoretisch so viele, wie es Zeitschriften gibt, die durch Lesezirkel verbreitet werden und in deren Weitestem Leserkreis Personen gefunden werden, deren zuletzt gelesenes Exemplar aus einer Lesemappe stammte, kenntlich „am besonderen Schutzumschlag um das Heft“ (Frageformulierung). Ergibt die Summe der Wahrscheinlichkeiten im Zähler einen Wert, der größer ist als 9, bleibt der über 1,00 hinausgehende Rest des Divisionsergebnisses unberücksichtigt (Nebenbedingung).

Die Kombinations-Wahrscheinlichkeit für die Ausweisungseinheit Lesemappe entsteht durch Ausmultiplizieren der Einzel-Wahrscheinlichkeiten für die acht Lesegelegenheiten miteinander. Die Formel macht das deutlich:

$$p_k = 1 - (1 - p_1) - (1 - p_2) - (1 - p_3) \ldots (1 - p_8)$$

Über die Position der Lesezirkel in der Reihenfolge der (→) Mediengattungen in der MA siehe das Stichwort (→) Abfrage in diesem Buch. Nach der MA 86 erreichen die Lesezirkel in der Bundesrepublik 20,5 % der Erwachsenen (= 9,86 Millionen Personen). Die Leserschaft steigt nach 3 Ausgaben auf 40,3 %, nach 6 Ausgaben auf 52,7 %, bis nach 12 Ausgaben 61,3 % der Bevölkerung mindestens einmal erreicht werden, das sind 29,622 Millionen Personen. Nach 12 Ausgaben entstehen insgesamt 118,368 Millionen Kontakte mit Lesezirkel-Mappen:

Leserschafts-Wachstum nach 1 bis 12 Ausgaben von Lesezirkel-Mappen

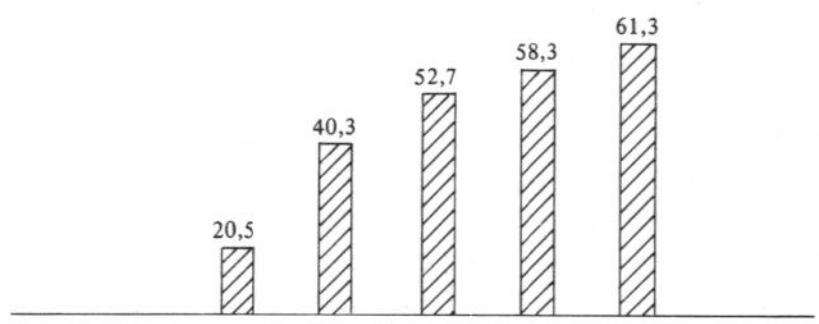

Reichweite nach	1	3	6	9	12	Ausgaben
Leser in Mio.	9,864	19,420	25,468	28,206	29,622	
Kontakte in Mio.	9,864	29,592	59,184	88,776	118,368	

Reichweitenvergleich

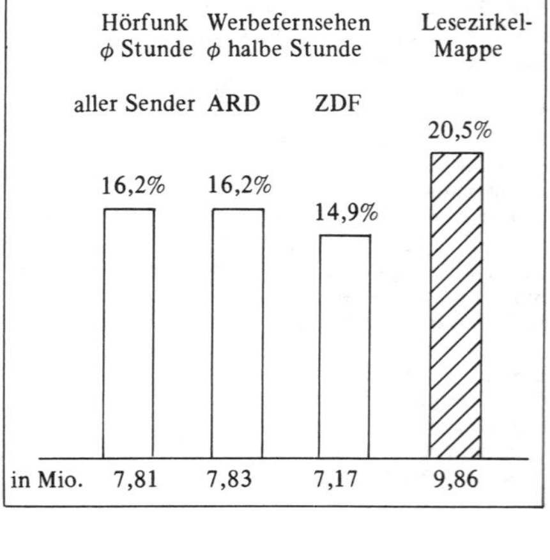

Strukturvergleich	Hörfunk ϕ Stunde aller Sender		Werbefernsehen ϕ halbe Stunde ARD		Werbefernsehen ϕ halbe Stunde ZDF		Lesezirkel-Mappe	
	%	Mio.	%	Mio.	%	Mio.	%	Mio.
Gesamt	100	7,81	100	7,83	100	7,17	100	9,86
Altersgruppe von 14–49 Jahren	61	4,83	49	3,86	49	3,50	61	6,13
Qualifizierte Schulbildung oder Lehre	76	5,95	72	5,65	72	5,14	80	7,88
Berufstätige	46	3,58	40	3,14	38	2,71	49	4,83
Haushalts-Netto-Einkommen im Monat 3000 DM und mehr	44	3,46	37	2,94	37	2,65	47	4,62

Der Strukturvergleich mit dem vom Werbefernsehen oder vom Hörfunk erreichten Personenkreis zeigt:

- die Lesezirkel-Leser sind jünger (6,13 Millionen sind zwischen 14 und 49 Jahren)
- besser ausgebildet (7,88 Millionen haben eine qualifizierte Ausbildung)
- häufiger berufstätig (4,83 Millionen sind berufstätig)
- sie sind häufiger aus Haushalten mit höherem Einkommen (4,62 Millionen sind in Haushalten mit Netto-Monats-Einkommen von DM 3000,– und mehr)

Die Geschichte des Lesezirkels läßt sich bis in das Jahr 1609 zurückführen, als der Postmeister Pankraz Müller in Kitzingen ein Unternehmen gründete, das Druckerzeugnisse verlieh. Etwa 150 Jahre später entstand die Journal-Gesellschaft des Arztes Martini, der die Verteilung der Journale durch Boten organisieren ließ. 1777 gründerte der Buchbinder Meusel in Coburg einen Lesezirkel, der Lieferungen in Franken unternahm.
In der zweiten Hälfte des 18. Jahrhunderts folgten ausgehend vom fränkisch/bayrischen Raum viele Gründungen in Deutschland. Die Lesezirkel enthielten neben unterhaltender Lektüre und Journalen auch Gelehrten-Zeitschriften von „Aton" wie in der 1777 in Görlitz auftretenden Gesellschaft. Zu Ende des 18. Jahrhunderts waren Lesezirkel aus Reval, Warschau und Wien bekannt. Im 19. Jahrhundert finden Lesezirkel im deutschsprachigen Raum starke Ausbreitung, um die Jahrhundertwende waren rund 1200 Lesezirkel an der Verbreitung von Zeitschriften beteiligt. Außer in Deutschland und Österreich gibt es heute nur noch in den Niederlanden Lesezirkel in nennenswertem Umfang.

Lesezirkeleffekt
Ein bei den (→) Reichweitenanalysen der (→) Leserschaftsforschung für (→) Publikumszeitschriften eintretender Effekt, der einen verzerrenden Einfluß auf die ermittelte Zahl der (→) Leser pro Nummer (LpN) aufgrund der verzögerten Verbreitung vieler Zeitschriften durch (→) Lesezirkel hat. Der Effekt kommt dadurch zustande, daß eine Zeitschrift bei einer Befragung ihre Leser noch nicht vollständig erreicht hat.

Leser pro Heft der Ausgaben 49–37 (Ausgangshypothese)

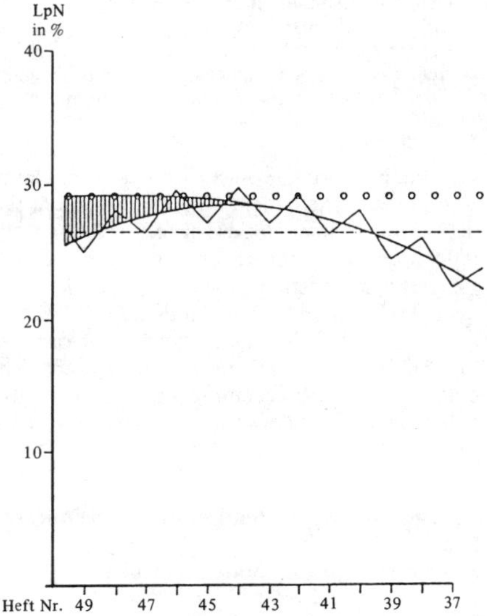

o o o theoretisch gleich großer Lp Heft
—— verminderter Wert aus abnehmendem Erinnerungsvermögen (Vergessens-Effekt)
„LZ-Effekt"
Zufallsschwankungen
- - - daraus errechneter durchschnittlicher Lp Heft (liegt tiefer als tats. Lp Heft)
—— die Grundlinie der Leser pro Heft bei Vorlage

In einer Infratest-Studie „Leser pro Nummer und Kumulation – Methodenkritisches Experiment“ hat Friedrich Wendt 1965 eine Hypothese über das Zusammenspiel folgender drei Faktoren aufgestellt:

- o Lesezirkeleffekt (verzögerte Verbreitung)
- o abnehmendes Erinnerungsvermögen
- o zufällige Schwankungen von Nummer zu Nummer

Zunächst steigt die Leserschaft wegen der Lesezirkelverbreitung noch an, das Erinnerungsvermögen wird von Woche zu Woche geringer, und wenn der Lesezirkeleffekt verschwunden ist, überwiegt sichtbar das Vergessen.

Lesezirkel-Leser
→ LZ-Leser

Lesezirkelwerbung
Aufgrund ihrer starken Verbreitung sind (→) Lesezirkel Werbeträger mit einer relativ hohen (→) Reichweite und einer hohen (→) Nutzungsintensität. Sie bieten vor allem die folgenden Werbemöglichkeiten:

1. **Aufkleber (Kleinplakate)** auf den Schutzumschlägen (den Titelseiten) in zwei Formaten:
   a) Standardformat: 20 x 18 cm
   b) Querformat: 10 x 18 cm
2. **Beihefter** zwischen Schutzumschlag und Titelbild der Zeitschrift im Inneren der Mappen: maximale Größe 27 x 21 cm
3. (→) **Beilagen.**

Genaue Plazierungsvorschriften in Lesezirkeln sind schon deshalb nicht möglich, weil nicht jede Zeitschrift in allen Lesezirkeln enthalten ist, jedoch werden in der Regel die standardisierten Plazierungswünsche *„vor Großillustrierten“*, *„vor Frauenzeitschriften“* und *„vor Regenbogenpresse“* ohne Berechnung erfüllt. Über die Spezialmittler der Lesezirkelwerbung läßt sich eine differenzierte Streuung auf lokaler, regionaler, überregionaler und bundesweiter Ebene organisieren.

Lesezirkel-Zeitschriften-Lesewahrscheinlichkeit
→ Lesezirkel, Lesewahrscheinlichkeit

letzte Nutzung *(letzes Hören, letztes Lesen, letztes Sehen)*
→ Erinnerungsmethode (Recency), Lesetage

Life Cycle
→ Familienlebenszyklus

Life Style
→ Lebensstil

Likertskala *(Punktsummenskala, Methode der summierten Einschätzungen)*
Eine von Rensis Likert 1932 in die (→) Einstellungsforschung eingeführte (→) Ordinalskala, für die die Unterlagen durch eine normale Felderhebung gewonnen werden und das Maß der Zustimmung bzw. Ablehnung durch die Befragten selbst gewichtet wird. Die Auskunftspersonen wählen aus mehreren, meist fünf bis sieben, Antwortalternativen diejenige aus, die ihrer eigenen (→) Einstellung am ehesten entspricht: beispielsweise 1. stimme unbedingt zu, 2. stimme zu, 3. unentschieden, 4. bin dagegen und 5. bin unbedingt dagegen. Durch den Verzicht auf die Einschaltung von Experten bei der Gewinnung der Unterlagen eignet sich das Likertverfahren besonders gut für die Verwendung in repräsentativen (→) Befragungen der Markt- und Sozialforschung. Die Einstellungsunterschiede werden durch Zuordnung unterschiedlicher Punktwerte zu den Antwortkategorien jeder Aussage erfaßt. Durch Addition aller Einzelskalenwerte ergibt sich der Gesamtpunktwert für einen Befragten, daher die Bezeichnung Methode der summierten Einschätzungen. Zur Überprüfung der Eindimensionalität der Skala, und damit zur Überprüfung ihrer (→) Reliabilität (Zuverlässigkeit) hat Likert selbst zwei Verfahren vorgeschlagen:

1. Die Untersuchung der internen Konsistenz: Dabei werden 25 % der Personen in der Stichprobe mit extremen (den höchsten und den niedrigsten) Skalenwerten genommen. Für jede dieser beiden Gruppen wird der (→) Mittelwert und die (→) Varianz pro (→) Item berechnet. Nach dem (→) t-Test wird dann die Diskriminierungsfähigkeit eines Skalenitems berechnet:

$$t_i = \frac{\overline{X}_H - \overline{X}_N}{\sqrt{\frac{s_H^2}{n_H} + \frac{s_N^2}{n_N}}}.$$

Dabei bedeuten:
$\overline{X}_H$ bzw. $\overline{X}_N$ = Mittelwert des Items i in der Gruppe mit den hohen (H) bzw. dem niedrigen Gesamtpunktwert
s_H^2 bzw. s_N^2 = Varianz der Punktwerte für das Item i in der Gruppe mit hohem bzw. der Gruppe mit niedrigem Gesamtpunktwert
n_H bzw. n_N = Zahl der Personen in der Gruppe mit hohem bzw. der mit niedrigem Gesamtpunktwert.

Ist $t_i \geqq 1{,}75$, so wird es in der Skala belassen.

2. (→) **Itemanalyse:** Dabei wird der Punktwert aller Personen mit dem Gesamtpunktwert korreliert und geprüft, in welchem Maße sich aus dem Einzelpunktwert auf einem Item der Gesamtpunktwert vorhersagen läßt. Besteht eine hohe (→) Korrelation, wird der Item behalten.

Likertskala

Itembatterie:

(INTERVIEWER: VORLAGE BEREITHALTEN)

„Wir würden gerne wissen, was Sie von der X-Bank halten. Ich lese Ihnen jetzt einige Meinungen vor, die wir von anderen Befragten gehört haben, und Sie sagen mir jedesmal, ob Sie dem zustimmen oder nicht. Am besten geht das mit Hilfe dieser Karte: Von den dort angegebenen fünf Antwortmöglichkeiten nennen Sie mir immer diejenige, die angibt, wie stark Sie der betreffenden Feststellung zustimmen oder wie stark Sie sie ablehnen."

„Bei dieser Bank handelt es sich um ein solides Unternehmen."	I_1	stimme ganz entschieden zu	( )
		stimme zu	( )
		unentschieden	( )
		stimme nicht zu	( )
		stimme ganz und gar nicht zu	( )
„Bei dieser Bank handelt es sich um ein fortschrittliches Unternehmen."	I_2	stimme ganz entschieden zu	( )
		stimme zu	( )
		unentschieden	( )
		stimme nicht zu	( )
		stimme ganz und gar nicht zu	( )
„Bei dieser Bank gibt man sich ziemlich viel Mühe mit seinen Kunden."	I_3	stimme ganz entschieden zu	( )
		stimme zu	( )
		unentschieden	( )
		stimme nicht zu	( )
		stimme ganz und gar nicht zu	( )

. . . .
(weitere Statements)

Vorlage:

stimme ganz entschieden zu	stimme zu	unentschieden	stimme nicht zu	stimme ganz und gar nicht zu

OC-Kurven der Items:

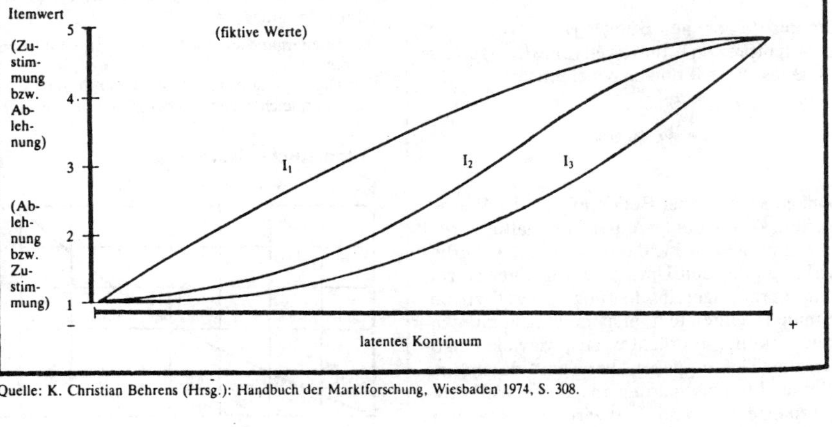

Quelle: K. Christian Behrens (Hrsg.): Handbuch der Marktforschung, Wiesbaden 1974, S. 308.

Likertskalen wurden in den 1940er Jahren intensiv verwendet. Die Übersicht oben zeigt ein Beispiel einer Likertskala mit der zugehörigen (→) OC-Kurve.

lineare Extrapolation
→ Redressement

lineare Korrelation
→ Korrelation

lineare Regression
→ Regression

Lineare Programmierung *(Lineare Planungsrechnung)*
Im allgemeinsten Sinne ist Lineare Programmierung ein Verfahren der Festlegung optimaler Verhaltensweisen zur Erreichung angestrebter Ziele unter Einsatz von begrenzten Hilfsmitteln. In der Betriebswirtschaft wird die lineare Planungsrechnung zur Ermittlung derjenigen von mehreren Kostenkonstellationen verwendet, bei der sich der größte Ertrag ergibt.

Auch bei der Bestimmung des Marketing-Mix eines Unternehmens kann auf Ansätze der linearen Programmierung zurückgegriffen werden. Einer der Vorteile dieses Vorgehens ist die Existenz ausgereifter Lösungsalgorithmen, die eine rasche Bestimmung des Optimismus mit Hilfe von Computern ermöglichen.
Ein weites Anwendungsfeld für die Lineare Programmierung sind Modelle der (→) Mediaselektion und die Aufteilung von Werbebudgets. Mit Hilfe der Linearen Programmierung sucht man jenes (→) Media-Mix, das die *gewichtete Kontaktsumme* (Total Rated Exposure Value) unter Einhaltung festgelegter Nebenbedingungen (wie z. B. das gegebene Werbebudget) maximiert. Entscheidungsvariable ist die jeweilige Zahl der Werbemittel (x_i, in den Werbeträgern 1,..., n). Unter Annahme der Konstanz der Wirkung w jedes Werbemittels i (d. h. auch bei wiederholter Einschaltung des gleichen Werbeträgers) ist also die folgende Zielfunktion zu maximieren:

$$\sum_{i=1}^{n} x_i w_i \rightarrow \max!$$

Bei dem gegebenen Budget B und gegebenen Einschaltpreisen b_i für jeweils eine Belegung ist die Budgetrestriktion zu beachten:

$$\sum_{i=1}^{n} b_i \cdot x_i \leqslant B$$

Von entscheidender Bedeutung ist der Werbewirkungskoeffizient w_i einer Einschaltung, weil es kaum möglich ist, die ökonomische Werbewirkung oder den Umsatzbeitrag einer einzelnen Werbeträgereinschaltung generell zu bestimmen. Unterstellt man eine Kommunikationswirkung, so drückt w_i aus, wieviele Personen der Zielgruppe(n) „wirksam" durch eine Werbemitteleinschaltung in einem Werbeträger zu erreichen sind, (→) wirksame Reichweite. Die Größe der Leser-, Seher- und Hörerschaft der jeweiligen Medien wird durch l_i, die Bedeutung der Auditorien als Zielpersonen mit dem Gewichtungsfaktor e_i ausgedrückt. Das Werbeträgergewicht p_i berücksichtigt schließlich die (→) Kontaktqualitäten der Medien.
Der Werbewirkungskoeffizient w_i läßt sich dann durch Multiplikation der einzelnen Gewichte folgendermaßen ausdrücken:

$$w_i = l_i \cdot e_i \cdot p_i$$

Mithin ergibt sich für die Zielfunktion:

$$\sum_{i=1}^{n} x_i \, (l_i \cdot e_i \cdot p_i) \rightarrow \max!$$

Dabei stellt die Linearitätsbedingung der Zielfunktion ein schwerwiegendes Problem dar. Die Wirkungskoeffizienten w_i pro Einschaltung sollen konstant sein. Die Zielfunktion geht damit von (→) Bruttokontakten aus. Damit ist zugleich eine lineare (→) Kontaktbewertungskurve unterstellt worden.
Da all diese Annahmen recht realitätsfremd sind, wurde eine Reihe von Ansätzen entwikkelt, die das Modell um eine nichtlineare Wirkungskurve erweitern, (→) nichtlineare Programmierung.

linearer Trend
→ Trend

Liniendiagramm *(Kurvendiagramm)*
Eine Form der (→) graphischen Darstellung von Zahlenmaterial, bei der die in ein kartesisches (→) Koordinatensystem eingetragenen Punkte durch Linien verbunden werden. Liniendiagramme eignen sich zur Darstellung relativer und absoluter Veränderungen im Zeitverlauf, im einzelnen:

- zur Wiedergabe einer größeren Zahl zeitabhängiger Beobachtungen
- zur Darstellung von Zeitreihen und Trends
- zum Vergleich verschiedener Beobachtungsreihen

arithmetische Skala

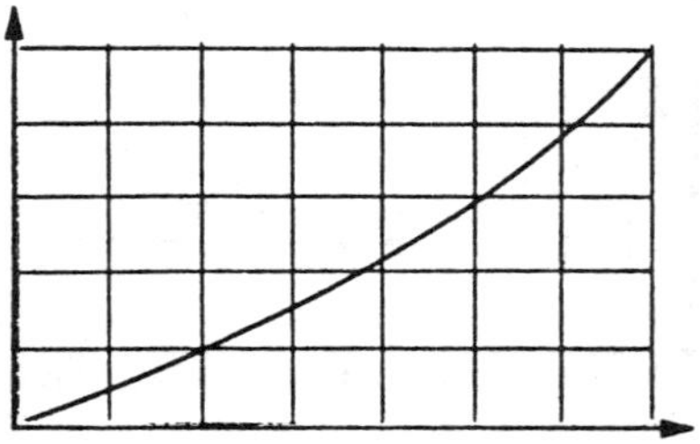

logarithmische Skala

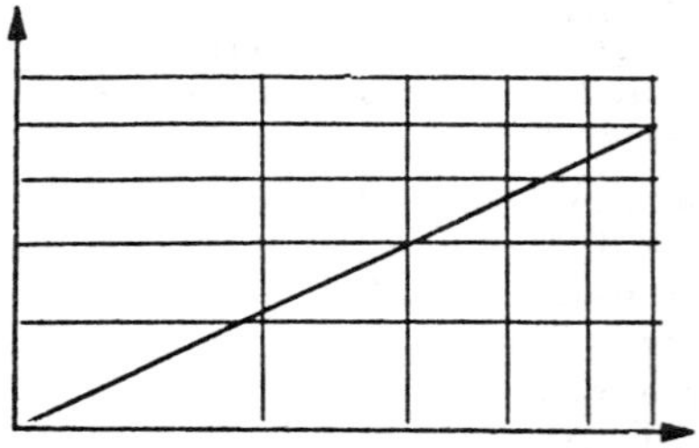

halblogarithmische Skala

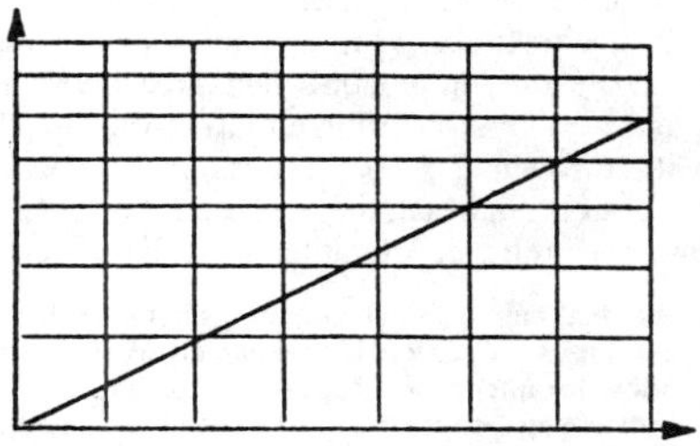

o zur Verdeutlichung von (→) Prognosen, (→) Extrapolationen und (→) Interpolationen.

Die Zeit wird in Liniendiagrammen auf der Abszisse eingetragen. Je nach dem unterschiedlichen Maßstab der Ordinate wird zwischen Liniendiagrammen mit arithmetischer, logarithmischer und halblogarithmischer Skala unterschieden:

Listenauswahl
→ Lotterieauswahl

Listenfrage
Eine Form der (→) Auswahlfrage in (→) Befragungen, die eine größere Anzahl von Antwortalternativen vorsieht und den Befragten daher der Übersichtlichkeit und besseren Verständlichkeit wegen in Form einer Liste vorgelegt wird, so daß sie die Antwort(en), die sie für richtig halten, der (den) sie zustimmen, anhand der – mit in der Regel numerierten (→) Items versehenen – Liste auswählen können. Untersuchungen haben ergeben, daß bei Listenfragen (→) Reihenfolgeeffekte auftreten. Bevorzugt werden die ersten und die letzten Positionen in der Liste. Anstelle der in der Markt- und Sozialforschungspraxis üblichen (→) Rotation der Listenitems oder der Listenvorlage in Form einer (→) gegabelten Befragung (Split-ballot-System) wäre es mithin am sinnvollsten, die Liste zu falten, um den Reihenfolgeeffekt zu eliminieren. Gegen das solchermaßen erzielte Resultat bestehen allerdings dieselben Vorbehalte wie gegen die Rotation.

Listenpreis
Der in einer (→) Preisliste angesetzte Preis für eine Ware oder eine Dienstleistung. Er dient als Grundlage der Preiskalkulation und der Berechnung von (→) Rabatten, Skonti, sonstigen Nachlässen und Provisionen. Bei Werbungsmittlern, die mit ihren Auftraggebern auf der Grundlage der Preislisten der Werbeträger oder Werbungdurchführenden abrechnen, ist der Listenpreis immer der (→) Normalpreis.
→ Preislistentreue

Little/Lodish-Modell
→MEDIAC

logarithmische Darstellung *(logarithmische Graphik)*
→ Liniendiagramm

logarithmischer Trend
→Trend

Lokalpresse *(Lokalzeitung)*
Zur Lokalpresse rechnet man im allgemeinen die (→) Zeitungen, die innerhalb eines relativ eng umgrenzten geographischen Raumes verbreitet sind. Bei der Typologie von Zeitungen bildet die Größe des Verbreitungsgebietes – neben anderen Kriterien – eine gebräuchliche Variable. Im Gegensatz zur Lokalpresse, die in Städten und Kreisgebieten erscheint, ist die (→) Regionalpresse in größeren geographischen Räumen verbreitet, in der Praxis ist der Übergang jedoch fließend. Deutschland ist traditionell ein Land der kleinen und mittleren Zeitungen. Vier Fünftel haben tägliche (→) Auflagen von unter 50 000 Exemplaren. Mit Marktanteil und Reichweite liegen sie in ihren Kerngebieten allerdings an der Spitze aller vergleichbaren Medienobjekte. Die (→) Leser-Blatt-Bindung ist meist sehr eng. Zur herkömmlichen Lokalpresse entwickelte sich in den 1970er Jahren in vielen Städten der BRD in Form der sogenannten Stadtteilzeitungen eine Alternativ-Presse. Organisiert ist die deutsche Lokalpresse in der (→) Standort-Presse GmbH.
→pro Lokalzeitung

Longitudinalstudie
→ Längsschnittanalyse

Lotterieauswahl
Ein (→) Auswahlverfahren der (→) Zufallsauswahl, bei dem die Einheiten der (→) Grundgesamtheit, aus der die (→) Stichprobe gebildet wird, so gut gemischt werden, daß jede einzelne von ihnen dieselbe Chance hat, in die Stichprobe aufgenommen zu werden. Eine derartige Form der Auswahl kann entweder durch tatsächliches Mischen, z. B. der Karten einer Kartei, oder auch durch Zuordnung von Zahlen zu den Einheiten der Grundgesamtheit und die Auswahl mit Hilfe von (→) Zufallszahlentafeln durchgeführt werden. Diesen letzteren Fall bezeichnet man auch als Listenauswahl, um ihn von dem nach dem (→) Urnenmodell vorgehenden Auswahlverfahren zu unterscheiden, bei dem die „Lose" tatsächlich gemischt werden.

Love Story
Eine 1972 veröffentlichte vergleichende Untersuchung des Verlags Das Beste, Düsseldorf über die Beziehung zwischen (→) Leser-Blatt-Bindung (LBB) und Werbewirkung. Ausgangspunkt war das in den USA seit 1968 angewendete Instrument des „Mag-Q" des Home Testing Institute; das „Mag-Q" (= Magazine-Quotient) ist eine Ableitung vom „IQ" (= Intelligenzquotienten). Der „Mag-Q" wurde zweimal im Jahr über einen schriftlichen (→) Fragebogen, der per Post an eine (→) Quota-Stichprobe von „bereitwilligen" 9.000 Haushalten („Club-Mitgliedern") geht, errechnet. Jedes Haushaltsmitglied im Alter von über 12 Jahren füllt einen eigenen Fragebogen aus.
Die im Gegensatz zu den USA mündliche Befragung einer Repräsentativ-Stichprobe von rund 2.000 Personen in der Bundesrepublik startete mit der „Einsammelfrage", (→) Filter, nach dem „Lieblingsblatt". Die Untersuchung beschränkte sich auf die Ermittlungen zu zehn, als prototypisch für die Gattungen bezeichneten, Titeln. Die zehn (→) Titelkarten waren auf einer Liste mit folgenden Vorgaben zu sortieren:
„Diese Zeitschrift
- ist mein Lieblingsblatt
- gefällt mir recht gut
- kann man noch lesen
- ist uninteressant
- kenne ich nicht."

Es folgt die Erhebung der (→) Lesehäufigkeit, des (→) Leseorts, der (→) Bezugsart, der (→) Leseintensität, der (→) Lesedauer, des Grads der Konzentration beim Lesen (Frageformulierung: „Wie war das beim Lesen dieser Ausgabe, haben Sie diese Ausgabe mit großer Konzentration, d. h. mit großer innerer Anteilnahme gelesen oder mit nicht so großer Konzentration? Was trifft hiervon zu?"
Liste:
- mit sehr großer Konzentration gelesen, ich war sehr gefesselt,
- mit großer Konzentration gelesen, ich habe mich schon intensiv damit befaßt,
- mit mittlerer Konzentration gelesen, ich habe halt darin gelesen,
- mit geringer Konzentration gelesen, ich war nicht so ganz bei der Sache,
- mit keiner Konzentration gelesen, habe mich beim Lesen überhaupt nicht konzentriert – es ließ mich kalt."), der Bewertung der redaktionellen Beiträge (getrennt nach aktuellen Beiträgen, Reportagen und Tatsachenberichten; erzählenden Beiträgen, Kurzgeschichten und Romanen; Bildbeiträgen bzw. Illustrationen), des Bildungs- und Informationswerts bzw. Unterhaltungswerts der Zeitschrift, der „Übereinstimmung der Zeitschrift mit den persönlichen Ansichten" und der (→) Glaubwürdigkeit ihrer Anzeigen.

Mit Hilfe einer (→) Faktorenanalyse wurde festgestellt, daß sich die Vielfalt auf zwei LBB-Faktoren mit vier Variablen reduzieren ließ:

- o **Handhabung** – geprägt von Bezugsart (Zeitschrift ist auf meinen Wunsch hin abonniert/wird von mir selbst gekauft), Leseort, Lesehäufigkeit und
- o **Einstellung** – geprägt von Bewertung der redaktionellen Beiträge, Übereinstimmung mit der redaktionellen Linie, Bewertung als Mittel der Information und Bildung.

Hinzu kam als eigener Faktor der Aspekt der „generellen Sympathie" (Dimension „Lieblingsblatt"), der auf beiden Faktoren lädt, wodurch ihm die Funktion eines gewissen „Bindegliedes" zukommt.
Mit den verbliebenen Variablen Bezugsart, Lesehäufigkeit, Übereinstimmung mit der persönlichen Ansicht, Informations- und Bildungswert, Lieblingsblatt, wurde in der zweiten Untersuchungsstufe der Zusammenhang zwischen Bindung und Affizierbarkeit durch Anzeigen dargestellt. Die Variablen wurden zu einem Leser-Blatt-Bindungs-Index zusammengefügt. Zur Überprüfung der Ausgangshypothese wurden in dieser Stufe fünf Verfahren herangezogen: die (→) Erinnerungsmethode (Recall), die (→) Wiedererkennung (Recognition), (→) Doppelseitenkontakt, Bewertung der Anzeigengestaltung und Bewertung der Werbebotschaft.
Das Ergebnis : (→) Anzeigenbeachtung und Anzeigenbeurteilung sind bei den Lesern mit engerer Bindung an die Zeitschriften bei allen Testverfahren durchgängig höher als bei den weniger gebundenen Lesern. Für Leser mit Leser-Blatt-Bindung ergibt sich im Mittel eine mindestens um 20 % höhere Wahrscheinlichkeit der Anzeigenbeachtung.

LP
Abk Lineare Programmierung

LpA
Abk Leser pro Ausgabe

LpE
Abk Leser pro Exemplar

LpN
Abk Leser pro Nummer

LpX
Abk Leser pro Exemplar

LT
Abk Lesetage

LZ
Abk Lesezirkel

LZ-Effekt
→ Lesezirkeleffekt

LZ-Leser
Abk Lesezirkelleser. Das sind in der (→) Mediaforschung diejenigen (→) Leser, die Zeitschriften als Bezieher oder Benutzer von (→) Lesezirkeln lesen. Es handelt sich mithin um (→) Leser pro Ausgabe (LpA), bei denen der (→) Lesevorgang mit einem Zeitschriftenexemplar stattfand, das aus einer Lesemappe stammt.
Die Unterscheidung zwischen LZ-Lesern auf der einen und (→) A + E-Lesern auf der anderen Seite bei (→) Publikumszeitschriften z. B. in der (→) Leseranalyse (LA) der (→) Arbeitsgemeinschaft Leseranalyse (AGLA) sowie der (→) Media-Analyse (MA) der (→) Arbeitsgemeinschaft Media-Analye (AG.MA) geht auf die Annahme zurück, daß die (→) Nutzungsintensität und (→) Leser-Blatt-Bindung (LBB) bei LZ-Lesern nicht so ausgeprägt wie bei A + E-Lesern ist. In einer im Rahmen der AGLA 1962 durchgeführten Untersuchung der LZ-Leser ergab sich: Unter den LZ-Lesern findet man etwas mehr jüngere unter 20 Jahren und etwas mehr ältere über 60 Jahren als in der A + E-Leserschaft. LZ-Leser wohnen mehr in Orten bis 20.000 Einwohnern, während A + E-Leser in höherem Maße in Orten über 500.000 Einwohnern zu finden sind. Größere Unterschiede zwischen LZ- und A + E-Leserschaft sind in der Zusammensetzung der Bundesländer zu beobachten. Die vier nördlichen Bundesländer und bei einzelnen Titeln auch noch Nordrhein-Westfalen sind wesentlich stärker besetzt als bei der A + E-Leserschaft. Bei einigen Titeln ist auch Bayern in der LZ-Leserschaft stärker vertreten. In der Berufsstruktur haben die LZ-Leser einen höheren Anteil selbständiger Gewerbetreibender und Arbeiter. Großfamilien und auch Normalfamilien mit Kindern sind in der LZ-Leserschaft stärker vertreten als in der A + E-Leserschaft. Ob diese Befunde allerdings heute, ein Vierteljahrhundert später, noch gelten, darf füglich bezweifelt werden.

M-Faktor
Ein von Infratest, München, entwickelter Mobilitäts-Faktor zur Ermittlung individueller (→) Kontaktwahrscheinlichkeiten für Plakatstandorte in der (→) Außenwerbung. Der Faktor beschreibt das Verhältnis der durchschnittlichen (→) Kontaktwahrscheinlichkeiten von Zielgruppen zu den durchschnittlichen Kontaktchancen aller Personen bzw. Personengruppen der zugrundeliegenden Gesamtheit.

MA
Abk Media-Analyse

MA-Demotypen
→ Demotypen

MA-Partnerschaftsmodell
→ Partnerschaftsmodell

MA-Satellitensystem
→ Satellitensystem

MA-Stichprobe
→ ADM-Stichprobensystem

MA-Verbreitungsgebiet
→ Verbreitungsanalyse

Macht (eines statistischen Tests)
→ Trennschärfe

MAF
Abk Mediaanalyse Führungskräfte

Magazin
→ Zeitschriften

Mag-Q
→ Love Story

Malrabatt *(Wiederholungsrabatt, Malstaffel)*
Ein für die wiederholte Schaltung von Anzeigen und anderen Werbemitteln eingeräumter, nach der Zahl der Schaltungen im Jahr gestaffelter Rabatt: je höher die Zahl der Schaltungen, desto höher der Rabatt. Malrabatte sind vor allem in der Anzeigenwerbung üblich und werden für die fortlaufende Schaltung von Anzeigen desselben Minimalformats gewährt. Die Modalitäten sind in den (→) Anzeigenpreislisten der Zeitungen bzw. Zeitschriften geregelt. Üblicherweise lassen die Werbeträger einen Textwechsel bei den Anzeigen zu, und oft auch eine Überschreitung des Minimalformats um bis zu einhundert Prozent.
vgl. Mengenrabatte

Mann-Whitney-Test *(U-Test)*
Ein parameterfreier (→) Signifikanztest zur Prüfung der Hypothese, daß zwei unabhängige (→) Stichproben aus derselben (→) Grundgesamtheit stammen. Er setzt das Vorhandensein ordinalskalierter Daten voraus, die eine (→) Rangreihe bilden. Der Wert U gibt an, wieviele Werte der Stichprobe N_1 insgesamt jedem einzelnen Wert der Vergleichsstichprobe N_2 vorausgehen. Geprüft wird dabei auf Unterschiede der (→) zentralen Tendenz. Die Unterschiede sind signifikant, wenn

$$\left| \frac{U - \frac{N_1 N_2}{2}}{\sqrt{\frac{N_1 N_2 (N_1 + N_2 + 1)}{12}}} \right| \geqq \left| z_{\left(1 - \frac{\alpha}{2}\right)} \right| .$$

Dabei ist

$$U = N_1 N_2 + \frac{N_1 (N_1 + 1)}{2} - S_1 .$$

S_1 bezeichnet die Summe der Rangplätze in der ersten Stichprobe bei gemeinsamer Rangordnung beider Stichproben. Der Mann-Whitney-Test stellt eine lineare (→) Transformation des (→) Wilcoxon-Tests dar.

Männer
„Männer" ist in der (→) Media-Analyse (MA) der (→) Arbeitsgemeinschaft Media-Analyse (AG.MA) ein Bevölkerungs-Merkmal, zu dem Personen männlichen Geschlechts im Alter von 14 und mehr Jahren gehören. Das Merkmal dient sowohl als Aufgliederungs-Merkmal wie als Teilgesamtheit.

manuelle Datenaufbereitung
Auch in der durch den massiven Einsatz von Computer und EDV-Anlagen gekennzeichneten modernen (→) Datenaufbereitung in Markt- und Sozialforschung wird in der Aufbereitungsphase vor allem bei Untersuchungen mit relativ kleinen (→) Stichproben mitunter noch mit manuellen Techniken wie dem (→) Strichelverfahren gearbeitet, bei dem die Ant-

worten der Befragten auf die verschiedenen Antwortkategorien per Strichliste registriert und am Ende ausgezählt werden, und dem Legeverfahren, bei dem die verschiedenen Datenkategorien mit Hilfe von Zählblättern aufbereitet werden.
vgl. maschinelle Datenaufbereitung

MAP
Abk Markt-Analyse-Programm

Marginalanalyse
Eine seit dem 17. Jahrhundert in vielen Bereichen der Nationalökonomie übliche Form der ökonomischen Theoriebildung, die mit Hilfe der Methoden der Infinitesimalrechnung die Zusammenhänge zwischen mehreren Variablen bei Änderung einer als Einflußgröße betrachteten Variablen um eine infinitesimale Quantität analysiert. Im Marketing finden marginalanalytische Lösungsansätze vor allem dort Verwendung, wo es um die Bestimmung von Gewinnmaxima geht. Bekannte Ansätze zur Festlegung des gewinnmaximalen Marketing-Mix sind das Dorfman-Steiner-Theorem, der Gutenberg-Ansatz oder auch die (→) Break-Even-Analyse. Auch zur Bestimmung optimaler Werbebudgets, (→) Optimierung, werden marginalanalytische Ansätze verwendet.
Die Methoden der Marginalanalyse gehen davon aus, daß die Vielzahl der das Marketinginstrumentarium bildenden Elemente, die eine Vielzahl von unterschiedlichen Intensitäten annehmen können, eine unübersehbare Zahl von Kombinationsmöglichkeiten und folglich eine unübersehbare Zahl von Marketing- oder Werbebudgetaufteilungen ermöglicht, und daß daher eine (→) optimale Aufteilung der eingesetzten Instrumente bzw. Geldbeträge erreicht ist, wenn die Grenzerträge der für die verschiedenen Instrumente eingesetzten Geldbeträge gleich sind und mithin durch Umschichtung der Mittel keine Verbesserung mehr erreicht werden kann. Dem sich aus dem hohen Mathematisierungsgrad marginalanalytischer Modelle ergebenden Gewinn an quantitativer Genauigkeit steht allerdings der erhebliche Nachteil ihrer geringen Operationalität infolge des Vorliegens vielfältig bestehender Prämissen (Substituierbarkeit der Instrumente, Isolierbarkeit von Interaktionseffekten, Abwesenheit von Beharrungseffekten oder Wirkungsverzögerungen und anderen Ausstrahlungseffekten usw.) gegenüber. Meist setzen sie auch voraus, daß die Wirkungsfunktionen der einzelnen Marketinginstrumente bekannt sind. Und diese Voraussetzung macht die marginalanalytischen Modelle zu tautologischen Modellen.
Ein in der (→) Mediaselektion verwendetes marginalanalytisches (→) Optimierungsmodell ist die zu den (→) Iterationsmodellen zählende (→) Incremental Analysis.

Markenbarometer
Eine meist als kontinuierliche (→) Trenduntersuchung durchgeführte (→) Befragung von Konsumenten nach den von ihnen präferierten Markenprodukten (mit Hilfe von Fragen über die zuletzt gekauften Markenartikel, über ihre Vorratshaltung, Markenzufriedenheit bzw. -unzufriedenheit usw.).
→ Markenkompaß

Markenkompaß
Eine von der Verlagsgruppe Heinrich Bauer seit 1977, 1979 und 1981 durchgeführte (→) Markt-Media-Untersuchung, die Daten über das Medienverhalten gegenüber ausgewählten (→) Publikumszeitschriften und dem Fernsehen sowie über den Besitz, Verbrauch, Anschaffungsabsichten in einer Vielzahl von Konsumbereichen liefert. Die Studie erfaßte für eine möglichst große Zahl von Produktfeldern Marktdaten und verknüpfte sie mit (→) Mediadaten. Sie ging in die 1981 vom Axel Springer Verlag und dem Heinrich Bauer Verlag gemeinsam konzipierte und initiierte (→) Verbraucheranalyse (VA) über.

Markenresonanz
→ BamS-Kommunikation

Markt-Analyse-Programm (MAP)
Ein von der Verlagsgruppe Heinrich Bauer, Hamburg, angebotener Service für Mediaplaner und Produktmanager, mit dessen Hilfe Marktpotentiale auf der Basis vorhandener (→) Markt-Media-Untersuchungen als subjektiv definierte Zielpotentiale eines Produkts oder einer Marke genau beschrieben werden können. Ausgangspunkt für die Entwicklung des Programms war die Grundüberlegung, daß es in der allgemeinen Planungspraxis üblich ist, demographische (→) Zielgruppen anhand von Überproportionalitäten zu bilden, was dazu führt, daß alle demographischen Ausprägungen, die in einer Zielgruppe gegenüber der Gesamtbevölkerung unterrepräsentiert sind, nicht berücksichtigt werden. Dadurch erhält man zwar eine sog. Kernzielgruppe, reduziert aber das gesamte vorhandene Zielgruppenpotential auf teilweise sehr geringe Bevölkerungsanteile.
Die Programmversion kann mit der Datenvielfalt der Untersuchungen (→) Media-Analyse (MA), (→) Verbraucher-Analyse (VA) und (→) Markenkompaß eingesetzt werden. Alle

Informationen dieser Untersuchungen können als Basis (Zielgruppe), als Zielgruppenmerkmale (Tabellenkopf) oder als Aufgliederungen (vertikal) eingegeben werden: wie z. B. Verwendermerkmale, (→) demographische Merkmale, Freizeitinteressen, psychologische Statements.
Verknüpfungen mehrerer Ausprägungen miteinander sind sowohl im Zielgruppenmerkmal wie in der Aufgliederung möglich. Auch die Basis (Zielgruppe) kann aus allen verfügbaren Dateien definiert werden. Verknüpfungen mehrerer Informationen miteinander sowie die Verrechnung von Personengewichten sind möglich. Medien sind ebenfalls zählbar – allerdings nur als Aufgliederung und ohne Verknüpfungen.

Marktdurchdringung
Im Sinne der (→) AMF-Karten 3, Ziffer 19 die Angabe, mit wievielen Exemplaren eine (→) Fachzeitschrift bestimmte Branchen, Wirtschaftszweige oder Fachrichtungen erreicht bzw. abdeckt. Das AMF-Schema sieht zwei Versionen vor:

1. für eindeutig auf bestimmte Branchen ausgerichtete und/oder personenorientierte Fachzeitschriften

2. für Fachzeitschriften, bei denen eine Untergliederung nach Wirtschaftsstufen (Hersteller, Verarbeiter, Handel etc.) relevant ist.

Markt-Mechanik
Eine aus vier Einzeluntersuchungen bestehende Serie von Analysen der ökonometrischen Marketingforschung im Auftrag von „Hörzu“ und „Funk Uhr“ der Axel Springer Verlag AG, Hamburg, die 1974 (Markt-Mechanik I), 1975 (Markt-Mechanik II), 1976 (Markt-Mechanik III) und 1977 (Markt-Mechanik IV) durchgeführt wurden. (Spätere Aktivitäten des Verlags auf diesem Gebiet wurden nicht veröffentlicht). Markt-Mechanik I lieferte beispielsweise die Marktbewegungen von 225 Marken aus 32 Produktbereichen. Als Werbeparameter gingen Daten von S + P, Gesellschaft für Werbestatistik, in die Berechnungen ein. Die werblichen Aktivitäten wurden getrennt für die vier Gruppen Publikumszeitschriften, Werbefernsehen, Tageszeitungen und Hörfunk erarbeitet. Der Marketing-Parameter Preis errechnete sich als durchschnittlich bezahlter Endverbraucherpreis aus dem Wert pro Mengeneinheit. Zur Verrechnung der Daten wurde die non-lineare (→) multiple Regressionsanalyse herangezogen. Sämtliche Daten wurden für die Marken innerhalb jeder Produktgruppe relativiert: als Marktanteil, Anteil an den Werbeaufwendungen und als Preisindex.
Die Analyse hatte das Ziel festzustellen, wie die neue Marktstellung einer Marke abhängig ist von der alten Marktstellung, den werblichen Aktivitäten in den vier Media-Gattungen und der Preisstellung der Marke. Mathematisch ausgedrückt ging es darum, die unbekannten Gewichte b_1 bis b_6 und die Exponenten a_1 bis a_6 dieser Gleichung so zu lösen, daß die Gleichung für alle Marken und alle Quartale optimal stimmt:

$$\begin{aligned}\text{Marktanteil im Quartal } t = {} & b_1 - (\text{Marktanteil im Vorquartal } t-1)\ a_1 \\ & + b_2 - (\text{rel. Zeitschriften-Etat})\ a_2 \\ & + b_3 - (\text{rel. Werbefernseh-Etat})\ a_3 \\ & + b_4 - (\text{rel. Tageszeitungs-Etat})\ a_4 \\ & + b_5 - (\text{rel. Hörfunk-Etat})\ a_5 \\ & + b_6 - (\text{rel. Preis})\ a_6 \\ & + \text{Niveaukonstante}\end{aligned}$$

Das a-Gewicht gibt zusätzlich an, ob der jeweilige Einfluß einer Sättigung unterliegt oder nicht. Die Untersuchung zeigte, daß die Effizienz der 4 Mediagattungen stark von der Etathöhe abhängt. Bei sehr kleinen Etats ist die Wirkungs-Kosten-Relation der elektronischen Medien sehr günstig. Bei mittleren und hohen Etats unterliegt die Wirkung der Hörfunk- und Fernseh-Werbung jedoch einem erheblichen Sättigungseffekt. Höhere Aufwendungen bringen kaum noch höhere Wirkungen. Dieser Sättigungseffekt kann bei den zwei Pressemedien nicht beobachtet werden, wie sich deutlich in der Graphik auf Seite 351 oben zeigt.

Für Marktmechanik II wurde der Untersuchungszeitraum auf 1975 ausgedehnt. Die verrechneten Marketing-Variablen wurden erweitert. Neben der Preisstellung der Marke berücksichtigte die Untersuchung auch aktuelle Preisveränderungen. Weiterhin fand in diese Berechnung die Distribution Eingang.
Wiederum wurden sämtliche Daten für die einzelnen Marken innerhalb jedes Produktfeldes relativiert. Die Distribution durfte nun nicht einfach als weiterer additiver Einflußfaktor an die Gleichung angehängt werden; denn sie wirkt nicht isoliert, sondern in Kombination mit anderen Einflüssen. Von ihr hängt offenbar der Effekt der Werbung insbesondere ab. Ohne Distribution ist die Wirkung von Werbung gleich Null. Maximal kann der werbliche Effekt erst bei maximaler Distribution sein. Deswegen wird der Distributionsanteil direkt mit den

Die Effizienz der Mediagattungen

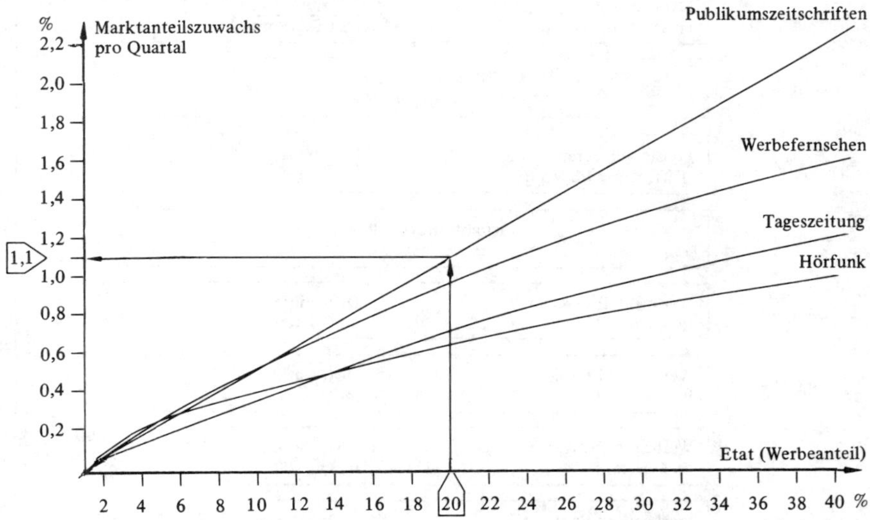

Ablesbar ist der Marktanteilszuwachs pro Quartal, der bei unterschiedlichen Etathöhen durch die Mediagattungen erzielbar ist. Beispielsweise lassen sich in Publikumszeitschriften mit 20% Werbeanteil 1,1 Marktanteils-Prozente bewegen (Pfeile). 20% Werbeanteile entsprechen in der Branche mit 5 Mio DM Werbeaufwand pro Quartal einem Etat von 1 Mio DM pro Quartal.

Werbeanteilen der einzelnen Medien verrechnet (siehe die Darstellung rechts oben auf Seite 352).

Neben diesem Globalansatz über die Ergebnisse aller untersuchten Marken hinaus hat Marktmechanik II erstmalig produktfeld-spezifische Analysen durchgeführt. Für jede dieser einzelnen Analysen standen entsprechend weniger Marken zur Verfügung, um die Unbekannten des Gleichungssystems zu lösen.

Markt-Media-Analyse *(Markt-Media-Untersuchung)*
Eine Konsumentenbefragung, die als (→) Single-Source-Untersuchung sowohl Daten zur (→) Mediennutzung wie zum (→) Konsumverhalten bzw. zu Konsum und Besitz erhebt. Zu den bekanntesten Markt-Media-Analysen in der Bundesrepublik zählen (die einzelnen Untersuchungen sind unter ihrem jeweiligen Titel in diesem Buch näher beschrieben): die Allensbacher Werbeträger-Analyse (AWA), die Media-Analyse (MA), die Verbraucheranalyse (VA), die Typologie der Wünsche (TdW), die Kommunikationsanalyse, die Schüler-Media-Analyse, die Funktionsanalyse, die LAE, Gehobene Zielgruppen, Absatzpotential Mittelstand, Mittelständische Zielgruppen, Persönlichkeitsstärke, Markenprofile, Kaufeinflüsse, Zuständigkeiten sowie in der Schweiz die Media-Studie (MS) und in Österreich die RollMA.

Marktpotential
→ Mediaselektionsmodelle

Marriaging *(Marriaged Samples)*
→ Fusion

maschinelle Datenaufbereitung
Die in der heutigen Markt-, (→) Media- und Sozialforschung übliche und in der Regel vollkommen an die Stelle der (→) manuellen Datenaufbereitung getretene Aufbereitung entweder mit Hilfe von Lochkarten oder anderen Datenträgern, die für den Einsatz von EDV-Anlagen geeignet sind.

Massenkommunikation
Nach Morris Janowitz und Robert Schulze ist Massenkommuniktion als Sonderfall der (→) Kommunikation ein „Vorgang, in dem spezielle soziale Gruppen technische Vorrichtungen anwenden (Presse, Funk, Rundfunk, Fernsehen), um einer großen, heterogenen und weit-

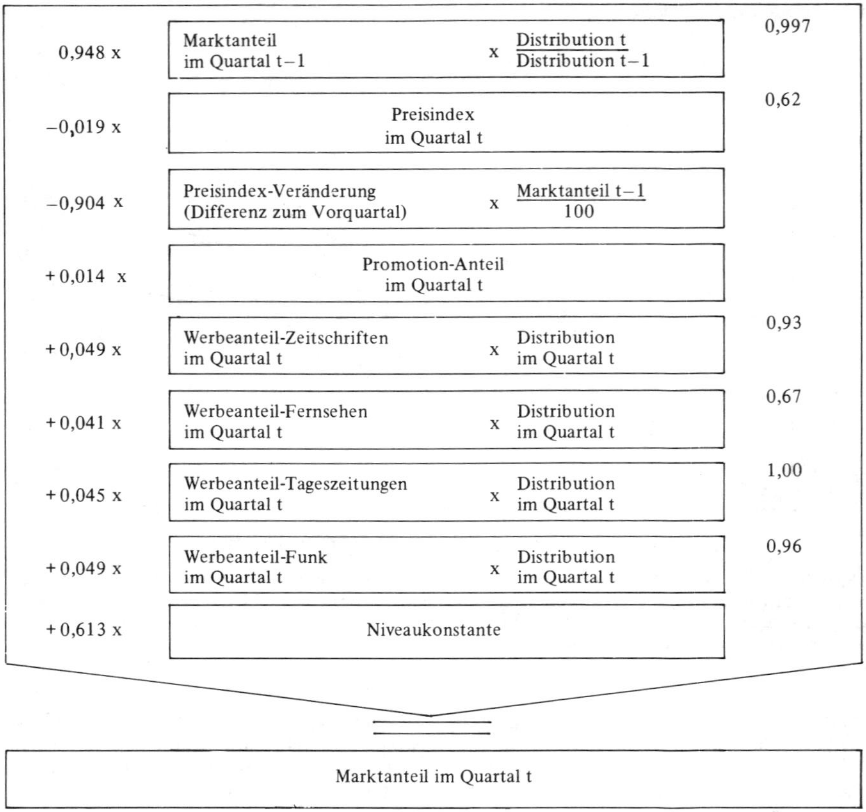

verstreuten Zahl von Menschen symbolische Gehalte zu vermitteln". Alphons Silbermann definiert etwas umfassender Massenkommunikation als „die quantitativ große Verbreitung gleichlautender Inhalte an Einzelne und quantitativ große, heterogene Gruppen der Gesellschaft mit Hilfe der Techniken der Kollektivverbreitung, die als (→) Massenmedien bezeichnet werden". Im Gegensatz zu dem in der amerikanischen (→) Kommunikationsforschung verbreiteten, an Talcott Parsons anknüpfenden funktionalistischen Verständnis des Kommunikationsprozesses, in dessen Mittelpunkt der Kommunikator, der Kommunikationskanal und der Kommunikant stehen, das den systemstabilisierenden Charakter der Massenkommunikation betont, ist in der Bundesrepublik von der Frankfurter Schule und vor allem von Theodor W. Adorno lange der Fetischcharakter des massenkommunikativen Marktes, seine Kommerzialisierung von Kulturgütern und die Erzeugung von Konsumkultur als Ideologie betont worden.

Die (→) Wirkungsforschung hat eine Vielzahl von Modellen des Prozesses der Massenkommunikation entwickelt, von denen viele noch nicht empirisch als abgesichert angesehen werden können. Generell akzeptiert ist der Übergang von den frühen Modellen des (→) Ein-Stufen-Flusses zu denen des (→) Mehr-Stufen-Flusses bzw. des (→) Zwei-Stufen-Flusses oder auch des (→) Zwei-Zyklen-Flusses der Kommunikation.

Massenkommunikationsforschung
→ Kommunikationsforschung

Massenkommunikationsmittel
→ Massenmedien

Gegenüberstellung Markt-Mechanik I bis Mark-Mechanik IV			
Markt-Mechanik I	Markt-Mechanik II	Markt-Mechanik III Reiniger-Spezialanalyse	Markt-Mechanik IV Zahncreme-Spezialanalyse
Untersuchte Produktbereiche:	Untersuchte Produktbereiche:	Untersuchte Produktbereiche:	Untersuchter Produktbereich:
Haushaltsreiniger Geschirrspülmittel Vollwaschmittel Feinwaschmittel Weichspüler Seife Haarfestiger Haarkuren Haarspray Haarwaschmittel Badezusätze Zahnpflege Deos Kaffee-Extrakt Röst-Kaffee Kakao Vogelfutter Hundefutter Katzenfutter Schokolade Pralinen Margarine Weichkäse Fruchtsäfte Sekt Rum Likör Kräuterspirit. Whisky Klare Schnäpse Weinbrand Wermut	Haushaltsreiniger Geschirrspülmittel Vollwaschmittel Feinwaschmittel Weichspüler Seite Haarfestiger Haarkuren Haarspray Haarwaschmittel Badezusätze Zahnpflege Deos Kaffee-Extrakt Röst-Kaffee Kakao Vogelfutter Hundefutter Katzenfutter Schokolade Margarine Sekt Rum Kräuterspirit. Klare Schnäpse Weinbrand	Vollwaschmittel Feinwaschmittel Geschirrspülmittel Haushaltsreiniger	Zahncreme
Untersuchungszeitraum 4 Quartale 1974	Untersuchungszeitraum: 6 Quartale 1974 und 1975	Untersuchungszeitraum: 30 Bimonate 1974 bis 1978	Untersuchungszeitraum: 20 Bimonate 1977 bis 1980
Untersuchte Marketingvariablen:	Untersuchte Marketingvariablen:	Untersuchte Marketingvariablen:	Untersuchte Marketingvariablen:
Werbeanteile Mediamix Preisstellung G + I-Marktanteile	Werbeanteile Mediamix Preisstellung Preisveränderung Promotionsanteile Distribution G + I-Marktanteile	Werbe-DM Mediamix Preisstellung Preisveränderung Distribution Nielsen-Marktanteilsveränderungen	Werbe-DM Mediamix Preisstellung Preisveränderung Distribution Einkaufsanteil beim Handel G + I-Marktanteilsveränderungen
Analyseumfang:	Analyseumfang:	Analyseumfang:	Analyseumfang:
Gesamt-Analyse über alle Produktbereiche hinweg	1) Gesamt-Analyse für alle Produktbereiche 2) Einzelanalysen für – Reiniger – Waschmittel – Körperpflege Gesamt – Körperreiniger – Haarpflege – Alkohol. Getränke – Nahrungsmittel – Tiernahrung	Gesamtanalyse über alle Reiniger-Marken mit Berücksichtigung marken- und produktfeldspezifischer Besonderheiten	Gesamtanalyse über 10 Zahncrememarken mit Berücksichtigung markenspezifischer Besonderheiten

Massenmedien

Die Massenmedien sind die Kommunikationsmittel des Prozesses der Massenkommunikation, d. h. die technischen Mittel zur Verbreitung der Massenkommunikation wie (→) Fernsehen, (→) Radio, (→) Neue Medien, Schallplatten, Tonbandgeräte, (→) Videorecorder und andere (→) Videogeräte, (→) Film, (→) Zeitungen, (→) Zeitschriften, Bücher, (→) Plakate, (→) audiovisuelle Medien usw., kurz: alle Einrichtungen, die bei der (→) Massenkommunikation zur Vermittlung oder Übertragung von Aussagen an ein disperses Publikum als Mittel der Kollektivverbreitung eingesetzt werden (siehe Abb.).

Maßstäbe für Kontaktqualität

Eine von den Programmzeitschriften „Hörzu" und „Funk Uhr" in Zusammenarbeit mit der Gesellschaft Werbeagenturen (GWA) 1984 abgeschlossene Validierungs- und Vermessungsstudie zum Thema (→) Kontaktqualität von Werbeträgern, deren Ziel es ist, den Praktikern ein einheitliches, umfassendes Untersuchungsinstrument an die Hand zu geben. Das mit dieser Untersuchung neu geschaffene Meßinstrument besteht aus acht Merkmalen:

Feststellung der (→) Zuwendung:

1. „In dieser Zeitschrift lese ich gewöhnlich alle Beiträge"

2. „Ich würde notfalls viel Mühe aufwenden, um jede Ausgabe dieser Zeitschrift zu erhalten."

3. Nähe zur Zeitschrift
ein Merkmal der (→) Leser-Blatt-Bindung nach der Skala: Zeitschrift „steht mir sehr nahe" bis „ist mir sehr fern".

4. (→) **Lesemenge**
konkret für die letzte ausgelesene Ausgabe erfragt nach der Skala: „keinen Beitrag genauer angesehen, nur ganz wenige, ein Viertel aller Beiträge" bis „(fast) alle Beiträge".

Systematik der Massenmedien

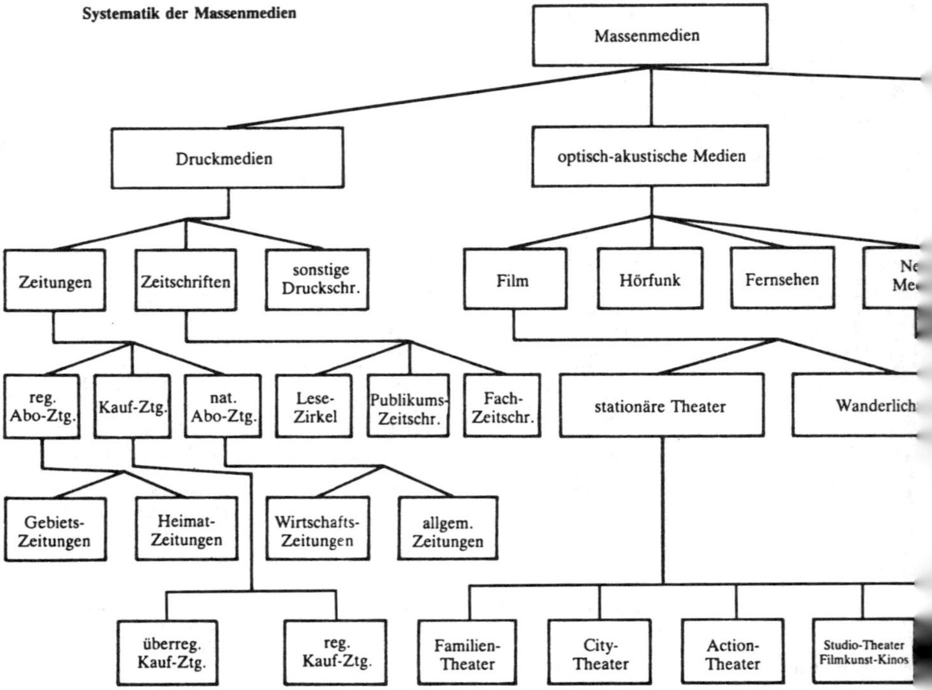

Massenstreuung

Eine von zwei alternativen (→) Streuarten, die im Gegensatz zur (→) Auswahlstreuung in der undifferenzierten Streuung der Werbemittel an einen großen Personenkreis besteht.
→ Allgemeinstreuung

Maßkorrelation

→ Korrelation; *vgl.* Rangkorrelation

5. (→) Seiten-Mehrfachkontakte
konkret für die letzte gelesene Ausgabe erfragt nach der Skala: „keine Seite genauer" bis „viele Seiten mehr als zweimal".

6. Feststellung der Aufgeschlossenheit gegenüber Werbung
„Werbung ist meist recht unterhaltsam"

7. „Werbung ist eigentlich ganz hilfreich für den Verbraucher".

8. Produkt-Interesse und Produkt-Verwendung

Diese zu einer großen Qualifizierung führenden Merkmale, die sich als gültig und brauchbar zur Differenzierung unterschiedlicher Grade von Kontaktqualität erwiesen haben, sind Grundlage der Analyse aller erfragten Daten. Mit diesen sieben Merkmalen können auch die vier für die unterschiedliche Anzeigennutzung maßgeblichen Bereiche abgedeckt werden:

1. Ausführlichkeit der Beitragsnutzung in den Zeitschriften
2. Werbeaufgeschlossenheit
3. Leser-Blatt-Bindung
4. Seiten-Mehrfachkontakte.

Erst die Kombination dieser Merkmale stellt sicher, daß den zum Teil sehr unterschiedlichen Vorzügen einzelner Titel in gerechter Weise Rechnung getragen wird.

In der Studie wurde die (→) Validität (Gültigkeit) von 18 verschiedenen kontaktqualifizierenden Merkmalsbereichen untersucht; da einzelne dieser Bereiche sich auf eine größere Zahl von Testitems stützen (der (→) Zuwendungs-Index z. B. auf 12 Einzelstatements; die Werbeaufgeschlossenheit wird mit 5 unterschiedlichen Aspekten abgefragt) wurden insgesamt 34 verschiedene qualifizierende Merkmale erhoben. Nicht alle diese Merkmale erwiesen sich als in gleicher Weise geeignet, Kontaktqualität zu erfassen oder wichtige Aspekte zu beschreiben. Zwei Merkmale mußten aus methodischen Gründen (Mängel der Erhebungstechnik) ausgeschieden werden.

Andere stehen in keiner statistisch signifikanten oder in einer unstetigen und widersprüchlichen Beziehung zu den Kriterien der Werbemittel-Beachtung oder sie erwiesen sich als nicht mediengerecht, weil sie bei unterschiedlichen Titeln teilweise Gegensätzliches messen. Unter den validen, widerspruchsfreien und mediengerechten Merkmalen erwiesen sich einzelne entweder bei allen Titeln oder zumindest bei einzelnen Titeln als wirksame Instrumente, um wichtige Aspekte von Kontaktqualität zu erfassen. Andere unter den validen und mediengerechten Merkmalen dagegen erwiesen sich als vergleichsweise nur wenig wirksam, entweder weil ihre Beziehung zu den Kriterien der Werbemittel-Beachtung zu schwach ausgeprägt ist,

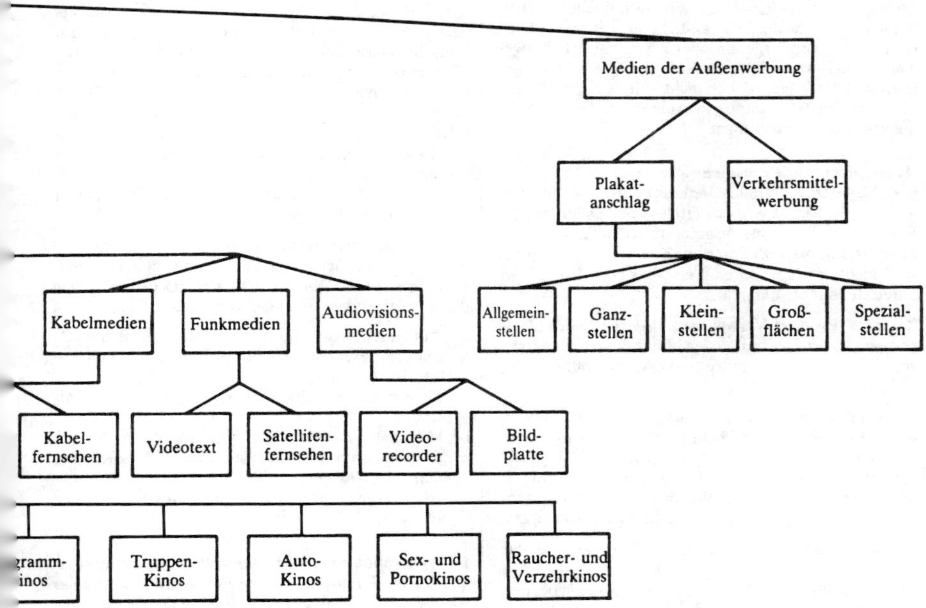

oder weil andere qualitifzierende Merkmale dieselben Aspekte von Kontaktqualität besser zu erfassen gestatten.
Für die mangels methodischer Verläßlichkeit, mangels Validität, wegen Widersprüchen oder aus Gründen der Medien-Ungerechtigkeit ausgeschiedenen Merkmale und für die weniger wirksamen und deshalb beiseitegelegten Merkmale wurden die folgenden Begründungen dafür, weshalb sie im weiteren zur Bestimmung von Kontaktqualität nicht herangezogen werden konnten, im Methodenbericht der Studie angeführt:

I. Als derzeit wegen Problemen der Erhebungstechnik nicht einsetzbar, wurden ausgeschieden:
(→) **Lesetage** und das von einer korrekten Ermittlung der Lesetage abhängige Merkmal **Lesen an bestimmten Wochentagen** und die z. B. mit dem Lesen am Wochenende eventuell verbundenen emotionalen Aspekte. Es wurde in der 1. Erhebungswelle der Studie versucht, die in bestehenden Erhebungsmodellen auftretenden Probleme der Lesetag-Erhebung zu lösen. Dies ist mit einer von insgesamt vier geprüften Erhebungsweisen auch weitgehend, jedoch nicht vollständig gelungen. Es erschien daher nicht sinnvoll, ein derzeit nach wie vor fehlerhaftes Instrument in die Kontaktqualifizierung einzubringen.

II. Als nicht valide erwiesen sich:
(→) **Affinität**: Affinität ist definiert durch das Verhältnis von (→) Reichweite des Titels in der Zielgruppe zu Reichweite des Titels insgesamt. **Affinität bei nach Produkt-Interesse** definierten Zielgruppen differenziert nicht in brauchbarer Weise zwischen Kontakten unterschiedlicher Qualität.

Bei nach Produkt-Verwendern differenzierten Zielgruppen erweist Affinität sich ebenfalls als ein Merkmal, dem die Beziehung zur (→) Anzeigenbeachtung völlig fehlt.

Wird Affinität auf die Zielgruppe der Intensiv-Verwender von Produkten bezogen, dann zeigt sich zwar eine stetige Beziehung zur Anzeigenbeachtung. Sie verläuft allerdings in einer dem Konzept der Affinität genau entgegengesetzten Richtung: Je höher die Affinität, desto geringer wird die Beachtung der Anzeigen.

Nutzungsphasen, (→) Lesephasen, im Verlaufe der Lektüre einer Ausgabe. Untersucht wurde in allen drei Versionen jeweils die Beachtung der Anzeigen bei den Personen der Zielgruppe.

Das Einzelstatement „Werbung gibt manchmal recht nützliche Hinweise über neue Produkte“ aus dem Bereich der Werbeaufgeschlossenheit: Dieses Statement steht in einer unstetig-widersprüchlichen und medienungerechten Beziehung zur Anzeigenbeachtung.

III. Als nicht mediengerecht erwiesen sich:
Z-Werte der (→) **Zuständigkeit:** Dieses Merkmal erwies sich medienungerecht und zeigte bei unterschiedlichen Titeln jeweils völlig andere, einander widersprechende Beziehungen zur Werbemittelbeachtung.

(→) **Bedürfnisspannung:** Unbeschadet der Verwendung von Bedürfnisspannung als Zielgruppenmerkmal erwies sich Bedürfnisspannung zur Kontaktqualifizierung als nicht geeignet. Es ergaben sich teils U-förmig-konkave, teils gegensinnig verlaufende oder konvexe Beziehungen zur Werbemittel-Beachtung. Das Merkmal erwies sich daher als medienungerecht. Personen mit niedriger Bedürfnisspannung wiesen zusätzlich vielfach eine bessere Werbemittel-Beachtung auf als Personen mit mittlerer Bedürfnisspannung.

Lesefrequenz, (→) Lesehäufigkeit: Die Lesefrequenz nach Lesefrequenz-Skala ermöglichte keine allen Titeln in gleicher Weise gerecht werdende Bewertung von Kontaktqualität.

(→) **Zuwendungs-Index:** Hierzu wurde zwischen dem Zuwendungs-Index und den Ergebnissen bei den einzelnen zwölf Zuwendungs-Statements unterschieden, auf die der Index sich stützt. Der Zuwendungs-Index erwies sich als wenig wirksam zur Differenzierung unterschiedlicher Grade der Anzeigenbeachtung. Die Ursache dafür liegt in zahlreichen Unstetigkeiten der Beziehungen zwischen Zuwendungs-Index und den Kriterien der Anzeigen-Beachtung. Außerdem sackte häufig der positive Pol, der stärkste Zuwendung zur Zeitschrift ausdrücken soll, in den Kriterien der Anzeigenbeachtung ab. Dies kann zu einer wesentlichen Fehlbewertung von Titeln führen. Titel mit größerem Anteil von Lesern mit sehr hohem Zuwendungs-Index würden hinsichtlich ihre Kontaktqualität überbewertet. Leser mit besonders hohem Zuwendungs-Index wiesen mehrfach nämlich nicht die höchste Anzeigen-Beachtung auf, sondern beachteten Anzeigen weniger als Leser mit geringerem Zuwendungs-Index.

Einzel-Statements der Zuwendung:
Als widersprüchlich und medienungerecht in ihren Beziehungen zur Werbemittel-Beachtung erwiesen sich die nachfolgenden Statements der Zuwendung:

- „Auf diese Zeitschrift könnte ich leicht verzichten.“
- „Für das Lesen dieser Zeitschrift muß man sich einfach Zeit nehmen.“
- „Es gibt andere Zeitschriften, die mir lieber sind als diese.“
- „Mich hat diese Zeitschrift noch nie enttäuscht.“
- „Es gibt in dieser Zeitschrift häufig Beiträge, die mich noch lange beschäftigen.“
- „Ich bin längst nicht mit allem einverstanden, was diese Zeitschrift bringt.“

IV. Als valide und medien-gerecht, jedoch im Vergleich zu anderen qualifizierenden Merkmalen weniger wirksam zur Erfassung der Werbemittel-Beachtung und zur Differenzierung unterschiedlicher Kontaktqualität erwiesen sich:

Einzel-Statements der Zuwendung:

- „Beim Lesen dieser Zeitschrift brauche ich Ruhe und möchte dabei nicht gestört werden.“
- „Ich bin immer gespannt auf die neue Ausgabe dieser Zeitschrift.“
- „Diese Zeitschrift enthält häufig Beiträge, die Gesprächsstoff liefern.“
- „Diese Zeitschrift bringt mir die Informationen, die ich von einer guten Zeitschrift dieser Art verlange.“

Leseort: erwies sich u. a. auch deshalb im Rahmen der einbezogenen Merkmale als weniger wirksames qualifizierendes Merkmal, weil die vom Leseort erfaßte Differenzierung von Kontaktqualität redundanterweise von anderen Merkmalen, wie Lesemenge, Seiten-Mehrfachkontakt u. ä. erfaßt, von diesen Merkmalen aber nachhaltiger zum Ausdruck gebracht wird.
Statements der Werbeaufgeschlossenheit: „Die Werbung im Fernsehen finde ich eigentlich ganz unterhaltsam" und „Ich sehe mir eigentlich ganz gern Anzeigen in Zeitschriften an". Alle fünf in die Untersuchung einbezogenen Statements zum Thema Werbeaufgeschlossenheit wiesen untereinander vergleichsweise hohe (→) Korrelationen auf. Jene Merkmale, welche die ausgeprägtesten Beziehungen zur Beachtung von Anzeigen aufweisen, erwiesen sich naturgemäß als wirksamer im Vergleich zu den übrigen. Aus diesem Grunde schieden die beiden zuvor aufgeführten Statements der Werbeaufgeschlossenheit aus der weiteren Analyse aus.
Haupt-Nutzer der Zeitschrift, (→) Hauptleser
Heftherkunft, (→) Bezugsart
Heft-Mehrfachkontakte, (→) Mehrfachkontakt
P-Wert des Produktinteresses: Im Gegensatz zum personenbezogenen Wert des Produkt-Interesses gibt der P-Wert das titelspezifische, über alle Leser gemittelte Produkt-Interesse einer Leserschaft für jedes einzelne betrachtete Produkt an, in etwa analog zu den Z-Werten der Zuständigkeit. Der P-Wert ist ein valides, aber vergleichsweise nur schwach wirksames qualifizierendes Merkmal.

Als Aktualisierung der „Maßstäbe für Kontaktqualität" entstand zwei Jahre später die gemeinsam von der GWA und 24 Verlagen getragene Untersuchung „Kontaktqualität 86 Plus". Die neue Kontaktqualitäts-Studie basiert auf 10.000 Fällen und umfaßt eine Liste von 100 Titeln. Durch die Anbindung an die (→) Verbraucher-Analyse (VA) 86 steht faktisch für Zählungen eine Gesamtdatei, bestehend aus „Kontaktqualität 86 Plus" und VA 86, zur Verfügung. Damit sind die Erhebungsinhalte beider Untersuchungen erfaßt und ermöglichen dem Mediaplaner Kontaktqualitäts-Zählungen in allen VA-Zielgruppen. Gezählt werden können alle Zeitschriften aus dem Codeplan der VA 86, (→) Programm-Supplements, „Bild", „Süddeutsche Zeitung" und alle Kombinationen zur Studie. Es besteht volle Methodenidentität mit „Maßstäbe für Kontaktqualität 84".
Anhand der kontaktqualifizierenden Kriterien werden kontaktqualifizierende Bewertungen pro Titel und Mediaplan möglich: Rangreihung und Evaluierung nach Qualitäts-Index, Rangreihung und Evaluierung nach qualitätsgewichteter Wirtschaftlichkeit, Zusammensetzung nach Kontaktqualitäts-Gruppen sowie Zusammensetzung nach Einzelkriterien der Kontaktqualität.
„Kontaktqualität 86 Plus" hat anhand von sieben Statements erhoben, wie intensiv die einzelnen Titel genutzt werden und wie die (→) Einstellung ihrer Leser zu ihnen und zur Werbung ist. Die Ergebnisse fließen ein in den Kontaktqualitäts-Index (in den die Ergebnisse aus den in der 1984 durchgeführten Studie validierten ersten sieben kontaktqualifizierenden Statements einfließen). Er kann errechnet werden für die drei Kriterien: Anzeige gesehen – Marke beachtet – Anzeigentext gelesen (die Hälfte und mehr).

Maßzahlen

Als Maßzahl bezeichnet man in der Statistik jedwede reellwertige Funktion einer Datenmenge, durch die eine Vielzahl von statistischen Einzeldaten zusammenfassend abgebildet werden kann. Zu den wichtigsten statistischen Maßzahlen zählen die (→) Mittelwerte (Maße der zentralen Tendenz), (→) Streuungsmaße, die (→) Momente, die Maßzahlen der (→) Schiefe, die (→) Konzentrationsmaße, die Maßzahlen der (→) Wölbung und die (→) Verhältniszahlen, (→) Kennzahlen.

Master Sample

→ Ausgangsstichprobe

Matched Groups

→ Parallelisierung

Matched Samples

→ parallelisierte Stichproben

Matching

→ Parallelisierung

mathematische Programmierung

Zu den im Rahmen der mathematischen Programmierung entwickelten Entscheidungsmodellen, die auch in einigen Bereichen des Marketing und der Marktforschung, z. B. bei der Bestimmung des Marketing-Mix oder in (→) Mediaselektionsmodellen, Verwendung finden, zählt vor allem die (→) lineare Programmierung sowie die nichtlineare Programmierung und die dynamische Programmierung.

Matrix

In der Mathematik eine Form der Darstellung für n Größen, die m lineare Beziehungen haben, in einem rechteckigen Zahlenschema. Die Zahlen in den Zeilen der Matrix heißen Zeilenvektoren, die in den Spalten Spaltenvektoren. Matrizen werden in vielen Bereichen der Markt- und Sozialforschung verwendet, so z. B. als (→) Datenmatrizen, als Entscheidungsmatrizen, in der (→) Faktorenanalyse, in der (→) Kontingenzanalyse, der (→) Korrelationsanalyse usw.

Maximum-Likelihood-Methode *(Methode der größten Dichte)*
Ein von R. A. Fisher entwickeltes Verfahren der (→) Punktschätzung in der Statistik, das anstelle der (→) Momentenmethode vorwiegend in der Ökonometrie, mitunter auch in der Marktforschung verwendet wird. Anders als bei den meisten anderen (→) Schätzverfahren wird hierbei nicht vom (→) arithmetischen Mittel, sondern vom (→) häufigsten Wert (Modus) einer (→) Häufigkeitsverteilung ausgegangen. Grundgedanke des Verfahrens ist die Bestimmung der gesuchten (→) Parameter in einer Weise, daß die Wahrscheinlichkeit für das Eintreten der beobachteten Stichprobenwerte ein Maximum erreicht, weil anzunehmen ist, daß ein realisierter Wert einer Zufallsvariablen ein Wert großer Wahrscheinlichkeit ist. Das Verfahren steht in engem Zusammenhang mit der (→) Methode der kleinsten Quadrate.
Wird also aus einer sehr großen (→) Grundgesamtheit ($N \to \infty$) eine (→) Stichprobe von n Elementen gezogen, so ist zu klären, wie groß die Wahrscheinlichkeit dafür ist, daß x Elemente ein bestimmtes Merkmal aufweisen, wenn die Wahrscheinlichkeit des Auftretens dieses Merkmals gleich p und unbekannt ist.
Die Formel für die (→) Binomialverteilung ist dann eine Funktion von p, nämlich L(p):

$$L(p) = \binom{n}{x} p^x (1-p)^{n-x}.$$

Diese Funktion gibt die Mutmaßlichkeit an. Die beste Schätzung von p ergibt sich, wenn die Mutmaßlichkeit am größten ist. Um diese zu ermitteln, bildet man die erste Ableitung von L(p) nach p und setzt sie gleich Null:

$$\frac{dL(p)}{dp} = \binom{n}{x} (1-p)^{n-x-1} p^{x-1} (x-np) = 0.$$

Dieser Ausdruck ist gleich Null, wenn einer der vier Faktoren gleich Null ist:

$$\binom{n}{x} = 0 \quad \text{unmöglich}$$
$$(1-p)^{n-x-1} = 0 \quad p = 1$$
$$p^{x-1} = 0 \quad p = 0$$
$$(x-np) = 0 \quad p = \binom{x}{n}$$

Diese drei Lösungen werden in die zweite Ableitung von L(p) eingesetzt. Für p = 0 und p = 1 ist diese zweite Ableitung gleich Null. Für p = x/n aber ergibt sich ein negativer Wert. Die Funktion L(p) weist mithin für p = x/n ein Maximum auf.

maz
Abk Meldestelle für das Anzeigenwesen von Zeitschriftenverlegern e.V.

McNemar-Test
Ein parameterfreier (→) Signifikanztest zur Prüfung der Unterschiede zwischen zwei abhängigen (→) Stichproben mit Alternativmerkmalen, der sich besonders für (→) Experimente in der Zeitfolge (Before-after-Experimente) eignet, in denen dieselben Versuchspersonen vor und nach einer Experimentalhandlung (Treatment) untersucht werden, und es darum geht festzustellen, ob die beobachteten Änderungen statistisch signifikant sind. Es handelt sich bei diesem Test um eine spezielle Anwendung der (→) Chi-Quadrat-Verteilung. Prüfmaßzahl ist

$$\chi^2 = \frac{(b-c)^2}{b+c}$$

bei einem (→) Freiheitsgrad von k = 1; b und c bezeichnen dabei die Häufigkeit in den Diagonalzellen der (→) Vierfeldertafel. Die Daten für den Test brauchen nur nominalskaliert zu sein.

MDS
Abk Multidimensionale Skalierung

mechanischer Split
→ Anzeigensplitting

Media
→ Medien

Media-Abteilung
Eine vorwiegend in Full-Service-Werbeagenturen und bei größeren werbungtreibenden Unternehmen bestehende Abteilung mit den Aufgabenbereichen (→) Mediaforschung, (→) Mediaplanung, (→) Media-Einkauf und Media-Abwicklung.

Media-Agentur *(Streu-Agentur)*
Eine selbständige Werbeagentur, deren Leistungsangebot ausschließlich in der Entwicklung und Durchführung der (→) Mediaplanung für ihre Klienten besteht.

Mediaanalyse *(Werbeträgeranalyse)*
Eine systematische, sich ausschließlich (→) primärstatistischer Methoden der (→) Erhebung

bedienende Untersuchung, mit deren Hilfe durch (→) Befragungen eines (→) repräsentativen (→) Querschnitts der Bevölkerung die Struktur der Nutzer von (→) Werbeträgern und deren (→) Reichweiten untersucht werden. Sie dienen im weitesten Sinne der Analyse des Beitrags der Kommunikationskanäle zum Werbeerfolg und damit zur Beschaffung von Unterlagen für die (→) Mediaplanung. Sie werden sowohl als (→) quantitative wie als (→) qualitative Untersuchungen durchgeführt. Neben diesem Verständnis der Medienanalyen als (→) Multi-Mediaanalysen bzw. (→) Markt-Media-Analysen werden auch die Untersuchungen einzelner Werbeträger wie z. B. Tageszeitungen, Zeitschriften, Radio, Fernsehen, Film, Plakate usw. als Mediaanalysen, (→) Leseranalyse, bezeichnet.

Zu den bekanntesten kontinuierlichen Werbeträgeranalysen in der Bundesrepublik zählen die (→) Media-Analyse (MA) der (→) Arbeitsgemeinschaft Media-Analyse (AG.MA), die (→) Allensbacher Werbeträger-Analyse (AWA), die (→) Infratest-Multi-Media-Analyse (IMMA), die (→) Kundenzeitschriften-Leser-Analyse (KLA), die (→) Jugend-Media-Analyse (JMA), die (→) Leseranalyse bei Entscheidungsträgern in Wirtschaft und Verwaltung (LAE), die (→) Leseranalyse Roman- und Rätselhefte (LAR), die (→) Leseranalyse konfessioneller Blätter, der (→) Markenkompaß der Verlagsgruppe Bauer, die (→) Verbraucheranalyse (VA), die Leseranalyse Kinderpresse (LA Kinderpresse), die (→) Leseranalyse medizinischer Fachzeitschriften (LA-Med).
→ ZAW-Rahmenschema für Werbeträgeranalysen

Media-Analyse (MA) der Arbeitsgemeinschaft Media-Analyse (AG.MA)
Die größte jährlich durchgeführte (→) Mediaanalyse in der Bundesrepublik, die das (→) Medienverhalten für Zeitschriften, Tarifkombinationen, Lesezirkel, für Tageszeitungen, Radio, Fernsehen und Film in der Gesamtbevölkerung wie in ihren Teilgruppen erfaßt. Die Zielgruppen werden mit Hilfe der relevanten (→) demographischen Merkmale wie Alter, Geschlecht, Beruf, Einkommen, Religion und (→) Gemeindegröße beschrieben. Weitergehende Kriterien zur Zielgruppenqualifikation wie z. B. der Besitz von Gebrauchsgütern, Wohnsituation, Hobby- und Freizeitverhalten, Urlaub und Reisen, Einkaufsgewohnheiten werden in der MA in relativ geringerem Maße als zum Beispiel in der (→) Allensbacher Werbeträger-Analyse (AWA) oder der (→) Verbraucher-Analyse (VA) erhoben.
Träger der MA ist die (→) Arbeitsgemeinschaft Media-Analyse (AG.MA), in der alle wesentlichen Publikumsmedien, führende Werbeagenturen sowie eine Reihe von werbungtreibenden Unternehmen zusammengeschlossen sind. Die (→) Grundgesamtheit für die MA besteht aus der deutschsprechenden Wohnbevölkerung der Bundesrepublik ab 14 Jahren einschließlich deutschsprechender Gastarbeiter. Die (→) Stichprobe wird aufgrund eines Verfahrens der uneingeschränkten (→) Zufallsauswahl (Random) in den Netzen des (→) ADM-Stichprobensystems anhand eines vollstrukturierten (→) Fragebogens persönlich befragt. Grundlage der MA-Media-Daten ist die (→) Nutzungswahrscheinlichkeit für die einzelnen Medien, aus denen die Werte für den (→) Weitesten Nutzerkreis (Weitester Leserkreis), die (→) Nutzer pro Ausgabe (Leser pro Ausgabe), die (→) internen Überschneidungen und die (→) externen Überschneidungen gebildet werden.
Die jährlich veröffentlichten Berichtsbände der MA liefern alle erforderlichen Angaben für die untersuchten Medien zur Abschätzung ihrer Leistung in demographisch definierten (→) Zielgruppen, (→) Demotypen.
Das Grundmodell der MA ruht auf den drei Säulen des (→) Feldmodells, des (→) Auswertungsmodells und des (→) Erhebungsmodells.
Bis 1986 wurden sowohl die (→) Leseranalyse (LA) der (→) Arbeitsgemeinschaft Leseranalyse (AGLA) wie die MA als (→) Single-Source-Erhebung durchgeführt. Eine einschneidende Änderung dieses Grundmodells fand mit dem durch (→) Fusion von Daten aus verschiedenen (→) Stichproben möglichen Übergang zum (→) Partnerschaftsmodell einer (→) Multiple-Source-Erhebung ab 1987 statt.

Mediaanalyse Führungskräfte (MAF)
Eine erstmals 1980 durchgeführte, 1984 wiederholte (→) Leseranalyse, die die (→) Arbeitsgemeinschaft für Werbemittelforschung (WEMF) in der Schweiz durchgeführt hat. Die Untersuchung repräsentiert 128 000 Führungskräfte in der deutschen Schweiz. Sie dient dazu, anspruchsvolle (→) Zielgruppen für anspruchsvolle Güter zu selektieren und deren (→) Mediennutzungsverhalten zu analysieren.

Media-Auswahl
→ Mediaselektion

Mediabindung
→ Leser-Blatt-Bindung

MEDIAC *(Media Planning Calculus)*
Ein von John D. C. Little und Leonard M. Lodish 1969 entwickeltes heuristisch-iteratives Computerprogramm zur (→) Mediaselektion, das aus einem Marktreaktionsmodell, (→) Reaktionsfunktionen, einem (→) heuristischen Suchverfahren und einem dynamischen (→) Optimierungsprogramm besteht, das in der Lage ist, Zwischenlösungen der Subprogramme so zu verarbeiten, daß der Gewinn der Werbungtreibenden maximiert wird. Es handelt sich um ein Programm, das gegenüber einfacheren Modellen vorwiegend deskriptiven Charakters durch die Möglichkeit der Berücksichtigung einer Vielzahl von zusätzlichen Variablen und Komplexitäten vielschichtige Marketing- und Werbeaspekte eines realen Mediaproblems einzubeziehen vermag. Inputdaten sind dabei Informationen über die Werbeträger, das verfügbare Werbebudget und sowohl objektive wie subjektive Daten über die Zielgruppe. Es arbeitet mit gewichteten (→) Kontaktzahlen, (→) Gewichtung, und ist so programmiert, daß die Gewichte abnehmen, je weiter zurück der letzte Werbemittelkontakt liegt, so daß auch der Zeit- und Vergessensaspekt sowie das Timing der Einschaltungen berücksichtigt wird.
Mit Hilfe des Modells soll das Problem gelöst werden, in welchen Werbeträgern und zu welchen Zeitpunkten die Werbeeinschaltungen gemacht werden sollen. Folgende Definitionen werden verwendet:

M = Zahl der Werbeträger, die für den Mediaplan in Betracht gezogen werden.
T = Zahl der Perioden innerhalb des Planungshorizonts.
S = Zahl der Marktsegmente.
x_{jt} } 1, wenn in der Periode t eine Einschaltung im Werbeträger erfolgt, 0, wenn das nicht der Fall ist.

Es sollen die Werte für x_{jt} bestimmt werden, wobei $j = 1, \ldots, M$ und $t = 1, \ldots, T$.
Wenn eine Zielperson das Werbemittel wahrgenommen hat, hat sie (→) Kontakt mit der Werbebotschaft. Der Kontakt kann als Zufallsvariable betrachtet werden. Dabei ist

z_{ijt} = } 1, wenn die Person im Marktsegment i Kontakt mit der Einschaltung im Medium j in der Periode t hat, 0, wenn das nicht der Fall ist.

Die Wahrscheinlichkeitsverteilung von z_{ijt} wird durch die (→) Kontaktwahrscheinlichkeiten der Zielpersonen mit den Werbeträgern beeinflußt und hängt davon ab, ob in dem jeweiligen Werbeträger eine Einschaltung gemacht wird. Um dem unterschiedlichen Werbewert von Einschaltungen in den diversen Werbeträgern Rechnung zu tragen, ist es möglich, den Kontaktwert vom Werbeträger abhängig zu machen (Werbeträgergewichtung). Zusätzlich kann der Kontaktwert eines Mediums auch vom Marktsegment abhängen:

e_{ij} = Kontaktwert einer Einschaltung im Medium j, die durch eine Zielperson im Marktsegment i wahrgenommen wird.

Die Kontakte mit der Werbebotschaft führen zu einer Erhöhung des *„Kontaktniveaus"* einer Zielperson. Die Erhöhung des Kontaktniveaus einer Person in einer Periode ist die Summe der werbeträgergewichteten Kontakte in der betreffenden Periode:

$\sum_{j=1}^{M} e_{ij} z_{ijt}$ = Erhöhung des Kontaktniveaus einer Zielperson im Marktsegment i in der Periode t.

Kommt es zu keinen weiteren Kontakten in den Folgeperioden, wird angenommen, daß die Werbewirkung mit einem konstanten Bruchteil je Periode abnimmt, weil sie vergessen wird. Dieser Bruchteil ergibt sich durch die Erinnerungskonstante, die angibt, welcher Anteil des Kontaktniveaus von einer Periode zur nächsten verbleibt. Gilt also:

y_{it} = Kontaktniveau einer Zielperson im Marktsegment i in der Periode t
a = Erinnerungskonstante: der Anteil von y_{it}, der von einer Periode zur anderen verbleibt $0 \leqslant a < 1$,

dann ergibt sich für das Kontaktniveau:

$$y_{it} = \alpha y_{1,t-1} + \sum_{j=1}^{M} e_{ij} z_{ijt}$$

Die *gesamte Marktreaktion* R ergibt sich durch die Addition des realisierten Umsatzpotentials aller Zielpersonen für alle Marktsegmente und Perioden. Gilt also:

n_i = Zahl der Personen im Marktsegment i;
w_{it} = Umsatzpotential einer Person im Marktsegment i in der Periode t
$r(y_{it})$ = Kontaktbewertungsfunktion: Durch sie wird der Bruchteil des realisierten Umsatzpotentials bestimmt, wenn eine Person ein Kontaktniveau von y_{it} aufweist

$E(r(y_{it}))$ = Erwartungswert für den Bruchteil des realisierten Umsatzpotentials einer Zielperson des Marktsegments i und dem Kontaktniveau y_{it}

$w_{it}\, E(r(y_{it}))$ = durchschnittlich realisiertes Umsatzpotential je Person im Marktsegment i zum Zeitpunkt t

S = Anzahl der Marktsegmente

T = Anzahl der Perioden innerhalb des Planungshorizontes,

so ergibt sich die gesamte Marktreaktion R:

$$R = \sum_{i=1}^{S} \sum_{t=1}^{T} n_i\, w_{it}\, E(r(y_{it}))$$

Die (→) Kontaktwahrscheinlichkeit einer Person des Marktsegmentes i mit dem Werbeträger j in der Periode t ($P_{j/it}$) ermittelt man nach der Formel:

$$P_{j/it} = g_{j/i}\, S_{jt}\, h_j\, x_{jt},$$

Darin bedeuten:

$g_{j/i}$ = Reichweite des Werbeträgers j im Marktsegment i, definiert als der Anteil der Personen des Marktsegmentes i, der im Jahresdurchschnitt zur Nutzerschaft des Werbeträgers j gehört

S_{jt} = Saisonindex der Reichweite des Werbeträgers j der Periode t. Der jährliche Durchschnittswert beträgt 1

h_j = Kontaktwahrscheinlichkeit, daß eine Person, die zur Nutzerschaft des Werbeträgers j gehört, Kontakt mit einer Einschaltung in diesem Werbeträger hat

x_{jt} = 0/1-Variable, die anzeigt, ob eine Einschaltung gemacht wird oder nicht.

Für die Wahrscheinlichkeit (→) externer Überschneidungen, also die Wahrscheinlichkeit, daß eine Person im Marktsegment i sowohl durch den Werbeträger j in der Periode t wie den Werbeträger k in der Periode s erreicht wird ($P_{jk/its}$), ergibt sich:

$$P_{jk/its} = g_{jk/i}\, S_{jt}\, S_{ks}\, h_j\, h_k\, x_{jt}\, x_{ks}.$$

Darin bedeutet:

$g_{jk/i}$ = Überschneidung im Segment i, also der Anteil der Personen im Segment i, der im Jahresdurchschnitt sowohl durch den Werbeträger j wie k erreicht wird.

Die Wahrscheinlichkeiten für einen Kontakt mit j und k werden als stochastisch unabhängig betrachtet. Wegen des Umfangs, den diese segmentweise Berechnung und Speicherung der Überschneidungen mit sich bringt, wurde ein Näherungsverfahren entwickelt, das im wesentlichen darauf beruht, daß die insgesamt zwischen zwei Werbeträgern stattfindende Überschneidung mit Hilfe von empirisch ermittelten Konstanten in segmentspezifische Überschneidungen umgerechnet wird.
Durch Einführung einer *Budgetrestriktion* ist sicherzustellen, daß das Werbebudget nicht überschritten wird: Wenn

c_{jt} = Kosten einer Einschaltung im Medium j in der Periode t

B = Gesamtbudget, das zur Verfügung steht,

dann lautet die Budgetrestriktion:

$$\sum_{j=1}^{M} \sum_{t=1}^{T} c_{jt}\, x_{jt} \leq B$$

Das Zielkriterium dieses Modells ist die Maximierung der gesamten Marktreaktion (R) bei Einhaltung der Nebenbedingung, daß das Werbebudget nicht überschritten werden darf. Da dieses Problem wegen der nichtlinearen Wirkungskurven und der ganzzahligen Größen analytisch kaum lösbar ist, haben Little und Lodish eine heuristische Suchmethode entwickelt, um gute bzw. optimale Mediapläne zu finden. Sie basiert darauf, jene Einschaltungen hinzuzufügen, die eine große zusätzliche Wirkung pro Geldeinheit erzielen und jene auszuschalten, bei denen nur eine geringe Abnahme der Wirkung pro Geldeinheit eintritt.
Der heuristische Suchprozeß läuft wie folgt ab:

1. Start mit irgendeinem Mediaplan oder auch ohne (→) Ausgangsplan.
2. Errechnung der zusätzlichen Wirkung je Geldeinheit für jede Einschaltung, die noch nicht im Plan ist. Die Einschaltung mit der größten zusätzlichen Wirkung wird ermittelt und in den Plan einbezogen.
3. Ist das Budget erschöpft?
Nein. Gehe zurück zu 2.
Ja. Gehe zu 4.
4. Errechnung der Wirkungsabnahme je Geldeinheit für jede Einschaltung, die jetzt im Mediaplan enthalten ist. Ermittlung der Einschaltung mit dem geringsten Wert dieser Relation (genannt I). Ist die Abnahme je Geldeinheit für diese Einschaltung (I) größer oder gleich der Zunahme je Geldeinheit der letzten hinzugefügten Einschaltung?
Ja. Gehe zu 5.
Nein. Ausscheidung von I. Gehe zu 3.
5. Ende.

MEDIAC berücksichtigt also Zielgruppengewichtung, (→) Mediagewichtung, (→) Kontaktgewichtung, (→) Lernen (bzw. Vergessen) und (→) Kontaktverteilung. Eine Weiterentwicklung von Lodish berücksichtigt zusätzlich auch noch die Wirkungen der Konkurrenzwerbung. Es ist mithin eines der umfassendsten Mediaselektionsmodelle.

Mediadaten
→ Media-Unterlagen

Media-Daten
Ein im zweimonatlichen Rhythmus veröffentlichter, auf den jeweils neuesten Stand gebrachter Überblick über die Anzeigen- bzw. Werbetarife von Publikumszeitschriften, Zeitungen und Anzeigenblätter, Fachzeitschriften, Funk und Fernsehen der Media-Daten-Verlagsgesellschaft, Mainz. Dieses Unternehmen stellt in größerem Zeitabstand zusätzlich auch die Tarifunterlagen für das Medium (→) Außenwerbung und für (→) Anzeigenblätter zur Verfügung.

Media-Einkauf
Eine dem kaufmännischen bzw. finanzwirtschaftlichen Arbeitsbereich in einer Werbeagentur zugeordnete Funktion ihres Leistungsangebots, deren Aufgabe im Einkauf von Werbeflächen bzw. Werbezeit in den Medien besteht und so die Vorleistungen von (→) Mediaforschung, (→) Mediaplanung und Mediaberatung umsetzt.

Media-Einsatzplan
→ Mediaplan

Media-Entbehrlichkeit
→ Leser-Blatt-Bindung

Mediaforschung *(Werbeträgerforschung)*
Die systematische, wissenschaftliche Erforschung des Beitrags von Kommunikationskanälen zum Werbeerfolg mit Hilfe von (→) Mediaanalysen und sekundärstatistischen Verfahren, deren Ziel die Bereitstellung von Unterlagen für die (→) Mediaplanung ist. Im Mittelpunkt der Untersuchungen stehen die (→) demographische und (→) psychodemographische Zusammensetzung der (→) Nutzerschaften einzelner Werbeträger, (→) Hörerforschung, (→) Leserforschung, (→) Zuschauerforschung, die (→) Reichweiten der einzelnen Medien, (→) externe und (→) interne Überschneidungen, Zusammenhänge zwischen (→) Konsumentenverhalten und (→) Medienverhalten, (→) Kontaktqualitäten und (→) Nutzungsintensitäten, die kommunikativen Beziehungen zwischen den Werbeträgern und ihren Nutzern. Das Forschungsgebiet geht also wesentlich über die bloße Erforschung von (→) Werbeträgern hinaus. Da Werbeträger Träger sowohl von Werbung wie von redaktionellen Beiträgen sind, stehen die Nutzerbedürfnisse und Kommunikationsabläufe im redaktionellen Bereich ebenso im Mittelpunkt des Interesses wie ihre Eignung als Vehikel von Werbung.

Mediagattung
Die Gesamtheit der (→) Werbeträger wird generell nach den Gattungen (→) Zeitungen und (→) Anzeigenblätter, (→) Zeitschriften, (→) Fernsehen, (→) Kino (Film), (→) Hörfunk und (→) Anschlagwerbung (Außen- und Verkehrsmittelwerbung) unterschieden. Geläufig ist auch die Differenzierung zwischen (→) Pressemedien (gedruckten Medien bzw. „Print"-Medien) auf der einen und den (→) audiovisuellen Medien auf der anderen Seite.
→ Intermediavergleich

Mediagewichte *(Mediagewichtung, Mediengewichtung, Werbeträgergewichtung)*
Zu den diffizilsten Aufgaben der (→) Mediaselektion zählt die Mediagewichtung, durch die der unterschiedlichen Eignung verschiedener (→) Werbeträger als Vehikel eines konkreten (→) Werbemittels Rechnung getragen wird. Die Gewichtung wird erforderlich, weil die gängigen (→) Mediaanalysen gar keine oder nur wenige Daten über die (→) Kontaktqualitäten von Werbeträgern enthalten. Da die Mediagewichtung in einer Art Globaleinschätzung verschiedener Werbeträger im (→) Intermediavergleich oder einer Summierung einzelner Wirkungsgewichte eines Mediums besteht, handelt es sich bei dieser (→) Gewichtung in jedem Fall um die Quantifizierung von qualitativen (→) Merkmalen. Nach Rupert Huth ist bei der Werbeträgergewichtung zwischen allgemeinen Faktoren wie Format, Druckverfahren (Farbigkeit), (→) Heftgröße, (→) Heftumfang, (→) Tausenderpreis, (→) Auflage, (→) Reichweite, (→) Lesedauer, (→) Lesetage, (→) Leseort usw., die die allgemeine Eignung eines Werbeträgers oder einer (→) Mediagattung für verschiedenartige Werbeziele ausdrücken, und speziellen Mediagewichten wie (→) redaktionelles Umfeld eines Titels, Thematik, werbliches Umfeld, Verhältnis von Werbung zum redaktionellen Teil, Art der allgemeinen Werbung und Menge der Konkurrenzwerbung, (→) Werbedruck, Häufigkeit der Werbung bestimmter Branchen usw. zu unterscheiden, durch die die Eignung eines Werbeträgers für ein ganz spezielles Werbeziel ausgedrückt wird.
→ Kontaktgewichtung; *vgl.* Zielgruppengewichtung (Personengewichtung), Kontaktmengengewichtung

Mediagewohnheit
→ Nutzungsgewohnheit

Mediaglaubwürdigkeit
→ Glaubwürdigkeit

Media-Informationskarte
→ Media-Unterlagen

Mediakandidatenliste
→ Kandidatenliste

Mediakombination
Die kombinierte (→) Belegung verschiedener (→) Werbeträger im Rahmen des (→) Media-Mix.

Mediakonsumgruppe
In der (→) Mediaplanung werden als Mediakonsumgruppen mitunter Gruppen bezeichnet, deren Mitglieder sich in der Menge der von ihnen genutzten Medien und in der Häufigkeit der Nutzung der einzelnen Ausgaben gleichen und in dieser Hinsicht von anderen Gruppen unterschieden sind. Es handelt sich dabei also um eine (→) Segmentierung auf der Grundlage des (→) Merkmals (→) Nutzungswahrscheinlichkeit bzw. (→) Nutzungshäufigkeit und (→) Nutzungsintensität.

Mediakontakt
→ Kontakt, Werbeträgerkontakt; Medienkontakteinheit

Mediakostenplan
→ Mediaplan

Media-Micro-Census GmbH (MMC)
Eine 1968 gegründete Tochtergesellschaft der damaligen (→) Arbeitsgemeinschaft Leseranalyse (AGLA) und der heutigen (→) Arbeitsgemeinschaft Media-Analyse (AG.MA), deren Aufgabe es ist, Forschungsaufträge organisatorisch und kaufmännisch abzuwickeln. Einzelheiten ihrer Tätigkeit regelt die Satzung, die den folgenden Wortlaut hat:

MEDIA-MICRO-CENSUS GmbH
Auftragsforschung und Verlag

SATZUNG

Geänderte Fassung

Eingetragen am 8. März 1978

§ 1 (Firma und Sitz) Die „Media-Micro-Census Gesellschaft mit beschränkter Haftung, Auftragsforschung und Verlag“, hat ihren Sitz in Frankfurt am Main.

§ 2 (Zweck) Gegenstand des Unternehmens sind die organisatorische und kaufmännische Abwicklung von Forschungsaufträgen auf dem Gebiet der Massenkommunikation und der Verlag von Veröffentlichungen zu diesem Thema, sowie alle damit zusammenhängenden Tätigkeiten.

§ 3 (Stammkapital) Das Stammkapital beträgt DM 100000,–. Es befindet sich voll im Besitz der Arbeitsgemeinschaft Media-Analyse e. V. (AG.MA), Frankfurt am Main.

§ 4 (Geschäftsführer) (1) Geschäftsführer der Gesellschaft sind die Vorstandsmitglieder sowie der Geschäftsführer der Arbeitsgemeinschaft Media-Analyse e. V. (AG.MA). Ein weiterer Geschäftsführer ist hauptberuflich tätig. Dieser Geschäftsführer wird durch den Vorsitzenden des Aufsichtsrates bei der Gesellschaft auf Grund eines besonderen Anstellungsvertrages verpflichtet. Seine Bezüge werden durch den Aufsichtsrat bestimmt. Die anderen Geschäftsführer sind ehrenamtlich mit der Maßgabe tätig, daß sie die Erstattung ihrer Auslagen verlangen können.
(2) Je zwei Geschäftsführer vertreten die Gesellschaft gemeinsam.
(3) Beschlüsse der Geschäftsführung müssen von allen Geschäftsführern einstimmig gefaßt werden. Kommt einstimmige Beschlußfassung nicht zustande, entscheidet der Aufsichtsrat gem. § 5, Abs. (4).

§ 5 (Aufsichtsrat) (1) Der Aufsichtsrat bestimmt die Richtlinien der Geschäftsführung und überwacht sie. Er besteht aus den Mitgliedern des „Arbeitsausschusses“ der Arbeitsgemeinschaft Media-Analyse e. V. (AG.MA) als der Gesellschafterin, mit Ausnahme derjenigen Mitglieder, die gleichzeitig Geschäftsführer der Gesellschaft sind.
(2) Der Aufsichtsrat ist beschlußfähig, wenn mindestens die Hälfte seiner stimmberechtigten Mitglieder sich an der Abstimmung beteiligt. Er entscheidet mit Zweidrittelmehrheit der abgegebenen Stimmen, Stimmenthaltungen bleiben unberücksichtigt. Schriftliche Abstimmung ist zulässig.
(3) An den Sitzungen des Aufsichtsrates nehmen die Geschäftsführer der Gesellschaft ohne Stimmrecht teil.
(4) Der Aufsichtsrat muß in den in § 4, Abs. (3) genannten Fällen einberufen oder um schriftliche Abstimmung ersucht werden.
Er muß auch dann zusammentreten, wenn es mindestens ein Viertel seiner Mitglieder von der Geschäftsführung schriftlich unter Angabe des Zwecks und der Gründe verlangt.
Zu den Sitzungen des Aufsichtsrates lädt die Geschäftsführung unter Angabe der Tagesordnung mit einer Frist von zwei Wochen schriftlich ein.
(5) Der jährlich neu gewählte Aufsichtsrat der Gesellschaft wählt mit einfacher Mehrheit seinen Vorsitzenden aus dem Kreis der Werbeträger. Wiederwahl des Aufsichtsratsvorsitzenden ist zulässig.
(6) Die Mitglieder des Aufsichtsrates sind ehrenamtlich tätig, können aber die Erstattung ihrer Auslagen verlangen.
(7) Die Anwendung des Aktiengesetzes auf die Tätigkeit des Aufsichtsrates ist ausdrücklich ausgeschlossen.

§ 6 (Geschäftsjahr) Das Geschäftsjahr ist das Kalenderjahr. Binnen sechs Monaten nach Schluß eines Geschäftsjahres ist eine Bilanz sowie eine Gewinn- und Verlustrechnung dem Aufsichtsrat und der Mitgliederversammlung der Gesellschafterin vorzulegen. Entlastung der Geschäftsführer und des Aufsichtsrates erfolgt durch die Mitgliederversammlung der Gesellschafterin.

§ 7 (Auflösung) Die Gesellschaft kann durch Beschluß der Gesellschafter nur im Rahmen einer Mitgliederversammlung der Gesellschafterin aufgelöst werden.

Media-Mix
Mit der Festlegung des Media-Mix wird in Analogie zur Festlegung des Marketing-Mix und seiner einzelnen Submixbereiche, des Produkt-Mix, des Kontrahierungs-Mix, des Distributions-Mix und insonderheit des (→) Kommunikations-Mix die Entscheidung darüber getroffen, „welche Mediagruppen mit welchem Gewicht eingesetzt werden, welche Teilfunktionen den eingesetzten Mediagruppen im Rahmen der Kampagne zukommen und wie das zeitliche Zusammenspiel dieser Mediagruppen verlaufen soll" (Jochen Dohmen). Zur Bestimmung des optimalen Media-Mix sind im Rahmen der (→) Mediaselektionsprogramme zahlreiche hochformalisierte (→) Optimierungsmodelle entwickelt worden, die jedoch nicht den Blick dafür verstellen sollten, daß die Entscheidung über den Media-Mix eine kreative und konzeptionelle Entscheidung ist.

Mediamodell der Firma Henkel & Cie.
→ MiZuKo

Median *(Zentralwert, zentraler Wert)*
In der Statistik der Wert einer ordinalskalierten Variablen, durch den eine (→) Häufigkeitsverteilung in zwei gleichgroße Hälften geteilt wird, so daß in jeder Hälfte genau 50 % aller Fälle liegen. Für den Fall, daß eine Häufigkeitsverteilung eine ungerade Zahl von Daten hat, berechnet sich der Median nach der Formel

$$Md = \frac{(N + 1)}{2}.$$

Hat die Verteilung hingegen eine gerade Zahl von Daten (N), so liegt der Median zwischen

$$\frac{N}{2} \quad \text{und} \quad \frac{(N + 2)}{2}.$$

Unter den verschiedenen (→) Mittelwerten ist der Median als Kennwert bei asymmetrischen Verteilungen besonders funktionstüchtig, weil er durch Extremwerte, (→) Ausreißer, nicht verzerrt wird. Die Graphiken beim Stichwort (→) häufigster Wert (Modus) in diesem Buch zeigen die Lage des Medians im Vergleich zum (→) arithmetischen Mittel und zum häufigsten Wert (Modus) in verschiedenen Verteilungstypen. In symmetrischen Verteilungen fallen Median, Modus und arithmetisches Mittel zusammen. In linksschiefen Verteilungen, (→) Schiefe, ist der Modus stets größer als der Median und dieser größer als das arithmetische Mittel. In rechtsschiefen Verteilungen ist das arithmetische Mittel größer als der Median und dieser größer als der Modus.

Mediantest *(Zentralwerttest)*
Ein parameterfreier (→) Signifikanztest für mindestens zwei unabhängige (→) Stichproben mit ordinalskalierten Daten, durch den geprüft wird, ob die Stichproben aus derselben (→) Grundgesamtheit stammen, indem untersucht wird, ob sie signifikant in der zentralen Tendenz differieren. Geprüft wird mit Hilfe der (→) Chi-Quadrat-Verteilung.

Medianutzung
→ Mediennutzung

Mediapanel
Ein (→) Panel, mit dessen Hilfe das (→) Mediennutzungsverhalten einer (→) Zielgruppe im Zeitverlauf festgestellt und untersucht wird. Paneluntersuchungen werden in der (→) Mediaforschung in allen Bereichen der (→) Hörer-, (→) Leser- und (→) Zuschauerforschung eingesetzt. Besonders bekannt sind die kontinuierlichen (→) Erhebungen im Bereich der Zuschauerforschung, die in der Bundesrepublik zunächst in Form der (→) Infratam-Infratest-Fernsehforschung, dann als (→) teleskopie-Zuschauerforschung und schließlich als (→) GfK-Fernsehforschung stets als Paneluntersuchungen durchgeführt wurden.

Mediaplan *(Mediaplanung)*
Die Mediaplanung befaßt sich im Rahmen des Kommunikationsmix mit der Entscheidung für die dabei einzusetzenden (→) Werbeträger (Medien), mit der Auswahl der den angestrebten Marketingzielen am besten gerecht werdenden (→) Werbeträger und der Bestimmung des optimalen (→) Media-Mix mit Hilfe von Techniken, deren Bandbreite von der bloßen Intuition des Mediaplaners bis hin zu hochformalisierten (→) Media-Selektions-Programmen und (→) Optimierungsmodellen reicht. Zweck aller Mediaplanung ist es in jedem Fall, die Entwicklung eines optimalen Lösungsweges für ein Kommunikationsziel oder mehrere Kommunikationsziele zu finden. Die Mediaplanung ist aus der Marketingplanung abzuleiten und besteht im wesentlichen aus der Entwicklung der optimalen Mediakombination aus den Befunden über die Zusammensetzung der anzusprechenden (→) Zielgruppe und der verfügbaren Informationen aus (→) Mediaanalysen. Jede professionelle Mediaplanung basiert auf fünf

Bereichen, die nacheinander abgehandelt werden müssen, damit ein systematisch aufgebauter Mediaplan entsteht:

- o Überblick über die Marktgegebenheiten und die spezielle Situation der Marken;
- o Zielsetzung der Werbung und daraus folgernd die Media-Zielsetzung;
- o Zielgruppen-Definition;
- o Promotion- und Mediamix;
- o Detaillierte Planung (taktische Planung).

Ziel der Planung ist die Aufstellung eines Mediaplans, der bei gegebenem Werbebudget eine maximale Wirkung erzielt. Der Plan setzt sich also aus einem Mediaeinsatzplan, einem Streuplan, und einem Mediakostenplan zusammen. „Die Zielgruppe ist darüber hinaus im Sinne der Konzeption angesprochen, wenn die ausgewählten Werbeträger zunächst einmal die technischen Voraussetzungen besitzen, die erforderlichen Werbemittel auszunehmen, und wenn eine möglichst enge Beziehung zwischen dem Inhalt der Werbebotschaft und der Eigenart des Werbeträgers besteht (z. B. durch umfeldadäquate Plazierung). Es kommt somit bei der Mediaplanung nicht nur darauf an, Werbeträgereinsatz so zu gestalten, daß in quantitativer Hinsicht die Zielgruppe optimal erfaßt wird, sondern daß darüber hinaus solche Werbeträger ausgewählt werden, die kraft ihres psychologischen Umfeldes von sich aus die Aufnahme der Werbebotschaft bei den Zielpersonen fördern" (Jochen Dohmen).
Je nach der zugrundeliegenden (→) Kontaktbewertungsfunktion lassen sich fünf Modelle von Insertionsstrategien unterscheiden:

1. gehäufte Einschaltung

	1	2	3	4	5	6	7	8	9	10	11	12
Titel	x	x	x	x	x	x						

2. gedehnte Einschaltung

	1	2	3	4	5	6	7	8	9	10	11	12
Titel	x		x		x		x		x		x	

3. kontinuierlich gehäufte Einschaltung

	1	2	3	4	5	6	7	8	9	10	11	12
Titel	x	x			x	x			x	x		

4. einfach gleitende Einschaltung

	1	2	3	4	5	6	7	8	9	10	11	12
Titel	x	x		x			x				x	

5. gleitend-gehäufte Einschaltung

	1	2	3	4	5	6	7	8	9	10	11	12
Titel	x	x	x			x	x				x	

Media-Planungsabteilung
→ Media-Abteilung

Mediaselektion *(Mediaselektionsprogramm)*
Im Rahmen der (→) Mediaplanung geht es um die Entscheidung über die Aufteilung eines gegebenen Werbebudgets mit dem Ziel der Erzielung einer maximalen (→) Werbewirkung. Für die sowohl im (→) Intermedia-Vergleich wie im (→) Intramedia-Vergleich zu treffenden Wahlentscheidungen über die Belegung einzelner Werbeträger ist seit den 1960er Jahren eine Reihe von computergestützten Selektionsprogrammen entwickelt worden, die als der mathematisch formulierte Versuch bezeichnet werden können, mit einem Minimum an Kosten, ein Maximum an Wirkung zu erzielen. Die meisten der heute angebotenen Programme sind Modelle der Intra-Media-Optimierung. Zentrale Unwägbarkeit der Selektionsprogramme ist, daß sie eine Quantifizierung qualitativer Aspekte erforderlich machen und daher dem Laien ein Maß an Genauigkeit und Unausweichlichkeit suggerieren können, das sie in Wirklichkeit nicht besitzen.
Zu den Standardeingabedaten der Selektionsprogramme zählen vor allem die Informationen aus den kontinuierlichen (→) Mediaanalysen, ferner (→) Kontaktzahlen, (→) Reichweiten, (→) Tausenderpreise, (→) Kontaktqualitäten, (→) externe und (→) interne Überschneidungen usw.

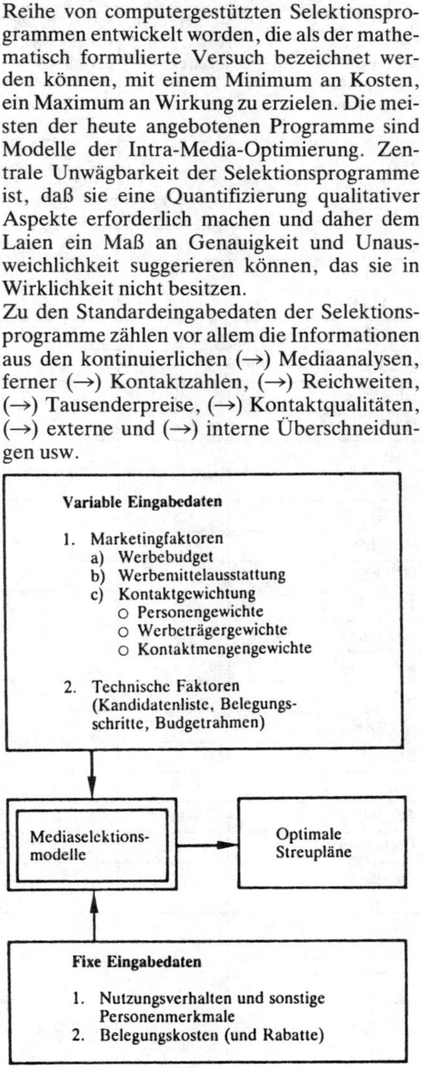

Bei den heute verwendeten Selektionsprogrammen sind drei verschiedene Grundtypen zu unterscheiden:

- o (→) Evaluierungsmodelle
- o (→) Optimierungsmodelle
- o (→) Rangreihenverfahren.

Die tabellarische Übersicht unten auf dieser Seite zeigt die bekanntesten Mediaselektionsprogramme und ihre Kurzcharakteristika.

→ Kontaktgewichtung

Funktionen / Mediaselektionsprogramme	Evaluierungsmodelle			Konstruktions- und Umgebungsprüfungsmodelle		
	Rangreihung von Titel/ Frequenz	Rangreihung von Veränderungsraten bei Titel- und Frequenzvariation	Bewertung von Kombinationen	Aufbaumodelle (Grenznutzen)	Verbesserungsmodelle (Grenzkosten)	Umgebungsprüfungsmodelle
CAM		x				x
CAM-S			x	x		x
FOPSY	x					
GIWOS			x		x	
KONDI			x			
LA-Modell			x			
MOPS		x	x		x	
MOSES	x	x	x	x		x
DEP						
RAP	x					
SAP			x			
SOP	x	x		x		
VIP II	x					
MEDIAC						
MEDOR			x			x
TAKTI						
MIZUKO	x		x	x		
RP	x					
KP			x			
KOVER			x			
BOP					x	
POP						x
AD-ME-SIM	x					
High Assay			x	x		
Incremental Analysis			x		x	
Sequentialmethode			x		x	

Media-Studie
→ MS

Media-Unterlagen
Die Gesamtheit der von einem einzelnen (→) Werbeträger (Medium) für die (→) Mediaplanung zur Verfügung gestellten Daten über seine (→) Auflage bzw. Verbreitung, Leser-, Hörer-, Zuschauer-, Reichweitendaten, Strukturanalysen, Werbepreise, Tarife, Erscheinungsweise usw.

Mediavergleiche
→ Intermedia-Vergleiche, Intramedia-Vergleiche

Mediaverhalten
→ Mediennutzung

Mediavertrag
Der Vertrag über die Veröffentlichung eines oder mehrerer Werbemittel zwischen dem Werbungstreibenden, der Werbeagentur oder Werbemittler (dem Auftraggeber) und dem Werbeträger oder seinem Vertreter (dem Werbungsdurchführenden, Pächter usw.).

Mediawahl
→ Mediaselektion

Mediawerbung *(klassische Werbung)*
Sammelbezeichnung für alle Formen der Marktkommunikation, die Werbung mit Hilfe spezifischer Kommunikationsmittel zu transportieren versuchen. Zu den in diesem Bereich verwendeten (→) Werbeträgern zählen vor allen Dingen (→) Zeitungen, (→) Anzeigenblätter und (→) Zeitschriften, (→) Adreß- und Telefonbücher sowie sonstige Nachschlagewerke, (→) Plakatanschlagstellen, (→) Hörfunk, (→) Fernsehen und das (→) Kino. Spezifisches Problem der Mediawerbung ist die Abhängigkeit ihrer Wirksamkeit von der (→) Reichweite des Werbeträgers, von (→) Kontaktwahrscheinlichkeiten und (→) Kontaktqualitäten bei der Werbeträgerauswahl und der Umstand, daß die Werbebotschaft erst durch die Vermittlung des Werbeträgers an die Umworbenen gelangt. Zu den nicht der Medienwerbung zuzurechnenden Arten der Werbung zählen mithin die (→) Direktwerbung, die PoP-Werbung, der persönliche Verkauf und die Mund-zu-Mund-Werbung.

Medien
→ Werbeträger, Massenmedien

Medien-Duplikation
→ externe Überschneidung

Medienforschung
→ Kommunikationsforschung; *vgl.* Mediaforschung

Mediengattung
→ Mediagattung, → Abfrage

Mediengewichtung
→ Mediagewichtung

Medienkombination
→ Mediakombination

Medienkontakt
→ Kontakt, Werbeträgerkontakt

Medien-Kontakt-Einheit *(kleinste belegbare Einheit)* **(MKE)**
Eine Maßeinheit, die es ermöglicht, (→) Kontakte mit verschiedenen (→) Werbeträgern (Medien) in quantitativer Hinsicht miteinander zu vergleichen. In der (→) Media-Analyse (MA) der (→) Arbeitsgemeinschaft Media-Analyse (AG.MA) ist das per Konvention bei den Pressemedien eine einzelne Ausgabe einer (→) Zeitung oder einer (→) Zeitschrift, bei (→) Lesezirkeln also eine einzelne Lesemappe, beim (→) Hörfunk eine Stunde und beim (→) Fernsehen eine halbe Stunde, beim (→) Kino sind es die letzten sieben Tage. Die per Konvention festgelegte Medienkontakteinheit ist Grundlage für die Berechnung der (→) Nutzungswahrscheinlichkeit, (→) Segmentation. Die Medienkontakteinheit kann originär sein oder sich als (→) Durchschnitt und Kombination ergeben.
Die Frage nach einer zweckmäßigen Konvention über Medienkontakteinheiten war und ist nicht unumstritten. Bei den Pressemedien war es von Anfang an selbstevident, daß die natürlichste Einheit die „kleinste belegbare Einheit" war. Bei Hörfunk, Fernsehen und Kino war es lange ungeklärt. Ein „Prüfbericht über den Vergleich von Ergebnissen zum Hörfunkverhalten in LA 71 und ZAW-Werbefunkhöreranalyse 71" der AG.MA erbrachte zunächst die Übereinstimmungen zwischen viertelstunden- und stundenweiser Ermittlung für den Hörfunk. Aber erst von der MA 74 an wurde nach weiteren Experimenten die halbe Stunde für das Fernsehen und die ganze Stunde für den Hörfunk als segmentierbare Einheit festgelegt. Noch in der LA 69 war für die Funkmedien der volle Tag als Zeiteinheit genommen worden, und noch in der LA 70 gab es zwei Berechnungsweisen: eine ursprüngliche, nämlich die (→) „Blockwahrscheinlichkeit", die das Grundmodell der bedingten Wahrscheinlichkeiten wie für (→) Seitenkontakte verwendete,

und eine nur dieses eine Mal berechnete „Spot-Wahrscheinlichkeit".

Medien-Kontakt-Probabilität (MKP)
→ Durchschnittskontakte

Mediennutzerpanel
→ Mediapanel

Mediennutzung *(Media-Nutzung, Medienverhalten)*
Nutzung und (→) Reichweite sind im Prinzip lediglich zwei verschiedene Ausdrücke für dieselbe Sache, beide geben den Anteil von Personen oder (→) Haushalten an einer (→) Grundgesamtheit potentieller Rezipienten (der Gesamtbevölkerung, einer Zielgruppe) an, den ein (→) Werbeträger erreicht. Während jedoch die Reichweitedaten vor allem Daten für Werbungtreibende sind, geben Nutzungsdaten Aufschluß über die Qualität und Intensität des Gebrauchs der Medien selbst und ihres redaktionellen Teils. Im Rahmen der (→) Kommunikationsforschung stehen auch Fragen der (→) Nutzungsintensität unterschiedlicher (→) Mediengattungen, z. B. audiovisueller Medien im Gegensatz zu Druckmedien, und der Funktionen unterschiedlicher Medien im Kontext des (→) Freizeitverhaltens oder bei der Meinungs- und Willensbildung im Mittelpunkt des Interesses. Die (→) Mediaforschung untersucht vor allem die (→) Nutzungsdauer und Nutzungsintensität sowie die Regelmäßigkeit der Nutzung verschiedener Medien und verschiedener Mediengattungen.

Mediennutzung – im Durchschnitt nutzen Erwachsene ab 18 Jahren täglich		
	Minuten	Prozent der gesamten Mediennutzung
Fernsehen	139	36
Hörfunk	138	36
Schallplatte, Tonband	11	3
Kino	1	–
Bücher	37	10
Zeitungen (einschl. Sonntags-, Wochenzeitungen)	36	10
Zeitschriften	21	5
Summe	383	100%

Die Häufigkeit der Mediennutzung (es nutzen „täglich" bzw. „mehrmals pro Woche") zeigt die Graphik rechts oben in der folgenden Spalte auf dieser Seite.

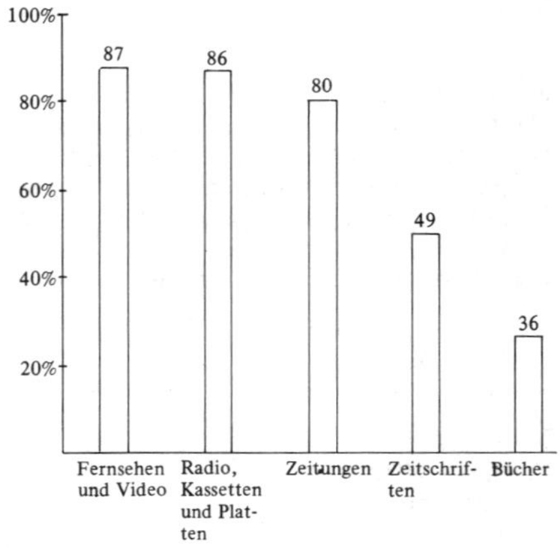

Dahinter verbergen sich allerdings gravierende Unterschiede im Mediennutzungsverhalten zwischen jüngeren und älteren Menschen, wie die folgende Graphik zeigt:

Häufigkeit der Mediennutzung bei Jung und Alt:
Es nutzen „täglich" bzw. „mehrmals pro Woche"

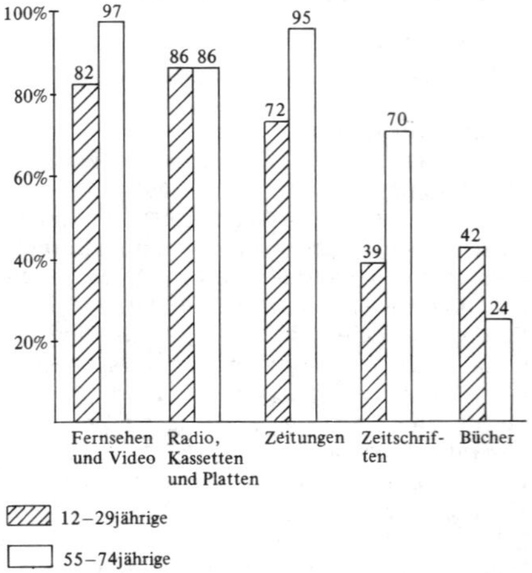

Medienpanel
→ Mediapanel

Medienvergleich
→ Mediavergleich

Medienwerbung
→ Mediawerbung

Medien-Zeitbudget
→ Mediennutzung, Zeitbudget

MEDOR
Ein zu den (→) heuristischen Verfahren der

(→) Mediaselektion zählendes, in Frankreich entwickeltes Modell, das sich der (→) Sequentialmethode bedient.

MEFA *(Leseranalyse medizinischer Fachzeitschriften)*
Eine seit 1978 von der Infratest Kommunikationsforschung in Zusammenarbeit mit der Infratest Gesundheitsforschung im Auftrag des Werkverlags Dr. Edmund Banaschewski durchgeführte, im Jahresrhythmus vorgelegte Leseranalyse medizinischer Fachzeitschriften, deren (→) Grundgesamtheit die niedergelassenen praktischen Ärzte und Internisten sind. Zum Jahresbeginn 1987 waren das in der Bundesrepublik 40 500 Ärzte. Rund drei Viertel dieser Gruppe sind praktische Ärzte bzw. Ärzte für Allgemeinmedizin (29 314); ein Viertel sind niedergelassene Ärzte für Innere Medizin (11 186).
In zwei Wellen (Welle 1: März und April 1986; Welle 2: April und Mai 1986) wurden insgesamt 1006 Praktiker und Internisten befragt; die (→) Stichprobe war proportional angelegt, also im Verhältnis von Praktikern und Internisten in der Grundgesamtheit entsprechend. Als (→) Auswahlverfahren wurde die (→) Quotenstichprobe zugrunde gelegt.
Quotenmerkmale beziehungsweise Schichtungskriterien waren neben Bundesländern die (→) Gemeindetypen (nach Boustedt) und die Fachrichtung der beiden Arztgruppen (Praktiker beziehungsweise Internisten).
Fragen- und Auswertungsprogramm: Die MEFA '87 konzentriert sich auf die Erfassung des Leserverhaltens, also (→) Weitester Leserkreis (WLK), (→) Leser pro Nummer (LpN) beziehungsweise nach Auswertung (→) Leser pro Ausgabe (LpA) und durchschnittliche (→) Lesehäufigkeit in Form des (→) K_1. Außerdem wurden Fragen zur Person und Praxis des Arztes für korrelative Zwecke gestellt.
In der MEFA '86 wurden Reichweitendaten und Zusatzinformationen für insgesamt 34 Titel ausgewiesen.
Zum Vergleich der Methoden und Ergebnisse dreier (→) Reichweitenanalysen in der medizinischen Fachpresse schrieb Gerhard Unholzer:

„Im Bereich der Reichweitenstudien bei niedergelassenen Ärzten sind 1986 zwei Besonderheiten zu vermerken:

- Es gibt erstmals nicht nur zwei Reichweitenuntersuchungen, MEFA und (→) LA-med, sondern mit der (→) Ära '86 ist zu Vergleichszwecken eine dritte Untersuchung heranzuziehen.
- Die LA-med ist 1986 wesentlich später erschienen (zweite Augusthälfte) als in den Vorjahren. Sie hat die Zeit dazu genutzt, durch eine Zusatzwelle im Mai und Juni 1986 ihre Ergebnisse zu aktualisieren, so daß für die sogenannte Dreiwellen-Teilauswertung nur noch ein Drittel der Daten aus dem Vorjahr stammt (bislang zwei Drittel).

Methodische Anlage der drei Reichweitenstudien: Mehr Verschiedenheit als Gemeinsamkeit: Gemeinsam haben die drei Reichweitenstudien, daß sie alle als exklusive Reichweitenuntersuchungen angelegt sind (durchgeführt von verschiedenen Instituten für verschiedene Auftraggeber). In nahezu allen anderen methodisch interessanten Bedingungen unterscheiden sich die drei Studien voneinander.
Vergleich der Ergebnisse: Insgesamt 33 Titel wurden in allen drei Untersuchungen ausgewiesen und können entsprechend verglichen werden. Bildet man aus all diesen Werten Durchschnittsergebnisse, so zeigen sich bei dem Leser pro Ausgabe-Wert erstaunlich geringe Unterschiede zwischen MEFA '86 und der LA-med '86 (0,3 Prozent Differenz).

Durchschnittlicher LpA-Wert für 33 vergleichbare Titel:

MEFA '86	30,1
LA-med '86	29,8
ÄRA '86	32,3

Deutlich höher als MEFA und LA-med liegt der LpA-Wert der ÄRA '86: Hier wirkt sich möglicherweise die sehr kurze Feldzeit von nur vier Wochen aus, bei der nicht ausgeschlossen werden kann, daß eine besonders „lesegünstige" Zeitphase abgebildet wurde.
Berechnet man den K_1-Wert als Durchschnitt für die vergleichbaren 33 Titel, so sind die Unterschiede zwischen MEFA und ÄRA äußerst gering (Differenz 0,2 Prozent). Wie schon in früheren Jahren erreicht hier die LA-med besonders hohe Werte, ohne daß sich dafür eine plausible Erklärung finden ließe.

Durchschnittlicher K_1-Wert für 33 vergleichbare Titel:

MEFA '86	39,3
LA-med '86	40,8
ÄRA '86	39,5

Nun suggerieren die Durchschnittswerte der drei Studien eine vergleichsweise große Nähe dieser Ergebnisse. Diese Nähe ist jedoch eine Fiktion, die allein dadurch zustande kommt, daß sich bei der Berechnung von Durchschnitten die positiven und negativen Abweichungen der titelspezifischen Ergebnisse wechselseitig aufheben.
Tatsächlich bestehen zwischen den verschiedenen Untersuchungen gravierende Unterschiede. LA-med und MEFA '86 weisen 37 Titel vergleichbar aus. Betrachtet man die LpA-Werte dieser 37 Titel, so finden sich bei allen Titeln abweichende Ergebnisse.
Vernachlässigt man geringfügige Unterschiede und betrachtet nur Ergebnisdifferenzen von mehr als 3,0 Prozent zwischen MEFA und LA-med, so zeigt sich, daß immerhin 20 von 37 Titeln in den Ergebnissen der beiden Studien voneinander abweichen. Und zwischen MEFA und ÄRA gibt es immerhin noch vier Objekte, die zwischen den beiden Untersuchungen um mehr als fünf Prozent variieren.
Bei der ÄRA '86 handelt es sich um eine Untersuchung, die in einer Phase der Unsicherheit und Desinformation möglichst schnell dem Markt ein Bild über die tatsächlichen Verhältnisse im Fachzeitschriften- und Zeitungssektor geben. Diese Funktion der schnellen Aufklärung, die auch die für eine Reichweitenstu-

die unverhältnismäßig kurze Zeit der Feldarbeit erklärt, hat die ÄRA '86 sicher geleistet.
Bei der LA-med muß man wiederum sehen, daß sie einen anderen prinzipiellen Anspruch vertritt als MEFA oder ÄRA. Sie will nicht, wie diese beiden Studien, sich auf die Darstellung des Informationsverhaltens der niedergelassenen Praktiker und Internisten beschränken, sondern vielmehr das Informationsverhalten aller Ärzte darstellen, also auch das der sogenannten ,sonstigen' niedergelassenen Ärzte, wie auch das der Kliniker. Und sie ist die Studie einer Arbeitsgemeinschaft, in der es – wie in allen Arbeitsgemeinschaften – auch darum geht, einander nicht immer entsprechende Interessen auf einen gemeinsamen Nenner zu bringen.
Vielleicht kann man sagen, daß die MEFA in der Mitte steht. Sie ist bewußt begrenzter in der Beschränkung auf die Zielgruppe der niedergelassenen Praktiker und Internisten, bewußt eingegrenzt auf quantitative Daten (keine qualitativen Zusatzfragen, die titelspezifisch sind). Sie ist auf der einen Seite aktueller als die LA-med (keine Interviews aus dem Vorjahr), auf der anderen Seite nicht auf einen so kurzen Zeitabschnitt begrenzt wie die ÄRA '86."

mehrdimensionale Skalierung *(MDS)*
→ multidimensionale Skalierung (MDS)

Mehrebenenanalyse
In der (→) empirischen Sozialforschung eine Weiterentwicklung der (→) Kontextanalyse (Milieuanalyse), die den Versuch unternimmt, beobachtete Variablenzusammenhänge auf der individuellen Ebene in Beziehung zu den Zusammenhängen derselben Variablen auf der Aggregatebene zu setzen und dabei Prozesse wechselseitiger Beeinflussung zu analysieren. Sie ist ein Instrument der Verknüpfung von Mikro- und Makrotheorien.

Mehrfachangaben
→ Auswahlfrage

Mehrfachauswahlfrage
→ Auswahlfrage

Mehrfachkontakte
→ Kontakte; externe Überschneidungen, interne Überschneidungen; Rochester Studie

Mehrfachkorrelation *(multiple Korrelation)*
Ein Maß der (→) Korrelation zwischen einer (→) abhängigen und mindestens zwei oder noch mehr (→) unabhängigen Variablen, das eine Schätzung des gemeinsamen Einflusses der zwei oder mehr unabhängigen Variablen auf die abhängige Variable erlaubt. Der Koeffizient der (→) Produkt-Moment-Korrelation für drei Variable z. B. lautet:

$$R_{1,23} = \sqrt{\frac{r_{12}^2 + r_{13}^2 - 2r_{12}r_{13}r_{23}}{1 - r_{23}^2}}.$$

Mehrfachleser
In der (→) Leserschaftsforschung im Gegensatz zum (→) Exklusivleser ein (→) Leser, der in einer (→) Befragung angibt, daß er innerhalb eines (→) Erscheinungsintervalls mehr als einen Titel einer Zeitung oder Zeitschrift regelmäßig nutzt.
→ Doppelleser

Mehrfachnennungen
→ Auswahlfrage

Mehrfachregression
→ multiple Regression

Mehrpersonenhaushalt
→ Haushalt

mehrphasiges Auswahlverfahren
Nach Manfred Hüttner ist bei den Sonderformen der (→) Zufallsauswahl unter den (→) Auswahlverfahren neben der (→) Klumpenauswahl und den Verfahren der (→) geschichteten Auswahl zwischen (→) mehrstufigen Auswahlverfahren und mehrphasigen Verfahren zu unterscheiden. Die mehrphasigen Verfahren unterscheiden sich von den mehrstufigen Verfahren darin, daß es sich bei den zeitlich aufeinanderfolgenden Untersuchungsabschnitten nicht um jeweils eine andere Auswahleinheit, sondern jeweils um die gleiche Auswahleinheit handelt, so daß also auf jeder Stufe die gleichen Auswahleinheiten enthalten sind.

mehrstufige Auswahl *(mehrstufiges Auswahlverfahren)*
Ein Verfahren der (→) Zufallsauswahl, bei dem die Gesamtzahl der in die Auswahl einzubeziehenden Erhebungseinheiten in mehreren, normalerweise in zwei, Stufen erfolgt. Das (→) Auswahlverfahren besteht also darin, daß aus der (→) Grundgesamtheit zunächst eine (→) Stichprobe, aus der Stichprobe eine weitere Stichprobe gezogen wird. Mehrstufige Auswahlverfahren sind vor allem bei der Ziehung von Stichproben aus Grundgesamtheiten mit hierarchischem Aufbau sinnvoll. Geht es also z. B. um die Bildung einer (→) Haushaltsstichprobe, so kann man in der ersten Stufe eine Stichprobe der Gemeinden eines Landes bilden und aus jeder Gemeinde dann die Stichprobe der Haushalte. Die in der ersten Stufe verwendeten Auswahleinheiten nennt man Primäreinheiten, die der zweiten Stufe Sekundäreinheiten. Der Stufeneffekt besteht in der Reduzierung des (→) Zufallsfehlers, der sich bei mehrstufigen Auswahlverfahren ergeben kann, wenn die Primäreinheiten in sich sehr heterogen sind. Wird das mehrstufige Auswahlverfah-

ren mit einem Verfahren der (→) geschichteten Auswahl kombiniert, spricht man von einer geschichteten mehrstufigen Auswahl.
Das von der (→) Arbeitsgemeinschaft Leseranalyse (AGLA) 1970/71 eingeführte koordinierte (→) ADM-Stichprobensystem, das mit den entsprechenden Anpassungen auch für die (→) Media-Analyse (MA) der heutigen (→) Arbeitsgemeinschaft Media-Analyse (AG.MA) verwendet wird ist ein Verfahren der geschichteten mehrstufigen Auswahl mit drei Auswahlstufen, nämlich den Stimmbezirken der Bundestagswahlen als Primäreinheiten in der 1. Auswahlstufe, den (→) Haushalten in den einzelnen Stimmbezirken als Sekundäreinheiten in der 2. Auswahlstufe und schließlich den Befragungspersonen im Zielhaushalt als Tertiäreinheiten in der 3. Auswahlstufe.

Mehrthemenbefragung *(Mehrthemenumfrage)*
→ Omnibusbefragung

Mehrvariablenanalyse
→ multivariate Analyse

Meinungsbefragung
→ Meinungsforschung, Befragung

Meinungsbildner
→ Meinungsführer

Meinungsfolger
→ Meinungsführer

Meinungsforschung
Am besten wäre es, wenn von Meinungsforschung nur noch dort gesprochen würde, wo tatsächlich nichts anderes getan wird, als Meinungen zu erforschen. Der Versuch, durch Differenzierung zwischen (→) Demoskopie und (→) Umfrageforschung deutlich zwischen jenem Bereich der (→) empirischen Sozialforschung, deren Gegenstand die Erforschung der (→) öffentlichen Meinung ist, und den Methoden der (→) Befragung zu unterscheiden, hat sich historisch nicht als erfolgreich erwiesen.

Meinungsführer
In der Theorie des (→) Zwei-Stufen-Flusses der Kommunikation sind Meinungsführer Personen, die in einem bestimmten Bereich (z. B. in der Mode, in der Politik oder in Fragen, die Kraftfahrzeuge betreffen), und nur in diesem Bereich, besonders einflußreich sind, weil sie intensiven Gebrauch von allen möglichen Informationsquellen, vor allen Dingen den Massenmedien, machen, diese Informationen im Wege der direkten, persönlichen (→) Kommunikation an andere weitergeben und so als (→) Multiplikatoren der in den (→) Massenmedien präsentierten Informationen auftreten. Sie werden wegen ihrer Informiertheit von anderen häufig befragt und um Rat in ihrem Bereich fachlicher Kompetenz gebeten, (→) Modeführer. Der Begriff des Meinungsführers wurde von Paul F. Lazarsfeld/Bernard Berelson/Hazel Gaudet in ihrer Untersuchung des amerikanischen Präsidentschaftswahlkampfs von 1940 entwickelt. Zur Figur des Meinungsführers gehört neben der intensiven (→) Mediennutzung die Eigenschaft, daß er von vielen anderen um Rat befragt wird: „Die Meinungsführer einer Gemeinde kann man am besten identifizieren und untersuchen, wenn man die Menschen fragt, wen sie über die jeweils anstehenden Probleme um Rat baten, und wenn man dann die Interaktion zwischen Ratgeber und Rezipienten untersucht... In Verbindung hiermit muß besonders hervorgehoben werden, daß die Meinungsführer nicht mit den besonders prominenten Personen der Gemeinde, nicht mit den reichsten Personen und auch nicht mit den führenden Köpfen der Stadt identisch sind. Sie finden sich in allen Berufsgruppen" (Lazarsfeld/Berelson/Gaudet).
Problematisch ist die Identifikation von Meinungsführern. Zu den hauptsächlich verwendeten Methoden zählen Verfahren der (→) Soziometrie, (→) Selbsteinstufungsverfahren wie vor allem die (→) Rogers-Skala und das (→) Schlüsselinformanten-Verfahren, bei denen in einer sozialen Gruppe oder eine Gemeinde nach Personen gesucht wird, von denen angenommen wird, daß sie einen guten Einblick in die Sozialstruktur sowie in die Struktur der Interaktions- und Einflußbeziehungen der untersuchten Gruppe haben. Das Verfahren hat den entscheidenden Nachteil, daß die befragten Schlüsselinformanten häufig mit den Meinungsführern identisch sind.
Die jüngste Diskussion des Konzepts der Meinungsführerschaft konzentriert sich auf die Modifizierung und Komplexisierung des ursprünglichen Zwei-Stufen-Konzepts, (→) Zwei-Zyklen-Fluß der Kommunikation, und auf die Frage der bereichsspezifischen und überlappenden Meinungsführerschaft. Problematisch erscheint insbesondere die Identifizierung von Meinungsführern aufgrund von Selbsteinschätzungen, die empirischen Überprüfungen nicht standgehalten hat. Abzugrenzen sind die Meinungsführer insbesondere von den (→) Bezugspersonen, den (→) Gatekeepern oder den (→) Innovatoren. Meinungsführerschaft ist keine persönliche Eigenschaft (im Gegensatz etwa zur Aufgeschlossenheit der Innovatoren für al-

Studien	Merkmale	Ergebnisse
Armstrong & Feldmann (1976)	Soziologische Variable ○ Geselligkeit (social interaction) Medienverhalten ○ Lesen von Magazinen ○ Lesen von Zeitungen ○ Fernsehen und Radio hören Gebietsspezifische Variable ○ Informationssuche	○ MF zeichnet sich durch höheren Grad an sozialen Interaktionen aus ○ MF liest wesentlich mehr Magazine ○ MF liest mehr Zeitungen ○ kein Unterschied festzustellen ○ MF zieht als erste sowie auch zusätzliche Informationsquelle wesentlich häufiger Magazine heran; Nichtführer Freunde
Corey (1971)	Demographische Variablen ○ Alter ○ Bildung ○ Familienstand (led./verh.) ○ Einkommen ○ Beruf Medienverhalten ○ Lesen von Magazinen Gebietsspezifische Variablen ○ Wissen neuer Entwicklungen ○ produktbezogene Aktivitäten	○ zwischen dem Meinungsführer und Nichtmeinungsführer ergab sich lediglich bei den Variablen Einkommen und Beruf ein signifikanter Unterschied ○ erwies sich als gutes Trennkriterium ○ beide Variablen eignen sich gut als Trennkriterien
Gruner + Jahr-Verlag (1971)	Demographische Variablen ○ dieselben wie im Modebereich Medienverhalten ○ Lesen von Frauen-, Programm-Wochenzeitschriften und aktuellen Illustrierten Innovationsverhalten ○ dieselben wie im Modebereich Gebietsspezifische Variable ○ Interesse	○ grundsätzlich dieselben Ergebnisse wie im Modebereich ○ es konnte keine wesentliche Unterschiedlichkeit in der Nutzung festgestellt werden ○ dieselben Ergebnisse wie im Modebereich ○ ausgezeichnetes Trennkriterium
Montgomery & Silk (1971)	Dieselben Variablen wie im Politikbereich	Dieselben Ergebnisse wie im Politikbereich
Myers & Robertson (1972)	Dieselben Variablen wie im Mode- und Politikbereich	Außer einer etwas höheren Korrelation zwischen der Variable „umgekehrter Einfluß" und Meinungsführerschaft dieselben Ergebnisse wie im Mode- und Politikbereich
Robertson & Myers (1969)	Dieselben Variablen wie im Mode- und Politikbereich	Dieselben Ergebnisse wie im Mode- und Politikbereich
Sigl (1970)	Demographische Variablen ○ Lebensalter ○ Alter bei der ersten Rasur Gebietsspezifische Variablen ○ Informiertheitsgrad ○ Diskussion	○ keine geeigneten Kriterien zur Differenzierung ○ Meinungsführer haben aufgrund häufiger Diskussionen mehr Erfahrung und sind besser informiert.
Summers (1971)	Variable wie im Modebereich	Dasselbe Ergebnis wie im Modebereich
Wright (1975)	Gebietsspezifische Variablen ○ Wissen ○ Resistenz gegenüber Beeinflussung	○ MF haben ein wesentlich größeres Wissen auf dem Gebiet der Meinungsführung ○ MF tendieren dazu, sich aufgrund größeren Wissens weniger beeinflussen zu lassen

Quelle: H. Mayer/H. Schneider, Neuere Untersuchungen zur Theorie der Meinungsführerschaft, in: Jahrbuch der Absatz- und Verbrauchsforschung 24 (2), 1978, 128–173

les Neue) und es ist auch keine kategoriale, sondern eine graduelle Eigenschaft, deren hervorstechendes Kennzeichen das Kommunikationsverhalten des Meinungsführers ist.
Die Ergebnisse der vorliegenden Untersuchungen zu Differenzierungsmerkmalen von Meinungsführern in verschiedenen Einflußbereichen sind in der Übersicht auf Seite 372 schematisch dargestellt.

Im Zusammenhang mit der Frage der Vorhersage, Erklärung und Steuerung des (→) Konsumentenverhaltens richtet sich das Interesse der Werbepsychologie vor allem auf die „komplementäre Verkettung“ (Werner Kroeber-Riel) von (→) Massenkommunikation und (→) persönlicher Kommunikation im Konzept des Zwei-Stufenflusses und auf die Frage, wie durch geeignete Marketing- und Werbemaßnahmen das Verhalten der Meinungsführer gesteuert und beeinflußt werden kann. Die Ergebnisse der Forschung in diesem Feld sind allerdings bisher außerordentlich dürftig. „Es kann kein vernünftiger Zweifel daran bestehen, daß interpersonelle Kommunikation Konsumentscheidungen nachhaltig zu beeinflussen vermag und daß der Grad des wirksamen Einflusses zwischen Personen variiert; zum gegenwärtigen Zeitpunkt ist jedoch nicht zu erkennen, wie Anbieter am Konsumgütermarkt aus der Forschung zur Meinungsführerschaft effiziente Verhaltenstechnologien ableiten könnten“ (Martin Kumpf).
Einen guten Überblick über den Stand der Meinungsführerforschung gibt die 1984 in der Schriftenreihe der Verlagsgruppe Heinrich Bauer, Hamburg, erschienene Schrift von Karlfritz Koeppler „Opinion Leaders. Merkmale und Wirkung“.

Meinungsumfrage
→ Befragung, Meinungsforschung, Umfrageforschung

Meldestelle im Anzeigengeschäft von Zeitschriftenverlagen e. V. (maz)
→ Preislistentreue

Mengenrabatt *(Mengenstaffel)*
Generell ist ein Mengenrabatt ein Rabatt, der für die Abnahme einer höheren als üblichen Menge eines Gutes gewährt wird. Er darf auch höher als der gesetzlich zulässige Rabatt von 3 % sein.
Bei (→) Mediaverträgen und insbesondere bei Anzeigenabschlüssen spielen neben den (→) Malrabatten auch Mengenrabatte eine Rolle. Sie werden als Rabatte für die Belegung größerer Anzeigenflächen innerhalb der Jahresfrist eingeräumt. Der Zentralausschuß der Werbewirtschaft (ZAW) hat Richtlinien für die Rabattgewährung im Anzeigenwesen verabschiedet, nach denen für Milimeterabschlüsse von mindestens 1000 mm 3 %, 3000 mm 5 %, 5000 mm 10 %, 10000 mm 15 % und 20000 mm 20 % Rabatt eingeräumt werden können.

Merkmale
Als Merkmale werden in der (→) empirischen Sozialforschung die an einem oder mehreren Elementen einer Untersuchung beobachtbaren Eigenschaften bezeichnet. Umgekehrt sind die Untersuchungseinheiten als Merkmalsträger Bezugspunkte des Forschungsprozesses. Die Merkmale sind Gegenstand des (→) Messens in der Sozialforschung. Man unterscheidet quantitative und qualitative Merkmale. Quantitativ sind Merkmale, die längs einer Zahlenreihe oder einer Rangfolge stetig oder unstetig varriieren können wie z. B. Alter, qualitativ sind Merkmale, die das nicht können wie z. B. Geschlecht. Diese Differenzierung leitet sich aus dem zugrundeliegenden Meßniveau, (→) Skala (Skalenniveau) ab: Qualitative Merkmale sind nominal- oder ordinalskaliert, quantitative intervall- oder ratioskaliert.
In Anlehnung an Paul F. Lazarsfeld hat Erwin Scheuch vorgeschlagen, auf der Grundlage des Begriffspaares der Individualmerkmale und der Kollektivmerkmale und vor dem Hintergrund der mit dem Begriff des (→) ökologischen Fehlschlusses gekennzeichneten Problematik zwischen Individual-Merkmalen im engeren Sinne, Relations-Merkmalen auf der Individualebene, zwischen Aggregat-Merkmalen und Global-Merkmalen auf der Kollektivebene zu unterscheiden:

Individual-Merkmale sind danach „Eigenschaften, welche die einzelnen Elemente einer Analyse als einzelne Elemente charakterisieren“. Dazu zählen die meisten Daten der (→) Umfrageforschung wie z.B. die (→) demographischen oder (→) psychographischen oder (→) soziodemographischen bzw. (→) sozioökonomischen Merkmale.

Relations-Merkmale sind solche „Eigenschaften, welche Individualeinheiten relativ zu anderen Individualeinheiten des gleichen Kollektivs kennzeichnen“.

Aggregat-Merkmale sind solche „Eigenschaften eines Kollektivs, die sich aus der Aggregierung der Individualmerkmale der Elemente eines Kollektivs ergeben“. Typische Aggregatsmerkmale sind z. B. Durchschnitte oder Prozentsätze von Elementen mit einer bestimmten Eigenschaft.

Global-Merkmale schließlich sind solche Eigenschaften von Kollektiven, „die nicht auf Informationen über die Eigenschaften der einzelnen Elemente beruhen“ (Paul F. Lazarsfeld und Herbert Menzel) bzw.

nicht von den für eine konkrete Analyse innerhalb eines Kollektivs relevanten Einheiten abhängig sind.

Merkmalsausprägung
Die „quantitativen und qualitativen Differenzierungen" (Bruno Tietz) eines Merkmals bezeichnet man als Merkmalsausprägung. Bei quantitativen Merkmalen ist der einzelne Wert, den es annehmen kann, seine Ausprägung, bei qualitativen Merkmalen die Kategorie.

Merkmalsraum *(property space)*
Ein von Paul F. Lazarsfeld und Allen H. Barton in der (→) Einstellungsforschung entwickeltes Verfahren der Klassifikation von Objekten nach ihren Merkmalen (Dimensionen). Dabei wird ein Merkmalsraum aus der (→) Kreuztabulierung mehrerer Merkmale und ihrer Merkmalsprägungen gebildet. Auf diese Weise kann jede Untersuchungseinheit als Punkt in einem n-dimensionalen (→) Koordinatensystem dargestellt werden. Mit Hilfe von Merkmalsräumen wird die räumliche Darstellung von Einstellungsmodellen möglich. Darin stehen die Dimensionen des Raumes für die Faktoren, aufgrund derer Versuchspersonen Einstellungsobjekte, wie z. B. Produkte, beurteilen. Verwendet werden Merkmalsräume in zahlreichen Bereichen der Marktforschung, u.a. z.B. bei Idealproduktmodellen, bei Positionierungsmodellen, für die Darstellung von Marktnischen.

Merkmalswert
→ Merkmalsausprägung

Messen *(Meßtheorie)*
In der (→) empirischen Sozialforschung bezeichnet Messen den Vorgang der Zuordnung von Symbolen, regelmäßig Zahlenwerten, zu einer Klasse von Objekten mit dem Ziel der Erfassung ihrer (→) Merkmalsausprägungen auf einer oder mehrerer diesen Objekten gemeinsamen Dimension bzw. Dimensionen. Die Zuordnung muß so erfolgen, daß die Relationen unter den Symbolen bzw. den Zahlenwerten den Relationen unter den Objekten entsprechen. In diesem Sinne ist Messen die strukturtreue Abbildung eines empirischen relationalen Systems in ein numerisches relationales System. Die Genauigkeit von Messungen hängt auf der einen Seite von der Systematisierung der Zuordnung und auf der anderen des Maßstabes, der (→) Skala (Skalenniveau) ab. Nach ihren unterschiedlichen Meßeigenschaften ist zwischen (→) Nominalskalen, (→) Ordinalskalen, (→) Intervallskalen und (→) Verhältnisskalen (Ratioskalen) zu differenzieren.

Nach Warren S. Torgerson ist in der Sozialforschung zwischen personenorientiertem, indikatororientiertem und reaktionsorientiertem Messen zu unterscheiden. Beim personenorientierten Messen liegt der Zweck des Messens darin, durch die Reaktionen der Versuchspersonen Informationen über diese selbst zu erhalten (Unterschiede zwischen den Beobachtungswerten sind dann als Differenzen zwischen den Testpersonen zu werten wie z. B. die Ergebnisse von Intelligenz- oder Eignungstests). Beim indikatororientierten Messen liegt der Zweck des Messens darin, durch die Reaktionen der Testpersonen Informationen über die (→) Valenz der (→) Indikatoren zu erhalten (die Differenzen zwischen den Beobachtungswerten werden auf Unterschiede der Bedeutung der Indikatoren zurückgeführt). Beim reaktionsorientierten Messen schließlich sollen die Reaktionen der Testpersonen sowohl Informationen über die Versuchspersonen selbst wie über die Indikatoren bzw. Stimuli (Reize) erbringen. Schlüsselproblem aller Messungen ist ihre (→) Validität (Gültigkeit), (→) Reliabilität (Zuverlässigkeit) und Objektivität.

Meßniveau *(von Skalen)*
→ Skala (Skalenniveau), Nominalskala, Ordinalskala, Intervallskala, Verhältnisskala (Ratioskala)

Meßtheorie
→ Messen

Metheringham-Formel *(Metheringham-Verfahren)*
Eine von dem amerikanischen Mediaforscher Richard Metheringham 1964 entwickelte Formel, mit der sich (→) Nettoreichweiten und (→) Kontakthäufigkeiten aus den empirischen Werten von (→) externen Überschneidungen und (→) LpN-Werten extrapolieren lassen. Zur Errechnung der Nettoreichweiten bei einer Einschaltung pro Werbeträger geht man danach folgendermaßen vor:

$$Q_1 = 1 - P_i \quad \text{für } i = 1 \ldots n$$

$$K_r = \frac{\Sigma Q_{ij} \cdots}{\binom{n}{r}} \quad \text{d.h. } K_1 = \frac{\Sigma Q_i}{n}$$

$$K_2 = \frac{\Sigma Q_{ij}}{\binom{n}{2}}$$

usw.

$$K_n = Q_{123 \ldots n}$$

Darin bedeuten:
P_i = LpN des Mediums i

Q_i = Prozentsatz der Zielgruppe, der nicht zum LpN des Mediums i gehört

Q_{ij} = Prozentsatz der Zielgruppe, der weder zum LpN des Mediums i noch zu dem des Mediums j gehört

$Q_{1..n}$ = Prozentsatz der Zielgruppe, der keinen Kontakt mit einer durchschn. Medieneinheit irgendeines der n Medien hat.

K_r kann nun durch die sog. Metheringham-Formel geschätzt werden:

$$K_r \approx k_r = \frac{s(s+1)\,(s+2)\,...\,(s+r-1)}{t(t+1)\,(t+2)\,...\,(t+r-1)} \text{ d.h.}$$

$$\text{für } k_n = \frac{s(s+1)\,(s+2)\,...\,(s+n-1)}{t(t+1)\,(t+2)\,...\,(t+n-1)}$$

$$\text{Dabei sind: } s = \frac{K_1^2 - K_1 K_2}{K_2 - K_1^2} \text{ und } t = \frac{s}{K_1};$$

$$\text{weil } K_1 = \frac{s}{t} \quad \text{und} \quad K_2 = \frac{s(s+1)}{t(t+1)}$$

Die über n Werbeträger geschätzte Nettoreichweite ergibt sich durch Subtraktion der (→) Zahl der Personen ohne (→) Kontakt gegenüber den n Werbeträgern von der Gesamtpersonenzahl der Zielgruppe:

$$C = 1 - k_n$$

Die Berechnung der Kontakthäufigkeit erfolgt durch Integration der Formel in das „Theorem von Waring", das in diesem Fall den Teil der Zielgruppe F angibt, der genau mit t von n Medieneinheiten Kontakt hat:

$$F_t = \sum_{r=t}^{n} (-1)^{r-t} \binom{r}{t} P_r$$

Zur Beurteilung der Methode schreibt Michael Bender:

1. Der LpN ist über alle Medieneinheiten eines Mediums hinweg konstant.
2. Die Nettoreichweite von 2 Medien bei jeweils einer Medieneinheit pro Medium ist konstant, gleichgültig welche Medieneinheiten der Medien miteinander kombiniert werden.
3. Die Nettoreichweite von 2 Medieneinheiten eines Mediums ist konstant, gleichgültig um welche Kombinationen von Medieneinheiten pro Medium es sich handelt.

Nur so ist es erlaubt, die Durchschnittsbildungen aus Paaren von Nebeneinheiten eines oder mehrerer Medien als Grundlage zur Extrapolation nach der Metheringham-Formel zu nehmen. Daß diese Annahmen nicht immer der Realität entsprechen, zeigen einige empirische Ergebnisse:

1. Die Metheringham-Methode neigt dazu, die kumulative Reichweite zu hoch auszuweisen.
2. Weit ungenauer als die geschätzte Nettoreichweite ist jedoch die errechnete Frequenzverteilung, bei der die für die Mediaplanung so wichtigen Zwischenhöhen abgeschnitten werden.

Metheringham weist außerdem selbst daraufhin, daß sein mehr für den Zeitschriftensektor entwickeltes Verfahren bei einer Anwendung im Bereich von Fernsehen und Rundfunk wegen der nicht stets vorliegenden Gültigkeit konstanten Verhaltens nicht immer anwendbar sei."

→ Agostini-Ansatz

Methode der exponentiellen Glättung
→ exponentielle Glättung

Methode der gewogenen Mittel
→ Gewichtung, gleitender Durchschnitt

Methode der gleicherscheinenden Intervalle
→ Thurstone-Skala

Methode der gleitenden Durchschnitte
→ gleitender Durchschnitt

Methode der größten Dichte
→ Maximum-Likelihood-Methode

Methode der größten Mutmaßlichkeit
→ Maximum-Likelihood-Methode

Methode der Halbreihenmittelwerte *(Methode der halben Durchschnitte)*
Eine grobe (→) Freihandmethode in der (→) Regressionsanalyse, bei der die Daten in zwei Gruppen gegliedert werden und dann eine Linie gezogen wird, durch die die Mittelwerte oder auch andere Punkte der beiden Gruppen miteinander verbunden werden.

Methode der kleinsten Quadrate
In der (→) Zeitreihenanalyse das am häufigsten verwendete mathematische Verfahren der Trendberechnung mit Hilfe der (→) Regressionsanalyse durch Anpassung einer theoretischen an eine empirische Verteilung bzw. Kurve. Das Verfahren besteht darin, die (→) Parameter, d.h. die Konstanten a und b der Regressionsgleichung so festzulegen, daß die Quadratsumme der Abweichungen der theoretischen Kurve von den empirischen Werten ein Minimum ergibt. Im Fall einer linearen Einfachregression ($Y = a + bX$) ergeben sich unter der Bedingung der Methode der kleinsten Quadrate, nämlich $\Sigma[Y - (a + bX)]^2 = \text{Min}$, die beiden Normalgleichungen $\Sigma Y = Na + b\Sigma X$ und $\Sigma XY = a\Sigma X + b\Sigma X^2$, aus denen sich a und b bestimmen lassen:

$$a = \frac{\Sigma X^2 \Sigma Y - \Sigma X \Sigma XY}{N\Sigma X^2 - (\Sigma X)^2} \quad \text{und} \quad b = \frac{N\Sigma XY - \Sigma X \Sigma Y}{N\Sigma X^2 - (\Sigma X)^2}$$

In der Praxis der Trendrechnung wird der Rechengang oft dadurch vereinfacht, daß die zeitliche Mitte des Untersuchungsabschnitts gleich Null gesetzt wird. Dadurch erhalten die davor liegenden Werte negative, die nachfolgenden Werte positive Vorzeichen und die Summe der X-Werte wird gleich Null. Für die Normalgleichungen ergibt sich die Vereinfachung:

$$\Sigma Y = Na \text{ und } \Sigma XY = b\Sigma X^2$$

und folglich für

$$a = \frac{\Sigma Y}{N}$$

(d.h. das arithmetische Mittel aus den Beobachtungswerten) und

$$b = \frac{\Sigma XY}{\Sigma X^2}$$

Gegenüber der Methode der (→) gleitenden Durchschnitte, wird bei der Methode der kleinsten Quadrate die Verzerrung vermieden, die dadurch entsteht, daß die Trendwerte noch ansteigen können, während die Werte in der Ursprungsreihe bereits abnehmen.

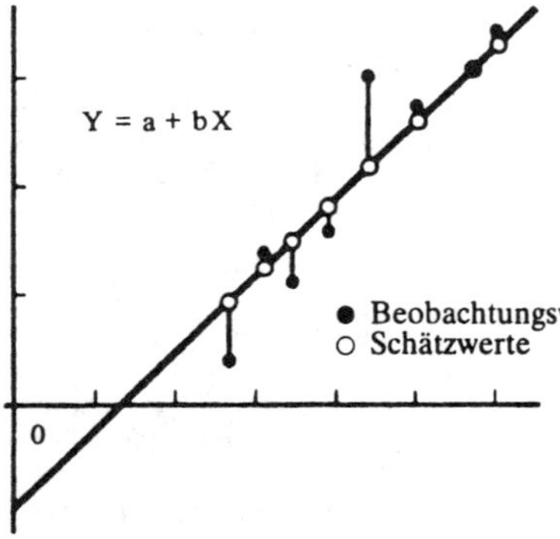

Für den Fall eines quadratischen Trends mit der allgemeinen Formel $Y = a + bX + cX^2$ bestehen die folgenden Normalgleichungen:

$$\begin{aligned} \Sigma Y &= Na + b\Sigma X + c\Sigma X^2, \\ \Sigma XY &= a\Sigma X + b\Sigma X^2 + c\Sigma X^3 \quad \text{und} \\ \Sigma X^2Y &= a\Sigma X^2 + b\Sigma X^3 + c\Sigma X^4. \end{aligned}$$

Durch Anwendung derselben Vereinfachung, Wahl des mittelsten Zeitpunkts als Ausgangspunkt, ergeben sich dann die folgenden vereinfachten Formeln für die Parameter a, b und c:

$$a = \frac{\Sigma Y - b\Sigma X^2}{N}, \quad b = \frac{\Sigma XY}{\Sigma X^2} \text{ und } c = \frac{\Sigma X^2Y - \Sigma X^2 \, \Sigma (Y/N)}{\Sigma X^4 - \Sigma X^2 \, \Sigma (X^2/N)}$$

Vor allem bei den für Produktions- und Wachstumsreihen sehr häufig typischen exponentiellen Trends mit der allgemeinen (→) Exponentialfunktion $Y = a \cdot b^x$ gestaltet sich die Anwendung der Methode der kleinsten Quadrate sehr einfach, wenn die Exponentialfunktion in Logarithmen ausgedrückt wird:

$$\log Y = \log a + X \log b.$$

Dann ergeben sich für die Normalgleichungen die Formeln

$$\begin{aligned} \Sigma \log Y &= N \log a + \log b\Sigma X \\ \Sigma X \log Y &= \log a\Sigma X + \log b\Sigma X^2. \end{aligned} \quad \text{und}$$

Für die beiden Parameter a und b gilt folglich:

$$\log a = \frac{\Sigma X^2 \, \Sigma \log Y - \Sigma X \Sigma X \log Y}{N\Sigma X^2 - (\Sigma X)^2} \quad \text{und}$$

$$\log b = \frac{N\Sigma X \log Y - \Sigma X \Sigma \log Y}{N\Sigma X^2 - (\Sigma X)^2}$$

Methode der nachträglich bestimmten Abstände
Ein in der (→) Einstellungsforschung verwendetes (→) Skalierungsverfahren, das von Louis L. Thurstone entwickelt wurde. Es stellt eine Weiterentwicklung der (→) Thurstone-Skala (Methode der gleicherscheinenden Abstände) dar, bei der lediglich eine andere Berechnungsweise für die Expertenurteile angewandt wird, indem davon ausgegangen wird, daß die Einstufungen symmetrisch verteilt und die (→) Standardabweichungen der Verteilungen gleich sind. Die Skalenwerte werden ähnlich wie die beim (→) Paarvergleich berechnet. In der Anwendung gleicht die Skala der nach der Methode der gleicherscheinenden Intervalle entwickelten Skala.

Methode der prozentualen Abweichung
Ein näherungsweises Verfahren zur Schätzung quantuplikativer (→) Nettoreichweiten, das auf dem Prinzip der Reduktion der summierten Duplikationswerte um einen gewissen Prozentsatz basiert, da bei der Errechnung der Nettoreichweite mehrerer Medien aus der Summe der Einzelreichweiten minus der Summe der (→) Duplikationen die mehr als Zweifachnutzer im Duplikationsabzug mehrmals Berücksichtigung fanden. In jeder Stufe ist der Prozentsatz der zusätzlichen Einfachüberschneidungen dieser Stufe somit um einen bestimmten Korrekturfaktor zu vermindern.

Methode der sukzessiven Intervalle
→ Methode der nachträglich bestimmten Abstände

Methode der summierten Einschätzungen
→ Likert-Skala

Methode der Teilgruppen
→ gegabelte Befragung

Methode der transferierten Rangordnungen
→ Verfahren der transferierten Rangordnungen

Methode des kritischen Pfades
→ Critical-Path-Method (CPM)

Methode des Paarvergleichs
→ Paarvergleich

Mikrozensus
Eine repräsentative Stichprobenerhebung der amtlichen Statistik, die in der Bundesrepublik einmal im Jahr bei ungefähr einem Prozent der Haushalte und Einzelpersonen erhoben wird. Sie dient der Fortschreibung der wichtigsten Daten über die Struktur und Entwicklung der privaten (→) Haushalte, der Bevölkerung und der Erwerbstätigkeit zwischen den großen (→) Totalerhebungen (Volkszählung) und liefert daher auch wichtige Unterlagen für Marketing, Markt- und Mediaforschung. Neben der jährlich als (→) Flächenstichprobe durchgeführten (→) Erhebung werden zweimal im Jahr weitere Teilerhebungen auf der Grundlage einer (→) Stichprobe von 0,1 % (einem Promille) der Bevölkerung durchgeführt.

Milieuanalyse
→ Kontextanalyse

Millimeterpreis
Die bei Zeitungsanzeigen übliche Berechnungsgrundlage für Anzeigenpreise bzw. für Anzeigengrößen, die zugleich als Standardmaß für die Platzberechnung bei Zeitungen verwendet wird. Der Preis wird für eine Zeile in einer Höhe von einem Millimeter bei jeweils gegebener Spaltenbreite berechnet.

Mindestauflage
→ Auflagengarantie

Mindestauftragsgröße *(Mindestbelegung)*
Insbesondere in der (→) Film- und (→) Außenwerbung ist es üblich, eine Mindestbelegung, d. h. entweder eine Mindestzahl von Einschaltungen oder eine Mindestdauer an Laufzeit zu vereinbaren. In der Außenwerbung beträgt die Mindestanschlagdauer für Bogenanschläge beispielsweise 10 Tage. Wird die Mindestdauer überschritten, erfolgt in der Regel die Berechnung eines erhöhten Grundpreises oder des Preises für die volle Laufzeit bzw. die volle Abnahmemenge.

Minkowski-Metrik
→ Distanzmaße

Mitgliederstücke
Im Medienvertrieb werden als Mitgliederstükke diejenigen Exemplare einer Druckschrift, vor allem einer Zeitschrift, bezeichnet, deren Lieferung im Rahmen eines Mitgliedsbeitrages erfolgt. In den (→) Auflagenmeldungen der Verlage an die (→) Informationsgemeinschaft zur Feststellung der Verbreitung von Werbeträgern (IVW), (→) IVW-Meldungen, wird die Zahl der Mitgliederstücke den abonnierten Exemplaren zugerechnet. Sie werden jedoch gesondert gemeldet und in der IVW-Liste unter dem Rubrum „davon Mitgliederstücke" ausgewiesen.

Mitgliederversammlung
→ Arbeitsgemeinschaft Media-Analyse (AG.MA) (Satzung)

Mitleser
→ Folgeleser

Mittel
→ Mittelwerte

Mittelständische Zielgruppen
Eine von der aktuellen (→) Illustrierten „Bunte" des Burda Verlags, Offenburg, 1986 vorgelegte (→) Markt-Media-Untersuchung, deren (→) Grundgesamtheit rund 1,55 Millionen Personen in mittelständischen Berufen sind. Es handelt sich im einzelnen um Freie Berufe aus den Bereichen Architektur, Heilberufe, Kunst/Kultur, Recht/Wirtschaft, Handelsvertretung, Ingenieure, Makler und Sonstige; Handel, Einzelhandel und Großhandel bis maximal 50 Beschäftigte; Handwerksbetriebe mit maximal 20 Beschäftigten; Hersteller mit maximal 50 Beschäftigten.
vgl. Absatzpotential Mittelstand, Gehobene Zielgruppen

Mittelwerte
Statistische Maßzahlen zur Kennzeichnung der zentralen Tendenz einer (→) Häufigkeitsverteilung – mathematisch ein Wert zwischen dem größten und dem kleinsten Wert einer Verteilung bzw. einer Menge – bezeichnet man als Mittelwerte. Es ist üblich, zwischen lagetypischen Mittelwerten, (→) Lageparameter, und rechnerischen Mittelwerten zu unterscheiden. Zu den in der Praxis der Markt- und Sozialforschung am häufigsten angewandten rechneri-

schen Mittelwerten zählen das (→) arithmetische Mittel, das (→) quadratische Mittel, das (→) harmonische Mittel und das (→) geometrische Mittel. Lagetypische Mittelwerte sind der (→) Median (Zentralwert), der (→) häufigste Wert (Modus, Modalwert, dichtester Wert) sowie seltener auch der (→) Scheidewert und der (→) schwerste Wert.

Bezeichnung	Berechnung	Vorteile	Nachteile
arithmetisches Mittel	Summe der Reihenwerte, dividiert durch ihre Anzahl: $\overline{X} = \frac{\Sigma X_i}{N}$	○ Leicht verständlich, leicht zu berechnen; ○ schließt alle Daten einer Reihe ein; ○ ist eindeutig bestimmt; ○ eignet sich für Umrechnungen in gewogene Mittel, (→) Gewichtung	○ Kann den Extremwerten zu viel Gewicht geben; kann das Mittel auf einen Punkt legen, an dem keine Beobachtungen vorliegen.
geometrisches Mittel	Die n-te Wurzel aus dem Produkt der n vorhandenen Reihenglieder: $G = \sqrt{X_1 \cdot X_2 \cdot \ldots X_N}$	○ Benutzt alle Daten; ○ ist eindeutig bestimmt, vorausgesetzt alle Werte der Reihe sind größer als 0; ○ gibt den Extremwerten geringeres Gewicht als das arithmetische Mittel.	○ Kann nicht benutzt werden, wenn ein Wert der Reihe 0 oder kleiner als 0 ist; ○ weniger leicht zu verstehen und zu berechnen als das arithmetische Mittel; ○ kann das Mittel auf einen Punkt legen, an dem gar keine Beobachtungen vorliegen.
häufigster Wert (Modus)	Der Wert der Reihe, der am häufigsten vorkommt: $Md = G + c \left(\frac{D_1}{D_1 + D_2}\right)$	○ Leicht verständlich; ○ schaltet Extremwerte aus; ○ nur die Werte der mittleren Größen brauchen bekannt zu sein.	○ Häufig schlecht bestimmbar; ○ schwer genau festzulegen ○ nicht für mathematische Berechnungen wie z.B. Gewichtungen verwendbar.
harmonisches Mittel	Der reziproke Wert des arithmetischen Mittels: $H = \frac{N}{\sum_{i=1}^{N} \frac{1}{X_i}}$	siehe arithmetisches Mittel	siehe arithmetisches Mittel
quadratisches Mittel	$\overline{X}_q = \sqrt{\frac{1}{N} \sum_{i=1}^{N} X_i^2}$	hat zahlen- und sachlogische Bedeutung nur in seiner Funktion als Maß der (→) Streuung, d.h. wenn die X_i Abweichungen vom arithmetischen Mittel sind	
Median	Derjenige Wert der Reihe, der sie in zwei Hälften teilt, so daß die eine Hälfte nur größere, die andere nur kleinere Werte als den Median umfaßt: $Md = \frac{(N + 1)}{2}$	○ Ohne Berechnung direkt zu finden, stellt meist einen realen Wert dar; ○ leicht zu verstehen; ○ schaltet extreme Werte aus; ○ kann für sonst nicht vergleichbare Größen verwendet werden; ○ nur die Werte der mittleren Größen brauchen bekannt zu sein.	○ Bei unregelmäßiger Verteilung der Werte schwer anzugeben; ○ bei gruppierten Daten nicht genau zu bestimmen; ○ nicht für mathematische Berechnungen wie z.B. Gewichtungen verwendbar.

Mittelwerte der Lage
→ Mittelwerte

Mittelwertmethode
→ CAM (CAM-S)

mittlere Abweichung *(durchschnittliche Abweichung)*
Ein nicht mehr sehr häufig verwendetes (→) Streuungsmaß, das im (→) arithmetischen Mittel der Abweichungen einer Menge von ihrem (→) Mittelwert besteht:

$$MA = \frac{\Sigma|X_i - \overline{X}|}{N}$$

mittlere quadratische Abweichung
→ Standardabweichung

mittlerer Quartilabstand *(mittleres Quartil, Quartilabweichung)*
Ein statistisches (→) Streuungsmaß, das gegeben ist als der durchschnittliche Abstand zwischen dem 1. und dem 3. (→) Quartil. Als Streuungsmaß bietet es den Vorteil, daß Extremwerte bei seiner Berechnung nicht ins Gewicht fallen, da es lediglich die (→) Streuung der zwischen dem obersten und dem untersten Quartil liegenden Hälfte aller Beobachtungswerte angibt (siehe Abb. S. 444).

$$Q = \frac{Q_3 - Q_1}{2}.$$

MiZuKo
Ein (→) Iterationsmodell der Firma Henkel & Cie, Düsseldorf, das als (→) Mediaselektionsmodell für die Bestimmung von (→) Zielgruppen, die Bildung von (→) Rangreihen, die (→) Evaluierung von (→) Mediaplänen und die Konstruktion von Streuplänen verwendet wird. Die Abkürzung steht für „Media-Optimierung in der Zielgruppe und Kontaktverteilung". Das Modell wird nur firmenintern verwendet.

Modeführer
Ein (→) Meinungsführer in Fragen der Mode wird in der Literatur mitunter auch als Modeführer bezeichnet. Modeführer unterscheiden sich von Nicht-Modeführern vor allem durch ihr wesentlich stärker ausgeprägtes Innovationsverhalten. Die in den Untersuchungen und Theorien der Modeführerschaft gefundenen hauptsächlichen Ergebnisse sind in der Tabelle auf den Seiten 380/1 überblickartig zusammengestellt.

Modell
Der Begriff Modell wird in den Sozialwissenschaften zur Bezeichnung von formalisierten und oft auch mathematischen Abbildungen sozialer Prozesse verwendet, die in vielerlei Hinsicht den Charakter eines reinen Gedankenexperiments haben, da ihnen ein System denkbarer Wirkungen und Zusammenhänge zwischen einzelnen Faktoren zugrundeliegt, dessen Gesetzmäßigkeiten sich in dieser Eindeutigkeit und mathematischen Genauigkeit meist nicht in der Realität zeigen. In den empirischen Wissenschaften unterscheidet man in der Regel zwischen Analogiemodellen, Simulationsmodellen, Symbolmodellen, Modellen als interpretierenden Bezugssystemen und theoretischen Modellen. Analogiemodelle dienen der Veranschaulichung theoretischer Überlegungen zur Explikation eines Begriffs. (→) Simulationsmodelle sind Modelle in verkleinertem Maßstab und mit einer meist stark reduzierten Zahl von Wirkungsfaktoren. Symbolmodelle stellen Zusammenhänge oder Phänomene unter Verwendung von abstrakten Symbolen dar. Modelle als interpretierende Bezugssysteme sind theoretische Definitionen der Realität, mit deren Hilfe diese interpretiert werden kann. Theoretische Modelle schließlich präzisieren die Beziehungen zwischen Variablen zum Zweck der Ableitung von Hypothesen in Form einer Theorie.
Zwar können Modelle sowohl abstrakt wie konkret sein, auf jeden Fall haben sie aufgrund ihrer Konstruktion einen relativ hohen Grad an Realitätsferne, aufgrund deren sie stets nur dem Kriterium innerer logischer Stimmigkeit, nicht aber der Forderung nach empirischer Geltung zu genügen brauchen. Zwischen der Formalstruktur des Modells und der Realstruktur bestehen unterschiedliche Grade der Übereinstimmung, d. h. unterschiedliche Isomorphiegrade. Die Verwechslung eines Modells mit der Theorie, zu deren Konkretisierung es dient, wird oft als Modellplatonismus bezeichnet. Im Marketing haben besonders die Modelle des (→) Konsumentenverhaltens und der industriellen Kaufentscheidung Bedeutung.
→ Grundmodell

Modell zur Optimalen Selection in der Streuplanung
→ MOSES

Modus
→ häufigster Wert

Momente *(System der Momente)*
In der Statistik sind Momente Maßzahlen zur Darstellung des Zusammenhangs zwischen dem (→) arithmetischen Mittel, der (→) Standardabweichung sowie den Maßen der (→) Schiefe und der (→) Wölbung in (→) Häufig-

Modeführer

Studien	Merkmale	Ergebnisse
Baumgarten (1975)	Innovationsverhalten[a]	o es existiert eine starke Beziehung zwischen Modeführer (MF) und Innovator o er kreiert einen neuen Typ des Konsumenten, den sogenannten „innovativen Kommunikator", der die Überlappung repräsentiert
Brett & Kernaleguen (1975)	Persönlichkeitsvariablen o Umweltabhängigkeit (field dependence) o internale/externale Kontrolle o fördernde/hemmende Angst (facilitating/debilitating anxiety)	o MF zeigen einen signifikant niederen Grad an fördernder Angst und einen signifikant höheren an hemmender Angst o keine weiteren Beziehungen aufgedeckt
Gruner + Jahr-Verlag (1971)	Demographische Variablen o Alter o Einkommen o Ortsgröße Medienverhalten o Lesen von Frauen-, Programm- und Wochenzeitschriften und aktuellen Illustrierten Innovationsverhalten o Interesse an neuen Produkten o Kauf der betreffenden Produkte o Besitz eines Innovatorengutes Gebietsspezifische Variable o Interesse	o nur schwache Beziehungen zwischen MF und Alter sowie Einkommen o MF widmen sich stärker den Zeitschriften, die produktbezogene Informationen beinhalten o gute Differenzierung zwischen Meinungsführer und -folger durch alle Variablen möglich o erwies sich als ausgezeichnetes Trennkriterium
Myers & Robertson (1972)	Demographische Variablen[b] o Alter o Einkommen o Größe des Haushalts Soziologische Variablen o soziale Aktivitäten o Richtung der Beeinflussung o generelle, soziale Führerschaft Innovationsverhalten[a] Gebietsspezifische Variablen o Interesse o Wissen o Diskussion	o im allgemeinen nur schwache Korrelationen; lediglich tendenziell scheinen MF etwas jünger zu sein o kein Zusammenhang zwischen sozialen Aktivitäten und MF o tendenziell werden MF stärker von anderen Individuen beeinflußt o keine Beziehung zwischen MF und genereller Führerschaft o Zusammenhang zwischen Innovationsfreude und MF durch hohe Korrelation repräsentiert o sehr hohe Korrelationen errechnet o scheint enge Interdependenz zwischen den Variablen zu bestehen

keitsverteilungen. Im System der Momente werden so (→) Mittelwert und (→) Streuung verallgemeinert. Als Moment k-ter Ordnung (v_k) wird die durch N geteilte Summe der mit k potenzierten Abweichungen der Veränderlichen X von einer Konstanten a bezeichnet:

$$v_k = \frac{1}{N} \sum_{i=1}^{N} (X_i - a)^k.$$

Für a = 0 ergibt sich das ungewogene Anfangsmoment (gewöhnliches Moment) m_k:

$$m_k = \frac{1}{N} \sum_{i=1}^{N} X_i^k \ (a = 0).$$

Das Anfangsmoment erster Ordnung (m_1) ist dann das arithmetische Mittel:

$$m_1 = \frac{1}{N} \sum_{i=1}^{N} X_i.$$

Das Anfangsmoment zweiter Ordnung lautet folglich:

$$m_2 = \frac{1}{N} \sum_{i=1}^{N} X_i^2 \text{ usw.}$$

Studien	Merkmale	Ergebnisse
Reynolds & Darden (1971)	Demographische Variablen ○ Bildung Soziologische Variablen ○ physische Mobilität ○ informelle soziale Aktivitäten ○ persönlicher Einfluß Einstellungsfaktor ○ Selbstvertrauen Medienverhalten ○ Lesen von Hausmagazinen, Frauen- und Modezeitschriften Gebietsspezifische Variablen[1] ○ Interesse ○ Informationssuche (information seeking)	○ MF tendieren dazu, eine bessere Ausbildung genossen zu haben ○ alle Variablen erwiesen sich als gute Trennkriterien ○ MF zeigen der Tendenz nach ein größeres Selbstvertrauen ○ Lesen von Hausmagazinen und Modezeitschriften waren gute Trennkriterien; Frauenzeitschriften nicht ○ Interesse stellt ein ausgezeichnetes Unterscheidungsmerkmal dar ○ die zur Informationssuche herangezogenen Variablen erwiesen sich als gute Trennkriterien
Robertson & Myers (1969)	Persönlichkeitsvariablen[b] ○ Dominanz ○ Soziabilität ○ Selbstkontrolle Innovationsverhalten	○ keine der achtzehn herangezogenen Variablen erwies sich als signifikant ○ nur sehr schwache Korrelation festgestellt
Schrank & Gilmore (1973)	Soziologische Variable ○ sozialer Status Persönlichkeitsvariablen ○ Konformität ○ soziale Unsicherheit (social insecurity) Innovationsverhalten[a] Gebietsspezifische Variable ○ Interesse	○ MF setzen sich aus allen Schichten zusammen ○ starke Konformität der Meinungsführer ○ MF erwiesen sich als sozial unsicher ○ hohe Korrelation zwischen MF und Innovator ○ ausgezeichnetes Trennkriterium
Summers (1970)	Demographische Variablen[b] ○ Alter ○ Bildung ○ Einkommen Soziologische Variablen[b] ○ physische Mobilität ○ soziale Kommunikation Persönlichkeits-, Einstellungs-[b] und Wertfaktoren ○ Verantwortung ○ emotionale Stabilität Medienverhalten[b] ○ Radio hören, Fernsehen ○ gesamtes Lesen von Magazinen, Haus- und Frauenzeitschriften	○ MF erwiesen sich in der Regel als jünger, gebildeter und mit höherem Einkommen und beruflichem Status ○ alle herangezogenen Variablen waren gute Unterscheidungsmerkmale ○ die meisten tendenziell als Unterscheidungsmerkmale brauchbar ○ Medien zur allgemeinen Unterhaltung nicht diskriminierungsfähig ○ produktbezogene Zeitschriften sind ausgezeichnete Kriterien

1 Reynolds & Darden prüften zuerst die in den meisten anderen Studien ebenfalls herangezogenen Variablen und nahmen dann in einem weiteren Schritt eine Aufgliederung in vier Gruppen von Informationssuchenden vor, die sie anhand dreier Variablen analysierten.
a Bei den so kennzeichneten Variablen erfolgte in den Studien keine weitere Untergliederung.
b Die so gekennzeichneten Variablen sind aus Platzmangel nicht vollständig aufgezählt.
Quelle: H. Mayer/H. Schneider, Neuere Untersuchungen zur Theorie der Meinungsführerschaft, in: Jahrbuch der Absatz- und Verbrauchsforschung 24 (2), 1978, S. 147–149

Für das gewogene Anfangsmoment ergibt sich entsprechend:

$$m_{(g)k} = \frac{1}{G} \sum_{i=1}^{N} X_i^k G_i.$$

Für a = $\overline{X}$, d.h. das arithmetische Mittel, ergibt sich das ungewogene Zentralmoment μ_k:

$$\mu_k = \frac{1}{N} \sum_{i=1}^{N} (X_i - \overline{X})^k \quad (a = \overline{X}).$$

Das Zentralmoment erster Ordnung (μ_1) lautet folglich:

$$\mu_1 = \frac{1}{N} \sum_{i=1}^{N} (X_i - \overline{X}) = \frac{1}{N} \sum_{i=1}^{N} X_i - \frac{1}{N} \sum_{i=1}^{N} X_i = 0.$$

Es muß gleich Null sein; denn die Abweichungen der Reihenwerte der Verteilung heben einander bei Berücksichtigung der Vorzeichen auf. Das Zentralmoment zweiter Ordnung ist gleich der (→) Varianz der Zufallsvariablen:

$$\mu_2 = \frac{1}{N} \sum_{i=1}^{N} (X_i - \overline{X})^2 = \sigma^2.$$

Für das gewogene Zentralmoment ergibt sich entsprechend:

$$\mu_{(g)k} = \frac{1}{G} \sum_{i=1}^{N} (X_i - \overline{X})G_i.$$

Mit Hilfe der Momente können die zur Charakterisierung einer Häufigkeitsverteilung herangezogenen Maße ausgedrückt werden. Es ergeben sich dann im einzelnen:

1. **Moment:** arithmetisches Mittel: $\overline{X} = m_1$
2. **Moment:** Varianz $\sigma^2 = \mu^2 = m_2 - m_1^2$
3. **Moment:** Koeffizient der Schiefe

   nach Pearson $\beta_1 = \frac{\mu_3^2}{\mu_2^3}$

   nach Fisher $\gamma_1 = \frac{\mu_3}{\sigma^3}$
4. **Moment:** Koeffizient der Wölbung

   nach Pearson $\beta_2 = \frac{\mu_4}{\mu_2^2}$

   nach Fischer $\gamma_2 = \frac{\mu_4 - \mu_2^2}{\mu_2^2} = \beta_2 - 3.$

monatlich erscheinende Zeitschriften *(Monatszeitschriften)*
→ Zeitschrift

Monte-Carlo-Methode
Sammelbezeichnung für eine Reihe von Verfahren, deren gemeinsames Merkmal die (→) Simulation und numerische Bestimmung von aus Verteilungsfunktionen aufgebauten mathematischen Ausdrücken unter Einsatz geeigneter Zufallsmechanismen und auf der Grundlage von Erkenntnissen der (→) Wahrscheinlichkeitstheorie und der mathematischen Statistik ist. Die Zufallssteuerung der simulierten Prozesse wird durch (→) Zufallszahlen erreicht. Die folgenden Schritte werden eingeschlagen: 1. Zunächst wird ein dem jeweils in Frage stehenden Problem entsprechendes (→) stochastisches Modell entwickelt, 2. dann werden anhand des stochastischen Modells Zufallsexperimente durchgeführt (Monte-Carlo-Simulation), 3. werden dann anhand der mit Hilfe der Zufallsexperimente ermittelten Ergebnisse auf das Problem und das stochastische Modell bezogene statistische (→) Parameter geschätzt und 4. schließlich wird die dadurch gewonnene Schätzung als die Lösung eines mathematischen Problems interpretiert. Weil bei diesen Verfahren große Mengen von Zufallszahlen verwendet werden, deren (→) Streuung die Realität widerspiegelt, um Erwartungswerte zu simulieren, wurde zur Bezeichnung der Name des Spielkasinos in Monte Carlo gewählt. Die Verfahren lassen sich als eine Umkehrung des Vorgehens bei der Stichprobenbildung verstehen; denn während bei der Stichprobenbildung die (→) Parameter aufgrund der gegebenen Verteilungswerte der (→) Grundgesamtheit geschätzt werden, sind bei der Monte-Carlo-Methode die Parameter gegeben, mit deren Hilfe (→) Stichproben gebildet werden, die die Verteilung repräsentieren.
Im Marketing gibt es vielfältige Anwendungsmöglichkeiten für die Monte-Carlo-Methode in allen Situationen, in denen Planungsprobleme zu lösen sind, bei der Neuproduktentwicklung und -planung, bei der Prüfung von Marketingstrategien oder bei der Kontaktsimulation in (→) Optimierungsmodellen der (→) Mediaselektion, z. B. im (→) AD-ME-SIM-Modell.
Bei der Umwandlung von empirisch ermittelten (→) Kontakthäufigkeiten in (→) Kontakt- bzw. (→) Nutzungswahrscheinlichkeiten mit Hilfe der Monte-Carlo-Methode benutzt man (→) Zufallszahlen. Die einfachste Form ist die Möglichkeit, übereinstimmend mit der Nutzungshäufigkeit in Lochkarten Lochungen vorzuneh-

men, wobei die Zufallszahlen den Ort der Lochungen angeben. Die (→) Arbeitsgemeinschaft Leseranalyse (AGLA) entwickelte ein anderes Verfahren. Es werden Zufallszahlen zwischen Null und 1 erzeugt und mit der Nutzungswahrscheinlichkeit der Frequenzangabe verglichen. Ist letztere größer oder gleich Zufallszahl, erfolgt eine Lochung. Dieses Spiel wird sukzessive für alle zugrundegelegten Medieneinheiten pro Medium vorgenommen.

Bei dieser speziellen Monte-Carlo-Methode simuliert man den Vorgang, wie aus der Kontaktwahrscheinlichkeit (→) Kontakte *erzeugt* werden.

Das Individuum i verfügt über m Kontaktwahrscheinlichkeiten:

$$Pij \quad j = A, \ldots, M$$

Der Mediaplan gibt die Belegungszahlen an:

$$bj \quad j = A, \ldots, M$$

Wenn *nur* der Zufall für das Entstehen von Kontakten aus der vorgegebenen Situation verantwortlich ist, müssen *alle* Möglichkeiten einander gleichwertig sein: diesen Sachverhalt drückt die sog. *Gleichverteilung* aus. Das Intervall, innerhalb dessen Zahlen, die der Gleichverteilung unterliegen, erzeugt werden sollen, sind wegen der Vorgabe der Kontaktwahrscheinlichkeit die Grenzen 0 und 1 schon vorgegeben. Das Intervall wird durch die jeweilige Wahrscheinlichkeit p in zwei Abschnitte geteilt. Bei b Zufallszahlen fallen b x p Zahlen in dem einen Abschnitt, der von 0 bis p reicht, und b(1 - p) Zahlen in dem Abschnitt von p bis 1 an:

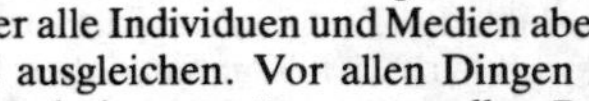

Ist b groß genug, nimmt b x p den Erwartungswert an. Da b in der Regel als Belegungszahl klein ist, erhält man durch die Simulation Abweichungen von den Erwartungswerten, die pro Individuum und Medium groß sein *können*, sich über alle Individuen und Medien aber weitgehend ausgleichen. Vor allen Dingen liefern *zwei* Simulationsvorgänge zum *selben* Problem in der Regel *zwei* verschiedene Lösungen, was für die Praxis etwas unbefriedigend ist. in der Praxis geht die Simulation wirklichkeitsnah portionsweise vor sich. Man beginnt mit dem Individuum 1, dem Medium A und der 1. Belegung. Die Zufallszahl liefert der Generator. Ist sie kleiner als p_{1a}, wird *Kontakt – ja* registriert, andernfalls *Kontakt – nein*. Dann folgt die 2., 3. bis zur b-ten Belegung. Danach werden der Titel B, der Titel C ... bis zum Titel M genauso behandelt. Für das erste Individuum ergibt sich eine bestimmte feste Anzahl von Kontakten zwischen 0 und B. Nach dem 1. Individuum kommt das 2., 3. und so weiter bis zum R-ten Individuum an die Reihe.

Für jede Kontaktzahl $0 \leq k \leq B$ gibt es nach Abschluß des Prozesses r_k Individuen, die die Kontaktanzahl k zugesprochen bekommen haben, und es ist:

$$\sum_{k=0}^{B} r_k = R$$

Mit anderen Worten, man erhält auch hier eine (→) Kontaktverteilung, die zwar im Detailergebnis fallweise von der Kontaktverteilung aus der (→) Faltung (Convolution) oder deren Approximationen abweicht, im Prinzip aber genauso aussieht, wenn man statt r_k die relative (→) Häufigkeit als Maß einsetzt, die diesmal r_k/R lautet:

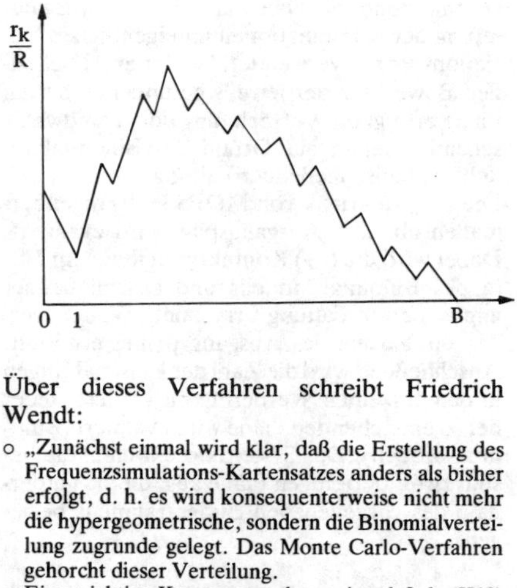

Über dieses Verfahren schreibt Friedrich Wendt:

- „Zunächst einmal wird klar, daß die Erstellung des Frequenzsimulations-Kartensatzes anders als bisher erfolgt, d. h. es wird konsequenterweise nicht mehr die hypergeometrische, sondern die Binomialverteilung zugrunde gelegt. Das Monte Carlo-Verfahren gehorcht dieser Verteilung.
- Eine wichtige Konsequenz daraus ist, daß der K12, der durch den Frequenzsimulations-Kartensatz abgedeckt wird, nicht dem weitesten Leserkreis entspricht.
- Bestehen bleibt die mißliche Tatsache, daß bei mehr als 12 Belegungen der Frequenzsimulations-Kartensatz versagt. Selbst wenn man die Konvention benutzt, bei höheren Belegungen den gleichen Titel nochmals durchzuzählen, ändert sich – entgegen dem wahrscheinlichkeitstheoretischen Modell – die Reichweite nicht mehr. Sie bleibt konstant auf dem K_{12} stehen.
- Immerhin ist es ein Fortschritt, hier nicht mehr den weitesten Leserkreis als Obergrenze zu haben. Nur – eine Abweichung ergibt sich in einem solchen Fall gegenüber den gerechneten Ergebnissen immer!

o Das gilt aber nicht nur dafür, sondern prinzipiell, und zwar aufgrund der verkürzten Information, der zufallsbedingten Frequenzsimulation und der Korrekturen –, d. h. es sollte ausdrücklich darauf aufmerksam gemacht werden, daß Auszählungen aus dem Frequenzsimulations-Kartensatz und aus dem Datenband im allgemeinen nicht übereinstimmen, sondern zwar in engen Grenzen, aber doch grundsätzlich abweichen."

MOPS (Media-Optimierungs-System)
Ein von Infratest, München, entwickeltes (→) Iterationsprogramm der (→) Mediaselektion, das einen vorgegebenen (→) Ausgangsplan innerhalb eines vorgegebenen Budgetrahmens verbessert. Es verbessert den Ausgangsplan mit Hilfe von wiederholten Umgebungsprüfungen über eine Reihe von (→) Iterationen hinweg. Die jeweils gefundenen Mediapläne werden sukzessiv um Titel und Einschaltsfrequenzen geändert. In der Evaluierungsstufe verwendet es sowohl die angenäherte (→) Faltung (Convolution), (→) Binomialmodell, wie die Mittelwertmethode, die aber nur bei der (→) Evaluierung der Kombinationen im eigentlichen Variationsprozeß verwendet, bei der anschließenden Bewertung der jeweils gefundenen besten Pläne erfolgt die Verrechnung der Grundwahrscheinlichkeiten auf Grund des Binomialmodells und anschließender Faltung.
Die (→) Heuristik von MOPS läuft folgendermaßen ab: Der Ausgangsplan wird evaluiert. Dabei wird die (→) Kontaktverteilung mit Hilfe des Binomial-Modells und anschließender angenäherter Faltung errechnet. Weiter werden die Kosten des Ausgangsplanes ermittelt. Anschließend wird die Zahl der Einschaltungen in den einzelnen Werbeträgern variiert. Jeder der so entstehenden Pläne wird evaluiert (Binomial-Modell). Das System druckt dann die besten zwölf derjenigen Pläne aus, die sich innerhalb des vorgegebenen Budgetrahmens bewegen.

Ist die gewünschte Zahl von Iterationen erfüllt oder stellt das Programm an Hand von Stopkriterien fest, daß kein Fortschritt mehr möglich ist, werden keine weiteren Iterationen mehr durchgeführt. Abschließend werden maximal 48 Pläne aus den beiden letzten Iterationen evaluiert. Der Programmablauf ist in der Abbildung auf Seite 385 dargestellt.
Der Ausgangsplan, bezeichnet mit ①, wird in der ersten Iteration verbessert, es entsteht der Plan ②, der den Ausgangsplan für die zweite Iteration darstellt. Im Rahmen der zweiten Iteration wird dieser Ausgangsplan weiter verbessert. Es entsteht der Plan ③.

Mortalität
→ Ausfälle, Panelsterblichkeit

MOSES *(Modell zur Optimalen Selection in der Streuplanung)*
Ein (→) heuristisches Verfahren der (→) Mediaselektion, das sowohl Elemente von (→) Iterationsmodellen wie von (→) Permutationsmodellen mischt. Es wurde 1970 von dem Frankfurter Beratungsinstitut Metra Divo in Zusammenarbeit mit dem Verlag Gruner + Jahr, Hamburg, entwickelt. Weiterentwicklungen sind MOSES II, MOSES III und MOSES IV.
Das Programm kann einen (→) Ausgangsplan selbst konstruieren und verbessern. Es errechnet die (→) Kontaktverteilung wahlweise nach dem Frequenzsimulationskartensatz und mit Hilfe der fallweisen (→) Simulation.
Im Rahmen des (→) Evaluierungsmodells kann es die mediengewogene, (→) Mediagewicht, (→) Kontaktdosis auf Grund von zielgruppenspezifischen (→) Kontaktbewertungskurven zu „Wirkungswerten" umformen, die anschließend mit den Zielpersonengewichten multipliziert werden. Die daraus resultierenden Werte der Zielpersonen werden summiert und stellen den Leistungswert eines (→) Mediaplans dar.
Dabei werden nur die *Kandidatenmedien* berücksichtigt, die sich auf Grund einer *Rangreihung* innerhalb des Werbebudgets qualifizieren. Mit den Kandidatenmedien konstruiert das Modell Mediapläne. Dabei wird die Zahl der möglichen Kombinationen dadurch eingeschränkt, daß es nur Pläne generiert, die eine *bestimmte Anzahl von Medien* enthalten. Diese wird als *„Kerngröße"* bezeichnet und hängt von der Zahl der Medien ab, die sich für das Werbebudget qualifiziert haben. Für jede der Kerngrößen wird *nur eine bestimmte Höchstzahl* von Mediakombinationen konstruiert.
Im nächsten Schritt werden alle Kombinationen ausgeschieden, die mit den geringsten Belegungen ihrer Medien das Budget überschreiten bzw. mit den höchstmöglichen Einschalthäufigkeiten die Etatgrenze nicht erreichen. Für die verbleibenden Kombinationen werden *die jeweils günstigsten Einschalthäufigkeiten* eingesetzt, bis das Werbebudget ausgeschöpft ist. Die kostengleichen Mediapläne werden nach ihrer *Gesamtwirkung gereiht.* Anschließend werden die besten Pläne registriert. Für die registrierten Pläne werden die festgelegten Belegungshäufigkeiten der Titel *permutativ* durchgerechnet. Im nächsten Schritt wird die gewünschte Anzahl der besten Lösungen je Mediakombination *evaluiert* und als Ergebnis des Selektionsprozesses ausgedruckt. Die letzt-

Der Programmablauf von MOPS

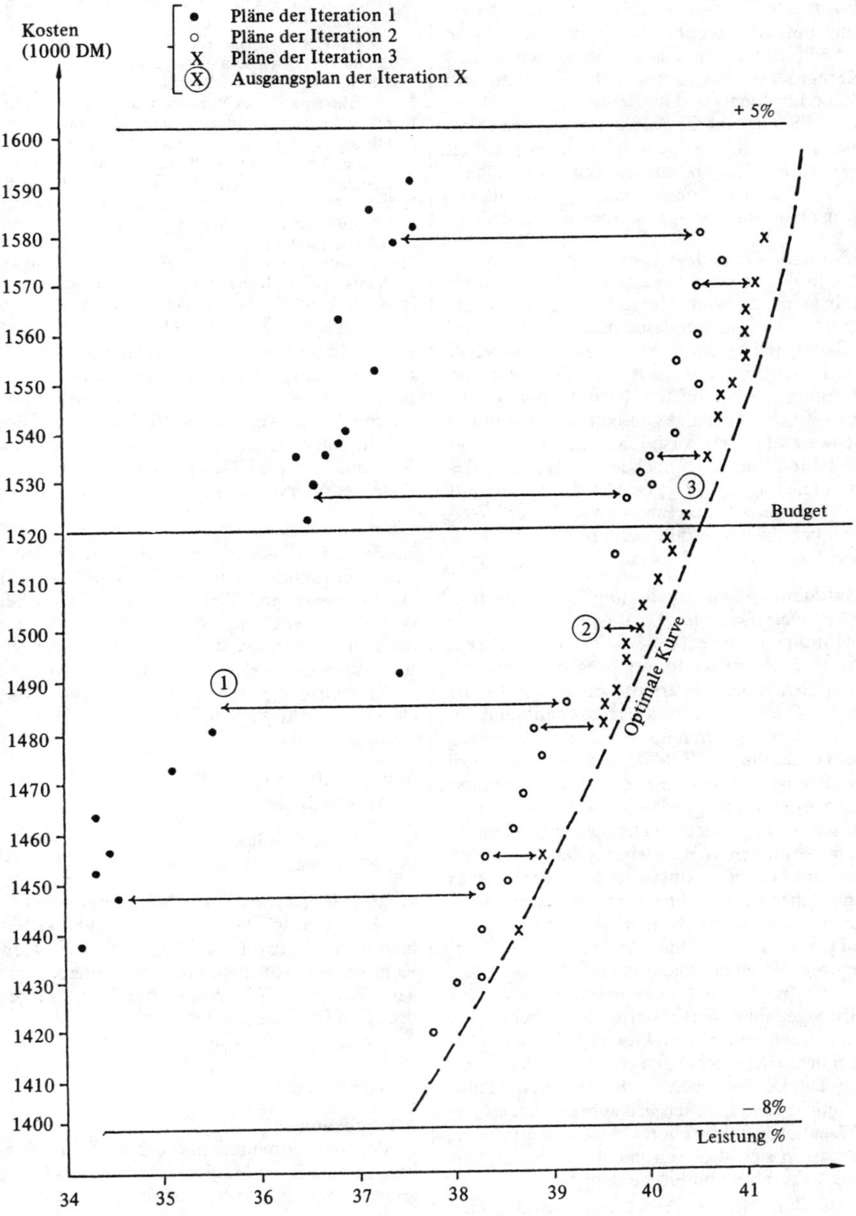

lich günstigsten Einschaltungshäufigkeiten in den einzelnen Medien werden mit Hilfe der *Permutation* ermittelt. Das Programm liefert eine beschränkte, im voraus zu definierende Anzahl von guten Plänen mit verschiedenen Kerngrößen sowie Einschalthäufigkeiten und deren Leistungs- und Kostenwerte.
MOSES schränkt die Zahl der möglichen Kombinationen sehr stark ein und es berücksichtigt (→) externe Überschneidungen nicht. Damit ist die Gefahr verbunden, daß die optimale Lösung mehr oder weniger stark verfehlt wird.

MS *(Media-Studie)*
Die in der Schweiz bestehende, alljährlich erhobene große Multi-Media-Untersuchung, die ähnlich wie die bundesdeutsche (→) Media-Analyse (MA) der (→) Arbeitsgemeinschaft Media-Analyse (AG.MA) die Nutzung von Zeitungen, Zeitschriften, Fernsehen und Hörfunk erhebt. Grundgesamtheit sind alle in der Schweiz lebenden Personen im Alter von 15 bis 74 Jahren, die der Sprache der jeweiligen Region mächtig sind. Die (→) Stichprobe basiert auf 9000 mündlichen Interviews, die in 12 Wellen über ein Jahr erfaßt werden.
vgl. Telecontrol

Multidimensionale Skalierung *(MDS, mehrdimensionale Skalierung)*
Mehrdimensionale (→) Skalierungsverfahren, die auch Ähnlichkeitsverfahren genannt werden, dienen dazu, Attribute zu messen, für die mehr als ein subjektives Urteilskontinuum angenommen werden muß. Bei diesen Verfahren geht es darum, die Zahl der Dimensionen, ihre Beziehung und (→) Gewichtung zu bestimmen. Sie werden vorwiegend in der (→) Einstellungsforschung angewandt, wenn die einem komplexen Phänomen zugrundeliegenden Dimensionen unbekannt, methodisch nicht separierbar und daher auch nicht einzeln skalierbar sind. Ganz generell bezieht man sich dabei auf die subjektiven (→) Ähnlichkeiten bzw. (→) Distanzen zwischen Objekten und führt diese auf die zu findenden Dimensionen zurück. Der Grundgedanke besteht darin, die zwischen den Elementen einer Objektmenge bestehenden Ähnlichkeitsbeziehungen räumlich darzustellen. Die Dimensionen der Räume, in die diese Ähnlichkeitsrelationen sich abbilden lassen, repräsentieren unkorrelierte Merkmalsvariablen. Es lassen sich drei verschiedene Klassen von MDS-Verfahren unterscheiden:

1. Die klassischen Verfahren der **metrischen** multidimensionalen Analyse, bei denen die durch (→) Paarvergleich gewonnenen Ausgangsdaten über skalentheoretische Annahmen in (→) Euklidische Distanzen transformiert werden und ein metrischer Raum bestimmt wird, in dem die darüber definierte Distanzfunktion mit den ursprünglichen Ähnlichkeitsmaßen übereinstimmt. Die dabei allgemein verwendete Metrik ist die Minkowski-Metrik, aus der die (→) City-Block-Distanz und die Euklidische Distanz abgeleitet werden können.
2. Die **nichtmetrischen** Verfahren der multidimensionalen Analyse, bei denen von einer Ordnung der Distanzen zwischen den Objekten ausgegangen wird und die Punkte auch nur auf den Achsen der räumlichen Darstellung geordnet werden. Die ordinalen Ausgangs- und Ergebnisdaten werden bei der mehrdimensionalen Wiedergabe auch nicht metrisch dargestellt.
3. Die **ordinalen** Verfahren der multidimensionalen Analyse, die zu Darstellungen der Objekte in metrischen Räumen gelangen, deren Skalenniveau dem der klassischen Verfahren entspricht.

Die multidimensionale Skalierung eignet sich für die Lösung einer großen Vielzahl von Problemen im Marketing und in der Marktforschung. Sie ist weniger ein Verfahren der Einstellungsmessung im klassischen Sinne als eine Methode der (→) Datenauswertung und der Datenreduktion.

Multi-Media-Analyse
Eine (→) Media-Analyse, die das Nutzungsverhalten gegenüber sehr unterschiedlichen (→) Werbeträgern und Werbeträgergattungen bei derselben (→) Stichprobe erhebt, wie das die meisten großen Media-Analysen tatsächlich tun. Auch die (→) Media-Analyse (MA) der (→) Arbeitsgemeinschaft Media-Analyse (AG-.MA) ist als Multi- bzw. sogar als All-Media-Analyse angelegt.

Multiple Choice
→ Auswahlfrage

multiple Korrelation
→ Mehrfachkorrelation

multiple Regression *(mehrfache Regression)*
Die Relation zwischen einer abhängigen Variablen (Kriteriumsvariablen) und einer linearen Kombination von zwei oder mehr unabhängigen Variablen (Prädiktorvariablen), ausgedrückt in Form der Gleichung

$$Y = b_0 + b_1X_1 + b_2X_2 + \dots b_kX_k + e.$$

→ Regression

Multiplikator
In der (→) Kommunikationstheorie eine Person oder auch ein Medium, die bzw. das in besonders starkem Maße Nachrichten und Informationen verbreitet. Es handelt sich um Personen oder Organisationen, denen eine Schlüsselstellung bei der Verbreitung von Meinungen,

Kenntnissen, (→) Einstellungen, Moden usw. zukommt und die in dieser Hinsicht den (→) Meinungsführern sehr ähneln.

multiplikative Gewichtung
→ Gewichtung

multivariate Analyse *(multivariate Auswertungsverfahren)*
Sammelbezeichnung für eine Vielzahl von Verfahren der (→) Datenanalyse, durch die drei oder mehr Variablen untersucht werden können. Die gleichzeitige Analyse mehrerer Variablen wird durch das Phänomen der (→) Kovarianz kompliziert, d. h. dadurch daß die einzelnen Variablen untereinander nicht unabhängig sind und sich in der gleichen Richtung verändern. Die multivariaten Verfahren sind von den (→) bivariaten und den (→) univariaten Verfahren zu unterscheiden. Zu den wichtigsten Einzelverfahren der multivariaten Analyse zählen neben der (→) multiplen Korrelations- und (→) Regressionsanalyse die (→) Clusteranalyse, die (→) Diskriminanzanalyse, die (→) kanonische Analyse, die (→) multidimensionale Skalierung (MDS), die multivariate (→) Varianzanalyse und die (→) Segmentation.

Gliederung der multivariaten Analyseverfahren

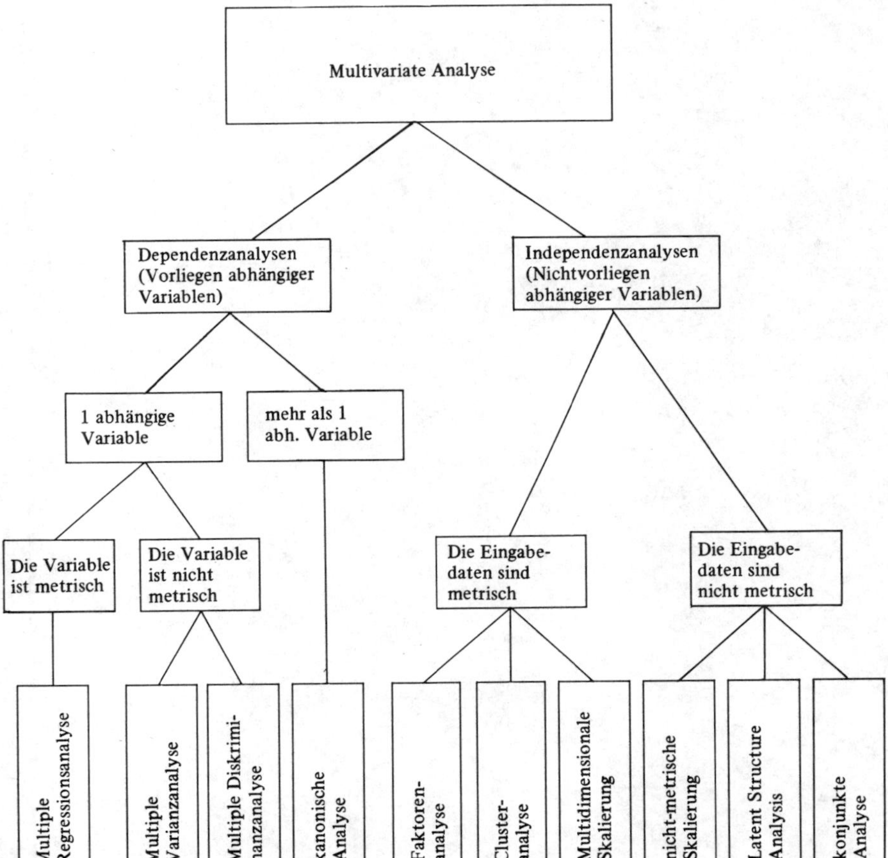

mündliche Befragung *(Face-to-Face-Interview)* Nach der Erhebungsart wird bei (→) Befragungen zwischen (→) schriftlichen, (→) telefonischen und mündlichen (= direkten, persönlichen) Befragungen unterschieden. Während gegen schriftliche und telefonische Interviews eine ganze Reihe von methodischen Bedenken bestehen, werden mündliche (→) Interviews in der Markt- und Sozialforschung als das generell verläßlichste Befragungsinstrument angesehen. Es handelt sich dabei um eine Befragung durch Interviewer, die im Idealfall in der Wohnung des Befragten stattfindet. Stärkste Fehlerquelle bei persönlichen Interviews sind (→) Interviewereffekte.

Münzfernsehen *(Abruffernsehen, Pay TV)* Ein auf Abonnementsbasis funktionierendes Fernsehsystem, dessen Nutzungsprinzip es ist, daß der Bezieher nur die Sendungen bezahlt, die er auch bestellt bzw. sieht. Grundlage ist das Bestehen eines eigens dafür reservierten Kanals eines Kabelnetzes, über den die Bezieher Sendungen sehen können. Das System funktioniert über ein gemietetes Zusatzgerät, mit dessen Hilfe das verzerrt oder verschlüsselt vermittelte Bild durch Münzeinwurf oder auch durch Abrechnung entzerrt bzw. entstört wird.

Mutungsintervall
→ Vertrauensbereich

N

Nachfaßbesuch *(Nachfaßinterview)*
→ Nachinterview, Wiederholungsbesuch, Ausfälle

Nachinterview *(Nachfaßinterview)*
In der Markt- und Sozialforschung ein Interview mit einer Person, die bereits in derselben (→) Befragung befragt worden ist. Nachinterviews dienen entweder der Interviewerkontrolle, der Überprüfung der Einstellungs-, Meinungs- oder auch Verhaltenskonsistenz von Befragten oder der Überprüfung der Wirkung von zwischenzeitlich eingetretenen Ereignissen, z. B. einer Werbeaktion, einer Marketingkampagne, der Lektüre bestimmter Zeitungen oder Zeitschriften usw.

Nachlaßstaffel
→ Rabattstaffel

Nachtest
→ Posttest

Näherungsverfahren
→ Approximation

NBRZ
Abk Nielsen-Ballungsraum-Zeitungen

Nettokontakte
→ Nettoreichweite; *vgl.* Bruttokontakte

Nettoreichweite
In der (→) Mediaforschung die Zahl derjenigen Personen, die mit einem (→) Werbemittel oder einer Werbeträgerkombination mindestens einmal (→) Kontakt gehabt haben, unabhängig davon wieviele Kontakte sie hatten und in welchen Werbeträgern bzw. Werbeträgerkombinationen diese Kontakte sich ergaben. Die Nettoreichweite ist in jedem Fall also kleiner als die Summe der (→) Reichweiten aller Werbeträger, in denen dasselbe Werbemittel erschien, weil sich zwischen den einzelnen Werbeträgern (→) externe Überschneidungen und zwischen den verschiedenen Ausgaben derselben Werbeträger (→) interne Überschneidungen ergeben. Bei der Ermittlung der Nettoreichweite wird jede Person mit Werbemittelkontakt nur ein einziges Mal gezählt. Mit Hilfe eines Venn-Diagramms z. B. für drei Werbeträger läßt sich die Nettoreichweite als die Vereinigungsmenge der drei Kreise (s. dazu die Graphik auf Seite 158 unter dem Stichwort externe Überschneidung) berechnen:

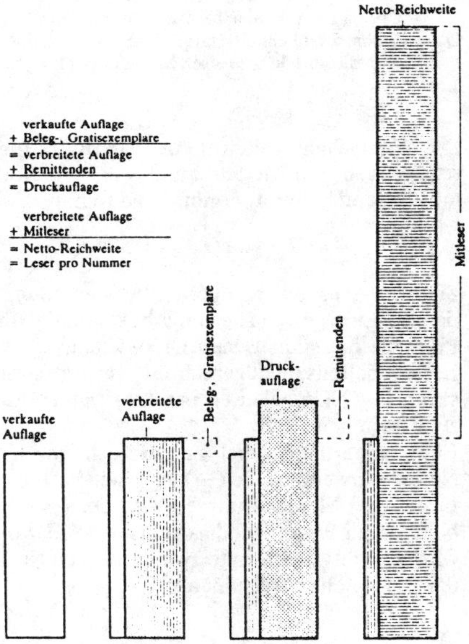

Quelle: K. Chr. Behrens (Hrsg.), Handbuch der Werbung, Wiesbaden 1975, S. 643.

$$R = A_1 + A_2 + A_3 - A_{1.2} - A_{1.3} - A_{2.3} + A_{1.2.3}.$$

Dabei ist R = Nettoreichweite, A_i = Reichweite des Werbeträgers i, $A_{i.j}$ = Überschneidung der Werbeträger i und j.
Es ist auch möglich, Überschneidungen und Nettoreichweite bei Annahme statistischer Unabhängigkeit zwischen den (→) Kontaktwahrscheinlichkeiten mit einem Medium und denen mit anderen Medien allein aufgrund der (→) Reichweite der einzelnen Medien zu errechnen. Dann errechnet sich die externe Überschneidung zweier Medien durch Multiplikation der Kontaktwahrscheinlichkeiten mit dem jeweiligen Medium.
Die Wahrscheinlichkeit dafür, daß eine bestimmte Person mindestens einen (→) Kontakt durch eine Anzeige in zwei Medien hat, ist:

$$1 - (1 - P_1) \cdot (1 - P_2)$$

Allgemein lautet die Formel für die Wahrscheinlichkeit mindestens eines Kontakts durch je eine Einschaltung in zwei Medien:
Grundlage zur Ermittlung der Nettoreichweite ist:

Wahrscheinlichkeit für mindestens 1 Kontakt

$$= 1 - (Q_1 \cdot Q_2)$$

Darin bedeuten:

Q_1 = Wahrscheinlichkeit dafür, daß es zu keinem Kontakt mit dem ersten Medium kommt;

Q_2 = Wahrscheinlichkeit dafür, daß es zu keinem Kontakt mit dem zweiten Medium kommt;

und

$$Q = 1 - P.$$

Die Wahrscheinlichkeit dafür, daß durch Einschaltungen in n Medien mindestens ein Kontakt zustandekommt, ergibt sich durch:

$$1 - (Q_1 \cdot Q_2 \cdot Q_3 \ldots \cdot Q_n).$$

Seit die (→) Mediaanalysen Überschneidungsdaten ausweisen, ist allerdings bekannt, daß die Prämisse der statistischen Unabhängigkeit des Leseverhaltens nicht gerechtfertigt ist, weil tatsächlich Abhängigkeiten der (→) Mediennutzung bestehen.
Eine Näherungsformel zur Berechnung der Nettoreichweite ist die (→) Agostini-Formel.
In der (→) Media-Analyse (MA) der (→) Arbeitsgemeinschaft Media-Analyse (AG.MA) wird die Nettoreichweite zweier Medien (in % der Befragten) berechnet als:

$$\frac{\sum_{i=1}^{N} g_i \,[1 - (1 - p_{ij})\,(1 - p_{ik})]}{\sum_{i=1}^{N} g_i} \cdot 100$$

$$j, k = 1 \ldots m$$

Darin bedeuten: für jedes Individuum g_i, $i = 1 \ldots N$. Ein Personen- oder Individualgewicht; pro Individuum und Medium p_{ij}, $j = 1 \ldots m$. Eine Nutzungswahrscheinlichkeit. N ist die Anzahl der Individuen, die für eine Auszählung herangezogen werden, also die Gesamtheit aller Befragten, alle Männer etc., und m die Anzahl der Medien.

Netto-Stichprobe
Der Gesamtstichprobenumfang nach Abzug aller (→) Ausfälle.
vgl. Brutto-Stichprobe

Nichtantreffbarkeit
→ Ausfälle

Nichtbeantwortung *(Non-Response, Non-Response-Problem)*
→ Ausfall (Ausfälle)

Nichtleser *(Nichtnutzer, Nichthörer, Nichtseher)*
Im Sinne der (→) Media- bzw. (→) Leserschaftsforschung ist ein Nichtleser (-nutzer) im Gegensatz zum (→) Leser bzw. (→) Nutzer (Hörer, Zuschauer) eine Person, die in einer (→) Befragung angibt, daß sie keinen (→) Kontakt mit einem bestimmten Druckmedium bzw. (→) Werbeträger gehabt hat, es weder durchgelesen noch durchgeblättert (bzw. während einer (→) Medien-Kontakt-Einheit (MKE) gesehen oder gehört) hat. Die (→) Nutzungswahrscheinlichkeit beträgt also 0,0. Da bei der Differenzierung zwischen Lesern und Nichtlesern stets mit (→) Filterfragen operiert wird und empirische Untersuchungen vor allem der (→) Arbeitsgemeinschaft Leseranalyse (AGLA) und des Instituts für Demoskopie Allensbach ergeben haben, daß die Wahrscheinlichkeit für einen Befragten, sich in einer Befragung bei der Ermittlung des Lesens im (→) Erscheinungsintervall als (→) Leser pro Nummer (LpN) zu qualifizieren, mit wachsender Zahl der zur Auswahl stehenden Antwortkategorien sinkt, durch die ein Befragter sich als Nichtleser einstufen kann, stellen sich je nach dem gewählten (→) Abfragemodell zur Unterscheidung zwischen Lesern und Nichtlesern sehr unterschiedliche (→) Reichweiten ein. Ein restriktives Abfragemodell, das den Befragten mehrere Möglichkeiten zur (→) Selbsteinstufung als Nichtleser einräumt, führt insbesondere bei vierzehntäglich und monatlich erscheinenden Zeitschriften zu reduzierten Reichweiten.

nichtlineare Korrelation
→ Korrelation

nichtlineare Regression
→ Regression

nichtlinearer Trend *(Trend zweiten oder höheren Grades)*
In der statistischen (→) Zeitreihenanalyse eine Sammelbezeichnung für alle (→) Trends, deren (→) graphische Darstellung eine nichtlineare Kurve ergibt, im einzelnen also ein exponentieller Trend, (→) Exponentialfunktion, ein logistischer Trend, (→) logistische Funktion, ein polynomialer Trend, ein (→) parabolischer Trend.

nichtneutrale Ausfälle *(qualitätsneutrale Ausfälle)*
→ Fehler, Ausfälle, systematischer Fehler

nichtlineare Programmierung
In der (→) Mediaselektion wurde neben der

(→) Linearen Programmierung (LP) auch die nichtlineare Programmierung als Lösungsverfahren vorgeschlagen. Dieses Verfahren hat jedoch den Nachteil, daß kein Lösungsalgorithmus für alle nichtlinearen Probleme zur Verfügung steht. Dazu meint Günter Schweiger: „Da mit diesem Verfahren die entscheidenden Nachteile der linearen Programmierung nicht behoben werden können, dagegen größere Probleme auftreten, dürfte die nichtlineare Programmierung kaum je Bedeutung in der Mediaselektion erlangen."

nichtparametrische Statistik
→ parameterfreie Statistik

nichtreaktive Messung *(nichtreaktive Verfahren)*
Sammelbezeichnung für alle Verfahren des (→) Messens in der Markt- und Sozialforschung, die zur Ermittlung objektiver Sachverhalte, nicht jedoch der Reaktionen von Personen oder Gruppen auf bestimmte Stimuli eingesetzt werden. Forscher und Versuchspersonen treten dabei nicht in Kontakt zueinander, und der Forscher bzw. der Versuchsleiter beeinflußt das Verhalten der Versuchspersonen bzw. der unabhängigen Variablen nicht bzw. kann es gar nicht beeinflussen. Ein in der Markt- und Mediaforschung besonders der angelsächsischen Länder verbreiteter Sonderfall sind die Formen der unwissentlichen (→) Beobachtung (z. B. durch einen Spionspiegel) einschließlich der Verfahren der (→) teilnehmenden Beobachtung, bei denen die Beobachteten nicht wissen, daß sie beobachtet werden. Im weitesten Sinne sind zu den nichtreaktiven Verfahren auch die (→) unaufdringlichen Meßinstrumente zu rechnen.
vgl. reaktive Messung

NiE
Abk Nutzer im letzten Erscheinungsintervall

Nielsen-Gebiete
Die von der A.C. Nielsen Company vorgenommene Einteilung des gesamten Bundesgebiets einschließlich Westberlins in sechs einigermaßen gleichgewichtige Gebiete und, innerhalb dieser Gebiete, in 10 Nielsen-Ballungsräume (s. Karte). Diese Einteilung ist im Bereich der Marktforschung, des Marketing, der Media- und Werbeplanung wie auch in der Außendienststeuerung allgemein anerkannt. Die Gebiete umfassen im einzelnen:

Nielsen I: Hamburg, Bremen, Schleswig-Holstein, Niedersachsen
Nielsen II: Nordrhein-Westfalen
Nielsen IIIa: Hessen, Rheinland-Pfalz, Saar
Nielsen IIIb: Baden-Württemberg
Nielsen IV: Bayern
Nielsen V: Berlin (West)

In den Nielsen-Gebieten bestehen die folgenden 10 Nielsen-Ballungsräume:

1 Hamburg	**6** Rhein-Neckar
2 Bremen	**7** Stuttgart
3 Hannover	**8** Nürnberg
4 Ruhrgebiet	**9** München
5 Rhein-Main	**10** Berlin (West)

Die Definition der Ballungsräume nach A.C. Nielsen:

- Ihr Kern hat eine Bevölkerungsdichte von mindestens 1.500 Einwohnern pro qkm.
- In den Stadtkreisen leben mindestens 1.000 Einwohner pro qkm.
- Der Ballungsraum umfaßt mindestens 1 Million Einwohner.

In den Nielsen-Ballungsräumen ist die Bevölkerungsdichte fast fünfmal so hoch, wie außerhalb der Ballungsräume.

In den Nielsen-Ballungsräumen erscheinen 15 regionale (→) Abonnementzeitungen, so daß mit Hilfe der Ballungsräume Mediaplanung in Zeitungen sehr gut überschaubar ist. Seit 1984 geben diese Zeitungen, die sog. NBRZ-Zeitungen, eine gemeinsame Preisliste heraus. Sie enthält:

- Einen gemeinsamen Millimeter-Preis;
- Preise für drei Standardformate und Zusatzfarben, geordnet nach Ballungsräumen.
- Ferner technische Daten, Zahl der Druckunterlagen und ähnliches.

Die Nielsen-Ballungsräume und ihre Abo-Zeitungen:

1. Hamburg:	Hamburger Abendblatt-Wirako
2. Bremen:	Nordsee-Zeitung Bremer Anzeigenblock Weser-Kurier Bremer Nachrichten
3. Hannover:	Hannoversche Allgemeine Neue Presse
4. Ruhrgebiet:	Zeitungsgruppe WAZ ACN (ohne Express)
5. Rhein-Main:	Frankfurter Neue Presse Frankfurter Rundschau
6. Rhein-Neckar:	Die Rheinpfalz Mannheimer Morgen
7. Stuttgart:	Stuttgarter Zeitungs-Anzeigen-Gemeinschaft
8. Nürnberg:	Nürnberger Nachrichten
9. München:	Münchner Merkur Süddeutsche Zeitung
10. Berlin:	Berliner Morgenpost

Nielsen-Gebiete

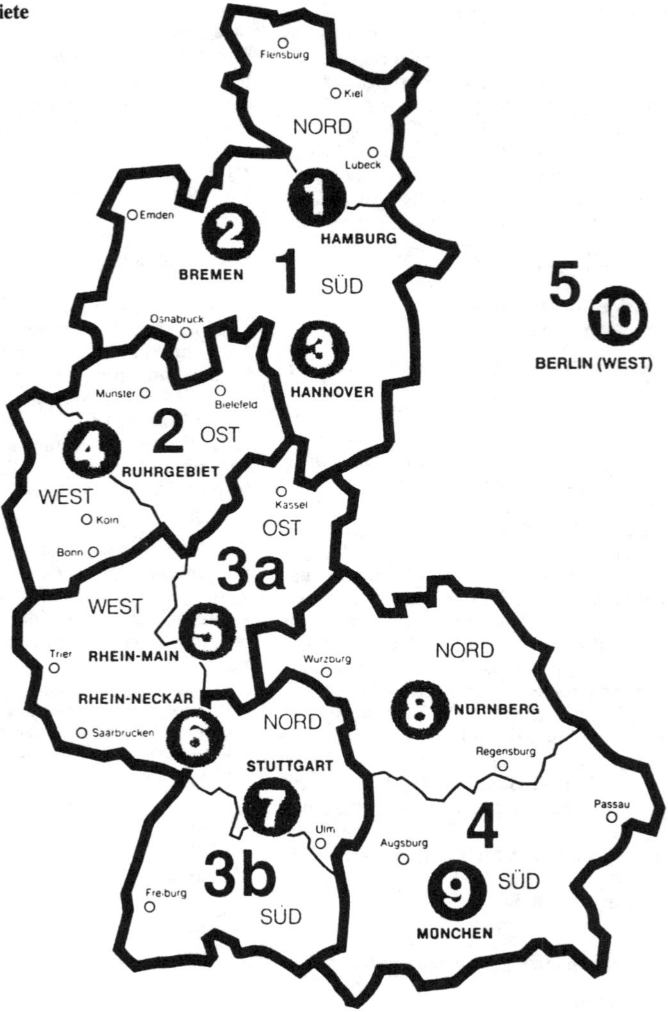

Nielsen-Ballungsräume:

1 Hamburg	4 Ruhrgebiet	7 Stuttgart	9 München
2 Bremen	5 Rhein-Main	8 Nürnberg	10 Berlin (West)
3 Hannover	6 Rhein-Neckar		

Quelle: Nielsen GmbH.

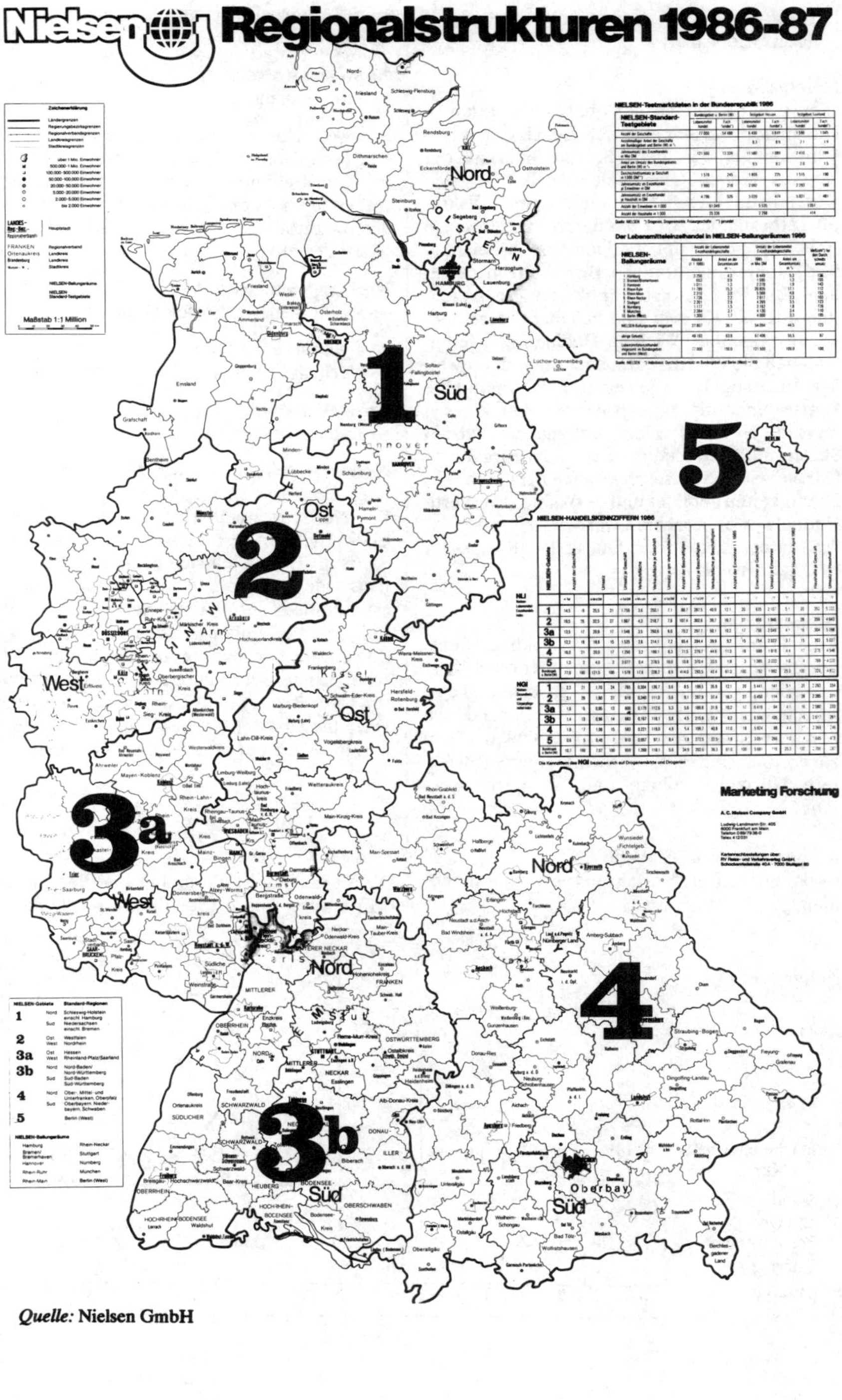

Quelle: Nielsen GmbH

Niveaukonstante
→ Regressionsanalyse

Nominalskala
Eine (→) Skala, mit der qualitative Daten so klassifiziert werden, daß sich die Klassen qualitativ voneinander unterscheiden, innerhalb der Klassen jedoch Gleichheit besteht. Bei den Daten handelt es sich um nicht stetige (diskrete) Tatbestände, zwischen deren Zahlenwerten (falls sie überhaupt zahlenmäßig bezeichnet sind) keine quantitativen Beziehungen bestehen. Die Reihenfolge der Klassen ist bedeutungslos, die Klassen sind beliebig untereinander austauschbar. Wichtige Bedingung ist lediglich, daß die jeweilige Beobachtung, der jeweilige Tatbestand, das jeweilige Ereignis und die Klasse eindeutig zugeordnet werden können müssen. Nominalskalen sind die einfachsten Skalen mit dem niedrigsten Skalierungsniveau (Meßniveau). Statistisch können bei ihnen (→) Häufigkeiten gebildet und (→) häufigste Werte (Modalwerte) berechnet werden.
vgl. Intervallskala, Ordinalskala, Ratioskala (Verhältnisskala)

Nomogramm
Eine Form des multiplen Kurvendiagramms, dessen Abszissen so nebeneinander oder übereinander angebracht sind, daß die einander entsprechenden Werte der einen (→) Skala denen der jeweils anderen Skala oder Skalen genau zugeordnet sind (s. a. Abb. unter den Stichwörtern Normalverteilung und Stichprobenumfang):

nonparametrische Statistik
→ parameterfreie Verfahren (verteilungsunabhängige Verfahren)

Non-Response-Problem
→ Ausfall (Ausfälle)

Nonsense-Korrelation
→ Scheinkorrelation

Nonstop-Kino
Ein (→) Kino mit einem Nonstop-Programm (z. B. in Bahnhöfen oder stark frequentierten Gegenden in den Zentren größerer Städte), dessen Publikum vorwiegend aus Laufkundschaft besteht.

Normalgleichungen
→ Methode der kleinsten Quadrate

Normalkurve
→ Normalverteilung

Normalstreuung
→ Streudichte

Normalverteilung *(Gaußsche Normalverteilung, Gaußsche Glockenkurve)*
Die Normalverteilung ist eine der wichtigsten theoretischen Verteilungen der analytischen Statistik. Es handelt sich um eine stetige, symmetrische, eingipflige Verteilung, die sich asymptotisch der x-Achse nähert. Ihre Bedeutung leitet sich über den zentralen Grenzwertsatz daraus her, daß sie für viele andere Wahrscheinlichkeitsverteilungen, und insbesondere für (→) Stichprobenverteilungen eine Grenzverteilung darstellt, der sich diese Verteilungen asymptotisch nähern. Sie hat die Dichtefunktion

$$f(x; \mu, \sigma) = \frac{1}{\sigma\sqrt{2\pi}}\, e^{-\frac{(x-\mu)^2}{2\sigma^2}}$$

Die Verteilung ist durch ihre (→) Parameter μ (Mittelwert) und σ (Standardabweichung) ge-

Nomogramm

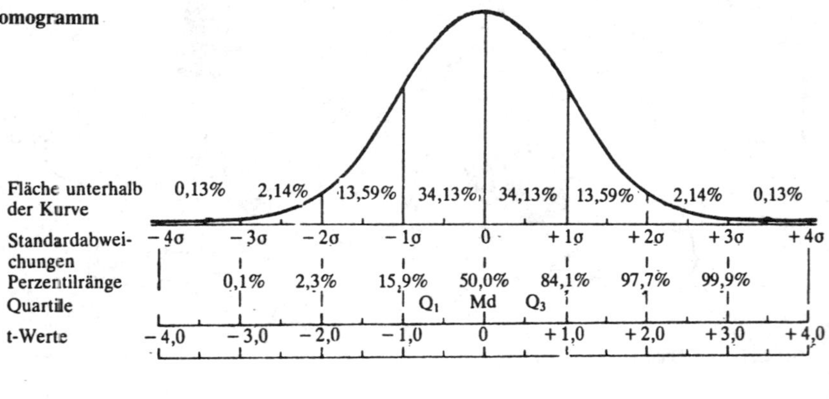

nau bestimmt. (→) Arithmetisches Mittel, (→) Median und (→) häufigster Wert (Modus) fallen zusammen. Ihre Wendepunkte sind durch $\mu \pm \sigma$ gegeben. Die Verteilungsfunktion einer normalverteilten Zufallsvariablen x hat die Form

$$F(x; \mu, \sigma) = \frac{1}{\sigma\sqrt{2\pi}} \int_{-\infty}^{x} e^{-\frac{(x-\mu)^2}{2\sigma^2}} dx.$$

Um die Wahrscheinlichkeit für ein bestimmtes Intervall zu berechnen, kann man jede Normalverteilung so transformieren, daß sie das betreffende μ und σ hat. Dafür bietet sich die Standardnormalverteilung an, d. h. die Verteilung, bei der $\mu = 0$ und $\sigma = 1$ ist, an. Die Standardisierung erfolgt mit Hilfe der sog. z-Transformation

$$z = \frac{X - \mu}{\sigma}.$$

Durch Rücktransformation lassen sich dann die Werte für jede beliebige Normalverteilung berechnen. Die graphische Darstellung der Normalverteilung ist die Gauß'sche Glockenkurve (s. Abb. unten).

In der Normalverteilung ist die als der Abstand zwischen den Wendepunkten definierte (→) Standardabweichung σ die Größe, der eine Normalkurve ihre konkrete Gestalt verdankt. Das Grundprinzip der Berechnung von (→) Vertrauensbereichen bzw. Fehlerspannen besteht darin, daß die beiden durch die Wendepunkte der Normalkurve abgegrenzten Flächen mit 68,26 % ungefähr zwei Drittel der Gesamtfläche unterhalb der Normalkurve ausmachen. Für die (→) Stichprobentheorie bedeutet das, daß rund zwei Drittel aller Stichproben, die sich aus einer (→) Grundgesamtheit bilden lassen, einen Anteil von Merkmalen haben, der innerhalb des durch die doppelte Standardabweichung gegebenen Vertrauensbereichs liegt und mithin nicht mehr als $\pm 1\,\sigma$ vom (→) wahren Wert der Grundgesamtheit entfernt liegen kann. Anders ausgedrückt: Die Wahrscheinlichkeit, daß ein konkreter Wert einer konkreten Stichprobe einen maximal um $\pm 1\,\sigma$ vom wahren Wert abweichenden Wert liefert, ist gleich 0,6826. Die Graphik zeigt, daß die Fläche unterhalb der Normalkurve auf 95,45 bzw. 99,73 % anwächst, wenn der Vertrauensbereich auf 2 bzw. 3σ ausgedehnt wird. Die Unterschiede zwischen den verschiedenen Fehleraussagen werden meist dadurch charakterisiert, daß man die Wahrscheinlichkeitsaussagen auf Stichprobenbasis mit einem (→) Signifikanzniveau von 1 σ (einem Sicherheitsfaktor von

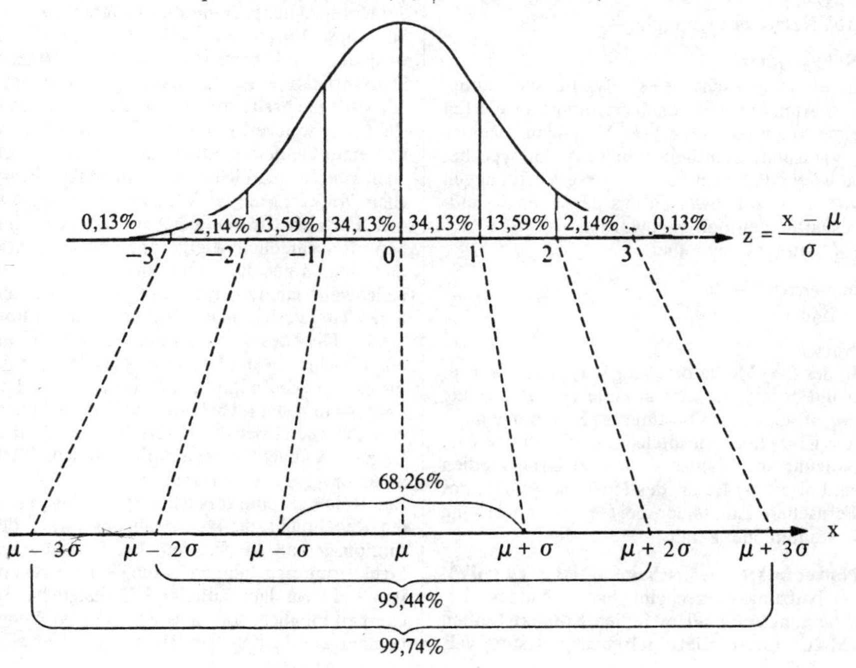

z = 1) oder einem Sicherheitsgrad von 68,26 % bzw. einer Irrtumswahrscheinlichkeit von 31,74 % operiert.
Die folgende Übersicht zeigt die Zusammenhänge mit auf eine Stelle nach dem Komma gerundeten Zahlen:

Signifikanzniveau		
Sicherheitsfaktor	Sicherheitsgrad	Irrtumswahrscheinlichkeit
z = 1,00	68,3%	31,7%
z = 1,64	90,0%	10,0%
z = 1,96	95,0%	5,0%
z = 2,00	95,5%	4,5%
z = 2,58	99,0%	1,0%
z = 3,00	99,7%	0,3%
z = 3,29	99,9%	0,1%

Das Prinzip der Normalverteilung wurde im Ansatz von dem Franzosen Abraham de Moivre, einem nach England emigrierten Hugenotten, 1756 erkannt und von Carl Friedrich Gauß zur mathematischen Vollendung geführt.

NpA
Abk Nutzer pro Ausgabe

NpE
Abk Nutzer pro Exemplar

Nullhypothese
In der statistischen (→) Hypothesenprüfung eine Annahme über die Verteilung von Werten einer oder mehrerer (→) Variablen in einer (→) Grundgesamtheit. Inhalt der Nullhypothese ist es, daß zwei oder mehrere Verteilungen von Stichprobenwerten aus derselben Grundgesamtheit entnommen wurden.
vgl. Alternativhypothese

numerische Skala
→ Skala

Nutzer
In der (→) Mediaforschung wird als Nutzer jemand bezeichnet, der in einer (→) Befragung angibt, daß er ein bestimmtes Medium genutzt hat, ganz gleich wie intensiv oder häufig die (→) Nutzung war. Nutzer von (→) Druckmedien sind also (→) Leser, des Hörfunks Hörer, des Fernsehens Zuschauer, bei (→) Plakatwerbung Passanten oder Seher.

Nutzer im letzten Erscheinungsintervall (NiE)
→ Nutzungswahrscheinlichkeit, Nutzer, Erscheinungsintervall, Medien-Kontakt-Einheit (MKE), Leser im letzten Erscheinungsintervall

Nutzer pro Ausgabe (NpA)
Ein in Analogie zum Begriff der (→) Leser pro Ausgabe (LpA) gebildeter Begriff zur Bezeichnung der durchschnittlichen Nutzer aller übrigen (→) Medien wie Hörfunk, Fernsehen usw.
→ Nutzungswahrscheinlichkeit

Nutzer pro Exemplar (NpE)
→ Nutzer, Leser pro Exemplar (LpE, LpX); *vgl.* Nutzer pro Ausgabe (NpA)

Nutzerkreis
→ Weitester Nutzerkreis (WNK)

Nutzerschaft
→ Leserschaft, Hörerschaft, Seherschaft; Nutzungswahrscheinlichkeit

Nutzer-Strukturanalyse *(Leser-Strukturanalyse)*
Der Begriff wird zur Bezeichnung einer mit Hilfe von persönlichen (→) Interviews bei einer (→) Stichprobe von Lesern, die bei Empfängeradressen aus der Abonnentenkartei einer Zeitschrift oder Zeitung ermittelt wurden, durchgeführten Strukturanalyse verwendet. Die Erfassung der (→) Leserschaft im Rahmen einer (→) Reichweitenanalyse setzt eine hinlänglich hohe (→) Auflage und die Möglichkeit voraus, die (→) Zielgruppe, d. h. die (→) Grundgesamtheit der Untersuchung, eindeutig abzugrenzen.
Sind diese Voraussetzungen nicht gegeben, so wird der Werbewert mit Hilfe einer Nutzer-Strukturanalyse nachgewiesen. Insbesondere bei (→) Fachzeitschriften ist dieser Untersuchungstyp weit verbreitet, weil hier die Möglichkeit einer Gemeinschaftsuntersuchung vielfach an der unterschiedlichen Abgrenzung der Branchen konkurrierender Werbeträger scheitert, d. h. Fachzeitschriften gleichen Charakters haben unterschiedliche Zielgruppenschwerpunkte und können sich darum bei einer gemeinsamen Reichweitenanalyse nicht auf eine für alle beteiligten Titel verbindliche Grundgesamtheit festlegen. Die Leserstrukturanalyse basiert auf einer Stichprobe der Leser und weist ihre Strukturierung nach Zielgruppenmerkmalen aus. Die Fragestellung lautet bei diesem Untersuchungstyp: „Wie setzt sich die Leserschaft des Werbeträgers X nach Altersgruppen, nach Wirtschaftszweigen etc. zusammen?"
Bei Reichweitenuntersuchungen gelingt es in der Regel nicht, die (→) Grundgesamtheit definitionsgemäß zu erfassen; bei Leserschafts-Strukturuntersuchungen ist die (→) Ausschöpfung der Grundgesamtheit mit hinlänglicher Sicherheit möglich, sofern es sich um (→) Abonnementzeitschriften handelt und die Karteien

zum Zeitpunkt der Stichprobenziehung auf dem aktuellen Stand sind.

Das (→) ZAW-Rahmenschema für Werbeträgeranalysen regelt die Bedingungen von Leserschafts-Strukturanalysen unter Punkt 2.3.3. „Nutzerstrukturanalyse" und unterscheidet dabei zwischen Nutzerstrukturanalysen durch (→) schriftliche, durch (→) mündliche bzw. durch (→) technische Erhebung. Dieser Terminologie folgen auch die (→) AMF-Karten und die „Anleitungen und Empfehlungen" für die Anlage, Durchführung und Berichterstattung von Werbeträger-Analysen bei Fachzeitschriften, (→) Fachzeitschriftenanalyse (FZA), die den folgenden Wortlaut haben:

Nutzer-(Leser)-Struktur-Analysen

Nutzungsdaten bzw. Leserdaten sind personenbezogener Natur; sie beziehen sich auf eine repräsentativ ausgewählte Person. Die Angaben zur Nutzung oder zum Lesen einer Fachzeitschrift dürfen also nicht vom Hörensagen stammen, d. h. es ist nicht zulässig, Angaben einer Person über das (angenommene) Nutzungsverhalten oder Leseverhalten anderer Personen mediaanalytisch auszuwerten.

Leser-Struktur-Analysen für Fachzeitschriften können durch schriftliche Erhebung (postalische Zusendung eines Fragebogens) und durch mündliche Erhebung (Befragung durch Interviewer) erstellt werden. Hinsichtlich der Möglichkeiten und Grenzen beider Erhebungsformen sind Differenzierungen zu beachten.

Die Nutzer-Struktur-Analyse muß als solche eindeutig mit einem Hinweis auf die Erhebungsform gekennzeichnet sein. (Zum Beispiel „Nutzer-Struktur-Analyse durch schrifliche bzw. mündliche Befragung" oder auch „Leser-Struktur-Analyse durch schriftliche bzw. mündliche Befragung").

Die Erfassung der Nutzungsgewohnheiten der untersuchten Werbeträger darf nicht auf allgemeinem, typischem Verhalten basieren, sondern muß die Kontakte, bezogen auf belegbare Einheiten, messen.

Es muß ein tatsächlicher Kontakt mindestens mit dem Medium, in aller Regel auch mit der kleinsten Einheit des Mediums nachgewiesen werden (d. h.: mit der durchschnittlichen Ausgabe der jeweils untersuchten Fachzeitschrift).

Durch schriftliche und mündliche Befragung ermittelte Leser-Strukturdaten werden im Fachzeitschriftenwesen fast immer mit Empfänger-Strukturdaten kombiniert, d. h. es werden im Rahmen einer Erhebung institutionelle und personenbezogene Daten in repräsentativer Form ermittelt.

Nutzer-(Leser-)Struktur-Analyse durch schriftliche Erhebung

FORM 3a

a) Eignung und Zielsetzung

Die Anwendung der schriftlichen Umfrage für die Nutzer-Struktur-Analyse steht am Anfang. Deswegen liegt noch wenig gesichertes Wissen vor. Es ist daher bei der Anwendung dieser Verfahrensweise notwendig, besonders darauf zu achten und zu prüfen, ob die wissenschaftlichen Mindestvoraussetzungen und die fachzeitschriften-spezifischen Richtlinien des ZAW-Rahmenschemas auch tatsächlich erfüllt werden.

Diese Untersuchungsform ist – ebenso wie die schriftliche Empfänger-Struktur-Analyse – praktisch für jede Fachzeitschrift geeignet, deren Empfängeradressen in der Vertriebsdatei/kartei nach aktuellem Stand vollständig erfaßt bzw. gespeichert sind.

Eine solche Analyse ermöglicht die Ermittlung der Nutzungsgewohnheiten und des Leseverhaltens jeweils nur auf diejenige Person bezogen, die einen Fragebogen beantwortet.

Eine schriftliche Nutzer-(Leser-)Struktur-Analyse kann grundsätzlich vom Verlag selbst durchgeführt werden. Die Einschaltung eines Marktforschungs-Beraters oder eines Marktforschungs-Institutes wird jedoch empfohlen, insbesondere bei Fachzeitschriften mit Empfängerinstitutionen, in denen mehrere Funktionsträger in Betracht kommen.

b) Grundgesamtheit

Hierzu gelten die entsprechenden Ausführungen unter „Datei-Analyse" und „Empfänger-Struktur-Analyse durch schriftliche Erhebung".

c) Zielpersonen der Befragung / Fragebogen-Gestaltung / Fragebogen-Versand / Erinnerungen und Rücklauf-Kontrolle / Ergänzende persönliche Befragung

Hierzu siehe die detaillierten Ausführungen unter „Empfänger-Struktur-Analyse durch schriftliche Erhebung", die in vollem Umfang auch für die Form 3a gelten.

Der Adressat des Fragebogens muß entweder eindeutig durch den Namen in der Anschrift bestimmt sein oder er muß durch einen Zusatz zur Anschrift eindeutig bestimmt werden.

Wenn der persönliche Empfänger des Werbeträgers namentlich bekannt ist, ergibt sich die persönliche Anschrift von selbst. Falls nur die Empfänger-Institution bekannt ist, besteht die Möglichkeit, die Zielperson(en) in einer vorgeschalteten persönlichen, schriftlichen oder telefonischen Ermittlungsstufe festzustellen. Wenn von einem dieser Verfahren Abstand genommen wird, aber nur die Empfänger-Institution bekannt ist, muß der Empfänger des Fragebogens durch einen Zusatz zur Anschrift – wie im vorstehenden Absatz ausgedrückt – z. B. Geschäftsführer, Betriebsleiter, Einkaufsleiter eindeutig bestimmt werden. Schließlich können die Namen aller in Betracht kommenden Personen in einer Empfänger-Institution durch vorgeschaltete telefonische Befragung ermittelt und daraus die Zielperson(en) für den Fragebogen durch Zufallsauswahl festgelegt werden.

Besteht das Adressenmaterial, das der Stichprobe zugrunde liegt, aus einer Mischung von persönlichen Anschriften und Institutionsanschriften („mit Funktionszusatz"), so sind die Art des Adressenmaterials und die Anteile der Gruppen auszuweisen.

d) Ermittlungspunkte

Unerläßlich ist – schon allein zur zweifelsfreien Vergleichbarkeit schriftlich erhobener Leser-Struktur-Analysen – die klare Definition des Lesers.

Ermittelbar ist das Leserverhalten des Befragten sowie das Verhältnis zu Medien allgemein und zu der Fachzeitschrift, die Gegenstand der B«efragung ist, im besonderen. Hierzu zählen Fragepunkte wie: Zufriedenheit mit der betreffenden Fachzeitschrift; Interesse an bestimmten redaktionellen Abschnitten; Nutzung des

redaktionellen Teiles und/oder des Anzeigenteiles usw.
Der Ermittlung des definierten Lesers haben – wiederum unter dem Aspekt der Vergleichbarkeit – standardisierte Fragen und Fragenfolge zugrundezuliegen.
Ermittlung der persönlichen Empfangs-Frequenz (sofern Betrieb oder Institution in der Datei als Empfänger ausgewiesen sind, also kein persönlicher Empfänger vom Verlag bekannt ist):
- „Die Zeitschrift X erscheint monatlich einmal. Im Laufe der letzten 12 Monate sind also 12 verschiedene Ausgaben erschienen. Wie viele von diesen 12 Ausgaben haben Sie persönlich erhalten? Bitte erinnern Sie sich."
  (Zum Ankreuzen vorgeben von 12 Ausgaben bis zu einer Ausgabe sowie keine dieser 12 Ausgaben.)

Ermittlung der persönlichen Lese-Frequenz:
- „Wie viele der erhaltenen Ausgaben haben Sie persönlich durchgeblättert oder gelesen? Wenn Sie sich nicht genau erinnern können, dann schätzen Sie bitte."
  (Frequenzvorgaben wie zuvor.)

Ermittlung des Lesers im Erscheinungs-Intervall:
- „Wann haben Sie diese Zeitschrift zuletzt durchgeblättert oder gelesen?"
  Antwort-Vorgaben (für eine monatlich erscheinende FZ):
  Innerhalb der letzten vier Wochen / einen bis zwei Monate her / zwei bis drei Monate her / länger her

Wenn laut Datei persönliche Empfänger vorliegen (sei es in der Institution, sei es an der Privatanschrift), kann die Frage nach der persönlichen Empfangs-Frequenz weggelassen werden. Die Frage nach der persönlichen Lese-Frequenz ist dann wie folgt zu stellen:
- „Die Zeitschrift erscheint einmal im Monat. Im Laufe der letzten 12 Monate haben Sie also 12 verschiedene Ausgaben erhalten. Wie viele von diesen 12 Ausgaben haben Sie persönlich durchgeblättert oder gelesen? Bitte erinnern Sie sich. Wenn Sie sich nicht genau erinnern können, dann schätzen Sie bitte."
  (Frequenzvorgaben wie zuvor)

Wenn Wechselversand-Empfänger befragt werden, ist – der objektiven Gegebenheit gemäß – wenn irgendmöglich, von der Lieferhäufigkeit für die betreffende Institution oder Person auszugehen. Bei der Befragung dem Verlag nicht bekannter Personen in der Empfänger-Institution empfiehlt sich die Ermittlung der persönlichen Empfangs-Frequenz wie folgt:
- „Von der monatlich erscheinenden Zeitschrift X hat Ihr Haus in den letzten 12 Monaten ... verschiedene Ausgaben erhalten. Wie viele von diesen ... Ausgaben haben Sie persönlich erhalten? Bitte erinnern Sie sich."
  (Entsprechende Skala vorgeben.)

Ermittlung der persönlichen Lese-Frequenz:
- „Wie viele Ausgaben haben Sie persönlich durchgeblättert oder gelesen?
  Bitte erinnern Sie sich. Wenn Sie sich nicht erinnern können, dann schätzen Sie bitte."
  (Entsprechende Skala vorgeben.)

Wenn persönliche Wechselversand-Empfänger bekannt sind, ist – wiederum der objektiven Gegebenheit gemäß auf das individuelle Empfangs-Intervall abgestellt – wie folgt zu fragen:
- „Von der monatlich erscheinenden Zeitschrift X haben Sie im Laufe der letzten 12 Monate ... verschiedene Ausgaben erhalten. Wie viele von diesen ... Ausgaben haben Sie persönlich durchgeblättert oder gelesen? Bitte erinnern Sie sich. Wenn Sie sich nicht genau erinnern können, dann schätzen Sie bitte."
  (Frequenzangaben wie zuvor.)

Die Frage nach dem Leser im Erscheinungs-Intervall ist bei Wechselversand-Empfängern nicht auf die Lieferhäufigkeit abzustellen, sondern wie bei Empfängern aller Ausgaben der betreffenden Fachzeitschrift zu formulieren.
Abstand nehmen sollte man von einer Frage nach „regelmäßigem/gelegentlichem Lesen", weil diese Begriffe individuell ausgelegt werden können und somit eine Vergleichbarkeit fragwürdig wird. Gerade bei der Anwendung der zuvor wiedergegebenen Fragenfolge ist es ja möglich, die befragten Leser nach ihrer Lesehäufigkeit zu kategorisieren.
Alle Leser-Daten können sich nur auf eine repräsentativ ausgewählte Person beziehen. Es ist möglich, im Rahmen der repräsentativen Auswahl Fragebogen an verschiedene Funktionsinhaber in der einzelnen Institution zu senden.
Diese Zielpersonen müssen vor Beginn der Erhebung/Umfrage festgelegt sein. Aus den Angaben zur Untersuchung muß eindeutig hervorgehen, wie die repräsentierte Grundgesamtheit definiert wurde, welcher Nutzerbegriff* den Ermittlungen zugrunde lag und auf welche Einheit sich die Strukturdaten beziehen.
Es ist nicht zulässig, aus den Antworten der befragten Nutzer auf eine Frage, wie viele Personen den jeweiligen Werbeträger noch nutzen, Rückschlüsse auf die Zahl und Struktur der Mitnutzer und damit auf die absolute Größe der Nutzerschaft zu ziehen. Das gleiche gilt auch für die Auswertung von Umlauflisten, Verteilern und ähnlichen Unterlagen. Die Angaben zur Nutzung dürfen also nicht vom Hörensagen stammen.

e) Mit dieser Untersuchungsform sind nicht ermittelbar
- Daten über die gesamte Leserschaft einer Fachzeitschrift.
- Daten über personenbezogene Merkmale sowie über das Leseverhalten anderer Personen, an welche die betreffende Fachzeitschrift weitergegeben wird.
- Empfänger- und Leser-Strukturen anderer Fachzeitschriften.

Wichtiger Hinweis
Daten über andere im Wettbewerb stehende Fachzeitschriften können auf der Basis der eigenen Grundgesamtheit und Struktur nur bei genauer Einhaltung aller methodischen Voraussetzungen gemäß ZAW zur verlagsinternen Information miterhoben werden.
Die Einbeziehung von konkurrierenden Fachzeitschriften in eine Empfänger-/Leser-Struktur-Analyse der eigenen Fachzeitschrift ist sehr problematisch:
Das Grundproblem liegt darin, daß man bei einer Empfänger-/Leser-Struktur-Analyse die eigene Leserschaft voll repräsentiert, also insbesondere die Kerngruppe bzw. jene mit enger Bindung an das eigene Blatt vollständig einbezogen sind.
Dies ist jedoch für konkurrierende Fachzeitschriften grundsätzlich nicht gegeben: Man erfaßt von ihnen nur einen nicht näher bekannten Teil ihrer Empfänger/Le-

* Zum Beispiel LpA

ser. Einen wie großen Anteil aller Empfänger/Leser und welchen Teil davon man erfaßt hat, ist unbestimmbar. Man muß davon ausgehen, daß eher Randgruppen als die Kerngruppe der Empfänger/Leser von Konkurrenz-Zeitschriften erfaßt werden.
Somit ist es sachlich nicht möglich, aufgrund einer solchen Untersuchung ausreichend repräsentative Aussagen über Umfang, Struktur, Leser-Blatt-Bindung und sonstige qualitative Merkmale von Konkurrenz-Zeitschriften zu machen.
Die Aussagekraft solcher miterhobenen Daten darf daher selbst bei interner Verwendung nicht überbewertet werden.
Mit einer solchen Untersuchung können nur evtl. Überschneidungen mit Empfängern/Lesern von Konkurrenz-Zeitschriften ermittelt werden.
Wenn geplant sein sollte, Überschneidungsdaten, insbesondere solche, die über eine Empfänger-/Leser-Überschneidung hinausgehen (z. B. Lesegewohnheiten von Lesern der Wettbewerbs-Zeitschriften) zu veröffentlichen oder werblich zu verwenden, ist folgendes unbedingt zu beachten:
Art und Form einer Veröffentlichung dieser Daten sowie dabei zu berücksichtigende Erläuterungen und Einschränkungen erfordern große Aufmerksamkeit und juristische Sachkenntnis der einschlägigen Vorschriften des UWG sowie der höchstrichterlichen Rechtsprechung.
Um den Verlagen und ihren Beratern notwendige Beurteilungskriterien für eine evtl. geplante Veröffentlichung solcher Überschneidungs-Daten anhand zu geben, empfiehlt sich, mindestens:

1. In jeder veröffentlichten Tabelle eine Spalte mit der tvA (tatsächlich verbreiteten Auflage) jedes mituntersuchten Titels aufzuführen.
2. Deutlich sichtbar und in unmittelbarem Bezug zu den veröffentlichten Zahlen eines Mitbewerbers – also nicht nur in einem Vorwort oder in der Methodenbeschreibung allein – einen Hinweis zu bringen, wie z. B.:

- Die Zahlen bezüglich Überschneidungen mit Empfängern/Lesern von Wettbewerbstiteln sind im Rahmen einer ... Empfänger-/Leser-Struktur-Analyse durch ...* des eigenen Titels miterhoben worden.
  Diese Zahlen können keine repräsentative Wiedergabe der tatsächlichen Situation geben, da bei Auskünften über in Struktur-Analysen miterhobene Titel naturgemäß keine ausreichend repräsentativen Aussagen über Wettbewerbs-Zeitschriften zu erwarten sind.
- Diese Zahlen sind erhoben worden, um allen Interessenten einen Einblick in die Marktsituation der Empfänger-/Leserschaft der Zeitschrift „....." bezüglich evtl. Überschneidungen mit der Empfänger-/Leserschaft von im Wettbewerb stehenden anderen Fachzeitschriften nachvollziehbar zu ermöglichen.
- Es wird auch ausdrücklich auf die vergleichbare Tabellenspalte „tvA" verwiesen.

Trotz solcher deutlich erkennbar zu machender Hinweise ist keine Garantie gegeben, ob diese insbesondere auch das Postulat der zulässigen Ausnahme von der grundsätzlich durch das UWG untersagten vergleichenden Werbung bei gerichtlicher Prüfung erfüllen können.
Das Veröffentlichungsrisiko liegt also immer allein bei dem veranstaltenden Verlag.

f) Ergebnisbericht

Übertragung der Ergebnisse auf Gesamtheiten
Im Prinzip gilt hier das gleiche wie in der Beschreibung der Empfänger-Struktur-Analyse durch schriftliche Erhebung.
Die Ausschöpfung der Stichprobe muß ausgewiesen werden auf der Basis aller persönlich angeschriebenen Adressaten. Sofern eine Ermittlungsstufe vorgeschaltet wurde, gilt das auch für diese Stufe.
Hinzugefügt sei an dieser Stelle, daß über Methode und Durchführung von Nutzer-(Leser-)Struktur-Analysen (unabhängig davon, ob schriftlich oder mündlich erhoben) weitgehende und präzise Auskünfte notwendig sind. Hierzu wird auf das Erfordernis der Auskünfte über Methode und Durchführung von Werbeträger-Analysen besonders verwiesen.

Nutzer-(Leser-)Struktur-Analyse durch mündliche Erhebung
FORM 3b

a) Eignung und Zielsetzung

Bevor auf Spezifika dieser Erhebungsform eingegangen wird, ist zu vermerken, daß ein Verlag seine in die Leserschafts-Struktur-Analyse gesetzten Erwartungen im allgemeinen nur dann erfüllt sehen kann, wenn die Analyse von der Planung bis zur Ergebnis-Darstellung in Zusammenarbeit mit einem Marktforschungs-Berater und/oder Marktforschungs-Institut realisiert wird.
Die Befragungen müssen auf jeden Fall von einem neutralen, d. h. vom Verlag unabhängigen Institut oder Interviewer-Stab durchgeführt werden.
Diese Analyse ermöglicht u.a. die Ermittlung repräsentativer Daten der

- personenbezogenen Struktur der Leserschaft
- institutionellen Struktur der Einheiten, denen die Leser angehören, also im Rahmen einer Kombination mit einer Empfänger-Struktur-Analyse, die in diesem Falle mündlich erhoben wird.

Überdies sind alle anderen Informationen, deren Ermittlung FORM 3a schriftlich ermöglicht, mit FORM 3b mündlich ermittelbar.

b) Erfordernisse für Methode und Verfahren

Grundgesamtheit
Grundsätzlich gelten sinngemäß zur Grundgesamtheit die Ausführungen unter „Empfänger-Struktur-Analyse durch Dateiauswertung" (Form 1), sowie ergänzend unter „Empfänger-Struktur-Analyse durch schriftliche Erhebung" (Form 2). Sinngemäß, vor allem insofern, als die Erhebungsbasis für eine mündliche Lesreschafts-Struktur-Analyse nur eine Stichprobe sein kann, die Modell-Charakter für die abgedeckte Datei-Grundgesamtheit trägt. Eine Totalbasis ist für diese Erhebungsform schon aus Kostengründen als ausgeschlossen anzusehen.

---

* Hier ist die angewandte Untersuchungsform genau anzugeben.

Bei Rückschlüssen der Ergebnisse aus Form 3a auf andere Größenordnungen (z. B. Gesamtheit einer Zielgruppe) darf in keinem Falle von „Reichweiten" gesprochen werden, weil die Definition „Reichweite" eine andere Untersuchungsform voraussetzt.

Auch hier gilt, daß detailliert beschrieben werden muß, in welcher Form sämtliche der Auswahl zugrundeliegenden Nutzer* erfaßt wurden.

Zielperson(en) der Befragung
Eine Stichprobe, die in der Institution alle Leser zu erfassen sucht, ist u.U. mit hohen finanziellen Aufwendungen verbunden.
Es ist daher nicht Bedingung, im Rahmen einer Leser-Struktur-Analyse die gesamte Leserschaft zu repräsentieren; man kann die Repräsentanz z.B. auf den ranghöchsten Leser, den zu ermittelnden sogenannten Hauptleser oder auf die Inhaber bestimmter Funktionsbereiche beschränken.

Auswahl und Ansteuerung der Zielperson(en) bzw. der persönlichen Zielgruppe(n) in der Institution können aber bei entsprechend aufwendiger Ermittlungsarbeit auch darauf ausgehen, die Gesamtleserschaft einer Fachzeitschrift – gegebenenfalls beschränkt auf verschiedene eindeutig definierte Zielpersonen/Funktionsträger – repräsentativ zu erfassen. Folgende Verfahren werden zur Erfassung einer möglichst vollständigen Zahl von Lesern in der Empfänger-Institution praktiziert:

- o In der Empfänger-Institution wird der Erstempfänger bzw. Erstleser der Fachzeitschrift ermittelt und bei ihm festgestellt, wer die betreffende Zeitschrift regelmäßig oder gelegentlich außer ihm noch erhält. Die in Erfahrung gebrachten Personen werden vom Interviewer aufgelistet. Dann wird durch Zufallsauswahl diejenige Person ermittelt, die in der Empfänger-Institution zu befragen ist. Bei diesem Verfahren besteht allerdings die Möglichkeit, etwaige Leser in der Empfänger-Institution, die dem Erstempfänger nicht bekannt sind, nicht repräsentieren zu können.
- o Alle Personen in der Institution, die als potentielle Leser in Frage kommen, werden in einem allgemeinen Kontakt-Interview erfaßt (z. B. bestimmte Funktionsträger im Betrieb). Der Kontaktstelle können möglicherweise auch einige strukturelle Fragen über die Institution (z. B. Betriebsgrößenklasse, Branchenzugehörigkeit) vorgelegt werden, um das Haupt-Interview zu entlasten. Aus der im Kontakt-Interview in Erfahrung gebrachten Personen-Gesamtheit wird durch Zufallsauswahl eine Befragungsperson ermittelt, mit der das Haupt-Interview geführt wird.

Nur wenn gemäß einem dieser Verfahren vorgegangen wird, sind Rückschlüsse auf Zahl und Struktur, sowie auf die absolute Größe der Leserschaft zulässig. Nicht zulässig sind solche Rückschlüsse aus der bloßen Auswertung von Umlauf-Listen, Verteilern und mündlichen Angaben der Kontakt-Personen oder der Erstempfänger über andere Personen.
In jedem Fall ist bei einer Nutzer-Struktur-Analyse anzugeben, ob und ggf. auf welche Weise die Mitnutzer erfaßt und repräsentiert wurden.
Aus dem Bericht über die Untersuchung, d. h. auch aus der Methodenbeschreibung, muß eindeutig hervorgehen, wie die repräsentierte Grundgesamtheit definiert und ermittelt wurde, welcher Leserbegriff (z. B. LpA) den Ermittlungen zugrunde lag sowie – siehe die vorstehende Mindestvoraussetzung – ob und ggf. auf welche Weise Mitleser erfaßt und repräsentiert wurden.

Fragebogen
Soweit es sich um grundsätzliche Angaben zum Fragenprogramm handelt, sie auf die entsprechenden Ausführungen unter „Empfänger-Struktur-Analyse durch schriftliche Erhebung" (Form 2) verwiesen. Die mündliche Erhebungsform läßt erheblich mehr Fragen zu, als die schriftliche Erhebung. Auch ein verhältnismäßig umfangreicher Fragebogen ist in einem Interview, das die Dauer von 35–40 Minuten, nicht überschreiten sollte, zu bewältigen. Eine wichtige Rolle spielen hierbei anregende und zeitverkürzende Befragungshilfen (z. B. Kartenfolgen, Farbtafeln zur schnell faßlichen Unterscheidung von Antwort-Möglichkeiten), die dem Befragten vom Interviewer vorgelegt werden. Die Abwicklung des vollständigen Fragenprogramms ist im wesentlichen in Beziehung zu setzen zur Qualität der Interviewer und den klaren eindeutigen Anweisungen, die diesen vom Institut vorgegeben werden.
Zur Wiedergabe des vollständigen Fragebogens im Ergebnisbericht gelten die entsprechenden Ausführungen unter „Empfänger-Struktur-Analyse durch schriftliche Erhebung".
Wie eingangs erwähnt, sind alle Phasen einer Leserschafts-Struktur-Analyse zwischen Verlag und Marktforschungs-Berater/Marktforschungs-Institut im jeweiligen Einzelfall festzulegen.

Ermittlungspunkte

- Alle personenbezogenen Daten der von der Stichprobe repräsentativ erfaßten Leserschaft bzw. der Person, auf welche die Untersuchung eingegrenzt ist (z. B. des Hauptlesers). Über das Leseverhalten hinaus ist dies grundsätzlich alles, was sich auf den Befragten im beruflichen und privaten Bereich persönlich bezieht.
- Alle Daten der Empfänger-Institution, denen die Leser angehören.
  (Beispiele für personenbezogene und institutionelle Daten siehe Fragebogen-Beispiele im Anhang.)

Standardfragen zur Ermittlung des definierten Lesers:
Ermittlung der persönlichen Empfangs-Frequenz bei Befragung einer Person im Betrieb bzw. in der Institution, sofern Betrieb oder Institution in der Datei als Empfänger ausgewiesen sind, also kein persönlicher Empfänger dem Verlag bekannt ist:

- o „Die Zeitschrift X erscheint monatlich einmal. Im Laufe der letzten 12 Monate sind also 12 verschiedene Ausgaben erschienen. Wie viele von diesen 12 Ausgaben haben Sie persönlich erhalten? Bitte erinnern Sie sich."
  (Zum Ankreuzen vorgeben von 12 Ausgaben bis zu einer Ausgabe, sowie keine dieser 12 Ausgaben)

Ermittlung der persönlichen Lese-Frequenz:

- o „Wie viele der erhaltenen Ausgaben haben Sie persönlich durchgeblättert oder gelesen? Wenn Sie sich nicht genau erinnern können, dann schätzen Sie bitte."
  (Frequenzvorgaben wie zuvor)

Ermittlung des Lesers im Erscheinungs-Intervall: (LpN)

- o „Wann haben Sie diese Zeitschrift zuletzt durchgeblättert oder gelesen?"

---
* d.h. Leser

Antwort-Vorgaben (für eine monatlich erscheinende FZ):
Innerhalb der letzten vier Wochen / einen bis zwei Monate her / zwei bis drei Monate her / länger her

Wenn laut Datei persönliche Empfänger vorliegen (sei es in der Institution, sei es an der Privatanschrift), kann die Frage nach der persönlichen Empfangs-Frequenz weggelassen werden. Die Frage nach der persönlichen Lese-Frequenz ist dann wie folgt zu stellen:

o „Die Zeitschrift erscheint einmal im Monat. Im Laufe der letzten 12 Monate haben Sie also 12 verschiedene Ausgaben erhalten. Wie viele von diesen 12 Ausgaben haben Sie persönlich durchgeblättert oder gelesen? Bitte erinnern Sie sich. Wenn Sie sich nicht genau erinnern können, dann schätzen Sie bitte."
(Frequenzvorgaben wie zuvor)

Wenn Wechselversand-Empfänger befragt werden, ist – der objektiven Gegebenheit gemäß – wenn irgendmöglich von der Lieferhäufigkeit für die betreffende Institution oder Person auszugehen. Bei der Befragung dem Verlag nicht bekannter Personen in der Empfänger-Institution empfiehlt sich die Ermittlung der persönlichen Empfangs-Frequenz wie folgt:

o „Von der monatlich erscheinenden Zeitschrift X hat Ihr Haus in den letzten 12 Monaten ... verschiedene Ausgaben erhalten. Wie viele von diesen ... Ausgaben haben Sie persönlich erhalten? Bitte erinnern Sie sich."
(Entsprechende Skala vorgeben)

Ermittlung der persönlichen Lese-Frequenz:

o „Wie viele Ausgaben haben Sie persönlich durchgeblättert oder gelesen? Bitte erinnern Sie sich. Wenn Sie sich nicht genau erinnern können, dann schätzen Sie bitte."
(Entsprechende Skala vorgeben)

Wenn persönliche Wechselversand-Empfänger bekannt sind, ist – der objektiven Gegebenheit gemäß – wiederum auf das individuelle Empfangs-Intervall abgestellt, wie folgt zu fragen:

o „Von der monatlich erscheinenden Zeitschrift X haben Sie im Laufe der letzten 12 Monate ... verschieden Ausgaben erhalten. Wie viele von diesen ... Ausgaben haben Sie persönlich durchgeblättert oder gelesen? Bitte erinnern Sie sich. Wenn Sie sich nicht genau erinnern können, dann schätzen Sie bitte."
(Frequenzangaben wie zuvor)

Die Frage nach dem Leser im Erscheinungs-Intervall (LpN) ist bei Wechselversand-Empfängern nicht auf die Lieferhäufigkeit abzustellen, sondern wie bei Empfängern aller Ausgaben der betreffenden Fachzeitschrift zu formulieren.

Die mündlich erhobene Nutzer-(Leser-)Struktur-Analyse läßt eine Kombination personenbezogener und institutioneller Daten insoweit zu, als von Lesern oder der Leserschaft in Institutionen ausgegangen wird und deren Daten zu den institutionellen Daten in Beziehung gesetzt werden.

c) Mit dieser Untersuchungsform sind nicht ermittelbar

- Empfänger- und Leser-Strukturen anderer Fachzeitschriften.

Wichtiger Hinweis:
Die Einbeziehung von konkurrierenden Fachzeitschriften in eine Empfänger-/Leser-Struktur-Analyse der eigenen Fachzeitschrift ist sehr problematisch.
Bei Rückschlüssen der Ergebnisse auf andere Größenordnungen (z. B. Zielgruppen-Gesamtheiten) darf nicht von „Reichweiten" oder „Zielgruppen-Analysen" gesprochen werden. Zu beachten ist auch, daß der Oberbegriff „Leser-Analyse", der Leserschafts-Struktur-Analyse, Reichweiten- bzw. Zielgruppen-Analysen einschließt, nicht isoliert verwendet werden darf.

d) Übertragung der Ergebnisse auf Gesamtheiten

Die Ergebnisse einer Leser-Struktur-Analyse durch mündliche Erhebung sind auf die durchschnittliche Ausgabe oder auf vertrieblich speziell strukturierte Ausgaben (z. B. bei Wechselversand) zu beziehen. Zusätzlich können Ergebnisse für den „Weitesten Leserkreis" und/oder die Gesamtheit der Leser im Erscheinungs-Intervall (LpN) ausgewiesen werden. Daher ist es bei der Veröffentlichung von Ergebnissen einer Leser-Struktur-Analyse durch mündliche Erhebung besonders wichtig, in unmißverständlicher Form auf die Einheit hinzuweisen, auf die sich die Daten beziehen.

Nutzung

→ Mediennutzung

Nutzungsdauer

→ Mediennutzung, Lesedauer

Nutzungshäufigkeit

→ Mediennutzung, Lesehäufigkeit

Nutzungsintensität

Ein Maß der Gründlichkeit und (→) Kontaktqualität der (→) Mediennutzung, das auf vielerlei Art und Weise operationalisiert worden ist. Gesichert ist, daß die Nutzungsintensität weitgehend unabhängig von der Nutzungsdauer ist und vom Grad der (→) Zuwendung beeinflußt wird, die verschiedenen (→) Mediengattungen entgegengebracht wird. So stellt z. B. das Radiohören fast niemals eine Hauptbeschäftigung dar, sondern ist meist nur Kulisse bei anderen Tätigkeiten. Den Zeitungen und Zeitschriften wird meist die volle, wenn teilweise auch nur flüchtige Zuwendung gegenüber der optischen Darbietung zuteil. Ein Werbefilm im Kino findet bei seinen Betrachtern in der Regel eine höhere Beachtung als eine Anzeige in einer Illustrierten oder ein Werbespot im Fernsehen.

Beim Fernsehen wird die Nutzungsintensität teilweise durch Nebenbeschäftigungen der Zuseher beeinträchtigt. Herbert Krugman hat versucht, die verschiedenen Werbeträgergruppen durch das *unterschiedliche Engagement („Involvement")* der Mediennutzer zu differenzieren. Er gelangte zu der Schlußfolgerung, daß in den USA das Fernsehen im Vergleich zur Presse ein Medium mit geringem Engagement der Zielpersonen ist. Er versuchte, diese These des geringeren Engagements der Rezipienten von Fernsehsendungen im Vergleich zur Presse durch die Messung der Gehirnwellen zu untermauern. Er kam dabei zu dem Ergebnis, daß

das Fernsehen eine eher passive Reaktion auslöst: „We act on print, but TV acts on us."
In den großen (→) Mediaanalysen (Werbeträgeranalysen) wird die Nutzungsintensität im allgemeinen nicht erhoben. Friedrich Wendt schreibt dazu: „Wir haben bislang die Medienkontakteinheit per Konvention festgelegt und die Häufigkeit der Konfrontation auf dem Umweg über den Erwartungswert aus der Konfrontationswahrscheinlichkeit abgeleitet. Wir wissen jedoch noch nicht, welche Begegnungsqualität von Individuum und Medium als Mindestforderung im Modell akzeptiert werden kann, um als Kontakt zu gelten oder, anders ausgedrückt, welcher Intensitätsgrad als Konfrontation verstanden wird. Wir müssen diese Frage nicht nur aufwerfen, weil unsere AG.MA-Konvention zur Medienkontakteinheit für die Konfrontation einen ziemlich breiten Spielraum läßt – bei Zeitschriften zum Beispiel vom einmaligen bloßen Draufschauen auf einige Seiten bis zum wiederholten und dann womöglich noch sehr ausgedehnten Studium Seite für Seite –, sondern weil wegen dieses Spielraumes andere Kontakteinheiten möglich oder gar wünschenswert erscheinen, die hinsichtlich der Intensität unter Umständen ganz andere Anforderungen an die Abbildung im Modell stellen, von den Verschiedenheiten bei den einzelnen Medien ganz zu schweigen."
Die im deutschen Bereich am weitesten gehenden Versuche zur Klärung der Frage, wie die Begegnung mit Zeitschriften zu charakterisieren und abzufragen sei, hat Wolfgang Schaefer, Hamburg, im Rahmen einer Literaturstudie mit Vorschlägen für die Arbeitsgemeinschaft Anzeige 1966/67 unternommen. Er entwickelte damals die folgende Liste:

„Ich habe in die Zeitschrift in der letzten Woche hineingeschaut, und zwar:
(1) Ich habe sie durchgelesen
(2) Ich habe einiges darin gelesen
(3) Ich habe darin geblättert, wenig darin gelesen
(4) Ich habe nur das Rundfunk- oder Fernsehprogramm angesehen
(5) Ich habe den Inhalt (weitgehend oder teilweise) überflogen
(6) Ich habe ein paar Überschriften gelesen
(7) Ich habe mir die Bilder angesehen, kaum den Text
(8) Ich habe etwas darin herumgeschmökert
(9) Ich habe kurz und flüchtig hineingesehen
(10) Ich habe einige Anzeigen angesehen
(11) Ich habe einige wenige Seiten aufgeschlagen
(12) Ich habe die Zeitschrift zufällig in die Hand genommen (zum Beispiel: beim Friseur, im Wartezimmer beim Arzt, unterwegs im Zug usw.)
(13) Ich habe in der letzten Woche überhaupt nicht hineingeschaut (wenn man nur die Titelseite angesehen hat, gilt das auch als nicht hineingeschaut!)"

1969 führte Infratest, München, im Auftrag von „Hörzu" die Studie „Anzeigen-Kontaktchancen in Publikumszeitschriften, eine Untersuchung über Faktoren zur Media-Gewichtung" durch. Für fünfzehn ausgewählte Publikumszeitschriften wurde mit Hilfe von (→) Copy-Tests der (→) Kontakt mit einer durchschnittlichen Anzeigenseite, (→) Seitenkontakt, gemessen. Dabei wurde zwischen Anzeigenseiten und redaktionellen Seiten differenziert, und man unterschied zwischen drei Nutzungsstufen:

Seite gründlich genutzt,
Seite flüchtig genutzt,
Seite aufgeschlagen.

Die Kontaktfaktoren, die den Anteil der genutzten Seiten an den vorhandenen Seiten angeben, wurden auch für (→) demographische Merkmale ausgewiesen. Da jedes Heft die Chance hat, im (→) Erscheinungsintervall mehrfach gelesen zu werden, spielt neben dem Kontaktfaktor, der angibt, welcher Anteil einer Zeitschrift genutzt wird, die Anzahl der (→) Lesetage im Erscheinungsintervall eine Rolle. Da außerdem an einem Lesetag mehrere Hefte desselben Titels gelesen werden können, ist auch die Anzahl der genutzten Hefte pro Lesetag von Bedeutung. Aus dem Kontaktfaktor (KF), den genutzten Heften pro Lesetag (GH) und den Lesetagen im Erscheinungsintervall (LT) ergibt sich der Seitenkontaktwert, der besagt, wie oft die (→) Leser pro Nummer (LpN) eine durchschnittliche Seite eines Hefts im Erscheinungsintervall nutzen:

$$SK = KF \times GH \times LT$$

Eine qualifiziertere Feststellung der Nutzungsintensität ist mit erheblichen erhebungstechnischen Schwierigkeiten verbunden, weil die Befragten ihrerseits sehr individuelle Vorstellungen über Intensität haben, die man erst *objektivieren* müßte.
Die heute in der (→) Media-Analyse (MA) der (→) Arbeitsgemeinschaft Media-Analyse (AG.MA) gültige Konvention lautet:

- **für Presse:** „durchgeblättert oder gelesen"
- **für Fernsehen:** „Programm gesehen, und wenn auch nur ein paar Minuten"
- **für Hörfunk:** „Programm gehört, und wenn auch nur ein paar Minuten"

Die Konsequenz einer solchermaßen unverbindlichen Festlegung ist, daß die Medien und Verlage im weiteren um Differenzierungen bemüht sind. Zum Teil handelt es sich dabei darum, den Kontaktbegriff dichter an das (→) Werbemittel heranzuführen, also bei Zeit-

schriften zumindest bis zum (→) Seitenkontakt zu gehen, damit die Verschiedenheit der quantitativen Nutzung meßbar wird. Es ist auch möglich, Intensitätsgrade vergleichbar einzuführen, wie das zum Beispiel 1967 in der für den Axel Springer Verlag, Hamburg, durchgeführten Studie „Qualitative Analyse der Nutzungsintensität" vorgeführt worden ist.
→ Lesequalität

Nutzungsvorgänge pro Seite *(Lesevorgänge pro Seite)*
In der (→) Leserschaftsforschung die Zahl der (→) Kontakte, die die Leser einer Zeitschrift durchschnittlich mit einer Seite gehabt haben.
→ Lesevorgänge, Seitenkontakt

Nutzungswahrscheinlichkeit
Die Wahrscheinlichkeit, daß ein Mediennutzer (→) Kontakt mit einer durchschnittlichen Ausgabe eines Mediums, (→) Medien-Kontakt-Einheit (MKE) hat, (→) Kontaktwahrscheinlichkeit.
Bis zur Mitte der 1960er Jahre ging in die (→) Mediaplanung direkt das Erhebungsergebnis ein: Die erfragte Leserschaft im letzten Erscheinungsintervall (LiE) war identisch mit dem (→) Leser pro Nummer (LpN).
Bereits in der (→) Leseranalyse (LA) 1969 der (→) Arbeitsgemeinschaft Leseranalyse (AGLA), dort noch mit dem (→) K_1-Wert gemittelt, und in der LA 70 wurden die Nutzungswahrscheinlichkeiten frequenzklassenweise berechnet. Gegenüber der davor angewendeten (→) Justierung, also dem direkten Verändern der Befragten-Aussagen, war damit ein Fortschritt erreicht. Allerdings verwendete man nur relativ *wenige* Angaben der Befragten, nämlich nur die LpN-Frage und die Frequenzfrage, (→) Lesehäufigkeit, zur Bestimmung der Nutzungswahrscheinlichkeiten. Durch (→) Segmentation werden die Nutzungswahrscheinlichkeiten sicherer berechnet, weil so ein weit höherer Prozentsatz erklärter (→) Varianz erreicht wird.
Die Eckpfeiler für die neue Nutzungswahrscheinlichkeit wurden (→) Weitester Nutzerkreis (WNK) und Nutzerschaft im letzten Erscheinungsintervall bzw. am letzten Sendetag. Die durchschnittliche Nutzungswahrscheinlichkeit ergibt sich, wenn man die Nutzerschaft pro Ausgabe oder pro Sendetag zum Weitesten Nutzerkreis ins prozentuale Verhältnis setzt. Alle Angehörigen eines Weitesten Nutzerkreises haben zunächst dieselbe durchschnittliche Nutzungswahrscheinlichkeit – gleichgültig, welche Angaben sie zur Nutzungshäufigkeit gemacht haben. Die Struktur der Nutzerschaft pro Ausgabe (NpA), errechnet aus den Wahrscheinlichkeiten, wäre allerdings ohne weitere Ausdifferenzierungen von der Struktur der direkt erhobenen Nutzerschaft im letzten Erscheinungsintervall/am letzten Sendetag so weit verschieden, wie diese von der Struktur des Weitesten Nutzerkreises abweicht. Für kontinuierliche Übergänge sorgen hier die Verfahren zur Bestimmung der Nutzungswahrscheinlichkeiten, d. h. die (→) Segmentation.
Der Weiteste Nutzerkreis mit seiner durchschnittlichen Nutzungswahrscheinlichkeit läßt sich in Gruppen mit möglichst verschiedenen Nutzungswahrscheinlichkeiten, die in sich wieder möglichst homogen sind, mit verschiedenen Verfahren aufteilen. Anfang der siebziger Jahre, als man sich dem Konzept der Wahrscheinlichkeit zuwandte, war am besten erprobt die Segmentation.
Ausgangspunkt für eine Segmentation ist stets der Weiteste Nutzerkreis (WNK) eines Mediums. Für Gruppen in dieser Gesamtheit der Nutzer erwartet man ein Nutzungsverhalten, das sie von dem anderer Gruppen unterscheidet. Durch die Segmentation erfährt man, wie die Nutzer am besten in Gruppen möglichst homogenen Nutzungsverhaltens unterteilt werden können.
Das Nutzungsverhalten einer Gruppe wird gemessen am Anteil der in ihr enthaltenen Nutzer im letzten Erscheinungsintervall (NiE). Dieser Anteil entspricht der Nutzungswahrscheinlichkeit (p-Wert) und ist das Außenkriterium, das für jede Segmentation vorgegeben werden muß. Nach diesem Verfahrensmuster ermitteln sich in der (→) Media-Analyse (MA) der Arbeitsgemeinschaft Media-Analyse (AG.MA) die (→) Lesewahrscheinlichkeit für Zeitungen, Zeitschriften und Lesezirkel, die (→) Hörwahrscheinlichkeit für den Hörfunk, die (→) Sehwahrscheinlichkeit für das Fernsehen und die (→) Besuchswahrscheinlichkeit für das Kino.

O

Objektidentifikation
→ gestützte Erinnerung, Identifikationshilfen, Titelkarte

Objektivität
In der klassischen (→) Testtheorie ist Objektivität zusammen mit (→) Reliabilität (Zuverlässigkeit) und (→) Validität (Gültigkeit) eines der drei (→) Gütekriterien für Tests. Mit Objektivität wird das Maß der Unabhängigkeit von Testwerten von der Person des Versuchsleiters oder -auswerters, mithin die intersubjektive Überprüfbarkeit der Ergebnisse bezeichnet. Objektivität ist also gegeben, wenn mehrere Tester unabhängig voneinander und unter Einsatz derselben Testverfahren bei gleichen oder identischen Testpersonen zu denselben Ergebnissen gelangen. Formalisiert läßt sich Objektivität also durch die (→) Korrelation zwischen den verschiedenen Ergebnissen verschiedener Tester bzw. Auswerter angeben (Objektivitätskoeffizient). Dabei wird meist zwischen der Durchführungs-, der Auswertungs- und der Interpretationsobjektivität unterschieden. *Durchführungsobjektivität* ist gegeben, wenn die Ergebnisse vom Verhalten des Versuchsleiters bei Durchführung eines Tests unabhängig sind. Sie kann vor allem durch eine weitgehende Standardisierung des Untersuchungsablaufs und die dadurch bewirkte Ausschaltung oder Reduzierung von (→) Versuchsleitereffekten erreicht werden. *Auswertungsobjektivität* liegt vor, wenn die bei der (→) Datenanalyse angewandten Verfahren und Berechnungen jeweils zu denselben Ergebnissen führen und mithin die Ergebnisse nicht vom jeweils angewandten Auswertungsverfahren abhängen. *Interpretationsobjektivität* ist eigentlich Bestandteil der Auswertungsobjektivität. Sie ist gegeben, wenn die Deutung der Befunde eines Tests von der Person des Deutenden unabhängig ist.

OC-Kurve *(Operationscharakteristik, Prüfplankurve)*
Eine Operationscharakteristik ist in der Entscheidungsstatistik eine Funktion, durch die jedem wahren, unbekannten Wert eines zu prüfenden (→) Parameters die Wahrscheinlichkeit für die Nichtablehnung der (→) Nullhypothese zugeordnet wird, wobei Nullhypothese, (→) Signifikanzniveau und (→) Stichprobenumfang als konstant vorausgesetzt werden. Für jeden Wert des Parameters addieren sich Operationscharakteristik und (→) Trennschärfefunktion auf 1, so daß die OC-Kurve zeigt, wie ein Test- oder Entscheidungsverfahren funktioniert unabhängig davon, ob es richtig oder falsch ist. In der Operationscharakteristik wird bei Verfahren der statistischen Qualitätskontrolle das Risiko eines Abnehmers, daß ein Los durch einen Auswahlplan angenommen wird, obwohl es den Anforderungen nicht entspricht, als das *Konsumentenrisiko* bezeichnet. In der statistischen (→) Hypothesenprüfung ist das Konsumentenrisiko (s. Abb.) nichts anderes als die Wahrscheinlichkeit der Zurückweisung einer unrichtigen Hypothese, (→) Fehler 2. Art, in der Operationscharakteristik also der unterhalb der OC-Kurve gelegene Bereich. Umgekehrt ist das *Produzentenrisiko* das Risiko des Herstellers, daß ein Los durch einen Auswahlplan zurückgewiesen wird, obwohl es den Anforderungen entspricht. In der statistischen Hypothesenprüfung ist das Produzentenrisiko also nichts anderes als die Wahrscheinlichkeit der Zurückweisung einer zutreffenden Hypothese, (→) Fehler 1. Art, in der Operationscharakte-

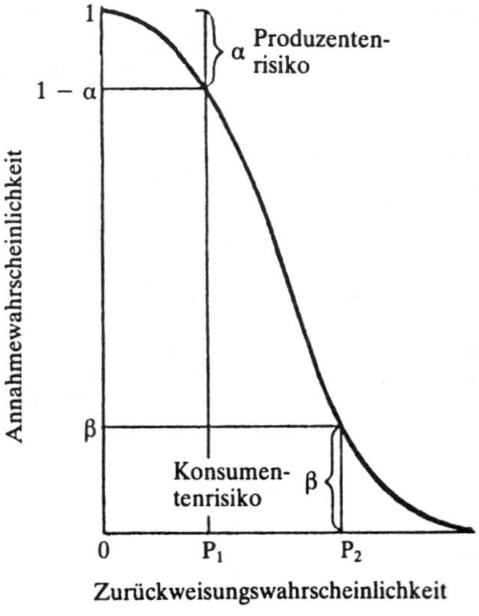

ristik also der oberhalb der OC-Kurve gelegene Bereich.

offene Abfrage
→ Abfrage

offene Frage
Eine (→) Frageart bei (→) Befragungen in der Markt- und Sozialforschung, bei der den Befragten die Antwortalternativen nicht vorgegeben sind, sondern sie ihre Antwort selbst und in ihren eigenen Worten formulieren. Die Interviewer sind gehalten, die Antworten der Befragten möglichst wörtlich und so vollständig wie möglich aufzuzeichnen. Eine Kategorisierung und (→) Kodierung der Antworten erfolgt erst im Institut. (→) Feldverschlüsselung kommt nur in Sonderfällen vor. Offene Fragen werden allgemein bevorzugt oder besonders häufig gestellt in (→) Intensivinterviews und (→) Explorationen, weil die Antworten eher eine psychologische und psychoanalytische Interpretation gestatten. Die Verwendung von offenen Fragen hat allerdings eine Reihe von Nachteilen, zu denen vor allem die Möglichkeit eines stärkeren (→) Interviewereffekts, die Tatsache, daß die Befragten Antworten geben, die am Kern des Untersuchungsgegenstands vorbeigehen, die Abhängigkeit der Antworten von der Artikulationsfähigkeit der Befragten und die Erschwerung von Vergleichen zählen. Nach Elisabeth Noelle ist daher der Gebrauch von offenen Fragen sinnvoll, wenn es darum geht,

- „Wissen zu überprüfen;
- den Sprachgebrauch der Bevölkerung zu einem bestimmten Themenbereich kennenzulernen;
- ‚Aktualität' von Themen oder Argumenten zu messen. Mit der ‚Aktualität' verknüpft ist die für die Umfrageforschung noch schwierige Messung von (→) Intensität;
- Neuland zu untersuchen oder Gebiete von besonderer individueller Vielfalt."

Generell zielen offene Fragen auf die Ermittlung der (→) Erinnerung (Recall) der Befragten, die (→) geschlossenen Fragen eher auf die (→) Wiedererkennung (Recognition). „Sich erinnern ist schwieriger als Wiedererkennen; auf offene Fragen erhält man daher in der Regel weniger Antworten als auf geschlossene Fragen. Andererseits besteht bei geschlossenen Fragen die Gefahr der Suggestivwirkung, vor allem bei Meinungsfragen, über die der Befragte vorher nie oder kaum nachgedacht und sich noch keine eigene Meinung gebildet hat. Offene Fragen helfen Unwissenheit, Mißverständnisse, unerwartete Bezugssysteme entdecken. Sie können auch den Gesprächskontakt und das Interesse am Interview fördern, weil sie einer normalen Gesprächssituation nahekommen. Der Befragte fühlt sich im eigenen Urteil als voll und selbständig genommen. Aus diesem Grund ziehen vor allem gut informierte Personen mit eigener Meinung offene Fragen vor ... Forschungsstrategisch gesehen sind offene Fragen vor allem geeignet, im Planungsstadium das Problemfeld zu erforschen und die relevanten Antwortkategorien zu erfassen, während geschlossene Fragen zur Prüfung von Hypothesen in Frage kommen." (Peter Atteslander)

öffentliche Auslage
→ Lesezirkel

Offertenblatt
Im Gegensatz zu (→) Anzeigenblättern, die kostenlos verteilt werden, (→) Anzeigen gegen Entgelt aufnehmen und einen redaktionellen Teil haben, enthalten Offertenblätter ausschließlich Anzeigen. Viele Offertenblätter nehmen private Kleinanzeigen kostenlos auf.
Da in der Regel Offertenblätter an den Endverbraucher verkauft werden, ist eine solche Vertriebspraxis auf dem Lesermarkt anders als in der Vergangenheit die kostenlose Verteilung der Anzeigenblätter nicht Ausgangspunkt rechtlicher Diskussion. Das kostenlose Zurverfügungstellen von Anzeigenraum für private Kleinanzeigen ist jedoch wettbewerbsrechtlich problematisch. Bei der Bewertung des Problems sind in erster Linie die Grundsätze heranzuziehen, die das Wettbewerbsrecht bei „kostenloser Verteilung von Originalware" entwikkelt hat. Danach ist das massenweise Verschenken von Originalware unzulässig und wettbewerbswidrig, weil es zu einer Marktverstopfung führt und durch Nachahmung gängige Praxis wird. Die damit einhergehende Gewöhnung des Endverbrauchers an die kostenlose Verteilung hemmt oder verhindert einen sachlichen Leistungsvergleich. Die „Kauf"entscheidung wird nunmehr von der Kostenlosigkeit der angebotenen Ware getragen, der auf Qualität und echte Preiswürdigkeit ausgerichtete Leistungswettbewerb wird ausgeschaltet.
Bereits 1973 hat das OLG Stuttgart (4 W 9/73) festgestellt, daß durch die kostenlose Aufnahme von Inseraten das Marktbedürfnis nach Kleinanzeigen in einem Umfang befriedigt werde, der die ernste Befürchtung rechtfertige, der Mitbewerber werde für nicht unerhebliche Zeit nahezu überhaupt ausgeschlossen, und für eine geraume Zeit sei der Bestand des Wettbewerbs auf dem Gebiet der Kleinanzeigen gänzlich aufgehoben.

1975 stellte das OLG Düsseldorf (2 U 79/74) fest, ein Anzeigenblatt, das kostenlose Privatanzeigen veröffentliche, tue Tageszeitungen auf dem Privatanzeigensektor unmittelbar Abbruch. Insoweit trete ein solches Blatt an die Stelle einer Tageszeitung. Die unentgeltliche Veröffentlichung von Privatanzeigen sei daher als wettbewerbswidrig einzustufen.
1986 entschied das OLG Celle (13 W 106/85) es halte den kostenlosen Abdruck privater Kleinanzeigen in einem Anzeigenblatt für eine Bestandsgefährdung des Marktes für entgeltliche Kleinanzeigen. Dies sei mit den Grundsätzen eines lauteren Wettbewerbs nicht mehr zu vereinbaren.
Auch wenn diese Entscheidung die unentgeltliche Aufnahme privater Kleinanzeigen in ein Anzeigenblatt zu bewerten hatte, ändert sich die rechtliche Sicht nicht bei den Offertenblättern. So entschied zwar 1983 das Kölner Oberlandesgericht, der Abdruck kostenloser privater Kleinanzeigen in einem entgeltlich vertriebenen Offertenblatt ohne redaktionellen Teil könne, und zwar unter dem Gesichtspunkt unzulässigen Behinderungswettbewerbs, gegen § 1 des Gesetzes gegen den unlauteren Wettbewerb (UWG) verstoßen, falls dadurch der Bestand der allgemeinen Tageszeitungspresse gefährdet werde. Aus der Überlegung jedoch, auch einem Offertenblatt stehe der Schutz der Pressefreiheit zu, gelangte das Gericht zu der Auffassung, nur eine konkrete Bestandsgefährdung der Tageszeitungspresse erlaube den Vorwurf wettbewerbswidrigen Verhaltens. Da es an einer solchen konkreten Bestandsgefährdung des klagenden Tageszeitungsverlages fehle, könne dem beklagten Offertenblatt nicht die Aufnahme kostenloser Privatanzeigen verboten werden.
Ein weiteres Urteil des Landgerichts Düsseldorf (36073/86), das sich ebenfalls mit der rechtlichen Problematik eines entgeltlich vertriebenen Anzeigenblattes mit kostenlosen Privatanzeigen auseinandersetzt, verschließt sich ebenfalls der Argumentation des klagenden Tageszeitungsverlags und argumentiert, der kostenlos schaltende Inserent werde nicht darüber getäuscht, er werde wie bei einem traditionellen Zeitungsverlag ein kostenloses Belegexemplar erhalten. Ihm sei vielmehr klar, daß er dies kaufen müsse, um die Korrektheit einer Anzeigenschaltung zu überprüfen. Ebensowenig erfolge ein psychologischer Zwang für den Kauf des Offertenblattes; denn eine kostenlose Anzeigenaufnahme erzeuge keine „moralische" Verpflichtung. In der Möglichkeit von privaten Telefon- und Chiffreanzeigen liege zudem keine wettbewerbswidrige Verlockung für Gewerbetreibende, eine vorgetäuschte – weil nämlich kostenlose – Privatanzeige zu schalten.
Auf bisherige Rechtsargumente eingehend stellt das Landgericht fest, in der Gefährdung des Wettbewerbs auf dem Zeitungsmarkt liege deshalb kein wettbewerbswidriger Aspekt, weil das Überflügeln und Verdrängen eines Konkurrenten geradezu dem Leistungswettbewerb eigen sei. Vielmehr bescheinigt das Landgericht Düsseldorf dem beklagten Offertenblatt die Kreation eines neuen Typs von Publikationsobjekt. Auch dies entspreche dem Leistungswettbewerb in einer freien Marktwirtschaft.

Ogive *(Galtonsche Ogive, Summenpolygon, Häufigkeitsverteilungskurve, Summenkurve)*
Die (→) graphische Darstellung einer kumulierten (→) Häufigkeitsverteilung:

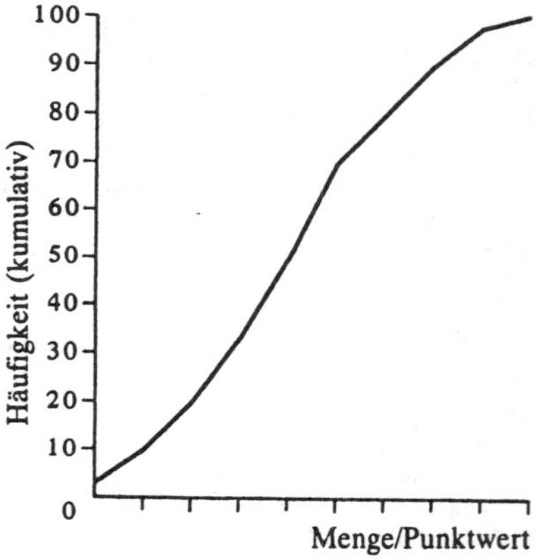

ökologischer Fehlschluß *(Gruppenfehlschluß)*
In der (→) empirischen Sozialforschung nach der Formulierung von William S. Robinson die Schlußfolgerung von Charakteristika und (→) Korrelation zwischen Merkmalsreihen, die in bestimmten Gebietseinheiten festgestellt wurden, auf das Verhalten der Individuen in diesen Gebieten bzw. allgemeiner der falsche Schluß von Kollektivdaten auf die Eigenschaften der oder die Beziehungen zwischen den Einheiten der Kollektive. Das Wesen dieses Fehlschlusses, der zur Gruppe der (→) Scheinkorrelationen zu rechnen ist, ist die ungerechtfertigte korrelative Verknüpfung von (→) Merkmalen der Kollektivebene (Aggregatmerkmale oder Globalmerkmale) mit Merkmalen der Individualebene (Individualmerkmale im engeren Sinne oder Relationsmerkmale). Zur Vermeidung

ökologischer Fehlschlüsse bietet sich die (→) Mehrebenenanalyse an.

Omnibusbefragung *(Omnibusumfrage, Mehrthemenumfrage)*
Eine in der kommerziellen Marktforschung entstandene, und dort nach wie vor stark verbreitete Form der (→) Befragung, deren Gegenstand im Gegensatz zu (→) Einthemenbefragungen (Spezialbefragungen) eine Vielzahl von verschiedenen, in keinerlei inhaltlichem Zusammenhang zueinander stehenden Themen ist. In einer Mehrthemenbefragung werden die Untersuchungsprobleme und -fragestellungen mehrerer, miteinander in keiner Verbindung stehender Auftraggeber in einem (→) Fragebogen vereint. Größere Umfrageforschungsinstitute führen Omnibusbefragungen meist in monatlichem Abstand bei einem (→) repräsentativen Querschnitt der Bevölkerung durch. Den einzelnen Auftraggebern bietet sich so die Möglichkeit, sich auch mit einer einzigen Frage oder einer kleinen Zahl von Einzelfragen („tack-on questions") an einer für die Gesamtbevölkerung repräsentativen Befragung zu beteiligen, ohne die Gesamtkosten einer Umfrage dieses (→) Stichprobenumfangs tragen zu müssen.

Während am Anfang der Entstehung von Mehrthemenumfragen vorwiegend Kostengesichtspunkte standen, ist inzwischen der methodologische Gesichtspunkt, die Bildung eines bunten Gemischs von vielfältigen Themen, die einen lebhaften Befragungsablauf gewährleisten und eine Ermüdung des Interviewers und des Befragten vermeiden helfen, stärker in den Vordergrund getreten. Die in der frühen Phase des Aufkommens von Omnibusbefragungen, in Deutschland in der Zeit nach dem 2. Weltkrieg, gegen sie vorgebrachten Einwände, sie trügen die latente Gefahr einer Verzerrung der Ergebnisse in sich, die auf den ständigen Themenwechsel und die Reihenfolge und den Umfang der Ermittlungen zu einzelnen Fragenkomplexen zurückzuführen sei, werden heute sowohl in der kommerziellen wie der universitären Markt- und Sozialforschung als überholt angesehen.

Omnibus-Test
Ein parameterfreier (→) Signifikanztest, durch den überprüft wird, ob sich zwei unabhängige (→) Stichproben voneinander hinsichtlich ihrer Verteilungsform, d. h. ihrer (→) zentralen Tendenz, ihrer (→) Streuung, ihrer (→) Schiefe, ihrer (→) Wölbung unterscheiden.

operationale Definition *(Operationalisierung)*
Durch Operationalisierung werden theoretische Begriffe auf der empirischen Ebene konkretisiert, theoretische Konzepte in eine empirisch überprüfbare, beobachtbare Folge von Forschungsoperationen und Verfahren übersetzt. In der operationalen Definition eines Begriffs ist also eine Operation enthalten, die zur Feststellung der definierten Eigenschaften ausreicht. Die Konkretisierung eines theoretischen Begriffs durch die Entwicklung einer Operation oder eines Verfahrens läuft auf die Definition des Begriffs durch die Meßoperation hinaus. Vielfach bestehen operationale Definitionen in der Angabe einer Vielzahl von beobachtbaren Ereignissen, die in einem (→) Indikator zusammengefaßt sind, der den theoretischen Begriff repräsentiert. Operationalisierungen sind also nicht einfach weitere Definitionsmöglichkeiten neben der (→) Nominaldefinition und der (→) Realdefinition, sondern ein in der empirischen Forschung für jeden theoretischen Begriff notwendiger Übersetzungsprozeß. Abstrakter formuliert ist eine Operationalisierung die Verknüpfung von Zeichen (Begriffen) mit Sachverhalten durch Korrespondenzregeln. Im Zusammenhang mit Operationalisierungen und operationalen Definitionen stellt sich ganz besonders das Problem ihrer (→) Validität (Gültigkeit). Die folgende Graphik illustriert die Zusammenhänge:

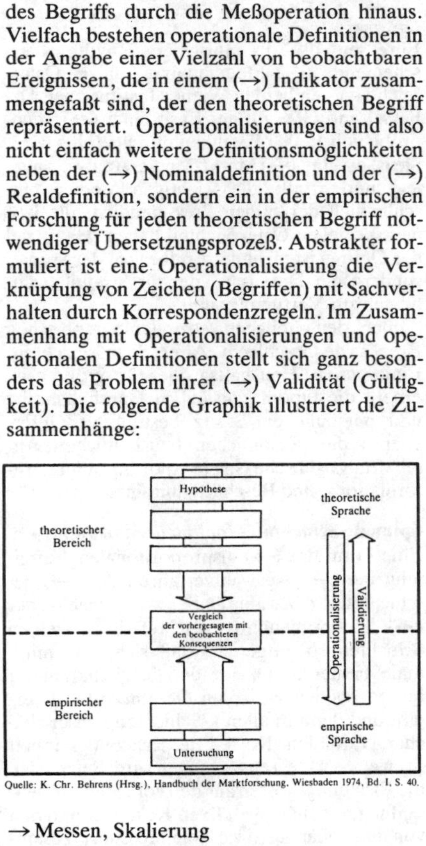

Quelle: K. Chr. Behrens (Hrsg.), Handbuch der Marktforschung, Wiesbaden 1974, Bd. I, S. 40.

→ Messen, Skalierung

Operationalisierungstechniken
→ Skalierungsverfahren

Operationscharakteristik
→ OC-Kurve

Operations Research *(Unternehmensforschung)*
Die sich mathematischer Methoden bedienen-

de Entwicklung formaler und quantitativer Entscheidungsmodelle für die Unternehmensführung, mit deren Hilfe die im Hinblick auf eine bestimmte Zielsetzung jeweils optimale Entscheidung gefunden werden kann. Im Bereich der Marktforschung werden Methoden des Operations Research vor allem in Absatzplanung und Absatzforschung bei der (→) Optimierung von Lagerhaltung und Absatzwegen sowie im Zusammenhang mit (→) Simulationsmethoden wie der (→) Monte-Carlo-Technik und der Netzplantechnik verwendet.

Optima
Eine seit 1982 in jährlichem Rhythmus erscheinende (→) Mediaanalyse, die in Österreich von den beiden Wiener Institutionen Dr. Fessel und GfK auf der Basis einer (→) Stichprobe von 12 000 Personen durchgeführt wird. Sie ist als eine (→) Markt-Media-Analyse angelegt und erfaßt alle wichtigen Medien einschließlich derjenigen Pressemedien, die keinen speziellen Österreichteil haben. Hauptziel der Optima ist nicht der Endbericht der Studie, sondern der Datensatz, der für Streuplanzählungen zur Verfügung steht.
Außer den üblichen soziodemographischen Breaks wie Geschlecht, Alter, Sozialschichten, Einkommen, Haushaltsgröße, Ortsgröße usw. erhebt die Optima zusätzlich Haushaltsbesitz und persönlichen Besitz bestimmter Güter, ebenso die persönlichen haushaltlichen Anschaffungswünsche sowie Sportausübung, Informations- und Beschäftigungsinteresse.

optimale Schichtung *(optimale Allokation)*
Eine Form der (→) disproportionalen Aufteilung bei (→) Auswahlverfahren der (→) geschichteten Auswahl. Dabei wird zunächst der (→) Stichprobenumfang n auf die einzelnen Schichten so aufgeteilt, daß sich eine minimale Fehlervarianz für den Schätzparameter bei gegebenen variablen Gesamtkosten C ergibt und dann in allen k Schichten von ungleichen variablen Kosten je Erhebungseinheit ($c_1 \neq c_2 \neq \ldots \neq c_k$) ausgegangen wird. Setzen sich die Erhebungskosten aus den vom Stichprobenumfang unabhängigen fixen Kosten c_0 und den von ihm abhängigen variablen Kosten c_i zusammen, ergibt sich für die Gesamtkosten:

$$C = c_0 + \sum_{i=1}^{M} c_i n_i \text{ bzw. definitionsgemäß}$$

$$K = C - c_0 = \sum_{i=1}^{M} c_i n_i$$

Bei der optimalen Schichtung geht es anders als bei der (→) proportionalen Schichtung darum, die (→) Stichprobe so auf die einzelnen Schichten zu verteilen, daß bei gegebenen Erhebungskosten (Kostenbudget) der (→) Zufallsfehler am kleinsten wird. Es handelt sich hier also um ein Minimumproblem, bei dem eine lineare Restriktion (Kostenfunktion) mitzuberücksichtigen ist.
Die Stichprobenfunktion

$$\sigma^2_{\bar{x}_s} = \frac{1}{N^2} \sum_{i=1}^{M} N_i (N_i - n_i) \frac{\sigma^2_{ui}}{n_i}$$

ist unter der Bedingung der Kostenfunktion zu minimisieren. Nach der Methode von Lagrange bildet man aus beiden die folgende Funktion:

$$F = \frac{1}{N^2} \sum_{i=1}^{M} N_i (N_i - n_i) \frac{\sigma^2_{ui}}{n_i} + \lambda \left(\sum_{i=1}^{M} c_i n_i - K \right)$$

Darin wurde ein mit λ, dem Lagrange-Multiplikator, multipliziertes Glied addiert, das gleich Null ist. Dadurch wurde die Restriktion in die Zufallsfehler-Funktion eingeführt, ohne sie größenmäßig zu verändern. Für n_i ergibt sich:

$$n_i = \frac{N_i}{N} \frac{\sigma_{ui}}{\sqrt{c_i}} \frac{1}{\sqrt{\lambda}}$$

Summiert man beide Seiten der Gleichung über alle Schichten, ergibt sich:

$$\sum_{i=1}^{M} n_i = n = \frac{1}{N\sqrt{\lambda}} \sum_{i=1}^{M} \frac{N_i \sigma_{ui}}{\sqrt{c_i}}$$

Eliminiert man den Lagrange-Multiplikator, so erhält man:

$$n_i = \frac{N_i}{N} \frac{\sigma_{ui}}{\sqrt{c_i}} \frac{nN}{\sum_{i=1}^{M} \frac{N_i \sigma_{ui}}{\sqrt{c_i}}} = n \frac{N_i \sigma_{ui}}{\sqrt{c_i}} \frac{1}{\sum_{i=1}^{M} \frac{N_i \sigma_{ui}}{\sqrt{c_i}}}$$

oder

$$n_i = n \frac{N_i \sigma_{ui} / \sqrt{c_i}}{\sum_{i=1}^{M} N_i \sigma_{u_i} / \sqrt{c_i}}$$

Teilt man den Stichprobenumfang danach auf die einzelnen Schichten auf, wird bei gegebenen Erhebungskosten der Zufallsfehler am kleinsten. Daraus ist auch zu entnehmen, daß

aus Schichten, für die N_i oder σ_{ui} groß sind, d. h. aus großen oder auch inhomogenen Schichten, mehr Elemente in die Stichprobe aufgenommen werden müssen.
Setzt man n_i in die Formel für das Zufallsfehler-Quadrat ein, ergibt sich für das minimale Fehler-Quadrat:

$$\sigma^2_{\bar{x}_{sopt}} = \frac{1}{N^2} \sum_{i=1}^{M} N_1^2 \sigma^2_{u_i} \frac{1}{n} \frac{\sum_{i=1}^{M} N_i \sigma_{u_i}/\sqrt{c_i}}{N_i \sigma_{u_i}/\sqrt{c_i}}$$

$$- \frac{1}{N^2} \sum_{i=1}^{M} N_i \sigma^2_{u_i} = \qquad = \frac{1}{N^2} \frac{1}{n}$$

$$\left(\sum_{i=1}^{M} N_i \sigma_{u_i} \sqrt{c_i} \right) \left(\sum_{i=1}^{M} \frac{N_i \sigma_{u_i}}{\sqrt{c_i}} \right) - \frac{1}{N^2} \sum_{i=1}^{M} N_i \sigma^2_{u_i}$$

Ist also c_i = konst, kann die Formel für die optimale Allokation direkt abgeleitet werden:

$$n_i = n \frac{N_i \sigma_{u_i}}{\sum_{i=1}^{M} N_i \sigma_{u_i}}$$

Das Zufallsfehler-Quadrat ist dann

$$\sigma^2_{\bar{x}_{s\,opt}} = \frac{1}{N^2} \frac{1}{n} \left(\sum_{i=1}^{M} N_i \sigma_{u_i} \right)^2 - \frac{1}{N^2} \sum_{i=1}^{M} N_i \sigma^2_{u_i}$$

Sind relative Häufigkeiten stichprobenweise zu schätzen, so muß in die Formel für den Zufallsfehler bei geschichteter Stichprobe wiederum die (→) Streuung σ^2_{ui} durch

$$\sigma^2_{u_i} = p_i q_i$$

ersetzt werden. Für den Zufallsfehler bei geschichteten Stichproben ergibt sich so:

$$\sigma^2_{p_s} = \frac{1}{N^2} \sum_{i=1}^{M} N_i (N_i - n_i) \frac{p_i q_i}{n_i}$$

Die optimale Stichprobenaufteilung ergibt sich durch Einführung von σ^2_{ui} in die Formel für n_i:

$$n_i = n \frac{N_i \sqrt{\frac{p_i q_i}{c_i}}}{\sum_{i=1}^{M} N_i \sqrt{\frac{p_i q_i}{c_i}}}$$

Aufgrund der Formel

$$d^2 = k^2 \sigma^2_{\bar{x}_s}$$

können nun die Stichprobenumfänge für die optimalen Aufteilungen und gegebene Werte von d und k bestimmt werden. Es ergibt sich bei Berücksichtigung der Erhebungskosten je Schicht der folgende Stichprobenumfang:

$$n_{01} = \frac{\left(\sum_{i=1}^{M} N_i \sigma_{u_i} \sqrt{c_i} \right) \left(\sum_{i=1}^{M} \frac{N_i \sigma_{u_i}}{\sqrt{c_i}} \right)}{N^2 Q^2 + \sum_{i=1}^{M} N_i \sigma^2_{u_i}};$$

Und ohne Berücksichtigung der Erhebungskosten je Schicht:

$$n_{02} = \frac{\left(\sum_{i=1}^{M} N_i \sigma_{u_i} \right)^2}{N^2 Q^2 + \sum_{i=1}^{M} N_i \sigma^2_{u_i}}$$

Optimierung *(Optimierungsmodelle)*
Ganz allgemein sind Optimierungsmodelle Computerprogramme, mit deren Hilfe bei gegebenen Randbedingungen optimale Lösungen für ein je gegebenes Problem gesucht werden. Optimierungsmodelle werden seit den 1960er Jahren neben (→) Evaluierungs- und (→) Rangreihenverfahren zur (→) Mediaselektion eingesetzt. Das Optimum für einen (→) Mediaplan ergibt sich je nach der Festlegung der Zielsetzungen (z.B. größtmögliche Zielgruppenreichweite, ein günstiges Kosten-Leistungs-Verhältnis, ein maximaler Wirkungszuwachs bei gegebenem Budget usw.) und der Randbedingungen (z.B. das Budget, die Mindestkontakthäufigkeit, obligatorische Werbeträger usw.). Eine entscheidende Rolle bei diesen meist linearen Programmierungsmodellen spielt die (→) Kontaktgewichtung zur Berücksichtigung der qualitativen Eignung eines Mediums. „Da trotz der Einführung sogenannter subjektiver Nebenbedingungen (gewünschte minimale bzw. maximale Einschaltfrequenz) weder Kontaktüberschneidungen und/oder Kontaktverteilung noch Kontakthäufigkeit berücksichtigt werden, stellt die besonders operationale (→) lineare Programmierung – auch unter Kostengesichtspunkten – keinen echten Fortschritt gegenüber den einfachen Wirtschaftlichkeitsrechnungen dar. Allgemein kann gegen die Ansätze der linearen Programmierung vorgebracht werden, daß die vereinfachende Linearitätsannahme den realen Verhältnissen nicht gerecht wird, wodurch die praktische Verwertbarkeit dieser Vorgehensweise grundsätzlich in Frage zu stellen ist." (W.

Beeskow/E. Dichtl/G. Finck/S. Müller) Heute sind Optimierungsmodelle fast schon zur Bedeutungslosigkeit herabgesunken.
→ dynamische Programmierung, nichtlineare Programmierung

Optimum-Allokation
→ optimale Schichtung

Ordinalskala
Eine (→) Skala, auf der die Rangfolge von Tatbeständen durch ganzzahlige Werte auf einem (→) Kontinuum gekennzeichnet wird (wie z.B. bei Schulzensuren). Dadurch wird es möglich, mit Hilfe der Ordinalskala Aussagen über die Größenrelationen, wenn auch nicht über die Größenunterschiede zwischen den Beobachtungen zu machen. Eine Ordinalskala liefert eine Rangordnung der Kategorien, hat keinen absoluten Nullpunkt, und zwischen den einzelnen Skalenwerten bestehen unterschiedliche Distanzen. Höhere Zahlenwerte kennzeichnen höhere Positionen auf dem Meßkontinuum. Deshalb können auch aussagekräftigere statistische Operationen durchgeführt werden. Möglich ist z.B. die Berechnung des (→) Median, von (→) Perzentilen, von (→) Rangkorrelationskoeffizienten, des (→) Konkordanzkoeffizienten und die Durchführung des (→) Kolmogorov-Smirnov-Tests, des (→) Iterationstests, des (→) Mann-Whitney-Tests, des (→) Vorzeichentests und des (→) Wilcoxon-Tests.
vgl. Intervallskala, Nominalskala, Verhältnisskala (Ratioskala)

Organisation
→ Marketingorganisation

Originalheftmethode *(Through-The-Book-Verfahren, TTB-Verfahren)*
In der (→) Leserschaftsforschung die Methode der Ermittlung der (→) Leserschaft einer Zeitschrift oder Zeitung, bei der den Befragten eine vollständige oder ausgedünnte Ausgabe der Publikation vorgelegt wird. Sie werden aufgefordert, sie anzuschauen und dann anzugeben, ob sie die Zeitung oder Zeitschrift gelesen oder gesehen haben. Ist das der Fall, wird die Publikation mit den Befragten Seite für Seite durchgegangen, und zu jeder einzelnen Seite (oder zu bestimmten Seiten) bzw. jedem redaktionellen Beitrag (oder bestimmten Beiträgen) und jeder Anzeigenseite oder Anzeige wird gefragt, ob die Befragten sie gesehen bzw. gelesen haben.
In den USA wird die Originalheftvorlage, die dort „Through-the-Book-“, „Recognition-“ oder „Editorial-interest-Methode“ heißt, allein oder in Kombination mit der (→) Titelkartenabfrage zur Reichweitenermittlung eingesetzt, (→) Abfragemodell. In der Bundesrepublik hat das Institut für Demoskopie Allensbach (IfD) eine Vielzahl von Befragungsexperimenten dazu durchgeführt und sie – im allerdings unbegründeten Vertrauen auf die größere Wirklichkeitsnähe dieser Methode – schon zur (→) Justierung von Daten aus Titelkartenabfragen benutzt.
Die Anfänge der „Through-the-book-Methode“ gehen unter anderem auf Paul F. Lazarsfeld zurück, der sie zu Anfang der 1940er Jahre zur Ermittlung der (→) Reichweite für die Zeitschrift „Life“ verwendete. Dabei ging es zugleich auch darum, nur wirkliche Leser einer Ausgabe zu erfassen. Die Befragten mußten glaubhaft versichern, daß sie mindestens einen Artikel ganz oder teilweise gelesen hatten.
Um (→) Prestigeeffekte oder Antworten aufgrund von Verwechslungen auszuschließen, wurde die „confusion control“ eingeführt: Eine Unterstichprobe bekam eine Vorausgabe („advance copy“) vorgelegt, die noch niemand gelesen haben konnte, und die für die Vorausgabe ermittelte „Reichweite“ wurde von der Reichweite der untersuchten Ausgabe später abgezogen. Weil die „confusion control“ sich als der technisch schwierigste Teil der Untersuchung erwies, schloß man später nach einem Vorschlag von Loise McCarthy diese Kontrolle in die Abfrage selbst ein. Wie der Name „Editorial-interest-Methode“ für diese Variante schon ausdrückt, wurde beim Durchblättern erst nur nach dem Interesse für bestimmte Artikel gefragt und ganz zum Schluß, nachdem sicher war, daß die Person jetzt beim Test das ganze Heft durchgesehen hatte, kam die mehr beiläufige Frage, ob man das Heft schon vorher angesehen habe oder jetzt zum ersten Mal. Da Vergleichsauszählungen zur „confusion control“ in den 1940er Jahren nur geringe Differenzen zeigten, wurde die weniger aufwendige „Editorial-interest-Methode“ bald zum Standardverfahren erklärt.
Die Confusion Control basiert auf der Abfrage von Vorausgaben und hat zum Ziel, kontrollierte Reichweiten für erschienene Ausgaben zu liefern, indem sie die Angaben zu den Vorausgaben von den Reichweiten abzieht, die man später erhält, wenn die Ausgaben schon länger auf dem Markt sind und man Vergleichstichproben dazu befragt hat. Die Confusion Control ist nach Aussage von D. Banik so alt wie die Methode der Originalheftvorlage selbst.
Bei der Confusion Control werden nur (→)

Overclaims, d. h. im Interview angegebene (→) Lesevorgänge, hinter denen keine wirklichen Lesevorgänge stehen, abgezogen. Es kommt *nichts zum Ausgleich für die (→) Underclaims hinzu.* Der so erhaltene Wert liegt, wenn Lesevorgänge vergessen werden, mit Sicherheit unter der wahren Leserschaft. Bei der Abfrage von Vorausgaben dürften an sich keine Personen behaupten, die Hefte gelesen zu haben: denn alle sind Nichtleser der Vorausgaben. Einige Personen behaupten aber solche Lesevorgänge und die Confusion Control wird damit fertig, wenn diese Overclaims von den *wirklichen Nichtlesern der dann später erschienenen Ausgabe kommen.* Darüber schreiben Gunda Opfer und Dieter Müller-Veeh:
„*Die Confusion Control funktioniert nur unter ganz idealen Bedingungen.* Die wirklichen Leser einer Ausgabe dürfen ihr Lesen nicht vergessen, und sie müssen genau zwischen nicht gelesenen und gelesenen Ausgaben unterscheiden können. Die Confusion Control gestattet keine Erinnerungsfehler der Leser.
Die tatsächlichen Nichtleser einer erschienenen Ausgabe dürfen Lesevorgänge vortäuschen (= overclaims), aber sie müssen dies bei der Vorausgabe auch schon im gleichen Ausmaß getan haben. Das Idealbeispiel ist hier die Prestige-Antwort. Der Befragte liest überhaupt diesen Titel gar nicht, er antwortet aber so, als wäre das der Fall. Das Gegenbeispiel, mit dem die Confusion Control gar nicht fertig wird, ist dann der wirkliche Leser der Ausgabe, der bei der Befragung zur Vorausgabe diese mit einer von ihm gelesenen Nummer verwechselt, also tatsächliche Lesevorgänge beschreibt. Die Confusion Control zieht diese tatsächlich beschriebenen Lesevorgänge ebenso von den Angaben zur erschienenen Ausgabe-Nummer ab, wie die reinen Prestige-Antworten.
Für die praktische Anwendung sind aber solche Sätze leider lauter Leerformeln. Man hat trotz der theoretischen Einsicht nichts fest in der Hand, denn man weiß ja nicht, wieviel tatsächliche Nichtleser und wirkliche Leser einer erschienenen Ausgabe es gibt. Wie geben sie sich zu erkennen? Ein Overclaim bei der Vorausgabe kann, wie dargelegt wurde, da auch nicht weiterhelfen. Wenn ein Befragter aus Prestigegründen angibt, die vorgelegte Ausgabe gelesen zu haben, dann wird er aus denselben Prestigegründen angeben, daß er auch sonst ein Leser dieser Zeitschrift ist, d. h. man erkennt gar nicht, daß er ein wirklicher Nichtleser ist. Und wenn ein Häufigleser übertreibt und sagt, er sei ein regelmäßiger Leser, der jede Ausgabe liest, dann zählt man seine Overclaims bei den Vorausgaben nicht mit, obwohl das in dieser anschließenden Form dann nicht richtig ist.
Die Overclaims der Vorausgaben sagen nur aus, daß die Befragten nicht willens oder in der Lage sind, eine spezielle Ausgabe zu identifizieren."
Die Zahl der untersuchten Titel in einer Studie war damals sehr klein. Als Alfred Politz 1953 in einer Studie erstmals 9 Zeitschriften untersuchte, galt das als bahnbrechend. Politz ermittelte auch das günstigste Heftalter einer Ausgabe für die wöchentlichen Titel mit 5 Wochen und für Monatstitel mit 11 Wochen.
Als dann die Zahl der Titel pro Untersuchung immer mehr anwuchs, kamen Studien auf den Markt, die mit ausgedünnten Heften arbeiteten und manchmal eine (→) Filterfrage vorschalteten, die auf der Basis von Titelkarten alle Zeitschriften von der weiteren Heftvorlage ausschloß, die nicht innerhalb der letzten 6 Monate gelesen worden waren. Politz benutzte dieses Verfahren schon in den 1950er Jahren.
Die ausgedünnten Hefte („thinned-out copies") wurden nicht eingeführt, weil sie wirklichkeitsnähere Werte liefern, sondern weil man bei steigender Titelzahl gezwungen ist, das durchzublätternde Seitenangebot zu reduzieren, um die Befragten und die Interviewer nicht zu überlasten.
Mit Hilfe der Originalheftmethode erzielt man meist höhere Reichweiten, was wohl damit zusammenhängt, daß diese Methode sehr sensibel auf die Zahl der im Interview vorgelegten Ausgaben reagiert, während die Titelkartenabfrage mit (→) Generalfilter nach dem Vorgehen der (→) Media-Analyse (MA) der (→) Arbeitsgemeinschaft Media-Analyse (AG.MA), wie Hans Erdmann Scheler 1982 gezeigt hat, gegenüber der Titelanzahl nicht sehr empfindlich ist.
Klaus P. Landgrebe vermutete schon 1975, daß die Originalheftmethode *weniger die konkrete (→) Erinnerung als Interesse mißt.* 1981 schrieben Friedrich Tennstädt und Jochen Hansen nach einer Überprüfung der Originalheftvorlage durch die Abfrage von Vorausgaben: „Wir müssen heute annehmen, daß die relative Unsensibilität der Reichweitenmessung in bezug auf das Alter der vorgelegten Originalhefte der Tatsache zuzuschreiben ist, daß mit der ‚Through-the-Book-Methode' vorzugsweise das normale Leseverhalten und weniger das Lesen einer bestimmten Ausgabe registriert wird."
Zusammenfassend ziehen Gunda Opfer und Dieter Müller-Veeh das Fazit:
„Bei dem heutigen Überangebot an Zeitschriften, Themen und Informationen nimmt in dem-

selben Maße, wie die Zahl der flüchtigen Orientierungskontakte zunimmt, die genaue und fundierte Erinnerungsleistung ab. Das Überangebot und der Wandel zum bloßen Orientierungslesen führt dazu, daß man meint, alles irgendwie zu kennen, aber im einzelnen weiß man das alles nicht mehr so genau. Die Abfragemethoden für die Zeitschriften werden davon im Kern berührt. Die Originalheftvorlage mit der Insistierung auf Erinnerung an Einzelelemente von bestimmten Ausgaben scheint immer weniger passend und die Person permanent zu überfordern. Die Titelkartenabfrage wird von diesem Wandel auch betroffen sein, aber wahrscheinlich doch nicht in diesem Ausmaß. Hier sind es vielleicht eher die Probleme des gedehnten und gehäuften Lesens..."
In den USA wird die Originalheftmethode weiterhin als Erhebungsinstrument für die Erfassung von über 40 Titeln wie als Validierungskriterium für Justierungen benutzt. Darüber hinaus gibt es Mischformen mit dem „Through-the-Book"-Ansatz und der Titelkartenabfrage. Die Reichweiten klaffen zum Teil so dramatisch auseinander, daß es zu großen Diskussionen gekommen ist und der Ruf nach einer echten Validierung laut wurde. Als Kriterium zur Validierung anderer Methoden der Leserschaftsforschung ist die Originalheftvorlage mithin keinesfalls geeignet.

Originaltitelkarte
→ Titelkarte

Osgood-Skala
→ semantisches Differential

Österreichische Verbraucheranalyse (ÖVA)
Eine auf 6000 Befragungen basierende (→) Markt-Media-Analyse, die sich in erster Linie auf die Konsum- und Einkaufsgewohnheiten der Österreicher konzentriert, aber auch ihr Mediennutzungsverhalten untersucht.

Oszillation
In der (→) Panelforschung die bloße Fluktuation von Meinungen zwischen den einzelnen Panelwellen, die nicht auf die Beibehaltung einer geänderten Einstellung hinausläuft. In der Analyse wird vielfach davon ausgegangen, daß Oszillation von Personen, die zwischen den verfügbaren Positionen eines Kriteriums hin- und herwechseln, vorliegt, wenn die (→) Assoziation zwischen der ersten und der zweiten Befragungswelle eine ähnliche Größenordnung wie die zwischen der ersten und der dritten Panelwelle aufweist.

oszillatorische Schwankungen
→ Zeitreihenanalyse

OTS/OTH (Opportunity to See/Opportunity to Hear)
→ Kontaktwahrscheinlichkeit, Sehwahrscheinlichkeit, Hörwahrscheinlichkeit

Outfit
Eine 1986 vorgelegte Studie über „Einstellungen, Stilpräferenzen, Markenorientierung, Kaufverhalten, soziale Milieus zu Kleidung, Accessoires und Duftwässern", die der Spiegel Verlag, Hamburg, konzipiert und die Institute Sinus Lebensweltforschung, Heidelberg, Marplan, Offenbach, und ISBA, Hamburg, durchgeführt haben. Einige der wichtigsten Befunde: Selbstbewußtsein und andere Eigenschaften wie psychologische Grundorientierungen, Motivationen und produktspezifische Einstellungen, ermöglichen es, die Zielgruppen im Kleidungsbereich viel stärker zu unterscheiden als andere Merkmale. Aus ihnen leiten sich z. B. die folgenden sechs Kleidungstypen ab:

6 Kleidungstypen Männer

1. Der trendorientierte Modekonformist 12%
- Kleidung als Mittel, um Wirkung zu erzielen
- Kreative Selbstdarstellung;
  Kleidung als Ausdruck von Lebensfreude;
  keine bewußte Pflege eines individuellen Stils
- Identifikation mit der Mode
- Orientierung am Prestige der Marken
- Bevorzugte Einkaufsstätte: Herrenausstatter

2. der jüngere stilsichere Anspruchsvolle 22%
- Gepflegtes Aussehen für Männer und Frauen sehr wichtig
- Kleidung ist Mittel der Prestigedemonstration; Freude an exklusiver Kleidung
- Auch für Männer ist es wichtig, modisch gekleidet zu sein; Kultivierung eines eigenen Stils
- Orientierung an teuren, exklusiven Marken
- Bevorzugte Einkaufsstätten: Herrenausstatter; Fachgeschäft; Boutique; Sportartikel-Geschäft

3. Der ungepflegte Jugendliche 12%
- Geringschätzung von Kleidung
- Protest gegen bürgerliche Kleidungsnormen
- Ablehnung des „Modediktats"; Do-it-yourself-Mode
- Skepsis gegenüber Markenprodukten
- Bevorzugte Einkaufsstätten: Kaufhaus/Warenhaus; Jeans-Laden; Second-hand-Laden

4. Der ältere anspruchslose Modemuffel 16%
- Kleidung hat äußerst geringe Bedeutung
- Kleidung muß bequem und praktisch sein
- Keine Beziehung zu modischer Kleidung
- Kein Markenbewußtsein
- Bevorzugte Einkaufsstätten: Kaufhaus/Warenhaus; Versandhandel; Verbrauchermarkt/SB-Markt

5. Der Orientierungslose 9%
- Legt Wert darauf, passend gekleidet zu sein, gepflegtes Äußeres ist für Frauen allerdings wichtiger als für Männer
- Orientierung am „Massengeschmack" mangels stilistischer Kompetenz
- Grundsätzlich positive Einstellung zur Mode

- o Distanz zu Markenprodukten
- o Bevorzugte Einkaufsstätte: Versandhandel; direkt beim Hersteller

6. Der Konventionell-Biedere 28%

- o Kleidung/äußere Erscheinung hat nur geringe Bedeutung
- o Kleidung muß ordentlich und sauber sein
- o Mode ist für Männer unwichtig
- o Marken sind Nebensache: will Qualität für wenig Geld
- o Bevorzugte Einkaufsstätte: Größeres Bekleidungshaus

Die Möglichkeiten einer psychologisch orientierten Zielgruppenbestimmung sind damit nicht erschöpft. Mit „Outfit“ wird es dem Nutzer möglich, auch Lebenswelt und (→) Lebensstil in die Zielgruppenabgrenzung zu übernehmen. Jeder Mensch ist durch bestimmte (→) Einstellungen geprägt, die sein Alltagsleben kennzeichnen.

Mit Hilfe des von Sinus entwickelten „sozialen Milieus“ läßt sich z. B. der Typ „Der trendorientierte Modekonformist“ einordnen: Wichtige Lebensziele sind für ihn:

- o Beruflicher und sozialer Erfolg;
- o sich etwas leisten können;
- o Orientierung an gehobenen Konsumstandards;
- o Suche nach Individualität und Profil.

Sein Lebensstil ist gekennzeichnet durch

- o prestigeorientierten Konsumstil;
- o rasches Aufgreifen neuer Moden und Trends;
- o Erlebnisorientierung.

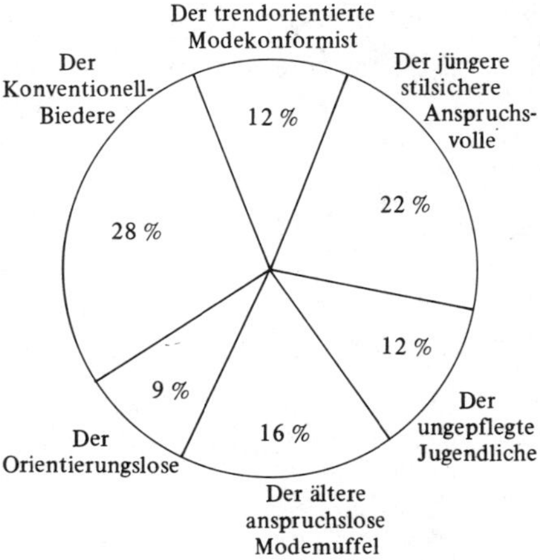

Overreporting *(Overclaiming)*

Ein bei vielen (→) Befragungen, insbesondere bei (→) Panels und hier vor allem bei (→) Haushaltspanels auftretender (→) Fehler, der allgemein gesprochen sich im Auftreten zu hoher (übertriebener) Angaben zu einer spezifischen Frage manifestiert. In Panelbefragungen zur Untersuchung des (→) Konsumentenverhaltens tritt das Problem vor allem in Form der Angabe von Käufen und Anschaffungen in Erscheinung, die von den Befragten tatsächlich gar nicht getätigt wurden, (→) Prestigeantworten. Bei (→) Leserschaftsanalysen kommt dasselbe Phänomen vor, daß nämlich Befragte angeben, eine Publikation (z. B. eine Prestigezeitschrift) gesehen oder gelesen zu haben, die sie tatsächlich nicht gelesen haben.

Die Methode der (→) Originalheftvorlage bietet die Möglichkeit, beide Fehlerarten, (→)Underclaiming und Overclaiming bei den beobachteten Personen zu messen. Beim Underclaim-Fehler wird nur die Auswirkung einmaligen Lesens gemessen.

Die schematische Darstellung beider Fehlerarten nach dem Muster der (→) Fehler der 1. und 2. Art zeigt den Zusammenhang:

		Im nachfolgenden Interview als Leser ausgewiesen	nicht als Leser ausgewiesen
Beobachtung	Leser		Fehler 1. Art „underclaim“
	Nichtleser	Fehler 2. Art „overclaim“	

Mit beiden Fehlerarten „gelesen haben und es im Interview nicht wiedergeben“ (Underclaim) und „nicht gelesen haben und es im Interview trotzdem behaupten“ (Overclaim) muß man in der Befragungsrealität rechnen. Sie sind gegenläufig und heben sich im Endergebnis zum Teil auf; jedoch nicht pro Perseon, sondern ur im (→) Mittelwert. Underclaiming können nur *Leser* der Ausgabe oder *Leser* im Erscheinungsintervall begehen. Für Overclaiming kommen auch später nur die *Nichtleser* in Frage. Graphisch veranschaulicht:

	Leser	Nichtleser
Kandidaten für	Underclaiming	Overclaiming

Wie man sieht, hat die Overclaim-Rate einen sehr viel größeren Einfluß auf den Gesamtfehler in der Befragungsrealität, weil sie beim erheblich größeren Potential, nämlich bei den Nichtlesern ansetzt. Auch wenn beide Fehlerquoten 10 % betrügen, so würden sie sich keineswegs ausgleichen.

Die *Lesegewohnheit* spielt bei bekannten Titeln

sicherlich eine entscheidende Rolle für Chance eines Befragten, Fehler in Richtung Overclaiming oder Underclaiming zu machen. Am eindeutigsten ist das bei ganz (→) regelmäßigen Lesern. Legt man ihnen eine Vorausgabe („advance copy“) des Titels vor, die sie nachweislich nicht gelesen haben können, gibt ein großer Teil dieser Befragten an: „Habe ich gelesen“, weil sie gewohnt sind, jede Nummer zu lesen. Ein Teil der Befragten wird vielleicht irritiert sein, und der Anteil der regelmäßigen Leser, der dann richtig antwortet: „Nicht gelesen“, hängt von der Verwechslungsfähigkeit des Hefts ab.

Overclaim und underclaim
in Abhängigkeit von der Lesegewohnheit

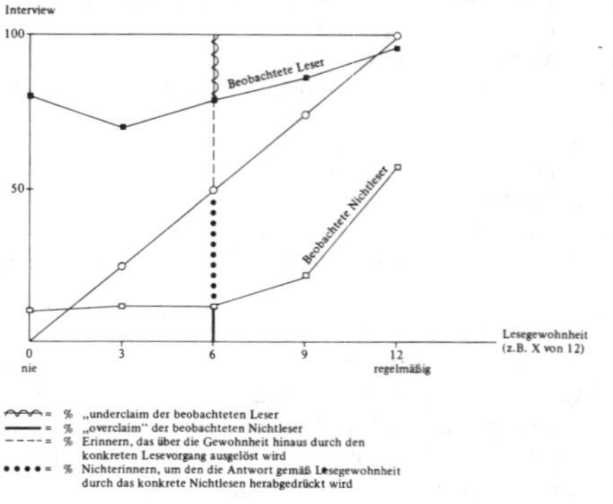

P

p-Wert
→ Nutzungswahrscheinlichkeit, Segmentation

P-Wert (des Produktinteresses)
→ Maßstäbe für Kontaktqualität

Paarvergleich *(Methode des paarweisen Vergleichs)*
Ein ursprünglich in der Psychologie entwickeltes psychometrisches (→) Skalierungsverfahren, bei dem die einzelnen Untersuchungsgegenstände den Versuchspersonen jeweils in Paarkombinationen dargeboten werden. Die Personen werden dann aufgefordert, nach einem sich aus dem Untersuchungszweck ergebenden Kriterium (z. B. „Welche Verpackung gefällt Ihnen am besten?") eine Entscheidung für jeweils eines der beiden Objekte zu treffen. Sind also z. B. vier Objekte A, B, C und D vorhanden, so werden sie in den Kombinationen A-B, A-C, A-D, B-C, B-D, C-D dargeboten. Mit Hilfe dieses Verfahrens läßt sich so die Rangordnung einer Reihe von Reizen oder Objekten auf einer Dimension bestimmen. Bei insgesamt n Reizen ergibt sich mithin die Gesamtzahl von

$$\frac{n\,(n-1)}{2}$$

durchzuführenden Paarvergleichen. Die aufgrund der Rangordnung gebildete Skala macht es möglich, für jedes einzelne Objekt sowohl den Wert wie den Abstand zwischen den Werten für die einzelnen Objekte zu erkennen.
Paarvergleiche bieten den unbestreitbaren Vorteil, daß sie durch Reduzierung der zu beurteilenden Objekte auf zwei Alternativen in Fällen, in denen insgesamt mehrere Objekte zu beurteilen sind, die Befragten nicht überfordern. Allerdings führen Paarvergleiche nur bei konsistenten Beurteilungen zu einwandfreien Resultaten. Inkonsistente Beurteilungen können jedoch auftreten, wenn beispielsweise das Objekt A besser als das Objekt B, B besser als C, A jedoch nicht besser als C beurteilt wird. Tritt das ein, ergeben sich aufgrund der Inkonsistenzen verzerrte Ergebnisse. Paarvergleiche sind bei einer größeren Zahl von Beurteilungsobjekten schwer bzw. gar nicht mehr zu handhaben. Das Grundprinzip dieser Skala wurde 1927 von Louis L. Thurstone entwickelt. Paarvergleiche finden in der Markt- und Werbeforschung vor allem als (→) Pre-Tests in Form von Produkt-, Packungs- und Werbemitteltests Anwendung.

paarweise Parallelisierung
→ Parallelisierung 1.

Panel *(Panelbefragung, Panelerhebung, Panelforschung)*
Ein Verfahren der (→) Erhebung von Daten und der (→) Datenanalyse, dessen Prinzip in der Untersuchung ein und derselben (→) Stichprobe zu zwei oder mehr verschiedenen Zeitpunkten auf die gleichen Variablen besteht. In der Markt- und Sozialforschung werden Panels sowohl bei (→) Befragungen wie bei (→) Beobachtungen eingesetzt. Es handelt sich bei ihnen um ein Verfahren der (→) Längsschnittanalyse, die deutlich von (→) Trenduntersuchungen, Voraussageuntersuchungen und (→) Wiederholungsbefragungen zu differenzieren sind. Die Übersicht illustriert Unterschiede und Gemeinsamkeiten:

Art der Untersuchung	Untersuchungseinheiten	Variablen
Trenduntersuchung	verschieden	gleich
Voraussageuntersuchung	gleich	verschieden
Wiederholungsbefragung	verschieden	gleich
Panel-Befragung	gleich	gleich

Da die Datenerhebung zu mehreren Zeitpunkten vorgenommen wird, deren Abfolge sich aus den (→) Arbeitshypothesen ergibt, und dabei dieselben Variablen, die Panelvariablen, unter Verwendung derselben Stimuli gemessen werden, liegt der besondere Vorteil von Panelerhebungen darin, „daß sie die Veränderung jeder einzelnen Untersuchungseinheit im Zeitablauf erfassen und damit Individual- und Aggregat-Analysen gleichermaßen ermöglichen, während Trend-Studien allein Aussagen über die Veränderungen der Aggregate (net change) erlauben. Fehlschlüsse im Hinblick auf die Stabilität der untersuchten Variablen im Zeitablauf aufgrund nicht vorhandener Aggregatsän-

derung, die bei Trendstudien häufig zu verzeichnen sind, treten daher bei Panelstudien nicht auf; die hier vorgenommene Analyse der Veränderungen der einzelnen Untersuchungseinheiten macht jede Strukturveränderung im Aggregat deutlich, selbst wenn sich die Zahl der von einem Zustand in den anderen wechselnden Einheiten zufällig oder aufgrund spezieller Einflüsse ausgleicht." (Meinolf Dierkes)
Panelbefragungen sind besonders zur Ermittlung der Stabilität und des Wandels von (→) Einstellungen und Verhaltensweisen im Zeitverlauf bzw. bei Eintritt von Wirkfaktoren geeignet, die sich zwischen den einzelnen Erhebungswellen ergeben. Ein wesentlicher Vorteil ist, daß für Ergebnisse der in einer Panelbefragung ermittelten Einstellungsänderungen keine Fehlertoleranzen gelten, denn es handelt sich dabei ja um Änderungen innerhalb derselben Stichprobe.
Da bei Panelerhebungen zwei oder mehr Messungen zu unterschiedlichen Zeitpunkten vorgenommen werden, haben sie den Charakter eines (→) Experiments in der Zeitfolge (Before-After-Experiment).
Nach Paul F. Lazarsfeld eignen sich Panelerhebungen für die Analyse von drei Formen des Wandels:

1. **die Fluktuation (turnover):** Die Gesamtheit derjenigen Untersuchungseinheiten, die ihr Verhalten im Hinblick auf ein gegebenes Kriterium ändern (gemessen als die Veränderung von einer bis zur nächsten Panelwelle).
2. **der gleichläufige Wandel (concurrent change):** Die Wechselwirkung zwischen mehreren kovariierenden, (→) Kovariation, Variablen im Zeitverlauf.
3. **der qualifizierte Wandel (qualified change):** die Untersuchung des Einflusses eines qualifizierenden Faktors (qualifier) auf die Gesamtheit der Änderungen bei einer Panelerhebung. Dabei ist wiederum zu unterscheiden zwischen:
   a) **antezendenten Einflußfaktoren (antecedent qualifiers):** Variablen, die vor der ersten Panelwelle auftreten
   b) **intermittierenden Einflußfaktoren (intermedary qualifiers):** Variablen, die zwischen den Panelwellen auftreten und
   c) **kovariierenden Einflußfaktoren (covariant qualifiers):** Variablen, die sich im Laufe der Panelerhebung von Panelwelle zu Panelwelle verändern (wie z.B. Einstellungen) und
   d) **konstanten Einflußfaktoren (constant qualifiers):** Merkmale, die sich während der Dauer einer Panelstudie von Panelwelle zu Panelwelle nicht verändern oder auch gar nicht verändern können (z.B. Geschlechtszugehörigkeit von Befragten).

Mindestprogramm einer Panelanalyse ist die Untersuchung eines einfach unterteilten Merkmals in zwei Erhebungswellen. Ihre Darstellung erfolgt in einer (→) Vierfeldertafel, die für Panels als Fluktuationstabelle bezeichnet wird. Werden die zu untersuchenden Merkmale als K (Käufer) und N-K (Nicht-Käufer) bezeichnet, so ergibt sich eine Fluktuationstabelle:

1. Panelwelle	2. Panelwelle		
	K	N-K	
	N Übergangswahrscheinlichkeit	N Übergangswahrscheinlichkeit	Σ
K	a	b	a+b
N-K	c	d	c+d
Σ	a+c	b+d	a+b+c+d

Die Summenspalte gibt darin die Häufigkeitsverteilung der Erhebungseinheiten in der 1. Panelwelle, die Summenzeile die Verteilung in der 2. Panelwelle wieder. Die Nettoveränderung zwischen den Wellen ergibt sich durch Vergleich der beiden Randsummen. Sie gibt lediglich die Fluktuation zwischen den Panelwellen an. Die Tabellenfelder b und c werden als Wechselfelder bezeichnet, weil sie jeweils die Anzahl derjenigen Einheiten angeben, die zwischen den Wellen, von einer zur anderen Merkmalskategorie wechseln. In den sog. Konstanzfeldern a und d sind jene Einheiten enthalten, in denen sich eine Merkmalsänderung zwischen den Panelwellen nicht vollzogen hat. Eine weitere Analyse der Paneldaten ist mit Hilfe der Techniken der (→) Gain-and-Loss-Analyse möglich. Aufmerksamkeit muß bei der Analyse auch dem Problem der (→) Oszillation geschenkt werden.
Von der Stichprobentechnik her stellt sich bei Panelerhebungen stets das Problem der *Panelmortalität*, das sind je nach Länge der Zeitabstände zwischen den Panelwellen unterschiedlich starke (→) Ausfälle aufgrund von Todesfällen, Krankheit, Wohnortwechsel oder einfacher Abnahme der Kooperationsbereitschaft bei den Panelmitgliedern. Erfahrungsgemäß belaufen sich die Ausfallquoten zwischen den einzelnen Gruppen auf zwischen 20 bis über 50 % des Umfangs des Ausgangspanels. In der Praxis behelfen sich die Panelforscher in der Regel damit, daß sie den Umfang des Ausgangspanels von vornherein um den erwarteten Ausfallsatz größer gestalten. Doch damit ist das Problem einer möglichen systematischen Verzerrung der Ergebnisse aufgrund des Umstands, daß die ausgefallenen Panelmitglieder

sich signifikant von den nichtausgefallenen unterscheiden, nicht gelöst.
Eine andere Technik zur Vermeidung dieser Schwierigkeiten ist das häufig verwandte Verfahren der Panelrotation, bei dem nur ein bestimmter Teil der Untersuchungseinheiten jeder Welle, meist 50%, in der nächsten Welle wieder in die Erhebung einbezogen wird und der andere Teil neu in die Untersuchung eingeführt wird. Eine Fülle von weiteren Ansätzen zur Vermeidung der Panelmortalität zielt vorwiegend darauf, Anreize für diejenigen Personen zu schaffen, die aus Mangel an Interesse zwischen den Panelwellen ausscheiden möchten.
Ein weiteres Problemfeld von Panelerhebungen sind schließlich *Paneleffekte*, die im wesentlichen Lernvorgänge im Erhebungsverlauf sind, Verhaltens- und (→) Einstellungsänderungen, die sich bei den Panelmitgliedern ausschließlich aufgrund der Tatsache einstellen, daß sie an einer Untersuchung teilnehmen. Vor allem bei den in der Marktforschung verbreiteten Verbraucherpanels können diese Effekte erhebliche Verzerrungen für die Ergebnisse mit sich bringen. „Eine Fülle von Faktoren muß als Ursache dieser Erscheinungen angesehen werden: Zunächst das simple Lernen der Erhebungseinheit, das Wissen, ‚wie es gemacht wird', das vor allem projektive Tests oder auch Intelligenztests bei mehrfacher Wiederholung in kurzen Abständen unbrauchbar werden läßt, darüber hinaus der für Untersuchungseinheiten aus bestimmten Subgruppen der Bevölkerung recht typische Wille, über den Zeitablauf möglichst konsistent zu reagieren, der einen ‚freezing effect' auf die zu untersuchenden Phänomene ausübt oder auch die Motivation – typisch für andere Gruppen – möglichst viele Veränderungen vorzuweisen, die eine, gemessen an der Realität, übertriebene Veränderungsrate provoziert.
Darüber hinaus ist zu beobachten, daß Untersuchungseinheiten – vor allem bei Langzeit-Panel oder kurzer Abfolge der Panel-Wellen – dem zu untersuchenden Phänomen eine immer größere Aufmerksamkeit widmen, die bis zu einer fast professionellen Einstellung führen kann." (Meinolf Dierkes)
In der Marktforschung gibt es inzwischen eine große Vielzahl von verschiedenen Panelarten, für die in Anlehnung an Manfred Hüttner das Schema einer Systematisierung auf der rechts gegenüberliegenden Seite entwickelt werden kann (die einzelnen Paneltypen des Schemas werden in diesem Buch unter dem jeweiligen Stichwort behandelt).
vgl. Quasi-Panel

Paneleffekt
→ Panel

Panelsterblichkeit *(Mortalität)*
→ Panel

Papier-und-Bleistift-Test
Ein Test, bei dem für die Datenerhebung lediglich Test- und Antwortformulare benötigt werden, in die eine (→) Auskunftsperson selbst die Antworten einträgt.

paralleles Lesen
→ gehäuftes Lesen

Parallelformmethode *(Paralleltest)*
Ein Verfahren zur Bestimmung des (→) Reliabilitätskoeffizienten (Zuverlässigkeitskoeffizienten) eines Tests, bei dem zwei äquivalente Formen desselben Tests einer (→) Stichprobe vorgelegt werden. Aus der (→) Korrelation beider Meßwertreihen ergibt sich der Reliabilitätskoeffizient.

Parallelisierung *(parallelisierte Gruppen, Matching, Matched Samples)*
Neben der (→) Randomisierung ist die Parallelisierung das wichtigste Verfahren zur Kontrolle bekannter Störvariablen in (→) experimentellen Anlagen. Es handelt sich um eine Anlage, bei der die Experimental- und die Kontrollgruppe so gestaltet sind, daß sie hinsichtlich eines oder mehrerer relevanter Testmerkmale entweder in den Proportionen identisch oder ähnlich sind oder Paare bzw. Tripel usw. identischer oder gleichartiger Einzeldaten (statistische Zwillinge) entstehen. Ziel der Parallelisierung ist die methodische Sicherung der Vergleichbarkeit und der Methodenunabhängigkeit der Ergebnisse. Im Test oder Experiment werden die parallelisierten Stichproben einer unterschiedlichen Experimentalhandlung (Treatment) ausgesetzt; resultierende Unterschiede der Wirkung gelten als Maß der Wirkung dieser Experimentalhandlungen.
Gemeinhin wird zwischen drei Formen der Parallelisierung unterschieden:

1. **paarweise Parallelisierung:** Die Gestaltung der Experimental- und der Kontrollgruppe so, daß hinsichtlich eines oder mehrerer Testmerkmale identische Einzeldaten, statistische Zwillinge entstehen, und jeweils ein Mitglied jedes Paars entweder in der Experimental- oder Kontrollgruppe repräsentiert ist. In der Markt- und Sozialforschung wird dieses Verfahren vielfach auch analog zur Kombination der Merkmale für (→) Ausfälle als Quotenanweisung für ersatzweise zu befragende Personen verwendet.

2. **Häufigkeitsparallelisierung:** Eine experimentelle Anlage, bei der Experimental- und Kontrollgruppe so gestaltet sind, daß sie in den relevanten Restmerkma-

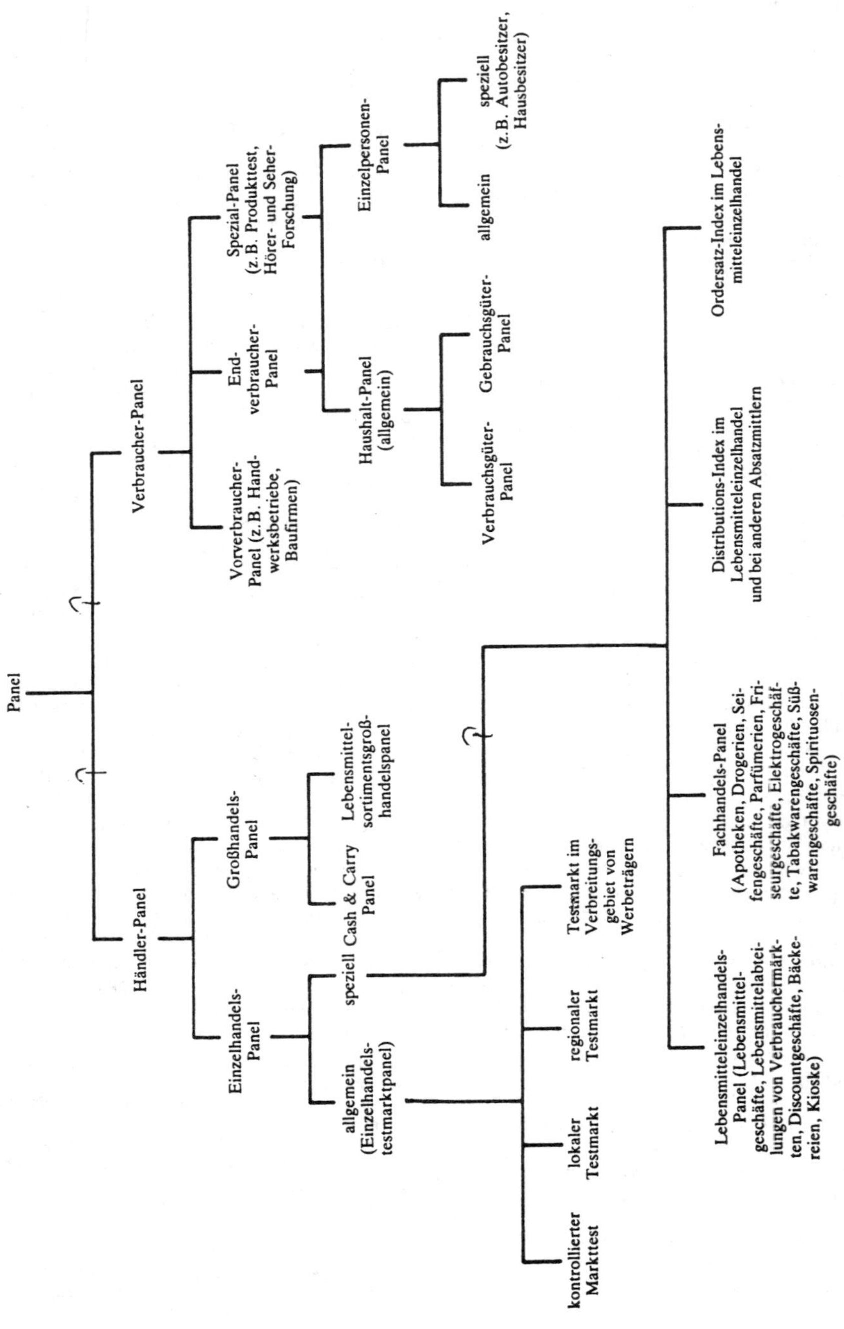
Panel
Verbraucher-Panel
Händler-Panel
Vorverbraucher-Panel (z.B. Handwerksbetriebe, Baufirmen)
Endverbraucher-Panel
Spezial-Panel (z.B. Produkttest, Hörer- und Seher-Forschung)
Haushalt-Panel (allgemein)
Einzelpersonen-Panel
Verbrauchsgüter-Panel
Gebrauchsgüter-Panel
allgemein
speziell (z.B. Autobesitzer, Hausbesitzer)
Einzelhandels-Panel
Großhandels-Panel
allgemein (Einzelhandelstestmarktpanel)
speziell
Cash & Carry Panel
Lebensmittelsortimentsgroßhandelspanel
kontrollierter Markttest
lokaler Testmarkt
regionaler Testmarkt
Testmarkt im Verbreitungsgebiet von Werbeträgern
Lebensmitteleinzelhandels-Panel (Lebensmittelgeschäfte, Lebensmittelabteilungen von Verbrauchermärkten, Discountgeschäfte, Bäckereien, Kioske)
Fachhandels-Panel (Apotheken, Drogerien, Seifengeschäfte, Parfümerien, Friseurgeschäfte, Elektrogeschäfte, Tabakwarengeschäfte, Süßwarengeschäfte, Spirituosengeschäfte)
Distributions-Index im Lebensmitteleinzelhandel und bei anderen Absatzmittlern
Ordersatz-Index im Lebensmitteleinzelhandel

len dieselbe (→) Häufigkeitsverteilung aufweisen und daher jeweils dieselben Anteile der relevanten Merkmale aufweisen, ohne daß jedoch die einzelnen Stichprobenelemente dieselbe Merkmalskombination haben.

3. Parallelisierung durch Randomisierung: Eine experimentelle Anlage, bei der Experimental- und Kontrollgruppe dadurch identisch oder ähnlich gestaltet werden, daß beide als (→) Zufallsstichproben aus derselben (→) Grundgesamtheit gezogen werden. Gegenüber dem Verfahren der parallelisierten Stichproben, bei dem die (→) Signifikanz der Ergebnisse nicht berechnet werden kann, weil es sich um eine Form der (→) bewußten Auswahl handelt, können bei der randomisierten Parallelisierung (→) Signifikanzniveau und (→) Vertrauensbereich berechnet werden.

Parameter

Eine konstante Größe einer (→) Grundgesamtheit, die einen Verteilungstyp charakterisiert, wie z.B. ein (→) Mittelwert. Parameter sind von statistischen (→) Maßzahlen zu unterscheiden, durch die eine (→) Stichprobe in ihren Eigenschaften beschrieben wird. Da Parameter meist unbekannt sind, werden ihre Werte mit Hilfe von Stichproben, (→) Parameterschätzung, geschätzt.

parameterfreie Verfahren *(verteilungsunabhängige Verfahren)*

Als nonparametrisch, parameterfrei oder auch verteilungsfrei bezeichnet man alle Verfahren der (→) Inferenzstatistik, deren Anwendung im Gegensatz zu den (→) parametrischen Verfahren nicht das Vorliegen einer (→) Häufigkeitsverteilung von bestimmter mathematischer Form wie z. B. einer (→) Normalverteilung voraussetzt einschließlich derjenigen Verfahren, bei denen eine solche Verteilung zwar vorliegt, jedoch keine Annahmen über ihre mathematische Form und damit über ihre (→) Parameter gemacht werden. Ihre Anwendung setzt das Vorliegen von topologischen Variablen, also Variablen, die höchstens das Meßniveau, (→) Skala (Skalenniveau) von (→) Nominalskalen oder (→) Ordinalskalen haben, voraus. Dazu zählen in der (→) empirischen Sozialforschung und in der Marktforschung vor allem die (→) Signifikanztests in der statistischen (→) Hypothesenprüfung.

Parameterschätzung

Die Gesamtheit der statistischen (→) Schätzverfahren mit deren Hilfe auf der Grundlage von Stichprobenwerten Näherungswerte für unbekannte (→) Parameter ermittelt werden. Die Genauigkeit solcher Schätzungen kann bei gegebenem (→) Signifikanzniveau durch den (→) Vertrauensbereich genau angegeben werden.

parametrische Verfahren *(parametrische Tests)*

Im Gegensatz zu den (→) parameterfreien Verfahren sind die parametrischen statistischen Prüfverfahren solche Tests, bei denen für die Schätzwerte eine bestimmte Verteilungsfunktion vorausgesetzt wird. Die Variablen haben mindestens das Meßniveau von (→) Intervall- oder (→) Ratioskalen (Verhältnisskalen). Das (→) Skalenniveau gestattet die Berechnung von Kennzahlen wie (→) Mittelwerten und (→) Varianz, die als Schätzwerte für (→) Parameter der Grundgesamtheit verwendet werden. Die Anwendung parametrischer Verfahren setzt also eine bestimmte Verteilung von Untersuchungsmerkmalen in der (→) Grundgesamtheit voraus.

Partialkorrelation *(partielle Korrelation)*

Die „reine“ (→) Korrelation zwischen zwei Variablen, bei der die Einflüsse dritter Variablen auf den beobachteten Korrelationszusammenhang ausgeschaltet sind. Die Formel für die partielle Korrelation zwischen den Variablen x und y unter Ausschaltung des Einflusses der Variablen z lautet:

$$r_{xy,z} = \frac{r_{xy} - r_{xz}r_{yz}}{\sqrt{(1 - r_{xz}^2)(1 - r_{yx}^2)}} .$$

Die Berechnung des partiellen (→) Rangkorrelationskoeffizienten stellt eine Möglichkeit der statistischen Kontrolle von Einflüssen dritter Variablen dar.

Partner-Split

→ Anzeigensplit

Partnerschaftsmodell

Seit 1987 werden die (→) Media-Analysen (MA) der (→) Arbeitsgemeinschaft Media-Analyse (AG.MA) nach dem sog. Partnerschaftsmodell erhoben. Das aus jahrelangen Diskussionen hervorgegangene Konzept ist vor allem durch die folgenden Bausteine charakterisiert:

1. Die (→) Erhebungen, (→) Erhebungsmodell, werden nicht mehr in einem, sondern in zwei getrennten Interviews durchgeführt. Das (→) Single-source-Prinzip wird aufgegeben. Die Trennung folgt in Presse-Medien einerseits und Funk-Medien andererseits.

2. Damit hat jede der beiden (→) Mediengattungen breitere Möglichkeiten der „Selbstverwirklichung“. Davon haben sofort also ab 1987 das Werbefernsehen und der Hörfunk Gebrauch gemacht. Für diese beiden Mediengruppen verändern sich die Erhebungen grundlegend.

3. Das Werbefernsehen ermittelt seine (→) Reichweiten nicht mehr aus dem Interview, sondern speist diese als Durchschnittswerte aus dem „GfK-Meter" der (→) GfK-Fernsehforschung ein, das eigentlich der Ermittlung des Zuschauerverhaltens und der (→) Einschaltquoten dient. Das Werbefunkhören wird mit Hilfe eines komplexen (→) Tagesablaufschemas ermittelt, das höhere Erinnerungsgenauigkeiten als die bis dahin übliche gröbere (→) Abfrage des gestrigen Hörens bringen soll.

4. Die (→) Publikumszeitschriften, 1987 mit 125 Titeln in der MA vertreten, begannen erst 1986 mit eigenen Ermittlungs-Experimenten, um an der neuen MA-Form voll zu partizipieren. Für sie ändert sich also 1987 am wenigsten, wenn man einmal von der Sonderbehandlung der (→) Tageszeitungen absieht, die sowohl im Interview für gedruckte wie für gesendete Medien vertreten sind und so auf eine doppelt so hohe (→) Fallzahl wie bisher für detaillierte Tageszeitungsplanungen kommen.

5. Es bleibt beim (→) Werbeträgerkontakt als gültiger Währung und vorerst auch bei den alten (→) Werbeträgern. Eine Öffnung für neue Medien und der Aufbau einer Planungs-Datenbank stehen erst nach 1987 auf dem Programm. Auch für die Anwendung der Reichweiten- und Kontakt-Daten im Rahmen der (→) Mediaplanungen ergeben sich ab 1987 neue Gesichtspunkte und Ansätze:

A. Für die (→) Intermedia-Planung (Print- und Elektronik-Mix) wird ein Daten-Satz mit 18.000 Befragten (wie bisher) zur Verfügung stehen. Das Neue an diesem Planungspool ist jedoch, daß die Werbefernsehdaten aus dem GfK-Meter stammen und in die Hörfunk-Erhebung (mit 15 000 Befragten) fusioniert wurden, (→) Fusion. Die Daten der 15 000 Befragungen über Werbefernsehen und Werbefunk wiederum werden in die insgesamt 18 000 Befragte umfassende Print-Tranche hineinfusioniert. Damit entstehen mehrere Dateien:

- o eine Intermedia-Datei mit 18 000 Fällen;
- o eine detaillierte Presse-Datei (T 18 genannt) mit ebenfalls 18 000 Fällen, enthaltend Reichweiten für die 125 Publikumszeitschriften, Tageszeitungen, (→) Supplements, (→) Lesezirkel und (→) Kinos;
- o eine detaillierte Funk-Datei (T 15) mit 15 000 Fällen, enthaltend Reichweiten für rund 20 Fernsehprogramme und über 40 Hörfunksender;
- o eine Tageszeitungs-Datei (T 33) mit 33 000 Fällen (sowohl aus Presse- wie Funk-Tranche), enthaltend Reichweiten für rund 600 Belegungseinheiten und Kino.

B. Mediaplaner können sich also seit 1987 nicht nur einer, sondern unterschiedlicher Dateien für Planungen bedienen. In der Intermedia-Datei finden sich die Kerndaten für alle Werbeträger der MA. Für die Feinplanung der einzelnen Medien-Gattungen stehen die Spezial-Dateien zur Verfügung. Das Zusammenspiel der Einzelpläne kann abschließend nochmals an Hand der Intermedia-Datei überprüft und ggf. verändert werden.

Pass-along-Reader
→ Folgeleser

Passantenbefragung
→ willkürliche Auswahl

Passantenzählung
In Ermangelung besserer Methoden sind Passantenzählungen ein gutes Mittel zur Ermittlung der (→) Reichweiten in der (→) Plakat- und (→) Außenwerbung. Zur Reichweitenermittlung sind sie nur deshalb mit Vorsicht zu verwenden, weil das bloße Vorübergehen oder Vorüberfahren an einem Plakatanschlag nicht zwangsläufig auch einen (→) Kontakt mit dem Anschlag bedeutet, und selbst wenn ein Kontakt stattfindet, über dessen Intensität und Stärke kein Anhaltspunkt gewonnen wird.

passiver Bekanntheitsgrad
In der (→) demoskopischen Markt- und Werbeforschung der in (→) Befragungen mit Hilfe von (→) Gedächtnisstützen und (→) Wiedererkennungsfragen (Recognition), (→) gestützte Erinnerung, ermittelte Bekanntheitsgrad einer Ware, einer Marke, einer Firma, einer Werbebotschaft, eines Werbemittels oder Werbeträgers usw.
vgl. aktiver Bekanntheitsgrad

Pascal-Verteilung *(negative Binomialverteilung)*
Ein der (→) Binomialverteilung ähnlicher Verteilungstyp, für den die folgende Beziehung gilt:

$$P(x) = \binom{x-1}{k-1} p^k q^{x-k}$$

P(x) gibt die Wahrscheinlichkeit an, (x – 1) unabhängige Versuche anstellen zu müssen, um (k – 1)-mal das Ereignis E feststellen zu können; beim x-ten (letzten) Versuch muß ebenfalls das Ereignis E eintreten. Es müssen also x Versuche abgewartet werden, damit das Ereignis E k-mal eintritt, d. h.

$$P(x) = \binom{x-1}{k-1} p^{k-1} q^{x-1-(k-1)} \, p$$
$$= \binom{x-1}{k-1} p^k q^{x-k}$$

Erwartungswert und (→) Streuung der Pascalverteilung sind:

$$\bar{x} = \frac{k}{p} \text{ und } \sigma^2 = \frac{k}{p}\left(\frac{1}{p} - 1\right)$$

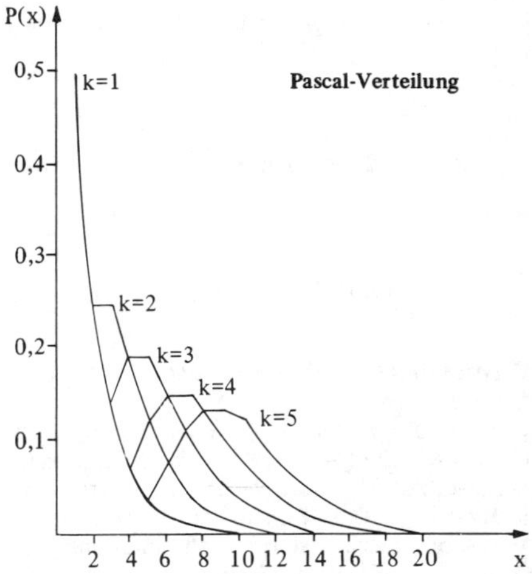

Passagewahrscheinlichkeit
→ A-Wert

Pay TV
→ Münzfernsehen

Pearsonsche Produktmomentkorrelation
→ Produktmomentkorrelation

Pearsonsche Verteilung *(Pearson-Verteilung)*
Sammelbezeichnung für alle Verteilungstypen mit der Grundgleichung:

$$\frac{df}{dx} = \frac{(x + a) f}{b_0 + b_1 x + b_2 x^2}.$$

Sie sind durch spezielle Wahl der Koeffizienten a, b_0, b_1, b_2 sowie den Variabilitätsbereich für x charakterisiert. Dazu zählen vor allem die Wahrscheinlichkeitsdichten der (→) Normalverteilung, der (→) Chi-Quadratverteilung, der (→) F-Verteilung und der (→) t-Verteilung.

Pearsonscher Korrelationskoeffizient
→ Produktmomentkorrelation

Pearsonsches Schiefemaß
→ Momente (3. Moment)

Pearsonsches Wölbungsmaß
→ Momente (4. Moment)

Penetration *(Durchdringung)*
Die Werbeforschung verwendet den Begriff der Penetration meist als Oberbegriff für alle Arten des Werbeerfolgs, die entweder in der (→) aktiven Bekanntheit (Erinnerung) oder der (→) passiven Bekanntheit (Wiedererkennung) des beworbenen Produkts, des Werbemittels oder seiner Botschaft resultieren. Gemessen wird der Penetrationsgrad von Werbung mit Hilfe von (→) Befragungen als ungestützte (→) Erinnerung oder (→) Wiedererkennung (Recognition). Der Penetrationsgrad bezeichnet den Anteil (Prozentsatz) einer (→) Zielgruppe, der durch eine Werbebotschaft erreicht wurde.

PEP
Abk Plan-Evaluierungs-Programm

Periodenwerbeplan *(Werbeetat)*
Nach Rudolf Seyffert ist in der Werbeplanung zwischen drei Arten von Werbeplänen zu unterscheiden, dem (→) Generalplan, dem (→) Streuplan und dem Periodenplan. Letzterer stellt die praktische Anwendung des Generalplans dar und wird als Werbeetat in der Regel für ein Jahr aufgestellt. „Unter dem Periodenplan ist der für eine Werbeperiode – normalerweise ein Geschäftsjahr – aufgestellte Voranschlag zu verstehen, in dem die einzusetzenden Werbemittel, der Zeitpunkt ihres Einsatzes und die dadurch entstehenden Kosten enthalten sind.“ (Rudolf Seyffert).

Periodikum
Eine in regelmäßigen Zeitabständen erscheinende Druckschrift.

Periodogrammverfahren
Ein sehr einfaches Verfahren der Bestimmung jahreszeitlicher Schwankungen in der (→) Zeitreihenanalyse, das im wesentlichen in drei Schritten vorgeht. Zunächst wird der Ursprungswert für jeden Monat als Anteilswert (Prozentsatz) des Jahresdurchschnitts ausgedrückt, dann werden diese Anteilswerte von Monat zu Monat zu Werten der (→) zentralen Tendenz zusammengefaßt und schließlich wird die Reihe auf etwa notwendig werdende Korrekturen überprüft, z.B. um zu erreichen, daß die Saisonnormalen so gestaltet sind, daß die Jahressummen der unbereinigten und der bereinigten Reihen bei Bereinigung der Zeitreihen gleichbleiben. Das Periodogramm einer Zeitreihe $x_1, x_2 \ldots, x_n$ ist gegeben durch

$$I(\lambda)^2 = \frac{2}{n}\left[\left(\sum_{t=1}^{n} x_t \cos\frac{2\pi t}{\lambda}\right)^2 + \left(\sum_{t=1}^{n} x_t \sin\frac{2\pi t}{\lambda}\right)^2\right]$$

wobei λ die periodische Schwankung der zyklischen Komponente der Zeitreihe und I $(\lambda)^2$ ihre (→) Amplitude darstellt.

Permutation
In der (→) Kombinatorik eine Bezeichnung für die Anzahl der möglichen Anordnungen von n disjunkten Elementen in einer Reihenfolge, d.h. die Zahl der möglichen Permutationen von n ist n! (n Fakultät): Die graphische Darstellung unten zeigt die Permutationen von A, B, C und D.

Permutationen

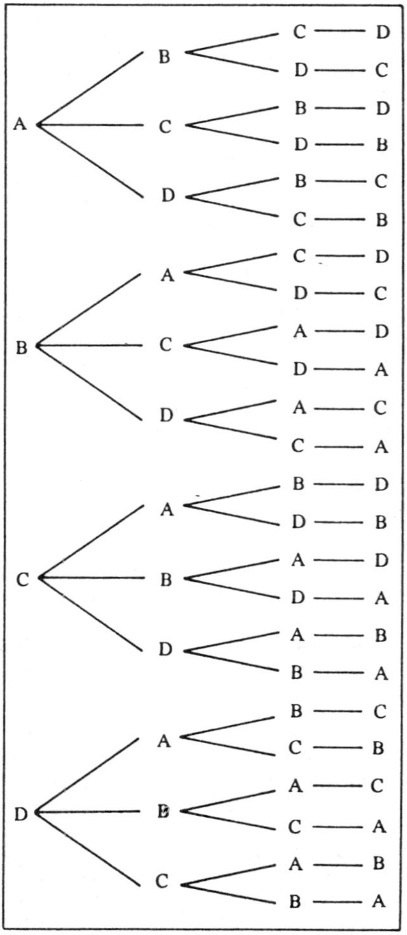

Es handelt sich also um eine Folge von n Elementen unter Berücksichtigung einer Reihenfolge, wobei die Elemente in der Folge nicht mehrmals auftreten dürfen. So lassen sich z.B. die Zahlen 1, 2, 3 auf 6 Arten anordnen, nämlich 123, 213, 312, 132, 231, 321, also n! = 3! = 6.

Wichtig für die (→) Stichprobentheorie ist die Feststellung, daß man aus n verschiedenen Elementen auf

$$\frac{n}{r!\,(n-r)!}$$

Arten eine Stichprobe im Umfang r ziehen kann. Kürzer ausgedrückt wird dieser Ausdruck

$$\binom{n}{r}.$$

geschrieben (Binomialkoeffizient). Dabei gilt

$$\binom{n}{r} = \binom{n}{n-r} \quad \text{sowie} \quad \binom{n}{0} = \binom{n}{n}$$

$$\text{und} \quad \binom{n}{1} = \binom{n}{n-1} = n.$$

Permutationsverfahren *(permutative Verfahren)*
Ein Verfahren der (→) Mediaselektion, das ebenso wie die (→) iterativen Verfahren rechnergestützte Näherungslösungen liefert, (→) Heuristiken. Das Prinzip der permutativen Verfahren besteht darin, daß innerhalb des vorgegebenen Budgetrahmens systematisch eine bestimmte Zahl möglicher Lösungen durchprobiert wird, „und zwar kann die Bestimmung dieser zu überprüfenden Pläne durch ein 'Gitter' von Belegungsschritten erfolgen – wie in der Abbildung gezeigt – oder es können abgegrenzte 'Räume' durch mathematische Verfahren bestimmt werden. Unter allen überprüften Lösungen wird vom Computer die entsprechend dem Bewertungsmodell beste Lösung

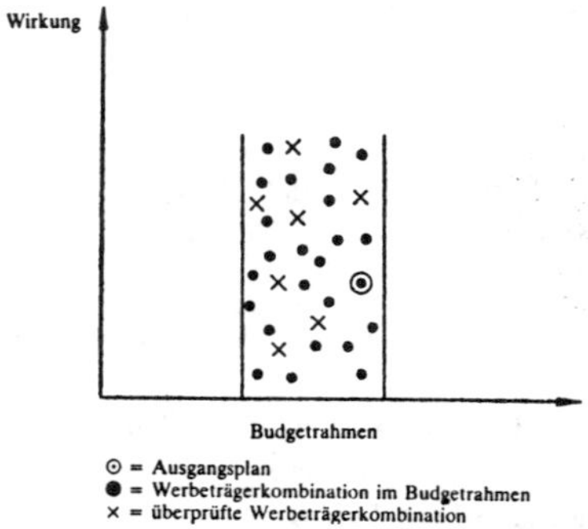

Quelle: H. W. Freter, Mediaselektion, Wiesbaden 1974, S. 146.

ausgegeben. Die 'optimale Lösung' liegt dabei ausreichend genau am absoluten Optimum." (Friedrich Möhring)

Personalstücke
Bei den (→) Auflagenmeldungen der (→) Informationsgemeinschaft zur Feststellung der Verbreitung von Werbeträgern e. V. (IVW) werden als Personalstücke ständige unentgeltliche Einzellieferungen an alle in einem festen Arbeits- oder Vertragsverhältnis für den Verlag tätigen Mitarbeiter, an Träger und Vertriebsagenturen, an alle Aushilfen während der Zeit ihrer Beschäftigung, an freiberufliche Mitarbeiter und ehemalige Mitarbeiter sowie Mitarbeiter mit einem ruhenden Arbeitsverhältnis (z. B. Soldaten) bezeichnet. Dabei ist das Personal einer mit der Herstellung oder dem Vertrieb oder der Werbung beauftragten Fremdfirma als dem eigenen Personal gleichgestellt zu betrachten. Personalstücke sind als Teil der (→) Abonnementsauflage zu betrachten, (→) A + E-Exemplare.

Personengewichtung
→ Kontaktgewichtung (Zielgruppengewichtung)

Personenmerkmale
→ Merkmale

Personenstichprobe *(Individualstichprobe)*
Eine (→) Stichprobe, deren Erhebungseinheiten im Gegensatz zur (→) Haushaltsstichprobe Individuen und nicht Haushalte sind. Die Ergebnisse von Personenstichproben lassen sich durch (→) Gewichtung in solche für Haushaltsstichproben und umgekehrt umwandeln.
→ Transformation

persönliche Gleichung *(Beobachtungsfehler)*
In der (→) empirischen Sozialforschung die relativ konstante individuelle Fehlergröße eines einzelnen Beobachters insbesondere bei individuell verschiedenen Reaktions- oder Leistungsmaßen, die sich dadurch messen läßt, daß zwei gleichermaßen ausgebildete Beobachter in ihren Beobachtungen in persönlich unterschiedlicher Weise voneinander abweichen.

persönliche Produktreaktion *(personal product response, PPR)*
Ein Verfahren des (→) Messens der Aktivierung von verbalen Erlebnisäußerungen in der Werbeforschung. Dabei wird den (→) Auskunftspersonen ein Werbemittel vorgeführt und sie werden dann dazu befragt. Die Äußerungen einer Person werden einer (→) Inhaltsanalyse daraufhin unterzogen, ob sie sich unzweifelhaft auf das beworbene Produkt beziehen, ob positive persönliche Erfahrungen angesprochen werden und ob in der ersten Person Singular oder Plural gesprochen wird. Aus den Befunden werden dann PPR-Werte ermittelt.

persönliches Interview *(persönliche Befragung)*
→ Interview

Persönlichkeit *(Persönlichkeitsmerkmale)*
Bei den Erklärungs- und Deutungsversuchen des (→) Konsumentenverhaltens scheint es auf den ersten Blick außerordentlich plausibel anzunehmen, daß viele Aspekte des Konsumentenverhaltens wie z. B. Markentreue, Innovationsbereitschaft persönlichkeits- und temperamentbedingt sind. Die vielfältigen Theorien, die im Marketing über die Beziehungen zwischen Persönlichkeitsmerkmalen und -eigenschaften und individuellem (→) Kaufverhalten entwickelt wurden, werden alle von der Annahme gestützt, daß die Kenntnis der Ausprägung bestimmter Persönlichkeitsmerkmale oder -merkmalskombinationen die Grundlage für taugliche Prognosen des Kaufs bestimmter Produkte oder Marken bilden könnte. Insgesamt gesehen sind gesicherte Kenntnisse über den Zusammenhang von Persönlichkeit und Konsumentenverhalten so gut wie überhaupt nicht vorhanden. Untersuchungen deuten teils auf eine sehr enge, teils aber auch auf sehr schwache Beziehungen hin. Dabei spielt auch die Schwierigkeit eine Rolle, Begriffe wie Persönlichkeitsstruktur oder Charakter überhaupt operational zu definieren, (→) Operationalisierung. „Demzufolge gelten Persönlichkeitsmerkmale innerhalb der Konsumtheorie weitgehend als ‚ungeklärte Variable'." (Wilhelm Hill)

Persönlichkeitsstärke
Ein vom Institut für Demoskopie Allensbach im Auftrag des „Spiegel"-Verlags, Hamburg, seit 1980 erarbeitetes Kriterium für die qualitative Beschreibung von Zielgruppen, das einen neuen Ansatz in der (→) psychographischen Marktsegmentierung darstellt, der zugleich auch versucht, die Mängel der Ermittlung von (→) Meinungsführern zu überwinden. Die zur Messung der Persönlichkeitsstärke verwendete (→) Skala umfaßt in ihrer letzten Version 13 Variablen von dreierlei Art:

- o Selbsteinstufungen der Befragten
- o Intervieweraufzeichnungen über ihre Eindrücke von den Befragten
- o objektive statistische Daten.

Die 13 Variablen, die als (→) Indikatoren der

Persönlichkeitsstärke betrachtet werden, sind im einzelnen:

1. „Gewöhnlich rechne ich bei dem, was ich mache, mit Erfolg."
2. „Ich bin selten unsicher, wie ich mich verhalten soll."
3. „Ich übernehme gern Verantwortung."
4. „Ich übernehme bei gemeinsamen Unternehmungen gern die Führung."
5. „Es macht mir Spaß, andere Menschen von meiner Meinung zu überzeugen."
6. „Ich merke öfter, daß sich andere nach mir richten."
7. „Ich kann mich gut durchsetzen."
8. „Ich bin anderen oft einen Schritt voraus."
9. „Ich besitze vieles, worum mich andere beneiden."
10. „Ich gebe anderen Ratschläge/Empfehlungen."

Dazu kommen drei objektive Merkmale:

11. Berufliche Führungsposition, Stellung als Vorgesetzter.
12. Während der Freizeit Mitarbeiter in Partei, Gewerkschaft, Bürgerinitiative.
13. Ausübung eines Amtes in einem Verein, einer Organisation.

Jedes dieser Skalenmerkmale erhält ein Gewicht, (→) Gewichtung. Da jeder Befragte auf diese Weise eine Punktzahl erhält, kann man, wenn man die statistischen Gruppen bildet, grob oder fein einteilen, je nach der Breite der Zahlenbasis und dem angestrebten Zweck. Für die Spiegel-Untersuchungen wurde eine Einteilung in vier Gruppen mit folgenden Ausprägungen gewählt:

1. „Sehr stark",
2. „Stark",
3. „Schwach",
4. „Sehr schwach".

Da nur vier Gruppen gebildet wurden, ist die (→) Fallzahl für jede der Gruppen breit genug, um auch in Untergruppen Personen mit größerer oder geringerer Persönlichkeitsstärke analysieren zu können. Immerhin 22 % der Bevölkerung (ab 14 Jahre), die die höchsten Punktwerte auf der Skala erzielten, wurden in „Persönlichkeitsstärke – Ausprägung sehr stark" eingestuft. Die vollständige Verteilung zeigt die folgende Tabelle:

Persönlichkeitsstärke	Bevölkerung insgesamt
Ausprägung	Anteil in %
‚Sehr stark'	22
‚Stark'	31
‚Schwach'	28
‚Sehr schwach'	19
	100

Das Merkmal Persönlichkeitsstärke ist weitgehend schicht- und altersunabhängig. Zehn Beispiele für den Nutzen dieses Zielgruppenkriteriums:

1. Die Skala erlaubt es, unter Männern und Frauen in jeder Altersgruppe, in jeder sozialen Schicht, in jeder Verbrauchergruppe diejenigen zu bestimmen, die den größten Bekanntenkreis haben, die am intensivsten mit anderen Ansichten austauschen, also (→) Multiplikatoren sind.
2. Das Kriterium erlaubt es, diejenigen zu bestimmen, die häufig um Rat gefragt werden.
3. Dort, wo das Kriterium sozio-ökonomischer Status versagt, wie heute z.B. oft beim Kauf von Automobilen, können mit dem Kriterium der Persönlichkeitsstärke Zielgruppen neu bestimmt werden.
4. Das Kriterium identifiziert Menschen, die besonders aufgeschlossen für Neues sind, (→) Neophile, (→) Innovatoren.
5. Es lassen sich Zielgruppen bestimmen, deren Mitglieder zu spontanen Einkäufen neigen.
6. Es lassen sich in jeder Schicht die Personen ermitteln, die bereit sind, in nahezu jedem Bereich im Vergleich zu anderen Personen relativ viel Geld auszugeben.
7. Es lassen sich Personen ermitteln, die besonderen Wert auf Qualität legen.
8. Es können diejenigen erfaßt werden, die sich besonders für Markenartikel interessieren und an Marken erinnern.
9. Es lassen sich Personen mit hoher ästhetischer Sensibilität bestimmen, die in besonderem Maße auf ihr Äußeres Wert legen.
10. Schließlich ist das Kriterium der Persönlichkeitsstärke wenig zeitschriftenneutral. Menschen mit großer Persönlichkeitsstärke konzentrieren ihr Interesse auf ganz bestimmte Zeitschriften.

Persönlichkeits-Segmentation
→ psychographische Marktsegmentierung

Perzentil *(Dezil)*
Perzentile sind lagetypische (→) Streuungsmaße, durch die die Ordnungszahlen einer (→) Häufigkeitsverteilung in 10 gleichgroße Gruppen eingeteilt werden. Bei kumulativen Daten ist so z.B. das 80. Perzentil (P_{80}) der Wert, unterhalb dessen die niedrigsten 80% aller Fälle innerhalb der Verteilung liegen. Als perzentile Spannweite wird die (→) Spannweite zwischen zwei Perzentilpunkten bezeichnet, wobei nach allgemeiner Übereinkunft damit meist die Spannweite zwischen dem 10. und dem 90. Perzentil gemeint ist, zwischen denen 80% aller Fälle liegen. Die Graphik oben auf der folgenden Seite illustriert die Zusammenhänge für den Fall einer (→) Normalverteilung.

Perzeption
→ Wahrnehmung

Perzeptionschance
→ Zeitschriften, Leser, Anzeigen

Perzentile

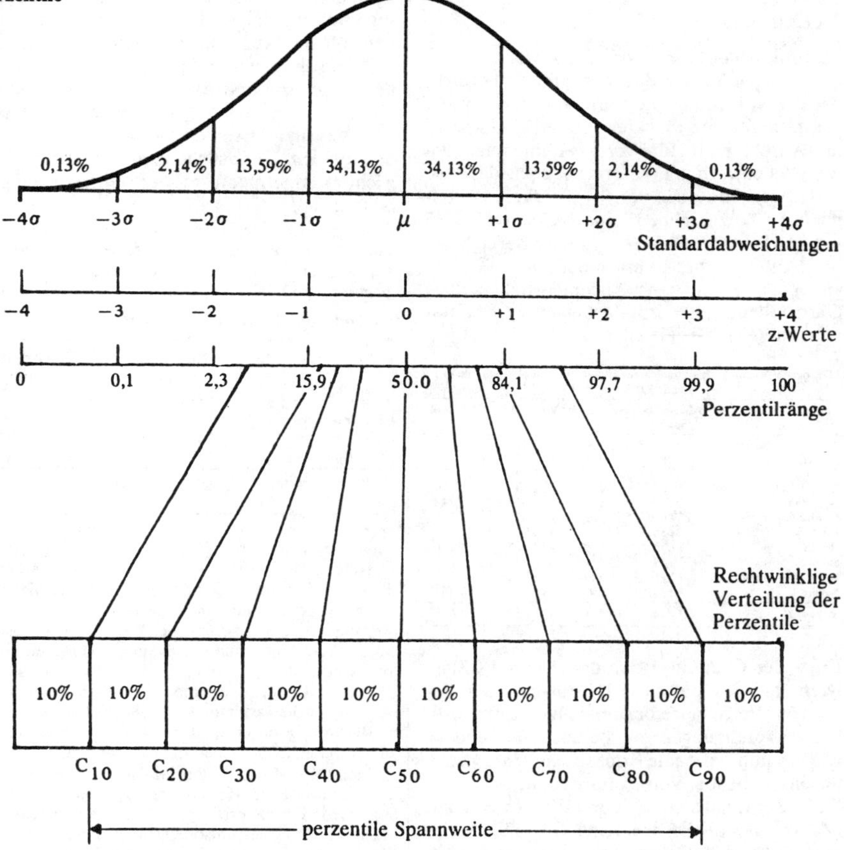

Phasendurchschnittsverfahren
Ein in der Praxis der statistischen (→) Zeitreihenanalyse verbreitetes Verfahren zur Ausschaltung von saisonalen Schwankungen, bei dem ausgehend von einer Tabelle der Urdaten für die notierten Zeitabschnitte, z.B. Monate oder Quartale, die Durchschnittswerte errechnet werden:

$$Y = \frac{\sum_{i=1}^{n} X_i}{n}.$$

Dabei bedeutet i den untersuchten Zeitabschnitt und n die Gesamtzahl der untersuchten Jahre.

phasenweise Nutzung
→ Lesephasen

Phi-Koeffizient *(φ-Koeffizient, Punkt-Vier-Felder-Korrelations-Koeffizient)*
Ein Korrelationskoeffizient, mit dessen Hilfe das Ausmaß der Wechselbeziehung zwischen zwei dichotomen Alternativvariablen bestimmt werden kann, (→) Korrelation. Als ein Maß der (→) Assoziation gilt für die in einer (→) Vierfeldertafel angeordneten Daten die Formel:

$$\phi = \frac{ad + bc}{\sqrt{(a+b)(c+d)(a+c)(b+d)}} = \sqrt{\frac{\chi^2}{n}}.$$

Dabei bedeuten a, b, c und d die Zellenhäufigkeiten in der Vierfeldertafel und ad und bc die Produkte der Diagonalwerte.

Pilotgespräch *(Pilotinterview)*
→ Leitfaden, Leitstudie

Pilotstudie
→ Leitstudie

Plakatanschlag *(Plakatwerbung)*
Im strengen Verständnis des Begriffs bezeichnet Plakatwerbung alle Formen der Werbung, die mit Hilfe von Plakaten erfolgt, also sowohl die Werbung mit Hilfe von (→) Innenplakaten wie Außenwerbung, sofern sie nicht der (→) Dauerwerbung oder der (→) Verkehrsmittelwerbung zuzurechnen sind. Generell wird jedoch darunter einfach derjenige Bereich der (→) Außenwerbung verstanden, der mit Hilfe von Plakaten auf (→) Allgemeinstellen, (→) Ganzstellen, (→) Großflächen, (→) Kleintafeln und (→) Spezialstellen wirbt.

Die der IVW gemeldeten Stellenarten in den einzelnen Bundesländern
Stand: 12. Januar 1987

Länder	Allgemeine Stellen	Ganzstellen	Großflächen	Kleintafeln
Schleswig-Holstein	2 154	474	3 773	16
Niedersachsen	6 002	1 320	14 115	28
Berlin	–	–	4 137	93
Bremen/Bremerhaven	705	288	2 819	24
Hamburg	1 940	658	6 560	313
Nordrhein-Westfalen	15 301	3 607	59 355	320
Rheinland-Pfalz	2 080	366	6 930	1
Hessen	6 089	1 129	13 185	86
Saarland	554	134	3 032	–
Baden-Württemberg	7 896	1 287	12 836	313
Bayern	5 135	1 208	14 801	336
Insgesamt	**47 856**	**10 471**	**141 543**	**1 530**

Eines der Charakteristika der Plakatanschlagwerbung ist es, daß sie sich für nahezu alle Arten von Werbungtreibenden anbietet, für örtliche Ankündigungen von Veranstaltern ebenso wie für multinationale Konzerne mit international einheitlichen Werbekampagnen.
Der Zentralausschuß der Werbewirtschaft (ZAW) hat 1979 Allgemeine Geschäftsbedingungen für den Plakatanschlag verabschiedet, die am 8. März 1979 im Bundesanzeiger veröffentlicht wurden. Der Fachverband Außenwerbung e. V. (FAW) hat seinerseits Leitsätze für Anschlagunternehmen formuliert.

Eigentümlicherweise ist die Werbewirksamkeit von Plakatanschlägen noch weitgehend unerforscht. In der Bundesrepublik wurden dazu zunächst 1971 und 1975 im Auftrag des Fachverbands Außenwerbung (FAW) zwei grundlegende Untersuchungen durchgeführt, denen 1977 und 1982 zwei weitere Untersuchungen „Die Werbewirkung des Plakates", wiederum im Auftrag des Fachverbands folgten. In diesen Untersuchungen wurden den Befragten Photographien von Motiven der Plakatwerbung vorgelegt, und zwar von Allgemeinstellen, Ganzsäulen und Großflächen, wobei es sich dabei um Plakate handelte, mit denen diese Werbeträger in den der Befragung vorangegangenen Dekaden tatsächlich belegt waren. Anhand dieser Photographien sollten die Befragten angeben, ob sie das Plakat gesehen hatten. In der 1977er Studie wurden 15 Motive vorgelegt, in der 1982er Studie 40 Motive. Die auf der Photovorlage beruhenden Reichweitenergebnisse, (→) gestützte Erinnerung, wurden zwischen den beiden Untersuchungen verglichen. Die wichtigsten Ergebnisse der Untersuchungen lauten:

Plakatmotive finden in der Bevölkerung eine relativ hohe Beachtung, d.h. die Vielzahl der durch Passagen vermittelten Kontakte führt zur Aufnahme der Werbebotschaft.

Gesamtergebnis der drei Stellenarten

	Gestützte Motiv-Reichweite 1977	1982
Allgemeinstellen	34%	45%
Ganzsäulen	49%	54%
Großflächen	46%	51%
Alle Stellenarten gesamt	42%	50%

○ Alter: Je jünger die Person, desto höher die Beachtung von Plakatwerbung.
○ Geschlecht: Die Erinnerungswerte an ausgewählten Plakaten sind in der 77er Untersuchung bei Männern höher als bei Frauen. Die höheren Aufmerksamkeitswerte der Männer erklären sich weitestgehend aus der höheren Mobilität und der damit verbundenen höheren Kontaktdosis dieser Gruppe.
○ Haushaltsnettoeinkommen: Mit wachsender Kaufkraft steigt die gestützte Motiv-Reichweite.
○ Berufstätigkeit: Plakate werden von sonst schwer erreichbaren Zielgruppen intensiv genutzt.
○ Mobilität: Mit steigender Mobilität nimmt die Motiv-Reichweite zu. Plakatkampagnen an Ganzstellen und Großflächen erreichen Motiv-Reichweiten von mehr als 50% bei entsprechender Belegungsdichte. Der Anstieg der Motiv-Reichweite bei steigender Mobilität gilt allerdings nicht für alle Personengruppen gleichermaßen: So werden die insgesamt aufnahmefähigeren jungen Leute auch dann von Plakatwerbung in hohem Maße erreicht, wenn sie der Gruppe mit geringer Mobilität zuzurechnen sind.
○ Fortbewegungsarten: Plakate werden von Nutzern öffentlicher Verkehrsmittel stark beachtet. Dies hängt mit dem Zurücklegen längerer Wegstrecken als „Zuschauer" und den Umsteigegewohnheiten mit mehr oder minder langen Wartezeiten zusammen. Pkw-Fahrer haben ebenfalls viele Gelegenheiten, Plakatmotive aufzunehmen.
Der Plakatanschlag erreicht überdurchschnittlich jüngere Leute und berufstätige Personen. Die mit anderen Medien sonst schwer erreichbaren Zielgruppen sind sein tägliches Publikum.

Seit dem Jahre 1965 führt die (→) Informationsgemeinschaft zur Feststellung der Verbreitung von Werbeträgern e. V. (IVW) Kontrollen des Plakatanschlags durch, d. h. sie nimmt von den Plakatanschlagunternehmen Meldungen

Entwicklung des Plakatanschlags 1968 bis 1986

Jahr	Allgemein-Stellen	Veränderungen gegenüber Vorjahr in Prozent	Ganzstellen	Veränderungen gegenüber Vorjahr in Prozent	Großflächen	Veränderungen gegenüber Vorjahr in Prozent	Kleintafeln	Veränderungen gegenüber Vorjahr in Prozent
1968	43 099		6 789		51 875			
1969	46 157	+ 7,1	7 573	+ 11,5	63 311	+ 22,0		
1970	47 527	+ 3,0	7 489	– 1,1	79 568	+ 25,7		
1971	47 523	– 0,008	7 607	+ 1,6	82 583	+ 3,8		
1972	48 049	+ 1,1	8 367	+ 10,0	91 622	+ 10,9		
1973	45 445	– 5,4	8 434	+ 0,8	95 185	+ 3,9		
1974	48 326	+ 6,3	9 120	+ 8,1	96 950	+ 1,8	3 239	
1975	51 892	+ 7,4	8 966	– 1,7	95 431	– 1,6	2 961	– 8,6
1976	51 324	– 1,1	8 917	– 0,6	91 634	– 4,0	2 617	– 11,6
1977	50 408	– 1,8	8 922	+ 0,06	94 718	+ 3,3	5 190	+ 49,6
1978	53 297	+ 5,7	9 591	+ 7,5	106 466	+ 12,4	6 741	+ 29,9
1979	52 127	– 2,2	9 744	+ 1,6	111 673	+ 4,9	7 963	+ 18,1
1980	51 902	– 0,4	10 272	+ 5,4	121 592	+ 8,9	8 734	+ 9,7
1981	51 988	+ 0,2	10 803	+ 5,2	130 598	+ 7,4	9 921	+ 13,6
1982	51 793	– 0,4	10 781	– 0,2	134 594	+ 3,1	10 295	+ 3,6
1983	48 728	– 6,3	10 351	– 4,2	134 392	– 0,2	2 039	– 19,8
1984	48 271	– 0,95	10 246	– 1,0	137 033	+ 2,0	2 016	– 1,1
1985	48 206	– 0,1	10 331	+ 0,8	139 863	+ 2,0	1 805	– 11,7
1986	47 856	– 0,73	10 471	+ 1,3	141 543	+ 1,2	1 530	– 18,0

über den Bestand an Anschlagflächen entgegen, überprüft sie vor Ort und veröffentlicht die Ergebnisse. Die Teilnahme ist zwar freiwillig, aber durch die teilnehmenden Unternehmen werden fast 90 % der insgesamt vorhandenen Stellen in der Bundesrepublik abgedeckt. Der Anteil der Beanstandungen liegt meist unter 5 %, für die die Betroffenen nach den Worten der entsprechenden IVW-Berichte meist plausible Erklärungen abgeben konnten, weil nämlich die Eigenarten des Mediums eine gewisse Mängelwahrscheinlichkeit bedingen.
In der (→) Media-Analyse (MA) der (→) Arbeitsgemeinschaft Media-Analyse (AG.MA) wird der Werbeträger Plakatanschlag nicht abgefragt, wiewohl das Thema im Zusammenhang mit der Erweiterung der ursprünglichen (→) Leseranalyse (LA) der (→) Arbeitsgemeinschaft Leseranalyse (AGLA) seit den frühen 1970er Jahren immer wieder in den Gremien der AG.MA erörtert wurde.
→ A-Wert; → Intermedia-Vergleich; → Passantenzählung, Weglistenverfahren

Plan-Evaluierungs-Programm (PEP)
Ein (→) Evaluierungsmodell der (→) Mediaselektion des Verlags Gruner + Jahr, Hamburg.

Planversand
→ Wechselversand

Plausibilitätskontrolle
In der (→) Datenanalyse ein der eigentlichen Analyse in der Markt-, Media- und Sozialforschung unmittelbar vorgeschalteter Prozeß, in dessen Verlauf Daten wie z. B. die Antworten der Befragten auf (→) Fragebögen oder die Angaben in Tagebucheintragungen auf ihre logische Widerspruchsfreiheit, (→) Konsistenz, (→) Genauigkeit und ihre Vollständigkeit hin überprüft und in Fällen von Widersprüchlichkeit, Inkonsistenz, Ungenauigkeit und Unvollständigkeit nach festgelegten Regeln geändert, ergänzt oder gekürzt werden.
Auch die (→) Media-Analyse (MA) der Arbeitsgemeinschaft Media-Analyse (AG.MA) setzt zur (→) Bereinigung der erhobenen Daten eine Reihe von Plausibilitätskontrollen ein. Dazu zählt z. B. die Prüfung von (→) Auflagen- und (→) Reichweitenveränderungen.
Die immer wieder erhobene Forderung vieler MA-Nutzer, die Richtigkeit der erhobenen Reichweiten müsse anhand der (→) verkauften Auflagen nachgewiesen werden, hat sich als zur Validierung ungeeigneter Ansatz erwiesen.
Zwischen den (→) demographischen Merkmalen gibt es einerseits Beziehungen, die streng logisch überprüft werden können (z. B. wenn der Befragte der einzige Verdiener im Haushalt ist, muß das Einkommen des Befragten mit dem Haushaltseinkommen übereinstimmen), andererseits gibt es Relationen, für die keine eindeutigen Gültigkeitskriterien existieren (z. B. „verheiratet“ und „unter 16 Jahre alt“ oder „über 60 Jahre alt“ und „Kind unter 2 Jahren). Ungewöhnliches wird durch die Plausibilitätskontrollen der MA entdeckt und überprüft.

Im Einzelnen wird Folgendes geklärt:

- Bereich „Anzahl der Personen": Die Anzahl der mit Einzelangaben eingetragenen Personen muß gleich sein der Anzahl der „ständigen Haushaltsmitglieder". Die Anzahl der Erwachsenen und die Anzahl der Kinder muß addiert mit der Anzahl ständiger Haushaltsmitglieder übereinstimmen. Die Anzahl der Personen mit eigenem Einkommen darf kleiner oder gleich, aber nicht größer sein als die Anzahl der Haushaltsmitglieder. Die Anzahl der Personen, die das Haus verlassen, darf kleiner oder gleich, aber nicht größer sein als die Anzahl der Haushaltsmitglieder. Die Anzahl der Personen, die den Wohnort verlassen, darf kleiner oder gleich, aber nicht größer sein als die Anzahl derer, die das Haus verlassen.
- Bereich „Ein-Erwachsenen-Haushalte": Die Anzahl der Personen mit eigenem Einkommen muß 1 sein. Einkommen des Befragten und Haushaltseinkommen müssen übereinstimmen. Wenn „kein eigenes Einkommen" oder „keine Angabe zu Einkommen" sind die Personen zu den Klassen „bis unter 500 DM" und „bis unter 750 DM" zuzuordnen. Wenn keine Angaben zum Haushaltsvorstand und/oder zur hauswirtschaftlichen Tätigkeit gemacht wurden: Merkmale einsetzen.
- Bereich Einkommen: Bei einem Verdiener (Befragter) müssen das Einkommen des Befragten und das Haushaltseinkommen übereinstimmen. Bei mehr als einem Verdiener, von denen einer der Befragte ist, müßte das Haushaltseinkommen höher als das Einkommen des Befragten sein. Allerdings kann die Differenz auch innerhalb einer Einkommensklasse liegen, die bis 2500 DM 250 DM umfaßt, dann 500 DM und schließlich 1000 DM.
- Bereich „Beziehungen des Befragten zu den Personen im Haushalt": Unter den aufgeführten Personen darf nur ein „Ehegatte" erscheinen, und er muß ein anderes Geschlecht haben als der Befragte. Der Befragte darf nicht mehr als zwei „Eltern" haben, die von unterschiedlichem Geschlecht sein müssen. Er darf nicht mehr als zwei „Schwiegereltern" haben, die von unterschiedlichem Geschlecht sein müssen. Er darf nicht mehr als vier „Großeltern" und außerdem nicht mehr als zwei Großväter und zwei Großmütter haben. Wenn er verheiratet ist, muß die Angabe zum Jahr seiner Eheschließung übereinstimmen mit der Angabe, die für seinen Ehegatten gemacht wurde.
- Bereich „Familienstand": Wer nicht verheiratet ist, kann nicht „Ehegatte" genannt werden – das gilt auch umgekehrt: Wer als Ehegatte bezeichnet worden ist, muß auch verheiratet sein. Wer ledig ist, kann keine Schwiegereltern haben. Auch das gilt umgekehrt. Für wen das Jahr der Eheschließung angegeben ist, der muß auch verheiratet sein.
- Bereich „Alter": Wenn ein Kind mit 8 Jahren noch nicht eingeschult ist, dürfte das höchst ungewöhnlich sein. Ebenso ungewöhnlich ist es, wenn jemand verheiratet, aber noch nicht 16 Jahre alt ist. Wer noch nicht 17 Jahre alt ist, dem ist kaum zuzutrauen, daß er bereits das Abitur oder ein Studium hinter sich hat. Haushaltsvorstände, die noch nicht 18 Jahre alt sind, müssen daraufhin geprüft werden, ob sie dieses Merkmal zu Recht tragen. Zwischen den in einem Haushalt vorhandenen Generationen gibt es bestimmte Altersabstände. Auf folgende Differenzen hin wird geprüft:
Die Großeltern des Befragten können
14–50 Jahre älter sein als die Eltern des Befragten
28 oder mehr Jahre älter sein als der Befragte selbst
42 oder mehr Jahre älter sein als die Kinder des Befragten
56 oder mehr Jahre älter sein als die Enkel des Befragten.
Die Eltern des Befragten können
14–55 Jahre älter sein als der Befragte selbst
28 oder mehr Jahre älter sein als die Kinder des Befragten
42 oder mehr Jahre älter sein als die Enkel des Befragten.
Der Befragte selbst kann
14–55 Jahre älter sein als seine Kinder
28 oder mhr Jahre älter sein als seine Enkel.
Die Kinder des Befragten können
14–50 Jahre älter sein als die Enkel des Befragten.
Die Schwiegereltern des Befragten können
14–50 Jahre älter sein als der Ehegatte des Befragten.

Plazierung

Über die Wichtigkeit der Plazierung von Anzeigen (rechts oben oder links oben, unten oder oben usw.) bestehen in der Werbewirtschaft, bei Werbungtreibenden und auch in den Werbeträgern der Druckwerbung meist recht eindeutige Vorstellungen, denen es allerdings an empirischer Fundierung fast vollkommen fehlt. Besonders hartnäckig hält sich die Vorstellung, daß die Position oben rechts (und die Alleinstellung) besonders werbewirksam sei, wiewohl diese Vorstellung in empirischen Studien weder widerlegt noch bestätigt wurde. Offensichtlich

Autoren	Ergebnisse in % (bezogen auf 1/1-Seite)		
Theodor König (1926)	28	33	
	16	23	
H. F. Adams (1920)	33	28	
	21	17	
Ernst Epple (1959)	25,4	24,6	
	24,4	25,6	
Hans Fielitz (1955)	105	100	108
	94	81	99
	87	71	79
	100	91	101

Quelle: H. Mayer/Ute Däumer/H. Rühle, Werbepsychologie, Stuttgart 1982, S. 120

hängen die Beobachtungswerte von Anzeigen weniger von der Plazierung als vom Anzeigeninhalt und anderen Faktoren ab. Problematisch bei Untersuchungen der Plazierungseffekte ist die (→) Operationalisierung der Ermittlung der unterschiedlichen (→) Aufmerksamkeitswerte, weil ja immer von konkreten Anzeigenseiten mit einer Vielzahl von Wirkfaktoren, aus denen der Faktor Plazierungseffekt nicht isolierbar ist, ausgegangen werden muß. Unterschiedliche Aufmerksamkeitswerte bei Zugrundelegung einer Doppelseite in verschiedenen Untersuchungen zeigt die folgende Übersicht:
Auch eine Untersuchung des Heinrich Bauer Verlags, Hamburg, über „Meßverfahren der Anzeigenwirkung" (1972) kam zum selben Ergebnis: Im Mittel wurden von den Anzeigen auf der rechten Seite 1,8 Anzeigen pro Betrachter erinnert, von denen auf der linken Seite 1,7. Und die Anzeigenwiedererkennung betrug 38,2 Prozent bei rechtsseitigen Anzeigen, 37,7 Prozent bei linksseitigen. Das alles spricht nicht für einen Plazierungseffekt.
Ganz ähnlich sind die Befunde über die Plazierung „vorn" oder „hinten" im Heft. Die Untersuchung „Meßverfahren der Anzeigenwirkung" analysierte das durch (→) ungestützte Erinnerung und Anzeigenwiedererkennung bei Heftvorlage. Ergebnis: Bei aktuellen (→) Illustrierten nimmt die spontane Erinnerung tatsächlich ab, je weiter hinten im Heft die Anzeigen plaziert sind. Für Frauenzeitschriften gilt dies aber schon nicht mehr. Bei ihnen werden Anzeigen im letzten Sechstel mit am stärksten erinnert.

Anzeigenwiedererkennung bei Plazierung vorne – hinten im Heft

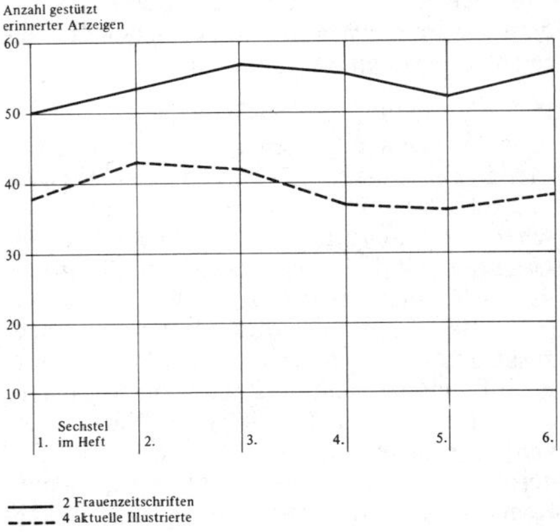

Die gestützte (→) Wiedererkennung schließlich zeigt für beide Gruppen von Zeitschriften das gleiche Bild: eine systematische Abhängigkeit von der Plazierung weiter vorne oder weiter hinten ist nicht erkennbar:

Spontane Anzeigenerinnerung bei Plazierung vorne – hinten im Heft

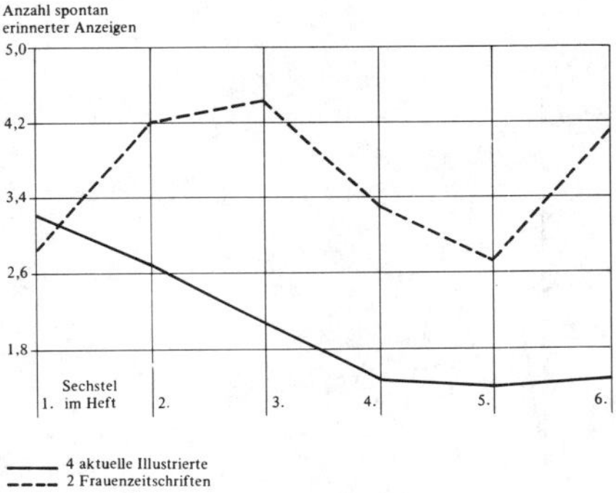

Poisson-Verteilung

Eine Wahrscheinlichkeitsverteilung für sehr seltene Ereignisse, für die eigentlich die (→) Binomialverteilung ein adäquates Modell wäre, jedoch die Elementarwahrscheinlichkeit sehr klein ($p \to 0$) und der (→) Stichprobenumfang sehr groß ($N \to \infty$) sind. Die Poissonverteilung geht aus der Binomialverteilung hervor, wenn man p gegen 0, N gegen ∞, $N \cdot p$ hingegen gegen einen konstanten Wert a konvergieren läßt. Da diese Wahrscheinlichkeit nicht mehr einzeln von p und von N abhängt, sondern nur noch vom Produkt $\mu = N \cdot p$, ist sie auch anwendbar, wenn es sich nicht um den Vorgang der Entnahme aus einer (→) Grundgesamtheit handelt, sondern ganz allgemein um die Entstehung von Beobachtungen durch einen anderen Zufallsvorgang. Die Wahrscheinlichkeitsfunktion der Poisson-Verteilung lautet:

$$Pr(x) = \frac{\mu^x \quad e^{-\mu}}{x!}$$

Es handelt sich dabei um eine (→) Häufigkeitsverteilung, die asymmetrisch um den (→) Mittelwert ausfällt und nicht auf der Nullinie beginnt. Als eine Verteilung seltener Ereignisse eignet sich die Poissonverteilung für alle Fälle, in denen in einer (→) Stichprobe eine sehr kleine Zahl von Trägern eines bestimmten (→) Merkmals zu erwarten ist, weil sich die mit Hilfe einer höheren Anzahl solcher Stichproben ermittelten Merkmalshäufigkeiten dann nach einer Poissonverteilung verteilen.

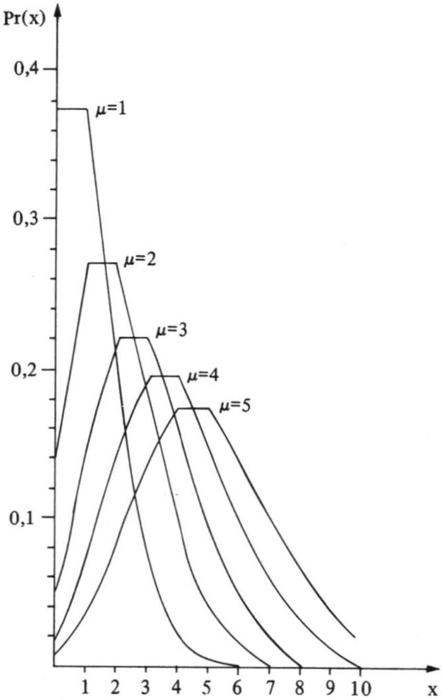

Anders als die Binomialverteilung hat die Poisson-Verteilung nicht zwei, sondern nur einen (→) Parameter, den (→) Mittelwert. Bei der Berechnung von (→) Kontaktwahrscheinlichkeiten mit einem einzelnen Heft greift man in der (→) Leserschaftsforschung wegen dieser Eigenschaft mitunter auf die Poisson-Verteilung zurück. Bei den (→) Lesevorgängen hingegen hat man es mit der Möglichkeit zu tun, daß im Prinzip pro Heft unbegrenzt viele Lesevorgänge möglich sind, in praxi jedoch relativ wenige stattfinden.
Bei der Binomialverteilung würde der Mittelwert nicht ausreichen, die Verteilung zu repräsentieren – deswegen liegen Approximationsverfahren im Heftkontaktbereich, die die (→) Varianz und damit die (→) Kontaktverteilung nicht mit einbeziehen, oft etwas neben den einwandfreien (→) Faltungswerten (Convolutionswerten). Anders repräsentiert bei der Poisson-Verteilung der Mittelwert *allein* die stabile Eigenschaft, die Lesevorgänge hervorruft. Diese stabile Eigenschaft besteht von Heftkontakt zu Heftkontakt *gleich*. Sie ist mithin eine personengebundene Eigenschaft gegenüber dem spezifischen Medium. Deswegen bezeichnet man sie nur mit diesen beiden, das Individuum und das Medium charakterisierenden Indizes und nennt sie h_{ij}. Die Wahrscheinlichkeit, bei einem Heftkontakt H Lesevorgänge zu haben, wird ausgedrückt durch:

$$Pr_{ij}(H) = \frac{h_{ij}^{H} \, e^{-h_{ij}}}{H!}$$

Der Erwartungswert dieser Poisson-Verteilung ist h_{ij}, die im Mittel zu erwartende Anzahl von Lesevorgängen eines Heftes pro Individuum.

Polaritätenprofil
→ semantisches Differential

Politz-Ansatz
→ Leser-Blatt-Bindung (LBB); Erstleser, Folgeleser; Lesetage; *vgl.* Agostini-Ansatz

Politz-Simmons-Methode
Ein in der (→) Umfrageforschung von den amerikanischen Markt- und Mediaforschern Alfred Politz und W. R. Simmons entwickeltes Verfahren der (→) Gewichtung von (→) Ausfällen aufgrund von Nichtantreffbarkeit („not-at-homes") zur Vermeidung von (→) Wiederholungsbesuchen bei (→) Auswahlverfahren der reinen (→) Zufallsauswahl (Wahrscheinlichkeitsauswahl). Das Prinzip der Methode besteht in der Erhebung und Verwendung von Informationen bei denjenigen Befragten, die gleich beim ersten Besuch erreicht wurden. Sie werden gefragt, bei wievielen einer bestimmten Anzahl ähnlicher Gelegenheiten sie ebenfalls erreichbar gewesen wären („nights at home"). In der (→) Stichprobe wird dann die Antwort jedes einzelnen erreichbaren Befragten mit dem reziproken Wert der Male, an denen er erreichbar gewesen wäre, gewichtet.

Polya-Verteilung *(Polya-Gesetz)*
Eine Wahrscheinlichkeitsverteilung für ganzzahlige Ereignisse, die sich von der (→) Binomialverteilung und der (→) hypergeometrischen Verteilung im zugrundeliegenden (→) Urnenmodell darin unterscheidet, daß das realisierte Element nicht aus der Verteilung verschwindet, sondern zurückgelegt wird, wobei zusätzlich von der realisierten Sorte c = r N neue Elemente in die Verteilung hinzugelegt (c ganzzahlig) werden. Die Folge der Wahrscheinlichkeiten beim Polyamodell ist nach fester Regel abhängig von den jeweils voraufgegangenen Realisationen. Man spricht daher von „Wahr-

scheinlichkeitsansteckungen“ bzw. von einer Ansteckungsverteilung.
Eine polyaverteilte Zufallsvariable X hat denselben Erwartungswert wie eine binomialverteilte Zufallsvariable hat, nämlich E (X) = n p. In die Streuungsformel geht jedoch die Zahl c bzw. r ein; es gilt:

$$V_p(X) = \frac{1 + n r}{1 + r} n p q = \frac{N + n c}{N + c} n p q,$$

An der Formel $V_p(X)$ läßt sich der Spezialfall des hypergeometrischen Modells erkennen. Man erhält das Modell nämlich für c = –1, d. h. für den Fall der (→) Auswahl ohne Zurücklegen. Analog gelangt man von $V_p(X)$ zur Streuung einer binomialverteilten Zufallsvariablen:

$$\lim_{N \to \infty} V_p(X) = V_b(X).$$

Polygon *(Häufigkeitspolygon, Polygonzug)*
Die graphische Darstellung einer kontinuierlichen (→) Häufigkeitsverteilung auf der Grundlage eines (→) Histogramms, dessen Klassenmitten im einfachsten Fall durch eine Gerade miteinander verbunden werden, oder der genaue Verlauf der Geraden durch ein (→) Gewichtungsverfahren bestimmt wird, das den unterschiedlichen Häufigkeiten der (→) Merkmale in den einzelnen Klassen Rechnung trägt.

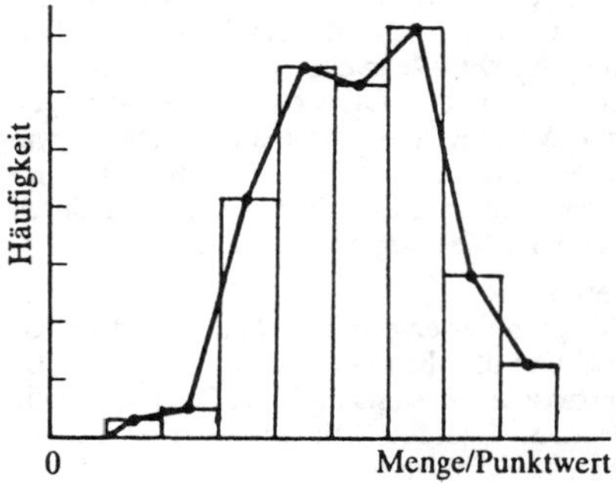

polytechnische Zeitschrift
Eine (→) Fachzeitschrift, in der ein meistens jedoch mehrere Gebiete der Technik für verschiedene (→) Zielgruppen behandelt werden.

Population
→ Grundgesamtheit

Pornokino
→ Filmtheaterkategorien

Positionseffekt
→ Ausstrahlungseffekt 2., Plazierung, Reihenfolge; Abfragemodell

Postauflage
Derjenige Anteil der (→) Auflage einer Druckschrift, der den Beziehern auf dem Postwege zugestellt wird.

postalische Befragung *(Postbefragung)*
→ schriftliche Befragung

Posttest
Bei den in der empirischen Markt- und Sozialforschung üblichen (→) Tests wird prinzipiell zwischen (→) Pretests (Vorstudien) und Posttests unterschieden. Charakteristikum von Posttests ist es, daß bei ihnen nach Eintreten eines Ereignisses oder nach Durchführung einer Aktion deren Wirkungen kontrolliert werden. Insgesamt gesehen ist das Spektrum der Forschungsinstrumente bei Posttests längst nicht so breit wie das bei Pretests. Besonders intensive Verwendung finden Posttests in der Werbeforschung, wobei ihr Ziel stets die Messung des (→) Werbeerfolgs ist, und in der (→) Mediaforschung. Zu den am meisten verwendeten Posttests zählen z. B. die (→) Erinnerungsmethode (Recall-Verfahren), die (→) Wiedererkennungsmethode (Recognition-Verfahren), (→) Foldertests und (→) Copy-Tests.
→ Ex-post-facto-Experiment

Postvertriebsstück
Im Medienvertrieb ein nach den Bestimmungen der Postzeitungsordnung (PZO) durch die Bundespost vertriebenes Zeitungs- bzw. Zeitschriftenexemplar.

Postzeitungsdienst
Eine Einrichtung der Deutschen Bundespost, die den Vertrieb von Zeitungen oder Zeitschriften nach den Vorschriften der Postzeitungsordnung (PZO) ermöglicht. Die Gesamtheit der Zeitungen und Zeitschriften, die zum Postzeitungsdienst zugelassen sind, ist in der Postzeitungsliste aufgeführt, die jährlich erscheint und für die in monatlichem Rhythmus Nachträge herausgegeben werden.

PPR *(PPR-Wert)*
→ persönliche Produkt-Reaktion

Prädiktorvariable *(Prognosevariable)*
Eine (→) Variable, mit deren Hilfe vor allem in der (→) Zeitreihen- und der (→) Regressionsanalyse, ein bestimmtes Ereignis oder ein bestimmter Sachverhalt, das Kriterium, vorausge-

sagt werden kann. Sie entspricht mithin einer (→) unabhängigen Variablen.

präparierte Testhefte
→ Seitenkontakt

Präzision
→ Treffgenauigkeit

Preis pro Einschaltprozentsatz *(Preis pro GRP)*
→ GRPs

Preis pro tausend Kontakte *(Preis pro tausend Leser)*
→ Tausenderpreis

Preisliste
Die im Mediageschäft übliche, listenartig aufgeführte Zusammenstellung aller Einschaltpreise und -bedingungen eines Werbeträgers, die die Grundlage für den Abschluß eines (→) Mediavertrags bildet. Für Preislisten der Medien allgemein gelten im Prinzip dieselben Grundsätze wie für (→) Anzeigenpreislisten. Für Werbeträger besteht eine gesetzliche Preislistenführungspflicht. Rechtsgrundlage dieser Pflicht ist die (→) Verordnung über Preisangaben.

Preislistentreue
Die von einem Werbeträger als Grundlage für den Abschluß von (→) Mediaverträgen festgelegte Preisliste ist in allen Teilen für die Vertragsparteien verbindlich, solange sie nicht durch eine neue Preisliste ersetzt wird. Nach den Grundsätzen des Gesetzes gegen den unlauteren Wettbewerb (UWG) und des Rabattgesetzes darf ein Werbeträger von den in seiner Preisliste festgesetzten Bedingungen nicht willkürlich abweichen, etwa durch Einräumung von günstigeren als in der Preisliste angeführten Preisen oder anderen Konditionen. Dennoch wird in der Werbewirtschaft immer wieder die Praxis der Abweichung von den in Preislisten niedergelegten Preisen beobachtet. Rechtlich ist eine endgültige Klärung des Grundsatzes der Preislistentreue noch nicht erfolgt, wiewohl das Prinzip in der gesamten Werbewirtschaft zumindest in der Theorie Anerkennung findet und auch eine Reihe von Rechtsgutachten vorliegt, nach denen Preislistentreue ein rechtliches Gebot ist, dessen Außerachtlassung einen Gesetzesverstoß darstellt. Die im Anzeigengeschäft tätigen Verlage haben sich der freiwilligen Selbstkontrolle durch die (→) Meldestelle im Anzeigengeschäft von Zeitschriftenverlagen e.V. (maz) unterworfen, die einen unabhängigen und neutralen Kontrollausschuß etabliert, der unabhängige Prüfer einsetzt, die regelmäßig jährliche Prüfungen bei den Mitgliedsverlagen vornehmen um festzustellen, ob die eingegangene Verpflichtung zur Preislistentreue auch tatsächlich eingehalten wird. Bei Verstößen erteilt der Kontrollausschuß Verweise, er kann diese mit oder ohne Namensnennung allen Mitgliedern bekanntgeben und in besonders schwerwiegenden Fällen den Ausschluß des betroffenen Mitglieds vorschlagen. Der maz gehören 21 Verlage mit 72 Zeitschriften an (Stand 1986).

Presse-Grosso
→ Verband Deutscher Buch-, Zeitungs- und Zeitschriften-Grossisten e.V.

Pressemedien
→ Zeitung, Zeitschrift; → Abfrage

Prestigeantworten *(Prestigefehler)*
Die Gesamtheit der die Ergebnisse einer (→) Befragung verzerrenden (→) Fehler, die daher rühren, daß Befragte den Interviewern falsche Antworten geben, um dadurch diesen gegenüber ihr Ansehen zu erhöhen. In der (→) Leserschaftsforschung ist das (→) Overclaiming aus Prestige ein Problem, das nicht aus der Welt zu schaffen ist: Wenn ein Befragter im Interview behauptet, eine Ausgabe gelesen zu haben, und man weiß aus der Versuchsanlage, es muß sich um Overclaim handeln, so kann diese Antwort bewußt oder unbewußt durch Geltungsbedürfnis hervorgerufen sein. Wenn sie vorliegt, wird der Befragte auch die Frequenzangabe im Interview höher ansetzen, als es den Gegebenheiten entspricht. Wenn ein Teil der Befragten systematisch übertreibt, sowohl beim Vorlegen einer Ausgabe, (→) Originalheftmethode wie bei der Angabe zur (→) Lesehäufigkeit, dann bekommt man diese Verzerrung auch durch Overclaim-Messung *nicht heraus*.

Pretest
Bei den in der empirischen Markt- und Sozialforschung üblichen (→) Tests wird grundsätzlich zwischen Pretests und (→) Posttests unterschieden. Charakteristikum der (→) experimentellen Anlage von Pretests ist es, daß es sich um einen Untersuchungsschritt handelt, bei dem die Experimentalgruppe und die Kontrollgruppe noch vor Eintreten der Experimentalhandlung (Treatment) getestet werden, um zu ermitteln, ob sich die Experimentalgruppe und die Kontrollgruppe in diesem Stadium voneinander unterscheiden. Im Gegensatz zur (→) Exploration, deren Zweck die Entwicklung einer experimentellen Anlage ist, ist Zweck des Pretests die Prüfung eines Untersuchungsplans.

Nach einer von Jürgen Friedrichs gegebenen Übersicht richtet sich ein Pretest auf die folgenden grundsätzlichen methodischen Punkte des Forschungsplans:

„1. **Legitimation** des Forschungsvorhabens: Können das Forschungs- und Verwertungsziel den untersuchten Personen hinreichend verdeutlicht werden? Können sie sie zu einer nicht-manipulativen Mitarbeit bewegen?

2. **Erhebungssituation:** Ist der Ort für die Untersuchung richtig gewählt? Wieviel Zeit wird für die einzelne Erhebung, Beobachtung, Verschlüsselung usw. erforderlich sein? Welche verzerrenden Elemente oder störenden Einflüsse treten auf, z.B. bei Feld- oder Laborexperimenten?

3. **Rollen:** Werden der Forscher und/oder seine Mitarbeiter akzeptiert? Ist die Rolle im Feld unauffällig genug, um keine unbeabsichtigten Verzerrungen herbeizuführen, so daß unter Umständen die Resultate durch die Forscher erst hervorgerufen werden, also nicht Einstellungen und Verhalten der untersuchten Personen, sondern die Effekte der Forscher gemessen werden? Sind die Mitarbeiter hinreichend geschult, hinreichend supervisiert (betreut), einzelne Mitarbeiter genügend geeignet?

4. **Instrument:** Werden die Fragen von den untersuchten Personen verstanden? Verfügen die untersuchten Personen über genügend Informationen, um sie zu beantworten, z.B. im Interview, bei soziometrischen Wahlen oder beim Thema der Gruppendiskussion? Welche Diskriminationskraft haben die Variablen: Wie groß ist die Streuung der untersuchten Einheiten (z.B. Personen, Wörter) über die Ausprägungen der einzelnen Merkmale? Reicht sie zur Prüfung der Hypothesen aus?
Lassen sich alle Antworten mit dem bereits vorgegebenen Code erfassen?
Paßt das gesamte Kategorienschema für das untersuchte Material?
Sind die Kategorien eindeutig genug, um hohe Gleichförmigkeit unter den Beurteilern, Beobachtern oder Codierern zu erreichen (Reliabilität)?

5. **Stichprobe:** Sind die Personen überhaupt erreichbar? Gibt es sehr viele Ausfälle? Welche Gründe haben die Ausfälle?

6. **Kontrollen:** Welche Möglichkeiten zur Kontrolle der Reliabilität und Validität bestehen? Man kann z.B. Personen nach einem Experiment befragen, Pretestinterviews durch Rückfragen (Besuch oder Telefonat) bei den Befragten prüfen, sich dabei auch das Verhalten des Interviewers schildern lassen. Bei schriftlichen Befragungen wird man Befragte, die geantwortet haben, und Befragte, die nicht geantwortet haben, aufsuchen. Gruppendiskussionen im Pretest sollte man nicht nur mit einem Medium (Tonband) protokollieren, sondern auch beobachten oder gar filmen, sofern die Teilnehmer damit einverstanden sind und dies nicht zu Verzerrungen führt."

In der (→) Marketing- und (→) Werbeforschung werden über dieses rein methodologische Verständnis hinaus als Pretests auch alle Tests von Produkten, Strategien und Werbemitteln vor ihrem endgültigen Einsatz bezeichnet.
→ Leitstudie

Primäreinheit
→ mehrstufige Auswahl

Primärerhebungen *(Primärforschung)*
Die Gesamtheit der (→) Erhebungsverfahren in der (→) empirischen Sozial- und Marktforschung, mit deren Hilfe die für die Untersuchung erforderlichen Daten eigens neu erhoben werden, sei es mit Hilfe von Verfahren der (→) Feldforschung oder auch der (→) Laborforschung. Zu den in der Marktforschung am häufigsten eingesetzten Verfahren der Primärforschung zählen vor allem (→) Befragungen und (→) Beobachtungen. Die Unterscheidung zwischen Primär- und (→) Sekundärforschung ist mehr oder minder deckungsgleich mit der zwischen demoskopischer und ökoskopischer Marktforschung. Nach Otto Angehrn ist vom Standpunkt der Zeitfolge aus die Unterscheidung zwischen Primär- und Sekundärforschung irreführend und sollte deshalb durch die zwischen direkter und indirekter Marktforschung ersetzt werden. In ähnlichem Sinne empfiehlt K. Christian Behrens die Unterscheidung zwischen unmittelbarer und mittelbarer Marktforschung.

Primärkommunikation *(Face-to-Face-Kommunikation)*
→ Kommunikation

Primärleser *(Primary Reader)*
→ Erstleser

Print-DAR
→ DAR

Printmedien *(Druckmedien)*
Sammelbezeichnung für alle auf Papier gedruckten (→) Medien wie Zeitungen, Zeitschriften, Bücher usw., mit deren Hilfe Inhalte vorwiegend durch das geschriebene Wort und gedruckte Bilder und Illustrationen verbreitet werden.

privater Haushalt
→ Haushalt

Privileg-Vertriebsmethode *(Privilegvertrieb, Franchise Circulation)*
Eine in den USA entwickelte Methode des Zeitschriftenvertriebs, die inzwischen auch in der Bundesrepublik verwendet wird. Das Prinzip des Privilegvertriebs besteht darin, daß der Teil der Gesamtauflage einer Zeitschrift, der

durch entsprechende Vereinbarungen von Großhändlern oder Firmen abgedeckt ist, die dem Verlag ihre Kundenlisten zur Verfügung stellen, zur Vermeidung von Doppellieferungen direkt ausgeliefert wird. Die Firmen, die von der Möglichkeit des Privilegabonnements Gebrauch machen, erhalten ihrerseits die Möglichkeit, in dem Teil der Auflage, der an ihre Kunden geliefert wird, mit ihrem Firmeneindruck zu werben.

Probeabonnement
Ein zum Kennenlernen eines Periodikums meist mit einem Preisvorteil (oder auch mit dem Gratisbezug) verbundenes (→) Abonnement.

Probebefragung *(Probeinterview)*
Eine (→) Befragung, deren ausschließliche Funktion die Kontrolle der Brauchbarkeit des verwendeten Fragebogen ist. Ergeben sich in der Probebefragung erkennbare Mängel des Fragebogens (mißverständlich formulierte Fragen, die von den Befragten nicht oder falsch verstanden werden, Reihenfolgeeffekte usw.), so empfiehlt sich die Abänderung des Bogens vor seinem Einsatz in der endgültigen Befragung.
→ Pretest

Produktfreundlichkeits-Index
→ Maßstäbe für Kontaktqualität

Produktinformationsinteresse
→ Verbraucher-Analyse (VA)

Produkt-Media-Analyse
Eine von Henkel, Düsseldorf, durchgeführte (→) Mediaanalyse, die sechsmal im Jahr ins Feld geht und dem Unternehmen die Gelegenheit gibt, aktuelle Medienentwicklungen zu messen und neue Medien in die Untersuchungen aufzunehmen. Es handelt sich um eine interne Studie, deren Ergebnisse nicht veröffentlicht werden.

Produkt-Moment-Korrelation *(Pearsonsche Maßkorrelation)*
Ein (→) parametrisches Verfahren zur Bestimmung der (→) Korrelation zwischen zwei quantitativen Variablen. Der Zähler des Produkt-Moment-Korrelationskoeffizienten besteht aus dem ersten Produktmoment, der (→) Kovarianz, der beiden Variablen X und Y, der Nenner aus dem (→) geometrischen Mittel der beiden (→) Varianzen von X und Y:

$$r_{XY} = \frac{s_{XY}}{\sqrt{s_X^2\, s_Y^2}} = \frac{s_{XY}}{s_X s_Y}.$$

Profile
Eine vom „Stern" im Verlag Gruner + Jahr, Hamburg, als (→) Markt-Media-Analyse durchgeführte Untersuchungsreihe, die Daten über das (→) Medienverhalten gegenüber (→) Publikumszeitschriften, (→) Tageszeitungen, Hörfunk und Fernsehen, über Besitz und Verbrauch sowie Anschaffungspläne und -aufwendungen, Kaufanlaß und Kaufort, (→) Einstellungen und Interessen in verschiedenen Marktbereichen sowie psychologische Typen nach Persönlichkeitsmerkmalen und (→) Einstellungen liefert. Profile 1 erschien 1975, Profile 2 im Jahre 1977, Profile 3 im Jahre 1979, Profile 4 im Jahre 1982.
Aus dieser Untersuchungsreihe stammt auch der als Maß der (→) Leser-Blatt-Bindung (LBB) verwendete (→) Zuwendungs-Index.
Die Untersuchung hat sich zwei grundsätzliche Ziele gesetzt: Sie will in einzelnen Marktbereichen neben den üblichen Marktinformationen zur Zielgruppenbildung ausführliche und zugleich sehr marktspezifische qualitative Informationen liefern und die (→) Mediennutzung qualifizieren, d. h. es wird über die quantitativen Daten zur Ermittlung des (→) Werbeträgerkontakts hinaus versucht, die Werbeträger zu qualifizieren, um damit gezieltere Aussagen über mögliche Werbewirkungschancen von Werbeträgerkontakten machen zu können.
Die (→) Reichweiten der Zeitschriften sind an die Ergebnisse der jeweils aktuellen (→) Media-Analyse (MA) der (→) Arbeitsgemeinschaft Media-Analyse (AG.MA) angepaßt, was bedeutet, daß die Nutzungswahrscheinlichkeiten im (→) Weitesten Nutzerkreis (WNK) der Medien aus der MA in den Datenbestand von „Profile" übernommen worden sind, so daß beide Untersuchungen die gleichen Reichweiten und Kontaktmengen bei Planevaluierungen ausweisen.

Programmierung
→ dynamische Programmierung, lineare Programmierung, nichtlineare Programmierung

Programmkino *(PG)*
Eine (→) Filmtheaterkategorie, die durch Filmprogramme von hoher, oft ausgefallener künstlerischer Qualität gekennzeichnet ist. Sie kommt vorwiegend in Universitäts- und Großstädten vor und bringt häufig wechselnde Filmprogramme, die meist für einen Monat im voraus angekündigt werden und als gedruckte Vorschau an Interessenten versendet werden. Die Zielgruppe, die durch Werbung in Programmkinos angesprochen werden kann, sind vorwiegend Studenten, Oberschüler, Cinéasten usw.,

Programm-Kinos und Gilde-Filmkunst-Theater
(Orte ab 20.000 Einw.)

Besucher: Cinéasten, Studenten, Oberschüler und jüngere ambitionierte Kinogänger mit höherer Bildung und höherem Einkommen.

Land	Orte	Theater	Besucher pro Woche laut IVW
Nielsen I	14	53	80 000
Schl.-Holstein	4	8	9 500
Hamburg	1	18	34 000
Niedersachsen	7	22	29 000
Bremen	2	5	7 500
Nielsen II Nordrh.-Westfalen	36	94	98 000
Nielsen IIIa	21	60	64 500
Hessen	12	40	46 500
Rheinland-Pfalz	8	18	16 000
Saarland	1	2	2 000
Nielsen IIIb Baden-Württbg	16	39	36 500
Nielsen IV Bayern	21	73	82 000
Nielsen V Berlin	1	35	40 500
Gesamt:	109	354	401 500

insgesamt Personen, die häufiger ins Kino gehen. Es gibt in der BRD 354 Progammkinos an 109 Orten.

Programm-Supplements
Die meisten der in der Bundesrepublik verbreiteten (→) Supplements sind Zeitungsbeilagen, deren wichtigster redaktioneller Bestandteil das wöchentliche Fernseh- und Hörfunkprogramm ist. Sie stehen in starker Konkurrenz zu den (→) Programmzeitschriften.

Programmumfeld
→ redaktionelles Umfeld

Programmzeitschrift *(Funk- und Fernsehillustrierte)*
Eine (→) Publikumszeitschrift, deren wichtigster redaktioneller Bestandteil das Fernseh- bzw. Hörfunkprogramm ist. Nach einer Formulierung von H. Honsowitz sind „Programmzeitschriften Medienverbunde en miniature"; die Rezipienten von Fernsehen und Programmzeitschriften „sind identisch, die Kommunikatoren und die Medien selbst sind es nicht".
Beginnend im Jahr 1975 traten zu den bis dahin in der Bundesrepublik etablierten sechs Kauf-Programmzeitschriften („Hörzu", „Funk Uhr", „Fernsehwoche", „TV-Hören und Sehen", „Bild + Funk", „Gong") vier kostenlose (→) Programm-Supplements. Um die Jahreswende 1983/84 erschienen drei weitere neue Pro-

Gattung Programmzeitschriften	1974	1975	1976	1977	1982	1983	1984	1985	1986
Verkaufte Auflage in Millionen laut IVW	11 207	12 117	12 645	12 742	13,7	13,8	15,6	16,1	16,0
Zahl der Titel	6	6	6	6	6	6	9	9	9

Marktsegment Programmpresse: Entwicklung 1982 bis 1986

	1982 in Tsd.	Veränd. in %	1983 in Tsd.	Veränd. in %	1984 in Tsd.	Veränd. in %	1985 in Tsd.	Veränd. in %	1986 in Tsd.	Veränd. in %
verkaufte Auflage (6 „Alt-Titel") (1)	13 724	+ 2	13 841	+ 1	12 529	– 9	12 159	– 3	11 964	– 2
verkaufte Auflage (3 „Neu-Titel") (2)					3 051		3 783	+ 24	4 030	+ 7
verkaufte Gesamtauflage	13 724	+ 2	13 841	+ 1	15 580	+ 13	15 942	+ 2	15 994	+ 0
Anzeigenseiten (6 „Alt-Titel") (1)	12 344	– 6	13 290	+ 8	13 370	+ 1	12 660	– 5		
Anzeigenseiten (3 „Neu-Titel") (2)					592		777	+ 31		
Anzeigenseiten gesamt	12 344	– 6	13 290	+ 8	13 962	+ 5	13 437	– 4		

Programmzeitschriften 1982 bis 1986: Auflage, Anzeigen, Reichweite, Leser pro Exemplar

	1982	1983	1984	1985	1986
„Hörzu“ (Springer)					
Auflage in Tsd. (1)	3813,2	3702,1	3541,6	3423,6	3313,1
Anzeigenseiten (2)	2637,3	2581,0	2738,1	2589,5	2531,0
Reichweite in %	26,1	24,5	22,6	22,2	22,2
Leser pro Exemplar	3,3	3,2	3,1	3,2	3,2
„Funk-Uhr“ (Springer)					
Auflage in Tsd. (1)	2740,3	2564,9	2244,9	2305,7	2137,8
Anzeigenseiten (2)	1348,0	1547,3	1625,7	1341,7	1369,1
Reichweite in %	10,4	10,1	9,7	9,4	9,4
Leser pro Exemplar	1,9	1,8	2,0	2,1	2,1
„Bild + Funk“ (Burda)					
Auflage in Tsd. (1)	1076,4	1063,4	1036,1	1026,6	1013,7
Anzeigenseiten (2)	2856,5	3035,9	2965,1	2730,4	2384,6
Reichweite in %	6,2	5,8	5,5	5,6	5,6
Leser pro Exemplar	2,8	2,7	2,6	2,7	2,6
„TV Hören und Sehen“ (Bauer)					
Auflage in Tsd. (1)	2598,2	2584,6	2408,9	2375,5	2408,3
Anzeigenseite (2)	2489,7	2519,8	2512,5	2464,2	2251,3
Reichweite in %	14,6	14,1	13,6	12,8	12,8
Leser pro Exemplar	2,7	2,6	2,7	2,6	2,5
„Fernsehwoche“ (Bauer)					
Auflage in Tsd. (1)	2762,5	2645,0	2256,8	2376,2	2291,6
Anzeigenseiten (2)	799,6	1258,7	1513,1	1432,8	1458,3
Reichweite in %	10,6	11,2	11,3	10,5	10,5
Leser pro Exemplar	1,9	2,0	2,2	2,2	2,2
„Gong“ (Sebaldus)					
Auflage in Tsd. (1)	1046,7	1022,1	1005,4	1005,4	1004,9
Anzeigenseiten (2)	2197,4	2346,1	1994,7	2109,5	2212,1
Reichweite in %	6,6	6,8	6,8	6,6	6,6
Leser pro Exemplar	3,0	3,2	3,3	3,2	3,1
„Auf einen Blick“ (Bauer)					
Auflage in Tsd. (1)	–	–	2013,4	2104,3	2253,6
Anzeigenseiten (2)	–	–	–	219,0	336,0
Reichweite in %	–	–	–	6,1	6,1
Leser pro Exemplar	–	–	–	1,4	–
„Bildwoche“ (Springer)					
Auflage in Tsd. (1)	–	–	636,4	897,8	986,9
Anzeigenseiten (2)	–	–	86,1	73,1	116,7
Reichweite in %	–	–	–	2,4	2,4
Leser pro Exemplar	–	–	–	1,4	1,2
„Die Zwei“ (Sebaldus)					
Auflage in Tsd. (1)	–	–	820,3	909,1	942,2
Anzeigenseiten (2)	–	–	180,2	229,2	410,1
Reichweite in %	–	–	–	3,0	5,6
Leser pro Exemplar	–	–	–	1,7	1,5

1)Verkaufte Auflage jeweils IV. Quartal.
2) Kumulierte Anzeigenumfänge einer Jahresausgabe.
Quellen: IVW-Auflagenlisten; ZV-Anzeigenteil-Analysen, AG. MA Media-Micro-Census.

grammzeitschriften („Die Zwei“, „Auf einen Blick“, „Bildwoche“), deren Erscheinen auf dem Markt zwar zu Auflageneinbußen der klassischen Programmzeitschriften führte, insgesamt gesehen aber zu einer kräftigen Erweiterung des Gesamtmarkts für die nunmehr 9 Kauf-Programmzeitschriften führte:

Auflagenmarktanteile der Verlage bei Programmzeitschriften

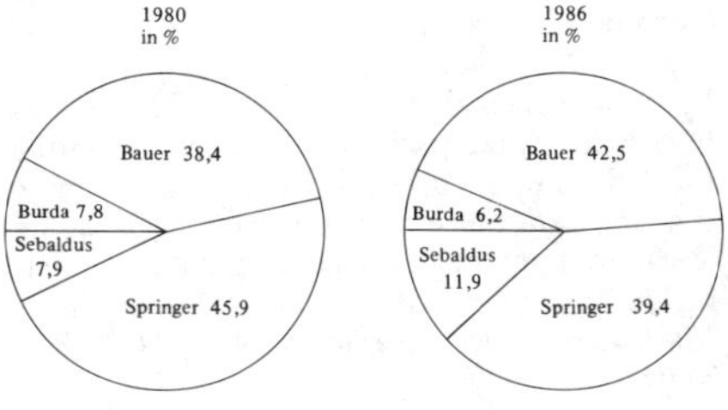

Basis: 6 Klassische Programmzeitschriften (1983)
9 Programmzeitschriften (1986)

Die Tabelle auf Seite 436 zeigt die Entwicklung vor und nach dem Markteintritt der neuen Programmzeitschriften.

Untersuchungen haben ergeben, daß die Vorinformation zum Fernsehprogramm zum größten Teil tatsächlich den Programmzeitschriften entnommen wird, obwohl Tageszeitungen und aktuelle (→) Illustrierte ebenfalls Programmvorschauen veröffentlichen.

Projektion
→ Hochrechnung

Projektionsfaktor
→ Bevölkerungshochrechnungsfaktor

proportionale Auswahl *(proportionale Stichprobe)*
Bei den (→) Auswahlverfahren der Normalfall der (→) geschichteten Auswahl, bei dem im Gegensatz zur (→) disproportionalen Auswahl der (→) Auswahlsatz in allen Teilmassen gleich groß ist und mithin der Umfang der dabei gebildeten Teilstichproben aus den einzelnen Schichten der Zahl der in ihnen enthaltenen Erhebungseinheiten proportional ist. Bei einem Gesamtumfang der (→) Grundgesamtheit von

$$N = \sum_{i=1}^{M} N_i$$

und einem (→) Stichprobenumfang von n ergibt sich für die Zahl der den einzelnen Schichten zu entnehmenden Elemente

$$n_i = n \frac{N_i}{\sum_{i=1}^{M'} N_i}$$

Auch bei (→) mehrstufigen Auswahlverfahren spricht man von einer proportionalen Auswahl, wenn die Auswahlwahrscheinlichkeit für die Primäreinheiten oder Sekundäreinheiten proportional zur Gesamtzahl der Erhebungseinheiten ist. Durch (→) Proportionalisierung, d. h. durch (→) Gewichtung, kann eine disproportionale Teilstichprobe in bezug auf die Grundgesamtheit, die sie repräsentiert, vergleichbar gemacht werden.

Proportionalisierung
Die Proportionalisierung ist ein Sonderfall der (→) Transformation. Sie wird erforderlich, wenn unterschiedliche (→) Auswahlsätze zur Anwendung kommen, zum Beispiel bestimmte Regionen mit einem höheren Auswahlsatz in die (→) Stichprobe einbezogen werden, um für den Ausweis von Regionalmedien eine breitere Basis zu haben. In den Erhebungen für die (→) Media-Analyse (MA) der (→) Arbeitsgemeinschaft Media-Analyse (AG.MA) trifft dies auf die Bundesländer Bremen und Saarland zu. Die Proportionalisierung gibt den Fällen aus diesen Teilstichproben das (→) Gewicht, das ihnen, bezogen auf die (→) Grundgesamtheit, anteilmäßig zukommt. In der Praxis wird die Proportionalisierung mit der Transformation verbunden. Unterschiedliche Auswahlsätze sind auch für bestimmte Branchen, Berufszweige etc. wie z. B. in der (→) Leseranalyse Entscheidungsträger (LAE) oder bei (→) Fachzeitschriftenanalysen (FZA) denkbar.

Bis zur MA 77 wurden für jede Media-Analyse nur etwa 325 Interviews im Saarland und etwa 170 Interviews im Stadtstaat Bremen durchgeführt. Jedes dieser beiden kleinsten Bundesländer ist aber Gebühreneinzugsgebiet einer selbständigen Rundfunkanstalt – vom Saarländischen Rundfunk und von Radio Bremen –, die verständlicherweise nicht nur an Größe und Zusammensetzung ihrer Gesamtauditorien interessiert sind, sondern auch wissen möchten, welche Zuschauer (Saar) und Hörer (Saar und Bremen) sie in ihren Einzugsgebieten haben. Bisher war die statistische Basis für derartige Einzelaussagen zu schmal. Deshalb wurde im Saarland die ursprünglich im Stichprobensystem vorgesehene Anzahl von 85 Sampling points für MA 78 und MA 79 um 100 %, seit MA 80 um 150 % aufgestockt. Im Bundesland Bremen wird seit MA 79 die Zahl der Sampling points verdoppelt. Entsprechend erhöhte sich die Anzahl der eingesetzten Adressen.

Durch die Proportionalisierung werden die durchgeführten Interviews ins richtige Verhältnis zur Gesamtheit aller Interviews gesetzt.

Proximitätsmaße
Oberbegriff für die vor allem in der (→) Clusteranalyse verwendeten Kategorien von Maßen, nämlich den (→) Ähnlichkeitsmaßen, den (→) Distanzmaßen und den Korrelationsmaßen, (→) Korrelation.

Prüffunktion
→ Schätzfunktion

Prüfverteilung
Sammelbezeichnung für diejenigen theoretischen Verteilungen, die in der statistischen (→) Hypothesenprüfung zur Überprüfung von (→) Hypothesen über den Verlauf von Beobachtungsdaten verwendet werden. Die bekanntesten dieser (→) Zufallsverteilungen sind die (→) χ^2-Verteilung, die (→) F-Verteilung und die (→) t-Verteilung.

psychische Distanz
Die subjektiv wahrgenommene Entfernung, die ein Individuum von einem angestrebten Handlungsziel (z.B. dem Kauf eines Produkts) trennt. Je kürzer die psychische Distanz, desto stärker die Tendenz, das Ziel zu erreichen. Nach Werner Kroeber-Riel läßt sich der Zusammenhang der Verstärkung der Verhaltenstendenz durch wachsende psychische Nähe des Ziels mit Hilfe einer einfachen graphischen Darstellung des Zielgradienten illustrieren:

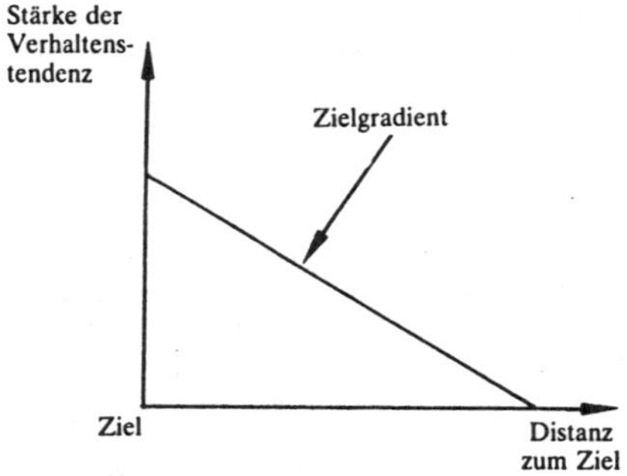

psychographische Marktsegmentierung
Insbesondere wegen der mangelnden Sensibilität der (→) demographischen Marktsegmentierung haben Techniken der psychographischen (→) Marktsegmentierung, die darauf abzielen, „Individuen anhand bestimmter psychologischer Kriterien zu möglichst gleichartigen, in sich geschlossenen, natürlichen Gruppen zusammenzufassen“ (Heribert Meffert), in der Marktforschung große Bedeutung erlangt. Nach Jörg Rehorn können als Meß- und Orientierungskriterien für diese Art der Marktsegmentierung (→) Einstellungen und Erwartungen gegenüber einem bestimmten Produkt oder einer Produktgruppe, grundlegende Persönlichkeitsmerkmale, (→) Persönlichkeitsstärke, oder Verhaltensmerkmale wie z.B. Konsum-, Kauf- und Lebensgewohnheiten, (→)Lebensstil, verwendet werden. Dabei gilt für die Marktsegmentierung generell: „Eine vollständige Marktsegmentierung erfaßt alle relevanten Beziehungen zwischen Markt- und Verbrauchsverhalten, Einstellungen, Persönlichkeitsmerkmalen und Verhaltensweisen. Hinzu kommen als Basiselemente die Merkmale der demographischen Marktsegmentierung. Die Zusammenhänge zwischen diesen Elementen werden mittels spezifischer statistischer Verfahren untersucht. Nachfrager mit gleichartig gelagertem Erscheinungsbild werden zu Marktsegmenten zusammengefaßt“ (Heribert Meffert).

Publikumsforschung
→ Hörerforschung, Leserschaftsforschung, Zuschauerforschung

Publikumszeitschrift
Charakteristikum von Publikumszeitschriften im Gegensatz zu den (→) Fachzeitschriften ist es, daß sie sich redaktionell und als Werbeträger an eine Leserschaft wenden, die unabhängig von Beruf, sozialer Stellung, politischer oder religiöser Bindung durch ihr gemeinsames Interesse an dem dargebotenen Inhalt, dessen Schwerpunkt im Bereich der Unterhaltung und Lebenshilfe liegt, an die Publikation gebunden wird. Es handelt sich also nach diesem allgemeinen Verständnis des Begriffs um regelmäßig erscheinende Druckerzeugnisse, die für breiteste Publikumskreise zugänglich sind und ihren Lesern allgemeinverständliche Informationen und/oder Unterhaltung, jedoch im Gegensatz zu Zeitungen nicht eine umfassende Nachrichtenberichterstattung liefern. Wolfgang Michael Reiter und J. Ritschel definieren Publikumszeitschriften durch ihre Nutzerschaft: „Sie richten sich an ein möglichst breites Publikum, unabhängig von Schicht, Beruf, politischer oder religiöser Bindung“. Eine Konfusion ergibt sich daraus, daß in der Verlagsstatistik der Begriff Publikumszeitschriften oft als Oberbegriff für Massenzeitschriften, (→) Spezialzeitschriften und (→) Zielgruppenzeitschriften und als Gegenbegriff zu den (→) Fachzeitschriften verstanden wird (wie in der folgenden Übersicht), während in der (→) Mediaplanung Publikumszeitschriften, Spezialzeitschriften und Zielgruppenzeitschriften meist als getrennte Kategorien begriffen werden.

Publikumszeitschriften/Allgemeine Zeitschriften		
Massenzeit schriften	Ansprache der Gesamtbevölkerung mit allgemeiner Thematik	aktuelle Illustrierte, Programmzeitschriften
Spezialzeitschriften	Ansprache der Gesamtbevölkerung mit spezieller Thematik	Wohnzeitschriften, Hobbyzeitschriften, Sportzeitschriften
Zielgruppenzeitschriften	Ansprache eines Bevölkerungsrungssegments mit zielgruppenspezifischer Thematik	Frauenzeitschriften, Elternzeitschriften, Jugendzeitschriften,

Quelle: Bruno Tietz (Hrsg.): Die Werbung. Handbuch der Kommunikations- und Werbewirtschaft. Band 2, S. 1863

Die (→) Arbeitsgemeinschaft Media-Analyse (AG.MA) rechnet im einzelnen die folgenden Zeitschriften zu den Publikumszeitschriften: Aktuelle (→) Illustrierte, (→) Programmzeitschriften, (→) Frauenzeitschriften, Eltern- und Erziehungszeitschriften, Gesundheitszeitschriften, Jugendzeitschriften, Zeitschriften für Haus und Garten, Themenzeitschriften mit primär männlichem Einschlag (Sport, Motor, Technik, Hobby, Männermagazine), anspruchsvolle Zeitschriften für Gesellschaft, Wirtschaft und Politik, (→) Supplements und Zeitschriften mit Schwerpunkten auf speziellen Interessengebieten, (→) Spezialzeitschriften.

Über Jahrzehnte hinweg war der Markt der Publikumszeitschriften eine sichere Einnahmequelle. Die (→) verkaufte Gesamtauflage wuchs stetig (1976: 70 Millionen, 1986: 100 Millionen), die Verlage konnten immer wieder neue Titel etablieren und damit ihre Umsätze steigern (1976: 218 IVW-Meldungen, 1986: 374 IVW-Meldungen).

Entwicklung Zeitungen/Zeitschriften 1976–1986

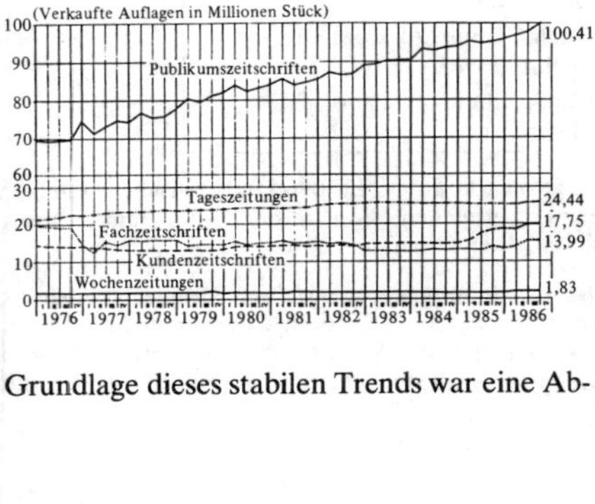

Grundlage dieses stabilen Trends war eine Abgrenzung der „Interessengebiete" der Großverlage innerhalb von Marktsegmenten und zwischen den Preisklassen: Gruner + Jahr („Stern", „Brigitte", „Geo") beherrschte den Bereich der höherpreisigen Qualitätszeitschriften, die Verlagsgruppe Bauer („Fernsehwoche", „Neue Revue", „Praline") spezialisierte sich auf Massentitel der unteren Preisklasse, die Burda-Familie („Bunte", „Freundin", „Bild + Funk") etablierte sich in der Mitte, wobei der Mode- und Handarbeitenverlag Aenne Burda auch international erfolgreich war; der Springer-Konzern schließlich hielt sein Engagement im Zeitschriftenmarkt in Grenzen, abgesehen von einem Standbein bei den Programmblättern („Hörzu", „Funkuhr"). Diese Schwerpunktbildung hinderte nicht daran, daß in einzelnen Marktsegmenten mehrere Verlage mit vergleichbaren Produkten präsent waren, etwa bei den (→) Programmzeitschriften.

Die Harmonie wurde 1979 in Frage gestellt, als der Sebaldus-Verlag, Nürnberg, der auch die Programmzeitschrift „Gong" produziert, mit der Frauenzeitschrift „Die Aktuelle" auf den Markt kam. Als erstes aktuelles Montagsblatt drohte sie, den etablierten Titeln im Bereich der „Yellow Press", also der wöchentlichen, unterhaltenden Frauenzeitschriften, zur Konkurrenz zu werden. Tatsächlich erreichte „Die Aktuelle" 1983 eine verkaufte Auflage von rund einer Million, und der Sebaldus-Verlag sah sich bestärkt, einen weiteren Versuch mit einer Titelneugründung zu wagen: „Die Zwei", seit 1983 auf dem Markt, war eine Innovation gleich auf zwei Gebieten. Zum einen war sie das erste Blatt, das konzeptionelle Elemente von Programmzeitschriften und wöchentlichem Unterhaltungsblatt vermischte, zum zweiten blieb sie mit 90 Pfennig Heftpreis um 10 Pfennig unter den preiswertesten Programmblättern der Verlage Springer und Bauer.

Bauer fürchtete um Marktanteile und setzte der „Aktuellen" einen ähnlich konzipierten Titel „Das Neue" entgegen, der jedoch erfolglos blieb. Gegen „Die Zwei" brachte Bauer dann einen weiteren Titel, „Auf einen Blick", auf den Markt, der aufgrund seines Einführungspreises von nur 30 Pfennig (später 60 Pfennig) als klare Kampfansage in Richtung Sebaldus verstanden werden mußte. Springer zog mit seiner „Bildwoche" (Einführungspreis: 80 Pfennig) nach.

Springer brachte dann 1983 den Markt der Publikumszeitschriften mit seiner Neuschöpfung „Bild der Frau" endgültig in Bewegung. Die drei gemischten Programm-/Frauenblätter und „Bild der Frau" lösten einen Billigboom bei den

Publikumszeitschriften aus, der bis heute anhält. In den Marktsegmenten Programmzeitschriften und wöchentliche, unterhaltende Frauenzeitschriften zeichnen sich drei Tendenzen ab:
1. Den Großverlagen ist es gelungen, mit Hilfe massiven Einsatzes von Kapital und Werbung die scheinbare Bedrohung ihrer angestammten Interessenbereiche durch den Konkurrenten Sebaldus zu stoppen und sogar umzudrehen in ein neues Expansionsfeld für eigene Titel.
2. Die Markterfolge der Billigblätter haben gleichzeitig dazu geführt, daß die Großverlage sich zunehmend selber „kannibalisieren".
3. Die beim Aufstieg der Billigblätter eingetretene Verwischung der zwischen den Großverlagen abgesteckten Grenzen bringt häufiger auch direkte Konfrontationen neuer Produkte der großen Verlage mit sich.

punktbiserielle Korrelation
Ein (→) parametrisches Verfahren zur Bestimmung des Ausmaßes der Wechselbeziehung zwischen einer quantitativen Variablen und einer dichotomisierten oder echten Alternativvariablen. Für den Korrelationskoeffizienten gilt die Formel

$$r = \frac{M_p - M_q}{s} \sqrt{pq},$$

wobei M_p der Mittelwert der einen Gruppe und M_q der der anderen Gruppe (der des Alternativmerkmals, p und q die relativen Häufigkeiten der jeweiligen Gruppen und s die (→) Standardabweichung aller Variablen darstellen.
vgl. biserielle Korrelation; → Korrelation

Punktdiagramm *(Stigmogramm)*
Eine Form der graphischen Darstellung mit Hilfe eines (→) Diagramms, bei der jede Dateneinheit durch einen Punkt dargestellt wird:

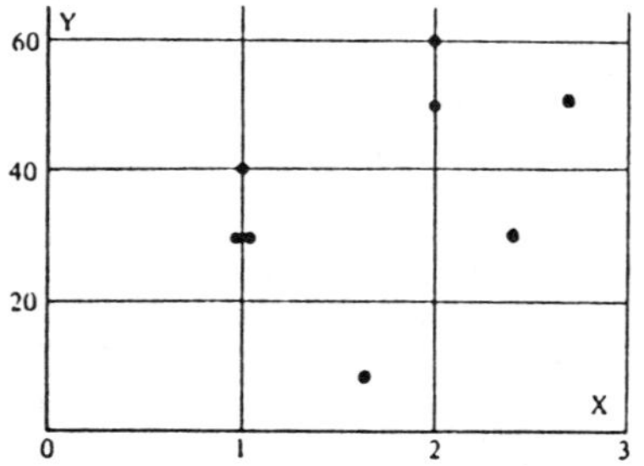

Punktgruppenverfahren
Ein 1966/67 von Infratest, München, entwickeltes Verfahren zur Einschätzung (→) sozialer Schichten, das in der (→) Leseranalyse (LA) der (→) Arbeitsgemeinschaft Leseranalyse (AGLA) erstmals 1968 eingesetzt wurde, um das bis dahin (von der LA 61 bis 67) verwendete Verfahren der (→) Sozialen Selbsteinstufung (SSE) zu ersetzen. Das Verfahren vermeidet die Einseitigkeit der SSE, sich nur auf Berufsgruppen zu stützen.

Unter den verschiedenen Kriterien, die die Lebensumstände der Befragten beschreiben, sind im Rahmen der LA fragebogenmäßig erfaßt: die finanzielle Situation, repräsentiert durch das Netto-Haushaltseinkommen; die berufliche Situation, repräsentiert durch den Beruf der befragten Person bzw. – falls nicht berufstätig – durch den Beruf des Haushaltungsvorstandes; die bildungsmäßige Situation, repräsentiert durch die Erfassung des Schulabschlusses der befragten Person.
Es liegt nahe, daß durch ein System eine zusammenfassende Aussage gewonnen wird, in der jedes Kriterium ein definitorisch festgesetzes (→) Gewicht erhält. Erwin K. Scheuch gab 1961 einen solchen „sozialen Index" an, bei dem

die wirtschaftliche Lage	49%
die Berufszugehörigkeit	22%
das kulturelle Niveau	29%

zur sozialen Stellung einer Person beitragen sollte Infratest entwickelte in Anlehnung daran ein Punktsystem, welches den einzelnen Angaben der befragten Person die folgende Punktzahl zuteilt:

Netto-Haushalts-Einkommen Von DM bis unter DM		
2000 und darüber		8 Punkte
1500	2000	7
1000	1500	6
800	1000	5
600	800	4
400	600	3
250	400	2
250 und darunter		1

Schulbildung des Befragten (Stufe des Schul-Abgangs)	
Abitur, Universität	4 Punkte
Mittelschule, höhere Schule ohne Abitur	3
Volksschule mit abgeschl. Lehre usw.	2
Volksschule ohne abgeschl. Lehre usw.	1

Insgesamt konnten die Befragten zwischen 3 und 15 Punkte erreichen, die man dann zu 5 Punktgruppen = Schichten zusammenfaßte:

Da das Punktgruppenverfahren keine klar abgrenzbaren „sozialen" Schichten liefert, wie z.B. das SSE, hat es auch wenig Sinn, die definitorisch festgelegten Gruppen zu benennen, um so weniger, da sie kaum

Schicht I	(oben umfaßt Befragte mit 12–15 Punkten, in der Bevölkerung vertreten mit	15%
Schicht II	10–11	26%
Schicht III	8– 9	34%
Schicht IV	6– 7	19%
Schicht V (unten)	3– 5	6%
		100%

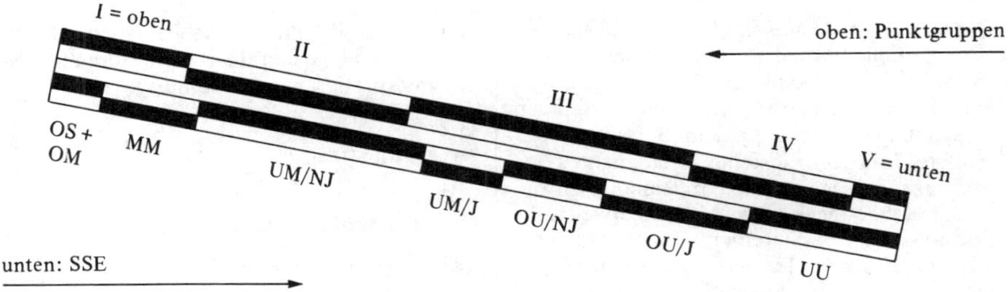

Berufsstellung d. Berufstätigen sonst. des Haushaltungs-Vorstandes	
Inhaber u. Geschäftsführer, freie Berufe, leitende Angestellte, leitende Beamte	3 Punkte
Sonstige Angestellte und Beamte selbst. Landwirte, Facharb.	2
Sonstige Arbeiter, auch landwirtschaftl.	1

Gruppen mit einheitlichem Selbstverständnis sind. Andererseits kann aber zur Berechtigung einer solchen Gruppenbildung angeführt werden, daß es mehr als die SSE Kaufkraft-Schichten liefert, die durch die Berücksichtigung von Bildung und Beruf über das „Anspruchsniveau" gewichtet wurden. Soweit durch (→) Korrelation mit (→) Medianutzung oder Konsumdaten eine Bestätigung beigebracht werden konnte, wies diese auf eine gute Differenzierung hin. Eine Art „Umrechnung" der SSE-Schichten auf die Schichten des Punktgruppen-Systems ist, wie der unten stehende Maßstab zeigt, nicht möglich.

Punktschätzung

In der statistischen (→) Schätztheorie wird zwischen (→) Intervallschätzungen und Punktschätzungen unterschieden. Bei der Punktschätzung geht es um die Ermittlung eines konkreten einzelnen Schätzwerts einer (→) Grundgesamtheit, auf der Basis der Ergebnisse aus Teilgesamtheiten (im Gegensatz zur Bereichsschätzung).

Q

Q-Sort *(Q-Sort-Methode, Q-Sortiertechnik)*
Eine spezielle Form des (→) Präferenz-Rating, die auf den amerikanischen Psychologen William Stephenson zurückgeht. Dabei wird jeder Auskunftsperson bzw. jedem Befragten eine größere Zahl von Einstellungsstatements (Behauptungen, Eigenschaftsbezeichnungen, Namen, Abbildungen usw.), üblicherweise in Form von Karten-Statements (meist zwischen 50 und 120 Karten), (→) Kartenspiel, vorgelegt. Die Auskunftspersonen werden aufgefordert, eine festgelegte Anzahl von Karten so einzuordnen, daß die resultierende (→) Häufigkeitsverteilung einer definierten theoretischen Verteilung, oft der (→) Normalverteilung, entspricht. Die Sortierung erfolgt nach dem Grad, in dem die Auskunftspersonen einen Sachverhalt oder eine Person als zutreffend charakterisiert betrachten. Das Verfahren kann auch ohne festgelegte Verteilungsvorschrift für die Karten durchgeführt werden (die Daten werden dann faktorenanalytisch ausgewertet).
Im Unterschied zu den summativen (→) Skalierungstechniken wie z. B. der (→) Likertskala richtet sich bei der Q-Sortiertechnik das Interesse „nicht auf die Feststellung eines Gesamtpunktwerts für jede Auskunftsperson. Es gilt vielmehr dem Ausmaß der (→) Korrelation, die zwischen jeder Auskunftsperson und jeder anderen bezüglich der entstehenden Punktwertreihen besteht. Nachdem alle Sortierungen vollzogen sind, wird der Satz numerisch verschlüsselter Angaben für jede Person mit dem Satz für jede andere Person korreliert. Das Ziel ist die Klassifizierung der Personen nach ihrer Ähnlichkeit, wie sie sich in den Sortierungen der Items zeigt“ (Paul E. Green/Donald S. Tull). Zu diesem Zweck werden Techniken der (→) Faktorenanalyse und der (→) Clusteranalyse verwendet.

Q-Technik *(Q-Analyse)*
Eine der beiden grundlegenden Formen der (→) Faktorenanalyse. Sie beruht im Gegensatz zur (→) R-Technik (R-Analyse) auf der Interkorrelation von Personen. Es werden dabei also die (→) Korrelationen bzw. die Skalarprodukte zwischen jeweils zwei Merkmalsträgern über die (→) Grundgesamtheit der (→) Merkmale berechnet. Die Faktormatrix enthält also die Faktorenladungen der einzelnen Personen in den Typenfaktoren, da die Personen faktorisiert sind und die extrahierten Faktoren als Typen interpretiert werden können.

Q-Test
→ Cochran-Test

q-Wert
→ Nutzungshäufigkeit

quadratische Abweichung
→ Varianz

quadratische mittlere Abweichung
→ Standardabweichung

qualifizierter Lesevorgang
→ Kontaktqualität, Lesevorgang

Qualifizierung
→ Kontaktqualität

Qualitäten
Eine „Grundlagenstudie über den Nutzungsprozeß bei Zeitschriften und deren Konsequenzen für die Mediaplanung“, die der Verlag Das Beste, Düsseldorf, 1980 vorgelegt hat. Anlaß für die Studie war die Frage, ob die in der (→) Mediaplanung vorherrschende Annahme über die direkte Beziehung zwischen (→) (Werbemittel-)Kontaktchancen (Auflagenhöhe) und Werbewirkung überhaupt zutrifft. Die Untersuchung geht davon aus, daß jeder (→) Zeitschrift gegenüber unterschiedliche Wertvorstellungen bestehen und sie unterschiedlich gelesen wird: In (→) Mediaforschung und Mediaplanung müsse entsprechend Werbeträgerkontakt-*Quantität* durch (→) Werbeträgerkontakt-*Qualität* ersetzt werden.
Die fünf Stufen von Werbeträgerkontakt, über Werbemittelkontakt, Werbemittelbeachtung, Werbemittelwirkung zu Werbewirkung wurden analysiert auf der Basis einer (→) Panelbefragung mit 945 Jugendlichen und Erwachsenen. Im ersten Interview gaben die Befragten (→) Leseverhalten, spontane und gestützte Markenbekanntheit, Kaufpräferenz und Werbeerinnerung (22 Produktbereiche) an, dann führten sie drei Monate lang Protokoll über ihr (Zeitschriften-)Leseverhalten, im zweiten Interview wurden nochmals die Fragen des ersten wiederholt, schließlich die (→) Leser-Blatt-Bindung (LBB) festgestellt.

Prozentberechnungen dienten dem Vergleich der verschiedenen Zeitschriftennutzungen, der unterschiedlichen Bindungen an diese Zeitschriften, der (→) Kontakthäufigkeit und der jeweils spezifischen Werbewirkung (Markenkenntnis) nach Zeitschriftenkonsum. Es zeigte sich, daß eine hohe Werbeträger-Kontaktzahl, d. h. viele (→) Leser/ viele (→) Kontakte, keine Garantie, allerdings Voraussetzung für Werbewirkung ist. Besser geeignet für die Wirkungsprognose war nach den Ergebnissen die Leser-Blatt-Bindung als (→) Indikator für (→) Kontaktqualität: Leser, die sich einer Zeitschrift stärker verbunden fühlen und sich ihr mehr zuwenden, reagieren auch eher auf die Anzeigen in dieser Zeitschrift.
vgl. Lesequalität, Werbemittel-Kontakt-Chancen.

qualitative Analyse *(qualitative Methode der Sozialforschung)*
Eine Verfahrensweise der Datenauswahl, Datensammlung und Dateninterpretation mit Hilfe von (→) Intensivinterviews, (→) Gruppendiskussionen, (→) zentrierten Interviews, (→) projektiven Techniken, nichtstandardisierten Verfahren der qualitativen (→) Inhaltsanalyse oder der teilnehmenden Beobachtung und der biographischen Methode, die aus unmittelbarer, verstehender Einsicht in den manifesten oder latenten Strukturzusammenhang einzelner Phänomene vorgenommen werden. Wiewohl die solchermaßen gewonnenen Daten kaum strukturiert sind, können sie mit Techniken der Inhaltsanalyse, durch Häufigkeitsauszählungen, die Berechnung von (→) Korrelationen und Indizes vielfach auch quantifizierend ausgedeutet werden. In der Regel werden sie jedoch vorwiegend in (→) Explorationen angewandt, eben weil es aufgrund der besonderen Verfahren der (→) Erhebung der Daten nicht möglich ist, eine quantitative Aussage über die (→) Häufigkeit und (→) Intensität der erhobenen (→) Merkmale zu machen. Sinn der Durchführung qualitativer Untersuchungen kann daher vernünftigerweise nur die Erfassung subjektiver Tatbestände sein, durch die bestenfalls Aussagen über die Eigenschaften von Individuen möglich sind.
vgl. quantitative Analyse, Quantifizierung

qualitätsneutrale Ausfälle
Als qualitätsneutral gelten bei (→) Stichproben solche (→) Ausfälle, die sich nicht verzerrend auf das Untersuchungsergebnis auswirken, sondern den Charakter eines (→) Zufallsfehlers haben.

Quantifizierung
Der Vorgang des Messens quantitativer (→) Merkmale oder der Zuordnung numerischer Werte zu qualitativen Merkmalen, d. h. die Ermittlung von Klassenhäufigkeiten. Es handelt sich bei Quantifizierung in der (→) empirischen Sozial- und Marktforschung um ein forschungstechnisches Artefakt, das zur statistischen Absicherung von Schlußfolgerungen aus empirischen Daten dient. Speziell in der Sozial-, Markt- und (→) Mediaforschung werden unter Quantifizierung meist drei verschiedene Vorgehensweisen subsumiert: „Quantifizierung wird erstens verstanden als Technik, qualitative Informationen über soziale Sachverhalte in numerische Informationen zu transformieren", wobei die Bedingungen, unter denen diese Transformationen möglich sind, die Techniken der Transformation selbst und die Eigenschaften dieser transformierten Sachverhalte Gegenstand der Theorie des (→) Messens sind. „Quantifizierung wird zweitens verstanden als Technik, das Untersuchungsobjekt durch diejenige Anzahl von Untersuchungseinheiten zu repräsentieren, die für Aufbereitung und Interpretation der Daten notwendig ist... Schließlich versteht man unter Quantifizierung die Formalisierung oder Mathematisierung qualitativer Aussagesysteme" (Peter Höhmann/Jürgen von Koolwijk).

Quantile *(Quantilabstände)*
Oberbegriff für alle statistischen Lagemaße der (→) Streuung wie z. B. Dezile, (→) Perzentile, (→) Quartile, (→) Quintile, (→) Tertile, durch die Ordnungszahlen einer (→) Häufigkeitsverteilung in gleichgroße Gruppen geteilt werden.

quantitative Analyse *(quantitative Methode)*
In der empirischen Sozial- und Marktforschung die sich der Techniken der (→) Quantifizierung von Daten bedienende Verfahrensweise der Datenauswahl, -sammlung und -analyse mit Hilfe von standardisierten (→) Befragungen, (→) Beobachtungen und (→) Experimenten, standardisierten (→) Skalierungsverfahren, quantitativ auswertbaren Testmethoden oder Beobachtungstechniken wie denen der Soziometrie mit dem Ziel, in kontrollierbarer und vergleichbarer Weise Informationen über Meinungen, (→) Einstellungen, (→) Motive, (→) Verhaltensweisen und objektive Lebensumstände zu gewinnen.
vgl. qualitative Analyse (qualitative Methode der Sozialforschung)

Quantuplikation
Im ursprünglichen Sinne des Wortes bezeichnet

man in der (→) Media- und insbesondere in der (→) Leserschaftsforschung mit Quantuplikation dasselbe wie mit dem Begriff der (→) externen Überschneidung von mehr als drei Medien (bei zwei Medien spricht man von Duplikation, bei dreien von Triplikation). Inzwischen wird der Begriff in der (→) Mediaplanung jedoch zur Bezeichnung der systematischen Zusammenstellung aller Kombinationsmöglichkeiten bei (→) Einfachbelegung einer bestimmten Anzahl von Werbeträgern mit dem Ziel der Ermittlung der (→) Nettoreichweite der verschiedenen Kombinationsmöglichkeiten unter besonderer Berücksichtigung der kostengünstigsten Kombinationen bezeichnet. Zur Ermittlung der möglichen Reichweiten beim kombinierten Einsatz mehrerer Werbeträger wurden gesonderte Quantuplikationstabellen hergestellt.

Quartil
Ein statistisches Streuungsmaß, (→) Quantile, das durch drei Punkte auf einer (→) Rangskala bezeichnet wird, durch die eine (→) Häufigkeitsverteilung in vier gleichgroße Bereiche geteilt wird. Bis zum 1. Quartil liegen 25% aller Fälle der Verteilung, bis zum 2. Quartil 50% usw. (s. auch Abb. unten). Die Quartile berechnen sich mithin nach den folgenden Formeln:

$$Q_1 = \frac{1\,(N+1)}{4} = \frac{N+1}{4}$$

(1. Quartil oder unteres Quartil)

$$Q_2 = \frac{2\,(N+1)}{4} = \frac{N+1}{2}$$

(2. Quartil oder mittleres Quartil)

$$Q_3 = \frac{3\,(N+1)}{4} = \frac{3\,N+3}{4}$$

(3. Quartil oder oberes Quartil).

Quartilabweichung
→ mittlerer Quartilabstand

Quartilsdispersionskoeffizient
Ein (→) Parameter zum Vergleich der (→) Streuung von metrischen Variablen mit unterschiedlicher (→) zentraler Tendenz. Es wird berechnet als

$$V_Q = \frac{Q_3 - Q_1}{Q_2 + Q_1}$$

oder in (→) Perzentilen ausgedrückt:

$$V_Q = \frac{C_{75} - C_{25}}{C_{50} + C_{25}}\,.$$

quasi-biotische Anlage
→ biotische Beobachtung (biotische Versuchsanordnung)

Quasi-Experiment
Quasi-Experimente unterscheiden sich von reinen (→) Experimenten, (→) experimentelle Anlage, wesentlich dadurch, daß in ihnen die experimentellen Bedingungen nicht mehr der Manipulierbarkeit durch den Versuchsleiter unterliegen. Der Versuchsleiter ist zwar in der Lage, die präexperimentelle (→) unabhängige Variable in das Experiment einzubringen, er kann auch ihre Variation bestimmen, hat aber keinen Einfluß darauf, wer diesen Bedingungen unterworfen ist. Das Ergebnis eines solchen Experiments hat daher im strengen Verständnis keine (→) Validität (Gültigkeit). Den-

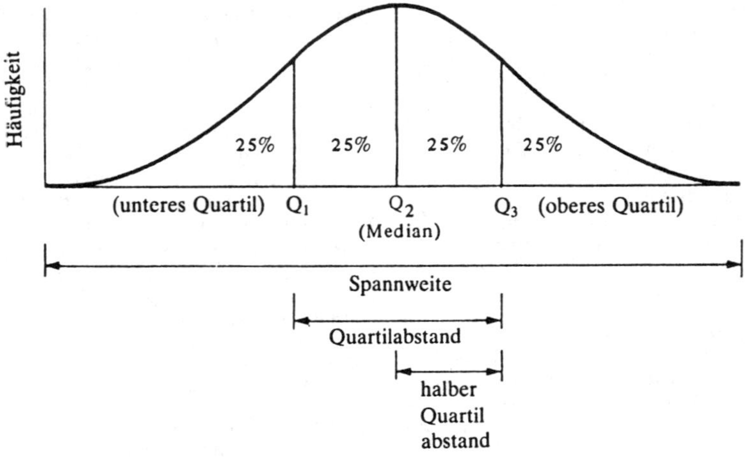

noch kann die Auswirkung der unabhängigen Variablen in Analogie zu echten experimentellen Anlagen, z.B. in Form von (→) Ex-post-facto-Untersuchungen, analysiert werden. Besonders (→) Feldexperimente sind häufig Quasi-Experimente, bei denen dem Nachteil des Mangels an Validität der Vorteil ihrer Authentizität und ihrer Durchführung im natürlichen Milieu gegenübersteht. Die Tabelle unten auf dieser Seite zeigt vier verschiedene Typen von Forschungsstrategien in ihren Unterschieden des experimentellen Niveaus.

Quasipanel
Eine Form des (→) Panels, auf die die strikte Definition des Panels, d.h. 1. die wiederholte (→) Befragung oder (→) Beobachtung identischer Einheiten oder Personen; 2. die Anwendung identischer Kriterien und 3. die Durchführung der Befragungen oder Beobachtungen der jeweiligen Panelwellen bei allen Einheiten und für alle Kriterien, nicht angewendet werden kann. Als Quasipanel wird häufig auch eine (→) einmalige Befragung bezeichnet, in der die Befragten zugleich mit den Angaben über den Befragungszeitpunkt auch Angaben über ihre Erinnerungen an Vergangenes und ihre Antizipationen für die Zukunft machen.

Quasi-Skala
Eine (→) Skala, bei der die individuellen Werte durch eine Hauptvariable und durch mehrere Nebenfaktoren von geringerem Gewicht bestimmt sind und die unter der Homogenitätsannahme unzulässigen oder irregulären Reaktionsverläufe zu den einzelnen Summenwerten mit gleichmäßiger oder zufallsbestimmter Häufigkeit auftreten, so daß sich keine Nicht-Skalen-Typen heraushеben und der Koeffizient der (→) Reproduzierbarkeit kleiner als 0,85 ist (Louis Guttman).
→ Guttman-Skala

Querschnitt
→ Stichprobe

Querschnittsanalyse *(Querschnittsuntersuchung)*
In der (→) empirischen Sozialforschung wird grundsätzlich zwischen Querschnittsuntersuchungen und (→) Längsschnittuntersuchungen unterschieden. Kennzeichen von Querschnittserhebungen ist es, daß die untersuchten Variablen nur zu einem bestimmten Zeitpunkt beobachtet werden. Ziel von Querschnittsuntersuchungen kann nur der Vergleich der Ausprägungen einzelner Variablen bei den unterschiedlichen Erhebungseinheiten, d.h. die (→) Kovariation zwischen den Variablen, sein. Für die Analyse von Prozessen und die Veränderung von Variablen im Zeitverlauf hingegen eignen sich Verfahren der Längsschnittanalyse. Vorwiegend Kostenerwägungen, aber auch spezifische Analysevorteile der Querschnittsanalysen lassen es mitunter geraten erscheinen, auch Querschnittsanalysen als Substitute für Längsschnittanalysen heranzuziehen. Zu den spezifischen Auswertungsvorteilen von Querschnittsanalysen auch dynamischer Prozesse sind nach Franz Urban Pappi vor allem die folgenden Faktoren zu rechnen:

1. Querschnittsanalysen bieten oft eine größere (→) Streuung bei Variablen, die sich im Zeitverlauf nur allmählich ändern. Die Streuung von Variablen wie persönliches Einkommen, Ausbildung, gruppenspezifische Normen, hierarchische Strukturen usw. z.B. ist in einer (→) Zeitreihenuntersuchung weitaus geringer als in einer Querschnittsuntersuchung. „Während Longitudinaldaten hier meist nur wenig aussagefähig sind, ermöglichen es Querschnittsanalysen auch, den Einfluß solcher Variablen auf die zu erklärenden Phänomene zu testen und ihre Bedeutung in Relation zu anderen Erklärungsfaktoren herauszuarbeiten" (F. U. Pappi).
2. (→) Multikollinearität von Variablen, durch die eine Analyse vieler Zeitreihenuntersuchungen erschwert wird.

	Forschungsstrategie			
Experimentelle Bedingung	Reines Experiment	Quasi-Experiment	Datenanalyse	Ex-post-facto-Experiment
Meßbarkeit einer oder mehrerer variabler Größen	+	+	+	+
Vorhandensein einer Hypothese	+	+	+	
Manipulierbarkeit der experimentellen Variablen	+	+		
Manipulierbarkeit aller experimentellen Bedingungen	+			

Quelle: Handbuch der Psychologie, 7. Band Sozialpsychologie, 1. Halbband, Göttingen – Toronto – Zürich 1975, S. 527

3. Da Querschnittsuntersuchungen nicht dem schwer kontrollierbaren Wandel der Bedeutung einzelner (→) Indikatoren im Zeitverlauf unter dem Einfluß von Veränderungen der Sprache, der (→) Bezugsgruppen usw. unterliegen, die ein charakteristisches Problem langfristiger Zeitreihenstudien darstellt, ist die (→) Validität (Gültigkeit) der (→) Operationalisierungen in Querschnittsstudien weitaus höher als in Längsschnittanalysen.

Quota-Auswahl *(Quotenauswahl, Quotenverfahren)*
Ein vor allem in der kommerziellen Markt- und Sozialforschung weit verbreitetes Verfahren der (→) bewußten Auswahl, bei dem die Zusammensetzung der (→) repräsentativen Stichprobe auf der Basis vorangegangener (→) Totalerhebungen (Vollerhebungen) und der aus ihnen gewonnenen Kenntnis der Struktur der (→) Grundgesamtheit festgelegt wird und dem Interviewer in der Quotenanweisung lediglich die (→) demographischen Merkmale der von ihm zu befragenden Personen vorgegeben werden. Im übrigen haben die Interviewer freie Hand zu entscheiden, welche konkreten Personen mit welchen Merkmalskombinationen sie befragen. Eine solche Quotenanweisung kann etwa folgendermaßen aussehen:

	Zahl der zu befragenden Personen
Zahl der Interviews	7
Geschlecht	
männlich	4
weiblich	3
Alter	
16 – unter 25 Jahre	1
25 – unter 30 Jahre	2
30 – unter 40 Jahre	1
40 – unter 50 Jahre	2
50 Jahre und älter	1
Beruf	
Selbständiger	1
Angestellter	–
Beamter	1
Arbeiter	2
nicht berufstätig	3

Unterschieden werden unkorrelierte Quoten, bei denen die Relationen einzeln erfüllt werden und es den Interviewern überlassen wird, wie sich die einzelnen Vorgaben überschneiden, und korrelierte Quoten, bei denen die zu befragenden Personen über kombinierte Quotenmerkmale einzeln definiert werden. Da die Interviewer beim Quotenverfahren nicht aufgefordert werden, bestimmte Einzelpersonen zu befragen, können sie (→) Ausfälle nach eigenem Gutdünken ersetzen, sofern sie in die Quotenanweisung hineinpassen. Hier liegen auch die in der Literatur am meisten diskutierten Fehlerquellen des Verfahrens:

1. **subjektive Verzerrungen** können sich durch bewußte oder unbewußte Sympathien der Interviewer bei der Auswahl der Befragten ergeben.
2. **Bequemlichkeitseffekte** entstehen aufgrund der Neigung der Interviewer, die am leichtesten zu erreichenden Personen zu befragen und
3. (→) **Klumpungseffekte** ergeben sich als Folge der regional beschränkten Auswahl der einzelnen Interviewer.

Die Gesamtheit der Erhebungseinheiten wird beim Quotenverfahren so zusammengestellt, daß die einzelnen Quotenmerkmale in ihrer Verteilung mit der Struktur der Grundgesamtheit übereinstimmen und die (→) Stichprobe mithin in ihren (→) Merkmalen ein verkleinertes Abbild der Gesamtheit darstellt. Vieldiskutiertes Problem der Quotenauswahl wie aller anderen Verfahren der bewußten Auswahl ist, daß auf sie die Grundsätze der mathematischen (→) Wahrscheinlichkeitstheorie nicht anwendbar sind, weil es sich bei ihnen nicht um Verfahren der reinen (→) Zufallsauswahl handelt und folglich für sie auch weder (→) Vertrauensbereiche noch (→) Signifikanzniveaus berechenbar sind, es sei denn man unterstellt, daß – was in der Regel getan wird – durch die Quotenauswahl eine empirisch abgesicherte Zufallssteuerung approximiert wird. Ein besonderer Vorteil der Quotenauswahl, der sie vor allem für privatwirtschaftlich operierende Unternehmen attraktiv macht, liegt in dem Umstand, daß sie kostengünstig und einfach in der Abwicklung sind.
„Das Problem der Stichprobenbildung mit Quoten-Verfahren liegt darin, daß niemand wissenschaftlich erklären kann, auf welche Weise es zu repräsentativen Stichproben führt. Man kann sich lediglich auf Erfahrung berufen, wenn man mit dem Quota-Verfahren die Erwartung verbindet, daß sich die erzielten Ergebnisse fast immer als richtig und erstaunlich genau erweisen. Diese Eigenart hat das Quota-Verfahren mit den heuristischen Random-Verfahren gemeinsam“ (Karl-Friedrich Flockenhaus).
Statistische Theoretiker haben dem Quotenverfahren eine Eselsbrücke gebaut, die allerdings bei der Planung von Untersuchungen wenig nützt: Quotenerhebungen führten stets dann zu richtigen Schätzwerten, wenn die Merkmale, nach denen der repräsentative Querschnitt ausgewählt wird, eng mit dem Untersuchungsgegenstand korreliert seien, und außerdem der Untersuchungsgegenstand mit

den möglichen Ergebnisverzerrungen nicht korreliert ist. Man müßte nach dieser Theorie also die Zusammenhänge kennen, zu deren Erkenntnis man eine Untersuchung durchführt.
Das Institut für Demoskopie Allensbach hat zweimal, in den 1960er und in den 70er Jahren in einem Quota-Random-Experiment mit je 2000 Quoten- und 2000 Randombefragungen die üblichen Bedenken gegen das Quotenverfahren experimentell überprüft. Untersucht wurden die folgenden Hypothesen:

1. Die Interviewer befragen vorwiegend Personen, mit denen sie leicht Kontakt bekommen;
2. Sie suchen sympathische Personen aus;
3. Sie befragen nur im untersten Stockwerk;
4. Sie befragen meist auf der Straße;
5.. Innerhalb der quotierten Gruppen findet keine richtige Streuung statt;
6. Extreme soziale Gruppen werden nicht erfaßt;
7. In den nicht quotierten Gruppen fehlt die (→) Repräsentanz;
8. Trotz richtiger Gesamtergebnisse ist die innere Struktur des Querschnitts falsch;
9. Zwischen wiederholten Quotenumfragen sind die Abweichungen wesentlich größer als zwischen wiederholten Randombefragungen.

Die Ergebnisse des Allensbacher Experiments lassen keinen anderen Schluß als den zu, „daß die Interviewer trotz der Freiheit, die sie theoretisch besitzen, in der Praxis etwas Ähnliches wie eine Zufallsauswahl" beim Quotenverfahren verwirklichen. „Das Interviewernetz als Ganzes fungiert als Selektor, dessen Verhalten durch direkte Anweisung und insbesondere indirekte Beeinflussung auf das Ideal einer Zufallsauswahl hingesteuert wird" (Gerhard Schmidtchen). Es gibt danach im wesentlichen sechs Bedingungen repräsentativer Quotenauswahl:

1. **Die Quotierung muß objektiv und spezifisch sein.** Ihre Funktion muß es sein, den Interviewer aus seinem eigenen sozialen Horizont heraustreten zu lassen. Die Quote muß so formuliert sein, daß der Interviewer auswechselbare Befragte nicht allzu leicht findet.
2. **Der Fragebogen ist insgeheim an der Auswahl beteiligt.** Thematisch einseitige Fragebögen führen in der Regel zu einer Verzerrung der Quotenstichprobe. Die Interviewer neigen dazu, sich bei einer monothematischen Umfrage den Personen zuzuwenden, die sie für die auskunftsfähigsten halten. Zur repräsentativen Quotenauswahl gehört ein Fragebogen, in dem eine große Vielfalt von Themen behandelt wird. Die Themenmischung muß alle sozialen Gruppen möglichst gleichmäßig interessieren.
3. **Die Zahl der Interview-Aufträge muß gering sein.** Jeder Interviewer sollte bei einer einzelnen Umfrage nicht mehr als zehn Interviews durchführen. Je größer die Zahl der Interviews, desto stärker wirken sich die persönlichen Vorlieben des Interviewers auf die Auswahltätigkeit aus.
4. **Die Interviews sollten möglichst in den Wohnungen durchgeführt werden.** Straßeninterviews führen zu einer Überrepräsentation des mobilen, aktiveren Teils der Bevölkerung.
5. **Das Interviewernetz sollte zentral geleitet werden.** So werden am besten alle Unterschiede in der Arbeitsweise und Auswahltätigkeit verschiedener Interviewergruppen ausgeschaltet.
6. **Das Interviewernetz muß langfristig sehr gleichförmig verwaltet und geschult werden.** Dazu gehört eine ausgeglichene „Arbeitsdiät". Ein auf bestimmte Themen „spezialisiertes" Interviewernetz vollzieht eine falsche Quotenauswahl.

Alle wesentlichen quantitativen (→) Mediaanalysen einschließlich der (→) Media-Analyse (MA) der (→) Arbeitsgemeinschaft Media-Analyse (AG.MA) in der Bundesrepublik und im Ausland werden auf der Basis einer Random-Stichprobe durchgeführt. Ausnahme ist die (→) Allensbacher Werbeträger-Analyse (AWA) des Instituts für Demoskopie, Allensbach, der ein Quotenverfahren zugrundeliegt.
Ein Vergleich zwischen den Ergebnissen der AWA und den Ergebnissen der (→) Reichweitenanalysen der AG.MA zur Abschätzung des Quoteneffekts ist nicht möglich, weil sich beide Erhebungen nicht nur im Hinblick auf das (→) Auswahlverfahren, sondern auch in der Fragebogentechnik unterscheiden. Die höheren Reichweitenwerte des IfD werden vom Institut in erster Linie mit dem unterschiedlichen Befragungsmodell erklärt.
Daß diese Ansicht von der Mehrzahl der Mediaforscher nicht geteilt wird, geht auch aus dem (→) ZAW-Rahmenschema für Werbeträgeranalysen hervor, in dem es heißt: „Für Werbeträger-Analysen wird der Einsatz von Randomstichproben empfohlen, weil die subjektive Einflußnahme des Interviewers auf den Auswahlprozeß zu unkontrollierbaren Verzerrungen führen kann. Dem Adressenrandom ist der Vorzug zu geben vor dem Random-Route-Verfahren.
Der Einsatz einer Quotenstichprobe mag angemessen sein bei sehr kleinen Grundgesamtheiten, sofern Dateimaterial nicht vorhanden oder unzuverlässig ist."
Ein Beispiel für eine solche Ausnahme ist die (→) Leseranalyse Entscheidungsträger in Wirtschaft und Verwaltung (LAE), wobei in diesem Fall bei sehr kleiner Grundgesamtheit nicht nur hohe Kontaktkosten entstehen, sondern zusätzlich auch damit zu rechnen ist, daß bei einem Random-Ansatz die Ausfälle in wichtigen Teilgruppen stark überproportional auftreten (zum Beispiel in der obersten Hierarchieschicht der LAE, bei den Managern großer Unternehmen) und das Ergebnis entsprechend verzerren.

Bei (→) Copy-Tests wird häufig ein Quota-Verfahren verwendet, weil hier die zur Verfügung stehende Zeitspanne – wenige Tage nach Erscheinen der Testausgabe – für die korrekte Durchführung einer Random-Untersuchung nicht ausreicht. Die Random-Stichprobe wäre stark verzerrt und würde bestimmte Bevölkerungsgruppen mit hohen Anteilen schwer erreichbarer Personen unvollständig repräsentieren. Die Quota-Vorgaben gewährleisten die anteilmäßig komplette Einbeziehung dieser Teilgruppen, allerdings mit der Einschränkung, daß aus diesen Gruppen nur derjenige Teil erfaßt wird, der vergleichsweise leicht ansprechbar ist.

Für (→) Fachzeitschriftenanalysen (FZA) kann nach den „Anleitungen und Empfehlungen" für die Anlage, Durchführung und Berichterstattung von Werbeträgeranalysen bei Fachzeitschriften und für die Datenerhebung der AMF-Karten das Quotenverfahren verwendet werden:

„Voraussetzung für die Anwendung einer Quota-Stichprobe ist die genaue Kenntnis der Struktur der Grundgesamtheit nach wesentlichen Merkmalen aus verläßlichen, gegebenenfalls amtlichen Quellen. Dabei sind vor allem die Merkmale für die Quotenbildung heranzuziehen, die einen wesentlichen Einfluß auf die Mediennutzung haben.

Zur Beurteilung der Qualität einer Quoten-Stichprobe sind folgende Nachweise erforderlich:

- die sekundärstatistischen Quellen und Verteilungen der Quotenmerkmale, möglichst in Zellen für Merkmals-Kombinationen
- die Erfüllung der Quotenvorgaben durch Soll-/Ist-Vergleich der Quotenmerkmale.

Für Empfänger- und/oder Leser-Struktur-Analysen ist auch bei Fachzeitschriften das Quota-Verfahren in der Regel nicht geeignet, weil Strukturen durch diese Analysen überhaupt erst ermittelt werden sollen. Im übrigen ist bei diesen Untersuchungsformen grundsätzlich von der Vertriebsdatei auszugehen.

Grundsätzlich ist es vertretbar, Untersuchungsergebnisse, die teils per **Random und** teils per **Quota** gewonnen wurden, in einem Gesamtergebnis darzustellen. Auch Mischung aus **Total-Erhebung und Random-Stichprobe** ist denkbar. In solchen Fällen, die im allgemeinen die Ausnahmen bleiben werden, müssen 1. die Begründung der Notwendigkeit des entsprechenden Vorgehens erläutert und 2. die Anteile der Interviews oder der versandten Fragebogen sowie der Rückläufe, die auf verschiedene Erhebungsarten und Auswahlverfahren entfallen, offengelegt werden.

Bezeichnungen: Random nur dann, wenn die Ergebnisse ausschließlich auf diesem Verfahren beruhen. Bei Mischung Random + Quota muß es Quota heißen, bei Kombination Total + Stichprobe = Stichproben-Erhebung."

R

r x c-Felder-Tafel
→ Kontingenztafel

Rabatte
→ Malrabatte, Mengenrabatte

Rabattnachbelastung
In Fällen, in denen ein Werbungtreibender das im (→) Media-Vertrag der Rabattberechnung zugrundegelegte Auftragsvolumen tatsächlich nicht erreicht, so ergibt sich für den Werbungdurchführenden ein Rechtsanspruch auf Ausgleich der Differenz zwischen dem Rabatt, der aufgrund der tatsächlich erfolgten Werbung zu zahlen ist, und dem Betrag, der vertraglich vorgesehen war. Der Anspruch entfällt lediglich in Fällen von höherer Gewalt, zu denen auch Streiks zählen, und in Fällen, in denen der Auftraggeber bei Preiserhöhungen ein bestehendes Rücktrittsrecht nicht wahrnimmt.

Rabattstaffel
→ Mengenstaffel, Malstaffel

Radio
→ Hörfunk, Rundfunk

Rahmenschema für Werbeträger-Analysen
→ ZAW-Rahmenschema für Werbeträger-Analysen

Random-Ausfallgewichtung
→ Gewichtung 1.

Randomauswahl
→ Zufallsauswahl

Randleser
→ gelegentlicher Leser, ganz seltener Leser, Mitleser; *vgl.* Kernleser, regelmäßiger Leser

Randomisierung *(Randomisation, Zufallsstreuung)*
Eine statistische Operation, mit der im (→) Experiment unkontrollierte von kontrollierten Faktoren abgelöst werden. Dabei werden durch Herstellung einer Zufallsstreuung die Versuchspersonen nach dem (→) Zufallsprinzip auf die einzelnen experimentellen Gruppen verteilt, so daß die Unterschiede zwischen den Gruppen in bezug auf die präexperimentellen Variablen nur im Rahmen des (→) Zufallsfehlers möglich sind und umgekehrt der (→) systematische (→) Fehler ausgeschaltet ist. Grundprinzip der Randomisierung ist die approximative Gewährleistung, daß jede Erhebungseinheit in der zu untersuchenden (→) Grundgesamtheit die gleiche Wahrscheinlichkeit hat, entweder in die Experimental- oder die Kontrollgruppe zu kommen. Die Randomisierung ist die wohl wichtigste Kontrolltechnik zur Sicherung der internen (→) Validität.
vgl. Parallelisierung

Random-Response-Technik *(Randomized-Response-Technik, Technik der Zufallsantwort)*
Ein vorwiegend bei (→) Befragungen über heikle Themen und mit peinlichen Fragen eingesetztes Fragemodell, dessen Grundgedanke die (→) Randomisierung der Antworten der Befragten ist. Dadurch soll erreicht werden, daß der Befragte auch solche Fragen ehrlich beantwortet, die er wahrscheinlich bei einer normalen Befragung nicht ehrlich beantworten würde, weil er durch die offene Beantwortung gegenüber dem Interviewer in Verlegenheit geriete. Bei der Random-Response-Technik wird durch ein einfaches Randomisierungsverfahren wie z. B. den Wurf einer Münze oder eines Würfels, eine (→) Stichprobe in zwei Unterstichproben aufgeteilt. Dem Befragten werden zwei Fragen, eine vollkommen unverfängliche, harmlose (HA) und eine heikle Frage (HE) vorgelegt. Durch den Wurf der Münze entscheidet der Befragte, welche Frage er beantwortet, ohne daß der Interviewer erfährt, welche Frage das ist. Der Anteil der Befragten, die auf die heikle Frage mit „Ja" geantwortet haben, berechnet sich dann nach der folgenden Formel:

$$P(Ja|HE) = \frac{P(Ja) - P(HA) \cdot P(Ja|HA)}{P(HE)} .$$

Random-Route-Verfahren *(Random-Walk-Verfahren)*
Ein in der (→) Umfrageforschung häufig eingesetztes (→) Auswahlverfahren, das mindestens bei der Gestaltung des Zufallsweges für den Interviewer einige Ähnlichkeit mit anderen Verfahren der (→) Zufallsauswahl hat. Der Intention nach besteht es in der Festlegung des von jedem Interviewer zurückzulegenden Marschweges in einer Weise, bei der jedes Element der (→) Grundgesamtheit dieselbe Chan-

ce hat, in die (→) Stichprobe aufgenommen zu werden und umgekehrt der Interviewer aufgrund des vorgeschriebenen Weges, den er zurückzulegen hat, kaum Möglichkeiten der subjektiven Auswahl oder der Ausschließung potentieller Befragter bekommt. Es handelt sich beim Ablauf der Befragung durch den einzelnen Interviewer mithin um einen (→) stochastischen Prozeß, für den das Postulat gilt, daß der Wert zum Zeitpunkt $t(x_t)$ sich aus dem vorigen Wert x_{t-1} plus einem vollkommen zufälligen und unvorhersagbaren Wert e_t ergibt, also

$$x_t = x_{t-1} + e_t, \quad \text{wobei } t = 1, 2, \ldots \text{ ist.}$$

Bei den in der Umfragepraxis verwendeten Random-Route-Verfahren wird zunächst eine Ausgangsadresse nach einem echten Zufallsverfahren ausgewählt, (→) Begehung. Von der Ausgangsadresse aus wird der Interviewer durch ein System von Regeln durch die Haushalte der Nachbarschaft gesteuert und erhält je nach Verfahren entweder den Auftrag, Adressen für künftige (→) Befragungen zu notieren oder gleich selbst Interviews in festgelegten Abständen zwischen den Adressen zu führen. Die Regeln legen im einzelnen fest, wann er nach rechts und wann er nach links einbiegen muß, ob er die auf der rechten oder auf der linken Seite der Straße liegenden Häuser aufsuchen soll, in welchen Abständen er Haushalte in den Wohneinheiten interviewen soll, im wievielten Stockwerk und auf welcher Seite einer jeden Etage die Interviews stattfinden sollen.
Obwohl durch die Bezeichnung des Verfahrens leicht der Eindruck entsteht, als handele es sich dabei tatsächlich um ein Verfahren der Zufallsauswahl, meint Gert Wettschureck: „In Wirklichkeit dürfte diese Methode dem Quotenverfahren sehr viel näherstehen als der echten Zufallsauswahl. Das den Interviewer steuernde System von Verhaltensmaßregeln kann natürlich keine Zufälligkeit garantieren; es ist allerdings – ähnlich wie die Quotenvorschrift – sehr wohl in der Lage zu verhindern, daß er die Auskunftspersonen nach seinen eigenen, ganz persönlichen Vorlieben und Abneigungen aussucht. In dieser Neutralisierung von Interviewereinflüssen beim Auswahlvorgang dürfte auch hier die Erklärung für die Tatsache zu suchen sein, daß Samples nach der Random-Route-Technik bei Repräsentanzkontrollen anhand externer Kriterien in der Regel nicht schlechter abschneiden als echte Wahrscheinlichkeitssamples. Eine Anwendung der Fehlerspannenrechnung ist hier jedoch ebenso abwegig wie beim Quotenverfahren."

Random Sample *(Random-Stichprobe)*
→ Zufallsauswahl

Random-Tabelle *(Random-Tafel)*
→ Zufallstabelle

Random-Untersuchung *(Randomverfahren)*
→ Zufallsauswahl

Randzonen von Großstädten
→ Gemeindegrößenklassen

Rangkorrelation
Bei (→) Korrelationen wird zwischen der (→) Maßkorrelation für metrische Variablen und der für ordinalskalierte Variablen bestehenden Rangkorrelation unterschieden, mit deren Hilfe sowohl die Intensität (Stärke) wie die Richtung von Zusammenhängen auf der Grundlage von Rangplätzen ermittelt wird. Die beiden hauptsächlich verwendeten Rangkorrelationskoeffizienten sind (→) Spearmans Rho (ϱ) und (→) Kendalls Tau (τ).

Rangordnungsskala
→ Ordinalskala, Skala, Skalierung

Rangreihenverfahren
Neben den (→) Evaluierungsmodellen und den (→) Optimierungsmodellen werden bei der (→) Mediaselektion Rangreihenverfahren verwendet. Ihr Grundprinzip ist die Entwicklung einer Rangreihe der für eine konkrete Werbekampagne am besten geeigneten Werbeträger. „Zu diesem Zweck werden für vorgegebene Titel und Titelkombinationen (Rabattkombinationen) – unter Zugrundelegung von Zielgruppen-, Medien- und Kontaktgewichten – Leistungswerte wie Reichweiten und Kontaktmaßzahlen errechnet, die sodann in Beziehung zu den entstehenden Kosten gesetzt werden. Als Ausdruck erhält man die Medien in einer Rangfolge, die sich aus einem derart ermittelten Wirtschaftlichkeitsindex ergibt." (H. Simon/M. Thiel) Das bei weitem am meisten verwendete Modell ist der einfache Wirtschaftlichkeitsvergleich auf der Grundlage des (→) Tausenderpreises, bei dem das Vorgehen im einzelnen im Flußdiagramm auf der folgenden Seite dargestellt ist.
Dabei hat die Selektion der Werbeträger nach dem einfachen Verfahren des Tausenderpreises laut Joachim Zentes vor allem zwei Nachteile:
1. die Vernachlässigung qualitativer Unterschiede der Wirkungskraft,
2. die Linearität der (→) Kontaktbewertungskurve, d. h. die Gleichwertigkeit der Kontakte unabhängig von der Zahl der Einschaltungen.

Weiterentwicklungen des einfachen Tausenderpreis-Modells sind das vom Axel-Springer-

Rangreihenverfahren auf der Grundlage des Tausenderpreises

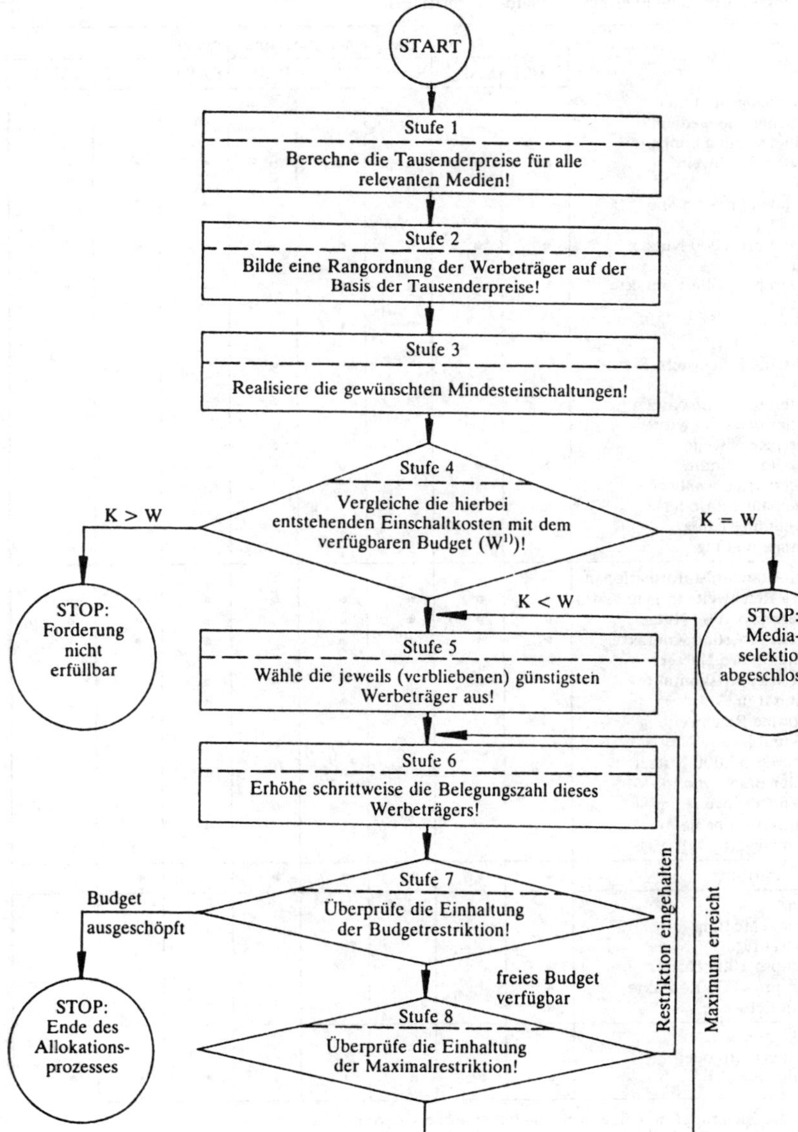

Leistungs-Übersicht Rangreihen-Programme:

Rangreihungs-Kriterien und Output-Standard-Informationen

	Rangreihen-Programm-Versionen							
	RAP 1	RAP 2	RAP 3	RAP 4	RAP 5	RAP 6	RAP 7	RAP 8
1. Rangreihungs-Kriterien nach denen die Medien geordnet werden können:								
○ Netto-Reichweite oder	●	●	●	●	●	●	●	●
○ Kontaktsumme in Mio oder						●		
○ Kosten pro 1000 Nutzer oder	●	●	●	●		●	●	●
○ Kosten pro 1000 Kontakte oder	●	●	●	●		●	●	●
○ Affinität oder				●		●		●
○ wirksame Reichweite oder					●			
○ Kosten pro 1000 Nutzer auf der Basis der wirksamen Reichweite					●			
○ ohne Rangreihung	●	●	●	●	●	●	●	●
○ RR-Kriterien wahlweise bezogen auf LPA oder Zuwendungsindex							●	
○ Summenbildung								●
2. Output-Standard-Informationen								
○ Netto-Reichweite in % und Mio	●	●	●	●	●	●	●	●
○ Kosten pro 1000 Nutzer	●	●	●	●		●	●	●
○ Kosten pro 1000 Kontakte	●	●	●	●		●	●	●
○ Kontakte pro Nutzer (Durchschnittskontakte)		●			●	●		
○ Affinität in %				●		●		●
○ wirksame Reichweite in % und Mio					●			
○ Kosten pro 1000 Nutzer auf der Basis der wirksamen Reichweite					●			
○ Kontaktsumme in Mio						●		
○ Summenwerte								●
Telex-Übermittlung	●	●	●	●	●		●	●
Indizierung ein beliebiges Medium = 100 gesetzt für:								
○ Kosten pro 1000 Nutzer	●						●	
○ Kosten pro 1000 Kontakte	●						●	
○ Netto-Reichweite	●						●	
Einschaltkosten pro Medium (netto oder brutto wahlweise)	●	●	●	●	●	●	●	●

* Anteil der Zielgruppe an den einzelnen Mediennutzerschaften

** Reichweite der einzelnen Medien nach der Kontaktklassengewichtung (Wirkungskurve)

Verlagsservice präsentierte (→) VIP-Modell und das (→) RAP (Rangreihen-Programm) von Gruner + Jahr.

Rangskala *(Rangskalierung)*
→ Ordinalskala

RAP (Rangreihenprogramm)
Eine Reihe von (→) Evaluierungsmodellen des (→) Rangreihenverfahrens in der (→) Mediaselektion, die vom Verlag Gruner + Jahr, Hamburg angeboten wird. Das Leistungsangebot umfaßt insgesamt 8 RAP-Versionen: RAP 1 (Standard), RAP 2 (Mit Kontakten pro Nutzer, (→) Durchschnittskontakte)), RAP 3 (2 Medienformate), RAP 4 (Mit (→) Affinität), RAP 5 (Mit (→) Kontaktgewichtung (Wirkungskurve)), RAP 6 (Alle Kriterien aus RAP 1 bis RAP 4 auf einem Blatt, 2 Medienformate), RAP 7 ((→) LpA und (→) Zuwendungsindex nebeneinander), RAP 8 (Summenbildung aus Tausenderpreis und/oder (→) Nettoreichweite und/oder Affinität).
Die Tabelle auf Seite 452 gibt eine Leistungsübersicht über die einzelnen Rangreihenprogramme.

Ratingskala *(Einschätzungsskala, Zuordnungsskala, Ratingverfahren)*
Als Ratingmethoden bezeichnet man in der (→) empirischen Sozialforschung alle subjektiven Schätzverfahren, bei denen die (→) Auskunftspersonen bzw. Befragten aufgefordert werden, die Eigenschaften eines Meinungsgegenstandes oder das Verhalten anderer Personen oder Gruppen oder auch das eigene Verhalten bzw. das der eigenen Gruppe einzuschätzen oder zu beurteilen. Durch die Einschätzung der Eigenschaften, Gegenstände oder Ereignisse wird eine Information über die Ausprägung kontinuierlicher (→) Merkmale möglich, für deren Erfassung keine exakten Methoden des (→) Messens existieren, so daß also die Ratingmethoden die Grundlage für alle Verfahren der direkten (→) Skalierung bilden.

Ratingskalen sind so angelegt, daß der Beurteiler (die Auskunftsperson, der Befragte, die Versuchsperson) den Ausprägungsgrad bestimmter Eigenschaften eines Merkmals, eines Gegenstands, einer Idee, einer Person, einer Gruppe im direkten Zusammenhang mit einer Beobachtung beurteilt und zuordnet. Die Stufen der Beurteilungsskala können verbal oder numerisch sein. Die Aufgabe des Beurteilers (raters) ist mithin zweifacher Natur: Er beobachtet und beurteilt den Ausprägungsgrad eines Merkmals, einer Eigenschaft, einer Verhaltensweise usw. und er ordnet ihm/ihr eine numerische oder verbale Qualifikation zu. Ziel der Entwicklung von Ratingskalen ist es, durch Zugrundlegung eines einheitlichen, systematischen und formalisierten Verfahrens subjektiven Ermessensurteilen höhere Genauigkeit und Treffsicherheit zu verleihen.
In Anlehnung an Clyde H. Coombs lassen sich prinzipiell vier verschiedene Grundformen des Rating unterscheiden:

	Elemente	Relationen
Elemente aus (zwei) verschiedenen Klassen	Einzelreiz-Rating	Präferenz-Rating
Elemente aus einer Klasse	Reizvergleichs-Rating	Ähnlich-keits-Rating

1. **Einzelreizrating:** Dabei werden die Elemente aus verschiedenen Klassen zueinander in Beziehung gesetzt, indem ein Reizobjekt einem Skalenelement zugeordnet wird:

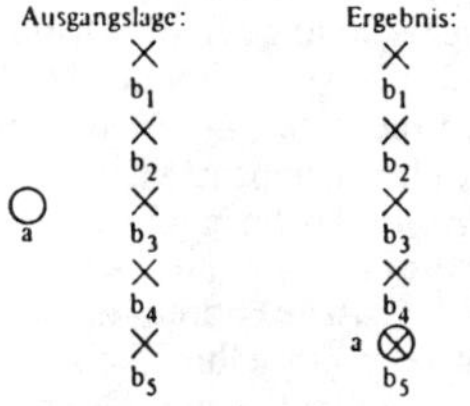

2. **Reizvergleichsrating:** Dabei werden die Reizobjekte aus derselben Klasse miteinander verglichen und nach dem Ausprägungsgrad eines Merkmals geordnet:

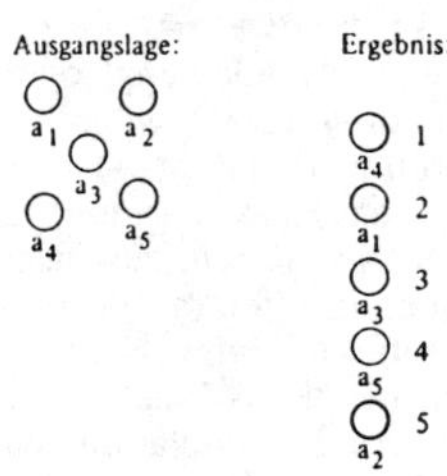

3. **Präferenzrating:** Hier werden Objektrelationen verglichen, wobei die Glieder eines Paares Elemente aus jeweils verschiedenen Klassen sind:

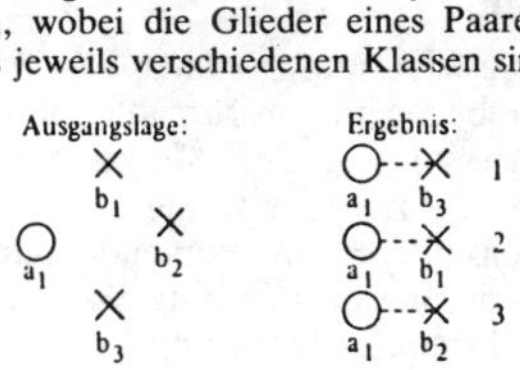

4. **Ähnlichkeitsrating:** Paare von Reizobjekten derselben Klasse sind miteinander zu vergleichen und auf einer Dimension der Ähnlichkeit oder der Distanz anzuordnen:

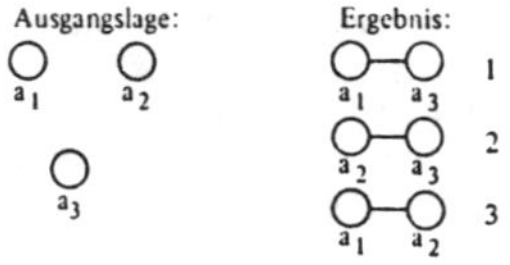

Ratioskala
→ Verhältnisskala

Rätselmagazin *(Rätselheft)*
→ Leseranalyse Roman- und Rätselhefte

räumliche Distanz *(geographische Distanz)*
→ Distanzmaße

Reaktionsfunktion *(Response-Funktion)*
→ Kontaktbewertungskurve

Reaktionsstil *(Reaktionseinstellung, Response Set)*
Sammelbezeichnung für alle Dispositionen, anhaltenden oder vorübergehenden Gewohnheiten, durch die eine (→) Auskunftsperson, ein Befragter, eine Versuchsperson dazu veranlaßt wird, aufgrund der Form eines (→) Tests bzw. in Testsituationen oder bei (→) Befragungen in anderer Weise zu reagieren, als sie auf denselben Inhalt oder denselben Reiz unter anderen Umständen und in einer Nicht-Test- bzw. Nicht-Befragungssituation reagieren würde. Dazu zählen insbesondere jene Testeinstellungen und -verhaltensgewohnheiten, die auf das Gesamtergebnis einen kumulativen verzerrenden Einfluß haben wie z.B. eine generelle Ja-Sage-Tendenz (Akquieszenz) oder die Beeinflußbarkeit durch sozial erwünschte Einstellungen. Generell wird in der (→) Testtheorie zwischen formalen Reaktionstendenzen wie der Ja-Sage-Tendenz, Raten, zufälliger Beantwortung, Reihenfolgeeffekten (Positionseffekten), Extremitätseffekten und Neutralitätseffekten und inhaltlichen Reaktionstendenzen wie der Simulation, der Dissimulation, einer defensiven Einstellung, sozialer Erwünschtheit, Abweichungsreaktionen und auch Lügen unterschieden.

reaktive Messung *(reaktive Verfahren)*
Sammelbezeichnung für alle Verfahren des (→) Messens in der Markt- und Sozialforschung, die zur Ermittlung und Untersuchung der Reaktionen von Personen oder Gruppen auf bestimmte Stimuli eingesetzt werden.
vgl. nichtreaktive Messung

Reaktivität
→ Erwartungseffekt

Recall *(Recall-Test)*
→ Erinnerung, Erinnerungsmethode

Recency *(Recency-Frage)*
→ Lesetage; *vgl.* Lesehäufigkeit

Recognition *(Recognition-Test)*
→ Wiedererkennung, Wiedererkennungstest

Recordimeter
Ein in der (→) Mediaforschung von der A. C. Nielsen Company verwendetes Gerät zur Ermittlung von (→) Einschaltquoten. Es registriert anders als z. B. das (→) Audimeter lediglich die Zeiten, während derer ein Radio- oder Fernsehgerät eingeschaltet ist, nicht jedoch, welcher Sender eingeschaltet ist.

redaktionell gestaltete Anzeigen *(redaktionelle Anzeigen)*
Anzeigen, die meist mitten im redaktionellen Teil einer Zeitung oder Zeitschrift stehen und sich in ihren Gestaltungsmerkmalen (Schrift, Aufmachung usw.) kaum oder gar nicht vom redaktionellen Umfeld unterscheiden, werden als redaktionelle oder PR-Anzeigen bezeichnet. Sie sind nach § 10 der Länderpressegesetze deutlich als „Anzeige" zu kennzeichnen, damit der Leser und Verbraucher sie klar vom redaktionellen Teil unterscheiden kann. Die vielfältig unternommenen Bemühungen zahlreicher Werbungtreibender, mit Hilfe von redaktionell gestalteten Anzeigen Schleichwerbung zu treiben, zielen im Grunde genommen auf den Abbau von Reaktanz gegen die massive Anzeigenwerbung und auf Ausnutzung der größeren (→) Glaubwürdigkeit redaktioneller Beiträge. Bei der Auslegung des § 10 der Landespressegesetze ist die herrschende Standesauffassung der Presse maßgeblich. Herangezogen weden können hier die Richtlinien des Deutschen Presserats sowie die Richtlinien des ZAW. Die Tarnung werblicher Texte als redaktionelle Äußerung stellt auch einen Verstoß gegen das Verbot der irreführenden Werbung nach § 3 des Gesetzes gegen sog. Koppelungsgeschäfte, bei denen einem Inserenten – gleich auf wessen Initiative – neben der bezahlten Anzeige eine unentgeltliche Werbung in Form eines redaktionellen Hinweises angeboten wird, liegt ein Verstoß gegen § 1 Abs. 1 der (→) Zugabeverordnung vor.
Der (→) Zentralausschuß der Werbewirtschaft (ZAW) hat erstmals 1964 „Richtlinien für redaktionell gestaltete Anzeigen" verabschiedet, die heute in der Version vom Oktober 1980 gültig sind. Ihr Wortlaut:

Anzeigen in Druckschriften (z.B. Zeitungen und Zeitschriften), die wie redaktionelle Mitteilungen gestaltet sind und nicht erkennen lassen, daß sie gegen Entgelt abgedruckt sind, erwecken beim unvoreingenommenen Leser den Eindruck unabhängiger, redaktioneller Berichterstattung, während sie in Wirklichkeit Anzeigen darstellen. Wegen ihres irreführenden Charakters verstoßen sie gegen die Grundsätze lauterer Werbung und gefährden das Ansehen und die Unabhängigkeit der redaktionellen Arbeit; sie sind daher auch presserechtlich untersagt. Wahrheit und Klarheit der Werbung fordern die klare Unterscheidbarkeit von redaktionellem Text und Werbung.
Der Zentralausschuß der Werbewirtschaft stellt daher fest:

Ziffer 1 (Nicht erkennbarer Anzeigencharakter)

Eine Anzeige in einem Druckwerk, die durch ihre Anordnung, Gestaltung oder Formulierung wie ein Beitrag des redaktionellen Teils erscheint, ohne den Anzeigencharakter, d.h. den Charakter einer entgeltlichen Veröffentlichung, für den flüchtigen Durchschnittsleser erkennen zu lassen, ist irreführend gegenüber Lesern und unlauter gegenüber Mitbewerbern.

Ziffer 2 (Kenntlichmachen einer Anzeige durch Gestaltung und Anordnung)

Der Charakter als Anzeige kann durch eine vom redaktionellen Teil deutlich abweichende Gestaltung – Bild, Grafik, Schriftart und -grade, Layout und ähnliche Merkmale – und durch die Anordnung des Beitrages im Gesamtbild oder Gesamtzusammenhang einer Druckseite kenntlich gemacht werden.

Ziffer 3 (Kennzeichnungspflicht als Anzeige bei Verwechslungsgefahr)

Hat der Verleger eines Druckwerks oder der für den Anzeigenteil Verantwortliche für eine Veröffentlichung ein Entgelt erhalten, gefordert oder sich versprechen lassen und reichen die in Ziffer 2 genannten Elemente nicht aus, den Anzeigencharakter der Veröffentlichung für den flüchtigen Durchschnittsleser erkennbar werden zu lassen, ist diese Veröffentlichung deutlich mit dem Wort „Anzeige" zu kennzeichnen.

Ziffer 4 (Beurteilung der Gestaltung, Anordnung und Text einer Anzeige durch den flüchtigen Durchschnittsleser)

Die Frage, wann Anordnung, Gestaltung und Text einer Anzeige die Pflicht zu ihrer zusätzlichen Kennzeichnung begründet, beurteilt sich nach den Umständen des Einzelfalls. Maßgebend ist hierbei der Eindruck, den ein nicht völlig unbeachtlicher Teil der Leser, an die sich die Druckschrift richtet, bei ungezwungener Auffassung gewinnt. Ferner ist die Verwechslungsfähigkeit vom Standpunkt eines flüchtigen Lesers aus zu beurteilen. An die Aufmerksamkeit des Lesers, seine Erfahrung und Sachkunde ist ein Durchschnittsmaßstab anzulegen. Insgesamt ist daher der Gesamteindruck entscheidend, den die Anzeige bei ungezwungener Gesamtwürdigung durch den flüchtigen Durchschnittsleser macht. Dabei sind die Einzelelemente der Gestaltung, der Anordnung und des Textes der Anzeige zu berücksichtigen.

Ziffer 5 (Beurteilung des Hinweises „Anzeige" durch den flüchtigen Durchschnittsleser)
Eine deutliche Kennzeichnung liegt dann vor, wenn der Hinweis „Anzeige" – gemessen an dem Gesamt-Erscheinungsbild der Anzeige – durch Placierung, Schriftart, -grad und -stärke den Durchschnittsleser bereits bei flüchtiger Betrachtung auf den Anzeigencharakter der Veröffentlichung aufmerksam macht. Ob im Einzelfall eine redaktionell gestaltete Anzeige, die nach den vorgenannten Grundsätzen der Kennzeichnungspflicht unterliegt, in ausreichender Weise durch die Hinzufügung des Wortes „Anzeige" bezeichnet ist, beurteilt sich nach der ungezwungenen Gesamtwürdigung eines flüchtigen Durchschnittslesers.

Ziffer 6 (Hinweis an anderer Stelle nicht ausreichend)
Ein Hinweis lediglich im Impressum oder an anderer Stelle genügt nicht zur Kennzeichnung des Werbecharakters einer Anzeige. Genügend ist stets nur die unmittelbare Kennzeichnung.

Ziffer 7 (Firmenbezeichnung nicht ausreichend)
Die namentliche Nennung des werbenden Unternehmers, seiner Erzeugnisse oder Leistungen im redaktionell gestalteten werbenden Text genügt für sich allein nicht zur Kennzeichnung des Werbecharakters.

Ziffer 8 (Verbot anderer Begriffe als „Anzeige")
Die Worte „PR-Anzeige", „PR-Mitteilung", „Public Relations", „Public-Relations-Reportage", „Werbereportage", „Verbraucherinformation" und ähnliche Ausdrücke genügen nicht zur Kennzeichnung des Werbecharakters, wenn nicht die Entgeltlichkeit der Veröffentlichung bereits aus anderen Merkmalen hervorgeht.

Ziffer 9 (Verbot von redaktionellen Zugaben)
Redaktionelle Beiträge in Bild und Text außerhalb des Anzeigenteils einer Druckschrift, die
a) als zusätzliche Gegenleistung des Verlegers im Zusammenhang mit der Erteilung eines Anzeigenauftrages angeboten, gefordert oder veröffentlicht werden
b) dabei in Form günstiger Beurteilung oder mit dem Anschein der Objektivität den Anzeigenauftraggeber, seine Erzeugnisse, Leistungen oder Veranstaltungen erwähnen und
c) hierdurch dem Erwerbsstreben dienen, ohne diese Absicht erkennen zu lassen.
sind unlauter und stellen außerdem einen Verstoß gegen die Zugabeverordnung dar. Diese Kopplungsangebote sind daher verboten.

redaktionelles Umfeld

Eine medien(werbeträger-)bezogene Hypothese über Einflußfaktoren der Werbewirkung, die eine Antwort auf die Frage zu geben versucht, wie das *redaktionelle Seiten-* oder *Heftumfeld* einer in einem Druckmedium veröffentlichten (→) Anzeige deren Werbewirksamkeit beeinflußt. Die auf das *unmittelbare Seitenumfeld* bezogene Version der Umfeldhypothese lautet, daß ein thematisch gleiches redaktionelles Umfeld einer Anzeige auf derselben Seite oder den vorangehenden und nachfolgenden Seiten die (→) Anzeigenbeachtung und Wirksamkeit begünstigt. In der Bundesrepublik Deutschland liegen dazu bisher zwei Untersuchungen vor: die 1971 veröffentlichte Studie „Die Bedeutung des redaktionellen und werblichen Umfeldes für die Wirkung von Werbebotschaften" von Erich M. Ruczinski und Karl Suthoff und die 1972 veröffentlichte Untersuchung „Anzeigenumfeld und Werbewirkung" des Axel Springer Verlags, Hamburg. Im Rahmen des Experiments von Ruczinski und Suthoff, dem eine sehr enge Umfeld-Definition zugrundelag (nämlich die des auf derselben Doppelseite wie die Anzeige befindlichen redaktionellen Teils), ergab sich „keine eindeutige Klärung des Problems der Umfeldwirkung auf Anzeigen". Die Studie faßt selbst zusammen: „Die Nullhypothese, die besagt, daß das Umfeld in dem von uns definierten Sinne auf die Testanzeige ... nicht wirksam wäre, konnte wegen der durchweg niedrigen Korrelation nicht zurückgewiesen werden. Die Wahrscheinlichkeit, daß solche Umfeldwirkungen bestehen, ist also gering." Eindeutiger noch ist der Befund des 1972er Experiments des Axel Springer Verlags. Er lautet: Es gibt keinen signifikanten Unterschied zwischen der Beachtung, Nutzung und Beurteilung von Anzeigen, die in thematischem oder neutralem Seitenumfeld stehen:

Anzeigenwirkung und redaktionelles Seitenumfeld

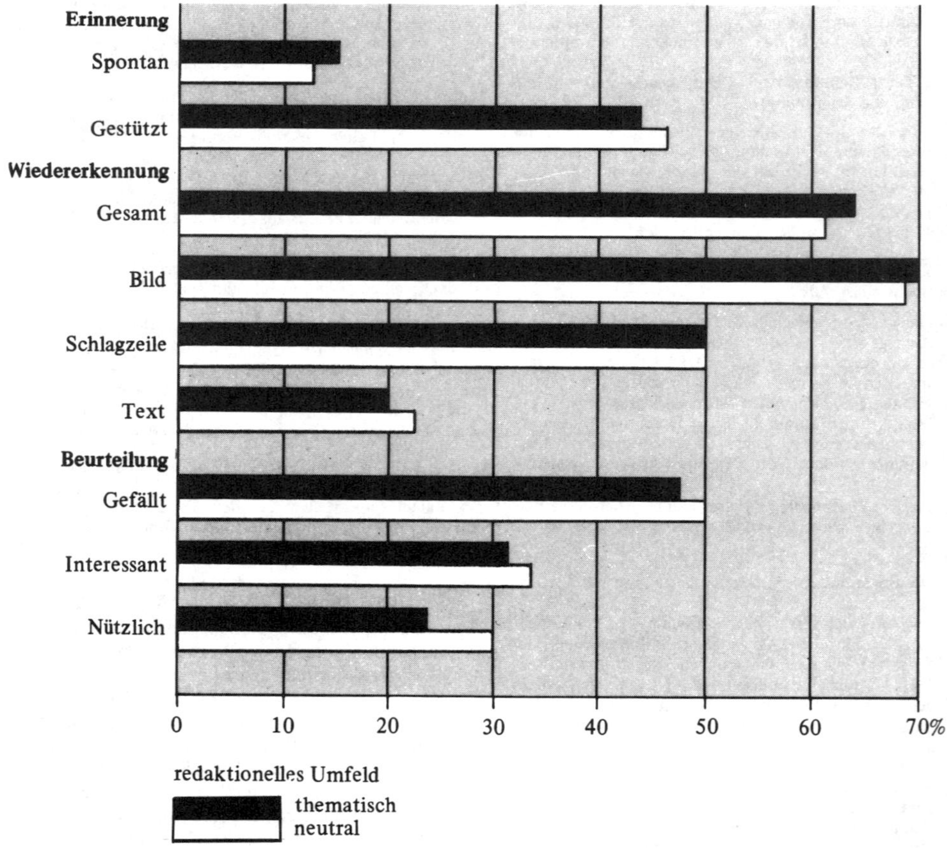

Quelle; Anzeigenumfeld und Werbewirkung, Axel Springer Verlag 1972. Repräsentative Leser-Stichprob

Bei diesem Experiment wurden präparierte Hefte an die Abonnenten ohne deren Wissen verschickt, in denen Anzeigen einmal neben einem neutralen redaktionellen Beitrag, zum anderen neben einem Beitrag geschaltet waren, dessen Thema auf das Anzeigenthema hinführte.

Die Ergebnisse bisheriger Untersuchungen über das *Heftumfeld (das thematische Gesamtumfeld* eines Werbeträgers) bestätigen hingegen die Hypothese, daß die thematische Gesamtausrichtung einer Zeitschrift die Anzeigenbeachtung günstig beeinflußt. Eine grundlegende Untersuchung, „Eltern-Shopping Magazin" der Zeitschrift „Eltern" aus dem Jahre 1969, kam zu dem Resultat, daß thematisch eingepaßte Anzeigen höhere Beachtung erzielen als thematisch nicht eingepaßte Anzeigen und daß die in einem zusammenhängenden Block, nämlich in einer Art Anzeigenmagazin „Shopping-Magazin" zusammenhängend präsentierten Anzeigen höhere Beachtung finden als einzelne Anzeigen.

Anzeigenwirkung und Heftumfeld

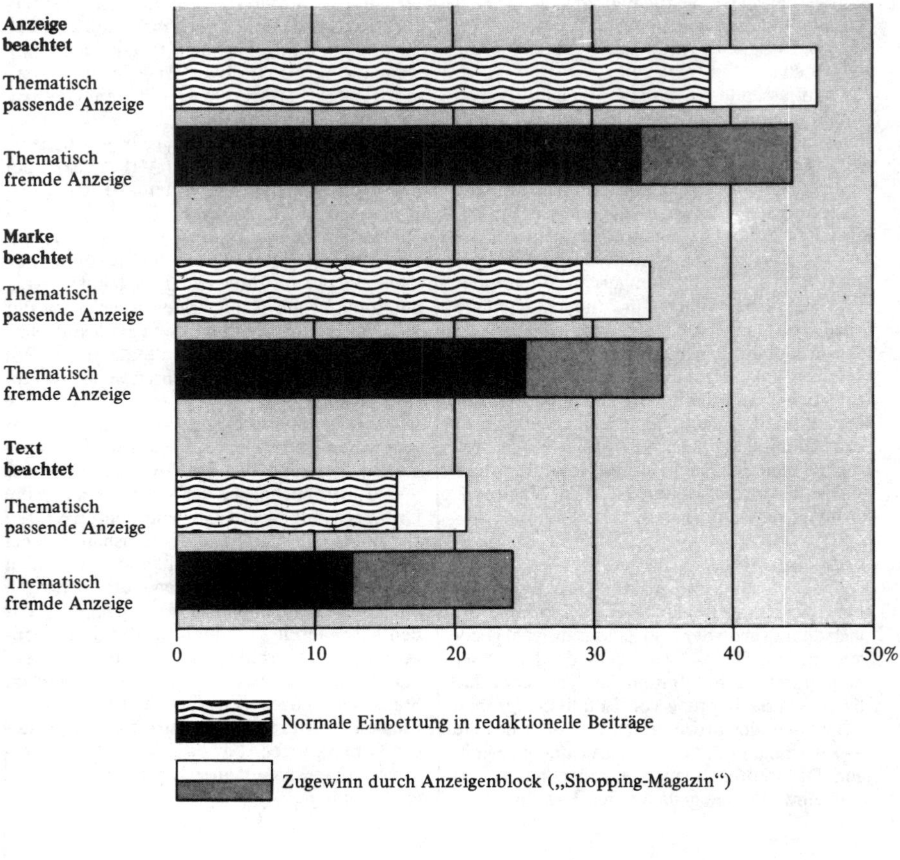

Im Rahmen des Feldexperimentes wurden dieselben Anzeigen einmal wie üblich über das Heft verstreut, zum anderen als Werbeblock direkt hintereinander geschaltet. Im Block wurden sowohl thematisch homogene wie thematisch heterogene Anzeigen stärker beachtet als bei der Schaltung über das Heft verstreut. Am meisten profitierten davon die thematisch heterogenen Anzeigen.

Themenadäquate Anzeigen finden schon höhere Beachtung, wenn sie über das Heft verstreut in die redaktionellen Beiträge eingebettet werden. Das Themenumfeld scheint das latente Produktinteresse zu verstärken und führt zur verschärften Selektion auf „passende" Anzeigen hin.

Sobald die Anzeigen ein eigenes Umfeld als Anzeigenmagazin bekommen, werden die Unterschiede zwischen themenadäquaten und nicht adäquaten Anzeigen weitgehend verwischt. Die themenadäquaten Anzeigen verbessern ihre Wirkung im Magazin nur noch in geringerem Maße; die thematisch nicht ins Heft eingepaßten Anzeigen holen stark auf und werden ebenso gut beachtet und genutzt wie die themenadäquaten Anzeigen.

Eine umfassende Analyse zum Thema „Anzeigenumfeld und Anzeigenwirkung" hat Klaus Peter Landgrebe 1976 für den Verlag des „Spiegel", Hamburg ausgearbeitet. Er gelangt darin zu dem Ergebnis, daß es zwar widersprüchliche Ergebnisse, aber keinen eindeutigen Befund gibt, der für den Umfeldeinfluß spricht.

Das thematische Gesamtumfeld zeigt wohl gewisse Wirkung, aber weniger im Sinne einer Wirkungsverbesserung für themenadäquate Anzeigen, als im Sinne einer verschärften Selektion. Sobald der thematische Einfluß durch ein eigenes Anzeigenumfeld neutralisiert wird, wird auch diese Selektivität aufgehoben. Im übrigen kommt Landgrebe in seiner Arbeit zu dem Schluß, daß – auch wenn es Umfeldeinflüsse gäbe – sie im Rahmen des Gesamterfolges von Marketingmaßnahmen erst als Faktor 8. Ordnung wirksam werden.

Redressement

Eine Form der Kompensation von Repräsentanzabweichungen bei (→) Stichproben, die nach dem Prinzip der (→) Zufallsauswahl gezogen wurden. Die Notwendigkeit des Redressements ergibt sich aufgrund der Tatsache, daß die (→) Ausschöpfung von Zufallsstichproben niemals hundertprozentig ist und überdies die (→) Ausfälle praktisch niemals zufällig verteilt sind. Das Redressement ist eine Maßnahme der (→) Gewichtung, genauer der Random-Ausfall-Gewichtung, die erfolgt, wenn in der Stichprobe bestimmte Bevölkerungsgruppen im Vergleich zur (→) Grundgesamtheit über- oder unterrepräsentiert sind.

Das Redressement stellt für die Stichprobe die Bevölkerungsstrukturen her, wie sie in der amtlichen Statistik ausgewiesen werden. Im allgemeinen werden in diesen Gewichtungsprozeß (→) demographische Merkmale wie Alter, Geschlecht, (→) Gemeindegrößen und Bundesländer einbezogen. Die Angleichung an die amtlichen Daten erfolgt in einem iterativen Prozeß und mündet wie bei der (→) Transformation in ein faktorielles Personengewicht. Es ist somit der Versuch, Informationen, die wegen letztlich unvermeidbarer Ausfälle im Feld nicht einzuholen gewesen sind, durch (→) Extrapolation aus den eingesammelten Informationen herzuleiten und damit die tatsächlich repräsentierte Grundgesamtheit an die angestrebte anzugleichen. Dennoch handelt es sich dabei um eine „kosmetische" Operation, welche die kontrollierten Merkmale „geraderückt", ohne fehlende Informationen ersetzen zu können. Sinnvoll ist die Prozedur nur dann, wenn die zur strukturellen Angleichung herangezogenen (→) Merkmale mit den Untersuchungskriterien korrelieren.

In der (→) Leseranalyse (LA) der (→) Arbeitsgemeinschaft Leseranalyse (AGLA) bzw. der (→) Media-Analyse (MA) der (→) Arbeitsgemeinschaft Media-Analyse (AG.MA) wird das Redressement im Rahmen des (→) Auswertungsmodells seit 1974 angewandt. Es trat an die Stelle der zur Entzerrung bis dahin verwendeten einfachen Randausgleichsverfahren der (→) Faktorengewichtung und entwickelte sich von 1971 bis 1974 in einem iterativen Prozeß, der auch in den folgenden Jahren weiter verbessert wurde.

Die erreichten und für die Auswertung herangezogenen Personen und Haushalte bilden, angesichts der rund 80 %igen Ausschöpfung der (→) Brutto-Stichprobe der MA nur bedingt die Grundgesamtheit ab. Um von den erreichten Personen (Befragten) bzw. Haushalten auch auf die Nicht-Erreichten schließen zu können wurde – wie in den Vorjahren – für die MA 86 ein Redressement-Verfahren eingesetzt, das den besonderen Verhältnissen der MA „maßgeschneidert" angepaßt ist. Es wurden Daten-Norm-Bereiche wesentlich aus der Amtlichen Statistik herangezogen. Für das Personen-Redressement werden sechs Daten-Norm-Bereiche herangezogen. Für das Haushalts-Redressement beschränkt man sich seit der MA 83 auf ein System.

Die Norm-Systeme setzen sich aus sechs Einzelmerkmalen zusammen:

- o Alter,
- o Geschlecht,
- o Haushalts-Größe (über alle Personen),
- o Regierungsbezirk,
- o Gemeindegrößenklassen (nach Boustedt),
- o Befragungstag.

Die Basis für die Werte dieser Merkmale bilden bis auf die Wochentage Daten der Amtlichen Statistik. Bis zur MA 82 wurden relativ alte Daten verwendet. Zwar war die Basis die Volkszählung 1970, jedoch wurden immerhin für Alter, Geschlecht, Regierungsbezirke und Gemeindegrößenklassen durch Fortschreibungs-Rechnungen anhand verschiedener Quellen Anpassungen auf den Stand 1.1.1977 vorgenommen. Lediglich die Haushalts-Größe blieb unverändert auf der 1970er Basis.
Für die MA 83 wurde erstmals auf ein Daten-System zurückgegriffen, aus dem nach mehr als zweijähriger Zusammenarbeit mit dem Statistischen Bundesamt, Wiesbaden, die neuen Normzahlen erstellt werden konnten. Die dafür zugrundeliegende Ein-Prozent-Erhebung, (→) Mikrozensus, stammt aus dem Jahr 1978. Die jüngere Herkunft der Daten stellt jedoch auch nur bedingt eine Verbesserung der Norm-Daten für das Redressement dar. Die Mikrozensus-Erhebung der Amtlichen Statistik leidet ebenfalls an dem unvermeidlichen Mangel nicht vollständiger Ausschöpfung und setzt – mit Kartendoppeln und -entfernen – ein Gewichtungsverfahren ein, das amtliche Daten aus der Fortschreibung verwendet, von denen schon 1983 berichtet wird, daß wahrscheinlich wenigstens eine Million Bundesbürger zuviel in den Statistiken enthalten sind. Inzwischen sind es sicher noch mehr. Weder die Daten-Struktur noch die Absolutzahlen wird man also als wirklich zuverlässig ansehen dürfen.
Für die MA 86 wären – wie schon für die MA 85 – dem Aktualisierungsbedürfnis folgend konsequenterweise Daten eines neueren Mikrozensus zugrundezulegen gewesen. Infolge der Querelen um die Volkszählung gab es einen solchen Mikrozensus jedoch nicht. Aushilfsweise wurden wenigstens Einwohnerzahlen aus den Fortschreibungen der Wohnbevölkerung auf den 1.1.85 dazu verwendet, die Gemeindegrößenklassen (politisch und nach Boustedt) zu aktualisieren. Für die MA 85 waren das noch Zahlen zum 1.1.83. Im übrigen wurden die Werte des Mikrozensus 1982 weiter verwendet.
Die beiden in der MA 86 verwendeten Redressementprozeduren gehen folgendermaßen vor:

1. Das Personen-Redressement:
Für das Personen-Redressement wurden aus den sechs Merkmalsbereichen: Alter, Geschlecht, Haushalts-Größe, Gemeindegrößenklassen nach Boustedt, Regierungsbezirke und Wochentage sechs Zellenbereiche gebildet. Sie setzen sich wie folgt zusammen:

7 Altersgruppen x 2 Geschlechtsgruppen x 31 Regierungsbezirke
= 434 Zellen

7 Altersgruppen x 2 Geschlechtsgruppen x 7 Wochentage
= 98 Zellen

7 Wochentage x 31 Regierungsbezirke
= 217 Zellen

7 Gemeindegrößenklassen nach Boustedt x 31 Regierungsbezirke
= 217 Zellen

6 Haushalts-Größen-Klassen x 31 Regierungsbezirke
= 186 Zellen

6 Haushalts-Größen-Klassen x 7 Gemeindegrößenklassen nach Boustedt
= 42 Zellen

Jeder Merkmals-Bereich kommt zweimal – und zwar in jeweils anderer Kombination – vor. Lediglich die Regierungsbezirke (RGBZ) kommen viermal vor. Das beruht auf der Absicht, der geographischen Verteilung einen gewissen Vorrang vor den anderen Verteilungen einzuräumen. Wegen zu geringer Besetzung wurden Zusammenfassungen von Zellen erforderlich. In der MA 82 waren es 16, in der MA 83 nur 7, in der MA 84: 14, in der MA 85: 17 und in der MA 86: 14 für das Personen-Redressement. Als Prioritäten-Regel galt dabei: Entweder Gemeindegrößenklassen oder Alter an erster Stelle, dann das jeweils andere dieser beiden Merkmale und schließlich eine Zusammenfassung auf Landesebene (RGBZ eines Landes).
Das rechnerische Verfahren ist ein Iterationsprozeß, bei dem die sechs Systeme simultan zur Bildung von Faktoren-Gewichten herangezogen werden, ausgehend von den Transformations-Gewichten (ohne Normierung aus Gründen größerer Genauigkeit). 50 Iterationen wurden gerechnet, bereits viel früher hatten sich schon stabile Verhältnisse eingestellt.
Schließlich erfolgt zum Abschluß des Redressements nochmals eine Normierung, so daß die Summe der endgültigen, aus Transformation und Redressement hervorgegangenen Personengewichte gleich der Anzahl der Befragten wird. Bei den Normierungen werden keine Strukturen mehr verändert, es handelt sich lediglich um die Multiplikation mit einem Faktor für alle Befragten.

2. Das Haushalts-Redressement:
Für das Haushalts-Redressement wird nur ein Zellensystem verwendet.
31 RGBZ x 7 GGK nach Boustedt x 6 Haushalts-Größen-Klassen = 1.302 Zellen,
die natürlich schon theoretisch nicht alle besetzt sind (Beispiel: die Stadtstaaten weisen die kleinen Gemeindegrößenklassen nicht auf). Die Zusammenfassungen werden beim Haushalts-Redressement anders als beim Personen-Redressement vorgenommen, und zwar grundsätzlich wegen der höheren Zellenzahl für denselben Datenbestand. So gab es für die MA 82: 135 Zu-

Verteilung der normierten Personen-Gewichte auf die Befragten der MA 86	
0,0 –0,09 =	6
0,10–0,19 =	80
0,20–0,29 =	304
0,30–0,39 =	685
0,40–0,49 =	1184
0,50–0,59 =	1677
0,60–0,69 =	1855
0,70–0,79 =	2059
0,80–0,89 =	1878
0,90–0,99 =	1664
1,00–1,09 =	1367
1,10–1,19 =	1134
1,20–1,29 =	940
1,30–1,39 =	716
1,40–1,49 =	576
1,50–1,59 =	491
1,60–1,69 =	352
1,70–1,79 =	298
1,80–1,89 =	221
1,90–1,99 =	176
2,00–2,09 =	138
2,10–2,19 =	151
2,20–2,29 =	108
2,30–2,39 =	80
2,40–2,49 =	64
2,50–2,59 =	58
2,60–2,69 =	62
2,70–2,79 =	43
2,80–2,89 =	17
2,90–2,99 =	37
3,00–3,09 =	34
3,10–3,19 =	20
3,20–3,29 =	19
3,30–3,39 =	12
3,40–3,49 =	12
3,50–3,59 =	13
3,60–3,69 =	9
3,70–3,79 =	8
3,80–3,89 =	10
3,90–3,99 =	8
4,00–4,09 =	4
4,10–4,19 =	3
4,20–4,29 =	8
4,30–4,39 =	8
4,40–4,49 =	3
4,50–4,59 =	4
4,60–4,69 =	1
4,70–4,79 =	4
4,80–4,89 =	1
4,90–4,99 =	5
5,00–5,09 =	5
5,10–5,19 =	5
5,20–5,29 =	4
5,30–5,39 =	3
5,40–5,49 =	3
5,50–5,59 =	4
5,60–5,69 =	1
5,70–5,79 =	1
5,80–5,89 =	1
6,00–6,09 =	2
	18.634

Verteilung der normierten Haushalts-Gewichte auf die Befragten der MA 86	
0,10–0,19 =	134
0,20–0,29 =	270
0,30–0,39 =	648
0,40–0,49 =	1438
0,50–0,59 =	1226
0,60–0,69 =	948
0,70–0,79 =	1497
0,80–0,89 =	3059
0,90–0,99 =	2513
1,00–1,09 =	1687
1,10–1,19 =	968
1,20–1,29 =	1471
1,30–1,39 =	839
1,40–1,49 =	887
1,50–1,59 =	464
1,60–1,69 =	163
1,70–1,79 =	124
1,80–1,89 =	72
1,90–1,99 =	60
2,00–2,09 =	27
2,10–2,19 =	8
2,20–2,29 =	59
2,30–2,39 =	31
2,40–2,49 =	4
2,60–2,69 =	5
2,70–2,79 =	9
2,90–2,99 =	8
3,00–3,09 =	14
4,50–4,59 =	1
	18.634

sammenfassungen, für die MA 83: 286, für die MA 84: 292, für die MA 85: 315 und für die MA 86: 283. Auch für die Haushalte sind 50 Interationen gerechnet worden. Schließlich wurde auch hier wieder normiert, und zwar auf die Zahl der befragten Haushalte.

Nachdem die Transformation und das Redressement als Gewichtungsprozedur abgeschlossen und die beiden Normierungen (für Personen und Haushalte) erfolgt sind, verteilen sich die beiden normierten Gewichte wie in den beiden Tabellen auf dieser Seite auf die Befragten der MA 86.

Die beiden Tabellen auf der folgenden Seite geben Auskunft darüber, in welcher Relation Transformation und Redressement in ihrer Auswirkung auf die definitiven Gewichte zueinander stehen, einmal für die Personen und zum andern für die Haushalte.

Zwei weitere Tabellen schließlich geben Aufschluß über die Relation zwischen Personen- und Haushalts-Gewichtung; einmal auf der Redressement- und zum andern auf der Transformations-Ebene.

regelmäßiger Nutzer *(regelmäßiger Leser, Hörer, Seher; Kernnutzer, Kernleser)*
Nach der Begriffsbestimmung der (→) Media-

Redressement \ Transformation	0,26 – 0,27	0,53 – 0,54	0,66 – 0,67	0,79 – 0,80	1,06 – 1,07	1,33 – 1,34	1,59 – 1,60	Gesamt
0,0–0,5	192	1440	17	50	513	8	39	2259
0,5–1,0	45	2815	27	116	5415	150	563	9131
1,0–1,5	2	429	0	25	2903	207	1167	4733
1,5–2,0	0	93	0	3	724	142	576	1538
2,0–2,5	0	15	0	0	208	66	252	541
2,5–3,0	0	4	0	0	76	35	102	217
3,0–3,5	0	0	0	0	33	17	47	97
3,5–4,0	0	1	0	0	18	9	20	48
4,0–4,5	0	0	0	0	6	8	12	26
4,5–5,0	0	0	0	0	4	3	8	15
5,0–5,5	0	0	0	0	9	5	6	20
5,5–6,0	0	0	0	0	1	1	5	7
6,0	0	0	0	0	1	1	0	2
Gesamt	239	4797	44	194	9911	652	2797	18.634

Haushalte

Redressement \ Transformation	0,26 – 0,27	0,52 – 0,53	1,05 – 1,06	Gesamt
0,0–0,5	206	2101	183	2490
0,5–1,0	0	1834	7409	9243
1,0–1,5	0	102	5750	5852
1,5–2,0	0	16	867	883
2,0–2,5	0	4	125	129
2,5–3,0	0	0	22	22
3,0–3,5	0	0	14	14
Gesamt	206	4057	14.371	18.634

Redressement

Personen \ Haushalte	0,0 – 0,5	0,5 – 1,0	1,0 – 1,5	1,5 – 2,0	2,0 – 2,5	2,5 – 3,0	3,0 – 3,5	Gesamt
0,0–0,5	430	858	832	118	14	4	3	2259
0,5–1,0	1255	4334	3031	437	56	11	7	9131
1,0–1,5	603	2679	1226	187	30	4	4	4733
1,5–2,0	134	860	457	72	14	1	0	1538
2,0–2,5	40	286	173	31	9	1	0	541
2,5–3,0	12	117	66	18	4	0	0	217
3,0–3,5	9	51	28	8	0	1	0	97
3,5–4,0	1	22	17	6	2	0	0	48
4,0–4,5	1	14	9	2	0	0	0	26
4,5–5,0	2	6	5	2	0	0	0	15
5,0–5,5	2	12	5	1	0	0	0	20
5,5–6,0	1	3	3	0	0	0	0	7
6,0	0	1	0	1	0	0	0	2
Gesamt	2490	9243	5852	883	129	22	14	18.634

Transformation

Haushalte / Personen	0,26 – 0,27	0,52 – 0,53	1,05 – 1,06	Gesamt
0,26–0,27	0	239	0	239
0,53–0,54	150	448	4119	4797
0,66–0,67	44	0	0	44
0,79–0,80	12	182	0	194
1,06–1,07	0	2340	7571	9911
1,32–1,33	0	652	0	652
1,59–1,60	0	196	2601	2797
Gesamt	206	4057	14.371	18.634

Analyse (MA) der (→) Arbeitsgemeinschaft Media-Analyse (AG.MA) ein (→) Nutzer, also je nach Werbeträger ein (→) Leser, (→) Hörer, (→) Zuschauer (Seher), für den die (→) Nutzungswahrscheinlichkeit, also die (→) Lesewahrscheinlichkeit, die (→) Hörwahrscheinlichkeit oder (→) Sehwahrscheinlichkeit, d. h. der Anteil der Nutzer während des letzten (→) Erscheinungsintervalls bzw. des letzten Sendetags, also der letzten (→) Medien-Kontakt-Einheit (MKE) am (→) Weitesten Nutzerkreis (WNK), also je nachdem am (→) Weitesten Leserkreis (WLK), am (→) Weitesten Hörerkreis (WHK) oder am (→) Weitesten Seherkreis (WSK) zwischen 0,83 und 1,00 liegt, bei Lesern also ein Leser, der 10 bis 12 von 12 Ausgaben eines gedruckten Mediums gelesen oder durchgeblättert hat. Bei (→) Fachzeitschriftenanalysen (FZA) wird in den „Anleitungen und Empfehlungen“ für die Anlage, Durchführung und Berichterstattung von Werbeträgeranalysen bei Fachzeitschriften und für die Datenerhebung der (→) AMF-Karten derselbe Begriff verwendet.

Regeln für die Handhabung von Zusammenführungen von MA-Daten mit Daten anderer Herkunft
→ Fusion

Regenbogenpresse
→ Yellow Press

regionale Abonnementszeitung
→ Abonnementszeitung, Tageszeitung

Regionalpresse Arbeitsgemeinschaft regionaler Abonnementszeitungen e.V.
Ein seit 1963 bestehender, als Pendant zur (→) Standortpresse gegründeter Zusammenschluß von etwa 80 Mitgliedsverlagen, in dem die auflagenstarken, meist über größere geographische Räume hinweg verbreiteten regionalen (→) Abonnementzeitungen, (→) Tageszeitungen, in der Bundesrepublik Deutschland vertreten sind.

Durch die Mitgliedschaft in der Regionalpresse bieten über drei Viertel aller regionalen Tageszeitungsverlage der werbungtreibenden Wirtschaft und den Werbeagenturen eine ganze Reihe von Serviceleistungen, wie Untersuchungen zum Einkaufs- und Informationsverhalten, (→) Anzeigen-Copytests, (→) Leseranalysen sowie EDV-Planungs- und Kostenzählprogramme zur einfacheren Planung von Werbekampagnen. Verschiedene Tageszeitungsverlage sind auch Mitglieder der (→) Arbeitsgemeinschaft Media-Analyse e. V. (AG.MA) und beziehen von dort Datenmaterial für die Anzeigenkunden.

Die Regionalpresse hat durch eine große Breite von Untersuchungen im quantitativen und qualitativen Bereich dafür gesorgt, daß der Werbeträger Tageszeitung transparenter wurde. Sie hat auch für (→) intermediale Vergleiche Maßstäbe gesetzt. Durch viele Einzeluntersuchungen für Verlage trug sie dazu bei, daß auch regionale und lokale Märkte in der Medienlandschaft und der Handelsstruktur transparenter wurden.

Die erste zusammenfassende Auswertung über die (→) Anzeigenbeachtung in regionalen Abonnement-Zeitungen veröffentlichte die Regionalpresse 1969. Auf der Basis von 47 Einzeltests aus dem Jahre 1968 konnten der werbungtreibenden Wirtschaft erste verallgemeinerungsfähige Grundergebnisse und -erkenntnisse über die Intensität der Anzeigenbeachtung und die Faktoren, die sie beeinflussen, vorgelegt werden.

Für diese Auswertung standen seinerzeit insgesamt 619 Anzeigen zur Verfügung, und zwar 221 Anzeigen aus dem Markenartikel- und Dienstleistungsbereich, 305 Anzeigen des Handels sowie 93 Koop-Anzeigen. Aufgegliedert nach den Beachtungskriterien des (→) Starchtests

- o Anzeige gesehen
- o Marke bzw. Firma bemerkt
- o Hälfte und mehr des Textes gelesen

wurden für die drei Hauptkategorien Gesamtbeachtungswerte ausgewiesen.

In den folgenden Jahren wurden die zusammengefaßten Ergebnisse durch Einrechnung weiterer Einzeltests in Zeitabständen von jeweils ein bis drei Jahren kontinuierlich auf den neuesten Stand gebracht.

Der letzte zusammenfassende Ergebnisbericht der nach diesem Muster durchgeführten Anzeigencopytest-Serie erschien 1982. Diese Auswertung konnte auf ca. 4300 Testanzeigen zurückgreifen und wies für 14 Gruppen aus dem Bereich der Markenartikel- und Dienstleistungsanzeigen sowie für 11 Gruppen aus dem Bereich der Handels- und Koop-Anzeigen Detailwerte aus.

Durch die Fortführung der Anzeigen-Copytest-Serie in den Folgejahren wurden bis Ende 1985 rund 1000 weitere Test-Anzeigen „eingesammelt", die in den bestehenden Datenbestand zu integrieren waren.

Die Zahl von nunmehr über 5300 für Auswertungszwecke zur Verfügung stehenden Test-Anzeigen legte den Gedanken nahe, zur Bewältigung der anstehenden auswertungstechnischen und rechnerischen Aufgaben die hauseigene EDV-Anlage zu benutzen. Zugleich bot sich dabei auch die Gelegenheit, eine Neu-Verschlüsselung aller vorhandenen Daten vorzunehmen und anhand einer breiteren Palette von gespeicherten Informationen noch tiefer gegliederte Ergebnisse vorlegen zu können. Ausgewiesen werden im Berichtsband 1986 Beachtungswerte für 28 Gruppen im Markenartikelbereich, 8 Gruppen im Dienstleistungsbereich, 23 Gruppen im Handelsbereich, 7 Gruppen im Koop-Bereich.

Um den täglichen Umgang mit dem Medium Tageszeitung zu erleichtern, hat die Regionalpresse ein Planungsprogramm entwickelt: das Kostenzählprogramm „Regioplan". Es bietet folgende Zählmöglichkeiten:

- o Zählung „Formatanzeigen": Plazierung der Anzeige im Anzeigenteil,
- o Zählung „Blattbreite und blatthohe Anzeigen",
- o Zählung „Eckfeld-Anzeigen": Plazierung der Anzeige im Textteil,
- o Zählung „ganzseitige Anzeigen",
- o Zählung „Beilagen".

Modifikationen sind darüber hinaus ebenfalls möglich: So können bei Plazierungsangaben im oder unter Text weitere Hinweise gegeben werden, sofern andere Möglichkeiten in den der Regionalpresse vorliegenden (→) Preislisten ausgewiesen sind, zum Beispiel ein Hinweis auf die grundsätzliche Plazierung einer Anzeige im Anzeigenteil, wenn die Größe unter dem Mindestformat liegt oder ein eventuell erhöhter mm-Preis in Abweichung zum Grundpreis, Formatvorschriften bei Eckfeldanzeigen und so weiter. Ausgedruckt werden ebenfalls die Zahl der Druckunterlagen und die Postanschrift, als Erleichterung für die Produktion und den Versand.

Im Zuge der jahrelangen Diskussion über das schwierige Handling im Umgang mit dem Medium Tageszeitung haben die Regionalpresse-Mitgliedsverlage auf der Suche nach Möglichkeiten der Vereinfachung zunächst drei Standardformate für Eckfeldanzeigen

Standardformat 1a = 180 x 180 mm (4-sp.)
Standardformat 1b = 250 x 180 mm (4-sp.)
Standardformat 1c = 320 x 180 mm (4-sp.)

geschaffen und 1986 acht Standardanzeigen-Formate für blattbreite Anzeigen konzipiert. Die Mitgliedsverlage bieten alle acht Formate mit textanschließender Plazierungsmöglichkeit an. Die sonstigen im Tarif ausgewiesenen Besonderheiten, wie z. B. Mindestmillimeter etc., können daher unberücksichtigt bleiben. Eine Vereinfachung im Bereich der Druckunterlagen rundet dieses Angebot ab: Für Schwarz/Weiß-Anzeigen ist der Fotoabzug matt als Aufsichtsvorlage mit einer maximalen Rasterweite für Halbtöne von 28 Linien/cm ausreichend. Die jeweils benötigte Anzahl an Druckunterlagen richtet sich nach den jeweiligen Verlagsangaben.

Die acht Standardanzeigen-Formate:

a) Gleichbleibende Höhe im Nordischen, Rheinischen und Berliner Satzspiegel-Format.
   Format 2a = 100 mm hoch
   Format 2b = 110 mm hoch
   Format 2c = 120 mm hoch
   Format 2d = 140 mm hoch
   Format 2e = 170 mm hoch

b) Seitenteile mit unterschiedlichen Höhen, die, ausgehend von einer Reinzeichnung, proportional vergrößert oder verkleinert werden können.

Format 3a = ca. 1/4 Seite
Berliner Format 100 mm/6-spaltig
Rheinisches Format 117 mm/7-spaltig
Nordisches Format 133 mm/8-spaltig

Format 3b = ca. 1/3 Seite
Berliner Format 140 mm/6-spaltig
Rheinisches Format 163 mm/7-spaltig
Nordisches Format 187 mm/8-spaltig

Format 3c = ca. 2/5 Seite
Berliner Format 170 mm/6-spaltig
Rheinisches Format 198 mm/7-spaltig
Nordisches Format 227 mm/8-spaltig

Berechnungsgrundlage der Satzspiegel-Breiten ist immer:

für das Berliner Format – 280 mm Breite,
für das Rheinische Format – 325 mm Breite,
für das Nordische Format – 370 mm Breite.

Regression *(Regressionsanalyse)*
Während es bei der (→) Korrelationsanalyse um die Messung der Intensität des Zusammenhangs zwischen zwei oder mehreren Datenreihen geht, geht es bei der Regressionsanalyse um die Untersuchung der stochastischen Abhängigkeiten zwischen Variablen und der Möglichkeiten ihrer funktionalen Beschreibung durch statistische Analyse der Abhängigkeit einer Zielvariablen (Kriteriumsvariablen) und einer oder mehreren erklärenden Variablen (Prädiktorvariablen). Aufgabe der Regressionsanalyse ist es mithin, die genaue Struktur der die Datenreihen verknüpfend Beziehungen in Form einer Gleichung darzustellen. Die Regressionsanalyse stellt also den Versuch der Beantwortung zweier Aspekte des Zusammenhangs zwischen der abhängigen Zielvariablen und der oder den unabhängigen Prädiktorvariablen dar, nämlich erstens die Frage nach der Art der Veränderung der Zielvariablen und zweitens die Frage nach der Größe der Veränderung.
Das Prinzip aller Verfahren der Regressionsanalyse besteht in der möglichst genauen Anpassung einer theoretischen Funktion an die empirischen Wertepaare, wie sie in einem (→) Streuungsdiagramm dargestellt werden können. Neben der in vielen Fällen zu sehr zufriedenstellenden Ergebnissen führenden (→) Freihandmethode nach Augenmaß, wird dazu in der Statistik meist die (→) Methode der kleinsten Quadrate gewählt. In der Regressionsrechnung ist zwischen vier Fällen zu unterscheiden: 1. der linearen Einfachregression, 2. der linearen Mehrfachregression, 3. der nichtlinearen Einfachregression und 4. der nichtlinearen Mehrfachregression:

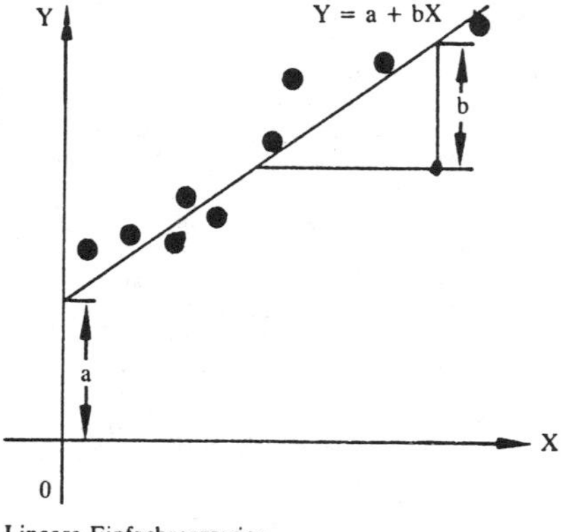

Lineare Einfachregression

1. Die **lineare Einfachregression:** Die allgemeine Gleichung für eine lineare Beziehung zwischen der erklärenden Variablen X und der Zielvariablen Y lautet: $Y = a + bX$, die Formel für die Regressionsgerade. Darin ist a die Regressionskonstante und b der Regressionskoeffizient. Sie werden nach der Methode der kleinsten Quadrate so bestimmt, daß die Regressionsgerade den beobachteten Wertepaaren optimal angepaßt ist.

2. Die **lineare Mehrfachregression:** Die allgemeine Gleichung für eine lineare Beziehung zwischen mehreren erklärenden Variablen x_i $(i=1,2,\ldots,n)$ und einer Zielvariablen Y lautet:

$$Y = a + b_1X_1 + b_2X_2 + \ldots b_n X_n + e_i.$$

Darin bezeichnet e_i eine additive Zufallsvariable. Auch in diesem Fall lassen sich die Werte a und b berechnen.

3. Die **nichtlineare Einfachregression:** sie hat die Gleichung

$$Y = aX^b.$$

4. Die **nichtlineare Mehrfachregression:** Ihre Gleichung lautet

$$Y = a + b_1X + b_2X^2.$$

Eine Quelle vielfältiger Irrtümer bei der Interpretation von Zusammenhängen mit Hilfe regressionsanalytischer Verfahren ist die (→) Autokorrelation von Daten und die (→) Multikollinearität. Die Strenge des Zusammenhangs zwischen der Zielvariablen und der Prädiktorvariablen wird durch das (→) Bestimmtheitsmaß ausgedrückt.

Regressionsschätzung
Eine sehr selten eingesetzte Form der gebundenen (→) Hochrechnung, die auf die Schätzung des Wertes einer abhängigen Variablen aufgrund der Kenntnis des Werts einer unabhängigen Variablen mit Hilfe der (→) Regressionsanalyse hinausläuft.

Reichweite
In der (→) Media- und Werbeforschung bezeichnet die Reichweite eines (→) Werbeträgers den Anteil (Prozentsatz) der Bevölkerung oder einer anderen (→) Zielgruppe, seien es Einzelpersonen oder (→) Haushalte, die zu einem bestimmten Zeitpunkt oder in einem bestimmten Zeitraum (→) Kontakte mit diesem Werbeträger haben bzw. hatten. Die Schwierigkeiten und Probleme bei der Bestimmung dieses eigentlich eindeutigen Begriffs ergeben sich aus der Reichweitenmessung durch (→) Befragungen und damit der (→) Operationalisierung des Begriffs Kontakt bzw. der bei der Kontaktermittlung verwendeten (→) Filterfragen, des Zeitpunkts der Befragung (liegt er zu weit hinter dem Zeitpunkt des letzten Lesens

zurück, läßt die (→) Erinnerung der Befragten nach, ist er identisch mit dem (→) Erscheinungsintervall, haben noch nicht alle Leser ihr Exemplar gelesen) und der Intensität der (→) Nutzung. Zu unterscheiden ist je nach dem Auftreten von (→) externen und (→) internen Überschneidungen zwischen der (→) Nettoreichweite und der Bruttoreichweite (die jedoch genaugenommen nicht eine „Reichweite" ist, sondern die (→) Bruttokontaktsumme) eines Werbeträgers.

In Abhängigkeit von der Anzahl der durchgeführten (→) Einschaltungen und der Anzahl der verwendeten Medien unterscheidet man folgende Reichweitenmaße:

- o die Reichweite einer Einschaltung in einem Werbeträger (Leser pro Nummer, Hörer pro Zeiteinheit, usw.);
- o die Reichweite von je einer Einschaltung in mehreren Werbeträgern (Nettoreichweite);
- o die Reichweite von mehreren Einschaltungen in einem Werbeträger (kumulierte Reichweite);
- o die Reichweite von mehreren Einschaltungen in mehreren Werbeträgern (kombinierte Reichweite).

Allen Reichweitebegriffen ist gemeinsam, daß eine Person nur einmal gerechnet wird, gleichgültig, ob sie einmal oder mehrmals Kontakt mit der Werbebotschaft hat.

Die folgende Übersichtsdarstellung illustriert die Zusammenhänge:

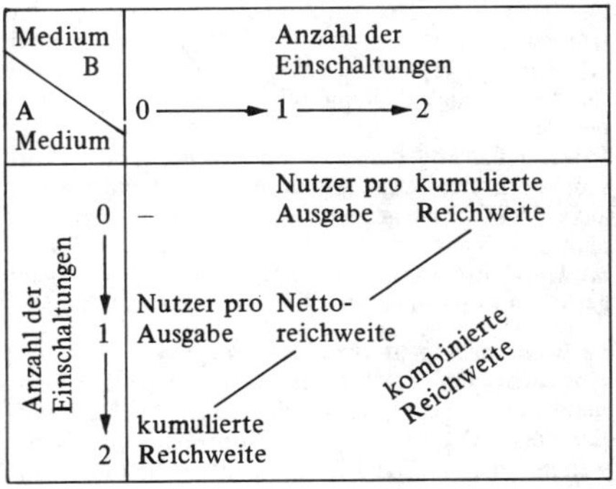

Die beiden Kriterien Reichweite und (→) Kontakthäufigkeit stehen einander diametral gegenüber, und es ist nicht möglich, beide Größen gleichzeitig zu maximieren. Ein Ziel, das sowohl der Reichweite wie der Kontakthäufigkeit Rechnung trägt, stellt die *qualifizierte* Reichweite dar. Dabei werden nur Personen gezählt, die mindestens mit einer bestimmten (→) Kontaktzahl erreicht werden. Man spricht in diesem Fall auch von einer *Reichweite in der offenen Kontaktklasse.* Werden nur jene Personen gerechnet, die mit einer nach unten und oben begrenzten Kontaktzahl erreicht werden, so spricht man von einer *Reichweite in einer geschlossenen Kontaktklasse.*

Zentrale Begriffe der Reichweitenermittlung waren bzw. sind in der Bundesrepublik Deutschland der (→) Leser pro Nummer (LpN) (bis 1969) bzw. der (→) Leser pro Ausgabe (LpA) (seit 1969). In der (→) Media-Analyse (MA) der (→) Arbeitsgemeinschaft Media-Analyse (AG.MA) lautet die Formel zur Berechnung der Reichweite:

$$R = \frac{\sum_{i=1}^{N} g_i p_{ij}}{\sum_{i=1}^{N} g_i} 100, \quad \text{wobei } j = 1, \ldots m \text{ ist.}$$

Dabei bedeuten:
g = Personengewicht
i = 1 ... N Personen
p = Nutzungswahrscheinlichkeit
j = 1 ... M Medien.

Jede Person hat gegenüber einem Medium eine (→) Nutzungswahrscheinlichkeit, die mit dem Personengewicht, (→) Gewichtung, in die Rechnung eingeht:

$$p_i - g_i$$

Über alle Personen einer Gesamtheit addiert, sind das:

$$\sum_{i=1}^{N} p_i \cdot g_i$$

Da in den N Befragten der jeweiligen Gesamtheit diejenigen, die nicht zum (→) Weitesten Nutzerkreis (WNK) gehören, eine Nutzungswahrscheinlichkeit Null haben, kann man ebenso gut schreiben:

$$\sum_{i \in WNK} p_i \, g_i$$

Zum Reichweiten-Begriff kommt man, wenn man diese Befragten-Summe auf eine Basis bezieht, die N Befragten, und zwar in der Form, daß man ihre Gewichtssumme zählt.

N ist die ungewichtete (→) Fallzahl und zudem die Basis für die Fehlerberechnung.

$$\sum_{i=1}^{N} g_i$$

hingegen ist die Basis für die Berechnungen.

Will man also Prozente berechnen, muß man durch diesen letzten Ausdruck dividieren und mit 100 multiplizieren:

$$\frac{\sum_{i=1}^{N} p_i g_i}{\sum_{i=1}^{N} g_i} \cdot 100$$

Dies ist der zentrale Ausdruck der Reichweite einer (→) Medien-Kontakt-Einheit (MKE).

Das andere Maß für die Reichweite von Einzelmedien neben der Medien-Kontakt-Einheit, das in den Tabellen der MA vorkommt, ist der WNK (WLK, WSK, WHK) selbst. Diese Reichweite in Prozenten der jeweiligen Gesamtheit läßt sich so ausdrücken:

$$\frac{\sum_{i \in WNK} g_i}{\sum_{i=1}^{N} g_i} \times 100$$

Der WNK ist schließlich definiert als derjenige Personenkreis, der eine von Null verschiedene Nutzungswahrscheinlichkeit aufweist. Insofern läßt sich die Formel auch schreiben:

$$\frac{\sum_{i=1;\, p>0}^{N} g_i}{\sum_{1=1}^{N} g_i} \times 100.$$

→ wirksame Reichweite

Reichweitenanalyse
In der (→) Mediaforschung eine Untersuchung, die nach der Formulierung des (→) ZAW-Rahmenschemas für Werbeträgeranalysen „Informationen darüber [bringt], inwieweit Zielgruppen der Werbungtreibenden durch einzelne Werbeträger oder Werbeträgerkombinationen zu erreichen sind“. Die allgemeinen Regeln für Reichweitenanalysen nach dem ZAW-Rahmenschema finden sich dort unter Punkt 2.3.4. Reichweitenanallyse. Das Rahmenschema läßt Reichweitenanalysen durch schriftliche Erhebung, durch mündliche Erhebung und durch technische Erhebung zu.

Für (→) Fachzeitschriften heißt es in den „Anleitungen und Empfehlungen“ für die Anlage, Durchführung und Berichterstattung von Werbeträgeranalysen bei Fachzeitschriften, (→) Fachzeitschriftenanalysen (FZA), und für die Datenerhebung der (→) AMF-Karten:

Grundsätzliches
Reichweiten-Analysen bringen Informationen darüber, inwieweit Zielgruppen der Werbungtreibenden durch einzelne Werbeträger oder Werbeträgerkombinationen zu erreichen sind.

Grundgesamtheit für diese Untersuchungsform können sowohl personelle wie institutionelle Zielgruppen sein (z. B. Angehörige bestimmter Berufsgruppen einerseits oder Haushalte/Betriebe andererseits).

Abgestellt werden muß aber in der Erhebung in jedem Fall auf einen persönlichen Nutzungsvorgang.

Es sind personenbezogene Aussagen („von allen Befragten nutzen x Prozent den Werbeträger“) ebenso möglich wie institutionsbezogene Aussagen („von allen Firmen haben y Prozent mindestens einen Nutzer des Werbeträgers“).

Die Abgrenzung der Grundgesamtheit und die eventuelle Nutzung einer Datei sollten in jedem Fall wettbewerbsneutral sein (also z. B. unabhängig von der Empfängerdatei einer Fachzeitschrift, von speziellen Empfangsmöglichkeiten etc. erfolgen).

Es wird darauf hingewiesen, daß bei Reichweiten-Analysen mit der Abgrenzung der Grundgesamtheit besondere Probleme entstehen, die den Vergleich verschiedener Titel gefährden können.

Je nach Abgrenzung der institutionellen und/oder der personellen Zielgruppen der Befragung kann der Vergleich miteinander konkurrierender Werbeträger unterschiedlich ausfallen: Insofern ein einbezogener Werbeträger sich auch noch an Zielgruppen außerhalb der untersuchten Grundgesamtheit richtet, wird seine Nutzerschaft nur teilweise erfaßt und dargestellt.

Ob und in welchem Ausmaß das der Fall ist, kann nur durch eine Struktur-Analyse der Empfänger/Nutzer der jeweiligen Fachzeitschrift abgeschätzt werden.

Sofern die repräsentierte Grundgesamtheit eine spezielle Zielgruppe ist, kann ihre Definition und vollständige Erfassung Schwierigkeiten bereiten. Deshalb ist hier eine besonders ausführliche Beschreibung der Untersuchungsanlage und der Zielgruppendefinition sehr wichtig, damit die Aussagefähigkeit der Analyse für die jeweilige Planungsaufgabe klar beurteilt werden kann.

In jedem Fall muß dargelegt werden, woher das Adressenmaterial der Grundgesamtheit stammt und wie daraus die Stichprobe gezogen wurde. Es ist anzustreben, alle im untersuchten Umfeld miteinander konkurrierenden Zeitschriften zu erheben. Muß eine Auswahl getroffen werden, so muß diese systematisch sein.

Fachzeitschriften-Reichweiten-Analysen
Angesichts der Vielfalt des Fachzeitschriftenwesens und des eigengeprägten Profils seiner Objekte ist offenkundig, daß die generelle Problematik für Reichweiten-Analysen bei Fachzeitschriften besonders ins Gewicht fällt, insbesondere hinsichtlich der Schwierigkeiten der Definition und vollständigen Erfassung ihrer speziellen Zielgruppen.

Bis jetzt bestehen bei Fachzeitschriften erst einige bewährte Reichweiten-Analysen in Form von Gemeinschaftsuntersuchungen, die von statistisch klaren Begriffen und Größenordnungen in homogenen Fachzeitschriftengruppen ausgehen können. Hierbei handelt es sich insbesondere um die „LA-Med“ (Leser-Analyse Medizinische Fachzeitschriften – seit 1969), „MSB“ (Mediaservice Bau – seit 1967), „agla a+b“ (Arbeitsgemeinschaft Leser-Analyse Architekten und planende Bauingenieure – seit 1969), „Leser-Analyse Gemeinschaftsverpflegung“ – seit 1980.

Diese Untersuchungen werden auf Grund freiwilliger Entscheidung der Verlage, sich nach Kenntnis der Grundgesamtheit mit als geeignet erkannten Titeln an der Gemeinschaftsuntersuchung zu beteiligen, veranstaltet. Sie werden im Zusammenwirken von Arbeitsgemeinschaften mit neutralen, im Fachzeitschriftenwesen sachkundigen Instituten in einem gewissen Turnus durchgeführt.

Für die in eine solche Gemeinschaftsuntersuchung einzubeziehenden Titel wird eine systematische Auswahl getroffen. Aus methodischen Gründen kann es notwendig sein, im Rahmen einer systematisierten Auswahl festgestellte Zeitschriften in die Untersuchung einzubeziehen. In eine solche Untersuchung gehören aber keine Titel, die wegen ihrer geringfügigen quantitativen Anteile in der jeweiligen Zielgruppe zur effektiven Markttransparenz nicht beitragen, zumal über diese Titel selbst bei Einbeziehung in die Untersuchung ein falsches Vorstellungsbild – auch für Werbungtreibende – entstehen könnte. In diesem Zusammenhang sei vorsorglich auf mögliche wettbewerbsrechtliche Folgen verwiesen.

Alle Verlage, deren Titel für eine Gemeinschaftsuntersuchung als relevant ermittelt wurden, sind zur Beteiligung an der Untersuchung einzuladen. Der einzelne Verlag hat jedoch das Recht, unter Bezug auf vorher zu fixierende systematische Auswahl-, Untersuchungs- und Veröffentlichungs-Kriterien der jeweiligen Gemeinschaftsuntersuchung darzulegen, daß sein Titel nicht zu diesem Kreis gehört bzw. keinen relevanten Marktanteil hat und er deshalb einer Ermittlung und/oder Veröffentlichung seiner Daten (gleich welcher Art) nicht zustimmt. Wenn aus systematischen Gründen Titel trotz des sachlich zu begründenden Einspruchs des Verlages miterhoben werden, darf gegen den ausdrücklichen Willen des Verlages eine Veröffentlichung dieser Daten nicht erfolgen.

Gemeinschaftsuntersuchungen dieser Art haben sich für die Werbungtreibenden bewährt. Mit Rücksicht auf die gerade für Reichweiten-Analysen gebotene Neutralität und die Fairneß im Wettbewerb sollte der Veranstalter einer Reichweiten-Analyse für Fachzeitschriften eine Arbeitsgemeinschaft sein, die mit der erforderlichen Kompetenz die hier beschriebenen Verfahrensweisen realisiert.

Auch bei im Wettbewerb stehenden Fachzeitschriften-Titeln sind deren Zielgruppen nicht immer deckungsgleich, was folgerichtig Unterschiede in der Stellung und Funktion der jeweiligen Leser ergibt. Dadurch sind im Fachzeitschriftenwesen vielfach nur sogenannte „relative Reichweiten" zu erwarten, die einen Vergleich nicht gewährleisten. Es ist auch an Titel zu denken, die ihr redaktionelles Programm nur auf eingegrenzte Spezialgruppen innerhalb der untersuchten Grundgesamtheit konzentrieren oder nur mit gewissen Teilen der Auflage darunter fallen. In solchen Fällen können globale Vergleiche der erreichten Werte problematisch sein.

Es ist für jeden Verlag empfehlenswert, vor der Entscheidung über die Teilnahme an einer gemeinschaftlichen Reichweiten-Untersuchung, die Strukturdaten der Empfängerschaft des in Betracht kommenden Titels genau zu kennen. Dies kann durch eine Datei-Analyse (wenn in der Datei die wesentlichen Strukturdaten gespeichert sind) oder durch eine schriftliche Erhebung (gemäß Form 2) geschehen. Erst durch einen Vergleich seiner tatsächlichen Strukturdaten mit der festgelegten und durch Pre-Tests analysierten Grundgesamtheit, d. h. Zielgruppen einer Gemeinschaftsuntersuchung, die Reichweiten ermittelt, kann der Verlag eine notwendige Entscheidung über seine Teilnahme an dieser Untersuchung fällen, ohne möglicherweise nachher Überraschungen zu erleben.

Reichweiten-Analyse durch mündliche Erhebung FORM 4

a) Eignung und Zielsetzung

Die Reichweiten-Analyse ist im Fachzeitschriftenwesen dann geeignet, wenn a) institutionelle Zielgruppen und b) in diesen persönliche Zielgruppen exakt, zweifelsfrei und abgegrenzt für entsprechend vergleichbare Fachzeitschriften definiert werden können.

Mit einer Reichweiten-Analyse werden die Durchdringung von Zielgruppen mit den in die Analyse einbezogenen Fachzeitschriften sowie das Leseverhalten der Zielgruppen und die Nutzung der entsprechenden Fachzeitschriften repräsentativ ermittelt.

Es ist im Interesse der werbungtreibenden Wirtschaft, daß solche Titel in FZ-Reichweiten-Analysen einbezogen werden, bei denen aus der Kenntnis der Empfänger-/Leser-Struktur entschieden wird, ob sie hinsichtlich Grundgesamtheit, Substituierbarkeit, Verfahrensweise sowie mit einem im Verhältnis zu den anderen Titeln proportional ausreichenden Anteil ihrer tatsächlich verbreiteten Auflage in die Untersuchung hineinpassen. Sonst ist die Vergleichbarkeit fragwürdig, führt leicht zu falschen Schlüssen und ruft eventuelle wettbewerbsrechtliche Auseinandersetzungen hervor.

Es wird nachdrücklich empfohlen, daß bei der Anlage, Durchführung und Dokumentation mit einem neutralen Marktforschungs-Institut zusammengearbeitet wird, um zu gewährleisten, daß die von den beteiligten Verlagen in die Reichweiten-Analyse gesetzten Erwartungen erfüllt werden. Die Interviews müssen von einem neutralen, von Verlagen unabhängigen Institut oder Interviewer-Stab durchgeführt werden.

Bei der Ermittlung vergleichender Reichweiten darf durch Fragen und Fragenfolgen nicht erkennbar sein, wer Auftraggeber der Untersuchung ist. Ebenso sind spezielle Fragestellungen nur zu einem einzelnen der untersuchten Titel nicht gestattet.

b) Grundgesamtheit

Die Grundgesamtheit für Reichweiten-Analysen ist sowohl institutionell als auch personell zu bestimmen. Abgestellt werden muß aber in der Erhebung in jedem Fall auf einen persönlichen Nutzungsvorgang.

Beispiele:

Institutionelle Zielgruppe: Maschinenfabriken
Personelle Zielgruppe: Leiter der Konstruktion
Institutionelle Zielgruppe: Landwirtschaftliche Betriebe mit mehr als 20 ha
Personelle Zielgruppe: Betriebsinhaber
Institutionelle Zielgruppe: Krankenhäuser
Personelle Zielgruppe: Chefarzt für Innere Medizin

Zur Bestimmung der Befragungsperson sind – analog zur mündlichen Nutzer-Struktur-Erhebung – folgende Verfahren denkbar:

- o eindeutige Definition der Befragungsperson (durch Funktion in einer Institution, wie Geschäftsführer im Betrieb)

- Zufallsauswahl aus einer Personen-Gesamt-Datei oder aus einer Personenauflistung in einer vorgeschalteten Auswahlstufe.

Eine Reichweiten-Analyse basiert nicht auf der Datei eines Verlages, sondern auf objekt- und wettbewerbsneutralen Zielgruppen-Gesamtheiten. Die der Reichweiten-Analyse zugrunde liegende institutionelle Zielgruppen-Gesamtheit soll mindestens 85 % der tatsächlich insgesamt vorhandenen Zielgruppen-Gesamtheit (z. B. gemäß Statistischem Bundesamt) abdecken, um vergleichbare Aussagen daraus machen zu können.
In jedem Fall muß dargelegt werden, woher das Adressenmaterial der Grundgesamtheit stammt und wie daraus die Stichprobe gezogen wurde.
Die Angaben zur Methode der Untersuchung müssen besonders ausführlich sein.

c) Adressenmaterial und Stichproben-Bildung
Für die Bildung der institutionellen Grundgesamtheit und der Stichprobe ist aktuelles, gesichertes und möglichst vollständiges wettbewerbsneutrales Adressenmaterial erforderlich.
Es kann für die Zusammenstellung dieser Grundgesamtheit nur einwandfreies und neuestes sekundärstatistisches Material benutzt werden: z. B. Mitgliederverzeichnisse von Verbänden, Kammern, etc.; Adreßbücher, Fernsprechbücher und Telexbücher, die dem Verband Deutscher Adreßbuchverleger, dem Europäischen Adreßbuchverleger-Verband oder der IVW angeschlossen sind; Messekataloge; firmeneigene Unterlagen, Adressen-Kollektionen können in der Regel für diesen Zweck erst nach Abgleichung mit den vorstehend genannten Unterlagen und/oder nach einer gründlichen Bereinigung bzw. Ergänzung durch entsprechende Recherchen verwendet werden.
Die Bestimmung der Zielperson in der Institution kann sich in Übereinstimmung mit den zu untersuchenden Titeln praktisch als selbstverständlich ergeben, z. B. in Praxen (Ärzte, Anwälte, Berater). Aber – um bei diesem Beispiel zu bleiben – Sozietäts-Praxen mit differenzierten Fachbereichen können es erforderlich machen, die für einen bestimmten Fachbereich zuständige Zielperson als Interview-Partner festzulegen. Auf jeden Fall ist die Zielperson in der Institution konkret zu bestimmen. Die Reichweiten-Analyse läßt keine „Ersatzperson" zu; daher sind den Interviewern bei Nichtantreffen der ausgewählten Zielperson bis zu drei Wiederholungsbesuche zwingend vorzuschreiben.

d) Ermittlungspunkte
Daten zum Leseverhalten der Zielperson. Hierbei wird zunächst die standardisierte Fragenfolge von der Bekanntheit (der Titel) über Empfang bis zum Lesen angewandt. Von den in die Untersuchung einbezogenen Fachzeitschriften werden entweder Titelkarten, Titelsignets auf Tableaus, auch neutralisierte Titelseiten in Originalfarben oder komplette bzw. ausgedünnte Hefte vorgelegt. Die Reihenfolge wird in der Regel von den Titeln mit dem längsten bis zu denen mit dem kürzesten Erscheinungs-Intervall geordnet.
Nachstehend zwei Modelle für standardisierte Fragen:

Verfahren 1 (mit Originalheft-Vorlage)

Generalfilter
a) „Hier habe ich einige Exemplare von Fachzeitschriften. Bitte sagen Sie mir anhand dieser Hefte: Welche dieser Zeitschriften haben Sie schon einmal in der Hand gehabt, um darin zu blättern oder zu lesen, welche sind Ihnen nur dem Namen nach bekannt und welche kennen Sie überhaupt nicht?
Ich meine jetzt nicht das jeweilige Heft hier, sondern die betreffende Zeitschrift allgemein.
Am besten sortieren Sie die Hefte in 3 Häufchen:
- unbekannt
- nur dem Namen nach bekannt
- schon in der Hand gehabt"

Die folgende Frage „Großer Zeitfilter" wird nur an diejenigen Befragten gerichtet, welche die Zeitschrift „schon in der Hand gehabt" haben. Für die Fragen ab „Großer Zeitfilter" werden die in die Reichweiten-Analyse einbezogenen Titel nach Erscheinungs-Intervall kategorisiert. Für jedes Erscheinungs-Intervall werden die jeweiligen Titel separat abgefragt.

Großer Zeitfilter
b) „Diese Zeitschriften erscheinen .... neu. Von .... (Titel) sind in den letzten .... Monaten, also seit .... (Monat) 12 verschiedene Ausgaben erschienen. Haben Sie selbst in den letzten .... Monaten mindestens 1 Ausgabe dieser Zeitschrift erhalten?
Es geht also nicht um's Lesen, sondern darum, ob Sie sie überhaupt bekommen haben. Und zwar entweder zu Ihnen auf den Schreibtisch, oder ins Zeitschriften-Regal, oder nach Hause, oder sonstwie."

Frequenz-Ermittlung
c) „Von den 12 Ausgaben der letzten .... Monate: wie viele davon haben Sie persönlich erhalten? Was schätzen Sie?
d) „Und wie viele Ausgaben haben Sie durchgeblättert oder gelesen?"

LpN-Ermittlung
e) „Haben Sie diese Ausgabe von .... bereits durchgeblättert oder gelesen?"
(Hier wird die im Zeitpunkt der Befragung jeweils vorletzte Ausgabe* vorgelegt. Bedingung für die Anwendung dieser Frage ist die zeitliche Ausdehnung der Feldarbeit über den Zeitraum von drei Erscheinungs-Intervallen der abgefragten Titel.)

---

* Bei sehr häufig (z. B. zweimal wöchentlich) oder selten (z. B. viermal im Jahr) erscheinenden Fachzeitschriften muß eine sinnvolle Regelung bezüglich des optimalen Heftalters gefunden werden. Unerläßlich ist die Wahrung der Chancengleichheit für alle in die Reichweiten-Analyse einbezogenen Titel. Dies ist eine der Fragen, die erkennen läßt, wie wichtig die Zusammenarbeit mit einem sachkundigen neutralen Marktforschungs-Institut ist.

Verfahren 2 (mit Titelkarten-Vorlage)

Generalfilter
a) „Hier habe ich einige Titelkarten von Fachzeitschriften. Bitte sagen Sie mir anhand dieser Karten, welche dieser Titel Sie schon einmal in der Hand gehabt haben, um darin zu blättern oder zu lesen, welche sind Ihnen nur dem Namen nach bekannt und welche kennen Sie überhaupt nicht?
Am besten sortieren Sie die Karten in 3 Häufchen:
- unbekannt
- nur dem Namen nach bekannt
- schon in der Hand gehabt"

Die folgende Frage „Großer Zeitfilter" wird nur an diejenigen Befragten gerichtet, welche die Zeitschrift „schon in der Hand gehabt" haben.
Für die Fragen ab „Großer Zeitfilter" werden die in die Reichweiten-Analyse einbezogenen Titel nach Erscheinungs-Intervallen kategorisiert. Für jedes Erscheinungs-Intervall werden die jeweiligen Titel separat abgefragt.

Großer Zeitfilter
b) „Diese Zeitschriften erscheinen .... neu. Von .... (Titel) sind in den letzten Monaten, also seit .... (Monat) 12 verschiedene Ausgaben erschienen. Haben Sie persönlich in den letzten .... Monaten mindestens 1 Ausgabe dieser Zeitschrift erhalten?
Es geht also nicht um's Lesen, sondern darum, ob Sie sie überhaupt bekommen haben. Und zwar entweder zu Ihnen auf den Schreibtisch, oder ins Zeitschriften-Regal, oder nach Hause, oder sonstwie."

Frequenz-Ermittlung
c) „Von den 12 Ausgaben der letzten .... Monate: wie viele davon haben Sie selbst erhalten? Was schätzen Sie?"
d) „Und wie viele Ausgaben haben Sie durchgeblättert oder gelesen?"

LpN-Ermittlung
e) „Und wann haben Sie diese Zeitschrift zuletzt durchgeblättert oder gelesen?"
Hier sind kleinere Zeitvorgaben einzusetzen; z. B.: letzte 4 Wochen / 1 bis 3 Monate / 2 bis 3 Monate / länger her
(Beispiel für monatlich erscheinende Fachzeitschriften)

Weitere Ermittlungspunkte
Ermittelbar sind weitere Tabestände zum Leseverhalten, zur Nutzung und zur Beurteilung der Fachzeitschriften, die der Befragte liest. Über das Leseverhalten hinaus kann grundsätzlich alles abgefragt werden, was sich auf den Befragten im beruflichen und privaten Bereich bezieht.
Außerdem wird eine Reichweiten-Analyse auch zur Erhebung von institutionellen Daten und von Gepflogenheiten in der Institution, welcher der Befragte angehört, genutzt. Es ist – z. B. – möglich, repräsentative Daten zur Unternehmens-Strategie oder zum Entscheidungs-Ablauf für die institutionelle Grundgesamtheit der Untersuchung zu erheben.

e) Übertragung der Ergebnisse auf Gesamtheiten
Hierzu siehe zunächst Abschnitt II 3.6 Projektion/ Hochrechnung. Ergänzend: Ergebnisse von Reichweiten-Analysen werden im allgemeinen auf die absoluten Zahlen der repräsentierten Grundgesamtheit projiziert. Dies ist nur dann vertretbar, wenn die Größe der Zielgruppe (n), die von der Reichweiten-Analyse repräsentiert wird, exakt belegt werden kann (möglichst unter Zugrundelegung der amtlichen oder einer dieser adäquaten Statistik).

Entwicklungsmöglichkeiten für zukünftige schriftliche oder technische Erhebung von Reichweiten
An Entwicklung und Vervollkommnung des methodischen und fragetechnischen Instrumentariums auch für Reichweiten-Analysen wird von verschiedenen Seiten gearbeitet. Dabei wird auch die Möglichkeit einer Erweiterung auf eine schriftliche oder technische Erhebungsform geprüft. Voraussetzung ist, daß schriftlich oder technisch erhobene Reichweiten-/Zielgruppenwerte nur dann akzeptabel sein können, wenn bei Anlage, Methode, Durchführung und Dokumentation solcher Untersuchungen alle Mindestanforderungen erfüllt werden, die für mündlich erhobene Reichweiten-Analysen gelten und die gemäß ZAW-Rahmenschema für Werbeträger-Analysen, Stand 1983, einschließlich der fachzeitschriften-spezifischen ZAW-Richtlinien, Stand 1985, für eine schriftliche oder technische Umfrage gefordert werden.
Darüber hinaus ist bei FZ-Reichweiten-Untersuchungen auf schriftlicher Basis ein neutrales Institut für die Konzeption der Untersuchung zu beauftragen und es sollen alle relevanten Titel/Verlage eines klar definierten Bereiches zur Teilnahme an einer FZ-Reichweiten-Untersuchung auf schriftlicher Basis aufgefordert werden.
Für Reichweiten-Untersuchungen schriftlicher und technischer Art gemäß den grundsätzlichen Ausführungen über Fachzeitschriften-Reichweiten-Analysen die den Voraussetzungen entsprechen, soll folgender Hinweis an deutlich sichtbarer Stelle im Berichtsband, sowie einer evtl. Kurzbeschreibung veröffentlicht werden:
„Diese Untersuchung entspricht in Anlage, Durchführung und Berichterstattung den allgemeinen Regeln des ZAW-Rahmenschemas für Werbeträger-Analysen, Stand 1983, und den fachzeitschriften-spezifischen ZAW-Regeln, Stand 1985. Eine Übereinstimmung ist nicht möglich, weil noch keine allgemeingültigen detaillierten Regeln und Empfehlungen für schriftliche oder technische Reichweiten-Analysen vorliegen und in dem Rahmenschema sowie in den fachzeitschriften-spezifischen Regeln enthalten sind."
Bei Untersuchungen dieser Art soll, um den vorstehenden Hinweis zu verwenden, im Titel der betreffenden Untersuchung jeweils die Bezeichnung schriftlich (oder technisch) erhobene Reichweiten-Analyse ausdrücklich erscheinen.
Sobald genügend einwandfrei abgesicherte Erkenntnisse für die Durchführung schriftlicher oder technischer Erhebungen von Reichweiten vorliegen, um die dann dafür notwendigen detaillierten Anforderungen festlegen zu können, wird vom ZAW bzw. seinen zuständigen Gremien ein entsprechender Nachtrag zu den ZAW-Regeln bzw. -Richtlinien konzipiert und in diese aufgenommen.

Reichweitenkurve
→ K_1, Kontakthäufigkeit

Reichweitenüberschneidung
→ Überschneidung; interne Überschneidung, externe Überschneidung

Reihenfolge der Abfrage
→ Abfrage

Reihenkorrelation *(Zweizeilenkorrelation)*
Die (→) Korrelation der Daten einer (→) Zeitreihe untereinander, die sich durch Vergleich der (→) Standardabweichungen der Differen-

zen zwischen sukzessiven Beobachtungen mit dem Wert der Standardabweichung messen läßt, den man erhalten würde, wenn die Beobachtungen der Zeitreihe nach dem (→) Zufallsprinzip gemischt wären.

reine Zufallsauswahl
→ Zufallsauswahl

Relationsanalyse *(Relationsforschung, Beziehungsanalyse)*
Die zusätzlich zur traditionellen (→) Umfrageforschung unternommene Analyse der Beziehungen zwischen den Individuen in einer (→) Stichprobe, bei der die Untersuchungseinheit eine Anzahl von zueinander in einer Beziehung stehenden Individuen ist. In der Relationsanalyse werden die soziometrischen Angaben zur Charakterisierung der Beziehung (die Relationsvariablen) auf die durch (→) Befragung erhobenen Primärvariablen bezogen. Das Interesse konzentriert sich dabei vor allem auf die Homogenität der in Beziehung zueinander stehenden Individuen und auf den Einfluß der Relationsvariablen auf das Verhalten. Die Relationsanalyse verdankt ihre Entstehung dem gegen die klassische Umfrageforschung oft vorgebrachten Vorwurf, sie löse durch ihre Art der (→) Datenerhebung und (→) Datenanalyse die untersuchten Individuen aus dem Netzwerk der sozialen Beziehungen, in denen sie tatsächlich stehen und behandele sie so als soziale Atome, die sie tatsächlich nicht sind.

Relationsmerkmale
Diejenigen (→) Merkmale von Untersuchungseinheiten, die in der Analyse auf ihre Beziehung zu anderen Untersuchungseinheiten derselben (→) Grundgesamtheit untersucht werden.

relative Häufigkeit
→ Häufigkeit

relative Standardabweichung
→ Variationskoeffizient

relative Varianz *(Relvarianz)*
Der zum Quadrat erhobene (→) Variationskoeffizient, der als Vergleichsmaß der (→) Streuung einer Verteilung verwendet wird. Es handelt sich um die durch das Quadrat des (→) arithmetischen Mittels geteilte (→) Varianz einer Verteilung:

$$\text{Relvarianz} = \frac{s^2}{\bar{X}^2}.$$

relativierter K_1-Wert
→ Leser pro Ausgabe

Reliabilität *(Zuverlässigkeit, Verläßlichkeit, Meßgenauigkeit)*
Ganz allgemein ist Zuverlässigkeit als (→) Gütekriterium neben (→) Objektivität und (→) Validität die Fähigkeit eines Forschungsinstruments, bei wiederholten Messungen, Beobachtungen, Erhebungen, Untersuchungen, Ermittlungen usw. desselben Sachverhalts dieselben Meßwerte zu ermitteln. Es handelt sich also anders als bei der Validität (Gültigkeit) um das Maß der formalen Konstanz der Meßwerte ohne Bezug auf ihre inhaltliche oder theoretische Brauchbarkeit. Zuverlässigkeit ist eine notwendige, aber keineswegs eine hinreichende Bedingung für Validität.
Gustav A. Lienert definiert: „Unter der Reliabilität eines Testes versteht man den Grad der Genauigkeit, mit dem er ein bestimmtes Persönlichkeits- oder Verhaltensmerkmal mißt, gleichgültig, ob er dieses Merkmal auch zu messen beansprucht (welche Frage ein Problem der Validität ist). Ein Test wäre demnach vollkommen reliabel, wenn die mit seiner Hilfe erzielten Ergebnisse den Pb genau, d. h. fehlerfrei beschreiben bzw. auf der Testskala lokalisieren. Der Grad der Reliabilität wird durch einen Reliabilitätskoeffizienten bestimmt, der angibt, in welchem Maße unter gleichen Bedingungen gewonnene Meßwerte über ein und denselben Pbn übereinstimmen, in welchem Maße also das Testergebnis reproduzierbar ist."
Nach der Formulierung von H. Esser/K. Klenovits/H. Zehnpfennig handelt es sich dabei also um „die intertemporale, intersubjektive und interinstrumentelle Stabilität erhaltener Meßwerte":

Intertemporale Stabilität der Meßwerte heißt: Bei wiederholter Messung desselben Phänomens bringt das Meßinstrument die gleichen Ergebnisse hervor. Die Überprüfung der intertemporalen Stabilität setzt allerdings die Möglichkeit voraus, unabhängig vom verwendeten Meßinstrument zu kontrollieren, ob das zu messende Phänomen sich zwischen dem Zeitpunkt der ersten Messung t_1 und dem Zeitpunkt der zweiten Messung t_2 nicht verändert hat. Differenzen zwischen den Meßergebnissen zu zwei verschiedenen Zeitpunkten sind nicht zwangsläufig ein Beweis für mangelnde intertemporale Stabilität des Meßinstruments.
Intersubjektive Stabilität der Meßwerte heißt: Wenn verschiedene Personen dasselbe Phänomen mit Hilfe desselben Instruments messen, erzielen sie die gleichen Ergebnisse. Unproblematisch ist die Überprüfung dieser Reliabilitätsdimension nur dort, wo parallele Anwendungen desselben Instruments auf dieselben Sachverhalte durch verschiedene Personen möglich sind. Die intersubjektive Stabilität wird manchmal auch als (→) Objektivität bezeichnet um zu betonen, daß die Ergebnisse von dem das Instrument benutzenden Forscher unabhängig sind.

Interinstrumentelle Stabilität der Meßwerte heißt, daß dieselbe Merkmalsdimension mit Hilfe unterschiedlicher Instrumente gemessen werden kann.

Zur Schätzung der Reliabilität von Tests oder anderen Forschungsinstrumenten wird als empirisch bestimmte Maßzahl der Reliabilitätskoeffizient verwendet, der definiert ist als Anteil der wahren (→) Varianz s^2_T an der Gesamtvarianz s_T einer Meßwertreihe:

$$r_{tt} = \frac{s_T^2}{s_X^2}$$

Je nach den zur Reliabilitätsmessung eingesetzen Verfahren wird in der (→) Testtheorie zwischen der Paralleltestreliabilität, (→) Parallelformmethode, der Halbierungsreliabilität, (→) Halbierungsverfahren, der Zuverlässigkeitsprüfung durch (→) Test-Retest-Verfahren (Wiederholungsverfahren) bzw. der Analyse der (→) Konsistenz über die (→) Trennschärfe oder durch die (→) Varianzanalyse unterschieden.
Bei der Zuverlässigkeitsprüfung müssen auch die möglichen Quellen von (→) Fehlern des (→) Messens und insbesondere auch des wiederholten Messens (z. B. Reaktionen des Meßobjekts auf die wiederholten Messungen), (→) Hawthorne-Effekt, berücksichtigt werden.

Remission
Im Zeitungs-, Zeitschriften- und Buchvertrieb die Rücknahme der nichtverkauften Exemplare durch den Grossisten (Großhändler) von den Einzelhändlern sowie ihr Nachweis gegenüber den Verlagen. Die nichtverkauften Zeitungen, Zeitschriften oder Bücher heißen Remittenden. Bei der Remission handelt es sich um eine Bringschuld des Einzelhandels, die entweder die Form der körperlichen Remission oder der körperlosen Remission (KR-Verfahren) annehmen kann. Bei der körperlichen Remission remittiert der Einzelhandel die gelieferten Exemplare komplett und unversehrt zurück. Das ist bei vielen Zeitschriften und Zeitungen teuer und unökonomisch, weil die nichtverkauften Exemplare ohnehin nicht verkauft werden können (bei Büchern ist das anders). Daher bürgert sich zunehmend bei Zeitungen und Zeitschriften die körperlose Remission ein, bei der der Einzelhandel den Nachweis über nichtverkaufte Exemplare z. B. durch (→) Kopfremission erbringt. Jeder Verlag ist bemüht, die Zahl der Remittenden prinzipiell so niedrig wie möglich zu halten. Die große Zahl der Verkaufsstellen und die Schwankungen in der (→) verkauften Auflage lassen die perfekte Anpassung der Aussendungen an die Verkäufe jedoch als ein kaum erreichbares Ziel erscheinen. Die an den Einzelhandel ausgelieferten und von diesem körperlos oder körperlich remittierten Exemplare gehen nicht in die verkaufte Auflage der (→) IVW-Meldung ein. In den IVW-Meldungen wird als Remittendendurchschnitt der Quotient aus der Anzahl aller in einer Berichtsperiode (also einem Quartal) remittierten Exemplare und der Zahl der Erscheinungstage im jeweiligen Vierteljahr berechnet.

Repräsentanz *(Repräsentativität)*
Die Übereinstimmung (Abbildungstreue) einer Teilmenge wie z. B. einer (→) Stichprobe mit einer (→) Grundgesamtheit in der Weise, daß die Teilmenge in allen relevanten Strukturmerkmalen und in den Proportionen der relevanten Strukturmerkmale zueinander die Struktur der Grundgesamtheit widerspiegelt. Die Repräsentativität einer Stichprobe ist also gegeben, wenn der (→) Erwartungswert jedes einzelnen Schätzwertes gleich dem (→) wahren Wert ist. Rückschlüsse von der Stichprobe auf die Verhältnisse in der Grundgesamtheit, (→) Generalisierung, sind nur möglich, wenn die Stichprobe repräsentativ ist. Der Rückschluß von Stichprobenwerten auf die entsprechenden Werte der Grundgesamtheit wird als Repräsentationsschluß bezeichnet.
→ Auswahlverfahren

Residualkategorie
Bei (→) Befragungen die Antwortkategorie für diejenigen Befragten, die sich bei der Beantwortung einer Frage nicht genau festlegen können oder wollen (Unentschieden/Weiß Nicht/ Keine Antwort) bzw. allgemein bei (→) Klassifikationen die Kategorie für diejenigen Objekte, die keiner der gebildeten Klassen eindeutig zugeordnet werden können.

Residualvarianz
→ Restvarianz

Response-Funktionen
→ Reaktionsfunktion, Kontaktbewertungsfunktion

Response Set
→ Reaktionseinstellung

Response-Werbung
→ Coupon-Werbung

Rest-, Archiv- und Belegexemplare
Bei (→) IVW-Meldungen die Bezeichnung für a) Reststücke, b) Arbeits- und Archivstücke des Verlags, c) die Stücke, die als Belege für

Anzeigen und sonstige Veröffentlichungen versandt werden sowie d) die Stücke, die dem (→) Werbenden Buch- und Zeitschriftenhandel im Rahmen der vereinbarten Dispositionsreserve unentgeltlich geliefert werden.

Restvarianz *(Residualvarianz)*
Derjenige Varianzanteil, der übrigbleibt, nachdem von der Gesamtvarianz jene Varianzanteile abgezogen worden sind, die entweder der (→)Varianz zwischen den Randkategorien oder der (→) Variation innerhalb der Zellen zugeordnet werden können.

Retest-Methode
→ Test-Retest-Methode

Richtlinien für die Aufnahme von Werbeträgern in die Untersuchungen der Arbeitsgemeinschaft Media-Analyse e. V. (AG.MA)
Zu den Grundelementen des (→) Feldmodells der (→) Arbeitsgemeinschaft Media-Analyse (AG.MA) gehört es, daß die in der (→) Media-Analyse (MA) ausgewiesenen Daten wirklich statistisch vertretbar sind, um für die (→) Mediaplanung genutzt werden zu können. Dazu müssen Mindestforderungen an die (→) Fallzahl gestellt werden. Die 1978 als Fortsetzung und Erweiterung der „Aufnahmerichtlinien von 1967“ verabschiedeten Richtlinien gehen von einem Minimum von 351 Fällen für den (→) Weitesten Nutzerkreis (WNK) bzw. bei regionalen Tageszeitungen für das Verbreitungsgebiet aus. Sie haben den folgenden Wortlaut:

Richtlinien
für die Aufnahme von Werbeträgern in die Untersuchungen der Arbeitsgemeinschaft Media-Analyse e. V. (AG.MA)

I. Allgemeine Grundsätze
Die Arbeitsgemeinschaft Media-Analyse e. V. (AG.MA) will in dem durch Art. 3 der Vereinssatzung festgelegten Rahmen grundsätzlich jedem Werbeträger die Möglichkeit bieten, seine Nutzerschaft mit dem Instrumentarium der empirischen Sozialforschung vergleichbar mit anderen Werbeträgern untersuchen zu lassen. Um einen Werbeträger erheben und ausweisen zu können, müssen insbesondere folgende materiellen und formellen Bedingungen erfüllt werden:

1. Materielle Bedingungen
a) Es muß sich um einen Werbeträger handeln. Werbeträger im Sinne der AG.MA sind gekennzeichnet durch regelmäßiges Erscheinen, ein erhebliches redaktionelles Angebot und Aufnahme von Werbung nach einer verbindlichen Preisliste. Für Pressemedien gelten darüber hinaus als Bedingungen:
   - Anschluß an die IVW (Informationsgemeinschaft zur Feststellung der Verbreitung von Werbeträgern e. V.)
   - Entgeltlicher Bezug des überwiegenden Teiles der Auflage durch die Leser, entweder direkt (z. B. Abonnement, Einzelverkauf) oder indirekt (z. B. Lesezirkel, Clubzeitschriften).
   - Erscheinungshäufigkeit bei Publikumszeitschriften und Wochenzeitungen mindestens 12 mal jährlich und mindestens monatlich, bei Tageszeitungen 6 mal wöchentlich.

b) Der Werbeträger muß vergleichbar zu anderen bereits in der MA untersuchten Werbeträgern behandelt werden können, und zwar ohne methodisch deren Ergebnis zu beeinträchtigen.

c) Die Größenordnung der Ergebnisse und die Datenstrukturen der Nutzerschaft müssen aus Gründen der statistischen Sicherheit den in diesen Richtlinien festgelegten Mindestanforderungen genügen.

2. Formelle Voraussetzungen
a) Aufnahmeantrag
Der Antrag auf Aufnahme eines Werbeträgers in die Untersuchung ist schriftlich an die Arbeitsgemeinschaft Media-Analyse e. V. (AG.MA) zu stellen. Sofern der Eigner des zur Untersuchung angemeldeten Werbeträgers nicht bereits Mitglied der AG.MA ist, stellt er damit, gemäß Art. 3 der Vereinssatzung der AG.MA, auch Antrag auf Aufnahme in den Verein.
Dem Antrag auf Aufnahme des Werbeträgers sind die im nachfolgenden genauer beschriebenen Informationen beizufügen, die eine Beurteilung darüber erlauben, ob das betreffende Untersuchungsobjekt den in diesen Richtlinien festgehaltenen materiellen und formellen Voraussetzungen als Werbeträger im Sinne der AG.MA genügen und ob es in das gültige Konzept der Erhebung und der Ausweisung eingeordnet werden kann.
Voraussetzung für die Aufnahme eines Werbeträgers in die MA ist eine Probe-Erhebung und/oder Probe-Auswertung.

b) Probe-Erhebung
Die Probe-Erhebung dient der Beurteilung der Frage, ob ein bisher nicht erhobener Werbeträger unter den Bedingungen der Media-Analyse (MA) erhoben werden kann.
Die Laufzeit der Probe-Erhebung wie auch die Zahl der bis zum Beginn der Erhebung erschienenen „Ausgaben“ eines Werbeträgers müssen der Abfragetechnik der MA entsprechen.

c) Probe-Auswertung
Die Probe-Auswertung dient der Überprüfung der Frage, ob die Daten eines bereits in der MA erhobenen Werbeträgers oder eines zur Probe erhobenen Werbeträgers zur Berichterstattung aufbereitet werden können.
Um zu aussagefähigen Daten zu gelangen, muß die absolute, in der Erhebung festgestellte Fallzahl für die Nutzer eines Werbeträgers (weitester Nutzerkreis pro Titel oder Sender) mindestens 351 Fälle betragen.
Für die Aufnahme von Tageszeitungen bzw. Zeitungs-Kooperationen sind mindestens 351 Fälle für das Verbreitungsgebiet erforderlich. Strukturen werden für einzelne Tageszeitungen dann nicht mehr dargestellt, wenn die Fallzahl

im Leser pro Nummer 100 Fälle unterschreitet. Rechtfertigen diese Prüfungen die Einzelausweisung des Werbeträgers, wird er auf Beschluß des Arbeitsausschusses der AG.MA in die Berichterstattung aufgenommen, und alle zur Veröffentlichung bestimmten Angaben werden im Datensatz festgehalten. Rechtfertigen dagegen die Prüfungen eine Ausweisung nicht, werden die Daten dem Antragsteller vertraulich und nur zu seiner Information zugänglich gemacht. Diese Ergebnisse der Probe-Auswertung dürfen für eine werbliche oder andere kommerzielle Verwendung nicht benutzt werden.
Der Antragsteller hat die Kosten für die Probe-Erhebung und/oder Probe-Auswertung zu tragen.

II. Nachweise zum Aufnahme-Antrag

1. Gedruckte Medien = Pressemedien

a) Publikumszeitschriften und Wochenzeitungen

- Name, Schriftzug, Signet
  Tittelseiten der letzten zwölf Ausgaben, bei unterschiedlicher Aufmachung von Auflagenteilen Muster für jede Variante. Wenn zum Zeitpunkt der Antragstellung seit der Erstausgabe einer neu erschienenen Zeitschrift oder nach Veränderung der äußeren Aufmachung einer seit längerem erschienenen Zeitschrift weniger als zwölf Erscheinungsintervalle vergangen sind: Datum der Erstveröffentlichung bzw. der Veränderung, Muster der vorhergehenden Gestaltung und seither erschienene Titelseiten.
- Erscheinungsweise (Häufigkeit und Tag)
  Regelmäßig einmal im Monat
  zweimal im Monat oder einmal in 14 Tagen
  einmal in der Woche
  an welchem Tag vor oder nach dem Monatswechsel
  in welcher Woche, gerade oder ungerade Woche
  an welchem Wochentag
  Verbreitungsgebiet
  Angaben über die Streuung der verbreiteten Auflage, die Verteilung über die Bundesländer und den Anteil der Auslandsauflage.
- Auflage
  Die letzten vier IVW-Meldungen. Bei Neuerscheinungen die bis zum Zeitpunkt der Antragstellung erstatteten IVW-Meldungen.
- Tarifunterlagen
  Die gültige Anzeigen-Preisliste, auch für alle einzeln belegbaren Auflagenteile und für Kombinationsmöglichkeiten mit anderen Zeitschriften.

b) Tageszeitungen

- Name, Schriftzug
  Je eine Titelseite von der Hauptausgabe und allen Unterausgaben, Kopfblättern etc., also von allen Erscheinungsformen, die den Lesern begegnen können. Von allen diesen Erscheinungsformen sind die folgenden Informationen zu liefern:
- Wenn innerhalb der letzten zwölf Monate Veränderungen an der äußeren Gestaltung (Zeitungskopf, Spaltenaufmachung etc.) vorgenommen wurden: Datum der Änderung und Muster der vorhergehenden Gestaltung.
- Erscheinungsweise
  Regelmäßig 6 mal in der Woche an den Wochentagen ...
- Verbreitungsgebiet
  Auszug aus der letzten IVW-Verbreitungsanalyse. Darstellung des Verbreitungsgebietes anhand einer Gemeindeliste.
- Auflage
  Die letzten vier IVW-Meldungen; dazu eine Aufgliederung der Auflage.
- Tarifunterlagen
  Die gültige Anzeigen-Preisliste; auch für alle einzeln belegbaren Auflagenteile. Auf mögliche Unterschiede zwischen im Titel besonders benannten und einzeln belegbaren Auflagenteilen sollte hingewiesen werden. Darüber hinaus Angaben über die Zugehörigkeit zu Tarifgemeinschaften.

c) Supplements (zu Tageszeitungen)

- Name, Schriftzug, Signet
  Titelseiten der letzten zwölf Ausgaben, bei unterschiedlicher Aufmachung von Auflagenteilen Muster für jede Variante. Wenn zum Zeitpunkt der Antragstellung seit der Erstausgabe eines neu erschienenen Supplements oder nach Veränderung der äußeren Aufmachung eines seit längerem erscheinenden Supplements weniger als zwölf Erscheinungsintervalle vergangen sind: Datum der Erstveröffentlichung bzw. der Veränderung, Muster der vorhergehenden Gestaltung und seither erschienene Titelseiten.
- Erscheinungsweise
  Beilage regelmäßig einmal in der Woche – an welchem Wochentag.
- Verbreitungsgebiet
  Auszüge aus der letzten IVW-Verbreitungsanalyse für alle Trägerzeitungen. Darstellung des Verbreitungsgebietes anhand einer Gemeindeliste.
- Auflage
  Die letzten vier IVW-Meldungen. Darüber hinaus Informationen über mögliche Differenzen zwischen den Auflagen der Trägerzeitungen und der Auflage des ihnen beigelegten Supplements.
- Tarifunterlagen
  Die gültige Anzeigen-Preisliste, auch für alle einzeln belegbaren Auflagenteile und für Kombinationen mit anderen Werbeträgern (z. B. Tageszeitungen).

2. Elektronische Medien = Funkmedien

a) Fernsehen

- Name, Erkennungsmerkmale
  Name des Rundfunkveranstalters, der die Werbesendungen ausstrahlt. Bezeichnungen der Programme, in denen Werbung möglich ist, einschließlich aller Kurzformen, die in Ansagen und in Schriftform auf dem Bildschirm verwendet werden. Standfoto von Bild-Pausenzeichen oder anderen optischen

Signalen, die zur Programmidentifikation dienen können.

- Programm-Schema für Werbesendungen
  Wochentage und Tageszeiten, zu denen regelmäßig Werbeausstrahlungen stattfinden.
- Tarifunterlagen
  Der gültige Tarif.

b) Hörfunk

- Name, Erkennungsmerkmale
  Name des Rundfunkveranstalters, der die Werbesendungen ausstrahlt. Bezeichnungen der Programme, in denen Werbung möglich ist, einschließlich aller Kurzformen, die in Ansagen verwendet werden. Beschreibung des Ton-Pausenzeichens oder anderer akustischer Signale, die zur Programmidentifikation dienen können.
- Programm-Schema für Werbesendungen
  Wochentage und Tageszeiten, zu denen regelmäßig Werbeausstrahlungen stattfinden.
- Tarifunterlagen
  Der gültige Tarif.

III. Verpflichtung nach der Aufnahme

Mit der Aufnahme eines Werbeträgers in die MA ist das Mitglied in bezug auf den Umgang mit den Untersuchungsergebnissen und das Untersuchungsmaterial an die Verfahrensregeln der Arbeitsgemeinschaft Media-Analyse e. V. (AG.MA), insbesondere an die Bestimmungen des Artikels 14 der AG.MA-Satzung in deren Fassung vom 15. Februar 1978 gebunden.

Richtlinien für die Ausübung von Nutzungsrechten an den Veröffentlichungen der Arbeitsgemeinschaft Media-Analyse e. V. (AG.MA)

Von der Mitgliederversammlung am 24. Oktober 1980 verabschiedete Fassung

Präambel

Die Richtlinien für die Ausübung von Nutzungsrechten an den Veröffentlichungen der AG.MA sollen vor allem zwei Prinzipien sichern:

- allen Mitgliedern der AG.MA stehen dieselben Informationen in den Berichtsbänden und im Datensatz zur Verfügung.
- Jedes Mitglied muß alle Auswertungen, die ein anderes Mitglied veröffentlicht, aus den Berichtsbänden oder dem Datensatz nachvollziehen können.

Dies sind die wesentlichen Voraussetzungen für die Anwendung der MA-Ergebnisse und -Daten im Wettbewerb; darüber hinaus sollen diese Richtlinien spezielle Verfahrensregeln für alle Umgangsformen mit dem Datensatz der MA schaffen, die nicht von den beiden Grundprinzipien abgedeckt sind.

Die Richtlinien für die Ausübung von Nutzungsrechten an den Veröffentlichungen der AG.MA gehen aus von Art. 14 (1) der Satzung der Arbeitsgemeinschaft Media-Analyse, eingetragen am 15. Februar 1978: „Die Urheber- und Verwertungsrechte an den Ergebnissen der Untersuchungen, ... stehen dem Verein sowie der Media-Micro-Census GmbH zu ...“

Die Arbeitsgemeinschaft Media-Analyse überträgt durch ihre Beschlußgremien (Vorstand, Arbeitsausschuß, Mitgliederversammlung) Nutzungsrechte an

- o ihre Mitglieder,
- o Käufer von Daten,
- o Lizenznehmer, die Mitgliedern und Käufern von Daten Auswertungen aus der Media-Analyse anbieten, und an
- o Auftragnehmer der MMC (z. B. Erhebungsinstitute, Datenverarbeiter, Berater), die von der Media-Micro-Census GmbH mit der Durchführung einer Media-Analyse beauftragt werden. Sie haben den Status von Lizenznehmern.

Angehörige dieser vier Gruppen werden einerseits durch ihre Kostenbeteiligung, andererseits dadurch zu Nutzungsberechtigten, daß sie diese Richtlinien anerkennen.

Für Auftragnehmer der MMC entfällt die Kostenbeteiligung.

Über den Umfang der Nutzungsrechte, also die Fassung dieser Richtlinien, beschließt die Mitgliederversammlung. Vorstand und Arbeitsausschuß entscheiden anhand dieser Richtlinien, in Einzelfällen anhand von Verfahrensvorschriften über die angemessene Ausübung der Nutzungsrechte.

Die Nutzungsrechte gelten für zwei Formen der Veröffentlichung:

A Die Berichtsbände

B Den Datensatz mit Codeplanung und Grundzählung.

I. Zugang zu den Veröffentlichungen

A Berichtsbände

1. Jeder Nutzungsberechtigte erhält eine der Höhe seiner Kostenbeteiligung angemessene Anzahl von Pflichtexemplaren. Darüberhinaus kann jeder Nutzungsberechtigte eine beliebige Anzahl von Arbeitsexemplaren erwerben.
2. Von den jeweils einem Werbeträger gewidmeten Einzeldarstellungen kann jeder Nutzungsberechtigte Fortdrucke in beliebiger Auflage erwerben. Nachdrucke in eigener Regie des Nutzungsberechtigten sind erlaubt. (Siehe III A 2 Faksimile-Wiedergaben).

B Datensätze

1. Jedem Nutzungsberechtigten wird mindestens ein Exemplar der Broschüre „Datensatz Codeplan“ zugeschickt, sobald der Stand der Aufbereitung das erlaubt; jedenfalls so rechtzeitig vor der Veröffentlichung einer MA, daß die Auswertungsprogramme der Nutzungsberechtigten der neuen Verschlüsselung bis zum Erscheinungstermin einer Media-Analyse angepaßt werden können. Die im Codeplan enthaltenen zusätzlichen Richtlinien für den Umgang mit Daten sind verbindlich. Zum Termin der Veröffentlichung erhalten alle Nutzungsberechtigten auch mindestens ein Exemplar der Broschüre „Datensatz Grundzählung“.
2. Jeder Nutzungsberechtigte erhält auf Anforderung eine Kopie des Original-Datensatzes mit den Informationen, die im Codeplan als uneingeschränkt oder mit Vorbehalt zur Veröffentlichung freigegeben bezeichnet sind. Die Art des Datenträgers (z. B. Band oder Platte) und die Art der Speicherung kann der Besteller vorgeben. Die Kosten für den Datenträger und für die Übernahme der Daten vom Original gehen zu Lasten des Bestellers.
3. Wollen Mitglieder oder ihnen gleich zu achtende Käufer von Daten Auswertungen aus dem Datensatz nicht auf einer eigenen Anlage vornehmen,

können sie sich entweder an einen Auftragnehmer der MMC oder an einen Datenverarbeiter wenden und ihn auffordern, bei der Media-Micro-Census GmbH eine Lizenz für die Auswertung des Datensatzes zu erwerben, sofern dieser nicht bereits eine derartige Lizenz besitzt.

4. Datenverarbeiter können auch ohne Aufforderung durch einen anderen Nutzungsberechtigten eine Auswertungslizenz für den Datensatz erwerben. Die Lizenz gilt jeweils für den Datensatz einer Media-Analyse und muß mit Erscheinen jeder MA erneuert werden.
5. Der an einen Nutzungsberechtigten ausgelieferte Datensatz ist nur ihm zur Verfügung gestellt und darf für Auswertungen niemandem zugänglich gemacht werden, der nicht nutzungsberechtigt ist. Aus ihm dürfen auch keine Auswertungen vorgenommen oder veranlaßt werden, die für Werbeträger bestimmt sind, für die keine Kostenbeteiligungen geleistet wurden. Bei Nichtachtung dieser Vorschriften haftet der betreffende Nutzungsberechtigte der Arbeitsgemeinschaft für die entgangenen Kostenbeteiligungen.
6. Lizenznehmer dürfen Aufträge nur für andere Nutzungsberechtigte ausführen. Sie erhalten ein Verzeichnis aller Nutzungsberechtigten, damit sie sich vergewissern können, ob sie einen Besteller bedienen dürfen oder nicht. Lizenznehmer erwerben kein eigenes Veröffentlichungsrecht, sie dürfen also keine Veröffentlichungen in eigener Verantwortung vornehmen.

II. Auslieferung

An einem vom Arbeitsausschuß mit Ort, Tag und Uhrzeit festzulegenden Termin der Veröffentlichung werden Berichtsbände in kleinen Mengen, die Datensätze und die Broschüre „Datensatz Grundzählung" an diejenigen Nutzungsberechtigten übergeben, die sich zur Abholung des Materials angemeldet haben. Berichtsbände, Datensätze und Broschüren werden auf Anforderung als Expreßgut, sonst als Postpaket versandt.

III. Umfang der Nutzungsrechte

A Berichtsbände

1. Zitate
   Für Textzitate und Datenzitate gilt das in der Wissenschaft Übliche:
   Als Quellenangabe: „MA .., Berichtsband .., Seite ..“; wenn aus Tabellen zitiert wird: evtl. Zeile und Spalte, um das Auffinden zu erleichtern.
2. Faksimile-Wiedergaben
   Sollen Tabellen faksimiliert wiedergegeben werden, dann dürfen nur komplette Tabellen-Seiten gezeigt werden, wenn man das AG.MA-Copyright-Zeichen beibehalten möchte. Will man keine kompletten Tabellen, sondern nur Tabellenteile zitieren, muß anstelle des AG.MA-Copyright-Zeichens der Ursprungshinweis stehen „Auszug aus Tabelle ... (Seitenzahl) MA ... (Jahreszahl), Berichtsband ... (z. B. Vergleichende Übersichten).
3. Verwendung des Tabellen-Design
   Sollen Ergebnisse aus Zählungen veröffentlicht werden, die der Nutzungsberechtigte in eigener Verantwortung aus dem Datensatz der MA vorgenommen hat, darf er das Tabellen-Design der Berichtsbände verwenden unter der Voraussetzung, daß in der betreffenden Tabelle nur Informationen enthalten sind, die aus dem veröffentlichten Datensatz der Media-Analyse der AG.MA stammen. Anstelle des AG.MA-Copyright-Zeichens lautet der Ursprungshinweis dann:
   „Sonderzählung aus MA ... von ... (Name des Mitglieds)“ oder „Sonderzählung aus MA ... veranlaßt von ... (Name des Mitglieds)“.
   Bei der Darstellung von Informationen aus anderen Quellen (z. B. anderen Untersuchungen) ist der Nutzungsberechtigte verpflichtet, „jegliche Gefahr der Verwechslung mit den Ergebnissen von Untersuchungen der Arbeitsgemeinschaft Media-Analyse e. V. (AG.MA) zu vermeiden (durch deutliche Quellenangabe, durch Hinweis auf Methodenunterschiede o.ä.).“ (AG.MA-Satzung Art. 13 [2]).

B Datensatz

1. Hinzufügungen, Veränderungen, Weglassungen
   Wenn Ergebnisse einer Auswertung veröffentlicht oder Dritten zugänglich gemacht werden sollen, dann dürfen zur Gewinnung der Informationen nur solche Datensätze oder Teile davon verwendet werden,
   denen nichts hinzugefügt,
   in denen nichts verändert und
   aus denen nichts weggelassen wurde.
   Diese Regel betrifft nicht die Veränderungen, die lediglich die Organisation des Datenbestandes auf dem Datenträger betreffen, also der bequemeren und schnelleren Verarbeitung der Informationen dienen, deren Substanz aber nicht berühren.
   Ausnahmen von dieser Regel kann der Arbeitsausschuß in besonderen Fällen gestatten.
   Auf Antrag und nach Prüfung unter Beachtung der die Einzelheiten festlegenden Regeln können folgende Verfahren erlaubt werden:

a) Merkmale und deren Ausprägungen

o Hinzufügungen von Merkmalen
  darunter insbesondere:
  1. Zusammenführungen
     (wie z. B. Fusion des Datensatzes einer anderen repräsentativen Untersuchung in den Datensatz der MA)
  2. Ergänzungen
     (wie z. B. Zuordnung von Daten der Gemeindebeschreibungen, Verkaufsbezirk, Verbreitungsgebiete, Distributionsgrade, Haushaltsausdeckungen),
  3. Simulation
     Bei anonymisierten Merkmalen (z. B. Zusammenfassung aller Tageszeitungen, die nicht Mitglied sind) ist es ohne Zustimmung des Arbeitsausschusses nicht zulässig, die fehlenden Informationen mit Hilfe anderer Quellen (z. B. IVW-Verbreitungsanalyse) zu simulieren.

o Veränderungen von Merkmalen
  Veränderungen sind generell unzulässig; insbesondere die Personengewichte und die Nutzungswahrscheinlichkeiten dürfen weder vergrößert noch verkleinert werden.

b) Anzahl der Fälle

o Weglassen von Fällen
  Das Ziehen von Teilstichproben, also das Verkleinern der Gesamtstichprobe durch reine Zufallsauswahl im Verhältnis 1:2, 1:3, 1:5 usw.

(Subsample) ist nur im Rahmen statistischer Analyseverfahren und bei Zusammenführungen gestattet.
Vor der Ziehung darf die Reihenfolge der Personensätze auf dem Band nicht verändert werden, damit jeder dieselbe Teilstichprobe erhält, der Startpunkt und Auswahlintervall kennt.

- o Eingrenzung von Zielgruppen
  Die AG.MA hat für die Aufnahme und zum Teil Ausweisung in der MA bestimmte Mindestfallzahlen festgelegt. Es sei ausdrücklich darauf hingewiesen, daß geringere Fallzahlen zu statistisch nicht mehr signifikanten Aussagen führen können.
- o Hinzufügen (Aufstocken) von Fällen
  Dem Datensatz der Media-Analysen dürfen Fälle aus anderen Untersuchungen nicht hinzugefügt werden, auch dann nicht, wenn sie in der Stichprobe dem Fragebogen und der Aufbereitung mit der MA identisch sind.
  Davon ausgenommen sind Aufstockungen, parallel zur MA in Teilgebieten der Bundesrepublik, welche vom Arbeitsausschuß der AG.MA genehmigt worden sind.
- o Zusammenfassungen mehrerer MA-Datensätze
  Grundsätzlich muß bei allen Auswertungen der aktuelle Datensatz der MA verwendet werden. Eine Zusammenfassung der Datensäzte mehrerer MA's ist nicht zulässig.
  Davon ausgenommen sind Zusammenfassungen, welche von der MMC für einzelne Mediengruppen (z. B. bei „Regional-Analysen" für Tageszeitungen –) oder für demographische Zielgruppen vorgenommen werden.

2. *Ausweisung*
   Für jede Auswertung aus dem Datensatz muß der Nutzungsberechtigte vor der Ergebnisdarstellung, also auf der ersten Seite des Computer-Ausdrucks, der Bildschirm-Ausgabe oder im Kopf des Fernschreibens folgende Angaben machen:
   - o Zielgruppenbeschreibung
     Bezeichnung aller verwendeten Merkmale, deren Ausprägungen und die Art ihrer Verknüpfung.
   - o Anzahl der Fälle in der Zielgruppe ohne Verrechnung der Personengewichte.
   - o Herkunft der Daten:
     Datensatz-Gesamtstichprobe = „MA ... original"
     Fusionierter Datensatz = „MA ... fusioniert mit ..."
     Ergänzter Datensatz = „MA ... erweitert um ..."
   - o Name des Nutzungsberechtigten, der die Auswertung veranlaßt hat
   - o Name des Auswerters, sofern er mit dem Nutzungsberechtigten nicht identisch ist
   - o Bezeichnung des verwendeten Programms
   - o Rundungsvorschrift, Gleitkommaregel etc.
   - o Stand der verwendeten Preislisten
   - o Datum der Auswertung.
3. *Verwertung der Daten*
   Alle Auswertungen aus dem Datensatz sind im übertragenen Sinne Zitate.
   Dementsprechend steht es allen Nutzungsberechtigten frei, solange aus dem Datensatz zu zitieren, also Auswertungen vorzunehmen und zu veröffentlichen, soweit dies im Rahmen dieser Richtlinien geschieht.
   Die wesentliche Richtschnur besteht in der Einhaltung der beiden Grundprinzipien und aller Regelungen, welche bezüglich des Umgangs mit dem Berichtsband und den Datensätzen von den Organen des Vereins festgelegt werden.

IV. Verantwortlichkeit
Für alle Nutzungsberechtigten gilt der Text von Art. 14 (2) der Satzung der AG.MA – anstelle von „Mitglied" ist lediglich „Nutzungsberechtigter" zu setzen.
Art. 14 (2) „Für Veröffentlichungen, die ein Mitglied unter Verwendung von Material der Arbeitsgemeinschaft Media-Analyse e. V. (AG.MA) vornimmt, trägt das Mitglied allein die Verantwortung. Von der Mitgliederversammlung verabschiedete Verfahrensregeln sind einzuhalten. In Streitfällen hat das Mitglied die Richtigkeit aller Angaben zu beweisen, die nicht unmittelbar aus den Veröffentlichungen des Vereins ablesbar sind. (Siehe auch Art. 13 [3])."
Art. 13 (3) „Für Streitigkeiten des Vereins mit Mitgliedern oder von Mitgliedern untereinander, die sich aus der Anwendung und der Verwendung von Ergebnissen der Media-Analyse (MA) ergeben, ist ausschließlich ein Schiedsgericht zuständig. Hierüber besteht ein Schiedsvertrag, der Bestandteil der Satzung ist."

V. Inkrafttreten
Diese Richtlinien treten mit Erscheinen der MA 81 in Kraft.

Risiko
→ Fehler 1. und 2. Art

Rochester-Studie
Eine richtungweisende Studie über die Wirkung wiederholter (→) Seitenkontakte, (→) Mehrfachkontakte, die Alfred Politz 1960 im Auftrag der „Saturday Evening Post" durchführte. Um die Wirkung der Anzeigenkontakte auf die (→) Einstellung der Leser zur beworbenen Marke zu untersuchen, maß Politz die vier Kriterien (→) Markenbekanntheit (brand familiarity), (→) Bekanntheit der Werbeaussage (claim familiarity), (→) Glaubwürdigkeit der Werbeaussage (belief in claim) und Kaufbereitschaft (willingness to buy). Die Rochester-Studie ist so der erste Versuch, unter kontrollierten Bedingungen Markenkenntnis und (→) Einstellung bei Lesern zu messen, die einmaligen, zweimaligen bzw. gar keinen (→) Kontakt mit Anzeigen hatten. Um sicher ermitteln zu können, daß ein Leser eine Anzeigenseite auch wirklich aufgeschlagen hatte, wurden alle Testseiten durch ein für die Leser nicht erkennbares Klebstoffsiegel zusammengehalten. Nur wenn

dieses Siegel aufgebrochen war, zählte der Anzeigenkontakt für einen Leser.
Die Rochester-Studie erbrachte den Nachweis, daß zwei Anzeigenkontakte mit demselben Leser den doppelten Wert wie ein Kontakt haben, und manchmal sogar mehr als den doppelten Wert. Die Abbildung unten auf dieser Seite zeigt, wie die Werte für die vier Kriterien nach einem bzw. zwei Kontakten ansteigen. Der Index von 100 bezieht sich auf Leser ohne Kontakt mit den Anzeigen. Was den Bekanntheitsgrad der Marken betrifft, so beträgt bei einem Kontakt der relative Zuwachs gegenüber der Gruppe ohne Kontakt 19 %. Bei zwei Kontakten ist ein Zuwachs von 36 % zu verzeichnen. Bei dem Bekanntheitsgrad der Werbeaussage bringt ein Kontakt einen Zuwachs von 34 % und zwei Kontakte einen Zuwachs von 61 %. Bei „Glaubwürdigkeit der Werbeaussage" zeigen die Leser mit zwei Kontakten einen besonders großen Zuwachs. Zwei Kontakte bringen einen Anstieg von 48 % gegenüber 16 % bei nur einem Kontakt. Die Kaufbereitschaft für eine Marke steigt bei einem Kontakt um 24 % und bei zwei Kontakten um 52 %.

Rogers-Skala

Der wohl am meisten verbreitete Katalog von Selbsteinstufungsfragen zur Ermittlung von (→) Meinungsführern, bei dem Befragte aufgefordert werden anzugeben, ob und in welchem Maße sie sich selbst als Meinungsführer sehen. Dabei wird eine bestimmte Punktzahl als Scheide zwischen Meinungsführern und Nicht-Meinungsführern angesehen. Die (→) Skala basiert auf sechs Fragen mit folgendem Wortlaut:

1. Haben Sie in den vergangenen sechs Monaten mit jemandem über ... gesprochen?
   ( ) JA
   ( ) NEIN
2. Werden Sie im Vergleich zu anderen Leuten Ihres Freundeskreises

   ( ) seltener um einen Rat über ... angesprochen?
3. Wenn Sie sich einmal an Ihr letztes Gespräch über ... erinnern ...
   ( ) wurden Sie über Ihre Meinung über ... befragt oder
   ( ) fragte Sie jemand über Ihre Meinung darüber?
4. Wenn Sie mit Ihren Freunden über neue Ideen auf dem Gebiet ... diskutieren, welche Rolle spielen Sie dabei?
   ( ) Hören Sie hauptsächlich zu
   ( ) oder versuchen Sie, Ihre Freunde von Ihren Ideen zu überzeugen?
5. Welche der beiden folgenden Möglichkeiten passiert Ihnen öfter?
   ( ) Sie berichten Ihren Nachbarn über ...
   ( ) oder Ihre Nachbarn berichten Ihnen über ...?
6. Haben Sie das Gefühl, daß Ihre Nachbarn Sie im allgemeinen als einen guten Ratgeber über ... ansehen?
   ( ) JA
   ( ) NEIN.

Die Wirkung von Anzeigenkontakten (Rochester-Studie)

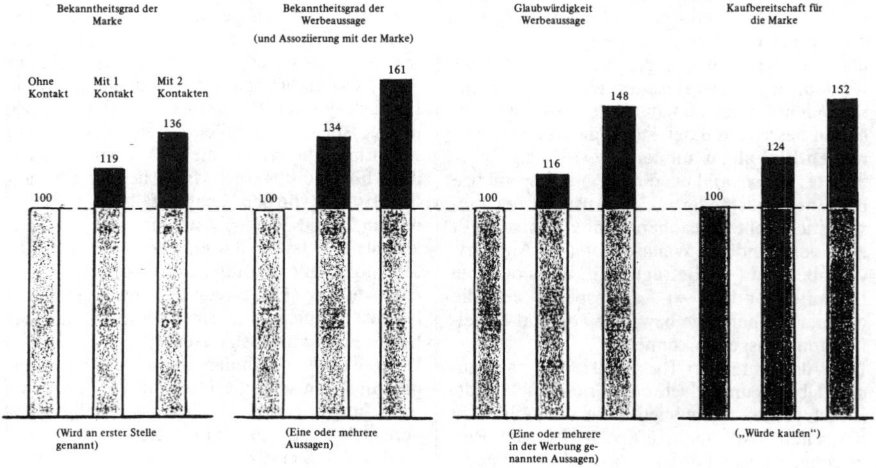

Allerdings bestehen in der Meinungsführerforschung seit längerer Zeit erhebliche Zweifel am Wert von Selbsteinstufungsverfahren bei der Identifizierung von Meinungsführern, weil die meisten der dabei verwendeten Fragen zu (→) Prestigeantworten geradezu einladen.

Rollenstruktur der Familie *(des Haushalts)*
→ Familieneinkaufsentscheidungen, Familienlebenszyklus

RollMA *(Rollierende Media-Analyse)*
Die seit 1982 zweijährlich alternierend mit der (→) ÖVA durchgeführte (→) Mediaanalyse des österreichischen Imas-Instituts für Markt- und Sozialanalysen, Linz, die als Gegenstück zur deutschen (→) Allensbacher Werbeträger-Analyse (AWA) betrachtet werden kann. Die (→) Fallzahl der RollMA 86 lag etwas über 6000. Die (→) Stichprobe ist repräsentativ für 5,9 Millionen Österreicher über 16 Jahre. Die Rollma erfaßt wie die (→) Optima und eingeschränkt die (→) Media-Analyse (MA) der (→) Arbeitsgemeinschaft Media-Analyse (AG-.MA) nicht nur österreichische, sondern auch deutsche Print-Titel ohne Österreich-Supplement. Für Radio und Fernsehen stellt die Rollma nicht nur die (→) Reichweite nach Zeitintervallen (Radio: ½ Stunde, Fernsehen: ¼ Stunde) fest, sondern auch, ob in diesem Intervall Werbung gesehen/gehört wurde.

Romanhefte
→ Leseranalyse Roman- und Rätselhefte

Rotation
Als Rotation bezeichnet man in der (→) empirischen Sozialforschung eine (→) experimentelle Anlage, die in der systematischen Änderung der experimentellen Bedingungen, also z. B. bei (→) Stichproben, die häufig wiederholt werden, in der Organisation eines laufend rotierenden Austauschplans für die Auswahleinheiten besteht, um den störenden oder verzerrenden Einfluß zu mindern, (→) Reihenfolgeeffekte, der sowohl bei einer Panelauswahl wie bei einer vollständig neuen Auswahl der Gesamtstichprobe entstehen kann. Das schließt auch den ständigen Wechsel von (→) Antwortvorgaben bei (→) Befragungen, besonders bei Listenitems oder (→) Kartenspielen ein, die von der Reihenfolge bzw. der Position einzelner Items ausgehen können.
Über die hinter der Rotationstechnik stehenden Überlegungen schreibt Friedrich Wendt: „Auch heute scheint wieder die Vorstellung zu herrschen, daß eine kräftige Mixtur der Reihenfolgen etwas bewirkt, das dichter an einer gerechten Ergebnisstruktur liegt als eine fixe oder optimale Reihenfolge. Jede Rotation erzeugt irgendeine Abweichung vom realen Verhalten. Alle Rotationsformen zusammen saldieren sämtliche Fehler, ohne daß wir etwas darüber wissen, wie sich die Ergebnisse auf die inneren Strukturen auswirken."
In ihrem (→) Abfragemodell hat die (→) Arbeitsgemeinschaft Leseranalyse (LA) bis 1969 verschiedene Rotationsformen (bis zur LA 64 waren es 12, von der LA 65 an nur noch 4 Rotationsformen) eingesetzt. Erst ab 1969 verzichtete man völlig auf die Rotation. Seit der LA 70 gilt auch für die (→) Media-Analyse (MA) der (→) Arbeitsgemeinschaft Media-Analyse (AG-.MA) eine feste Reihenfolge, bei der in der Abfrage vom längsten zum kürzesten Zeitraum fortgeschritten wird. Ein parallel zur MA 76 durchgeführtes Rotationsexperiment erbrachte keine neuen Erkenntnisse und bestätigte die Entscheidung der AG.MA, das seit 1970 praktizierte Abfragemodell beizubehalten. Friedrich Wendt: „Rotieren war früher schon ein beliebtes Unterfangen. Es hat – außer Schwierigkeiten im Erhebungsbereich – nichts eingebracht."

Rückläufe *(Rücklaufquote)*
Bei (→) Befragungen wird mit Rücklaufquote jener Sonderfall der (→) Antwortquote für (→) schriftliche Befragungen bezeichnet, der im Anteil der ausgefüllt zurückgeschickten (→) Fragebögen an der Gesamtzahl der verschickten Fragebögen besteht. In der Praxis der kommerziellen Marktforschung hat es sich vielfach eingebürgert, für die (→) Ausschöpfung von (→) Stichproben, die nach dem Verfahren der (→) Zufallsauswahl gezogen werden, einen bestimmten Prozentsatz (meist eine Rücklaufrate von 70 %, mitunter auch von 60 oder sogar nur 50 %) als hinreichend anzusehen. Die generelle Festlegung solcher Prozentsätze gehört jedoch in das Reich der Zahlenmagie; denn es geht stets um die Frage, ob die (→) Ausfälle sich in ihrer für eine konkrete Untersuchung relevanten Struktur von den Nichtausfällen unterscheiden und somit ein (→) systematischer (→) Fehler entsteht. Ist das der Fall, so kann auch eine sehr hohe Rücklaufrate zu Verzerrungen führen, wie umgekehrt auch eine niedrige Rücklaufrate durchaus nicht zwangsläufig zu einer hohen Fehlerquote führen muß.
Das (→) ZAW-Rahmenschema für Werbeträger-Analysen schreibt unter Punkt 1.2.3. Ausschöpfung vor, daß die Erfolgsquote bei Randomstichproben „bei mindestens 70 % liegen" muß und daß eine höhere Ausschöpfung anzu-

streben ist. Für (→) Fachzeitschriftenanalysen (FZA) schreiben die „Anleitungen und Empfehlungen" für die Anlage, Durchführung und Berichterstattung von Werbeträger-Analysen bei (→) Fachzeitschriften und für die Datenerhebung der (→) AMF-Karten analoge Rücklaufquoten vor.

Rundfunk
Nach der Formulierung des „Staatsvertrages über die Regelung des Rundfunkgebührenwesens" ist der Rundfunk „die für die Allgemeinheit bestimmte Veranstaltung und Verbreitung von Darbietungen aller Art in Wort, in Ton und in Bild unter Benutzung elektrischer Schwingungen ohne Verbindungsleitung oder längs oder mittels eines Leiters". Diese Definition schließt also sowohl (→) Hörfunk wie (→) Fernsehen ein, (→) Kabelfernsehen bzw. Kabel-Drahtfunk aus.

Rundfunkhörer *(Rundfunkhörerforschung)*
→ Hörer, Hörerforschung

Rundfunkwerbung *(Funkwerbung)*
Dem umgangssprachlichen Verständnis des Begriffs des Rundfunks als Synonym mit (→) Hörfunk entsprechend wird unter Rundfunkwerbung im allgemeinen Hörfunkwerbung verstanden und diese von Fernsehwerbung, (→) Werbefernsehen abgegrenzt, wiewohl im juristischen Sinne Rundfunkwerbung ohne Zweifel die Werbung in Hörfunk und Fernsehen bezeichnet. Dementsprechend gelten die allgemeinen Grundsätze über die (→) Wirtschaftswerbung, wie sie sich aus den Bestimmungen des Grundgesetzes und der Rundfunkgesetze der Bundesländer ergeben, sowohl für die Hörfunk- wie die Fernsehwerbung. In einer Entscheidung aus dem Jahre 1967 (BVerfGE 21, 279) hat das Bundesverfassungsgericht festgestellt, daß die in Art. 5 GG neben der Rundfunkfreiheit garantierte Pressefreiheit auch den Anzeigenteil umfaßt. Rundfunkwerbung ist also Bestandteil und Gegenstand der Freiheitsgarantie des Artikels 5 GG.
Neben der in den öffentlich-rechtlichen Anstalten der Bundesrepublik üblichen Blockwerbung, (→) Werbeblock, bietet die Hörfunkwerbung der meisten Sender nach vorheriger Vereinbarung als eine Art Schlupfloch vor der von den meisten Intendanten abgelehnten programmunterbrechenden Werbung die folgenden Sonderformen an:

- **Werbekurz-/Langsendung:** Integration der Werbeaussage in ein eigenes redaktionelles Umfeld;
- **Tandem-Spot:** Schaltung zweier 30-Sekunden-Spots vor und hinter einen Musiktitel;
- **Live-Spot:** der Sprecher einer Redaktionssendung moderiert direkt die Hauptinhalte der Werbebotschaft, vermittelt dem Spot so Programmnähe;
- **Programm-Spot/anmoderierter Spot:** Aufteilung der Gesamtwerbezeit von 45 Sekunden in Live-Anmoderation, vorproduzierten Spot, Live-Abmoderation;
- (→) **Patronat/Sponsor-Sendung:** Ein Magazin wird unter dem Produkt- oder Herstellernamen patroniert, Splitten des Werbeanteils ist möglich;
- **Promotion-Spiel:** unter Beteiligung eines Sprechers, Spielleiters, wie zum Beispiel des „weißen RTL-Wagens" mit Abbildung von Produkt- oder Aktionsmotto;
- **moderierte Zielgruppenmagazine:** für junge Hörer, Haushaltführende, männliche Hörer.

Die speziell mit der Hörfunkwerbung befaßten Tochtergesellschaften der öffentlich-rechtlichen Rundfunkanstalten sind in der (→) Arbeitsgemeinschaft Rundfunkwerbung (ARW) zusammengeschlossen.

Rundfunkzeitschrift
→ Programmzeitschrift

S

S-Kurve
→ Kontaktbewertungskurven

S-Modell *(Sortiermodell)*
→ Abfrage

Sainsbury-Methode
Ein von den britischen Mediaforschern J. M. Caffyn und M. Sagovsky 1963 entwickeltes näherungsweises Verfahren zur Schätzung von (→) Nettoreichweiten bei (→) externen Überschneidungen, das von ähnlichen Überlegungen wie die (→) Methode der prozentualen Abwertung ausgeht. Bei der Überprüfung der (→) Agostini-Formel verglichen sie diese mit einem Verfahren, das die Nettoreichweite ohne Daten über externe Überschneidungen errechnet und dabei von der Annahme der Unabhängigkeit der (→) Kontaktwahrscheinlichkeit für einen Werbeträger mit der für andere Werbeträger ausgeht. Dieses Verfahren nannten sie „Sainsbury-Methode". Bei 42 geprüften britischen Werbeträgern erwies sich die Agostini-Formel in 14 Fällen als am besten, die erste Version („normal method") der Sainsbury-Methode in 10 Fällen und die revidierte Version („modified method") in 21 Fällen. Nach der normalen Sainsbury-Methode errechnet sich die Nettoreichweite wie folgt:

$$C_n = 1 - \prod_{i=1}^{n} (1-A_i)$$

Die Nettoreichweite von n Werbeträgern (C_n) ergibt sich danach also durch Multiplikation der Nicht-Leser ($1-A_i$) der i = 1 ... n. Werbeträger und späterer Subtraktion von der Gesamtzielgruppe (= 1).
Die revidierte Sainsbury-Methode besteht nun darin, daß bei der Berechnung der Nettoreichweite auch Überschneidungsdaten berücksichtigt werden:

$$C_n = 1 - \frac{(1-A_k)}{(1-A_k)^{n-1}} \prod_{i=1}^{n} (1-D_{ki}) \quad \text{für } i \neq k$$

Bezugsbasis bildet der Werbeträger mit der höchsten Einzelreichweite der n Medien (A_k). D_{ik} stellt die Überschneidung zwischen dem i-ten Werbeträger und dem Werbeträger mit der höchsten Einzelreichweite (k) dar.

Saisonbereinigung
Die in vielen ökonomischen (→) Zeitreihen auftretenden saisonalen Schwankungen verstellen oft den Blick auf den (→) Trend der Reihe in einem solchen Maße, daß nur durch Ausschaltung der irregulären und saisonalen Komponente der Zeitreihe der Grundtrend erkennbar wird. Zur Bereinigung der die Saisonschwankungen determinierenden Komponenten von Zeitreihen ist in der Statistik eine Reihe von Techniken entwickelt worden, von denen die bekanntesten das Verfahren der (→) gleitenden Durchschnitte, die (→) exponentielle Glättung und das (→) Phasendurchschnittsverfahren sind.
→ Zeitreihenanalyse

SAM
Abk Strategie Analyse Media

Sammelbefragung
→ Omnibus-Befragung

Sammelbezug
Im Medienvertrieb spricht man von Sammelbezug, wenn ein Besteller im eigenen Namen einen Auftrag zur ständigen Lieferung von mehreren Exemplaren einer Zeitschrift an Dritte erteilt und dafür die Bezugsgebühren entrichtet. Nach den Richtlinien für die (→) IVW-Auflagenkontrolle ist der Sammelbezug zu melden. Er wird zusammen mit der Zahl der abonnierten Exemplare ausgewiesen und als Sammelbezug gekennzeichnet.

Sammelmethode
→ Sekundärerhebung (Sekundärforschung)

Sample
→ Stichprobe

Sample Point
→ ADM-Stichprobensystem

Sampling
→ Auswahlverfahren, Stichprobenbildung

SAP *(SAP-Modell)*
Abk Streuplan-Analyse-Programm

Satellitensystem
→ Partnerschaftsmodell

Satisfizierung *(Satisfizierungsmodelle)*
→ Optimierung (Optimierungsmodelle)

Säulendiagramm *(Stabdiagramm)*
Eine Form des (→) Balkendiagramms, bei der Häufigkeit oder Größenordnungen durch die Höhe senkrechter Stäbe dargestellt werden (siehe Abb.).

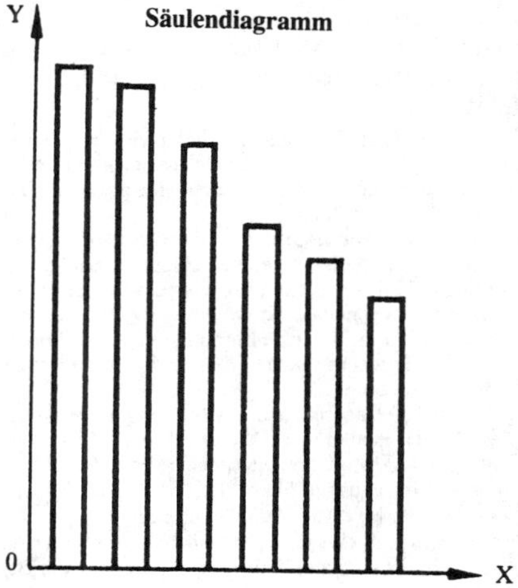

Schaltung
→ Belegung

Schärfe
→ Trennschärfe

Schätzskala
→ Ratingskala

Schätzung *(Schätzverfahren, Schätztheorie)*
Die Gesamtheit der Verfahren der (→) Punkt- und der (→) Intervallschätzung zur Schätzung von (→) Wahrscheinlichkeiten einzelner zufälliger Ereignisse, der Dichte- und Verteilungsfunktionen sowie der Ermittlung anderer statistischer Kennwerte wie z. B. (→) Mittelwerte und (→) Streuungsmaße und anderer (→) Parameter von (→) Grundgesamtheiten auf der Grundlage von (→) Repräsentativerhebungen in (→) Stichproben. Ziel ist die Gewinnung von (→) Erwartungswerten für den (→) wahren Wert.

Scheidewert
Der Scheidewert einer geordneten Menge ist der Wert, oberhalb dessen die Summe der Werte gleich der Summe unterhalb von ihm ist.

Scheinkorrelation *(Nonsense-Korrelation)*
Eine statistisch signifikante (→) Korrelation zwischen zwei oder mehr (→) Variablen, die nicht auf einen kausalen Zusammenhang zwischen ihnen zurückzuführen ist (liegt ein Kausalzusammenhang vor, spricht man von echter Korrelation). Zu den häufigsten Ursachen von Scheinkorrelationen zählt die Wirksamkeit von dritten Variablen (eine Korrelation zwischen zwei Variablen wird von anderen Variablen bestimmt), die unabhängige, aber zeitlich gleichläufige Bewegung von Variablen (z. B. das zufällig gleichzeitige Ansteigen der Anzahl der Neugeborenen und der Zahl der Störche) und formal rechnerische Beziehungen zwischen Variablen. Die Auflösung einer durch Scheinkorrelation suggerierten Scheinbeziehung ist eines der wichtigsten Probleme der (→) empirischen Sozialforschung, das befriedigend nur durch eine echte (→) experimentelle Anlage gelöst werden kann. Das Vorliegen einer Korrelation ist eine notwendige, aber keineswegs eine hinreichende Bedingung für das Vorliegen eines Kausalzusammenhangs. Und das Auftreten einer Korrelation sollte daher stets den Markt- und Sozialforscher dazu veranlassen, ihren möglichen Ursachen nachzugehen.

Schicht
→ Sozialschicht, soziokommunikative Schichten

Schichtenauswahl
→ geschichtete Auswahl

Schichtenplan
→ geschichtete Auswahl

Schichtung
→ geschichtete Auswahl, Sozialschicht, soziokommunikative Schichten

Schiefe *(Asymmetrie)*
Die Schiefe ist ein Maß für den Grad der Symmetrie bzw. Asymmetrie einer (→) Häufigkeitsverteilung. Ein grobes Maß der Schiefe gibt die Fechnersche Lageregel: Fallen (→) häufigster Wert (Modus), (→) Median und (→) arithmetisches Mittel zusammen, so ist die Verteilung symmetrisch. Wenn in der graphischen Darstellung erst der häufigste Wert, dann der Median und danach das arithmetische Mittel kommt, handelt es sich um eine linksschiefe Verteilung (negative Schiefe), kommt erst das arithmetische Mittel, dann der Median und dann der häufigste Wert, handelt es sich um eine rechtsschiefe Verteilung (positive Schiefe) (siehe auch die Abbildungen unter dem Stichwort Häufigkeitsverteilung auf S. 229 – 232). Ein genaueres Maß bietet die Schiefekoeffizient von Pearson:

$$\beta_1 = \frac{\left(\frac{1}{N}\sum_{i=1}^{k} f_i(X_i - \overline{X})^3\right)^2}{\sigma^6} = \frac{\mu_3^2}{\mu_2^3}$$

oder auch der Schiefekoeffizient von Fisher:

$$\gamma_1 = \frac{\frac{1}{N}\sum_{i=1}^{k} f_i(X_i - \overline{X})^3}{\sigma^3} = \frac{\mu_3}{\sigma^3}$$

→ Momente (System der Momente)

schließende Statistik
→ Inferenzstatistik

Schlüsselinformanten-Verfahren
→ Meinungsführer

schlußfolgernde Statistik
→ Inferenzstatistik

Schlußziffernverfahren
Ein Auswahlverfahren der (→) Zufallsauswahl, bei dem eine (→) Grundgesamtheit von 1 bis N durchnumeriert wird. Dann wird je nach dem Anteil, den die (→) Stichprobe an der (→) Grundgesamtheit ausmachen soll, z. B. festgelegt, daß alle Elemente der Grundgesamtheit mit einer oder mehreren bestimmten Schlußziffern (also etwa der Schlußziffer 3 oder der Schlußziffern 3 und 7) in die (→) Stichprobe gelangen.

Schneeballverfahren *(Schneeballauswahl, Schneeballstichprobenbildung)*
Ein (→) Auswahlverfahren, das in der praktischen (→) Umfrageforschung insbesondere dann verwendet wird, wenn es um die (→) Befragung von sehr kleinen Minderheitsgruppen vor allem nach dem (→) Quotenverfahren oder einem anderen Verfahren ohne vorgegebene Adressen geht, bei dem die Befragten schwer zu finden sind. Das Verfahren besteht darin, daß der Interviewer sich von einem Befragten nach Abschluß des Interviews einen (oder mehrere) weiteren potentiellen Befragten mit denselben, für die Untersuchung relevanten (→) Merkmalen nennen läßt und dann auch mit dieser Person ein Interview durchführt. Der Vorteil dieses Verfahrens ist die durch Senkung der Zahl der (→) Ausfälle (Leerinterviews) erreichte Kostensenkung (die allerdings aufgehoben werden kann durch die weiten Wege zu den solchermaßen gewonnenen Auskunftspersonen), der gravierende Nachteil ist die Verzerrung der (→) Repräsentanz, die allerdings in Einzelfällen nicht so dramatisch sein muß, daß nicht doch einigermaßen brauchbare Ergebnisse mit dieser Technik erzielt werden könnten.
→ Admira-System

Schreibtischforschung *(Desk Research)*
→ Sekundärforschung

schriftliche Befragung *(postalische Befragung)*
Schriftliche Befragungen sind eine Sonderform der (→) Befragung, die nur mit einem vollstrukturierten (→) Fragebogen möglich und sinnvoll ist. Als Methode der (→) Erhebung kann sie prinzipiell in vier Varianten durchgeführt werden:

- Als **postalische Befragung**, bei der ein Fragebogen an die Befragten auf dem Postwege ausgesandt wird und diese aufgefordert werden, ihn ausgefüllt zurückzuschicken.
- Als (→) **Leserumfrage** bzw. als eine durch Postwurfsendung mit beigefügtem Rückantwortschein, als eine mit Hilfe eines einer Produktpackung beigefügten Fragebogens bzw. in einem Geschäft offen ausgelegten Fragebogens unter einer also nicht von vornherein festumrissenen (→) Stichprobe durchgeführte Befragung.
- Als eine Befragung nach der (→) **Tagebuchmethode**, bei der in aller Regel die zu einem (→) Panel gehörenden Befragten in ein speziell konzipiertes Formular Eintragungen über ihr Konsum-, Lese-, Einkaufs- oder Medienverhalten machen.
- Schließlich als eine dem persönlichen (→) **Interview** sehr ähnliche Form der Befragung, bei der die Befragten in Gegenwart des im übrigen passiven Interviewers einen Fragebogen ausfüllen, (→) **Klassenzimmerbefragung.**

Wenn in der Praxis der (→) empirischen Sozialforschung von schriftlichen Befragungen gesprochen wird, sind damit in der Regel die postalischen Befragungen gemeint. Ihr besonderer Vorzug gegenüber den mündlichen Befragungen liegt in ihrer leichten Handhabbarkeit (sie sind administrativ leichter abzuwikkeln, erfordern meist einen nur kleinen Mitarbeiterstab und bieten zeitliche Abwicklungsvorteile, die freilich häufig überschätzt werden) und vor allem in den wesentlich niedrigeren Kosten. Diese technisch-finanziellen Vorteile machen schriftliche Befragungen für viele Klienten von kommerziellen Markt- und Umfrageforschungsinstituten besonders attraktiv, so daß es inzwischen kaum noch einen thematischen Bereich der Sozial-, Markt-, Media- und Werbeforschung gibt, in dem Daten noch nicht mit dieser Methode erhoben worden wären.
Für die (→) Fragebogengestaltung haben empirische Untersuchungen den überraschenden Befund ergeben, daß die Länge der Fragebögen offenbar ebenso wenig wie bei mündlichen Befragungen einen Einfluß auf die Kooperationsbereitschaft von Befragten hat. „Bei Versuchen mit Bögen unterschiedlichen Umfangs ergab

sich, daß der Unterschied in der Rücksendequote bei Fragebögen von 10 Seiten und solchen von 35 Seiten lediglich 5 % betrug. Die Länge des Fragebogens hat nach den vorliegenden Erfahrungen keinen entscheidenden Einfluß auf die Rücksendungen. Ebenso wie bei mündlichen (→) Interviews dürfte auch bei schriftlichen Fragebögen beim Vorhandensein einer grundsätzlichen Bereitschaft zur Teilnahme an einer Untersuchung der Umfang des Bogens ohne große Wirkung sein." (Klaus Wieken)

Vom Untersuchungsgegenstand her eignen sich schriftliche Befragungen besser zur reinen Datenerhebung und weniger zur Ermittlung von (→) Motiven, unbewußten oder halbbewußten Bedürfnissen, Wünschen oder Strebungen, weniger zur Erfassung von Emotionen und spontanen Äußerungen und im allgemeinen daher auch weniger für den Einsatz projektiver Techniken. „Die Ergebnisse schriftlicher Umfragen spiegeln somit in der Regel überwiegend reflektierte und rationale oder an der Oberfläche bleibende Äußerungen, häufig banal-stereotypen Inhalts, wider, eine Erscheinung, die die Erkenntnis bestätigt, daß tiefer explorierende Untersuchungen beim Befragten der aktiven, dialoghaften Mitarbeit eines beweglichen Interviewers bedürfen, der durch Stimuli und Fragen, sei es zum Abbau konventioneller Barrieren, zur Belebung der Erinnerung, zur Anregung von Phantasie und Spontaneität, sei es durch Hinführungs- und Sondierungsfragen usw., den Befragten dahin bringt, daß er Strukturen seiner Einstellungen, Motivationen und Verhalten offenlegt, deren Wiedergabe ohne Unterstützung durch den Interviewer dem Befragten alleine nicht möglich wäre." (Peter Beike/Gerhard Christmann)

Das auch unter Gesichtspunkten der Methodologie gravierendste Problem der schriftlichen Befragungen ist die im Vergleich zu mündlichen Befragungen wesentlich niedrigere (→) Ausschöpfung der (→) Ausgangsstichprobe, d. h. die allgemein meist recht niedrige (→) Rücklaufquote, deren Korrelat bei mündlichen Befragungen die (→) Ausfälle sind. Viele Anstrengungen bei der Durchführung schriftlicher Befragungen zielen daher auf die Erhöhung der Rücklaufquote. Besondere Bedeutung kommt dabei der Gestaltung des Begleitschreibens, der Angabe eines festen Rücksendetermins (und zwar eines einigermaßen knappen Termins!) und insbesondere der Kontaktaufnahme mit den zu befragenden Personen noch vor Versand der Fragebögen z. B. durch einen Ankündigungsbrief oder eine telefonische Anmeldung zu. Auch durch freundlich mahnende Postkarten und vor allem kleine Geschenke kann die Rücklaufquote wesentlich erhöht werden, ohne daß gleich bei der Befragung, bei der Geschenke im Fall der Beantwortung des Fragebogens gemacht werden, die Gefahr von Gefälligkeitsantworten bestünde (wobei es eine Selbstverständlichkeit sein sollte, daß bei der Befragung über ein bestimmtes Produkt nicht ausgerechnet dieses Produkt als Geschenk verwendet werden sollte).

Zur Kontrolle der Verzerrungen in der Stichprobe bei schriftlichen Befragungen gibt es entweder die Möglichkeit, gleich in die Befragung selbst die Erhebung von Daten einzuschließen, die mit Hilfe von objektiven Daten hinsichtlich der Verzerrung überprüft werden können, oder aber die Durchführung von mündlichen Interviews mit denjenigen Personen, die den Fragebogen nicht zurückgeschickt haben. Die erstgenannte Möglichkeit der Kontrolle von Stichprobenverzerrungen läuft in der Praxis auf die Kontrolle mit Hilfe (→) demographischer Merkmale hinaus, deren Ergebnisse allerdings mit großer Vorsicht bewertet werden müssen; denn entscheidend ist es allein zu überprüfen, welchen Einfluß die Verzerrung auf die Untersuchungsdaten hat.

Über die unterschiedliche (→) Reliabilität (Zuverlässigkeit) der mit mündlichen oder schriftlichen Befragungen erhobenen Daten liegen bisher nur wenige Erkenntnisse vor. Einige Studien stützen die Annahme, „daß schriftliche Befragungen bei relativ homogenen Gruppen zumindest bei Fragen nach überprüfbaren Fakten mehr Antworten erbringen, die einer Nachprüfung standhalten, als mündliche Interviews. Dies zeigt, daß es in bestimmten Fällen günstiger sein kann, mit schriftlichen Befragungen zu arbeiten ... Beide Erhebungstechniken haben ihre spezifischen Vor- und Nachteile, die es je nach Untersuchungsthema, Population, Zeit- und Kostengesichtspunkten gegeneinander abzuwägen gilt." (Klaus Wieken)

In der (→) Mediaforschung sind schriftliche Befragungen recht verbreitet. Nach dem (→) ZAW-Rahmenschema für Werbeträger-Analysen sind sie sowohl bei (→) Empfängerstrukturanalysen, (→) Nutzerstrukturanalysen (Leserstrukturanalysen) wie (→) Reichweitenanalysen ein zulässiges Erhebungsverfahren. Ähnliches gilt für (→) Fachzeitschriftenanalysen (FZA) nach den „Anleitungen und Empfehlungen" für die Anlage, Durchführung und Berichterstattung von Werbeträger-Analysen bei Fachzeitschriften und für die Datenerhebung der (→) AMF-Karten.

Während die (→) Media-Analyse (MA) der (→) Arbeitsgemeinschaft Media-Analyse (AG.MA) ausschließlich durch mündliche Interviews erhoben wird, läßt z. B. das Institut für Demoskopie Allensbach Teile der (→) Allensbacher Werbeträger-Analyse (AWA) durch zusätzliche schriftliche Nachbefragung erheben.

Schwankungsbreite
→ Vertrauensbereich

Schwedenschlüssel
Eine in der (→) Umfrageforschung verwendete Reihe von (→) Zufallsziffern, mit deren Hilfe es Interviewern möglich ist, am Ort und der Stelle des Interviews bei der Auswahl der Befragungsperson unter den Haushaltsangehörigen eine (→) Zufallsauswahl zu treffen. Innerhalb eines Haushaltes kann man alle, mehrere oder nur einzelne Personen befragen. Für die (→) Media-Analyse (MA) der (→) Arbeitsgemeinschaft Media-Analyse (AG.MA) wurde bis zur MA 78 ebenso wie für die vorangegangenen (→) Leseranalysen (LA) in jedem (→) Haushalt nur eine Person befragt. Seit MA 79 werden in Haushalten mit mehr als 3 Personen ab 14 Jahrte zwei Interviews durchgeführt.
In der Sache handelt es sich beim Verfahren nach dem Schwedenschlüssel um die Bildung aller möglichen (→) Permutationen bei einer maximal vorgegebenen Anzahl von Personen im Haushalt und einer daraus hergeleiteten Vorschrift für die Auswahl der zu befragenden Person.

nach Kreienbrock sind es Zufallszahlen!

Bei Ein-Personen-Haushalten existiert das Problem nicht. Für Mehr-Personen-Haushalte beschrieb der amerikanische Umfrageforscher Elmo C. Wilson das Verfahren in einem im „Public Opinion Quarterly" erschienenen Artikel über „Adapting Probability Sampling to Western Europe" (Volume 14, No. 2) 1950 wie folgt: „In den Haushalten wurden alle Erwachsenen über 21 aufgelistet vom ältesten bis zum jüngsten Mann und dann von der ältesten bis zur jüngsten Frau. Die zu befragende Einzelperson wurde mit dem folgenden Zufallsverfahren bestimmt: Der Interviewer suchte zunächst auf einer Tafel die Spalte auf, die für den Haushalt anwendbar war, in dem eine Auskunftsperson ausgewählt werden sollte. Die Tafel enthielt eine Liste von Ziffern, die wie in der Tabelle in der linken Spalte unten angeordnet waren.
Der Interviewer schritt dann von Zeile A bis L fort und für jede vorgegebene Zeile suchte er quer herüber die gerade betreffende Spalte auf (z. B. einen Zwei-Personen-Haushalt) und stellte fest, welcher der aufgelisteten Erwachsenen die Auskunftsperson zu sein hatte. Ein Interview mit dieser Auskunftsperson und niemand anderem war durchzuführen; innerhalb dieser Auswahleinheit war kein Ersatz erlaubt. Weiter: Wenn das erste Interview in einem Vier-Personen-Haushalt durchzuführen war, mußte nach diesem Schema – es gibt auch andere, nach dem gleichen Prinzip hergestellte, in denen ab Spalte 3 die Ziffern in der Senkrechten anders aufeinander folgen – die zweite Person ausgewählt werden; wenn das zweite Interview wiederum auf einen Vier-Personen-Haushalt fiel, mußte nach diesem Schema die vierte Person auf der Liste des Interviewers die Auskunftsperson sein." Alle Weiterentwicklungen gehen auf dieses Grundmodell zurück.

Befragter Haushalt	Anzahl der Personen im Haushalt							
	1	2	3	4	5	6	7	8 und mehr
A	1	1	1	2	3	4	5	6
B	1	2	2	4	5	2	6	1
C	1	1	3	3	2	3	7	7
D	1	2	2	1	4	1	6	2
E	1	1	3	3	1	5	5	8
F	1	2	1	4	1	4	4	3
G	1	1	1	2	2	6	3	5
H	1	2	3	4	3	3	2	4
I	1	1	2	3	4	2	1	2
J	1	2	3	2	5	1	7	5
K	1	1	2	1	4	5	3	8
L	1	2	1	1	3	6	4	6

Zur Bestimmung der Zielperson werden alle Mitglieder des Haushalts über 14 Jahre entweder gemeinsam oder nach Geschlechtern getrennt vom ältesten bis zum jüngsten untereinander geschrieben. Aus einer Zufallszahlenreihe, die jeder Adresse fest zugeordnet ist und auf gar keinen Fall gegen eine andere ausgewechselt werden darf, wird abgelesen, die wievielt älteste Person zu befragen ist. Einige Institute verwenden anstelle der Auflistung vom Ältesten zum Jüngsten und der Zufallszahlenreihe ein anderes Verfahren: Der wird befragt, der als erster im Jahr Geburtstag hat, oder der, in dessen Geburtsdatum die Tageszahl am niedrigsten ist. Da nach dem (→) ADM-Stichprobensystem zunächst eine (→) Haushaltsstichprobe gezogen wird, besteht für eine Person aus einem Viel-Erwachsenen-Haushalt eine geringere Wahrscheinlichkeit befragt zu werden, als für eine Person aus einem Wenig-Erwachsenen-Haushalt: Jede Person hat eine zu der Zahl der Erwachsenen ab 14 Jahre in ihrem Haushalt umgekehrt proportionale Chance, in die Auswahl aufgenommen zu werden. In den letzten Jahren hat sich herausgestellt, daß junge Leute

im Alter zwischen 14 und 19 Jahren schwächer in der Gesamtzahl der Interviews vertreten waren, als es ihrem Auftreten in den Haushalten entsprach, in denen ein Interview durchgeführt wurde. Um diesem Personenkreis das ihm angemessene Gewicht zu verleihen, erhielten die 14- bis 19jährigen in der Regel im (→) Redressement höhere Zuschläge zum Personengewicht als die älteren Jahrgänge. Das bedeutet: Das Kommunikationsverhalten dieser relativ wenigen Jüngeren geht mit einem größeren Gewicht in das Gesamtergebnis ein als das Verhalten der vielen Älteren, deren „Stimmen" nicht derart aufgewertet werden. Man entschloß sich deshalb, die Basis der Aussage für die 14- bis 19jährigen zu verbreitern. Das geschieht nach folgendem Verfahren:
In allen Haushalten mit 4 oder mehr potentiellen Zielpersonen wird wie in anderen Haushalten auch zunächst eine Zielperson bestimmt. Gibt es außer ihr im Haushalt auch noch (weitere) Jugendliche im Alter zwischen 14 und 19 Jahren, dann wird einer von ihnen befragt – gibt es mehrere, wird er oder sie durch Zufallsauswahl bestimmt. Wenn in einem Haushalt mehrere Jugendliche dieses Alters vorhanden sind, dann werden nur in dem Fall zwei befragt, in dem der eine bereits bei der Auswahl der ersten Zielperson dazu bestimmt worden war.
Die Bezeichnung „Schwedenschlüssel" für dieses Verfahren, mit dessen Hilfe die Personenauswahl bislang seit der LA 54 durchgängig vorgenommen wird, geht zurück auf Herrmann H. Wolff, der bereits 1947/48 bei der damaligen Britischen P.O.R.O. (Public Opinion Research Organisation) in der Britischen Besatzungszone, und seit 1950 bei der NWDR-Hörerforschung mit diesem Instrument gearbeitet hat. Beim Aufbau der Hörerforschung des Nordwestdeutschen Rundfunks (NWDR) 1950/51 suchte Wolff, der erste Leiter dieser Abteilung, nach einem Verfahren, wie in den Haushalten, die eine Rundfunkempfangsgenehmigung besaßen, eine Auskunftsperson nach Zufallsauswahl bestimmt werden könnte. Gerhard Maletzke vom Hans-Bredow-Institut machte ihn auf den erwähnten Aufsatz von Elmo C. Wilson aufmerksam, in dem der Autor Beispiele aus Großbritannien, Schweden und Frankreich anführt. Im Abschnitt Schweden wird sehr genau die Auswahl der Gemeinden, der Wahlbezirke und der Haushalte beschrieben. Wolff führte dieses Personen-Auswahl-System für die erste Hörerstrukturanalyse in der Britischen Zone und Westberlin ein und bekannte sich in einem Brief an Friedrich Wendt vom 25. 9. 1956 zur Urheberschaft des Namens „Schwedenschlüssel". Er hatte sich nicht den Autor, sondern nur „Schweden" gemerkt.

Screening
→ Filterfrage

Segmentation *(Segmentanalyse)*
Eine spezielle Form der (→) Diskriminanzanalyse, deren Grundprinzip darin besteht, eine (→) Grundgesamtheit nach einem vorgegebenen Außenkriterium so zu untergliedern, daß die dabei entstehenden Segmente sich hinsichtlich dieses Außenkriteriums möglichst deutlich unterscheiden. Es handelt sich bei der Segmentationsanalyse um rechnergestützte Programme, die jeweils jede Gesamtheit in zwei Segmente und jedes von ihnen wiederum in zwei Segmente aufteilen, so daß sich von Ebene zu Ebene die Zahl der Segmente verdoppelt und ein sog. Segmentationsbaum (daher die amerikanische Bezeichnung tree analysis – Baumanalyse) entsteht (s. Abb.):

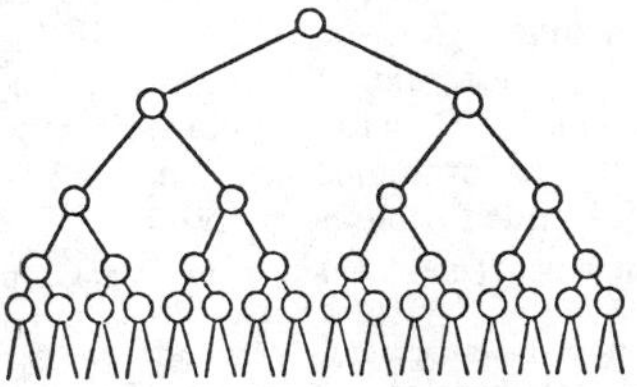

Die Unterteilung der Grundgesamtheit erfolgt sukzessive jeweils anhand derjenigen unabhängigen Variablen, die zu Segmenten mit möglichst großer *Intragruppenhomogenität* und *Intergruppenheterogenität* bezüglich der Ausprägungen des Außenkriteriums führt. Der Aufspaltung liegt das Bestreben zugrunde, durch die Gruppierung einen möglichst hohen (→) Varianzanteil der abhängigen Variablen zu erklären. Es handelt sich damit um eine Methode zur Erklärung einer abhängigen, metrischen oder in Prozentsätze transformierten dichotomen Variablen durch mehrere unabhängige, dichotomisierte Variablen. Die Segmentationsanalyse setzt also voraus, daß

- ein Außenkriterium definiert wird (in der Regel ein alternatives Merkmal, mitunter kann allerdings auch ein kontinuierliches Merkmal vorgegeben werden, das dann zu Klassen zusammengefaßt wird);
- sog. „aktive Variable" bestimmt werden, anhand deren die Bildung der Segmente erfolgt;
- und schließlich sog. „passive Variablen" vorgegeben werden. (Sind die Segmente gebildet, werden sie als Gruppen gegen die passiven Merkmale gezählt, um zu prüfen, wieweit sie sich in diesen Merkmalen unterscheiden.) Passiv heißen die Variablen, weil sie den Prozeß der Segmentation nicht beeinflussen

können. Sie geben lediglich für die Endsegmente an, wie die prozentuale Verteilung aus dieser Variablen aussieht.

Für die Prüfung, welche Variable die stärkste Spreizung hinsichtlich des Außenkriteriums leistet, sind mehrere Verfahren entwickelt worden, die sich hinsichtlich der in ihnen verwendeten mathematischen Prinzipien unterscheiden. Die wichtigsten sind:

- das AID-Verfahren (Automatic Interaction Detector von James N. Morgan und John A. Sonquist);
- ein Maß der (→) Varianzanalyse
- ein informationstheoretisches Maß von Les Trois I. (Henri Bergonier und Lucien Boucharenc)
- der Diskriminantenwert nach William A. Belson.

Das *AID-Verfahren*, das am Survey Research Center der amerikanischen Universität Michigan entwickelt wurde, wird häufig auch als Kontrastgruppenanalyse bezeichnet, in der amerikanischen Marketingliteratur wurde es unter der Bezeichnung seines Software-Programms AID (Automatic Interaction Detector) bekannt. Es hat inzwischen mehrere Phasen durchlaufen, angefangen von AID I, II, III bis zur jüngsten Version, die 1971 unter dem Namen „Searching for Structure" publiziert wurde. Das Verfahren ermöglicht es, auf induktivem Wege folgende Probleme zu lösen:

- Die Bestimmung der entscheidenden unabhängigen Variablen;
- Die Gewinnung eines besseren Verständnisses der Beziehungen zwischen den unabhängigen Variablen (der Interaktionen).
- Die Findung verschiedener Marktsegmente, die ein voneinander verschiedenes Durchschnittsverhalten aufweisen.

Das Programm AID teilt die (→) Stichprobe durch eine Serie von binären Splits in einander ausschließende Gruppen, die im Hinblick auf die abhängige Variable am homogensten sind. Die Homogenität eines Segments wird durch die Summe der quadrierten Differenzen zwischen der Ausprägung der abhängigen Variablen bei jedem Individuum und der (→) Varianz gemessen. Je kleiner die Varianz, desto größer ist die Homogenität der Gruppe. Ausgangsbasis ist aus rechentechnischen Gründen nicht die Varianz, sondern die Quadratsumme QS. Zerlegt man die Stichprobe in zwei Gruppen (k = 1, 2) vom Umfang j = 1, ..., n_k, so ergibt sich für die Quadratsumme der gesamten Stichprobe (QS_{gesamt}):

$$QS_{ges} = \sum_{j=1}^{n_k}\sum_{k=1}^{2}(x_{jk}-\bar{x})^2$$

Die QS_{ges} läßt sich vollständig in eine gruppeninterne QS (QS innerhalb der Gruppen) und eine externe QS (QS zwischen den Gruppen) zerlegen, was sich leicht nachweisen läßt, indem man die Formel um die Gruppenmittelwerte x_k erweitert:

$$\sum_{j=1}^{n_k}\sum_{k=1}^{2}(x_{jk}-\bar{x})^2 = \sum_{j=1}^{n_k}\sum_{k=1}^{2}\{(x_{jk}-\bar{x}_k)+(\bar{x}_k-\bar{x})\}^2$$

Durch Quadrieren und Summieren folgt:

$$\sum_{j=1}^{n_k}\sum_{k=1}^{2}(x_{jk}-\bar{x})^2 = \sum_{j=1}^{n_k}\sum_{k=1}^{2}(x_{jk}-\bar{x}_k)^2 + \sum_{k=1}^{2} n_k(\bar{x}_k-\bar{x}$$

$$QS_{gesamt} \quad = \quad QS_{in} \quad + QS_{ex}$$

Zieht man ein Merkmal zur Aufspaltung der Gesamtstichprobe in zwei Untergruppen heran, so kann die QS_{in} als die durch die Spreizung der Stichprobe nicht erklärte QS und QS_{ex} als die durch die Spreizung erklärte QS betrachtet werden. Der Anteil der erklärten Varianz folgt damit aus

$$\frac{QS_{ex}}{QS_{ges}}.$$

Ziel der Analyse ist es, zunächst das Merkmal zur Spreizung heranzuziehen, das die erklärte Quadratsumme maximiert:

$$QS_{ex} = QS_{ges} - QS_{in} \rightarrow \text{Max!}$$

Erweitert man das Modell um zusätzliche Variablen, so ist in jeder Stufe auch für die anderen Variablen eine Dichotomisierung und QS-Berechnung der Splits erforderlich. Aus der Gesamtheit der Variablen wird jene und hierbei wiederum die Aufteilung gewählt, die die QS_{ex} maximiert. Als Ergebnis erhält man einen Kontrastgruppenbaum (siehe Seite 487).

Von den verschiedenen möglichen Verfahren zur Prüfung, welche Variable die Spreizung hinsichtlich des Außenkriteriums schafft, hat sich allgemein der von William A. Belson entwickelte Diskriminantenwert durchgesetzt, der auch in der (→) Media-Analyse (MA) der (→) Arbeitsgemeinschaft Media-Analyse (AG.MA) verwendet wird. Seine Formel lautet:

$$D = |\, n_L \cdot (\bar{y}_L - \bar{y}_G)\,| - |\, n_R \cdot (\bar{y}_R - \bar{y}_G)\,|.$$

Dabei bedeuten n die Anzahl der Personen, $\bar{y}$ den Anteil oder den durchschnittlichen Wert des Außenkriteriums, L das linke und R das rechte Segment und G die Gesamtheit bzw. das

Segmentationsbaum

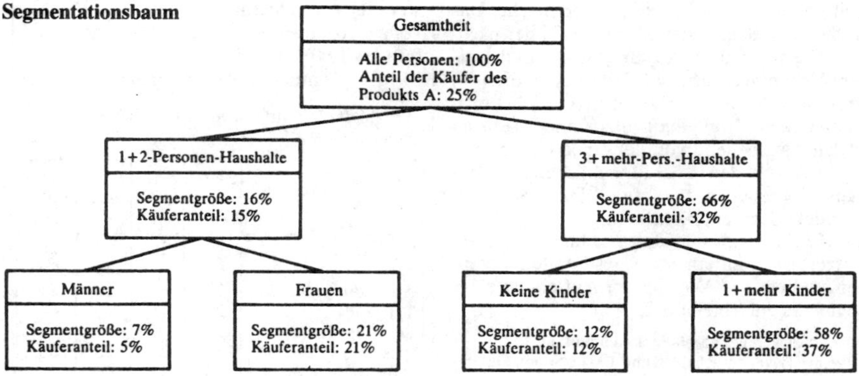

übergeordnete Segment. Das Verfahren der Teilung der einzelnen Segmente kann so lange fortgesetzt werden, bis eine weitere Teilung der Segmente nicht mehr sinnvoll erscheint.

Drei Segmentationsprogramme sind im Laufe der Jahre in der MA eingesetzt worden. Zunächst war es ein Programm, das Infratest, München, für die (→) IMMA aus Frankreich übernommen hatte, dann ein ebenfalls aus Frankreich entlehntes Programm von ISBA und schließlich ein Programm, das IBM, Frankfurt/Main, für das Bureau Wendt, Hamburg, unter Verwendung der deutsch-französischen Erfahrungen geschrieben hat. Ein wesentlicher Unterschied in der Programmnutzung bestand in der Behandlung der Eingangs- und Ausgangszellengrößen. Während Infratest eine einstufige Regelung verwandte: Eine resultierende (Ausgangs-) Zelle mußte mindestens 30 Befragte umfassen, prüfte das ISBA-Verfahren zunächst, ob das (Eingangs-) Segment mindestens 60 Fälle aufwies. War das nicht der Fall, wurde kein weiterer Teilungsversuch unternommen.

In der MA trat das Segmentationsverfahren 1971 an die Stelle der bis dahin verwendeten einfachen Form der Berechnung von (→) Nutzungswahrscheinlichkeiten, die ausschließlich auf der Verwendung der Angaben zum (→) Weitesten Nutzerkreis (WNK) zur (→) Nutzungshäufigkeit, (→) Lesehäufigkeit und zum (→) Leser pro Nummer (LpN) beruhte. Kriterium für die Brauchbarkeit des Verfahrens war die geringstmögliche Abweichung zwischen den demographischen Strukturen der erhobenen Nutzerschaft im Erscheinungsintervall und der errechneten Nutzerschaft einer durchschnittlichen Ausgabe. Diese Bedingung erfüllte das Programm nach dem Belson-Verfahren am besten.

Ausgangspunkt ist der Weiteste Nutzerkreis (WNK) eines Mediums. Für Gruppen in dieser Gesamtheit der Nutzer erwartet man ein Nutzungsverhalten, das sie von dem anderer Gruppen unterscheidet. Durch die Segmentation erhält man Anhaltspunkte darüber, wie die Nutzer am besten in Gruppen möglichst homogenen Nutzungsverhaltens unterteilt werden können.

Das Nutzungsverhalten einer Gruppe wird gemessen am Anteil der in ihr enthaltenen (→) Nutzer im letzten Erscheinungsintervall (NiE). Dieser Anteil entspricht der Nutzungswahrscheinlichkeit (p-Wert) und ist das Außenkriterium, das für jede Segmentation vorgegeben werden muß. Für den WNK ergibt sich so ein bestimmter Prozentsatz NiE. Bei einer Unterteilung des WNK erhält man für jede Untergruppe wieder Prozentsätze für den Anteil der NiE am WNK. Diese Prozentsätze werden von vornherein voneinander verschieden sein. Gesucht wird aber eine möglichst große Verschiedenheit. Die kann nur bewirkt werden durch (→) Merkmale, die mit dem Nutzungsverhalten hoch korrelieren. In der Segmentation zur Bestimmung der Nutzungswahrscheinlichkeiten werden zwölf (→) demographische Merkmale und noch einige Kommunikationsmerkmale eingesetzt. Der WNK wird so lange immer wieder in zwei Teilgruppen zerlegt, bis für jedes eingegebene Merkmal sämtliche Ausprägungen zu allen möglichen Zweiteilungen herangezogen worden sind. Jedesmal wird der p-Wert berechnet und schließlich entschieden, welches Merkmal und welche aller möglichen Aufteilungen jedes Merkmals das optimale Ergebnis liefern.

Die wirksamste Zweiteilung ist diejenige, die sowohl den Anteilsprozentsatz NiE (p-Wert) in den Teilgruppen möglichst verschieden wie die

Teilgruppen möglichst gleich groß macht. Das ist die erste Segmentationsebene. In der nächsten Ebene wird wieder für jede der in der ersten Ebene geschaffenen Teilgruppen die (→) Trennschärfe der Merkmale geprüft, bis man weiß, welche Zweiteilung jetzt am wirksamsten ist, etc. Ausgehend von der einen Gesamtheit ergibt sich bei den in der MA üblichen fünf Segmentationsebenen der auf der linken Seite abgebildete Segmentationsbaum.
Die Teilung wird allerdings nicht ad infinitum fortgesetzt, sondern nach bestimmten Bedingungen beendet. Die weitere Aufteilung eines Segments unterbleibt

- wenn es weniger als 50 Personen umfaßt;
- wenn es zwar zwischen 50 und 100 Personen umfaßt, eine der beiden entstehenden Teilgruppen aber weniger als 20 Personen enthalten würde;
- wenn es zwar mehr als 100 Personen umfaßt, eine der beiden entstehenden Teilgruppen aber weniger als 40 Personen enthalten würde;
- wenn sich in einer der beiden entstehenden Teilgruppen ein Wert von weniger als 0,5 % für den Anteil der Nutzerschaft im letzten Erscheinungsintervall bzw. am letzten Sendetag ergeben würde. Diese Bedingung ist erforderlich, weil Segmente mit der Wahrscheinlichkeit von unter 0,5 % aus dem Weitesten Nutzerkreis ausscheiden würden; denn dessen ursprüngliche Größe soll unverändert bleiben.

Da die Segmentation zunächst über fünf Ebenen läuft, können insgesamt 32 Segmente entstehen. Nach Betrachtung der Ergebnisse wird entschieden, ob auch noch auf der 6. Ebene Teilungsversuche unternommen werden sollen. Für die ohne (→) Titelkarten abgefragten regionalen (→) Tageszeitungen wird stets bis zur 6. Ebene auf Teilbarkeit geprüft. Dieses gegenüber den Vorjahren verfeinerte Verfahren, (bis zur MA 76 wurde stets nur bis zur 4. Ebene segmentiert) hat den Vorteil, daß die Struktur sowohl des Weitesten Nutzerkreises als auch der Nutzerschaft im letzten Erscheinungsintervall bzw. am letzten Sendetag von der Struktur der Nutzungswahrscheinlichkeiten erheblich differenzierter widergespiegelt wird als bisher.
Darüber hinaus werden seit MA 78 alle Segmentationen für Männer und Frauen getrennt vorgenommen. Dadurch wird die erhobene Feinstruktur der Weitesten Nutzerkreise und der Nutzerschaften im letzten Erscheinungsintervall in den Nutzungswahrscheinlichkeiten noch differenzierter wiedergegeben. Durch diese grundsätzliche Zweiteilung können für jede Nutzerschaft 2 x 32 = 64 Segmente mit verschiedener Nutzungswahrscheinlichkeit entstehen. Die für jedes Segment berechneten p-Werte werden nun jeder zu diesem Segment gehörenden Person fest zugeordnet. Für die weitere Verrechnung werden die p-Werte auf volle Prozentsätze zwischen 001 und 100 (= 0,01 bis 1,00) gerundet.
→ SEP (Segmentations-Programm), SEPRO

Anzahl der Mitwirkungen beim Teilen von Segmenten MA 77

Merkmal	Zeitschriften	Zeitungen	Fernsehen	Hörfunk
Geschlecht	17	2	7	26
Alter	363	52	139	350
Ausbildung	31	8	13	31
Tätigkeit	26	4	18	44
Beruf des Haushaltsvorstandes	118	12	55	106
Haushaltseinkommen	98	10	40	62
Beruf des Befragten	64	7	16	40
Familienstand	3	–	1	7
Anzahl der Personen im Haushalt	87	17	42	88
Wohnortgröße	135	14	47	110
Bundesländer	294	29	49	94
Konfession	24	4	9	23
Anzahl Besuche	122	11	54	96
Menge der Kontakte mit Zeitschriften	154	36	143	268
Nutzungshäufigkeit	271	33	65	181
Menge der Kontakte mit Zeitungen	–	9	–	–
Menge der Kontakte mit dem Fernsehen	–	–	100	26
Menge der Kontakte mit dem Hörfunk	–	–	–	214

Danach sind am wirksamsten die Merkmale

Alter	Mitwirkung	bei	904	Teilungen
Menge der Kontakte mit Zeitschriften	"	"	601	"
Nutzungshäufigkeit	"	"	550	"
Bundesländer	"	"	466	"

Segmentations-Programm
→ SEP, SEPRO

Sehbeteiligung
→ Sehwahrscheinlichkeit

Seher
→ Nutzer, Sehwahrscheinlichkeit

Seher pro Sendung
Die Zahl der Personen, die eine bestimmte Fernsehsendung gesehen haben.

Seher pro Tag
In der (→) Zuschauerforschung die Zahl der Personen, die in einer (→) Befragung angeben oder bei denen aufgrund von (→) Paneluntersuchungen gemessen wurde, daß sie an einem

bestimmten Tag mindestens eine Viertelstunde ferngesehen haben.

Seherkreis
→ Weitester Seherkreis (WSK)

Seherqualität
Eine von den (→) Programmzeitschriften „Hörzu" und „Funk Uhr" des Axel Springer Verlags im Anschluß an die Studie (→) Lesequalität im Jahre 1979 veröffentlichte (→) Pilotstudie zur Kommunikationswirkung des Werbefernsehens. Ziel der Untersuchung war es, parallel zur Qualifizierung der (→) Reichweiten von (→) Publikumszeitschriften auch Erkenntnisse über die (→) Kontaktqualität des Werbefernsehens zu gewinnen.
Die Übertragung von Kriterien wie (→) Bezugsart, (→) Leseort oder (→) Lesedauer auf das Fernsehen nicht möglich ist (Es gibt keine unterschiedlichen Bezugsarten; der Ort ist festgelegt, und die Beschäftigungsdauer wird durch den Ablauf der Werbesendungen unverrückbar bestimmt), versuchte „Seherqualität", die Situation der Fernseh-Nutzung als Qualifikationskriterium zugrundezulegen. Der Ansatz suchte nach (→) Indikatoren, die die Ausrichtung der Aufmerksamkeit auf die laufende Sendung anzeigen und zugleich Aussagen über die erzielbare Werbewirkung machen können. Als Instrument für die Aufmerksamkeitszuwendung zum Programm wurde unterschieden nach

- o Werbefernsehen als Hauptbeschäftigung (der Sender wird während des jeweiligen Halbstunden-Werbeblockes ständig eingeschaltet und der Betrachter sieht nur fern);
- o Werbefernsehen als teilweise Hintergrundkulisse (der Sender wird während des jeweiligen Halbstunden-Werbeblockes ständig eingeschaltet; der Seher befaßt sich aber auch mit anderen Dingen);
- o Werbefernsehen als reine Hintergrundkulisse (der Sender wird während des jeweiligen Halbstunden-Werbeblockes nur teilweise eingeschaltet; der Seher befaßt sich auch mit anderen Dingen).

In einer Pilotstudie wurde festgestellt, daß sich diese drei „Konzentrationsgrade" wie folgt verteilen:

Werbefernsehen als Hauptbeschäftigung	25 %
Werbefernsehen als teilweise Hintergrund-Kulisse	61 %
Werbefernsehen als reine Hintergrund-Kulisse	14 %

Neben der Art der Beschäftigung wurde auch der Bildschirmkontakt selbst erfaßt, und zwar nach folgenden Kategorien:

Die ganze Zeit auf den Bildschirm gesehen	= 33 %
Nur zeitweise auf den Bildschirm gesehen	= 41 %
Überwiegend zugehört oder nicht aufgepaßt	= 26 %

Ergebnis: Die Konzentration auf das Werbefernsehen und der direkte Bildschirmkontakt schaffen erkennbare Zugewinne an Werbewirkung gegenüber der Kontrollgruppe. Damit erweist sich die Differenzierung nach Konzentra-

Bildschirmkontakt / Werbewirkung	Werbefernsehen als Hauptbeschäftigung	Werbefernsehen als teilweise Hintergrundkulisse	Werbefernsehen als reine Hintergrundkulisse	Kontrollgruppe Werbefernsehen gar nicht eingeschaltet
Basis	57	164	38	73
	%	%	%	%
ungestützte Markenerinnerung im Durchschnitt	24	13	9	4
ungestützte Erinnerung an konkrete Inhalte der Botschaft im Durchschnitt	16	8	4	2

Bildschirmkontakt / Werbewirkung	Bildschirmkontakt ganze Zeit auf Bildschirm gesehen	Bildschirmkontakt zeitweise auf Bildschirm gesehen	Bildschirmkontakt nur zugehört/ nicht aufgepaßt	Kontrollgruppe Werbefernsehen gar nicht eingeschaltet
Basis	90	109	69	73
	%	%	%	%
ungestützte Markenerinnerung im Durchschnitt	20	15	4	4
ungestützte Erinnerung an konkrete Inhalte der Botschaft im Durchschnitt	13	8	2	2

tion bzw. Bildschirmkontakt grundsätzlich als ein durchaus geeignetes Kriterium, um zwischen Werbefernsehern mit mehr bzw. weniger Wirkungseffekt zu unterscheiden (siehe auch die Tabellen auf der linken Seite).
Dieser Indikator für Kontaktqualität gilt ausschließlich für das Werbefernsehen. Eine Ausdehnung auf den Werbefunk wurde nicht geprüft. Vom Einsatz her kann das Instrument also nicht für (→) Intermediavergleiche eingesetzt werden.

Seherschaft pro Sendetag und Zeitabschnitt (SpTZ)
Bei der (→) Media-Analyse (MA) der (→) Arbeitsgemeinschaft Media-Analyse (AG.MA) wird die gesamte Fernseh-Programmzeit, in der Werbung gesendet werden kann, in mehrere Zeitabschnitte von je einer halben Stunde eingeteilt. Alle Personen, die an einem Werktag während einer halben Stunde das betreffende Programm gesehen haben, und sei es auch nur einige Minuten lang, werden zur Seherschaft pro Zeitabschnit gezählt. Die Seherschaften pro Zeitabschnitt sind durchschnittliche Seherschaften. Die Seherschaft pro Tag, die in den Tabellen ausgewiesen wird, ist nicht – wie die Werte für den Seher „gestern" – das Ergebnis der Zählungen von Originalantworten der Befragten, sondern das Resultat von Berechnungen auf der Basis der (→) Nutzungswahrscheinlichkeiten.

Sehhäufigkeit
→ Nutzungshäufigkeit, Sehwahrscheinlichkeit

Sehwahrscheinlichkeit
Die (→) Medien-Kontakt-Einheiten (MKE), für die in der (→) Media-Analyse (MA) der (→) Arbeitsgemeinschaft Media-Analyse (AG.MA) die Nutzungswahrscheinlichkeiten für das Fernsehen bestimmt werden, sind durch zwei Merkmale definiert: *Programm* und *Zeitabschnitt*. Für jedes *Programm* müssen also so viele verschiedene Sehwahrscheinlichkeiten errechnet werden, wie es *Zeitabschnitte* gibt, während derer Werbung ins Programm eingeblendet werden kann. Die Sehwahrscheinlichkeiten werden wiederum wie alle Nutzungswahrscheinlichkeiten als Verhältniszahl zwischen dem (→) Weitesten Seherkreis (innerhalb der letzten zwei Wochen gesehen) (WSK) und der (→) Seherschaft am letzten Sendetag (gestern gesehen).
Um zu diesen einfachen Gruppierungen zu kommen, die dem (→) Weitesten Leserkreis (WLK) und der (→) Leserschaft im letzten Erscheinungsintervall (LiE) bei den Pressemedien entsprechen, muß beim Fernsehen noch einige Vorarbeit geleistet werden:
Es müssen für jedes Fernsehprogramm vier Weiteste Seherkreise für die vier Zeitabschnitte bestimmt werden, in die das Vorabendprogramm unterteilt ist. Die Weitesten Seherkreise der Programme und die Weitesten Seherkreise für die Zeitabschnitte müssen also zueinander in Beziehung gesetzt werden.
Für jedes Fernsehprogramm müssen vier Seherschaften am letzten Sendetag für die vier Zeitabschnitte bestimmt werden, in die das Vorabendprogramm unterteilt ist. Da die vier Zeitabschnitte aber jeweils eine halbe Stunde lang sind, im Interview aber nach der Sehbeteiligung in Viertelstunden gefragt wird, muß das Viertelstunden-Verhalten in Halbstunden-Verhalten umgewandelt werden: Wer in einer der beiden oder in beiden Viertelstunden zugesehen hat, gehört in die betreffende Halbstunden-Seherschaft.

Wer zwischen 17:30 und 17:45 Uhr
oder zwischen 17:45 und 18:00 Uhr
das ZDF gesehen hat, gehört
zur Seherschaft 17:30 bis 18:00 des ZDF.

Wer zwischen 19:00 und 19:15 Uhr
oder zwischen 19:15 und 19:30 Uhr
das ZDF gesehen hat, gehört
zur Seherschaft 19:00 bis 19:30 Uhr des ZDF.

Da die Sendezeiten von ZDF und ARD um eine halbe Stunde gegeneinander versetzt sind, ergibt sich folgendes Aufbereitungsschema:

ZDF		ARD
–	vor 17:00	–
–	17:00–17:15	–
–	17:15–17:30	–
–	17:30–17:45	–
17:30–18:00 =	oder	
	17:45–18:00	–
	18:00–18:15	–
18:00–18:30 =	oder	= 18:00–18:30
	18:15–18.30	
	18:30–18:45	
18:30–19:00 =	oder	= 18:30–19:00
	18:45–19:00	
	19:00–19:15	
19:00–19:30 =	oder	= 19:00–19:30
	19:15–19:30	
–	19:30–19:45	
	oder	= 19:30–20:00
–	19:45–20:00	

Wie sich die Rohergebnisse aufgrund der (→) Überschneidungen zwischen Seherschaften von je zwei Viertelstunden verändern, zeigt die nachstehende Tabelle am Beispiel des ZDF.

MA 79 ZDF gestern	Reichweite % %	Gesamt gestern
vor 17:00	2,9	
17:00–17:15 17:15–17:30	3,7 3,7 –	17:00–17:30
17:30–17:45 17:45–18:00	5,2 6,3 7,0	17:30–18:00
18:00–18:15 18:15–18:30	8,6 9,5 10,8	18:00–18:30
18:30–18:45 18:45–19:00	11,5 12,8 14,4	18:30–19:00
19:00–19:45 19:15–19:30	28,0 26,0 30,7	19:00–19:30
19:30–19:45 19:45–20:00	23,4 23,3 –	19:30–20:00

Die Erhebungsthemen, die in dem Aufbereitungsprozeß für jeden einzelnen Zeitabschnitt jedes Programms berücksichtigt werden, sind also im einzelnen:

Weitester Seherkreis für Programme =
Seherschaft innerhalb der letzten 12 Sendetage; also innerhalb der letzten zwei Wochen an wenigstens einem Tag das Programm gesehen

Weitester Seherkreis für Tageszeiten =
Seherschaft innerhalb der letzten 12 Sendetage; also innerhalb der letzten zwei Wochen an wenigstens einem Tag irgendwann während der halben Stunde gesehen, und wenn auch nur ein paar Minuten

Sehhäufigkeit =
An wievielen von den 6 Werktagen einer normalen Woche in der letzten Zeit wird im allgemeinen irgendwann während der halben Stunde das Programm gesehen

Letztes Sehen =
Seherschaft am letzten Sendetag, also während wenigstens einer der zwei aufeinander folgenden Viertelstunden einer halben Stunde zwischen Voll und Halb und Halb und Voll das Programm gesehen.

Danach wird nun die Sehwahrscheinlichkeit bestimmt. Alle Angehörigen eines Weitesten Seherkreises besitzen zunächst eine Grundwahrscheinlichkeit, die dem Anteil der Seherschaft während des letzten Sendetages am Weitesten Seherkreis entspricht. Sie wird als mehrstelliger Prozentwert ausgedrückt und mit Hilfe eines (→) Segmentationsverfahrens über 5 Ebenen so ausdifferenziert, daß innerhalb jedes Weitesten Seherkreises bis zu 32 vorwiegend demographisch beschriebene Gruppen entstehen können, deren jede eine eigene, von der jeder anderen Gruppe verschiedene Sehwahrscheinlichkeit besitzt. Alle zu einer Gruppe gehörigen Personen werden mit der gleichen Wahrscheinlichkeit am nächsten oder an irgend einem beliebigen weiteren Sendetag während der gleichen halben Stunde dasselbe Programm sehen.

Durch die Segmentation entstehen also Gruppen verschiedener Sehwahrscheinlichkeiten, durch die sich sowohl Größe als auch Struktur sowohl des Weitesten Seherkreises als auch der Seherschaft pro Sendetag und Zeitabschnitt so wiedergeben lassen, wie sie erhoben worden sind, und außerdem lassen sich mit ihnen Größe und Struktur aller Seherschaften zwischen diesen beiden Eckwerten errechnen.
Als Kriterium in der Segmentation gilt dementsprechend der Anteil der Seher während des letzten Sendetages am Weitesten Seherkreis, als aktive Variable dienen 12 (→) demographische Merkmale. Außerdem wird ein Kommunikationsmerkmal zur Differenzierung herangezogen: die Gesamtzahl der Kontakte mit Zeitschriften, gemessen als Summe aller Angaben, die ein Befragter zur (→) Lesehäufigkeit von Zeitschriften und Wochenzeitungen gemacht hat.
Seit MA 76 wurde auch die Kontaktmenge mit den Mediengattungen Tageszeitungen, Fernsehen und Hörfunk berücksichtigt. Die „Kontaktmenge Fernsehen" ergab sich wie bei anderen (→) Mediengattungen auch aus der Addition aller Häufigkeitsangaben, hier also für Programme und Zeiten. Dementsprechend wurden alle Zahlennennungen aus dem großen Antwortschema des Fragebogens mit seinen 9 (= Programmen) x 7 (= Zeiten) = 63 kleinen Entragungsquadraten zusammengerechnet.
Es ergaben sich also nach dem Anteil der Seherschaft während des letzten Sendetages am Weitesten Seherkreis folgende nach der Sehwahrscheinlichkeit differenzierten Seherschaftsgruppen:

S = Seherschafts-gruppen	Sehwahrscheinlichkeit in %
K = Kernseherschaft	82,51–100,00
H = häufige Seher	58,51– 82,50
G = gelegentliche Seher	41,51– 58,50
S = seltene Seher	24,51– 41,50
GS = ganz seltene Seher	00,51– 24,50

Seitenkontakt (SK) *(Seitenkontaktchance)*
In der (→) Leserschaftsforschung der (→) Kontakt eines Lesers mit einer redaktionellen oder (→) Anzeigenseite, (→) Anzeigen-Kontaktchance, eines Druckmediums. Der Seitenkontakt wird in der Regel mit Hilfe der (→) Originalheftmethode in (→) Stichtagserhebungen ermittelt und in der Praxis meist in Form des (→) Doppelseitenkontakts erfaßt. Er wird als Maß der (→) Kontaktwahrscheinlichkeit mit

einem Werbemittel gewertet, weil durch ihn der Anteil der Leser angegeben wird, die eine Seite aufschlagen. Der Seitenkontakt stellt eine Präzisierung des (→) Werbeträgerkontakts dar, indem er angibt, wie groß der Anteil von Lesern einer Ausgabe ist, die die anzeigenführenden Seiten aufschlagen und etwas darauf flüchtig oder gründlich beachten; denn der Kontakt mit der anzeigenführenden Seite ist die Voraussetzung dafür, daß ein Kontakt mit dem Werbemittel selbst stattfinden kann.

Den Anstoß zur Ermittlung von Seitenkontakten als Chance für Anzeigenwirkung gab Alfred Politz 1958 mit der Studie „The Readers of the Saturday Evening Post", der Folgestudie, die 1959 als (→) Rochester-Studie bekannt wurde sowie der ebenfalls 1959 veröffentlichten Untersuchung „Ad-page Exposure in Four Magazines". Prinzipiell lassen sich vier Methoden der Ermittlung von Seitenkontakten unterscheiden:

- Originalheftmethode (Copytest),
- Beobachtung (Koinzidenzbefragung),
- Tagebuchmethode (NINA-Methode),
- Skalenfragen (mitunter in Verbindung mit Lesetagen, Leseintensität, Lesemenge).

Die 1984 veröffentlichte Studie „Werbemittelkontaktchancen" des Deutschen Supplement-Verlags erbrachte die folgenden Vergleichswerte beim Einsatz von drei dieser Methoden:

Seitenkontakt-Messung (Werte pro Lesetag)	Seitenkontakt-Werte in: Programmzeitschriften %	aktuelle Illustrierte %	Frauenzeitschriften %
bei Heftvorlage			
Gründlicher Kontakt	16,4	14,3	28,8
Seite mindestens aufgeschlagen	33,6	32,9	71,8
mit Tagebuch			
Seite aufgeschlagen	14,7	19,23	31,8
durch Schätzung der Befragten			
Gründlicher Kontakt	18,2	21,5	39,3
Seite mindestens aufgeschlagen	36,0	52,2	64,8

Nach den Worten von Alfred Politz steht hinter der Seitenkontaktmessung diese Philosophie: „From the point of view of the advertiser, a primary function of a medium is to expose his advertising to people in his market so the advertising may then be perceived, and may influence these people. In the case of a magazine, the opening of the ad page is the occasion when exposure takes place so the ad may be perceived.

In this sense, exposure to advertising is independent of qualities of the individual advertisement and is exclusively the medium's responsability, whereas perception of the advertising is not, because it depends upon qualities of the ad which the medium does not control. Exposure is the physical opportunity the medium creates for a person to perceive the advertising."

Politz wies in der „Rochester-Studie" nach, daß der Kontakt mit einer anzeigenführenden Seite die (→) Anzeigenbeachtung und -wirkung begünstigt. Aber es ist nur eine Chance, keine Gewißheit. Wieweit diese .Chance ausgenutzt wird, hängt von anderen Wirkungsfaktoren, u. a. dem Produktinformationsinteresse der Leser, von der kreativen Stärke der Anzeige, etc. ab. Als Präzisierung des Werbeträgerkontakts in Richtung Werbemittel-Kontaktchance kommt dem Seitenkontakt auf jeden Fall eine wichtige Bedeutung zu. Das Meßverfahren ist sehr aufwendig: Die Befragten gehen im Regelfall das Heft Seite für Seite durch und geben an, ob sie die einzelnen Seiten aufgeschlagen und darauf etwas beachtet haben.

Zum Thema Seitenkontakt gibt es seit Politz eine fast unüberschaubare Vielzahl von Untersuchungen aus dem In- und Ausland. In Deutschland gehören zu den wichtigsten Studien die Untersuchungen zum (→) Doppelseitenkontakt für die „Hörzu" (1962 und 1967), (→) Zeitschriften, Leser, Anzeigen des Jahreszeiten Verlags, Hamburg, aus dem Jahre 1968 und die 1969 von Infratest, München, im Auftrag von „Hörzu" durchgeführte Untersuchung (→) „Anzeigen-Kontakt-Chancen in Publikums-Zeitschriften". Zentraler Begriff dieser Untersuchung ist der Seitenkontakt.

Aus (→) Kontaktfaktor, Zahl der gelesenen Hefte pro Lesetag und der Zahl der (→) Lesetage im (→) Erscheinungsintervall wird der Seitenkontaktwert berechnet. Er sagt aus, wie viele Kontakte die durchschnittliche Seite eines Heftes mit dem durchschnittlichen (→) Leser pro Nummer (LpN) während eines (→) Erscheinungsintervalls vermittelt. Der Seitenkontaktwert kann also als titelspezifischer Gewichtungsfaktor zur Bestimmung der Kontaktchancen einer Anzeige verwendet werden.

Der Seitenkontaktwert für Anzeigen-Einzel-Seiten wird durch die folgende Formel bestimmt:

$$KF \times GH \times LT = SK$$

Darin bedeuten

KF = Kontaktfaktor

GH = Gesamtzahl der gelesenen Hefte eines Titels pro Leser und Lesetag und
LT = Lesetage pro LpN = Seitenkontaktwert

Die folgende Tabelle zeigt die Seitenkontaktwerte für die 15 untersuchten Zeitschriften:

	Kontakt-faktor gründlich flüchtig aufgeschlagen	gelesene Hefte pro Lesetag	Lesetage im Erscheinungs-intervall	Seitenkontakt gründlich flüchtig aufgeschlagen
	KF x	GH x	LT =	SK
Hörzu	0,74	1,12	3,03	2,51
TV Hören und Sehen	0,79	1,08	3,11	2,65
Funk Uhr	0,84	1,09	3,49	3,20
Stern	0,76	1,10	1,72	1,44
Bunte Illustrierte	0,79	1,06	1,48	1,24
Quick	0,86	1,09	1,58	1,48
Neue Revue	0,81	1,05	1,50	1,28
Für Sie	0,69	1,04	1,66	1,19
Constanze	0,81	1,09	1,44	1,27
Brigitte	0,79	1,12	1,65	1,46
Bild am Sonntag	0,89	1,03	1,24	1,14
Der Spiegel	0,66	1,02	1,70	1,14
Jasmin	0,69	1,09	2,14	1,61
Eltern	0,60	1,06	3,41	2,17
Neue Post	0,91	1,05	1,75	1,67

Eine weitere wichtige Studie verfaßte Karlfritz Koeppler 1970 für die Heinrich Bauer Stiftung, Hamburg. Titel: „Seitenkontakte“. Eine grundlegende Dokumentation über die „Ermittlung von Seitenkontakten“ schrieb Jan D. Noordhoff 1975. Sie erschien in der Schriftenreihe der (→) Arbeitsgemeinschaft Media-Analyse (AG.MA)

Sekundäranalyse *(Sekundärforschung, Desk Research)*
Die erneute Analyse von Daten, die primär für andere Zwecke erhoben wurden und ursprünglich im Rahmen früherer Untersuchungen aufbereitet und ausgewertet wurden. Sekundäranalysen werden sowohl zur Überprüfung der ursprünglich aufgestellten Hypothesen wie zur Bearbeitung vollkommen neuer Fragestellungen durchgeführt. Da die (→) Primäranalysen oft nur zur Beantwortung spezifischer Fragestellungen durchgeführt werden, bei geschickter Fragestellung jedoch viele weitere Fragen beantworten könnten und außerdem mit wachsender Zahl von Studien, die in Datenarchiven zugänglich sind, die Wahrscheinlichkeit immer größer wird, daß man ein konkretes Problem nicht unbedingt allein durch eine neue (→) Erhebung lösen kann, erscheint es häufig auch unter finanziellen, zeitlichen und forschungstechnischen Aspekten vernünftiger, auf fremde Daten zurückzugreifen. Dabei ergibt sich die Möglichkeit der Überprüfung auch neuer Fragestellungen aus der Mehrdimensionalität von (→) Indikatoren, da je nach dem theoretischen Bezugsrahmen eine unterschiedliche Zuordnung der Indikatoren zu theoretischen Begriffen möglich ist. „Der Nachteil von Sekundäranalysen besteht allerdings darin, daß sich die Operationalisierungsstrategie für die theoretischen Variablen der sekundäranalytischen Untersuchung auf das vorhandene Datenmaterial beschränken muß. Dabei ist zu berücksichtigen, daß die (auch instrumententheoretisch begründeten) Beziehungen zwischen den Indikatoren und den (über die theoretischen Variablen) angezielten empirischen Sachverhalten mit abhängig sind von der spezifischen Anlage der Primäruntersuchung und nicht unbedenklich auf ein neues Forschungskonzept übertragen werden können.“ (Helmut Kromrey)

Sekundäreinheit
→ mehrstufige Auswahl

Sekundärkommunikation
→ Massenkommunikation

Sekundärleser
→ Folgeleser

Selbsteinstufung *(Selbsteinschätzung)*
→ Soziale Selbsteinstufung (SSE)

Selektivfrage
→ Auswahlfrage

semantisches Differential *(Polaritätenprofil)*
Ein von Charles E. Osgood in der (→) Einstellungsforschung entwickeltes, von Peter Hofstätter in Form des Polaritätenprofils leicht variiertes Verfahren der (→) quantitativen Ana-

lyse der subjektiven Bedeutung von Begriffen oder Vorstellungen, bei dem die gelenkte (→) Assoziation und das (→) Rating kombiniert sind. Es handelt sich um ein Verfahren, bei dem i Klassifikationsalternativen j Stufen bipolarer, in der Praxis der Markt- und Sozialforschung meist siebenstufiger (→) Skalen zugeordnet werden. Den Auskunftspersonen wird also eine Reihe von polaren Begriffen in einer (→) Befragung vorgelegt („gut“ – „schlecht“; „hoch“ – „tief“ usw., s. Abb.), dann läßt man sie den

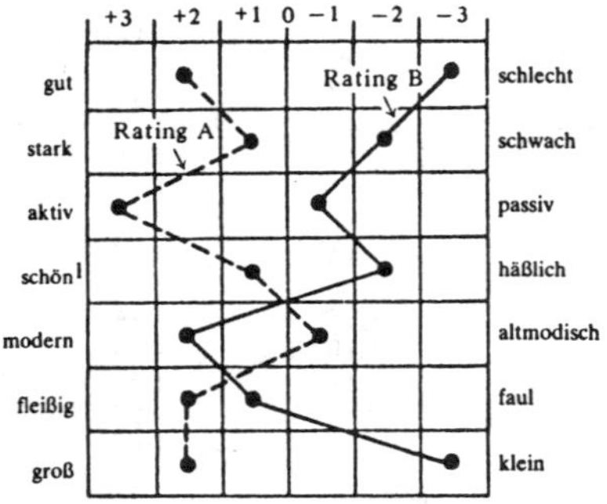

Untersuchungssachverhalt in der durch ein Begriffspaar bestimmten Dimension lokalisieren. Die von den Auskunftspersonen vorgenommenen Einstufungen eines Begriffs lassen sich zu einem Polaritätenprofil verbinden, wobei den Endpunkten des Kontinuums meist die Bewertungszahlen 1 (bzw. + 3) und 7 (bzw. – 3) sowie dem Zwischenwert „weder“ – „noch“ die Zahl 4 (bzw. 0) zugeschrieben wird. Zur metrischen Bestimmung der konnotativen Bedeutungsähnlichkeit definierte Osgood das Distanzmaß:

$$D_{jk} = \sqrt{\Sigma(x_{ij} - x_{ik})^2},$$

das semantische Differential, wobei für die Skalenwerte x_{ij} und x_{ik} der Summationsindex die Dimension angibt und die Indizes j und k die Vergleichsbegriffe kennzeichnen. Zur Auswertung des semantischen Differentials dient neben der Bildung von (→) Mittelwerten und (→) Streuungsmaßen, aus denen sich dann ergibt, mit welcher Häufigkeit ein Meinungsgegenstand den einzelnen Merkmalsausprägungen zugeordnet wird, die Berechnung von (→) Proximitätsmaßen sowie die (→) Datenreduktion mit Hilfe der (→) Faktorenanalyse oder der (→) Clusteranalyse.

Das semantische Differential oder das praktisch identische Polaritätenprofil war lange Jahre hindurch das am meisten verwendete Verfahren zur Analyse der erlebten Bedeutung von Marken, Produkten, Firmen, Personen, wobei die solchermaßen gemessene Bedeutung meist als Image apostrophiert wurde. Das Polaritätenprofil „beschreibt indikativ die motivationalen Valenzen des Meinungsgegenstandes, wie etwa seine Anmutung von Aktivität und Passivität oder von Größe oder Kleinheit. Die bipolaren Skalen semantischer Differentiale lassen sich gegebenenfalls auch so kreuzen, daß eine Matrix entsteht. Damit ist dann ein ‚Semantischer Raum‘ definiert, in dem nun unterschiedliche Meinungsgegenstände wie beispielsweise Automobilmarken, Reiseziele oder Dosensuppen gegeneinander positioniert werden können.“ (Otto Walter Haseloff)

Sensationspresse
→ Yellow Press

Sensitivität
→ Trennschärfe

SEPRO *(Segmentations-Programm)*
Ein von Infratest, München, angebotenes Programm der (→) Segmentation, mit dessen Hilfe das Marktverhalten bei bestimmten Produkten durch die (→) demographischen Merkmale dargestellt werden kann. Außerdem ist es möglich, die so gewonnenen Segmente nach ihrer (→) Mediennutzung auszuzählen, wodurch man das Medienverhalten der verschiedenen Segmente darstellen kann. „SEPRO“ kann sowohl nach dem AID-Verfahren arbeiten wie nach der Belson-Methode. Während beim AID die Differenz der Durchschnittswerte zwischen den Gruppen maximiert und die (→) Varianz innerhalb der Gruppe minimiert wird, trennt die Belson-Methode so, daß die Differenz der Durchschnittswerte zwischen den Gruppen maximiert wird. Man erhält tendenziell mittels der Belson-Methode Segmente, die sich im Vergleich zum Teilungsprinzip des AID-Verfahrens in ihrem Außenkriterium etwas stärker unterscheiden, in ihren Gruppen aber eine geringere Homogenität aufweisen.

Sequentialanalyse *(Sequenzanalyse)*
Ein statistisches Testverfahren in der Markt- und Sozialforschung, das in Fällen angewandt wird, in denen der Umfang n einer (→) Stichprobe nicht vorgegeben bzw. nicht vorausbestimmt ist. Dabei wird nach jedem Test bzw. jeder Testreihe aufgrund der vorliegenden Ergebnisse neu entschieden, ob die Versuchssequenz abgebrochen werden kann oder fortgesetzt werden muß. Bei sequentiellen Tests wird mithin der (→) Stichprobenumfang selbst zur Zufallsvariablen, weil er vom Ausfall des Er-

gebnisses abhängig ist. Dabei kann die Entscheidung über die Annahme oder Ablehnung einer Hypothese vielfach mit sehr viel kleineren Stichproben als bei anderen, nichtsequentiellen Testverfahren getroffen werden. Sequentialtests bieten sich in der Markt- und Sozialforschung besonders in Fällen an, in denen die Einzeltests, die einzelnen Interviews oder einzelnen Beobachtungen teuer sind. Entstanden ist die Sequenzanalyse im Bereich der technischen Qualitätskontrolle und Materialprüfung, in der die Gegenstände der Untersuchung nur durch Zerstörung getestet werden können, so daß die Prüfung jeweils so lange durchgeführt werden muß, bis bei laufender Auswertung der Befunde die erforderlichen Ergebnisse mit der gewünschten Genauigkeit vorliegen.

Sequentialmethode
Ein 1965 von Jacques Durand in Frankreich entwickeltes (→) heuristisches Verfahren der rechnergestützten (→) Mediaselektion, das von der Überlegung ausgeht, daß jede der möglichen Kombinationen der in Betracht gezogenen Werbeträger bewertet werden müßte, um festzustellen, welche die beste ist. Da aber die möglichen Kombinationen mit der Anzahl der Werbeträger (n) sprunghaft zunehmen, ist dieses Vorgehen zu aufwendig; denn es ergeben sich bei n Werbeträgern, in denen je eine Einschaltung möglich ist, 2^n mögliche Kombinationen, das sind bereits bei 10 Werbeträgern mehr als 1000 verschiedene Kombinationen.
Die Sequentialmethode schränkt deshalb die Anzahl der zu prüfenden Kombinationen wie folgt ein: Im ersten Stadium vergleicht man n Werbeträger isoliert und sucht den besten heraus, dann kombiniert man im zweiten Stadium den zuerst gewählten Werbeträger mit jedem der (n–1) verbleibenden Werbeträger und sucht die beste Möglichkeit der Gruppen von je zwei Werbeträgern; im dritten Stadium kombiniert man die ersten beiden Werbeträger mit jedem der verbliebenen (n–2) Werbeträger und sucht die beste Möglichkeit der Gruppen zu je drei Werbeträgern aus; usw. In jedem Stadium wird jener Werbeträger ausgewählt, für den der Quotient

$$\frac{\text{zusätzliche Kosten}}{\text{zusätzlich erreichbare Leser}}$$

am geringsten ist. Die Abbildung in der rechten Spalte illustriert das Prinzip. Dadurch reduziert sich die Anzahl der zu prüfenden Kombinationen auf

$$\frac{n\,(n+1)}{2}.$$

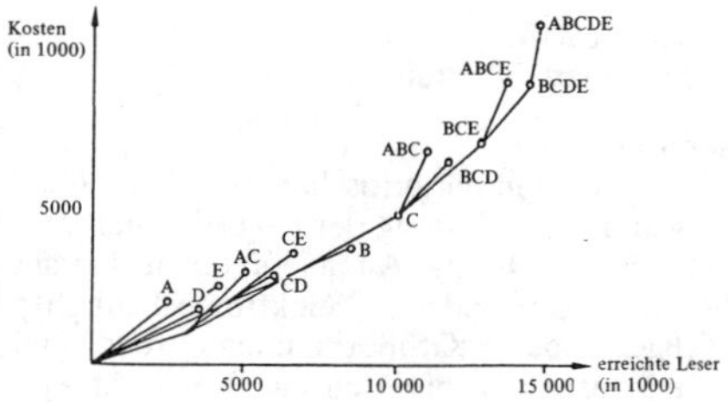

Statt die gesamte Leserschaft zu betrachten, könnte bei dieser Methode auch die gewichtete Anzahl der Leser in der Zielgruppe betrachtet werden. Ebenso können auch die Werbeträger gewichtet werden. Wenn ein vorgegebenes Werbebudget nicht überschritten werden darf, wird der Vorgang so lange wiederholt, bis die Budgetsumme verbraucht ist. Es ist jedoch bei dieser Methode auch möglich, das Werbebudget simultan mit der Mediaselektion zu bestimmen, indem man die Kosten, um 1000 zusätzliche Leser innerhalb der Zielgruppe zu erreichen, mit einem Höchstsatz limitiert. Das hat den Vorteil, daß das Werbebudget so festgelegt werden kann, daß der zusätzliche Nutzen von erreichten Lesern die dafür erforderlichen Kosten nicht überschreitet. Voraussetzung ist allerdings, daß man den Nutzen eines zusätzlich erreichten Lesers quantifizieren kann.
Die iterative Vorgehensweise bei diesem Programm hat den Nachteil, daß ein Rückgriff auf frühere Phasen der Iteration nicht möglich ist. Eine durch das Auswahlkriterium, nämlich der Relation „zusätzliche Kosten : zusätzlich erreichbare Leser" bereits ausgeschlossene Lösung kann sich jedoch in einem späteren Stadium als durchaus interessant herausstellen. Dieser Nachteil wurde im Modell (→) MEDOR abgeschwächt.
Ein weiterer Nachteil der Sequentialmethode besteht darin, daß als Zielkriterium nur die Reichweite herangezogen wird, nicht jedoch die (→) Kontakthäufigkeit. Bei der Weiterentwicklung von MEDOR, dem Programm (→) GIWOS, ist dieser Mangel behoben. Auch das Programm (→) SOP (Streuplan-Optimierungs-Programm) des Verlagshauses Axel Springer arbeitet nach diesem Verfahren.

Serienanzeigen
Anzeigen, die regelmäßig hintereinander erscheinen und durch ein bestimmtes Element der Werbebotschaft, wie z. B. den (→) Slogan, die gemeinsame Thematik oder die Folge von Botschaften verschiedenen Inhalts, miteinander verknüpft sind.

Seriennachlaß
→ Malrabatt, Malstaffel

Setmeter
Ein seit 1968 in der britischen (→) Zuschauerforschung zur Messung der (→) Einschaltquoten von der Firma Audits of Great Britain (AGB) verwendetes elektromechanisches Meßgerät, das in Großbritannien in rund 3000 Panelhaushalten aufgestellt ist. Das Gerät registriert, wann der Fernsehapparat ein- oder ausgeschaltet ist und welches Programm (Kanal) angeschaut wird. Die Messung wird ergänzt durch Tagebücher, (→) Tagebuchmethode, in die die Befragten in Abständen von 15 Minuten eintragen, wer welche Sendungen sieht.
vgl. Audimeter, Recordimeter, Tammeter, Teleskomat, Gfk-Meter

Share of Advertising (SOA)
→ Share of Mind

Share of Mind (SOM)
Zur Beurteilung der Leistung von (→) Mediaplänen wird neben den üblichen Bewertungskriterien mehr und mehr auch die Bedeutung der eigenen werblichen Aktivitäten gegenüber denen der Konkurrenz, der (→) Werbedruck der Konkurrenz, berücksichtigt. Diese Relationen als prozentuale Anteile der eigenen Werbung am ganzen Produktfeld beziehen sich dabei auf unterschiedlichste Definitionen und haben unterschiedliche Aussagekraft.

- **Share of Advertising** = Werbekosten-Anteil. Er berechnet lediglich die Relation der Werbeausgaben und kann somit weitere Differenzierungen nicht berücksichtigen. Aufgrund der Kostengleichheit erzielen alle Alternativen gleichhohe Shares.
- **Share of Voice** = Zielgruppenspezifischer Kontaktsummen-Anteil. Er zeigt bei der Verrechnung der (→) Bruttokontakte zwar gewisse Veränderungen in der Planbewertung. Sie resultieren jedoch lediglich aus der unterschiedlichen Kontaktpreiswürdigkeit der Alternativen. (→) Reichweiten oder (→) Kontaktintensität bleiben aber unberücksichtigt.
- **Share of Mind** = Zielpersonenspezifischer Werbedruck-Anteil. Er integriert aufgrund der Netto-Betrachtung der (→) Kontakte pro erreichter Person sämtliche Kriterien: Reichweite, (→) Kontakthäufigkeit und (→) Kontaktverteilung in Relation zu den Konkurrenzwerten. Ein rechnergestütztes Auswertungsprogramm zur Ermittlung des „Share of Mind" bietet der „Hörzu"-Service des Axel Springer Verlags, Hamburg, seit 1982 an. Über die Angaben für traditionelle Planbewertungen hinaus werden Informationen über die Konkurrenzaktivitäten in Form von Einschaltfrequenzen pro Medium sowie Formate und Längen erforderlich. Die dem Programm zugrundeliegende Strategiebewertung unterscheidet sich von der klassischen Planbewertung dadurch, daß sie die für gesättigte Märkte falsche Annahme vom Nullgewicht der Konkurrenzkontakte fallen läßt. Sie geht von den folgenden drei Annahmen aus:

1. **Der Additivität der Kontakte**
2. **Dem Gleichgewicht von Eigen- und Konkurrenz-Kontakten:** Je nach Standort des Betrachters ist dieselbe Marke Eigen- und Konkurrenz-Marke. Also können Eigenkontakte und Konkurrenz-Kontakte kein unterschiedliches Wirkungsgewicht haben. Wirkungsgewicht (EK) = Wirkungsgewicht (KK)
3. **Der Werbeunabhängigkeit der individuellen Konsummenge:** Auch intensiver Gesamtwerbedruck verändert die Konsummenge nicht, verändert werden nur die Marktanteile. Die absolute Menge der Kontakte bei einer Zielperson ist also uninteressant für den Absatz. Einzig belangvoll für eine Marke ist der Anteil ihrer Kontakte bei jeder einzelnen Zielperson an allen Produktfeldkontakten.

Diese drei Annahmen der Strategiebewertung führen zu einem neuen Leistungskriterium, das pro Zielperson die Eigenkontakte (EK) ins Verhältnis zu sämtlichen bei der Person anfallenden Produktfeldkontakten (EK + KK) setzt:

$$\text{Leistungskriterium pro Person} = \frac{EK}{EK + KK}$$

Da dieses Kriterium pro Person den Anteil der Eigenkontakte und damit den eingekauften ‚Aufmerksamkeitsanteil' erfaßt, wurde es ‚Share of Mind' genannt. Für die Berechnung des Share of Mind-Kriteriums innerhalb eines Mediaprogrammes sind folgende Überlegungen nötig:
EK und KK sind binomial verteilte Zufallsvariable, (→) Binomialverteilung, die aufgrund der vorgegebenen Mediapläne und der (→) Lesewahrscheinlichkeiten verteilt sind.
Daraus folgt, daß

$$\frac{EK}{EK + KK}$$

als Funktion von Zufallsvariablen ebenfalls eine Zufallsvariable ist. Der (→) Erwartungswert dieser Zufallsvariable ist das individuelle Planleistungsmaß, das letztlich über alle Zielpersonen addiert werden muß.
Jede Zielperson wird aber vom Eigenplan nur mit einer bestimmten Wahrscheinlichkeit er-

reicht. Der Einzelbeitrag der Zielperson zur (→) Nettoreichweite läßt sich ausdrücken als die Wahrscheinlichkeit, daß diese Person überhaupt erreicht wird, d. h. mindestens einen Kontakt erhält (=: P (EK ≧ 1)).

$$\frac{EK}{EK + KK}$$

hat nur einen Sinn, wenn die Zielperson erreicht wird. Es ist also nötig, für jede Zielperson diesen Wert nur unter der Bedingung zu betrachten, daß die Person zur Nettoreichweite gehört. Damit ergibt sich unter der Bedingung, daß EK ≧ 1 ist

$$(= EW\left(\frac{EK}{EK + KK} \middle| EK \geqq 1\right))$$

als neues Planungsmaß.
Geht man davon aus, daß die Verteilungen der individuellen (→) Kontaktwahrscheinlichkeiten für verschiedene Titel (und auch für gleiche Titel bei verschiedenen Kampagnen) unabhängig sind, so gilt folgende Annäherung:

$$EW\left(\frac{EK}{EK + KK} \middle| EK \geqq 1\right) \approx \frac{\frac{EW\,(EK)}{P\,(EK \geqq 1)}}{\frac{EW\,(EK)}{P\,(EK \geqq 1)} + EW\,(KK)}$$

$$= \frac{EW(EK)}{EW\,(EK) + P\,(EK \geqq 1) \times EW\,(KK)}$$

Der letzte Ausdruck ist einfach zu berechnen; denn P (EK ≧ 1) fällt für die Berechnung der Nettoreichweite sowieso an.
Dieser Wert ist dann noch mit der Wahrscheinlichkeit, daß die gerade betrachtete Zielperson zur Nettoreichweite gehört (P (EK ≧ 1)), zu multiplizieren und der sich ergebende Wert dann über alle Zielpersonen zu addieren. Damit ergibt sich der gesuchte Wert:

$$SOM = \sum_{\substack{\text{alle} \\ \text{Zielpersonen}}} P(EK \geqq 1) \times \frac{EW(EK)}{EW\,(EK) + P\,(EK \geqq 1) \times EW\,(KK)}$$

Die Gesamtleistung der einzelnen Pläne wird analog zu den üblichen Programmen der (→) Mediaselektion als Summe über alle Personen gebildet. Das Ergebnis einer solchen (→) Evaluierung besteht damit über Reichweiten und Kontaktinformationen aller Pläne hinaus in der jeweiligen Ausweisung des „Share of Mind" als prozentualer Kontaktanteil.

Share of Voice (SOV)
→ Share of Mind

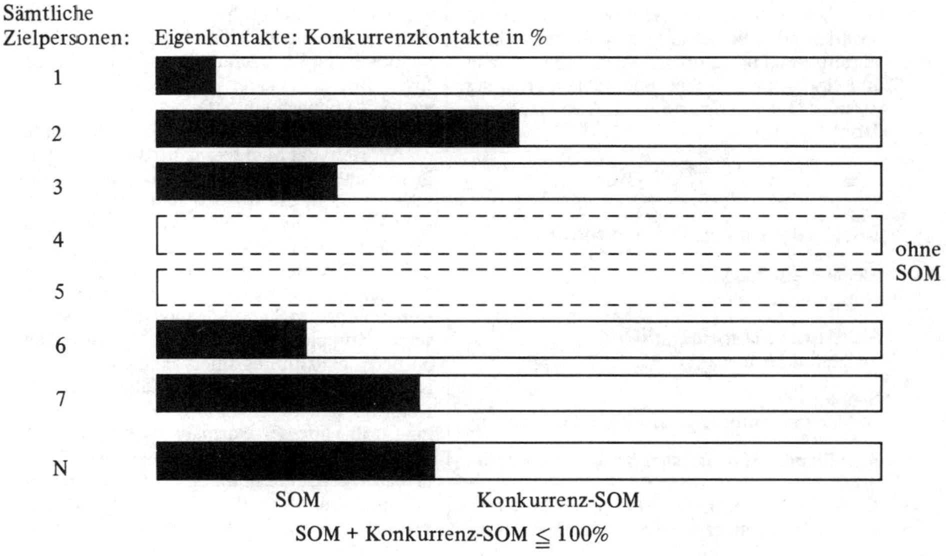

Share of Mind (SOM)

	Kontakte mit Eigenplan			Kontakte mit Konkurrenzplan			Share of Voice Gesamt	Share of Mind* pro Person
Medium:	TV	HF	PZ	TV	HF	PZ	EK	EK
Mediengewicht:	100	50	100	100	50	100	EK + KK	EK + KK
1. Person	10	5	–	50	25	25		15/115 = 13%
2. Person	–	–	–	10	10	60		0/80 = 0%
3. Person	5	–	10	20	–	10		15/45 = 33%
4. Person	–	–	5	–	–	–		5/0 = 100%
n. Person	↓	↓	↓	↓	↓	↓		↓
	15	5	15	80	35	95	35/245 = 14%	146% = 36,5%

*Summe (146%) dividiert durch 4 Pers.

Sheppardsche Korrektur
Eine Korrektur für einen systematischen (→) Fehler bei der Errechnung der (→) Standardabweichung einer gruppierten (→) Häufigkeitsverteilung in Fällen, in denen die Berechnung der Abweichungen von den Klassenmitten unter der Annahme vorgenommen wird, daß die Beobachtungen in jeder Klasse entweder um den Klassenmittelpunkt konzentriert sind oder sich gleichmäßig über jede Klasse verteilen. In der Wirklichkeit jedoch verteilen sich die Beobachtungen nicht in dieser Weise, sondern eher um den (→) häufigsten Wert (Modus), d.h. die Verteilung innerhalb jeder Klasse ist entweder links- oder rechtsschief. Die Sheppardsche Korrektur wirkt dem daraus resultierenden Fehler entgegen. Sie setzt einen verhältnismäßig großen Stichprobenumfang und eine symmetrische, unimodale Verteilung voraus. Die korrigierte (→) Varianz lautet dann:

$$\sigma_k^2 = \sigma^2 - \frac{c^2}{12},$$

wobei c das Klassenintervall bezeichnet.

Sichel-Verteilung
→ Binomialmodell

Sicherheit *(Sicherheitsgrad)*
→ Signifikanzniveau

Sigma (σ, Σ)
→ Varianz, mittlere quadratische Abweichung

Signifikanz *(Signifikanzniveau, Sicherheitsgrad)*
In der (→) Hypothesenprüfung der (→) Inferenzstatistik geht es um die Prüfung, ob der mit Hilfe einer (→) Stichprobe gefundene Wert durch Zufall zustande gekommen ist oder ob er einen wahren Wert in der (→) Grundgesamtheit repräsentiert. Die Signifikanz ist ein Maß der (→) Wahrscheinlichkeit für die Richtigkeit einer Aussage über ein Stichprobenmerkmal im Verhältnis zur Grundgesamtheit und bezeichnet die bei jedem (→) Test vorgegebene Wahrscheinlichkeit des Eintretens eines (→) Fehlers 1. Art, d. h. die Wahrscheinlichkeit der Ablehnung einer richtigen (→) Nullhypothese. Für die Stichprobenbildung in der Markt- und Sozialforschung ist bedeutsam, daß die Signifikanz auch relativ kleiner Unterschiede zwischen Stichprobenwerten mit der Wahl hinreichend großer Stichproben wächst. Ein hoher Signifikanzgrad (z. B. 99 %) begünstigt die Nullhypothese und benachteiligt die (→) Alternativhypothese, ein niedriger Signifikanzgrad (etwa 95 %) benachteiligt die Nullhypothese und begünstigt die Alternativhypothese. Mit anderen Worten: das Signifikanzniveau ist die meist in Prozenten ausgedrückte (→) Irrtumswahrscheinlichkeit, die für den Fall der Annahme der Alternativhypothese angibt, wieviele falsche Entscheidungen getroffen würden, wenn derselbe Test einhundertmal wiederholt würde. Mathematisch-statistische Grundlage für die Berechnung des Signifikanzniveaus ebenso wie seines Komplementärwerts, des (→) Vertrauensbereichs (Mutungsintervall, Fehlerspanne) ist das (→) Gesetz der großen Zahl(en) und die Kenntnis der Gauß'schen (→) Normalverteilung. Mit Hilfe der Normalverteilung läßt sich auch der Zusammenhang zwischen Signifikanzniveau, Vertrauensintervallen und dem (→) Stichprobenumfang illustrieren. Die Graphik verdeutlicht die Wechselbeziehungen: Durch

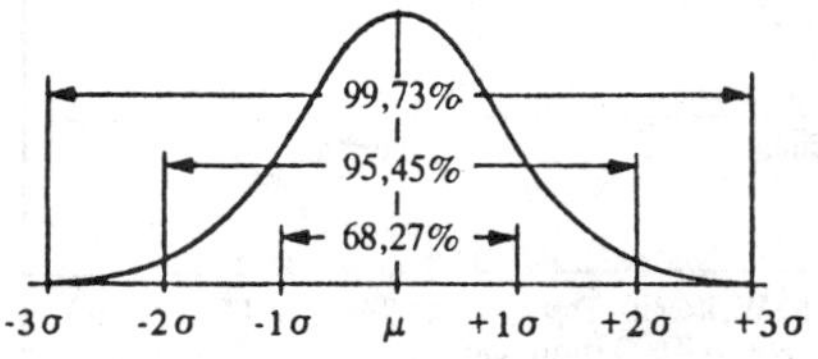

die Fläche unterhalb der Normalverteilung wird die Gesamtheit aller möglichen Stichprobenwerte erfaßt; ihre charakteristischen (→) Parameter sind das (→) arithmetische Mittel (μ) und die (→) Standardabweichung (σ), d. h. die Fläche im Abweichungsbereich von $\mu \pm 1\sigma$ gibt 68,27 % der gesamten Fläche wieder. Mit anderen Worten: Für einen Vertrauensbereich von $\mu \pm 1\sigma$ ist das Signifikanzniveau lediglich 68,27 %, für einen Vertrauensbereich von $\mu \pm 2\sigma$ beträgt es bereits 95,45 % und für einen Vertrauensbereich von $\mu \pm 3\sigma$ steigt es auf 99,73 %. Bei einem Sicherheitsgrad von 3σ ist also die Wahrscheinlichkeit, daß der mit Hilfe der Stichprobe ermittelte Wert falsch ist, nur noch 0,27 % und damit gegenüber dem Sicherheitsgrad von 2σ mit 0,55 % eigentlich nur noch unwesentlich genauer (was in der Praxis der Markt- und Sozialforschung auf die Einsicht hinausläuft, daß die durch den geringen Zuwachs an Genauigkeit bewirkte Erhöhung der Kosten durch Vergrößerung des Stichprobenumfangs teuer erkauft ist). Der leichteren Verständlichkeit der zahlenmäßigen Bezeichnung des Sicherheitsgrades willen, wird häufig mit runden Prozentzahlen gerechnet, also einem Sicherheitsgrad von 99,9 % und einer entsprechenden Irrtumswahrscheinlichkeit von 0,1 %, bzw. einem Sicherheitsgrad von 99,0 % und einer Irrtumswahrscheinlichkeit von 1,0 % und einem Sicherheitsgrad von 95,0 % und der entsprechenden Irrtumswahrscheinlichkeit von 5,0 %. In der Literatur ist eine beklagenswerte begriffliche Verwirrung anzutreffen: Es bürgert sich immer mehr ein, z. B. von einem 5 %igen oder 1 %igen bzw. 0,1 %igen Signifikanzniveau zu sprechen, wenn ein 95 %iges, 99 %iges usw. Sifinikanzniveau gemeint ist. Es wird mit anderen Worten die Irrtumswahrscheinlichkeit ausgerechnet zur Bezeichnung des Signifikanzniveaus verwendet.

Signifikanztests *(Signifikanzprüfung)*
Ein Test der (→) Signifikanz von Daten ist ein Test zur Prüfung der Hypothese, daß Unterschiede zwischen den Daten einer (→) Stichprobe wirkliche Unterschiede zwischen den Daten in der (→) Grundgesamtheit widerspiegeln. In der Praxis der Markt- und Sozialforschung wird zwischen der – berechenbaren – statistischen und der zu beurteilenden praktischen Signifikanzprüfung unterschieden. Zu den am meisten verwendeten statistischen Signifikanztests zählen u. a. der (→) Chi-Quadrat-Test (χ^2-Test), der (→) Cochran-Test, der (→) Fisher-Yates-Test, der (→) Wald-Wolfowitz-Test (Iterationstest), der (→) Median-Test (Zentralwerttest), der (→) Mann-Whitney-Test (U-Test), der (→) Moses-Test, der (→) Kolmogorov-Smirnov-Test, der (→) Vorzeichentest (Zeichentest), der (→) Friedman-Test, der (→) t-Test und der (→) F-Test. Einen Überblick über die wichtigsten Signifikanztests im Zusammenhang der dabei verwendeten Stichproben sowie des (→) Skalenniveaus der zugrundeliegenden Daten bietet die Tabelle auf Seite 500 oben.

Simulation *(Simulationsmodelle)*
Als Simulation bezeichnet man die modellhafte Nachbildung eines Prozesses, Ereignisses oder anderen Phänomens bzw. seiner in einem gegebenen (Untersuchungs-)Zusammenhang relevanten Merkmale und das zielgerichtete Experimentieren anhand der möglichst realitätsgetreuen Abbildung des Prozeßablaufs in allen wesentlichen Einzelheiten, die in ihrem vollständigen Umfang in der Realität nicht beobachtbar sind. Die Simulation besteht so aus zwei Teilen: 1. Der wirklichkeitsgetreuen oder wenigstens wirklichkeitsnahen Nachbildung in Form eines Modells und 2. dem Durchspielen der Bedingungen dieses Modells in ebenfalls realitätsgetreuer bzw. realitätsnaher Weise (Simulationsspiel). Dementsprechend eignen sich Simulationsmodelle sowohl für die modellhafte Untersuchung bereits bestehender Systeme wie für die Entwicklung und Planung von neuen Systemen auf der Grundlage der Kenntnis ihrer wichtigsten (→) Aktionsparameter. In jedem Fall stellt jedes Simulationsmodell ein künstliches Abbild der Wirklichkeit dar, das ihr im besten Fall sehr nahe kommen kann, aber mit ihr nicht identisch ist und daher in der Interpretation und Analyse auch nicht mit ihr verwechselt werden sollte. Generell dienen Simulationsmodelle in der Betriebswirtschaft und im Marketing vor allem der Auffindung von relativ günstigen Kombinationen, also der (→) Optimierung, beim Einsatz von Instrumenten wie den marketingpolitischen Instrumenten z. B. auch in der (→) Mediaplanung und (→) Mediaselektion.
Im Gegensatz zu den bis zur Entwicklung der Computersimulation vorherrschenden statischen Modellen werden durch Simulation heute

Signifikanztests und Skalenniveau

Skalenniveau / Zahl der Stichproben	nominal	ordinal	intervall
eine	χ^2-Test (vergleicht beobachtete und erwartete Häufigkeiten) Binomial-Test (für dichotome Variablen)	Wald-Wolfowitz-Test (Iterations-Test) (prüft die Zufälligkeit einer Abfolge von Alternativen)	t-Test (für Mittelwerte) χ^2-Test (für Varianzen) Standardnormalverteilung (u.a. für Korrelation)
zwei unabhängig	Vier-Felder-χ^2 Fisher-Yates-Test (hypergeometrische Verteilung)	Median-Test (zentrale Tendenz, gruppierte Daten) Mann-Whitney-Test (zentrale Tendenz, echte Rangdaten) Moses-Test (Dispersion, echte Rangdaten) Kolmogorov-Smirnov-Test (Omnibustest, gruppierte Daten) Wald-Wolfowitz-Test (Omnibustest, echte Rangdaten)	t-Test (für Mittelwerte) F-Test (für Varianzen)
zwei abhängig	McNemar-Test	Vorzeichen-Test (zentrale Tendenz)	t-Test
mehrere unabhängig	χ^2-Test	Erweiterter Median-Test (gruppierte Daten)	Einfache Varianzanalyse
mehrere abhängig	Cochran-Test	Friedman-Test	Mehrfache Varianzanalysen

nach: Jürgen Kriz: Statistik in den Sozialwissenschaften, Reinbek 1973, S. 325

dynamische Modelle geschaffen. Dabei lassen sich diskrete und kontinuierliche (stetige) Simulationsmodelle unterscheiden: „Bei diskreten Modellen erfolgen die Zustandsänderungen zu diskreten Zeitpunkten. Der Zeitpunkt eines Ereignisses kann dabei einem festen Zeitwert zugeordnet werden. Die Änderung der Modellvariablen in Abhängigkeit der Zeit vollzieht sich daher sprunghaft (Ankunft eines Auftrags, Beginn einer Werbekampagne usw.). Bei kontinuierlichen Modellen erfolgt eine Änderung der Systemvariablen kontinuierlich über der Zeit über den gesamten Betrachtungszeitraum" (Hans W. Edlinger). Eine weitere Untersuchung ist die zwischen deterministischer und stochastischer Simulation, wobei in der deterministischen Simulation alle Prozeß- bzw. Ablaufdaten eindeutig festgelegt sind, während bei der stochastischen Simulation wie z. B. der (→) Monte-Carlo-Methode entweder ein Teil der Daten oder alle Daten Wahrscheinlichkeitsverteilungen sind.

Hauptanwendungsgebiete für Simulationsmodelle sind im Marketing die Marketinglogistik, die Mediaplanung, z. B. zur Bestimmung optimaler Mediapläne auf der Basis individueller (→) Kontaktwahrscheinlichkeiten, (→) Optimierungsmodelle, sowie die Ableitung von Kaufwahrscheinlichkeiten aus unterschiedlichen Einsatzvarianten des marketingpolitischen Instrumentariums.

Simulationsmodelle haben, wenn ihre Entwicklung selbst nicht zu aufwendig ist, gegenüber (→) Feldexperimenten den Vorzug, daß sie mit geringeren Kosten verbunden sind.

In der (→) Media- bzw. der (→) Leserschaftsforschung wird mit Hilfe der Simulation („Frequenzsimulation") die Antwort des Befragten, „wieviele von m Ausgaben einer Zeitschrift gelesen", (→) Lesehäufigkeit, mit Hilfe von (→) Zufallszahlen zu der Information umgeformt, „welche von m Ausgaben gelesen".

Während also z. B. die (→) Justierung einen bewußten Eingriff in das Befragungsergebnis in dem Sinn darstellt, daß eine Auskunft aufgrund einer anderen, für zutreffender erachteten Auskunft verändert wird, ist die unter dem Begriff „Simulation" bekannte Veränderung des justierten Kartensatzes lediglich eine „Umformulierung", bei der die als Lesehäufigkeit angefallene Auskunft der Befragten durch eine Zufallsverteilung so umformuliert wird, daß der ausgesagten (→) Lesewahrscheinlichkeit gemäß bestimmte Zeitschriftennummern als gelesen angenommen werden. Für die Simulation gelten folgende Bedingungen:

- Gewährleistung der theoretischen Kontaktverteilung;
- Gewährleistung des (→) K_1-Wertes für jede Ausgabe;
- Gewährleistung, daß jede Kombination nicht häufiger benutzt wird als theoretisch erforderlich.

Für die (→) Leseranalyse (LA) der (→) Arbeitsgemeinschaft Leseranalyse (AGLA) lag die Problematik in der Gewährleistung der ersten beiden Bedingungen für den Fall, daß bei einem Titel in einer Häufigkeitsklasse die Zahl der Nennungen kleiner als die Zahl der theoretisch möglichen Kombinationen war. Dieses Problem wurde gelöst, indem bei der Justierung die zusätzliche Bedingung $p_i = na_i + mb_i$ eingeführt wurde. Unter dieser Voraussetzung war gewährleistet, daß K_1 für jede Ausgabe strikt eingehalten wurde und daß keine Abweichungen im Hinblick auf die theoretische Kontaktverteilung auftraten, auch nicht als Rundungsdifferenzen. Die Rechenanlage arbeitete mit vollständigen und gespeicherten Listen von Kombinationen der als gelesen angenommenen Nummern. Das Zufallsprinzip wurde durch einen Zufallseingang für jeden Titel zu jeder Klasse sichergestellt. Beim Abgreifen der Anzahl der „gelesenen" Nummern konnte also jede mögliche Kombination genommen werden.
Bei der Frequenzsimulation erfolgte in einem Lochkartensatz in Form von Lochungen eine zufallsgesteuerte Verteilung der Lesehäufigkeit p auf die der empirischen Nutzungsaussage zugrundegelegten Zahl der m Medieneinheiten eines Mediums. Sobald die Zahl der Medieneinheiten nicht größer als 12 war, kam man mit einer Spalte der Lochkarte aus. Die „zufällige" Verteilung der Frequenzangaben p konnte entweder mit Hilfe von Stichprobenverfahren oder der (→) Monte-Carlo-Methode erfolgen.
Beim *Stichprobenverfahren* wird aus der Gesamtzahl der Personen mit gleichem p für eine bestimmte Medieneinheit eines Mediums eine (→) Zufallsauswahl getroffen und jede darin eingeschlossene Person als Nutzer dieser Medieneinheit gelocht. Der Vorgang wiederholt sich für jede der m Medieneinheiten des Mediums. Der (→) Stichprobenumfang pro Medieneinheit hängt von dem Wert der (→) Nutzungswahrscheinlichkeit p ab. In der (→) Allensbacher Werbeträgeranalyse (AWA), in der dieses Verfahren durch eine 10er-Skala mit 6 Frequenzklassen (weniger als 1/1–2/3–4/5–6/7–8/9–10) in Deutschland 1965 zum ersten Mal angewandt wurde, verwendete man dabei nicht die der Frequenzfrage entsprechenden theoretischen Wahrscheinlichkeiten (5 %/15 %/35 %/55 %/75 %/95 %), sondern durch ein (→) Panel empirisch gewonnene Nutzungswahrscheinlichkeit (10 %/25 %/40 %/60 %/95 %).
Beim *Monte-Carlo-Verfahren* erfolgt die Aufteilung gemäß permanent (Zufallsgenerator, z. B. Mid-Square-Methode) oder einmalig produzierter Zufallszahlen. Die einfachste Form ist die Möglichkeit, übereinstimmend mit der Nutzungshäufigkeit Lochungen vorzunehmen, wobei die Zufallszahlen den Ort der Lochungen angeben (z. B. bei 3 von 12 Nutzungen werden die Zufallszahlen 3, 5 und 11 gezogen und gelocht). Die (→) Arbeitsgemeinschaft Leseranalyse (AGLA) entwickelte ein anderes Verfahren. Es wurden Zufallszahlen zwischen Null und 1 erzeugt und mit der Nutzungswahrscheinlichkeit der Frequenzangabe verglichen. War letztere größer oder gleich Zufallszahl, erfolgte eine Lochung. Dieses Spiel wurde sukzessive für alle zugrundegelegten Medieneinheiten pro Medium vorgenommen.
Die Zuverlässigkeit des Simulationsverfahrens mittels Zufallszahlen hängt von der Besetzungszahl in den einzelnen Frequenzklassen ab, da theoretisch alle Kombinationsmöglichkeiten wenigstens einmal gelocht sein müssen, damit eine ausreichende Zufallsverteilung vorliegt. Um dies nach dem „Gesetz der großen Zahl" annähernd zu erreichen, besteht die Möglichkeit, eine Mehrfachsimulation pro Fall vorzunehmen, womit allerdings die Kosten wiederum rapide steigen. Friedrich Wendt schlug deshalb 1966 eine Methode vor, bei der dem Zufallssystem Randbedingungen aus den Wahrscheinlichkeitswerten der (→) hypergeometrischen Verteilung beigefügt wurden. Die Simulation kann in einem Kartensatz eingefroren werden (konstante Simulation oder Ein-für-allemal-Simulation) oder für jede Aufgabe neu erfolgen. Während die fallweise Simulation den Vorteil einer Variabilität in bezug auf die Berücksichtigung der vorgegebenen Nutzungsangaben besitzt, ist beim Simulationskartensatz gewährleistet, daß die gleichen Problemstellungen bei mehrfachen Durchläufen zu den gleichen Ergebnissen führen. Inzwischen sind allerdings an die Stelle des Frequenzsimulationskartensatzes längst Rechenmodelle getreten, die den theoretisch hochentwickelten Ansatz der (→) Faltung (Convolution) approximieren.

→ Evaluierungsmodelle

Simulmatics Media Mix
Ein 1962 von dem amerikanischen Simulmatics Corporation entwickeltes (→) Evaluierungsmodell der (→) Mediaselektion, das als erstes Modell auf der (→) Simulation aufbaut. Es simuliert das Verhalten von 2944 fiktiven Mediennutzern die einen (→) repräsentativen Querschnitt der amerikanischen Bevölkerung im Hinblick auf ihre Mediagewohnheiten sowie sozioökonomischen und (→) demographischen Merkmale darstellen sollen. Der tatsächliche (→) Kontakt eines dieser simulierten Individuen mit einer Einschaltung wird probabilistisch als eine Funktion seiner sozioökonomischen und demographischen Merkmale bestimmt. Diese (→) Stichprobe wird mit dem zu überprüfenden (→) Mediaplan konfrontiert. Der Ablauf dieses Modells ist in der folgenden Abbildung dargestellt. Der Output enthält die (→) Kontakthäufigkeit für jedes Individuum. Dadurch kann jeder Mediaplan im Hinblick auf seine (→) Reichweite, die (→) Kontaktverteilung, die Kontaktsumme und das Nutzerschaftsprofil untersucht werden. Ein Vergleich mit den Kosten des betreffenden Mediaplans zeigt seine Wirtschaftlichkeit. Ist dies nicht der Fall, so kann er einen neuen Mediaplan zusammenstellen und diesen bewerten. Das Modell wurde in der Praxis nie eingesetzt.
vgl. AD-ME-SIM, GIWOS, KONDI, MOSES, TAKTI

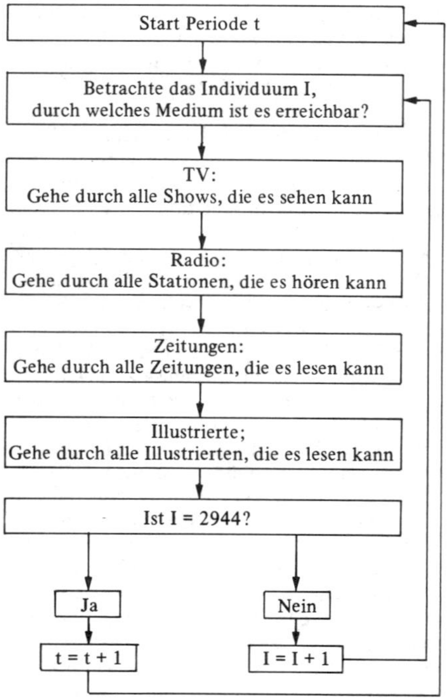

Simultane Computer-Analyse der Mediapläne
→ CAM-S

Single-Linkage-Methode *(Minimum-Distanz-Regel)*
Ein Verfahren der (→) Clusteranalyse, bei dem zunächst für zwei Punkte die (→) Euklidische Distanz ermittelt und diese in das erste Cluster eingeordnet wird. Dann wird dem aus den beiden ersten Punkten bestehenden Cluster ein dritter Punkt hinzugefügt, falls seine Entfernung zu den Punkten des Clusters kleiner als die (→) Distanz zwischen den zwei am nächsten beieinanderliegenden, noch nicht gruppierten Punkten ist. Ist das nicht der Fall, so werden die beiden am nächsten beieinanderliegenden, nichtgruppierten Punkte zu einem weiteren Cluster zusammengefaßt. Der Prozeß wird solange fortgesetzt, bis alle Punkte in einem Cluster sind. Dabei ist die Entfernung zwischen zwei Clustern definiert als die kürzeste Distanz zwischen einem Punkt des ersten Clusters und einem Punkt des zweiten Clusters.
vgl. Average-Linkage-Methode, Complete-Linkage-Methode

Single-Source-Untersuchung
Eine Untersuchung in der (→) empirischen Sozialforschung, deren Daten durch eine einzige (→) Erhebung gewonnen werden. Single Source bedeutet also, daß Kontaktmessung und Zielgruppenbeschreibung aus derselben Erhebung stammen. In vielen Fällen wie z. B. den meist auf sehr breiter Basis durchgeführten (→) Mediaanalysen mit (→) Stichproben, deren Umfang oft zwischen 8000 und 15000 oder noch darüber liegt, können nicht alle Daten in einer einzigen Befragung erhoben werden.
Die (→) Leseranalyse (LA) der (→) Arbeitsgemeinschaft Leseranalyse (AGLA) und die (→) Media-Analyse (MA) der (→) Arbeitsgemeinschaft Media-Analyse (AG.MA) ist in der Vergangenheit stets als eine Single-Source-Untersuchung durchgeführt worden. Nachdem in der AG.MA der Gedanke der (→) Fusion von Daten aus verschiedenen Erhebungen unter dem Schlagwort (→) Satellitensystem jahrelang propagiert worden war und eine Reihe von Fusionsexperimenten zu festen (→) Regeln für die Handhabung von Zusammenführungen von MA-Daten mit Daten anderer Herkunft ge-

führt hatte, wurde die MA 87 erstmals als eine Multiple-Source-Untersuchung unter der Bezeichnung (→) Partnerschaftsmodell durchgeführt.

Skala *(Skalenniveau)*
Eine Skala ist ein Meßinstrument, (→) Messen (Meßtheorie), mit dessen Hilfe Objekten numerische Werte zugeordnet werden und damit eine Eigenschaftsdimension eines Sachverhalts auf ein qualitatives oder quantitatives Bezugssystem abgebildet werden kann. Die verschiedenen Skalentypen sind durch die Transformationen definiert, die auf die numerischen Werte angewendet werden können, ohne daß dadurch die Beziehungen zwischen ihnen verändert werden. Formal ist eine Skala definiert als das geordnete Tripel aus einem empirischen relationalen System **A,** dem numerischen Relativ **N** und dem Morphismus (der Zuordnungsfunktion) φ, **A → N,** mithin das Tripel (**A, N,** φ). Ausführlicher ausgedrückt ist also

$$\text{Skala} = [(A; R_1, \ldots, R_n), (N; S_1, \ldots, S_n) f].$$

Darin bezeichnet A eine Menge empirischer Objekte, für welche die Relationen R_i gelten, N eine Teilmenge der reellen Zahlen mit den Relationen S_i und f die Abbildungsvorschrift des Morphismus. Aus dieser Definition ergibt sich, daß vor dem Meßvorgang 1. zu klären ist, ob die Relationsaxiome einer Skala im empirischen Relativ erfüllt sind, 2. die Zuweisung von numerischen Werten zu den Objekten zu rechtfertigen ist (Repräsentationsproblem) und 3. der Grad, bis zu dem diese Zuweisung eindeutig ist, zu bestimmen ist (Eindeutigkeitsproblem). Nach Helmut Kromrey ist also die Frage, ob die Relationsaxiome der Skala im empirischen relationalen System ($A; R_1, \ldots, R_n$) erfüllt sind, von der Art und Weise abhängig, wie die zu messende Eigenschaft operationalisiert worden ist, (→) Operationalisierung. „Erst unter Berücksichtigung der Operationalisierung kann entschieden werden, welche der für ein bestimmtes Meßniveau nötigen Relationen unter den empirischen Objekten bestehen sowie, welche davon aus empirischen Gründen gelten oder schon aufgrund der Operationalisierung erfüllt sind“ (H. Kromrey).

Beim Repräsentationsproblem geht es um die Frage, ob zu einem gegebenen empirischen relationalen System (A, R_i) ein numerisches relationales System (N, S_i) und ein Morphismus f: **A → N** existieren. Schließlich können noch je nach Art der Relationen im empirischen relationalen System mathematische Transformationen am numerischen relationalen System vorgenommen werden, ohne daß die Strukturtreue der Abbildung leidet. Es geht mithin beim Eindeutigkeitsproblem um die Frage, wieviele verschiedene Morphismen f: **A → N** bestehen, so daß (**A, N,** f) eine Skala ist. „Transformationen, die einen Morphismus in einen anderen Morphismus überführen, nennt man zulässige Transformationen. Gegenüber zulässigen Transformationen ist die jeweilige Skala invariant. Die Entscheidung, welche Transformationen zulässig sind und welche nicht, hängt von den Eigenschaften des empirischen relationalen Systems ab. Dementsprechend wird das Meßniveau einer Skala definiert durch die Relationen, die zwischen den empirischen Objekten bestehen. Man kann aber auch umgekehrt das Meßniveau einer Skala mit Hilfe der Angabe der zulässigen Transformationen definieren und daraus ableiten, welche Relationen auf der Menge empirischer Objekte gelten müssen, damit diese Skala angewandt werden kann“ (H. Kromrey).
Vor Anwendung von Skalen insbesondere bei der Lösung von Problemen der Sozial- und Marktforschung bedarf es nach einer von Warren S. Torgerson getroffenen Unterscheidung der Klärung, ob die mit Hilfe der Skala gewonnenen Daten primär Auskunft über die Versuchspersonen („personen-orientiertes Messen“: ein Meßverfahren, bei dem die Beobachtungswerte Information über die Versuchsperson bieten und Differenzen zwischen den Beobachtungswerten daher wie z.B. bei Eignungstests als Differenzen zwischen den Versuchspersonen gedeutet werden) oder über die (→) Valenz der (→) Indikatoren („indikatororientiertes Messen“: die Differenzen werden hier auf Unterschiede der Bedeutung der Indikatoren zurückgeführt. Dabei ist nicht die Unterscheidung der Merkmalsträger von Interesse, sondern die Entdeckung eines oder mehrerer Faktoren, die als Ursache der Streuung der Daten angesehen werden können) oder schließlich über die Wechselwirkung zwischen den Versuchspersonen und den Indikatoren („reaktions-orientiertes Messen“) geben.

Traditionell wird zwischen topologischen Skalen (qualitative Skalen, homograde Fragestellung) und metrischen Skalen (quantitative Skalen, heterograde Fragestellung) unterschieden. In der (→) empirischen Sozialforschung und der (→) Marktforschung überwiegt der Gebrauch topologischer Skalen, bei denen je nach ihrem Meßniveau wiederum zwischen (→) Nominalskalen und (→) Ordinalskalen unterschieden wird. Bei den metrischen Skalen unterscheidet man zwischen (→) Intervallskalen

		Eigenschaften	Interpretation	zulässige Aussage definierte Relationen
Metrische Skalen (quantitativ; heterograde Fragestellung)	Nominal-skala	Die Skalenitems stellen einander gegenseitig ausschließende und erschöpfende Merkmalsklassen eines Meßkontinuums dar. Sie sind durch ① Eindeutigkeit charakterisiert.	Möglich ist die Unterscheidung zwischen gleichen und ungleichen Objekten. Die mit der Nominalskala korrespondierenden Begriffe sind klassifikatorischer Natur, d.h. die Skala klassifiziert lediglich Objekte.	Äquivalenzaussage = oder ≠ 
	Ordinal-skala (Rang-skala)	Die in eine Ordnung gebrachten Skalenitems fungieren als Indikatoren der nominellen Äquivalenzklassen. Höhere Zahlenwerte kennzeichnen höhere Positionen auf dem Meßkontinuum. Für sie gelten die Ordnungsaxiome der Reflexivität (x=x), der Symmetrie (x=y, y=x) und der Transivität (x=y und y=z, y=x). Sie sind durch ① Eindeutigkeit und ② Rangfolge gekennzeichnet.	Möglich ist die Unterscheidung zwischen der Rangfolge äquivalenter Objekte (größer – kleiner; teurer – billiger), nicht aber zwischen der Intensität der Unterschiede zwischen den Objekten. Die mit der Ordinalskala korrespondierenden Begriffe sind komparativer Natur.	Ordnungsaussage = oder ≠ sowie < oder > 0←0←0←0←0←0←0 1<2<3<4<5<5<6<7
Topologische Skalen (qualitativ; homograde Fragestellung)	Intervall-skala (Einheits-skala)	Gleiche Unterschiede zwischen den Zahlen entsprechen wirklichen Unterschieden in der Größenordnung zwischen den Äquivalenzklassen. Die Abstände zwischen den Merkmalsklassen sind gleich groß. Zahlendifferenzen können miteinander verglichen werden. Die Skalenwerte sind durch ① Eindeutigkeit, ② Rangfolge und ③ Äquivalenz der Intervalle gekennzeichnet.	Die Unterschiede sind empirisch sinnvoll, sie erlauben die Differenzierung zwischen dem Verhältnis zwischen den Intervallen. Die mit der Intervallskala korrespondierenden Begriffe sind quantitativer Natur.	Distanzaussage = oder ≠ sowie < und > sowie + oder − 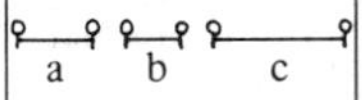
	Verhältnis-skala (Ratioskala)	Die den Äquivalenzklassen zugeordneten Werte sind durch ① Eindeutigkeit, ② Rangfolge ③ Äquivalenz der Intervalle und ④ die Existenz eines absoluten (natürlichen) Nullpunkts charakterisiert.	Die Verhältnisse zwischen den Skalenitems sind empirisch sinnvoll. Da ein absoluter Nullpunkt existiert, lassen sich die Zahlenverhältnisse miteinander vergleichen.	Verhältnisaussage = oder ≠ sowie < und > + oder − sowie × oder: 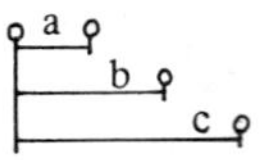

		zulässige Transformationen mathematische Gruppenstruktur	zulässige statistische Maßzahlen und statistische Operationen	Ursprung (Nullpunkt) Maßeinheit	Beispiele
Metrische Skalen (quantitativ; heterograde Fragestellung)	Nominal-skala	jede eindeutige Transformation y = f(x), wobei f(x) eine beliebig eindeutige Abbildung bedeutet. Permutations-gruppe	häufigster Wert (Modus) Kontingenzkoeffizient Chi-Quadrat-Test Binomial-Test Cochran-Q-Test McNemar-Test Fisher-Yates-Test Lambda-Koeffizient (λ-Koeffizient)		Telefonnummer, Postleitzahlen, Autokennzeichen, Numerierung von Fußballmannschaften Berufsgruppenkategorien, Persönlichkeitstypen, Itemwerte bei der Thurstone-Skala oder der Guttman-Skala
	Ordinal-skala (Rang-skala)	alle monotonen rangerhaltenden Transformationen y = f(x), wobei f(x) eine beliebige, streng monoton wachsende Funktion bedeutet. Isotone Gruppe	Median (Zentralwert) Quantile (Tertile, Quartile, Quintile, Perzentile) Rangkorrelationen Konkordanzkoeffizient (Kendalls W) Kendalls Tau (τ) Vorzeichentest, Wald-Wolfowitz-Test (Iterationstest), Kolmogorov-Smirnov-Test, Friedman-Test, Mann-Whitney-Test, Wilcoxon-Test, Median-Test, Moses-Test, Kruskal-Wallis-Test		Schulzensuren, Windstärkeskala, Härteskala für Mineralien Prestigeskalen (Abstufungen nach Sozialprestige), soziale Schichtung, militärische Ränge, Ergebniswerte verbaler Skalafragen, Punktwerte bei Indizes, Itemwerte bei der Likert und der Coombs-Technik, Skalenwerte bei der Thurstone-, Likert-, Guttman- und Coombstechnik
Topologische Skalen (qualitativ; homograde Fragestellung)	Intervall-skala (Einheits-skala)	jede positive lineare Transformation $y = a + bx (b > 0)$ Allgemeine lineare Gruppe	Mittelwerte: arithmetisches Mittel, Produkt-Moment-Korrelation Standardabweichung, mittlere Abweichung, Varianz F-Test t-Test	willkürlicher Nullpunkt (durch den folglich nicht das Fehlen einer bestimmten Eigenschaft dargestellt wird). Somit ist der Nullpunkt ebenso wie die Maßeinheit variabel, d.h. die Abstände zwischen den Elementen können beliebig definiert werden	Temperaturskala nach Celsius oder Fahrenheit, Kalenderdatum, Höhe des Intelligenzquotienten, Stapel-Skala, Leiter-Skala (nonverbale Skalafragen)
	Verhältnis-skala (Ratioskala)	Ähnlichkeitstransformationen $y = bx\ (b > 0)$ Ähnlichkeits-gruppe	Alle statistischen Operationen sowie zusätzlich geometrische Mittel, harmonisches Mittel, Variationskoeffizient	Der Ursprung der Skala ist ein natürlicher (absoluter) Nullpunkt (der folglich das Fehlen einer Eigenschaft repräsentiert und auch nicht unterschritten werden kann), konstante Maßeinheit	Gewicht, Länge, Temperaturskala nach Kelvin, Einkommensskala

und (→) Verhältnisskalen (Ratioskalen). Die tabellarische Übersicht auf den Seiten 504 und 505 skizziert ihre wesentlichen Charakteristika.

Skalafrage
→ Ratingskala (Ratingverfahren)

Skalendiskriminationstechnik *(Diskriminationstechnik)*
Ein von Allen L. Edwards und F. P. Kilpatrick aus der Kombination der Methode der gleicherscheinenden Intervalle, (→) Thurstone-Skala, und der Methode der summierten Einschätzungen, (→) Likert-Skala, entwickeltes (→) Skalierungsverfahren. Skalenwerte und interquartile Differenzen werden nach dem Verfahren der gleicherscheinenden Intervalle ermittelt. Dann werden 50% der Aussagen, bei denen sich die größten Urteilsstreuungen, d.h. interquartile Differenzen, (→) Quartile, zeigen, eliminiert. Die verbleibenden Aussagen werden nach dem Verfahren der summierten Einschätzungen den Auskunftspersonen einer neuen Stichprobe vorgelegt, so daß sich für jede Auskunftsperson ein Summenwert der Reaktionsgewichte ergibt. Als Index der (→) Trennschärfe wird der (→) Phi-Koeffizient verwendet. Für das Skalenkontinuum werden die Aussagen mit ungefähr gleichem Skalenabstand verwendet, wobei nur die Aussagen berücksichtigt werden, die in einem Skalenabschnitt den höchsten Phi-Koeffizienten, also große Eindeutigkeit haben. Der individuelle Einstellungswert ist wie beim Verfahren der summierten Einschätzungen ein Summenwert.

Skalierung *(Skalierungsverfahren)*
In der (→) empirischen Sozialforschung und der Psychologie und hier insbesondere in der Psychophysik und später auch der Sozialpsychologie entstanden Skalierungsverfahren aus der Notwendigkeit, qualitative Sachverhalte wie z.B. (→) Einstellungen, Meinungen, Dispositionen, Neigungen, (→) Präferenzen usw. durch eine möglichst genaue Art des (→) Messens nach vorgegebenen Kategorien quantitativ erfaßbar zu machen, (→) Quantifizierung. Ziel aller Skalierungsverfahren ist die Bildung einer (→) Skala, d.h. einer gesetzmäßig gegliederten Klassifikationsvorschrift zur Differenzierung von Eigenschaften einer Menge von Untersuchungseinheiten.
Ein einheitliches oder allgemein anerkanntes Klassifizierungsverfahren der in der Markt- und Sozialforschung verwendeten Skalierungsverfahren hat sich bislang nicht durchsetzen können. Nach der nach historischen Gesichtspunkten und nach der ungefähren Abfolge ihrer Entwicklung kompilierten Aufstellung von Erwin K. Scheuch und Helmut Zehnpfennig lassen sich die folgenden Skalierungstypen unterscheiden:

1. (→) **willkürliche Skalen,**
2. die Methode des (→) **Paarvergleichs** (Methode des paarweisen Vergleichs),
3. die (→) **Thurstone-Skala** (Methode der gleicherscheinenden Intervalle),
4. die (→) **Methode der nachträglich bestimmten Abstände** (von Louis L. Thurstone),
5. die (→) **Likert-Skala** (Methode der summierten Einschätzungen) von Rensis Likert,
6. die (→) **Skalendiskriminationstechnik** von Allen L. Edwards und F. P. Kilpatrick,
7. die (→) **Guttman-Skala** (Skalogrammanalyse),
8. die Skalierung latenter Strukturen, (→) **latente Strukturanalyse** von Paul F. Lazarsfeld und Samuel A. Stouffer,
9. die (→) **Verfahren der transferierten Rangordnungen** (Coombs-Technik) von Clyde H. Coombs,
10. die Methode des (→) **semantischen Differentials** (Polaritätenprofil) von Charles E. Osgood und Peter Hofstätter,
11. die Verfahren der (→) **Multidimensionalen Skalierung (MDS).**

Skalogrammanalyse
→ Guttman-Skala

Sofortbefragung
→ Koinzidenzinterview

SOA
Abk Share of Advertising

SOM
Abk Share of Mind

SOP
Abk Streuplan-Optimierungs-Programm

Sortiermodell *(S-Modell)*
→ Abfrage

SOV
Abk Share of Voice

soziale Schicht *(Sozialschicht)*
Nach M. Rainer Lepsius sind soziale Schichten „Kategorien von Inhabern privilegierter oder unterprivilegierter Positionen, zwischen denen typischerweise eine nicht aufhebbare Positionsgleichheit besteht“. Ganz ähnlich versteht Helmut Schelsky als soziale Schicht „eine willkürliche schichtenmäßige Gliederung jeder größeren Bevölkerung aufgrund objektiver Positionsmerkmale (Beruf, Wohnung, Bildungsgrad, größere Besitzgegenstände usw.) ..., bei der subjektive, vom Schichtangehörigen erlebbare Aspekte wie Prestige und Klassenbe-

wußtsein keine Rolle spielen müssen". Ein einheitliches Schema der Kategorisierung sozialer Schichten hat sich in der (→) empirischen Sozialforschung und in der Marktforschung nicht durchsetzen können. Das hängt unmittelbar mit dem Umstand zusammen, daß in den modernen Industriegesellschaften die Statusverteilung „ein Kontinuum ohne sichtbare Brüche" ist und die durch die Aufteilung eines solchen Kontinuums zustandekommenden Schichten „eigentlich nur statistische Kategorien und damit als soziale Gruppen fiktiv" sind. „Die Grenzziehung zwischen den einzelnen Schichten ist mehr oder weniger beliebig und kann je nach dem Untersuchungszweck eine andere sein" (Renate Mayntz).

In der empirischen Sozial- und Marktforschung sind vor allem vier Verfahren der Bildung sozialer Schichten üblich:

1. die (→) **Soziale Selbsteinstufung (SSE),** die auf Gerhard Kleining und Harriett Moore vom National Opinion Research Center (NORC) in Chicago zurückgeht. Dabei werden die Befragten aufgefordert, sich selbst auf einer Berufeskala einzustufen. Nach diesen Angaben werden sie dann auf die Schichten Oberschicht, obere Mittelschicht, mittlere Mittelschicht, untere Mittelschicht, obere Unterschicht und untere Unterschicht aufgeteilt.
2. die **soziale Fremdeinstufung,** bei der die Befragten durch den Interviewer eingestuft werden. Dieses Verfahren ist z. B. in der bundesdeutschen Umfrageforschung einigermaßen verbreitet. Nach dem üblichen Verfahren stuft der Interviewer jeden Befragten entweder in die Schicht A, B, C oder D ein: A steht für die soziale Oberschicht, B für die gehobene Mittelschicht, C für die breite Mittelschicht und D für die Unterschicht.
3. **Einstufung auf der Basis von objektiven Daten** und
4. **kombinierte Verfahren.**

In der (→) Leseranalyse (LA) der (→) Arbeitsgemeinschaft Leseranalyse (AGLA) und der (→) Media-Analyse (MA) der (→) Arbeitsgemeinschaft Media-Analyse (AG.MA) wurden seit 1954 verschiedene Verfahren der Erfassung von sozioökonomischen Daten angewendet. Zunächst wurde von 1954 bis 1963 die soziale Schicht nach dem oben geschilderten Verfahren im Wege der Fremdeinstufung durch die Interviewer ermittelt. 1954, 1956 und 1958 waren es 4 Kategorien: A, B, C, D. 1960 und 1961 waren es 6 Kategorien: A, B, C_1, C_2, D_1, D_2. 1962 und 1963 wurden D_1 und D_2 wieder zu D zusammengefaßt. Dabei bedeuteten:

A	Oberschicht
B	auch noch oben
C_1	Mittelschicht Tendenz nach oben
C_2	Mittelschicht Tendenz nach unten
D_1	Unterschicht Tendenz nach oben
D_2	Unterschicht Tendenz nach unten

Ausgewiesen wurden: 1954, 1956, 1958, 1960: die drei Kategorien A/B, C, D. 1961, 1962: die vier Kategorien: A/B, C_1, C_2, D. 1963 erfolgte keine Ausweisung dieser sozialen Schichten mehr, sie wurde 1964 nachgeholt. Von 1961 bis 1967 folgte die Soziale Selbsteinstufung und von 1968 bis 1970 verwendete die AGLA das (→) Punktgruppenverfahren. Parallel dazu liefen ab 1958 bis 1968 Haushaltsbeschreibungen, die eine Art (→) Familien-Lebenszyklus darstellten. Daran schloß sich nach einem ersten Versuch im Jahre 1969 von 1971 bis 1976 das Verrechnungsmodell der (→) soziokommunikativen Schichten an, an dessen Stelle seit der MA 77 die (→) Demotypen traten.

Soziale Selbsteinstufung (SSE)
Ein von Gerhard Kleining und Harriett Moore vom National Opinion Research Center (NORC) an der University of Chicago zwischen 1957 und 1962 entwickeltes Instrument zur Erfassung quantitativer Daten über die Gliederung in (→) soziale Schichten. Nach diesem Verfahren werden die Befragten aufgefordert, sich selbst auf einer Berufeskala einzustufen. Nach den von ihnen gemachten Angaben werden sie dann auf die Schichten Oberschicht, obere Mittelschicht, mittlere Mittelschicht, untere Mittelschicht, obere Unterschicht und untere Unterschicht aufgeteilt.

Das dazu verwendete Fragebogenschema sah folgendermaßen aus:

Vier Kartenarten, auf denen Berufe in 9 Kategorien vorgezeichnet waren, wurden vorgelegt, damit der Befragte sich oder den Ehemann bzw. den Vater mit dem jetzigen oder früheren Beruf einstufen kann. Mit Nachfassen und Ermuntern entstand schließlich eine Identifikation in 9 Kategorien:

O	= Oberschicht
OM	= obere Mittelschicht
MM	= mittlere Mittelschicht
UMni	= untere Mittelschicht nicht industriell
UM i	= untere Mittelschicht industriell
OUni	= obere Unterschicht nicht industriell
OU i	= obere Unterschicht industriell
UU	= unter Unterschicht
SV	= sozial Verachtete

Dieses Schema wurde 1960 versuchsweise und dann von 1961 bis 1967 von dem Institut für Absatzpsychologie, Hamburg, der (→) Arbeitsgemeinschaft Leseranalyse (AGLA) gegen Lizenzgebühr zur Verfügung gestellt und ausgewiesen. Die Ausweisung umfaßte jeweils 7 Kategorien, die ersten beiden und die beiden letzten zusammengefaßt. 1965 gab es zusätzlich eine Viereraufteilung:

OS, OMS, MMS
UMS
OUS
UUS.

Danach verwendete die AGLA das (→) Punktgruppenverfahren, die (→) soziokommunikativen Schichten und die (→) Demotypen.

Sozialforschung
→ empirische Sozialforschung

Soziodemographie
→ demographische Merkmale, soziale Schicht

soziokommunikative Schichten
Ein Verfahren der Einstufung von Befragten in (→) soziale Schichten, das in der (→) Leseranalyse (LA) der (→) Arbeitsgemeinschaft Leseranalyse (AGLA) erstmals 1969 getestet und dann von 1971 bis 1976 in der LA bzw. der (→) Media-Analyse (MA) der (→) Arbeitsgemeinschaft Media-Analyse (AG.MA) verwendet wurde. Es handelte sich um ein Verrechnungsmodell, das einerseits die Summe der Werbeträgerkontakte und andererseits die Schulbildung und den Beruf des Haushaltsvorstands sowie das Haushalts-Nettoeinkommen zu einer siebenstufigen Schichten-Struktur zusammenfügte. Die drei Merkmale, aus denen die Berechnungen angestellt wurden, waren also:

Schulbildung	– in 6 Kategorien
Beruf	– in 18 Kategorien
Haushalts-Netto-Einkommen	– in 13 Kategorien

Man verwendete das (→) heuristische Verfahren der (→) Segmentation, das seiner Natur nach der (→) Regressionsrechnung nahe kommt, ohne deren strenge statistische Voraussetzungen zu fordern, und zwar mit der sog. (→) Belson-Formel, wie sie später für die Berechnung der (→) Nutzungswahrscheinlichkeiten eingesetzt wurde.
Als Außenkriterium wurde die (→) Kontakthäufigkeit der Zeitschriftentitel (Summe der Lesehäufigkeiten) herangezogen. Als diskriminierende (→) Merkmale fungierten die drei genannten: Schulbildung des Haushaltsvorstands, Beruf des Haushaltsvorstands und das Haushalts-Netto-Einkommen.
Die 32 Segmente wurden dann in 7 Gruppen zusammengefaßt, von 1 bis 7. Dabei steht 1 für hohe durchschnittliche Σ f-Werte; 7 für die niedrigeren Kontakthäufigkeiten.
Die sozio-kommunikativen Schichten wurden von 1971 bis 1976 auch ausgewiesen. Dieser Zweig der Vorläufer von (→) Demotypen ging einen Weg, der von der bloßen Fremdeinschätzung, über Selbsteinstufung zu einem beschränkten Merkmalsbereich (den Berufen), über eine Zusammenfassung von Merkmalen, also eine Art früher multifaktorieller Betrachtungsweise, erst durch Setzen und schließlich analytisch einen Einblick in die Strukturen der Bevölkerung erlaubte. Man verzichtete auf die Bildung und Ausweisung soziokommunikativer Schichten, weil sich von Jahr zu Jahr andere Verteilungen auf die 7 Gruppen ergaben, das erzeugte Merkmal also nicht stabil genug war.

sozioökonomischer Status
→ soziale Schicht

Spannweite *(Variationsbreite, Extrembereich)*
In der Statistik die Differenz zwischen dem größten und dem kleinsten Wert einer (→) Häufigkeitsverteilung. Die Spannweite ist kein sehr aussagekräftiger Kennwert von Verteilungen; denn sie ist allein von den Zufälligkeiten der (→) Extremwerte abhängig und dementsprechend gegenüber (→) Ausreißern sehr empfindlich (siehe Abb. unten).

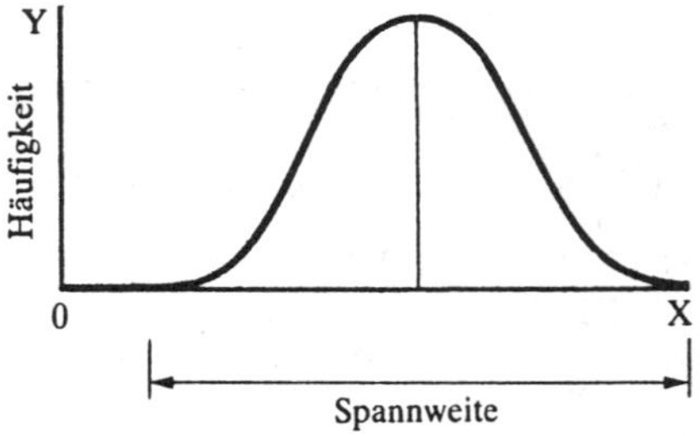

Spearman-Brown-Formel
Eine Formel für die ungefähre Vorhersage des (→)Reliabilitätskoeffizienten für einen, von einer gegebenen Testlänge (Anzahl der Testaufgaben oder der Testanwendungen) ausgehend, n-fach verlängerten Test. Die Formel lautet:

$$r_{nn} = \frac{nr_{tt}}{1 + (n-1)r_{tt}},$$

wobei r_{nn} die voraussichtliche Reliabilität des n-fach verlängerten Tests bezeichnet.

Spearmans Rho (ϱ) *(Spearmansche Rangkorrelation, Spearmans Rangkorrelationskoeffizient)*
Zusammen mit (→) Kendalls Tau (τ) ist Spearmans Rho der hauptsächlich verwendete (→) Rangkorrelationskoeffizient. Er wird nach der folgenden Formel berechnet:

$$\varrho = 1 - \frac{6\,\Sigma D^2}{N(N^2-1)}.$$

Dabei bedeutet D die Differenz zwischen zwei Rangnummern, ΣD^2 die Summe aller quadrierten Differenzen und N die Zahl der Rangpaare. Der Koeffizient ist vor allem nützlich, wenn die Zahl der Beobachtungen oder der Versuchspersonen klein ist. Er setzt voraus, daß die zu vergleichenden Zahlen normalverteilt und die Abstände der einzelnen Rangplätze gleich oder annähernd gleich bzw. nur zufällig nicht gleich sind. Er wurde als Sonderfall des (→) Produkt-Moment-Korrelationskoeffizienten entwickelt.

Special-Interest-Zeitschrift
→ Spezialzeitschrift

Spezialbefragung
→ Einthemenbefragung

Spezialstelle
In der (→) Außenwerbung eine (→) Anschlagstelle, die gegenüber den anderen Formen des (→) Plakatanschlags wie den (→) Allgemeinstellen, den (→) Ganzstellen, den (→) Großflächen und den (→) Kleintafeln meist nur negativ definiert wird, „handelt es sich doch darum, alles das an Säulen, Tafeln und Flächen zusammenzufassen, was für den Plakatanschlag bestimmt ist, aber nicht in die genau beschriebenen Gruppen der Allgemein- und Ganzstellen sowie der Großflächen paßt. Die Formen sind so vielfältig, daß sich zwar einige beschreiben, sie sich insgesamt aber nicht klassifizieren lassen. Sie reichen von den kleinen Plakataufstellern mit Illustriertentiteln, die vor die Kioske gestellt werden, bis zu den Riesenformaten" (Walter Scheele).

Spezialzeitschrift *(Special-interest-Zeitschrift)*
Spezialzeitschriften richten sich ebenso wie (→) Publikumszeitschriften und anders als z. B. (→) Fachzeitschriften an das Publikum der breiten Bevölkerung, tun dies jedoch mit spezieller Thematik. Sie konzentrieren sich in ihrem Inhalt auf klar abgegrenzte Sachgebiete (wie z. B. Sport, Photo, Jagd, Hobby, Wohnen und Einrichten, Auto und Motor usw.). Im Gegensatz zu den Fachzeitschriften sind sie an ein breites Publikum gerichtet und versuchen, diesem fachliche Themen auf allgemeinverständliche Weise nahezubringen. Sie sind von den (→) Zielgruppenzeitschriften zu unterscheiden. Strittig ist, ob Spezialzeitschriften und ähnlich auch Zielgruppenzeitschriften als Publikumszeitschriften oder als gesonderte Zeitschriftenkategorie anzusehen sind. In diesem Buch werden sie als Publikumszeitschriften verstanden. Mit anderen Worten: Die Gattung der Publikumszeitschriften wird als aus General-interest und Special-interest-Zeitschriften zusammengesetzt verstanden.

Der (→) Arbeitskreis Special Interest-Zeitschriften (asi) hat folgende Definition erarbeitet:

1. Special Interest-Zeitschriften weisen in ihrem redaktionellen Angebot einen thematischen Schwerpunkt auf, der in jeder Ausgabe durchgängig (von der ersten bis zur letzten Seite) behandelt wird.
2. Alle redaktionellen Beiträge haben einen klaren Bezug zu diesem Hauptthema.
3. Special Interest-Zeitschriften werden nicht berufsbedingt oder aus vorwiegend beruflichem Interesse genutzt.
4. Das redaktionelle Angebot spricht die Leser in ihrem privaten Lebensbereich an und entspricht ihrem persönlichen Informations-, Wissens- und Freizeitbedarf.
5. Special Interest-Zeitschriften weisen eine periodische Erscheinungsweise (mindestens 6 x jährlich) auf.
6. Qualifizierte Special Interest-Zeitschriften sind Mitglied der IVW und sind überall in der Bundesrepublik Deutschland und Berlin (West) erhältlich.

Seit Mitte der 1970er Jahre ist die Anzahl der qualifizierten Special-interest-Zeitschriften in der (→) Media-Analyse (MA) der (→) Arbeitsgemeinschaft Media-Analyse (AG.MA) von 15 auf 37 Titel gestiegen. Und die Kontakte im (→) Leser pro Ausgabe (LpA) verzeichnen ein Wachstum von 20,65 Millionen auf 27,93 Millionen, also eine Zunahme von 35 %. Der Trend zu Spezialzeitschriften hat vor allem drei Gründe:

1. Die Freizeitaktivitäten und die Interessenstrukturen haben sich in den letzten 10 Jahren entscheidend gewandelt. Die zunehmende Freizeit wird von den meisten Bundesbürgern nicht für eine intensivere Nutzung des Fernsehens genutzt. Dies wird immer selektiver genutzt. Der Trend zu einer aktiveren Freizeitgestaltung und zur Ausübung einer individuellen Sportart, die Beschäftigung mit einem oder mehreren persönlichen Hobby(s) oder mit den verschiedensten Themen wurde immer ausgeprägter.
2. Die starke Zunahme der jüngeren Bevölkerungsgruppen zwischen 16 und 30 Jahren hat die Freizeitgestaltung, aber auch das Kommunikationsverhalten der Bundesbevölkerung nachhaltig beeinflußt.

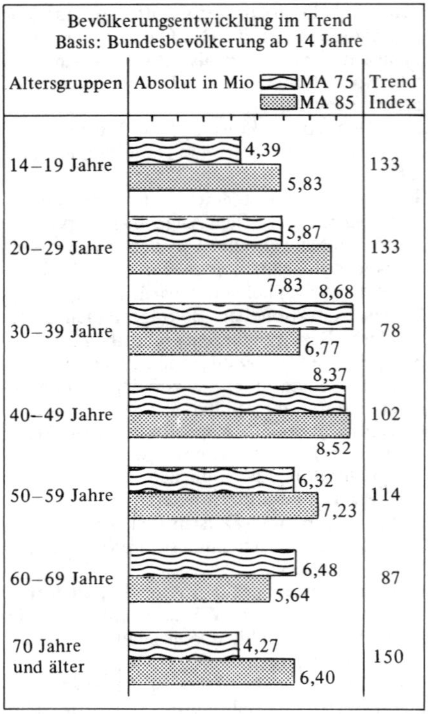

3. Die Bedeutung der (→) Meinungsführer hat in allen (→) sozialen Schichten zugenommen. Ein Trend, der durch die Einbeziehung von immer mehr Personen bei der (→) Familien-Einkaufentscheidung in vielen Produktfeldern noch verstärkt wird.

Die Angebotsstruktur der Special Interest-Titel und ihre Entwicklung entspricht diesen Veränderungen.

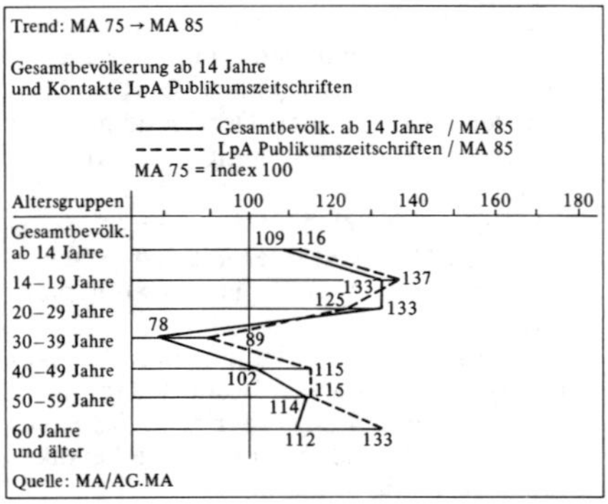

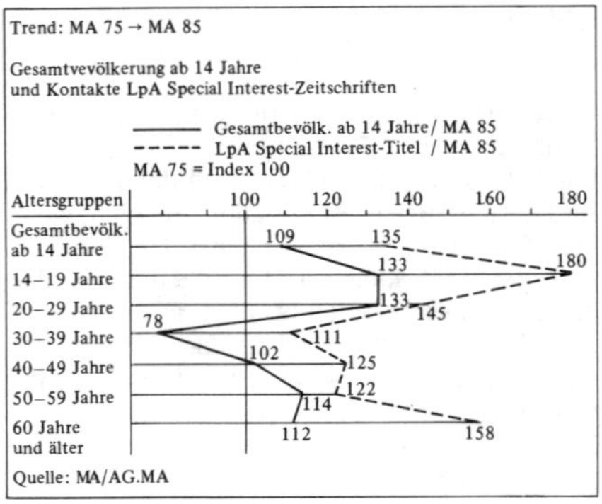

Während sich die Leserschaft aller Publikumszeitschriften in der MA seit 1975 parallel zur Gesamtbevölkerung verändert hat, weisen die Special Interest-Titel überproportionale Zuwachsraten in allen Altersgruppen auf.

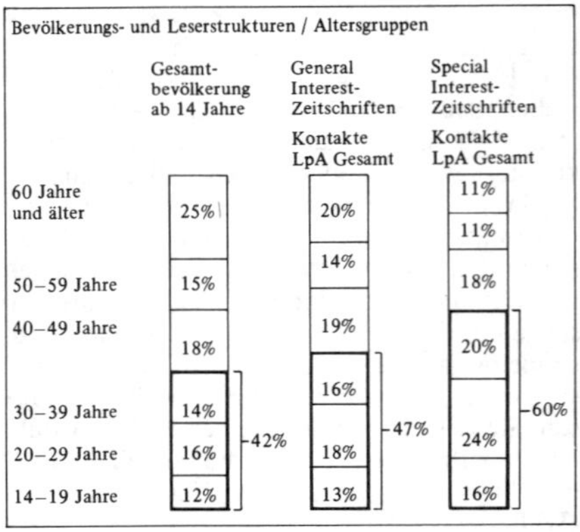

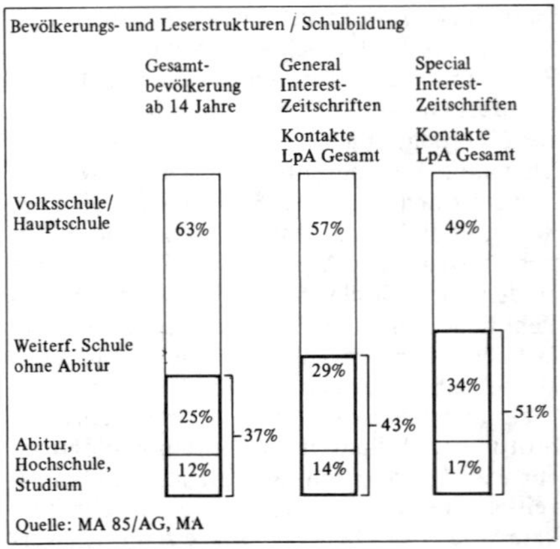

Seit 1984 veröffentlicht der „Arbeitskreis Special Interest-Zeitschriften“ als Arbeitshilfe für die Mediaplanung die Publikation „Stabilität und Qualität im Mediaeinsatz“ mit detaillierten Informationen über Reichweiten, Zusammensetzung und Ausprägung der Leserschaft in rund 120 Zielgruppen und Märkten. Mitgliedsverlage des Arbeitskreises sind: Atlas Verlag und Werbung, München, Heinrich Bauer Spezialzeitschriften KG, Köln, Delius Klasing Verlag, Bielefeld, Franzis-Verlag, München, Jahr-Verlag, Hamburg, Motor-Presse, Stuttgart, Verlag Paul Parey, Hamburg, Verlag Photographie AG, Schaffhausen, Ringier Verlag, München, Südwestdeutsche Verlagsanstalt, Mannheim, top special Verlag, Hamburg, Vogel Verlag, Würzburg, Zeitschriftenverlag RBDV, Düsseldorf.

Spill-over-Effekte
→ Ausstrahlungseffekt 1.

Spirituosenwerbung
→ Alkoholwerbung

Split-Ballot
→ gegabelte Befragung

Split-half-Methode *(Split-half-Technik)*
→ Halbierungsverfahren

Split-run-Verfahren *(Split-run-Test)*
→ Anzeigensplit (Anzeigensplitting)

Spontane Erinnerung
→ ungestützte Erinnerung

Spot
→ Werbespot

Spotwahrscheinlichkeit
→ Blockwahrscheinlichkeit

SRG
Abk Schweizerische Radio- und Fernsehgesellschaft

SRG-Telecontrol
→ Telecontrol

Stabdiagramm
→ Säulendiagramm

Stadtplanmethode
→ Weglistenverfahren

Staffelpreis
→ Malstaffel, Mengenstaffel

Staffelrabatt
Ein (→) Rabatt, dessen Höhe vom Umfang der Bestellung abhängt.

→ Mengenrabatt

Stammkino
→ Familienkino

Stammleser
→ regelmäßiger Leser

Standardabweichung *(mittlere quadratische Abweichung,* σ, s)
Die Standardabweichung ist das bei weitem gebräuchlichste Maß der (→) Streuung einer Verteilung um ihr (→) arithmetisches Mittel. Es wird für (→) Grundgesamtheiten mit σ, für Stichprobenschätzwerte mit s abgekürzt. Berechnet wird sie als der absolute Wert der Quadratwurzel der Abweichungen der einzelnen Elemente einer Beobachtungsreihe vom arithmetischen Mittel dividiert durch die Anzahl der Reihenglieder, d.h. als die Quadratwurzel aus der (→) Varianz. In der (→) Normalverteilung (s. Abb.) wird die mittlere quadratische Abweichung durch die beiden Wendepunkte der

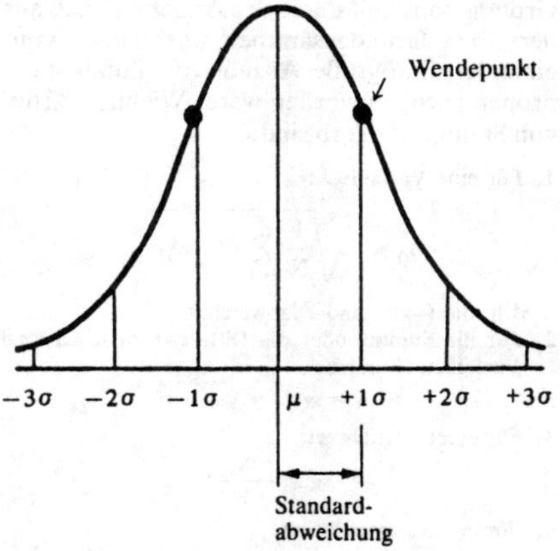

Kurve bestimmt. Für eine einfache Reihe wird sie nach dieser Formel berechnet:

$$\sigma = \sqrt{\frac{1}{N}\sum_{i=1}^{N}(X_i - \overline{X})^2}.$$

Die Formel für eine gruppierte (→) Häufigkeitsverteilung lautet dementsprechend:

$$\sigma = \sqrt{\frac{\sum_{i=1}^{N}(X_i - \overline{X})^2 f_i}{\sum_{i=1}^{N} f_i}}$$

Die Standardabweichung ist eines der wichtigsten Streuungsmaße der (→) Inferenzstatistik

und von zentraler Bedeutung bei der Berechnung von (→) Signifikanzniveaus bzw. (→) Vertrauensbereichen.

Standardeinheit (z)
→ Standardwert (z-score)

Standarderhebung
→ Basiserhebung

Standardfehler
Der Standardfehler ist ein wichtiges Maß für den Stichprobenfehler, (→) Zufallsfehler, der besonders für die Berechnung von (→) Vertrauensbereichen und (→) Signifikanzniveaus von Bedeutung ist, weil die meisten (→) Stichprobenverteilungen durch eine (→) Normalverteilung approximiert werden können. Der Standardfehler gibt an, innerhalb welcher Grenzen ein festgelegter Prozentsatz der jeweiligen Verteilung liegt. Es handelt sich mithin um ein Maß der Variation von Stichprobenschätzungen um den wahren Wert in der (→) Grundgesamtheit unter der Annahme, daß aus derselben Grundgesamtheit unabhängig voneinander eine große Anzahl von Zufallsstichproben gezogen worden wäre. Wichtige Arten von Standardfehlern sind:

1. Für eine **Variable X:**

$$s_X = \sqrt{\frac{1}{N}\sum_{i=1}^{N}(X_i - \bar{X})^2},$$

d.h. die (→) Standardabweichung.

2. Für **die Summe** oder **die Differenz zwischen zwei Variablen X und Y:**

$$s_{X+Y} = s_{X-Y} = \sqrt{s_X^2 + s_Y^2}$$

3. Für einen **Mittelwert:**

$$s_X = \frac{s_X}{\sqrt{N}}$$

4. Für einen **Prozentwert:**

$$s_P = \sqrt{\frac{P(100-P)}{N}}$$

5. Für die **Regressionsschätzung:**

$$s_{Y/X} = s_Y \cdot \sqrt{1 - r_{xy}^2}$$

6. Für **multiple Regressionsschätzung:**

$$s_{1.23} = s_1\sqrt{(1 - r_{12}^2)(1 - r_{13.2}^2)(1 - r_{14.23}^2)\ldots(1 - r_{1K.23\ldots(K-1)}^2)}$$

7. Für (→) **Korrelationskoeffizienten**, die nach Fisher's z, (→) z-Transformation, transformiert wurden:

a) für **zwei Variablen:**

$$s_{Z_{XY}} = \frac{1}{\sqrt{N-3}}$$

b) für **mehrere Variablen:**

$$s_{Z_{12.34\ldots K}} = \frac{1}{\sqrt{N-K-1}}$$

standardisierte Befragung *(strukturierte Befragung, strukturiertes Interview)*
Je nach dem Grad der Strukturierung des Ablaufs einer (→) Befragung und der Festlegung der alternativen Antwortvorgaben wird zwischen unstrukturierten Befragungen wie z. B. (→) Gruppendiskussionen, teilstrukturierten Interviews wie z. B. (→) halbstrukturierten Interviews, (→) Intensivinterviews oder (→) zentrierten Interviews und den vollkommen strukturierten standardisierten Befragungen unterschieden. Der Grad der Standardisierung oder Strukturierung bezeichnet also im einzelnen das Maß der Festlegung des Wortlauts und der Reihenfolge der Fragen sowie der Vorgabe zulässiger und möglicher Antworten bzw. Antwortvorgaben, für die sich die Befragten entscheiden können. Mitunter wird dabei zwischen *Standardisierung* als der Festlegung des Wortlauts und der Reihenfolge der Fragen und *Strukturierung* als der Vorgabe der Antwortalternativen unterschieden. „Vollständig standardisiert und strukturiert sind vor allem Testverfahren, Persönlichkeitsfragebogen und Einstellungsskalen. Weitgehend standardisiert und strukturiert sind die Massenumfragen der akademischen und kommerziellen Sozialforschung. Befragungsformen, bei denen keine Interviewer eingesetzt werden, z. B. postalische Befragungen, weisen einen höheren Strukturierungsgrad auf als Interviews, bei denen ein Interviewer ausgleichend und erklärend eingreifen kann. Bei der Befragung spezifischer Bevölkerungssubgruppen verzichtet man häufig auf manifeste Standardisierung und Strukturierung, um Widerstände zu vermeiden.“ (Jürgen van Koolwijk)
Speziell unter dem Aspekt des Maßes an Standardisierung und Strukturierung lassen sich Befragungen wie in der Abbildung auf Seite • einteilen.
Die Standardisierung und Strukturierung von (→) Fragebögen ebenso wie von Tests oder (→) Beobachtungen ist die wesentliche Grundvoraussetzung für die Vergleichbarkeit und Repräsentativität der mit ihrer Hilfe erhobenen Ergebnisse.

standardisierte Variable
→ z-Transformation

Standardisierung *(Standardisierung)*
→ z-Transformation, Standardnormalverteilung

Standardnormalverteilung *(standardisierte Normalverteilung)*
Eine (→) Normalverteilung, deren (→) arith-

Standardisierung und Strukturierung bei Befragungen

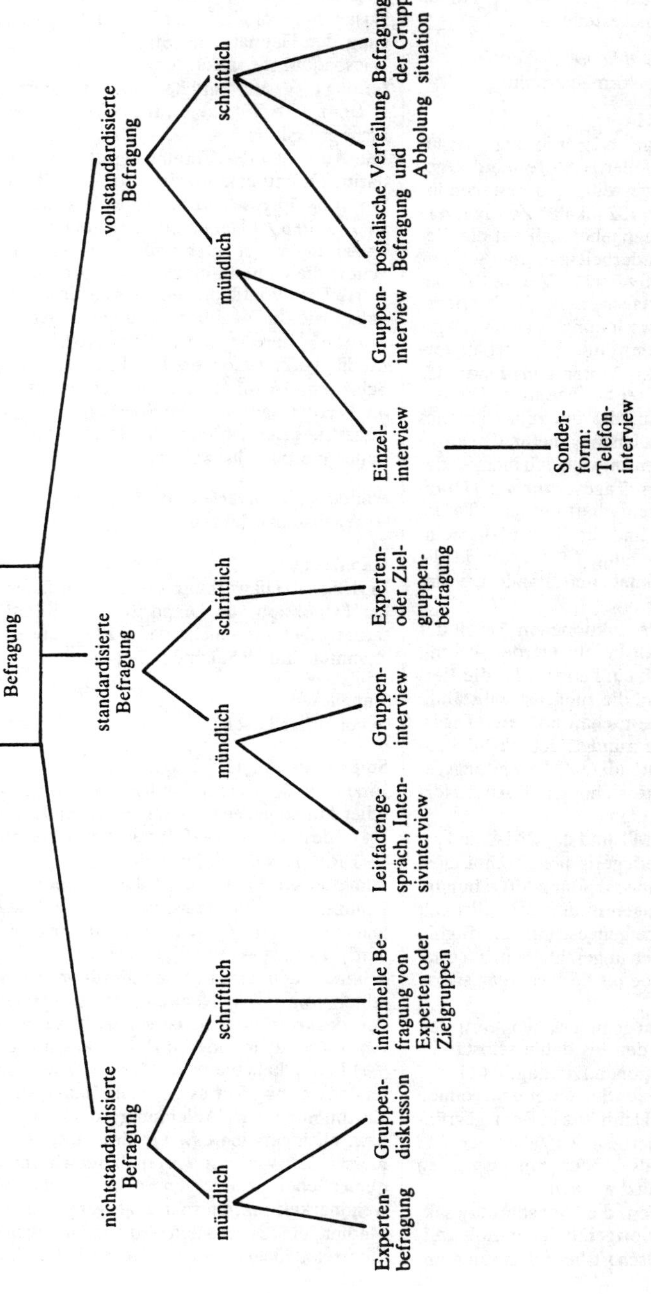

Quelle: Helmut Kromrey, Empirische Sozialforschung, Opladen 1980, S. 205.

metisches Mittel gleich Null und deren (→) Standardabweichung als Ergebnis der sog. (→) z-Transformation gleich 1 ist (s. die Abb. unter der Eintragung Normalverteilung).

Standardwert *(Standard Score, z-Wert)*
→ z-Transformation, Normalverteilung

Standortpresse GmbH
Ein seit 1963 zur Pflege und Förderung verlegerischer und redaktioneller Belange standortgebundener lokaler Tageszeitungen bestehender Zusammenschluß von 132 lokalen Zeitungsverlagen, dessen Serviceangebot sich auf die Gebiete Redaktion, Sonderbeilagen und Sonderseiten, Anzeigenmotivdienst, Verkaufsförderungsaktionen, Verlagswerbung, Vertriebswerbung, Mitarbeiterschulung sowie Verlagsmarketing, Werbeberatung, Leserschaftsforschung usw. erstreckt. Unter dem Dach der Standortpresse sind seither mehrere Dienste zusammengeschlossen, die ein redaktionelles Angebot und Serviceleistungen für die angeschlossenen Zeitungen entwickelt haben, so der (→) Dienst mittlerer Tageszeitungen (Dimitag), die Arbeitsgemeinschaft mittlerer Tageszeitungen (A.M.T.) und die Zeitungsgemeinschaft für Marktforschung (ZMA) sowie die Vereinigung der Heimat- und Standortzeitungen pro Lokalzeitung.
Aus der vorwiegend redaktionellen Arbeit der Dimitag-Gemeinschaft heraus wurde 1954 mit dem besonderen Ziel, ein Pendant für die Verlagsarbeit zu erstellen, die zunächst selbständige AMT Arbeitsgemeinschaft mittlerer Tageszeitungen in Bonn gegründet, der 1962 die zunächst ebenfalls selbständige ZMA Zeitungsgemeinschaft für Marktforschung und Absatzförderung in Frankfurt folgte.
Die Aufgaben der AMT und der ZMA sind es, die gemeinsamen verlegerischen, technischen und werblichen Belange der standortgebundenen (→) Lokalzeitungen in der Öffentlichkeit zu vertreten, das Anzeigengeschäft der Mitglieder zu fördern und den angeschlossenen Verlagen für diese Bereiche als Serviceorganisation zu dienen.
1963 wurde dann zum gemeinsamen Auftreten im Wettbewerb aus den bis dahin selbständig operierenden Institutionen Dimitag, AMT und ZMA eine Dachorganisation unter dem Namen Standortpresse GmbH mit Sitz in Bonn gegründet, bei der die bisherigen Aufgaben der drei Gesellschaften jetzt als Arbeitsgruppen mit den alten Namen fortgesetzt werden.
War es damit gelungen, die Dienstleistungsaktivitäten für die standortgebundenen Lokalzeitungen in einem Wirtschaftsbetrieb zusammenzufassen, so folgte 1967 für die Repräsentanz der speziellen Zeitungstyp-Interessen in der Öffentlichkeit ein weiterer verbandsähnlicher Zusammenschluß: die Gründung der „Vereinigung der Heimat- und Standortzeitungen" in Wiesbaden, die unter dem Namen pro Lokalzeitung e. V. Verband der Lokalpresse mit Sitz in Bonn ihre Tätigkeit auf eine noch breitere Basis gestellt hat.
Die Aufgaben des Vereins bestehen vor allem darin, Öffentlichkeitsarbeit für den Zeitungstyp „Lokalpresse" zu betreiben und dabei die spezifischen Aufgaben und Leistungen der Lokalzeitung zu vertreten und darzustellen. Dazu gehört die Kontaktpflege und Repräsentanz in Wirtschaft, Politik und der Werbewirtschaft genauso wie die Veröffentlichung von Anzeigen in der Fachpresse und in Standardwerken der Mediaplanung sowie die Herausgabe von Schriften, die auf die Eignung der Lokalzeitung als Werbeträger auch im überregionalen Markenartikel-Bereich oder im Bereich institutioneller Werbung hinweisen.

Standortskizzenverfahren
→ Weglistenverfahren

Standzeit
In der (→) Diawerbung die Vorführdauer bei der Projektion von Diapositiven in Filmtheatern. Sie beträgt üblicherweise 10 Sekunden bei stummen und 20 Sekunden bei Tondias.

Stapellesen
→ gehäuftes Lesen

Stapelskala *(Stapel-Skalometer)*
Eine von dem niederländischen Umfrageforscher Jan Stapel entwickelte, insbesondere zum (→) Messen von (→) Intensitäten geeignete (→) Ratingskala. Sie besteht aus 10 (oder 11) numerierten Quadraten, die numerisch gekennzeichnet sind (meist von -5 bis +5, wobei manchmal der Zwischenwert 0 ausgelassen wird). In der (→) Befragung wird der Befragte gebeten, den Grad seiner Zustimmung oder Ablehnung durch Nennung der entsprechenden positiven oder negativen Zahl zu indizieren. Gegenüber anderen Ratingskalen wie der (→) Leiterskala oder auch der (→) Thermometerskala ermöglicht es die Stapelskala, sowohl Zustimmung wie Ablehnung (oder Gefallen bzw. Nichtgefallen usw.) in ihrer Intensität zu messen. Ein weiterer Vorteil dieser wie anderer numerischer Skalafragen ist ihre leichte Verwendbarkeit in international vergleichenden Studien, die bei verbalen (→) Skalen wegen der unterschiedlichen Bedeutung verbaler Anga-

ben und der zusätzlich häufig auftretenden Übersetzungsprobleme meist nur bedingt gegeben ist.

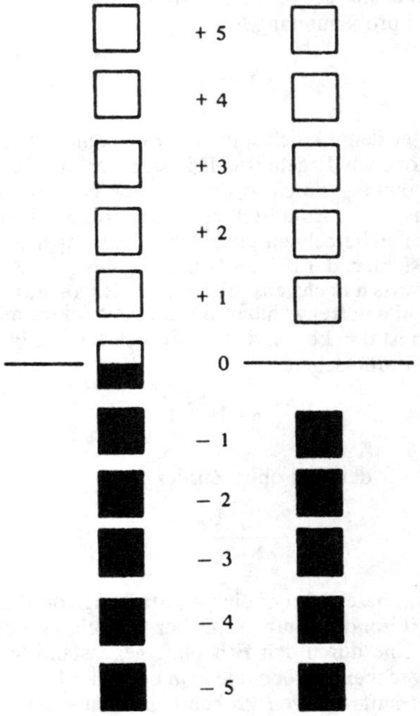

Starch-Formel
→ Anzeigengröße

Starch-Test
Der von dem amerikanischen Medienforscher Daniel Starch seit 1931 verwendete Starch-Test ist das klassische (→) Wiedererkennungsverfahren (Recognition-Test) der (→) Leserschaftsforschung, das auch heute noch in dieser Form durchgeführt wird. Es handelt sich dabei um ein Verfahren der (→) Originalheftmethode, bei dem den Befragten ein tatsächlich erschienenes Zeitschriftenexemplar vorgelegt wird. Ziel der Ermittlung ist die Messung der (→) Werbewirkung. Durch den Test werden drei Meßgrößen ermittelt:

1. Der **Noted Score:** Der Anteil (Prozentsatz) der Befragten, die angeben, daß sie eine den Gegenstand der Ermittlung darstellende Anzeige oder auch einen redaktionellen Beitrag in der Zeitschrift bemerkt haben (Beachtungswert);
2. der **Seen/Associated Score:** Der Anteil derjenigen Leser der Zeitschrift, die in der Befragung angegeben haben, daß sie die Anzeige bemerkt haben (ad noters) und in der Lage waren, in der Erinnerung auch das beworbene Produkt bzw. den Werbungtreibenden oder den Markennamen richtig anzugeben;
3. der **Read most Score:** der Anteil der Leser, die in der Befragung angeben, daß sie eine bestimmte Seite oder Anzeige gesehen und wenigstens die Hälfte ihres Textes gelesen haben.

Die deutsche Version des Starch-Tests ist der (→) Anzeigenkompaß des Infratest-Instituts, München. Gegen das Verfahren wird aus methodologischer Sicht vor allem eingewandt, daß es eher spontane Bewertungen der in die (→) Erhebung einbezogenen Testanzeigen und weniger eine verläßliche Wiedererkennung erfaßt, weil die Angaben der Befragten dabei ungeprüft übernommen und akzeptiert werden.

statistische Hypothesenprüfung
→ Hypothesenprüfung

statistische Methoden *(statistische Verfahren)*
→ Deskriptivstatistik, Inferenzstatistik

statistische Momente
→ Momente (System der Momente)

statistische Mortalität
→ Ausfälle, Panelmortalität

statistische Sicherheit
→ Signifikanzniveau

statistischer Test
→ Test (Testtheorie)

Stichprobe *(Stichprobentheorie)*
Als Stichprobe bezeichnet man die Menge an Beobachtungsdaten oder Meßwerten, die aus der Gesamtmenge, (→) Grundgesamtheit (Population) aller Beobachtungsdaten oder Meßwerte in eine konkrete Untersuchung bzw. ein konkretes (→) Experiment oder einen (→) Test einbezogen werden. Es handelt sich also um eine Auswahl von n Elementen aus der Gesamtheit aller N Elemente, die ein oder mehrere gemeinsame (→) Merkmale tragen. „Ziel der Stichprobe ist, einerseits Hypothesen zu entwickeln und anhand der Ergebnisse Generalisierungen (Verallgemeinerungen) von der Stichprobe auf die Grundgesamtheit vorzunehmen (Repräsentationsschluß), andererseits Hypothesen zu testen an einer Stichprobe aus der durch die Hypothesen festgelegten Grundgesamtheit (Inklusionsschluß). Zweck der Stichprobe ist, die Kosten (Zeit, Geld, Energie) für die Prüfung der Hypothesen zu senken, indem man nicht alle Elemente der Grundgesamtheit, sondern nur eine Auswahl untersucht. Voraussetzungen der Stichprobe sind dann:

1. Die Stichprobe muß ein verkleinertes Abbild der Grundgesamtheit hinsichtlich der Heterogenität

der Elemente und hinsichtlich der Repräsentativität der für die Hypothesenprüfung relevanten Variablen sein.
2. Die Einheiten oder Elemente der Stichprobe müssen definiert sein.
3. Die Grundgesamtheit sollte angebbar und empirisch definierbar sein.
4. Das Auswahlverfahren muß angebbar sein und Forderung (1) erfüllen" (Jürgen Friedrichs).

Die Ableitung von Schlußfolgerungen aus Stichprobenuntersuchungen ist Gegenstand der (→) Inferenzstatistik. Alle Schlüsse von Stichproben auf Grundgesamtheiten sind Wahrscheinlichkeitsschlüsse. Sie ermöglichen daher auch die Angabe von (→) Vertrauensbereichen (Mutungsbereichen), innerhalb derer bestimmte (→) Parameter der Grundgesamtheit mit einer angebbaren Sicherheit, (→) Signifikanzniveau, zu erwarten sind. Die verschiedenen Formen der kontrollierbaren Ziehung von Stichproben heißen (→) Auswahlverfahren. Bei ihnen wird prinzipiell zwischen den Verfahren der reinen (→) Zufallsauswahl und der (→) bewußten Auswahl unterschieden.
→ ADM-Stichprobensystem

Stichprobe mit Zurücklegen
→ Auswahl mit Zurücklegen

Stichprobe ohne Zurücklegen
→ Auswahl ohne Zurücklegen

Stichprobenausfälle
→ Ausfälle

Stichprobenbildung *(Sampling)*
→ Auswahlverfahren

Stichprobenfehler
→ Fehler (statistischer Fehler), Zufallsfehler, Standardfehler

Stichprobenfusion
→ Fusion

Stichprobenumfang *(Stichprobengröße)*
Die Festlegung der Zahl der in eine Stichprobenerhebung einzubeziehenden Einheiten läuft zugleich auf eine Entscheidung über das (→) Signifikanzniveau der Erhebungsdaten und die (→) Vertrauensbereiche, innerhalb derer sich die wahren Werte in der (→) Grundgesamtheit bewegen, hinaus. In der Planung einer Stichprobenerhebung in der Praxis der Markt- und Sozialforschung ergibt es sich häufig, daß für eine Untersuchung ein fester Etatrahmen (E) vorgegeben ist, der nicht überschritten werden darf. Dann läßt sich der Stichprobenumfang relativ einfach über die Kostenfunktion $C = c_0 + nc$ (C sind die Gesamtkosten, c_0 die fixen und c die variablen Kosten je Erhebungseinheit) ermitteln. Setzt man den vorgegebenen Etat $E = C =$ konstant, ergibt sich durch Auflösung der Kostenfunktion nach n für den Stichprobenumfang:

$$n = \frac{E - c_0}{c}.$$

Unter dem Gesichtspunkt der Genauigkeit der erhobenen Ergebnisse läßt sich der Stichprobenumfang durch Auflösung der Formel für den (→) Zufallsfehler (Stichprobenfehler) nach n berechnen. Bezeichnet man den Zufallsfehler, der bei der Schätzung des (→) Mittelwerts μ höchstens toleriert werden kann, mit d und den frei wählbaren Sicherheitsfaktor mit k so ist $d = k\sigma_x$, und es ergibt sich für den Fall mit Zurücklegen

$$n = \left(\frac{k\sigma}{n}\right)^2$$

und für den Fall ohne Zurücklegen

$$n = \frac{k^2\sigma^2 N}{N\,d^2 + k^2\sigma^2 - d^2}.$$

Darin bezeichnet σ^2 die (→) Streuung von X in der Grundgesamtheit. Dabei handelt es sich um eine durch den Erhebungsgegenstand fest vorgegebene Größe, die man entweder kennen oder aufgrund von Probeerhebungen schätzen muß. „Wir wollen die einfache Regel festhalten: Der Stichprobenumfang muß desto größer sein, je stärker das interessierende Merkmal streut, je geringer die Genauigkeit der Schätzung (ausgedrückt im Stichprobenfehler d) gewünscht und je größer die Schlußwahrscheinlichkeit (ausgedrückt im Sicherheitsfaktor k) verlangt wird. Übrigens orientiert man sich bei mehreren konkurrierenden Merkmalen entweder am wichtigsten Merkmal oder am Merkmal mit der größten Streuung" (Günter Menges). Die (→) Nomogramme auf der folgenden Seite setzen den Stichprobenumfang in Zusammenhang zu (→) Zufallsfehler, Signifikanzniveau und (→) Variationskoeffizient.

Stichprobenvarianz
→ Varianz

Stichprobenverfahren
→ Auswahlverfahren

Stichprobenverteilung
Eine (→) Wahrscheinlichkeitsverteilung, die angibt, wie sich bestimmte (→) Parameter in allen überhaupt möglichen, gleich großen (→)

Stichproben aus derselben (→) Grundgesamtheit verteilen. Mit Hilfe dieser Verteilung läßt sich angeben, innerhalb welchen Bereichs ein bestimmter Parameter mit einer gegebenen (→) Wahrscheinlichkeit zu erwarten ist, (→) Vertrauensbereich, oder es läßt sich prüfen, ob ein bestimmter Parameter noch mit einer hinreichend großen Wahrscheinlichkeit zufällig auftreten kann, (→) Signifikanztest. Viele Stichproben sind entweder (→) Normalverteilungen oder lassen sich diesen annähern. Besonders wichtig zu ihrer Kennzeichnung ist daher der (→) Standardfehler.

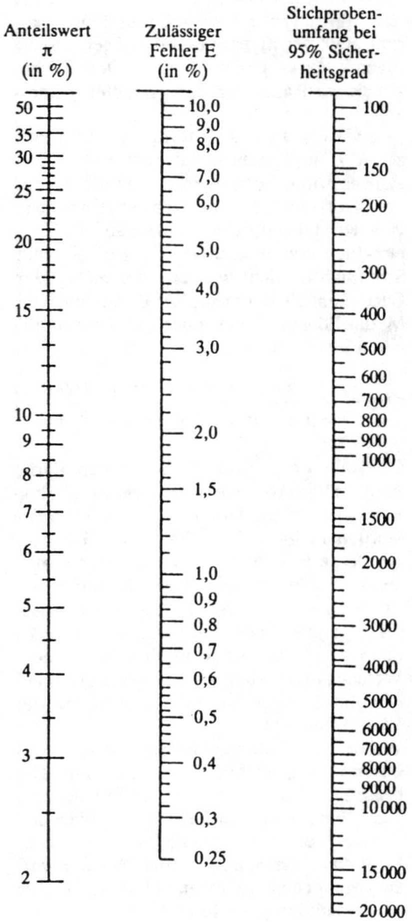

Quelle: P. E. Green/D. S. Tull, Methoden und Techniken der Marketingforschung, Stuttgart 1982, S. 211.

Stichtagserhebung *(Stichtagsbefragung, Stichtagsermittlung)*
Der Zeitpunkt einer (→) Erhebung, (→) Erhebungszeitpunkt, spielt immer dann eine wichtige Rolle, wenn temporale Faktoren einen wesentlichen Einfluß auf das Ergebnis haben. Die Datenerhebung an einem bestimmten Tag oder auch in einer bestimmten Woche ist ein Instrument der exakteren Erfassung von Konsum-, Einkaufs- oder Lese- bzw. Mediennutzungsgewohnheiten in allen solchen Fällen, in denen eine Erhebung zu einem beliebigen Zeitpunkt zu Verzerrungen aufgrund der unterschiedlichen (→) Erinnerungsfähigkeit verschiedener (→) Auskunftspersonen führen kann. Der Normalfall einer Stichtagserhebung ist eine (→) Befragung, bei der die Auskunftspersonen über ihr gestriges, vorgestriges, oder auch heutiges bzw. gegenwärtiges Verhalten befragt werden (Recency-Frage), (→) Lesetage. „Die Festlegung von Befragungswochen und Befragungstagen ist unerläßlich, wenn Stichzeitraum- oder Stichtagmessungen vorgesehen sind, und Grund zu der Annahme besteht, daß Verbrauch bzw. Nutzung sich nicht gleichmäßig verteilen, sondern an bestimmten Tagen bzw. in bestimmten Wochen ‚klumpen'" (Eva-Maria Hess), (→) Klumpungseffekt. Zu berücksichtigen ist bei Vorgabe von festen Befragungsterminen allerdings, daß Verzerrungen eintreten können, weil schwer erreichbare Befragte unterrepräsentiert werden, (→) Ausfälle. Es empfiehlt sich daher zu untersuchen, ob zwischen dem Erhebungsmerkmal und der Antreffbarkeit der Befragten ein Zusammenhang besteht.

„Stichtag- bzw. Stichzeitraumbefragungen sind erforderlich, weil man wegen eines unterschiedlichen Verbrauchs- oder Nutzungsverhaltens Durchschnittsergebnisse erzielen will. Die korrekte Anlage einer derartigen Untersuchung setzt damit voraus, daß die einzelnen Stichtage bzw. Stichwochen nicht nur zahlenmäßig gleich abgedeckt sind, auch die Befragtenstrukturen müssen identisch sein, das gilt sowohl im Hinblick auf regionale Verteilungen als auch im Hinblick auf persönliche Merkmale wie Geschlecht, Alter, Bildungsstand usw. – Merkmale, die in aller Regel gleichfalls mit dem Erhebungsmerkmal korrelieren. Damit ist die Notwendigkeit gegeben, die Gesamtstichprobe in repräsentative Teilstichproben zu zerlegen und für jeden Stichtag bzw. jede Stichwoche eine Teilstichprobe vorzugeben, deren Ergebnisse ein zuverlässiges Abbild der Grundgesamtheit gewährleisten. Bei Random-Untersuchungen, bei denen im Gegensatz zur Quoten-

stichprobe die persönlichen Merkmale der zu Interviewenden nicht vorgegeben sind, läßt sich lediglich die regionale Streuung der Einzelstichproben exakt steuern. Hinsichtlich der übrigen Merkmale stellt sich die Repräsentanz erst bei einem ausreichend großen Umfang der Teilstichprobe ein. Damit werden mit dieser Untersuchungsanlage entsprechende Anforderungen an den Gesamtumfang der Untersuchung gestellt" (Eva Maria Hess). Besondere Bedeutung kommt den Stichtags- bzw. Stichzeitraumuntersuchungen in der (→) Media- und der (→) Leserschaftsforschung zu. Eine in der (→) Hörer- (→) Zuschauerforschung besonders intensiv genutzte Variante der Stichtags- bzw. Stichzeitpunktbefragungen sind die (→) Koinzidenzinterviews sowie die (→) Tagesablauferhebungen.
→ Feldmodell

Stimmbezirk
→ ADM-Stichprobe

Stochastik
Der Bereich der (→) Wahrscheinlichkeitstheorie und mathematischen Statistik, der sich mit der Darstellung und Deutung von zufallsgesteuerten Ereignissen und Vorgängen befaßt. Der Begriff wurde von L. von Bortkiewicz geprägt und von Jakob Bernouilli für zufallsgesteuerte Prozesse im mathematisch-statistischen Sinne angewandt. Stochastische Beziehungen sind Abhängigkeitsverhältnisse mit zufälligen Unregelmäßigkeiten. Zu den in der Markt- und Sozialforschung vor allem eingesetzten stochastischen Modellen und Methoden zählen die (→) Markovprozesse und die (→) Monte-Carlo-Methode

Störfaktoren *(Störvariablen)*
Als Störvariablen werden all jene Faktoren bezeichnet, die in einem sozialwissenschaftlichen (→) Experiment neben den (→) unabhängigen Variablen ihrerseits einen Einfluß auf die abhängige Variable ausüben, ohne dabei den experimentellen Kontrollen zu unterliegen.

Strategie-Analyse-Media (SAM)
Ein rechnergestütztes (→) Evaluierungsmodell der (→) Mediaselektion, das die Verlagsgruppe Bauer, Hamburg, seit 1978 anbietet. SAM analysiert in Konkurrenzfeldern (→) Mediapläne nach Brutto-Werbeaufwendungen und MA-Kontakten für Publikumszeitschriften, Fernsehen und Hörfunk. Das Leistungsangebot umfaßt im einzelnen:

1. Werbedruck (SOA – Share of Advertising/ SOV – Share of Voice): Der Impact im Verbraucherpotential wird nicht allein mit der eigenen Kampagne erzielt, sondern entscheidend von den Konkurrenzaktivitäten beeinflußt. Es müssen die beiden Komponenten des Werbedruckes, der „Eigene Werbedruck" (eigener Anteil in % vom Gesamtvolumen des Konkurrenzfeldes) und der „Konkurrenz-Werbedruck" (Anteil in % der Konkurrenzmarken einzeln oder als Summe vom Gesamtvolumen des Konkurrenzfeldes) berücksichtigt werden. Der Werbedruck wird quantifiziert in Geld = SOA – Share of Advertising und Zielgruppenkontakten = SOV – Share of Voice. Zeitreihen machen deutlich, ob es im Lauf der Jahre eventuell zu dramatischen positiven oder negativen Veränderungen für die eigene Marke gekommen ist. Der Werbedruck wird auch für Einzelmedien gemessen.
2. (→) GRP's: Dieses Kriterium wird für einzelne Kampagnen, gegliedert nach MA-Zeitschriften, Fernsehen und Funk errechnet. Der Gross-Rating-Point sagt aus, wie viele Kontakte durchschnittlich auf 100 Zielpersonen kommen, unabhängig ob sie vom Streuplan erreicht werden oder nicht. Der GRP dient als Kriterium zur Bewertung von Media-Plänen insbesondere im internationalen Vergleich. Formel:

$$GRP = \frac{\text{Brutto-Kontakte (in Mio.) x 100}}{\text{Zielgruppe in der Bevölkerung (in Mio.)}}$$

3. Zeitreihen ab 1978 mit erklärenden Variablen: Media-Mix, Anzeigenformate, Farbigkeit, Spotlängen und 1.000-Kontakt-Preise werden in individuell definierten Konkurrenzfeldern in Relation zueinander dargestellt. Veränderungen dieser Kriterien lassen Rückschlüsse zu auf die Media-Philosophie des jeweiligen Werbungtreibenden. Es kann z. B. die Frage untersucht werden: Welche Auswirkungen haben Preiserhöhungen auf Budget und Media-Strategie der Wettbewerber?
4. Werbe- und Mediaplanung: SAM liefert Orientierungs-Daten für die Planung. Die bisherigen Streupläne können mit den zur Verfügung gestellten Fakten effektiver und sicherer beurteilt werden, Preiswürdigkeit, Kontaktvolumen und Media-Mix der vorausgegangenen Kampagnen bieten Ansätze für die zukünftigen Media-Pläne.
5. Korrelation des Werbe-Etats mit Absatzentwicklung und Verbraucherresonanz: Veränderungen im Absatz und in der Verbrau-

cherresonanz können im Zusammenhang mit der Etat-Entwicklung untersucht werden. Es ist unzureichend, wenn die Wirkung auf das Verbraucher-Potential nur mit der eigenen Werbekampagne quantifiziert wird. Der Verbraucher wird von allen Anbietern miteinander konkurrierender Produkte umworben. Der Einfluß der Konkurrenz auf die eigene Werbung muß analysiert werden.

6. Testmärkte: Die Zielgruppen-Kontakte in den Medien MA-Zeitschriften, Fernsehen, Funk werden nach Nielsen-Gebieten aufgesplittet. Diese Daten können eingesetzt werden bei der Planung von Testmärkten für die Einführung neuer Produkte.
7. Kalkulation des Media-Etats: Welche Etathöhe ist mit welchem Kontaktvolumen für welchen Umsatz optimal? Mit der Untersuchung des eigenen Werbe-Etats und der Konkurrenz-Etats bietet SAM eine pragmatische Hilfe.

Streifbandzeitung
Eine Druckschrift, die im Rahmen der Postzeitungsordnung mit einem Streifband oder in einer offenen Umhüllung verschickt wird. Mit Streifbandzeitungen dürfen nur solche Fremdbeilagen mitgeschickt werden, für die in der Druckschrift ein Beilagenhinweis enthalten ist.

Stress *(Kruskals Stress)*
Ein in der (→) Multidimensionalen Skalierung (MDS) verwendetes quantitatives Abweichungsmaß, das ausschließlich von den Distanzrängen abhängt und auf einem Regressionsansatz basiert. Bei einer gegebenen Konfiguration wird für jeden von n Punkten eine monotone (→) Regression der (→) Distanz d_{ij} auf das Unähnlichkeitsmaß bzw. Ähnlichkeitsmaß und die normalisierte Quadratsumme der Residuen berechnet:

$$S = \sqrt{\frac{\sum\limits_{i<j} (d_{ij} - \hat{d}_{ij})^2}{d_{ij}^2}}.$$

Das Maß gibt an, wie gut eine bestimmte n-dimensionale Darstellung mit den empirischen Ähnlichkeitsdaten übereinstimmt.

Streu-Agentur
→ Media-Agentur

Streuanalyse
→ Mediaanalyse

Streubereich
Der regionale Bereich oder Personenkreis, den ein Werbemittel oder Werbeträger erreicht, d. h. sein (→) Verbreitungsgebiet.

Streudiagramm *(Streuungsdiagramm)*
Die zweidimensionale (→) graphische Darstellung der Messungen von zwei miteinander verknüpften Datenreihen im kartesischen (→) Koordinatensystem:

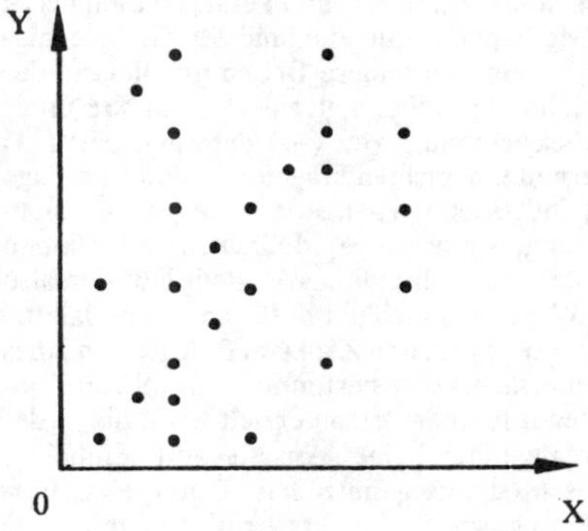

Streudichte
Das Verhältnis der Anzahl der für eine Werbeaktion eingesetzten Werbemittel (Streumenge) zur Einwohnerzahl im (→) Streufeld. Paul Michligk nennt sie das „Streugutgefüge, das aufgewendet wird, um das jeweilige Streufeld zu bearbeiten". Ist die Streumenge ausreichend, um jeden Bedarfsträger zu erfassen, spricht man von Normalstreuung, ist sie zu klein, von Unterstreuung; wird zuviel Streugut verbreitet und kommt es zu überflüssigen Überschneidungen von Werbeträgern, liegt Überstreuung vor.

streufähige Werbemittel *(„above-the-line advertising")*
Alle Werbemittel, für deren Einsatz eine Werbeagentur Anspruch auf eine (→) Mittlervergütung erhält, also (→) Anzeigen, (→) Aufkleber, (→) Beihefter, (→) Außenwerbung, Funk- und Fernsehwerbung, (→) Film- und (→) Dia-Werbung.

Streufeld
Das geographische Gebiet, innerhalb dessen die (→) Werbemittel einer konkreten Werbeaktion oder -kampagne eingesetzt werden.

Streukosten
Die Gesamtheit der für die (→) Streuung von Werbemitteln anfallenden Kosten.

Streumedien
→ Werbeträger

Streuplan

→ Mediaplan

Streuplan-Analyse-Programm (SAP)

Ein (→) Evaluierungsmodell der (→) Mediaselektion des Axel Springer Verlags, Hamburg, das auf der Basis bestimmter Zielkriterien vorgegebene (→) Mediapläne bewertet. Es berücksichtigt dabei Zielgruppen-, Medien- und (→) Kontaktgewichte und kann pro Lauf bis zu 49 Mediapläne mit maximal 99 Titeln evaluieren. Seine besondere Bedeutung liegt in der Errechnung individueller (→) Kontakte unter Berücksichtigung von (→) externen und (→) internen Überschneidungen auf der Grundlage von individuellen Angaben zur (→) Mediennutzung, wie sie in (→) Mediaanalysen erhoben werden. Mit Hilfe dieses Modells läßt sich also die Wahrscheinlichkeit dafür angeben, daß bei einer vorgegebenen Zahl von Belegungen eines Werbeträgers eine bestimmte Anzahl von Kontakten mit einer Person erzielt wird, die in der Vergangenheit eine Anzahl von Einheiten eines Mediums genutzt hat. Durch eine Verrechnung solcher Wahrscheinlichkeiten, (→) Faltung (Convolution), lassen sich (→) Kontaktwahrscheinlichkeiten gegenüber einer Werbeträgerkombination berechnen. Als Resultat der Evaluierung werden die (→) Nettoreichweiten nach 20 Kontaktklassen differenziert, ebenso die kumulierten Reichweiten; die gewichteten (→) Reichweiten und die Kontaktreichweiten u. ä. werden für jeden einzelnen Mediaplan ausgedruckt.
vgl. AD-ME-SIM-Modell, GIWOS, TAKTI, CAM

Streuplan-Optimierungs-Programm (SOP)

Ein rechnergestütztes (→) Iterationsmodell der (→) Mediaselektion des Verlagshauses Axel Springer, Hamburg, das sich als relativ kostenintensiv erwiesen hat und sich daher am Markt nicht halten konnte. SOP entwickelt aus vorgegebenen Medien und den entsprechenden Etat- und Rahmenbedingungen einen fertigen (→) Mediaplan und kommt damit den landläufigen Vorstellungen von (→) Optimierungsprogrammen am nächsten.
SOP konstruiert selbständig Mediapläne, die in der Nähe des erstrebten Optimums liegen. Das Programm baut Mediapläne stufenweise vom Nullpunkt oder von einem Ausgangspunkt auf. Falls bestimmte Titel und Belegungen unbedingt im späteren optimalen Mediaplan enthalten sein sollen, sind diese im (→) Ausgangsplan als Mindestbelegungen festzulegen.
Schrittweise werden neue Titel und Belegungen in den Mediaplan aufgenommen, wobei SOP jedesmal überprüft, welche Hinzunahmen (Zukäufe) gegenüber der Vorstufe am wirksamsten sind. Hierzu stehen wahlweise zwei Kriterien zur Verfügung: „Wirkung pro Kosten" oder „Wirkungszuwachs pro Kostenzuwachs" (Grenznutzen). Da das Programm Mediapläne iterativ aufbaut, ist eine Reduzierung von Titeln und Belegungen im Ablauf des Programms nicht vorgesehen.
SOP liefert an fünf Budget-Schwellen jeweils zehn beste Mediapläne, sobald bei einer Iteration die Kosten des jeweils besten Planes zum erstenmal eine Budget-Schwelle überschreiten. Das Programm ordnet diese Pläne in einer (→) Rangreihe nach dem gewählten Optimierungskriterium. Für den jeweils besten dieser zehn Pläne erstellt SOP überdies die (→) Kontaktverteilung.
Der Mediaplaner erhält für den vorgesehenen Budget-Betrag wie auch für vier diesem Betrag vor- oder nachgelagerte Budget-Schwellen jeweils zehn wirkungsmaximale Mediapläne. Dadurch ist er bei der Auswahl der Pläne über jene Kombinationen informiert, die sich bei einem verringerten oder einem erhöhten Werbe-Etat als die besten ergeben würden.
Nach einer Analyse der Mediapläne im Hinblick auf Kosten, Wirkung, (→) Reichweite und Kontaktverteilung kann sich der Mediaplaner zu diesem Zeitpunkt für den besten Plan entscheiden. Dieser Mediaplan ist mit hoher Wahrscheinlichkeit der optimale Plan; er liegt zumindest in unmittelbarer Nähe des angestrebten Optimums. Man kann den Plan entweder direkt verwenden, oder mit ihm in eine der Programmstufen (→) CAM oder CAM-S gehen, um durch Abtasten seiner „Umgebung"

SOP-Modell

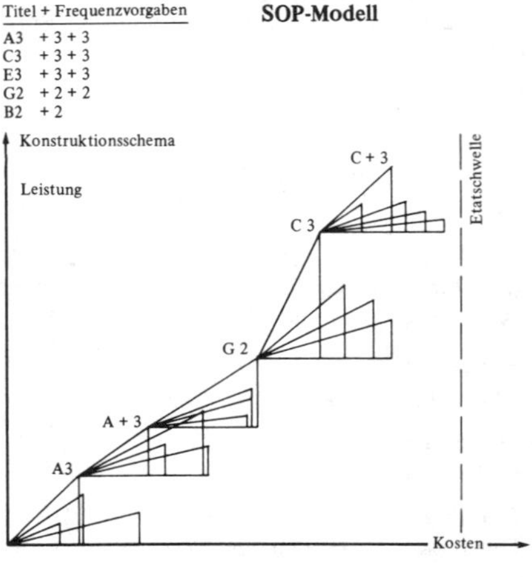

nach eventuell noch besseren Lösungen zu suchen.

Die Abbildung auf Seite 520 illustriert die Arbeitsweise des iterativen Aufbaus nach SOP.

Streuplanung
→ Mediaplanung, Mediaselektion

Streupunktdiagramm
→ Streudiagramm

Streuung
1. (→) Streuungsmaße
2. (→) Mediaplanung, Mediaselektion

Streuungsdiagramm
→ Streudiagramm

Streuungsmaße
Streuungsmaße geben an, wie stark oder schwach die einzelnen Werte einer (→) Häufigkeitsverteilung entweder voneinander oder von einem (→) Mittelwert abweichen. Es handelt sich also in der Regel um „Mittelwerte von Abweichungen von Mittelwerten". „Die Streuung ist stets auch ein Maß des Risikos. Je größer die Streuung, desto gefährdeter ist die Rolle des korrespondierenden Mittelwertes als Typus" (Günter Menges). Zu den wichtigsten Streuungsmaßzahlen zählen die (→) Spannweite, die (→) Quantile (Quantilabstände) wie z.B. (→) Perzentile (Dezile), (→) Quintile, (→) Quartile, (→) Tertile als lagetypische Streuungsmaße sowie rechnerische Maße wie die (→) mittlere Abweichung, die (→) Standardabweichung (mittlere quadratische Abweichung), der (→) Variationskoeffizient und die (→) Varianz.

Streuungszerlegung
→ Varianzanalyse

Streuverluste
Streuverluste sind die durch Überstreuung und unnötige (→) Überschneidungen eintretenden überflüssigen, zusätzlichen Kosten bei der Streuung von Werbemitteln. Sie treten auf, wenn z.B. durch Belegung eines Werbeträgers Personen erreicht werden, die nicht zur Zielgruppe des Werbungtreibenden gehören (z.B. als Käufer für sein Produkt von vornherein nicht in Frage kommen). Ziel aller Streuanalysen und Streuplanung ist es, Streuverluste zu minimieren, wiewohl sie so gut wie nie vollkommen zu vermeiden sind.

Streuversand
Eine Methode des (→) Vertriebs von (→) Fachzeitschriften, die in ihrer unsystematischen Lieferung an wechselnde Empfänger und im unregelmäßigen Versand von Werbeexemplaren besteht.

vgl. Wechselversand

Streuweg
Ein in Analogie zum Terminus des Absatzweges verwebdeter Begriff, mit dem die Art und Weise bezeichnet wird, in der ein Werbemittel und/oder ein Werbeträger zum Umworbenen gebracht wird. Nach Rudolf Seyffert werden als Streuwege die „personellen und sachlichen Streumedien, durch die das Werbematerial zum Werbekünder wird", bezeichnet, d.h. die (→) Werbeträger. Zu unterscheiden ist nach Seyffert zwischen Eigenstreuwegen oder Eigenwerbeträgern, die er als „vom Werber selbst angelegte, frei benutzbare Wege" bezeichnet, und Fremdstreuwegen oder Fremdwerbeträgern, die er als „nur durch Mitwirkung Dritter benutzbare Wege" definiert.
→ Eigenstreuung, Fremdstreuung

Streuwertanalyse
→ Mediaselektion

Streuwertfaktor
Ein von Paul Michligk in unmittelbarer Anknüpfung an den (→) absoluten Preisfaktor entwickelter Meßwert, dessen Sinn darin liegt, über die bloß quantitative Wertung hinaus zu einer qualitativen Wertung der in einen (→) Mediaplan einbezogenen Werbeträger zu gelangen. Der Streuwertfaktor ist gegeben als das Verhältnis von absolutem Preisfaktor zu potentiellen Bedarfsträgern:

$$S = \frac{F \times 100}{P}.$$

Darin stellt F den absoluten Preisfaktor und P den Prozentsatz der Bedarfsträger unter den Lesern eines Mediums dar.

Streuwirkung
→ Werbewirkung

Streuzeitschrift
Eine Zeitschrift, die unsystematisch im (→) Streuversand kostenlos verbreitet wird.

Strichelmethode *(Strichelverfahren)*
→ manuelle Auswertung

Strukturähnlichkeit
Ein in der (→) Allensbacher Werbeträger-Analyse (AWA) erstmals 1986 vorgelegtes Standardangebot. Untersucht wird die Strukturähnlichkeit – über 30 Variablen hinweg – von 172 Medien (LpN etc.) gegenüber sozio-demographischen Gruppen (z. B. Gesamtbevölkerung, Männer, Seniorenmarkt ‚50 Plus'), Zielgruppenmärkten (z.B. Personen, die Englisch ler-

nen oder vervollkommnen möchten; an Bakken, Backrezepten interessierte Personen, die gesünder leben wollen; Besucher von Spitzenrestaurants) und den 171 anderen Medien (z. B. Welcher Werbeträger ist von der Struktur der Leserschaft einer bestimmten Zeitschrift am ähnlichsten, am unähnlichsten?). Die 30 Variablen decken 15 Dimensionen aus dem Bereich der Interessengebiete und der Lebensziele ab (was man für besonders wichtig und erstrebenswert hält).
Das Instrument der Strukturähnlichkeit eröffnet die Möglichkeit, Marktnischen aufzuspüren: Bevölkerungssegmente, mit hinreichend großer Basis, die von der Interessenstruktur von den Medien bisher nicht besonders gut ‚abgebildet' werden. Als (→) Indikator könnte ein relativ hoher Wert des Ähnlichkeitskoeffizienten beispielsweise für die (noch) beste Zeitschrift angesehen werden.

Strukturanalyse
→ Nutzerstrukturanalyse, Empfängerstrukturanalyse

strukturiertes Interview *(strukturierter Fragebogen)*
Ein (→) Interview in einer (→) Befragung, in dem der Wortlaut der einzelnen Fragen einschließlich der für sie vorgesehenen Antwortvorgaben genau festgelegt und formuliert ist und mithin gewährleistet ist, daß jeder Befragte wortwörtlich dieselben (→) Fragen gestellt bekommt.
vgl. standardisierte Befragung

strukturiertes Tiefeninterview
→Tiefeninterview

Student-Verteilung
→ t-Verteilung

Studiokino
→ Filmtheaterkategorien

Stundenabschnitte
→ Medienkontakteinheit (MKE)

Subsample
→ Unterstichprobe

Suffizienz
In der Statistik ein (→) Gütekriterium für (→) Schätzungen unbekannter (→) Parameter aus Stichprobenwerten. Es besagt, daß eine Schätzfunktion hinreichend (d. h. suffizient) für einen Parameter ist, wenn die (→) Stichprobenverteilung für die (→) Schätzfunktion nicht von dem Parameter abhängt.

Summenfunktion
→ Verteilungsfunktion

Summenkurve *(Summenpolygon)*
→ Ogive

Supplement
Als Supplements bezeichnet man eine in regelmäßigem Rhythmus erscheinende, thematisch bestimmte, meist illustrierte Beilage zu einer oder mehreren Zeitungen oder Zeitschriften. Supplements können von den Lesern weder im Einzelvertrieb noch im Abonnement bezogen werden. Sie werden ausschließlich über ihre Trägerobjekte vertrieben und sind für die Empfänger der Trägerobjekte daher kostenlos. Trägerobjekte sind meist Zeitungen, seltener Zeitschriften. Im Regelfall operiert die Redaktion und die Herstellung eines Supplements vollkommen unabhängig von den Trägerobjekten. Einer der Hauptgründe für die Attraktivität von Supplements für die Trägerobjekte, insbesondere für (→) Tageszeitungen, liegt in ihrer hohen Druckqualität und den Farbmöglichkeiten, über die die Zeitungen selbst meist nicht verfügen. Supplements haben die Nutzungsmerkmale von (→) Publikumszeitschriften und werden trotz ihrer unterschiedlichen Trägerobjekte in der Mediaplanung auch als solche behandelt. Im allgemeinen wird zwischen (→) *Programm-Supplements* (die als expansivste Gruppe in starker Konkurrenz zu den Programmzeitschriften stehen und ungefähr ein Drittel der erwachsenen Bevölkerung in der Bundesrepublik erreichen), *unterhaltenden* bzw. *meinungsbildenden Supplements* (die vielfach mit ihren Trägerobjekten auch die gehobene Zielgruppe der (→) Meinungsführer gemeinsam haben) und *Fachzeitschriften-Supplements* (die der branchenübergreifenden Informationsabgabe dienen und damit vielfach in deutlicher Konkurrenz zu Fachzeitschriften ähnlich übergreifender Thematik stehen) unterschieden. Nach Ulrich Witt sind die wichtigsten Vorteile von Supplements:

- „Bessere und umfangreichere redaktionelle Leistung für den Leser
- Verbesserung der Leser-Blatt-Bindung führt zu geringerer Fluktuation im Vertrieb
- Erweiterung des Anzeigengeschäfts durch besseres Angebot an die werbungtreibende Wirtschaft (Magazincharakter, Vielfarbenanzeigen)
- Höhere Flexibilität des Supplements im Anzeigengeschäft (bei Promotion-Aktivitäten)
- Einsparungen beim Verlag durch preiswerte Produktion eines Supplements für verschiedene Titel (Beispiel: Programm- und Fachzeitschriften-Supplements)

o Verdrängung aus dem Vertriebs- und/oder Medienwettbewerb. Dieser Gesichtspunkt wird bei Programmzeitschriften besonders aktuell. Als der Wettbewerb um Abonnements bei Zeitungen noch stärker war (weniger Einzeitungskreise als heute), war das Programmsupplement ein wesentliches Argument bei der Werbung um die Gunst des Lesers. Im Medienwettbewerb war und ist das Supplement (mit Programmzeitschriften-Charakter) ein Faktor dafür, daß die Zeitschriften – zumindest in bestimmten Regionen – noch eine unterdurchschnittliche Distribution haben."

Die bedeutendste Gruppe der Supplements bilden die vier Programmsupplements „BWZ Bunte Wochenzeitung", „IWZ Illustrierte Wochenzeitung", „prisma" und „rtv" eine (→) verbreitete Auflage von insgesamt 7,49 Millionen Exemplaren (IVW/IV 86) mit einer (→) Nettoreichweite von 33 % pro Ausgabe für diese Gruppe (MA 86) erzielen, d. h. ein Drittel der erwachsenen Bevölkerung liest mindestens ein Programmsupplement pro Woche. Programmsupplements haben ausgeprägte regionale Verbreitungsschwerpunkte: „BWZ" und „prisma" ergänzen sich in Nordrhein-Westfalen zu einer fast landesweiten Abdeckung „IWZ" erstreckt sich auf große Teile von Baden-Württemberg, Rheinland-Pfalz und „rtv" konzentriert sich auf mittlere und untere Gemeindegrößenklassen im gesamten Bundesgebiet. Welche Stadt- und Landkreise im einzelnen durch die Programmsupplements abgedeckt werden, läßt sich über die Verbreitungsangaben der Trägerzeitungen in der Verbreitungsanalyse nach Kreisen genau ablesen. Dadurch, daß die verschiedenen Programmsupplements jeweils unterschiedlichen Trägerzeitungen beiliegen, die sich in ihrem Verbreitungsgebiet kaum tangieren, gibt es auch so gut wie keine (→) Überschneidung ihrer Leserschaften.

Die Erfindung dieser (→) Mediengattung um die Jahrhundertwende wird meist dem amerikanischen Verleger William Randolph Hearst zugeschrieben, der seinem „New Journal" das „Sunday Supplement" beilegte.

In Deutschland verschärfte zwischen den Weltkriegen in der Weimarer Republik die Idee der gratis gelieferten „Beilage-Illustrierten" den Wettbewerb der Zeitungen. Der Gedanke wurde kurz nach dem Kriege mit der „abz" in Düsseldorf wieder aufgegriffen, noch ohne dauerhaften Erfolg.

Die große Zeit der Supplements in USA waren die 1950er Jahre, als neben „American Weekly", „This week" (gegründet 1935), „Parade" (1941) und „Family Weekly" (1954) mit Millionenauflagen verbreitet wurden.

Überregionale Supplements erreichen in den USA inzwischen die astronomische Auflage von 30 Millionen. Über England („Sunday Times Magazine", „Telegraph Sunday Magazine", „Observer" u. a.) kamen sie Anfang der 1960er Jahre nach Europa.

1961 kam mit „rtv" (Radio und Television, Nürnberg) mit einer Startauflage von 100 000 Exemplaren das erste deutsche Supplement auf den Zeitschriftenmarkt. Heute erzielt es eine Auflage von 2,2 Millionen. 1973 folgte das Programm-Supplement „IWZ" der „Stuttgarter Zeitung". Im Vierfarb-Rollenoffsetdruck hergestellt, hat es im Durchschnitt circa 36 bis 40 Seiten Umfang, davon 10 Seiten Fernseh- und Hörfunkprogramm, 12 Seiten anderen Text und 15 Seiten Anzeigen, davon die Hälfte vierfarbig, bei 1,65 Mill. Auflage für fast zwanzig Zeitungen von Ulm bis Wiesbaden. Den „Durchbruch des neuen Mediums Tageszeitungs-Supplement" brachte 1977 das gleichzeitige Erscheinen ähnlicher Programm-Supplements in Düsseldorf und Essen, des „prisma" der ACN-Gruppe (Anzeigen-Cooperation-Nordrhein) für fünfzehn Zeitungen an Rhein und Ruhr mit 1,864 Millionen Auflage, und der „BWZ" der WAZ-Gruppe für ihre vier Zeitungen mit 1,375 Mill. Auflage. „Prisma" ist ähnlich wie „rtv" eine Gemeinschaftsgründung der Abnehmer-Verlage. Das „Zeit-Magazin" ist seit 1970 die erste, auch werblich erfolgreiche deutsche Magazin-Beilage, farbige und bebilderte Zugabe zu über 375 000 „Zeit"-Exemplaren. Als Beispiel internationaler Verlagskooperation kam 1980 „Plus" hinzu, für „Welt", „Handelsblatt" und „Weltwoche", Zürich; es wurde 1981 wieder eingestellt. 1980 folgte das „Frankfurter Allgemeine Magazin". 1979 folgten weitere monatlich oder 14täglich erscheinende Veröffentlichungen: das „Freizeit-Journal" (des „Hamburger Abendblatts"), „Vorwärts Spezial" (des „Vorwärts"), „Welt am Sonntag-Magazin", „Welt-Report", das jedoch 1981 wieder eingestellt wurde.

Nach der Einstellung des wöchentlichen Supplements „Plus" gingen „Die Welt" und das „Handelsblatt" dazu über, themenbezogene Supplements zu festen Erscheinungsterminen (1985: „Die Welt" 15 x, „Handelsblatt" 6 x jährlich) unter dem Namen „Welt-Report" und „Handelsblatt-Magazin" zu veröffentlichen. 1986 kam das WAZ-Supplement „Reise" heraus.

In der (→) Leseranalyse (LA) der (→) Arbeitsgemeinschaft Leseranalyse (AGLA) und dann in der (→) Media-Analyse (MA) wurde den Supplements zunächst von der LA 71 ab insofern Rechnung getragen, als man die Trägerzei-

tungen (1., 2., 3. Zeitung) ermittelte, in drei (→) Segmentationen für sich behandelte und sie zu einer Kombination zusammenfügte, um von diesen Zeitungen auf das Supplement „rtv" schließen zu können. Das war jedoch nur begrenzt möglich, weil eine Identität von rtv-Lesern und Trägerzeitungs-Lesern generell nicht unterstellt werden kann, da es Abweichungen in beiden Richtungen gibt. Tabellarische Ausweisungen erfolgten weiter nicht. 1973 wurde der Deutsche Supplement Verlag Mitglied der AG.MA. In der MA 73 überlappte sich die Ermittlung der Trägerzeitungen mit der Direktbefragung von „rtv" mit (→) Titelkarte nach den Zeitungen – in einem Extrabefragungsgang.
Zur MA 75 kam „IWZ" dazu, wurde aber erst ab 1976 ausgewiesen. Seit der MA 78 gehören auch „BWZ" und „prisma" dazu. Als belegbare Einheit gilt bei den Supplements, wie bei den Zeitschriften, im Prinzip das einzelne Heft.
Mit einer über die Tageszeitungen errechneten (→) Lesewahrscheinlichkeit erschienen die Supplements in der LA 71, MA 72/I und 72/II und in der MA 73. Die Erfragung der Supplements erfolgte von der MA 73 ab nach einem Schema, das im Prinzip der (→) Abfrage wöchentlich erscheinender Zeitschriften entspricht. Lediglich die Frage nach der (→) Bezugsart war spezifisch.

- Einsammelfrage in 3 Kategorien:
  unbekannt
  bekannt
  schon in der Hand gehabt
- Frequenzfrage: „Wie viele der letzten 12 Nummern gelesen?"
- 2. Zeitfilter:
  innerhalb der letzten 7 Tage (als LpN)
  8 bis 14 Tage her
  2 bis 3 Wochen her
  länger her
- „gestern durchgeblättert oder gelesen"
- „Als Sie zum letzten Mal rtv durchgeblättert oder gelesen haben, wie sind Sie an das Heft gekommen? Woher hatten Sie rtv?"

Vier Antwort-Kategorien:

- o Kam mit einer Zeitung in den Haushalt (mit der Nachfrage: „Würden Sie mit bitte den Namen der Zeitung sagen, der rtv beilag?")
- o Habe ich im Haushalt vorgefunden, weiß aber nicht, wie sie ins Haus kam.
- o Habe ich von Freunden, Bekannten, Kollegen, Nachbarn geschenkt bekommen oder ausgeliehen.
- o Bin ich zufällig drangekommen, habe ich vorgefunden, lag aus (zum Beispiel Friseur, Wartezimmer, Café, usw.)

Von der MA 74 ab wurden die Supplements genau so abgefragt, nur daß die Reihenfolge der Frage nach der (→) Bezugsart und der „gestern"-Frage vertauscht wurde, das heißt, „gestern" stand am Schluß. Und es entfiel die Frage nach der Tageszeitung.
→ Abfragemodell

Systematik der Wirtschaftszweige
→ AMF-Karte 3, Ziffer 19

systematische Auswahl

Ein (→) Auswahlverfahren der (→) Zufallsauswahl (Wahrscheinlichkeitsauswahl), bei dem aus einer gegebenen Auswahlbasis jede n-te Einheit aus einer Liste, einem Verzeichnis, einer Kartei usw., (→) Lotterieauswahl, nach dem (→) Zufallsprinzip ausgewählt und in die (→) Stichprobe eingeschlossen wird. Wird die Ausgangseinheit willkürlich gewählt, handelt es sich im strengen Sinne nicht um ein Verfahren der Zufallsauswahl. Voraussetzung für das Vorhandensein einer echten Zufallsauswahl ist mithin, daß auch die Ausgangseinheit nach dem Zufallsprinzip ausgewählt wird und daß darüber hinaus die als Auswahlgrundlage dienende Kartei, Liste usw. nicht ihrerseits in einer systematischen Anordnung ist. Die Frage, ob in einem konkreten Fall eine systematische Auswahl z.B. gegenüber einer (→) geschichteten Auswahl vorzuziehen ist, läßt sich nur auf der Grundlage der Kenntnis des Aufbaus der (→) Grundgesamtheit entscheiden.

systematischer Fehler *(Bias)*

Bei statistischen (→) Fehlern wird zwischen dem das Ergebnis nicht verzerrenden (→) Zufallsfehler (Auswahlfehler, Stichprobenfehler) und dem systematischen Fehler unterschieden, der einen verzerrenden Einfluß auf das Ergebnis von Stichprobenschätzungen hat. Per definitionem wird der Effekt des systematischen Fehlers mit wachsender Zahl der Untersuchungseinheiten, also z.B. mit einer Vergrößerung des (→) Stichprobenumfangs, größer. Folglich können alle Abweichungen zwischen dem Erwartungswert eines Stichprobenergebnisses und dem wahren Wert der (→) Grundgesamtheit, die nicht auf dem Zufallsprozeß bei der Stichprobenentnahme beruhen, als systematische Fehler bezeichnet werden. Nach einer Aufstellung von William E. Deming lassen sich systematische Fehler, die sowohl bei (→) Totalerhebungen (Vollerhebungen) wie bei Stichprobenerhebungen auftreten, und systematische Fehler unterscheiden, die nur bei (→) Zufallsauswahlen vorkommen.
Als systematische Fehler, die bei Total- und bei Stichprobenerhebungen auftreten, nennt Deming:

1. Die falsche Formulierung des Untersuchungsgegenstandes;
2. ein mangelhaftes Frageprogramm;
3. spezifische Fehler der gewählten Erhebungstechnik;
4. die Strukturungleichheit von (→) Grundgesamtheit und Auswahlgrundlage;
5. unklare Definitionen und fehlerhafte Instruktionen;
6. Fehler als Folge verspäteter Auskünfte;
7. bewußt oder unbewußt falsche Auskünfte;
8. rein zufällige Auskünfte;
9. interviewerspezifische Verzerrungen, (→) Interviewerfehler;
10. befragtenspezifische Verzerrungen;
11. Fehleintragungen oder die Wahl falscher Befragter durch den Interviewer;
12. Fehler aufgrund einer schlecht organisierten Durchführung der Untersuchung;
13. die Wahl eines falschen Zeitpunkts für die Durchführung der Erhebung;
14. ein unzweckmäßiges Tabellenprogramm;
15. Rechen- und Rundungsfehler;
16. Veröffentlichungs- und Interpretations- bzw. Analysefehler.

Zu den systematischen Fehlern, die zusätzlich noch bei Zufallsstichproben auftreten können, rechnet Deming:

17. Fehler aufgrund menschlichen Versagens:
    a) die Vernachlässigung bestimmter Auswahleinheiten, deren Untersuchung spezifische Probleme nach sich zieht;
    b) die bevorzugte Behandlung bestimmter Regionen bei der (→) Flächenauswahl
18. Fehler bezüglich der Wahl des (→) Hochrechnungsverfahrens;
    a) Vereinfachungsverfahren;
    b) die Verwendung verzerrender (→) Schätzfunktionen (Verhältnis- und Regressionsschätzung)
19. Fehler im Zusammenhang mit dem Auswahlverfahren (Ersatztechniken der Zufallsauswahl).

Besonders schwerwiegende systematische Fehler ergeben sich vor allem aus dem Problem des Non-Response, (→) Ausfälle, und dem (→) Interviewerfehler. „Während der Zufallsfehler, mit dem die Stichprobenstatistik behaftet ist, sich relativ gut quantifizieren läßt, wenn man auf die Daten der Stichprobe zurückgreift, ist zur Abschätzung des systematischen Fehlers ein umfangreiches Kontrollinstrumentarium, dessen Anwendung mit hohen Kosten verbunden sein kann, notwendig. In extremen Fällen, wenn man nicht auf verfügbares Kontrollmaterial (frühere oder gleichartige Erhebungen) zurückgreifen kann, muß man Kontrollerhebungen und -aufbereitungen vornehmen, aus denen wiederum Informationen über typische Fehlerquellen für die vorliegende und auch für spätere Erhebungen gewonnen werden können" (Manfred Sturm/Thomas Vajna).

Systemzeitschrift
Eine (→) Fachzeitschrift für eine spezielle Technologie wie z.B. Elektronische Datenverarbeitung oder Funktechnik.

T

t-Verteilung *(t-Test, Student-Verteilung)*
Eine in der Statistik der (→) kleinen Stichproben wichtige (→) Wahrscheinlichkeitsverteilung für die (→) Mittelwerte aus normalverteilten (→) Grundgesamtheiten. Sie wird dargestellt als der Quotient einer standardnormalverteilten (→) Normalverteilung bzw. (→) Standardnormalverteilung, und der Quadratwurzel aus einer chiquadratverteilten, (→) Chi-Quadrat-Verteilung, durch ihre (→) Freiheitsgrade gebrochenen Variablen:

$$t = \frac{\bar{X}}{\frac{s_x}{\sqrt{n}}} = \frac{\left(\frac{n-1}{2}\right)!}{\sqrt{n \cdot \pi}\left(\frac{n-2}{2}\right)! \cdot \left(1 + \frac{t^2}{n}\right)^{\frac{n+1}{2}}}$$

Wäre der Nenner des Bruchs statt s_x/n, σ_x/n, dann wäre die Maßzahl t normalverteilt, weil die (→) Mittelwerte von (→) Stichproben normalverteilt sind und sich durch eine Division durch eine Konstante nur die (→) Streuung einer (→) Häufigkeitsverteilung, nicht jedoch ihre mathematische Konfiguration verändert. Mit anderen Worten: t differiert in dem Maße von der Normalverteilung, in dem die Maßzahl im Nenner variiert. Das Ausmaß dieser Variation ist für größere Stichproben ($n > 30$) so gering, daß es ohne eine nennenswerte Vergrößerung des (→) Fehlers als quantité négligeable behandelt werden kann. Für kleine Stichproben mit $n < 30$ kann der Unterschied allerdings nicht vernachlässigt und folglich die Maßzahl t nicht als eine normalverteilte Variable behandelt werden. Die t-Verteilung wird also mit wachsendem n immer besser von der standardisierten Normalverteilung approximiert, so daß man sie für $n > 30$ ohne weiteres durch die Normalverteilung ersetzen kann. Dementsprechend gehen die meisten Tabulierungen der t-Verteilungen nur bis zu $n = 30$ Freiheitsgraden (s. Anhang 3). Ebenso wie die Chi-Quadrat-Verteilung ist die t-Verteilung eigentlich eine ganze Familie von t-Verteilungen, die demselben mathematischen Formierungsgesetz folgen und lediglich durch die Zahl ihrer Freiheitsgrade voneinander unterschieden sind.
Die graphische Darstellung der t-Verteilung ist ebenso wie die der Normalverteilung glockenförmig (s. Abb.), sie verläuft in der Mitte etwas schmaler und fällt nach den Enden zu etwas langsamer ab.

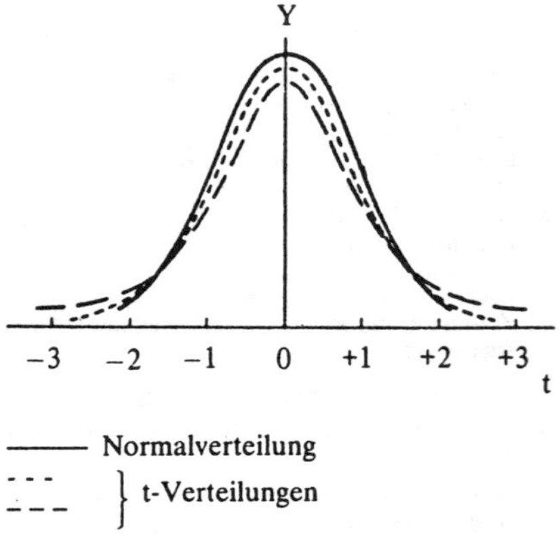

Die t-Verteilung wurde 1908 von dem englischen Statistiker William S. Gosset entwickelt, der an einer Brauerei beschäftigt war, die eine Veröffentlichung von Forschungsarbeiten nicht gestattete, so daß er die Ergebnisse seiner Arbeiten nur unter einem Pseudonym („Student“) publizieren konnte. Mit der t-Verteilung war der Grundstein für die Statistik der kleinen Stichproben gelegt. Anwendung findet die t-Verteilung vor allem bei zwei (→) Signifikanztests, und zwar einmal als Signifikanztest für zwei unabhängige Stichprobenmittelwerte X_1 und X_2 von normalverteilten metrischen Variablen mit gleicher, aber unbekannter (→) Standardabweichung sowie als Signifikanztest für zwei abhängige Stichprobenmittelwerte von metrischen normalverteilten Variablen. Im ersten Fall sind die Unterschiede zwischen X_2 und X_2 signifikant, wenn

$$\left| \frac{\bar{X}_1 - \bar{X}_2}{\sqrt{\frac{s_1^2(N_1 - 1) + s_2^2(N_2 - 1)}{N_1 + N_2 - 2}\left(\frac{1}{N_1} + \frac{1}{N_2}\right)}} \right| \geq \left| t_{(1-\alpha/2;\, N_1 + N_2 - 2)} \right| .$$

Im zweiten Fall erfolgt für jedes der N Meßwertpaare die Berechnung der Differenz D und des Mittelwerts dieser Differenzen X_D. Der Unterschied ist signifikant, wenn

$$\left| \frac{\overline{X}_D}{\sqrt{\frac{\sum_{i=1}^{N} D_i^2 - N\overline{X}_D^2}{N(N-1)}}} \right| \geqq |t_{(1-\alpha/2;N-1)}| .$$

Der t-Test gehört zur Klasse der (→) parametrischen Verfahren.

Tagebuchmethode *(Tagebuchverfahren)*
Standardisierte und strukturierte Tagebücher werden in der (→) Markt- und der (→) Mediaforschung und in (→) Zeitbudgetstudien bei (→) schriftlichen Befragungen vorwiegend zur Analyse der (→) Mediennutzung oder des Einkaufs- bzw. des (→) Konsumverhaltens verwendet. Sie werden den (→) Auskunftspersonen für einen festgelegten Zeitraum zugestellt, und diese tragen ihr für die Untersuchung relevantes Verhalten, z.B. ihre Fernsehgewohnheiten, die genauen Zeiten, während derer sie Zeitung lesen, die Einkaufszeiten, -wege oder -dauer usw. in das für solche Eintragungen geeignete Tagebuchschema ein. In Untersuchungen zum Medienverhalten steht den Befragten ein meist in Stunden oder sogar Viertelstunden untergliedertes Tageblatt (ein Tagesablaufschema) zur Verfügung, in das sie eintragen, welche Medienkontakte sie in jeder Zeiteinheit gehabt haben, d.h. welche Zeitungen oder Zeitschriften sie gelesen, welche Radiosendungen sie gehört und welche Fernsehsendungen sie auf welchen Kanälen angeschaut haben, wann genau und wie lange sie das getan haben. Der entscheidende Nachteil des Tagebuchverfahrens besteht in der Tatsache, daß die einzelnen Auskunftspersonen ihre Tagebücher mit sehr unterschiedlicher Sorgfalt ausfüllen und daß die Sorgfalt der Ausfüllung mit längerer Dauer der (→) Erhebung meist erheblich nachläßt. Besonders bei solchen Untersuchungen der Mediaforschung, durch die das Fernsehverhalten mit Hilfe von elektronischen Meßgeräten ermittelt wird, die lediglich erfassen, ob ein Fernseher an- oder abgeschaltet ist und auf welchen Sender bzw. Kanal er eingeschaltet ist, nicht jedoch registrieren, welche Personen eine laufende Sendung anschauen, (→) Tammeter, werden die elektromechanischen Messungen häufig durch Tagebucherhebungen und zusätzlich oft auch noch (→) persönliche Interviews und (→) Koinzidenzbefragungen ergänzt, (→) Tamlog.

Traditionell wird das Nutzungsverhalten beim (→) Hörfunk mit Hilfe eines Tagesablaufschemas erhoben. Die ersten (→) Hörerschaftsanalysen waren in den frühen 1950er Jahren häufig Tagesablaufsuntersuchungen. Nachdem die einzelnen Senderanstalten in den 1950er Jahren bereits Tagesablaufuntersuchungen durchgeführt hatten, kam es 1960/61 zur ersten bundesweiten Tagesablaufstudie der ARD-Hörerforschung, an der sich alle Landesrundfunkanstalten beteiligten. Seit den 1960er Jahren entwikkelte sich die (→) Abfrage des Tagesablaufs „gestern" zum methodologischen Paradigma der (→) Reichweitenforschung beim Hörfunk. Sie gehörte auch zum Instrumentarium der (→) Funkmedien-Analysen (FMA). Im Rahmen der (→) Media-Analyse (MA) der (→) Arbeitsgemeinschaft Media-Analyse (AG.MA) blieb die entscheidende Schwierigkeit stets der mit der Erhebung eines vollständigen Tagesablaufs verbundene Zeitaufwand.
Von LA 70 bis MA 73 wurde auch für die Funkmedien mit einer Zwölferskala die Schätzung der (→) Kontakthäufigkeit mit dem Medium innerhalb des vorgegebenen Zeitraums von 14 Tagen erhoben. Seit MA 74 soll der Befragte mit einer Sechserskala die Häufigkeit seiner Kontakte „im allgemeinen" schätzen. Seitdem wird für Funkmedien erhoben, an wievielen von den sechs Sendetagen er in einer normalen Woche in der letzten Zeit im allgemeinen während eines zeitlich begrenzten Programmabschnitts zugesehen oder zugehört hat.
Die dabei zugrundegelegten Zeiteinteilungen sind mehrmals abgewandelt worden:

Hörhäufigkeit

MA 74	MA 75	MA 76
vor 6 Uhr	vor 7 Uhr	vor 7 Uhr
	7– 8 Uhr	7– 8 Uhr
	8–10 Uhr	8–10 Uhr
8–12 Uhr		
	10–12 Uhr	10–12 Uhr
12–14 Uhr	12–14 Uhr	12–14 Uhr
		14–16 Uhr
14–17 Uhr	14–17 Uhr	
		16–18 Uhr
17–20 Uhr	17–19 Uhr	
		18–20 Uhr
	nach 19 Uhr	
nach 20 Uhr		nach 20 Uhr

Tageszeitung
Als Tageszeitungen im weitesten Sinne werden in der Bundesrepublik alle (→) Zeitungen verstanden, die mindestens zweimal in der Woche erscheinen. Die (→) Media-Analyse (MA) der (→) Arbeitsgemeinschaft Media-Analyse

(AG.MA) definiert als Tageszeitung eine Zeitung, die an 6 Tagen pro Woche erscheint. Nach der Vertriebsart werden (→) Abonnementzeitungen, (→) Kaufzeitungen und (→) Boulevardzeitungen und nach dem Verbreitungsgebiet lokale, regionale, überregionale, nationale und internationale Tageszeitungen unterschieden.
→ Zeitungen

Tageszeitung-Abfrage
→ Abfrage

Tageszeitungs-Planungs-System (TPS)
Ein von der (→) Regionalpresse GmbH und den Tageszeitungen des Axel Springer Verlags, Hamburg, angebotenes Computermodell, das dazu dient, die Kostenplanung für Tageszeitungen zu erleichtern. Es arbeitet eine Vielzahl von Daten in überschaubarer Form auf und erleichtert dadurch die wegen der Uneinheitlichkeit der Formate der Vielzahl der Zeitungen schwierige Planung mit dem Medium Tageszeitung.

TAKTI
Ein (→) Evaluierungsmodell der (→) Mediaselektion des Dr.-Fessel-Instituts, Wien, das auf der Basis des Simulationskartensatzes der österreichischen (→) Mediaanalyse arbeitet. Es kann Zielgruppenprofile berücksichtigen und errechnet für die untersuchten (→) Mediapläne die (→) Reichweite, die (→) Kontaktsumme, die (→) durchschnittliche Kontakthäufigkeit und die (→) Kontaktverteilung. Diese Daten können auch für bestimmte (→) Zielgruppen getrennt errechnet werden. Ebenfalls ist es möglich, die Zielgruppen zu gewichten, (→) Gewichtung.

Tamlog *(Television Audience Measurement Log)*
Ein in der britischen (→) Zuschauerforschung verwendetes vorgedrucktes Tagebuch, (→) Tagebuchmethode, das in Ergänzung zum (→) Tammeter verwendet wird und in das die Befragten zusätzlich zu den Erhebungen des Tammeters die personenbezogenen Informationen über ihr Fernsehverhalten eintragen. So kann in Ergänzung zur (→) Einschaltquote und zur Fernsehdauer in den Haushalten auch ermittelt werden, welche Personen welche Sendungen ansehen.

Tammeter *(Television Audience Measurement)*
Ein von der Attwood Group und der A. C. Nielsen Company in Großbritannien entwickeltes elektromechanisches Gerät zur Ermittlung der Fernsehzuschauerzahlen. Es ermittelt ähnlich wie das (→) Audimeter von der amerikanischen A. C. Nielsen Company, wann und auf welchen Sender ein Gerät eingeschaltet ist. Ergänzende Informationen über die Zahl und Struktur der Zuschauer einer Sendung werden mit Hilfe des (→) Tamlogs erhoben. Die so erhobenen Daten werden als sog. Tamrating veröffentlicht, d.h. als Prozentsatz der Fernsehhaushalte, die zu einem bestimmten Zeitpunkt eine Sendung eingeschaltet haben.
→ Infratam

Tanimoto-Ähnlichkeitskoeffizient *(Tanimoto-Koeffizient)*
Ein in der (→) Mehrvariablenanalyse verwendetes (→) Proximitätsmaß, das anders als z.B. (→) Distanzmaße wie die (→) Euklid-Distanz oder die (→) City-Block-Distanz als ein relativ einfaches Ersatzmaß nicht an das Vorliegen intervallskalierter Daten, (→) Skalenniveau, gebunden ist. Zur Bestimmung der Ähnlichkeit mit Hilfe des Tanimoto-Koeffizienten können auch Daten herangezogen werden, die das Korrelat zu anderen Attributen bilden. Der Koeffizient berücksichtigt lediglich die positiven Übereinstimmungen im Verhältnis zu den Nicht-Übereinstimmungen und stellt fest, ob bestimmte (→) Merkmale oder Merkmalsausprägungen vorhanden (Wert = 1) oder nicht vorhanden sind (Wert = 0). Wenn in bezug auf zwei Objekte i und k M_{ik} die Zahl der Merkmale oder Ausprägungen ist und N_{ik} die Zahl der Merkmale bzw. Ausprägungen, die an jeweils nur einem oder an beiden Objekten feststellbar ist, dann lautet der Koeffizient:

$$T_{ik} = \frac{M_{ik}}{N_{ik}} \quad (i = 1, \ldots, m;\ k = 1, \ldots, m;\ i \neq k).$$

Tarifkombination
→ Kombinationstarif

Tarifliste
→ Preisliste

Tarifkombination
→ Kombinationspreis (Kombinationstarif)

tatsächlich verbreitete Auflage (tvA) *(Vertriebsauflage)*
Die Summe aller verkauften und unentgeltlich vertriebenen Exemplare einer Zeitung oder Zeitschrift ohne (→) Rest-, Archiv- und Belegexemplare. Die tatsächlich verbreitete (→) Auflage ist diejenige Auflagenangabe, die ein Werbungtreibender als Wert seinen Planungen und auch der Berechnung des (→) Tausenderpreises zugrundelegt.
→ AMF-Karte, Anzeigenbeachtung

Tausenderpreis
Die verschiedenen Varianten des Tausenderpreises zählen zu den wichtigsten in der (→) Mediaplanung zur Beurteilung des Preis-Leistungs-Verhältnisses bei Wirtschaftlichkeitsvergleichen im (→) Intermediavergleich und im (→) Intramediavergleich herangezogenen ökonomischen (→) Kontaktmaßzahlen. Der Konstruktion von Tausenderpreisen liegt die Erkenntnis zugrunde, daß für den Werbungtreibenden der absolute Preis eines Werbemittels allein nicht sehr aussagekräftig ist und daß er in Beziehung zu seinem Ertrag für den Werbungtreibenden gesehen werden muß. „Letztlich ausschlaggebend ist das Verhältnis der Werbeträgerkosten zur Größe der erreichten Zielgruppe, ausgedrückt in Werbeträgerkosten ... je 1000 Zielpersonen" (Karl Chr. Behrens).
Früher bildete der unqualifizierte Tausenderpreis die wichtigste Planungsgrundlage. Für den Werbeträger Presse lautet seine Formel (Tausender-Auflagen-Preis)

$$TP = \frac{\text{Preis einer Anzeigenseite} \times 1000}{\text{Auflage (Vertriebs-, Druck- oder Verkaufsauflage)}}.$$

Je nach dem Vergleichsobjekt wird anstelle einer Anzeigenseite auch der Preis für eine Anzeige bestimmter Größe oder Farbigkeit oder für eine Millimeterzeile zugrundegelegt. Für andere Werbeträger werden analog die Sendezeiten des Fernsehspots (meist ein 30-Sekunden-Spot) oder die Vorführdauer von Werbefilmen, der Preis für die Belegung einer (→) Ganzstelle pro Tag bei Plakaten usw. herangezogen, so daß allgemeiner formuliert der Tausenderpreis das Maß der Werbekosten pro eintausend Zielgruppeneinheiten (Leser, Hörer, Zuschauer, Erwachsene, Hausfrauen usw.) ist, die ein Werbemittel oder ein Werbeträger erreicht. So werden für den Tausenderpreis des Werbefernsehens anstelle des Anzeigenpreises für 1/1 Seite der Preis für einen 30-Sekunden-Werbespot und anstelle der Auflagenziffer die Zahl der eingeschalteten Fernsehgeräte eingesetzt. Die Formel lautet dann:

$$TP = \frac{\text{Preis eines 30-Sekunden-Spots} \times 1000}{\text{Zahl der eingeschalteten Geräte}}.$$

Da jedoch die Höhe der (→) Auflage eines Druckmediums oder die Zahl der in den (→) Haushalten vorhandenen oder eingeschalteten Geräte bei elektronischen Medien nur wenig über die effektive (→) Reichweite, (→) wirksame Reichweite, des betreffenden Mediums besagt, wird seit der Zeit, in der durch (→) Leseranalysen bzw. (→) Mediaanalysen die (→) Leser pro Nummer (LpN) erhoben werden, analog ein Tausend-Leser-, bzw. Tausend-Hörer- bzw. Tausend-Seher-Preis, mithin also als ein genaueres Maß der *Tausend-Kontakte-Preis* berechnet, dessen allgemeine Formel lautet:

$$TP = \frac{\text{Preis für die Belegung eines Werbeträgers} \times 1000}{\text{Zahl der Werbeträgerkontakte}}.$$

Dabei ist der Tausend-Kontakte-Preis bei einmaliger (→) Belegung mit dem Tausend-Leser-Preis identisch. Bei mehrfacher Belegung klaffen die beiden Werte je nach dem Ausmaß der (→) externen oder (→) internen (→) Überschneidungen mehr oder minder stark auseinander. Zählt die (→) Nutzerschaft eines Werbeträgers nur zum Teil zu der (→) Zielgruppe, die in einer konkreten Werbekampagne angesprochen werden soll, so empfiehlt sich die Berechnung des *Tausend-Zielpersonen-Preises:*

$$TP = \frac{\text{Preis für die Belegung eines Werbeträgers} \times 1000}{\text{Zahl der erreichten Personen} \times \text{Anteil der Zielpersonen}}.$$

Die verschiedenen Varianten der Berechnung von Tausenderpreisen stellen alle den Versuch dar, den unterschiedlichen (→) Kontaktqualitäten Rechnung zu tragen. Eine besondere Variante des Tausend-Kontakte-Preises ist der *Tausend-Impakt-Preis*, bei dem im Nenner des Bruchs anstelle der ungewichteten Zahl der Werbeträgerkontakte die Summe der personen-, medien- und wirkungsgewichteten (→) Kontakthäufigkeiten erscheint, (→) Kontaktgewichtung. Im Prinzip handelt es sich um die Summe der (→) Nettoreichweiten der personen-, medien- und wirkungswahrscheinlichkeitsgewichteten (→) Kontakte je Häufigkeitsklasse multipliziert mit den kumulierten Wirkungsgewichten:

$$\text{„wirksame" Reichweite} = \frac{\text{Seitenpreis für n Belegungen mal 1.000}}{\text{hochgerechnete Nettoreichweite von Personen, die mindestens x mal erreicht wurden}}$$

Gegenüber den *quantitativen Tausenderpreisen* werden diejenigen Varianten, bei denen die unterschiedlichen Kontaktqualitäten berücksichtigt werden, *qualitative Tausenderpreise* genannt.
Trotz aller Verfeinerungen bleibt festzuhalten, daß die Tausenderpreise ein relativ grobes Maß der Effizienz eines Werbeträgers sind. Nach dem Kriterium des Tausenderpreises allein sind (→) Publikumszeitschriften und der (→) Hörfunk durchweg preisgünstige Werbeträger, wobei der Hörfunk der bei weitem günstigste Wer-

beträger wäre. Die Tausenderpreise für Tageszeitungen und Filmtheater sind relativ hoch und die für die Fernsehwerbung haben ein mittleres Niveau. Nach dem Kriterium des Tausenderpreises wäre die (→) Direktwerbung ein außerordentlich kostenintensiver Werbeweg.

Taxonomien
→ Typologien

Technik der Zufallsantwort
→ Random-Response-Technik

technische Fachzeitschrift
→ Fachzeitschrift

Technische Kommission (TK)
→ Arbeitsgemeinschaft Media-Analyse (AG.MA)

technische Remission
→ Remission

Teilbegehung
→ Begehung

Teilbelegung
→ Anzeigensplit (Anzeigensplitting)

Teilbezieher
Als Teilbezieher werden in (→) Auflagenmeldungen der (→) Informationsgemeinschaft zur Feststellung der Verbreitung von Werbeträgern (IVW) diejenigen Bezieher einer Publikation, meist einer Tageszeitung, bezeichnet, die nur einzelne, an bestimmten Wochentagen erscheinende Stücke gegen Entgelt beziehen. In den IVW-Meldungen wird die Zahl der Teilbezieher der Zahl der festen Einzelbezieher im Verhältnis zur Zahl der wöchentlichen Erscheinungstage hinzugerechnet.

Teilerhebung
Bei den in der empirischen Sozialforschung und in der Marktforschung üblichen (→) Erhebungsverfahren wird zwischen Teilerhebungen und (→) Totalerhebungen (Vollerhebungen) unterschieden. Teilerhebungen sind alle Verfahren der Datenerhebung, die sich spezifischer (→) Auswahlverfahren bedienen, um mit Hilfe von (→) Stichproben Daten zu erheben, von denen unter Einsatz der Methoden der (→) Inferenzstatistik (→) Schätzungen über die Gegebenheiten der (→) Grundgesamtheit möglich sind.

Teilgesamtheit
→ Stichprobe

Teilkorrelation
→ Partialkorrelation

Teilstichprobe
→ Unterstichprobe

Telecontrol *(SRG-Telecontrol)*
Das in der Schweiz seit 1985 verwendete System der (→) Zuschauerforschung, das in vielerlei Hinsicht dem deutschen System der (→) GfK-Fernsehforschung ähnelt. Es verwendet einen Kleincomputer mit eingebautem Modem. Mit Hilfe von Infrarot wird in ein Steuerkästchen eingespeist. Die Datenübertragung im Haushalt erfolgt drahtlos. Das Hauptgerät, das bei der Schweizerischen Radio- und Fernsehgesellschaft (SRG) in Bern steht, ist dem Stromnetz angeschlossen.
Telecontrol erfaßt die einzelnen Kanäle, kann aber auch Beurteilungen des Programms aufzeichnen. 1.046 Telecontrol-Geräte stehen in Schweizer Haushaltungen, davon 473 in der deutsch-sprachigen, 366 in der französischen und 206 in der italienischen Schweiz.
In der Nacht werden die Daten abgerufen und in der Zuschauerforschung ausgewertet. Das Telecontrol-Gerät erfaßt die Einschaltzeit des Fernsehgeräts und des gewählten Kanals sowie die Ausschaltzeit automatisch, andere Daten müssen eingegeben werden.
Die Frontplatte des Fernsehaufzeichnungsgerätes hat 16 verschiedene Knöpfe. Was man eingibt, ist sichtbar. Der Telecontrol-Apparat stößt auch Warnungen aus, falls einer vergessen hat, seine Präsenz anzuzeigen. TV-Aufzeichnungen mit Videogerät („zeitversetztes Sehen") werden von Telecontrol ebenfalls erfaßt. Bereits nach fünf Sekunden zeichnet das Telecontrol-Gerät auf, welchen Kanal der Zuschauer gewählt hat und wie lange er vor dem Fernseher sitzt. Zudem kann auch beobachtet werden, wie lange Bildschirmtext gelesen wird. Falls man ein Bildschirmgerät zusätzlich zum Fernseher besitzt, wird das ebenfalls erfaßt. Auch TV-Spiele und Home-Computer können mit Telecontrol beobachtet werden.

telefonische Befragung *(Telefoninterview)*
Eine Form der (→) Befragung in der (→) Umfrageforschung, bei der das (→) Interview mit dem Befragten über das Telefon abgewickelt wird. Gegenüber mündlichen Interviews haben Telefonbefragungen den Vorteil niedriger Erhebungskosten. Sie können sowohl als (→) strukturierte wie als unstrukturierte Befragungen durchgeführt werden. Sie sind für Befragungen, durch die relativ private oder vertrauliche Daten erhoben bzw. einigermaßen diffizile (→) Fragen gestellt werden, ungeeignet. Der vielfach gegen sie erhobene Einwand, daß sie bereits durch das (→) Auswahlverfahren einen

(→) systematischen Fehler in allen Ländern mit unvollständiger Haushaltsabdeckung mit Telefonen enthalten, trifft nur für repräsentative Bevölkerungsumfragen zu. Bei Befragungen von Angehörigen einer fest umgrenzten (→) Zielgruppe gilt dieser Einwand vielfach nicht. Insbesondere bei zahlreichen Untersuchungen der Markt- und (→) Mediaforschung eignen sich telefonische Befragungen mitunter viel besser, weil einige der Befragten (z. B. Entscheidungsträger und Führungskräfte in der Wirtschaft) viel eher bereit sind, ein Telefoninterview zu geben, als einen Termin für ein persönliches, mündliches Interview zu vereinbaren. Auch in Form von telefonischen (→) Koinzidenzinterviews haben sie sich in der (→) Hörer- und (→) Zuschauerforschung durchaus bewährt.

TeleMetron
→ teleskopie

telescoping of error
→ Erinnerungsfehler

TeleSensor
→ teleskopie-Zuschauerforschung

Teleskomat
→ teleskopie

teleskopie-Zuschauerforschung
Das System der (→) Zuschauerforschung, das in der Bundesrepublik Deutschland im Anschluß an die (→) Infratam- und Infratest-Fernsehforschung (1963–1974) von einer gemeinsamen Tochtergesellschaft des Instituts für Demoskopie Allensbach und des Instituts für angewandte Sozialforschung (Infas), Bad Godesberg, im Auftrag der in der Arbeitsgemeinschaft der öffentlich-rechtlichen Rundfunkanstalten der Bundesrepublik Deutschland (ARD), der in der (→) Arbeitsgemeinschaft Rundfunkwerbung (ARW) zusammengeschlossenen Werbefernseh-Gesellschaften und des Zweiten Deutschen Fernsehens (ZDF) zur kontinuierlichen Beobachtung des Einschalt- und Fernsehverhaltens getragen wurde.
Erhebungsbasis war ein repräsentatives (→) Panel von 1650 Fernsehhaushalten mit 4020 Einzelpersonen im Alter von über drei Jahren, deren (→) soziodemographische Daten ebenso wie die für das Fernsehverhalten relevanten (→) Einstellungen und Verhaltensstrukturen in zusätzlichen (→) Befragungen im Zusammenhang mit den Anwerbungsinterviews sowie in allgemeinen Strukturerhebungen ermittelt wurden. Zur Erhebung des Fernsehverhaltens in den Panelhaushalten diente das elektronische Meßgerät Teleskomat bzw. seit 1979 eine Weiterentwicklung namens TeleMetron (das zusätzlich für Haushalte mit Zweitgeräten sowie für Fernseher mit fernbedienten oder transportablen Fersehern eingerichtet wurde). Teleskomat und TeleMetron registrierten die Senderwahl von bis zu 6 verschiedenen Sendern sowie – als entscheidende Neuerung gegenüber dem (→) Tammeter – auch das individuelle Sehverhalten für bis zu sieben Personen (Haushaltsmitglieder sowie evtl. Fernsehgäste) kontinuierlich im 20-Sekunden-Takt. Jedes Haushaltsmitglied hatte dabei eine eigene Taste, die gedrückt werden mußte, wenn die betreffende Person fernsah. Über das öffentliche Fernsprechnetz wurden die zeitgenau im Meßgerät digital gespeicherten Daten nachts von der zentralen Auswertungsstation abgerufen.
Die Auswertungen erfolgten in Form von standardisierten Berichten, die sowohl (→) Einschaltquoten auf Haushaltsbasis wie Personenreichweiten für alle ausgestrahlten Sendungen von ARD, ZDF und Dritten Programmen Tag für Tag kontinuierlich dokumentierten und darüber hinaus für längere Zeitabschnitte auf Monats-, Quartals- und Jahresbasis in zusammenfassenden Berichten Durchschnittsergebnisse darstellten. Seit Januar 1985 wird ein ähnliches System der Fernsehforschung von der (→) GfK-Fernsehforschung wahrgenommen. Seit diesem Zeitpunkt bietet die teleskopie-Zuschauerforschung, die ihr Panel auf 2000 Haushalte mit fast 5000 Einzelpersonen aufstockte, ihr Erhebungsinstrumentarium und ihre Daten auf dem freien Markt an.
Zur Erfassung des Zuschauerverhaltens setzt „teleskopie" heute – je nach Art der Fernsehgeräte im Haushalt – drei verschiedene Meßgerätetypen ein. Alle drei Apparate arbeiten jedoch nach dem gleichen Prinzip.
Das jüngste von „teleskopie" für die neunziger Jahre entwickelte Meßgerät der dritten Generation „TeleSensor" registriert auch die Nutzung von Kabelfernsehen, Videotext, Bildschirmtext, Telespielen, Heimcomputern, Videorecordern.
Seit Januar 1985 läßt „teleskopie" alle bundesweiten und regionalen Fernsehprogramme Tag für Tag auf Video-Kassetten aufzeichnen, so daß nun auch qualitative Analysen des Zuschauerverhaltens bei beliebig auszuwählenden, inhaltlich definierten Programmabschnitten möglich sind.
So läßt sich über die Resonanz beispielsweise der Werbung eines bestimmten Werbungtreibenden in den Werbeblöcken, auf den Bandenflächen der Sportstätten, in gesponserten Fil-

men usw. nach einem einheitlichen Verfahren berichten; denn mit dem Ergebnis der Video-Aufzeichnungen können aus der Zuschauerdatenbank Nutzungsdaten nicht nur für Sendungen und Zeitabschnitte, sondern auch für spezifische Teile von Sendungen gewonnen und sinnvoll kombiniert werden.
Ebenso kann man ermitteln, welche Resonanz etwa die Wirtschaftsmagazine, in ihrer Gesamtheit oder auch Teile daraus, bei spezifischen Zielgruppen gehabt haben. Diese Zielgruppen können nach den üblichen Merkmalen wie Alter, Geschlecht, Einkommen usw. definiert sein, oder auch nach Kriterien, die aus dem Nutzungsverhalten beim Fernsehen selbst gewonnen werden. Eine weitere Quelle für die Bildung von Zielgruppen ist die jährliche Befragung der Panelmitglieder nach ihren Konsum- und Lesegewohnheiten. Möglich ist jetzt auch die Erfassung und Nutzung spotbezogener Reichweitendaten.
Durch das teleskopie-Meßgeräte-Panel, kombiniert mit einer lückenlosen Aufzeichnung aller Werbesendungen, ist es möglich, jede Einschaltung, jedes Produkt, jede Zielgruppe, jede Kampagne im Werbefernsehen zu beobachten und zahlreiche Fragen zum Werbemittelkontakt präzise zu beantworten:

- Wer hat welchen TV-Spot wirklich gesehen und wie groß ist der durch den Spot bzw. die ganze Kampagne erreichte Personenkreis?
- Wie setzt sich dieser Personenkreis nach Alter, Geschlecht, Beruf, Einkommen usw. zusammen? Inwieweit ist dieser erreichte Personenkreis mit der Zielgruppe identisch oder wie groß ist der Streuverlust?
- Wie oft wurden welche Zuschauer von der gleichen Werbebotschaft erreicht? Wie viele Zuschauer haben die Werbung der konkurierenden Produkte gesehen, welche waren nur einem einzigen Angebot ausgesetzt?
- Wie sieht das Kosten-Nutzen-Verhältnis einer bestimmten Kampagne aus? Wie haben die Mitbewerber eines Produktes im gleichen Zeitraum mit welchem Erfolg geworben?

Fluktuationsanalysen der teleskopie haben ergeben, daß die (→) Werbeblocks des öffentlich-rechtlichen Fernsehens sehr unterschiedliche Charakteristika haben. Einige haben in ihrem Programmumfeld den Charakter eines „Wartesaals“ (Werbeblöcke mit einer stabilen Zuschauerstruktur, bei denen sich die Zuschauerzahl zwischen dem ersten und dem letzten Spot nicht entscheidend verändert), andere den einer „Sammelstelle“ (ein Block, bei dem sich das Publikum in Erwartung eines angekündigten Unterhaltungsprogramms allmählich versammelt und die Zuschauerzahl während des Werbeblocks von Minute zu Minute kontinuierlich wächst) und wieder andere den einer „Drehscheibe“ (der Werbeblock liegt zwischen zwei unterschiedlichen Programmsparten, etwa zwischen Politik und Unterhaltung, so daß sich während des Blocks das Publikum umschichtet; nirgendwo sonst sind die Zuschauerverluste von Programm zu Werbung und die Zugewinne von Werbung zu Programm so stark wie bei diesen Blöcken. Charakteristisch ist auch ein deutlich geringeres Publikum in der Mitte des Blocks). Über die Auswirkungen dieser Analysen für die Mediaplanung schrieb Klaus Liepelt: „Jeder Werbeblock hat sein eigenes Profil und auch seine spezifische Zu- und Abwanderungsstruktur. Und auch die Zusammensetzung des Publikums wandelt sich im Zeitverlauf häufig binnen weniger Minuten. Es liegt daher nahe, daß ein Werbungtreibender, der für ein Produkt der Versicherungsbranche in einem der ‚Drehscheiben‘-Werbeblöcke zwischen Politik und Unterhaltung wirbt, gern in der Nähe der ‚heute‘-Sendung – also am Ende des dritten oder zu Beginn des vierten Werbeblocks – plaziert wäre. Ein Schokoladenhersteller dagegen mag eher an dem zweiten Werbeblock, dem ‚Wartesaal‘ zwischen zwei Serienteilen, interessiert sein, weil er hier mit Recht gerade sein Käuferpublikum, einschließlich vieler Kinder, vermutet. Ein Zeitschriftenverleger, der mit Hilfe des Fernsehens einer neuen Ausgabe seiner TV-Programmzeitschrift zu Absatz verhelfen will, wäre donnerstags am Ende des vierten Werbeblocks am besten bedient, wenn sich die Familie zur großen Abendunterhaltung versammelt. Und ein Gewinnspielveranstalter wäre sicher zufrieden, wenn er mittwochs den dritten Werbeblock belegen könnte, weil sich dann jene Zuschauergemeinde versammelt, die die Ausspielung des Mittwochslottos miterleben möchte.
Angesichts all dieser Befunde stellt sich die Frage, ob es die bestehende Verkaufsstruktur des Werbefernsehens geschulten Mediaplanern tatsächlich so schwer macht, ihre TV-Werbebotschaften produktgerecht zu plazieren. Wenn das so wäre, müßten die im ZDF vorgenommenen Werbeeinschaltungen für einzelne Produkte bzw. Produktgruppen jeweils die durchschnittlichen Tausenderpreise reflektieren. Wir haben diese untersucht und dabei festgestellt, daß das nicht der Fall ist.“
Die teleskopie-Berichte werden auf die Bedürfnisse unterschiedlicher Nutzerkreise zugeschnitten. Alle enthalten jedoch Informationen über (→) Einschaltquoten der Haushalte und

die Sehbeteiligung der Fernsehzuschauer für ausgewählte Programme, teilweise nach Zuschauergruppen unterteilt. Im einzelnen bietet die teleskopie heute die folgenden Informationsdienste zum Einschalt- und Sehverhalten der Fernsehzuschauer:

LAUFENDE DIENSTE:

telejour
Die TV-Tageschronik von teleskopie
Tagesübersichten zum Einschalt- und Sehverhalten bei den Sendungen von ARD, ZDF, und den Dritten Programmen (Fortsetzung der bisherigen Berichterstattung). Erscheinungsweise: wöchentlich.
telejour wird für die Bundesrepublik insgesamt und, bei entsprechender Nachfrage, auch für einzelne Bundesländer bzw. Sendegebiete geliefert.

telespot
Der TV-Werbemonitor von teleskopie
Meßdaten zum Einschalt- und Sehverhalten bei der Fernsehwerbung. Ein Informationsdienst für die Auftraggeber, Vermittler und Veranstalter von Werbefernsehen.
Erscheinungsweise: wöchentlich; monatliche Zusammenfassungen.
telespot beobachtet jedes Produkt, jede Zielgruppe, jede Kampagne. Der Bericht kann für jeden der rund 400 fernsehrelevanten Wettbewerbsmärkte bezogen werden. Auf Wunsch werden, so wie bisher, auch Daten über die Werbeblöcke geliefert.

telesport
Der TV-Sportmonitor von teleskopie
Meßdaten zum Sehverhalten bei Sportübertragungen im Fernsehen. Ein Informationsdienst für Vereine, Verbände, Veranstalter und Nutzer von Sportereignissen.
telesport beobachtet jedes übertragene oder kommentierte Sportereignis. Der Bericht kann separat für jede Sportart bezogen werden.
Erscheinungsweise: wöchentlich; saisonale Zusammenfassungen.

teleband
Der TV-Sportstättenmonitor von teleskopie
Meßdaten zur Reichweite von Banden- und Trikotwerbung in den Sportübertragungen des Fernsehens. Ein Informationsdienst für Sportstättenbetriebe, Sportveranstalter und Werbungtreibende.
teleband mißt, wann immer eine Werbebotschaft im Bild erscheint, deren Publikumsreichweite. Dies gilt für Banden- und Trikotwerbung bei allen im Fernsehen übertragenen Sportereignissen. Ein teleband-Bericht kann für jede Sportstätte bezogen werden. Erscheinungsweise: nach Bedarf wöchentlich oder monatlich.

telenews
Der TV-Politikmonitor von teleskopie
Meßdaten zur Resonanz der Politik im Fernsehen. Ein Informationsdienst für alle, die im aktuellen Geschehen beteiligt sind.
telenews beobachtet die Zuschauerbeteiligung für alle politischen Sendungen: Nachrichten, Magazine, Sonderberichte. Die Sendungen werden nach Sendeinhalten untergliedert. Getrennt nach Politikfeldern wird über die sich ändernde Aktualität von Themen, Personen und Institutionen und deren jeweilige Resonanz beim Publikum berichtet.
Die Berichterstattung erfolgt wöchentlich für die gesamte Bundesrepublik und, auf Wunsch, auch für einzelne Bundesländer.

telemarkt
Der TV-Wirtschaftmonitor von teleskopie
Meßdaten zur Resonanz der Wirtschaft im Fernsehen. Ein Informationsdienst für Unternehmen und Verbände.
telemarkt beobachtet die Resonanz wirtschaftlicher Themen im Fernsehen und erfaßt die Zuschauerstrukturen.
Die Sendungen werden nach Sendeinhalten untergliedert. Getrennt nach Sparten wird über die sich laufend ändernde Aktualität berichtet.
Die Berichterstattung erfolgt wöchentlich.

SONDERDIENSTE:

Je nach Bedarf können von teleskopie die nachfolgenden Sonderleistungen abgefordert werden:

telequick
Der TV-Expreßdienst von teleskopie
Aktuelle Meßdaten zum Einschalt- und Sehverhalten ausgewählter Sendungen. telequick liefert an dem der Ausstrahlung folgenden Tag Informationen über das Einschalt- und Sehverhalten für bestimmte Zeitabschnitte oder Sendungen in Kurzform.
Bezieher eines der laufenden Dienste haben damit die Möglichkeit, für sie besonders interessante Informationen schon vorab zu erhalten. Die Lieferung erfolgt auf Anfrage über Telex oder Datenterminal.

teleprofil
Der Programm-Monitor von teleskopie
Aktuelle Informationen zur Resonanz ausgewählter Fernsehsendungen oder Programmsparten.
teleprofil vermittelt einen Überblick über Sehbeteiligung, Zuschauerstruktur, Zuschauerfluktuation und Akzeptanz bestimmter Fernsehsendungen oder Programmsparten. Bezieher eines der laufenden Dienste oder andere Nutzer können durch teleprofil für eine bestimmte Sendung oder eine ganze Programmsparte eine detaillierte Analyse der Zuschauerstrukturen erhalten.
Die Lieferung erfolgt auf Anfrage.

telethek
Die Datenbank der teleskopie
Die Meßdaten der teleskopie, die Informationen über die ausgestrahlten Programme und die Strukturdaten der Panelhaushalte werden in der teleskopie-Datenbank gespeichert und laufend fortgeschrieben. Die Datenbank steht den Beziehern der teleskopie-Dienste für weitere Auswertungen des von ihnen bezogenen Materials zur Verfügung. Dazu werden zahlreiche Analyseprogramme bereitgehalten.

telespezial
Der individuelle Kundendienst der teleskopie
Die Datenbank der teleskopie ist so organisiert, daß auch kundenspezifische Berichtsdienste aufgelegt werden können, für die das Material anders aufbereitet wird, als dies in den laufenden Informationsdiensten vorgesehen ist.

Tertiärleser
→ Folgeleser, Agostini-Ansatz

Tertil
Ein Tertil ist ein (→) Quantil, durch das die Ordnungszahlen einer (→) Häufigkeitsverteilung in drei gleichgroße Teile geteilt werden.

Test *(Testverfahren)*
Nach Lee J. Cronbach ist ein Test „ein systematisches Verfahren, um das Verhalten von zwei oder mehr Personen zu vergleichen“. Es handelt sich dabei um „wissenschaftliche Routineverfahren“ (Gustav A. Lienert) zur Untersuchung und quantitativen Analyse von bestimmten (→) Merkmalen und Merkmalsausprägungen bei Personen, Personenaggregaten und -gruppen oder Objekten. Tests sind so Verfahren zur Herbeiführung einer kontrollierten (→) Beobachtung von Eigenschaften, Verhaltensweisen, die sich in der Regel auf mehrere Personen der Objekte erstreckt. Die begriffliche Abgrenzung der Tests z.B. von (→) Experimenten wird dadurch erschwert, daß zahlreiche Testinstrumente wie z. B. der (→) Satzergänzungstest, der (→) Szondi-Test, der (→) t-Test usw., die Bezeichnung Test tragen. Auch die Verfahren der statistischen (→) Hypothesenprüfung werden vielfach als statistische Tests bezeichnet.
Zu den in der Fachliteratur angeführten Kriterien, denen Tests genügen müssen, zählen:

1. **Standardisierung:** Die Einzelheiten des Tests müssen so weit vereinheitlicht sein, daß jeder Untersuchungsgegenstand unter den im Hinblick auf das Untersuchungsziel relevanten Gesichtspunkten dieselben Bedingungen vorfindet, so daß die Ergebnisse interindividuell verglichen werden können.
2. (→) **Objektivität,**
3. (→) **Reliabilität** (Zuverlässigkeit)
4. (→) **Validität** (Gültigkeit).

→ Pretests, Posttests

Testfehler
→ Fehler 1. und 2. Art

Test-Retest-Methode *(Test-Retest-Reliabilität)*
→ Wiederholungsverfahren

tetrachorische Korrelation
Ein (→) Korrelationskoeffizient für zwei normalverteilte Variable X und Y, die entweder dichotom gemessen oder dichotomisiert wurden und so in einer (→) Vierfeldertafel dargestellt werden können.
Die Berechnung erfolgt nach der Formel:

$$r_T = \frac{N(AB) - (A)(B)}{\sqrt{(A)(\alpha)(B)(\beta)}}$$

Diese Maßzahl ist gleich 1, wenn (AB) = (A) = (B). Dies trifft jedoch nur dann ein wenn (αB) und (Aβ) gleich Null sind.

Merkmal X / Merkmal Y	A	α	Σ
B β	(AB) (Aβ)	(αB) (αβ)	(B) (β)
Σ	(A)	(α)	N

theoretisches Konstrukt
→ Konstrukt

Through-the-book-Technik
→ Originalheftmethode

Thurstone-Skala *(Methode der gleicherscheinenden Intervalle)*
Ein von Edward L. Thorndike bereits 1910 entwickeltes (→) Skalierungsverfahren, als dessen Entdecker dennoch Louis L. Thurstone gilt. Es handelt sich um eine vor allem in der (→) Einstellungsforschung verwendete Differentialskala, für deren Bildung zunächst eine große Zahl vermutlich relevanter Aussagen für die betreffende (→) Einstellung gesammelt wird und dann aus diesen mit Hilfe einer Gruppe von Experten repräsentative Aussage für die Positionen eines (→) Kontinuums ausgesucht werden. Jeder Experte ordnet die Aussagen den verschiedenen Rangstufen des Maßstabs zu und legt dabei die vermuteten Einstellungen anderer Personen, und nicht die eigenen Einstellungen, zugrunde. Jede einzelne der Aussagen erhält einen Skalenwert, der dem (→) Median (Zentralwert) der Experteneinschätzungen entspricht. Aus der Gesamtheit der Aussagen werden diejenigen ausgewählt, deren Mediane um eine Maßstabeinheit voneinander entfernt sind und außerdem ein besonders kleines (→) Streuungsmaß haben. Insgesamt werden auf diese Weise etwa 20 Aussagen zu einem Einstellungsgegenstand gewonnen, die so formuliert sind, daß die Befragten nur einer oder nur wenigen von ihnen zustimmen können. Während also bei der (→) Likert-Skala und der (→) Guttman-Skala die Skalenaussagen so formuliert sind, daß jemand abhängig von der eigenen Einstellung vielen Aussagen zustimmen kann, teilen die Aussagen auf der Thurstone-Skala das Beurteilungskontinuum in annähernd gleiche Abstände ein (daher die Bezeichnung als Methode der gleicherscheinenden Intervalle). Eine Variante ist die (→) Methode der nachträglich bestimmten Abstände. Die Thurstone-

Thurstone-Skala

Itembatterie:

(INTERVIEWER: VORLAGE BEREITHALTEN)

„Wir würden gerne wissen, was Sie von der X-Bank halten. Sehen Sie sich einmal diese Karte an: Da sind einige Meinungen aufgeschrieben, die wir von anderen Befragten gehört haben. Bitte suchen Sie diejenige Feststellung heraus, die Ihrer Ansicht nach am besten die X-Bank beschreibt. Sie brauchen mir nur die Nummer dieser Feststellung zu nennen.“ (INTERVIEWER: NUR EINE ANGABE!)

1 ( ) 2 ( ) 3 ( ) 4 ( ) 5 ( ) 6 ( ) 7 ( ) 8 ( )

Vorlage:

1. Eine Bank, die sich nicht gerade viel Mühe gibt mit ihren Kunden
2. Eine Bank, die man weder als gut noch als schlecht bezeichnen kann
3. Eine Bank, die man als zuverlässig bezeichnen kann

....
(weitere Statements)

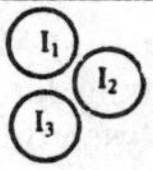

Skalenwerte der Jurorenurteile: 2,7 (I_1), 5,5 (I_2), 9,6 (I_3) ...

OC-Kurven der Items:

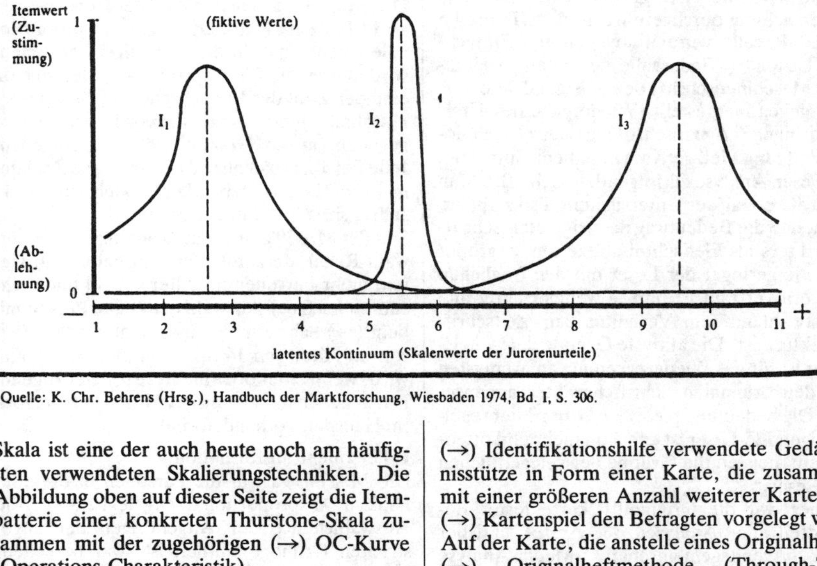

Quelle: K. Chr. Behrens (Hrsg.), Handbuch der Marktforschung, Wiesbaden 1974, Bd. I, S. 306.

Skala ist eine der auch heute noch am häufigsten verwendeten Skalierungstechniken. Die Abbildung oben auf dieser Seite zeigt die Itembatterie einer konkreten Thurstone-Skala zusammen mit der zugehörigen (→) OC-Kurve (Operations-Charakteristik).

Tiefeninterview

Es hat sich in der Marktforschung eingebürgert, von Tiefeninterviews zu sprechen, wenn (→) Intensivinterviews gemeint sind. Tatsächlich sollte der Begriff des Tiefeninterviews ausschließlich für das nach den Erkenntnissen der Tiefenpsychologie geführte diagnostische oder therapeutische Gespräch des Psychotherapeuten mit einem Patienten verwendet werden.

Titelkarte

Eine bei Leserschaftsuntersuchungen häufig als Instrument der (→) gestützten Erinnerung als (→) Identifikationshilfe verwendete Gedächtnisstütze in Form einer Karte, die zusammen mit einer größeren Anzahl weiterer Karten im (→) Kartenspiel den Befragten vorgelegt wird. Auf der Karte, die anstelle eines Originalhefts, (→) Originalheftmethode (Through-The-Book-Technique), verwendet wird, ist entweder in Schwarz-Weiß oder in dem Original entsprechender Farbgebung der Titelkopf der Zeitung oder Zeitschrift abgedruckt, die Gegenstand der (→) Befragung ist. Die Verwendung von Titelkarten in (→) Mediaanalysen hat den besonderen Vorteil, daß es bei der (→) Befragung möglich ist, Fragen zur Nutzung einer großen Anzahl von Werbeträgern zu stellen, ohne daß die Interviewer mit einem Koffer voller Originalhefte zu den Befragten gehen müssen. Der Fehler, der aus mangelhafter Titelidentifikation entsteht, war lange Zeit hindurch ein

Lieblingsthema der (→) Mediaforschung. Als in Deutschland Anfang der 1950er Jahre die ersten (→) Leseranalysen durchgeführt wurden, konnte man auf reiche internationale Erfahrungen zurückgreifen. Die (→) Arbeitsgemeinschaft Leseranalyse (AGLA) sah von Anfang an die Vorlage von Titelkarten vor. 1954 waren sie noch schwarzweiß, ab 1956 vierfarbig. 1957 wurde dazu die erste größere experimentelle Untersuchung durchgeführt. In der „Testreihe Aided Recall“ wurden sogenannte „Einfach-Titelkarten“ (Wiedergabe des Titels in einfacher Maschinenschrift) den „Original-Titelkarten“ gegenübergestellt (Wiedergabe des Titels im farbigen Originalschriftzug). Der Psychologe Wolfgang Metzger kam in seinem Gutachten zu dieser Analyse zu folgendem Schluß: „Man kann als Ertrag der Untersuchung also wohl buchen, daß die Bedeutung des originalen Schriftcharakters als Gedächtnisstütze um so größer wird, je geringer der Leser mit den fraglichen Blättern vertraut ist und je weniger aktiv und selbstwählend sein Verhältnis zur Zeitschriftenlektüre ist. Die aktivste Gruppe der A + E-Leser ist für das Wiedererkennen am wenigsten auf den originalen Schriftcharakter angewiesen. Die bedeutend passivere Gruppe der regelmäßigen LZ-Leser ist es schon mehr und offenbar am meisten die Gruppe der gelegentlichen LZ-Leser.“
Seither war die Originaltitelkarte fester Bestandteil aller Analysen der AGLA und der (→) Arbeitsgemeinschaft Media-Analyse (AG.MA); nur ihre Größe wechselte hin und wieder.

Toleranzintervall
→ Vertrauensbereich

Totalerhebung *(Totalbefragung, Vollerhebung, Zensus)*
Eine (→) Erhebung, bei der im Gegensatz zu einer (→) Teilerhebung alle Elemente einer (→) Grundgesamtheit in die Untersuchung einbezogen werden. Vollerhebungen werden vorwiegend von den Trägern der Amtlichen Statistik durchgeführt, die Datensammlung in der Marktforschung ist mehr oder minder ausschließlich auf Stichprobenuntersuchungen beschränkt. Vollerhebungen kommen mitunter in der (→) Mediaforschung in Form von (→) Datei- und (→) Empfänger- und (→) Nutzer-Struktur-Analysen vor.

TPS
Abk Tageszeitungs-Planungs-System

Transformation
Die (→) Stichprobe der (→) Media-Analyse (MA) der (→) Arbeitsgemeinschaft Media-Analyse (AG.MA) war bis 1978 ihrer Anlage nach eine (→) Haushalts-Stichprobe. Durch die (→) Befragung nur einer Person pro Haushalt wird sie in bezug auf die Haushaltsgröße disproportional. Diese Disproportionalität wird durch die sog. Transformation wieder aufgehoben.
Da jede Person eine der Zahl der Erwachsenen ab 14 Jahre im Haushalt umgekehrt proportionale Chance hat, in die Auswahl zu kommen, wird durch die Transformation jeder Person eine der Zahl der Erwachsenen ab 14 Jahre im Haushalt entsprechende proportionale Chance gegeben, in das Gesamtergebnis einzugehen: Jede Person erhält also als Gewicht die Zahl der in ihrem Haushalt lebenden Erwachsenen ab 14 Jahre, sie selbst mitgerechnet.
Seit der MA 79 gibt es eine kompliziertere Auswahl-Regel, derzufolge in Haushalten mit vier und mehr Personen im Alter von 14 und mehr Jahren nach der Auswahl der ersten Person mit dem (→) Schwedenschlüssel eine weitere Person im Alter von 14 bis 19 Jahren ausgewählt wird, wenn einer oder mehrere solcher Jugendlichen neben der erstausgewählten Person noch im Haushalt vorhanden sind.

1. Personentransformation:
Die MA 86 war für die Personen in dreierlei Hinsicht disproportional angelegt, d. h. die Auswahlchance der Angehörigen der angestrebten Grundgesamtheit ist zwar berechenbar, aber nicht gleich.

- Personen aus Bremen und dem Saarland. In diesen Gebieten erfolgte eine hundertprozentige Aufstokkung. Das heißt, die Auswahlchance war gegenüber den Personen aus den anderen Bundesländern um den Faktor 2 erhöht.
- Personen aus Haushalten mit zwei bzw. drei Personen im Alter von 14 und mehr Jahren. Hier wurde nur eine Person ausgewählt. Deswegen verringerte sich die Auswahl-Chance gegenüber Personen aus Ein-Personen-Haushalten um den Faktor ½ bzw. 1/3.
- Personen aus Haushalten mit vier, fünf oder sechs Personen im Alter von 14 und mehr Jahren. Hier wurden zwei Personen ausgewählt. Das verringerte

deren Auswahlchance um die Faktoren 2/4, 2/5 bzw. 2/6. Mehr als sechs Erwachsene (im Alter von 14 und mehr Jahren) erfaßte die Auswahlregel nicht. Sie traten auch nicht auf.

Die drei Faktoren müssen multipliziert werden, um die aus den drei Bereichen der Disproportionalität herrührenden Einflüsse zusammenzufassen. In der folgenden Tabelle sind lediglich die relativen Auswahlchancen aufgeführt werden; d. h. die Auswahlchance einer Person aus einem Ein-Personen-Haushalt (14 + Jahre) wird gleich 1 gesetzt:

Land		Bremen und Saarland	übrige Länder
Chancen-Anteil daraus		2	1
Anz.Pers. 14+i.HH	Chancen Anteil daraus		
1	1	2	1
2	1/2	1	1/2
3	1/3	2/3	1/3
4	2/4	1	2/4
5	2/5	4/5	2/5
6	2/6	4/6	2/6

Für die MA 86 wird im folgenden angegeben, wie viele Personen auf diese Zellen entfallen:

Land	Bremen und Saarland	übrige Länder	Gesamt
HH-Größe 14 + Jahre			
1	239	4199	4438
2	448	7571	8019
3	182	2601	2783
4	150	2340	2490
5	44	652	696
6	12	196	208
Gesamt:	1075	17.559	18.634

Die Transformation stellt die Gleichheit der Auswahlchancen her (daher die richtigere Bezeichnung Proportionalisierung). Dazu wird jeder Person in der Stichprobe ein Faktor zugeordnet, der den reziproken Wert der Auswahl-Chance ausmacht. Es genügt, hier mit der relativen Auswahlchance zu operieren, weil es nur auf die Relation ankommt. Für die Ausweisungen in Prozenten der Befragten spielt die Absolutzahl sowieso keine Rolle. Für die Ausweisungen in den Dokumentations-Tabellen ist eine Normierung vorgenommen worden, welche die Summe der sogenannten Transformationsgewichte gleich der Anzahl Befragten werden läßt. Für die MA 86 waren das 18.634 Personen.

Auszählungen auf der Basis der Transformations-Gewichte geben das Stichproben-Ergebnis wieder – repräsentativ allerdings für eine Grundgesamtheit, die etwas von der angestrebten Grundgesamtheit abweicht.

Die Stichprobenanlage sichert zunächst durch die Schwedenschlüssel-Anweisungen und die Feststellung der neutralen (→) Ausfälle die Eliminierung derjenigen Personen, die nicht zur angestrebten Grundgesamtheit gehören, denen also eine Auswahlwahrscheinlichkeit Null zukommt.

2. Haushaltstransformation:

Die MA 86 machte wie ihre Vorgängerinnen Aussagen über die privaten (→) Haushalte. Wegen der (→) disproportionalen Anlage mußte für die Haushalte ebenfalls transformiert werden. Dies geschah unabhängig von den Transformationsvorgängen für die Personen.

Die MA 86 war für die Haushalte nur in einer Hinsicht disproportional angelegt, nämlich in bezug auf die (→) Aufstockung. Die Haushalte der Bundesländer Bremen und Saarland wiesen insofern die relative Auswahlchance 2 gegenüber den Haushalten aus den übrigen Bundesländern auf.

Darüber hinaus existiert ein Phänomen, das nichts mit der Auswahlchance der Haushalte zu tun hat, sondern aus der Tatsache herrührt, daß in der Personen-Stichprobe bestimmte Haushalte mit zwei Personen vertreten sind und daher für ein und denselben Haushalt zweimal im Prinzip dieselben Informationen vorliegen. Daraus erwächst die Notwendigkeit einer Reduktion, die formal der Transformation gleich ist und insofern gleichzeitig vorgenommen werden kann.

Das führt zu folgendem Schema aus Auswahlchance und Doppelbefragung:

Land		Bremen und Saarland	übrige Länder
Chancen-Relation daraus		2	1
Anzahl der Peronen im Haushalt			
zu befragen:	befragt:		
1	1	2	1
2	1	2	1
2	2	4	2

Die Zellen-Besetzungen für die Personen sind mithin:

				Gesamt:
1	1	869	14.371	15.250
2	1	44	710	754
2	2	162	2.478	2.640
Gesamt:		1.075	17.559	18.634

Die Transformation besteht jetzt aus der Multiplikation jedes Individuums in der Stichprobe mit dem reziproken Wert aus der oberen Tabelle.

Daraus entstehen die Transformationsgewichte der Haushalte. Sie werden anders als im Fall der Transformationsgewichte der Personen auf die Zahl der befragten Haushalte normiert. Diese veränderte Normierung erfolgte erstmals für die MA 83. Die Zahl der befragten Haushalte ist geringer als die Zahl der befragten Personen. Für die MA 86 betrug sie 17.314. Auf diese Normzahl kommt man, wenn man in der letzten Tabelle jeweils die Anzahl Personen aus Haushalten durch 2 dividiert, in denen tatsächlich zwei Personen befragt wurden. In den anderen Haushalten ist ja sowieso die Anzahl Personen gleich der Anzahl der Haushalte gleich Eins. Das gibt die folgende Tabelle wider:

Land		Bremen und Saarland	übrige Länder	Gesamt
Anz. Pers. im HH				
zu befragen:	befragt:			
1	1	869	14.371	15.240
2	1	44	710	754
2	2	81	1.239	1.320
Gesamt:		994	16.320	17.314

→ Redressement

Transplantation
Ein von Friedrich Wendt entwickeltes seit 1978 verwendetes Verfahren zur Herstellung eines Ausgleichs von Aktualität und Stabilität von Daten aus der (→) Media-Analyse (MA) der (→) Arbeitsgemeinschaft Media-Analyse (AG.MA). Aktualität heißt, die Daten so wenig wie möglich in die Vergangenheit zurückreichen zu lassen, aus der prognostiziert wird. Stabilität heißt, durch (→) Akkumulation oder andere Verfahren möglichst viele Daten (mehrere Stichproben) zusammenzufügen, um eine geringere (→) Schwankungsbreite und damit statistisch eine größere (→) Sicherheit zu erhalten. Besonders für kleinere Gruppen von Befragten, etwa die Leser einer regionalen Tageszeitung in ihrem Verbreitungsgebiet, ist das von großer Bedeutung. Geringe (→) Fallzahlen können sonst von Jahr zu Jahr unter Umständen sogar erhebliche Schwankungen erzeugen. Bei dem von Friedrich Wendt entwickelten Verfahren werden unter Beibehaltung der aktuellen Grunddaten zur Personenbeschreibung, speziell der Sozio-Demographie, und der mit einem starken Aktualitätsbedürfnis ausgestatteten (meist nationalen) Medien für die Medien mit geringerer Aktualitäts-Anfälligkeit die Werte von drei zurückliegenden Media-Analysen gemittelt und „eingedampft", so daß sie in die jeweils letzte aktuelle MA als Transplantat passen.

Tree Analysis
→ Segmentation, Kontrastgruppenanalyse

Treffgenauigkeit
→ Akkuranz

Trend *(Trendanalyse, Trendextrapolation)*
In der statistischen (→) Zeitreihenanalyse ist der Trend die von Zufallsschwankungen unabhängige Grundrichtung einer Zeitreihe. Nach Joseph Schumpeter weist eine Zeitreihe einen Trend auf, „wenn es möglich ist, den ganzen durch sie erfaßten Zeitintervall so in Unterintervalle zu teilen, daß die Mittelwerte der Zeitintegrale über diese Unterintervalle in Abhängigkeit von der Zeit monoton zunehmen oder abnehmen, oder daß sie nur einmal die Wiederkehr der gleichen Zahlen aufweisen". Nach einer Formulierung von Paul Flaskämper ist der Trend „gewissermaßen ein dynamischer Mittelwert, an dem sich der empirische Verlauf mehr oder weniger eng anschmiegt". Zur Trendbestimmung stehen in der Statistik graphische Verfahren wie z. B. die (→) Freihandmethode oder die zwar rechnerische, aber in ihrer Genauigkeit der Freihandmethode sehr ähnliche (→) Methode der Halbreihenmittelwerte (Methode der halben Durchschnitte) sowie rechnerische Verfahren wie das Verfahren der (→)

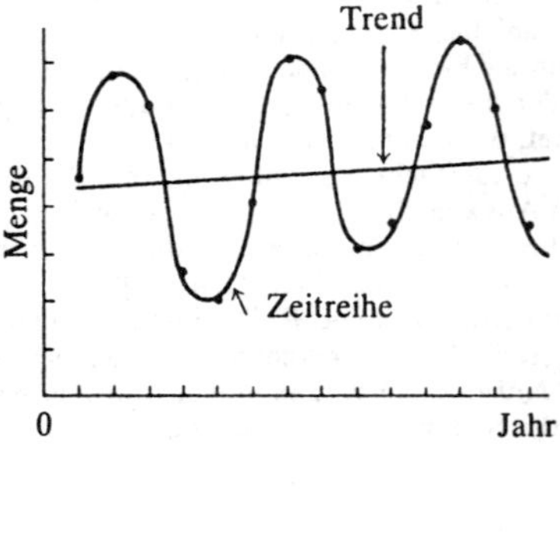

gleitenden Durchschnitte und die (→) Methode der kleinsten Quadrate zur Verfügung.
Je nach der Wahl der für die Trendbestimmung verwendeten Gleichung lassen sich die folgenden Grundtypen von Trends unterscheiden:

1. **linearer Trend:** Ein Trend mit der Gleichung $T(t) = a_0 + a_1t$.
2. **logarithmischer Trend:** $T(t) = \lg a_0 + x \lg a_1$.
3. **hyperbolischer Trend:** $T(t) = \frac{1}{a_0 + a_1x}$
4. **logistischer Trend,** (→) logistische Funktionen: $T(t) = a(1 + e^{b-ct})^{-1}$ $(a>0, b>0, c>0)$
5. **polynomialer Trend (parabolische Trends):**
   2. Grades: $T(t) = a_0 + a_1t + a_2t^2$
   3. Grades: $T(t) = a_0 + a_1t + a_2t^2 + a_3t^3$
6. **exponentieller Trend,** (→) Exponentialfunktion: $T(t) = ae^{bt}$.

Zur Trendbereinigung einer Zeitreihe bestimmt man die Abweichung jedes einzelnen Beobachtungswerts von dem ihm zugehörigen Trendwert, (→) exponentielle Glättung.

Trenderhebung *(Wiederholungsbefragung)*
Eine in der (→) Media- und Marktforschung übliche Form der (→) Befragung gleichartiger, aber nicht identischer (→) Stichproben, also kein (→) Panel, mit dem Ziel, (→) Einstellungsänderungen sowie Änderungen von Gewohnheiten und von Verhaltensweisen usw. im Zeitverlauf zu verfolgen. Gegenüber den Paneluntersuchungen haben Trenderhebungen den Vorteil, daß sie wesentlich leichter zu handhaben und preisgünstiger sind; ihr Nachteil ist, daß es sich bei den verschiedenen Befragungswellen lediglich um regelmäßig wiederholte (→) einmalige Befragungen handelt und sich in den unterschiedlichen Ergebnissen der einzelnen Wellen nicht zwingend auch geradlinige Änderungen in den objektiven Gegebenheiten wiederspiegeln. Für die Unterschiede zwischen den Befragungswellen schließlich gelten die (→) Vertrauensbereiche (Fehlertoleranzen), die bei Panelbefragungen nicht gelten, weil es sich stets um die Befragung derselben und nicht bloß der gleichen Personen handelt.

Trendforschung
Über das rein statistische Verständnis des Begriffes (→) Trend hinaus bezeichnet man in der Sozialforschung und insbesondere in der Futurologie als Trend eine erkannte gesellschaftliche Entwicklung, deren allgemeine Richtung bekannt ist und in der sich mehrere Abläufe bündeln, die zusammen einen charakteristischen Aspekt der sozialen Wirklichkeit ausmachen. Dementsprechend und im Zuge des seit den 1960er Jahren in den westlichen Industriegesellschaften voranschreitenden Wertewandels befassen sich vielfältige Trenduntersuchungen der (→) empirischen Sozialforschung mit psychologischen, sozialpsychologischen Entwicklungstendenzen und Strukturen, mit Werthaltungen und Grundeinstellungen und deren Auswirkungen für die allgemeine Lebensführung und damit auch das (→) Konsumentenverhalten. Zielsetzung dieser Trenduntersuchungen ist es, mit Hilfe von Langzeituntersuchungen Entscheidungshilfen für Marketing und Kommunikation ebenso wie für die Wirtschaft und die Politik zu liefern. Im einzelnen soll sie nach einer Aufstellung von Carmen Lakaschus Erkenntnisse ermitteln über:

- die Stärke eines Trends
- seine Entwicklungsdynamik
- die Zielgruppen, die ihn tragen
- seine Ausdrucksformen
- die Verlaufsstruktur des Trends
- die Reaktionen der Trendverläufe auf verschiedene, auf sie einwirkende Einflüsse
- die Bedingungsgefüge und Interaktionen zwischen verschiedenen Trends.

Trennschärfe *(Trennschärfekoeffizient, Trennschärfefunktion)*
Trennschärfe ist die Fähigkeit eines (→) Testverfahrens oder Test-Items, unter gegebenen Bedingungen und vorgegebenen (→) Signifikanzniveau, d. h. unter vorgegebener Wahrscheinlichkeit für einen (→) Fehler 1. Art, den entsprechenden (→) Fehler 2. Art zu vermeiden, mit anderen Worten die Wahrscheinlichkeit dafür, daß ein Testverfahren bzw. Test-Item zur Zurückweisung einer falschen (→) Hypothese führt. Vielfach wird die Trennschärfe als die (→) Korrelation eines Test-Items mit dem Gesamtpunktwert definiert. Je kleiner die Wahrscheinlichkeit eines Fehlers 2. Art, desto größer ist die Trennschärfe. Die Trennschärfefunktion kann in Form einer (→) OC-Kurve (Operationscharakteristik) dargestellt werden:

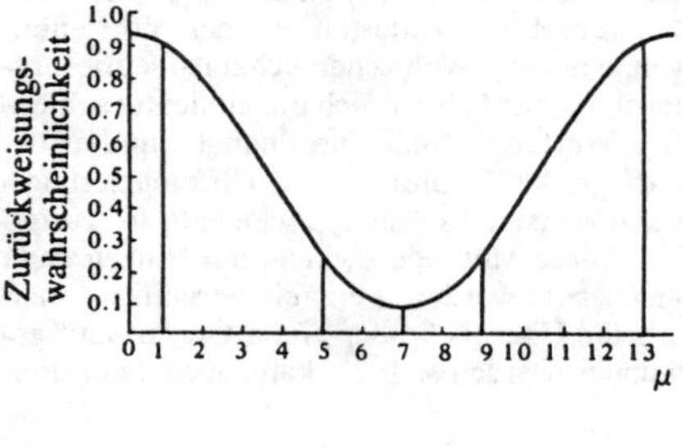

Triplikation
→ externe Überschneidung

Truppenkino (TK)
Truppen-Kinos sind gewerbliche Filmtheater innerhalb oder in unmittelbarer Nähe von Kasernenbereichen und Fliegerhorsten. Zutritt haben nur Soldaten und zivile Hilfskräfte in Kasernen. Zielgruppe sind junge Männer im Alter von 18 bis 25 Jahren.
→ Filmtheaterkategorien

Truppen-Kinos im Bundesgebiet

Land	Standorte	Truppen-kinos
Nielsen I	41	53
Schleswig-Holstein	17	23
Hamburg	1	1
Niedersachsen	23	29
Bremen	–	–
Nielsen II Nordrhein-Westfalen	4	6
Nielsen IIIa	14	14
Hessen	4	4
Rheinland-Pfalz	10	10
Nielsen IIIb Baden-Württemberg	10	10
Nielsen IV Bayern	17	18
Gesamtes Bundesgebiet:	86	101
(im Saarland und in Berlin keine Truppenkinos)		

typische Auswahl
Ein (→) Auswahlverfahren der (→) bewußten Auswahl, bei dem aus einer (→) Grundgesamtheit diejenigen Elemente ausgewählt und in die (→) Stichprobe aufgenommen werden, die für ‚typisch' gehalten werden, d. h. dem Durchschnitt im Sinne des (→) häufigsten Werts (Modus) entsprechen. Dieses Verfahren ist auch unter den übrigen Verfahren der bewußten Auswahl wie dem (→) Quotaverfahren und der (→) Auswahl nach dem Konzentrationsprinzip (Abschneideverfahren) dasjenige, das auch theoretisch am weitesten von den Vorstellungen der (→) Wahrscheinlichkeitstheorie entfernt ist. „Es handelt sich um eindeutig subjektive Wertungen und Zuordnungen und es bedarf großer Erfahrung und Differenzierungsvermögens, um solche typische Fälle festzustellen. Diese Methode ... kann mit Nutzen dann angewandt werden, wenn ein vorläufiger, pauschaler Überblick über einen Gegenstand gewonnen werden soll. Sie kann auch dann sinnvoll sein, wenn die Grundgesamtheit eine homogene Masse darstellt, ‚Durchschnittstypen' leicht gebildet werden können und auch schon wenige Einheiten die Gesamtheit gut repräsentieren. In der Marktrealität sind allerdings solche Verhältnisse selten anzutreffen" (Erich Schäfer/Hans Knoblich).

Typologien
Typologien sind ein Vorgriff auf explizite Theoriebildung, die zunächst heuristischen Wert haben, d. h. sie stimulieren Erkenntnisse und Forschungsprobleme. Es sind Schemata, bei denen eine Menge von Objekten mit Hilfe von (→) Merkmalen definiert wird, von denen weder bekannt ist, ob sie hinreichend sind, noch, ob man eine vollständige Klassifikation vornehmen kann. Ein Beispiel dafür sind die Idealtypen von Max Weber, der die Typenbildung als eine der zentralen Aufgaben der Soziologie begriff.
Für ihn ist Soziologie eine nach empirischen Regelmäßigkeiten und Typen forschende Wissenschaft. Webers „Typen des Handelns" und seine „Typen der Herrschaft" sollen nicht die gesellschaftliche Realität begrifflich schematisieren, sondern heuristische Instrumente der komplexen sozialen Wirklichkeit liefern und an den klaren und „weltfremden" Typenbegriffen durch die Methode des Vergleichs die Bestimmung der je gegebenen konkreten Zusammenhänge ermöglichen: „Die Konstruktion eines streng zweckrationalen Handelns ... dient ... der Soziologie, seiner evidenten Verständlichkeit und seiner – an der Rationalität haftenden – Eindeutigkeit wegen als Typus („Idealtypus"), um das Recht, durch Irrationalitäten aller Art (Affekte, Irrtümer), beeinflußte Handeln als ‚Abweichung' von den bei rein rationalem Verhalten zu gewärtigendem Verlaufe zu verstehen" (Max Weber, 1922).
Als Instrument zur Erkenntnis der sozialen Wirklichkeit tragen Typologien nominalistischen Charakter. Sie bestitzen daher sowohl heuristischen wie systematischen und terminologischen Wert. Ohne idealtypische Begriffsbildung wäre eine wissenschaftliche Analyse heute kaum mehr vorstellbar. Allerdings sind die Typologien seit Auguste Comtes Kategorisierung in soziale Statik und soziale Dynamik immer wieder der Tendenz ausgesetzt, das Generelle, scheinbar Statische an den Phänomenen in der Bestimmung der Typen als das eigentlich Konstante anzusehen, dem das Individuelle, weniger Dauerhafte gegenübersteht. Diese Unterschiebung ontologischer Momente liegt nahe, da die Typenbegriffe trotz ihrer Reali-

tätsferne und ihres rein konstruktiven Charakters, die sie als rein theoretische (→) Konstrukte kennzeichnen, beanspruchen, das Wesentliche und eigentlich Bestimmende aus dem diffusen Erscheinungsmaterial hervorzuheben.
Je weniger Typologien empirisch überprüft oder theoretisch ableitbar sind, desto größer ist die Willkür, mit der sie entwickelt werden. Trotz dieses wichtigen Einwands lassen sich nach Jürgen Friedrichs einige Vorteile empirisch gehaltvoller Klassifikationen und Typologien nennen:

- Sie ordnen eine Vielzahl von Objekten in überschaubare Gruppen *(Strukturierung)*.
- Sie schaffen ein System logisch und/oder empirisch verbundener Definitionen (interdependente Definition). Beruht dieses System auf (→) Hypothesen, dann ist die Typologie Teil der Theorie eines Objektbereichs. Aus ihnen lassen sich weitere Hypothesen ableiten, z. B. über die Zusammenhänge bestimmter (→) Merkmale oder die Suche nach Objekten, die eine bestimmte Merkmalskombination aufweisen *(heuristischer Wert)*.
- Je besser sich Typologien empirisch bewähren, desto eher können sie die Basis für (→) Stichproben einer Untersuchung bilden. Eine Klassifikation von Personen nach bestimmten Merkmalen führt zur Konstruktion sozialer Schichten, eine Klassifikation von Situationen anhand von Merkmalen führt zu einer Klassifikation von Beobachtungseinheiten. Beide Klassifikationen beschreiben die Fälle eines Bereichs; die so gebildeten Einheiten der jeweiligen Typologie stellen die Menge unterschiedlicher Einheiten für eine Stichprobe dar *(Basis für Stichproben)*.
- Für spezielle Forschungszwecke lassen sich Stichproben extremer Gruppen der Typologie auswählen, z. B. um Extremgruppenvergleiche von Personen, Organisationen oder Gesellschaften vorzunehmen *(Extremgruppen-Vergleich)*.

Wissenschaftsgeschichtlich gesehen sind Typologien ein Produkt der klinischen Psychologie und ihrer verschiedenen Ansätze, Persönlichkeitstypen zu entwickeln (z. B. beginnend mit Galens Theorie von den vier Temperamenten cholerisch, sanguinisch, phlegmatisch und melancholisch bis hin zu Kretschmers Körperbautypen. Nach W. Mischel ist dabei zwischen psychodynamischen und eigenschaftszentrierten Theorien zu differenzieren. Die *psychodynamische Theorie* nimmt an, daß die zugrunde liegende Persönlichkeit in Bezug zur Situation zwar relativ stabil ist, geht darüber hinaus aber von der Auffassung aus, daß die Reaktionen einer Person ihre Hauptprobleme und ihre Persönlichkeitsorganisation offenbaren, wenn das Verhalten richtig gedeutet wird. Das Verhalten selbst ist daher für die Vertreter dieser Theorie nur insofern von Interesse, wie es etwas über die unbewußten Prozesse des Individuums aussagt.
Die Grundannahme der *Eigenschaftstheorie* besteht darin, daß Eigenschaften als psychologische Realitäten in der Person bestehen und daß sie Ursachen des Verhaltens sind, daß diese Eigenschaften relativ stabil (unabhängig von der Situation) und überdauernd sind und daß bestimmte Eigenschaften vielen Personen gemeinsam sind, daß sie nur im Grad ihrer Ausprägung variieren. Einem großen Teil der Untersuchung von Eigenschaften liegt ein kumulatives, quantitatives Meßmodell zugrunde. In einem solchen Modell werden die Eigenschaftsindikatoren additiv zu der zugrundeliegenden Disposition in Beziehung gesetzt.
Eine Abwandlung des klassifikatorischen Verfahrens der Typenbildung wurde von Paul F. Lazarsfeld und Allan H. Barton unter dem Namen Merkmalsraum („property space") entwickelt. Hierbei werden Objekte nach ihren Merkmalen („Dimensionen") klassifiziert. Aus einer (→) Kreuztabellierung mehrerer Merkmale und ihrer Ausprägungen bildet man einen Merkmalsraum. Bezeichnet man die Merkmale mit A, B, C ... und ihre Ausprägungen mit a_1, a_2; b_1, b_2, b_3; ..., dann hat ein solcher Raum, gebildet aus zwei Merkmalen mit je drei Ausprägungen, folgende Form:

Merkmal B	Merkmal A		
	a_1	a_2	a_3
b_1	1	2	3
	I		II
b_2	4	5	6
b_3	7 III	8	IV 9

Erweitert man den Raum durch weitere Merkmale und deren Ausprägungen, dann entsteht eine mehrdimensionale (→) Matrix. Um die Zahl der Zellen zu reduzieren, faßt man Zellen zusammen. Diese Zusammenfassungen (I, II, III, IV) ergeben Typen, also Merkmalskombinationen. Die Regel der Zusammenfassung ist entweder die empirische (→) Häufigkeitsverteilung oder eine Hypothese über den vermuteten Zusammenhang der Merkmale.
Kehrt man dieses Verfahren um, indem man die Typologie nicht anhand vorgegebener Merkmale entwickelt, sondern vorhandene Typologien auf ihre Merkmale prüft („substruction" nach A. H. Barton), so wird dadurch eine vorhandene Typologie, in der noch relativ vage jeder Typ anhand einiger Merkmale beschrieben wird, mit Hilfe des Merkmalsraums expliziert.

Eine Überprüfung der mit Hilfe des Merkmalsraums entwickelten Typologien ist mit Hilfe statistischer Modelle wie der (→) Faktorenanalyse, der (→) Clusteranalyse oder der (→) Diskriminanz-Analyse möglich.
Ziel der statistischen Typologieverfahren ist es, die (→) Grundgesamtheit aller Individuen in Gruppen zu unterteilen, die hinsichtlich der untersuchten Merkmale innerhalb der Gruppe möglichst homogen (minimale Innenvarianz) und zwischen den Gruppen möglichst heterogen sind (maximale Außenvarianz); gemessen wird dabei die (→) Varianz meist mit Hilfe von (→) Proximitätsmaßen wie z. B. der (→) Distanz.
In der Markt- und (→) Mediaforschung werden seit George Katona (1951) Typologien vorwiegend in Form von Typologien des (→) Konsumverhaltens verwendet. Fast alle Typologien des Käuferverhaltens stellen auf die Informationsgewinnungs- und -verarbeitungsaktivitäten des Individuums ab. Dabei werden vielfach die folgenden Verhaltenstypen beim Kauf unterschieden:

- o Rationalverhalten,
- o Gewohnheitsverhalten,
- o Impulsverhalten,
- o sozial abhängiges Verhalten.

Als Prototyp des Versuchs, in der deutschen Marketingpraxis mit generellen (→) Einstellungen zu arbeiten, kann man die (→) GfK-Skalen der Gesellschaft für Konsum-, Markt- und Absatzforschung, Nürnberg, bezeichnen. Auch die Verlags-Typologien versuchen, die Nutzerschaften ausgewählter Werbeträger anhand genereller Einstellungsmerkmale in Ergänzung zu den regelmäßig erhobenen (→) sozio-ökonomischen Merkmalen zu klassifizieren, wie z. B. (→) Concepte, die (→) Brigitte-Frauentypologien, bzw. die Brigitte (→) Kommunikations-Analyse, die (→) Typologie der Wünsche (TdW), (→) Profile.

Typologie der Wünsche (TdW)
Neben der (→) „Brigitte" Frauen-Typologie bzw. (→) Kommunikations-Analyse und der vom „Stern" durchgeführten Untersuchung (→) Profile ist die Typologie der Wünsche des Burda-Verlags, Offenburg, eine der drei wichtigsten typologisch orientierten deutschen Werbeträgeruntersuchungen, (→) Typologien, die darauf zielen, zusätzlich zu quantitativen Daten über Haushaltsbesitz, Konsum und ähnliche Marktverhaltensweisen (→) Zielgruppen nach psychosozialen Kriterien qualitativ zu erfassen und (→) psychodemographische Marktsegmente zu beschreiben und abzugrenzen. Die (→) Erhebungen der Typologie der Wünsche bilden eine Untersuchungsreihe, die seit 1974 erscheint (TdW 2 erschien 1976; TdW 3: 1978; TdW 4: 1980, TdW 5: 1982; TdW 6: 1984; TdW 7: 1986, TdW 8: 1987). Ihre gegenwärtige Form erhielt die Typologie im wesentlichen 1980. Seither stehen zwei Anforderungen der Datennutzer im Vordergrund. Die Daten sollen geeignet sein
1. zur Beschreibung und Differenzierung von Zielgruppen-Potentialen anhand von Kauf- und Konsumverhaltens-Dimensionen, Einstellungs- und Verhaltensstrukturen und
2. zur Feststellung, Analyse und Prognose von Marktbewegungen; das bedeutet, daß anhand von Zeitreihen-Betrachtungen Konsum- und Einstellungsveränderungen meßbar gemacht werden.
Um den Anforderungen der Datenkontinuität Rechnung zu tragen, wird seit 1980 ein nahezu unverändert eingesetztes Erhebungs- und Befragungsmodell angewandt. Pfeiler dieses Modells sind vor allem:
Stichprobe: Jeweils 8000 Interviews nach dem (→) ADM-Stichproben-System,
Erhebung: Mündliche und schriftliche Erhebung mit Anreiz gestützt (Verlosung von Preisen),
Marken-Nähe: Konsumerfassung mittels vierfarbiger Original-Produktabbildungen.
Es handelt sich um eine (→) Markt-Media-Markt-Analyse, die detaillierten Aufschluß über 15 Angebotsbereiche gibt.
Alle Mediadaten der TdW wurden der jeweils aktuellen (→) Media-Analyse (MA) angepaßt.

U

U-Test
→ Mann-Whitney-Test

überregionale Abonnementzeitung
→ Abonnementzeitung

Überschneidung
→ externe Überschneidung (Quantuplikation; Duplikation), interne Überschneidung (Kumulation)

Überschneidungskoeffizient
→ externe Überschneidung, Durchschnittskontakt

Überstreuung
→ Streudichte

Übertragungseffekte
→ Carry-over-Effekt, Ausstrahlungseffekt 1.

Umfangsanalyse
Vorwiegend bei (→) Zeitschriften die genaue quantitative Aufgliederung des Gesamtumfangs ihrer Seiten nach redaktionellem und Anzeigenteil im jeweils zurückliegenden Kalenderjahr.

Umfeld
→ redaktionelles Umfeld

Umfragen *(Umfrageforschung)*
→ Befragung, Demoskopie

Umfragefusionierung
→ Fusion (Datenfusionierung)

Umgebungsprüfungsmodelle
→ Permutationsverfahren (permutative Verfahren)

unabhängige Variable
Im (→) Experiment diejenige Veränderliche, die als die verursachende oder beeinflussende Veränderliche aufgefaßt und untersucht wird und die (→) Varianz der (→) abhängigen Variablen bewirkt.

Unabhängigkeitsanalyse
→ Interdependenzanalyse

Unabhängigkeitstest *(Test auf Unabhängigkeit)*
→ Chi-Quadrat-Test 2.

Unähnlichkeit *(Unählichkeitsmaße)*
→ Ähnlichkeit, Proximitätsmaße

Unaided-Recall *(Unaided-Recall-Test)*
→ ungestützte Erinnerung

unaufdringliche Meßinstrumente *(unaufdringliche Maße)*
Sammelbezeichnung für alle Meß-, Beobachtungs- und Untersuchungsverfahren der (→) empirischen Sozialforschung, deren sich die Untersuchungsobjekte (Versuchspersonen) nicht bewußt sind, so daß folglich von ihrem Wissen um die Tatsache, daß sie Untersuchungsobjekte sind, (→) Erwartungseffekte (Hawthorne-Effekt), keinerlei (→) Fehler ausgehen können.
→ nichtreaktive Messung (nichtreaktive Verfahren)

Unbestimmtheitsmaß *(Unbestimmtheitskoeffizient)*
In der statistischen (→) Korrelations- und (→) Regressionsanalyse ein Maß für die Güte der Anpassung (Goodness of Fit), (→) Anpassungstest, der Regressionsgeraden an die einzelnen Punkte eines (→) Streudiagramms. Für den Fall, daß r die Korrelation zwischen zwei Zufallsgrößen ist, lautet der Unbestimmtheitskoeffizient $k^2 = 1 - r^2$. Es handelt sich mithin um das Quadrat des Alienationskoeffizienten

$$k = \sqrt{1 - r^2}$$

→ Bestimmtheitsmaß (Bestimmtheitskoeffizient)

Underreporting *(Underclaiming)*
Ein in vielen (→) Befragungen der (→) Markt- und (→) Mediaforschung auftretender (→) Fehler, der als Gegenstück zum Phänomen des (→) Overreporting (Overclaiming) allgemein gesprochen im Auftreten zu niedriger (untertriebener) Angaben zu einer spezifischen Frage besteht. So ist vor allem in (→) Leserschaftsuntersuchungen mit Hilfe von (→) Augenkameras festgestellt worden, daß tatsächlich die Augen von Befragten auf Textpartien geruht hatten, von denen sie in der Befragung angaben, daß sie sie nicht betrachtet hatten.

uneingeschränkte Zufallsauswahl
Sammelbezeichnung für diejenigen (→) Auswahlverfahren der reinen (→) Zufallsauswahl, bei denen tatsächlich und ohne alle Einschrän-

kungen jedes einzelne Element der (→) Grundgesamtheit eine gleich große Chance hat, in die (→) Stichprobe aufgenommen zu werden.

unentgeltlich vertriebene Auflage
Im Medienvertrieb die Gesamtzahl derjenigen Exemplare einer Zeitschrift oder Zeitung ausschließlich der (→) Rest-, Archiv- und Belegexemplare, die ohne Entgelt verbreitet werden. Ihre Zahl setzt sich zusammen aus allen (→) Freistücken und Werbeexemplaren.
→ AMF-Karte 2, Ziffer 17

Unfolding-Technik
→ Verfahren der transferierten Rangordnungen

ungestützte Erinnerung *(Unaided Recall, aktiver Bekanntheitsgrad)*
Die Messung des (→) Bekanntheitsgrades eines Produkts, einer Marke, einer Werbebotschaft, eines Werbemittels, eines Werbeträgers usw. in der Markt-, Media- und Werbeforschung bei (→) Befragung eines (→) repräsentativen (→) Querschnitts, bei der auf alle (→) Gedächtnisstützen für die Befragten verzichtet wird. Die Befragten müssen unbeeinflußt von allen als Stützen ihres Erinnerungsvermögens fungierenden (→) Identifikationshilfen wiedergeben, was ihnen noch in der (→) Erinnerung geblieben ist. Ermittelt wird also der (→) aktive Bekanntheitsgrad. Dem Vorteil, daß in die mit Hilfe dieser Erhebungstechnik ermittelten Zahlenwerte nur die Objekte eingehen, an die sich die Befragten tatsächlich erinnern konnten, steht der Nachteil gegenüber, daß sie sich in der spezifischen Situation einer Befragung häufig nicht an einen Befragungsgegenstand erinnern, mit dem sie dennoch (→) Kontakt gehabt haben, der möglicherweise sogar bedeutsam für ihre (→) Kaufentscheidungen oder ihr (→) Konsumverhalten war bzw. ist, (→) Underreporting. Je nach den Erhebungszielen haben die verschiedenen Erinnerungsverfahren also unterschiedliche (→) Validität. Verfahren der ungestützten Erinnerung dürften überall dort zu empfehlen sein, wo in der realen Verkaufssituation die aktive Reproduzierung des Markennamens erforderlich ist, während die (→) Wiedererkennungsverfahren überall dort angebracht sind, wo in der konkreten Kaufsituation die (→) Wiedererkennung (Recognition) des Werbeträgers bzw. Werbemittels, des Produkts, seiner Packung oder des Markenartikels für den Kaufentschluß ausreicht.
vgl. gestützte Erinnerung

univariate Statistik *(univariate Analyse)*
Im Gegensatz zu den (→) bivariaten und den (→) multivariaten Verfahren der (→) Datenanalyse diejenigen Methoden wie z. B. die Berechnung von (→) Mittelwerten, der (→) Varianz usw., die nur eine einzige (→) Variable berücksichtigen.

Universum
→ Grundgesamtheit

Unterstreuung
→ Streudichte

Untersuchungsanlage *(Untersuchungsanordnung)*
→ experimentelle Anlage

Urnenmodell
Die Stichprobentheorie verdankt ihre Entstehung ebenso wie die Wahrscheinlichkeitstheorie der mathematischen Behandlung von Glücksspielen. Das Grundmodell sowohl für die (→) homograde wie für die (→) heterograde Fragestellung ist das Modell einer Urne mit verschiedenfarbigen Kugeln, aus der eine bestimmte Anzahl von Kugeln entnommen wird, oder auch das einer bestimmten Zahl von Ausspielungen einer Münze. Für den Fall der homograden Fragestellung mit einer bekannten oder unbekannten Zahl N von roten (P) und weißen (Q) Kugeln ergeben sich die folgenden Anteilswerte für P und Q:

$$P = \frac{M}{N} \quad \text{und} \quad Q = \frac{N - M}{N},$$

wobei gilt, daß $P + Q = 1$ ist. Für den Fall einer gut gemischten Urne, aus der die Kugeln zufällig gezogen werden, (→) Zufallsprinzip, ergibt sich dann nach dem (→) Gesetz der großen Zahl, daß mit wachsender Zahl der Ziehungen, also mit wachsendem (→) Stichprobenumfang (n) die Stichprobenwerte m und n – m sowie p und q, den Werten der (→) Grundgesamtheit näherkommen, so daß die (→) Häufigkeitsverteilung der Stichprobenwerte, (→) Stichprobenverteilung, die Form einer (→) Normalverteilung annimmt.
→ Binomialverteilung, hypergeometrische Verteilung

V

VA
Abk Verbraucher-Analyse

Validität *(Gültigkeit)*
Die Validität oder Gültigkeit eines Tests, eines Meßverfahrens oder eines anderen Forschungsinstruments ist seine inhaltliche Meßgenauigkeit in bezug auf ein bestimmtes Kriterium. Sie gibt an, ob und in welchem Maße ein Testverfahren mißt, was es messen soll. Es geht also stets um zwei Meßinstrumente, das Instrument, dessen Gültigkeit gemessen werden soll, und das Instrument, durch welches das Kriterium definiert wird. Mithin bezeichnet Validität den Grad der Übereinstimmung zwischen der (→) operationalen Definition (Operationalisierung) und der Definition eines Begriffs im theoretischen Zusammenhang. Validität liegt vor, wenn Meßwerte das theoretisch definierte Merkmal tatsächlich repräsentieren oder abbilden. Der Vorgang der Überprüfung einer operationalen Definition in bezug auf ihre Gültigkeit wird als Validierung bezeichnet. Anders als bei der (→) Reliabilität (Zuverlässigkeit) als Maß der formalen Konstanz von Meßwerten, sind die Probleme der Messung von Validität weniger statistischer oder methodischer, sondern eher theoretischer Art. Häufig ist die theoretische Definition dessen, was gemessen werden soll, unklar oder es ergeben sich Schwierigkeiten bei der Operationalisierung wie z. B. bei der Auswahl der (→) Indikatoren. Reliabilität ist eine notwendige, wenn auch nicht hinreichende Voraussetzung für die Validität einer Messung. Je nach der Art der Tatbestände, die ein Begriff bezeichnen soll, kann man verschiedene Arten von Validität unterscheiden. Aus der Vielzahl der in der Literatur diskutierten Arten von Validität seien hier die wichtigsten angeführt:

1. (→) **Inhaltsvalidität** (Kontentvalidität, offensichtliche Gültigkeit): Diese Art der Gültigkeit wird vielfach auch als logische Gültigkeit bezeichnet. Gemeint ist eine Validität, für die der Inhalt eines Tests selbst bzw. der Inhalt seiner Unteraufgaben das bestmögliche Kriterium darstellt wie z.B. die Aufgaben eines Rechentests zur Messung des Persönlichkeitsmerkmals „Rechenfähigkeit". In der angelsächsischen Literatur wird dabei noch zwischen „content validity" und „face validity" (oberflächlicher oder offensichtlicher Validität) differenziert, wobei face validity als gegeben angenommen wird, wenn die Einzelaufgaben eines Testverfahrens intuitiv und bei oberflächlicher Betrachtung der Testmethode bereits als geeignet erscheinen zu messen, was sie messen sollen. Gelegentlich wird für Inhaltsgültigkeit auch der Begriff intrinsische Validität (intrinsic validity) Gültigkeit verwendet.

2. (→) **Kriteriumsvalidität** (externe Validität, extrinsische Validität): Die dadurch für gegeben angesehene Validität, daß eine hohe Übereinstimmung zwischen den Testergebnissen und einem beobachtbaren Aussenkriterium besteht. Man spricht in diesem Fall auch von Übereinstimmungs- oder Parallelgültigkeit (concurrent validity).

3. **Vorhersagevalidität** (predictive validity): Im Fall der Vorhersagegültigkeit wird ebenso wie im Fall der kriteriumsbezogenen Validität ein Außenkriterium, in diesem Fall die Fähigkeit von Testwerten zur Voraussage eines Ereignisses, herangezogen.

4. (→) **Konstruktvalidität.**

5. **Konvergenz-** und **Diskriminanzvalidität:** Eine Form der Gültigkeit, die in der Übereinstimmung (Konvergenz) bzw. in der Nichtübereinstimmung (Diskriminanz) eines Maßes mit einem anderen Maß gesehen wird, dessen Validität bereits überprüft wurde.

6. **definitorische Validität:** Eine Gültigkeit, die dadurch als gegeben erachtet wird, daß die Ergebnisse eines empirischen Tests mit vorgegebenen theoretischen Definitionen übereinstimmen.

Ein Nachweis absoluter Gültigkeit muß also im unendlichen Regreß enden wie Gert Wetschureck zu Recht hervorgehoben hat: „Die ist also prekär: Vollkommene Sicherheit ist in dieser Frage ebensowenig zu erreichen wie beim Hypothesentest. Hier wie dort sieht sich der Forscher in der Lage des Frosches, der in den Milchtopf gefallen ist und erkennen muß, daß er den Rand der Schüssel nicht erreichen kann. Ihm bleibt nur die Möglichkeit, durch emsiges Herumplantschen in der Milch diese über kurz oder lang in einen Käse umzuwandeln, der dann allerdings als tragfähige Basis für seine weiteren Unternehmungen brauchbar ist. Für die Praxis der Marktforschung bedeutet das, daß sich eine gewisse, pragmatisch begründete Sicherheit im Umgang mit operationalen Definitionen dadurch erzielen läßt, daß mehrere voneinander unabhängige Gültigkeitsprüfungen – möglichst unter Einbeziehung verschiedener Validierungsverfahren – durchgeführt werden."

Variabilitätskoeffizient
→ Variationskoeffizient

Variable
→ abhängige Variable, unabhängige Variable; intervenierende Variable

Varianz
Die Varianz ist ein Maß für die (→) Streuung von metrischen Variablen, durch das die Verteilung der einzelnen Merkmalswerte einer (→) Häufigkeitsverteilung um den (→) Mittelwert ausgedrückt wird. Durch die Varianz werden die mittleren quadratischen Abweichungen der Messungen vom (→) arithmetischen Mittel gemessen:

$$s^2 = \frac{1}{N} \sum_{i=1}^{N} (X_i - \overline{X})^2 \quad \text{bzw.}$$

$$\sigma^2 = \frac{1}{N-1} \sum_{i=1}^{N} (X_i - \mu)^2 \text{ (in der (→) Inferenzstatistik).}$$

Es handelt sich also um das Quadrat der (→) Standardabweichung, das die Streuung der Werte einer Stichprobe um ihren gemeinsamen Mittelwert angibt.

Varianzanalyse *Streuungszerlegung*
Nach Siegfried Geiger und Wolfgang Heyn ist die Varianzanalyse „eines der universellsten Analyse- und Prüfverfahren der mathematischen Statistik". Es handelt sich um ein Testverfahren zur Untersuchung des quantitativen Einflusses eines oder mehrerer Faktoren auf Versuchsergebnisse, bei dem durch mehrfachen Mittelwertvergleich das Verhältnis mehrerer (→) Grundgesamtheiten zueinander bzw. mehrere (→) Stichprobenverteilungen auf ihre (→) Varianz hin miteinander verglichen werden. Die verwendete (→) Prüfverteilung ist die (→) F-Verteilung, und der (→) Signifikanztest für die Varianzen aus zwei Stichproben ist der (→) F-Test (Varianzverhältnistest). Möglich ist die Varianzanalyse wegen der Additivität der Varianz, d.h. wegen der Tatsache, daß die Gesamtvarianz der Summe der Einzelvarianzen ist:

$$\sigma^2 = \sigma_1^2 + \sigma_2^2 + \ldots + \sigma_n^2.$$

Voraussetzung für die Anwendung der Varianzanalyse sind normalverteilte Grundgesamtheiten mit gleichen Varianzen (Homoskedastizität).

Variationen
→ Kombinatorik 2.

Variationskoeffizient *(relative Standardabweichung)*
Variationskoeffizienten sind Quotienten aus einem (→) Streuungsmaß und einem (→) Mittelwert. Sie sind relative Streuungsmaße, die unabhängig von der absoluten Größe der Einheiten einer Variablen sind und sich vor allem dann für den Vergleich der Variation zweier oder mehrerer Datenreihen eignen, wenn deren Mittelwerte stark voneinander abweichen oder die Reihen sich nicht aus denselben Einheiten (Elementen) zusammensetzen (so daß ein Vergleich in absoluten Größen gar nicht möglich ist). Gebräuchlichste Form des Variationskoeffizienten ist das Verhältnis der (→) Standardabweichung zum (→) arithmetischen Mittel:

$$CV = \frac{\sigma}{\mu} \cdot 100.$$

VDZ
Abk Verband Deutscher Zeitschriftenverleger e.V.

Verbalskala
→ Skala

Verband Deutscher Adreßbuchverleger e.V.
Ein 1920 gegründeter Interessenverband der Verleger von Adreßbüchern, der die Wahrung, Vertretung und Förderung der Belange des Adreßbuch-Verlagswesens, die laufende Information seiner Mitglieder und die Abwehr unlauteren Wettbewerbsverhaltens auf dem Adreßbuchsektor und in der (→) Adreßbuchwerbung zu seinen Aufgaben zählt.

Verband Deutscher Buch-, Zeitungs- und Zeitschriften-Grossisten e. V. (Presse-Grosso)
Ein 1950 gegründeter Verband zur Wahrnehmung der wirtschaftlichen sowie der wirtschafts- und sozialpolitischen Interessen seiner im Buch-, Zeitungs- und Zeitschriftengroßhandel tätigen Mitgliedsunternehmen. Mitglied kann jedes in diesem Bereich des Großhandels tätige Unternehmen werden, das im Gebiet der Bundesrepublik Deutschland und in West-Berlin tätig ist.

Verband Deutscher Lesezirkel e.V.
Der auf Bundesebene bestehende Interessenverband deutscher (→) Lesezirkel. Er ist seit 1978 Mitglied der (→) Arbeitsgemeinschaft Media-Analyse (AG.MA).

Verband Deutscher Zeitschriftenverleger e.V. (VDZ)
Der VDZ ist 1949 als Bundesorganisation der regionalen Vereinigungen der Zeitschriftenverlage mit dem Zweck der Vertretung und Förderung der Zeitschriftenverleger in der Erfüllung ihrer wirtschaftlichen, kulturellen und beruflichen Aufgaben gegründet worden. Über seine

sechs Landesverbände gehören ihm rund 370 Verlage an, die mehr als 1500 Zeitschriftentitel herausgeben. Der VDZ ist die Nachfolgeorganisation des 1929 gegründeten Reichsverbandes Deutscher Zeitschriftenverleger. Der Verband führt darüber hinaus auch Verhandlungen in sozialrechtlichen Angelegenheiten und schließt Tarifverträge ab. Seine ordentlichen Mitglieder sind der Verband der Zeitschriftenverleger in Bayern e. V., Verband der Zeitschriftenverleger in Berlin e. V., Verein der Zeitschriftenverlage in Hamburg und Schleswig-Holstein e. V., Niedersächsischer Zeitschriftenverleger-Verein e. V., Verein der Zeitschriftenverlage in Nordrhein-Westfalen e. V. und Südwestdeutscher Zeitungsverleger-Verband e. V.

Verbandszeitschrift
Verbandszeitschriften sind von einem Verband, einem Verein oder anderen Organisationen verlegte und/oder herausgegebene, periodisch erscheinende Zeitschriften, die von den Mitgliedern dieses Verbands usw. bezogen und entweder ausschließlich oder teilweise durch ihren Mitgliedsbeitrag entgolten bzw. zusätzlich auch von Nichtmitgliedern im freien Bezug abonniert werden können.

Verbesserungsmodelle *(Verbesserungsprogramme)*
→ Optimierungsmodelle

Verbraucher Analyse (VA)
Neben der (→) Media-Analyse (MA), der (→) Allensbacher Werbeträger-Analyse (AWA) und der (→) Typologie der Wünsche ist die VA eine der vier großen bundesdeutschen (→) Markt-Media-Studien, die seit 1983 kontinuierlich von den Instituten Infratest, München, Marplan, Offenbach, und Ifak, Taunusstein, im Auftrag der Verlage Axel Springer und Heinrich Bauer, Hamburg, von denen sie 1981 als erweiterte Fortsetzung der (→) EVA des Axel Springer Verlags und des (→) Markenkompaß des Heinrich Bauer Verlag initiiert und konzipiert wurde, erhoben wird. Sie basiert auf einer Random-Haushaltsstichprobe mit über 10 000 Fällen, bei der durch mündliche (→) Befragung Daten zur (→) Demographie, zu Medien und psychologischen (→) Merkmalen und durch zusätzliche schriftliche Befragung Daten zu Besitz und Konsumverhalten erhoben werden. Die Mediengattungen, zu denen Daten erhoben werden, sind Zeitschriften und regionale Zeitungen, Werbefunk und Werbefernsehen.
Mit der VA 86 wurde die erste Verbraucher Analyse nach einem rollierenden Feld-Modell vorgelegt. Basis der Berichterstattung bilden 10.778 Interviews, die sich wie folgt zusammensetzen: 1. Tranche: September 84 – März 85 = 5.383 Fälle, 2. Tranche: September 85 – März 86 = 5.395 Fälle. Das rollierende Untersuchungsprinzip hat gegenüber dem bisherigen 2-Jahres-Rhythmus folgende Vorteile: Die Untersuchung erscheint jährlich neu; es bietet über einen Zweijahres-Zeitraum hinweg aktuellere Ergebnisse; es ermöglicht ein schnelleres Reagieren auf aktuelle Marktveränderungen und neue Werbeträger; es schafft einen Ausgleich von Zufallsschwankungen durch gleitende Durchschnittswerte.
Eine Besonderheit des Systems besteht darin, daß Veränderungen im Fragebogen (neue Ermittlungspunkte, neue Marken, neue Werbeträger) erst nach 2 Jahren, d. h. in der Verbraucher Analyse 87 auf voller (→) Fallzahlbasis ausgewiesen werden können.
Die Verbraucher Analyse ist als Markt-Media-Untersuchung nach dem (→) Single-Source-Prinzip konzipiert. Das Datenmaterial der Verbraucher Analyse ermöglicht sowohl Zielgruppen-Analysen und -Definitionen als auch durch die Kombination „Markt-Media" Media-Planungen auf den Sektoren Konsum-, Besitzgüter sowie Dienstleistungen.
Der Fragebogen der Verbraucher Analyse besteht aus einem mündlichen, vom Interviewer abzufragenden Teil und aus einem schriftlichen Part, der im Anschluß an das mündliche Interview der Befragungsperson zum Selbstausfüllen überlassen und vom Interviewer nach einigen Tagen wieder abgeholt wird.
Im mündlichen Teil werden die Inhalte erhoben, für die Vorlagen und Befragungshilfen erforderlich sind oder die aufgrund ihrer Komplexität die Abfrage durch den Interviewer unumgänglich machen. Alle Fragen zum Konsum und Besitz sind in leicht faßlicher Form eines schriftlichen Fragebogens zum Selbstankreuzen aufbereitet. Bei der Konstruktion dieses Teils konnte auf Erkenntnisse aus den einschlägigen Voruntersuchungen und aus dem Pretest zurückgegriffen werden, die im wesentlichen sind: Übersichtliche Frageführung, Vermeidung von Filterfragen, sprachliche Vereinfachung und Anlehnung an die Alltagssprache, wo möglich, Hervorhebung von Negationen und Berücksichtigung der Bereichs- und Produktzuständigkeiten des Befragten.
Die jährliche (→) Anpassung der Mediawerte an die aktuelle Media-Analyse (MA) ist das erklärte Ziel der Verbraucher Analyse. Deshalb wurde von Anfang an für die Ermittlung der Mediawerte befragungsökonomischen und so-

mit zeit- und aufwandsparenden Abfrage-Systemen der Vorzug eingeräumt.
Auf der Suche nach weiteren Vereinfachungsmöglichkeiten wurde für die AV-Tranche 85/86 eine Anleihe beim aktuellen Media-Ermittlungssystem der englischen Media-Analyse (EML Extended Media List der National Readership Survey) genommen und nach eingehenden Pretests auf Handhabung und Funktion ein eigenes deutsches Modell entwickelt. Kernstück dieses „TIGAMO“ – Titelgattungsmodell – genannten Systems sind 18 Titel-Sammel-Karten, auf denen Zeitungen und Zeitschriften nach Verwandtschaft zueinander zu Print-Typen zusammengefaßt dargestellt werden. Diese Titel-Sammel-Karten ersetzen die üblichen Einzeltitel-Kärtchen. Damit und mit einer weiteren Raffung der Fragestellungen konnten die für diesen Ermittlungsbereich benötigten Befragungszeiten erheblich reduziert werden. Dieser Aspekt war das Hauptargument für den Einsatz des Modells. Wie beim vorher verwendeten Kurz-Abfrage-Modell war auch hier die Bedingung zu erfüllen, daß die gemessenen Media-Werte für (→) Justierungszwecke eher übersteuert sein, also über den Werten der gültigen Media-Analyse liegen sollten.
Bei dieser neuen Print-Abfrage werden die 18 farbigen DIN-A5-Titel-Sammel-Karten, auf denen die Titelzüge von mindestens 3 bis maximal 9 ähnlichen Titeln gemeinsam, in MA-analogem Größenformat deutlich erkennbar abgebildet sind, zunächst auf die zwei Felder eines Sortierblatts vorsortiert:

1. Irgendeinen Titel der Karte in den vergangenen 12 Monaten in der Hand gehabt
2. Bestimmt keinen Titel der Karte in diesem Zeitraum in der Hand gehabt

Anschließend erfolgt für jede Titel-Sammel-Karte einzeln, die diesen (→) Generalfilter (irgendeinen Titel in den vergangenen 12 Monaten in der Hand gehabt) passierte, die Ermittlung von regelmäßig/häufig und von gelegentlich/selten gelesenen Titeln. Für jeden mindestens selten gelesenen Titel wird das letzte Lesen ohne Skalenvorlage, also offen nach Befragteneinschätzung, abgefragt. Daraus ergibt sich automatisch der benötigte (→) Weiteste Leser-Kreis (WLK) und (→) Leser pro Nummer (LpN).
Die Abfrage der elektronischen Medien beschränkt sich auf die MA-analoge Ermittlung der Nutzungsfrequenzen ohne Senderbezug und des WNK von 22 Fernseh- und 47 Hörfunk-Programmen, wovon aus Gründen der Datengemeinsamkeit mit der vor-Tranche 84/85 die beiden Tranchen gemeinsamen 9 Werbe-Fernsehsender und 17 Werbefunksender im VA 86-Bestand ausgewiesen werden. Das mündliche Interview befaßte sich mit der Ermittlung

- o des Medienverhaltens (Zeitschriften, Supplements, überregionale Tageszeitungen, Fernsehen und Hörfunk),
- o qualitativer Kriterien (Einstellungen, Freizeit-Interessen, Produktinformations-Interessen) und
- o demographischer Merkmale.

Die schriftliche Befragung zielte auf die Erhebung von Daten zu Konsum und Besitz:
Neben einem allgemeinen Produktteil, der auf persönlichen Konsum und Besitz abgestellt war und sich an alle Befragten richtete, gab es vier zielgruppenspezifische Befragungsteile: So hatten den einen Teil mit Haushaltsinvestitionsgütern ausschließlich Haushaltsvorstände und Haushaltsführende zu beantworten. Ein weiterer, an Haushaltsführende gerichtete Befragungsteil befaßte sich im großen und ganzen mit Haushaltspflegeartikeln und Nahrungsmitteln. Und in zwei weiteren Teilen des Frageschemas schließlich wurden die geschlechtsspezifischen Produktfelder abgehandelt.
Bei Konsum-Gütern wurden in der Regel Verwendungsfrequenzen oder -intensitäten, vereinzelt Kaufhäufigkeiten ermittelt. Die Markenermittlung zielte im allgemeinen auf die Haupt- und Nebenmarken, zum Teil auf die Markenverwendung generell. Bei manchen Produkten wurden auch die verwendeten Sorten ermittelt.
In Konsumbereichen mit sporadischer oder stark wechselnder Verwendung wurden anstelle der Hauptmarke die in letzter Zeit (3 Monate/4 Wochen) verwendeten Marken erhoben.
Bei Gebrauchsgütern bezog sich die Ermittlung auf Besitz (Marke) und zum Teil auf Anschaffungsabsichten sowie Zusatzinformationen, wie Geräte-Alter, Anschaffungskosten, Markenpräferenzen u. ä.
Auch bei der Angleichung der erhobenen Reichweiten hat sich die Verbraucher Analyse ähnlich wie beim Feldmodell (Rollierendes System) und bei der Printmedienermittlung (TIGAMO) auf innovatives Gebiet begeben.
Zum Einsatz kam der von MEDIAN neu entwickelte Injektionsalgorithmus „Rang-Schicht-Injektion“, kurz RSI genannt, (→) Injektion.
Mit Hilfe der RSI-Routine werden für jedes Medium gesondert die Soll-Strukturen der MA-Segmente optimal nachgebildet. Die Obergrenze des Optimums wird durch die verfügbare Ist-Justierungsmasse determiniert. Die Solldaten werden durch schrittweise Veränderung der Ausgangs-Nutzungswahrscheinlich-

keiten in den Ist-Bestand übertragen bzw. injiziert.
Das Verfahren arbeitet in Schichten. In jeder (→) Iteration werden die ranghöchsten Profil-Ähnlichkeiten abgearbeitet. D. h. jeder Fall wird dem MA-Wahrscheinlichkeitssegment zugeordnet, zu dem er die geringste Profildistanz aufweist und übernimmt damit die Nutzungswahrscheinlichkeit des Segments. Das Sollprofil des betreffenden Segments wird nach dieser Zuordnung entsprechend korrigiert.
Als (→) Distanzformel wird die relative Binär-Distanz verwendet. Das eingesetzte Profil umfaßt neben der 2-klassigen Originalfrequenzangabe alle wichtigen Demographie-Merkmale (8 Merkmale: Alter, Bildung, Familienstand, Berufstätigkeit, Beruf des Haushaltsvorstands, Haushaltsgröße, Haushaltsnettoeinkommen, Bundesland; insgesamt 45 Merkmalsausprägungen) sowie die WLK-Informationen über Kombinationstitel zur Steuerung des Überschneidungsproblems.
Dadurch wird eine Minimierung der Fehlerstreuung dieser Auswahl-Merkmale erreicht. Die Mechanik des Verfahrens sorgt zudem für eine „gerechte" Gleichverteilung des Minimalfehlers, so daß systematisches Ungleichgewicht ausgeschlossen ist. Der Zuordnungsprozeß wird solange fortgesetzt,, bis die Sollzahlen der MA-Segmente erfüllt sind. D. h. bis die relativen Nutzungswahrscheinlichkeits-Verteilungen der Empfängerstichprobe (VA) als Ist und der Spenderstichprobe (MA) als Soll übereinstimmen.
Neben den relativen, distanzbildenden Profilmerkmalen wird in jedem Fall als absolutes, segmentbildendes Merkmal das Geschlecht verwendet. Das heißt die Justierung erfolgt für Männer und Frauen gesondert.
Durch dieses Verfahren wird die maximal mögliche Übereinstimmung der Verbraucher Analyse hinsichtlich des LpA bzw. NpE sowie des WLK bzw. WNK mit der MA erreicht und darüber hinaus die zur Zeit bestmögliche Strukturangleichung der Media-Nutzerkreise nach den bei der Angleichung verwendeten Merkmalen und deren Korrelaten.

verbreitete Auflage
→ tatsächlich verbreitete Auflage

Verbreitungsanalyse
In der (→) Mediaforschung die Analyse der Zahl der Leser, Bezieher oder Empfänger einer Druckschrift nach geographischen, regionalen oder soziodemographischen Gesichtspunkten, oft z.B. auch nach (→) Nielsen-Gebieten.

Verbundeffekte
→ Ausstrahlungseffekte 1.

Verbundmessung
→ Konjunkte Analyse

Verfahren
→ bivariate, multivariate, univariate Verfahren

Verfahren der ...
→ Methode ...

Verfahren der transferierten Rangordnungen *(Unfolding, Entfaltungstechnik)*
Ein (→) Skalierungsverfahren, für das die Ausgangsdaten dadurch gewonnen werden, daß der Beurteiler eine Anzahl von Aussagen oder Objekten nach dem Grad der eigenen Zustimmung oder persönlichen Präferenz in eine (→) Rangordnung bringt. Skaliert werden sowohl die Aussagen wie die individuellen Einstellungen der Beurteiler. Es werden also der Beurteiler und die Reize als Punkte auf einer (→) Intervallskala dargestellt (Präferenzordnung auf dem latenten Kontinuum). Der Proband beurteilt die Reize nach ihrer (→) Distanz vom Idealpunkt, wenn man annimmt, daß er einen bestimmten Platz auf der Itemskala einnimmt. Faltet man die Skala an dieser Stelle, so ergibt sich an der durch die Zusammenlegung der beiden Skalenteile gebildeten Geraden die Präferenzordnung des jeweiligen Beurteilers, d.h. diejenige (→) Rangreihe, in die er die Items nach dem Grad seiner Zustimmung gebracht hat (I-Skala). Faltet man die I-Skala auseinander, so ergibt sich eine allgemeingültige Präferenzskala (J-Skala), auf der sowohl die Aussagen der Beurteiler wie die Beurteiler selbst lokalisiert sind.

Vergessen *(Vergessenskurve)*
→ Gedächtnis

Vergleichs-Index für die Preiswürdigkeit
Abk VIP-Modell

Verhältnisschätzung
Ein (→) Schätz- und (→) Hochrechnungsverfahren, bei dem die (→) Auskunftspersonen das Verhältnis der Ausprägung zweier Objekte in bezug auf eine gegebene Dimension durch Angabe eines Zahlenwerts für den Quotienten einschätzen.

Verhältnisskala *(Ratioskala, Proportionalskala)*
Eine Verhältnis- oder Absolutskala ist eine (→) Skala mit dem höchsten Skalenniveau. Die Abstände zwischen den Skalenitems sind

ebenso wie bei der (→) Intervallskala konstant und identisch. Darüber hinaus hat jedoch die Ratioskala einen natürlichen Nullpunkt, dem tatsächlich die Zahl Null als Skalenwert zugeordnet wird. Daher können auch Aussagen über die Werte einer Verhältnisskala in sinnvolle Vergleichsbeziehungen zueinander gesetzt werden, d.h. der Quotient zweier Skalenwerte hat eine reale Bedeutung: Bei einer Gewichtsskala bedeuten 10 Gramm doppelt so viel wie 5 Gramm, während bei einer Intervallskala eine solche Beziehung nicht gilt; eine Temperatur von 2 Grad Celsius bedeutet nicht, daß es doppelt so warm wie bei 1 Grad Celsius ist (denn der natürliche Nullpunkt von –273 Grad ist nicht identisch mit dem Skalen-Nullpunkt). Als Skalen mit dem höchsten Meßniveau machen Verhältnisskalen es möglich, zusätzlich zu den Dimensionen der Verschiedenheit der Skalenpunkte, (→) Nominalskala, der Rangordnung der Skalenpunkte, (→) Ordinalskala und des Abstands zwischen den Skalenpunkten wie bei der Intervallskala auch noch das Verhältnis der Skalenpunkte zueinander zu betrachten.

Verifikation *(Verifizierung)*
Der erfahrungswissenschaftliche Prozeß der Überprüfung und Bewahrheitung einer wissenschaftlichen Aussage, (→) Hypothese, oder Theorie als richtig (wahr). Nach Karl Popper und den strengen Maßstäben des kritischen Rationalismus können nur singuläre Aussagen und Existenzaussagen („Es gibt ...") verifiziert werden, nicht hingegen Allaussagen, bei denen die Überprüfung allein durch (→) Falsifikation (Falsifizierung) möglich ist.

Verkaufsauflage
→ verkaufte Auflage

verkaufte Auflage *(Verkaufsauflage)*
Diejenige (→) Auflage einer Zeitung oder Zeitschrift, die gegen Entgelt an feste, zahlende (→) Einzelbezieher, im (→) Einzelverkauf und im bezahlten Sammelbezug, (→) Abonnement, verbreitet wird, mit anderen Worten die Summe der (→) A + E-Exemplare.

Verknüpfungsverfahren
→ Fusion, Kontaktgewichtung (Zielgruppengewichtung)

Verlagsauflage
→ Druckauflage

Verläßlichkeit
→ Reliabilität (Zuverlässigkeit)

Verlegerverband Deutscher Anzeigenblätter e.V. (VVDA)
Der VVDA ist neben der (→) Arbeitsgemeinschaft Anzeigenblätter der Zeitungen (AdZ) im (→) Bundesverband Deutscher Zeitungsverleger (BDZV), die als Interessenvertretung der von Zeitungsverlagen und deren Tochter- und Beteiligungsgesellschaften herausgegebenen (→) Anzeigenblätter fungiert, die Dachorganisation der zeitungsunabhängigen Anzeigenblätter. Als Vereinigung der Verleger der Gratispresse ist der Verband Mitglied im (→) Zentralausschuß der Werbewirtschaft (ZAW).

Verrechnung *(Verrechnungsverfahren)*
→ Gewichtung, Kontaktgewichtung

Verschlüsselung *(Codierung, Kodierung)*
Die nach einem genauen (→) Codeplan (Verschlüsselungsplan) vorgenommene Zuteilung von Schlüsselziffern zu den verschiedenen, zu Antwortkategorien zusammengefaßten Antworten von Auskunftspersonen einer (→) Befragung. Durch den Vorgang der Verschlüsselung werden empirisch festgestellte Sachverhalte oder Merkmalsausprägungen zu theoretischen Kategorien und Unterkategorien zugeordnet. Als Arbeitsgang der (→) Datenaufbereitung entfällt die Verschlüsselung in Befragungen mit (→) geschlossenen Fragen, weil dann die Antwortvorgaben bereits auf dem Fragebogen mit Codeziffern (Schlüsselziffern) versehen sind. Erforderlich und vielfach problematisch ist die Verschlüsselung von (→) offenen Fragen, bei denen die konkreten Antworten der Befragten in Kategorien gruppiert werden müssen, damit sie dann mit den entsprechenden Schlüsselziffern versehen werden können. Meist wird dabei so vorgegangen, daß aus der Gesamtzahl der vorliegenden Fragebögen eine Stichprobe entnommen wird, aufgrund deren die Antworten in Kategorien gruppiert werden und jeder Kategorie eine Codeziffer zugewiesen wird.
vgl. Feldverschlüsselung

Verschlüsselungsplan
→ Codeplan (Kodeplan)

Verstädterungszone
→ Gemeindegrößenklassen

Versuch
→ Experiment, Test

Versuchsanordnung
→ experimentelle Anlage

Versuchsfehler
→ Fehler (statistischer Fehler), systematischer Fehler

Versuchsleitereffekt *(Experimenter-Effekt, experimenter bias)*
Sammelbezeichnung für alle (→) Fehler, die zu einer systematischen Verzerrung der Ergebnisse eines (→) Experiments führen und entweder durch das Fehlverhalten des Versuchsleiters (und vor allem durch die aufgrund seiner eigenen Erwartungen über die (→) Einstellung oder das Verhalten der Versuchsperson ausgeübte Beeinflussung) oder seine objektiven Merkmale wie z. B. seinem Geschlecht, seinem Aussehen, seinem Alter, seiner Kleidung usw. bedingt werden und die Ergebnisse des Versuchs verzerren.

Versuchsperson *(Testperson)*
→ Auskunftsperson

Versuchsplan *(Versuchsplanung)*
→ experimentelle Anlage

Verteilung
→ Häufigkeitsverteilung

Verteilung der Kontakte
→ Kontaktverteilung

Verteilungsanalyse
→ Distributionsanalyse

verteilungsfreie Statistik *(verteilungsunabhängige Verfahren)*
→ parameterfreie Verfahren

Verteilungsfunktion
In der (→) Wahrscheinlichkeitstheorie die Funktion der Wahrscheinlichkeiten, daß eine Zufallsvariable X Ausprägungen hat, die kleiner oder gleich x_0 sind. Handelt es sich um eine diskrete Zufallsvariable mit den Ausprägungen x_i $(1 \leqq i \leqq r)$, so gilt:

$$F(x_0) = P(X \leqq x_0) = \sum_{x_i \leqq x_0} f(x_j) .$$

Handelt es sich hingegen um eine kontinuierliche Zufallsvariable, die alle Ausprägungen zwischen $-\infty < x < 1 + \infty$ annehmen kann, so gilt:

$$F(x_0) = P(X \leqq x_0) = \int_{-\infty}^{+\infty} f(x)dx,$$

wobei

$$f(x) = \frac{dF(x)}{dx}$$

ist (die Wahrscheinlichkeitsdichte oder Dichtefunktion der Zufallsvariablen X).

vertikale Abfrage
→ Abfrage

Vertrauensbereich *(Konfidenzintervall, Mutungsbereich)*
In der statistischen (→) Schätztheorie derjenige Bereich, innerhalb dessen sich bei gegebenem (→) Signifikanzniveau und gegebenem (→) Stichprobenumfang der wahre Wert eines (→) Parameters einer (→) Grundgesamtheit befindet. Die Größe des Vertrauensintervalles hängt neben dem gewählten Signifikanzniveau von der Größe der (→) Standardabweichung der Schätzwerte ab. Zwischen dem Signifikanzniveau (Sicherheitsgrad) und dem Vertrauensbereich besteht eine Komplementärbeziehung: Je größer bei gleichem Stichprobenumfang die Schwankungsbreite für den wahren Wert in der Grundgesamtheit, also der Vertrauensbereich, desto höher ist das Signifikanzniveau, d.h. die Aussage ist zwar sicherer, aber ungenauer; umgekehrt je geringer das Signifikanzniveau, desto unsicherer, wenn auch genauer wird eine Aussage.
Allgemein formuliert ist der Vertrauensbereich bestimmt durch $\mu \pm t\sigma_\mu$ (t steht darin als Parameter für das Signifikanzniveau), (→) Normalverteilung.
Vertrauensbereiche und (→) Standardabweichungen können in Abhängigkeit vom Stichprobenumfang in einschlägigen Tabellen (s. Beispiel auf Seite 857 für ein Signifikanzniveau von 68,269% (σ) bzw. 95,45% (2σ) nachgeschlagen werden. Für kleine Stichproben ist die (→) Binominalverteilung heranzuziehen, für die sich entsprechende Tabellen ebenfalls in vielen Statistik-Lehrbüchern finden. Eine leichte Orientierung gestatten auch sog. Vertrauensbereichsnomogramme, (→) Nomogramme, die hier auf S. 517 abgedruckt sind.

Vertriebsauflage
→ tatsächlich verbreitete Auflage

Verweigerung *(Antwortverweigerung)*
→ Ausfälle

Verzehrkino
→ Filmtheater

Verzerrung *(Bias)*
→ systematischer Fehler

Verzichtbarkeitsskala
→ Leser-Blatt-Bindung

Viel-Personen-Haushalt
→ Haushalt

Vierfeldertafel *(Vierfelderkorrelation)*
Ein Schema mit vier Feldern (Zellen) zur Darstellung zweier dichotomer Merkmale in zwei Stufen, wobei die vier Felder (a, b, c, d) die

I. **Vertrauensbereich** bei einem **Signifikanzniveau von 68,269 % (1σ)**

n = Stichprobenumfang
p = Häufigkeit eines Merkmals in der Grundgesamtheit (in %)

n	p									
	50 50	40 60	30 70	25 75	20 80	15 85	10 90	8 92	5 95	2 98
100	5,00	4,90	4,60	4,33	4,00	3,57	3,00			
150	4,08	4,00	3,76	3,54	3,26	2,91	2,45	2,20		
200	3,55	3,47	3,26	3,07	2,84	2,53	2,13	1,91	1,55	
250	3,16	3,10	2,91	2,75	2,53	2,26	1,90	1,71	1,38	0,89
300	2,90	2,84	2,65	2,50	2,32	2,07	1,74	1,57	1,26	0,81
400	2,50	2,45	2,30	2,16	2,00	1,78	1,50	1,35	1,09	0,70
500	2,24	2,20	2,06	1,94	1,80	1,60	1,34	1,21	0,97	0,63
600	2,05	2,00	1,89	1,78	1,64	1,46	1,23	1,11	0,89	0,57
700	1,89	1,85	1,74	1,64	1,51	1,35	1,13	1,02	0,82	0,53
800	1,77	1,73	1,63	1,53	1,42	1,26	1,06	0,95	0,77	0,50
1 000	1,58	1,55	1,45	1,37	1,26	1,13	0,95	0,85	0,69	0,44
1 200	1,45	1,42	1,33	1,25	1,16	1,03	0,87	0,78	0,63	0,41
1 400	1,35	1,31	1,23	1,16	1,07	0,96	0,81	0,72	0,59	0,38
1 600	1,25	1,22	1,15	1,08	1,00	0,90	0,75	0,68	0,55	0,35
1 800	1,18	1,16	1,09	1,02	0,95	0,84	0,71	0,64	0,51	0,33
2 000	1,12	1,10	1,03	0,97	0,90	0,80	0,67	0,60	0,49	0,31
2 500	1,00	0,98	0,92	0,86	0,80	0,71	0,60	0,54	0,44	0,28
3 000	0,92	0,90	0,84	0,79	0,73	0,65	0,55	0,50	0,40	0,26
4 000	0,79	0,77	0,73	0,69	0,63	0,56	0,47	0,43	0,34	0,22
5 000	0,70	0,69	0,65	0,61	0,56	0,50	0,42	0,38	0,31	0,20
6 000	0,65	0,64	0,60	0,56	0,52	0,46	0,39	0,35	0,28	0,18
7 000	0,60	0,59	0,55	0,52	0,48	0,43	0,36	0,32	0,26	0,17
8 000	0,56	0,55	0,52	0,48	0,45	0,40	0,34	0,30	0,24	0,16
10 000	0,50	0,49	0,46	0,43	0,40	0,36	0,30	0,27	0,22	0,14
15 000	0,41	0,40	0,38	0,35	0,33	0,29	0,24	0,22	0,18	0,11

II. Vertrauensbereich bei einem **Signifikanzniveau von 95,45% (2σ)**

n	p									
	50 50	40 60	30 70	25 75	20 80	15 85	10 90	8 92	5 95	2 98
100	10,00	9,80	9,20	8,66	8,00	7,14				
150	8,16	8,00	7,52	7,08	6,52	5,82				
200	7,10	6,94	6,52	6,14	5,68	5,06	4,26			
250	6,32	6,20	5,82	5,50	5,06	4,52	3,80	3,42		
300	5,80	5,68	5,30	5,00	4,64	4,14	3,48	3,14		
400	5,00	4,90	4,60	4,32	4,00	3,56	3,00	2,70	2,18	
500	4,48	4,40	4,12	3,88	3,60	3,20	2,68	2,42	1,94	
600	4,10	4,00	3,78	3,56	3,28	2,92	2,46	2,22	1,78	
700	3,78	3,70	3,48	3,28	3,02	2,70	2,26	2,04	1,64	
800	3,54	3,46	3,26	3,06	2,84	2,52	2,12	1,90	1,54	1,00
1 000	3,16	3,10	2,90	2,64	2,52	2,26	1,90	1,70	1,38	0,88
1 200	2,90	2,84	2,66	2,50	2,32	2,06	1,74	1,56	1,26	0,82
1 400	2,70	2,62	2,46	2,32	2,14	1,92	1,62	1,44	1,18	0,76
1 600	2,50	2,44	2,30	2,16	2,00	1,80	1,50	1,36	1,10	0,70
1 800	2,36	2,32	2,18	2,04	1,90	1,68	1,42	1,28	1,02	0,66
2 000	2,24	2,20	2,06	1,94	1,80	1,60	1,34	1,20	0,98	0,62
2 500	2,00	1,96	1,84	1,72	1,60	1,42	1,20	1,08	0,88	0,56
3 000	1,84	1,80	1,68	1,58	1,46	1,30	1,10	1,00	0,80	0,52
4 000	1,58	1,54	1,46	1,38	1,26	1,12	0,94	0,86	0,68	0,44
5 000	1,40	1,38	1,30	1,22	1,12	1,00	0,84	0,76	0,62	0,40
6 000	1,30	1,28	1,20	1,12	1,04	0,92	0,78	0,70	0,56	0,36
7 000	1,20	1,18	1,10	1,04	0,96	0,86	0,72	0,64	0,52	0,34
8 000	1,12	1,10	1,04	0,96	0,90	0,80	0,68	0,60	0,48	0,32
10 000	1,00	0,98	0,92	0,87	0,80	0,71	0,60	0,54	0,44	0,28
15 000	0,82	0,80	0,75	0,71	0,65	0,58	0,49	0,44	0,36	0,23

Häufigkeiten der Merkmalskombinationen enthalten (siehe unten).

Vierfeldertafel

	Merkmal X		Summe
Merkmal Y	vorhanden	nicht vorhanden	
	x_1	x_2	Σ
vorhanden y_1	a	b	a + b
nicht vorhanden y_2	c	d	c + d
Σ	a + c	b + d	N

Der Korrelationskoeffizient für Vierfelderkorrelationen, (→) Assoziation 1., (→) Korrelation heißt (→) Phi-Koeffizient (Φ-Koeffizient, Punkt-Vier-Felder-Korrelations-Koeffizient).

VIP-Modell *(Vergleichs-Index für Preiswürdigkeit)*
Ein vom Axel-Springer-Verlagsservice angebotenes (→) Evaluierungsmodell, das die bei der (→) Mediaselektion zu prüfenden Werbeträger unter Berücksichtigung von Medien- und Personengewichten, (→) Kontaktgewichtung, in eine Rangfolge bringt. Das Programm legt Zielpersonen fest und gewichtet sie, bestimmt Mediengewichte, evaluiert die Medien und gibt die jeweils gewünschten Variationen der Werbeeinschaltungen wie Format, Farbe, Einschaltkosten vor. Das Modell baut auf dem (→) Tausenderpreis, genauer dem Tausend-Kontakte-Preis auf. Eingabedaten des Modells sind im einzelnen:

- **Zielgruppe:** Definition durch vier Filtermerkmale mit je sechs Ausprägungen, Personengewichtung nach acht Merkmalen mit je sechs Ausprägungen;
- **Medien:** Bewertung von maximal 150 Titeln bzw. Kombinationen mit jeweils maximal 10 verschiedenen Belegungen, wobei die maximale Belegung 24 beträgt;
- **Kontaktbewertung:** (→) Kontaktbewertungsfunktion mit 20 Einerschritten;
- **Insertionskosten:** Vorgabe der gewünschten Kombinationen (Format, Farben, Anschnitt und Frequenz). Die Kosten werden je Titel und Belegung über ein Preisprogramm errechnet.

Die Ausgabedaten sind der VIP-Index, der die personen- und mediengewichteten (→) Kontakte in Preiseinheiten angibt, und zwar in drei Formen (einer Rangreihe der Medien nach der Höhe des Index, der Reihenfolge der Medien nach der Höhe des Index und einer graphischen Darstellung), die Zahl der Kontakte in Tausend und die (→) Reichweite in der Zielgruppe (personengewichtet), der Tausend-Kontakte-Preis in der Zielgruppe (ebenfalls personengewichtet) und die Tabellierung der gewählten Mediengewichte, der Preis und die absolute Zahl der Fälle zur Kontrolle.

Vodtscher Mittelwert
Ein einmalig bei der (→) Leseranalyse (LA) 1969 verwendeter (→) Mittelwert, der zur Beseitigung der Diskrepanz zwischen (→) Leser pro Nummer (LpN) und (→) K_1-Wert verwendet wurde. Für die Zeitschriften ergab sich in der LA 69 eine für unzumutbar gehaltene Diskrepanz zwischen dem K_1 und der frequenzklassenweise berechneten Leserschaft, die rechnerisch gleich dem LpN ist. Den durch Mittelwertbildung gewonnenen Wert nannte man in der LA 69 (→) Leserschaft pro Ausgabe (LpA). Dieser Ausdruck wurde von der LA 70 an für die aus der jeweiligen Berechnungsart gewonnene Leserschaft verwendet, also für die aus der Frequenzklassenberechnung oder aus der Segmentation stammende Leserschaft. Insofern ist der „Vogdtsche Mittelwert“ als

$$\frac{K_1 + LpN}{2}$$

aufzufassen. Er reproduziert also nicht (das einzige Mal in der Geschichte der AGLA/AG-.MA) den LpN. Er wurde von Manfred Vogdt, damals Mediaforscher der Werbeagentur Lintas, vorgeschlagen.

Vollerhebung
→ Totalerhebung

Vorhersagevalidität
→ Validität 3.

Vorlagenfrage
Je nachdem, ob bei den in einer (→) Befragung mit Hilfe eines (→) Fragebogens verwendeten (→) Fragen Vorlagen verwendet oder nicht verwendet werden, unterscheidet man zwischen (→) Vortragsfragen und Vorlagenfragen, bei denen nach der Art der verwendeten Fragen wiederum zwischen Fragen mit Textvorlagen wie z. B. (→) Listenfragen und Fragen, bei denen (→) Kartenspiele eingesetzt werden, Bildvorlagen wie bei (→) Dialogfragen aber auch Fragen, bei denen z. B. (→) Titelkarten, Pakkungsabbildungen usw. verwendet werden und (→) Originalvorlagen wie vor allem in der (→) Leserschaftsforschung in Form der (→) Origi-

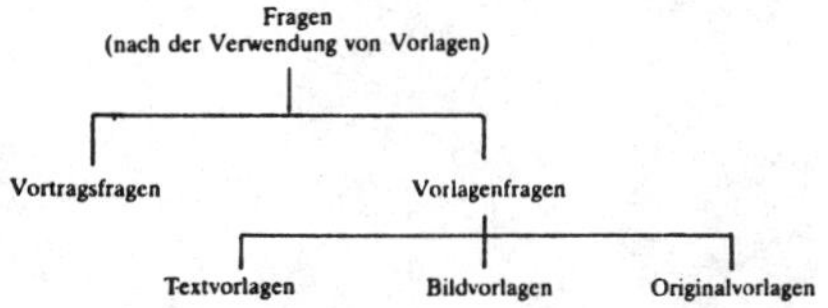

Quelle: Hüttner, Manfred: Grundzüge der Martkforschung, Wiesbaden 1977, S. 66.

nalheftmethode (Through-the-Book-Technik), bei Geruchs- und Geschmackstests, bei Pakkungs- und anderen Produkttests, zu unterscheiden ist:

Vorstudie
→ Pretest

Vortragsfrage
Eine Form der (→) Frage in einer (→) Befragung ohne Verwendung von Vorlagen, (→) Vorlagenfrage, oder (→) Gedächtnisstützen, bei der der Interviewer lediglich den im (→) Fragebogen ausgedruckten Text der Frage vorliest.

Vorversuch
→ Pretest

Vorzeichentest *(Zeichentest)*
Ein parameterfreier (→) Signifikanztest zum Vergleich zweier abhängiger Verfahren, Methoden, Stichproben A und B mit mindestens ordinalskalierten Daten, (→) Skalenniveau, auf Unterschiede in ihrer (→) zentralen Tendenz. Es handelt sich um einen Test zur Prüfung der Hypothese über die Gleichheit von jeweils zwei als stetig vorausgesetzten (→) Verteilungsfunktionen von unabhängigen Zufallsgrößen anhand von 2n konkreten Stichproben vom Umfang Eins. Allein die durch das Vorzeichen (+ oder −) dargestellte Richtung der Differenzen, nicht jedoch ihre absolute Größe, spielt dabei eine Rolle. Gegenstand der Prüfung ist die Wahrscheinlichkeit, mit der das beobachtete Vorzeichenverhältnis vom Verhältnis 1 : 1 abweicht. Der Test eignet sich vor allem für paarweise Beobachtungen bzw. zum Vergleich von Experimental- und Kontrollgruppe, wenn genaue quantitative Messungen nicht möglich sind. Bei kleinen Stichproben ($N < 30$) erfolgt die Prüfung über die (→) Binomialverteilung, bei größeren Stichproben ($N < 30$, oft aber auch schon bei $N < 10$) über die (→) Normalverteilung).
Für Stichproben, bei denen N größer als 30 ist, sind Unterschiede signifikant, wenn

$$\left| \frac{2K - N}{\sqrt{n}} \right| \geqq |z_{(1-\alpha/2)}| ,$$

wobei K die Anzahl der + ist.

Vpn
Abk Versuchsperson

VVDA
Abk Verlegerverband Deutscher Anzeigenblätter e.V.

W

Wahlbezirk
→ ADM-Stichprobe

wahrer Wert
→ Erwartungswert, Schätzung (Schätzverfahren, Schätztheorie)

Wahrscheinlichkeit *(Wahrscheinlichkeitstheorie)*
In der mathematischen Wahrscheinlichkeitstheorie ist die Wahrscheinlichkeit definiert als das Verhältnis der günstigen zu den möglichen Ereignissen, also:

$$Pr = \frac{\text{Zahl der günstigen Fälle}}{\text{Zahl der möglichen Falle}}.$$

Dieser auf Pierre Simon de Laplace zurückgehende Wahrscheinlichkeitsbegriff setzt voraus, daß die Ereignisse gleichwahrscheinlich sind. Das ist jedoch bei zahlreichen Problemen nicht vorauszusetzen. Der auf Alexander N. Kolmogorov zurückgehende statistische Wahrscheinlichkeitsbegriff setzt demgegenüber – ausgehend vom (→) Gesetz der großen Zahlen – voraus, daß sich die relative Häufigkeit eines Ereignisses mit wachsender Zahl der Fälle ergibt, die dieses Ereignis herbeiführen können. Die Wahrscheinlichkeit eines Ereignisses gilt danach also als eine theoretische Größe, für die als empirisch ermittelbarer Schätzwert die relative Häufigkeit eingesetzt wird.
Die beiden grundlegenden Theoreme der Wahrscheinlichkeitstheorie sind der Additionssatz und der Multiplikationssatz. Das Additionstheorem besagt, daß die Wahrscheinlichkeit des Eintretens von mindestens einem von zwei oder mehreren, einander ausschließenden (unabhängigen) Ereignissen gleich der Summe der Einzelwahrscheinlichkeiten ist, also $Pr(A + B) = Pr(A) + Pr(B)$. Sind A und B beliebige Ereignisse, so gilt $Pr(A + B) = Pr(A) + Pr(B) - Pr(AB)$.
Das Multiplikationstheorem besagt 1. daß die Wahrscheinlichkeit für das gleichzeitige Eintreten von zwei stochastisch unabhängigen Ereignissen gleich dem Produkt der Einzelwahrscheinlichkeiten ist, also $Pr(AB) = PR(A)\, Pr(B)$ und 2. daß für den Fall des Nichtvorliegens stochastischer Unabhängigkeit $Pr(AB) = Pr(A)\, Pr(B|A)$ gilt.
Sowohl der Additions- wie der Multiplikationssatz haben in der Wahrscheinlichkeitstheorie den Charakter von Axiomen oder Definitionen. Die Wahrscheinlichkeit ist die Grundlage der (→) Wahrscheinlichkeitsverteilungen und der (→) Inferenzstatistik.

Wahrscheinlichkeitsauswahl *(Wahrscheinlichkeitsstichprobe)*
→ Zufallsauswahl (Randomauswahl)

Wahrscheinlichkeitsverteilung
Die Zuordnung der (→) Wahrscheinlichkeiten für das Eintreten einander ausschließender Ereignisse, die zusammen eine Wahrscheinlichkeit von 1 besitzen, wird als Wahrscheinlichkeitsverteilung bezeichnet. Es handelt sich um ein auf die Regeln der mathematischen Wahrscheinlichkeitstheorie gestütztes Modell einer empirischen (→) Häufigkeitsverteilung.
vgl. Verteilungsfunktion

Wald-Wolfowitz-Test *(Iterationstest, Lauftest)*
Ein parameterfreier (→) Signifikanztest für mindestens ordinalskalierte Daten, (→) Skala (Skalenniveau), durch den geprüft wird, ob sich zwei voneinander unabhängige (→) Stichproben in ihrer Verteilungsform, ihrer (→) Streuung, ihrer (→) zentralen Tendenz, ihrer (→) Schiefe, und ihrer (→) Wölbung (Exzeß) voneinander unterscheiden. Die Meßwerte aus beiden Stichproben werden dabei in eine Rangreihe gebracht und je nach Zugehörigkeit zur einen oder anderen Stichprobe gekennzeichnet. Prüfgröße ist die Zahl der (→) Iterationen.

WBZ
Abk Werbender Buch- und Zeitschriftenhandel

Wear-out *(Wear-out-Effekte)*
→ Abnutzung

Wechselversand *(Wechselversandauflage)*
Eine vor allem für (→) Fachzeitschriften praktizierte Form des Vertriebs, bei der nach einem im Detail festgelegten Verfahren, die gesamte Auflage oder Teile der Auflage einer oder mehrerer oder aller Ausgaben einer Zeitschrift an definierte Zielgruppen verschickt werden. Vielfach wird dabei der Personenkreis, an den eine Zeitschrift verschickt wird, nach Themenschwerpunkten festgelegt, wobei die Zielgruppen dann diejenigen Personen oder Institutionen sind, die aufgrund ihrer (→) soziode-

mographischen Merkmale oder ihres Informationsbedarfs für den Empfang einer konkreten Ausgabe qualifiziert erscheinen. Ziel der entweder turnusmäßigen oder nach Themenplan vorgenommenen Aussendung an bestimmte Zielgruppen ist eine optimale Marktabdekkung.

Nach der Formulierung der (→) Arbeitsgemeinschaft Zeitschriftenverlage (AGZV) sind drei Möglichkeiten des systematischen Wechselversands denkbar:

„**a) Versand nach Themenplan:** Gruppen werden nach gleichbleibenden, entsprechend einem Themenplan belieferten Empfängerkreisen gebildet. Der Verlag beliefert Empfängergruppen nach Themenplan, sofern er für die Zeitschriftennummern eines Jahres im voraus einen Themenplan so festgelegt hat, daß dem Themenkreis jeder Nummer der Zeitschrift ein im voraus bestimmter und nachträglich bestimmbarer Empfängerkreis entspricht.

b) festes Versandintervall: Gruppen werden für ständige Empfänger gebildet, die – mit jeder n-ten Nummer, also nach einem vorher festgelegten und nachträglich pro Empfänger erkennbaren Plan beliefert werden.

c) Rotation: Empfängergruppen, die unabhängig von einem Themenplan nach dem Verfahren der Rotation nach Adressenunterlagen (überlappend oder nicht überlappend) beliefert werden.“

→ AMF-Karte, Dateianalyse

Weglistenverfahren *(Stadtplanmethode)*

Ein Verfahren der Ermittlung von (→) Reichweiten in der (→) Außenwerbung. Dabei wird die Vielzahl der Möglichkeiten des (→) Kontakts mit einer (→) Anschlagstelle durch (→) Befragung einer (→) repräsentativen (→) Stichprobe über die jeweils am Vortage zu Fuß oder mit einem Verkehrsmittel zurückgelegten Wegstrecken ermittelt. Das Verfahren ermöglicht jedoch nur Aussagen über die pro Durchschnittstag erzielbare Reichweite und (→) Kontakthäufigkeit pro Person, nicht jedoch über die im normalen zehntägigen Plakatierungszeitraum erzielbaren Werte. Das Verfahren hat den entscheidenden Nachteil, daß es ortsbezogen, zeitraubend und bei einer (→) Auswertung von 20 000 Orten mit Anschlagstellen zu teuer ist.

Weitester Besucherkreis

Zur Ermittlung der Kontakte mit den Werbemitteln Diapositiv und Werbefilm im (→) Kino ist in der (→) Media-Analyse (MA) der (→) Arbeitsgemeinschaft Media-Analyse (AG.MA) zwar derselbe Kanon der bei den anderen Medien behandelten Erhebungsthemen eingesetzt. Er mußte jedoch den speziellen Erfordernissen dieses Mediums angepaßt werden, da es im Kino inzwischen keine „Erscheinungsintervalle“ mehr gibt, die früher vor allem in den Nachspielkinos am Programmwechsel dienstags und freitags zu erkennen waren. Der (→) Kinobesuch wird deshalb für die letzten sieben Tage vor dem Interview erhoben. Dieser Zeitraum entspricht der Mindestlaufzeit, für die Einschaltpreise für Kino-Werbefilme berechnet werden.

Der (→) Weiteste Nutzerkreis (WNK) ist jedoch nicht mit dem Zwölffachen eines (→) Erscheinungsintervalls, wie bei den Pressemedien und den Funkmedien, sondern mit dem 52fachen definiert: Nicht nur wer während der letzten drei Monate, sondern alle, die innerhalb der letzten zwölf Monate wenigstens einmal im Kino waren, werden zum Weitesten Kinobesucher-Kreis gezählt. Hielte man den Weitesten Besucher-Kreis kleiner, ließe man die nur gelegentlichen Kinobesucher außer acht, dann würde zum Beispiel in der MA 79 der Weiteste Besucher-Kreis von 32 % (innerhalb der letzten zwölf Monate mindestens einmal im Kino gewesen) auf etwas über 24 % reduziert werden (innerhalb der letzten drei Monate wenigstens einmal im Kino gewesen).

Zur Ermittlung der (→) Besuchshäufigkeit wird hier im Gegensatz zu allen anderen Medien keine rein numerische Skala mit 12 (Presse) oder 6 (Funk) Positionen vorgegeben, sondern eine quantitative Skala, die wie die verbale Skala eigentlich mehr Nachteile als Vorteile enthält, sich aber als die einzig praktikable Lösung anbietet. Schon ein flüchtiger Blick auf eine quantitative Skala macht deutlich, daß sie zwar logisch einwandfrei aufgebaut ist, aber dadurch das Antworten nicht erleichtert, sondern eher erschwert wird.

„Wie oft gehen Sie im allgemeinen ins Kino?“

- o 2 mal in der Woche oder öfter
- o 1 mal in der Woche
- o 2 bis 3 mal im Monat
- o 1 mal im Monat
- o 2 bis 3 mal im Vierteljahr
- o 1 mal im Vierteljahr
- o seltener

In den 6 konkreten Zeitvorgaben kommen 3 verschiedene Zeiträume vor: Woche, Monat und Vierteljahr. Außerdem wechselt es dauernd zwischen einmal und 2 bis 3 mal. Diese Sprünge kann der Befragte nur schwer nachvollziehen. Immerhin erfüllt auch diese Frequenzfrage ihren Zweck, die Kinogänger innerhalb der letzten zwölf Monate in Gruppen unterschiedlich häufigen Kinobesuchs zu unterteilen.

Für das Kino wird eine (→) Besuchswahrscheinlichkeit ermittelt wie für die anderen Medien eine (→) Nutzungswahrscheinlichkeit:

Der Weiteste Besucherkreis (mindestens ein Besuch innerhalb der letzten 12 Monate) und die Personen, die innerhalb der letzten sieben Tage mindestens einmal im Kino waren, werden zueinander in Beziehung gesetzt: Der Anteil der Besucher pro Woche an der Gesamtheit der Besucher pro Jahr ausgedrückt in Prozent ist die durchschnittliche Besuchswahrscheinlichkeit.
Sie wird in einem (→) Segmentationsverfahren ausdifferenziert und schließlich in verschiedener Höhe für 16 Kinobesuchergruppen festgehalten, die sich neben ihrer Besuchshäufigkeit vor allem in (→) demographischen Merkmalen voneinander unterscheiden.

Weitester Empfängerkreis (WEK)
Die (→) Grundgesamtheit der individuellen (personellen) und institutionellen (→) Empfänger einer (→) Fachzeitschrift in den letzten 12 (→) Erscheinungsintervallen, d.h. diejenigen individuellen und institutionellen Empfänger, die mindestens eine von 12 Ausgaben der Fachzeitschrift empfangen haben. Der WEK wird durch mündliche oder schriftliche (→) Nutzerstrukturanalyse oder (→) Reichweitenanalyse ermittelt.

Weitester Hörerkreis (WHK)
Wie beim Fernsehen wird auch beim Radiohören in der (→) Media-Analyse (MA) der (→) Arbeitsgemeinschaft Media-Analyse (AG.MA) der (→) Weiteste Nutzerkreis (WNK) aus zwei Richtungen eingegrenzt: für Programme und für Sendezeiten. Daraus ergeben sich beim Hörfunk 23 Abfrageelemente: 14 Programme + 9 Sendezeiten. Aus jeweils zwei Angaben entsteht eine Filterbedingung für die Frage nach der (→) Nutzungshäufigkeit der verschiedenen Programme zu den verschiedenen Sendezeiten, (→) Hörhäufigkeit für Programme zu Sendezeiten, und die nach dem Hören gestern (Hören am letzten Sendetag für Programme zu Sendezeiten).

A Weitester Hörerkreis Programme
LA 70:
„Wann haben Sie zuletzt eine Werbefunk-Sendung vom ... gehört? Hier habe ich eine Zeiteinteilung, die Ihnen vielleicht hilft, die richtige Antwort zu finden."
o innerhalb der letzten 14 Tage
o zwei bis vier Wochen her
o noch länger her
MA 76:
„Wann haben Sie zuletzt den ... gehört? Hier habe ich eine Zeiteinteilung, die Ihnen vielleicht helfen kann, die richtige Antwort zu finden."
o innerhalb der letzten zwei Wochen
o zwei bis vier Wochen her
o länger her

Die nur geringfügig veränderte Fragestellung zur Eingrenzung des Weitesten Hörerkreises – „zuletzt eine Werbefunk-Sendung vom ... gehört" zu „zuletzt den ... gehört" – ließe erwarten, daß kaum nennenswerte Ergebnisverschiebungen auftreten. Tatsächlich sind aber die Veränderungen sogar erheblich, wenn auch aus einem anderen Grunde. Ein bereits beim Fernsehen an derselben Stelle zu beobachtender Effekt macht sich hier noch deutlicher und in der gleichen Richtung bemerkbar: Die Präsentationsform auf einzelnen Karten verhalf im (→) Generalfilter zunächst mehr Sendern und Programmen zur Passage. Im darauffolgenden (→) Filter blieben aber auch mehr hängen als bei der Präsentation auf einem Tableau. Dieselbe Erscheinung zeigt sich auch beim Hörfunk, allerdings ausgeprägt nur beim Filter für den Weitesten Hörerkreis.

B Weitester Hörerkreis Sendezeiten
LA 70:
Ein Eingrenzung der Weitesten Hörerkreise für Sendezeiten wurde nicht vorgenommen.
MA 76:
„Und nun möchte ich noch einiges über das Radiohören zu den einzelnen Tageszeiten wissen.
Haben Sie innerhalb der letzten zwei Wochen an irgendeinem Werktag, also montags bis samstags, frühmorgens vor 7 Uhr Radio gehört – und wenn auch nur ein paar Minuten? Denken Sie bitte auch daran, daß der Samstag oft anders abläuft als die anderen Werktage. Also wie war das frühmorgens vor 7 Uhr in den letzten zwei Wochen? Und zwischen 7 Uhr und 8 Uhr, wie war es da in den letzten zwei Wochen? Und zwischen 8 Uhr und 10 Uhr? Und wie war das zwischen ... Uhr und ... Uhr?"
Interviewer: Alle Zeiten bis „nach 20 Uhr" durchgehen
o innerhalb der letzten zwei Wochen
9 Tageszeiten
vor 7 Uhr
7 bis 8 Uhr
8 bis 10 Uhr (6 x zwei Stunden)
18 bis 20 Uhr
nach 20 Uhr
o innerhalb der letzten zwei Wochen nicht.

Diese Zeiteinteilungen sind mehrmals abgehandelt worden (siehe Tabelle auf der nächsten Seite, linke Spalte oben).
Die in der MA 74 vorgegebenen Zeiträume unterschieden zwischen kurz und lang, in der MA 75 gab es nur noch einen kürzeren (7–8 Uhr) und einen längeren (14–17 Uhr) zwischen sonst gleich langen Abschnitten zu je zwei Stunden. Und seit der MA 76 gibt es nur noch einen Ein-Stunden-Abschnitt (7–8 Uhr), dann folgen ausschließlich Zwei-Stunden-Abschnitte.
Analog zum Fernsehen werden die Zeitabschnitte, die zur Erhebung des Verhaltens an den letzten 12 Sendetagen vorgegeben werden, für die Frage nach dem Verhalten am letzten

Hörhäufigkeit

MA 74	MA 75	MA 76
vor 6 Uhr	vor 7 Uhr	vor 7 Uhr
	7– 8 Uhr	7– 8 Uhr
	8–10 Uhr	8–10 Uhr
8–12 Uhr		
	10–12 Uhr	10–12 Uhr
12–14 Uhr	12–14 Uhr	12–14 Uhr
		14–16 Uhr
14–17 Uhr	14–17 Uhr	
		16–18 Uhr
17–20 Uhr	17–19 Uhr	
		18–20 Uhr
	nach 19 Uhr	
nach 20 Uhr		nach 20 Uhr

Sendetag halbiert: eine Stunde wird in zwei halbe Stunden, ein Zwei-Stunden-Abschnitt in zweimal eine Stunde geteilt. Im Gegensatz zum Fernsehen werden später aber nicht die Werte für die längeren Abschnitte ausgewiesen, sondern ausschließlich die für die kürzeren. Das bedeutet, daß die Hörerschaften von je zwei miteinander gekoppelten kürzesten Zeitabschnitten zu demselben Weitesten Hörerkreis gehören.

Vor der MA 76 hatten sogar 3- und 4-Stundenhörerschaften denselben Weitesten Hörerkreis. Es hat sich gezeigt, daß die Einteilung der Zeitabschnitte, für die Weiteste Hörerkreise, Hörhäufigkeit und letztes Hören bzw. Hören gestern erhoben werden, von beachtlicher Bedeutung für die Ergebnisse ist: Je nachdem, in wie lange Zeitabschnitte man den Tag unterteilt, erhält man unterschiedlich große Weiteste Hörerkreise:

längere Zeitabschnitte = größere Weiteste Hörerkreise

kürzere Zeitabschnitte = kleinere Weiteste Hörerkreise

Denn in längeren Zeiträumen sammeln sich mehr Hörer, die irgendwann in dieser Spanne Radio gehört haben als in kürzeren. Allerdings sind in Weitesten Hörerkreisen über längere Zeiträume auch mehr gelegentliche Hörer enthalten, in Weitesten Hörerkreisen aus kleineren Zeiträumen dagegen mehr regelmäßige Hörer.

Weitester Lesemappen-Kontaktkreis

Da das (→) Erscheinungsintervall beim (→) Lesezirkel sieben Tage beträgt (jede Woche gibt es eine neue Mappe), ist der Weiteste Lesemappen-Kontaktkreis in der (→) Media-Analyse (MA) der (→) Arbeitsgemeinschaft Media-Analyse (AG.MA) wie bei wöchentlich erscheinenden Zeitschriften auf ein Vierteljahr festgelegt: Wer „innerhalb der letzten 3 Monate eine Zeitschrift aus einem Lesezirkel in die Hand genommen hat, um darin zu blättern oder zu lesen“, gehört zum Weitesten Lesemappen-Kontaktkreis (Leserkreis sollte man nicht sagen, weil es hier nicht auf das Lesen, sondern auf den Kontakt mit dem Aufkleber auf der Mappe oder mit dem Beihefter in der Mappe ankommt).

Die Fragen nach dem letzten (→) Kontakt werden für die Lesemappe nicht nur einmal wie bei den anderen Pressemedien, sondern achtmal gestellt: für alle Kontaktgelegenheiten einzeln mit Exemplaren aus einer Lesemappe, die

- o im Haushalt abonniert ist
- o von Nachbarn, Freunden, Bekannten, Verwandten geliehen wurde
- o beim Friseur
- o beim Zahnarzt
- o beim Arzt
- o im Café
- o im Restaurant, in einer Gaststätte
- o an anderer Stelle, wo Lesemappen ausliegen, auslag.

Vor die (→) Abfrage für die Kontaktgelegenheiten in öffentlicher Auslage ist noch ein zweiter (→) Filter für den Weitesten Lesemappen-Kontaktkreis vorgeschaltet: Wer innerhalb der letzten 3 Monate nicht beim Friseur oder beim Arzt etc. war, wird auch nicht gefragt, wann er dort zuletzt Kontakt mit einem Heft aus einer Lesemappe hatte.

Die Antwortvorgaben mit den Zeitgrenzen sind etwas anders gehalten als die entsprechenden bei wöchentlich erscheinenden Zeitschriften, Wochenzeitungen, Supplements, und konfessionelle Presse:

Zeitschriften	Lesemappe
□ innerhalb der letzten 7 Tage	□ innerhalb der letzten 7 Tage
□ 8 bis 14 Tage her	□ 8 bis 14 Tage her
□ 2 bis 3 Wochen her	□ 2 bis 3 Wochen her
□ länger her	□ 1 bis 3 Monate her
	□ länger her
	□ nie

Das Einfügen von „1 bis 3 Monate her“ und das Anhängen von „nie“ ist durch die besondere Situation beim Werbeträger Lesezirkel erforderlich: Da die, in der MA nicht erhobene, aber aus anderen Untersuchungen bekannte (→) Kontakthäufigkeit mit Lesemappenheften je nach (→) Leseort unterschiedlich ist, muß man für jede dieser Gelegenheiten den Weitesten Kontaktkreis und die Kontakte im letzten Erscheinungsintervall ermitteln. Neben den dafür vorgesehenen Antwortmöglichkeiten müssen auch noch weitere vorgegeben werden für Kontakte, die länger her sind, und für die Fälle, in denen es noch nie zu einem Kontakt mit einem Lesemappenheft an diesem Ort gekommen ist.

Weitester Leserkreis (WLK)
In der (→) Leserschaftsforschung diejenigen Personen, die mindestens eine Ausgabe einer Zeitung oder Zeitschrift in den letzten 12 (→) Erscheinungsintervallen gelesen oder durchgeblättert haben, also die Personen mit einer (→) Lesewahrscheinlichkeit von mehr als 0. Die letzten 12 Erscheinungsintervalle sind:

- für monatlich erscheinende Zeitschriften 12 Monate,
- für 14-täglich erscheinende Zeitschriften 6 Monate,
- für wöchentlich erscheinende Zeitschriften, Wochenzeitungen, Supplements 3 Monate,
- für täglich erscheinende Medien (Zeitungen, konfessionelle Presse) 14 Tage.

Alle Personen im WLK erhalten eine Lesewahrscheinlichkeit für das betreffende Pressemedium, die größer als Null ist. Der WLK ist der Ausgangspunkt für die Berechnung der (→) Lesewahrscheinlichkeiten. Sein Umfang bestimmt in (→) Reichweitenanalysen die statistische Zuverlässigkeit der Leserschaftsdaten eines Titels. In den Erhebungen der (→) Media-Analyse (MA) der (→) Arbeitsgemeinschaft Media-Analyse (AG.MA) müssen mindestens 351 Fälle auf den WLK entfallen, damit ein Titel in die Untersuchung einbezogen werden kann.

Bereits in den (→) Leseranalysen (LA) LA 54 und LA 56 hatte man für alle Zeitschriften unabhängig vom Erscheinungsintervall die Leserschaften in den letzten zwei bis drei Monaten eingegrenzt. Sie wurden damals als „Leser der letzten Monate" bezeichnet und sind als Vorläufer der Weitesten Leserkreise zu betrachten; denn auch für sie wurde seinerzeit die (→) Lesehäufigkeit ermittelt.Dann hat man sich 10 Jahre lang – bis 1966 – nicht mehr für die Größe des Weitesten Leserkreises interessiert. Erst mit der Einführung der Fragen nach der Lesehäufigkeit rückte der Weiteste Leserkreis wieder ins Blickfeld. Erhoben wurde er allerdings nur indirekt: Jeder der eine von Null verschiedene Häufigkeitsangabe gemacht hatte, gehörte zum Weitesten Leserkreis.

Seit dem Experiment zur Vorbereitung der LA 70 wird der Weiteste Leserkreis, also die Leserschaft in den letzten 12 Erscheinungsintervallen, mit einer (→) Filterfrage eingegrenzt. Dieser Große Zeitfilter soll außerdem dazu dienen, nur diejenigen für die Frage nach der Lesehäufigkeit zuzulassen, die eine Aussage über ihr Leseverhalten in den letzten 12 Erscheinungsintervallen machen konnten, und alle Leser, deren letzter (→) Lesevorgang mit dem betreffenden Blatt schon länger zurücklag, von der weiteren (→) Abfrage – auch des Lesens im letzten Erscheinungsintervall auszuschließen.

In dem Experiment zur Vorbereitung der LA 70 standen für den Großen Zeitfilter zwei verschiedene Versionen gegeneinander im Test. In der einen wurden 6 Antwortmöglichkeiten vorgegeben, in der anderen die seit der LA 70 üblichen 3. Die Entscheidung zugunsten der 3 Antwortvorgaben für den Großen Zeitfilter fiel nicht nur nach dem Prinzip, daß durch einen Filter alle die passieren sollen, von denen noch weitere positive Antworten zu erwarten sind. Es gab noch einen weiteren Grund: Den Befragten fiel besonders schwer die Einordnung in den Zeitraum zwischen drei und zwölf Erscheinungsintervallen, die größten Schwierigkeiten bereitete die Spanne von sechs bis neun Wochen bei wöchentlichen (Vorgabe 3). Hier fehlte offenbar der Bezug zu gewohnten Zeiteinteilungen wie Woche, Monat, Vierteljahr. Auch die Sechswochenfrist bei 14täglichen (Vorgabe 1) ist nicht ganz leicht vorzustellen, und der Sprung auf drei Monate (Vorgabe 2) wirkt unorganisch. Wollte man die Befragten nicht vorsätzlich in Verwirrung stürzen, empfahlen sich die Antwortvorgaben mit der Einteilung: bis 12, 12 bis 24 Erscheinungsintervalle, länger her.

Der Unterschied zwischen dem WLK und dem (→) Leser pro Nummer (LpN) liegt darin, daß der WLK die Leser mehrerer Ausgaben einsammelt und dementsprechend kumulativ zu einem größeren Leserkreis führt. Ihre Gemeinsamkeit liegt darin, daß beide nur zu einem einzigen Leserkreis führen, d.h. beim Weitesten Leserkreis wird zwar im Gegensatz zum LpN der Zeitaspekt mitberücksichtigt, aber dennoch enthält er ein gewisses statisches Element. Man fragt nach der sich bis zu einem bestimmten Zeitpunkt im Zeitablauf ansammelnden Lesermenge, ohne jedoch die zeitliche Entwicklung der Nutzergrößen bis zu diesem Zeitpunkt sichtbar zu machen. Der Weiteste Leserkreis ist mithin nur ein recht grobes Maß für die Mediaplanung.

Weitester Nutzerkreis (WNK)
Ein in Analogie zum (→) Weitesten Leserkreis (WLK) gebildeter Ausdruck zur Bezeichnung der Zahl der Nutzer eines Mediums, d. h. einer (→) Medien-Kontakt-Einheit (MKE) (d. h. nicht bloß der Druck-, sondern auch der elektronischen Medien), die eine (→) Nutzungswahrscheinlichkeit von mehr als 0 und damit in-

nerhalb einer begrenzten Zeit die Chance haben, mit dem Werbeträger (→) Kontakt, (→) Kontaktwahrscheinlichkeit, zu haben.
In der Definition der Weitesten Nutzerkreise besteht zwischen Erhebung und Ausweisung eine Differenz, weil die Größe der Weitesten Nutzerkreise nach zwölf Ausgaben/Sendetagen noch nicht erreicht ist; denn bei Benutzung der Formel für die Nutzerschaft einer Medien-Kontakt-Einheit nach 2 – n Ausgaben/Sendetagen

$$\sum_{i=1}^{N} gi\ [1-(1-pij)^b]$$

g = Gewicht (des Individuums) = Personengewicht
i = Individuum = Fall 1 bis N aus der Stichprobe
p = Probabilität = Nutzungswahrscheinlichkeit (des Individuums)
j = Medien 1 bis m
b = Anzahl der Belegungen = Ausgaben

und Einsetzung von b = 12 ergibt sich die volle Größe des Weitesten Nutzerkreises nur dann, wenn b = ∞ (unendlich) gesetzt wird.
Die Größe des Weitesten Nutzerkreises wird dadurch ermittelt, daß man alle Gewichte der Personen, die für das betreffende Medium eine von Null verschiedene Nutzungswahrscheinlichkeit besitzen, aufaddiert:

$$\sum_{pij>0\ j=!...m} gi$$

g = Gewicht (des Individuums) = Personengewicht
i = Individuum = Fall 1 bis N aus der Stichprobe
p = Nutzungswahrscheinlichkeit (des Individuums)
j = Medien 1 bis m.

Weitester Seherkreis (WSK)
Anders als bei den Pressemedien kann man bei den Funkmedien (→) Weiteste Nutzerkreise (WNK) aus zwei verschiedenen Richtungen eingrenzen: die Weitesten Nutzerkreise für die einzelnen Programme (sie werden in der (→) Leseranalyse (LA) der (→) Arbeitsgemeinschaft Leseranalyse (AGLA) bereits seit der LA 70 erhoben) und die Weitesten Nutzerkreise für die einzelnen Sendezeiten (sie wurden in der (→) Media-Analyse (MA) der (→) Arbeitsgemeinschaft Media-Analyse (AG.MA) zum ersten Mal in der MA 75 erhoben). Inzwischen gibt es also insgesamt 16 Abfrageelemente: 9 Programme und 7 Sendezeiten.
Aus beiden Angaben entsteht der (→) Filter für die Frage nach der (→) Nutzungshäufigkeit für die verschiedenen Programme zu den verschiedenen Sendezeiten.

A Weitester Seherkreis Programme
LA 70:
„Wann haben Sie zuletzt eine Sendung des Werbefernsehens vom ... gesehen? Hier habe ich eine Zeiteinteilung, die Ihnen vielleicht helfen kann, die richtige Antwort zu finden."
o innerhalb der letzten 14 Tage
o zwei bis vier Wochen her
o noch länger her
MA 76:
„Wann haben Sie zuletzt vor 20 Uhr eine Sendung vom ... gesehen?
Hier habe ich eine Zeiteinteilung, die Ihnen vielleicht helfen kann, die richtige Antwort zu finden."
o innerhalb der letzten zwei Wochen
o zwei bis vier Wochen her
o länger her

Abgesehen von der in allen Frageformulierungen vorgenommenen Änderung der Instruktion „Sendungen des Werbefernsehens" zu „Sendungen vor 20 Uhr" sind nur die Antwortvorgaben geringfügig abgewandelt worden. Der den Weitesten Seherkreis eingrenzende Zeitraum wurde von LA 70 bis LA 75 bezeichnet mit „innerhalb der letzten 14 Tage". Seit MA 76 heißt es stattdessen „innerhalb der letzten zwei Wochen". Diese Umformulierung brachte in die Zeitraum-Instruktionen mehr Klarheit: Da die Befragten zur Abschätzung ihrer Sehhäufigkeit an das Verhalten in „einer gewöhnlichen Woche in der letzten Zeit denken" sollen, ist es sinnvoll, auch bereits beim Abgrenzen des Weitesten Seherkreises den Begriff der Woche einzuführen.
Entsprechend der Regel bei den Pressemedien, daß im Weitesten Seherkreis die enthalten sein sollen, die innerhalb der letzten 12 (→) Erscheinungsintervalle mindestens einen Kontakt mit mindestens einer Ausgabe hatten, gehört zum Weitesten Seherkreis für ein Programm, wer an mindestens einem der letzten 12 Werktage – sonntags und feiertags gibt es keine Werbung im deutschen Fernsehen – zu mindestens einer Sendezeit vor 20 Uhr „und wenn auch nur ein paar Minuten" ferngesehen hat.
Die Vorgabe von drei Antwortmöglichkeiten dient der Vermeidung von harten Alternativen, die leicht zu Positiv-Negativ-Entscheidungen animieren. Abgegrenzt sind die zurückliegenden zwölf Sendetage und weiter in die Vergangenheit zurück noch einmal derselbe Zeitraum, dann folgt das unbestimmte „länger her".

B Weitester Seherkreis Sendezeiten
LA 70:
Eine Eingrenzung der Weitesten Seherkreise für Sendezeiten wurde nicht vorgenommen.
MA 76:
„Und nun möchte ich noch einiges über das Fernsehen zu den einzelnen Tageszeiten wissen. Haben Sie innerhalb der letzten zwei Wochen an irgendeinem Werktag, also montags bis samstags, nachmittags in der Zeit vor 17 Uhr ferngesehen – und wenn auch nur ein paar

Minuten? Denken Sie bitte auch daran, daß der Samstag oft anders abläuft als die anderen Werktage. Also wie war das nachmittags vor 17 Uhr in den letzten zwei Wochen und zwischen 17 Uhr und 17 Uhr 30, wie war es da in den letzten zwei Wochen? Und zwischen 17 Uhr 30 und 18 Uhr? Und wie war es zwischen ... und ... Uhr?" Alle Zeiten bis „19.30 bis 20.00" durchgehen.

- o in den letzten zwei Wochen
  7 Tageszeiten:
  vor 17 Uhr,
  sechs halbe Stunden von 17 Uhr bis 20 Uhr
- o innerhalb der letzten zwei Wochen vor 20 Uhr nicht.

Dieses mit der MA 74 aufgenommene Erhebungsthema verdankt seine Einführung der Überlegung, daß bei den Funkmedien nicht nur die Bedingungen ihrer physikalischen Ausbreitung, sondern auch die Zeitgebundenheit ihres Programmangebotes die Weitesten Seherkreise begrenzt: Nicht jeder Mensch kann sich zu jeder Tageszeit die Freiheit nehmen, fernzusehen oder Radio zu hören. Die Anforderungen des täglichen Lebens engen den Nutzungsspielraum für die Funkmedien ein. Auf dieses Phänomen wurde bis zur MA 73 in der Erhebung keine Rücksicht genommen. Dementsprechend waren die Weitesten Seherkreise für alle Sendezeiten zwischen 18 und 20 Uhr gleich groß.

Da man das Erhebungsprogramm nicht sogleich auf den seit der MA 75 gültigen Umfang umstellen wollte und von der Überlegung ausging, daß die Lebensgewohnheiten sich vor allem auf die Tätigkeit des Fernsehens schlechthin, aber nicht so sehr unterschiedlich auf das Sehen einzelner Programme auswirken würden, fragte man in der MA 74 nur nach dem Sehen allgemein zu bestimmten Zeiten innerhalb der letzten 14 Tage, nicht auch noch nach dem Verfolgen einzelner Programme während dieser Sendezeiten. Das geschah zum ersten Mal in der MA 75. Als Erhebungseinheiten wurden halbe Stunden festgelegt, weil sich im Rahmen einer Untersuchung von Getas, Bremen, herausgestellt hatte, daß die Befragten für die Zeitabschnitte zwischen „halb" und „voll" und „voll" und „halb" am leichtesten ihre Gewohnheiten referieren können.

Die Einteilung in halbe Stunden für die (→) Abfrage nach dem Sehverhalten an den letzten 12 Sendetagen ist größer als die Einteilung in Viertelstunden für die Abfrage nach dem Sehverhalten am letzten Sendetag. Anders ausgedrückt: Ist für die Eingrenzung des Weitesten Seherkreises eines Programms und für die Ermittlung der Sehhäufigkeit die halbe Stunde die Erhebungseinheit, wird sie für die Frage nach dem Sehen am letzten Sendetag unterteilt in zwei Viertelstunden. In der (→) Auswertung gilt der Nettowert über beide Viertelstunden als Ausweisungsergebnis.

Im Fragebogen sieht dieser Erhebungskomplex sehr umfangreich aus. Von den insgesamt 63 Feldern (9 Programme x 7 Sendezeiten) sind im Durchschnitt aber nur 6, also knapp ein Zehntel besetzt: 2 Spalten für Programme und 3 Zeilen für Sendezeiten von jeweils einer halben Stunde Dauer.

WEK

Abk Weitester Empfängerkreis (WEK)

WEMF (AG für Werbemittelforschung)

1964 wurde die WEMF als eine paritätisch getragene Institution vom Verband Schweizerischer Werbegesellschaften (VSW), vom Bund Schweizerischer Werbeagenturen (BSW), vom Schweizerischen Verband der Zeitungs- und Zeitschriftenverleger (SZV) und von der Vereinigung Schweizerischer Werbeauftraggeber (SIV) gegründet. Ihr Auftrag war und ist, die Werbeträger neutral und unabhängig, kontinuierlich und nach einheitlicher Methodik zu erforschen. Die Haupttätigkeiten der WEMF liegen heute in der Durchführung der (→) Mediastudie (MS) für Presse, Radio und Kino, in der Kontrolle der (→) Telecontrol-TV-Forschung, in der Realisierung von anderen Werbeträgerforschungsprojekten wie der (→) Ma-Med oder der (→) MAF) und in der Beglaubigung von Periodika.

Die jährlich publizierte Mediastudie (MS) basiert auf einer jeweils neu erstellten, mehrstufigen repräsentativen Random-Stichprobe mit 8'600 Interviews in der gesamten Schweiz. Die erhobenen Daten beziehen sich auf 4'462'000 Personen zwischen 15 und 74 Jahren, die die Sprache der jeweiligen Befragungsregion beherrschen. Ausgewertet werden die Leser pro Titel in Tausend (Projektion), die Reichweiten pro Titel (in %), die Struktur der Leser der Titel und die Doppelleser. Zudem bestehen weitere Auswertungsmöglichkeiten nach individuellen Wünschen für die Mediaselektion auf dem gesamten Datenbestand der MS.

Werbedosis – Werbewirkung

Eine 1970 von der delta Marketingforschung, Konstanz, im Auftrag der (→) Programmzeitschrift „Hörzu" durchgeführte, 1971 veröffentlichte Untersuchung über den Zusammenhang von Werbewirkung und (→) Kontakthäufigkeit. Ziel der Untersuchung war ein (→) Intermediavergleich der Wirkungshöhe und des Wirkungsverlaufs sowie die Entwicklung von Äquivalenzwerten und Prognosefunktionen in Abhängigkeit von der Etatgröße und dem (→) Media-Mix.

Während des Untersuchungs-Zeitraumes wurde die Werbeaktivität von 100 Marken beobachtet und die erzielte Werbewirkung durch insgesamt 12 Erhebungswellen im 1. Halbjahr 1970 laufend registriert. Die Erhebung stützte sich auf rund 5000 Interviews bei einer für das Bundesgebiet und West-Berlin repräsentativen Stichprobe von Hausfrauen.

Aus der Gesamtzahl der beobachteten Marken wurden die Daten von 39 Marken der Ermittlung von (→) Kontaktbewertungskurven für Anzeigenwerbung in Publikumszeitschriften zugrundegelegt. Ausgeschieden wurden alle Marken, die entweder keine Werbekampagnen im Untersuchungszeitraum durchgeführt oder keinen genügend hohen Anteil des Werbeetats in Publikumszeitschriften disponiert hatten oder bei denen die Konkurrenzwerbung zu einer totalen Kompensation der Werbewirkung führte. Kernpunkt der Untersuchung war es, eine generalisierte Kontaktbewertungskurve zu entwickeln. In der Studie war dies die (→) konvex-konkave Kontaktbewertungskurve (KKK).

Neben vielen Einzelergebnissen zu spezifischen Fragestellungen ergaben sich folgende generelle Intermedia-Befunde:

- Bei kleineren Etats erzielt das Werbefernsehen eine größere Kommunikationsleistung. Dagegen machen Zeitschriften in den mittleren und oberen Etatbereichen weitere Wirkungssteigerungen möglich, während die Wirkungskurve des Werbefernsehens verflacht.
- Das Werbefernsehen löst rasch Kaufimpulse aus, diese Kaufdispositionen haben jedoch über einen längeren Zeitraum betrachtet keinen Bestand. Demgegenüber setzt die kaufanregende Wirkung der Zeitschriften-Werbung langsamer ein, hat aber einen nachhaltigen Effekt.
- Für die Steigerung der aktiven Markenbekanntheit sind vor allem Werbefunk und Werbung in Zeitschriften maßgebend.

Dem ersten Band schloß sich 1971 „Werbedosis – Werbewirkung 2“ an. Das Erhebungsmaterial, auf dem diese Studie basierte, umfaßte Werbe-Wirkungsdaten zahlreicher Mediapläne, die in ihrem Mediamix breit variierten. Daten wurden erhoben einerseits für Mediapläne, die sich überwiegend auf elektronische Medien, Werbefunk und Werbefernsehen stützten, andererseits für Pläne, die überwiegend oder ausschließlich gedruckte Medien, Tageszeitungen und Publikumszeitschriften einsetzten. Das Mediamix variierte auch innerhalb der einzelnen Produktfelder zum Teil beträchtlich. Die Ergebnisse wurden in zwei verschiedenen Aussageformen ausgewiesen:

1. Äquivalenzwerte, die im Vergleich verschiedener Werbeträger-Gruppen oder Mediamix-Typen die relativen quantitativen Werbewirkungen angeben.
2. Prognosefunktionen, mit deren Hilfe Wirkungsverlauf und Wirkungshöhe künftiger Werbekampagnen in Abhängigkeit von mehreren Streuplan-Parametern (Etatgröße, Etatverteilung auf die Medien usw.) abgeschätzt werden kann.

Werbedruck (*Konkurrenzdruck*)
Es gibt einige Anhaltspunkte dafür, daß die Wirksamkeit einer Werbekampagne nicht nur von der Qualität und Intensität der dabei eingesetzten Werbemittel und Werbeträger, sondern in beträchtlichem Maße auch von der Werbung konkurrierender Werbungtreibender, dem sog. Werbedruck, abhängt. Diese Annahme erscheint zwar sehr plausibel, dennoch fehlt es an empirischen Belegen für ihre Richtigkeit. Einige Befunde zur Wirksamkeit des Werbedrucks erbrachte die Studie (→) BamS-Kommunikation der „Bild am Sonntag“ des Axel Springer Verlags, Hamburg. Die folgende Illustration zeigt, wie die Werbewirkung – die hier als (→) Markenresonanz bezeichnet wird – zwischen Eigendruck und Fremddruck ausgewogen wird. Für die Mediaplanung bieten sich als Gegenmittel gegen den Konkurrenzwerbedruck entweder eine konkurrenzorientierte Budgetierung, die z. B. die (→) Marktmechanik des Axel Springer Verlags empfiehlt, oder eine Mediaauswahl, bei der vorwiegend Werbeträger eingesetzt werden, in denen die Konkurrenz nicht oder nur wenig inseriert, (→) Share of Mind (SOM).

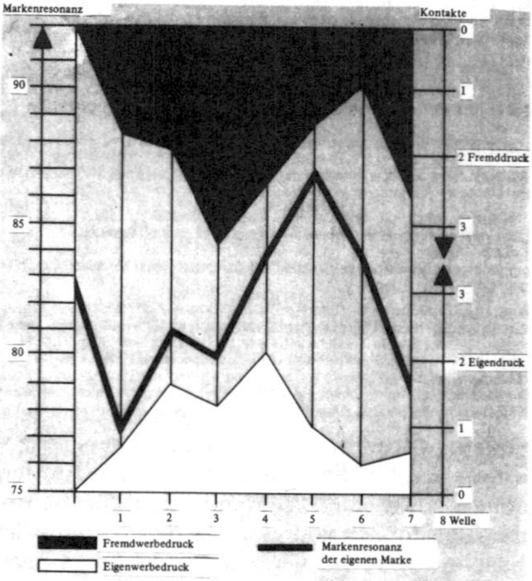

Quelle: BamS-Kommunikation, Bild am Sonntag 1972. Kampagnenkontrollen bei repräsentativen Männer-Stichproben.

Werbedrucktest
→ Impacttest (Impaktverfahren)

Werbeerinnerung
→ Erinnerung

Werbeexemplare
Probeexemplare einer Zeitung oder Zeitschrift, die der Verlag entweder auf Anforderung oder nach eigenem Gutdünken an bestimmte Personen unentgeltlich mit dem Ziel liefert, Abonnenten, Bezieher oder Inserenten zu gewinnen.

Werbefernsehen *(Fernsehwerbung)*
Zur Vermeidung der „Nachteile eines kommerziellen Fernsehens" – wie es im Staatsvertrag der Länder der Bundesrepublik Deutschland vom 8. Juni 1961 heißt – bestehen für die Fernsehwerbung nach dem Staatsvertrag und einer entsprechenden Vereinbarung der Ministerpräsidenten vom 8. November 1982 noch heute die folgenden Beschränkungen:

- keine Werbung nach 20 Uhr,
- keine Werbung an Sonn- und Feiertagen,
- deutliche Trennung der Werbesendungen vom übrigen Programm,
- Ausschluß jeden Einflusses von Werbeveranstaltern oder Werbeträgern auf das übrige Programm,
- Festsetzung der Gesamtdauer des Werbefernsehens durch die Ministerpräsidenten.

Die höchstzulässige Werbezeit wurde 1962 auf 20 Minuten werktäglich im Jahresdurchschnitt festgelegt. Pro Sendetag darf das Werbeprogramm 25 Minuten nicht überschreiten. Diese Beschränkung blieb bis heute unverändert.

ARD und ZDF haben diesen Rahmen des Staatsvertrages durch spezielle »Richtlinien für die Werbesendungen« ausgefüllt, wonach Werbung zum Beispiel nur für wirtschaftliche Zwecke gestattet ist. Unzulässig ist insbesondere Werbung für politische Zwecke sowie für religiöse und weltanschauliche Überzeugungen.

Die Nachfrage der werbungtreibenden Wirtschaft nach Werbesendezeit übersteigt das tatsächliche Angebot von 20 Minuten täglich um ein Vielfaches. Spätestens seit den 1980er Jahren gibt es eine auch öffentlich geführte Diskussion über eine Auflockerung der Beschränkungen für Fernsehwerbung, d. h. über eine Ausdehnung auf 25 und mehr Minuten sowie über eine Auflockerung der Werbeblocks und die Möglichkeit programmunterbrechender Werbesendungen. In diese Richtung wiesen eine Reihe öffentlicher Stellungnahmen des (→) Arbeitskreises Werbefernsehen der deutschen Wirtschaft (AKW) und des Arbeitskreises Werbung des Bundesverbandes der Deutschen Industrie.

Werbefilm
→ Film- und Diapositivwerbung

Werbefunkhörer pro Tag
Die Zahl der Personen, die an einem bestimmten Tag mindestens einen Teil einer Werbesendung im Hörfunk gehört haben.
→ Hörerforschung

Werbefunkhörer pro Woche
Die Zahl der Personen, die in einer bestimmten Woche mindestens einmal eine bestimmte Werbesendung im Hörfunk gehört haben.
→ Hörerforschung

Werbekontakter
→ Kontakter

Werbemedien *(Werbemedia)*
→ Werbeträger

Werbemittel
Prinzipiell ist zwischen Werbemitteln und (→) Werbeträgern zu unterscheiden. „Werbemittel sind alle innerhalb der Absatzwerbung eingesetzten Instrumente, die in ihrer Gesamtwirkung primär zur Erfüllung der wirtschaftlichen und außerwirtschaftlichen Werbeziele beitragen sollen" (Johannes Bidlingmaier). In ihnen „werden die aus dem Werbeziel abgeleiteten Werbebotschaften gebündelt und dargestellt" (Bruno Tietz/Joachim Zentes). Das Werbemittel ist also „die reale sinnlich wahrnehmbare Erscheinungsform der Werbebotschaft, also zum Beispiel das Inserat" (Wilhelm Hill), die „aus dem Gedanklichen ins Stoffliche übertragene Werbebotschaft" (R. Nieschlag/E. Dichtl/H. Hörschgen). Die große Vielzahl der existierenden Werbemittel hat sich bisher einer allgemein akzeptierten Systematisierung widersetzt. Zu den wichtigsten Werbemitteln zählen (ohne Anspruch auf eine erschöpfende Aufzählung) (→) Anzeigen in Druckmedien (Zeitungen, Zeitschriften, Bücher, Telefon- und Adreßverzeichnisse usw.), (→) Fernsehspots, (→) Rundfunkspots, (→) Prospekte, (→) Displays, (→) Kataloge, (→) Broschüren, (→) Flugblätter, (→) Handzettel, (→) Plakate, (→) Präsentationen, (→) Demonstrationen, (→) Diapositive, (→) Werbefilme, (→) Kundenzeitschriften, (→) Dekorationen, (→) Leuchtschriften, (→) Werbebriefe, (→) Preisausschreiben, (→) Packungen usw.

Werbemittelkontakt
→ Kontakt

Werbemittel-Nachtest *(Werbemittel-Posttest)*
→ Posttest

Werbemittelreichweite
→ Reichweite

Werbemittel-Vortest *(Werbemittel-Pretest)*
→ Pretest

Werbender Buch- und Zeitschriftenhandel (WBZ)
Der vornehmlich dem Vertrieb von (→) Zeitschriften im (→) Abonnement sowie von Büchern mit Hilfe von Vertretern (gelegentlich auch im Wege des Versandhandels) und der Werbung gewidmete Handel.

Werbereichweite
→ Reichweite

Werbespot
→ Rundfunkwerbung, Werbefernsehen

Werbestreuplanung
→ Streuplanung

Werbestreuung
→ Streuung 2.

Werbeträger *(Medien, Streumedien)*
Die Werbeträger sind die Vehikel zur Übertragung von (→) Werbebotschaften, mit deren Hilfe (→) Werbemittel an die (→) Werbesubjekte herangeführt werden können. Zu den personellen und stofflichen Medien, die als Werbeträger fungieren (können), zählen unter den (→) Druckmedien vor allem die (→) Zeitungen und (→) Zeitschriften, und zwar (→) Tageszeitungen, Wochenzeitungen, (→) Anzeigenblätter, (→) illustrierte Zeitschriften, (→) Publikumszeitschriften, (→) Programmzeitschriften, (→) Supplements, (→) Fachzeitschriften, Magazine, Bücher, (→) Adreß- und Telefonbücher usw.; unter den elektronischen Medien (→) Fernsehen und (→) Hörfunk sowie die größtenteils in der Bundesrepublik noch ungenutzten (→) Neuen Medien wie (→) Kabelfernsehen, (→) Satellitenfernsehen, (→) Bildschirmtext, (→) Münzfernsehen, (→) Videotext usw., ferner Filme, Produkte und Pakkungen, (→) Anschlagstellen, Schaufenster, Werbegeschenke, öffentliche und private Verkehrsmittel, Unternehmen der Direktwerbung und Werbemittelverteilung sowie Absatzmittler, Personen, die Werbebotschaften vermitteln usw.
In Anknüpfung an Rudolf Seyffert läßt sich zwischen „Nur-Werbeträgern" (wie z.B. Schaufenstern oder Anschlagstellen) und „Auch-Werbeträgern" (wie z.B. Zeitungen, Zeitschriften, Fernsehsendungen) unterscheiden. Ferner ist zu unterscheiden zwischen individuellen Werbeträgern und den (→) Massenmedien bzw. nach dem Grad der Streugenauigkeit zwischen den selektiven Medien (wie z.B. Werbebriefen) und den Massenmedien. In der Werbepraxis hat sich die Differenzierung zwischen Insertionswerbeträgern (Insertionsmedien), elektronischen Werbeträgern (elektronischen Medien), Medien der (→) Außenwerbung und anderen Werbeträgern (anderen Medien) wie z.B. Adreß- und Telefonbüchern bewährt.

Werbeträgeranalyse
→ Mediaanalyse

Werbeträgerauswahl
→ Mediaselektion

Werbeträgerforschung
→ Mediaforschung

Werbeträgergewichtung
→ Kontaktgewichtung, Mediagewichte

Werbeträgerkombination
→ Mediakombination

Werbeträgerkontakt
→ Kontakt

Werbeträgerplanung
→ Mediaplanung

Werbeträgerreichweite
→ Reichweite

Werbewirkungsfunktion *(Werbewirkungskurve)*
→ Reaktionsfunktion, Kontaktbewertungsfunktion

Werkzeitschrift *(Werkzeitung)*
Werkzeitungen bzw. -zeitschriften sind im Unterschied zu Haus- bzw. (→) Kundenzeitschriften periodisch erscheinende Druckerzeugnisse eines Wirtschaftsunternehmens oder auch einer Behörde bzw. Institution, die als ein Instrument der (→) Human Relations dazu dienen, den Kontakt zwischen der Unternehmensleitung bzw. dem Gesamtunternehmen und den Mitarbeitern zu fördern und zu vertiefen sowie die Unternehmenspolitik zu erläutern bzw. dafür zu werben.
→ Hauszeitschrift; *vgl.* Firmenzeitschrift

Wertschätzungsskala
→ Leser-Blatt-Bindung

WHK
Abk Weitester Hörerkreis

Wiedererkennungsmethode *(Recognition-Verfahren)*
Die (→) Erinnerungsmethode (Recallverfah-

ren), ob als Verfahren der (→) gestützten oder der (→) ungestützten Erinnerung, und die Wiedererkennungsmethode gehören beide zu den klassischen Verfahren der (→) Media- und Werbeforschung, die aus den Techniken der frühen (→) Leserschaftsforschung hervorgegangen sind. Durch die Recognition-Methode wird der (→) passive Bekanntheitsgrad einer Ware, einer Marke, einer Firma, einer Werbebotschaft, eines Werbemittels oder Werbeträgers ermittelt. Dabei wird den Befragten die komplette Information in Form des vollständigen oder ausgedünnten Werbeträgers, (→) Originalheftmethode (Through-the-Book-Technique), des vollständigen Werbemittels usw. vorgelegt und durch (→) Befragung ermittelt, ob sich der Befragte daran erinnern kann, das Werbemittel, den Werbeträger usw. schon einmal gesehen oder gelesen zu haben. Klassische Wiedererkennungsverfahren in der Leserschaftsforschung sind der (→) Copy-Test und der (→) Starch-Test.
In Ergänzung der einfachen Wiedererkennungsverfahren werden bei kontrollierten Wiedererkennungstests (confusion control) den Auskunftspersonen noch nicht veröffentlichte Werbeträger oder Werbemittel präsentiert, um zu ermitteln, wieviele Befragte dennoch angeben, daß sie den Werbeträger gelesen bzw. das Werbemittel gesehen haben. Konfusionskontrollen sind in der Leserschafts- und Werbeforschung bei Wiedererkennungsverfahren von größter Wichtigkeit, weil die Normalleser z.B. die untersuchte Ausgabe einer Zeitschrift mit einer anderen Ausgabe verwechseln und meist auch einander ähnliche Zeitschriftentypen nicht auseinanderhalten können.
Gegen Wiedererkennungstests bestehen nach Jörg Rehorn vor allen Dingen die folgenden Bedenken:

- Das Verfahren ist nicht valide, (→) Validität (Gültigkeit). Bei Leserschaftsuntersuchungen hat sich z.B. ergeben, daß bis zu 50% der Befragten bei Vorlage des Titelblatts einer Illustrierten behaupteten, diese Zeitschrift gelesen zu haben, obwohl das nicht der Fall sein konnte.
- Der Zeitabstand zwischen dem Zeitpunkt des letzten Lesens und der Befragung hat kaum Einfluß auf die Höhe der Wiedererkennungswerte, wodurch der Wert des Verfahrens als Meßinstrument des (→) Gedächtnisses und der (→) Aufmerksamkeitswirkung von Werbung in Frage gestellt ist.
- Falls überhaupt, so mißt das Wiedererkennungsverfahren lediglich die Aufmerksamkeitswirkung werblicher Kommunikation, nicht jedoch die Kommunikationsleistung oder die Einstellungs- bzw. Verhaltensbeeinflussung.
- Bekannte Marken erhalten durchweg höhere Wiedererkennungswerte als weniger bekannte. „Auch in den Recognitionwerten schlägt sich das in eine Marke jeweils vorher investierte Werbekapitel nieder, jedoch in geringem Maße als bei Recallwerten" (J. Rehorn).
- Intensiv beworbene Warengruppen erzielen höhere Wiedererkennungswerte als weniger intensiv beworbene Warengruppen. „Legt man die Höhe der Recognitionwerte zugrunde, so würde dies heißen, daß alle Waschmittelanzeigen aufmerksamkeitsstärker wären als Anzeigen weniger stark beworbener Produktbereiche – ein kaum einsichtiges Ergebnis."
- „Bis heute kann niemand genau sagen, was das Recognition-Verfahren genau mißt. Nach der Erkenntnis amerikanischer und auch deutscher Marktforscher ... spiegeln die Recognitionwerte die Bereitschaft wider, sich mit der als wiedererkannt angegebenen Anzeige auseinanderzusetzen. Gemessen wird also nicht die tatsächliche Aufmerksamkeitswirkung bzw. die wirkliche Erinnerung an eine Anzeige, sondern mit der Wiedererkennungsangabe drückt der Befragte seine Bereitschaft aus, diese Anzeige gesehen zu haben. Der Recognitionwert ist also quasi Indikator für die Bereitschaft, sich mit der beworbenen Marke zu identifizieren."
- „Die Anzeige wird als einzelne Einheit behandelt. Nicht meßbar sind die bei einem Anzeigenkontakt in dem Testheft vorausgehenden Kontakte, also die Kumulativwirkung der Werbung. Die Messung nach Einmalwirkung ist jedoch nur dann realitätsentsprechend, wenn die Anzeige nur in dem Testheft erscheint und auch hierbei nur beim ersten Mal, und auch selbst dann nur, wenn der Befragte das Heft nicht mehrmals durchblätterte und somit Mehrfach-Kontakte hatte. Noch viel weniger wird mit dem Recognition-Verfahren der Kampagnenerfolg gemessen."

Recognitiontests werden üblicherweise als (→) Posttests durchgeführt.

wiederholtes Lesen
→ gedehntes Lesen

Wiederholungsbefragung
→ Trenderhebung

Wiederholungsbesuch *(Wiederholungseinsatz)*
→ Ausschöpfung

Wiederholungsgenauigkeit
→ Präzision

Wiederholungskontakt
→ Mehrfachkontakte

Wiederholungsrabatt
→ Malrabatt

Wiederholungsverfahren *(Test-Retest-Methode)*
Ein Verfahren der Überprüfung der (→) Reliabilität (Zuverlässigkeit) eines Forschungsinstruments, bei dem ein (→) Test zweimal

durchgeführt und die Zuverlässigkeit seiner Ergebnisse anhand der Abweichungen zwischen den Ergebnissen des ersten und des zweiten Tests gemessen wird.

Wilcoxon-Test
→ Mann-Whitney-Test

willkürliche Auswahl
→ Auswahl auf Geratewohl

Winsorisation
Ein Verfahren zur Ausschaltung von (→) Ausreißern aus Stichprobenergebnissen, bei dem in der geordneten (→) Stichprobe eine festgelegte Zahl von Extremwerten, der größten oder der kleinsten Werte, durch die ihnen jeweils nächstgelegenen Werte in der auf diese Weise reduzierten Stichprobe ersetzt werden.

wirksame Reichweite
Derjenige Teil der gesamten (→) Reichweite eines (→) Werbeträgers, durch den eine (→) Zielgruppe zielgenau und ohne jegliche (→) Streuverluste angesprochen wird.
Bei einer gegebenen Kontaktbewertungskurve ist die wirksame Reichweite durch die (→) Kontakthäufigkeit mit der höchsten Werbewirksamkeit gegeben und liegt den Kosten-Leistungs-Berechnungen zur Abschätzung der Wirtschaftlichkeit eines (→) Mediaplans zugrunde. Da bei gleichen (→) Durchschnittskontakten sich ganz unterschiedliche (→) Kontaktverteilungen ergeben können, ist die wirksame Reichweite aufgrund von (→) Kontaktgewichtungen ein genaueres Maß für Wirkungsvergleiche verschiedener Mediapläne.

Wirkungsfaktor Heftnutzung
Eine vom Aenne Burda Verlag, Offenburg, 1970 vorgelegte Arbeit, die, ausgehend von der (→) Rochester Studie (Alfred Politz) und der Studie (→) Lesequalität („Hörzu"), Erkenntnisse aus verschiedenen Untersuchungen zusammenträgt und zu dem Analogieschluß verdichtet: Die Zahl der (→) Kontakte steigt per Chance mit der Zahl der (→) Lesetage. Die Lesetage lassen sich deshalb als (→) Indikator für (→) Kontaktchancen heranziehen.
Die (→) Mehrfachkontakte im (→) Erscheinungsintervall, entsprechend den Lesetagen, werden als zusätzliches Bewertungskriterium in (→) Rangreihen- und (→) Evaluierungsprogrammen vorgeschlagen. Die Zahl der Mehrfachkontakte ergänzt dabei die Zahl der „Einfach"-Kontakte ohne Berücksichtigung der Lesetage.
Eine Gegenüberstellung von Rangpositionen, die sich für die 20 reichweitenstärksten Medien aus der (→) Media-Analyse (MA) der (→) Arbeitsgemeinschaft Media-Analyse (AG.MA) nach der Zahl der Einfach- und Mehrfachkontakte ergeben, zeigt, daß die Rangpositionen der Medien sich in teilweise dramatischem Umfang verändern. (Das gleiche Phänomen zeigt sich auch, wenn man die Mehrfachkontakte in Evaluierungsläufen als zusätzliches Planungskriterium berücksichtigt), siehe die Tabelle auf Seite 567 oben.
Sowohl in Rangreihen- wie Evaluierungsprogrammen kann demnach die Position der einzelnen Medien entscheidend verändert werden, wenn das Kriterium Mehrfachkontakte anhand der Lesetage verrechnet wird.

Wirkungskompaß
Eine 1979 veröffentlichte Studie des Heinrich Bauer Verlags, Hamburg, die das Thema (→) Kontaktqualität nicht isoliert behandelt, sondern von vornherein in einem integrierten Ansatz die Qualität der Medienkontakte als einen von mehreren Aspekten mißt, die zusammen die Wirkung von Werbung beeinflussen können. Der Wirkungskompaß geht dabei von drei Komponenten aus:

- Werbemittel-Kontaktchancen
- werbliche Vorakzeptanz
- Interesse an Produkt-Information

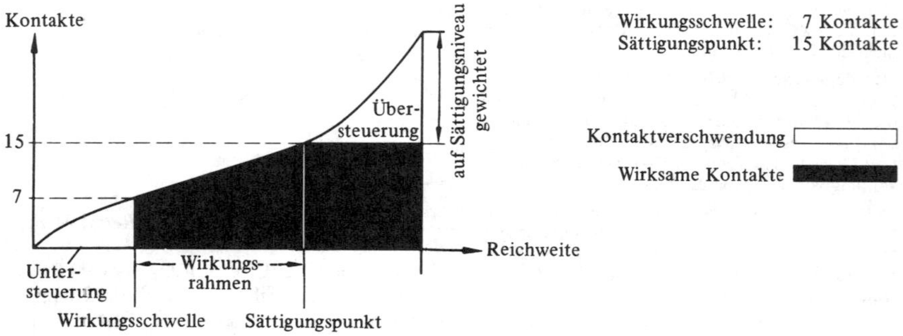

Titel	Einfach-Kontakte		Mehrfach-Kontakte (LpA x Lesetage*)		
	Mio	Rangplatz	Mio	Rangplatz	Rangplatz-Differenz
„Hörzu"	12,59	1	44,66	1	0
„ADAC"	9,34	2	27,72	2	0
„Bild am Sonntag"	8,89	3	13,71	8	−5
„Stern"	8,05	4	20,11	4	0
„TV Hören + Sehen"	6,84	5	23,55	3	+2
„Brigitte"	5,68	6	17,32	5	+1
„Bunte"	5,53	7	13,51	10	−3
„Spiegel"	4,88	8	10,71	13	−5
„Quick"	4,31	9	8,47	16	−7
„Fernsehwoche"	4,29	10	13,69	9	+1
„Neue Revue"	4,27	11	9,82	14	−3
„Burda Moden"	4,04	12	17,13	6	+6
„Funk Uhr"	3,85	13	13,02	11	+2
„Für Sie"	3,61	14	9,48	15	−1
„Das Beste"	3,56	15	14,66	7	+8
„Frau im Spiegel"	3,40	16	7,23	18	−2
„Gong"	3,39	17	11,33	12	+5
„Tina"	3,34	18	8,42	17	−1
„Neue Post"	3,30	19	7,12	19	0
„Bravo"	3,30	20	7,12	20	0

* Bei Programmzeitschriften wird die Zahl der Lesetage mit dem Faktor 0,75 verrechnet, um reine Kontakte mit dem Programm herauszurechnen.

In das Modell fließen also neben der eigentlichen Bewertung des (→) Werbeträger-Kontakts in Richtung Werbemittel-Kontaktchance zwei Zielgruppenmerkmale ein: Die Aufgeschlossenheit für Werbung sowie das gezielte Interesse an Informationen über einzelne Produktbereiche. Entsprechende Daten können selbstverständlich auch aus anderen (→) Markt-Media-Studien mit den dort angebotenen Kontaktqualitätskriterien verknüpft werden.

1. Werbemittel-Kontaktchance: Sie wird mit einer Schätzskala ermittelt. Pro Titel, zu dessen (→) Weitestem Nutzerkreis (WNK) ein Leser gehört, wird erfaßt,
   - o ob er im allgemeinen ganz oder teilweise durchgeblättert wird
   - o und für die „teilweise" durchgeblätterten Titel wird erfaßt, wieviel Prozent des Hefts im allgemeinen durchgeblättert werden.

Der entsprechende Prozentwert wird als (→) Indikator für den (→) Seitenkontakt und damit für die Werbemittel-Kontaktchance interpretiert; als Wahrscheinlichkeitswert wird er mit der (→) Nutzungswahrscheinlichkeit für den einzelnen Titel verrechnet.

2. Werbliche Vorakzeptanz: Sie wird aus 12 Variablen, die die (→) Einstellung zur Werbung in drei Grunddimensionen messen, ermittelt.
   - o Persönliche Nützlichkeit der Werbung,
   - o Toleranz für Werbung,
   - o Unterhaltungsfunktion der Werbung.

   Daraus wird ein Punktsummenwert gebildet und in einen Wahrscheinlichkeitswert umgewandelt (Punktmaximum = 1,0; Punktminimum = 0,0).

3. Interesse an Produkt-Informationen: Für 44 Konsumgüter, 30 Gebrauchsgüter und 7 Dienstleistungen wird das Informations-Interesse auf einer 4stufigen Skala erfaßt. Die vier Stufen werden pro Produkt in einen Wahrscheinlichkeitswert (stärkstes Interesse = 1,0; schwächstes Interesse = 0,0) umgerechnet.

Die drei Einflußgrößen werden dann als bedingte Wahrscheinlichkeiten multiplikativ mit der Nutzungswahrscheinlichkeit verrechnet. Das Ergebnis ist die effektive Reichweite, (→) wirksame Reichweite, in die das Ausmaß der werblichen Aufgeschlossenheit und das Ausmaß des Produktinteresses als Zielgruppenkriterien sowie die Seitenkontakt-Wahrscheinlichkeit als Kontaktqualitätsmerkmal eingehen.
Der Wirkungskompaß bietet an, den Ansatz komplex, also unter Berücksichtigung aller Einflußfaktoren, zu nutzen und die „effektive

Titel	MA 78 LpA		Werbemittel-Kontaktchance (LpA MA78 verrechnet mit Seitenkontakt-Wahrscheinlichkeit)		LpA – Werbemittel-Kontaktchance	Effektive Reichweite für Personen mit Interesse an Brot/Dauerbackwaren		LpA – effektive Reichweite
	%	Rangplatz	%	Rangplatz	Rangplatz-Differenz	%	Rangplatz	Rangplatz-Differenz
„Hörzu"	27,5	1	23,8	1	0	22,1	1	0
„ADAC"	20,4	2	17,2	2	0	19,2	3	–1
„Bild am Sonntag"	19,5	3	16,5	3	0	20,7	2	+1
„Stern"	17,6	4	11,3	4	0	16,1	4	0
„TV Hören+Sehen"	15,0	5	13,0	5	0	15,2	5	0
„Brigitte"	12,4	6	10,1	7	–1	10,2	10	–4
„Bunte"	12,1	7	10,5	6	+1	15,1	6	+1
„Spiegel"	10,7	8	9,2	8	0	8,2	17	–9
„Quick"	9,4	9	7,8	9	0	9,5	13	–4
„Neue Revue"	9,3	10	7,8	9	+1	10,0	11	–1
„Fernsehwoche"	9,0	11	7,5	11	0	10,7	9	+2
„Funk Uhr"	8,4	12	7,3	12	0	8,4	16	–4
„Burda Moden"	7,6	13	6,3	13	0	8,5	15	–2
„Frau im Spiegel"	7,5	14	6,3	13	+1	9,6	12	+2
„Das Beste"	7,5	14	6,3	13	+1	7,8	18	–4
„Gong"	7,1	16	6,1	16	0	7,4	19	–3
„Für Sie"	7,1	16	5,6	19	–3	8,6	14	+2
„Eltern"	7,0	18	6,0	17	+1	6,4	20	–2
„Neue Post"	6,9	19	5,8	18	+1	10,8	7	+12
„Das Neue Blatt"	6,6	20	5,6	19	+1	10,8	8	+12

Reichweite" als Planungskriterium in (→) Rangreihen- und (→) Evaluierungszählungen als Planungskriterium einzusetzen, oder aber auch die drei Komponenten einzeln in die Planungsabläufe als Kriterium einzubeziehen.
Die Tabelle oben auf dieser Seite vergleicht für die 20 reichweitenstärksten Titel der MA 78 welche Rangpositionen sie einnehmen

- o nach der (→) Reichweite (→) Leser pro Ausgabe (LpA) (aus der MA 78),
- o nach der Reichweite Werbemittel-Kontaktchance (LpA 78 verrechnet mit dem Wahrscheinlichkeitswert für Seitenkontakte aus dem Wirkungskompaß)
- o sowie nach der „effektiven Reichweite" für ein konkretes Produkt (hier auf das Produkt „Brot/Dauerbackwaren", das die größte Gruppe von Interessenten abdeckt):

Mithin verschieben sich die Positionen der Medien nur unwesentlich, wenn man die Schätzwerte für Seitenkontakte mit der Reichweite LpA verrechnet, während sich zum Teil beachtliche Verschiebungen ergeben, wenn die Aufgeschlossenheit für Werbung und das Informationsinteresse an ganz bestimmten Produkten gleichzeitig mitberücksichtigt werden.

Wirkungsbereich
→ Kontaktzone

Wirkungsfunktion *(Wirkungskurve)*
→ Reaktionsfunktion, Kontaktbewertungsfunktion

Wirkungsgewichtung
→ Kontaktgewichtung

Wirkungsverzögerung
→ Carryover-Effekte

Wirkungszerfall
→ Carryover-Effekte

wissenschaftliche Fachzeitschrift
→ Fachzeitschrift

WLK
Abk Weitester Leserkreis

WNK
Abk Weitester Nutzerkreis

wöchentlich erscheinende Zeitschrift (Zeitung)
→ Zeitschrift, Zeitung, Erscheinungsweise

Wohnen + Leben
Eine 1978 veröffentlichte Studie, im Auftrag der Zeitschriften „Schöner Wohnen" und „Essen und Trinken" durchgeführt wurde. (→) Grundgesamtheit waren alle Personen zwischen 18 und 64 Jahren in privaten (→) Haus-

halten der Bundesrepublik und West-Berlins. Die Erhebung basierte auf persönlichen und schriftlichen Interviews in einer (→) Stichprobe auf der Basis des (→) ADM-Stichprobennetzes. Die Untersuchung hat sich darum bemüht, die Bereiche Wohnen einerseits und Essen/Trinken andererseits als gemeinsamen Lebensraum zu betrachten und in diesem Lebensraum nach übergreifenden Zielgruppen zu suchen, die sich durch Art und Intensität ihrer Aktivitäten in diesem Lebensraum unterscheiden. Ergebnis des Ansatzes waren typologisch definierte Zielgruppen, die sich

- o im Bereich Wohnen
- o im Bereich Essen und Trinken
- o sowie in beiden Bereichen

als besonders aktive Marketing-Gruppe auszeichnen.

Die Verknüpfung der Aktivitäten in diesem übergreifenden Lebensraum machte die Untersuchung besonders für Marketingkonzepte interessant bei denen Produkte in das Umfeld des häuslichen Lebensraumes gestellt sind.

Die Studie untersuchte das Medienverhalten für 32 Zeitschriften und das Werbefernsehen in ARD und ZDF.

Wölbung *(Kurtosis, Exzeß)*

Die Wölbung ist ein relativ selten verwendetes Maß der ‚Gipfligkeit' einer (→) Häufigkeitsverteilung bzw. einer Kurve, das anzeigt, in welchem Maße sich Daten um die Mitte einer Verteilung gruppieren bzw. ob die Verteilung relativ abgeflacht ist. Je nach dem Grad der Wölbung wird zwischen leptokurtischen (steil gewölbten), mesokurtischen (normal gewölbten) und platykurtischen (flach gewölbten) Verteilungen bzw. Kurven unterschieden. Zur Messung der Kurtosis steht sowohl ein Koeffizient von Pearson (β_2) wie von Fisher (γ_2) zur Verfügung. Der Pearsonsche Koeffizient der Wölbung lautet:

$$\beta_2 = \frac{\frac{1}{N}\sum_{i=1}^{k} f_i(X_i - \bar{X})^4}{\sigma^4}$$

oder in Momenten ausgedrückt $\beta_2 = \frac{\mu_4}{\mu_2^2}$;

d.h. das Verhältnis des vierten (→) Moments (System der Momente) zum Quadrat des zweiten Moments. Handelt es sich bei der Verteilung um eine (→) Normalverteilung, so ist $\beta_2 = 3$. Für platykurtische Verteilungen ist $\beta_2 < 3$, für leptokurtische Verteilungen ist $\beta_2 > 3$. Der Wölbungskoeffizient von R. A. Fisher stellt den Versuch dar, den Koeffizienten von Pearson rechnerisch einfacher zu gestalten, er lautet $\gamma_2 = \beta_2 - 3$. Dementsprechend ist eine Verteilung mesokurtisch, wenn $\gamma_2 = 0$, platykurtisch, wenn $\gamma_2 < 0$ und leptokurtisch, wenn $\gamma_2 > 0$ ist.

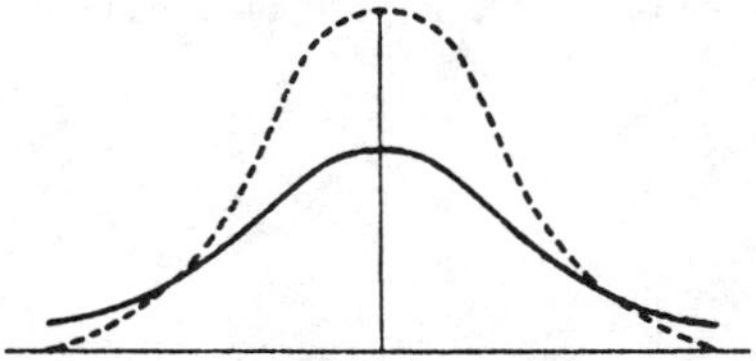

Wölbung

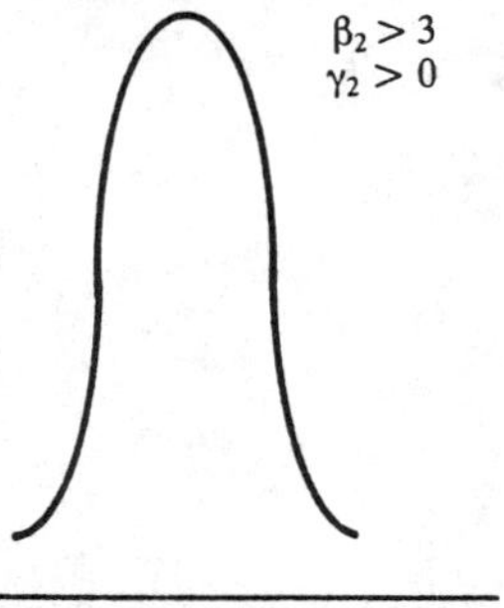

leptokurtische Kurve (steil gewölbte Kurve)

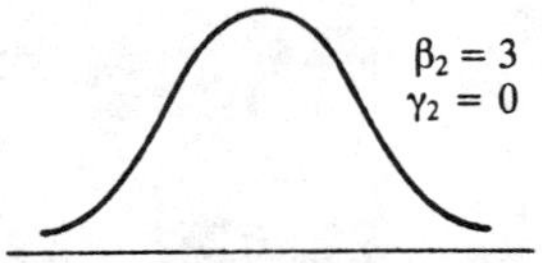

mesokurtische Kurve (normalgewölbte Kurve)

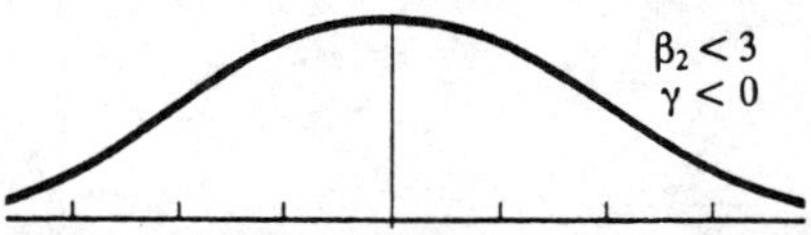

platykurtische Kurve (flach gewölbte Kurve)

X

X-Test

Ein parameterfreier (→) Signifikanztest zur Prüfung der Hypothese, daß zwei voneinander unabhängige (→) Stichproben aus derselben (→) Grundgesamtheit stammen. Geprüft werden die beiden Stichproben in bezug auf ihre (→) zentrale Tendenz, wobei die Prüfgröße X sich dadurch ergibt, daß die Daten in eine gemeinsame Rangreihe gebracht werden, die Rangplätze der kleineren der beiden Stichproben auf den Gesamtstichprobenumfang +1 relativiert, in Standardwerte transformiert und dann addiert werden.

Y

Yates-Korrektur *(Yates'sche Kontinuitätskorrektur)*
Eine Stetigkeitskorrektur für Chi-Quadratwerte, (→) Chi-Quadrat-Verteilung, in (→) Vierfeldertafeln. Sie empfiehlt sich vor allem für kleine Stichproben in Fällen, in denen entweder die (→) Normalverteilung oder die Chi-Quadrat-Verteilung mit einem (→) Freiheitsgrad als Annäherung an die (→) Binomialverteilung verwendet werden. Die Korrektur besteht darin, den Wert 0,5 vom absoluten Wert jeder Differenz zwischen beobachteten und erwarteten Häufigkeiten abzuziehen; der korrigierte Chi-Quadrat-Wert hat also die Form:

$$\chi^2_{korr} = \sum \frac{(|f_0 - f_e| - 0,5)^2}{f_e}.$$

Für den Fall der Prüfung einer Vierfelderkorrelation mit Hilfe des (→) Chi-Quadrat-Tests geht die Formel für den (→) Phi-Koeffizienten über in:

$$\chi^2_{korr} = \frac{n\left(|ad - bc| - \frac{2}{n}\right)^2}{(a + b)(a + c)(b + d)(c + d)}.$$

„Die Yates-Korrektur ist wichtig für die praktische Forschungsarbeit, weil sie die Anwendung der Maßzahl χ^2 auf Vierfeldertafeln mit kleinen Zellhäufigkeiten ermöglicht. Das erspart die andernfalls notwendige Berechnung von exakten Wahrscheinlichkeiten“ (Paul Neurath). Die Korrektur geht auf den Statistiker Frank Yates zurück.

Yules Q *(Yule-Koeffizient)*
Der zur Messung von (→) Korrelationen in (→) Vierfeldertafeln verwendete Koeffizient

$$Q = \frac{ad - bc}{ad + bc}.$$

Z

z-Transformation
→ Normalverteilung, Standardnormalverteilung

Z-Werte
→ Zuständigkeiten

ZAP
Abk Zielgruppen-Abgrenzungs-Programm

Zapping
Text folgt

ZAW
Abk Zentralausschuß der Werbewirtschaft e.V.

ZAW Funkmedien Analyse
→ Funkmedien Analyse (FMA)

ZAW-Rahmenschema für Werbeträgeranalysen
Mit dem Ziel der Erhöhung der Aussagekraft und Vergleichbarkeit von (→) Mediaanalysen legte der (→) Zentralausschuß der Werbewirtschaft (ZAW) bereits im Februar 1976 ein „Rahmenschema für Werbeträgeranalysen von Massenmedien" und 1970 ein „Rahmenschema für Werbeträgeranalysen von Fachzeitschriften" vor. Seit Ende der 1970er Jahre fanden laufend weitere Beratungen des ZAW-Fachausschusses für Werbeträgerforschung statt, die im Herbst 1982 zur Verabschiedung eines neuen ZAW-Rahmenschemas für Werbeträgeranalysen führten. 1986 wurde das Rahmenschema erneut aktualisiert und um Richtlinien für Fachzeitschriften erweitert in 4. Auflage veröffentlicht. Das Schema bezieht sich auf den Inhalt, die methodische Anlage, die Form der Berichterstattung und die Dokumentation von Werbeträgeranalysen. Untersuchungen, die den Vorgaben des Schemas entsprechen, sind berechtigt, den folgenden Vermerk zu tragen: „Diese Untersuchung entspricht in Anlage, Durchführung und Berichterstattung dem ZAW-Rahmenschema für Werbeträgeranalysen, 4. Auflage". Innerhalb des Rahmenschemas wird zwischen Soll-Vorschriften und Muß-Vorschriften unterschieden. Die Muß-Vorschriften sind im folgenden Abdruck des ZAW-Rahmenschemas durch kursive Schrift gekennzeichnet:

1 **Grundgesamtheit und Stichprobe**
1.1 **Abgrenzung und Beschreibung der Grundgesamtheit**
Die Grundgesamtheit, über die Aussagen gemacht werden sollen, muß eindeutig sachlich, regional und zeitlich definiert und abgegrenzt sein. Sofern sich Abweichungen von einer angestrebten Grundgesamtheit in der Praxis der Erhebung ergeben, müssen diese dargestellt werden.
Grundgesamtheiten und damit auch Erhebungseinheiten können sein:
- Personen
- Institutionen
- Werbeträgereinheiten.

Die Beschreibung der Grundgesamtheit sollte möglichst ausführlich sein. Sie muß in jedem Fall in sachlicher, regionaler und zeitlicher Hinsicht erfolgen, also Angaben darüber enthalten.
- durch welche nachprüfbaren Merkmale die Zugehörigkeit der Erhebungseinheiten zur definierten Grundgesamtheit gegeben war,
- wie das Erhebungsgebiet abgegrenzt wurde,
- in welchem Zeitraum/zu welchem Stichtag die Grundgesamtheit die Ausgangsbedingungen erfüllte.

Bei Reichweitenanalysen sind die Grundgesamtheiten medienunabhängig definiert und abgegrenzt, bei Strukturanalysen medienbezogen.
Für die Bildung und Beschreibung der Grundgesamtheit gelten folgende Bedingungen:
- *Die Beschreibung der Grundgesamtheit muß so erfolgen, daß ihre Abgrenzung und absolute Größenordnung nachvollziehbar ist.*
- *Es müssen aktuelle und zuverlässige Unterlagen benutzt werden. Die Quelle(n) mit Jahreszahl(en) muß (müssen) angegeben werden.*
- *Es muß dargestellt werden, welche Merkmale und Daten zur Definition, Abgrenzung und Erfassung der Grundgesamtheit gewählt wurden.*

1.2 **Stichproben**
1.2.1 **Grundsätzliches**
Bei Erhebungen wird im allgemeinen nicht das Total der Grundgesamtheit, sondern nur ein nach bestimmten Verfahren ausgewählter repräsentativer Teil befragt bzw. untersucht oder analysiert.
Eine Stichprobe liegt dann vor, wenn die ausgewählte Gruppe innerhalb bestimmter Grenzen einen Schluß auf die Gesamtheit zuläßt.
Folgerichtig kann Modellcharakter nur bei einem systemgerechten Vorgehen gewährleistet werden, also z.B. bei strikt zufälliger Auswahl oder strikter Beachtung vorgegebener Quoten. Darüber hinaus spielt auch die Stichprobengröße eine wesentliche Rolle.

1.2.2 **Auswahlverfahren**
1.2.2.1 **Schichtenbildung, Klumpung und Stufenauswahl**
Durch Schichtung kann die Qualität von Random- und

Quotastichproben verbessert werden. Man bildet Stichproben jeweils für komplette Teilgruppen der Grundgesamtheit. Eine Verbesserung der Stichprobenqualität wird in dem Maße erreicht, wie Schichtungsmerkmale mit dem Untersuchungsgegenstand korrelieren.

Durch disproportionale Auswahlsätze für verschiedene Schichten können Teilgrundgesamtheiten mit gewünschter Fallzahl unabhängig von ihrem tatsächlichen Anteil an der Grundgesamtheit repräsentiert werden.

Bei Aussagen über die Gesamtstichprobe müssen unter-/überrepräsentierte Gruppen durch Gewichtung ihrem Sollanteil entsprechend verrechnet werden.

Bei fast allen Stichproben-Erhebungen erfordert der Interviewereinsatz einen mehrstufigen Stichprobenplan, der letzlich zu einer Häufung der Interviews in regionalen oder zeitlichen Befragungseinheiten führt. Dieses Vorgehen nennt man Klumpung.

Durch Klumpung und Mehrstufigkeit wird die Schwankungsbreite der Ergebnisse vergrößert.

Treten bei mehrstufigen Stichproben auf einzelnen Stufen Ausfälle auf, so sind sie für alle Stufen einzeln zu dokumentieren.

1.2.2.2 **Merkmale der Random-/Quotenauswahl**

Bei den Auswahlverfahren ist zwischen „Random" und „Quota" zu unterscheiden.

Für Werbeträger-Analysen wird der Einsatz von Randomstichproben empfohlen, weil die subjektive Einflußnahme des Interviewers auf den Auswahlprozeß zu unkontrollierbaren Verzerrungen führen kann. Dem Adressenrandom ist der Vorzug zu geben vor dem Random-Route-Verfahren.

Der Einsatz einer Quotastichprobe mag angemessen sein bei sehr kleinen Grundgesamtheiten, sofern Dateimaterial nicht vorhanden oder unzuverlässig ist.

Als auf Random basierend dürfen Ergebnisse nur bezeichnet werden, wenn sie durchgehend bis zur letzten Auswahleinheit auf diesem Verfahren beruhen. Die Kombination von Totalerhebungen einzelner Gruppen mit einer Randomstichprobe ist zulässig.

1.2.2.3 **Formen der Random-Auswahl**

1.2.2.3.1 **Dateistichprobe**

Voraussetzung für die Verwendung einer Datei als Basismaterial für die Stichprobenbildung ist die komplette Erfassung aller Elemente der Grundgesamtheit in der Datei. Diese Elemente können die Befragungseinheiten selbst oder Einheiten der vorletzten Auswahlstufe sein (z.B. Haushalte bei Personenbefragung, Betriebe bei Befragung von Betriebsangehörigen).

Bei Strukturanalysen muß die zugrundegelegte Datei durch die Stichprobe zu mindestens 85% repräsentiert werden.

Ist die Dateigesamtheit, die der Stichprobenbildung zugrundegelegt wird, anders abgegrenzt als die darzustellende Grundgesamtheit, so muß vor der Bildung der Stichprobe sichergestellt werden, daß die angestrebte Grundgesamtheit zuverlässig repräsentiert wird.

1.2.2.3.2 **Flächenstichprobe**

Das Basismaterial für die Bildung von Flächenstichproben sind regionale Einheiten. Dabei hat jede Flächeneinheit eine gleiche oder berechenbare Chance, in die Stichprobe einbezogen zu werden. Der Auswahlprozeß innerhalb der Flächeneinheiten kann nach zwei Verfahren erfolgen:

- Die Zieladressen werden in einem gesonderten Auswahlgang erhoben (Begehung). Die Begehung kann als komplette Erhebung aller Adressen der Flächeneinheit erfolgen oder als Teilerhebung (Teilbegehung), wobei die Richtlinien strikt vorzugeben sind und ihre Einhaltung zu kontrollieren ist. Für die Befragung werden dem Interviewer aus diesem Adressenmaterial feste Anschriften vorgegeben (Adressenrandom). Diese Anschriften werden nach dem Zufallsprinzip aus dem vorhandenen Adressenvorrat gezogen.
- Ermittlung der Zieladresse und Befragungsvorgang werden nicht voneinander getrennt. Dem Interviewer wird innerhalb der Fläche ein Startpunkt vorgeschrieben. Die Auswahleinheit kann dann z.B. durch Abzählen jeder x-ten Adresse auf vorgeschriebener Route bestimmt werden (Random-Route, Random-Walk). *Die auf diese Weise ermittelten Adressen sind Zieladressen, auf die sich das Ausschöpfungsprotokoll zu beziehen hat.*
  Das Vorgehen bei dem Abzählen der Adressen auf der vorgeschriebenen Route ist nachvollziehbar zu dokumentieren. Es ist in der Methodenbeschreibung zu sagen, ob die Zwischenadressen gelistet wurden oder nicht.

1.2.2.3.3 **Sonstige Randomverfahren**

Für viele Werbeträgeruntersuchungen sind andere Random-Auswahlverfahren denkbar, mitunter sogar die einzige Möglichkeit, z.B. bei Passantenbefragungen oder Besucherbefragungen. *Auch hier gilt aber die Forderung, daß die Angehörigen der definierten Grundgesamtheit eine gleiche oder berechenbare Chance haben müssen, in die Auswahl zu gelangen.*

1.2.2.4 **Auswahl der Befragungseinheit**

Wenn die im Auswahlverfahren ermittelte Adresse (Institution/Funktion) mit der angestrebten Befragungseinheit (Person) nicht identisch ist, muß eine vollständige, nachvollziehbare Bestandsaufnahme der vorgegebenen Befragungseinheiten vom Interviewer vorgenommen werden (z.B. Auflistung aller Haushaltsmitglieder ab 14 Jahren, aller Funktionsträger im Betrieb, aller Empfänger der Zeitschrift im Betrieb usw.). Aus dieser Aufstellung wird die Befragungseinheit durch ein zu dokumentierendes Zufallsprinzip durch den Interviewer bestimmt.

1.2.2.5 **Quotenverfahren**

Voraussetzung für die Anwendung des Quotenverfahrens ist die Kenntnis der Struktur der Grundgesamtheit nach wesentlichen Merkmalen aus ausreichend verläßlichen (gegebenenfalls amtlichen) statistischen Quellen.

Zur Beurteilung der Qualität einer Quotenstichprobe sind folgende Nachweise erforderlich:

- *die sekundärstatistischen Quellen und Verteilungen der Quotenmerkmale, möglichst in Zellen für Merkmalskombinationen*
- *die Erfüllung der Quotenvorgaben durch Soll-/Ist-Vergleich der Quotenmerkmale*

Zusätzlich sollten weitere unquotierte Merkmale, die mit dem Untersuchungsgegenstand korrelieren, verfügbaren statistischen Quellen gegenübergestellt werden.

1.2.3 **Ausschöpfung**

Die Qualität der Randomstichprobe (ebenso wie einer

„Total-Erhebung") hängt von der Ausschöpfung des Bruttoansatzes ab. Ausfälle führen evtl. zu Verzerrungen des Gesamtergebnisses.
Der Ausschöpfungsgrad einer Stichprobe gibt das prozentuale Verhältnis zwischen der Anzahl der tatsächlich untersuchten Stichprobenelemente und der Anzahl der gesamten Stichprobenelemente wieder. Basis ist die Gesamtheit der Stichprobenelemente nach Abzug der stichprobenneutralen Elemente. Je höher die Ausschöpfung, um so besser ist die Qualität der Stichprobe.

- *Die Erfolgsquote muß bei mindestens 70% liegen.* Sie ist auch für alle Schichten der Stichprobe wünschenswert. Eine höhere Ausschöpfung ist anzustreben.

Alle Ausfälle sind anhand des nachfolgenden Schemas zu dokumentieren.
Es ist zu unterscheiden zwischen stichprobenneutralen Ausfällen und solchen, die die Repräsentanz direkt berühren.
Die stichprobenneutralen Ausfälle, die also die Repräsentanz der Stichprobe für die Grundgesamtheit nicht berühren, sind abhängig von der Art der Randomstichprobe. Bei einem Adressenrandom zählen dazu:

- Dateifehler (Haushalt/Institution sind als vorhanden angegeben, existieren aber in Wirklichkeit nicht und können so auch nicht zur Grundgesamtheit gezählt werden)*)
- Wohnung (zur Zeit) unbewohnt (bei Flächenstichproben mit Adressenvorlauf)
- kein (Nachfolge-)Haushalt vorhanden; Untermieterzimmer nicht mehr bewohnt
- angegebene Adresse nicht auffindbar
- keine zur Zielgruppendefinition gehörende Person im Haushalt/in der Institution vorhanden
- Anschrift gehört nicht zur definierten Grundgesamtheit und damit nicht in die Stichprobe (z.B. nicht deutschsprachige Ausländerhaushalte, Anstaltshaushalte).

Durch die Definition der qualitätsneutralen Ausfälle darf die „85%-Klausel" nicht umgegangen werden.
Von Einfluß auf die Qualität der Stichprobe sind Ausfälle, bei denen die Zielpersonen der Befragung nicht bestimmt werden konnten (Vorausfälle). Also:

- Totalausfälle von Interviewern/von Samplepoints
- einzelne, nicht bearbeitete Adressen
- Kontaktinterview auch nach den vom Institut vorgeschriebenen Wiederholungsbesuchen nicht zu erzielen
- Auskunft zur Zielperson verweigert
- kein Rücklauf trotz mehrfacher Erinnerungen (bei schriftlichen Befragungen)
- Interview zu spät eingegangen oder fehlerhaft durchgeführt/nicht auswertbar

Bei den nachfolgenden Ausfällen (sog. Nachausfälle) ist die Beeinträchtigung der Qualität der Stichprobe noch wahrscheinlicher. Hier ist die Zielperson bestimmt, das Interview kam aber dennoch nicht zustande:

- Zielperson nach den vom Institut vorgeschriebenen Wiederholungsbesuchen nicht angetroffen (z.B. verreist, krank)
- Zielperson verweigert Interview
- Zielperson war aus gesundheitlichen Gründen nicht zu befragen
- Sonstiges.

*) Dabei ist nicht berücksichtigt, daß die Qualität des Dateimaterials unter Umständen ein Indikator für die Qualität der Distribution eines Werbeträgers sein kann

1.2.4 **Gewichtung**
Die in Werbeträgeruntersuchungen eingesetzten Auswahlverfahren führen in der Regel zu einer Haushalts- bzw. Betriebsstichprobe, d.h. daß sich die Chancengleichheit der Elemente in der Stichprobe auf die Haushalte/Betriebe bezieht. Befragungseinheit ist aber die Einzelperson, die pro Haushalt/Betrieb ausgewählt wird. Um die Chancengleichheit aller Personen der Grundgesamtheit herzustellen, wird die ursprüngliche Haushalts-/Betriebsstichprobe in eine Personenstichprobe umgewandelt.
Durch Ausfälle bzw. nicht anteilmäßig erfaßte Gruppen (Personen, Institutionen, Werbeträgereinheiten) können sich Verschiebungen der Stichprobenergebnisse gegenüber der Realität ergeben. Die (erkennbar) nicht erfaßten Anteile werden rechnerisch voll kompensiert. Damit versucht man, deren mögliche Auswirkungen zu verringern.
Hierbei werden Merkmale und deren Verteilungen genommen, die entweder aus externen Quellen stammen (z.B. von der amtl. Statistik) oder aus Angaben zur Grundgesamtheit, die der Stichprobenbildung zugrundegelegt wurden bzw. sich erst aus der Ermittlung der speziellen Zielgruppe(n) in den Interviews ergeben haben.
Bei disproportionalen Stichproben wird es zudem nötig, durch einen Gewichtungsvorgang den einzelnen Teilstichproben das Gewicht zu geben, das ihnen – bezogen auf die repräsentierte Grundgesamtheit – zukommt.

1.2.5 **Hochrechnung der Ergebnisse**
In vielen Fällen ist es zweckmäßig, wenn nicht sogar unerläßlich, die in der Untersuchung gewonnenen Prozentergebnisse in absolute, auf die definierte Grundgesamtheit bezogene Zahlen umzurechnen.

Das setzt voraus, daß die Gesamtmenge der definierten Grundgesamtheiten überprüft werden kann. Dies gilt auch für Teilmengen der so definierten Grundgesamtheiten.
Dienen zur Hochrechnung der Grundgesamtheit sekundärstatistische Daten, so müssen die gewählten Definitionen mit den Kategorien des Datenmaterials, auf das man sich bezieht, übereinstimmen. Dabei können sich Unschärfen ergeben.
Wie Prozentwerte, so sind auch Hochrechnungsdaten Circa-Ergebnisse.
Durch Abrundung sollten daher Scheingenauigkeiten vermieden werden, wobei die Fehlertoleranzen, die sich aus der Größe der Stichprobe ergeben, zu berücksichtigen sind.
Eine Verallgemeinerung von Ergebnissen (incl. Hochrechnung) auf alle Empfänger/Nutzer eines Mediums ist nur dann zulässig, wenn von der Grundgesamtheit 85% oder mehr mit der Stichprobe erfaßt wurden.
Diese Regelung gilt sinngemäß auch für die Projektion alter Analysedaten auf aktuelle Grundgesamtheiten. Haben diese sich in der Zwischenzeit um ± 15 % ver-

ändert, so darf die Analyse nicht weiter unter Hinweis auf das ZAW-Rahmenschema publiziert werden.

Es bleibt jedem Werbeträger unbenommen, einen kleineren Anteil als 85% seiner Einheit zu untersuchen. Dies führt nicht zur vollen Transparenz des Werbeträgers. Jedoch kann es im Einzelfall einen stichhaltigen Grund geben, so zu verfahren.
In allen Veröffentlichungen der Ergebnisse ist in diesen Fällen auf die Einschränkung der Grundgesamtheit hinzuweisen.

1.2.6 **Signifikanzkontrolle**
1.2.6.1 **Grundsätzliches**
Auf Stichproben beruhende Analysen liefern Ergebnisse, die mit einer bestimmten Fehlerspanne behaftet sind. Das heißt, das Ergebnis in der repräsentierten Grundgesamtheit kann von dem entsprechenden Stichproben-Ergebnis in einem bestimmten Maße abweichen.
Das Ausmaß der theoretischen Fehlerspanne hängt ab
- von der Sicherheit, mit der man Aussagen machen möchte (größere Sicherheit bedeutet größere threoretische Fehlerspanne),
- von der Größe der Stichprobe (größere Stichproben geben größere Sicherheit),
- von dem ermittelten Prozentwert (je näher der Wert an die 50%-Grenze kommt, um so größer sind die absoluten Fehlerspannen) und
- vom Stichprobenverfahren (Random/Quota, Schichtung, Auswahlstufen, Klumpung), sowie
- vom Verhältnis der Stichprobe zur Grundgesamtheit (bei sehr kleinen Grundgesamtheiten).

Die möglichen theoretischen Fehlerspannen bei Randomstichproben müssen entweder durch entsprechende Tabellen ausgewiesen werden oder es muß zumindest angegeben werden, mit welcher Fehlerspanne der Wert 50% bei dieser Stichprobengröße und einem Genauigkeitsgrad von 90% behaftet ist.

1.2.6.2 **Berechnung der Schwankungsbreite (einfacher Fall)**
Zur Abschätzung der Schwankungsbreiten von Ergebnissen wird üblicherweise folgende Formel benutzt:

$$e = \pm t \cdot \sqrt{\frac{p \cdot (100 - p)}{n}}$$

wobei
e = Schwankungsbreite in %
t = 1,64 (für Sicherheitsgrad von 90%)
p = in der Stichprobe ermittelter Prozentwert
n = Umfang der Stichprobe/Teilstichprobe
Diese Formel gilt für Stichproben ohne Stufen oder Klumpung.

1.2.6.3 **Berechnung bei Stufen/Klumpung**
Wenn eine Stichprobe mit Stufen/Klumpung angelegt ist, so wird zur Abschätzung der Vergrößerung der Schwankungsbreite als Faktor $\sqrt{2}$ eingeführt:

$$e = \pm t \cdot \sqrt{\frac{p \cdot (100 - p)}{n}} \cdot \sqrt{2}$$

Bisher durchgeführte exakte Berechnungen haben gezeigt, daß dieser Faktor für praktisch alle Fälle ausreicht, z.T. die Schwankungsbreiten überschätzt; nur bei extrem ungleichen Verteilungen von Merkmalen in der Grundgesamtheit kann die Spanne größer sein. Bei Stufen/Klumpung muß diese erweiterte Formel angewendet werden. Ausnahme: wenn für einen konkreten Fall die exakte Berechnung der Schwankungsbreiten durchgeführt wurde.

1.2.6.4 **Berechnung bei sehr kleinen Grundgesamtheiten**
Bei sehr kleinen Grundgesamtheiten (etwa unter 2000) überschätzen diese Formeln die Schwankungsbreiten etwas. In solchen Fällen darf – nicht: muß – man einen Korrekturfaktor einfügen, welcher das Verhältnis von Stichprobe zur Grundgesamtheit berücksichtigt:

$$e = \pm t \cdot \sqrt{\frac{p \cdot (100 - p)}{n}} \cdot \sqrt{\frac{N - n}{N - 1}}$$

$$e = \pm t \cdot \sqrt{\frac{p \cdot (100 - p)}{n}} \cdot \sqrt{2} \cdot \sqrt{\frac{N - n}{N - 1}}$$

N = Umfang der Grundgesamtheit

1.2.6.5 **Berechnung der Signifikanz von Differenzen**
In sehr vielen Fällen will man nicht nur abschätzen, in welchem Ausmaß ein Ergebnis schwanken kann, sondern möchte zwei oder mehr Ergebnisse vergleichen und erfahren, ob ggf. auftretende Unterschiede zufällig oder statistisch signifikant (d.h. ausreichend verläßlich) sind.
Hierfür bedient man sich der Formel:

$$d = \pm t \cdot \sqrt{\frac{p_1 \cdot (100 - p_1)}{n_1} + \frac{p_2 \cdot (100 - p_2)}{n_2}}$$

d = Differenz zwischen zwei Stichprobenergebnissen
t = 1,64
p_1 = erster ermittelter Prozentsatz
p_2 = zweiter ermittelter Prozentsatz
n_1 = erste (Teil-)Stichprobe
n_2 = zweite (Teil-)Stichprobe
Bei Stufen/Klumpung der Stichproben erfolgt eine Erweiterung um den o.a. Faktor $\sqrt{2}$.
Bei sehr kleinen Grundgesamtheiten kann der o.a. Korrekturfaktor

$$\sqrt{\frac{N - n}{N - 1}}$$

hinzugefügt werden.

1.2.7 **Qualitätsmerkmale**
Die Qualität einer Stichprobe ist abhängig von verschiedenen Merkmalen. Einige von ihnen sind unabhängig von der gewählten Erhebungstechnik:
- Stichprobengröße
- Auswahlverfahren
- Ausschöpfung insgesamt und in den Zellen und Points.

Andere Gesichtspunkte sind nur bei bestimmten Erhebungstechniken relevant:
- Zahl der Wiederholungsbesuche bzw. Erinnerungsschreiben/Wiedereinsatz der Ausfälle
- Zahl der Befragungsgebiete (Samplepoints)
- Zahl der Adressen pro Point

- Interviews pro Interviewer
- Interviewerinstruktion, -kontrolle

Zur Mindestgröße der Stichprobe läßt sich keine allgemeingültige Regelung durch statistische Überlegungen festschreiben.

Aufgrund der bisher vorliegenden Erfahrungen werden folgende Mindestgrößen festgelegt:
- *bei Strukturanalysen mindestens 250 Nettofälle*
- *bei Reichweitenanalysen mindestens 500 Nettofälle*

Die kleinste Teilgruppe, die für eine in sich abgeschlossene Auswertung einer Gesamtstichprobe entnommen wird, darf 100 auswertbare Fälle (Nettofälle) nicht unterschreiten.

Bei Strukturanalysen geben auch die stichprobenneutralen Ausfälle wesentliche Aufschlüsse über den Werbeträger.

Die Angaben zur Ausschöpfung der Stichproben müssen in jedem Fall in Relation zu den tatsächlich verbreiteten Einheiten des Werbeträgers gesetzt werden.

Ist als zu repräsentierende Grundgesamtheit z.B. die tatsächlich verbreitete Auflage definiert, so muß – unabhängig von der Ausschöpfung der Stichprobe (die 70% mindestens betragen muß) – die 85%-Klausel eingehalten werden, d.h. Anlage und/oder Auswertung/Projektion müssen sicherstellen, daß mindestens 85% der tatsächlich verbreiteten Auflage erfaßt und dargestellt werden.

2 Ermittlungsverfahren

2.1 Ermittlung des Werbeträgerkontaktes

2.1.1 Grundsätzliches

Die Werbeträgerforschung hat die Aufgabe, durch entsprechende Untersuchungen den Kontakt mit dem Werbeträger bzw. seinen belegbaren Einheiten nachzuweisen. Dieser Kontakt ist die Mindestvoraussetzung dafür, daß Werbebotschaften wahrgenommen werden können.

Gleiche Werbeträgerkontaktchancen bedingen dabei nicht zwangsläufig gleiche Werbemittel-Kontaktchancen!

Bei der Ermittlung des Werbeträgerkontaktes müssen die folgenden Bedingungen erfüllt werden:

a) *Identifikation des Werbeträgers*
   Es muß mit ausreichender Sicherheit gewährleistet sein, daß der einzelne untersuchte Werbeträger richtig identifiziert wird, d.h., es sollen Verwechslungen, irrtümliche Nennungen und Nichterkennen soweit wie möglich ausgeschlossen werden.

b) *Identifikation der kleinsten Werbeträgereinheit*
   Als kleinste Werbeträgereinheit gilt die Einheit, die mit einer Einschaltung eines Werbemittels belegbar ist. Es muß mit ausreichender Sicherheit gewährleistet sein, daß die kleinste Einheit eines Werbeträgers, in welcher der Werbungtreibende seine Werbebotschaft veröffentlichen kann, richtig identifiziert wird, d.h., es sollen Verwechslungen, irrtümliche Nennungen und Nichterkennen soweit wie möglich ausgeschlossen werden.

c) *Identifikation der Zielperson*
   Hier muß mit ausreichender Sicherheit gewährleistet sein, daß
   - die Grundgesamtheit eindeutig definiert wurde
   - die Grundgesamtheit eindeutig erfaßt wurde
   - die Zielperson(en) eindeutig definiert wurde(n)
   - die Zielperson(en) eindeutig ausgewählt wurde(n)
   - die Aussage über den/die Werbeträgerkontakt(e) von der Zielperson selbst und nicht von zweiter Hand (vom Hörensagen) stammt.*)

Im folgenden werden diese Bedingungen für die einzelnen Werbeträgergattungen dargelegt.

Bei allen Medien ist zu unterscheiden zwischen Nutzerkontakten („Nutzeranalyse") und Empfängerkontakten („Empfängeranalyse").

Die „Nutzeranalyse" ermittelt die Kontaktchance in einem eng umschriebenen Sinne, und zwar durch eine entsprechende Befragung bei der Zielperson selbst.

Die „Empfängeranalyse" ermittelt die Kontaktchance in einem weiteren Sinne. Dies kann durch Befragung der Zielperson oder auf anderem Wege, durch andere Indikatoren geschehen.

Alle Bedingungen des Kontaktschemas stellen Mindestanforderungen dar.

Der Werbeträgerkontakt kann dabei in einer Nutzeranalyse mit unterschiedlicher Fragestellung ermittelt werden.

Leser pro Nummer (LpN)
Per Definition werden im „Leser pro Nummer" alle Personen erfaßt, die von der durchschnittlichen belegbaren kleinsten Einheit eines Werbeträgers, d.h. bei einmaliger Insertion erreicht werden. In der Praxis der Werbeträgerforschung ist das die Zusammenfassung aller Personen, die im jeweiligen Erscheinungsintervall Kontakt mit irgendeiner Einheit des Werbeträgers haben.

Kumulation/K_1-Wert
Als „Kumulation" bezeichnet man den Zuwachs der Nutzerschaft bei mehrfacher Insertion. Der K_1-Wert ist dabei der Reichweitenwert bei einmaliger Insertion. Er errechnet sich aus der Frequenzangabe: Die Information über die Nutzungshäufigkeit wird für jeden Befragten umgerechnet in eine Wahrscheinlichkeit, Nutzer der kleinsten belegbaren Einheit zu sein.

Recognition-Wert
Bei diesem für Printmedien angewendeten Verfahren wird die Leserschaft erhoben durch die Frage nach dem Lesen eines vorgelegten Originalheftes („Wiedererkennungsverfahren").

Leser pro Ausgabe (LpA)
Der Leser pro Ausgabe ist in seiner Größenordnung mit dem Leser pro Nummer identisch und beinhaltet gleichfalls die Nutzerschaft der kleinsten belegbaren Einheit. Er ist das Resultat der Berechnung von Nutzungswahrscheinlichkeiten: Der Wert entsteht aus der rechnerischen Gewichtung der Nutzer von 12 Ausgaben (Weitester Nutzerkreis, WLK) in den einzelnen Frequenzklassen. Bei größeren Mediaanalysen wird ein Segmentations-Verfahren angewendet.

---

*) Z.B. ist es nicht zulässig, aus den Antworten der befragten Nutzer eines Werbeträgers auf die Frage: „wieviele Personen nutzen diesen Werbeträger noch?" Rückschlüsse auf die Zahl und Struktur der Mitnutzer und damit auf die absolute Größe der Nutzerschaft zu ziehen. Das gleiche gilt auch für die Auswertung von Umlauflisten, Verteilern und ähnlichen Unterlagen.

Generell: Es ist zu empfehlen, wenn mehrere Werte erhoben werden, die Auswertung aber nur auf einem basiert, im Methodenteil des Berichtes die verschiedenen Kontaktwerte auszuweisen und die Wahl zu begründen.

Ergänzung (Fußnoten 1–10)

Fußnote 1: Leserdienstkarten
Ausgefüllte Coupons/Leserdienstkarten werden als Medienkontakt eines Empfängers angesehen. Sie können aber hierfür nur dann verwendet werden, sofern alle anderen Bedingungen erfüllt sind (z. B. 70 % Rücklauf, eindeutiger Bezug auf die kleinste belegbare Einheit) und sichergestellt ist, daß keine kumulierte Auszählung derselben Empfänger erfolgt.

Fußnote 2: Durchschnittsausgabe
Werden die Kontakte bezogen auf eine bestimmte Ausgabe ermittelt, so ist der Bezug auf die Durchschnittsausgabe in der Auswertung nur statthaft, wenn mindestens drei aufeinanderfolgende Ausgaben in die Erhebung einbezogen werden.
Bei Tageszeitungen müssen die Ausgaben mindestens einer Woche einbezogen werden.

Durchschnittliche Auflage
Die Untersuchung sollte zeitlich so gelegt werden, daß die in der Untersuchung erfaßte Auflage der durchschnittlichen Auflagensituation entspricht. Gegebenenfalls ist das nachzuweisen durch die IVW-Meldung oder ein Äquivalent.

Fußnote 3: Titelvorlage
Soll der Kontakt mit mehreren Titeln erfaßt werden und dabei der Titelkopf mit Originalschriftzug auf ein Mindestkartenformat DIN A 7 verkleinert werden, so muß für die einzelnen Titel gegebenenfalls ein unterschiedlicher Verkleinerungsmaßstab angewendet werden, um die Wiedererkennbarkeit für alle Titel so gleich gut wie möglich zu halten.
Die Titelköpfe mit Originalschriftzug können auch in Listenform vorgelegt werden, wenn diese Forderung beachtet wird.

Fußnote 4: Durchschnittliche Auflage
Die Untersuchung sollte zeitlich so gelegt werden, daß die in der Untersuchung erfaßte Auflage der durchschnittlichen Auflage entspricht. Gegebenenfalls ist das nachzuweisen durch IVW-Meldung.
Im übrigen gelten die Bestimmungen für Zeitungen, Zeitschriften und Anzeigenblätter sinngemäß.

Fußnote 5: Definition
Als Verkehrsmittelwerbung im Sinne des Rahmenschemas gilt nur die mobile Werbung an und in den Verkehrsmitteln.
Hierunter fällt nicht die stehende Werbung an und in Verkehrs- und Betriebseinrichtungen. Diese letztere Art der Verkehrsmittelwerbung, die an Werbeträgern mit festem Standort erfolgt, ist zu behandeln analog der Plakatanschlagwerbung, wobei auf die Probleme des Zeitintervalls bzw. der kleinsten belegbaren Einheit zu achten ist.
Die mobile Werbung an noch nicht organisierten Verkehrsträgern, wie z. B. auf Taxis, ist ebenfalls Verkehrsmittelwerbung im weiteren Sinne. Einheitliche Kriterien lassen sich hier noch nicht finden. Bei Bedarf soll soweit wie möglich analog zum vorliegenden Schema verfahren werden.

Fußnote 6: Belegungszeiten
Bei der mobilen Werbung sind die Belegungszeiten unterschiedlich.
Bei den Ermittlungen zum Kontakt mit der kleinsten Einheit sind die unterschiedlichen Belegungszeiträume, soweit sie bekannt sind (und es möglich ist), zu berücksichtigen.

Fußnote 7: Bezeichnung
Wenn von einer bestimmten Messe die Rede ist, so gehört zu ihrer Bezeichnung der volle Name und eine eventuelle Abkürzung, der Ort und gegebenenfalls das Land sowie der Zeitraum und das Jahr.

Fußnote 8: Laufzeit
Bei Erhebungen zur kleinsten Einheit ist die unterschiedliche Laufzeit zu berücksichtigen.
Bei Werbefilmen ab einer Mindestlänge von 20 Metern (44 Sekunden) beträgt sie eine Spielwoche (Freitag bis Donnerstag); bei kürzeren Filmen können nur zwei Spielwochen hintereinander belegt werden.
Diapositive können nur für mindestens einen vollen Kalendermonat geschaltet werden.
Die Angaben beziehen sich auf den normalen Werbefilm. Für kürzere Werbefilme und für Diapositive ist der Zeitraum in der Erhebung entsprechend zu ändern.

Fußnote 9: Definition
Gemäß der Satzung des Verbandes Deutscher Adreßbuchverleger werden diese Titel wie folgt eingeteilt:
Internationale-, Export-Adreßbücher
Bundes-, Landes-Adreßbücher
Amtliche Fernsprechbücher
Einwohner-Adreßbücher
Branchen-Fernsprechbücher GELBE SEITEN
Örtliche Fernsprechbücher
Fachadreßbücher

Erscheinungsintervall
Bei den privaten Adreßbüchern ist das Erscheinungsintervall, insbesondere bei den größeren Objekten, überwiegend ein Jahr; es kann sich aber auch über einen längeren Zeitraum erstrecken. Bei Fernsprechbüchern kann man von einem einheitlichen Zeitintervall (ein Jahr) ausgehen.

Fußnote 10:
Bei Kontakt mit der Gattung nur Vorlage der Originaltitel.

2.2 **Fragestellung zu den Medien**

Die Fragestellung muß folgende grundsätzliche Anforderungen erfüllen:

a) Das Ziel ist die Vergleichbarkeit der Resultate.
b) Beim Vergleich von Werbeträgern innerhalb der gleichen Gruppe*) ist eine identische Fragestellung nötig. Beim Vergleich von Werbeträgern von Gruppe zu Gruppe ist eine gleichartige**) Fragestellung erforderlich.
c) Dieses Prinzip der identisch bzw. gleichartigen Fragestellung bezieht sich auf die Fragenabfolge und Fragenformulierung ebenso wie auf die Antwortvorgaben und Vorlagen/Gedächtnishilfen.
d) Wenn in der Fragestellung differenziert wird nach Erscheinungsintervallen, muß die objektive Gegebenheit beim Werbeträger zugrundegelegt werden, z.B. bei Zeitschriften effektives Erscheinen, nicht empfängerbezogenes Versandintervall.

2.1.2 Kontakte mit den einzelnen Werbeträgern

	A	B	C	D	E	F
	Kontakt mit ...					
	Medium	kleinster Einheit	Zielgruppe	Ermittlung zum Medienkontakt	Erinnerungshilfe	Ermittlung des Kontaktes mit der kleinsten Einheit
21211 **Presse** – Nutzeranalyse (Leser)	durchgeblättert oder gelesen	durchschnittliche Ausgabe oder eine bestimmte Ausgabe[2]	– Zugehörigkeit zur Grundgesamtheit – vorgegebener Auswahlschlüssel oder eindeutige Bestimmung	„durchgeblättert oder gelesen?"	Originalausgabe, evtl. ausgedünnt oder Titelkarte mind. DIN A 7[3]	„diese Ausgabe durchgeblättert oder gelesen?" oder „wann diesen Titel zuletzt durchgeblättert oder gelesen?" und/oder Leserfrequenzfrage
– Empfängeranalyse (Empfänger)	Nachweis des Versandes oder des Empfängers[1]	dto.	dto.	Nachweis des Versandintervalls oder „erhalten?"[1]	bei eigenem Titel keine, bei anderen Titeln wie oben	Nachweis des zuzuordnenden Versandes einer bestimmten Ausgabe
21212 **Lesezirkel** – Nutzeranalyse (Leser)	Zeitschrift aus einer Lesezirkel-Mappe i.d. Hand gehabt	eine durchschnittliche Zeitschrift in Lesezirkel-Mappe; oder: eine bestimmte Zeitschrift[4]	– Zugehörigkeit zur Grundgesamtheit – vorgegebener Auswahlschlüssel oder eindeutige Bestimmung	„Zeitschrift aus einer Lesezirkel-Mappe in die Hand genommen?"	Vorlage einer Originalausgabe einer Lesezirkel-Mappe (auch ausgedünnt), oder eines Wiedererkennungsblattes mit Erscheinungsbildern von Zeitschriften in Lesezirkel-Mappen in Originalfarbem (Vierfarbenskala; im Mindestformat DIN A 4)	„wann zuletzt eine Zeitschrift aus einer Lesezirkel-Mappe zur Hand genommen?" zeitliche Abgrenzung der Nutzungsvorgänge für ein Erscheinungsintervall und zwölf Erscheinungsintervalle sowie nach Leseorten. Anzahl der gelesenen Zeitschriften aus Lesezirkel-Mappen pro Leseort in einem Erscheinungsintervall. Umrechnung in Leser einer durchschnittlichen Lesezirkel-Mappe oder Leser einer durchschnittlichen Zeitschrift einer Lesezirkel-Mappe
– Empfängeranalyse (Empfänger)	Nachweis des Versandes oder Empfangs	dto.	dto.	Nachweis des Versandintervalls oder „Lesezirkel-Mappe erhalten?"	dto.	Nachweis der Zustellung einer bestimmten Lesezirkel-Mappe
2122 **Fernsehen** – Nutzeranalyse (Seher)	Sender/Programm gesehen bzw. Nutzertaste gedrückt	spezielle Sendung pro Tag bzw. Zeitabschnitt	– Zugehörigkeit zur Grundgesamtheit – vorgegebener Auswahlschlüssel oder eindeutige Bestimmung	„gesehen?"	Stationsansage, Programmbezeichnung, Zeitabschnitte	„gestern diese Sendung gesehen?" oder „in diesem Zeitabschnitt dieses Programm gesehen?" und/oder Sehfrequenzfrage bzw. Nutzertaste gedrückt
– Empfängeranalyse (Empfänger)	Empfangsmöglichkeit des Programms bzw. Sender eingeschaltet	dto.	dto.	Empfangsmöglichkeit im Gerät vorh. bzw. „eingeschaltet?"	Sender/Programm/Kennung mit Zeitabschnitten. Bei Dateianalyse: keine	Messung bzw. Nachweis der Einschaltung eines bestimmten Programms an einem bestimmten Tag zu einer bestimmten Zeit

	A	B	C	D	E	F
	Kontakt mit ...					
	Medium	kleinster Einheit	Zielgruppe	Ermittlung zum Medienkontakt	Erinnerungshilfe	Ermittlung des Kontaktes mit der kleinsten Einheit
2123 Hörfunk – Nutzeranalyse (Hörer)	Sender/Programm gehört	spezielle Sendung pro Tag bzw. Zeitabschnitt	– Zugehörigkeit zur Grundgesamtheit – vorgegebener Auswahlschlüssel oder eindeutige Bestimmung	„gehört?“	Stationsansage, Programmbezeichnung, Zeitabschnitte	„gestern diese Sendung gehört?“ oder „in diesem Zeitabschnitt dieses Programm gehört?“ und/oder Hörfrequenzfrage
– Empfängeranalyse (Empfänger)	Empfangsmöglichkeit des Programms bzw. Sender eingeschaltet	dto.	dto.	Empfangsmöglichkeit im Gerät vorh. bzw. „eingeschaltet?“	Sender/Programm/Kennung mit Zeitabschnitten. Bei Dateianalyse: keine	Messung bzw. Nachweis der Einschaltung eines bestimmten Programms an einem bestimmten Tag zu einer bestimmten Zeit
2124 Plakatanschlag – Nutzeranalyse (Seher)	Anschlagstelle wahrgenommen	eine Dekade	– Zugehörigkeit zur Grundgesamtheit – vorgegebener Auswahlschlüssel oder eindeutige Bestimmung	„Anschlagstelle wahrgenommen?“	Bildvorlage typischer Anschlagstellen. bei kleinster Einheit zusätzlich Foto und Lageskizze mit eingezeichnetem Kontaktbereich	„Wann zuletzt wahrgenommen?“ und/oder Frequenzfrage
– Empfängeranalyse (Passant)	Bereich von Anschlagstellen durchquert bzw. sich darin aufgehalten	dto.	dto.	Kontaktbereich von Anschlagstellen durchquert/sich darin aufgehalten	Stadt- oder Lageplan	„Wann zuletzt durchquert/aufgehalten?“ und/oder Passagefrequenzfrage
2125 Verkehrsmittel[3] – Nutzeranalyse (Seher)	Fahrzeug wahrgenommen oder benutzt	durchschnittliches oder bestimmtes mit Werbung belegtes Fahrzeug im Belegungszeitraum[6]	– Zugehörigkeit zur Grundgesamtheit – vorgegebener Auswahlschlüssel oder eindeutige Bestimmung	„Fahrzeug wahrgenommen oder benutzt?“	Bildvorlage, Streckenplan, Streckenabschnittsskizze und Zeitskala	„Wann zuletzt wahrgenommen oder benutzt?“ (Zeitraum/Zeitpunkt) und/oder Passagefrequenz unter Berücksichtigung der Zugfolge
– Empfängeranalyse (Passant/Verkehrsmittelbenutzer)	im Kontaktbereich aufgehalten	dto.	dto.	Aufenthalt im räumlich und zeitlich definierten Kontaktbereich nachgewiesen (im bestimmten oder durchschnittlichen Kontaktbereich)	Streckenabschnittsskizze und Foto bzw. Stadtplan	„Wann zuletzt durchquert/aufgehalten?“ und/oder Passagefrequenz; unter Berücksichtigung der Zugfolge und der Aufenthaltsdauer
2126 Messen und Ausstellungen – Nutzeranalyse (Besucher)	bestimmte Messe besucht[7]	bestimmte Messe an bestimmtem Ort zu bestimmtem Termin	– Zugehörigkeit zur Grundgesamtheit – vorgegebener Auswahlschlüssel oder eindeutige Bestimmung	Nachweis des Besuchs	Bei Befragung am Messeort: keine, sonst: Ort, Termin, Bezeichnung, evtl. Kurzform	Bei Befragung am Ort: Besuchsnachweis, sonst: „Wann zuletzt?“ und/oder konkrete Messe besucht und/oder Frequenzfrage pro konkrete Messe
– Empfängeranalyse (Kartenkäufer/-verkäufe)	Karte einer bestimmten Messe gekauft oder ausgegeben/verkauft	Karte für bestimmte Messe an bestimmtem Ort zu bestimmten Termin gekauft oder ausgegeben/verkauft	dto.	Nachweis des Kaufs/des Verkaufs oder der Ausgabe einer Karte	keine	Nachweis des Kartenkaufs bzw. -verkaufs/-ausgabe für bestimmte Messe zu bestimmtem Termin an bestimmtem Ort

	A	B	C	D	E	F
	Kontakt mit ...					
	Medium	kleinster Einheit	Zielgruppe	Ermittlung zum Medienkontakt	Erinnerungshilfe	Ermittlung des Kontaktes mit der kleinsten Einheit
2127 **Direktwerbung** – Nutzeranalyse (Nutzer)	durchgeblättert bzw. angesehen bzw. angehört	durchschnittliche oder bestimmte Aussendung/Verteilung	– Zugehörigkeit zur Grundgesamtheit bzw. Adressenkollektion – vorgegebener Auswahlschlüssel oder eindeutige Bestimmung	„durchgeblättert?" (Print) bzw. angegehen?" (Video) bzw. „angehört?" (Schall)	Originalvorlagen	„Diese Aussendung durchgeblättert (angesehen/angehört)?" bzw. „Wann zuletzt/eine solche?" bzw. „Wie oft eine solche?"
– Empfängeranalyse (Empfänger)	Nachweis des Versandes/der Verteilung oder des Empfangs	dto.	dto.	Nachweis des Versandes/der Verteilung oder „erhalten?"	keine	Nachweis des Versandes/der Verteilung bestimmter Aussendung und/oder „wann zuletzt?" bzw. Frequenzfrage
2128 **Film u. Diapositiv** – Nutzeranalyse (Besucher)	Kino besucht	bestimmte Spielwoche in einem bestimmten Kino oder durchschnittliche Spielwoche in einem bestimmten Kino[8]	– Zugehörigkeit zur Grundgesamtheit – vorgegebener Auswahlschlüssel oder eindeutige Bestimmung (z.B. Gesamtheit vorhandener Plätze in durchschnittlicher Laufzeit in bestimmter Region)	„Im Kino gewesen?"	Name des Kinos	in bestimmtem Zeitabschnitt in bestimmtem Kino gewesen und/oder Besuchsfrequenz bezogen auf bestimmtes Kino
– Empfängeranalyse (Kartenkäufer bzw. -verkäufe)	Nachweis des Kartenverkaufs (bzw. des Kartenkaufs)	Nachweis des Kartenverkaufs eines eines Kinos in einer Woche von allen Vorstellungen	dto.	Nachweis des Verkaufs (bzw. des Kaufs) einer Karte	keine	Abrechnungsunterlagen des Kinos
2129 **Adreßbücher und Fernsprechbücher**[9] – Nutzeranalyse (Nutzer)	Information gesucht bestimmte Information gelesen	durchschnittliche oder bestimmte Ausgabe eines Buches	– Zugehörigkeit zur Grundgesamtheit – vorgegebener Auswahlschlüssel oder eindeutige Bestimmung	„Information gesucht und/oder bestimmte Information gelesen?"	Erhebung nur des eigenen Titels: Originalausgabe, sonst: Originaltitelschriftzug und Originalseite je Buchabschnitt[10]	„In dieser Ausgabe" bzw. "Wann zuletzt/wie oft in diesem Titel bestimmte Informationen gesucht oder gelesen?" und/oder Frequenzfrage
– Empfängeranalyse (Empfänger)	Nachweis des Versandes oder des Empfangs	dto.	dto.	Nachweis des Versandes der „erhalten?"	bei Dateianalysen: keine, bei eigenem Titel: Originaltitel, sonst: wie oben	Nachweis der Zustellung einer bestimmten Ausgabe

e) Drei Arten der Fragestellung sind gebräuchlich:
   - nach dem letzten Nutzen
   - nach der Nutzungshäufigkeit
   - Bezug auf konkrete Ausgabe/Sendung/Veranstaltung.

   Gleichartige Fragestellung im o.a. Sinne bedeutet, daß zwischen diesen Arten von Gruppe zu Gruppe nicht gewechselt werden darf.
f) Zur Ermittlung des weitesten Nutzerkreises ist maximal ein Zeitintervall von einem Jahr zulässig. Dabei dürfen nicht mehr als zwölf Erscheinungsintervalle erhoben werden.
g) Im Ablauf des Interviews sind zunächst alle Fragen zu stellen, die der vergleichenden Kontakt- und Nutzungsermittlung dienen, ehe zu einzelnen Werbeträgern spezielle Fragen gestellt werden dürfen.
h) Bei der Ermittlung vergleichender Reichweiten darf durch Fragen und Fragenfolge nicht erkennbar sein, wer Auftraggeber der Untersuchung ist. Ebenso sind spezielle Fragestellungen nur zu einem einzelnen der untersuchten Werbeträger nicht gestattet.

Es wird aus zeitlichen und finanziellen Gründen nicht immer möglich sein, den vollständigen Fragenkatalog zu verwenden. Sofern eine Reduzierung der Fragen vorgenommen wird, muß sie innerhalb der Mediengruppe nach einheitlichen Prinzipien erfolgen.

Sofern ein Nettoreichweitenwert für eine Werbeträgergruppe ausgewiesen wird, müssen die darin erfaßten Werbeträger einzeln abgefragt und im Methodenteil ausgewiesen werden.

Erfolgt aus zwingenden Gründen eine Abweichung von dieser Regel, so muß ausdrücklich darauf hingewiesen und sie begründet werden. Die Richtlinien für Erinnerungshilfen müsen in jedem Fall sinngemäß eingehalten werden.

Probleme, die sich daraus für einzelne Werbeträgergruppen ergeben (z.B. Kino), werden in medienspezifischen Darstellungen abgehandelt.

Es bleibt freigestellt, ob die Abfrage der einzelnen Themenkomplexe bei den einzelnen Werbeträgern vertikal oder horizontal erfolgt.

Bei der Verquickung von Empfänger- und Nutzeranalysen ist eine Rückwirkung von der Ermittlung der institutionsbezogenen Empfangssituation auf die Erhebung der personenbezogenen Nutzungssituation wahrscheinlich. Deshalb muß die Abfrage möglichst getrennt durchgeführt werden.

Während des Interviews mit der eigentlichen für die Nutzeranalyse ausgewählten Befragungsperson sollte die Befragungsperson nicht vorübergehend gewechselt werden, um weitere Daten zur Empfangs- oder Nutzungssituation in der Empfängerinstitution (Haushalt oder Betrieb) von anderen Befragungspersonen in Anwesenheit der ursprünglichen Auswahlpersonen zu erfragen.

---

*) Als Gruppe gelten z.B. Kundenzeitschriften; wöchentliche Frauenzeitschriften, monatliche Frauenzeitschriften; wöchentliche Anzeigenblätter, 14tägige Anzeigenblätter; Abonnementszeitungen, Kaufzeitungen; Spezialmessen, Mehrbereichsmessen; Örtliche Fernsprechbücher, Einwohneradreßbücher.

**) Gleichartige Fragestellung bedeutet eine jeweils mediengerechte Fragestellung.

2.3 **Untersuchungstypen**

2.3.1 **Grundsätzliches**

Die Wahl der Untersuchungsmethode ist abhängig von den drei möglichen Zielsetzungen einer Untersuchung:

a) Man will etwas über die Struktur und/oder Größenordnung der Empfängerschaft eines Werbeträgers aussagen. (Empfänger können dabei sowohl Personen wie Institutionen sein.)
b) Man will etwas über Struktur und/oder Größenordnung und/oder Nutzungsgewohnheiten der Nutzer eines Werbeträgers aussagen. (In diesem Fall können sich die Aussagen nur auf Personen beziehen.)
c) Man will etwas über die Reichweiten der Nutzerschaften von Werbeträgern innerhalb bestimmter Zielgruppen aussagen. (Auch in diesem Fall können sich die Informationen nur auf persönliche Nutzungsvorgänge beziehen.)

Die Untersuchungen können als Totalerhebung oder als Stichprobenerhebung angelegt sein. Entsprechend der Zielsetzung der Untersuchung ist die Wahl der folgenden Untersuchungstypen denkbar:
- Empfängerstrukturanalyse
- Nutzerstrukturanalyse
- Reichweitenanalyse

Als Erhebungstechniken sind dabei möglich:
- die Dateiauswertung
- die mündliche Erhebung
- die schriftliche Erhebung
- die technische Erhebung.

Die Telefonumfrage gilt als mündliche Erhebung.

2.3.2 **Empfängerstrukturanalyse**

2.3.2.1 **Grundsätzliches**

Empfänger eines Mediums (und damit Untersuchungseinheiten) können zum einen Einzelpersonen und/oder zum anderen Wirtschaftseinheiten/Haushalte/Unternehmen/behördliche und ähnliche Institutionen sein. Die Tatsache, daß ein Werbeträger von einer bestimmten Institution empfangen bzw. an sie geliefert wird, sagt noch nichts darüber aus, welche und wie viele Personen in dieser Institution tatsächlich einen Kontakt mit dem Werbeträger haben oder haben könnten.

Sind in einer Erhebung Institutionen die Untersuchungseinheiten, so können institutionsbezogene Informationen erhoben und ausgewiesen werden. Sind Personen die Untersuchungseinheiten, so können sowohl institutions- wie personenbezogene Informationen erhoben und ausgewiesen werden. Jedoch sind die Daten für Institutionen und Personen immer getrennt auszuweisen. (Also z.B. „von allen Personen stammen x% aus 1-Personen-Haushalten“ und „von allen Haushalten sind y% 1-Personen-Haushalte“.)

In den Untersuchungsbereich „Institutionen“ sollen in Anlehnung an die amtliche Statistik (siehe Systematik der Wirtschaftszweige, Statistisches Bundesamt Wiesbaden, in der jeweils aktuellsten Fassung) außer Wirtschaftsunternehmen und freien Berufen auch Organisationen ohne Erwerbscharakter und private Haushalte sowie Gebietskörperschaften und Sozialversicherungen fallen.

Dabei ist es ohne Bedeutung, ob die Werbeträger von den Institutionen bezogen werden oder von Personen, die in den Institutionen als Mitarbeiter tätig sind bzw. darin leben. Für die Gruppenbildung in diesem Be-

reich sind jedenfalls Merkmale der Institutionen heranzuziehen.
Im anderen Untersuchungsbereich, in dem die Personen als Empfänger und/oder Nutzer zusammengefaßt sind, müssen die Gruppen aufgrund personenbezogener Merkmale gebildet werden.
Mehrfachempfang in derselben Einheit der Grundgesamtheit muß – sofern bekannt – schon bei der Anlage der Stichprobe berücksichtigt werden.

2.3.2.2 **Dateianalyse**
Sie basiert im allgemeinen auf einer Auswertung der Datei des betreffenden Werbeträgers. Diese wird zahlenmäßig aufbereitet anhand vorhandener oder beschaffbarer Unterlagen über die Art des Adressenmaterials. Aussagen sind nur möglich über die Empfängereinheit des Werbeträgers (Haushalt, Institution und gegebenenfalls Person) und nur insoweit, als eine Kategorisierung des Anschriftenmaterials einwandfrei möglich ist.
In jedem Fall muß sichergestellt sein, daß die Empfängerschaft einer durchschnittlichen kleinsten Einheit repräsentiert wird. Zusätzlich können auch kumulierte Empfängerschaften (z.B. weitester Empfängerkreis) dargestellt werden.
Die Aufbereitung des in der Datei vorhandenen Materials wird problematisch, wenn dieses nicht vollständig ist und spezielle Informationen nur lückenhaft vorhanden sind.
Grundlage der Auswertung ist die am Tage des Erhebungsbeginns vorhandene Empfängerdatei einschließlich aller mit Empfängeradressen versehenen Datenträger, die für die Erstellung der Analyse nicht vollständig sind. Zur Basis gehören also auch die am Tage des Erhebungsbeginns in der Datei vorhandenen Datenträger für wechselnde Empfänger, die aber bei der Auswertung nur anteilig berücksichtigt werden dürfen.
Bei Projektionen müssen sich alle Angaben auf die durchschnittliche Werbeträgereinheit addieren lassen, z.B. auf die IVW-Vertriebskategorie „tatsächlich verbreitete Auflage" oder ein Äquivalent.
Beim Ausweis der Ergebnisse aus solchen Dateiauswertungen muß sichtbar sein, wie viele ungenaue oder fehlende Angaben vorhanden sind. Die Gruppe „keine Angaben" usw. muß klar erkennbar ausgewiesen werden. Sie darf auf keinen Fall vorher ausgesondert werden.
Dasselbe gilt für Vertriebsanteile, die nicht weiter untergliedert werden können oder sollen (z.B. Auslandsauflage, über den Buchhandel gelieferte Exemplare usw.).
Alle Informationsquellen, die zur Kategorisierung der Anschriften verwendet wurden, sind mit Jahresangabe anzugeben.
Für die Bildung der Stichprobe und für die Beschreibung der Methode gelten die allgemeinen Grundsätze. *Insbesondere ist ausführlich darzulegen, wie bei wechselnden Empfängern der Bezug auf die durchschnittliche Belegungseinheit hergestellt wurde.*
Die Verbreitungsanalyse ist eine besondere Art der auf Dateiauswertung basierenden Empfängeranalyse, bei der die Distribution einer durchschnittlichen Einheit unter regionalen Gesichtspunkten nachgewiesen wird.

2.3.2.3 **Empfängerstrukturanalyse durch schriftliche Erhebung**
Ausgehend von einer vorhandenen Datei ermöglicht diese Untersuchungsform die Erhebung von Informationen über die Empfängerschaft.
Die Zielperson der Befragung, die den Fragebogen ausfüllen soll, ist – der Struktur des Werbeträgers gemäß – so genau wie möglich zu bestimmen.
Da nicht erzwungen werden kann, daß der Fragebogen lückenlos und eindeutig ausgefüllt wird, sind unbeabsichtigte Doppelnennungen ebenso möglich wie ein bei den einzelnen Erhebungskomplexen unterschiedlich hoher Anteil antwortender Befragter. *„Keine Angabe" und Doppelnennungen müssen ausgewiesen werden.*
Die Empfängerstrukturanalyse soll auf jeden Fall die Gesamtheit der Empfänger einer durchschnittlichen Werbeträgereinheit repräsentieren und kann zusätzlich dazu die Gesamtheit der in der Datei enthaltenen Empfängeradressen erfassen. Es sei auf die entsprechenden Richtlinien zur Dateianalyse verwiesen. Bezugsgröße sind auch hier z.B. die IVW-Vertriebskategorie „tatsächlich verbreitete Auflage" oder adäquate Kategorien.
Enthält der Fragebogen Angaben zur Person des ausfüllenden Befragten, bezieht sich die Stichprobenanschrift aber auf eine Institution, so muß der Fragebogen im Kopf eine eindeutige Anweisung enthalten, welche Person in der Empfängerinstitution den Fragebogen beantworten soll.
Personenbezogene Ergebnisse, die auf schriftlichem Wege zustande kommen, beziehen sich auf „alle Befragten", „alle Erstempfänger im Betrieb", „alle Geschäftsführer" usw. *Keineswegs darf das personenbezogene Ergebnis einer schriftlichen Empfängerstrukturanalyse auf „alle Leser" bezogen werden.*

2.3.2.4 **Empfängerstrukturanalyse durch mündliche Erhebung**
Hinsichtlich des Inhalts einer solchen Befragung und der Abgrenzung zwischen Empfängern einerseits und Nutzern andererseits gelten sinngemäß die Empfehlungen zur Empfängerstrukturanalyse durch schriftliche Erhebung (2.3.2.3).
In allen Fragen, die sich auf die Technik der Erhebung beziehen, gelten sinngemäß die Empfehlungen zur Nutzerstrukturanalyse durch mündliche Erhebung (2.3.3.3).
Wird die Empfängerstrukturanalyse in Zusammenhang mit einer Nutzerstrukturanalyse erstellt, so gelten in jedem Fall die für letztere gültigen Bedingungen und Empfehlungen.

2.3.2.5 **Empfängerstrukturanalyse durch technische Erhebung**
Als technische Erhebungsform gilt neben dem Einsatz von Meßgeräten auch die Beobachtung. Die Erhebung durch technische Apparaturen, durch Beobachtung oder andere Formen muß deutlich werden lassen, ob ein Kontakt mit dem Werbeträger wahrscheinlich ist oder ob er tatsächlich stattgefunden hat.
Für Funkmedien bedeutet dies z.B., den Nachweis entweder über die Ausstrahlung eines Programms (Werbeträgereinheit) an einen technisch definierbaren Empfängerkreis oder durch Registrierung von einge-

schalteten Empfangsgeräten während eines bestimmten Zeitabschnitts (Werbeträgereinheit) zu erbringen.

2.3.3 **Nutzerstrukturanalyse**
2.3.3.1 **Grundsätzliches**
Nutzerstrukturanalysen sind immer personenbezogen, d.h. die erhobenen Nutzungsdaten beziehen sich auf eine repräsentativ ausgewählte Person. *Die Angaben zur Nutzung dürfen also nicht vom Hörensagen stammen.*
Nutzerstrukturanalysen enthalten Daten zur Medianutzung. D.h. *es muß ein tatsächlicher Kontakt mindestens mit dem Medium, in aller Regel auch mit der kleinsten Einheit des Mediums nachgewiesen werden.*
Es sei darauf hingewiesen, daß auch bei einer Befragung der Nutzer eines bestimmten Werbeträgers ohne ausreichende Identifikationsmöglichkeit und ohne deutliche Abgrenzung gegenüber anderen verwechslungsfähigen Werbeträgern der gleichen Gruppe derartige Aussagen von einer entsprechenden Unschärfe sind.
Im allgemeinen wird bei einer Nutzerstrukturanalyse ausgegangen von der (Empfänger-)Datei des betreffenden Werbeträgers.
Allerdings kann auf diese Weise nicht die Gesamtheit der Nutzer repräsentativ (im Sinne der gleichen oder bekannten Chancen aller Angehörigen der Grundgesamtheit) erfaßt werden, da Nutzer außerhalb der Empfängerinstitution in aller Regel nicht in die Befragung einbezogen werden.
Voraussetzung für eine Nutzerstrukturanalyse ist eine statistisch einwandfreie Auswahlmethode der personenbezogenen Zielanschrift. Sie kann verbunden werden mit Verfahren, welche über den Haupt- oder Primärnutzer hinaus auch die Folgenutzer in die Stichprobenbildung einbeziehen. Das kann geschehen durch ein mehrstufiges Stichprobenverfahren, auf dessen vorletzter Stufe alle Nutzer in der Empfängerinstitution erfaßt werden sollen, um daraus in der letzten Auswahlstufe die Befragungsperson zu ermitteln.
Allerdings liegen die Grenzen dieses Bemühens, die Mitnutzer zu erfassen, im wirtschaftlichen Bereich: Eine Stichprobe, welche alle als Mitnutzer in Frage kommenden Personen erfassen wollte, kann unter Umständen zu sehr hohen finanziellen Aufwendungen führen. Diese Aufwendungen sind aber unumgänglich, wenn Aussagen über die absolute Zahl sämtlicher Nutzer gemacht werden sollen.
In jedem Fall ist bei einer Nutzerstrukturanalyse anzugeben, ob und ggf. auf welche Weise die Mitnutzer erfaßt und repräsentiert wurden.
Es ist nicht zulässig, aus den Antworten der befragten Nutzer auf eine Frage, wie viele Personen den jeweiligen Werbeträger noch nutzen, Rückschlüsse auf die Zahl und Struktur der Mitbenutzer und damit auf die absolute Größe der Nutzerschaft zu ziehen. Das gleiche gilt auch für die Auswertung von Umlauflisten, Verteilern und ähnlichen Unterlagen.
Wenn auch im allgemeinen bei einer Nutzerstrukturanalyse auf die Gesamtnutzerschaft einer durchschnittlichen Belegungseinheit abgestellt werden sollte, so kann es doch sinnvoll und empfehlenswert sein, die Ermittlungen auf den Hauptnutzer oder andere Zielpersonen/Funktionsträger innerhalb der Gesamtnutzerschaft zu beschränken. *Diese Zielpersonen müssen vor Beginn der Erhebung/Umfrage festgelegt sein.*
Aus den Angaben zur Untersuchung muß eindeutig hervorgehen, wie die repräsentierte Grundgesamtheit definiert wurde, welcher Nutzerbegriff den Ermittlungen zugrunde lag und auf welche Einheit sich die Strukturdaten beziehen. (Also z.B. „Alle Hauptnutzer" oder „Alle Nutzer in Abonnentenhaushalten".)
Die Nutzerstrukturanalyse muß als solche eindeutig mit einem Hinweis auf die Erhebungsform gekennzeichnet sein. (Z.B. „Nutzerstrukturanalyse durch schriftliche bzw. mündliche Befragung" oder auch „Leserstrukturanalyse durch schriftliche bzw. mündliche Befragung".)

2.3.3.2 **Nutzerstrukturanalyse durch schriftliche Erhebung**
Es ist notwendig, besonders darauf zu achten und zu prüfen, ob die Normen und Empfehlungen dieses Rahmenschemas auch tatsächlich erfüllt werden.
Der Adressat des Fragebogens muß entweder eindeutig durch den Namen in der Anschrift bestimmt sein (persönlicher Empfänger des Werbeträgers ist bereits bekannt bzw. wurde in einer vorgeschalteten persönlichen, schriftlichen oder telefonischen Ermittlungsstufe bestimmt) *oder er muß durch einen Zusatz zur Anschrift* (z.B. Funktionsbereich) *eindeutig bestimmt werden* (falls nur die Empfängerinstitution bekannt ist).
Besteht das Adressenmaterial, das der Stichprobe zugrunde liegt, aus einer Mischung von persönlichen Anschriften und Institutionsanschriften (mit Funktionszusatz), *so sind die Art des Adressenmaterials und die Anteile der Gruppen auszuweisen.*
Die Ausschöpfung der Stichprobe muß ausgewiesen werden auf der Basis aller persönlich angeschriebenen Adressaten. Sofern eine Ermittlungsstufe vorgeschaltet wurde, gilt das auch für diese Stufe.
Die Erfassung der Nutzungsgewohnheiten der untersuchten Werbeträger darf nicht auf allgemeinem, typischem Verhalten basieren, sondern muß die Kontakte, bezogen auf belegbare Einheiten, messen.

2.3.3.3 **Nutzerstrukturanalyse durch mündliche Erhebung**
Folgende Verfahren zur Bestimmung der Befragungspersonen sind möglich:

a) Die Befragungsperson wird vorher eindeutig definiert bzw. bestimmt (durch Funktion in der Empfängerinstitution, wie z.B. Haushaltsvorstand; durch Position auf der Umlaufliste, wie z.B. Erstempfänger, Hauptnutzer; durch Position in der Hierarchie der Empfängerinstitution, wie z.B. ranghöchster Nutzer; durch Auswahl aus einer Personen-Gesamt-Datei).
b) Bei einem anderen Ansatz müssen vorab alle Zielpersonen/Funktionsträger, die in Betracht kommen/Nutzer – ggf. auch im weiteren Sinne – (oder alle Nutzer, die bestimmte Funktionen innehaben) in der Empfängerinstitution aufgelistet werden, um darauf mit einer Zufallsauswahl die Befragungsperson festzulegen.
   Dazu ist es in aller Regel nötig, die tatsächlichen oder potentiellen persönlichen Empfänger aus der ausgewählten Empfängerinstitution zu ermitteln und durch persönliche korrekte mediaanalytische Befragung festzustellen, ob sie wirklich Nutzer ei-

ner durchschnittlichen oder einer bestimmten Medienkontakteinheit sind.

Auch hier gilt, daß detailliert beschrieben werden muß, in welcher Form sämtliche der Auswahl zugrundeliegenden Nutzer erfaßt wurden.

Beim Vergleich unterschiedlicher Nutzerstrukturanalysen muß auf die Methode zur Erfassung der Gesamtnutzerschaft oder der vorher eindeutig festgelegten Zielgruppen aus dieser Gesamtnutzerschaft besonders geachtet werden. Ein Vergleich nur der ausgewiesenen Prozentergebnisse von mit unterschiedlicher Tiefe angesetzten Nutzerstrukturanalysen kann in aller Regel die tatsächlichen Marktverhältnisse nicht wiedergeben.

Selbstverständlich kann auch die im Rahmen einer Nutzerstrukturanalyse erhobene Nutzung anderer Werbeträger nicht die tatsächlichen Marktverhältnisse in ihrer Größenordnung erfassen. Dies ist bei diesem Untersuchungstyp auch gar nicht beabsichtigt. Er kann nur nützliche Hinweise auf größere oder geringere Überschneidungen liefern.

2.3.3.4 **Nutzerstrukturanalyse durch technische Erhebung**

Analog zur Empfängerstrukturanalyse sind auch Messung und Beobachtung einsetzbar. *Die Verfahren, die zur Nutzerstrukturanalyse führen, müssen den Nachweis personenbezogener Nutzungsvorgänge erbringen.* Für Funkmedien bedeutet dies z.B. die Registrierung von eingeschalteten Empfangsgeräten mit zusätzlichem Nachweis personenbezogener Nutzungsvorgänge des Programms (Werbeträgereinheit).

Die so ermittelten Daten sind Grundlage für die zu erstellende Nutzerstrukturanalyse.

2.3.4 **Reichweitenanalyse**

2.3.4.1 **Grundsätzliches**

Reichweitenanalysen bringen Informationen darüber, inwieweit Zielgruppen der Werbungtreibenden durch einzelne Werbeträger oder Werbeträgerkombinationen zu erreichen sind.

Grundgesamtheit für diese Untersuchungsform können sowohl personelle wie institutionelle Zielgruppen sein (z.B. Angehörige bestimmter Berufsgruppen einerseits oder Haushalte/Betriebe andererseits). *Abgestellt werden muß aber in der Erhebung in jedem Fall auf einen persönlichen Nutzungsvorgang.*

Es sind personenbezogene Aussagen („von allen Befragten nutzten x% den Werbeträger") ebenso möglich wie institutionsbezogene („von allen Haushalten/Firmen haben y% mindestens einen Nutzer des Werbeträgers").

Die Abgrenzung der Grundgesamtheit und die eventuelle Benutzung einer Datei sollten in jedem Fall wettbewerbsneutral sein (also z.B. unabhängig von der Empfängerdatei eines Mediums, von speziellen Empfangsmöglichkeiten usw. erfolgen).

Es wird darauf hingewiesen, daß bei Reichweitenanalysen mit der Abgrenzung der Grundgesamtheit besondere Probleme entstehen, die den Vergleich verschiedener Analysen gefährden können.

Je nach Abgrenzung der institutionellen und/oder der personellen Zielgruppen der Befragung kann der Vergleich miteinander konkurrierender Werbeträger unterschiedlich ausfallen: Insofern ein einbezogener Werbeträger sich auch noch an Zielgruppen außerhalb der untersuchten Grundgesamtheit richtet, wird seine Nutzerschaft nur teilweise erfaßt und dargestellt.

Ob und in welchem Ausmaß das der Fall ist, kann nur durch eine Strukturanalyse der Empfänger/Nutzer des jeweiligen Mediums abgeschätzt werden.

Sofern die repräsentierte Grundgesamtheit eine spezielle Zielgruppe ist, kann ihre Definition und vollständige Erfassung Schwierigkeiten bereiten. Deshalb ist hier eine besonders ausführliche Beschreibung der Untersuchungsanlage und der Zielgruppendefinition sehr wichtig, damit die Aussagefähigkeit der Analyse für die jeweilige Planungsaufgabe klar beurteilt werden kann.

In jedem Fall muß dargelegt werden, woher das Adressenmaterial der Grundgesamtheit stammt und wie daraus die Stichprobe gezogen wurde.

Bei Reichweitenuntersuchungen, die Tagesmedien mit erheben, ist eine Gleichverteilung der Interviews über die Befragungstage anzustreben.

Es ist anzustreben, alle im untersuchten Umfeld miteinander konkurrierenden Werbeträger zu erheben. *Muß eine Auswahl getroffen werden, so muß diese systematisch sein.*

2.3.4.2 **Reichweitenanalyse durch schriftliche Erhebung**

Schriftlich erhobene Reichweiten-/Zielgruppenwerte können grundsätzlich nur dann akzeptabel sein, wenn bei Inhalt, methodischer Anlage, technischer Durchführung, Berichterstattung und Dokumentation solcher Untersuchungen alle Mindestanforderungen erfüllt werden, die für mündlich erhobene Reichweitenanalysen gelten und die nach allen Bedingungen dieses Rahmenschemas für eine schriftliche Umfrage gefordert werden.

2.3.4.3 **Reichweitenanalyse durch mündliche Erhebung**

Zur Bestimmung der Befragungsperson sind – analog zur mündlichen Nutzerstrukturerhebung – folgende Verfahren denkbar:

- eindeutige Definition der Befragungsperson (durch Funktion in einer Institution, wie Geschäftsführer im Betrieb, Hausfrau im Haushalt)
- Zufallsauswahl aus einer Personen-Gesamt-Datei oder aus einer Personenauflistung in einer vorgeschalteten Auswahlstufe.

Die Angaben zur Methode der Untersuchung müssen besonders ausführlich sein.

Das besondere Augenmerk der Benutzer von Reichweitenzahlen sollte dabei gelten

- der Definition und Bestimmung der Zielgruppen und Zielpersonen
- dem Auswahlverfahren (welches Auswahlverfahren mit welchem Kennzeichen wurde angewandt, Random oder Quota, Schichtung, Klumpung?)
- der Grundgesamtheit bei Random (wie wurde die Grundgesamtheit bestimmt/ermittelt/erstellt?)
- den Quotenmerkmalen bei Quota (welche Quotenmerkmale wurden benutzt, welche Daten liegen den Quoten zugrunde und wie wurden sie ermittelt?)
- der Definition des Nutzers bzw. des Nutzens
- der Ausschöpfung der Stichprobe.

2.3.4.4 **Reichweitenanalyse durch technische Erhebung**
Auch für die Durchführung einer Reichweitenanalyse sind Messung und Beobachtung einsetzbar, sofern sie personenbezogen sind und als Grundgesamtheit gesamte Zielgruppen bzw. die Gesamtbevölkerung repräsentieren.

Es sei auf die Abschnitte 2.3.2.5 und 2.3.3.4 verwiesen.

3 **Dokumentation**

3.1 **Grundsätzliches**
Untersuchungsberichte von Werbeträgeruntersuchungen sollten eine Vorbemerkung haben, die die Einordnung der Studie in dieses Rahmenschema erlaubt und sofort erkennen läßt.
Außerdem sollte eine genaue und dem Schema entsprechende Methoden- und Verfahrensbeschreibung beigefügt werden.
Wird eine Werbeträgeruntersuchung ganz oder in Teilen unter Hinweis auf das ZAW-Rahmenschema publiziert, so muß der Auftraggeber auf Verlangen jedem Interessierten Einblick in die vollständige Methoden- und Verfahrensbeschreibung geben. Hierzu gehört auch der vollständige Fragebogen.

Vorabveröffentlichungen in Form von Anzeigen, Pressemitteilungen oder -konferenzen, die in den intra- oder intermedialen Wettbewerb eingreifen, sind vorher nicht zulässig.

3.2 **Die Vorbemerkung**
Die Vorbemerkung dient der Einführung in den Untersuchungsbericht. Aus ihr sollte daher mindestens zu entnehmen sein:
- In wessen Auftrag wurde die Untersuchung durchgeführt?
- Wer ist für Anlage, Stichprobenziehung, Durchführung und Auswertung verantwortlich?
- Was ist das Ziel der Untersuchung; was soll sie messen?
- Welche Grundgesamtheit wird repräsentiert; worauf beziehen sich die Angaben im Berichtsband?
- Welche Erhebungsform des ZAW-Rahmenschemas wurde gewählt?*)
- Welches Auswahlverfahren (Random/Quota) wurde verwendet?
- In welchem Zeitraum wurde die Untersuchung durchgeführt bzw. wann wurde sie abgeschlossen?

3.3 **Methodenbeschreibung**
3.3.1 **Grundsätzliches**
Die Methodenbeschreibung einer Werbeträgeruntersuchung muß ausführliche Angaben enthalten, die die folgenden Details der Untersuchung dokumentieren:
- gewählter Untersuchungstyp,
- repräsentierte Grundgesamtheit,
- Auswahlverfahren,
- Durchführung der Feldarbeit,
- Auswertung der Untersuchung.

Bei der Dokumentation der Untersuchungstypen ist auf die entsprechenden Definitionen des Rahmenschemas zu verweisen.

*) Es sind die Bezeichnungen entsprechend Abschnitt 2.3 zu benutzen.

Bei der Dokumentation der Grundgesamtheit ist anzugeben:
- Beschreibung der Grundgesamtheit unter Verwendung der Definition des Rahmenschemas,
- mengenmäßige Einschätzung und Abgrenzung der Grundgesamtheit,
- externe oder interne sekundärstatistische Quellen mit Jahresangaben,
- Ordnungsprinzip und Aufgliederung bei Dateien,
- aus der Grundgesamtheit ausgegliederte Teilgruppen einer Datei mit Angabe von Gründen.

Bei der Dokumentation der Auswahlverfahren ist anzugeben
- Beschreibung der mehrstufigen Anlage mit Schichten- und Klumpenbildung (vor allem Anzahl der Samplepoints),
- Kennzeichnung des Stichprobenverfahrens nach Random oder Quota. Bei Randomverfahren nach Datei- oder Flächenstichprobe, bei Flächenstichproben nach Adressenrandom oder Randomroute,
- bei Randomroute: Richtlinien und Vorschriften für den Interviewer,
- detaillierte Beschreibung aller Auswahlschritte zur Bestimmung der Befragungseinheiten.
- Für Quotastichproben wird zusätzlich auf die entsprechenden Forderungen verwiesen.

Bei der Dokumentation der Durchführung der Feldarbeit sind anzugeben
- alle für die Beurteilung der Stichprobenqualität nötigen Informationen,
- der Umfang der Stichprobe, brutto und netto (ausgewertete Stichprobe),
- Termine,
- detaillierte Angaben zum Interview und zur Zahl der eingesetzten Interviewer,
- ob und in welcher Form ein Befragtenhonorar bezahlt wurde.

Bei der Dokumentation der Auswertung ist anzugeben
- Bildung von Auswertungsgruppen,
- Erläuterungen zu gewählten Auswertungstechniken, Verrechnungstechniken, verwendete Definition usw.
- die ungewichtete bzw. „unredressierte" Fallzahl für alle Auswertungsgruppen.

3.3.2 **Mustergliederung**
Nachstehend wird eine Mustergliederung wiedergegeben. Sie zeigt, welche Punkte möglichst ausführlich behandelt werden sollen. Sofern bei Anlage, Durchführung und Auswertung der Untersuchung Besonderheiten auftraten oder von den im ZAW-Rahmenschema vorgegebenen Empfehlungen abgewichen wurde, sollte das an den entsprechenden Stellen detailliert begründet werden.

I. Anlage der Untersuchung
a) Ziel, Aufbau und Darstellung der Untersuchung
   1. Untersuchungsziel und -bereich
   2. Auftraggeber/Berater
   4. Eventuell vorhergehende Untersuchungen, an die sich die jetzige anschließt
   5. Eventuell Vergleichbarkeit mit anderen Werbeträgeruntersuchungen
   6. Übereinstimmung mit Empfehlungen von ZAW, IVW und anderen Institutionen
   7. Externe Gremien, Arbeitsausschüsse usw., die an der Untersuchung mitwirkten

8. Gegebenenfalls Positionierung der Untersuchung im Rahmen eines umfassenderen und weiterführenden Untersuchungskonzepts

b) Grundgesamtheit und Stichprobe
 1. Abgrenzung und Beschreibung der Grundgesamtheit
  - Beschreibung der Datei nach Inhalt, Ordnungsprinzip, Gesamtzahl, Gliederung und den der Zuordnung zugrundeliegenden Unterlagen
  - Definition und statistische Bestimmbarkeit der Grundgesamtheit
 2. Auswahlverfahren
  - Präzise Beschreibung des Auswahlverfahrens
  - Art der Stichprobe und ihre Erstellung (Schichtung, Beschreibung der Auswahlstufen)
  - Auswahlverfahren für die Zielperson/Behandlung institutioneller Adressen
  - Definition der Zielpersonen
 3. Ausschöpfung
  - Anzahl der (Teil-)Stichproben, Zahl der Samplepoints/der Bruttokontakte je Samplepoint
  - Ausweisung der Ausfälle
  - Bewertung der Ausfälle
  - Behandlung der Ausfälle
  - Schwierigkeiten bei der Kontaktaufnahme zum Interview/Bereitwilligkeit bei der Durchführung des Interviews/Verweigerung
 4. Signifikanzkontrolle
  - Voraussetzungen für die Fehlerberechnung
  - Verwendete Formel zur Fehlerberechnung
  - Fehlertoleranztabelle

c) Ermittlungsverfahren
 1. Fragestellung zur Erfassung des Medienkontakts
  - Vergleichbar einbezogene Werbeträger und Werbeträgergruppen
  - Art und Umfang der Erfassung der Medien
  - Begründung für die Auswahl der einbezogenen Werbeträger
 2. Erinnerungshilfen
 3. Gegebenenfalls Ergebnisse von Experimenten/ Voruntersuchungen

d) Auswertungsverfahren
 1. Gewichtung
  - Art der Gewichtungsprozesse und ihr technischer Ablauf
  - Transformation Haushalts- bzw. Betriebsstichprobe/Personenquerschnitt
  - Redressement/Korrektur der Stichprobenstruktur
  - Korrektur des Ansatzes/Behandlung disproportionaler Teilstichproben
  - Behandlung von systematischen Fehlern/ weitergehende Korrekturen und Verrechnungen des ursprünglichen Erhebungsmaterials
  - Bei der Beschreibung des Gewichtungsvorgangs sollten auch die Gewichte pro Merkmal angegeben werden.
 2. Verrechnung der Medienkontakte
 3. Eventuell gewählte multivariate Auswertungstechniken

e) Darstellungstechniken
 1. Auswertungsgruppen oder Gruppierungen, durchgehende Tabellenaufbrüche und ihre Erklärung
 2. Erklärung des Tabellenbildes, Erläuterung zur Lesbarkeit
 3. Hinweise auf besondere Auswertungsprobleme, insbesondere verwendete Definitionen, Erklärung der Formeln, Indices, Behandlung der Gruppe „keine Angabe", wechselnde Prozentuierungsbasen usw.

II. Durchführung der Untersuchung

a) Termine
 1. Dateistand/Stichtag für die Stichprobenbildung
 2. Zeitraum der Befragung/zeitlicher Ablauf der Erhebung (Nacheinsatz, Mahnaktionen usw.)

b) Umfang der Stichprobe (brutto und netto)

c) Befragungsgebiet: Definition und (amtliche) Quellen

d) Untersuchte Vertriebsgruppen (Definition und Quellen)

e) Interviewer und Interview
 1. Zahl der eingesetzten Interviewer
 2. Interviews pro Interviewer
 3. Einweisungstechniken für die Interviewer
 4. Verteilung der Interviews auf bestimmte Erhebungszeiträume/Stichtage
 5. Anweisung für Wiederholungsbesuche und ihre Ausführung
 6. Art und Umfang der Interviewerkontrolle
 7. Art und Umfang der Fragebogenkontrolle; ggf. Kontrolle der Stimmigkeit/Plausibilitätskontrolle per EDV
 8. Festgestellte Fehler und Unkorrektheiten sowie ihre Behandlung

III. Anlagen zum Berichtsband

a) Fragebogen

b) Testanlagen zum Fragebogen/Erinnerungshilfen

c) Begleit- und Erinnerungsschreiben bei schriftlicher Befragung

d) Intervieweranweisung, soweit sie für das Verständnis der methodischen Anlage wichtig ist

e) Gegebenenfalls Randomroute-Anweisung

f) Fehlertoleranztabelle

3.4 **Interviewerkontrolle**

Folgender Mustertext wird empfohlen:

Alle Fragebogen wurden beim Rücklauf geprüft. Zusätzlich wurden maschinelle Plausibilitätskontrollen durchgeführt.

Studienbezogen wurden schriftliche Kontrollen bei . . .% der Befragten durchgeführt, persönliche Kontrollen bei . . .%.

Ferner wurde die Korrektheit der Feldarbeit folgendermaßen überprüft: . . .

Bei festgestellten Unkorrektheiten wurden die Datenträger aus der Stichprobe entfernt; insgesamt waren das . . . Fälle.

3.5 **Beschreibung einer Datei**

Liegt eine Empfänger-Datei der Stichprobenbildung zugrunde, so sollte sie mindestens nach folgendem Muster beschrieben werden:

- Inhalt der Datei
- Ordnungsprinzip der Datei

- Gesamtzahl der Empfänger (Gesamtdatei) bei Erhebungsbeginn
- darin enthaltene Zahl der wechselnden Empfänger
- Empfänger jeder Werbeträgereinheit
- wechselnde Empfänger je Einheit
- welche Unterlagen wurden für die Zuordnung der Empfängerkategorien verwendet (und gegebenenfalls für wieviele der insgesamt analysierten Datenträger wurden diese Unterlagen zur Zuordnung benötigt)
- bei Stichproben: Auswahlsatz; wer zeichnet für die Stichprobe verantwortlich
- wer ist für die Durchführung der Untersuchung verantwortlich
- Zeitpunkt bzw. Zeitraum der Erhebung

Zur Beschreibung der Erhebungsmethode bei wechselnden Empfängern:
- Art des „Wechselversandes" (nach Themenplan, jede n-te Nummer, Rotationsversand)
- wechselnder Versand ohne Möglichkeit einer mathematischen Aussage über die Empfangshäufigkeit im Laufe eines Jahres (dieser Auflagenanteil kann nicht in die Analyse einbezogen werden).

Alle Angaben müssen in absoluten Auflagenzahlen erfolgen.

4 Medienspezifische Richtlinien

4.1 Fachzeitschriften

4.1.1 Definition

Fachzeitschriften sind

periodisch erscheinende Publikationen über bestimmte Fachgebiete, die der beruflichen Information und Fortbildung eindeutig definierbarer, nach fachlichen Kriterien abgrenzbarer Zielgruppen dienen und überwiegend postalisch vertrieben werden.

Fachzeitschriften sind also zielgerichteter als Massenmedien; sie sprechen von vornherein schon einen selektiven, bestimmten Ausschnitt der Gesamtbevölkerung an. Dieser Ausschnitt kann aber von Titel zu Titel sehr unterschiedlich sein – auch innerhalb der gleichen Fachsparte.

4.1.2 Zur Grundgesamtheit und Stichprobe

Wechselversand

Häufig werden Freistücke von Fachzeitschriften an wechselnde Empfänger ausgeliefert (Wechselversand). Diese Empfänger erhalten nach einem vom Verlag entwickelten System nicht jede Nummer, sondern nur bestimmte Ausgaben einer Zeitschrift. Man unterscheidet dabei drei Verfahren:

- Versand nach Themenplan
  Die Wechselversand-Gruppen werden nach gleichbleibenden, entsprechend einem Themenplan belieferten Empfängerkreisen gebildet. Der Verlag beliefert Empfängergruppen nach Themenplan, sofern er für die Zeitschriften-Ausgaben eines Jahres im voraus einen Themenplan so festgelegt hat, daß dem Themenkreis jeder Nummer der Zeitschrift ein im voraus bestimmter und/oder nachträglich bestimmbarer Empfängerkreis entspricht.
- Festes Versandintervall (jede n-te Nummer)
  Wechselversand-Gruppen werden für ständige Empfänger gebildet, die – ohne Bestimmung nach Themenplan – mit jeder n-ten Nummer, also nach einem vorher festgelegten und nachträglich pro Empfänger erkennbaren Plan beliefert werden.
- Rotation
  Wechselversand-Gruppen, die unabhängig von einem Themenplan nach dem Verfahren der Rotation durch die Datei (Kartei) nach Adressenunterlagen (überlappend oder nicht überlappend) beliefert werden.

Bei diesen systematischen Wechselversandarten ist die Belieferungshäufigkeit bekannt. Die Ungleichheit der Belieferungshäufigkeit der Empfänger in der Datei ist entweder bei der Stichprobenziehung oder aber durch nachträgliche Gewichtung entsprechend auszugleichen.

Unsystematische Versandarten

Bei unsystematischen Versandarten (zum Beispiel Streuversand) ist die Belieferungshäufigkeit nicht bekannt bzw. schwer oder gar nicht nachvollziehbar. Sie lassen in der Regel keine Proportionalisierung und daher auch keine repräsentative Strukturanalyse zu.

Verbreitungsveränderung

Es ist nicht zulässig, in einem Zeitraum von drei Monaten vor der Feldarbeit oder während der Durchführung einer Werbeträgeranalyse – gleichgültig, welche Untersuchungsform gewählt wird – einen über den üblichen Rahmen hinausgehenden, d. h. um mehr als 5 % gesteigerten Versand ständiger und/oder wechselnder Freistücke durchzuführen.

4.1.3 Zum Ermittlungsverfahren

Wettbewerbstitel

Die Erfassung und vergleichende Darstellung von konkurrierenden Titeln in Werbeträger-Analysen ist – wie auch bei einigen anderen Werbeträgergruppen – schwierig, besonders wenn von unterschiedlichen (und meist unbekannten) individuellen Empfangsintervallen beim Empfänger und Nutzer ausgegangen werden muß.

Der üblichen Fragestellung nach dem weitesten *Leser*kreis sollte bei Erfassung mehrerer Titel eine Frage nach dem weitesten *Empfänger*kreis und der *Empfangs*frequenz der erhobenen Titel vorangestelllt werden.

Die Dokumentation zur Reichweitenanalyse sollte zweckmäßigerweise – soweit möglich – den Auflagenanteil der einbezogenen Titel ausweisen, den die Grundgesamtheit abdeckt.

Objektidentifizierung

Es sei in diesem Zusammenhang noch darauf hingewiesen, daß bei der Vielzahl auch in engeren Bereichen miteinander konkurrierenden Titeln der eindeutigen, möglichst irrtums- und verwechslungsfreien Zeitschriftenidentifizierung besondere Bedeutung zukommt.

Schriftliche Erhebung

Auch bei schriftlichen Erhebungsverfahren muß die Anonymität des Befragten garantiert werden. Unzulässig ist die Koppelung einer schriftlichen Befragung mit anderen Angelegenheiten, beispielsweise mit Informations- und Werbeunterlagen der Anzeigen- oder der Vertriebsabteilung.

Mündliche Erhebung

Untersuchungen, die auf mündlicher Befragung basieren, müssen auf jeden Fall von einem neutralen, das heißt vom Verlag unabhängigen Interviewerstab durchgeführt werden. Das gilt auch für telefonische Interviews.

4.1.4 **Zur Dokumentation**

Methodenbeschreibung

Auch in den Fällen, in denen ein Verlag unter Bezug auf das ZAW-Rahmenschema ohne Einschaltung eines neutralen Beraters und/oder Instituts eine Werbeträger-Analyse durchführt, muß er eine vollständige Methoden- und Verfahrensbeschreibung nach den vorliegenden Mindestbedingungen erstellen und auf Verlangen vorlegen.

AMF-Karten

Nach verbandsinternen Regelungen setzt die Veröffentlichung von Daten auf genormten Mediainformationskarten nach den gültigen Richtlinien des AMF (Arbeitskreis Mediainformationen Fachzeitschriften als gemeinsames Gremium der Fachgruppe Fachzeitschriften im Verband Deutscher Zeitschriftenverleger – VDZ – und der Arbeitsgemeinschaft Zeitschriftenverlage – AGZV – des Börsenvereins des Deutschen Buchhandels) die Durchführung einer Untersuchung voraus, die dem vorliegenden Rahmenschema entspricht.

Anhang 1: Fragenbeispiele aus Werbeträger-Analysen

Presse

– Tageszeitungen

a) Jetzt gebe ich Ihnen Karten, darauf stehen Namen von Zeitungen. Welche von diesen Zeitungen haben Sie schon einmal in der Hand gehabt, um darin zu blättern oder zu lesen, welche sind Ihnen nur dem Namen nach bekannt und welche kennen Sie überhaupt nicht?

b) Abgesehen von Tageszeitungen, deren Namen hier auf diesen Karten stehen: Welche weiteren Tageszeitungen gibt es hier in der Stadt, im Ort, in der Gegend?

c) Und welche von diesen Zeitungen haben Sie schon mal in der Hand gehabt, um darin zu blättern oder zu lesen?
Die Titelnennungen aus den Fragen b) und c) dürfen in die weitere Auswertung nur dann übernommen werden, wenn sie nach Titel, Erscheinungsort und -intervall eindeutig identifiziert werden können.
Für jede schon in der Hand gehabte Zeitung weiterfragen:

d) Wann haben Sie...zuletzt, den heutigen Tag ausgenommen, in die Hand genommen, um darin zu blättern oder zu lesen? Hier habe ich eine Zeiteinteilung, die Ihnen vielleicht helfen kann, die richtige Antwort zu finden:
- innerhalb der letzten 14 Tage
- zwei bis vier Wochen her
- noch länger her.

Für jede innerhalb der letzten 14 Tage gelesene Zeitung weiterfragen:

e) Von...sind in den letzten zwei Wochen bis zum gestrigen Tag zwölf verschiedene Ausgaben erschienen. Wie viele von diesen zwölf Ausgaben haben Sie in den letzten zwei Wochen nach Ihrer Schätzung durchgeblättert oder gelesen? Schauen Sie bitte auf dieses Blatt hier und sagen Sie mir, was davon für Sie persönlich am ehesten zutrifft.
Für jede innerhalb der letzten 14 Tage gelesene Zeitung weiterfragen:

f) Sie haben mir vorhin gesagt, Sie hätten...innerhalb der letzten 14 Tage in der Hand gehabt. Ich möchte das jetzt noch etwas genauer wissen: Wann haben Sie zuletzt...durchgeblättert oder gelesen? Hier habe ich einen Kalender, der Ihnen vielleicht hilft, sich zu erinnern. Gestern, vorgestern, vor drei Tagen, vor vier bis sieben Tagen, länger her.

Bei der Abfrage von Zeitungen mit nicht täglichem Erscheinen ist analog zu verfahren.

– Anzeigenblätter

Das unterschiedliche Erscheinungsintervall ist in der Fragestellung zu berücksichtigen.

a) Jetzt zeige ich Ihnen Karten, darauf stehen die Namen von Anzeigenblättern, die kostenlos ins Haus geliefert werden. Welche von diesen Anzeigenblättern haben Sie schon einmal in der Hand gehabt, um darin zu blättern oder zu lesen, welche sind Ihnen nur dem Namen nach bekannt und welche kennen Sie überhaupt nicht?

b) Abgesehen von Anzeigenblättern, deren Namen hier auf diesen Karten stehen: Welche weiteren Anzeigenblätter gibt es hier in der Stadt, im Ort, in der Gegend?

c) Und welche von diesen Anzeigenblättern haben Sie schon einmal in der Hand gehabt, um darin zu blättern oder zu lesen?
Die Titelnennungen aus den Fragen b) und c) dürfen in die weitere Auswertung nur dann übernommen werden, wenn sie nach Titel, Erscheinungsort und Intervall (und damit richtigen Fragestellung) eindeutig identifiziert werden können. Einzeltitelausweis ist nicht statthaft.

d) Für alle schon in der Hand gehabten Anzeigenblätter weiterfragen:
Wann haben Sie...zuletzt in die Hand genommen, um darin zu blättern oder zu lesen? Hier habe ich eine Zeiteinteilung, die Ihnen vielleicht helfen kann, die richtige Antwort zu finden:
- innerhalb der letzten drei Monate
- ein viertel bis ein halbes Jahr her
- länger her.

e) Bei wöchentlichem Erscheinungsintervall für alle innerhalb der letzten drei Monate gelesenen Titel weiterfragen:
Von...sind in den letzten drei Monaten, also seit vergangenem...(Monat nennen) zwölf verschiedene Ausgaben erschienen. Wie viele von diesen zwölf Ausgaben haben Sie in den vergangenen drei Monaten Ihrer Schätzung nach durchgeblättert oder gelesen? Schauen Sie bitte auf dieses Blatt hier und sagen Sie mir, was davon für Sie persönlich zutrifft.

f) Bei wöchentlicher Erscheinungsweise für alle innerhalb der letzten drei Monate gelesenen Titel weiterfragen:
Sie haben mir vorhin gesagt, Sie hätten...innerhalb der letzten drei Monate in der Hand gehabt.
Ich möchte das jetzt noch genauer wissen. Wann haben Sie...zuletzt, heute ausgenommen, durchgeblättert oder gelesen? Hier habe ich einen Kalender, der Ihnen vielleicht hilft, sich zu erinnern:
- innerhalb der letzten sieben Tage
- acht bis vierzehn Tage her
- zwei bis drei Wochen her
- länger her.

Die Fragen d) bis f) werden sinngemäß verändert auch

für jene Titel gestellt, die größere Erscheinungsintervalle haben. Die auf das einzelne Erscheinungsintervall abgestellte Fragestellung erfolgt getrennt, wobei üblicherweise zunächst die Titel abgefragt werden, die das größte Erscheinungsintervall haben.
Es kann für Anzeigenblätter auch das Abfragemodell 2 der Zeitschriften (Heftvorlage) sinngemäß übernommen werden. In diesem Fall sollten die einbezogenen Tageszeitungen gleich behandelt werden.

– Zeitschriften/Wochenzeitungen (Abfragemodell 1)

a) Jetzt gebe ich Ihnen Karten, darauf stehen die Namen von Zeitschriften. Welche von diesen Zeitschriften haben Sie schon mal in der Hand gehabt, um darin zu blättern oder zu lesen, welche sind Ihnen nur dem Namen nach bekannt und welche kennen Sie überhaupt nicht? Am besten sortieren Sie die Karten in drei Häufchen auf dieses Blatt hier.

b) Für alle wöchentlich neu erscheinenden Titel: Diese Zeitschrift erscheint jede Woche neu. Wann haben Sie zuletzt...in die Hand genommen, um darin zu blättern oder zu lesen? Hier habe ich eine Zeiteinteilung, die Ihnen vielleicht helfen kann, die richtige Antwort zu finden:
   - innerhalb der letzten drei Monate
   - ein viertel bis ein halbes Jahr her
   - länger her.

c) Für alle Zeitschriften, die innerhalb der letzten drei Monate gelesen wurden:
   Von...sind in den letzten drei Monaten, also seit vergangenem...(Monat nennen), zwölf verschiedene Nummern erschienen. Wie viele von diesen zwölf Nummern haben Sie in den vergangenen drei Monaten nach Ihrer Schätzung durchgeblättert oder gelesen? Schauen Sie bitte auf dieses Blatt hier und sagen Sie mir, was davon für Sie persönlich am ehesten zutrifft.

d) Für alle Zeitschriften, die innerhalb der letzten drei Monate gelesen wurden:
   Sie haben mir vorhin gesagt, Sie hätten...innerhalb der letzten drei Monate in der Hand gehabt. Ich möchte das jetzt noch etwas genauer wissen: Wann haben Sie...zuletzt durchgeblättert oder gelesen? Hier habe ich einen Kalender, der Ihnen vielleicht hilft, sich zu erinnern:
   - innerhalb der letzten sieben Tage
   - acht bis vierzehn Tage her
   - zwei bis drei Wochen her
   - länger her.

Bei Zeitschriften mit größerem Erscheinungsintervall werden die Fragen sinngemäß gestellt. Zuerst werden üblicherweise monatliche, dann vierzehntägliche und dann wöchentliche Erscheinungsintervalle abgefragt.

– Zeitschriften/Wochenzeitungen (Abfragemodell 2)

a) Hier habe ich einige Titelkarten von Zeitschriften. Bitte sagen Sie mir anhand dieser Karten, welche Titel Sie schon einmal in der Hand gehabt haben, um darin zu blättern oder zu lesen. Welche sind Ihnen nur dem Namen nach bekannt, und welche kennen Sie überhaupt nicht? Am besten sortieren Sie die Karten in drei Häufchen.
   Falls statt mit Titelkarten mit Heftvorlage gearbeitet wird, lautet die Frage:
   Hier habe ich einige Exemplare von Zeitschriften. Bitte sagen Sie mir anhand dieser Hefte, welche dieser Zeitschriften Sie schon einmal in der Hand gehabt haben, um darin zu blättern oder zu lesen. Welche sind Ihnen nur dem Namen nach bekannt und welche kennen Sie überhaupt nicht? Ich meine jetzt nicht das jeweilige Heft hier, sondern die betreffende Zeitschrift allgemein. Am besten sortieren Sie die Zeitschriften in drei Häufchen.

b) Für alle schon in der Hand gehabten Zeitschriften weiterfragen:
   Diese Zeitschriften erscheinen...neu. Von...(Titel) sind in den letzten...Monaten, also seit...(Monat nennen) zwölf verschiedene Ausgaben erschienen. Haben Sie selbst in den letzten...Monaten mindestens eine Ausgabe dieser Zeitschriften erhalten? Es geht also nicht um das Lesen, sondern darum, ob Sie sie überhaupt bekommen haben. Und zwar entweder zu Ihnen auf den Schreibtisch oder ins Zeitschriftenregal oder nach Hause oder sonstwie.

c) Von den zwölf Ausgaben der letzten...Monate: Wie viele haben Sie selbst erhalten? Was schätzen Sie?

d) Und wie viele dieser Ausgaben, die Sie erhalten haben, haben Sie durchgeblättert oder gelesen?

e) Und wann haben Sie diese Zeitschrift...zuletzt durchgeblättert oder gelesen?
   Bei Originalheftvorlage:
   Haben Sie diese Ausgabe von...bereits durchgeblättert oder gelesen?

Die Fragen b), c) und e) sind auf das Erscheinungsintervall abzustellen. Bei unterschiedlichen Erscheinungsintervallen wird üblicherweise wie bei Modell 1 verfahren.

– Lesezirkel

a) Abbildung Lesezirkel aufschlagen!
   Man kann Zeitschriften nicht nur kaufen oder abonnieren, sondern auch von einem Lesezirkel in Lesemappen ausleihen. Man bekommt jede Woche neue Zeitschriften ins Haus und hat sie dann eine Woche lang zur Verfügung. Aber es gibt auch Lesemappen beim Friseur, in Wartezimmern, in Restaurants, in Cafés und so weiter. Alle Zeitschriften aus einem Lesezirkel haben einen besonderen Schutzumschlag, an dem man sie erkennen kann.
   Haben Sie schon einmal eine Zeitschrift aus einer Lesemappe in der Hand gehabt, um darin zu blättern oder zu lesen?
   - Ja, schon in der Hand gehabt
   - Nein, noch nie in der Hand gehabt

b) Wann haben Sie zuletzt eine Zeitschrift aus einem Lesezirkel in die Hand genommen, um darin zu blättern oder zu lesen? Hier habe ich eine Zeiteinteilung, die Ihnen vielleicht helfen kann, sich zu erinnern:
   - innerhalb der letzten drei Monate
   - ein viertel Jahr bis ein halbes Jahr her
   - länger her

c) Wird in Ihrem Haushalt eine Lesemappe von einem Lesezirkel gehalten?
   - Ja
   - Nein

d) Wann haben Sie zuletzt Zeitschriften aus Ihrer Lesemappe durchgeblättert oder gelesen?
   - innerhalb der letzten sieben Tage
   - acht bis vierzehn Tage her
   - zwei bis vier Wochen her
   - ein bis drei Monate her
   - länger her

e) Wie viele Zeitschriften aus einer Lesemappe haben Sie da in der Woche bei sich zu Hause nach Ihrer Schätzung durchgeblättert oder gelesen?
Anzahl der Zeitschriften
- eine
- zwei bis drei
- vier bis fünf
- sechs bis sieben
- acht bis neun
- zehn und mehr

f) Manchmal haben ja Nachbarn, Freunde, Bekannte oder Verwandte eine Lesemappe. Wann haben Sie zuletzt Zeitschriften aus der Lesemappe von Nachbarn oder Verwandten durchgeblättert oder gelesen?
- innerhalb der letzten sieben Tage
- acht bis vierzehn Tage her
- zwei bis vier Wochen her
- ein bis drei Monate her
- länger her
- nie

g) Wieviel Zeitschriften aus einer Lesemappe haben Sie in der Woche, in der Sie bei Nachbarn, Freunden, Bekannten oder Verwandten waren, nach Ihrer Schätzung dort durchgeblättert oder gelesen? Zählen Sie bitte alle Hefte zusammen, auch wenn sie aus verschiedenen Lesemappen stammen.
Anzahl der Zeitschriften
- eine
- zwei bis drei
- vier bis fünf
- sechs bis sieben
- acht bis neun
- zehn und mehr

Die Fragen c) bis g) werden auch in zusammenfassenden Fragen ohne Trennung nach Leseort gestellt.

h) Waren Sie innerhalb der letzten drei Monate...
beim Friseur
beim Zahnarzt
beim Arzt
im Café
im Restaurant/Gaststätte
an anderer Stelle, wo Lesemappen ausliegen
Interviewer: Leseorte einzeln vorlesen
- Nein
- Ja

i) Beim Friseur, in Wartezimmern, in Cafés, Restaurants und so weiter gibt es Zeitschriften vom Lesezirkel.
Wann haben Sie zuletzt...(Leseort nennen) Zeitschriften aus einer Lesemappe durchgeblättert oder gelesen?
- innerhalb der letzten sieben Tage
- acht bis vierzehn Tage her
- zwei bis vier Wochen her
- ein bis drei Monate her
- länger her
- nie

k) Wie viele Zeitschriften aus einer Lesemappe haben Sie da in der Woche, in der Sie beim/im...(Leseort nennen) waren, nach Ihrer Schätzung dort durchgeblättert oder gelesen? Zählen Sie bitte alle Hefte zusammen, auch wenn sie aus verschiedenen Lesemappen stammten.
Anzahl der Zeitschriften
- eine
- zwei bis drei
- vier bis fünf
- sechs bis sieben
- acht bis neun
- zehn und mehr

– Supplements

Es gibt Supplements zu verschiedenen Trägerobjekten. Die richtige Fragestellung muß sich sinngemäß an deren Gegebenheiten anlehnen. Nachstehend wird beispielhaft die Fragestellung aufgeführt, die üblicherweise für Programmbeilagen von Tageszeitungen verwendet wird.

a) Jetzt gebe ich Ihnen Karten, darauf stehen die Namen von farbigen Heften, die manchen Zeitungen regelmäßig einmal jede Woche beiliegen. Sie enthalten im allgemeinen das Radio- und Fernsehprogramm und auch andere Beiträge. Sagen Sie mir bitte, welche von diesen Heften Sie schon einmal in der Hand hatten, um darin zu blättern oder zu lesen, welche Ihnen nur dem Namen nach bekannt sind und welche Sie überhaupt nicht kennen.

b) Wann haben Sie...zuletzt in die Hand genommen, um darin zu blättern oder zu lesen? Hier habe ich eine Zeiteinteilung, die Ihnen vielleicht helfen kann, die richtige Antwort zu finden.

c) Für jedes innerhalb der letzten drei Monate genannte Heft fragen:
Von...sind in den letzten drei Monaten, also seit vergangenem...(Monat nennen) zwölf verschiedene Nummern erschienen. Wie viele von diesen zwölf Nummern haben Sie in den vergangenen drei Monaten nach Ihrer Schätzung durchgeblättert oder gelesen? Schauen Sie bitte auf dieses Blatt hier und sagen Sie mir, was für Sie persönlich am ehesten zutrifft.

d) Für jedes innerhalb der letzten drei Monate gelesene Heft fragen:
Sie haben mir vorhin gesagt, Sie hätten...innerhalb der letzten drei Monate in der Hand gehabt. Ich möchte das jetzt noch etwas genauer wissen. Wann haben Sie...zuletzt durchgeblättert oder gelesen? Hier habe ich einen Kalender, der Ihnen vielleicht hilft, sich zu erinnern.

e) Für jedes innerhalb der letzten drei Monate gelesene Heft fragen:
Als Sie zum letzten Mal...durchgeblättert oder gelesen haben, wie sind Sie da an das Heft gekommen? Woher hatten Sie...?

Fernsehen

a) Auf diesen Karten sind Erkennungsfiguren für die verschiedenen Fernsehsender abgebildet. Man kann diese Figuren an allen Werktagen, also montags bis samstags zwischen den Sendungen vor 20 Uhr sehen. Von welchen Sendern haben Sie vor 20 Uhr schon Sendungen gesehen? (Kartenvorlage)

b) Wann haben Sie zuletzt vor 20 Uhr eine Sendung vom...gesehen? Hier habe ich eine Zeiteinteilung, die Ihnen vielleicht helfen kann, die richtige Antwort zu finden:
- länger her
- zwei bis vier Wochen her
- innerhalb der letzten zwei Wochen

c) Falls innerhalb der letzten zwei Wochen ein Sender gesehen wurde:
Und nun möchte ich noch einiges über das Fernsehen zu den einzelnen Tageszeiten wissen. Haben Sie persönlich innerhalb der letzten zwei Wochen an irgendeinem Werktag, also montags bis samstags, nachmittags in der Zeit vor 17 Uhr ferngesehen – und wenn auch nur ein paar Minuten? Denken Sie bitte auch daran, daß der Samstag oft anders abläuft als die anderen Werktage.
Also wie war das nachmittags vor 17 Uhr in den letzten zwei Wochen?
Und zwischen 17 Uhr und 17.30 Uhr, wie war es da in den letzten zwei Wochen?
Und zwischen 17.30 Uhr und 18 Uhr?
Und wie war es zwischen...Uhr und...Uhr?
Interviewer: Alle Zeitintervalle durchgehen.
Vor 17 Uhr; 17 bis 17.30 Uhr; 17.30 Uhr bis 18 Uhr; 18 Uhr bis 18.30 Uhr; 18.30 Uhr bis 19 Uhr; 19 Uhr bis 19.30 Uhr; 19.30 Uhr bis 20 Uhr; innerhalb der letzten zwei Wochen vor 20 Uhr nicht

d) Falls innerhalb der letzten zwei Wochen zu einer Zeit gesehen wurde:
Wenn Sie an eine normale Woche in der letzten Zeit denken: An wie vielen von den sechs Werktagen montags bis samstags sehen Sie im allgemeinen in der Zeit vor/zwischen...Uhr und...Uhr Sendungen vom...?
Und wie ist es zu dieser Zeit mit Sendungen vom...?

e) Und wie war das gestern? (vorgestern, am letzten Werktag) Und zu welchen Zeiten haben Sie persönlich gestern ferngesehen – und wenn auch nur ein paar Minuten? Hier habe ich einen Viertelstunden-Plan, der Ihnen vielleicht hilft, sich zu erinnern.
Vorlage von Viertelstundenintervallen von 17 bis 20 Uhr.

f) Und welcher Sender, welches Programm haben Sie zu dieser Zeit gesehen? Hier sind noch einmal die Figuren, an denen Sie die Sender erkennen können.
Interviewer: Alle Viertelstundenintervalle von 17 bis 20 Uhr durchgehen. Möglichst genau feststellen, auch durch Nachfrage nach Tätigkeiten neben dem Fernsehen, zu welchen Zeiten der Befragte persönlich ferngesehen hat. Möglichst genau feststellen, auch durch Hinweise auf die Fernsehkarten, welcher Sender, welches Programm der Befragte persönlich gesehen hat.

Statt e) und f) ist auch eine vollständige Erfassung des Tagesablaufs („gestern") in Viertelstunden-Abschnitten üblich, bei der außer „Radio gehört" und „ferngesehen" auch die Tätigkeiten im eigenen Haushalt und außerhalb des eigenen Haushalts erhoben werden.

Hörfunk

a) Auf diesen Karten stehen die Namen von verschiedenen Rundfunksendern und Radioprogrammen. Welche Sender, welche Programme haben Sie schon mal gehört? (Kartenvorlage)

b) Wann haben Sie zuletzt den...gehört? Hier habe ich eine Zeiteinteilung, die Ihnen vielleicht helfen kann, die richtige Antwort zu finden:
– länger her
– zwei bis vier Wochen her
– innerhalb der letzten zwei Wochen.

c) Falls „innerhalb der letzten zwei Wochen" ein Sender gehört wurde:
Und nun möchte ich noch einiges über das Radiohören zu den einzelnen Tageszeiten wissen. Haben Sie persönlich innerhalb der letzten zwei Wochen an irgendeinem Werktag, also montags bis samstags, frühmorgens vor 7 Uhr Radio gehört und wenn auch nur ein paar Minuten? Denken Sie bitte auch daran, daß der Samstag oft anders abläuft als die anderen Werktage.
Also wie war das frühmorgens vor 7 Uhr in den letzten zwei Wochen?
Und zwischen 7 Uhr und 8 Uhr, wie war es da in den letzten zwei Wochen?
Und zwischen 8 Uhr und 10 Uhr?
Und wie war das zwischen...Uhr und...Uhr?
Interviewer: Alle vorgegebenen Zeitintervalle durchgehen.
Vor 7 Uhr; 7 Uhr bis 8 Uhr; 8 Uhr bis 10 Uhr; 10 Uhr bis 12 Uhr; 12 Uhr bis 14 Uhr; 14 Uhr bis 16 Uhr; 16 Uhr bis 18 Uhr; 18 Uhr bis 20 Uhr; innerhalb der letzten zwei Wochen nicht gehört.

d) Falls innerhalb der letzten zwei Wochen zu einer Zeit gehört wurde:
Wenn Sie an eine normale Woche in der letzten Zeit denken: An wie vielen von den sechs Werktagen montags bis samstags hörten Sie im allgemeinen in der Zeit vor/zwischen...Uhr und...Uhr den...? Und wie ist es zu dieser Zeit mit dem...?

e) Und wie war das gestern (vorgestern, am letzten Werktag)? Zu welchen Zeiten haben Sie persönlich gestern Radio gehört – und wenn auch nur für ein paar Minuten? Hier habe ich einen Stundenplan, der Ihnen vielleicht hilft, sich zu erinnern.
– Vorlage von 18 Halbstunden- bzw. Stundenintervallen von vor 6 Uhr bis nach 20 Uhr.

f) Und welchen Sender, welches Programm haben Sie zu dieser Zeit gehört? Hier sind noch einmal die Namen der Rundfunksender oder Radioprogramme.
Interviewer: Alle vorgegebenen Zeitintervalle durchgehen. Möglichst genau feststellen, auch durch Nachfrage nach Tätigkeiten neben dem Radiohören, zu welchen Zeiten der Befragte persönlich Radio gehört hat. Möglichst genau feststellen, auch durch Hinweise auf die Radiokarten, welchen Sender, welches Programm der Befragte persönlich gehört hat.

Statt e) und f) ist auch eine vollständige Erfassung des Tagesablaufs („gestern") in Viertelstunden-Abschnitten üblich, bei der außer „Radio gehört" und „ferngesehen" auch die Tätigkeiten im eigenen Haushalt und außerhalb des eigenen Haushalts erhoben werden.

Plakatanschlag

Die bislang vorliegenden Werbeträger-Analysen des Plakatanschlags (PA) sind als Empfängeranalysen angelegt. Die Passagemessungen erfolgten mittels der Vorlage von Lageskizzen und Fotos zufällig ausgewählter Anschlagstellen (Allgemeinstellen, Ganzstellen und Großflächen) bei Randomstichproben in Gemeinden unterschiedlicher Einwohnerzahl. Folgende Fragestellungen wurden dabei verwendet:

Empfängeranalyse

a) Ich zeige Ihnen Fotografien von Straßen und Plätzen in.... Bitte geben Sie mir die Fotografien, die Sie erkennen, in die Hand.

Interviewer: Erkannte Fotos im Schema als bekannt eintragen!

b) Interviewer: Die nicht erkannten Fotos anhand der Skizzen erläutern!
Geben Sie mir nun bitte auch die Fotos der Gegenden, die Sie jetzt mit Hilfe der Skizze erkannt haben, in die Hand.
Interviewer: Nachträglich erkannte Fotos im Schema als bekannt eintragen!

c) Interviewer: Erkannte Fotos und zugehörige Lageskizzen vorlegen. Für die gekennzeichneten Kontaktbereiche abfragen.
Erinnern Sie sich, wann Sie hier zuletzt vorbeigekommen sind? Heute zählt dabei nicht mit.
Interviewer: Kalenderblatt vorlegen!
Vielleicht fällt es Ihnen leichter, anhand dieses Kalenderblattes den Wochentag oder das Datum anzugeben.
Interviewer: Antworten für jede bekannte Stelle im Schema eintragen.

d) Interviewer: Für jeden Kontaktbereich Frage d) und e) stellen.
Wie häufig kommen Sie hier im allgemeinen vorbei? Also wieviel ist das ungefähr? Zählen Sie bitte jedes Vorbeikommen, Hin- und Rückwege zählen als zwei Wege.
Interviewer: Antworten pro Tag, pro Woche, pro Monat oder pro Jahr im Schema eintragen.

e) Sind Sie hier zuletzt zu Fuß oder nicht zu Fuß vorbeigekommen? Heute zählt dabei nicht mit.
Interviewer: Antworten für jede bekannte Stelle im Schema eintragen.

Nutzeranalyse
Als Nutzeranalyse kann eine als Kombination von Beobachtung und Befragung angelegte Untersuchung angesehen werden. Dabei kann folgende Frageformulierung verwendet werden:

a) Wir führen zur Zeit eine Verkehrsbeobachtung durch und möchten dazu von Ihnen ein paar kurze Fragen beantwortet haben.
Interviewer: Skizze und Foto des Standortes vorlegen.
Hier ist eine Darstellung der Gegend und der Straße, die Sie eben entlanggegangen sind. Erinnern Sie sich, wie oft Sie in den letzten Tagen hier vorbeigekommen sind? Zählen Sie bitte jedes Vorbeikommen einzeln, Hin- und Rückwege zählen also zwei Wege. Wie war das heute bisher?
Wie war das gestern?
Und vorgestern?
Und an den drei bis vier Tagen davor?

b) Und wie ist das so im allgemeinen? An wie vielen von sieben Tagen kommen Sie normalerweise hier entlang?

c) Wohnen Sie hier in (Befragungsgemeinde nennen und eintragen)?

d) An Straßen und Gebäuden sind häufig Plakatanschlagstellen angebracht, wie Tafeln oder Säulen (Interviewer: Beispiel vorlegen).
Haben Sie hier in der unmittelbaren Umgebung solche Anschlagstellen schon einmal gesehen?

e) Können Sie mir bitte auf der Skizze zeigen, wo Ihrer Meinung nach hier solche Plakatanschlagstellen angebracht sind, auf denen für verschiedene Dinge geworben wird?
– Befragter kennt Teststandort
– Befragter zeigt nur andere Anschlagstellen
– Befragter kann sich nicht erinnern/weiß nicht

f) Interviewer: Anhand der Skizze die Lage des Standorts erläutern:
Hier ist die Plakatanschlagstelle. Sagen Sie mir doch bitte, für was wird da geworben?

g) Hier sind fünf Fotos von Plakaten. Sind die Plakate, an denen Sie vorbeigekommen sind, dabei?

Verkehrsmittel

a) Wann haben Sie zuletzt die öffentlichen Verkehrsmittel von dieser Liste benutzt?
Sagen Sie mir bitte für alle Verkehrsmittel, wann Sie sie zuletzt benutzt haben. Geben Sie mir bitte jeweils nur den zutreffenden Buchstaben auf dieser Liste an.
– Vorgegebene Verkehrsmittel:
Bus
Straßenbahn
U-Bahn/Hoch-Bahn
S-Bahn
sonstige Bundesbahn
zuletzt benutzt:
A in den letzten 2 Tagen (gestern/vorgestern/heute ausgenommen)
B vor drei bis sieben Tagen
C eine bis zwei Wochen her
D zwei bis vier Wochen her
E einen bis drei Monate her
F ein viertel bis ein halbes Jahr her
G ein halbes bis ein Jahr her
H länger als ein Jahr her
I noch nie

b) Interviewer: für jedes irgendwann benutzte Verkehrsmittel nachfragen
Und wie häufig benutzen Sie...(Verkehrsmittel nennen)? Zählen Sie bitte Hin- und Rückfahrt als zwei Fahrten. Wie viele Male ist das für...?
...mal pro Tag
...mal pro Woche
...mal pro Monat
...mal pro Jahr

Messen und Ausstellungen
Es liegen erst wenig Untersuchungen vor, die die Forderungen des Rahmenschemas erfüllen könnten.

Strukturanalyse
Bei Strukturanalysen der Besucher von Messen und Ausstellungen handelt es sich um eine Erfassung des Gesamtbildes der gesamten Veranstaltung und nicht um firmenbezogene Messetests. Es liegen bisher nur Erfahrungen aus Einzeluntersuchungen vor. Die Erfassung des Mediums ist durch die Registrierung des Besuchs gegeben. Das Schwergewicht liegt daher auf der Bildung der repräsentativen Stichprobe. Folgende Fragestellung wurde üblicherweise verwendet:

a) Sind Sie Aussteller oder anderweitig auf der...Messe beschäftigt oder sind Sie Besucher?

b) Kommen Sie aus...(Ort der Messe) selbst, aus der Umgebung von...(etwa 40 km Umkreis), oder kommen Sie von weiter her?

c) Sind Sie eher aus fachlichen Gründen oder eher aus persönlich/privaten Gründen hier auf der...Messe?

d) Finanziert Ihre Firma den Besuch der...Messe oder kommen Sie selbst für die Kosten auf?

e) Kommen Sie regelmäßig zur...Messe?

Reichweitenanalyse
Verwendete Fragestellung bei Reichweitenanalysen:
a) Haben Sie selbst irgendwelche dieser Messen und Ausstellungen besucht? (Kartenvorlage mit genauer Bezeichnung, einschl. Kurzform, Ort und Termin)

Direktwerbung
Es liegt derzeit erst eine Untersuchung vor, die den Anforderungen des Rahmenschemas entsprechen kann. Die dort verwendete Fragestellung soll hier sehr verkürzt skizziert werden.
a) Spontane Erfassung der Anzahl aller Werbedrucksachen, die innerhalb von genau vier Wochen in den Haushalt kamen.
b) Spontane Erfassung der Anzahl der angeforderten Prospekte oder Kataloge, die in den letzten vier Wochen in den Haushalt kamen.
c) Erhebung der Marken/Firmen der angeforderten Prospekte oder Kataloge.
d) Erhebung der Marken/Firmen der unaufgefordert zugesandten Prospekte oder Werbedrucksachen.
e) Aufforderung zur Beteiligung an einer Aktion in den kommenden vier Wochen, mit Übergabe eines Einsammelkartons.
In den Karton sollen alle angeforderten wie unaufgefordert zugesandten Werbebroschüren, Drucksachen, Kataloge etc. gesammelt werden. Die angeforderten werden besonders gekennzeichnet.
f) Genaue Erfassung der in den letzten vier Wochen eingegangenen Drucksachen.
Registrierung der Gesamtzahl und Differenzierung nach angefordertem und unaufgefordert zugesandten Material.
Nachfassen nach u. U. aus dem Karton entnommenen Katalogen.
g) Erhebung von Tageszeitungs- oder Wochenzeitungsabonnements.
h) Überprüfung, ob Prospektmaterial als Beilage der Tages- oder Wochenzeitung gekommen ist.
i) Erhebung von Versandkatalogen.
Mit den Fragen g) und h) und evtl. weiteren Fragestellungen zum Zeitschriftenbezug sollte der Versuch gemacht werden, die Beilagenwerbung getrennt zu erfassen.
Die ausführliche Fragestellung kann vom ZAW abgefordert werden.

Film und Diapositiv
Es liegen noch keine Untersuchungen vor, die den Anforderungen des Rahmenschemas entsprechen könnten.

Adreßbücher und Fernsprechbücher
Es liegt bisher erst eine Gemeinschaftsuntersuchung vor, die den Anforderungen des Rahmenschemas entspricht. Die dort verwendete Fragestellung lautete beispielsweise (verkürzt):
a) Hier habe ich ein Branchen-Fernsprechbuch, die GELBEN SEITEN. (Original vorlegen)
Haben Sie in den GELBEN SEITEN schon mal bestimmte Informationen gesucht bzw. bestimmte Informationen gelesen oder kennen Sie sie nur so von außen bzw. dem Namen nach oder kennen Sie die GELBEN SEITEN überhaupt nicht?
b) Wann haben Sie zuletzt in den GELBEN SEITEN bestimmte Informationen gesucht oder gelesen, sei es nun zu Hause oder am Arbeitsplatz oder anderswo? Hier habe ich eine Zeiteinteilung, die Ihnen vielleicht helfen kann, die richtige Antwort zu finden.
innerhalb der letzten 6 Monate
innerhalb der letzten 12 Monate
länger her
c) Wenn Sie an die letzten 12 Monate denken, wie häufig haben Sie nach Ihrer Schätzung in dieser Zeit in den GELBEN SEITEN bestimmte Informationen gesucht oder gelesen? Bitte sagen Sie es mir anhand dieser Liste. Und denken Sie wiederum nicht nur an die Nutzung zu Hause, sondern auch am Arbeitsplatz, in der Telefonzelle oder anderswo.
mindestens 12mal
10 bis 11mal
8 bis 9mal
6 bis 7mal
4 bis 5mal
2 bis 3mal
einmal
d) Und wann haben Sie zuletzt in den GELBEN SEITEN bestimmte Informationen gesucht oder gelesen, sei es nun zu Hause, am Arbeitsplatz oder anderswo? Hier habe ich wiederum eine Zeiteinteilung, die Ihnen die Antwort sicher erleichtert.
innerhalb der letzten 4 Wochen
1 bis 2 Monate her
2 bis 3 Monate her.

ZAW-Werbefunk-Höreranalyse
→ Funkmedien Analyse (FMA)

Zeichentest
→ Vorzeichentest

Zeitbudget *(Zeitbudgetforschung)*
→ Tagebuchmethode

Zeitfilter
→ Filter

Zeitidentifikation
→ Erinnerung, Identifikationshilfe

Zeitpunkt des letzten Lesens
→ Lesetage

Zeitraum des Erscheinens
→ Erscheinungsintervall

Zeitreihe *(Zeitreihenanalyse)*
Eine Anordnung von Merkmalsausprägungen einer Variablen im Zeitverlauf, deren Reihenfolge sich ausschließlich aus der zeitlichen Abfolge ihres Auftretens ergibt, wird in der Statistik als Zeitreihe bezeichnet. Je nachdem ob es sich um eine Bestands- oder eine Bewegungsmasse handelt, ist jede Merkmalsausprägung einem Zeitpunkt oder einem Zeitraum zugeordnet. Gewöhnlich sind die Zeitintervalle einer Zeitreihe äquidistant, d.h. der zeitliche Abstand zwischen den einzelnen Beobach-

tungswerten ist gleich groß. Die graphische Darstellung von Zeitreihen erfolgt im kartesischen (→) Koordinatensystem, in Fällen, in denen mehrere Zeitreihen miteinander verglichen werden sollen, auch in Form einer (→) Schichtenkarte. Die Glieder von Zeitreihen

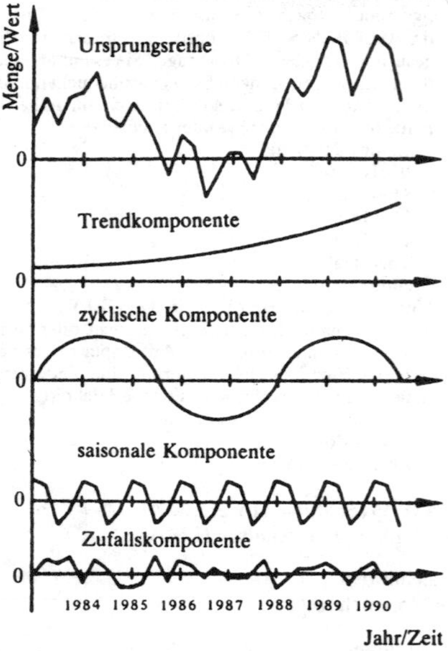

können Grundzahlen, (→) Verhältniszahlen, (→) Mittelwerte bzw. (→) Indexzahlen sein. Seit Warren M. Persons (1919) wird in der Zeitreihenanalyse zwischen vier Komponenten unterschieden, die in der Zeitreihenzerlegung isoliert werden:

1. Der (→) **Trend (T):** die langfristige Entwicklungsrichtung der Zeitreihe.
2. Die **zyklische Komponente (C)** bei wirtschaftlichen Zeitreihen auch als Konjunkturschwankung bezeichnet: die mittelfristige Entwicklungsrichtung, durch die vor allem die konjunkturellen Einflüsse auf eine Zeitreihe wiedergegeben werden. Sie schwankt mit unterschiedlicher Periodizität um die Trendkomponente, ihre Schwankungen haben einen längerwelligen Zyklus als die Saisonschwankungen.
3. Die **Saisonkomponente (S):** die jahreszeitlich bedingten Schwankungen der Zeitreihe, (→) Saisonbereinigung, (→) Saisonindices.
4. Die **Zufallskomponente (Z):** Sie hat den Charakter einer (→) Residualkategorie, die als Zusammenfassung aller unregelmäßig wirkenden Einflußgrößen keiner der oben erwähnten Komponenten zugerechnet werden kann.

Bei Zeitreihenmodellen unterscheidet man zwei Grundformen:

- o das additive Modell: $Y = T + C + S + Z$
- o das multiplikative Modell: $Y = T \cdot C \cdot S \cdot Z$.

Zeitschrift

„Unter dem Begriff Zeitschrift faßt man eine Fülle sehr verschiedener Publikationen zusammen, die sich nach Art und Güte, nach Umfang und Auflage und in vielen anderen Merkmalen unterscheiden" (H. A. Kluthe) und das in einem solchen Maße, daß F.-Jürgen Stockmann formuliert, Zeitschriften seien „von Natur aus undefinierbar, und ihre einzige Gemeinsamkeit sei es, daß sie in den Statistiken unter dem Begriff „Zeitschriften" geführt werden. Alphons Silbermann definiert als Zeitschrift „ein fortlaufend und in regelmäßiger Folge erscheinendes Druckwerk ..., das einem umgrenzten Aufgabenbereich oder einer gesonderten Stoffdarbietung (Bild, Unterhaltung) dient". Nach Wilmont Haacke ist eine Zeitschrift eine periodische Publikation, deren geistige Einheitlichkeit sich aus ihrem Programm ergibt. Programm und Titel bleiben für den Inhalt jedes einzelnen Heftes maßgebend. Erscheinungen aus Vergangenheit, Gegenwart und Zukunft werden aus einer der jeweiligen Zeitschrift eigentümlichen Sicht beleuchtet. Ihre Auffassungen sind zwischen Verlag, Herausgeber, redaktionellem Gremium und Mitarbeiterstab in gegenseitiger Übereinkunft festgelegt, und zwar unter abgewogener Einbeziehung der Wünsche der Leser. Allgemeine Übereinkunft besteht lediglich darüber, daß zwischen den (→) Publikumszeitschriften auf der einen und den (→) Fachzeitschriften auf der anderen Seite zu differenzieren sei.

Einen Versuch zur Typologisierung von Zeitschriften hat Walter Hagemann unternommen, indem er alle periodischen Druckmedien außer der Tageszeitung nach folgenden Kriterien zu gruppieren versuchte:[14]

„1. *Die Fachpresse:* Diese Gruppe der Zeitschriften will dem Einzelmenschen bei der Ausübung seines Berufes helfen... Die Fachpresse ist für den arbeitenden Menschen ein stets gegenwärtiger Lehrer, ein ihn ständig begleitendes Lehrbuch, das ihm alle neuen Erkenntnisse, Verfahren und Vorgänge auf seinem Fachgebiet...mitteilt oder in Erinnerung ruft und ihn dadurch auf der Höhe seiner fachlichen Leistung hält...

2. *Die Standes- und Verbandspresse:* Jeder Mensch gehört durch Geburt und Tradition zu den natürlichen Ordnungen des Alters und Geschlechts, zu religiös-weltanschaulichen, natio-

nalen und kommunalen Gemeinschaften. Dazu treten in der modernen Industriegesellschaft zahlreiche freie Sozialgebilde wie politische Gruppen und Parteien, Arbeitgeber- und Arbeitnehmerverbände, Genossenschaften, Kameradschafts- und Geselligkeitsverbände. Sie alle bedürfen der Kommunikationsmittel zur Integration, Aussprache, Verteidigung und Werbung. Die Standes- und Verbandszeitschriften dürfen nicht verwechselt werden mit den Fachzeitschriften der eigentlichen Berufsausübung, wenn auch manche von ihnen nebenher verbandspolitische Funktionen erfüllen.
3. *Die Freizeitzeitschriften:* Diese...Hauptgruppe umfaßt alle Periodika, mit denen sich der Leser unabhängig von Beruf, Stand und Organisation in seiner Freizeit beschäftigt. Verschieden wie die geistigen Bedürfnisse und Ansprüche der Leser sind diese Zeitschriften, zu denen die anspruchslosen illustrierten Blätter ebenso zu rechnen sind wie die anspruchsvollen Kulturzeitschriften. In dieser Gruppe finden wir die Zeitschriften mit den höchsten Auflagen und der größten Vielfalt des Inhalts, wenn auch keine von ihnen die Aktualität und Universalität der Zeitungen erreicht oder erstrebt. Auch die politischen Zeitschriften gehören zu dieser Gruppe, soweit es sich nicht um Führungs- und Funktionärsorgane, also um Fachblätter bestimmter Parteien und Verbände handelt."
Schließlich nennt Hagemann zwei weitere Großgruppen des Zeitschriftenwesens, nämlich 4. *Werk- und Kundenzeitschriften* sowie 5. *„Wochenblätter"*. Der „Stamm" hingegen untergliedert nach 20 Gruppen:

1. Amtliche Blätter
2. Arbeitnehmerzeitschriften
3. Erziehungszeitschriften
4. Frauen- und Modeblätter
5. Gesundheitsblätter
6. Handels- und Verkehrszeitschriften
7. Handwerks- und Industriezeitschriften
8. Jugendzeitschriften
9. Konfessionelle Blätter
10. Kultur- und Kunstzeitschriften
11. Anzeigenblätter, Kunden- und Hauszeitschriften, Programmblätter
12. Landwirtschaftliche Zeitschriften
13. Politische und wehrkundliche Blätter
14. Publizistische und wehrkundliche Blätter
15. Sportzeitschriften
16. Unterhaltungsblätter
17. Vertriebenenblätter
18. Verwaltungszeitschriften, rechtsberufliche Blätter
19. Wissenschaftliche Zeitschriften
20. Verschiedene Zeitschriften.

Zeitschriften, Leser, Anzeigen
Eine 1967/68 vom Jahreszeiten Verlag, Hamburg, veröffentlichte Untersuchung zur „Exposition und Perzeption von Anzeigen", die zwei Maße der Nutzung von Anzeigen entwickelte: Die *Expositionschance,* die gemessen wurde durch aufgeschlagene Seiten, (→) Seitenkontakt, beim gestrigen (→) Lesevorgang multipliziert mit den (→) Lesetagen, und die *Perzeptionschance,* die durch (→) Copytests als die Gesamtnutzung gemessen wurde. Das Maß „Perzeptionschance" diente auch dazu nachzuweisen, daß das gesamte (→) redaktionelle Umfeld einer (→) Zeitschrift Einfluß auf die (→) Anzeigenbeachtung hat.

Zeitschriften-Abfragemodus
→ Abfrage, Filterfrage

Zeitschriftenabonnement
→ Abonnement

Zeitschriftenanzeige
→ Anzeige

Zeitschriftenbeilage
→ Beilage

Zeitung
„Die Zeitung vermittelt jüngstes Gegenwartsgeschehen in kürzester regelmäßiger Folge der breitesten Öffentlichkeit" (Emil Dovifat). Meistens wird unterschieden zwischen (→) Tageszeitungen und Wochenzeitungen.
Der Zeitungsbaum auf Seite 596 von I. Ruland zeigt gebräuchlichsten Unterteilungen.

Zeitungsabfrage
→ Abfragemodell

Zeitungsabonnement
→ Abonnement

Zeitungsanzeige
→ Anzeige

Zeitungsbeilage
→ Beilage

Zeitungsgattungen
→ Zeitung

Zeitungssupplement
→ Supplement

Zeitzündereffekt *(Spätzündereffekt, Sleeper-Effekt)*
→ Carryover-Effekte

Zellengewichtung
→ Redressement, Kontaktgewichtung (Zielgruppengewichtung)

Zeitungsbaum

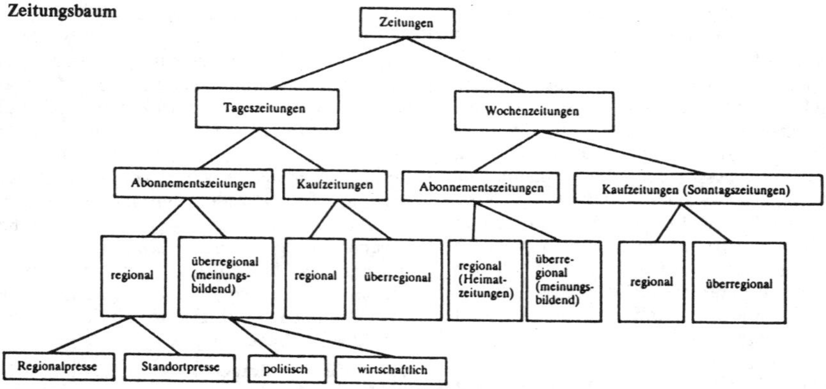

Quelle: I. Ruland: Werbeträger – Einführung in die Praxis des Werbeträgereinsatzes, Bad Homburg 1978.

Zensus
→ Totalerhebung (Vollerhebung)

zentrale Tendenz
Als zentrale Tendenz bezeichnet man in der Statistik im Gegensatz zum Begriff der (→) Streuung die Tendenz von quantitativen Daten, sich um einen bestimmten zentralen Wert zu gruppieren. Die Maßzahlen der zentralen Tendenz sind die (→) Mittelwerte.

Zentralwert
→ Median

zentriertes Interview *(halbstandardisiertes Interview)*
Eine ursprünglich von Robert K. Merton/Marjorie Fiske und Patricia L. Kendall entwickelte Form der (→) Gruppendiskussion, deren Charakteristikum die Konzentration auf bestimmte Aspekte einer gemeinsamen Erfahrung der Befragten (also z.B. Leser desselben Periodikums) ist. Im Verlauf des zentrierten Interviews werden die relevanten Aspekte dieser Gemeinsamkeit untersucht und analysiert. Da diese gemeinsame Erfahrung dem Versuchsleiter bereits von der Untersuchungsanlage her bekannt ist und er im Interview die subjektive Definition der Situation durch die Befragten zu ermitteln versucht, wird ein zentriertes Gespräch meist mit einem stärker strukturierten Interviewerleitfaden, (→)Leitfaden, durchgeführt.

Zielgruppe *(Zielpersonen)*
Eine Zielgruppe im Marketing ist die Gesamtheit der Personen, an die planmäßig die marketingpolitischen Instrumente gerichtet werden. Der a-prioristischen Definition von Zielgruppen durch (→) demographische oder (→) psychodemographische (→) Marktsegmentierung in der Marketing-, (→) Media- und Werbeplanung liegt das Bestreben zugrunde, die (→) Streuverluste beim Mitteleinsatz minimal zu halten. Neben den demographischen (sozioökonomischen, soziodemographischen) und psychodemographischen (→) Merkmalen werden bei der Marktsegmentierung vor allem Kriterien, die am Kauf- bzw. Konsumverhalten orientiert sind, der Zielgruppenbildung zugrundegelegt, weil angesichts der abnehmenden sozialen Klassendifferenzierung (nivellierte Mittelstandsgesellschaft) besonders soziodemographische Merkmale zur Zielgruppenabgrenzung kaum noch taugen, (→) Lebenstil, (→) Typologien. Grundsätzlich sollte die Beschreibung der Zielgruppe bzw. der Zielpersonen Bestandteil eines jeden Marketing-, (→) Media- oder Werbeplans sein.

Zielgruppenaffinität
→ Affinität

Zielgruppendemographie
→ demographische Marktsegmentierung, demographische Merkmale

Zielgruppengewichtung
→ Kontaktgewichtung

Zielgruppenpsychographie
→ psychographische Marktsegmentierung

Zielgruppenzeitschrift
Im Gegensatz zu den auf inhaltlich abgegrenzte Sachgebiete ausgerichteten (→) Spezialzeitschriften (Special-interest-Zeitschriften) sind Zielgruppenzeitschriften in ihrer inhaltlichen

Gestaltung auf die Lesebedürfnisse bestimmter Zielgruppen ausgerichtet (Frauen-, Elternzeitschriften, Männermagazine usw.). Beide Zeitschriftenkategorien haben in den letzten Jahren die stärkste Expansion verzeichnet.

Zielhaushalt
→ ADM-Stichprobensystem

Zielpersonen
→ Zielgruppe

zufälliger Hauptleser
→ Agostini-Modell

Zufallsantworttechnik
→ Random-Response-Technik

Zufallsauswahl *(Wahrscheinlichkeitsauswahl, Randomauswahlverfahren)*
Grundsätzlich ist bei den statistischen (→) Auswahlverfahren zu unterscheiden zwischen den nicht auf der (→) Wahrscheinlichkeitstheorie beruhenden Techniken der Stichprobenbildung der (→) bewußten Auswahl und der (→) Auswahl aufs Geradewohl auf der einen und den auf der Wahrscheinlichkeitstheorie beruhenden Verfahren der reinen Zufallsauswahl wie z. B. der (→) Lotterieauswahl, der Auswahl aufgrund von (→) Zufallszahlentafeln, der (→) systematischen Auswahl sowie der (→) Buchstabenauswahl und dem (→) Geburtstagsverfahren sowie Sonderformen wie der (→) geschichteten Auswahl, der (→) Flächen- und der (→) Klumpenauswahl, der (→) mehrstufigen Auswahl wie z. B. auch dem (→) Lahiri-Verfahren und den mehrphasigen Auswahlverfahren.
Gemeinsames Kennzeichen aller Verfahren der Zufallsauswahl ist ausgehend vom (→) Urnenmodell der (→) Wahrscheinlichkeitstheorie, daß die (→) Grundgesamtheit, aus der die (→) Stichprobe gezogen wird, so gut gemischt ist, daß jedes einzelne Element dieselbe oder doch eine berechenbare Chance hat, in die Stichprobe aufgenommen zu werden und daß folglich, in der Praxis der Markt- und Sozialforschung der Interviewer keinerlei Einfluß auf die Bestimmung der Auswahleinheiten, der Befragten, hat, sondern streng nach Vorschrift befragen muß. Die Auswahl der Untersuchungseinheiten ist durch einen Zufallsprozeß gesteuert und frei von subjektiver Beeinflussung. Der Zufallsprozeß wird so gestaltet, daß alle Elemente der Grundgesamtheit entweder dieselbe Wahrscheinlichkeit zur Aufnahme in die Auswahl (reine Zufallsauswahl) oder auf jeden Fall eine berechenbare, von Null verschiedene Wahrscheinlichkeit zur Aufnahme in die Stichprobe haben.
Das eröffnet die Möglichkeit, den (→) Zufallsfehler (Auswahlfehler) bei gegebenen (→) Signifikanzniveau und (→) Stichprobenumfang zu berechnen. Sie ist bei den nicht auf der Wahrscheinlichkeitstheorie beruhenden Verfahren nicht gegeben.
„Die Berechenbarkeit des Fehlers bei der Zufallsauswahl bedeutet jedoch nicht zwangsläufig, daß diese repräsentativ und damit genauer ist. Die Objektivität des Auswahlverfahrens schützt lediglich gegen grobe Verzerrungen infolge von Willkür bei nicht zufälliger Auswahl. Die Vorteile der Zufallsauswahl müssen jedoch mit einem höheren Aufwand für Planung und Durchführung und damit höheren Kosten erkauft werden. Ein weiterer Nachteil der Zufallsauswahl ist, daß die einmal ausgewählten Untersuchungseinheiten nicht nachträglich durch andere Einheiten ersetzt werden dürfen, wenn die Berechenbarkeit der Wahrscheinlichkeiten aufrechterhalten werden soll. Bei Befragungen kommt es aber häufig vor, daß ausgewählte Personen nicht erfaßt werden können, weil sie gerade nicht erreichbar sind oder weil sie keine Auskunft geben wollen (Non-Response-Problem)" (Peter Hamman/Bernd Erichson), (→) Ausfälle. In der Praxis der Markt- und Sozialforschung wird die anhaltende Debatte über Vor- und Nachteile der zufälligen und der nichtzufälligen Auswahlverfahren vor allem in Form einer Kontroverse über das (→) Quotenverfahren geführt.

Zufallsfehler *(Auswahlfehler, Stichprobenfehler)*
Derjenige Teil der Differenz zwischen dem (→) Erwartungswert (wahrer Wert) des (→) Parameters einer (→) Grundgesamtheit, der mit Hilfe einer (→) Stichprobe geschätzt werden soll, und dem Schätzwert, der dem Umstand zuzuschreiben ist, daß die Stichprobe durch einen auf der Wahrscheinlichkeitstheorie basierenden Zufallsprozeß gebildet wurde und daher nicht zwangsläufig dieselbe Struktur wie die Grundgesamtheit hat. Als Maß zur Bestimmung des Zufallsfehlers wird die (→) Standardabweichung verwendet. Da der wahre Wert des Parameters der Grundgesamtheit nicht bekannt ist, muß der Standardfehler selbst geschätzt werden; denn aus der Stichprobe kann er nicht direkt bestimmt werden. Durch eine Vergrößerung des (→) Stichprobenumfangs kann der Zufallsfehler verkleinert werden. Der statistische (→) Fehler insgesamt (Gesamtfehler) setzt sich aus Zufallsfehler und (→) systematischem Fehler zusammen.

Die Stichprobenresultate $\bar{x}_s$ sind schon für kleine Stichproben normalverteilt mit dem (→) arithmetischen Mittel $\bar{x}$ und mit der Standardabweichung $\sigma_{\bar{x}_s}$. Mithin besteht zwischen dem wahren Wert in der Grundgesamtheit $\bar{x}$ und dem Stichprobenresultat $\bar{x}_s$ eine Beziehung, die durch folgende Formel dargestellt werden kann:

$$\bar{x} = \bar{x}_s \pm k\sigma_{\bar{x}_s}$$

d. h. das Stichprobenergebnis weicht nach Maßgabe des Stichprobenfehlers vom wahren Wert ab. Der Wert k ist ein Abszissenwert bei der (→) standardisierten Normalverteilung, d. h. bei einer Normalverteilung, deren Fläche unter der Kurve gleich Eins gesetzt ist, und deren arithmetisches Mittel gleich Null ist. Daraus läßt sich die Grundformel der Stichprobentheorie ableiten:

$$\bar{x} - \bar{x}_s = d = \pm k\sigma_{\bar{x}_s} ,$$

in der der wahre Wert und der Stichprobenwert in der voraussichtlichen Differenz d zusammengefaßt sind, so daß der unbekannte Wert $\bar{x}$ ausgeschaltet und stattdessen die Differenz d eingeführt wird. Die Differenz d gibt die geforderte Genauigkeit des Stichprobenergebnisses, und der Wert k entspricht der Wahrscheinlichkeit, mit der diese Genauigkeit voraussichtlich erreicht wird. k gibt also das Risiko an, mit dem diese Genauigkeit voraussichtlich nicht eingehalten werden wird. Mit Hilfe der beiden (→) Parameter d und k läßt sich die Aussagekraft oder der Informationsgehalt des Stichprobenergebnisses steuern. Durch die geeignete Wahl von d und k läßt sich bewirken, daß das Stichprobenresultat mit einer kleineren oder größeren Zuverlässigkeit interpretiert werden kann. Zugleich dient die Formel dazu, den Stichprobenumfang zu berechnen.

Zufallsprinzip
→ Zufallsauswahl

Zufallsschlüssel
→ Zufallszahlen, Schwedenschlüssel

Zufallsstart
→ Random-Route-Verfahren (Random-Walk-Verfahren)

Zufallsstichprobe
→ Zufallsauswahl

Zufallszahlen *(Zufallszahlentabelle, Random Numbers)*
Eine Folge von zufällig aufeinanderfolgenden Zahlen, die in der heutigen Zeit meist mit Hilfe elektronischer Techniken aus den Grundzahlen gewonnen wird und keine systematische Verzerrung hat. Zufallszahlentafeln dienen in der Markt- und Sozialforschung als Hilfsmittel zur Bildung von Stichproben der reinen (→) Zufallsauswahl. Die folgende Tabelle enthält eine solche Folge von Zufallszahlen:

Zeile / Reihe	12345	1 67890	11111 12345	11112 67890	22222 12345
1	29935	06971	63175	52579	10478
2	15114	07126	51780	77787	75510
3	03870	43225	10589	87619	22039
4	79390	39188	40756	45269	65959
5	30035	06954	79196	54428	64819
6	29039	99861	28759	79802	18531
7	78196	08108	24107	49777	09599
8	15847	85493	91442	91351	80130
9	36614	62248	49194	97209	92587
10	40549	54884	91465	43862	35541
11	40878	08997	14286	09982	90308
12	10229	49282	41173	31468	59455
13	15918	76787	30624	25928	44124
14	13403	18796	49909	94404	64979
15	66523	94596	74908	90271	10009
16	91665	36469	68343	17870	25975
17	67415	87515	08207	73729	73201
18	76527	96996	23724	33448	63392
19	19815	47789	74348	17147	10954
20	25592	53587	76384	72575	84347
21	55902	45539	63646	31609	95999
22	02470	58376	79794	22482	42432
23	18630	53263	13319	97609	35859
24	89673	38230	16063	92007	59503
25	62986	67364	06596	17427	84623
26	89221	02362	65787	74733	51272
27	04005	99818	63918	29032	94012
28	89546	38066	50856	75045	40645
29	41719	84401	59226	01314	54581
30	28733	72489	00785	25843	24613
31	65213	83927	77752	03086	80742
32	65553	12678	90906	90466	43670
33	05668	69080	73029	85746	58332
34	39302	99718	49757	49519	27387
35	64592	32254	45879	29431	38420
36	07513	48792	47314	83660	68907
37	86593	68501	56638	98800	82839
38	83735	22599	97977	81248	36838
39	08595	21826	54655	08204	87990
40	41273	27149	44293	69458	16828

Zuhause-Leser
→ Leseort

Zuhörer(schaft)
→ Hörer

Zuordnungsskalierung
→ Ratingskala

zusammengesetzte Binomialverteilung
→ Binomialverteilung

Zuschauer
→ Seher

Zuschauer je Werbeblock
In der (→) Zuschauerforschung die Zahl der Personen, die an einem Stichtag im Fernsehen einen Werbeblock gesehen haben.

Zuschauerforschung *(Zuschauerschaftsforschung)*
Derjenige Bereich der (→) Mediaforschung, der sich mit der Zusammensetzung und den Fernsehgewohnheiten der Fernsehzuschauer befaßt, (→) Einschaltquoten mit Hilfe elektronischer Meßgeräte ermittelt, (→) Medienverhalten und (→) Nutzungsintensität beim Medium Fernsehen untersucht und als Teilbereich der (→) Kommunikationsforschung vor allem die Merkmale der Rezipienten und die Wirkung des Fernsehens untersucht.

Zuständigkeiten *(Z-Werte)*
Der Hamburger Jahreszeiten-Verlag hat 1973 eine Untersuchung unter dem Titel „Zuständigkeiten" vorgelegt, die ebenso wie andere (→) Mediauntersuchungen führender Verlagshäuser wie z. B. (→) Eff-Kurve (Spiegel), (→) Profile (Stern), (→) Typologie der Wünsche (Burda), (→) EVA – Entscheidung – Verbrauch – Anschaffung (Hörzu und Funk Uhr), (→) Markenkompaß (Heinrich Bauer Verlag) oder die (→) Brigitte-Frauentypologie bzw. die (→) Kommunikations-Analyse einen Versuch darstellt, über die Ermittlung bloßer (→) Reichweiten hinaus zu (→) Kontaktqualitäten zu gelangen. Die ermittelten Zuständigkeitswerte (Z-Werte) belegen, wo Leser – im Fall dieser Untersuchung: Leserinnen – über bestimmte Themenbereiche wie beispielsweise Politik, Essen und Trinken, Mode, Haushalt, Kinder und Erziehung, Fernsehen usw. am besten informiert und unterhalten werden.
Die Wertschätzung der Zeitschriften als Informationsquelle in den einzelnen Themenbereichen wurde nur von Frauen abgegeben, die zum zeitlich nach der (→) Erscheinungsweise definierten (→) Weitesten Leserkreis (WLK) der Zeitschriften gehören. Der letzte (→) Lesevorgang mußte innerhalb der vergangenen 12 (→) Erscheinungsintervalle liegen, um den persönlichen Informationswert der betreffenden Zeitschrift in den genannten Themen-/Produktbereichen einstufen zu können.
Die thematische Zuständigkeit der Zeitschrift für die Leserin wurde mit Hilfe eines für alle Zeitschriften einheitlichen Polaritätenprofils, (→) semantisches Differential, mit einer 7-stufigen Skala von 0 (= nicht zuständig) bis 6 (= sehr zuständig) über sämtliche Themenbereiche ermittelt:

$$\text{Zuständigkeits-Wert} = 100 \frac{\sum_{i=1}^{n} (g_i \cdot p_i \cdot z_i)}{\sum_{i=1}^{n} (g_i \cdot p_i)}$$
(ganzzahlig 0–100)

Darin bedeuten:

g_i = Personengewicht (0,01 = 9,99)

p_i = Individuelle Lesewahrscheinlichkeit des Titels (0,00 bis 1,00)

z_i = Individuelle Zuständigkeit des jeweiligen Titels für das jeweilige Thema (0,00 bis 1,00) =

$$z_i = \frac{\text{Skalenwert aus Frage 17 (0–6)}}{6}$$

Diese Angaben sind für die (→) Mediaplanung mit (→) Publikumszeitschriften von besonderer Bedeutung, weil sie Aufschluß über die titelabhängige Interessenlage einer (→) Zielperson geben und eine Kontaktsteuerung nach der optimalen Anzeigen-Kontakt-Situation möglich machen. So wird mit der Dimension der Zuständigkeit die produktorientierte Werbeträgereignung von Zeitschriften transparent. Für alle redaktionellen und werblichen Themenbereiche, zu denen der generelle Interessengrad der Leserinnen untersucht wurde, zeigt die Untersuchung den Informationswert auf, über den eine Zeitschrift bei ihren Leserinnen verfügt. Der produktorientierte Informationswert einer Zeitschrift qualifiziert so den Werbeträgerkontakt, (→) Kontakt, der Zielperson; er ist der Zuständigkeitswert des Werbeträgers in einem bestimmten Themen- und Produktbereich.
In der Tat unterscheiden sich die Medien zum Teil beträchtlich in der erlebten Kompetenz für bestimmte Produktbereiche. Vieles deutet darauf hin, daß bei besonderem Produktinteresse bei den Lesern Werbung auf jeden Fall ihre Beachtung und Wirkung findet, gleich wie kompetent das Medium erlebt wird, in dem sie die Werbung sehen. Innerhalb eines auf bestimmte Themen zentrierten Mediums scheint die sachliche Kompetenz des Mediums die Selektivität bei der (→) Anzeigenbeachtung zu verstärken, und zwar in dem Sinne, daß themeninadäquate Anzeigen verringerte Beachtungschancen haben, (→) redaktionelles Umfeld.
Neben der Zuständigkeit wird im Zusammenhang mit der Kompetenz der Medien auch die

Zuständigkeits-Index (Z-Wert) für vier Themen

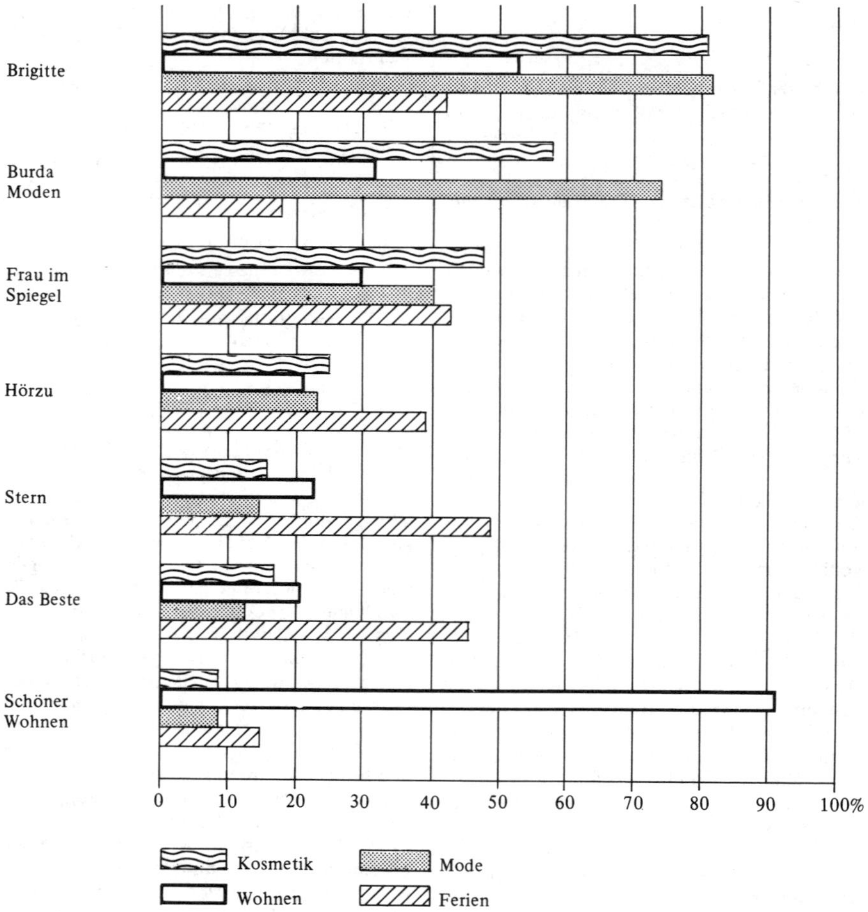

Medium ausübt, Einfluß auf die Beachtung und Nutzung der Anzeigen besitzen, (→) Funktion, Image, Produktinteresse, (→) Funktionsanalyse.

Zuverlässigkeit
→ Reliabiltät

Zuwendung *(Zuwendungsindex)*
→ Leser-Blatt-Bindung

Zweireihenkorrelation
→biserielle Korrelation

zweistufige Auswahl
→ mehrstufige Auswahl

Zweitleser
→ Agostini-Ansatz, Folgeleser (Sekundärleser)

Zweizeilenkorrelation
→ Reihenkorrelation

Zwischengruppenvarianz
→ Varianz (Varianz zwischen den Gruppen)

Zwölferskala
→ Nutzungshäufigkeit